北京ABB高压开关设备有限公司

北京ABB电缆附件联系方式：

销售经理：李超
手机:18101198097, 邮箱: Leo-chao.li@cn.abb.com

产品经理：富亚洲
手机:18101196957,邮箱:Asia-yazhou.fu@cn.abb.com

选择北京ABB电缆附件的理由

悠久的历史

源于北欧，经过60年研发、生产、应用的经验积累，大量的产品可靠运行在输配电线路。

核心技术平台

电场应力控制技术：对几何法、电阻法、折射法等不同电场缓和技术长期研究，使产品结构更合理、更精巧。
材料技术：借助于北欧在材料领域的领先优势，研究导电、高介电常数和绝缘材 料，采用高抗漏电起痕的三元乙丙橡胶和硅橡胶配方，产品更加安全可靠。
仿真模拟技术：采用ABB独有的电磁场仿真软件，使产品结构设计更加合理，可加快研发速度，降低研发成本。

先进的生产线

采用全进口的注塑设备，使用先进的逐层注塑工艺，使用机器人全自动生产控制，确保产品的一致性和高效率生产。

高效严格的出厂检验

先进的多通道专用试验工装，可同时进行耐压和局放的出厂检验，为用户提供 可靠的质量保证。

完善的质量管理体系

全球一体化的品质管理：供应链管理系统、质量管理体系、环境管理体系、职业安全健康系统等。持续改进的高标准规章制度，快速响应的服务。

专业的安装服务和认证体系

为施工安装人员提供专业的岗前培训及认证，确保产品安装质量。

产品组合 — 中压电缆附件

屏蔽型可分离连接器

产品特性
最高可达42kV
屏蔽结构
带避雷器解决方案
机器人自动化生产

冷缩电缆终端

产品特性
最高可达42kV
冷缩结构
应力锥控制电场设计
进口液态硅橡胶材料

冷缩电缆接头

产品特性
最高可达42kV
冷缩结构
进口液态硅橡胶材料
多种防水解决方案

内锥型GIS插拔式终端

产品特性
最高可达42kV
额定电流800A ~ 1250A
栓接、触指触头设计
智能化设计

产品组合 — 高压电缆附件

户外终端

产品特性
52~245kV全系列产品
适用最大截面2500mm²
适用铜，铝导体电缆
干式柔性终端可达145kV

电缆接头

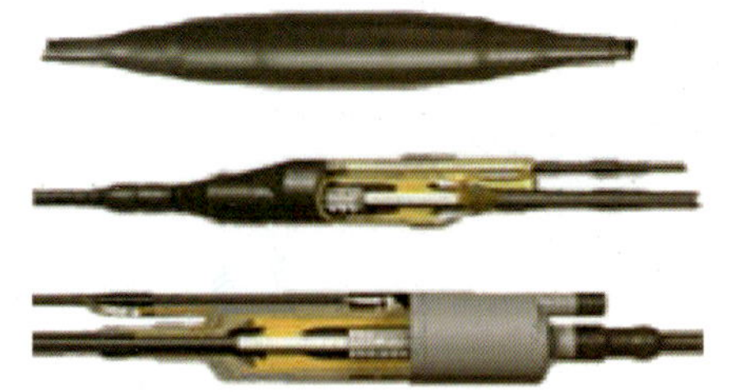

产品特性
52~245kV全系列产品
适用最大截面2500mm²
适用铜，铝导体电缆
多种防水解决方案

GIS/TRF 设备终端

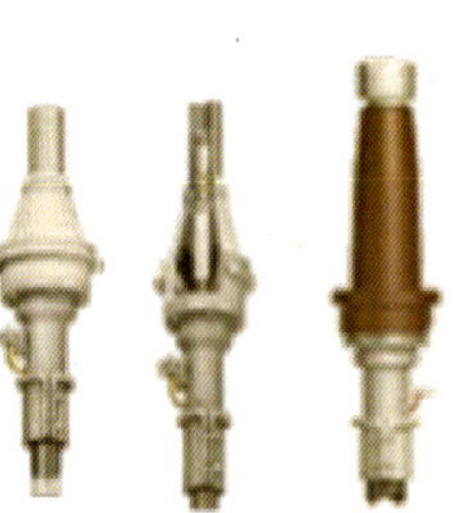

产品特性
52~245kV全系列产品
适用最大截面2500mm²
适用铜，铝导体电缆
干式插拔、充油式结构可选

智慧沃尔 联接世界

专注电力19年

电气柜配套系列产品:

可分离电缆附件、环氧绝缘制品、母线连接器等系列产品……

新品 NEW

耐火试验视频

——将电缆火灾扼杀在源点

强耐火 散热好 易安装 安全环保

电缆耐火包覆片FRS-1

——电缆火灾消防员

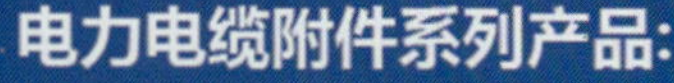

1~220kV全系列终端、中间接头电力电缆附件产品

深圳市沃尔核材股份有限公司

电话：0755-28299123 电子邮箱：woer@woer.com

公司官网：www.woer.com

— 沃尔官方微信 —

电线电缆标准汇编 2018

电力电缆及附件卷

中国标准出版社　编

中国标准出版社

北　京

图书在版编目(CIP)数据

电线电缆标准汇编. 2018. 电力电缆及附件卷/中国标准出版社编. —北京:中国标准出版社,2018. 6
ISBN 978-7-5066-8969-4

Ⅰ. ①电… Ⅱ. ①中… Ⅲ. ①电线—国家标准—汇编—中国②电缆—国家标准—汇编—中国③电力电缆—国家标准—汇编—中国 Ⅳ. ①TM246-65

中国版本图书馆 CIP 数据核字(2018)第 089132 号

中国标准出版社出版发行
北京市朝阳区和平里西街甲 2 号(100029)
北京市西城区三里河北街 16 号(100045)

网址 www. spc. net. cn
总编室:(010)68533533 发行中心:(010)51780238
读者服务部:(010)68523946
中国标准出版社秦皇岛印刷厂印刷
各地新华书店经销

*

开本 880×1230 1/16 印张 49 字数 1 475 千字
2018 年 6 月第一版 2018 年 6 月第一次印刷

*

定价 248.00 元

如有印装差错 由本社发行中心调换
版权专有 侵权必究
举报电话:(010)68510107

出版说明

电线电缆是电工、电力、轻工行业必不可少的重要配套产品，从高压输电线路到家用电器产品，每一个环节都离不开电线电缆。其种类繁多，量大面广，许多产品被列入国家电工产品安全认证的产品范围。

随着技术的进步、社会需求的增加，我国不断制修订大量电线电缆国家标准。为满足相关制造企业、各行业和系统的用户及众多检测机构查阅和应用的需求，我社编辑整理了《电线电缆标准汇编 2018》。该汇编收集了截至 2018 年 3 月底发布的电线电缆国家标准和行业标准，并按专业分为如下 9 卷出版：

《电线电缆标准汇编 2018　通用基础与元件卷》

《电线电缆标准汇编 2018　电力电缆及附件卷》

《电线电缆标准汇编 2018　通用试验方法卷》

《电线电缆标准汇编 2018　通信电缆、光缆及附件卷》

《电线电缆标准汇编 2018　裸电线卷》

《电线电缆标准汇编 2018　绕组线卷》

《电线电缆标准汇编 2018　装备用电线电缆卷》

《电线电缆标准汇编 2018　电缆和光缆燃烧试验方法卷》

《电线电缆标准汇编 2018　船用电缆卷》

本卷为电力电缆及附件卷，共收集相关国家标准 24 项，行业标准 9 项。

本汇编在使用时请读者注意：收入标准的出版年代不尽相同，对于其中的量和单位不统一之处及各标准格式不一致之处未做改动。

编　者

2018 年 4 月

目　录

ICS 29.060.20
K 13

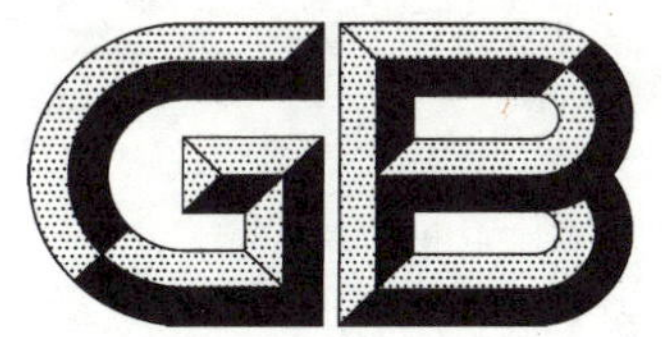

中华人民共和国国家标准

GB/T 9326.1—2008
代替 GB 9326.1—1988

交流 500 kV 及以下纸或聚丙烯复合纸绝缘金属套充油电缆及附件 第 1 部分：试验

Oil-filled, paper or polypropylene paper laminate insulated, metal-sheathed cables and accessories for alternating voltages up to and including 500 kV—Part 1: Test

(IEC 60141-1:1993, Tests on oil-filled and gas-pressure cables and their accessories—Part 1: Oil-filled, paper or polypropylene paper laminate insulated, metal-sheathed cables up to and including 500 kV, MOD)

2008-06-30 发布　　2009-05-01 实施

中华人民共和国国家质量监督检验检疫总局
中国国家标准化管理委员会　发布

前　言

GB/T 9326《交流 500 kV 及以下纸或聚丙烯复合纸绝缘金属套充油电缆及附件》由五个部分组成：

——第 1 部分：试验；

——第 2 部分：交流 500 kV 及以下纸绝缘铅套充油电缆；

——第 3 部分：终端；

——第 4 部分：接头；

——第 5 部分：压力供油箱。

本部分是 GB/T 9326 的第 1 部分。

本部分修改采用 IEC 60141-1：1993《充油电缆和压气电缆及其附件的试验　第 1 部分：交流电压 500 kV 及以下纸或聚丙烯复合纸绝缘金属护套充油电缆及其附件》第 3 版，第 1 号修改单(1995)和第 2 号修改单(1998)内容也纳入正文，并在它们所涉及的条款的页边空白处用垂直双线标识。

本标准对 IEC 60141-1：1993 部分内容作了一些修改，有关技术性差异已编入正文，并在它们所涉及的条款的页边空白处用垂直单线标识，在附录 D 中列出了本部分章条号与 IEC 60141-1：1993 章条编号的对照一览表。

本部分与 IEC 60141-1：1993 相比的技术差异是：

——采用 GB 311.1—1997《高压输变电设备的绝缘配合》(IEC 60071-1：1993，NEQ)电压等级的规定，删去了 66 kV 以下和我国不适用的几种电压等级，其电压范围涵盖 66 kV、110 kV、220 kV、330 kV、500 kV 五个等级；

——根据 GB 311.1—1997 的规定，增加了 330 kV、500 kV 电压等级的操作冲击电压试验；并根据 DL/T 401—2002《高压电缆选用导则》确定了试验用的操作冲击电压和雷电冲击电压峰值；

——将 GB 9326.2—1988 中的电缆油样试验(分别为例行试验和安装后试验)、铅套扩张试验(特殊试验)、铅套和加强层液压试验(型式试验)、外护层沥青滴出试验(型式试验)、外护套刮磨试验(型式试验)增加作为本部分的内容；

——电缆型式试验增加了铝套腐蚀扩展试验(见 4.10)，附件型式试验增加了终端的无线电干扰试验(见 7.6)；

——安装后试验中增加了 GB 9326.1—1988 中的油流动试验(见 8.2)和浸渍系数试验(见 8.3)及其资料性附录(见附录 B 和附录 C)。

本部分代替 GB 9326.1—1988《交流 330 kV 及以下油纸绝缘自容式充油电缆及附件　一般规定》，还将 GB 9326.2—1988 的有关内容纳入本部分。

本部分与 GB 9326.1—1988 相比的主要技术差异是：

——本部分的名称修改为与 IEC 60141-1：1993 一致，因而使得本部分与 GB 9326.1—1988 相比，适用的电压向上扩展到 500 kV，并包括了聚丙烯复合纸绝缘；

——增加了聚丙烯复合纸绝缘的相关内容(见表 8)；

——操作冲击试验施加试验电压(峰值)正、负极性各 3 次改为正、负极性各 10 次(前版第 2 部分的 7.4.4；本部分的 4.6)；

——电缆型式试验增加了铝套腐蚀扩展试验(见 4.10)；附件型式试验增加了终端的无线电干扰试验(见 7.6)。

本部分的附录 A 为规范性附录，附录 B、附录 C、附录 D 和附录 E 为资料性附录。

本部分由中国电器工业协会提出。

本部分由全国电线电缆标准化技术委员会(SAC/TC 213)归口。

本部分负责起草单位:上海电缆研究所。

本部分参加起草单位:武汉高压研究院、上海三原电缆附件有限公司、上海电缆厂有限公司、湖北永鼎红旗电气有限公司、沈阳电缆有限责任公司、东北电力设计院。

本部分主要起草人:邓长胜、阎孟昆、徐操、莫临元、王国忠、邢志强、梁波。

本部分所代替标准的历次版本发布情况为:

——GB 9326.1—1988。

交流 500 kV 及以下纸或聚丙烯复合纸绝缘金属套充油电缆及附件 第 1 部分:试验

1 概述

1.1 范围

GB/T 9326 的本部分适用于径向电场、纸或聚丙烯复合纸绝缘金属套充油电缆及其附件的试验。电缆及其附件运行时最小静压力为 20 kPa~300 kPa,最大静压力不大于 800 kPa,最小瞬时压力不小于 20 kPa(所述压力为表压,高于大气压力的值)。

除 3.2、4.5 和 5.2 可经买方和制造厂协议适当修改外,本部分亦适用于最大静压力超过 800 kPa 的电缆及附件。

这些试验适用于在标称相间电压不超过 500 kV 系统中使用的电缆及附件。

对于大长度电缆,本部分经买方和制造方协议适用。

1.2 规范性引用文件

下列文件中的条款通过 GB/T 9326 的本部分的引用而成为本部分的条款。凡是注日期的引用文件,其随后所有的修改单(不包括勘误的内容)或修订版均不适用于本部分,然而,鼓励根据本部分达成协议的各方研究是否可使用这些文件的最新版本。凡是不注日期的引用文件,其最新版本适用于本部分。

GB 311.1—1997 高压输变电设备的绝缘配合(neq IEC 60071-1:1993)

GB/T 2951.11—2008 电缆绝缘和护套材料通用试验方法 第 1 部分:通用试验方法 第 1 章 厚度和外形尺寸的测量—机械性能试验(IEC 60811-1-1:2001,IDT)

GB/T 3048.13—2007 电线电缆电性能试验方法 第 13 部分:冲击电压试验(IEC 60230:1966,IEC 60060-1:1989,MOD)

GB/T 3956—1997 电缆的导体(idt IEC 60228:1978)

GB/T 9326.2—2008 交流 500 kV 及以下纸或聚丙烯复合纸绝缘金属套充油电缆及附件 第 2 部分:交流 500 kV 及以下纸绝缘铅套充油电缆(IEC 60141:1993,NEQ)

GB/T 11604—1989 高压电器设备无线电干扰测试方法(eqv IEC 60018:1983)

JB/T 8996—1999 高压电缆选择导则(idt IEC 60183:1984)

JB/T 10181.3—2000 电缆载流量计算 第 2 部分:热阻 第 1 章 热阻的计算(idt IEC 60287-2-1:1994)

JB/T 10696.6—2007 电线电缆机械和理化性能试验方法 第 6 部分:挤出外套刮磨试验

JB/T 10696.5—2007 电线电缆机械和理化性能试验方法 第 5 部分:腐蚀扩展试验

IEC 60229:2007 具有特殊保护作用的挤包的电缆外护套试验

1.3 定义和符号

GB/T 9326 的本部分采用下列定义和符号:

炭黑纸屏蔽的电缆:电缆中用炭黑纸作为屏蔽包覆在导体上,并且炭黑纸与绝缘相接触。

不用炭黑纸屏蔽的电缆:电缆中不用炭黑纸,而是用其他材料作屏蔽包覆在导体上;或者有炭黑纸,但不与绝缘接触。对于本部分,导体无屏蔽的电缆包括在本组内。

U_0:电缆和附件设计用的导体与绝缘线芯屏蔽之间的额定工频电压。

U:电缆和附件设计用的任何二个导体之间的额定工频电压。

U_m:系统最高电压。是在正常运行条件下系统内任何时刻和任意一点可能持续出现的最高的线电压有效值。

U_p:电缆和附件设计用的雷电冲击电压的峰值。

U_s:电缆和附件设计用的操作冲击电压的峰值。

1.4 电压标示

电缆和附件应采用导体与绝缘线芯屏蔽间的额定电压 U_0 以及导体间的额定电压 U 来标示，两者都以 kV 为单位，例如 64/110。符合本部分的电缆能在下列类型的系统中运行：

——A 类：这一类包括那些接地故障能尽可能快、但任何情况下能在 1 min 内切除的系统。

——B 类：这一类包括那些在单相接地故障条件下能短时间运行的系统。按照 JB/T 8996—1999，这段时间应不超过 1 h。对于本部分的电缆，在任何场合可容许不超过 8 h 的故障运行。每年总的接地故障时间应不超过 125 h。

——C 类：这些电缆不是要用在 C 类系统中运行的。当有此要求时，应由买方和制造方就电缆和附件的设计达成协议。

1.5 试验条件

1.5.1 工频试验电压的频率和波形

交流试验电压的频率应不低于 49 Hz 和不高于 61 Hz。电压的波形应基本上为正弦波。

1.5.2 冲击试验电压的波形

冲击电压波形应符合 GB/T 3048.13—2007。

1.5.3 环境温度

除非另有规定，本部分试验的环境温度设定在 5 ℃～35 ℃之间。

1.6 特性

1.6.1 为了进行并记录本部分所述的试验，必须了解或申明下述特性：

a) 额定电压 U_0，kV；雷电冲击耐受电压 U_p，kV；操作冲击耐受电压 U_s，kV。

注：上述对每种特定电缆规定的雷电冲击耐受电压 U_p 和操作冲击耐受电压 U_s 应按 4.5.2 的表 4 选取。

b) 导体的型式，各导体的材料和标称截面(mm^2)及导体电阻(导体电阻参见 2.2)。

c) 如果导体标称截面不是按 GB/T 3956—1997 给出的数值时的导体电阻。

d) 绝缘线芯数。

e) 每导体与绝缘线芯屏蔽间的电容，μF/km。

f) 在规定环境和安装条件下长期运行时最高允许导体温度，℃。

g) 最低和最高允许静油压，kPa。

h) 金属套的型式和材料，及金属套加强层的结构(若有的话)。

i) 单根或多根导体与金属套之间的热阻，℃·cm/W。

注：热阻应采用 JB/T 10181.3—2000 给出的公式计算。

j) 电场强度[见 4.1.2b)的 3)，和 4.1.2c)的 1)或 2)]，MV/m。

k) 附件的最大设计压力(见第 5 章)，kPa。

l) 导体屏蔽的类型(有炭黑纸或者不用炭黑纸)。

m) 绝缘厚度的最小规定值，金属套以及防蚀层的标称厚度，mm。

n) 电缆和导体的标称外径，mm。

o) 金属套上的防蚀层的形式和材料。

1.7 试验类型和试验频度

1.7.1 例行试验

例行试验是为了证明每根成品电缆的完善性而由制造厂在所有成品电缆上进行的试验。试验是在制造长度上，即切割成交货长度前进行，还是在交货长度上进行，由买方和制造方之间协议决定。附件的例行试验按第5章进行。

1.7.2　特殊试验(抽样试验)

1.7.2.1　特殊试验是由制造厂在成品电缆的试样上或从成品电缆取下的组件上，以及附件的部件上按规定试验频度进行的试验，以验证成品电缆或附件符合设计规范。这些试验应仅在买方提出要求才做。

1.7.2.2　尺寸测量频度

除非买方另有要求，本试验应在不多于交货根数10%(至少一根)的电缆上进行。

1.7.2.3　机械试验频度

若合同中规定的总长度，三芯电缆超过2 km或单芯电缆超过4 km，试验的最大频度应按表1规定：

表1　电缆取样的频度

电缆长度/km				取自按合同制造的电缆的试样数
多　芯　电　缆		单　芯　电　缆		
大于	小于或等于	大于	小于或等于	
2	10	4	20	1
10	20	20	40	2
20	30	40	60	3
依次类推	依次类推	依次类推	依次类推	依次类推

1.7.3　型式试验

型式试验是由制造厂在按照一般商业原则供应符合本部分要求的完成产品之前所进行的试验，以证明产品具有满足预期使用要求的满意性能。

这些试验具有这样的性质，即在它们做过后不需重做，除非材料或设计有了可能改变其性能特性的变动。

1.7.4　安装后试验

安装后试验是为了证明电缆及其附件的完整性而进行的试验。

2　电缆的例行试验

2.1　概述

2.2～2.7规定的试验，如1.7.1所定义，应在所有成品电缆上进行。对于2.3、2.4和2.5规定的试验，电缆应装有合适的终端，且最高位置的油压调整到不大于200 kPa或最小静压力(见1.6.1)加上50 kPa，取较大值(所述压力为表压)。

2.2　导体电阻试验

应测量成品电缆中每根导体的直流电阻。三芯电缆(标称截面不超过400 mm^2)和单芯电缆(标称截面不超过2 500 mm^2)的电阻测量值，当校正到20 ℃、1 km长度的数值时，应不超过GB/T 3956—1997表2中第8和第9栏(铜导体)及第10栏(铝导体)第2种导体规定的数值。

对于导体大于上述标称截面或不包括在GB/T 3956—1997表2中的电缆，直流电阻应达到制造厂的声明值。

温度和长度的校正应按GB/T 3956—1997进行。

试验前，电缆应在合理的恒定温度中至少放置12 h。若对导体温度是否与环境温度相同有怀疑时，存放时间应延长到24 h。

2.3　电容试验

电容应在工频下用交流电桥进行测量，每一线芯电容应不大于声明值8%(见1.6.1)。

2.4 介质损耗角正切试验

介质损耗角正切应采用 1.5.1 规定的工频试验电压，于环境温度下在每根导体和线芯屏蔽之间进行测量。U_0 值不超过 87 kV，测量应在额定电压 U_0 和 $2U_0$ 下进行，U_0 值超过 87 kV，测量应在额定电压 U_0 和 $1.67U_0$ 下进行。

若在低于 20 ℃温度下进行测量，测量结果应校正到 20 ℃。按照下式试验温度与 20 ℃之间每差 1 ℃从测量值中减去其 2%：

$$\tan\delta_{20^\circ} = [1 - 0.02(20 - t)]\tan\delta_t$$

式中：

$\tan\delta_{20^\circ}$——换算至 20 ℃的 $\tan\delta$ 值；

$\tan\delta_t$——室温 t(℃)时，$\tan\delta$ 的测量值。

亦可按买方与制造厂间协议确认的适合于该种绝缘的校正曲线来进行校正。试验温度为 20 ℃或更高，则不应校正。

介质损耗角正切以及不同电压的损耗角正切之差应不超过表 7 对于纸绝缘电缆或表 8 对于聚丙烯复合纸绝缘电缆的相应数值或其声明值，取两者中的较小值。

2.5 交流电压试验

试验应在环境温度下进行，在每根导体和线芯屏蔽间施加工频交流试验电压 15 min。试验电压值应是(见表 9)：

——$2U_0$+10 kV，U_0 不超过 87 kV 的电缆；

——$1.67U_0$+10 kV，U_0 超过 87 kV 的电缆。

电压应逐步增加至规定值，绝缘不应击穿。

上面规定的交流试验可以用直流试验代替，试验电压值为：

——交流试验电压的 2.4 倍，U_0 不超过 220 kV 时；

——交流试验电压的 2.0 倍，U_0 超过 220 kV 时(见表 9)。

试验历时 15 min，绝缘应不击穿。

2.6 挤包外护套试验

挤包外护套应符合 IEC 60229:2007 的例行试验要求。

成品电缆挤包的塑料护套应耐受直流电压负极性 25 kV 时间 1 min 的耐压试验，而不击穿，电压加在金属套或铠装与塑料护套表面的导电层之间。

2.7 电缆油样试验

电缆绝缘浸渍结束后 2 天～10 天及连接电缆出厂的压力箱充油后 2 天～10 天，从电缆油道及压力箱取出的油样应符合下述规定：

油温 20 ℃±10 ℃时，工频击穿强度应不小于 50 kV/2.5 mm；

油温 100 ℃±1 ℃和电场梯度 1 kV/mm 时，$\tan\delta$ 应小于表 2 的规定。

表 2 出厂试验电缆油样的 $\tan\delta$

额定电压/kV	$\tan\delta$
66,110,220	0.005 0
330	0.003 0
500	0.002 8

3 电缆的特殊试验(抽样试验)

3.1 厚度测量

3.1.1 绝缘厚度测量

绝缘厚度应在按 1.7.2.2 选取的每根成品电缆一端取下的试样上，用下述任一种方法进行测定。

总的绝缘厚度应不小于规定的最小值。

3.1.1.1 直径测量带尺法

对于圆形或椭圆截面的绝缘导体，试样应剥掉绝缘屏蔽带露出绝缘线芯为止。在此状态下，采用直径测量带尺在离每段线芯端部 50 mm 与 100 mm 处测量线芯直径。直径测量带尺的标尺分度（按直径）应不大于 0.5 mm。

然后，剥去绝缘露出导体屏蔽，用直径测量带尺测量导体屏蔽直径。每一测量点的绝缘厚度用该点上测量的两个直径之差的一半来计算。

3.1.1.2 恒压力千分表法

对于扇形截面的绝缘导体，从试样上剥下的各层纸带叠在一起，不必除去多余的浸渍剂，然后用具有下述特性的恒压力千分表（刻度盘）测量它们的总厚度。必要时，可将绝缘分成几小部分，以便于测量。千分表的精度应不小于±0.005 mm，测量头直径为 6 mm～8 mm。施加的压力应是 350 kPa±5%。测量面应是同心平面，而且行程范围内的平行度在 0.003 mm 之内。

3.1.2 金属套厚度的测量

3.1.2.1 铅套

铅套的最小厚度小于声明的标称值（见 1.6.1）应不超过 5%+0.1 mm。

铅套的厚度应由制造厂决定采用下述的一种方法来测量。

3.1.2.1.1 窄条法

铅套的厚度应在按 1.7.2.2 选取的成品电缆上切取约 50 mm 长的铅套试样上测量。试样应纵向剖开，并小心地展平。试样清理后，应沿铅套圆周离展平的试样边缘不少于 10 mm 处测量多点。测量用千分尺的测量头直径为 4 mm～8 mm，精度为±0.01 mm。

3.1.2.1.2 圆环法

铅套厚度应在从试样上小心地切取的圆环上进行测量。应沿圆环试样圆周测量足够多的点，以确保测到最小厚度。测量用千分尺的一个测量头是平的，另一个是球状；或一个是平的，另一个是宽为 0.8 mm、长 2.4 mm 的矩形平面。球形测头或矩形测头应置于环的内侧。千分尺的精度应为±0.001 mm。

3.1.2.2 光铝套或皱纹铝套

被测试样应在按 1.7.2.2 选取的成品电缆上距端部不小于 300 mm 处切取。试样应是小心地从铝套上截取的 50 mm 长的圆环。

应沿着圆环试样圆周测量足够多的点，以确保测到最小厚度。测量应采用测量头半径为 3 mm 球面的千分尺，其精度应为±0.01 mm。

如此测得的最小厚度小于规定值（见 1.6.1）不应超过：

光铝套——10%+0.1 mm；

皱纹铝套——15%+0.1 mm。

3.1.3 挤包聚合物外护套厚度测量

3.1.3.1 应采用 GB/T 2951.11—2008 的 8.2 所述试验方法进行测量。

3.1.3.2 对于光铝套上挤包的聚合物外护套，六个测量值的平均值应不小于规定值（见 1.6.1），并且其最小测量值应不比规定值小 0.1 mm+15%标称值。

3.1.3.3 在所有其他情况下，任一点的最小测量厚度应不比规定值（见 1.6.1）小 0.2 mm+20%标称值。

3.1.4 复试步骤

若任何试样未通过 3.1 中任何一项试验，推荐从同一批产品中另取二个试样，进行原试样未通过的一项或几项试验。若附加的二个试样都通过试验，则被取试样的该批所有电缆应认为符合本部分要求。若其中任一个试样不合格，则这些试样代表的该批产品应为不合格。进一步的再取样和试验，应经双方协商。

3.2 机械性能试验

机械性能试验包括电缆的弯曲试验及随后进行的电气试验和结构检查。本试验的试样应按1.7.2.3选取。

3.2.1 弯曲试验

弯曲试验应在至少能在试验圆筒上绕一整圈的足够长度的电缆试样上进行。除非顾客另有规定，试验应在环境温度下进行。

试验圆筒的直径见表3。

表3 弯曲试验圆筒的直径

电缆类型	试验圆筒的直径 (偏差+5%)
铅套、铝合金套、皱纹铝套的单芯电缆	$25(D+d)$
铅套、铝合金套、皱纹铝套的三芯电缆	$20(D+d)$
所有光铝套电缆	$36(D+d)$[a]

注：表中，D——测量的承受压力的金属套外径或皱纹铝套电缆的皱纹波峰直径；d——导体直径测量值，或者如果是非圆形导体，则是导体周长测量值的1/3.14倍。

[a] 事实上，由于这些电缆试验圆筒的直径较大，因此运输和安装时必须采用比加强铅套或皱纹铝套电缆更大直径的电缆盘和敷设半径。

电缆应展直平放，一端固定在试验圆筒上。沿电缆顶部平行于电缆纵轴画一条参考线。然后平稳地转动圆筒，使所有电缆在上面紧绕一圈。然后反方向转动圆筒，使电缆放开。

将电缆沿其纵轴旋转180°，试验圆筒按前述一样的转动方向重复卷绕、放开过程。然后再将电缆沿其纵轴旋转180°，回到它的起始位置，即参考线向上。也允许采用另一试验方法，将试验圆筒反向转动，而电缆的位置可以保持相同，使电缆交替地在试验圆筒的顶部和底部卷绕。绕紧电缆/放开电缆/电缆翻转/绕紧电缆/放开电缆/电缆翻转的完整过程应在电缆试样上重复三次。

3.2.2 电气试验

上述弯曲试验完成后，电缆试样应按2.5规定的交流试验电压经受15 min高电压试验。

3.2.3 金属套、加强带或防蚀层的检查

按3.2.2做了工频高压试验后，应从经过试验的电缆试样的中部取下约1 m长的试品，剥开并进行检查。防蚀层和加强层不应严重地移位或损坏；承压护套应无裂纹和开裂。

3.2.4 绝缘的检查

按3.2.3内容检查后，应从试样的中部切下一段300 mm长的电缆段。应剥掉金属套和内层的绑扎带(若有的话)及填充物等，从而得到一段单芯电缆试样或三芯电缆的三段绝缘线芯试样。

应一次剥除少量绝缘纸带，并检查纸带撕裂和间隙。应符合下列要求：

a) 在300 mm长的试样中，纵向撕裂或边缘撕裂超过7.5 mm的绝缘带数，每芯不应超过二处。

b) 在整个绝缘中，任何一点不得有超过以下任何一条规定的缺陷：

   1) 相邻绝缘纸带上的二个任何长度的重合撕裂；

   2) 在相邻绝缘纸带上的二个任何长度的重合间隙。如果这些间隙重合是由于纸包反向引起的，则允许有三个。

上述要求中不包括炭黑纸。

3.2.5 复试步骤

若不符合上述要求，应从另一制造长度上取一新的试样，并应重复进行3.2规定的全部试验步骤。

若重复试验符合上述要求，则应认为该批电缆符合本部分。

3.3 铅套扩张试验

将 150 mm 长的铅管置于圆锥体上，圆锥体底部直径与高之比为 1∶3。试验时，铅管内应加油润滑，垂直轻掷圆锥体底部，然后转动铅管或锥体，试验进行到将铅管扩张至要求内径时为止。铅套在圆锥体上扩张至铅套前直径的 1.3 倍，应不破裂。

4 电缆的型式试验

4.1 概述

4.1.1 4.3、4.4 和 4.5 规定的试验旨在证明电缆设计的基本性能参数符合规定要求。若合同涉及电缆的任一项试验或所有试验过去已经在“类同设计”的电缆上做过，并且制造厂对此提供证明，则某项试验或所有试验可以不做。

4.1.2 “类同设计”定义为一种电缆与合同电缆相比具备下列每项试验的如下特性（除以下规定外，允许有 5%的偏差）：

a) 介质损耗角正切/温度试验（见 4.3）

1) 额定电压 U_0 在±10%之内；

2) 相同的线芯数；

3) 最高允许导体温度相同或更高；

4) 最小允许油压相同或较低；

5) 绝缘类型相同（即纸或聚丙烯复合纸）。

b) 绝缘安全试验（见 4.4）

与上述对介质损耗角/温度试验规定一样，但附加下述要求：

1) 导体直径相同或更大；

2) 类同的导体形状；

3) 额定电压 U_0 下最大电场强度相同或更高（按实际尺寸计算）。

当制造厂实际上提供的电缆额定电压相同，绝缘厚度也相同，并与导体尺寸无关时，上述 1)和 3)的要求应不适用，而应采用下述要求：

1) 相同的规定绝缘厚度；

2) 相同的导体直径；或者应已经在二根电缆上进行了符合上述所有要求的试验，其中一根电缆导体直径比它小，另一根电缆导体直径比它大。

c) 雷电冲击电压试验（见 4.5）和操作冲击电压试验（适用时，见 4.6）

与上述对绝缘安全试验规定一样，但有下述附加要求：

1) U_p 和 U_s（适用时）下最大电场强度相同或更高（按实际尺寸计算）。

当制造厂实际上提供的电缆额定电压相同，绝缘厚度也相同，并与导体尺寸无关时，上述 1)项应用下述要求代替：

2) 电缆已在等于或大于 U_p 和 U_s（适用时）的电压下进行过试验。

4.2 试验要求

4.3、4.4、4.5 和 4.6 规定的试验可按制造厂的意愿，分别在不同的电缆试样上进行，或只在电缆的一根试样上进行。若在一根电缆试样上做一项以上的试验，试验顺序应由制造厂决定。若第二项或紧接的试验不符合要求，未通过的试验应在新的电缆试样上重复进行，且此重复试验的结果应只对试验结果的最终评价有效。

对于电气试验，此电缆试样或多个试样应安装合适的终端头，试验装置最高点的油压应保持在 1.6.1 所述的最小值，偏差为+25%。若是三芯电缆，电气试验应只在一根线芯上进行。

4.3 介质损耗角正切/温度试验

本试验应在至少 10 m 长的电缆试样上进行。

介质损耗角正切应在额定电压 U_0 下及下列情况下测量：

a) 在环境温度下，电缆温度应不得高于 25 ℃；

b) 使用附录 A 所述的一种加热方法将电缆导体温度加热到不超过其最高允许温度 5 ℃后；

c) 冷却期间，在约 60 ℃和 40 ℃导体温度下；

d) 冷却到环境温度后立即进行。

整个试验期间(即在所有 5 种温度条件下)，介质损耗角正切应不超过表 7 对于纸绝缘电缆或表 8 对于聚丙烯复合纸绝缘电缆的试验电压 U_0 的规定值。

4.4 绝缘安全试验

按 3.2.1 弯曲试验后，应在电缆试样的导体与线芯屏蔽之间连续施加工频试验电压 24 h；不包括终端头在内，试样应至少 10 m 长，试验应在环境温度下进行。试验电压值应为(见表 9)：

——2.5U_0，适用于 U_0 不超过 87 kV 的电缆；

——1.73U_0＋100 kV，适用于 U_0 超过 87 kV 的电缆。

试验过程中绝缘不应击穿。

4.5 雷电冲击电压试验

4.5.1 概述

雷电冲击电压试验应在已经按 3.2.1 的条件和步骤做过弯曲试验的电缆试样上进行。

若试样组合包括接头，见 7.2 规定。冲击电压试验后，电缆试样应按 4.5.4 进行交流电压试验。终端套管底板之间电缆的最小长度应为 10 m。

4.5.2 试验步骤和要求

雷电冲击电压试验应在试样按 4.5.3 的要求加热后进行。

电缆应在试验温度下至少保持 2 h，然后在电缆的一根线芯的导体和线芯屏蔽间应施加规定的雷电冲击试验电压的峰值 10 次正极性和 10 次负极性冲击。

雷电冲击试验电压的峰值应不低于表 4 的规定值。

冲击电压发生器的校正和详细的试验步骤应按 GB/T 3048.13—2007 要求。

试验期间，电缆绝缘不应击穿。

表 4 冲击电压试验的规定电压值(峰值)

电缆额定电压/kV	雷电冲击试验电压/kV	操作冲击试验电压/kV
66	450	—
110	550	—
220	1 050	—
330	1 175	950
500	1 550	1 175

4.5.3 试验温度

试验温度应是最高连续运行温度，偏差为＋5 ℃。

制造厂可选择附录 A 中任何一种加热方法。

4.5.4 冲击试验后的交流电压试验

4.5.2 所述的试验完成后，试样应由制造厂决定在环境温度下或在冷却过程的任何温度下进行工频高压试验。

试验应按 2.5 规定进行。电缆绝缘不应击穿。

4.6 操作冲击电压试验

操作冲击电压试验在雷电冲击试验之前进行。

电缆试样按 4.5.3 加热，试验温度达到电缆最高连续运行温度，偏差为+5 ℃，保持 2 h。

然后施加表 4 规定的操作冲击试验电压(峰值)正、负极性各 10 次。

绝缘应不击穿。

4.7 铅套和加强层液压试验

弯曲试验以后，取 5 m 长试样放置在槽钢或角铁上，每隔 1 m 予以固定，电缆两端头应加固。一端接压力表，一端接水压泵逐渐加液压至 2 倍设计最高压力，铅套应不开裂。

4.8 外护层沥青滴出试验

如电缆外护层有沥青，应从成品电缆上取 300 mm 长试样，试验前将试样两端 40 mm 的外护层剥除到金属套为止。清除金属套上的沥青残余物后，将试样水平放置于恒温烘箱内，在温度 70 ℃±2 ℃下经 4 h，沥青涂料应不滴出。

4.9 挤包外护套刮磨试验

试样经 3.2.2 规定的弯曲试验后，应按 JB/T 10696.6—2007 进行刮磨试验。

把经过刮磨试验的试样，在室温下浸入 0.5%(质量比)氯化钠和大约 0.1%(质量比)非离子型表面活性剂水溶液中至少 24 h，铜带和铅套焊在一起作为负极，在铅套和盐溶液之间施加直流电压 20 kV 历时 1 min。然后按表 5 施加雷电冲击电压，正负极性各 10 次。试样应不击穿。

表 5 挤包外护套雷电冲击电压试验的规定电压值(峰值)

电缆额定电压/kV	雷电冲击试验电压/kV
66	37.5
110	37.5
220	47.5
330	62.5
500	72.5

把试样从溶液中取出，剥下包含刮磨部位的 1 m 长护套，用肉眼观察护套内外表面，应无裂缝和开裂。

4.10 铝套腐蚀扩展试验

试验按 JB/T 10696.5—2007 的规定进行。

5 附件的例行试验

5.1 概述

5.2 和 5.3 规定的试验应在按合同有关条款供应的每个附件上进行。

5.2 接头和终端套管组件

每个接头和终端套管部件，如瓷套和带焊缝的部件，应在环境温度下以二倍设计最大静压力(见 1.6.1)进行 15 min 液压试验，试验结果不应发生渗漏。

注：若设计压力超过 800 kPa，由制造厂和买方协商，试验压力可小于二倍设计最大静压力；但绝不能小于 1 600 kPa(所述压力为表压)。

5.3 压力箱——液压试验

应在环境温度下对所有压力箱施加相当于 1.1 倍压力箱的设计最大静压力的液压，若外保护层有可能掩盖存在渗漏，则此试验应在施加外保护套之前进行。

加压 8 h 后，应无渗漏可见。

5.4 压力表

如果压力表制造厂提供试验证书，则本试验可不做。每个垂直安装的压力表应在 20 ℃±5 ℃的温度下做满刻度试验，随着升压和降压取其读数。

在最大表值刻度的10%以上及90%以下任一点的压力指示误差，应不大于最大刻度的1%，对其余刻度范围应不大于最大刻度的1.5%。

上述试验后，压力应升到最大表值读数以上25%，然后立即降到零。

然后，压力表应按照本条前二段规定的步骤重新进行精度试验。

5.5 报警压力表

如果压力表制造厂提供试验证书，则本试验可不做。电接点压力表的触发压力应进行校验，其与标准设定值的偏差应不大于满刻度值的±2%。

6 附件的特殊试验

6.1 压力箱——压力/体积(供油特性)试验

本试验应对合同中压力箱数的10%进行，但在任何情况下不能少于二只。在完成5.3规定的试验后，应检查压力箱的压力/体积特性(供油特性)。

压力/体积特性(供油特性)定义为压力为横座标和压力箱可供油的体积为纵座标的曲线。这一曲线在规定温度(例如20 ℃)和压力上下限之间(例如30 kPa和180 kPa表压之间)有效(所述压力为表压)。

试验应按下述步骤进行：

向压力箱中注油，使其达到压力上限。然后使其一直运行在相同的给定温度下，连续放出计量体积的油，同时记下相应的压力值，直至达到压力下限。

如此得到的油体积应不低于该种被试压力箱的特性曲线所代表的标称值的90%。

7 附件的型式试验

7.1 概述

7.3和7.4规定的试验，旨在证明基本的附件设计具有令人满意的性能特性，符合规定要求。若一项试验或若干试验过去已经在与合同中附件“类同设计”的附件上做过，并且制造厂对此提供了等效的证书，则某项试验或所有试验可以不做。

“类同设计”定义为一种附件与合同附件相比具备下列每项试验的如下特性(除非另有规定，允许有5%的偏差)。

——绝缘安全试验(见7.4)：

a) 额定电压U_0在±10%以内；

b) 相同线芯数；

c) 电缆最高允许导体温度相同或较高；

d) 最低允许油压相同或较低；

e) 一般结构和电气设计类同；

f) 电缆导体直径相同或较大；

g) 电缆导体形状类同；

h) 电缆绝缘材料相同(即纸或聚丙烯复合纸)；

i) 附件绝缘材料相同(即纸或聚丙烯复合纸)；

——雷电冲击电压试验(见7.3)和操作冲击电压试验(适用时，见7.5)：

与对绝缘安全试验规定的一样，但有下列附加要求：

j) 附件已经在等于或大于U_p和U_s(适用时)的电压下做过试验。

7.2 试验要求

用作试验的电缆段，通常应是在装置中与附件相连的电缆试样。然而，若经买方和制造厂协商同意，亦可以是额定电压等级较高的电缆。在前一种情况下，若电缆完全符合 4.4 和 4.5 的要求，且相邻附件端部之间的电缆长度不小于 5 m，则试验对电缆和附件应认为都有效。

7.3 雷电冲击电压试验

雷电冲击电压试验应按 4.5.2 和 4.5.3 进行，需控制电缆最热点的温度，而不是附件的温度。

试验装置的任何部分应不击穿，终端套管应不闪络。若防闪络用角形件或环不是被试设备的组成部分，则试验前可以移去。

7.4 绝缘安全试验

应进行 4.4 规定的绝缘安全试验。试验装置的任何部分应不击穿，终端套管应不闪络。

7.5 操作冲击电压试验

操作冲击电压试验应按 4.6 进行。

对终端套管应在湿状态下进行冲击试验。

试验装置的任何部分应不击穿，终端套管应不闪络。若消弧角与消弧环不是被试设备的组成部分，则试验前可以移去。

7.6 终端的无线电干扰试验

终端的无线电干扰试验应按照 GB/T 11604—1989 进行，并符合要求。

8 安装后的试验

8.1 概述

为完成合同，安装后的电缆线路应进行 8.1～8.5 所述的液压和电气试验。

8.2 油流动试验

试验方法及要求参见附录 B。

8.3 浸渍系数试验

试验方法及要求参见附录 C。

8.4 高电压试验

系统充油达到其设计油压后，应对电缆、接头以及终端组成的一个完整回路进行直流试验。电压应施加在每一导体和屏蔽之间，历时 15 min。试验回路应耐受下列电压（见表 9）或规定的雷电冲击电压的 50％（见 1.6.1），取其中较低的值：

——4.5U_0，对于 U_0 不超过 64 kV 的电缆；

——4U_0，对于 U_0 超过 64 kV 但不超过 127 kV 的电缆；

——3.5U_0，对于 U_0 超过 127 kV 但不超过 220 kV 的电缆；

——3U_0，对于超过 220 kV 的电缆。

如果电缆终端插入变压器或封闭式开关中，本试验需要按买方与变压器或开关制造厂，以及电缆承包商之间达成的协议进行。

注：如果发生闪络，电缆线路中可能产生暂态过电压。此暂态电压，如果高于所保证的耐受水平（见 1.6.1），电缆或附件可能被击穿。因此采取一切可能的措施以预防终端及其他设备闪络是很重要的。

8.5 防蚀层试验

绝缘护套系统采用的挤包外护套应按 IEC 60229:2007 第 5 章进行试验。

8.6 油样试验

电缆系统安装完毕，充油达到设计油压，静置 72 h 后，应从电缆终端出线杆放取油样进行试验，其性能应符合下述规定：

室温下工频电压击穿强度应大于 50 kV/2.5 mm；

油温 100 ℃±1 ℃、电场强度 1 kV/mm 时，$\tan\delta$ 应小于表 6 的规定。

表 6　安装后电缆油样的 tanδ

额定电压/kV	tanδ
66,110,220	0.005 0
330	0.004 0
500	0.003 5

表 7　纸绝缘电缆的介质损耗角正切试验要求

额定电压 U_0/kV	不用炭黑纸屏蔽的电缆					用炭黑纸屏蔽的电缆				
	最大介质损耗角正切 $\times 10^{-4}$			最大介质损耗角正切之差值 $\times 10^{-4}$		最大介质损耗角正切 $\times 10^{-4}$			最大介质损耗角正切之差值 $\times 10^{-4}$	
	U_0	$1.67U_0$	$2U_0$	U_0 与 $1.67U_0$ 之间	U_0 与 $2U_0$ 之间	U_0	$1.67U_0$	$2U_0$	U_0 与 $1.67U_0$ 之间	U_0 与 $2U_0$ 之间
36	35	—	43	—	10	35	—	55	—	24
64	33	—	40	—	8	33	—	45	—	14
127	30	34	—	5	—	30	36	—	7	—
190	28	31	—	4	—	28	34	—	7	—
290	28	31	—	4	—	28	34	—	7	—

注：本表列出的额定电压是 GB 311.1—1997 和 JB/T 8996—1999 推荐值。对于其他额定电压，介质损耗角正切值应由内推法求得。

表 8　聚丙烯复合纸绝缘电缆的介质损耗角正切试验要求

额定电压 U_0/kV	不用炭黑纸屏蔽的电缆			用炭黑纸屏蔽的电缆		
	最大介质损耗角正切 $\times 10^{-4}$		最大介质损耗角正切之差值 $\times 10^{-4}$	最大介质损耗角正切 $\times 10^{-4}$		最大介质损耗角正切之差值 $\times 10^{-4}$
	U_0	$1.67U_0$	U_0 和 $1.67U_0$ 之间	U_0	$1.67U_0$	U_0 和 $1.67U_0$ 之间
127	14	16	4	14	19	6
190	14	16	4	14	19	6
290	14	16	4	14	19	6

注：本表中列出的额定电压是 GB 311.1—1997 和 JB/T 8996—1999 推荐值。

表 9　推荐用于三相系统的电缆的系统电压和试验电压的标准值

1	2	3	4	5	6	7
系统电压/kV[a]			电缆的试验电压/kV[b]			
标称值[c]	设备的最高电压[c] U_m	电缆的额定电压 U_0	高电压试验(例行试验)		绝缘安全试验	安装后试验[d]
			交流	直流	交流	直流
66	72.5	36	82	197	90	162
110	126	64	138	330	160	290
220	252	127	220	530	320	510
330	363	190	325	780	430	665
500	550	290	495	990	600	870

表 9（续）

<table>
<tr><td>1</td><td>2</td><td>3</td><td>4</td><td>5</td><td>6</td><td>7</td></tr>
<tr><td colspan="3">系统电压/kV[a]</td><td colspan="4">电缆的试验电压/kV[b]</td></tr>
<tr><td rowspan="2">标称值[c]</td><td rowspan="2">设备的最高电压[c]U_m</td><td rowspan="2">电缆的额定电压 U_0</td><td colspan="2">高电压试验(例行试验)</td><td>绝缘安全试验</td><td>安装后试验[d]</td></tr>
<tr><td>交流</td><td>直流</td><td>交流</td><td>直流</td></tr>
<tr><td colspan="7">a 亦参见 GB 311.1—1997 和 JB/T 8996—1999。
b 第 4、5、6、7 栏中的数值对于 200 kV 及以下的电压，修约到 kV 整数值；对于超过 200 kV 的电压，分别修约到尾数 5 kV 或 10 kV 值。
c 有效值。
d 见 8.4。</td></tr>
</table>

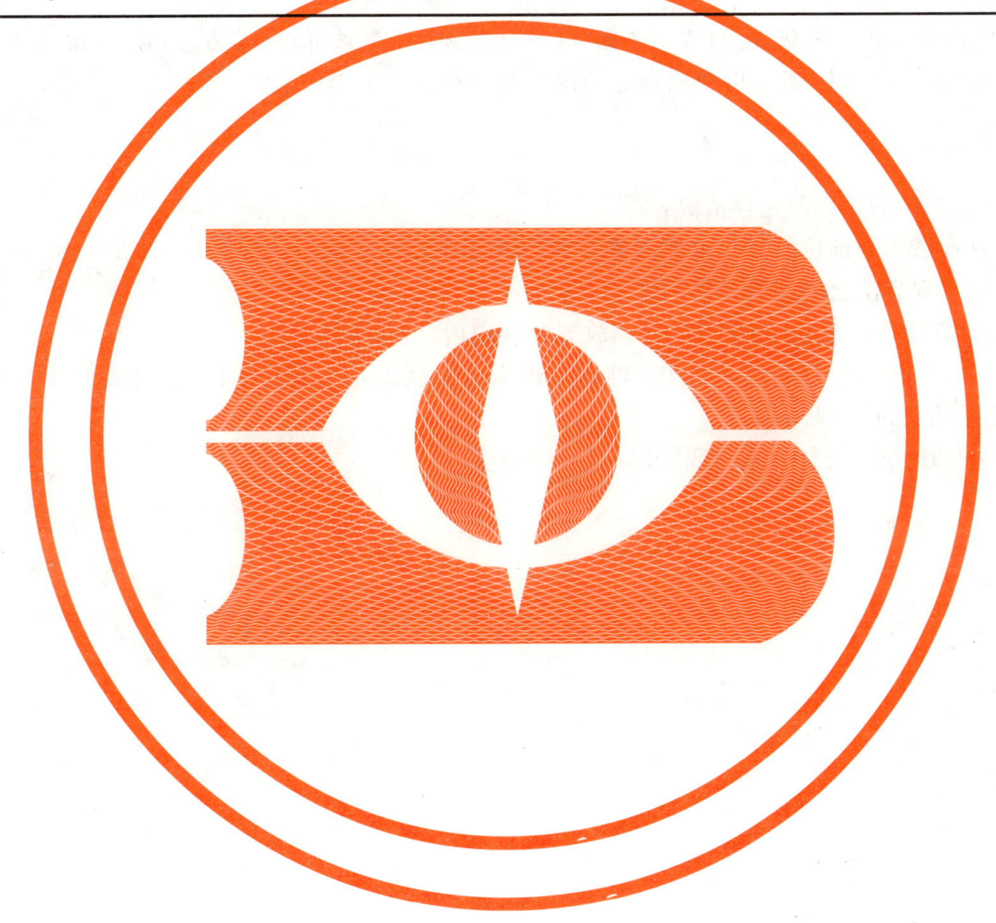

附 录 A
（规范性附录）
电缆试样加热方法

A.1 加热方法

通过以下方法将电缆试样缓慢加热到试验温度：

a） 只加热金属套；

b） 导体和金属套都加热；

c） 只加热导体。

在 a)和 b)中加热金属套，由制造厂选择可以采用任何(电气或非电气)方法；在 b)和 c)中通过电流加热导体。在所有方法中，都可以使用合适的热绝缘材料包覆护套。

A.2 温度的控制

对于上述所有 a)、b)、c)三种情况：

A.2.1 通过在适当的部位放置热电偶测量金属套的温度。

A.2.2 采用下列方法之一测量导体的温度：

a） 直接测量导体温度，例如将热电偶放置在油道内(可行时)；

b） 直接用热电偶测量金属套温度，再加上绝缘的温度差，后者通过计算试验温度下导体损耗和绝缘热阻得到(见 1.6.1)；

c） (可行时)测量导体直流电阻，并计算导体温度。

附　录　B
（资料性附录）
油流动试验

油流动试验是敷设安装以后进行油的自由流通试验，以检验电缆及附件的油道中有否堵塞物存在。

油的流通试验应在电缆线路的每一相上进行。在试验电缆线路下端接上辅助压力箱，上端接上带有阀门及压力表的溢油管。辅助压力箱的压力应调到使在最高端的压力介于0.05 MPa～0.10 MPa范围内。

关闭被试电缆相上工作压力箱阀门，打开辅助压力箱上阀门。

被试电缆相承受试验压力1 h后将溢油管上的阀门打开，在获得稳定的射流后，在量筒中注入0.001 m^3 油，记下油开始溢流到量筒及结束所经过的时间以及辅助压力箱的压力，并按式B.1换算成单位时间流出的油的体积 Q(m^3/s)：

$$Q = 0.394 \frac{(p - 1.02 \times 10^4 h\gamma) r^4}{\eta l} \qquad \text{(B.1)}$$

式中：

p——在油溢流到量筒期间辅助压力箱的平均过剩压力，Pa；

h——经受试验线段一相的上端与下端之间的位差，m；

γ——油的密度，t/m^3；

r——油道半径，m；

l——油道长度，m；

η——在试验温度下油的黏度，Pa·s。

根据测量结果而得出的油的体积不低于按理论公式B.1计算值的80%。

附 录 C
（资料性附录）
浸渍系数试验

浸渍系数 K 是表示绝缘中含气量特性的参数。

浸渍系数测量应在电缆线路的每一相上进行。辅助压力箱及带有阀门和压力表的溢油管与被试电缆相连接，辅助压力箱的压力同附录 B 规定。辅助压力箱接在被试电缆相的上端。

试验时关闭被试电缆相工作压力箱上的阀门，打开辅助压力箱的阀门。在试验压力下 1 h 后将辅助压力箱上阀门关闭，溢油管阀门打开，油放入量筒中。放油完毕后，将溢油管阀门关闭，并恢复电缆线路供油的工作方式。

按式 C.1 计算浸渍系数 K（$\mathrm{MPa^{-1}}$）

$$K = \frac{\Delta V}{\Delta p \cdot V} \qquad \cdots\cdots\cdots\cdots（C.1）$$

式中：

ΔV——从试验线路的一相流出的油的体积，$\mathrm{m^3}$；

V——相中含有油的体积，$\mathrm{m^3}$；

Δp——在油流出的开始前及结束后，在该相中的压力之差，MPa。

K 不大于 $60 \times 10^{-4}\ \mathrm{MPa^{-1}}$。

附　录　D
（资料性附录）
本部分章条编号与 IEC 60141-1:1993 章条编号对照

表 D.1 给出了本部分章条编号与 IEC 60141-1:1993 章条编号对照一览表。

表 D.1　本部分章条编号与 IEC 60141-1:1993 章条编号对照

本部分章条编号	对应的国际标准章条编号
1	1
2.1～2.6	2.1～2.6
2.7	—
3.1	3.1
3.2	3.2
3.3	—
4.1～4.5	4.1～4.5
4.6～4.10	—
5～6	5～6
7.1～7.4	7.1～7.4
7.5～7.6	—
8.1～8.5	8.1～8.5
8.6	—
附录 A	附录 A
附录 B,附录 C,附录 D,附录 E	—

附 录 E
（资料性附录）
本部分与 IEC 60141-1:1993 技术性差异及其原因

表 E.1 给出了本部分与 IEC 60141-1:1993 技术性差异及其原因的一览表。

表 E.1 本部分与 IEC 60141-1:1993 技术性差异及其原因

本部分的章条编号	技术性差异	原　因
2.7	增加了“电缆油样试验”	保留 GB 9326.2—1988 的内容
3.3	增加了“铅套扩张试验”	保留 GB 9326.2—1988 的内容
4.6	增加了“操作冲击电压试验”	保留 GB 9326.2—1988 的内容
4.7	增加了“铅套和加强层液压试验”	保留 GB 9326.2—1988 的内容
4.8	增加了“外护层沥青滴出试验”	保留 GB 9326.2—1988 的内容
4.9	增加了“挤包外护套刮磨试验”	保留 GB 9326.2—1988 的内容
4.10	增加了“铅套腐蚀扩展试验”	我国高压电缆要求的试验项目
7.5	增加了“操作冲击电压试验”	保留 GB 9326.2—1988 的内容
7.6	增加了“终端的无线电干扰试验”	我国高压电缆要求的试验项目
8.2	增加了“资料性附录 B:油流动试验”代替“考虑中”	为 GB 9326.1—1988 的内容
8.3	增加了“资料性附录 C:浸渍系数试验”代替“考虑中”	为 GB 9326.1—1988 的内容
8.6	增加了“油样试验”	保留 GB 9326.2—1988 的内容

ICS 29.060.20
K 13

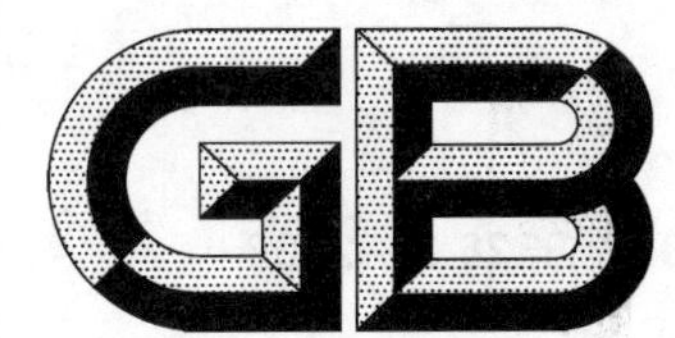

中华人民共和国国家标准

GB/T 9326.2—2008
代替 GB 9326.2—1988

交流 500 kV 及以下纸或聚丙烯复合纸绝缘金属套充油电缆及附件 第2部分:交流 500 kV 及以下纸绝缘铅套充油电缆

Oil-filled, paper or polypropylene paper laminate insulated, metal-sheathed cables and accessories for alternating voltages up to and including 500 kV— Part 2: Oil-filled paper insulated, lead-sheathed cables for alternating voltages up to and including 500 kV

(IEC 60141-1:1993, NEQ)

2008-06-30 发布　　2009-05-01 实施

中华人民共和国国家质量监督检验检疫总局
中国国家标准化管理委员会　发布

前　言

GB/T 9326《交流 500 kV 及以下纸或聚丙烯复合纸绝缘金属套充油电缆及附件》由五个部分组成：

——第 1 部分：试验；

——第 2 部分：交流 500 kV 及以下纸绝缘铅套充油电缆；

——第 3 部分：终端；

——第 4 部分：接头；

——第 5 部分：压力供油箱。

本部分是 GB/T 9326 的第 2 部分。

本部分与 IEC 60141-1：1993《充油电缆和压气电缆及其附件的试验　第 1 部分：交流电压 500 kV 及以下纸或聚丙烯复合纸绝缘金属护套充油电缆及其附件》第 3 版和第 1 号修改单(1995)及第 2 号修改单(1998)的一致性程度为非等效，主要差异为：本部分暂不包括聚丙烯复合纸绝缘。

本部分代替 GB 9326.2—1988《交流 330 kV 及以下油纸绝缘自容式充油电缆及附件　油纸绝缘自容式充油电缆》。

本部分与 GB 9326.2—1988 相比的技术差异是：

——增加了导体的大尺寸规格，取消了非标准规格(见表 4)；

——增加了 500 kV 电压等级，电缆的绝缘厚度参照 DL/T 5228—2005《水力发电厂交流 110 kV～500 kV 电力电缆工程设计规范》和我国锦辽线运行的电缆确定(见表 5)；

——绝缘纸技术要求改为按照 QB/T 2692—2005《110 kV～330 kV 高压电缆纸》；另对 500 kV 电缆纸规定了介质损耗角正切(100 ℃，分干纸和油纸)要求(见 6.2)；

——取消前版标准包含的所有试验内容(前版的第 7 章)；

——将铅套密封性例行试验改为工艺要求(见 7.4.5)；

——增加了不锈钢带加强层类型(见 7.5.3)；

——增加了聚乙烯护套类型(见 7.5.4)；

——增加绝缘油的性能(见表 A.1)。

本部分的附录 A 为资料性附录。

本部分由中国电器工业协会提出。

本部分由全国电线电缆标准化技术委员会(SAC/TC 213)归口。

本部分负责起草单位：上海电缆研究所。

本部分参加起草单位：湖北永鼎红旗电气有限公司、上海电缆厂有限公司、沈阳电缆有限责任公司、上海三原电缆附件有限公司、东北电力设计院、武汉高压研究院。

本部分主要起草人：徐晓峰、王国忠、莫临元、邢志强、邓长胜、李龙、阎孟昆。

本部分所代替标准的历次版本发布情况为：

——GB 9326.2—1988。

交流500 kV及以下纸或聚丙烯复合纸绝缘金属套充油电缆及附件 第2部分：交流500 kV及以下纸绝缘铅套充油电缆

1 范围

本部分适用于相间额定交流电压110 kV～500 kV中性点有效接地系统，供输配电能用的铜芯纸绝缘铅套单芯自容式充油电缆。

2 规范性引用文件

下列文件中的条款通过GB/T 9326的本部分的引用而成为本部分的条款。凡是注日期的引用文件，其随后所有的修改单(不包括勘误的内容)或修订版均不适用于本部分，然而，鼓励根据本部分达成协议的各方研究是否可使用这些文件的最新版本。凡是不注日期的引用文件，其最新版本适用于本部分。

GB/T 469—2005 铅锭

GB/T 507—2002 绝缘油击穿电压测定法(IEC 60156:1995,MOD)

GB/T 2900.10—2001 电工术语 电缆(idt IEC 60050(461):1984)

GB/T 2952.1—1989 电缆外护层 总则

GB/T 2952.4—1989 电缆外护层 铅套充油电缆特种外护层(neq IEC 60141-1:1976)

GB/T 3048.4—2007 电线电缆电性能试验方法 第4部分：导体直流电阻试验

GB/T 3048.8—2007 电线电缆电性能试验方法 第8部分：交流电压试验(IEC 60060-1:1989,NEQ)

GB/T 3048.11—2007 电线电缆电性能试验方法 第11部分：介质损耗角正切试验

GB/T 3048.13—2007 电线电缆电性能试验方法 第13部分：冲击电压试验(IEC 60230:1966,IEC 60060-1:1989,MOD)

GB/T 3048.14—2007 电线电缆电性能试验方法 第14部分：直流电压试验(IEC 60060-1:1989,NEQ)

GB/T 3953—1983 电工圆铜线(neq ASTM B1:1970)

GB/T 5654—2007 液体绝缘材料 相对电容率、介质损耗因数和直流电阻率的测量(IEC 60247:2004,IDT)

GB 7971—1987 半导电电缆纸

GB/T 9326.1—2008 交流500 kV及以下纸或聚丙烯复合纸绝缘金属套充油电缆及附件 第1部分：试验(IEC 60141-1:1993,MOD)

GB/T 21221—2007 绝缘液体 以合成芳烃为基的未使用过的绝缘液体(IEC 60867:1993,IDT)

JB/T 8137—1999 电线电缆交货盘

JB/T 10696.5—2007 电线电缆机械和理化性能试验方法 第5部分：腐蚀扩展试验

QB/T 2692—2005 110 kV～330 kV高压电缆纸

3 术语和定义

GB/T 2900.10确立的以及下列术语和定义适用于GB/T 9326的本部分。

3.1

工作油压　normal oil-pressure

指电缆及附件正常运行时实际承受的油压值，单位为 MPa。

3.2

最大设计油压　designed maximum oil-pressure

电缆及附件设计所需的最大油压值，在未作规定时取最大设计油压等于最高工作油压，单位为 MPa。

3.3

标称值　nominal value

制造时必须保证的规定值，并且都有规定偏差。

3.4

测量值　measured value

用规定方法测量或试验所获得的数值。

4　产品型号和规格

4.1　代号

4.1.1　产品系列代号

自容式充油电缆…………………………………………………………………………………… CY

4.1.2　材料特征代号

铜导体 ………………………………………………………………………………………… 省略

纸绝缘 ………………………………………………………………………………………… Z

铅套 …………………………………………………………………………………………… Q

4.1.3　外护层代号

外护层代号按表 1 规定。

表 1　外护层代号

代号	加强层	代号	铠装层	代号	外被层
1	铜带径向加强	0	无铠装	1	纤维层
2	不锈钢带径向加强	4	粗钢丝	2	聚氯乙烯护套
3	铜带径向窄铜带纵向加强			3	聚乙烯护套
4	不锈钢带径向窄不锈钢带纵向加强				

4.1.4　工作油压范围代号

工作油压范围代号按表 2 规定。

表 2　工作油压范围代号

油压范围	代　号
0.02 MPa≤P<0.40 MPa	1
0.40 MPa≤P<0.80 MPa	2
≥0.80 MPa	待定

4.2　电缆型号

电缆产品型号由产品系列代号和各组成部分代号组成，各类电缆型号及其含义的示例见表 3。

表 3 电缆型号

型 号	名 称
CYZQ 203	铜芯纸绝缘铅套不锈钢带径向加强聚乙烯护套自容式充油电缆
CYZQ 302	铜芯纸绝缘铅套铜带径向及纵向加强聚氯乙烯护套自容式充油电缆
CYZQ 141	铜芯纸绝缘铅套铜带径向加强钢丝铠装自容式充油电缆

4.3 电缆规格

电缆的规格应符合表 4 规定。

表 4 电缆的规格

额定电压/kV	标称截面/mm²
110	120,150,185,240,300,400,500,630,800,1 000
220	240,300,400,500,630,800,1 000,1 200,1 600
330	400,500,630,800,1 000,1 200,1 400,1 600,2 000
500	630,800,1 000,1 200,1 400,1 600,2 000,2 500

4.4 产品表示方法

4.4.1 电缆产品用型号、规格(额定电压、芯数、标称截面)及标准号表示,其构成示意如图 1 所示:

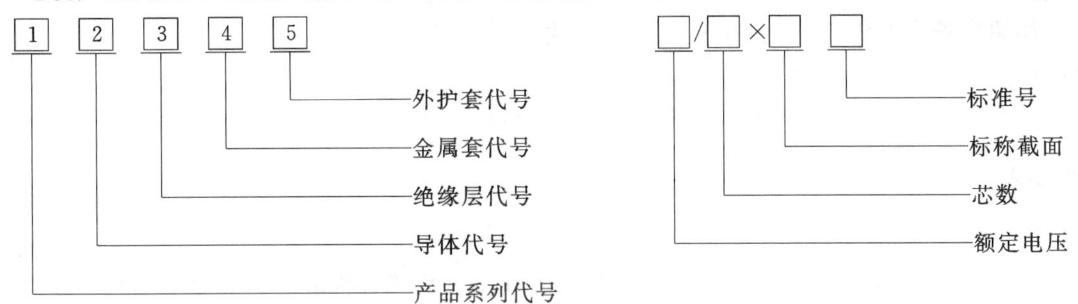

图 1 产品表示方法

鉴于各种型号的充油电缆均有相同结构的内衬层和保护加强层的保护层,故内衬层和保护层特征不在电缆型号中表示。电缆外护层代号,按电缆外护层结构从里到外用加强层、铠装层、外被层的代号组合表示。

有铠装的自容式充油电缆挤包的聚乙烯或聚氯乙烯护套保护层的代号,不在外护层中表示出来。

4.4.2 产品表示方法举例

铜芯纸绝缘铅包铜带径向窄铜带纵向加强聚氯乙烯护套自容式充油电缆,额定电压 127/220 kV,单芯,标称截面 400 mm²,表示为:

CYZQ 302 127/220 1×400 GB/T 9326.2—2008

5 使用特性

5.1 电缆最高工作电压

——110 kV 电缆为 1.15 倍额定电压;

——220 kV 电缆为 1.15 倍额定电压;

——330 kV 电缆为 1.1 倍额定电压;

——500 kV 电缆为 1.1 倍额定电压。

5.2 油压范围

线路上任何一点、任何时刻的油压应大于 0.02 MPa;按电缆加强层结构不同,其允许最高稳态油压可分为 0.40 MPa 和 0.80 MPa 两类。

5.3 敷设温度

电缆一般不能在低于0 ℃的环境温度下敷设。

5.4 弯曲半径

电缆敷设时的弯曲半径不小于电缆外径的25倍。敷设后,电缆的弯曲半径不小于电缆外径的20倍。

5.5 长期运行时最高允许导体温度

电缆长期运行时最高允许导体温度为85 ℃。

6 材料

6.1 导体铜

导体铜应符合GB/T 3953—1983。

6.2 绝缘纸

110 kV～330 kV高压电缆纸应符合QB/T 2692—2005;但500 kV高压电缆纸的介质损耗角正切(100 ℃)应符合:干纸 $\tan\delta \leqslant 0.0020$,油纸 $\tan\delta \leqslant 0.0025$。

6.3 半导电纸

单色半导电纸及双色半导电纸应符合GB 7971—1987。

6.4 护套铅

护套用铅应符合GB/T 469—2005,不低于5号铅。

6.5 绝缘油

绝缘油应符合GB/T 21221—2007要求,并参见附录A。

7 技术要求

7.1 导体

7.1.1 导体应是中心具有金属螺旋管作支架的油道或由型线绞合构成的油道的中空圆形导体,油道直径应不小于12 mm。

7.1.2 导体应采用软圆铜单线或软铜型线制造。

7.1.3 导体表面应光滑、清洁,不允许有损伤导体屏蔽的毛刺、锐边和个别单线凸起或断裂。

7.2 屏蔽

导体屏蔽及绝缘屏蔽由单色半导电纸及一层双色半导电纸构成,屏蔽层厚度不小于0.4 mm。导体屏蔽的外层为双色半导电纸,双色半导电纸的绝缘面朝向绝缘层。绝缘屏蔽的内层为双色半导电纸,双色半导电纸绝缘面朝向绝缘层,绝缘屏蔽层的表面亦允许有一层薄铜带大间隙绕包。

7.3 绝缘

7.3.1 绝缘由油浸纸组成。绝缘层的厚度应符合表5规定。

表5 绝缘厚度规定

额定电压/kV	最小绝缘厚度/mm
110	10.5
220	19.0
330	25.0
500	31.0

7.3.2 经弯曲试验后,在300 mm长的试样中相邻绝缘纸带不允许有二个以上的重合撕裂,相邻绝缘纸带不允许有二个以上的间隙重合,纸包反向处最多允许三个间隙重合。

纵向撕裂或边缘撕裂长度超过7.5 mm的绝缘纸带数,不超过二处。

7.4 铅套

7.4.1 铅套应采用合金铅。合金成分为：锑 0.40%～0.80%，铜 0.08%以下，余量为铅；或碲 0.04%～0.10%，砷 0.12%～0.20%，锡 0.10%～0.18%，铋 0.06%～0.14%，余量为铅。

7.4.2 铅套应在圆锥体上扩张至铅包前电缆直径的 1.3 倍而无裂纹。

7.4.3 铅套厚度应符合表 6 规定。

表 6 铅套厚度规定

单位为毫米

铅包前直径	CYZQ 203		CYZQ 302		CYZQ 141	
	标称厚度	最小厚度	标称厚度	最小厚度	标称厚度	最小厚度
≤50	3.0	2.7	3.5	3.2	3.5	3.2
>50～70	3.5	3.2	4.0	3.7	4.0	3.7
>70	4.0	3.7	4.5	4.2	4.5	4.2
注：本表型号为代表型号，其他类似型号可依此类推。						

7.4.4 电缆铅套应表面光滑、密封，不得有砂眼和铅渣夹杂物。表面擦伤应进行修理，但必须保证符合表 6 规定。

7.4.5 电缆铠装前应进行铅套密封性检验，在 0.50 MPa～0.60 MPa 压力下经 2 h 电缆应不渗油，如渗漏，允许修补到符合要求。

7.5 外护层

7.5.1 电缆外护层应由符合 GB/T 2952.4—1989 的同心层组成，其工艺要求应符合 GB/T 2952.1—1989。

7.5.2 内衬层应紧包在铅套上，其厚度近似为 0.5 mm。

7.5.3 普通电缆加强层采用铜带(或不锈钢带)作径向加强；能承受较大张力的电缆采用不锈钢带(或铜带)径向加强和不锈钢带(或窄铜带)纵向加强。其保护层由防水层和聚乙烯/聚氯乙烯挤包护套组成。

7.5.4 聚乙烯或聚氯乙烯护套厚度应符合表 7 规定，最小厚度应不小于标称值的 80%—0.2 mm。

表 7 护套尺寸规定

护套标称直径/mm	护套标称厚度/mm
≤70	3.5
>70～85	4.0
>85～100	4.5
>100	5.0

7.5.5 水底电缆加强层外应有由防水层和挤包的聚乙烯或聚氯乙烯塑料护套组成的保护层，保护层外应另加粗钢丝铠装和外被层。水底电缆外护层的各部分尺寸应根据实际工程条件由制造厂和买方协商确定。

7.5.6 单芯电缆铠装可采用单层或双层的低磁或无磁性金属丝。

7.5.7 纤维外被层由聚丙烯绳等防水、耐磨纤维层组成。外被层的标称厚度应为 4.0 mm，允许有 20%的负偏差。

7.6 成品电缆

成品电缆的性能应符合 GB/T 9326.1—2008 中各项试验要求。

8 试验

8.1 试验分类

试验分为型式试验(T)、特殊试验(S)及例行试验(R)，其定义见 GB/T 9326.1—2008。

8.2 试验项目及要求

试验项目及要求如表8规定。

表8 试验项目及要求

序号	检查项目	要求 GB/T 9326.1—2008条文	试验类型	试验方法
01	导体电阻试验	2.2	R	GB/T 3048.4—2007
02	电容试验	2.3		GB/T 3048.11—2007
03	介质损耗角正切试验	2.4		GB/T 3048.11—2007
04	交流电压试验	2.5		GB/T 3048.8—2007
05	塑料护套直流耐压试验	2.6		GB/T 3048.14—2007
06	油样试验	2.7		GB/T 507—2002和 GB/T 5654—2007
07	导体结构	本部分的7.1	S	目测
08	厚度测量	3.1		GB/T 9326.1—2008的3.1
09	机械性能试验	3.2		GB/T 9326.1—2008的3.2
10	铅套扩张试验	3.3		GB/T 9326.1—2008的3.3
11	介质损耗角正切/温度试验	4.3	T	GB/T 3048.11—2007
12	绝缘安全试验	4.4		GB/T 3048.8—2007
13	雷电冲击电压试验	4.5		GB/T 3048.13—2007
14	操作冲击电压试验	4.6		GB/T 3048.13—2007
15	铅套和加强层液压试验	4.7		GB/T 9326.1—2008的4.7
16	外护层沥青滴出试验	4.8		GB/T 9326.1—2008的4.8
17	外护套刮磨试验	4.9		GB/T 9326.1—2008的4.9
18	铅套腐蚀扩展试验	4.10		JB/T 10696.5—2007

9 验收规则

9.1 应按本部分要求进行例行试验、抽样试验及型式试验。

9.2 产品应由制造厂的质量检验部门检验合格后方能出厂，每盘出厂的电缆应附有产品检验合格证书。根据用户要求，制造厂应提供产品的试验报告。

产品按表7规定的试验项目进行验收。

9.3 试验的频度及要求应符合GB/T 9326.1—2008。当油样试验不符合时，电缆和压力箱可重新换油，直至试验合格后出厂；若不符合GB/T 9326.1—2008的2.6要求时，经修理后能通过该项试验者应作为合格品。若不符合GB/T 9326.1—2008的4.7、4.8、4.9要求时，可重新取样进行复试，并作为最终评定；

按GB/T 9326.1—2008的3.2要求的试验应每年至少进行一次。试样应从通过验收交货试验的批量中抽取。

10 包装及标志

10.1 电缆应卷绕在符合JB/T 8137—1999要求的电缆盘上交货，盘芯直径应大于25($D+d$)，D为铅套直径，d 为导体直径。电缆端头应焊封严实。盘芯内装有压力箱，压力箱端部应有保护装置，通过油管和电缆端头连通。压力箱阀门上应加封印。油管应逐段加以固定。塑料护套端部应密封，以免水分侵入。

10.2 在每个出厂的电缆盘上应附有放在不透水的塑料袋内的产品检验合格证，并固定在电缆盘的侧板上。

10.3 每个电缆盘上应标明：

a) 制造厂名称；

b) 电缆型号；

c) 额定电压，kV；

d) 电缆芯数及标称截面，mm^2；

e) 压力箱整定压力(MPa)及整定压力时温度(℃)；

f) 装盘长度，m；

g) 毛重，kg；

h) 工厂电缆盘编号；

i) 制造日期，年月；

j) 表示不准平放，以及电缆盘正确转动方向的箭头。

11 运输及贮存

11.1 电缆盘在运输工具上必须放稳，用三角楔塞牢，并用槽钢和钢丝绳加以固定。电线盘不许平放。

11.2 电缆运输必须有押车人员，应随时注意线盘固定情况、压力箱的油压变化、连接压力箱的油管、压力表有否损坏，阀门应保持常开，如发现异常应及时处理。

11.3 电缆运到工地后应及时检查电缆有否在运输中造成损坏。阀门应保持常开，压力箱油压超过或低于规定范围时应放油或补油。如发现漏油应及时处理。

11.4 电缆存放应有专人保管检查，电缆存放期间必须接压力箱，应防止机械损伤和有害介质的腐蚀。应经常检查压力箱油压，观察电缆及附件是否漏油。

附 录 A
（资料性附录）
绝缘油的性能

表 A.1 绝缘油的性能

项目名称		单 位	技术指标
外观			无色透明
运动黏度	50 ℃	m^2/s	$(3\sim4)\times10^{-6}$
	20 ℃	m^2/s	$(6.5\sim8.5)\times10^{-6}$
闪点(闭口)	不低于	℃	125
凝点	不高于	℃	−60
tan δ(50 Hz)			
老化前	不大于		0.001 5
100 ℃老化后	不大于		0.002 0
击穿电压	不小于	kV/2.5 mm	60
电场析气性	不大于	μL/min	−60
注：本表参数适用于烷基苯类绝缘油。			

ICS 29.060.20
K 13

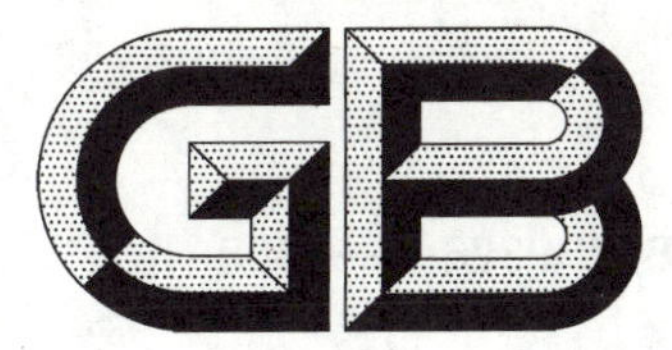

中华人民共和国国家标准

GB/T 9326.3—2008
代替 GB 9326.3—1988

交流 500 kV 及以下纸或聚丙烯复合纸绝缘金属套充油电缆及附件 第 3 部分：终端

Oil-filled, paper or polypropylene paper laminate insulated, metal-sheathed cables and accessories for alternating voltages up to and including 500 kV—Part 3: Sealing end

2008-06-30 发布　　2009-05-01 实施

中华人民共和国国家质量监督检验检疫总局
中国国家标准化管理委员会　发布

前　言

GB/T 9326《交流 500 kV 及以下纸或聚丙烯复合纸绝缘金属套充油电缆及附件》由五个部分组成：

——第 1 部分：试验；

——第 2 部分：交流 500 kV 及以下纸绝缘铅套充油电缆；

——第 3 部分：终端；

——第 4 部分：接头；

——第 5 部分：压力供油箱。

本部分是 GB/T 9326 的第 3 部分。

本部分代替 GB 9326.3—1988《交流 330 kV 及以下油纸绝缘自容式充油电缆及附件　终端》。

本部分与 GB 9326.3—1988 相比的技术差异是：

——本部分与 GB/T 9326.1 相对应，适用的电压向上扩展到 500 kV，并包括了聚丙烯复合纸绝缘；

——适用范围增加 GIS 终端及油浸终端；

——取消了 1 min 工频耐压试验；

——取消了环氧树脂、二氧化硅粉及固化剂的技术要求（前版的表 1、2、3、4），仅对环氧树脂固化体进行提示性要求（见附录 A）；

——取消了铝箔的技术要求（前版的表 5）；

——由于不同厂家产品的多样性，取消了关于出线杆、油管接头和底座安装尺寸的技术要求（前版的表 7）；

——前版中顶盖、尾管等金属件的液压试验与接头标准的要求不统一，不便于生产管理，本部分将试验要求统一，并增加气压试验作为选择性试验方法（见 8.2.2）；

——型式试验增加了无线电干扰试验（见表 2）。

本部分的附录 A 为资料性附录。

本部分由中国电器工业协会提出。

本部分由全国电线电缆标准化技术委员会（SAC/TC 213）归口。

本部分负责起草单位：上海电缆研究所。

本部分参加起草单位：上海三原电缆附件有限公司、湖北永鼎红旗电气有限公司、沈阳电缆有限责任公司、上海电缆厂有限公司、武汉高压研究院、东北电力设计院。

本部分主要起草人：徐操、邓长胜、王国忠、邢志强、莫临元、宗曦华、梁波。

本部分所代替标准的历次版本发布情况为：

——GB 9326.3—1988

交流 500 kV 及以下纸或聚丙烯复合纸绝缘金属套充油电缆及附件 第3部分：终端

1 范围

本部分规定了额定电压 500 kV 及以下纸或聚丙烯复合纸绝缘金属套充油电缆终端的基本结构、型号命名、技术要求、试验和验收规则、包装、运输及贮存。

本部分适用于额定电压 500 kV 及以下纸或聚丙烯复合纸绝缘金属套充油电缆的户外终端、气体绝缘终端(GIS 终端)、油浸终端。

2 规范性引用文件

下列文件中的条款通过 GB/T 9326 的本部分的引用而成为本部分的条款。凡是注日期的引用文件，其随后所有的修改单(不包括勘误的内容)或修订版均不适用于本部分，然而，鼓励根据本部分达成协议的各方研究是否可使用这些文件的最新版本。凡是不注日期的引用文件，其最新版本适用于本部分。

GB/T 468—1997 电工用铜线锭

GB/T 507—2002 绝缘油击穿电压测定法(IEC 60156:1995,MOD)

GB/T 772—2005 高压绝缘子瓷件 技术条件

GB/T 3048.8—2007 电线电缆电性能试验方法 第8部分：交流电压试验(IEC 60060-1:1989,NEQ)

GB/T 3048.13—2007 电线电缆电性能试验方法 第13部分：冲击电压试验方法(IEC 60230:1966,MOD)

GB/T 3048.14—2007 电线电缆电性能试验方法 第14部分：直流电压试验方法(IEC 60060-1:1989,NEQ)

GB/T 4109—1999 高压套管技术条件(eqv IEC 60137:1995)

GB/T 5582—1993 高压电力设备外绝缘污秽等级(neq IEC 60507:1991)

GB 8287.1—1998 高压支柱瓷绝缘子 第1部分:技术条件(neq IEC 60168:1994)

GB/T 9326.1—2008 交流 500 kV 及以下纸或聚丙烯复合纸绝缘金属套充油电缆及附件 第1部分：试验 (IEC 60141:1993,MOD)

GB/T 9326.2—2008 交流 500 kV 及以下纸或聚丙烯复合纸绝缘金属套充油电缆及附件 第2部分：交流 500 kV 及以下纸绝缘铅套充油电缆 (IEC 60141:1993,NEQ)

GB/T 11604—1989 高压电器设备无线电干扰测试方法(eqv IEC 60018:1983)

GB/T 12464—2002 普通木箱

GB/T 16927.1—1997 高电压试验技术 第1部分:一般试验要求(eqv IEC 60060-1:1989)

IEC 62271-209:2007 额定电压 52 kV 及以上气体绝缘金属封闭开关与充油或挤包绝缘电缆连接的充油或干式电缆终端

3 定义和符号

下列术语和定义适用于 GB/T 9326 的本部分。

3.1

户外终端 outdoor sealing end

在受阳光直接照射或暴露在气候环境下或二者都存在的情况下使用的终端。

3.2

气体绝缘终端 gas immersed sealing end

GIS 终端 GIS sealing end

安装在气体绝缘封闭开关设备(GIS)内部以六氟化硫(SF_6)气体为外绝缘的气体绝缘部分的电缆终端。

3.3

油浸终端 oil immersed sealing end

安装在油浸变压器油箱内以绝缘油为外绝缘的液体绝缘部分的电缆终端。

4 使用特性

4.1 额定电压与导体工作温度

终端的额定电压及导体工作温度与 GB/T 9326.2—2008 第 5 章对电缆的规定相一致。

4.2 终端长期允许工作油压

终端的长期允许工作油压应符合 GB/T 9326.2—2008 的 5.2 规定。

4.3 使用条件(适用于户外终端)

4.3.1 标准参考大气压条件

标准参考大气压条件为:

——温度 $t_0=20$ ℃;

——压力 $p_0=101.3$ kPa;

——绝对湿度 $h_0=11$ g/m^3。

本部分规定的试验电压均为相应于标准参考大气压条件下的数值。

4.3.2 正常使用条件

本部分规定的试验电压,适用于下列使用条件下运行的设备:

a) 周围环境最高空气温度不超过 40 ℃;

b) 安装地点的海拔高度不超过 1 000 m。

4.3.3 对周围环境空气温度高于 40 ℃处的设备,其外绝缘在干燥状态下的试验电压应取本部分规定的试验电压值乘以温度校正系数 K_t。

$$K_t=1+0.0033(T-40)$$

式中:

T——环境空气温度,℃。

4.3.4 对用于海拔高于 1 000 m,但不超过 4 000 m 处的设备的外绝缘,海拔每升高 100 m,绝缘强度约降低 1%,在海拔高度不高于 1 000 m 的地点试验时,其试验电压应按本部分规定的试验电压值乘以海拔校正系数 K_a。

$$K_a=\frac{1}{1.1-H\times10^{-4}}$$

式中:

H——设备安装地点的海拔高度,m。

4.3.5 污秽环境

外绝缘污秽等级应符合 GB/T 5582—1993 规定。

4.4 GIS 终端工作压力

GIS 终端外绝缘的 SF_6 气体在 20 ℃温度下设计工作压力(表压)最大为 0.70 MPa,最小为0.20 MPa。

4.5 系统类别

本部分包括的终端适合运行的系统类别与 GB/T 9326.1—2008 中 1.4 的规定相一致。

5 产品命名

5.1 代号

5.1.1 系列代号

油纸绝缘自容式充油电缆 ………………………………………………………… CY

5.1.2 终端类型代号

户外终端 ……………………………………………………………………… ZK

GIS 终端 ……………………………………………………………………… ZG

油浸终端 ……………………………………………………………………… ZY

5.1.3 终端内绝缘代号

增绕绝缘 ……………………………………………………………………… 11

电容式绝缘 …………………………………………………………………… 21

5.2 产品型号及命名

型号组成由图 1 所示：

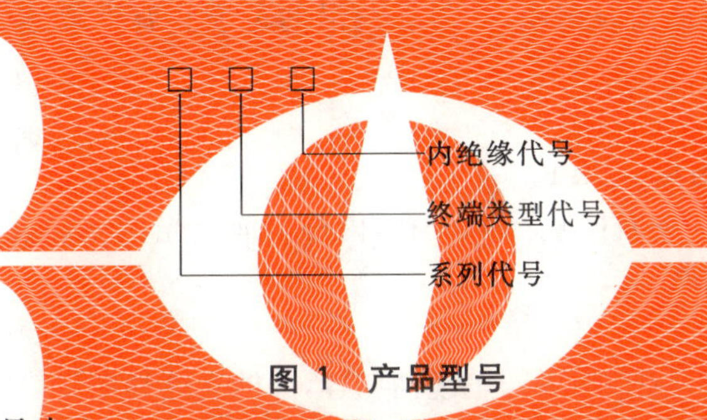

图 1 产品型号

终端产品型号与名称见表 1。

表 1 终端产品型号及名称

型号		产品名称
主型号	含副型号	
CYZK	CYZK11 CYZK21	油纸绝缘自容式充油电缆户外终端，增绕绝缘 油纸绝缘自容式充油电缆户外终端，电容式绝缘
CYZG	CYZG11 CYZG21	油纸绝缘自容式充油电缆 GIS 终端，增绕绝缘 油纸绝缘自容式充油电缆 GIS 终端，电容式绝缘
CYZY	CYZY11 CYZY21	油纸绝缘自容式充油电缆油浸终端，增绕绝缘 油纸绝缘自容式充油电缆油浸终端，电容式绝缘

5.3 产品表示方法

产品用型号、规格(额定电压、相数、适用电缆截面)及标准号表示。

示例 1：额定电压 127/220 kV、导体标称截面 800 mm^2、油纸绝缘自容式充油电缆用户外终端，内绝缘为电容式绝缘，表示为： CYZK21 127/220 1×800 GB/T 9326.3—2008

示例 2：额定电压 127/220 kV、导体标称截面 800 mm^2、油纸绝缘自容式充油电缆用 GIS 终端，内绝缘为增绕绝缘，表示为： CYZG11 127/220 1×800 GB/T 9326.3—2008

示例 3：额定电压 127/220 kV、导体标称截面 800 mm^2、油纸绝缘自容式充油电缆用油浸终端，内绝缘为增绕绝缘，表示为： CYZY11 127/220 1×800 GB/T 9326.3—2008

5.4 终端规格

终端规格应与 GB/T 9326.2—2008 中 4.3 规定的电缆导体截面相适配。

6 技术要求

6.1 导体出线杆

6.1.1 导体出线杆应采用符合 GB/T 468—1997 规定的铜材制造，并经退火、镀银处理。

6.1.2 导体出线杆表面应光滑、清洁，不允许有损伤和毛刺。

6.1.3 导体出线杆应符合本部分 8.3.4 规定的试验要求。

6.2 金具

6.2.1 终端金具应采用非磁性金属材料。

6.2.2 所有密封金具应有良好的组装密封性和配合性，不应有造成后泄露的缺陷，如划伤、凹痕等。密封性能应符合本部分 8.2.2 规定的试验要求。

6.3 内绝缘

6.3.1 终端绝缘所用电缆纸应符合 GB/T 9326.2—2008 的 6.2 规定，绝缘油应符合 GB/T 9326.2—2008 的 6.5 规定。

6.3.2 电容式终端用的电容极板应采用厚度为 0.009 mm、0.01 mm、0.012 mm 和 0.014 mm 等四种规格的退火工业用铝箔。铝箔表面应洁净，不得有润滑剂斑痕和腐蚀痕迹，电极表面平整，无毛刺和缺口。

6.4 环氧预制件及环氧套管

6.4.1 环氧树脂固化体性能参见表 A.1。

6.4.2 环氧预制件及环氧套管应无有害杂质、气孔，内外表面应光滑无缺陷。绝缘体与预埋金属件结合良好，无裂纹、变形等异常现象。

6.5 密封圈

终端用密封圈应采用耐油橡胶制作并与电缆油相容，并能在终端安装运行条件下长期使用。

6.6 瓷套

瓷套应符合 GB/T 772—2005 和 GB/T 4109—1999 的要求。

6.7 支柱绝缘子

支柱绝缘子应符合 GB/T 772—2005 和 GB 8287.1—1998 的要求。

6.8 GIS 终端连接尺寸

GIS 终端与 GIS 开关的安装连接尺寸应符合 IEC 62271-209:2007 的规定。当终端制造方与 GIS 开关制造方协商同意时，可以采用其他配合尺寸。

6.9 终端产品

终端产品及其零部件的性能应符合本部分第 8 章规定。

7 终端产品标志

7.1 产品标志

每个出厂的电缆终端产品应带有明显的耐久性标志，标志内容如下：

a) 制造方名称；

b) 型号、规格；

c) 额定电压，kV；

d) 生产日期及编号。

7.2 零部件标志

关键部件应采用适当的方式标明制造方名称、规格、型号。

8 试验和要求

8.1 概述

终端的试验分为例行试验(代号为R)和型式试验(代号为T)。

8.2 例行试验

8.2.1 一般规定

零部件的例行试验应包括以下项目:

a) 密封金具和瓷套的密封试验(见8.2.2);

b) 纸卷桶油样试验(见8.2.3)。

8.2.2 密封金具和瓷套的密封试验

试验装置应将密封金具两端密封。

试验时将被试品两端封住,施加液压至二倍最大设计压力30 min。所有的焊缝、密封界面,壳体均应无渗漏或可见变形。

在保证安全的情况下,也可采用气压0.40 MPa,15 min进行密封试验。

如果瓷套制造厂有本试验项目的试验合格证书,此项试验可不做。

8.2.3 纸卷油样试验

纸卷桶中的电缆油抽样试验结果应符合GB/T 9326.1—2008中2.7的规定。

8.3 终端的型式试验

终端的型式试验及要求应符合GB/T 9326.1—2008第7章,此外还应进行下列项目的试验:

a) 终端油样试验(见8.3.1);

b) 支柱绝缘子的电压试验(见8.3.2);

c) 终端液压试验(见8.3.3);

d) 导体压接和机械连接件的试验,要求时(见8.3.4);

e) 终端水平拉力试验(见8.3.5)。

被试终端应按制造方提供的安装说明书并采用制造方提供的规定等级和数量的材料进行组装。

8.3.1 终端油样试验

终端组装完成24 h后,从终端取油样试验,试验结果应符合GB/T 9326.1—2008中2.7的规定。

8.3.2 支柱绝缘子的电压试验

支柱绝缘子应按GB/T 9326.1—2008中2.6和4.9规定进行直流耐压试验和冲击耐压试验,支柱绝缘子应不发生击穿或闪络。

8.3.3 终端液压试验

组装后的终端,下端部封住,在环境温度下充以二倍最大设计压力的液压,15 min,终端应无渗漏。

8.3.4 导体压接和机械连接件的试验

经制造方和买方同意,导体压接和机械连接件应进行电气热循环试验和机械试验。

试验要求和方法在考虑中。

8.3.5 终端水平拉力试验

经制造方和买方同意,应进行终端水平拉力试验。

试验要求和方法在考虑中。

8.4 终端产品的试验要求和试验方法

终端产品的试验要求和试验方法如表2所示。

表 2　试验分类、要求及试验方法

序号	试　验　项　目	试验类型	试　验　要　求	试　验　方　法
01	密封金具和瓷套的密封试验	R	8.2.2	8.2.2
02	纸卷油样试验	R	8.2.3	GB/T 507—2002
03	终端油样试验	T	8.3.1	GB/T 507—2002
04	绝缘安全试验	T	GB/T 9326.1—2008 的 7.4	GB/T 3048.8—2007
05	雷电冲击电压试验	T	GB/T 9326.1—2008 的 7.3	GB/T 3048.13—2007
06	操作冲击电压试验	T	GB/T 9326.1—2008 的 7.5	GB/T 16927.1—1997 GB/T 3048.13—2007
07	支柱绝缘子的电压试验	T	8.3.2	GB/T 3048.14—2007
08	终端液压试验	T	8.3.3	8.3.3
09	无线电干扰试验	T	GB/T 9326.1—2008 的 7.6	GB/T 11604—1989
10*	导体压接和机械连接件的试验	T	8.3.4	(考虑中)
11*	终端水平拉力试验	T	8.3.5	(考虑中)
＊　仅在要求时进行。				

9　验收规则

9.1　终端产品应按表 2 规定进行例行试验和型式试验。

9.2　产品应由制造方的质量检验部门检验合格后方能出厂。每件出厂的终端产品应附有产品检验合格证书。用户要求时，制造方应提供产品的工厂试验报告或/和型式试验报告。

9.3　产品应按表 2 规定的试验项目进行验收。

10　包装、运输和贮存

10.1　终端产品的包装方式可根据产品特点而定，零部件可分开包装。对各种绝缘件应有相应的防水、防潮等密封措施；对易碎、怕压部件或材料应有相应的防压、防撞击的包装措施，并在包装物外部明显位置标出相应的字样或标记；易燃部件或材料应有防火标志。

10.2　内绝缘纸卷桶应清晰标明：

a)　型号及规格；

b)　纸卷数量。

纸卷桶内每只纸卷应标明序号。

10.3　电容极板包装封面上应注明终端型号和极板数量，每张铝箔极板应标明极板序号。

10.4　包装箱可采用木箱或纸箱。木箱应符合 GB/T 12464—2002 要求。装箱时在箱内应装入装箱清单。包装箱侧面应标明附件(部件)名称、规格。包装箱的两端面应标示：

a)　轻放；

b)　防雨；

c)　不得倒置。

10.5　运输和贮存应符合以下要求：

a)　产品运输过程中不得将包装箱倒置及碰撞；

b)　产品应贮存在清洁干燥和阴凉处，不得在户外或阳光下存放。

附 录 A
(资料性附录)
环氧树脂固化体

终端用环氧树脂固化体的性能如表 A.1 所示。

表 A.1 环氧树脂固化体的性能

序号	项 目	单 位	性能指标
1	体积电阻率(23 ℃和 100 ℃时)	Ω·cm	≥1.0×10^{15}
2	tanδ (23 ℃和 100 ℃时)		≤5.0×10^{-3}
3	介电常数		3.5～4.5
4	短时工频击穿电场强度	kV/mm	≥20
5	热变形温度	℃	105～125

附 录 A
（规范性附录）

ICS 29.060.20
K 13

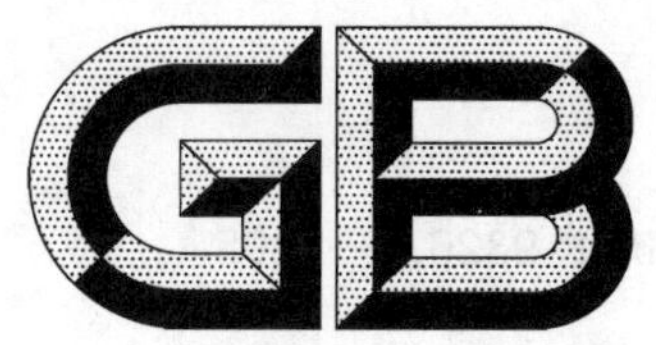

中华人民共和国国家标准

GB/T 9326.4—2008
代替 GB 9326.4—1988

交流500 kV及以下纸或聚丙烯复合纸绝缘金属套充油电缆及附件 第4部分:接头

Oil-filled, paper or polypropylene paper laminate insulated, metal-sheathed cables and accessories for alternating voltages up to and including 500 kV—Part 4: Joint

2008-06-30 发布 2009-05-01 实施

中华人民共和国国家质量监督检验检疫总局
中国国家标准化管理委员会 发布

前　言

GB/T 9326《交流 500 kV 及以下纸或聚丙烯复合纸绝缘金属套充油电缆及附件》由五个部分组成：

——第 1 部分：试验；

——第 2 部分：交流 500 kV 及以下纸绝缘铅套充油电缆；

——第 3 部分：终端；

——第 4 部分：接头；

——第 5 部分：压力供油箱。

本部分是 GB/T 9326 的第 4 部分。

本部分代替 GB 9326.4—1988《交流 330 kV 及以下油纸绝缘自容式充油电缆及附件　接头》。

本部分与 GB 9326.4—1988 相比的技术差异是：

——本部分与 GB/T 9326.1 相对应，适用的电压向上扩展到 500 kV，并包括了聚丙烯复合纸绝缘；

——修改了 GB 9326.4—1988 中的直通接头的定义，将其扩展为直通接头及绝缘接头（见 3.1 和 3.2）；

——修改了型号编制方法（见表 1）；

——由于接头也有使用环氧树脂的零部件，因此增加环氧预制件及环氧套管的技术要求（见 6.4）；

——增加气压试验作为金具密封试验的选择性试验方法（见 8.2.2）。

本部分由中国电器工业协会提出。

本部分由全国电线电缆标准化技术委员会（SAC/TC 213）归口。

本部分负责起草单位：上海电缆研究所。

本部分参加起草单位：沈阳电缆有限责任公司、上海三原电缆附件有限公司、武汉高压研究院、上海电缆厂有限公司、湖北永鼎红旗电气有限公司、东北电力设计院。

本部分主要起草人：邢志强、徐操、张智勇、阎孟昆、莫临元、王国忠、李龙。

本部分所代替标准的历次版本发布情况为：

——GB 9326.4—1988。

交流 500 kV 及以下纸或聚丙烯复合纸绝缘金属套充油电缆及附件 第 4 部分:接头

1 范围

本部分规定了额定电压 500 kV 及以下纸或聚丙烯复合纸绝缘金属套充油电缆接头的基本结构、型号命名、技术要求、试验和验收规则、包装、运输及贮存。

本部分适用于额定电压 500 kV 及以下纸或聚丙烯复合纸绝缘金属套充油电缆的直通接头、绝缘接头及塞止接头。

2 规范性引用文件

下列文件中的条款通过 GB/T 9326 的本部分的引用而成为本部分的条款。凡是注日期的引用文件,其随后所有的修改单(不包括勘误的内容)或修订版均不适用于本部分,然而,鼓励根据本部分达成协议的各方研究是否可使用这些文件的最新版本。凡是不注日期的引用文件,其最新版本适用于本部分。

GB/T 468—1997 电工用铜线锭

GB/T 507—2002 绝缘油击穿电压测定法(IEC 60156:1995,MOD)

GB/T 3048.8—2007 电线电缆电性能试验方法 第 8 部分:交流电压试验(IEC 60060-1:1989,NEQ)

GB/T 3048.13—2007 电线电缆电性能试验方法 第 13 部分:冲击电压试验方法(IEC 60230:1966,MOD)

GB/T 3048.14—2007 电线电缆电性能试验方法 第 14 部分:直流电压试验方法(IEC 60060-1:1989,NEQ)

GB/T 9326.1—2008 交流 500 kV 及以下纸或聚丙烯复合纸绝缘金属套充油电缆及附件 第 1 部分:试验(IEC 60141:1993,MOD)

GB/T 9326.2—2008 交流 500 kV 及以下纸或聚丙烯复合纸绝缘金属套充油电缆及附件 第 2 部分:交流 500 kV 及以下纸绝缘铅套充油电缆(IEC 60141:1993,NEQ)

GB/T 9326.3—2008 交流 500 kV 及以下纸或聚丙烯复合纸绝缘金属套充油电缆及附件 第 3 部分:终端

GB/T 12464—2002 普通木箱

GB/T 16927.1—1997 高电压试验技术 第 1 部分:一般试验要求(eqv IEC 60060-1:1989)

3 定义和符号

下列术语和定义适用于 GB/T 9326 的本部分。

3.1

直通接头 straight joint

连接两根电缆形成连续电路的附件。在本部分中特指接头的金属外壳与被连接电缆的金属屏蔽和绝缘屏蔽在电气上连续的接头。

3.2

绝缘接头 sectionalizing joint

将电缆的金属套、接地金属屏蔽和绝缘屏蔽在电气上断开的接头。

3.3

塞止接头 stop joint

两端电缆油路完全阻塞,能承受一定油压差的中间接头。

4 使用特性

4.1 额定电压与导体工作温度

接头的额定电压及导体工作温度与GB/T 9326.2—2008第5章对电缆的规定相一致。

4.2 接头的长期允许工作油压应符合GB/T 9326.2—2008的5.2规定。塞止接头两端的长期允许工作油压应根据电缆工作油压、线路落差等具体情况设计确定。

4.3 使用条件

符合本部分的接头可以安装在户内、电缆沟、竖井,也可土壤直埋。

4.4 系统类别

本部分包括的接头适合运行的系统类别与GB/T 9326.1—2008的1.4规定相一致。

5 产品命名

5.1 代号

5.1.1 系列代号

油纸绝缘自容式充油电缆…… CY

5.1.2 接头类型代号

直通接头 …… JT

绝缘接头 …… JJ

塞止接头 …… JS

5.1.3 接头保护盒

无保护盒…… 0

有保护盒及防水浇注剂…… 1

5.2 产品型号及命名

型号组成如图1所示:

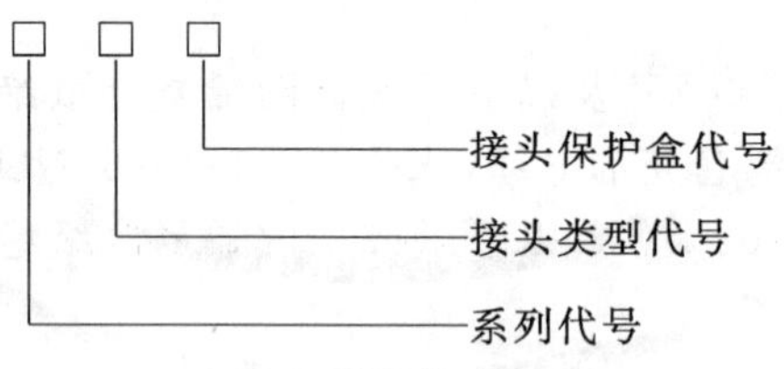

图1 产品型号

接头产品型号及名称见表1。

表1 接头产品型号及名称

型号		产品名称
主型号	含副型号	
CYJT	CYJT0 CYJT1	油纸绝缘自容式充油电缆直通接头,无保护盒 油纸绝缘自容式充油电缆直通接头,有保护盒并含防水浇注剂
CYJJ	CYJJ0 CYJJ1	油纸绝缘自容式充油电缆绝缘接头,无保护盒 油纸绝缘自容式充油电缆绝缘接头,有保护盒并含防水浇注剂
CYJS	—	油纸绝缘自容式充油电缆塞止接头

5.3 产品表示方法

产品用型号、规格(额定电压、相数、适用电缆截面)及标准号表示。

示例 1:额定电压 127/220 kV、导体标称截面 800 mm²、油纸绝缘自容式充油电缆用直通接头,无外保护盒,表示为:CYJT0 127/220 1×800 GB/T 9326.4—2008

示例 2:额定电压 127/220 kV、导体标称截面 800 mm²、油纸绝缘自容式充油电缆用绝缘接头,有外保护盒,表示为:CYJJ1 127/220 1×800 GB/T 9326.4—2008

示例 3:额定电压 127/220 kV、导体标称截面 800 mm²、油纸绝缘自容式充油电缆用塞止接头,表示为:CYJS 127/220 1×800 GB/T 9326.4—2008

5.4 接头产品规格

接头产品规格应与 GB/T 9326.2—2008 中 4.3 规定的电缆导体截面相适配。

6 技术要求

6.1 导体连接件

6.1.1 导体连接件应采用符合 GB/T 468—1997 规定的铜材制造,并经退火处理。

6.1.2 导体连接件表面应光滑、清洁,不允许有损伤和毛刺。

6.1.3 导体连接件应符合本部分 8.3.5 规定的试验要求。

6.2 金具

6.2.1 接头金具应采用非磁性金属材料。

6.2.2 所有密封金具应有良好的组装密封性和配合性,不应有造成后泄漏的缺陷,如划伤、凹痕等。密封性能应符合本部分 8.2.2 规定的试验要求。

6.3 内绝缘

6.3.1 接头绝缘所用电缆纸和绝缘油应符合 GB/T 9326.2—2008 的第 6 章规定。

6.4 环氧预制件及环氧套管

6.4.1 环氧树脂固化体性能参见 GB/T 9326.3—2008 附录 A 的表 A.1。

6.4.2 环氧预制件及环氧套管应无有害杂质、气孔,内外表面应光滑无缺陷。绝缘体与预埋金属件结合良好,无裂纹、变形等异常现象。

6.5 密封圈

接头用密封圈应采用耐油橡胶制作并与电缆油相容,并能在接头安装运行条件下长期使用。

6.6 防水浇注剂

防水浇注剂推荐采用聚氨酯混合物。浇注剂应具有良好的防水密封性能,并对周围材料无有害作用。浇注剂应对环境无污染。

对需要承受外界机械压力的防水浇注剂(如玻璃钢保护盒用于直埋时),应具有满足使用条件所要求的机械强度。

6.7 接头产品

接头产品及其零部件的性能应符合本部分第 8 章规定。

7 接头产品标志

7.1 产品标志

每个出厂的电缆接头产品应带有明显的耐久性标志,标志内容如下:

a) 制造方名称;

b) 型号、规格;

c) 额定电压,kV;

d) 生产日期及编号。

7.2 零部件的标志

关键部件应采用适当的方式标明制造方名称、规格、型号。

8 试验和要求

8.1 概述

接头的试验分为例行试验(代号为 R)和型式试验(代号为 T)。

8.2 例行试验

8.2.1 一般规定

零部件的例行试验应包括以下项目:

a) 密封金具的密封试验(见 8.2.2);

b) 纸卷油样试验(见 8.2.3)。

8.2.2 密封金具的密封试验

如果金属外壳由多段组成,可以分段进行本项试验。试验时将被试品两端封住,施加液压至二倍最大设计压力 30 min。所有的焊缝、密封界面,壳体均应无渗漏或可见变形。

在保证安全的情况下,也可将试件浸入水中,充气压 0.40 MPa、15 min 进行密封检验。

8.2.3 纸卷油样试验

纸卷桶中的电缆油抽样试验结果应符合 GB/T 9326.1—2008 的 2.7 规定。

8.3 接头的型式试验

接头的型式试验及要求应符合 GB/T 9326.1—2008 第 7 章,此外还应进行下列项目的试验:

a) 接头油样试验(见 8.3.1);

b) 外护套耐压试验(见 8.3.2);

c) 塞止接头油路塞止试验(见 8.3.3);

d) 接头液压试验(见 8.3.4);

e) 导体压接和机械连接件的试验,要求时(见 8.3.5)。

被试接头应按制造方提供的安装说明书并采用制造方提供的规定等级和数量的材料进行组装。

8.3.1 接头油样试验

接头组装完成 24 h 后,从接头取油样试验,试验结果应符合 GB/T 9326.1—2008 的 2.7 规定。

8.3.2 外护套耐压试验

不经过弯曲和刮磨,接头外护套应按 GB/T 9326.1—2008 中 2.6 和 4.9 进行直流耐压试验和冲击耐压试验,护套应不击穿或闪络。

8.3.3 塞止接头油路塞止试验

在环境温度下,在塞止接头的高压力侧和低压力侧之间,施以 1.5 倍最大设计压力差,维持 48 h,低压力侧液压应不升高。在试验过程中,高压力侧油压允许随时补充。

8.3.4 接头液压试验

组装后的接头,两端部封住,在环境温度下充以二倍最大设计压力的液压 15 min,接头应无渗漏。

8.3.5 导体压接和机械连接件的试验

经制造方和买方同意,导体压接和机械连接件应进行电气热循环试验和机械试验。

试验要求和方法在考虑中。

8.4 接头产品的试验要求和试验方法

接头产品的试验要求和试验方法如表 2 所示。

表 2 试验分类、要求及试验方法

序号	试验项目	试验类型	试验要求	试验方法
01	密封金具的密封试验	R	8.2.2	8.2.2
02	纸卷油样试验	R	8.2.3	GB/T 507—2002
03	接头油样试验	T	8.3.1	GB/T 507—2002
04	绝缘安全试验	T	GB/T 9326.1—2008 的 7.4	GB/T 3048.8—2007
05	雷电冲击电压试验	T	GB/T 9326.1—2008 的 7.3	GB/T 3048.13—2007
06	操作冲击电压试验	T	GB/T 9326.1—2008 的 7.5	GB/T 16927.1—1997
07	外护套耐压试验	T	8.3.2	GB/T 3048.13—2007 GB/T 3048.14—2007
08	塞止接头油路塞止试验	T	8.3.3	8.3.3
09	接头液压试验	T	8.3.4	8.3.4
10[a]	导体压接和机械连接件的试验	T	8.3.5	(考虑中)

[a] 仅在要求时进行。

9 验收规则

9.1 接头产品应按表 2 规定进行例行试验和型式试验。

9.2 接头产品应由制造方的质量检验部门检验合格后方能出厂。每件出厂的接头产品应附有产品检验合格证书。用户要求时,制造方应提供产品的工厂试验报告或/和型式试验报告。

9.3 接头产品应按表 2 规定的试验项目进行验收。

10 包装、运输和贮存

10.1 接头产品的包装方式可根据产品特点而定,零部件可分开包装。对各种绝缘件应有相应的防水、防潮等密封措施;对易碎、怕压部件或材料应有相应的防压、防撞击的包装措施,并在包装物外部明显位置标出相应的字样或标记;易燃部件或材料应有防火标志。

10.2 内绝缘纸卷桶应清晰标明:

a) 型号及规格;

b) 纸卷数量。

纸卷桶内每只纸卷应标明序号。

10.3 包装箱可采用木箱或纸箱。木箱应符合 GB/T 12464—2002 要求。装箱时在箱内应装入装箱清单。包装箱侧面应标明附件(部件)名称、规格。包装箱的两端面应标示:

a) 轻放;

b) 防雨;

c) 不得倒置。

10.4 运输和贮存应符合以下要求:

a) 接头产品运输过程中不得将包装箱倒置及碰撞;

b) 接头产品应贮存在清洁干燥和阴凉处,不得在户外或阳光下存放。

ICS 29.060.20
K 13

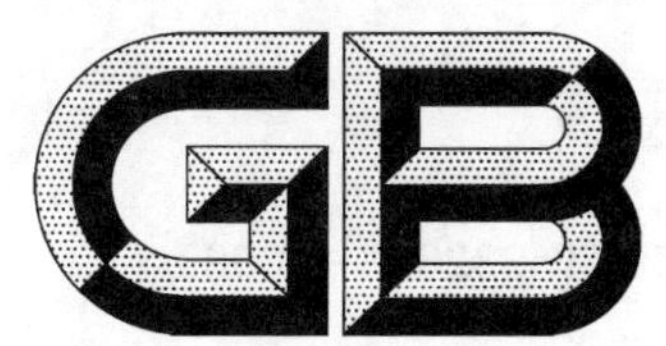

中华人民共和国国家标准

GB/T 9326.5—2008
代替 GB 9326.5—1988

交流 500 kV 及以下纸或聚丙烯复合纸绝缘金属套充油电缆及附件 第 5 部分:压力供油箱

Oil-filled, paper or polypropylene paper laminate insulated, metal-sheathed cables and accessories for alternating voltages up to and including 500 kV—Part 5: Pressure tanks

2008-06-30 发布　　2009-05-01 实施

中华人民共和国国家质量监督检验检疫总局
中国国家标准化管理委员会　发布

前　言

GB/T 9326《交流 500 kV 及以下纸或聚丙烯复合纸绝缘金属套充油电缆及附件》由五个部分组成：

——第 1 部分：试验；

——第 2 部分：交流 500 kV 及以下纸绝缘铅套充油电缆；

——第 3 部分：终端；

——第 4 部分：接头；

——第 5 部分：压力供油箱。

本部分是 GB/T 9326 的第 5 部分。

本部分代替 GB 9326.5—1988《交流 330 kV 及以下油纸绝缘自容式充油电缆及附件　压力供油箱》。

本部分与 GB 9326.5—1988 相比的技术差异是：

——增加规范性引用文件(见第 2 章)；

——按照 GB/T 9326.1—2008 的内容调整和修改了“技术要求”和“试验项目及要求”的相关内容；

——增加不锈钢为主要材料(见 4.1)；

——增加了压力箱的规格(见表 1)；

——扩大了压力箱油压范围及相应的试验要求(见第 7 章)。

本部分由中国电器工业协会提出。

本部分由全国电线电缆标准化技术委员会(SAC/TC 213)归口。

本部分负责起草单位：上海电缆研究所。

本部分参加起草单位：上海电缆厂有限公司、湖北永鼎红旗电气有限公司、沈阳电缆有限责任公司、上海三原电缆附件有限公司、东北电力设计院、武汉高压研究院。

本部分主要起草人：莫临元、王国忠、邢志强、徐操、徐晓峰、邓长胜、张喜泽。

本部分所代替标准的历次版本发布情况为：

——GB 9326.5—1988。

交流 500 kV 及以下纸或聚丙烯复合纸绝缘金属套充油电缆及附件 第 5 部分:压力供油箱

1 范围

本部分适用于与交流 500 kV 及以下纸或聚丙烯复合纸绝缘金属套充油电缆配套使用的压力供油箱(以下简称压力箱)。

2 规范性引用文件

下列文件中的条款通过 GB/T 9326 的本部分的引用而成为本部分的条款。凡是注日期的引用文件,其随后所有的修改单(不包括勘误的内容)或修订版均不适用于本部分,然而,鼓励根据本部分达成协议的各方研究是否可使用这些文件的最新版本。凡是不注日期的引用文件,其最新版本适用于本部分。

GB/T 507—2002 绝缘油击穿电压测定法(IEC 60156:1995,MOD)

GB/T 3280—2007 不锈钢冷轧钢板和钢带

GB/T 5654—2007 液体绝缘材料 相对电容率、介质损耗因数和直流电阻率的测量(IEC 60247:2004,IDT)

GB/T 9326.1—2008 交流 500 kV 及以下纸或聚丙烯复合纸绝缘金属套充油电缆及附件 第 1 部分 试验(IEC 60141-1:1993,MOD)

GB/T 9326.2—2008 交流 500 kV 及以下纸或聚丙烯复合纸绝缘金属套充油电缆及附件 第 2 部分 交流 500 kV 及以下纸绝缘铅套充油电缆(IEC 60141:1993,NEQ)

3 使用特性

3.1 压力箱工作油压范围不高于 0.80 MPa(表压),下限不低于 0.02 MPa(表压)。

3.2 压力箱适用于户内及户外安装使用,在户外使用时须加遮阳、防雨装置。

3.3 使用环境温度一般应不低于−15 ℃。

4 材料

4.1 钢板

应采用符合 GB/T 3280—2007 的不锈钢板,或者性能相当的碳素钢板。

4.2 绝缘油

绝缘油应符合 GB/T 9326.2—2008 的规定。

5 型号及规格

产品型号及规格按表 1 规定。

表 1 产品型号及规格

名称	型号	供油量/L
压力供油箱	CYXY1	50,100,150,200,250,300

6 技术要求

6.1 弹性元件

6.1.1 弹性元件是由波纹膜片及撑圈制成的密闭空心饼状元件，内充有一定压力的二氧化碳气体。

6.1.2 弹性元件应具有良好的密封性。内充 0.15 MPa～0.20 MPa 气体时应不漏气。经受 10 000 次疲劳试验后应不变形不漏气。

6.2 绝缘油

绝缘油应符合 GB/T 9326.2—2008 的 6.5 要求。

6.3 绝缘连接管

绝缘连接管应经受 GB/T 9326.1—2008 的 4.9 规定的电压试验而不击穿或闪络。

6.4 压力表

压力表应符合 GB/T 9326.1—2008 的 5.4 规定。

6.5 箱壳

箱壳由钢板焊接，焊缝应具有气密性，允许有氧化色。

6.6 压力箱

6.6.1 装配好的压力箱，连同阀门、表头等的密封性，应符合 GB/T 9326.1—2008 的 5.3 规定。

6.6.2 压力箱的供油量应不小于压力箱压力/体积特性(供油特性)曲线所代表的标称供油量的 90 %。

7 试验项目及要求

7.1 试验项目及要求

试验项目及要求按表 2 规定。

表 2 试验项目及要求

序号	试验项目	要求	试验类型	试验方法
1	压力箱液压试验	本部分的 6.6.1	T、R	GB/T 9326.1—2008 的 5.3
2	油的工频击穿电压试验	GB/T 9326.2—2008 的 6.5	T、R	GB/T 507—2002
3	油的 tanδ 试验	GB/T 9326.2—2008 的 6.5	T、R	GB/T 5654—2007
4	绝缘连接管交流电压试验	本部分的 6.3	T、S	本部分的 6.3
5	弹性元件疲劳试验	本部分的 6.1.2	T、S	本部分的 7.2
6	压力箱压力/体积特性试验	本部分的 6.6.2	T、S	GB/T 9326.1—2008 的 6.1

7.2 弹性元件疲劳试验

弹性元件装在特殊夹具中，对各弹性元件同时充入(0.30+0.01) MPa 压力的二氧化碳或压缩空气，放入试验装置内，调整电接点压力表使试验压力从 0.05 MPa～0.30 MPa 表压自动变化，频率不小于 1 次/分，试验 10 000 次，弹性元件应不变形、不漏气。

注：压力箱额定压力大于 0.40 MPa 时，各弹性元件可能需要采用更高的充气压力。

7.3 压力箱压力/体积特性试验

应按照 GB/T 9326.1—2008 的 6.1 进行。

8 验收规则

8.1 每台产品须经制造厂技术检验部门检验，合格后方可出厂，并应附有产品质量合格证。

8.2 制造厂应按本部分的 6.4 规定检验验收压力表等外购件，并向用户提供试验证书。

8.3 产品按表 2 规定的试验项目进行检查验收。

8.4 弹性元件疲劳试验应按冲制的批数进行抽检，每批抽样不得少于 5 只。如该试验不合格，应对不合格原因进行分析；属材质问题，该批弹性元件不能使用；属焊接问题，应改进工艺，至复试合格后才可使用。

8.5 压力箱供油特性试验，应按合同供货数的10％抽样进行试验，但任何情况下抽样数不得少于2只。如试验不合格，应加倍取样，进行复试，如复试仍不合格，应逐只进行检查，不合格产品不得出厂。

8.6 绝缘连接管的耐压试验应按每批10％抽样进行试验。如试验不合格，应加倍取样进行复试，如复试仍不合格应逐只进行检查，不合格品不得出厂。

8.7 不符合本部分6.2的产品应重新处理，更换新油，至试验合格后才可出厂。

9 包装、运输及标志

9.1 每台产品须在明显的适当位置固定产品标牌，并注明下列内容：

a) 制造厂名称；
b) 产品名称、型号、规格；
c) 产品出厂编号、日期；
d) 压力/体积特性(供油特性)曲线；
e) 产品重量。

9.2 产品包装应采用包装箱包装，产品在包装箱内固定牢靠。

9.3 包装箱外侧应有如下明显的文字标志：

a) 制造厂名称；
b) 产品名称、型号、规格；
c) 收货单位、地址；
d) 净重、毛重、箱号、外形、尺寸；
e) 起吊线、“重心”、“不许倒置”等字样及符号。

9.4 产品应附有产品检验合格证、产品说明书、压力/体积特性(供油特性)曲线。

9.5 压力箱要贮藏在清洁干燥处，不应暴露在日光下。

ICS 29.060.20
K 13

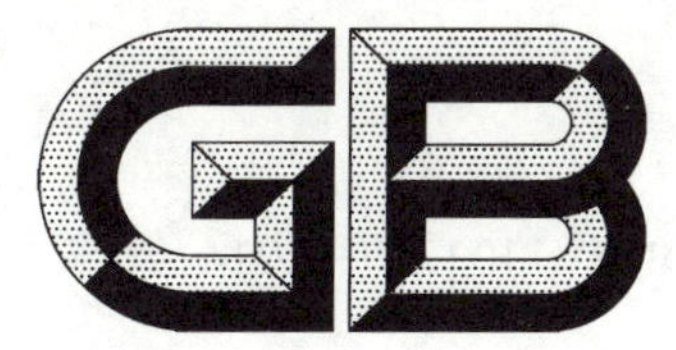

中华人民共和国国家标准

GB/T 11017.1—2014
代替 GB/T 11017.1—2002

额定电压 110 kV(U_m=126 kV)交联聚乙烯绝缘电力电缆及其附件 第1部分:试验方法和要求

Power cables with cross-linked polyethylene insulation and their accessories for rated voltage of 110 kV(U_m=126 kV)—Part 1:Test methods and requirements

[IEC 60840:2011,Power cables with extruded insulation and their accessories for rated voltages above 30 kV(U_m=36 kV) up to 150 kV(U_m=170 kV)—Test methods and requirements,MOD]

2014-07-24 发布　　　　2015-01-22 实施

中华人民共和国国家质量监督检验检疫总局
中国国家标准化管理委员会　发布

前　言

GB/T 11017《额定电压 110 kV(U_m=126 kV)交联聚乙烯绝缘电力电缆及其附件》分为三个部分：

——第 1 部分：试验方法和要求；

——第 2 部分：电缆；

——第 3 部分：电缆附件。

本部分为 GB/T 11017 的第 1 部分。

本部分按照 GB/T 1.1—2009 给出的规则起草。

本部分代替 GB/T 11017.1—2002《额定电压 110 kV 交联聚乙烯绝缘电力电缆及其附件　第 1 部分：试验方法和要求》。与 GB/T 11017.1—2002 相比，本部分的主要技术变化如下：

——标准名称修改为《额定电压 110 kV(U_m=126 kV)交联聚乙烯绝缘电力电缆及其附件　第 1 部分：试验方法和要求》；

——增加了 IEC 60840：2011 的引言(见引言)；

——增加了电缆系统的定义(见 3.3)；

——增加了标称电场强度的定义(见 3.4)；

——增加了预制件主绝缘的例行试验(见第 9 章)；

——修改了非金属外护套的电气试验(见 9.4，2002 年版的 9.4)；

——增加了金属屏蔽电阻测量的要求(见 10.5)；

——绝缘偏心度由 0.12 修改为 0.10(见 10.6.2，2002 年版的 10.6.2)；

——增加了皱纹金属套上外护套厚度的测量方法(见 10.6.3)；

——修改了对电缆局部放电试验的判定准则(见 9.2、11.3.5 和 12.4.4，2002 年版的 9.2、11.3.5 和 12.4)；

——增加了附件的抽样试验(见第 11 章)；

——增加了电缆系统的型式试验(见第 12 章)；

——增加了电缆系统的预鉴定试验(见第 13 章)；

——修改了电缆型式试验的认可规则(见第 14 章，2002 年版的第 11 章)；

——修改了附件型式试验的认可规则(见第 15 章，2002 年版的第 12 章)；

——修改了安装后绝缘交流电压试验(见 16.3，2002 年版的 13.1.1)；

——删除了安装后对电缆线路进行的主绝缘直流电压试验(见 2002 年版的 13.1.2)；

——增加了导体温度的测定方法(见附录 A)；

——增加了具有与外护套粘结的纵包金属带或纵包金属箔的电缆组件的试验(见附录 F)。

本部分使用重新起草法修改采用 IEC 60840：2011《额定电压大于 30 kV(U_m=36 kV)至 150 kV(U_m=170 kV)挤包绝缘电力电缆及其附件 试验方法和要求》第 4 版。

本部分与 IEC 60840：2011 相比结构上有部分调整，附录 I 列出了本部分与 IEC 60840：2011 的章条编号对照一览表。

本部分与 IEC 60840：2011 相比存在技术性差异，这些差异涉及的条款已通过在其外侧页边空白位置的垂直单线(|)进行了标示，附录 J 给出了相应技术性差异及其原因的一览表。

本部分由中国电器工业协会提出。

本部分由全国电线电缆标准化技术委员会(SAC/TC 213)归口。

本部分负责起草单位：上海电缆研究所。

本部分参加起草单位：中国电力科学研究院、国家电线电缆质量监督检验中心、广州岭南电缆股份有限公司、郑州电缆股份有限公司、天津塑力线缆集团有限公司、宁波东方电缆股份有限公司、江苏上上电缆集团有限公司、福建南平太阳电缆股份有限公司、江苏新远东电缆有限公司、宝胜科技创新股份有限公司。

本部分主要起草人：徐晓峰、阎孟昆、范玉军、邓声华、朱爱荣、韩长武、叶信红、李斌、范德发、汪传斌、房权生、孙建生。

本部分所代替标准的历次版本发布情况为：

——GB/T 11017—1989、GB/T 11017.1—2002。

引　言

本引言为IEC 60840:2011(第四版)的引言。

1988年发布的第一版IEC 60840标准仅仅涉及了电缆。在1999年发布的第二版中加进了附件,所述的试验方法和要求包括了:

a) 电缆本体;

b) 带有附件的电缆(电缆系统)。

后来一些国家建议最好明确区分系统、电缆和附件,尤其是对较低的电压范围,如45 kV。这在2004年的第三版中得到了考虑,并在本版(第四版)中予以保留,给出的型式认可的要求和范围适用于:

a) 电缆系统;

b) 电缆本体;

c) 附件本体。

制造商和用户可以选择最合适的型式认可方式。

在2004年11月的会议上,IEC TC 20(高压电缆)决定准备对IEC 60840做出进一步的重要修改,并决定这一版应结合采纳国际大电网会议(CIGRE)B1研究委员会的B1.06工作组提出的高压和超高压挤包绝缘电缆试验的推荐方法。这项工作在2006年10月的IEC TC 20会议前,发表于CIGRE技术手册No.303。该手册名为"交流(超)高压挤包绝缘地下电缆的鉴定试验的评价"因此得到IEC TC 20考虑,并将其相当大部分补充进IEC 60840。当导体屏蔽和(或)绝缘屏蔽上具有高电场强度的电缆与附件组成为电缆系统时,现在被要求进行一项(相比IEC 62067简化的)预鉴定试验。

此外IEC 60840引入的其他重要变化还有:

a) IEC 60840与IEC 62067(同时修订)的章节编号经过协调达到尽可能一致,以方便两个标准的使用。

b) 抽样试验中,雷电冲击电压试验不再要求随后的工频电压试验。

与CIGRE有关的参考资料由参考文献给出。

注:我国GB/Z 18890.1—2002《额定电压220 kV(U_m=252 kV)　交联聚乙烯绝缘电力电缆及其附件　第1部分:试验方法和要求》和GB/T 22078.1—2008《额定电压500 kV(U_m=550 kV)交联聚乙烯绝缘电力电缆及其附件　第1部分:试验方法和要求》均修改采用了IEC 62067《额定电压150 kV(U_m=170 kV)以上至500 kV(U_m=550 kV)挤包绝缘电力电缆及其附件　试验方法和要求》的较早版本。

额定电压 110 kV(U_m＝126 kV)交联聚乙烯绝缘电力电缆及其附件 第1部分:试验方法和要求

1 范围

GB/T 11017 的本部分规定了额定电压 110 kV(U_m＝126 kV)固定安装的交联聚乙烯绝缘电力电缆系统、电缆本体及其附件本体的试验方法和要求。

本部分适用于通常安装和运行条件下使用的单芯电缆及其附件,但不适用于特殊条件下使用的电缆及其附件,如海底电缆。对这些特殊用途的电缆及附件可能需要修改本部分的试验或可能需要设定一些特殊的试验条件。

本部分不包含连接交联聚乙烯绝缘电缆和纸绝缘电缆的过渡接头。

2 规范性引用文件

下列文件对于本文件的应用是必不可少的。凡是注日期的引用文件,仅注日期的版本适用于本文件。凡是不注日期的引用文件,其最新版本(包括所有的修改单)适用于本文件。

GB/T 2951.11—2008 电缆和光缆绝缘和护套材料通用试验方法 第11部分:通用试验方法——厚度和外形尺寸测量——机械性能试验(IEC 60811-1-1:2001,IDT)

GB/T 2951.12—2008 电缆和光缆绝缘和护套材料通用试验方法 第12部分:通用试验方法——热老化试验方法(IEC 60811-1-2:2000,IDT)

GB/T 2951.13—2008 电缆和光缆绝缘和护套材料通用试验方法 第13部分:通用试验方法——密度测定方法——吸水试验——收缩试验(IEC 60811-1-3:2001,IDT)

GB/T 2951.14—2008 电缆和光缆绝缘和护套材料通用试验方法 第14部分:通用试验方法——低温试验(IEC 60811-1-4:1985,IDT)

GB/T 2951.21—2008 电缆和光缆绝缘和护套材料通用试验方法 第21部分:弹性体混合料专用试验方法——耐臭氧试验——热延伸试验——浸矿物油试验(IEC 60811-2-1:2001,IDT)

GB/T 2951.31—2008 电缆和光缆绝缘和护套材料通用试验方法 第31部分:聚氯乙烯混合料专用试验方法——高温压力试验——抗开裂试验(IEC 60811-3-1:1985,IDT)

GB/T 2951.32—2008 电缆和光缆绝缘和护套材料通用试验方法 第32部分:聚氯乙烯混合料专用试验方法——失重试验——热稳定性试验(IEC 60811-3-2:1985,IDT)

GB/T 2951.41—2008 电缆和光缆绝缘和护套材料通用试验方法 第41部分:聚乙烯和聚丙烯混合料专用试验方法——耐环境应力开裂试验——熔体指数测量方法——直接燃烧法测量聚乙烯中碳黑和(或)矿物质填料含量——热重分析法(TGA)测量碳黑含量——显微镜法评估聚乙烯中碳黑分散度(IEC 60811-4-1:2004,IDT)

GB/T 3048.12 电线电缆电性能试验方法 第12部分:局部放电试验(GB/T 3048.12—2007,IEC 60885-3:1988,MOD)

GB/T 3048.13 电线电缆电性能试验方法 第13部分:冲击电压试验(GB/T 3048.13—2007,IEC 60060-1:1989,MOD)

GB/T 3956 电缆的导体(GB/T 3956—2008,IEC 60228:2004,IDT)

GB/T 16927.1 高电压试验技术 第1部分:一般定义及试验要求(GB/T 16927.1—2011,IEC 60060-1:2006,MOD)

GB/T 18380.12 电缆和光缆在火焰条件下的燃烧试验 第12部分:单根绝缘电线电缆火焰垂直蔓延试验—1 kW 预混合型火焰试验方法(GB/T 18380.12—2008,IEC 60332-1-2:2004,IDT)

JB/T 10696.5—2007 电线电缆机械和理化性能试验方法 第5部分:腐蚀扩展试验

JB/T 10696.6—2007 电线电缆机械和理化性能试验方法 第6部分:挤出外套刮磨试验

IEC 60183 高压电缆选择导则(Guide to the selection of high-voltage cables)

IEC 60229:2007 电缆 具有特殊保护功能的挤包外护套的试验(Electric cables—Tests on extruded oversheaths with a special protective function)

IEC 60287-1-1:2006 电缆载流量计算 第1-1部分:载流量公式(100%负荷因数)和损耗计算 一般规定[Electric cables—Calculation of the current rating—Part 1-1:Current rating equations(100% load factor)and calculation of losses-General]

3 术语和定义

下列术语和定义适用于本文件。

3.1 尺寸值(厚度、截面积等)定义

3.1.1

标称值 nominal value

指定的量值并经常用于表格之中。

注:在本部分中,标称值通常引伸出在考虑规定公差下通过测量进行检验的一些量值。

3.1.2

中间值 median value

将测量的若干个数值以递增(或递减)的次序排列,若数值的数目为奇数时中间的那个数值为中间值,若数值的数目为偶数时中间两个数值的平均值为中间值。

3.2 有关试验的定义

3.2.1

例行试验 routine test

由制造商在成品(所有制造长度电缆或所有附件)上进行的试验,以检验其是否满足规定的要求。

3.2.2

抽样试验 sample test

由制造商按规定的频度在成品电缆或取自成品电缆或附件的部件的试样上进行的试验,以验证成品电缆或附件是否满足规定的要求。

3.2.3

型式试验 type test

在一般工业生产基础上供应本标准所包含的一种型式的电缆系统、或电缆、或附件之前进行的试验,以证明电缆或附件具有满足预期使用条件的良好性能。

注:除非电缆或附件中的材料、制造工艺、设计或设计电场强度发生改变,且这种改变可能会对其性能产生不利影响,型式试验一旦通过后,不必重复进行。

3.2.4

预鉴定试验 prequalification test

在一般工业生产基础上供应本标准所包含的一种型式的电缆系统之前进行的试验，以证明该完整电缆系统具有满意的长期运行性能。

3.2.5

预鉴定扩展试验 extension of prequalification test

在一般工业生产基础上供应本标准所包含的一种型式的电缆系统之前，对某种已经通过预鉴定试验的电缆系统所进行的试验，以证明该完整电缆系统具有满意的长期运行性能。

3.2.6

安装后的电气试验 electrical test after installation

电缆系统安装完成时为证明其完好所进行的试验。

3.3 其他定义

3.3.1

电缆系统 cable system

安装了各种附件的电缆，包括用于抑制系统上热机械力的仅对终端和接头使用的各种部件。

3.3.2

标称电场强度 nominal electrical stress

以标称尺寸按 U_0 计算的电场强度。

4 电压标示和材料

4.1 额定电压

本部分用符号 U_0、U 和 U_m 表示电缆和附件的额定电压，这些符号的意义由 IEC 60183 给出。

4.2 电缆的绝缘材料

本部分适用于以交联聚乙烯(XLPE)材料作为绝缘的电缆，表 1 中规定了 XLPE 型绝缘电缆导体的最高工作温度，并据此规定试验条件。

表 1 电缆的交联聚乙烯绝缘混合料

绝缘混合料	导体最高温度/℃	
	正常运行	短路(最长持续时间 5 s)
交联聚乙烯(XLPE)	90	250
注：特殊敷设条件下，有可能需要降低导体运行的最高温度。		

4.3 电缆的金属屏蔽/金属套

本部分适用于使用中的各种结构的金属屏蔽，包括径向防水结构以及其他结构。

提供径向防水功能的结构主要有：

——金属套；

——与外护套粘结的纵包金属带或纵包金属箔；

——复合屏蔽，包括束合金属线及其外部加上的作为径向不透水的阻挡层(见第 5 章)的金属套或与外护套粘结的金属带或金属箔。

而其他结构如：

——不与外护套粘结的金属带或者金属箔；

——仅有束合金属线。

注：在任何情况下，金属屏蔽/金属套应能够承受全部短路电流。

4.4 电缆的非金属护套材料

本部分的各项试验规定适用于以下四种类型非金属护套：

——以聚氯乙烯(PVC)为基材的 ST_1 和 ST_2；

——以聚乙烯(PE)为基材的 ST_3 和 ST_7。

选用何种类型护套取决于电缆的设计及电缆安装和运行时的机械、热性能和阻燃性能的要求。

与本部分中包括的各种类型的外护套材料相适应的在正常运行时的最高导体温度见表 2。

注：一些情况下，外护套上可包覆一层功能材料(如半导电层)。

表 2 电缆非金属护套混合料

非金属护套混合料	代号	正常运行时电缆导体最高温度/℃
聚氯乙烯(PVC)	ST_1	80
	ST_2	90
聚乙烯(PE)	ST_3	80
	ST_7	90

5 电缆阻水措施

当电缆系统敷设在地下、易积水的地下通道或水中时，推荐采用径向不透水的阻挡层包覆电缆。

注：目前尚无径向透水试验方法。

为防止一旦电缆损坏进水后更换大段长度的电缆，也可以采用纵向阻水措施。

纵向透水试验在 12.5.14 中给出。

6 电缆特性

为实施并记录本部分所述的电缆系统或电缆的试验，应对电缆进行标示。

下列电缆特性应予明确或申明：

a) 制造商名称、型号、名称、制造日期或日期代码；

b) 额定电压：应给出 U_0、U 和 U_m 的值(见 4.1 和 8.4)；

c) 导体类型及其材料和用平方毫米表示的标称截面积；导体结构；减小集肤效应的措施(如果有)及其性质；纵向阻水措施(如果有)及其性质；如果标称截面积与 GB/T 3956 不一致，给出折算到 1 km、20 ℃时的导体直流电阻；

d) 绝缘的材料和标称厚度(t_n)(见 4.2)。表 3 给出了交联聚乙烯绝缘材料的 $\tan\delta$；

e) 绝缘系统的制造工艺类型；

f) 屏蔽层的阻水措施(如果有)及其性质；

g) 金属屏蔽的材料和结构，例如金属线的根数和直径。应申明金属屏蔽的直流电阻。金属套的材质、结构及标称厚度，或与外护套粘结的纵包金属带或金属箔(如果有)的材料、结构和标称厚度；

h) 外护套的材质和标称厚度；

i) 导体标称直径(d)；

j) 成品电缆标称外径(D)；

k) 绝缘的标称内径(d_{ii})和计算的标称外径(D_{io})；

l) 导体与金属屏蔽/金属套间的每公里标称电容；

m) 计算的导体屏蔽上的标称电场强度(E_i)和绝缘屏蔽上的标称电场强度(E_o)：

$$E_i = \frac{2U_0}{d_{ii}\ln(D_{io}/d_{ii})}$$

$$E_o = \frac{2U_0}{D_{io}\ln(D_{io}/d_{ii})}$$

式中：

$U_0 = 64$ kV；

$D_{io} = d_{ii} + 2t_n$；

D_{io}——计算的绝缘标称外径，单位为毫米(mm)；

d_{ii}——申明的绝缘标称内径，单位为毫米(mm)；

t_n——申明的绝缘标称厚度，单位为毫米(mm)。

表 3 交联聚乙烯绝缘料的 tanδ

绝缘混合料	交联聚乙烯(XLPE)
tanδ 最大值	10×10^{-4}

7 附件特性

为实施并记录本部分所述的电缆系统或附件的试验，应对附件进行标示。

下列特性应予明确或申明：

a) 用于试验的电缆应按第 6 章正确标示。

b) 附件中使用的导体连接金具应正确地标示：

——安装工艺；

——工具、模具和必要的装配设置；

——接触表面的处理；

——连接金具的型号，编号和其他识别标志；

——导体连接金具已经通过的型式试验的详细情况，适用时。

c) 用于试验的附件应正确地标示：

——制造商名称；

——型号，名称，制造日期或日期代码；

——额定电压[见第 6 章 b)项]；

——安装说明书(编号和日期)。

8 试验条件

8.1 环境温度

除非对特殊试验另外详细规定，试验应在环境温度为(20±15)℃下进行。

8.2 工频试验电压的频率和波形

除非本部分另外指明，交流试验电压的频率应为 49 Hz～61 Hz。波形应基本为正弦波。电压值以有效值(r.m.s.)表示。

8.3 雷电冲击试验电压的波形

按照 GB/T 3048.13，雷电冲击电压波的波前时间应为 1 μs～5 μs，按照 GB/T 16927.1，半波峰时间应为 50 μs±10 μs。

8.4 试验电压与额定电压的关系

本部分规定的试验电压用额定电压 U_0 的倍数表示，为确定试验电压的 U_0 值为 64 kV，试验电压应按表 4 规定。

本部分中的试验电压是根据假定电缆和附件用于 IEC 60183 中定义的 A 类系统而确定。

表 4 试验电压

1	2	3	4[a]	5[a]	6[a]	7[a]	8[a]	9[a]	10[b]
额定电压 U	设备最高电压 U_m	用于确定试验电压的值 U_0	9.3 电压试验 $2.5U_0$	9.2 和 12.4.4 局部放电试验 $1.5U_0$	12.4.5 tanδ 试验 U_0	12.4.6 热循环电压试验 $2U_0$	10.12、12.4.7 和 13.2.5 雷电冲击电压试验	12.4.7 电压试验 $2.5U_0$	16.3 安装后电压试验 $2U_0$
kV	kV	kV	kV	kV	kV	kV	kV	kV	kV
110	126	64	160	96	64	128	550	160	128

[a] 必要时，应根据 12.4.1 调整施加电压。

[b] 必要时，应根据 16.3 调整施加电压。

8.5 电缆导体温度的测定

推荐采用附录 A 中所述的试验方法之一测定导体的实际温度。

9 电缆和预制附件主绝缘的例行试验

9.1 概述

下列试验应在每根制造长度电缆上进行：

a) 局部放电试验(见 9.2)；

b) 电压试验(见 9.3)；

c) 非金属护套的电气试验(见 9.4)。

这些试验的次序由制造方自行确定。

每个预制附件的主绝缘应经受局部放电试验(见 9.2)和电压试验(见 9.3)，可按以下 1)、2)或 3)叙述的方法进行试验：

1) 在安装于电缆的附件上进行；

2) 主绝缘部件装在专供试验的附件上进行；

3) 采用模拟附件装置进行试验，使主绝缘部件所受的电场强度再现实际电场情况。

在上述2)和3)情况下，应选取试验电压值使得产生的电场强度至少与附件产品上施加9.2和9.3规定试验电压时在该部件上产生的电场强度相同。

注：预制附件的主绝缘包括与电缆绝缘直接接触并且是附件中控制电场分布所必需而且基本的部件，例如模压预制或预浇注预制橡胶绝缘件或有填充料的环氧绝缘件。它们可以单独使用或组合起来使用而成为附件的必要的绝缘和屏蔽。

9.2 局部放电试验

局部放电试验应按GB/T 3048.12进行，检测灵敏度应为10 pC或更优。附件试验按相同原则进行，检测灵敏度应为5 pC或更优。

试验电压应逐渐升到$1.75U_0$并保持10 s，然后慢慢地降到$1.5U_0$。

在$1.5U_0$下，被试品应无超过申明灵敏度的可检测的放电。

9.3 电压试验

电压试验应在环境温度下以工频交流电压进行。

试验电压应施加在导体和金属屏蔽/金属套间逐渐地升到$2.5U_0$(见表4)，然后保持30 min。

绝缘应不发生击穿。

9.4 非金属护套的电气试验

应进行IEC 60229:2007第3章规定的电气试验，在金属屏蔽/金属套与外护套表面导电层之间以金属套接负极施加直流电压25 kV，历时1 min。

外护套应不发生击穿。

10 电缆的抽样试验

10.1 概述

下列试验应在代表交货批的电缆样品上进行，对b)项和g)项试验，样品可以是整盘电缆：

a) 导体检验(见10.4)；

b) 导体电阻和金属屏蔽电阻测量(见10.5)；

c) 绝缘与非金属护套厚度测量(见10.6)；

d) 金属套厚度测量(见10.7)；

e) 直径测量，要求时(见10.8)；

f) XLPE绝缘热延伸试验(见10.9)；

g) 电容测量(见10.10)；

h) 按照第6章m)计算的导体屏蔽上标称电场强度大于8.0 kV/mm的电缆的雷电冲击电压试验(见10.11)；

i) 透水试验，适用时(见10.12)；

j) 具有与外护套粘结的纵包金属带或纵包金属箔的电缆组件的试验(见10.13)。

10.2 试验频度

10.1中的a)～g)以及j)抽样试验项目，应在相同型号和导体截面电缆的每一批(生产系列)中抽取的一根试样上进行，但不应超过任何合同中电缆总根数的10%，修约至最近的整数。

10.1中的h)和i)项的抽样频度应符合协议的质量控制方法。在无此类协议时，对电缆长度超过

20 km的合同应进行一次试验。

10.3 复试

如果取自任一根电缆上的试样，未通过10.1中的任何一项试验，则应从同一批电缆中再取两根试样，对未通过的项目进行试验。假如加试的这两根电缆都通过了试验，则抽取这两根试样的该批其他电缆应认为符合要求。如任一根加试电缆未通过试验，则该批电缆应认为不符合要求。

10.4 导体检验

应采用实际可行的检验及测量方法来检查导体结构是否符合GB/T 3956或申明的要求。

10.5 导体电阻和金属屏蔽/金属套电阻测量

整根电缆或电缆试样在试验前应置于温度适当稳定的试验室内至少12 h。如怀疑导体或金属屏蔽温度与试验室温度不同，则电缆应放在试验室内24 h后再测量电阻。或者可将导体或金属屏蔽试样放置在可控温的恒温槽内至少1 h后再测量电阻。

导体或金属屏蔽直流电阻应按GB/T 3956给出的公式和系数校正到温度为20 ℃、长度为1 km的数值。对于不是铜或铝的金属屏蔽，温度系数和校正公式应分别从IEC 60287-1-1:2006的表1和2.1.1取得。

校正到20 ℃的导体直流电阻不应超过GB/T 3956规定的相应的最大值或申明值。

校正到20 ℃的金属屏蔽直流电阻不应超过申明值。

10.6 绝缘和非金属护套厚度测量

10.6.1 概述

试验方法应按GB/T 2951.11—2008第8章，但包覆在皱纹金属套上的外护套厚度测量应按照10.6.3给出的方法。

应从每根选作试验的电缆的一端(如果必需)截除任何可能受到损伤的部分后，切取一段代表被试电缆的试样。

10.6.2 对绝缘的要求

最小测量厚度不应小于标称厚度的90%：

$$t_{min} \geqslant 0.90 t_n$$

以及，由下式定义的绝缘的偏心度不应大于10%：

$$\frac{t_{max} - t_{min}}{t_{max}} \leqslant 0.10$$

式中：

t_{max}——最大厚度，单位为毫米(mm)；

t_{min}——最小厚度，单位为毫米(mm)；

t_n ——标称厚度，单位为毫米(mm)。

注：其中 t_{max} 和 t_{min} 为绝缘同一截面上的测量值。

导体和绝缘上的半导电屏蔽层厚度应不包含在绝缘厚度内。

10.6.3 对电缆非金属护套的要求

非金属护套厚度的最小测量值加上0.1 mm后，应不小于标称厚度的85%，即：

$$t_{min} \geqslant 0.85 t_n - 0.1$$

式中：

t_{min}——最小厚度，单位为毫米(mm)；

t_n ——标称厚度，单位为毫米(mm)。

此外，包覆在基本光滑表面上的外护套，其测量值的平均值(mm)按附录B修约至一位小数，应不小于标称厚度。

对平均厚度的要求不适用于包覆在不规则表面上的外护套，如包覆在金属屏蔽线和(或)金属带、或皱纹金属套上的外护套。

包覆在皱纹金属套上的外护套厚度，应采用具有至少一个半径约为3 mm的球面测头、精度为±0.01 mm的测微计进行测量。取样和测量的步骤如下：

a) 从成品电缆上切取包含至少6个波峰和6个波谷的足够长度的一段外护套试样，在该外护套试样的外表面上画一条平行于电缆轴线的参考线。从外护套试样的一端截取的一个圆环上确定最小厚度的位置，以该最小厚度的位置为中点(以前述的参考线辅助定位)、沿着电缆轴线切取宽度约为20 mm～40 mm的包含了6个波峰和6个波谷的条状试片。应小心地除去试片上的各种附着物(如防腐涂料、与外护套材质相异的半导电层)。

b) 在条状试片上6个波谷位置(护套较薄处)分别测量每个波谷处的最小厚度。

6个测量值中最小的一个即为该皱纹金属套上的外护套的最小测量厚度。

10.7 金属套厚度测量

下列试验适用于铅、铅合金或铝金属套电缆。

10.7.1 铅或铅合金套

铅或铅合金套电缆，其金属套的最小厚度加上0.1 mm后，应不小于标称厚度的95%，即：

$$t_{min} \geqslant 0.95t_n - 0.1$$

应由制造方决定用下列的一种方法测量金属套厚度。

10.7.1.1 窄条法

应采用测量面直径为4 mm～8 mm、精度为±0.01 mm的测微计进行测量。

应从成品电缆上切取约50 mm长的铅套试件进行测量。应将试件沿纵向剖开，并小心地展平。在清洁试片后，应沿着铅套圆周、距试片边缘不小于10 mm处在足够多的点上测量，以确保测得最小厚度。

10.7.1.2 圆环法

应采用测微计测量，测微计的两个测量面，一个为平面，另一个为球面，或一个为平面，另一个为长2.4 mm、宽0.8 mm的矩形平面。球面或矩形平面应适合与环的内侧面接触。测微计精度应为±0.01 mm。

应从试样上仔细切取铅套圆环进行测量。应沿圆环的圆周在足够多的点上测量，以确保测得最小厚度。

10.7.2 平铝套或皱纹铝套

平铝套的最小厚度加上0.1 mm后，应不小于标称厚度的90%，即：

$$t_{min} \geqslant 0.90t_n - 0.1$$

皱纹铝套的最小厚度加上0.1 mm后，应不小于标称厚度的85%，即：

$$t_{min} \geqslant 0.85t_n - 0.1$$

应采用具有两个半径约3 mm球面测头的千分尺进行测量，精度应为±0.01 mm。

应从成品电缆上仔细切取约50 mm宽的金属套圆环进行测量。应沿圆环圆周在足够多的点上测量,以确保测得最小厚度。

10.8 直径测量

如买方要求,应测量电缆绝缘芯直径和/或电缆外径。测量应按 GB/T 2951.11—2008 的 8.3 进行。

10.9 XLPE 绝缘的热延伸试验

10.9.1 步骤

取样和试验步骤应按照 GB/T 2951.21—2008 第 9 章进行,采用表 9 给出的试验条件。

试片应按所采用的交联工艺、取自被认为交联度最低的绝缘部分。

10.9.2 要求

试验结果应符合表 9 要求。

10.10 电容测量

应在环境温度下测量导体与金属屏蔽和(或)金属套间的电容,并应同时记录环境温度。

电容测量值应校正到 1 km 电容,并且不应超过制造商申明标称值 8%。

10.11 雷电冲击电压试验

仅对导体屏蔽标称电场强度大于 8.0 kV/mm 的电缆要求进行本试验。

试验应在不包括试验附件至少 10 m 长的成品电缆试样上进行,试验时导体温度应比电缆正常运行的最大导体温度高 5 K～10 K。

应只通过导体电流将被试电缆加热到规定的温度。

注:如果由于实际原因,不能达到试验温度,可以外加热绝缘措施。

应按照 GB/T 3048.13 的试验程序施加雷电冲击电压。

电缆应耐受按表 4 第 8 栏试验电压值施加的 10 次正极性和 10 次负极性电压冲击而不破坏。

绝缘应不发生击穿。

10.12 透水试验

适用时,应从成品电缆上取样进行试验,并应满足 12.5.14 的要求。

10.13 与外护套粘结的纵包金属带或金属箔电缆的部件试验

对具有与外护套粘结的纵包金属带或纵包金属箔的电缆,应从成品电缆上取 1 m 试样,并按照 12.5.15 要求进行试验。

11 附件的抽样试验

11.1 附件部件的试验

对每个部件的特性应按照附件制造商的技术规范,或者通过部件供应商提供的试验报告、或通过内部试验来进行查验。

附件制造商应提供每种部件要进行的各项试验的清单,并说明每种试验的频次。

对部件要按照图纸进行检查,不应有超出申明公差的偏离。

注:由于各个供应商提供的部件各不相同,因此,本部分不可能规定部件通用的抽样试验。

11.2 成品附件的试验

对主绝缘部件不能进行例行试验(见 9.1)的附件,制造商应在完全装配好的附件上进行下列各项电气试验。

a) 局部放电试验(见 9.2);

b) 电压试验(见 9.3)。

这些试验的次序由制造方按适合试验安排来确定。

注:不做例行试验的主绝缘的例子有热缩绝缘以及绕包绝缘和(或)现场模制的绝缘。

这些试验应对每个合同的每种形式的一个附件进行,如果该合同中这种形式附件的数量超过 50 个。

如果试样未通过上述二项试验中的任何一项试验,则应从合同供应的相同类型附件中再抽取两个试样,对未通过的项目进行试验。如果这两个加试试样都通过了试验,则应认为该合同相同类型的其他附件符合本部分要求。如任一个加试试样仍未通过试验,则应认为该合同的该种类型的附件不符合本部分要求。

12 电缆系统的型式试验

12.1 概述

本章规定的各项试验是用以验证电缆系统具有满意的性能。

附录 C 给出电缆系统型式试验及其条文号的一览表。

注:本部分不规定与环境条件有关的终端试验。

12.2 型式认可的范围

对具有特定截面以及相同额定电压和结构的一种或一种以上电缆系统的型式试验通过后,如果满足下列 a)～f)的所有条件,则该型式认可对本标准范围内其他导体截面、额定电压和结构的电缆系统亦应认可有效:

注:按照本标准的 2002 年版本(GB/T 11071.1—2002)已经通过的型式试验依然有效。

a) 电压等级不高于已试电缆系统的电压等级;

注:本部分中相同额定电压等级的电缆系统是指具有相同设备最高电压 U_m 和相同试验电压等级(见表 4 中第 1 栏和第 2 栏)的电缆系统。

b) 导体截面不大于已试电缆的导体截面;

c) 电缆和附件具有与已试电缆系统相同或相似的结构;

注:结构类似的电缆和附件是指绝缘和半导电屏蔽的类型和制造工艺相同的电缆和附件。由于导体或连接金具的型式或材料的差异、或者由于屏蔽绝缘线芯上或附件主绝缘部件上的保护层的差异,除非这些差异可能对试验结果有显著影响,电气型式试验不必重复进行。在有些情况下,重做型式试验中的一项或几项试验[例如弯曲试验、热循环试验和(或)相容性试验]可能是合适的。

d) 电缆导体屏蔽上计算的标称电场强度和雷电冲击电场强度不超过已试电缆系统相应计算值 10%;

e) 电缆绝缘屏蔽上计算的标称电场强度和雷电冲击电场强度不超过已试电缆系统相应计算值;

f) 电缆附件主绝缘件上和电缆与附件界面上计算的标称电场强度和雷电冲击电场强度不超过已试电缆系统相应计算值。

除非采用不同的材料和制造工艺,对取自不同电压等级和(或)导体截面的电缆的试样不需要进行电缆组件的型式试验(见 12.5)。但是如果包覆在屏蔽绝缘芯上的材料组合不同于原先已经过型式试验的电缆的材料组合,可以要求重复进行成品电缆样段的老化试验以检验材料的相容性(见 12.5.4)。

由具有资质的鉴证机构代表签署的型式试验证书、或由制造商提供的有合适资格官员签署的载有试验结果的报告、或由独立实验室出具的型式试验证书应认可作为通过型式试验的证明。

12.3 型式试验概要

型式试验应包括12.4规定的成品电缆系统的电气试验和12.5规定的电缆组件及成品电缆适用的非电气试验。

12.4.2列出的试验应在不包括电缆附件至少10 m长的一个或多个成品电缆试样上进行，试样的数量取决于试验的附件数量。

两个附件之间自由电缆的最短长度应为5 m。

附件应安装在经过弯曲试验后的电缆上，每种型式的附件应有一个试样进行试验。

电缆和附件应按制造商说明书规定的方法进行组装，采用其所提供的等级和数量的材料，包括润滑剂(如果有)。

附件的外表面应干燥和清洁，但对电缆和附件都不应以制造商说明书没有规定的方式进行任何可能改变其电性能、热性能或机械性能的方法进行处理。

进行12.4.2的c)项～g)项试验时，应将被试接头的外保护层装上。但如果能够表明此外保护层不会影响接头绝缘性能，例如没有热机械或相容性的影响，就不必装上此外保护层。

12.4.9规定的半导电屏蔽电阻率测量应在单独的试样上进行。

12.4 成品电缆系统的电气型式试验

12.4.1 试验电压值

电气型式试验前，应按GB/T 2951.11—2008中8.1规定方法在供试验用的有代表性的一段试样上测量电缆的绝缘厚度，以检查绝缘平均厚度是否超过标称值太多。

如果绝缘平均厚度未超过标称厚度5%，试验电压应取表4规定的试验电压值。

如果绝缘平均厚度超过标称厚度5%、但不超过15%，应调整试验电压，以使得导体屏蔽上电场强度等于绝缘平均厚度为标称值、且试验电压为表4规定的试验电压值时确定的电场强度。

用于电气型式试验的电缆段的绝缘平均厚度应不超过标称值15%。

12.4.2 试验及试验顺序

试验a)～h)应按以下顺序进行：

a) 弯曲试验(见12.4.3)随后安装附件，在环境温度下的局部放电试验(见12.4.4)；

b) tanδ 测量(见12.4.5)；

注：本项试验可以在未进行本试验序列中其余试验项目的装有特殊试验终端的另一个电缆试样上进行。

c) 热循环电压试验(见12.4.6)；

d) 局部放电试验(见12.4.4)：

- 在环境温度下进行，以及
- 在高温下进行。

本试验应在上述c)项最后一次循环后进行，或者在下述e)项雷电冲击电压试验后进行；

e) 雷电冲击电压试验及随后的工频电压试验(见12.4.7)；

f) 局部放电试验，若上述d)项没有进行；

g) 接头的外保护层试验(见附录G)；

注1：本项试验可以在已经通过c)项热循环电压试验的接头上进行，也可以在经过至少3次热循环(见附录G)的另一个单独的接头上进行。

注2：如果电缆和接头不在潮湿环境下运行(即不直接埋在地下或不间断地或连续浸在水中)，则G.3和G.4.2规定的试验可以不做。

h) 在上述各项试验完成时，对包含电缆和附件的电缆系统的检验(见 12.4.8)；

i) 电缆半导电屏蔽的电阻率试验(见 12.4.9)应在单独的试样上测量。

试验电压应符合表 4 的规定。

12.4.3 弯曲试验

电缆试样应在环境温度下围绕试验用圆柱体(例如电缆盘的筒体)弯曲至少一整圈，然后展直，过程中电缆没有轴向转动。接着应将试样沿电缆轴线旋转 180 度，重复上述过程。如此作为一个循环。这样的弯曲循环共应进行三次。

试验用圆柱体的直径应不大于：

——$36(d+D)\times1.05$，平铝套电缆；

——$25(d+D)\times1.05$，铅、铅合金、皱纹金属套或具有与外护套粘结的纵包金属带或纵包金属箔的电缆；

——$20(d+D)\times1.05$，其他电缆。

其中：

d——导体标称直径，单位为毫米(mm)[见第 6 章 i)项]；

D——电缆标称外径，单位为毫米(mm)[见第 6 章 j)项]。

注：不规定负偏差。只有与制造商协商一致才能用小于规定直径进行弯曲试验。

12.4.4 局部放电试验

局部放电试验应按 GB/T 3048.12 进行，检测的灵敏度应为 5 pC 或更优。

试验电压应逐渐升到 $1.75U_0$ 并保持 10 s，然后慢慢地降到 $1.5U_0$。

高温下试验时，试样应在比电缆正常运行的最大导体温度高 5 K～10 K 下进行试验。导体温度应在此规定温度范围内保持至少 2 h。

应只通过导体电流将被试电缆加热到规定的温度。

注：如果由于实际原因，不能达到试验温度，可以外加热绝缘措施。

在 $1.5U_0$ 下，试品中应无超过申明灵敏度的可检测的放电。

12.4.5 tanδ 测量

应只通过导体电流将试样加热到规定的温度。可采用测量导体电阻，或采用置于屏蔽或金属套表面的热电偶，或采用同样加热方式的另一段相同电缆试样导体上的热电偶来确定导体温度。

试样应加热至导体温度超过电缆正常运行的最大导体温度 5 K～10 K。

注：如果由于实际原因，不能达到试验温度，可以外加热绝缘措施。

然后应在工频电压 U_0(见表 4 第 6 栏)及上述规定温度下测量 tanδ。

测量值不应大于表 3 的给定值。

12.4.6 热循环电压试验

电缆试样应弯成具有 12.4.3 规定直径的 U 形。

应只通过导体电流将试样加热到规定的温度。试样应加热至导体温度超过电缆正常运行的最大导体温度 5 K～10 K。

注：如果由于实际原因，不能达到试验温度，可以外加热绝缘措施。

加热应至少 8 h。在每个加热期内，导体温度应保持在上述温度范围内至少 2 h。随后应自然冷却至少 16 h，直到导体温度冷却至不高于 30 ℃或者冷却至高于环境温度 10 K 以内，取两者之中的较高值。应记录每个加热周期最后 2 h 的导体电流。

加热和冷却循环应进行 20 次。

在整个试验期内,试样上应施加 $2U_0$ 电压(见表 4 第 7 栏)。

试验过程允许中断,只要完成了总共 20 个加电压的完整热循环。

注:导体温度超过电缆正常运行的最大导体温度 10 K 的那些热循环也认为有效。

12.4.7 雷电冲击电压试验及随后的工频电压试验

应只通过导体电流将试样加热到规定的温度。试样应加热至导体温度超过电缆正常运行的最大导体温度 5 K～10 K。

导体温度应保持在上述试验温度范围至少 2 h。

注:如果由于实际原因,不能达到试验温度,可以外加热绝缘措施。

应按照 GB/T 3048.13 给出的试验程序施加雷电冲击电压。

电缆应耐受按表 4 第 8 栏试验电压值施加的 10 次正极性和 10 次负极性电压冲击而不破坏。

雷电冲击电压试验后,应对试样系统进行 $2.5U_0$,15 min 的工频电压试验(见表 4 第 9 栏)。由制造方决定,这项试验可在冷却过程中或在环境温度下进行。

应不发生绝缘击穿或闪络。

12.4.8 检验

12.4.8.1 电缆和附件

将一个试样电缆解剖,以及只要可能将各个附件拆解,以正常视力或经矫正但不放大的视力进行检查,应无可能影响电缆系统运行的劣化迹象(如电气品质下降、泄露、腐蚀或有害的收缩)。

12.4.8.2 与外护套粘结的纵包金属箔或金属带电缆

应从完成上述型式试验后的电缆上取下 1 m 长的试样,进行 12.5.15 的各项试验。

12.4.9 半导电屏蔽电阻率

电缆半导电屏蔽的电阻率应在单独的试样上测量。

应从制造后未经处理的电缆试样的绝缘芯上和从已经过 12.5.4 规定的组件材料相容性试验老化处理后的电缆试样的绝缘芯上分别取试件,进行导体上和绝缘上的挤包半导电屏蔽的电阻率测定。

12.4.9.1 步骤

试验步骤见附录 D。

测量应在温度(90±2) ℃下进行。

12.4.9.2 要求

老化前和老化后的电阻率不应超过:

——导体屏蔽:1 000 Ω·m;

——绝缘屏蔽:500 Ω·m。

12.5 电缆组件和成品电缆的非电气型式试验

非电气型式试验项目如下:

a) 电缆结构检验(见 12.5.1);

b) 绝缘老化前后机械性能试验(见 12.5.2);

c) 非金属外护套老化前后机械性能试验(见 12.5.3);

d) 检验材料相容性的成品电缆段老化试验(见 12.5.4);

e) ST_2 型 PVC 外护套的失重试验(见 12.5.5);

f) 外护套的高温压力试验(见 12.5.6);

g) PVC 外护套(ST_1 和 ST_2)低温试验(见 12.5.7);

h) PVC 外护套(ST_1 和 ST_2)热冲击试验(见 12.5.8);

i) XLPE 绝缘的微孔杂质试验(见 12.5.9);

j) XLPE 绝缘热延伸试验(见 12.5.10);

k) 半导电屏蔽层与绝缘层界面的微孔与突起试验(见 12.5.11);

l) 黑色 PE 外护套(ST_3 和 ST_7)碳黑含量测量(见 12.5.12);

m) 燃烧试验(见 12.5.13);

n) 透水试验(见 12.5.14);

o) 具有与外护套粘结的纵包金属带或纵包金属箔的电缆组件的试验(见 12.5.15);

p) XLPE 绝缘收缩试验(见 12.5.16);

q) PE 外护套(ST_3 和 ST_7)收缩试验(见 12.5.17);

r) 非金属外护套的刮磨试验(见 12.5.18);

s) 铝套的腐蚀扩展试验(见 12.5.19)。

电缆组件及成品电缆的非电气试验汇总于表 5 中,并指出每种试验所适用的 XLPE 绝缘和各种护套材料。电缆燃烧试验仅在制造商希望申明该电缆的设计特性适合该试验时才要求进行。

表 5 电缆组件和成品电缆的非电气型式试验项目汇总

	绝缘	外护套			
混合料代号(见 4.2 和 4.4)	XLPE	ST_1	ST_2	ST_3	ST_7
结构检查 透水试验[a]	均适用,与绝缘和外护套材料无关				
机械性能 (抗张强度和断裂伸长率)					
a) 老化前	×	×	×	×	×
b) 空气烘箱老化后	×	×	×	×	×
c) 成品电缆老化后(相容性试验)	×	×	×	×	×
高温压力试验	—	×	×	—	×
低温性能					
a) 低温拉伸试验	—	×	×	—	—
b) 低温冲击试验	—	×	×	—	—
空气烘箱热失重	—	—	×	—	—
热冲击试验	—	×	×	—	—
热延伸试验	×	—	—	—	—
炭黑含量试验[b]	—	—	—	×	×
热收缩试验	×	—	—	×	×
燃烧试验[c]	—	×	×	—	—
绝缘中微孔杂质试验	×	—	—	—	—
半导电屏蔽层与绝缘层界面的微孔与突起	×	—	—	—	—
非金属外护套的刮磨试验	—	×	×	×	×
铝套的腐蚀扩展试验	—	×	×	×	×
具有与外护套粘结的纵包金属层的试验[c]	—	—	—	×	×
注:×表示要做此项试验。					

[a] 用于制造方声明具有纵向阻水措施的电缆。

[b] 仅对黑色外护套。

[c] 只在制造方声明电缆设计适合时要求。

12.5.1 **电缆结构检查**

导体检查、绝缘和外护套厚度以及金属套厚度测量应分别按10.4、10.6及10.7进行，并应符合要求。

12.5.2 **绝缘老化前后机械性能试验**

12.5.2.1 **取样**

取样和试片制备应按GB/T 2951.11—2008中9.1进行。

12.5.2.2 **老化处理**

老化处理应按表6和GB/T 2951.12—2008中8.1并在表6规定的条件下进行。

表6 电缆XLPE绝缘混合料的机械性能试验要求（老化前后）

序号	试验项目和试验条件 （混合料代号见4.2）	单位	性能要求
			XLPE
0	正常运行时导体最高温度	℃	90
1	老化前（GB/T 2951.11—2008的9.1）		
1.1	最小抗张强度	N/mm²	12.5
1.2	最小断裂伸长率	%	200
2	空气烘箱老化后（GB/T 2951.12—2008的8.1）		
2.1	处理条件：温度	℃	135
	温度偏差	K	±3
	持续时间	h	168
2.2	抗张强度		
	a）老化后最小值	N/mm²	—
	b）最大变化率[a]	%	±25
2.3	断裂伸长率		
	a）老化后最小值	%	—
	b）最大变化率[a]	%	±25
[a] 变化率：老化后测得中间值与老化前测得中间值的差值除以后者，以百分数表示。			

12.5.2.3 **预处理和机械性能试验**

预处理和机械性能的测量应按GB/T 2951.11—2008中9.1进行。

12.5.2.4 **要求**

老化前和老化后试片的试验结果应符合表6要求。

12.5.3 **非金属外护套老化前后机械性能试验**

12.5.3.1 **取样**

取样和试片制备应按GB/T 2951.11—2008中9.2进行。

12.5.3.2 **老化处理**

老化处理应按表7和GB/T 2951.12—2008中8.1并在表7规定的条件下进行。

12.5.3.3 预处理和机械性能试验

预处理和机械性能的测量应按 GB/T 2951.11—2008 中 9.2 进行。

12.5.3.4 要求

老化前和老化后试片的试验结果应符合表 7 要求。

表 7 电缆外护套混合料的机械性能试验要求(老化前后)

序号	试验项目和试验条件 (混合料代号见 4.3)	单位	性能要求(混合料代号见 4.4)			
			ST_1	ST_2	ST_3	ST_7
1	老化前(GB/T 2951.11—2008 中 8.2)					
1.1	最小抗张强度	N/mm²	12.5	12.5	10.0	12.5
1.2	最小断裂伸长率	%	150	150	300	300
2	空气烘箱老化后(GB/T 2951.12—2008 中 8.1)					
	处理条件:温度	℃	100	100	100	110
	温度偏差	K	±2	±2	±2	±2
	持续时间	h	168	168	240	240
2.1	抗张强度					
	a) 老化后最小值	N/mm²	12.5	12.5	—	—
	b) 最大变化率[a]	%	±25	±25	—	—
2.2	断裂伸长率					
	a) 老化后最小值	%	150	150	300	300
	b) 最大变化率[a]	%	±25	±25	—	—
3	高温压力试验(GB/T 2951.31—2008 中 8.2)					
	试验温度	℃	80	90	—	110
	温度偏差	K	±2	±2	—	±2
4	热收缩试验(GB/T 2951.13—2008 中第 11 章)					
	试验温度	℃	—	—	80	80
	温度偏差	K	—	—	±2	±2
	持续时间	h	—	—	5	5
	加热周期		—	—	5	5
	最大收缩率	%	—	—	3.0	3.0

[a] 变化率:老化后测得中间值与老化前测得中间值的差值除以后者,以百分数表示。

12.5.4 检验材料相容性的成品电缆段的老化试验

12.5.4.1 概述

应进行成品电缆段的老化试验,以检验电缆是否存在由于绝缘、挤包半导电层和外护套与电缆其他组成部分的接触而容易在运行中过多劣化的倾向。

本试验适用于所有类型电缆。

12.5.4.2 取样

绝缘和非金属护套试验用电缆试样应取自 GB/T 2951.12—2008 中 8.1.4 所述的成品电缆。

12.5.4.3 **老化处理**

电缆段的老化处理应按 GB/T 2951.12—2008 中 8.1.4 在空气烘箱中进行，条件如下：

——温度：(100±2) ℃；

——持续时间：7×24 h。

12.5.4.4 **机械性能试验**

从老化后电缆样品上取下的绝缘和护套试片，应按 GB/T 2951.12—2008 中 8.1.4 制备并进行机械性能试验。

12.5.4.5 **要求**

老化后的抗张强度和断裂伸长率的中间值与老化前得出的相应值(见 12.5.2 和 12.5.3)的变化率不应超过表 6 给出的绝缘经空气烘箱老化后的试验值，以及表 7 给出的外护套经空气烘箱老化后的试验值。

12.5.5 **ST_2 型 PVC 外护套失重试验**

12.5.5.1 **步骤**

ST_2 型外护套的失重试验应按表 8 和 GB/T 2951.32—2008 中 8.2 规定的条件下进行。

12.5.5.2 **要求**

试验结果应符合表 8 要求。

表 8 电缆 PVC 外护套料特殊性能试验要求

序号	试验项目和试验条件	单位	性能要求(混合料代号见 4.4)	
			ST_1	ST_2
1	空气烘箱热失重试验 (GB/T 2951.32—2008 中 8.2)			
1.1	处理条件：温度	℃	—	100
	温度偏差	K	—	±2
	持续时间	h	—	168
1.2	最大允许失重	mg/cm^2	—	1.5
2	低温性能[a](GB/T 2951.14—2008 中第 8 章) 试验在未经先前老化下进行			
2.1	哑铃片的低温拉伸试验			
	试验温度	℃	−15	−15
	温度偏度	K	±2	±2
2.2	低温冲击试验			
	试验温度	℃	−15	−15
	温度偏度	K	±2	±2
3	热冲击试验(GB/T 2951.31—2008 中 9.2)			
	试验温度	℃	150	150
	温度偏度	K	±3	±3
	试验时间	h	1	1

[a] 因气候条件不同时，可以采用更低的试验温度。

12.5.6 外护套高温压力试验

12.5.6.1 步骤

ST_1,ST_2 和 ST_7 外护套的高温压力试验应按 GB/T 2951.31—2008 中 8.2 所述的试验方法和表 7 给出的试验条件进行。

12.5.6.2 要求

试验结果应符合 GB/T 2951.31—2008 中 8.2 的要求。

12.5.7 PVC 外护套(ST_1 和 ST_2)低温试验

12.5.7.1 步骤

ST_1 和 ST_2 外护套的低温试验应采用表 8 规定的试验温度,按 GB/T 2951.14—2008 的第 8 章进行。

12.5.7.2 要求

试验结果应符合 GB/T 2951.14—2008 中第 8 章的要求。

12.5.8 PVC 外护套(ST_1 和 ST_2)热冲击试验

12.5.8.1 步骤

ST_1 和 ST_2 外护套的热冲击试验应采用表 8 规定的试验温度和持续时间,按 GB/T 2951.31—2008 中 9.2 进行。

12.5.8.2 要求

试验结果应符合 GB/T 2951.31—2008 的 9.2 要求。

12.5.9 XLPE 绝缘的微孔杂质试验

12.5.9.1 步骤

XLPE 绝缘的微孔杂质试验应按照附录 H 进行取样和试验。

12.5.9.2 要求

试验结果应符合以下要求:

a) 成品电缆绝缘中应无大于 0.05 mm 的微孔,大于 0.025 mm 的微孔在每 16.4 cm^3 绝缘中不应多于 30 个;
b) 成品电缆绝缘中应无大于 0.125 mm 的不透明杂质,大于 0.05 mm 并小于或等于 0.125 mm 的不透明杂质在每 16.4 cm^3 绝缘体积中不应多于 10 个;
c) 成品电缆绝缘中应无大于 0.25 mm 的半透明棕色(琥珀状)物质。

12.5.10 XLPE 绝缘热延伸试验

XLPE 绝缘应按 10.9 进行热延伸试验并应符合其要求。

表 9 电缆 XLPE 绝缘混合料的特殊性能试验要求

序号	试验项目和试验条件	单位	性能要求
			XLPE
1	热延伸试验(GB/T 2951.21—2008 中第 9 章)		
1.1	处理条件:空气烘箱温度	℃	200
	温度偏差	K	±3
	负荷时间	min	15
	机械应力	N/cm^2	20
1.2	负荷下最大伸长率	%	175
1.3	冷却后最大永久伸长率	%	15
2	热收缩试验(GB/T 2951.13—2008 中第 10 章)		
2.1	标志间距离 L	mm	200
2.2	试验温度	℃	130
2.3	温度偏差	K	±3
2.4	持续时间	h	6
2.5	最大收缩率	%	4.5

12.5.11 半导电屏蔽层与绝缘层界面的微孔与突起试验

12.5.11.1 步骤

半导电屏蔽层与绝缘层界面的微孔与突起试验应按照附录 H 进行取样和试验。

12.5.11.2 要求

试验结果应符合下述规定：

a) 半导电屏蔽层与绝缘层界面上应无大于 0.05 mm 的微孔；

b) 导体半导电屏蔽层与绝缘层界面上应无大于 0.125 mm 的进入绝缘层的突起以及大于 0.125 mm 的进入半导电层的突起；

c) 绝缘半导电屏蔽层与绝缘层界面上应无大于 0.125 mm 的进入绝缘层的突起以及大于 0.125 mm 的进入半导电层的突起。

12.5.12 黑色 PE 外护套碳黑含量测量

12.5.12.1 步骤

ST_3 和 ST_7 外护套的碳黑含量测量应按 GB/T 2951.41—2008 中第 11 章所述的取样和试验步骤进行。

12.5.12.2 要求

碳黑含量的标称值应为(2.5±0.5)%。

注：对不受紫外线曝晒的特殊场合，允许较低的碳黑含量值。

12.5.13 燃烧试验

如果制造商希望申明电缆的特殊设计符合燃烧试验要求时，应在成品电缆的试样上进行 GB/T 18380.12 规定的燃烧试验。

试验结果应符合 GB/T 18380.12 的要求。

12.5.14 透水试验

透水试验应适用于具有包括如第 6 章的 c)和 f)中申明的纵向透水阻隔结构的电缆。本试验的目的是满足埋地电缆的要求,而不是为了用于如海底电缆那类结构的电缆。

试验装置、取样、试验步骤和要求应符合附录 E。

12.5.15 与外护套粘结的纵包金属箔或金属带电缆的组件的试验

电缆试样应进行下列试验:

a) 目力检查(见 F.1);

b) 金属箔粘结强度(见 F.2);

c) 金属箔搭接的剥离强度(见 F.3)。

试验装置、步骤和要求应符合附录 F 的规定。

12.5.16 XLPE 绝缘收缩试验

12.5.16.1 步骤

XLPE 绝缘收缩试验应按 GB/T 2951.13—2008 中第 10 章所述的取样及试验步骤和表 9 规定的试验条件进行。

12.5.16.2 要求

试验结果应符合表 9 要求。

12.5.17 PE 外护套(ST_3 和 ST_7)收缩试验

12.5.17.1 步骤

ST_3 和 ST_7 型 PE 外护套的收缩试验应按 GB/T 2951.13—2008 中第 11 章所述取样及试验步骤和表 7 规定的试验条件进行。

12.5.17.2 要求

试验结果应符合表 7 要求。

12.5.18 非金属外护套刮磨试验

电缆的非金属外护套应进行 JB/T 10696.6—2007 规定的刮磨试验并符合要求。

12.5.19 铝套腐蚀扩展试验

铝套电缆应进行 JB/T 10696.5—2007 规定的腐蚀扩展试验并符合要求。

13 电缆系统的预鉴定试验

13.1 概述和预鉴定试验的认可范围

当额定电压 110 kV 电缆系统成功通过预鉴定试验,制造商就具有供应额定电压 110 kV 或较低电压等级电缆系统的合格资格,只要其绝缘屏蔽上计算的标称电场强度等于或者低于已通过试验的电缆系统的相应值。

只有导体屏蔽上计算的标称电场强度高于 8.0 kV/mm 和(或)绝缘屏蔽上计算的标称电场强度高于 4.0 kV/mm 时应进行电缆系统的预鉴定试验。具有下述任一情况,预鉴定试验应予免做:

——如果具有相同结构以及同样附件类型的电缆系统已经通过了更高额定电压的预鉴定试验;

——如果制造商能够证明在导体屏蔽和绝缘屏蔽上、在同类型电缆附件的主绝缘部件上以及在附件的界面上的计算的电场强度相等或更高的电缆系统已经具有良好的运行经历;

——如果制造商按照关于相同电缆结构和同类型附件的电缆系统的国家标准或顾客规范已经完成了同等要求的长期试验。

如果一个预鉴定合格的电缆系统使用另一个已通过预鉴定试验电缆系统的电缆和(或)附件进行替换,且另一个电缆系统的绝缘屏蔽上的计算电场强度等于或高于被替换的电缆系统,则现有的预鉴定认可应扩展到此系统或另一个电缆系统的电缆和(或)附件,只要其满足了 13.3 的全部要求。

如果一个预鉴定合格的电缆系统使用没有进行过预鉴定试验的电缆和(或)附件,或者使用另一个已通过预鉴定试验电缆系统的电缆和(或)附件进行替换、但该电缆系统的绝缘屏蔽上的计算电场强度低于被替换的电缆系统,则新组成的电缆系统应进行预鉴定试验,并满足 13.2 的全部要求。

预鉴定试验和预鉴定扩展试验的一览表参见附录 C。

注 1:除非与该电缆系统相关的材料、制造工艺、设计和设计场强水平有实质性改变,预鉴定试验只需要进行一次。

注 2:实质性改变定义为可能对电缆系统产生不利影响的改变。如果有改变而申明不构成实质性改变,供应方应提供包括试验证据的详细情况。

注 3:推荐使用大截面导体的电缆进行预鉴定试验,以包含热-机械性能的影响。

由具有资质的鉴证机构代表签署的预鉴定试验证书、或由制造商提供的有合适资格官员签署的载有试验结果的报告、或由独立实验室出具的预鉴定试验证书应认可作为通过预鉴定试验的证明。

13.2 电缆系统的预鉴定试验

13.2.1 预鉴定试验概要

预鉴定试验应由最少 20 m 长的全尺寸成品电缆包含每种类型附件至少一件的完整电缆系统上进行的电气试验组成。附件之间的自由电缆的长度应至少 10 m。试验的顺序为:

a) 热循环电压试验(见 13.2.4);

b) 雷电冲击电压试验(见 13.2.5);

c) 电缆系统完成上述试验后的检验(见 13.2.6)。

可能有一个或多个附件不能满足 13.2 中所有预鉴定试验的要求。对被试电缆系统修理后,可以对保留下的电缆系统(电缆和其余的附件)继续进行预鉴定试验。如果保留下的电缆系统满足了 13.2 的所有要求,该保留下的电缆系统(电缆和其余的附件)就认为通过预鉴定试验,而没有完成试验的电缆附件则没有通过该预鉴定试验。但是可以对更换附件的电缆系统继续进行预鉴定试验直到满足 13.2 的所有要求。如果制造商确定预鉴定试验的电缆系统包含修理好的附件,那么该完整系统的预鉴定试验的起始时间考虑从修理后开始计算。

13.2.2 试验电压值

电缆系统预鉴定试验前,应测量电缆的绝缘厚度,必要时按照 12.4.1 调整试验电压值。

13.2.3 试验布置

电缆和附件应按制造商说明书规定的方法进行组装,采用其所提供的等级和数量的材料,包括润滑剂(如果有)。

试验可在实验室中进行,而不必在模拟真实安装条件的场所进行。

如果接头设计适用于刚性和柔性二种安装方式，则一个接头应采用刚性固定方式安装，另一个接头应采用柔性方式安装，见图1。如果接头设计仅用于刚性方式安装，则该接头的两侧都应以刚性方式固定。如果接头设计仅用于柔性方式安装，则该接头的两侧都应以柔性方式安装。

试验回路应按12.4.3规定的直径敷设成U形。

注：图1的示例较实际安装敷设的真实模拟更容易实现。设计的热-机械性能在该试验布置中没有得到测试。

在必须考虑热机械性能的特殊情况下，应考虑采用能代表设计安装条件的特殊试验布置。在安装和试验期间环境条件可能会有变化，但认为环境条件的变化并无重要影响。

当使用户外试验设施进行试验时，不受通常规定的对环境温度(20±15)℃的限制。

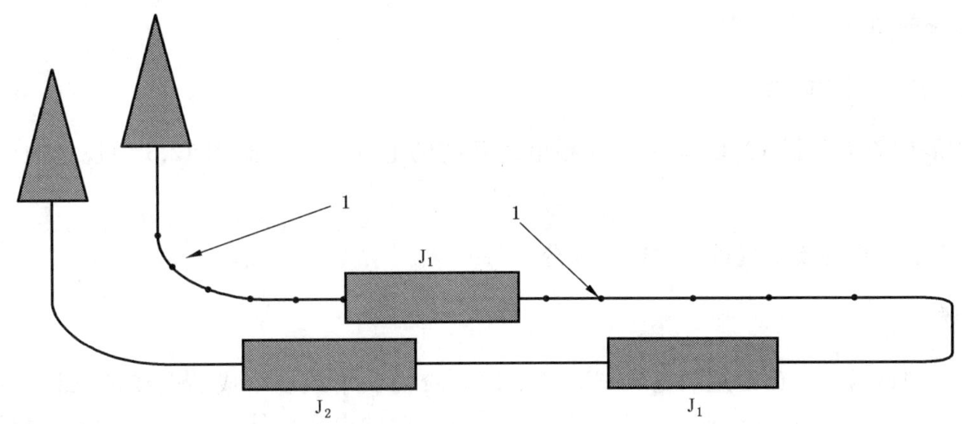

说明：

1 ——夹具；

J_1 ——设计为用于刚性和柔性固定的接头；

J_2 ——设计仅用于柔性固定的接头。

图1 预鉴定试验的试验布置示例

13.2.4 热循环电压试验

应只通过导体电流将试样加热到规定的温度。试样应加热至导体温度超过电缆正常运行的最大导体温度0 K～5 K。试验过程中因环境温度变化要求调节导体电流。

应选择加热布置方式，使得远离附件的电缆导体温度达到上述规定温度。应记录电缆表面温度作为参考。

加热应至少8 h。在每个加热期内，导体温度应保持在上述温度范围内至少2 h。随后应自然冷却至少16 h，直到导体温度冷却至不高于30 ℃或者冷却至高于环境温度10 K以内，取两者之中的较高值。

注：如果由于实际原因，不能达到试验温度，可以外加热绝缘措施。

加热冷却循环应进行180次。在整个试验期间，应对电缆系统施加$1.7U_0$电压。

应无击穿发生。

注1：建议在试验期间进行局部放电测试以便提供性能可能劣化的早期预警，从而有可能在损坏前进行修理。

注2：允许某些循环的热态和(或)冷态温度的持续时间不完全符合要求，但这样的循环不超过10个。

注3：应完成总的循环次数而不管那些可能发生的中断。

注4：导体温度超过电缆正常运行的最大导体温度5 K的那些热循环也认为有效。

13.2.5 雷电冲击电压试验

试验应在取自试验系统的有效长度最少10 m的一根或多根电缆试样上进行，电缆导体温度超过电缆正常运行的最大导体温度 0 K～5 K。导体温度应保持在上述温度范围内至少 2 h。

注 1：作为替代，试验也可在整个试验回路上进行。

注 2：如果由于实际原因，不能达到试验温度，可以外加热绝缘措施。

应按照 GB/T 3048.13 给出的步骤施加冲击电压。

试验回路应耐受按表 4 第 8 栏试验电压值施加的 10 次正极性和 10 次负极性电压冲击而不破坏。

13.2.6 检验

电缆系统（电缆和附件）的检验应符合 12.4.8 的要求。

13.3 电缆系统的预鉴定扩展试验

13.3.1 预鉴定扩展试验概要

预鉴定扩展试验应包括 13.3.2 规定的完整电缆系统的电气性能试验和 12.5 中规定的电缆的非电气试验。

13.3.2 电缆系统的预鉴定扩展试验的电气部分

13.3.2.1 概述

13.3.2.3 所列试验应在已通过预鉴定试验的电缆系统的一个或多个成品电缆的试样上进行，取决于附件的数量。电缆系统的试样应包含需要预鉴定扩展试验的电缆附件每种至少一件。试验可在实验室中进行，而不必在模拟真实安装的条件下进行。

附件之间电缆的最短长度应为 5 m。电缆总长度应最少 20 m。

电缆和附件应按制造商说明书规定的方法进行安装，采用其所提供的等级和数量的材料，包括润滑剂（如果有）。

如果一个接头的预鉴定要扩展到用于柔性和刚性二种安装方式，试验时一个接头应以柔性方式安装，另一个接头应以刚性方式安装，见图 2。

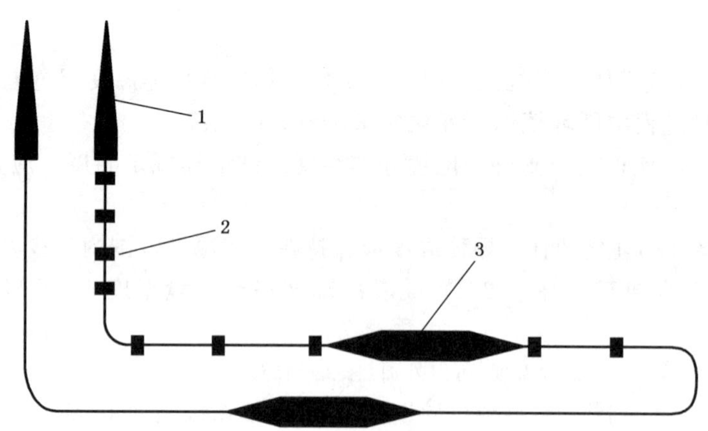

说明：

1——终端；

2——夹具；

3——接头。

图 2　一个采用设计为柔性和刚性二种安装方式的另外接头的系统的预鉴定扩展试验的布置示例

如果电缆也是预鉴定扩展试验的部分，试验回路应按 12.4.3 规定的直径敷设成 U 形。

除 13.3.2.3 规定情形之外，13.3.2.3 所列的所有试验项目应在同一个试样上依次进行。附件应在电缆的弯曲试验后安装。

12.4.9 所述的半导电屏蔽电阻率的测量应在单独的试样上进行。

如果预鉴定扩展试验仅针对附件，那么电缆半导电屏蔽电阻率测量就不要求进行。

13.3.2.2 试验电压值

预鉴定扩展试验的电气试验前，应测量电缆的绝缘厚度，必要时应按照 12.4.1 调整试验电压值。

13.3.2.3 预鉴定扩展试验的电气试验顺序

预鉴定扩展试验的电气部分的正常顺序应如下：

a) 弯曲试验(见 12.4.3)后先不做判定性的局部放电试验(见 12.4.4)，而是随后安装要进行预鉴定扩展试验的附件；

b) 弯曲试验及安装附件后进行局部放电试验(见 12.4.4)，以检查已安装的附件的质量；

c) 不加电压的热循环试验(见 13.3.2.4)；

d) tanδ 测量(见 12.4.5)；

注：本项试验可以在不进行本试验序列中其余试验项目的装有特殊试验终端的另一个电缆试样上进行。

e) 热循环电压试验(见 12.4.6)；

f) 环境温度下和高温下的局部放电试验(见 12.4.4)；本试验应在上述 e)项试验的最后一次循环后，或者在下述 g)项雷电冲击电压试验后进行；

g) 雷电冲击电压试验及随后的工频电压试验(见 12.4.7)；

h) 局部放电试验，若上述 f)项没有进行；

i) 接头的外保护层试验(见附录 G)；

注 1：本项试验可以在已经通过 c)项热循环试验的接头上进行，也可以在经过至少 3 次热循环(见附录 G)的另一个单独的接头上进行。

注 2：如果电缆和接头不在潮湿环境下运行(即不直接埋在地下或不间歇地或连续地浸在水中)，则 G.3 和 G.4.2 规定的试验可以不做。

j) 在上述各项试验完成后，对包含电缆和附件的电缆系统的检验(见 12.4.8)；

k) 电缆半导电屏蔽的电阻率(见 12.4.9)应在单独的试样上测量。

试验电压应符合表 4 的规定，并根据 13.3.2.2 进行可能的调整。

13.3.2.4 不加电压的热循环试验

应只通过导体电流将试样加热到规定的温度。试样应加热至导体温度超过电缆正常运行的最大导体温度 5 K～10 K。

加热应至少 8 h。在每个加热期内，导体温度应保持在上述温度范围内至少 2 h。随后应自然冷却至少 16 h，直到导体温度冷却至不高于 30℃或者冷却至高于环境温度 10 K 以内，取两者之中的较高值。应记录每个加热周期最后 2 h 的导体电流。

加热冷却循环应进行 60 次。

注：导体温度超过电缆正常运行的最大导体温度 10 K 的那些热循环也认为有效。

14 电缆的型式试验

14.1 概述

本章规定的试验仅用以证明电缆具有满意的性能。

这些试验应在导体屏蔽上计算的标称电场强度不高于 8.0 kV/mm 和绝缘屏蔽上计算的标称电场强度不高于 4.0 kV/mm 的电缆上进行。其他情况下应适用第 12 章电缆系统的型式试验。

电缆型式试验项目的一览表见附录 C。

14.2 型式认可的范围

对具有特定截面以及相同额定电压和结构的一种或一种以上电缆的型式试验通过后，如果满足下列 a)～e)的所有条件，则该型式认可对本标准范围内其他导体截面、额定电压和结构的电缆亦应认可有效：

注：按照本标准的 2002 年版本已经通过的型式试验依然有效。

a) 电压等级不高于已试电缆的电压等级；

注：本条中相同额定电压等级的电缆是指具有相同设备最高电压和相同试验电压等级（见表 4 中第 1 栏和第 2 栏）的电缆。

b) 导体截面不大于已试电缆的导体截面；

c) 电缆具有与已试电缆相同或相似的结构；

注：结构类似的电缆是指绝缘和半导电屏蔽的类型和制造工艺相同的电缆。由于导体的型式或材料的差异、或者由于屏蔽绝缘芯上保护层的差异，除非这些差异可能对试验结果有显著影响，电气型式试验不必重复进行。在有些情况下，重做型式试验中的一项或几项试验[例如弯曲试验、热循环试验和(或)相容性试验]可能是合适的。

d) 电缆导体屏蔽上计算的标称电场强度不超过已试电缆导体屏蔽上的标称电场强度 10%；

e) 电缆绝缘屏蔽上计算的标称电场强度不超过已试电缆绝缘屏蔽上的标称电场强度。

除非采用不同的材料和制造工艺，对取自不同电压等级和(或)导体截面的电缆的试样不需要进行电缆组件的型式试验(见 12.5)。但是如果包覆在屏蔽绝缘芯上的材料组合不同于原先已经过型式试验的电缆的材料组合，可以要求重复进行成品电缆样段的老化试验以检验材料的相容性(见 12.5.4)。

由具有资质的鉴证机构代表签署的型式试验证书、或由制造商提供的有合适资格官员签署的载有试验结果的报告、或由独立实验室出具的型式试验证书应认可作为通过型式试验的证明。

14.3 型式试验概要

型式试验应包括 12.4.1 和 14.4 规定的成品电缆的电气试验和 12.5 规定的电缆组件及成品电缆适用的非电气试验。

电缆组件及成品电缆的非电气试验汇总于表 5 中，并指出每种试验所适用的 XLPE 绝缘和各种护套材料。电缆燃烧试验仅在制造商希望申明该电缆的设计特性适合该试验时才要求进行。

14.4 成品电缆的电气型式试验

试验 a)～f)应在不包括电缆附件至少 10 m 长的一段成品电缆试样上进行。

a) 弯曲试验(见 12.4.3)，随后安装试验终端及局部放电试验(见 12.4.4)；

b) $\tan\delta$ 测量(见 12.4.5)；

注：本项试验可以在不进行本试验序列中其余试验项目的另一个电缆试样上进行。

c) 热循环电压试验(见 12.4.6)及随后的环境温度下的局部放电试验(见 12.4.4)，后者应在最后一次循环后或者在下述 d)项雷电冲击电压试验后进行；

d) 雷电冲击电压试验及随后的工频电压试验(见 12.4.7)；

e) 环境温度下的局部放电试验(见 12.4.4)，若上述 c)项中没有进行；

f) 上述各项试验完成时对电缆的检验(见 12.4.8)；

g) 电缆半导电屏蔽的电阻率(见 12.4.9)应在单独的试样上测量。

试验电压应符合表 4 的规定。

15 附件的型式试验

15.1 概述

本章规定的试验仅用以证明附件具有满意的性能。

这些试验应在导体屏蔽上计算的标称电场强度不高于 8.0 kV/mm 和绝缘屏蔽上计算的标称电场强度不高于 4.0 kV/mm 电缆的附件上进行。其他情况下应适用第 12 章电缆系统的型式试验。

附件型式试验项目的一览表见附录 C。

注：本部分不规定与环境条件有关的终端试验。

15.2 型式认可的范围

对一种或一种以上附件与特定截面以及相同额定电压和结构的一种或一种以上电缆(配套)通过型式试验后，如果满足下列 a)～d)的所有条件，则该型式认可对本标准范围内具有其他额定电压和结构的附件与其他电缆(配套)亦应认可有效：

注：按照本标准的 2002 年版本(GB/T 11017.1—2002)已经通过的型式试验依然有效。

a) 电压等级不高于已试附件的电压等级。

注：本条中相同额定电压等级的附件是指具有相同设备最高电压和相同试验电压等级（见表 4 中第 1 栏和第 2 栏）的附件。

b) 具有其他导体截面、额定电压和结构的(配套)电缆属于 14.2 所述的型式认可范围内。如果在电缆绝缘屏蔽上计算的标称电场强度不高于 2.5 kV/mm，则型式认可对与该范围内所有电缆配套的附件都认为有效。

c) 附件具有与已试附件相同或相似的结构。

注：结构类似的附件是指绝缘和半导电屏蔽的类型和制造工艺相同的附件。由于导体连接金具的型式或材料的差异、或者由于附件主绝部件外部的保护层的差异，除非这些差异可能对试验结果有显著影响，电气型式试验不必重复进行。在有些情况下，重做型式试验中的一项或几项试验(例如局部放电试验)可能是合适的。

d) 电缆附件主绝缘件上和电缆与附件的界面上计算的标称电场强度不超过已试附件的相应值。

由具有资质的鉴证机构代表签署的型式试验证书、或由制造商提供的有合适资格官员签署的载有试验结果的报告、或由独立实验室出具的型式试验证书应认可作为通过型式试验的证明。

15.3 型式试验概要

附件应按照 15.4.1 和 15.4.2 规定试验。

附件之间自由电缆的最短长度应为 5 m。

每种型式的附件应有一个试样进行试验。

附件应在首次局部放电试验前进行安装。

附件应按制造商说明书规定的方法，采用相同等级和数量的材料、包括润滑剂(如有)安装在电缆上。

附件的外表面应干燥和清洁。但是，无论电缆还是附件都不能进行制造商说明书中没有规定的可能改变其电性能、热性能或机械性能的任何形式的处理。

进行 15.4.2 中 a)～e)项试验时，应对装上外保护层的接头进行试验。如果能证明外保护层不会影响接头的绝缘性能，例如没有热-机械或不相容性影响，则不必安装外保护层。

15.4 附件的电气型式试验

15.4.1 试验电压值

附件电气型式试验前，应测量配套电缆的绝缘厚度，必要时应按 12.4.1 调整试验电压值。

15.4.2 试验和试验顺序

附件应按下列顺序试验：

a) 环境温度下的局部放电试验(见 12.4.4)；

b) 热循环电压试验(见 12.4.6)；

注：电缆可按照 12.4.3 规定的直径弯成 U 形。

c) 局部放电试验(见 12.4.4)：

- 在环境温度下进行。
- 在高温下进行。

局部放电试验应在上述 b)项热循环试验的最后一次循环结束后或者在下述 d)项冲击电压试验后进行。

d) 冲击电压试验及随后的工频电压试验(见 12.4.7)；

e) 局部放电试验，若上述 c)项没有进行；

f) 接头的外保护层试验(见附录 G)；

注 1：本项试验可以在已经通过 b)项热循环电压试验的一个接头上进行，也可以在经过至少 3 次热循环(见附录 G)的另一个单独的接头上进行。

注 2：如果接头在运行中不会遭受潮湿环境(即不直接埋在地下、或者不间歇地或连续地浸在水中)，则 f)项试验可以不做。

g) 在完成上述各项试验后对附件的检验(见 12.4.8.1)。

试验电压应符合表 4 的规定。

16 安装后的电气试验

16.1 概述

试验在电缆和附件安装完成后的新线路上进行。

推荐采用 16.2 的外护套直流电压试验和/或 16.3 的绝缘交流电压试验。

当电缆线路仅按 16.2 作了非金属护套试验，根据购买方和承包方协议，附件安装的质量保证程序可以代替 16.3 的绝缘交流电压试验。

16.2 非金属外护套直流电压试验

应在电缆金属套或金属屏蔽与地之间对外护套施加 10 kV 直流电压，持续时间 1 min。

为使试验有效，外护套外表面应与地良好接触。外护套上的导电层有助于达到此要求。

16.3 绝缘交流电压试验

应经购买方与承包方协商同意施加交流电压。电压波形应基本为正弦波形，频率应为 20 Hz～300 Hz。施加的交流电压值应为 128 kV($2U_0$)，持续时间 1 h。

作为替代，可施加交流电压 64 kV(U_0)，持续时间 24 h。

注：对已运行的电缆线路，可采用较低电压和/或较短时间进行试验。应考虑到运行年份、环境条件、击穿经历以及试验目的，经协商确定试验电压和时间。

附 录 A
(资料性附录)
电缆导体温度的测定

A.1 目的

对某些试验,电缆施加工频或冲击电压时,应将电缆导体温度升高到某一给定温度,典型的为正常运行时的最高温度以上 5 K～10 K,因此不可能去接触导体,直接测量温度。

此外尽管环境温度可能变化范围很大,但是导体温度变化应被维持在严格限制范围(5 K)。

尽管对被试电缆的预先校准或计算可能最初是满意的,但整个试验期间环境条件的变化可能导致导体温度偏离要求的范围之外。

因此,应采用一些使导体温度在整个试验期间能够监测和控制的方法。

本附录给出了通用的方法。

A.2 主试验回路温度的校准

A.2.1 概述

校准的目的是在试验要求的温度范围内,对一给定电流通过直接测量确定导体温度。

用于校准的电缆(以下称参照电缆)应与主回路所用的电缆相同。

A.2.2 电缆和温度传感器的安装

校准应在取自与被试电缆相同的一段至少 5 m 长的电缆上进行。电缆长度应使得热量向电缆两端的纵向传导对电缆中部 2 m 范围内温度的影响不超过 2 K。

在参照电缆的中部应设置两个温度传感器:一个(TC_{1C})在导体上,另一个(TC_{1S})装在电缆外表面上或直接在外表面下。

另外两个温度传感器 TC_{2C}和 TC_{3C}应装在参照电缆的导体上(见图 A.1),每个温度传感器距离电缆中部约 1 m。

应采用机械方法使这些温度传感器固定在导体上,因为温度传感器可能会由于加热期间电缆的振动而移动。在试验期间,应小心保持良好的热接触,以免热量泄漏至周围环境。建议按照图 A.2 所示,把温度传感器安装在绞合导体的两根股线之间或在(实心)导体与导体屏蔽之间。把导体外面的各包覆层仔细挖去形成一个小洞,以便将温度传感器装在参照电缆中部的导体上。安装好温度传感器后,可将挖出的各包覆层放回原处,这样可以恢复参照电缆的热特性。

注:为证实向电缆两端的热传导可以忽略,温度传感器 TC_{1C}、TC_{2C}和 TC_{3C}的各读数之间的差值应小于 2 K。

如果实际主试验回路包含了几个彼此靠近的单独电缆段,则这些电缆段会受到热邻近效应的影响。因此,考虑到这种实际试验布置应进行校准,测量应在最热的电缆段(通常是位于中间的电缆段)上进行。

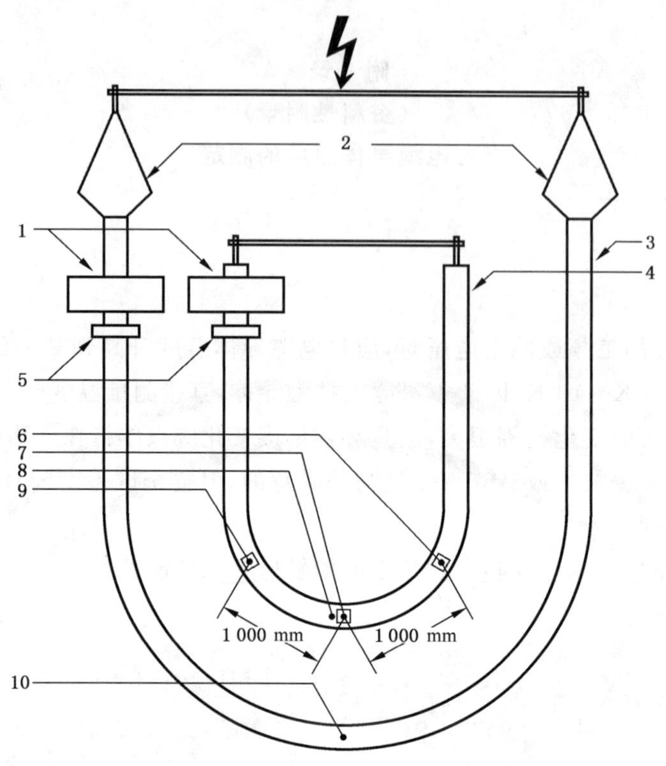

说明：

1——大电流变压器；	6 ——TC_{3C}(导体)；
2——终端；	7 ——TC_{1C}(导体)；
3——试验电缆；	8 ——TC_{1S}(护套)；
4——参照电缆(≥5 m)；	9 ——TC_{2C}(导体)；
5——电流互感器；	10——TC_{S}(护套)。

图 A.1　参考回路和试验回路的典型布置图

A.2.3　校准方法

校准应在温度(20±5) ℃和无通风状况下进行。

应采用温度记录仪同时测量导体、外护套和环境温度。

电缆应加热到图 A.1 温度传感器 TC_{1C}指示的导体温度达到稳定，并如表 1 给出的电缆正常运行时导体最高温度以上 5 K～10 K。

当温度稳定时，记录下述温度：

——导体温度：位置 1、2 和 3 的平均值；

——外护套温度：位置 TC_{1C}；

——环境温度；

——加热电流。

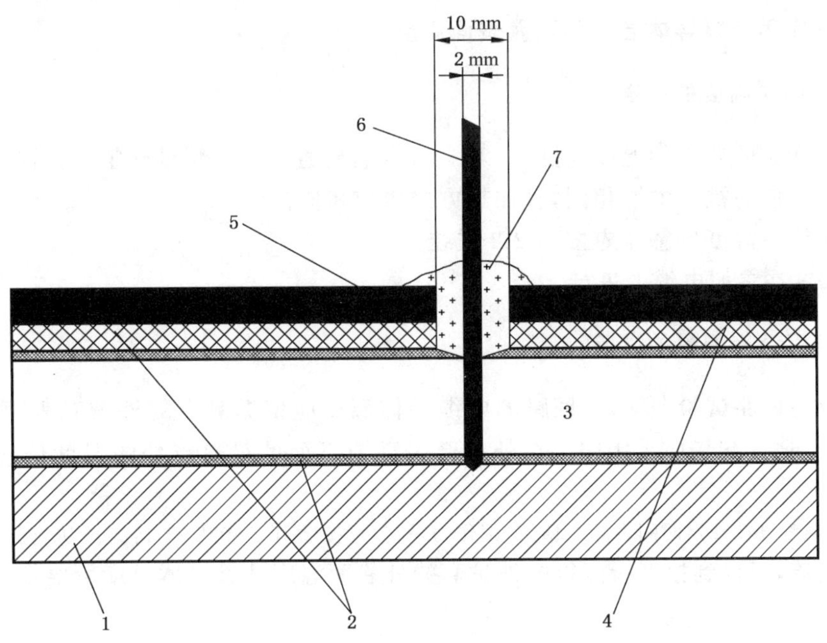

说明：

1——导体；
2——半导电屏蔽；
3——绝缘；
4——金属屏蔽；
5——电缆外护套；
6——温度传感器；
7——热绝缘胶(泥)。

图 A.2 参照回路导体上的温度传感器的布置示例

A.3 试验中的加热

A.3.1 方法 1——应用参照电缆回路

本方法中，参照回路的电缆与主试验回路相同，都通过相同的电流进行加热。

二个回路的电缆和温度传感器应按 A.2 进行安装。

试验回路的布置应考虑如下因素：

——参照电缆的加热电流在任何时刻与主试验回路的相同；

——试验回路的安装方式要考虑整个试验中相互的热影响。

应调节两个回路的电流，使得导体温度保持在规定范围之内。

温度传感器(TC_S)应安装在主回路最热点(通常在回路的中部)的电缆外表面上或外表面下，并与参照电缆最热点的温度传感器 TC_{1S}安装方式相同。

注：安装在主回路电缆外护套表面上或外护套下的温度传感器(TC_S)和参照电缆上的温度传感器(TC_{1S})所测到的温度被用于核查两个试验回路的外护套温度是否相同。

参照回路导体上的温度传感器 TC_{1C}测量的导体温度可以认为能表示加有试验电压的主试验回路的导体温度。

注：由于介质损耗的影响，主试验回路的导体温度可稍高于参照回路的导体温度。如果有必要，应进行修正。

所有温度传感器应连接到记录仪以便进行温度监测。应记录每个回路的加热电流，以验证二个回路电流值在整个试验期间相同。二个加热电流的差异应保持在±1%内。

如果通过光纤或类同方式测量温度，参考电缆可以与被试电缆串联。

A.3.2 方法 2——应用计算导体温度和测量表面温度

A.3.2.1 试验电缆导体温度的校准

校准的目的是在试验要求的温度范围内，对一给定电流通过直接测量确定导体温度。

用于校准的电缆应与被试电缆相同，且加热方式也应相同。

用于校准的电缆及温度传感器应按 A.2.2 安装。

校准应按 A.2.3 在参照电缆上进行。

A.3.2.2 基于外表面温度测量的试验

校准期间以及主回路试验期间，主回路的电缆导体温度应依据测得的外护套表面温度（TC_S）按照 IEC 60853-2 计算。温度测量应采用安装在外护套表面或下面的最热点处的温度传感器、以与参照电缆相同的方式进行。

注：如证实暂态温度已在规定时间内趋近稳定，则作为替代，可按照 IEC 60287-1-1：2006 进行计算。

应调整加热电流，以得到根据所测得的外护套的外表面温度计算导体温度所要求的值。

附 录 B
（规范性附录）
数值修约

当数值要修约到规定位数的小数，例如从几个测量值计算平均值或由一个给定标称值加上偏差百分率推导出最小值时，其步骤应按下述。

如修约前要保留的最后一位数字后跟着的数字是 0、1、2、3 或 4，则该位数字应保持不变（修约舍弃）。

如修约前要保留的最后一位数字后跟着的数字是 9、8、7、6 或 5，则该位数字应加 1（修约进位）。

例如：

2.449≈2.45　　修约到两位小数

2.449≈2.4　　修约到一位小数

2.453≈2.45　　修约到两位小数

2.453≈2.5　　修约到一位小数

25.047 8≈25.048　　修约到三位小数

25.047 8≈25.05　　修约到两位小数

25.047 8≈25.0　　修约到一位小数

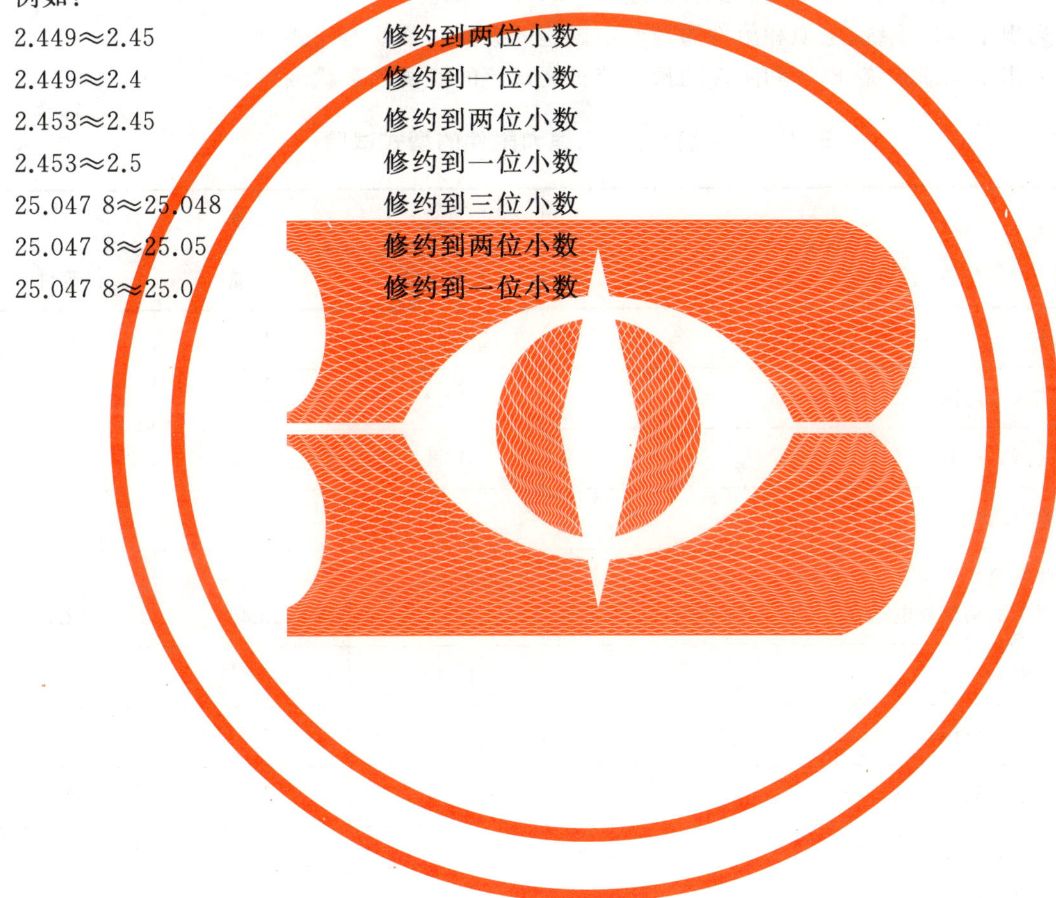

附 录 C
（资料性附录）
电缆系统、电缆和附件的型式试验、预鉴定试验和预鉴定扩展试验一览表

电缆系统、电缆和附件的型式试验分别叙述于第12、第14和第15章。

表C.1列出了电缆系统、电缆和附件型式试验的概要和条款编号。

导体屏蔽上计算的标称电场强度高于8.0 kV/mm或绝缘屏蔽上计算的标称电场强度高于4.0 kV/mm的电缆系统的预鉴定试验叙述于13.1和13.2。

导体屏蔽上计算的标称电场强度高于8.0 kV/mm或绝缘屏蔽上计算的标称电场强度高于4.0 kV/mm的电缆系统的预鉴定扩展试验叙述于13.1和13.3。

表C.2列出了电缆系统、电缆和附件的预鉴定试验的概要和条款编号。

表C.3列出了电缆系统、电缆和附件的预鉴定扩展试验的概要和条款编号。

表C.1 电缆系统、电缆和附件的型式试验

序号	试验	条款		
		电缆系统	电缆	附件
a	概述	12.1	14.1	15.1
b	型式认可范围	12.2	14.2	15.2
c	电气型式试验	12.4	14.4	15.4
d	试验电压值	12.4.1	12.4.1	12.4.1
e	弯曲试验 室温下的局部放电试验	12.4.3 12.4.4	12.4.3 12.4.4	— 12.4.4
f	tanδ 测量	12.4.5	12.4.5	—
g	热循环电压试验	12.4.6	12.4.6	12.4.6
h	高温下的局部放电试验	12.4.4	—	12.4.4
	室温下的局部放电试验(最后一次热循环后或者i项雷电冲击电压试验后)	12.4.4	12.4.4	12.4.4
i	雷电冲击电压试验及随后的工频电压试验	12.4.7	12.4.7	12.4.7
j	高温下的局部放电试验(如上述g项后没有进行)	12.4.4	—	12.4.4
	室温下的局部放电试验(如上述g项后没有进行)	12.4.4	12.4.4	12.4.4
k	接头外保护层试验	附录G	—	附录G
l	检验	12.4.8	12.4.8	12.4.8.1
m	半导电屏蔽电阻率	12.4.9	12.4.9	—
n	电缆组件和成品电缆的非电气型式试验	12.5	12.5	—

表 C.2　导体屏蔽上计算的电场强度高于 8.0 kV/mm 或绝缘屏蔽上计算的电场强度高于 4.0 kV/mm 的电缆系统的预鉴定试验

项目	试验	条款
		电缆系统
a	概述和预鉴定试验的认可范围	13.1
b	电缆系统上的预鉴定试验	13.2
c	预鉴定试验概要	13.2.1
d	试验电压值	13.2.2
e	试验布置	13.2.3
f	热循环电压试验	13.2.4
g	雷电冲击电压试验	13.2.5
h	检验	13.2.6

表 C.3　导体屏蔽上计算的电场强度高于 8.0 kV/mm 或绝缘屏蔽上计算的电场强度高于 4.0 kV/mm 的电缆系统的预鉴定扩展试验

项目	试验	条款
		电缆系统
a	电缆系统的预鉴定扩展试验	13.3
b	预鉴定扩展试验概要	13.3.1
c	电缆系统的预鉴定扩展试验的电气部分	13.3.2
d	概述	13.3.2.1
e	试验电压值	13.3.2.2
f	预鉴定扩展试验的电气部分的顺序	13.3.2.3
g	不加电压的热循环试验	13.3.2.4

附 录 D
(规范性附录)
半导电屏蔽电阻率测量方法

应从长度150 mm的成品电缆试样上制备每个试件。

应将绝缘线芯试样沿纵向对半切开,除去导体及隔离层(如果有)以制备导体屏蔽试件,见图D.1 a)。应将绝缘线芯外所有包覆层除去以制备绝缘屏蔽试件,见图D.1 b)。

屏蔽的体积电阻率的测定步骤应如下:

应将四只涂银电极A、B、C和D[见图D.1 a)和图D.1 b)]置于半导电层表面。两个电位电极B和C应间距50 mm。两个电流电极A和D应分别放置在每个电位电极外侧至少25 mm处。

应采用合适的夹子连接电极。连接导体屏蔽电极时,应确保夹子与试件外表面的绝缘屏蔽相互绝缘。

应将组装好的试样放入已经预热到规定温度的烘箱内,至少放置30 min后,用功率不超过100 mW的测量电路测量两个电位电极间的电阻。

电阻测量后,应在环境温度下测量导体屏蔽和绝缘屏蔽的外径,以及测量导体屏蔽层和绝缘屏蔽层的厚度,每个数据取图D.1 b)所示试样上六个测量值的平均值。

体积电阻率ρ(用Ω·m表示)应按式(D.1)和式(D.2)计算:

a) 导体屏蔽

$$\rho_c=\frac{R_c\times\pi\times(D_c-T_c)\times T_c}{2L_c} \qquad \cdots\cdots(D.1)$$

式中:

ρ_c——体积电阻率,单位为欧姆米(Ω·m);

R_c——测量电阻,单位为欧姆(Ω);

D_c——导体屏蔽外径,单位为米(m);

T_c——导体屏蔽平均厚度,单位为米(m);

L_c——电位电极间距离,单位为米(m)。

b) 绝缘屏蔽

$$\rho_i=\frac{R_i\times\pi\times(D_i-T_i)\times T_i}{L_i} \qquad \cdots\cdots(D.2)$$

式中:

ρ_i——体积电阻率,单位为欧姆米(Ω·m);

R_i——测量电阻,单位为欧姆(Ω);

D_i——绝缘屏蔽外径,单位为米(m);

T_i——绝缘屏蔽平均厚度,单位为米(m);

L_i——电位电极间距离,单位为米(m)。

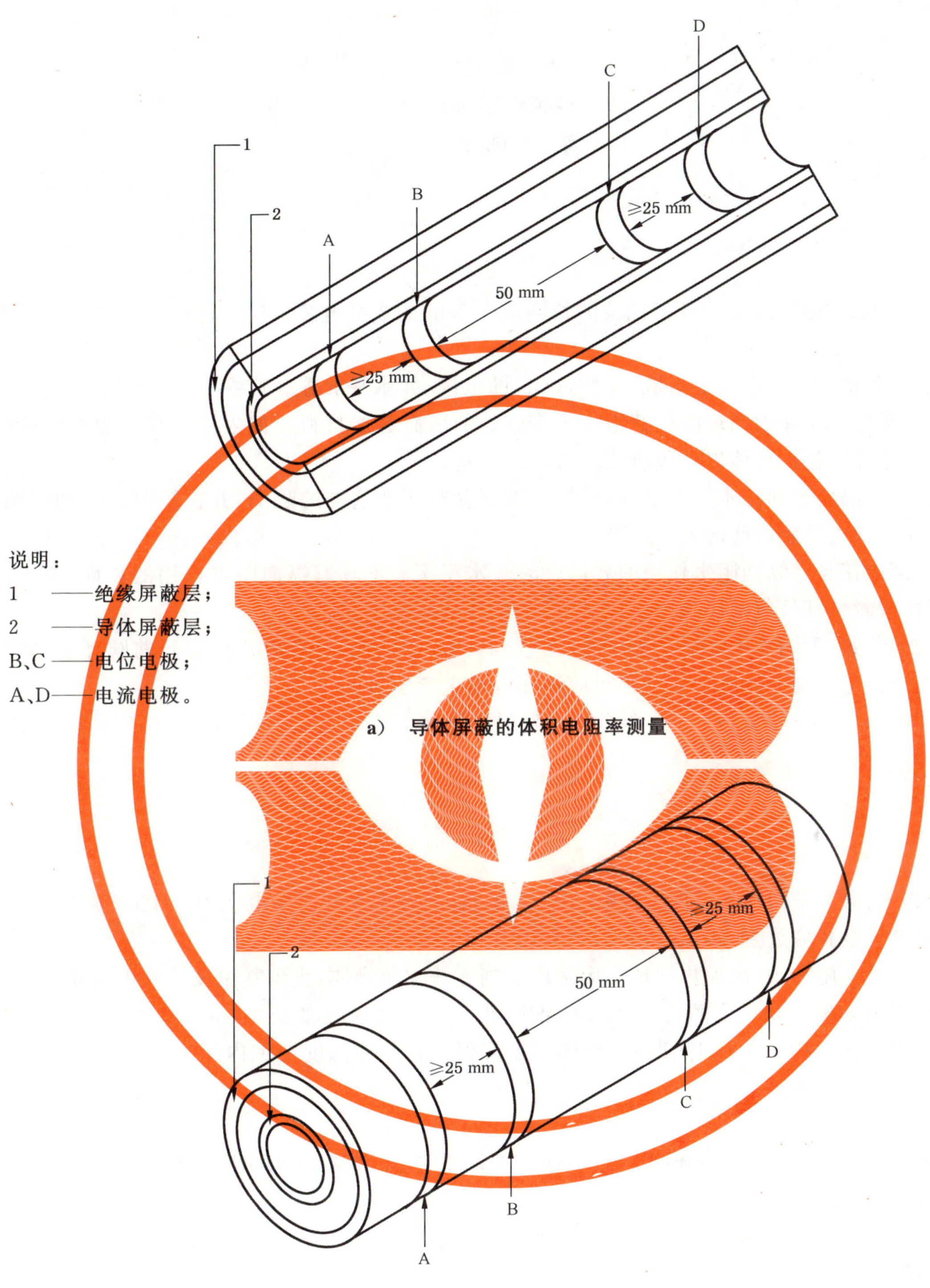

说明：
1 ——绝缘屏蔽层；
2 ——导体屏蔽层；
B、C——电位电极；
A、D——电流电极。

a） 导体屏蔽的体积电阻率测量

说明：
1 ——绝缘屏蔽层；
2 ——导体屏蔽层；
B、C——电位电极；
A、D——电流电极。

b） 绝缘屏蔽的体积电阻率测量

图 D.1 导体屏蔽和绝缘屏蔽的体积电阻率测量的试样制备

附 录 E
（规范性附录）
透 水 试 验

E.1 试样

一段未经过12.4或14.4所述任何试验的长度至少3 m的成品电缆试样应进行12.4.3所述的弯曲试验。

应从经过弯曲试验后的电缆上截取一段3 m长的电缆，并水平放置。应在电缆中间部位切除一段宽约50 mm的圆环。切除的圆环应包括绝缘屏蔽以外的所有各层材料。如果申明导体也有纵向阻水结构，则切除的圆环应包括导体以外包覆的所有各层材料。

如电缆采用间隔的纵向透水阻隔结构，试样至少应含有2个这样的阻隔，并在阻隔之间切除圆环。对这种情形，应告知电缆阻隔间的平均距离。

切出的表面应使具有纵向阻水作用的界面容易被水浸湿。不具有纵向阻水作用的界面，应采用适当的材料密封，或者将其外包覆层除去。

采用适当的装置（见图E.1），将一根内径至少为10 mm的管子垂直放置在切开的圆环上，并与外护套表面相密封。电缆穿出该装置处的密封应不在电缆上产生机械应力。

注：某些阻隔对纵向透水的反应可能和水的组分（例如pH值和离子浓度）有关。除非另有规定，应采用普通的自来水试验。

E.2 试验

应在5 min内向管子内注入温度为(20±10) ℃的水，使管中水柱高于电缆中心1 m（见图E.1）。

注水后的试样装置应放置24 h。

然后应在试样上施加10次加热循环。应采用适当方法加热导体，直到其温度达到电缆正常运行时导体最高温度以上5 K～10 K之间的一个稳定温度，但不应达到水的沸点。

应至少加热8 h。在每一个加热期内，导体温度应保持在上述温度范围内至少2 h，随后应自然冷却至少16 h。

水头应保持在1 m。

注：整个试验过程中不加电压，建议使用一根（与被试电缆相同的）模拟电缆与被试电缆串联，在模拟电缆的导体上直接测量温度。

E.3 要求

试验期间，电缆试样两端应无水分渗出。

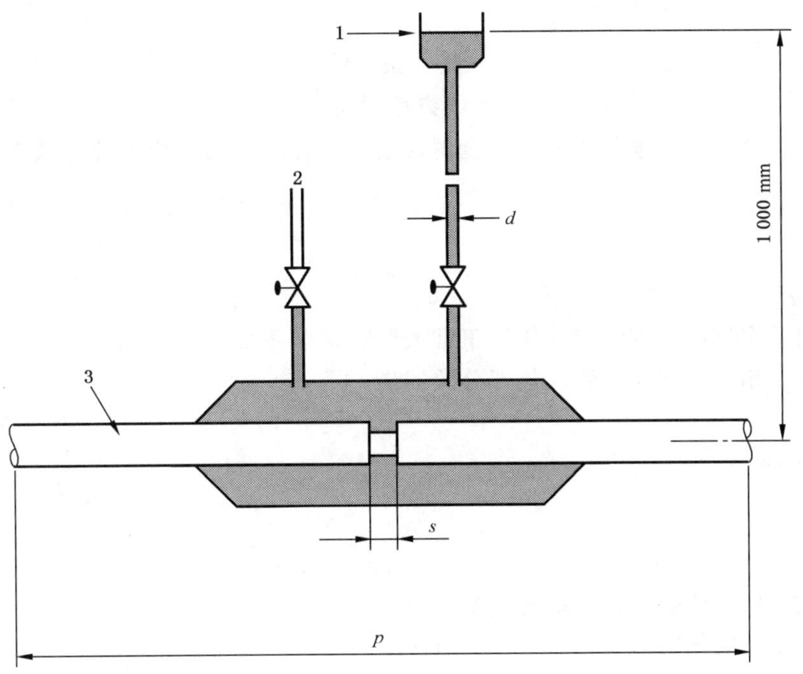

说明：

1——水头箱；　　d——最小直径 Φ10 mm(内径)；

2——排气管；　　s——约 50 mm；

3——电缆；　　p——长度,3 000 mm。

图 E.1　透水试验装置示意图

附　录　F
（规范性附录）
具有与外护套粘结的纵包金属带或纵包金属箔的电缆组件的试验

F.1　目视检查

应将电缆解剖后作目视检查。对试样以正常或经矫正但不放大的视力进行检查，应无开裂或金属箔与其粘结的外护套相分离或对电缆其他部分的损伤。

F.2　金属箔粘结强度

F.2.1　步骤

试片应取自金属箔与外护套相粘结的电缆护层。

试片的长度和宽度应分别为 200 mm 和 10 mm。

试片的一端应剥开 50 mm～120 mm，装在拉力试验机上，用拉力试验机的一个夹具夹住剥开一端的外护套或绝缘屏蔽层。再将剥开端的金属箔向下翻转后用另一个夹具夹住，如图 F.1 所示。

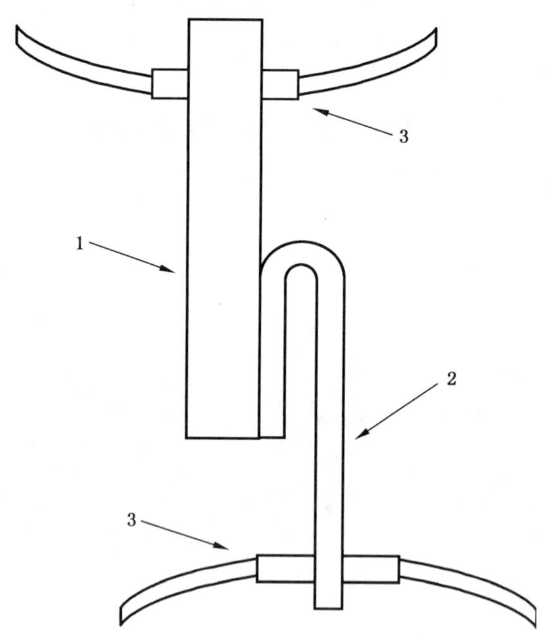

说明：

1——外护套；

2——金属箔或层合的金属箔；

3——夹具。

图 F.1　金属箔粘结强度

试验期间,试片应保持夹住并与夹具端面近似垂直。

调整好连续记录装置后,应以约180°角度从试片上剥离金属箔,并连续剥离一段足够长度以显示粘结强度。至少有一半长度的保留粘结面应以约50 mm/min的速度剥离。

F.2.2 要求

应由剥离力除以试样宽度计算出剥离强度(N/mm)。至少应对5个试样进行试验,且剥离强度的最小值不应小于0.5 N/mm。

注:如果剥离强度大于金属箔的抗拉强度以至于金属箔在剥离前断裂,应结束试验并记录断裂位置。

F.3 金属箔搭接处的剥离强度

F.3.1 步骤

应从包含有金属箔搭接部分的电缆上取下长200 mm的试样。应从取下的试样上按图F.2所示切下只含有搭接的部分。

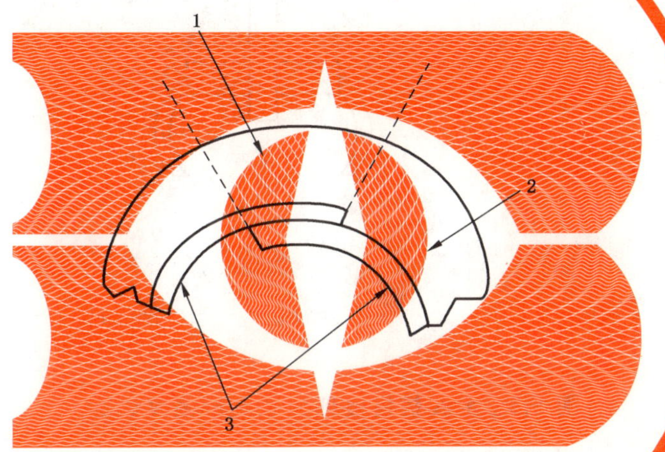

说明:

1——样品;

2——外护套;

3——金属箔或层合的金属箔。

图F.2 金属箔搭接部分示例

试验应按F.2相同的方法进行。试样装置如图F.3所示。

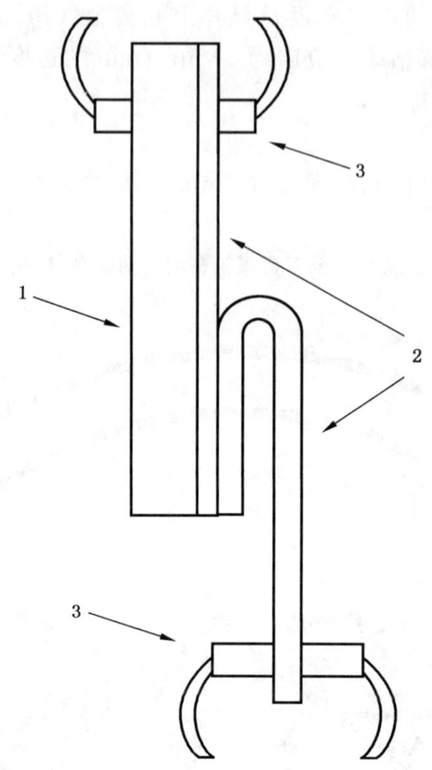

说明：

1——外护套；

2——金属箔或层合的金属箔；

3——夹具。

图 F.3　金属箔搭接部分的剥离强度试验

F.3.2　要求

剥离强度的最小值应不小于 0.5 N/mm。

注：如果剥离强度大于金属箔的抗拉强度以至于金属箔在剥离前断裂，应结束试验并记录断裂位置。

附 录 G
（规范性附录）
接头的外保护层试验

G.1 概述

本附录规定了用于直埋接头、或用于屏蔽中断的金属套分段绝缘的绝缘护套电力电缆系统中使用的带有金属套分断结构的所有类型接头的外保护层的型式认可试验的步骤。

接头的制造商应提供带有可清楚识别的所有防水保护层的图纸。

G.2 认可范围

当需要认可具有诸如互联引线入口等结构的接头外保护层时，被试外保护层应包含这些设计特征。

如果一种金属套分段绝缘的接头的外保护层通过了试验，那么对于没有金属套分段绝缘的类似接头的外保护层也将给予认可，但反之却不可以。

当一种接头外保护层的设计取得认可后，那么由同一制造商提供的采用相同基本设计原理、采用相同材料而且在已试验直径范围之内、试验电压相同或较低的所有接头的外保护层也应认为获得认可。

试验 G.3 和 G.4 应依次在一个已通过热循环电压试验（见 12.4.6）的接头上、或在按 12.4.2 的 g）项注 1 要求经历了至少三个不加电压的热循环的另一个接头上进行。

G.3 浸水和热循环

组装试样应浸入水中，水面距外保护层最高点至少 1 m。需要时，可以使用一个水头箱与装有组装试样的密封容器相连接来实现。

应进行总共 20 个加热和冷却循环，水温应升高到 70 ℃～75 ℃范围。每个循环中，水应被加热到规定温度，保持至少 5 h，然后冷却至环境温度以上 10 K 之内。可以通过加入冷水或热水来达到试验温度。每个加热和冷却循环的总时间应不小于 12 h，应尽可能使水温升高到规定温度所持续的时间与冷却到 30 ℃以下或冷却至环境温度以上 10 K 内（二者取较高温度）所花的时间相同。

G.4 电压试验

G.4.1 概述

完成热循环且试样仍浸于水中的组装试样，应立即进行以下电压试验。

G.4.2 没有金属套分断绝缘接头的组装试样

在电力电缆的金属屏蔽和（或）金属套与接头外保护层的接地的外表面之间应施加直流试验电压 25 kV，历时 1 min。

G.4.3 金属套分断绝缘的组装试样

G.4.3.1 直流电压试验

在附件两端的电力电缆金属屏蔽和（或）金属套之间，以及在每一端的金属屏蔽和（或）金属套与接头外保护层接地的外表面之间应施加直流试验电压 25 kV，历时各 1 min。

G.4.3.2 雷电冲击电压试验

表 G.1 的试验电压应施加在浸于水中的组装试样两端的金属屏蔽和(或)金属套之间，以及施加在每一端金属屏蔽和(或)金属套与接头外保护层接地的外表面之间。若无法对浸在水中的组装试样进行冲击电压试验，可将其从水中取出，而后在最短时间内进行试验，或者可以用湿布包裹以保持试样潮湿，或者可以将组装试样的整个外表面上涂上导电层。

对两端金属屏蔽和(或)金属套之间的试验，应在冲击电压试验前将组装试样从水中移出后进行。

试验应按 GB/T 3048.13 规定并在环境温度下进行。

上述任何一项试验中应无击穿发生。

表 G.1 冲击电压试验

主绝缘额定雷电冲击电压[a] kV	雷电冲击试验电压水平			
	接头两端之间		接头每端对地之间	
	互联引线≤3 m kV	互联引线>3 m 和≤10 m[b] kV	互联引线≤3 m kV	互联引线>3 m 和≤10 m[b] kV
550	60	75	30	37.5

[a] 见表 4 第 8 栏；

[b] 若电缆的金属套电压限制器装在邻近接头处，采用互联引线不大于 3 m 的试验电压。

G.5 试样装置的检查

G.4 所述试验完成后，应即检查组装试样。

对填充可移动浇注剂的接头外保护盒，如没有可见的内部气隙或由于水分侵入造成浇注剂内部位移，或者没有浇注剂经各密封处或盒壁漏泄的迹象，应认为通过检验。

对采用其他设计和材料的接头外保护层应没有水侵入或内部腐蚀的迹象。

附 录 H
（规范性附录）
微孔、杂质与半导电屏蔽层界面突起试验

H.1 试验设备

H.1.1 显微镜

最小放大倍数为 15 倍的显微镜。

最小放大倍数为 40 倍的测量显微镜。

H.1.2 切片机

普通用途的切片机或具有类似功能的其他设备。

H.2 试样制备

从约 50 mm 长的电缆绝缘线芯样品上沿径向切取 80 个含有导体屏蔽、绝缘和绝缘屏蔽的圆形或螺旋形薄试片，试片的厚度约 0.4 mm～0.7 mm。切割用的刀片应锋利，以便获得的试片具有均匀的厚度和很光滑的表面。应非常小心地保持试片表面清洁，并防止擦伤。

H.3 步骤

应采用透射光普遍检查全部 80 个试片绝缘内的微孔、不透明杂质和半透明棕色物质，以及绝缘与半导电屏蔽层界面处的微孔和突起。

应采用最小放大倍数为 15 倍的显微镜检测在上述普遍检查中可疑的 20 个连续试片（或相等圈数的螺旋形试片）的全部区域。记录并列表统计下列各项：

——所有大于或等于 0.025 mm 的微孔；

——所有大于或等于 0.05 mm 的不透明杂质；

——所有大于或等于 0.25 mm 的半透明棕色（琥珀状）物质；

——所有大于或等于 0.125 mm 的绝缘层与半导电屏蔽层界面的突起。

这个表格应成为试验报告的组成部分。

应在最大的微孔、最大的杂质、最大的半透明棕色物质以及最大的绝缘与半导电层界面的突起的周围画圆圈做标记。

应采用最小放大倍数为 40 倍的测量显微镜对最大的微孔、最大的杂质、最大的半透明棕色物质以及最大的绝缘与半导电层界面的突起在其最大尺寸方向上测量其尺寸。

H.4 试验结果及计算

测量及计算 20 个试片绝缘的总体积，将统计表中的微孔和杂质数量换算成每 16.4 cm^3 绝缘体积中的数量，计算值应修约为整数。

应记录和报告最大的微孔、最大的杂质、最大的半透明棕色物质以及最大的绝缘与半导电层界面突起的尺寸。

如果20个试片的总体积小于16.4 cm^3,且计算的16.4 cm^3体积中的微孔和杂质数量大于本部分12.5.9.2的规定,则应从同一样品上再取足够的试片进行测量,以使被测试片的总体积达到不小于16.4 cm^3。

附 录 I
（资料性附录）
本部分与 IEC 60840:2011 相比的结构变化情况

本部分与 IEC 60840:2011 相比在结构上有调整，具体章条编号对照情况见表 I.1。

表 I.1 本部分与 IEC 60840:2011 的章条对照情况

本部分章条编号	对应的 IEC 60840:2011 章条编号
—	10.11(删除)
10.11	10.12
10.12	10.13
10.13	10.14
12.5.9(增加)	—
—	12.5.9(删除)
12.5.11(增加)	—
—	12.5.11(删除)
12.5.18(增加)	—
—	12.5.18(删除)
12.5.19(增加)	—
—	12.5.19(删除)
表 8	表 9
表 9	表 8
附录 H(增加)	—
—	附录 H(删除)
附录 I(增加)	—
附录 J(增加)	—

附 录 J
（资料性附录）
本部分与 IEC 60840:2011 的技术性差异及其原因

表 J.1 给出了本部分与 IEC 60840:2011 的技术性差异及其原因。

表 J.1 本部分与 IEC 60840:2011 的技术性差异及其原因

本部分章条编号	技术性差异	原 因
标题	限定额定电压为 110 kV 和交联聚乙烯绝缘	我国高压电力电缆标准系列所确定
1	限定额定电压为 110 kV 和交联聚乙烯绝缘； 删除了三芯电缆	本部分范围确定为 110 kV 电压等级；而我国在 110 kV 电压等级不采用三芯电缆
2	删除了 ISO 48 有关橡胶试验的标准	不在本部分范围
2	增加了 JB/T 10696.5—2007 和 JB/T 10696.6—2007	文本件中增加的试验项目
4.2，表 1	删除了交联聚乙烯绝缘以外的绝缘类型	本部分范围为交联聚乙烯
8.4，表 4	删除了 110 kV 以外的电压等级	本部分范围为 110 kV 电压等级
10.1	删除 EPR 和 HEPR 以及 HDPE 绝缘	不在本部分范围
10.6.1	增加了皱纹金属套上的外护套厚度测量方法	现行国家标准尚无适用方法
10.6.2	修改绝缘偏心度为 0.10	适应我国国情，提高绝缘品质要求
10.6.3	增加了皱纹金属套上的外护套厚度测量方法	现行国家标准尚无适用方法
10.9	删除 EPR 和 HEPR 内容	不在本部分范围
12.4.3	删除三芯电缆	我国在 110 kV 电压等级不采用三芯电缆
12.5	增加了外护套刮磨试验、铝套腐蚀扩展试验、绝缘中微孔杂质试验、半导电界面突起试验	适应我国国情，增加电缆产品的质量要求
表 5	修改了表名，增加了外护套刮磨试验、铝套腐蚀扩展试验、绝缘中微孔杂质试验、半导电界面突起试验、与外护套粘结的纵包金属层的试验，删除了与 HDPE、EPR、HEPR 有关的 4 项试验	汇总了非电气型式试验项目，方便本部分的使用
12.5.9	删除了 EPR、HEPR 耐臭氧试验	不在本部分范围
12.5.9	增加绝缘中微孔杂质试验	适应我国国情，增加绝缘品质要求
12.5.10	删除 EPR 和 HEPR 内容	不在本部分范围
12.5.11	删除了 HDPE 绝缘的密度测量	不在本部分范围
12.5.11	增加了半导电界面突起试验	适应我国国情，增加绝缘品质要求
12.5.16	删除了 PE 和 HDPE 内容	不在本部分范围
12.5.18	删除原 HEPR 硬度试验。增加外护套刮磨试验	不在本部分范围。增加外护套品质要求
12.5.19	删除原 HEPR 模量试验。增加铝套腐蚀扩展试验	不在本部分范围。增加金属套品质要求
附录 H	删除原 HEPR 硬度试验。增加绝缘中微孔杂质试验	不在本部分范围。增加绝缘品质要求
附录 I	—	按 GB/T 20000.2 要求设置
附录 J	—	按 GB/T 20000.2 要求设置

参 考 文 献

[1] IEC 60287(所有部分) 电缆载流量计算(Electric cables-Calculation of the current rating)

[2] IEC 60853-2 电缆周期性和应急载流量的计算 第2部分:大于18/30 (36) kV电缆周期性载流量和所有电压电缆应急载流量(Calculation of the cyclic and emergency current rating of cables—Part 2:Cyclic rating of cables greater than 18/30 (36) kV and emergency ratings for cables of all voltages)

[3] IEC 61443 额定电压30 kV(U_m=36 kV)以上电缆的短路温度极限值[Short-circuit temperature limits of electric cables with rated voltages above 30 kV (U_m=36 kV)]

[4] IEC 62067:2011 额定电压150 kV(U_m=170 kV)以上至500 kV(U_m=550 kV)挤包绝缘电力电缆及其附件试验方法和要求[Power cables with extruded insulation and their accessories for rated voltages above 150 kV(U_m=170 kV) up to 500 kV(U_m=550 kV)-Test methods and requirements]

[5] Electra No.128:抑制金属套过电压的特殊互联电缆系统保护导则(Guide to the protection of specially bonded cable systems against sheath overvoltages),January 1990,pp 46-62.

[6] Electra No.141:具有挤包绝缘和金属塑料复合护套的高压电缆试验导则(Guidelines for tests on high voltage cables with extruded insulation and laminated protective coverings),April 1992,pp 53-61.

[7] Electra No.157,CIGRE Technical Brochure:高压挤包绝缘电缆附件(Accessories for HV extruded cables),December 1994,pp 84-89.

[8] Electra No.173:高压挤包绝缘电缆系统安装后的试验(After laying tests on high-voltage extruded insulation cable systems),Augst 1997,pp 32-41.

[9] Electra No.205:(超)高压挤包绝缘电缆系统安装后主绝缘交流电压试验的经验(Experiences with AC tests after installation on the main insulation of polymeric (E)HV cable systems),December 2002,pp 26-36.

[10] Electra No.227:交流(超)高压挤包绝缘地下电缆系统预鉴定程序的评价(Revision of qalification procedures for extruded high voltage AC undergroud cable systems),Augst 2006,pp 31-37.

[11] CIGRE Technical Brochure 303:交流(超)高压挤包绝缘地下电缆预鉴定程序的评价[Revision of qualification procedures for extruded (extra) high voltage ac undergroud cables]; CIGRE Working Group B1-06; 2006.

ICS 29.060.20
K 13

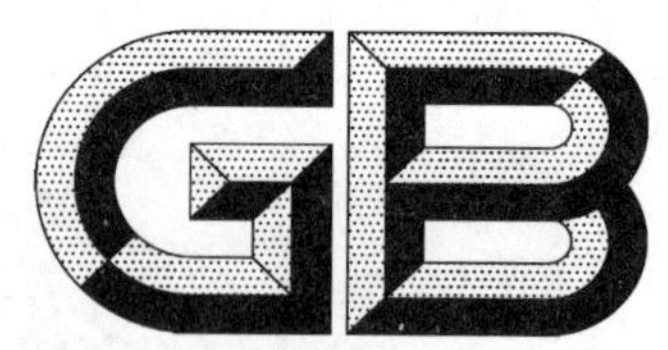

中华人民共和国国家标准

GB/T 11017.2—2014
代替 GB/T 11017.2—2002

额定电压 110 kV(U_m=126 kV)交联聚乙烯绝缘电力电缆及其附件 第2部分:电缆

Power cables with cross-linked polyethylene insulation and their accessories for rated voltage of 110 kV(U_m=126 kV)—Part 2: Power cables

2014-07-24 发布　　2015-01-22 实施

中华人民共和国国家质量监督检验检疫总局
中国国家标准化管理委员会　发布

前　言

GB/T 11017《额定电压 110 kV(U_m=126 kV)交联聚乙烯绝缘电力电缆及其附件》分为三个部分：

——第 1 部分：试验方法和要求；

——第 2 部分：电缆；

——第 3 部分：电缆附件。

本部分为 GB/T 11017 的第 2 部分。

本部分按照 GB/T 1.1—2009 给出的规则起草。

本部分代替 GB/T 11017.2—2002《额定电压 110 kV 交联聚乙烯绝缘电力电缆及其附件　第 2 部分：额定电压 110 kV 交联聚乙烯绝缘电力电缆》。与 GB/T 11017.2—2002 相比，本部分主要技术变化如下：

——标准名称改为《额定电压 110 kV(U_m=126 kV)交联聚乙烯绝缘电力电缆及其附件　第 2 部分：电缆》；

——删除了标称值和测量值的定义，增加了近似值的定义(见 3.1，2002 年版的 3.1 和 3.2)；

——修改了金属塑料复合护套的定义(见 3.2，2002 年版的 3.3)；

——使用特性中增加了电缆载流量(见 4.3)；

——修改了使用特性中的弯曲半径(见附录 A，2002 年版的 4.4)；

——增加了金属塑料复合护套电缆的型号和名称(见表 1)；

——修改了皱纹铝套的注释(见表 1，2002 年版的表 1 注)；

——增加了铜丝屏蔽的要求(见 5.3)；

——增加了分割导体的技术要求(见 6.1.2)；

——增加了半导电屏蔽的材料和结构尺寸的技术要求(见 6.3)；

——修改了缓冲层和纵向阻水材料的要求(见 6.4.1，2002 年版的 6.4.1)；

——增加了金属屏蔽的一般要求(见 6.5.1)和金属屏蔽的电阻(见 6.5.4)；

——增加了径向隔水层(见 6.5.5)；

——修改了铅套和铝套材料的要求(见 6.6.1，2002 年版的 6.6.1)；

——增加了铜套(见 6.6.1 的注)；

——修改了沥青材料的要求(见 6.6.3，2002 年版的 6.6.3)；

——增加了挤塑的半导电层及其要求(见 6.7.3)；

——修改了电缆试验项目及要求(见 8.2，2002 年版的 8.2)；

——修改了验收规则(见第 9 章，2002 年版的第 9 章)；

——修改了电缆的使用条件(见附录 A，2002 年版的附录 C)；

——合并了 2002 年版的附录 A 和附录 B，并增加了半导电护套料的性能(见附录 B，2002 年版的附录 A、附录 B)；

——增加了导体屏蔽和绝缘屏蔽上电场强度的计算值(见附录 C)；

——删除了具有金属塑料复合护层的 XLPE 绝缘高压电力电缆的试验导则(见 2002 年版的附录 D)。

本部分由中国电器工业协会提出。

本部分由全国电线电缆标准化技术委员会(SAC/TC 213)归口。

本部分负责起草单位:上海电缆研究所。

本部分参加起草单位:中国电力科学研究院、青岛汉缆股份有限公司、沈阳古河电缆有限公司、特变电工山东鲁能泰山电缆有限公司、浙江万马电缆股份有限公司、杭州电缆股份有限公司、上海上缆滕仓电缆有限公司、重庆泰山电缆有限公司、扬州曙光电缆股份有限公司、浙江晨光电缆有限公司。

本部分主要起草人:孙建生、阎孟昆、陈沛云、张道利、胥玉民、刘焕新、滕兆丰、赵源泽、张翼翔、曾祥历、岳振国、徐晓峰。

本部分所代替标准的历次版本发布情况为:

——GB/T 11017—1989、GB/T 11017.2—2002。

额定电压 110 kV(U_m=126 kV)交联聚乙烯绝缘电力电缆及其附件 第 2 部分:电缆

1 范围

GB/T 11017 的本部分规定了额定电压 110 kV(U_m=126 kV)铜芯、铝芯交联聚乙烯绝缘电力电缆的基本结构、型号命名、技术要求、试验及验收规则、包装、运输及贮存。

本部分适用于通常安装和运行条件下使用的单芯电力电缆,但不适用于特殊条件下使用的电缆,如海底电缆。

2 规范性引用文件

下列文件对于本文件的应用是必不可少的。凡是注日期的引用文件,仅注日期的版本适用于本文件。凡是不注日期的引用文件,其最新版本(包括所有的修改单)适用于本文件。

GB/T 494—2010 建筑石油沥青

GB/T 2951.11—2008 电缆和光缆绝缘和护套材料通用试验方法 第 11 部分:通用试验方法——厚度和外形尺寸测量——机械性能试验

GB/T 2951.12—2008 电缆和光缆绝缘和护套材料通用试验方法 第 12 部分:通用试验方法——热老化试验方法

GB/T 2951.13—2008 电缆和光缆绝缘和护套材料通用试验方法 第 13 部分:通用试验方法——密度测定方法——吸水试验——收缩试验

GB/T 2951.14—2008 电缆和光缆绝缘和护套材料通用试验方法 第 14 部分:通用试验方法——低温试验

GB/T 2951.21—2008 电缆和光缆绝缘和护套材料通用试验方法 第 21 部分:弹性体混合料专用试验方法——耐臭氧试验——热延伸试验——浸矿物油试验

GB/T 2951.31—2008 电缆和光缆绝缘和护套材料通用试验方法 第 31 部分:聚氯乙烯混合料专用试验方法——高温压力试验——抗开裂试验

GB/T 2951.32—2008 电缆和光缆绝缘和护套材料通用试验方法 第 32 部分:聚氯乙烯混合料专用试验方法——失重试验——热稳定性试验

GB/T 2951.41—2008 电缆和光缆绝缘和护套材料通用试验方法 第 41 部分:聚乙烯和聚丙烯混合料专用试验方法——耐环境应力开裂试验——熔体指数测量方法——直接燃烧法测量聚乙烯中碳黑和(或)矿物质填料含量——热重分析法(TGA)测量碳黑含量——显微镜法评估聚乙烯中碳黑分散度

GB/T 3048.4 电线电缆电性能试验方法 第 4 部分:导体直流电阻试验

GB/T 3048.8 电线电缆电性能试验方法 第 8 部分:交流电压试验

GB/T 3048.11 电线电缆电性能试验方法 第 11 部分:介质损失角正切试验

GB/T 3048.12 电线电缆电性能试验方法 第 12 部分:局部放电试验

GB/T 3048.13 电线电缆电性能试验方法 第 13 部分:冲击电压试验

GB/T 3048.14 电线电缆电性能试验方法 第14部分:直流电压试验

GB/T 3880.1—2012 一般工业用铝及铝合金板、带材 第1部分:一般要求

GB/T 3953—2009 电工圆铜线

GB/T 3955—2009 电工圆铝线

GB/T 3956 电缆的导体

GB/T 6995.3—2008 电线电缆识别标志方法 第3部分:电线电缆识别标志

GB/T 11017.1—2014 额定电压110kV(U_m=126 kV)交联聚乙烯绝缘电力电缆及其附件 第1部分:试验方法和要求

GB/T 18380.12 电缆和光缆在火焰条件下的燃烧试验 第12部分:单根绝缘电线电缆火焰垂直蔓延试验 1 kW预混合型火焰试验方法

GB/T 26011—2010 电缆护套用铅合金锭

JB/T 5268.1—2011 电缆金属套 第1部分:总则

JB/T 8137(所有部分) 电线电缆交货盘

JB/T 10259 电缆和光缆用阻水带

JB/T 10696.5—2007 电线电缆机械和理化性能试验方法 第5部分:腐蚀扩展试验

JB/T 10696.6—2007 电线电缆机械和理化性能试验方法 第6部分:挤出外套刮磨试验

YD/T 723—2007(所有部分) 通信电缆光缆用金属塑料复合带

IEC 60183 高压电缆选择导则(Guide to the selection of high-voltage cables)

IEC 60287-1-1:2006 电缆载流量计算 第1-1部分:载流量公式(100%负荷因数)和损耗计算 一般规定(Electric cables—Calculation of the current rating—Part 1-1: Current rating equations (100% load factor) and calculation of losses—General)

3 术语和定义

GB/T 11017.1—2014界定的以及下列术语和定义适用于本文件。

3.1

近似值 approximate value

一种既不保证也不检查的数值,例如用于其他尺寸值的计算。

3.2

金属塑料复合护套 metal-plastic laminated sheath

具有与电缆非金属外护套粘结的纵包金属带或纵包金属箔的复合护套,复合护套的金属带(箔)搭接缝通过熔化塑料或粘接剂粘结形成不透水的密封。通常金属层与聚乙烯护套粘结,构成为金属复合聚乙烯护套。

4 使用特性

4.1 额定电压

额定电压是电缆设计和电性能试验用的基准电压,本部分用U_0/U和U_m标识,这些符号的意义由IEC 60183给出:

U_0——电缆设计用的导体与金属屏蔽或金属套之间的额定电压有效值,单位为千伏(kV);

U——电缆设计用的导体之间的额定电压有效值,单位为千伏(kV);

U_m——设备最高工作电压有效值,单位为千伏(kV)。

在本部分中：$U_0/U=64/110$；$U_m=126$。

4.2 系统类别

本部分包括的电缆适用于 IEC 60183 规定的接地故障在任何情况下于 1 min 内迅速排除的 A 类系统。

4.3 工作温度和额定载流量

电缆正常运行时导体允许的长期最高温度为 90 ℃。

短路时(最长持续时间不超过 5 s)，电缆导体允许的最高温度为 250 ℃。

IEC 60287-1-1:2006 给出了电缆正常运行时载流量计算方法。

4.4 使用条件

电缆的使用条件参见附录 A。

5 产品命名

5.1 代号

本部分采用下列代号：

交联聚乙烯绝缘	YJ
铜导体	T(省略)
铝导体	L
铅套	Q
皱纹铝套	LW
金属塑料复合护套	A
聚氯乙烯外护套	02
聚乙烯外护套	03
纵向阻水结构	Z

5.2 型号

型号依次由绝缘、导体、金属套、非金属外护套或通用外护层以及阻水结构的代号构成。

本部分包括的型号和电缆名称见表 1。

表 1 电缆的型号和名称

型号		电缆名称
铜芯	铝芯	
YJLW02	YJLLW02	交联聚乙烯绝缘皱纹铝套或焊接皱纹铝套聚氯乙烯护套电力电缆
YJLW03	YJLLW03	交联聚乙烯绝缘皱纹铝套或焊接皱纹铝套聚乙烯护套电力电缆
YJLW02-Z	YJLLW02-Z	交联聚乙烯绝缘皱纹铝套或焊接皱纹铝套聚氯乙烯护套纵向阻水电力电缆
YJLW03-Z	YJLLW03-Z	交联聚乙烯绝缘皱纹铝套或焊接皱纹铝套聚乙烯护套纵向阻水电力电缆

表 1（续）

型号		电缆名称
铜芯	铝芯	
YJQ02	YJLQ02	交联聚乙烯绝缘铅套聚氯乙烯护套电力电缆
YJQ03	YJLQ03	交联聚乙烯绝缘铅套聚乙烯护套电力电缆
YJQ02-Z	YJLQ02-Z	交联聚乙烯绝缘铅套聚氯乙烯护套纵向阻水电力电缆
YJQ03-Z	YJLQ03-Z	交联聚乙烯绝缘铅套聚乙烯护套纵向阻水电力电缆
YJA03	YJLA03	交联聚乙烯绝缘金属复合聚乙烯护套电力电缆
YJA03-Z	YJLA03-Z	交联聚乙烯绝缘金属复合聚乙烯护套纵向阻水电力电缆
注：皱纹铝套包括挤包皱纹铝套和铝带焊接皱纹铝套，按 JB/T 5268.1—2011 二者代号均为 LW；焊接皱纹铝套应在产品名称中明确表示。		

5.3 规格

电缆的规格用额定电压、导体芯数、导体标称截面积/铜丝屏蔽(如果有)标称截面积表示。

本部分包括的电缆导体标称截面积(mm^2)有：

240、300、400、500、630、800、1 000、1 200、(1 400)、1 600。

其中括号内数字为非优选截面积。用户要求时，允许采用其他截面积的导体。

铜丝屏蔽标称截面积应采用 GB/T 3956 推荐系列。

5.4 产品表示方法

5.4.1 产品表示

产品用型号、规格和本部分编号表示。

5.4.2 举例

示例 1：额定电压 64/110 kV、单芯、铜导体标称截面积 630 mm^2、交联聚乙烯绝缘皱纹铝套聚氯乙烯护套电力电缆，表示为：YJLW02　64/110　1×630　GB/T 11017.2—2014。

示例 2：额定电压 64/110 kV、单芯、铜导体标称截面积 300 mm^2、交联聚乙烯绝缘铅套聚乙烯护套纵向阻水电力电缆，表示为：YJQ03-Z　64/110　1×300　GB/T 11017.2—2014。

示例 3：额定电压 64/110 kV、单芯、铜导体标称截面积 300 mm^2/铜丝屏蔽标称截面积 150 mm^2、交联聚乙烯绝缘金属复合聚乙烯护套纵向阻水电力电缆，表示为：YJA03-Z　64/110　1×300/150　GB/T 11017.2—2014。

6 技术要求

6.1 导体

6.1.1 导体材料

铜导体应采用符合 GB/T 3953—2009 规定的 TR 型软铜线。

铝导体应采用符合 GB/T 3955—2009 规定的 LY4 型或 LY6 型硬铝线。

6.1.2 导体结构

标称截面积为 800 mm^2 以下的导体应采用符合 GB/T 3956 的第 2 种紧压绞合圆形结构。

标称截面积为 800 mm^2 以上的导体应采用分割导体结构；800 mm^2 的导体可以采用紧压绞合圆形结构，也可以采用分割导体结构。

铜分割导体中的单线应不少于 170 根。铝分割导体的结构在考虑中。如果采用金属绑扎带，应是非磁性的，且应具有足以减小分割导体股块位移所需的强度。金属绑扎带应无凹痕、油污、裂缝、折皱；绕包后不应有可能穿透半导电屏蔽层的缺陷。

分割导体的圆度应采用卡尺和周长带两种方法沿着导体轴向相互间隔约 0.3 m 的 5 个位置进行测量。卡尺测得的 5 个最大直径的平均值应不超过周长带测得的 5 个直径的平均值 2%；在任一位置卡尺测得的最大直径应不超过周长带测得的直径 3%。

各种绞合导体和分割导体不允许整芯或整股焊接。绞合导体中的单线允许焊接，但在同一层内，相邻两个接头之间的距离不应小于 300 mm。

导体表面应光洁、无油污、无损伤屏蔽及绝缘的毛刺及锐边，以及无凸起或断裂的单线。

6.1.3 直流电阻

导体的直流电阻应符合 GB/T 3956 规定。

6.2 绝缘

6.2.1 材料

本部分包括的绝缘材料的类型应是无填充剂的交联聚乙烯，缩写代号为 XLPE。

绝缘材料的性能参见附录 B。

6.2.2 绝缘厚度

绝缘层的标称厚度应符合表 2 规定。

绝缘层的最小厚度以及偏心度应符合 GB/T 11017.1—2014 中 10.6.2 规定。

表 2 绝缘层的标称厚度

导体标称截面积 mm^2	绝缘标称厚度 mm
240	19.0
300	18.5
400	17.5
500	17.0
630	16.5
800	16.0
1 000	16.0
1 200	16.0
(1 400)	16.0
1 600	16.0

6.2.3 绝缘中的微孔和杂质

绝缘中允许的微孔和杂质尺寸及数目应符合 GB/T 11017.1—2014 中 12.5.9 要求。

6.3 半导电屏蔽

6.3.1 材料

半导电屏蔽应采用交联型的半导电屏蔽塑料，应具有与其直接接触的其他材料的良好相容性，其耐温等级应与 XLPE 绝缘适配。

半导电屏蔽材料的性能参见附录 B。

6.3.2 导体屏蔽

导体屏蔽应由挤包的半导电层或先绕包半导电带再在其上挤包半导电层组成，其厚度的近似值为 1.5 mm。挤包的半导电层的最薄点厚度应为 0.5 mm。

绕包用的半导电带的体积电阻率不应大于 1 000 Ω·m。

挤包的半导电层应厚度均匀，并与绝缘层牢固地粘结，且易于从导体上剥离。半导电层与绝缘层的界面应连续光滑，无明显绞线凸纹、尖角、颗粒、焦烧及擦伤的痕迹。

6.3.3 绝缘屏蔽

绝缘屏蔽应为与绝缘层同时挤出的半导电层，其厚度的近似值为 1.0 mm，最薄点厚度应为 0.5 mm。

半导电层应均匀地挤包在绝缘上，并与绝缘层牢固地粘结。半导电层与绝缘层的界面应连续光滑，无明显尖角、颗粒、焦烧及擦伤的痕迹。

6.3.4 半导电屏蔽层与绝缘层界面的微孔与突起

半导电屏蔽层与绝缘层界面的微孔与突起应符合 GB/T 11017.1—2014 中 12.5.11 要求。

6.3.5 半导电屏蔽电阻率

半导电屏蔽电阻率应符合 GB/T 11017.1—2014 中 12.4.9 规定。

6.4 缓冲层和纵向阻水层

6.4.1 材料

缓冲层应采用半导电弹性材料，或具有纵向阻水功能的半导电弹性阻水材料。

阻水带和阻水绳应具有吸水膨胀性能。缓冲层和纵向阻水材料应与其相接触的其他材料相容。

绕包用的半导电缓冲带的体积电阻率应与电缆挤包的绝缘半导电屏蔽的体积电阻率相适应，其他物理力学性能应符合 JB/T 10259 要求。

6.4.2 缓冲层

在挤包的绝缘半导电屏蔽层外应有缓冲层。

缓冲层应是半导电的，以使绝缘半导电屏蔽层与金属屏蔽层保持电气上接触良好。

缓冲层的厚度应能满足补偿电缆运行中热膨胀的要求。

6.4.3 纵向阻水层

如电缆有纵向阻水要求时，绝缘屏蔽层与径向金属防水层之间应有纵向阻水层。纵向阻水层应由半导电性的阻水膨胀带绕包而成。阻水膨胀带应绕包紧密、平整，其可膨胀面应面向铜丝屏蔽（如果有）。

当采用与绝缘半导电屏蔽直接粘结的铅箔复合套时，可免去额外的纵向阻水层。

如对电缆导体也有纵向阻水要求时，导体绞合时应加入阻水材料。

6.5 金属屏蔽

6.5.1 一般要求

金属屏蔽应施加在电缆非金属屏蔽层上面。金属屏蔽在整个电缆长度上应电气上连续。

金属屏蔽应能满足电缆线路短路容量(短路电流及持续时间)的要求。

注：验证金属屏蔽的短路电流有效值的计算可参见 IEC 60949。

6.5.2 铜丝屏蔽

铜丝屏蔽应由同心疏绕的软铜线组成，铜丝屏蔽层的表面上应用铜丝或铜带反向扎紧。屏蔽铜丝的直径应不小于 1.00 mm；相邻屏蔽铜丝的平均间隙 G 应不大于 4 mm。G 由式(1)定义：

$$G=\frac{\pi(D+d)-nd}{n} \qquad \cdots\cdots(1)$$

式中：

D ——铜丝屏蔽下的缆芯直径，单位为毫米(mm)；

d ——铜丝的直径，单位为毫米(mm)；

n ——铜丝的根数。

6.5.3 金属套屏蔽

电缆采用铅套或铝套时，金属套可作为金属屏蔽。如铅套或铝套的厚度不能满足短路容量的要求时，应采取增加铜丝屏蔽或增加金属套厚度的措施。

6.5.4 金属屏蔽的电阻

如适用，铜丝屏蔽的电阻测量值应符合 GB/T 3956 规定，或者不大于制造厂申明值(当铜丝屏蔽的截面积与 GB/T 3956 推荐的系列截面积不同时)。要求时，还应测量金属套的电阻值。

6.5.5 径向隔水层

当电缆系统敷设在地下、易积水的地下通道或水中时，电缆应采用径向不透水的阻挡层。径向隔水层包括金属套及金属塑料复合护套。

金属塑料复合护套应符合 GB/T 11017.1—2014 中 12.5.15 的要求。金属塑料复合带应符合 YD/T 723—2007 的要求。

6.6 金属套

6.6.1 材料

铅套应用铅合金制造。铅合金应符合 GB/T 26011—2010 的要求。

皱纹铝套应采用纯度不小于 99.50%的铝或铝合金制造。焊接用铝带应符合 GB/T 3880.1—2012 的要求，其伸长率不应小于 16%。

注：买方要求时，也可以采用铜套。

6.6.2 金属套的厚度

金属套的标称厚度应符合表 3 规定。

铅套的最小厚度应符合 GB/T 11017.1—2014 中 10.7.1 的规定。
铝套的最小厚度应符合 GB/T 11017.1—2014 中 10.7.2 的规定。

表 3 金属套的标称厚度

导体标称截面积 mm²	铅套 mm	铝套 mm
240	2.6	2.0
300	2.6	2.0
400	2.7	2.0
500	2.7	2.0
630	2.8	2.0
800	2.9	2.0
1 000	3.0	2.3
1 200	3.1	2.3
(1 400)	3.2	2.3
1 600	3.3	2.3

6.6.3 金属套的防蚀层

金属套表面应有沥青或热熔胶防蚀层。沥青可采用符合 GB/T 494—2010 要求的 10 号沥青。
铅套上允许绕包自粘性橡胶带作为防蚀层。

6.7 非金属外护套

6.7.1 材料

本部分包括的非金属外护套的类型和代号应符合 GB/T 11017.1—2014 中 4.4 的规定。
电缆外护套的性能应符合 GB/T 11017.1—2014 中表 7 和表 8 的要求。

6.7.2 非金属外护套的厚度

非金属外护套的标称厚度应符合表 4 规定。非金属外护套的最小厚度和平均厚度应符合 GB/T 11017.1—2014 中 10.6.3 的要求。

表 4 非金属外护套的标称厚度

导体标称截面积 mm²	非金属外护套的标称厚度 mm
240	4.0
300	4.0
400	4.0
500	4.0
630	4.5
800	4.5
1 000	4.5
1 200	5.0
(1 400)	5.0
1 600	5.0

6.7.3 导电层

非金属外护套的表面应施以均匀牢固的导电层。

如果采用挤塑的半导电层，且其与电缆外护套粘结牢固，其厚度可以构成为外护套总厚度的一部分，但挤塑半导电层不应超过外护套标称厚度的 20%。半导电塑料的性能参见附录 B。

6.8 成品电缆

成品电缆的性能应符合第 7 章和第 8 章的要求。

7 成品电缆标志

成品电缆的外护套表面应有制造方名称、产品型号、导体/铜丝屏蔽(如果有)规格、额定电压的连续标志和长度标志。标志应字迹清楚，容易辨认，耐擦。

成品电缆标志应符合 GB/T 6995.3—2008 的规定。

8 试验要求

成品电缆应按照本章规定进行试验，并应符合要求。

8.1 试验类别及代号

试验类别及代号见表 5。

表 5 试验类别及代号

试验类别	代号
电缆例行试验	R
电缆抽样试验	S
电缆型式试验	T
电缆系统型式试验	T
电缆系统预鉴定试验	PQ

8.2 试验项目及要求

试验项目及要求应符合表 6～表 8 规定。

电缆例行试验应符合 GB/T 11017.1—2014 的第 9 章和表 6 要求。

电缆抽样试验应符合 GB/T 11017.1—2014 的第 10 章和表 7 要求。

电缆的电气型式试验应符合 GB/T 11017.1—2014 的第 14 章和表 8 要求。

电缆系统的型式试验应符合 GB/T 11017.1—2014 的第 12 章和表 8 要求。

电缆系统的预鉴定试验(以及预鉴定的扩展试验)本部分不适用。

注：附录 C 给出符合本部分规定的最大和最小规格电缆的计算的导体屏蔽和绝缘屏蔽的电场强度。

表 6 电缆例行试验项目及要求

序号	试验项目	试验类型	试验要求		试验方法
			GB/T 11017.2—2014	GB/T 11017.1—2014	
1	局部放电试验	R	—	9.2	GB/T 3048.12
2	电压试验	R	—	9.3	GB/T 3048.8
3	非金属外护套的电气试验	R	—	9.4	GB/T 3048.14

表 7 电缆抽样试验项目及要求

序号	试验项目	试验类型	试验要求		试验方法
			GB/T 11017.2—2014	GB/T 11017.1—2014	
1	导体检验	S	6.1.2	10.4	适当方法
2	导体和金属屏蔽电阻测量	S	6.1.3 和 6.5.3	10.5	GB/T 3048.4
3	绝缘厚度测量	S	6.2.2	10.6	GB/T 2951.11—2008
4	铜丝屏蔽的检查(适用时)	S	6.5.2	—	适当方法
5	金属套厚度测量	S	6.6.2	10.7	GB/T 11017.1—2014 的 10.7
6	非金属外护套厚度测量	S	6.7.2	10.6	GB/T 11017.1—2014 的 10.6.3
7	直径测量(要求时进行)	S	—	10.8	GB/T 2951.11—2008 及其他适当方法
8	XLPE 绝缘热延伸试验	S	—	10.9	GB/T 2951.21—2008
9	电容测量	S	—	10.10	GB/T 3048.11
10	雷电冲击电压试验(适用时)	S	—	10.11	GB/T 3048.13
11	透水试验(适用时)	S	—	10.12	GB/T 11017.1—2014 的附录 E
12	具有与外护套粘结的纵包金属带或纵包金属箔的电缆组件的试验(适用时)	S	—	10.13	GB/T 11017.1—2014 的附录 F

表 8 型式试验项目及要求

序号	试验项目	试验类型	试验对象		试验要求		试验方法
			电缆	电缆系统	GB/T 11017.2—2014	GB/T 11017.1—2014	
1	绝缘厚度检验	T	×	×	—	12.4.1	GB/T 2951.11—2008
2	弯曲试验 室温下的局部放电试验	T	×	×	—	12.4.3 12.4.4	GB/T 11017.1—2014 的 12.4.3 GB/T 3048.12

表 8（续）

序号	试验项目	试验类型	试验对象		试验要求		试验方法
			电缆	电缆系统	GB/T 11017.2—2014	GB/T 11017.1—2014	
3	tanδ 测量	T	×	×	—	12.4.5	GB/T 3048.11
4	热循环电压试验	T	×	×	—	12.4.6	GB/T 11017.1—2014 的 12.4.6
5	局部放电试验(最后一次热循环后或下述第 6 项雷电冲击电压试验后进行)	T			—	12.4.4	GB/T 3048.12
	高温下		—	×			
	室温下		×	×			
6	雷电冲击电压试验及随后的工频电压试验	T	×	×	—	12.4.7	GB/T 3048.13 GB/T 3048.8
7	局部放电试验(如上述第 5 项试验没有进行)	T			—	12.4.4	GB/T 3048.12
	高温下		—	×			
	室温下		×	×			
8	检验	T	×	×	—	12.4.8	GB/T 11017.1—2014 的 12.4.8
9	半导电屏蔽电阻率	T	×	×	6.3.5	12.4.9	GB/T 11017.1—2014 的附录 D
10	电缆结构检查	T	×	×	6.1.2、6.2.2、6.3.2、6.3.3、6.5.2、6.6.2、6.7.2	12.5.1	GB/T 2951.11—2008 及其他适当方法
11	绝缘老化前后机械性能试验	T	×	×	—	12.5.2	GB/T 2951.11—2008、GB/T 2951.12—2008
12	非金属外护套老化前后机械性能试验	T	×	×	—	12.5.3	GB/T 2951.11—2008、GB/T 2951.12—2008
13	成品电缆段相容性老化试验	T	×	×	—	12.5.4	GB/T 2951.11—2008、GB/T 2951.12—2008
14	ST_2 型 PVC 外护套失重试验	T	×	×	—	12.5.5	GB/T 2951.32—2008
15	外护套高温压力试验	T	×	×	—	12.5.6	GB/T 2951.31—2008
16	PVC 外护套(ST_1 和 ST_2)低温试验	T	×	×	—	12.5.7	GB/T 2951.14—2008
17	PVC 外护套(ST_1 和 ST_2)热冲击试验	T	×	×	—	12.5.8	GB/T 2951.31—2008

表 8（续）

序号	试验项目	试验类型	试验对象		试验要求		试验方法
			电缆	电缆系统	GB/T 11017.2—2014	GB/T 11017.1—2014	
18	XLPE 绝缘微孔杂质试验	T	×	×	6.2.3	12.5.9	GB/T 11017.1—2014 的附录 H
19	XLPE 绝缘热延伸试验	T	×	×	—	12.5.10	GB/T 2951.21—2008
20	半导电屏蔽层与绝缘层界面的微孔与突起试验	T	×	×	6.3.4	12.5.11	GB/T 11017.1—2014 的附录 H
21	黑色 PE 外护套碳黑含量测量	T	×	×	—	12.5.12	GB/T 2951.41—2008
22	燃烧试验(要求时进行)	T	×	×	—	12.5.13	GB/T 18380.12
23	纵向透水试验(要求时进行)	T	×	×	—	12.5.14	GB/T 11017.1—2014 的附录 E
24	具有与外护套粘结的纵包金属带或纵包金属箔的电缆的组件试验	T	×	×	—	12.5.15	GB/T 11017.1—2014 的附录 F
25	XLPE 绝缘收缩试验	T	×	×	—	12.5.16	GB/T 2951.13—2008
26	PE 外护套收缩试验	T	×	×	—	12.5.17	GB/T 2951.13—2008
27	非金属外护套刮磨试验	T	×	×	—	12.5.18	JB/T 10696.6—2007
28	铝套腐蚀扩展试验	T	×	×	—	12.5.19	JB/T 10696.5—2007
29	成品电缆标志的检查	T	×	×	第 7 章	—	GB/T 6995.3—2008
注：×表示要做该项试验。							

9 验收规则

制造方应按第 8 章要求进行例行试验、抽样试验、型式试验并符合要求。抽样试验的频度和复试要求应按照 GB/T 11017.1—2014 中 10.2 和 10.3 的规定。

型式试验和(或)预鉴定试验应由制造方或独立检测机构按本部分要求进行并符合要求。型式试验报告的效力应符合 GB/T 11017.1—2014 的要求。

产品应由制造方的质量检验部门检验合格后方能出厂。出厂的每盘电缆应附有产品检验合格证书。买方要求时，制造方应提供产品的工厂试验报告、型式试验报告。

产品的工厂验收应按表 6 和表 7 规定的试验项目进行。

10 包装、运输和贮存

10.1 包装

电缆应卷绕在符合 JB/T 8137 的电缆盘上交货，电缆盘的筒径应考虑使电缆不受到过度弯曲。电缆的两个端头应有可靠的防水或防潮密封，并牢靠地固定在电缆盘上。

在每盘出厂的电缆上，应附有产品检验合格证，产品检验合格证应放在不透水的塑料带内，并固定在电缆盘的侧板上。

每个电缆盘上应标明：

a) 制造方名称；

b) 电缆型号；

c) 额定电压，kV；

d) 标称截面，mm^2；

e) 装盘长度，m；

f) 毛重，kg；

g) 电缆盘包装尺寸(长×宽×高)，m；

h) 电缆盘工厂编号；

i) 制造日期，年、月；

j) 表示电缆盘搬运时正确滚动方向的箭头；

k) 本部分编号。

10.2 运输和贮存

电缆应尽量避免露天存放。电缆盘不允许平放。

搬运中严禁从高处扔下装有电缆的电缆盘，严禁机械损伤电缆。吊装包装件时，严禁几盘同时吊装。

在车辆、船舶等运输工具上，电缆盘应放稳，并用合适的方法固定，防止运输中相互碰撞、滚动或翻倒。

附　录　A
（资料性附录）
电缆的使用条件

A.1　概述

本部分中电缆的使用环境主要由电缆金属套和塑料外护套的性能确定，因此一般适用于GB/T 2952.2—2008 中表 1 推荐的场所。

A.2　铅套和铝套电缆

铅套和铝套电缆除适用于一般场所外，特别适合于下列场合：

——铅套电缆：腐蚀较严重但无硝酸、醋酸、有机质（如泥煤）及强碱性腐蚀质，且受机械力（拉力、压力、振动等）不大的场所。

——铝套电缆：腐蚀不严重和要求承受一定机械力的场所（如直接与变压器连接，敷设在桥梁上和竖井中等）。

A.3　金属塑料复合护套电缆

金属塑料复合护套电缆主要适用于受机械力（拉力、压力、振动等）不大，无腐蚀或腐蚀轻微，且不直接与水接触的一般潮湿场所。

A.4　塑料外护套电缆

塑料外护套电缆使用条件：

——02 型（聚氯乙烯）外护套电缆主要适用于有一般防火要求和对外护套有一定绝缘要求的电缆线路。

——03 型（聚乙烯）外护套电缆主要适用于对外护套绝缘要求较高的直埋敷设的电缆线路。对 −20 ℃ 以下的低温环境，或化学液体浸泡场所，以及燃烧时有低毒性要求的电缆宜采用聚乙烯外护套。聚乙烯外护套如有必要用于隧道或竖井中时应采取相应的防火阻燃措施。

A.5　电缆敷设时的温度

聚氯乙烯外护套电缆敷设前 24 h 的环境温度不应低于 0 ℃。在更低环境温度敷设时，应采取适当的加温措施。

A.6　电缆安装时的最大拉力和最大侧压力

电缆安装时允许的最大拉力和最大侧压力可按照 GB 50217—2007 中附录 H 确定。

A.7 弯曲半径

铅套电缆的最小(内侧)弯曲半径推荐为电缆直径的 18 倍;皱纹铝套和金属塑料复合护套电缆的最小(内侧)弯曲半径推荐为电缆直径的 20 倍。

注:电缆安装时考虑受到的侧压力,可能需要更大一些的弯曲半径。

附 录 B
(资料性附录)
绝缘料和半导电料的性能

电缆绝缘和半导电塑料的性能如表 B.1 所示。

表 B.1 电缆绝缘和半导电塑料的性能

序号	项 目	单位	绝缘料	半导电屏蔽料	半导电护套料
1	抗张强度	MPa	≥17.0	≥12.0	≥12.0
2	断裂伸长率	%	≥500	≥150	≥150
3	热延伸试验[(200±3)℃,0.20 MPa,15 min] 负荷下伸长率 永久变形率	 % %	 ≤100 ≤10	 ≤100 ≤10	 — —
4	介电常数	—	≤2.35	—	—
5	介质损失角正切 tanδ	—	$\leq 5.0\times10^{-4}$	—	—
6	短时工频击穿强度 (较小的平板电极直径 25 mm,升压速率 500 V/s)	kV/mm	≥22	—	—
7	体积电阻率 23 ℃ 90 ℃	 Ω·m Ω·m	 $\geq 1.0\times10^{13}$ —	 <1.0 <3.5	 <1.0 —
8	杂质最大尺寸(1 000 g 样片中)	mm	≤0.10	—	—

附 录 C
（资料性附录）
导体屏蔽和绝缘屏蔽上电场强度的计算值

表 C.1 给出本部分规定的最大和最小导体标称截面积电缆的导体屏蔽和绝缘屏蔽上的电场强度的计算值，其他导体截面积电缆的电场强度可以按照 GB/T 11017.1—2014 给出的公式算出。

表 C.1 电缆的导体屏蔽和绝缘屏蔽上的电场强度的计算值

导体标称截面积 mm^2	导体计算直径 mm	绝缘内径 mm	绝缘外径 mm	导体屏蔽电场强度 kV/mm	绝缘屏蔽电场强度 kV/mm
240	18.4	21.4	59.4	5.86	2.11
1 600	47.6	50.6	82.6	5.16	3.16
注：导体计算直径按导体填充系数 0.9 给出。					

参 考 文 献

［1］ GB/T 2952.2—2008 电缆外护层 第2部分:金属套电缆外护层

［2］ GB 50217—2007 电力工程电缆设计规范

［3］ IEC 60949 考虑非绝热效应的允许热短路电流的计算(Calculation of thermally permissible short-circuit currents, taking into account non-adiabatic heating effects)

ICS 29.060.20
K 13

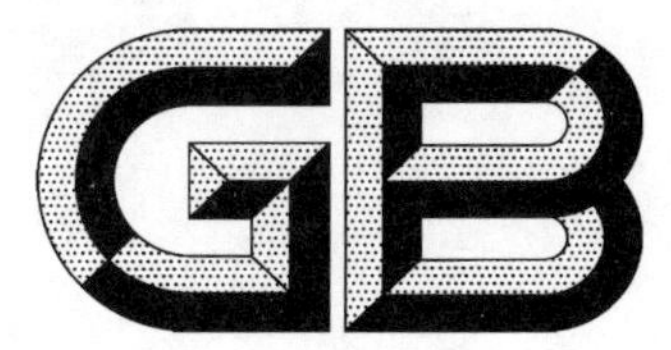

中华人民共和国国家标准

GB/T 11017.3—2014
代替 GB/T 11017.3—2002

额定电压 110 kV (U_m＝126 kV)交联聚乙烯绝缘电力电缆及其附件 第3部分:电缆附件

Power cables with cross-linked polyethylene insulation and their accessories for rated voltage of 110 kV (U_m＝126 kV)—Part 3:Accessories

2014-07-24 发布 2015-01-22 实施

中华人民共和国国家质量监督检验检疫总局
中国国家标准化管理委员会 发布

前　　言

GB/T 11017《额定电压 110 kV(U_m=126 kV)交联聚乙烯绝缘电力电缆及其附件》分为三个部分：

——第 1 部分：试验方法和要求；

——第 2 部分：电缆；

——第 3 部分：电缆附件。

本部分为 GB/T 11017 的第 3 部分。

本部分按照 GB/T 1.1—2009 给出的规则起草。

本部分代替 GB/T 11017.3—2002《额定电压 110 kV 交联聚乙烯绝缘电力电缆及其附件　第 3 部分：额定电压 110 kV 交联聚乙烯绝缘电力电缆附件》。与 GB/T 11017.3—2002 相比，本部分的主要技术变化如下：

——标准名称修改为《额定电压 110 kV(U_m=126 kV)交联聚乙烯绝缘电力电缆及其附件　第 3 部分　电缆附件》；

——增加了术语：瓷套管终端、复合套管终端、GIS 终端连接的外壳、设计压力、最低功能压力(见第 3 章)；

——修改了使用条件(见第 4 章，2002 年版的第 4 章)；

——修改了 GIS 终端和油浸(变压器)终端的命名、代号(见 5.1.2，2002 年版的 5.1.2)；

——修改了液体填充绝缘的代号(见 5.1.3.1，2002 年版的 5.1.3.1)；

——增加了复合套管终端的代号(见 5.1.2)、型号名称(见表 2)及其技术要求(见 6.7)；

——修改了外绝缘环境分类、污秽类型和现场污秽度(SPS)等级的表示(见 4.2.5 和表 1，2002 年版的 4.2.5 和表 1)和最小爬电比距(见 5.1.4，2002 年版的 5.1.4)；

——修改了 GIS 终端的压力(见 4.3，2002 年版的 4.3)；

——增加了特殊环境条件的说明(见 4.2.6)；

——修改了导体连接金具的要求(见 6.1，2002 年版的 6.1)；

——增加了半导电屏蔽用橡胶带要求(见 6.3)和半导电橡胶带的性能(见附录 A)；

——修改了橡胶绝缘件用绝缘料与半导电料的性能要求(见 6.4，2002 年版的 6.4 和附录 A)；

——增加了用于绝缘接头金属套分断的绝缘件的要求(见 6.5)；

——修改了瓷套管的技术要求(见 6.6，2002 年版的 6.6)；

——增加了接头金属屏蔽的技术要求(见 6.10 和 8.3.5)；

——删除了附件部件的例行试验中的密封试验(见 2002 年版的 8.1.2)；

——增加了附件的抽样试验(见 8.2)；

——删除了附件的型式试验中的户外终端无线电干扰试验[见 2002 年版的 8.2d)和 8.2.4]；

——修改了终端组装后的密封试验条件(见 8.3.1，2002 年版的 8.2.1)；

——修改了支柱绝缘子直流试验电压(见 8.3.2.1，2002 年版的 8.2.2.1)；

——修改了户外终端短时(1 min)工频电压试验(湿试)的要求(见 8.3.3，2002 年版的 8.2.3)；

——增加了液体绝缘填充剂的性能要求(见附录 C)；

——增加了参考文献。

本部分由中国电器工业协会提出。

本部分由全国电线电缆标准化技术委员会(SAC/TC 213)归口。

本部分负责起草单位：上海电缆研究所。

本部分参加起草单位：中国电力科学研究院、上海三原电缆附件有限公司、长缆电工科技股份有限公司、浙江金凤凰电气有限公司、广东吉熙安电缆附件有限公司、南京业基电气设备有限公司、上海永锦电气技术有限公司。

本部分主要起草人：邓长胜、阎孟昆、徐操、郭长春、李继为、龙莉英、汤志辉、柯德刚、李闯。

本部分所代替标准的历次版本发布情况为：

——GB/T 11017—1989、GB/T 11017.3—2002。

额定电压 110 kV (U_m=126 kV)交联聚乙烯绝缘电力电缆及其附件 第3部分:电缆附件

1 范围

GB/T 11017 的本部分规定了额定电压 110 kV(U_m=126 kV) 交联聚乙烯绝缘电力电缆附件的基本结构、型号命名、技术要求、试验和验收规则、包装、运输及贮存。

本部分适用于一般安装条件下符合 GB/T 11017.1—2014 规定的额定电压 110 kV(U_m=126 kV) 交联聚乙烯绝缘电力电缆使用的户外终端、GIS 终端、油浸(变压器)终端、直通接头及绝缘接头。

本部分不适用于包带绝缘的接头、用于连接交联聚乙烯绝缘电缆和纸绝缘电缆的过渡接头以及可分离式电缆终端。

2 规范性引用文件

下列文件对于本文件的应用是必不可少的。凡是注日期的引用文件,仅注日期的版本适用于本文件。凡是不注日期的引用文件,其最新版本(包括所有的修改单)适用于本文件。

GB 311.1—2012 绝缘配合 第1部分:定义、原则和规则

GB/T 1527—2006 铜及铜合金拉制管

GB/T 2900.10—2013 电工术语 电缆

GB/T 3048.8 电线电缆电性能试验方法 第8部分:交流电压试验

GB/T 3048.12 电线电缆电性能试验方法 第12部分:局部放电试验

GB/T 3048.13 电线电缆电性能试验方法 第13部分:冲击电压试验

GB/T 3048.14 电线电缆电性能试验方法 第14部分:直流电压试验

GB/T 4109—2008 交流电压高于1 000 V的绝缘套管

GB/T 4423—2007 铜及铜合金拉制棒

GB/T 7354—2003 局部放电测量

GB/T 8287.1—2008 标称电压高于1 000 V系统用户内和户外支柱绝缘子 第1部分:瓷或玻璃绝缘子的试验

GB/T 11017.1—2014 额定电压 110 kV(U_m=126 kV)交联聚乙烯绝缘电力电缆及其附件 第1部分:试验方法和要求

GB/T 11017.2—2014 额定电压 110 kV(U_m=126 kV)交联聚乙烯绝缘电力电缆及其附件 第2部分:电缆

GB/T 12464 普通木箱

GB/T 16927.1 高电压试验技术 第1部分:一般定义及试验要求

GB/T 21429—2008 户外和户内电气设备用空心复合绝缘子 定义、试验方法、接收准则和设计推荐

GB/T 22381—2008 额定电压 72.5 kV 及以上气体绝缘金属封闭开关设备与充流体及挤包绝缘电力电缆的连接 充流体及干式电缆终端

GB/T 23752—2009 额定电压高于 1 000 V 的电器设备用承压和非承压空心瓷和玻璃绝缘子

GB/T 26218.1—2010 污秽条件下使用的高压绝缘子的选择和尺寸确定 第 1 部分:定义、信息和一般原则

IEC 62271-209:2007 高压开关和控制设备 第 209 部分:额定电压 52 kV 以上气体绝缘金属封闭开关的电缆连接 充流体的和挤包绝缘电缆 充流体的和干式电缆终端(High-voltage switchgear and controlgear—Part 209: Cable connections for gas-insulated metal-enclosed switchgear for rated voltages above 52 kV—Fluid-filled and extruded insulation cables—Fluid-filled and dry-type cable-terminations)

3 术语和定义

GB/T 2900.10—2013、GB/T 11017.1—2014、IEC 62271-209:2007 界定的以及下列术语和定义适用于本文件。为了便于使用,以下重复列出了 GB/T 2900.10—2013、IEC 62271-209:2007 中的某些术语和定义。

3.1

户外终端 outdoor termination

在受阳光直接照射或曝露在气候环境下或二者都存在的情况下使用的电缆终端。

[GB/T 2900.10—2013,定义 461-10-14]

3.2

瓷套管终端 termination with porcelain insulator

以陶瓷套管为外绝缘的(户外)电缆终端。

3.3

复合套管终端 termination with composite insulator

以玻璃纤维增强环氧管为衬芯,外覆耐候、抗污秽弹性体材料(如硅橡胶)组成的复合套管为外绝缘的(户外)电缆终端。

3.4

GIS 终端 gas-immersed termination for GIS

安装在气体绝缘金属封闭开关(GIS)设备内部以六氟化硫(SF_6)气体为其外绝缘的气体绝缘部分的电缆终端。

3.5

油浸终端(变压器终端) oil-immersed termination

安装在油浸变压器设备油箱内以绝缘油为其外绝缘的液体绝缘部分的电缆终端。

3.6

直通接头 straight joint

连接两根电缆形成连续电路的附件。在本部分中特指接头的金属外壳与被连接电缆的金属屏蔽和绝缘屏蔽在电气上连续的接头。

3.7

绝缘接头 sectionalizing joint

将被连接电缆的金属套、金属屏蔽和绝缘屏蔽在电气上保持断开(不连续)的接头。

3.8

预制附件 pre-fabricated accessories

以具有电场应力控制作用的预制橡胶元件(和预制环氧绝缘件)作为主要绝缘件的电缆附件,包含预制式终端和预制式接头。

3.9

组合预制绝缘件接头 composite type pre-fabricated joint

采用预制橡胶应力锥及预制环氧绝缘件现场组装作为主要绝缘件的接头。

3.10

整体预制橡胶绝缘件接头 one piece pre-molded joint

采用单一预制橡胶绝缘件作为主要绝缘件的接头。

3.11

GIS 终端连接的外壳 cable termination connection enclosure for GIS

气体绝缘金属封闭开关设备中装有电缆终端及开关主回路末端的封闭壳体。

[IEC 62271-209:2007,定义 3.3]

3.12

设计压力 design pressure

用于确定电缆终端连接的 GIS 外壳厚度以及承受该压力的 GIS 终端部件结构的压力。

[IEC 62271-209:2007,定义 3.5]。

3.13

最低功能压力 minimum functional pressure

折算到标准大气条件(20 ℃,101.3 kPa)下,用相对压力或绝对压力(Pa)表示的绝缘介质的最低工作压力,大于或等于此压力时开关设备和 GIS 终端保持其额定特性。

[GB/T 11022—2011,定义 3.6.5.5]

4 使用条件

4.1 额定电压与导体工作温度

额定电压及导体工作温度与 GB/T 11017.2—2014 中第 4 章对电缆的规定相一致。

4.2 环境条件(适用于户外终端)

4.2.1 标准参考大气压条件

标准参考大气压条件为:

——温度 $t_0=20$ ℃;

——压力 $p_0=101.3$ kPa;

——绝对湿度 $h_0=11$ g/m^3。

本部分规定的试验电压均为相应于标准参考大气压条件下的数值。

4.2.2 正常使用条件

本部分规定的试验电压,适用于下列使用条件下运行的设备:

a) 周围环境最高空气温度不超过 40 ℃;

b) 安装地点的海拔高度不超过 1 000 m。

4.2.3 试验电压值的温度修正

对周围环境空气温度高于 40 ℃处的设备,其外绝缘在干燥状态下的试验电压应取本部分规定的试验电压值乘以温度修正因数 K_T:

$$K_T = 1 + 0.003\ 3(T - 40)$$

式中：

T——环境空气温度，单位为摄氏度(℃)。

4.2.4 试验电压值的海拔修正

对用于海拔高于 1 000 m，但不超过 4 000 m 处的户外终端的外绝缘的绝缘强度应进行海拔修正，修正方法见 GB/T 311.1—2012 的附录 B。

4.2.5 污秽环境

外绝缘环境分类、污秽类型和现场污秽度(SPS)等级的表示应符合 GB/T 26218.1—2010。

4.2.6 特殊环境条件

设计用于特殊环境条件，例如地震、飓风、覆冰等非正常条件下运行的设备，可能需要某些特定的试验，参见 GB/T 21429—2008、GB/T 23752—2009 和 GB/T 4109—2008，本部分不作规定。

4.3 GIS 终端的压力

包围 GIS 终端外绝缘的 SF_6 气体在 20 ℃下的设计压力(相对压力)为 0.75 MPa，最低功能压力应不超过 0.25 MPa(相对压力)。GIS 额定充气压力应不低于其最低功能压力。

当与电缆连接的 GIS 外壳抽真空是属于 SF_6 充气工序的一部分时，电缆终端应耐受真空条件(见 IEC 62271-209:2007)。

4.4 终端安装角度

终端一般应垂直安装。如终端的轴线与垂直线的夹角超过 30°时应满足 GB/T 4109—2008 规定的弯曲耐受负荷。该要求不适用于 GIS 终端和变压器终端。

4.5 系统类别

本部分包括的附件适合的系统类别应与 GB/T 11017.2—2014 中 4.2 的规定相一致。

5 产品命名

5.1 代号

5.1.1 系列代号

交联聚乙烯绝缘电缆…………………………………………………………………… YJ

5.1.2 附件代号

瓷套管(户外)终端 ………………………………………………………………… ZW
复合套管(户外)终端…………………………………………………………………… ZWF
GIS 终端 ………………………………………………………………………… ZG
油浸(变压器)终端 ………………………………………………………………… ZY
直通接头 ………………………………………………………………………… JT
绝缘接头 ………………………………………………………………………… JJ

5.1.3 内绝缘代号

5.1.3.1 终端内绝缘特征

液体填充绝缘 ………………………………………………………………………… Y
干式绝缘 ………………………………………………………………………… G
六氟化硫(SF_6)充气绝缘 ……………………………………………………… Q

5.1.3.2 接头内绝缘特征

组合预制绝缘件 ……………………………………………………………………… Z
整体预制绝缘件 ……………………………………………………………………… I

5.1.4 户外终端外绝缘污秽等级代号

户外终端外绝缘污秽等级代号见表 1。

表 1 户外终端外绝缘污秽等级代号

污秽度(SPS)等级	代号	统一爬电比距 mm/kV	三相系统爬电比距 mm/kV
a	0	22.0	12.7
b	1	27.8	16
c	2	34.7	20
d	3	43.3	25
e	4	53.7	31

5.1.5 接头保护盒及外保护层

无保护盒 ……………………………………………………………………… 0
玻璃钢保护盒(含铜壳和防水浇注剂)……………………………………… 1
绝缘铜壳(含防水浇注剂) ………………………………………………… 2

5.2 产品型号及命名

型号组成如图 1 所示。

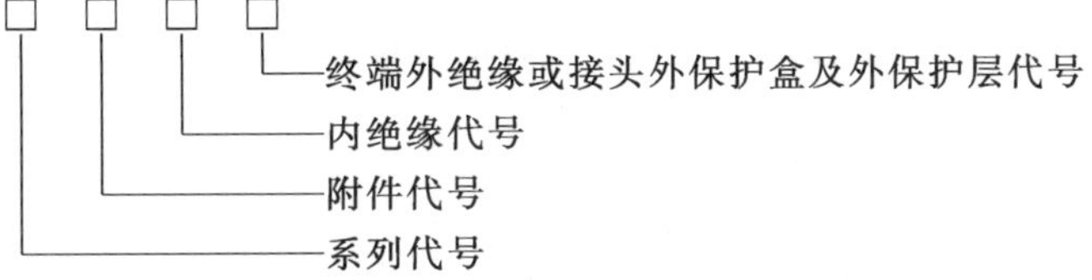

图 1 电缆附件型号组成

本部分包括的附件产品型号与名称见表2。

表2 产品型号及名称

型号		产品名称
主型号	含副型号	
YJZWY	YJZWY0 YJZWY1 YJZWY2 YJZWY3 YJZWY4	交联聚乙烯绝缘电力电缆用液体填充绝缘瓷套管终端，外绝缘污秽等级a级 交联聚乙烯绝缘电力电缆用液体填充绝缘瓷套管终端，外绝缘污秽等级b级 交联聚乙烯绝缘电力电缆用液体填充绝缘瓷套管终端，外绝缘污秽等级c级 交联聚乙烯绝缘电力电缆用液体填充绝缘瓷套管终端，外绝缘污秽等级d级 交联聚乙烯绝缘电力电缆用液体填充绝缘瓷套管终端，外绝缘污秽等级e级
YJZWQ	YJZWQ0 YJZWQ1 YJZWQ2 YJZWQ3 YJZWQ4	交联聚乙烯绝缘电力电缆用 SF_6 充气绝缘瓷套管终端，外绝缘污秽等级a级 交联聚乙烯绝缘电力电缆用 SF_6 充气绝缘瓷套管终端，外绝缘污秽等级b级 交联聚乙烯绝缘电力电缆用 SF_6 充气绝缘瓷套管终端，外绝缘污秽等级c级 交联聚乙烯绝缘电力电缆用 SF_6 充气绝缘瓷套管终端，外绝缘污秽等级d级 交联聚乙烯绝缘电力电缆用 SF_6 充气绝缘瓷套管终端，外绝缘污秽等级e级
YJZWFY	YJZWFY2 YJZWFY3 YJZWFY4	交联聚乙烯绝缘电力电缆用液体填充绝缘复合套管终端，外绝缘污秽等级c级 交联聚乙烯绝缘电力电缆用液体填充绝缘复合套管终端，外绝缘污秽等级d级 交联聚乙烯绝缘电力电缆用液体填充绝缘复合套管终端，外绝缘污秽等级e级
YJZWFQ	YJZWFQ2 YJZWFQ3 YJZWFQ4	交联聚乙烯绝缘电力电缆用 SF_6 充气绝缘复合套管终端，外绝缘污秽等级c级 交联聚乙烯绝缘电力电缆用 SF_6 充气绝缘复合套管终端，外绝缘污秽等级d级 交联聚乙烯绝缘电力电缆用 SF_6 充气绝缘复合套管终端，外绝缘污秽等级e级
YJZGY	—	交联聚乙烯绝缘电力电缆用液体填充绝缘GIS终端
YJZGG	—	交联聚乙烯绝缘电力电缆用干式绝缘GIS终端
YJZYY	—	交联聚乙烯绝缘电力电缆用液体填充绝缘(变压器)油浸终端
YJZYG	—	交联聚乙烯绝缘电力电缆用干式绝缘(变压器)油浸终端
YJJTI	YJJTI0 YJJTI1 YJJTI2	交联聚乙烯绝缘电力电缆用整体预制橡胶绝缘件直通接头，无保护盒 交联聚乙烯绝缘电力电缆用整体预制橡胶绝缘件直通接头，玻璃钢保护盒 交联聚乙烯绝缘电力电缆用整体预制橡胶绝缘件直通接头，绝缘铜壳保护盒
YJJTZ	YJJTZ0 YJJTZ1 YJJTZ2	交联聚乙烯绝缘电力电缆用组合预制绝缘件直通接头，无保护盒 交联聚乙烯绝缘电力电缆用组合预制绝缘件直通接头，玻璃钢保护盒 交联聚乙烯绝缘电力电缆用组合预制绝缘件直通接头，绝缘铜壳保护盒
YJJJI	YJJJI0 YJJJI1 YJJJI2	交联聚乙烯绝缘电力电缆用整体预制橡胶绝缘件绝缘接头，无保护盒 交联聚乙烯绝缘电力电缆用整体预制橡胶绝缘件绝缘接头，玻璃钢保护盒 交联聚乙烯绝缘电力电缆用整体预制橡胶绝缘件绝缘接头，绝缘铜壳保护盒
YJJJZ	YJJJZ0 YJJJZ1 YJJJZ2	交联聚乙烯绝缘电力电缆用组合预制绝缘件绝缘接头，无保护盒 交联聚乙烯绝缘电力电缆用组合预制绝缘件绝缘接头，玻璃钢保护盒 交联聚乙烯绝缘电力电缆用组合预制绝缘件绝缘接头，绝缘铜壳保护盒

5.3 附件规格

附件规格由额定电压、适用电缆的相数及导体截面积表示。

附件规格应与所配套的电缆导体截面相适配。

GIS终端及油浸(变压器)终端的规格应与其所配套设备的额定电压及额定电流相适配。

5.4 产品表示方法

产品用型号、规格(额定电压、相数、适用电缆截面)及标准号表示。

示例1:导体标称截面630 mm²、额定电压64/110 kV、交联聚乙烯绝缘电缆用液体填充绝缘瓷套管终端,外绝缘污秽等级c级,表示为:YJZWY2 64/110 1×630 GB/T 11017.3—2014。

示例2:导体标称截面630 mm²、额定电压64/110 kV、交联聚乙烯绝缘电缆用干式绝缘单相GIS终端,表示为:YJZGG 64/110 1×630 GB/T 11017.3—2014。

示例3:导体标称截面630 mm²、额定电压64/110 kV、交联聚乙烯绝缘电缆用整体预制绝缘件绝缘接头,绝缘铜壳外保护盒,表示为:YJJJI2 64/110 1×630 GB/T 11017.3—2014。

6 技术要求

6.1 导体连接金具

导体连接杆应采用符合GB/T 4423—2007的铜材制造。

导体连接管应采用符合GB/T 1527—2006的铜材制造。压接型导体连接管的铜含量应不低于99.70%,并经退火处理。

终端的接线端子应采用导电性良好的铜或铜合金制造,其尺寸参见IEC/TR 62271-301:2009或用户要求。

注:铝制连接金具在考虑中。

导体连接金具的表面应光滑、洁净,不允许有损伤、毛刺和凹凸斑痕及其他影响电气接触和机械强度的缺陷。铸造成型的接线端子其接触面及连接孔不得有气孔、砂眼和夹渣等缺陷。

连接金具的规格不应小于电缆导体截面。连接金具的机械强度应满足安装和运行条件的要求。

要求时,导体连接杆和导体连接管可进行8.3.4规定的试验,以证明其性能满足要求。

6.2 结构金具

附件结构金具(金属壳体、法兰、套管、包围支架等)应采用非磁性金属材料。

弹簧压紧装置的配合面应光滑无突起,应与橡胶应力锥紧密配合,能在设计寿命内提供规定的设计压力。

所有密封金具应有良好的组装密封性和配合性,不应有造成后泄露的缺陷,如划伤、凹痕等。密封性能应符合8.3.1规定的试验要求。

6.3 密封圈及半导电橡胶带

附件用密封圈应与其周围介质相容,并能在额定负荷下长期保持使用功能。

用于屏蔽的半导电橡胶带应是交联型的,其性能参见附录A。

6.4 橡胶应力锥及预制橡胶绝缘件

橡胶应力锥及预制橡胶绝缘件用绝缘料与半导电料的性能参见GB/T 20779.2—2007(其中的人工

气候老化和耐电痕试验不适用)。

橡胶应力锥及预制橡胶绝缘件应无气泡、烧焦物及其他有害杂质,内外表面应光滑,无伤痕、裂痕、突起物。绝缘与半导电的界面应结合良好,无裂纹和剥离现象,半导电屏蔽内应无有害杂质。

橡胶绝缘件的尺寸规格应与电缆主绝缘的外径相适配。

6.5 环氧预制件及环氧套管

环氧树脂固化体性能参见附录B。

环氧预制件及环氧套管应无有害杂质、气孔,内外表面应光滑无缺陷。绝缘体与预埋金属件结合良好,无裂纹、变形等异常现象。

用于绝缘接头金属套分断的绝缘件应能耐受GB/T 11017.1—2014的G4.3的交流电压试验和雷电冲击电压试验。

环氧预制件的密封性能应符合8.3.1的试验要求。

6.6 瓷套管

瓷套管应符合GB/T 23752—2009的要求。

6.7 复合套管

复合套管应符合GB/T 21429—2008的要求。

6.8 支柱绝缘子

支柱绝缘子应符合GB/T 8287.1—2008要求。

6.9 液体绝缘填充剂

液体绝缘填充剂应与相接触的绝缘材料及结构材料相容。硅油性能和聚异丁烯性能参见附录C。

对乙丙橡胶应力锥推荐采用硅油或聚异丁烯作为绝缘填充剂。

对硅橡胶应力锥推荐采用聚异丁烯或高黏度硅油作为绝缘填充剂。

6.10 接头的金属屏蔽

接头的金属屏蔽组合应能提供不低于所连接电缆在正常运行(连续或短时负荷)和故障(短路)条件下的载流能力。

注:有关接头的金属屏蔽组合短路特性的信息可参见IEC 60949:1988和IEEE Std 404—2012。

6.11 GIS终端连接尺寸

GIS终端与GIS开关的安装连接尺寸应符合IEC 62271-209:2007(或GB/T 22381—2008)的要求。当终端制造方与GIS开关制造方协商同意时,也可以采用其他配合尺寸。

终端制造方与GIS开关制造方的供应方界限见IEC 62271-209:2007中图2和图4(或GB/T 22381—2008中表1和表3)。

GIS终端应采用防止外绝缘的SF_6气体进入终端和电缆内部的结构。

6.12 附件产品

附件产品及其主要部件应符合第7章及第8章要求。

7 附件标志

7.1 产品标志

每个出厂的电缆附件产品应带有明显的耐久性标志，标志内容如下：

a) 制造方名称；

b) 型号、规格；

c) 额定电压，kV；

d) 生产日期及编号。

7.2 零部件的标志

接头保护盒、预制橡胶绝缘件等部件应采用适当的方式标明制造方名称、型号、规格。

8 试验和要求

本部分所述的附件的试验均指附件本体的试验，分为例行试验（代号为 R）、抽样试验（代号为 S）和型式试验（代号为 T）。

8.1 附件部件的例行试验

附件部件的例行试验应包括以下项目：

a) 预制橡胶绝缘件的局部放电试验（见 GB/T 11017.1—2014 第 9 章）；

b) 预制橡胶绝缘件的电压试验（见 GB/T 11017.1—2014 第 9 章）。

预制橡胶绝缘件包括应力锥或整体预制的组合应力控制绝缘件。

试验应按照 GB/T 11017.1—2014 第 9 章进行，并符合要求。

8.2 附件的抽样试验

附件的抽样试验应包括以下项目：

a) 附件部件的试验（见 GB/T 11017.1—2014 中 11.1）；

b) 局部放电试验（见 GB/T 11017.1—2014 中 11.2）；

c) 电压试验（见 GB/T 11017.1—2014 中 11.2）。

试验应按照 GB/T 11017.1—2014 第 11 章进行，并符合要求。

8.3 附件的型式试验

附件的型式试验及要求应符合 GB/T 11017.1—2014 第 15 章，此外还应进行下列项目的试验：

a) 终端组装后的密封试验（见 8.3.1）；

b) 支柱绝缘子的电压试验（见 8.3.2）；

c) 户外终端短时（1 min）工频电压试验（湿试）（见 8.3.3）；

d) 导体压接和机械连接件的热机械性能试验，要求时（见 8.3.4）。

被试附件应按制造方提供的安装说明书并采用制造方提供的规定等级和数量的材料（包括润滑剂）进行组装。通常的安装指南参见附录 D。

GIS 终端产品电气型式试验采用的连接外壳的尺寸应符合 IEC 62271-209：2007 中表 3 或表 5 规

定。变压器终端产品电气型式试验采用的连接外壳的尺寸应与设备一致(由变压器制造商提出)。

电气试验时,GIS终端连接的外壳内应充气至其最小功能压力。经协商同意,允许采用其他气体介质代替 SF_6 气体,但充气压力应提供相同的介电强度。变压器终端连接的外壳内应充以允许的最小工作压力(由变压器制造商提出)的变压器油。

8.3.1 终端组装后的密封试验

终端试样应按实际使用的安装要求进行组装,组装试样内允许不含绝缘件。

试验装置应将密封金具、瓷套管、复合套管或环氧套管试品两端密封。

8.3.1.1 压力泄漏试验

在环境温度下对试品施加表压为(250±10)kPa的气压,保持1 h。承受气压的试品应有防爆安全措施。任选浸水检验或密封面上涂肥皂液检验,观察是否有气体逸出。

或施加相同水压,保持1 h。在密封面上涂白垩粉,观察是否有水渗出迹象。

试验期间应无漏气或渗水迹象。

8.3.1.2 真空漏增试验

在环境温度下将试样抽真空至残压 A 为10 kPa,然后关闭试品与真空泵间的真空阀门,保持1 h。测量试品的压力值 B。测量用真空计的分辨率应不超过2 kPa。

试验结束时,真空压力漏增值($B-A$)应不超过10 kPa。

8.3.2 支柱绝缘子的电压试验

8.3.2.1 直流电压试验

应按GB/T 3048.14规定的试验程序对安装在终端上的支柱绝缘子的两端施加25 kV直流电压,持续1 min。

绝缘子应不闪络或击穿。

8.3.2.2 冲击电压试验

应按GB/T 3048.13规定的试验程序对安装在终端上的支柱绝缘子的两端施加37.5 kV冲击电压,正负极性各10次。

绝缘子应不闪络或击穿。

8.3.3 户外终端短时(1 min)工频电压试验(湿试)

户外终端试样应在GB/T 16927.1规定的淋雨条件下,施加工频电压185 kV,历时1 min。

试样应不闪络或击穿。

8.3.4 导体压接和机械连接件的推荐试验

经制造方和买方同意,导体压接和机械连接件应进行电气热循环试验和机械试验。

试验方法和要求在考虑中。

8.4 附件产品的试验要求和试验方法

附件产品的试验要求和试验方法如表3所示。

包含附件的电缆系统的试验适用GB/T 11017.1—2014第12章和GB/T 11017.2—2014中表8。

表 3　附件的试验分类、要求及试验方法

序号	试验项目	试验类型	试验要求	试验方法
1	预制橡胶绝缘件的局部放电试验	R	GB/T 11017.1—2014 中 9.2	GB/T 7354—2003、GB/T 3048.12
2	预制橡胶绝缘件的电压试验	R	GB/T 11017.1—2014 中 9.3	GB/T 3048.8
3	附件部件的试验	S	GB/T 11017.1—2014 中 11.1	合适方法
4	成品附件的局部放电试验	S	GB/T 11017.1—2014 中 11.2	GB/T 7354—2003、GB/T 3048.12
5	成品附件的电压试验	S	GB/T 11017.1—2014 中 11.2	GB/T 3048.8
6	环境温度下的局部放电试验	T	GB/T 11017.1—2014 中 15.4.2	GB/T 7354—2003、GB/T 3048.12
7	热循环电压试验	T	GB/T 11017.1—2014 中 15.4.2	GB/T 11017.1—2014 中 12.4.6
8	环境温度下和高温下的局部放电试验	T	GB/T 11017.1—2014 中 15.4.2	GB/T 7354—2003、GB/T 3048.12
9	雷电冲击电压试验及随后的工频电压试验	T	GB/T 11017.1—2014 中 15.4.2	GB/T 3048.13、GB/T 3048.8
10	接头的外保护层试验	T	GB/T 11017.1—2014 中 15.4.2	GB/T 11017.1—2014 的附录 G
11	终端组装后的密封试验	T	8.3.1	8.3.1
12	支柱绝缘子的电压试验	T	8.3.2	GB/T 3048.14、GB/T 3048.13
13	户外终端短时(1 min)工频电压试验(湿试)	T	8.3.3	GB/T 3048.8、GB/T 16927.1
14	导体压接和机械连接件的试验[a]	T	8.3.4	8.3.4
[a] 仅在要求时进行。				

9　验收规则

电缆附件产品应按表 3 规定进行试验。

产品应由制造方的质量检验部门检验合格后方能出厂，每件出厂的附件产品应附有产品检验合格证书。用户要求时，制造方应提供产品的工厂试验报告或/和型式试验报告。

产品应按表 3 规定的试验项目进行出厂验收。

10 包装、运输及贮存

10.1 一般要求

电缆附件产品的包装方式可根据产品特点而定，附件的零部件可分开包装。

对各种预制绝缘件、带材等应有相应的防水、防潮等密封措施；对易碎、怕压部件或材料应有相应的防压、防撞击的包装措施，并在包装物外部明显位置标出相应的字样或标记；易燃部件或材料应有防火警示标志。

10.2 包装箱

包装箱可采用木箱或纸箱。木箱应符合 GB/T 12464 要求。装箱时在箱内应装入装箱清单。包装箱侧面应标明附件(部件)名称、规格。包装箱的两端面应标示：

a) 轻放；

b) 防雨；

c) 不得倒置。

10.3 运输和贮存

产品运输过程中不得将包装箱倒置及碰撞。

产品应贮存在清洁干燥和阴凉处，不得在户外或阳光下存放。

附 录 A
（资料性附录）
半导电橡胶带的性能

半导电橡胶带的性能见表 A.1。

表 A.1 半导电橡胶带的性能

序号	项目	单位	性能指标
1	老化前机械性能		
1.1	抗张强度	MPa	≥0.70
1.2	断裂伸长率	%	≥300
2	空气箱老化后机械性能		
	老化条件：(135±3)℃，7 d		
2.1	抗张强度变化率	%	≤±30
2.2	伸长率的变化率	%	≤±30
3.0	体积电阻率(23 ℃)	Ω·m	≤10

附　录　B
（资料性附录）
环氧树脂固化（胶）体的性能

附件用环氧树脂固化(胶)体的性能见表 B.1。

表 B.1　环氧树脂固化(胶)体的性能

序号	项目	单位	性能指标
1	电气性能(室温下)		
1.1	体积电阻率(23 ℃)	Ω·m	$\geqslant 1.0\times10^{13}$
1.2	$\tan\delta$	—	$\leqslant 5.0\times10^{-3}$
1.3	介电常数	—	3.5～6.0
1.4	短时工频击穿电场强度	kV/mm	≥20
2	电气性能(100 ℃)		
2.1	体积电阻率	Ω·m	$\geqslant 1.0\times10^{13}$
2.2	$\tan\delta$	—	$\leqslant 5.0\times10^{-3}$
2.3	介电常数	—	3.5～6.0
3	热变形温度	℃	≥105

附　录　C
（资料性附录）
液体绝缘填充剂的性能

硅油的性能见表C.1。

聚异丁烯的性能见表C.2。

表C.1　硅油的性能

序号	项目	单位	性能指标
1	外观	—	无色透明，无杂质
2	运动黏度(25 ℃)		
	低黏度硅油	cSt	40～1 000
	高黏度硅油	cSt	7 000～13 000
3	闪点	℃	≥300
4	折光指数(25 ℃)	—	1.42～1.47
5	击穿电压(电极间距2.5 mm)	kV	≥35
6	体积电阻率(25 ℃)	Ω·m	$\geqslant 8.0\times 10^{12}$
7	挥发度(条件：150 ℃，3 h)	%	≤0.5

表C.2　聚异丁烯的性能

序号	项目	单位	性能指标
1	外观	—	无色透明，无杂质
2	闪点	℃	≥165
3	折光指数(25 ℃)	—	1.48～1.53
4	击穿电压(电极间距2.5 mm)	kV	≥35
5	体积电阻率(25 ℃)	Ω·m	$\geqslant 5.0\times 10^{12}$

附　录　D
（资料性附录）
安 装 导 则

D.1　范围

本安装导则适用于额定电压 110 kV 交联聚乙烯绝缘电力电缆附件安装的一般要求。附件的具体安装工艺和详细技术要求由制造方提供。

D.2　一般要求

D.2.1　安装工作应由经过培训合格和掌握附件安装技术的有经验人员进行。

D.2.2　安装手册规定的安装程序，根据不同的环境可进行调整和改变，但应通知制造方以便提供参考意见。

D.2.3　施工现场应保持清洁、无尘。一般情况下其相对湿度应不超过 75％方可进行电缆终端施工安装。

D.2.4　需要时，电缆应用加热方法预先进行校直。

D.2.5　电缆和附件的各组成部件，应采用挥发性好的专用清洗剂进行清洗。

D.2.6　○型圈在安装前应涂上密封硅胶或专用硅脂，与○型圈接触的表面，应用清洗剂清洗干净，并确认这些接触面无任何损伤。

D.2.7　导体连接杆和导体连接管压接时，其所用模具尺寸应符合安装工艺规定。

D.2.8　在安装过程中，预制橡胶绝缘件和电缆绝缘表面，均应清洁干净。

D.2.9　当对电缆金属套进行钎焊时，连续钎焊时间不应超过 30 min，并可在钎焊过程中采取局部冷却措施，以免因钎焊时金属套温度过高而损伤电缆绝缘。焊接前焊接处表面应保持清洁，焊接后的表面应处理光滑。

D.3　用户规程

用户有要求（见参考文献）时，需满足其特别安装规定。

参 考 文 献

[1] GB/T 11022—2011 高压开关设备和控制设备标准的共用技术要求

[2] GB/T 20779.2—2007 电力防护用橡胶材料 第2部分:电缆附件用橡胶材料

[3] DL/T 342—2010 额定电压66 kV～220 kV交联聚乙烯绝缘电力电缆接头安装规程

[4] DL/T 343—2010 额定电压66 kV～220 kV交联聚乙烯绝缘电力电缆GIS终端安装规程

[5] DL/T 344—2010 额定电压66 kV～220 kV交联聚乙烯绝缘电力电缆户外终端安装规程

[6] IEC 60949:1988 考虑非绝热效应的允许热短路电流的计算(Calculation of thermally permissible short-circuit currents,taking into account non-adiabatic heating effects)

[7] IEC/TR 62271-301:2009 高压开关和控制设备 第301部分:高压端子的尺寸标准化(High-voltage switchgear and controlgear—Part 301:Dimensional standardization of high-voltage terminals)

[8] IEEE Std 48—2009 额定电压2.5 kV～765 kV绕包绝缘或额定电压2.5 kV～500 kV挤包绝缘屏蔽电缆的交流电缆终端的试验程序和要求(IEEE Standard for Test Procedures and Requirements for Alternating-Current Cable Terminations Used on Shielded Cables Having Laminated Insulation Rated 2.5 kV through 765 kV or Extruded Insulation Rated 2.5 kV through 500 kV)

[9] IEEE Std 404—2012 2.5 kV～500 kV挤包和层绕绝缘屏蔽电缆接头(IEEE Standard for Extruded and Laminated Dielectric Shielded Cable Joints Rated 2.5 kV to 500 kV)

ICS 29.060.20
K 13

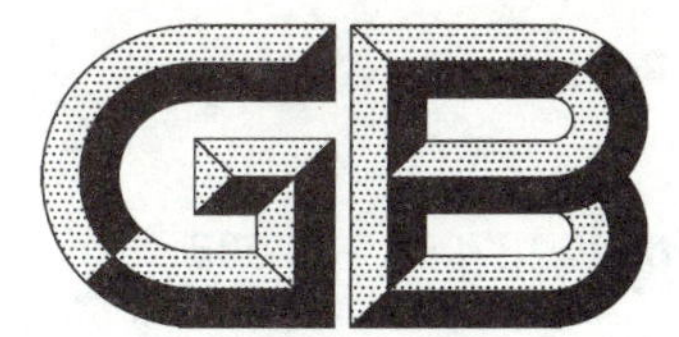

中华人民共和国国家标准

GB/T 12706.1—2008
代替 GB/T 12706.1—2002

额定电压 1 kV(U_m=1.2 kV)到 35 kV(U_m=40.5 kV)挤包绝缘电力电缆及附件 第1部分:额定电压 1 kV(U_m=1.2 kV)和 3 kV(U_m=3.6 kV)电缆

Power cables with extruded insulation and their accessories for rated voltages from 1 kV (U_m=1.2 kV) up to 35 kV (U_m=40.5 kV)—Part 1:Cables for rated voltage of 1 kV (U_m=1.2 kV) and 3 kV (U_m=3.6 kV)

(IEC 60502-1:2004,Power cables with extruded insulation and their accessories for rated voltages from 1 kV(U_m=1.2 kV)up to 30 kV(U_m=36 kV)—Part 1:Cables for rated voltage of 1 kV(U_m=1.2 kV)and 3 kV(U_m=3.6 kV),MOD)

2008-12-31 发布　　2009-11-01 实施

中华人民共和国国家质量监督检验检疫总局
中国国家标准化管理委员会　发布

前 言

GB/T 12706《额定电压 1 kV(U_m=1.2 kV)到 35 kV(U_m=40.5 kV)挤包绝缘电力电缆及附件》分为四个部分：

——第 1 部分：额定电压 1 kV(U_m=1.2 kV)和 3 kV(U_m=3.6 kV)电缆；

——第 2 部分：额定电压 6 kV(U_m=7.2 kV)到 30 kV(U_m=36 kV)电缆；

——第 3 部分：额定电压 35 kV(U_m=40.5 kV)电缆；

——第 4 部分：额定电压 6 kV(U_m=7.2 kV)到 35 kV(U_m=40.5 kV)电缆附件试验要求。

本部分为 GB/T 12706 的第 1 部分。

本部分修改采用 IEC 60502-1:2004《额定电压 1 kV(U_m=1.2 kV)到 30 kV(U_m=36 kV)挤包绝缘电力电缆及附件　第 1 部分：额定电压 1 kV(U_m=1.2 kV)和 3 kV(U_m=3.6 kV)电缆》第 2 版(英文版)。

本部分根据 IEC 60502-1:2004 重新起草。其章条编号与 IEC 60502-1:2004 相比，除增加了第 20 章和附录 D 外，其余完全一致。

考虑到我国国情，在采用 IEC 60502-1:2004 时，本部分做了一些修改。有关的技术性差异已编入正文并在它们所涉及的条款的页边空白处用垂直单线标识。主要的技术性差异和解释如下：

——为明确电缆用铜带材料的要求，增加了铜带材料要求内容(本版 9.2.3)和相应的引用标准 GB/T 11091—2005《电缆用铜带》(本版第 2 章)；

——为明确电缆用铠装钢带材料的要求，增加了铠装钢带材料要求内容(本版 12.2)和相应的引用标准 YB/T 024—2008《铠装电缆用钢带》(本版第 2 章)；

——为保证挤包隔离套和外护套的质量，增加了挤包隔离套火花试验要求(本版 12.3.3)、外护套的火花试验要求(本版 13.1)和相应的引用标准 GB/T 3048.10—2007《电线电缆电性能试验方法　第 10 部分：挤出护套火花试验》(本版第 2 章)；

——为完善国内对电力电缆的技术要求，增加了第 20 章"电缆产品的补充条款"及相应的附录 D，包括电缆型号、产品表示方法以及验收、包装、运输和安装等，并在本版第 2 章增加相应的引用标准 GB/T 6995.3—2008《电线电缆识别标志方法　第 3 部分：电线电缆识别标志》、GB/T 6995.5—2008《电线电缆识别标志方法　第 5 部分：电力电缆绝缘线芯识别标志》、GB/T 19666—2005《阻燃和耐火电线电缆通则》和 JB/T 8137—1999(所有部分)《电线电缆交货盘》；

——增加了有一根小截面和两根小截面的五芯电缆成缆线芯假设直径计算公式(本版 A.2.3)，以满足国内对五芯电缆的技术要求。

为便于使用，在采用 IEC 60502-1:2004 时，本部分还做了下列编辑性修改：

——引用标准修改为对应于 IEC 标准的国家标准；

——删除了 IEC 60502-1:2004 的前言和引言；

——用小数点"."代替作为小数点的逗号","；

——按照汉语习惯对一些文字和表格的编排格式进行了修改，如增加了表注和表格内容的序号。

本部分代替 GB/T 12706.1—2002《额定电压 1 kV(U_m=1.2 kV)到 35 kV(U_m=40.5 kV)挤包绝缘电力电缆及附件　第 1 部分：额定电压 1 kV(U_m=1.2 kV)和 3 kV(U_m=3.6 kV)电缆》。

本部分与GB/T 12706.1—2002相比,主要变化如下:

——适用范围增加了无卤低烟阻燃电缆品种(本版第1章);
——增加了外护套材料无卤混合料(ST_8)代号及其最高导体运行温度(本版表4);
——增加了对无卤低烟阻燃电缆的绝缘的要求(本版6.1);
——增加了对无卤低烟阻燃电缆的内衬层和填充的要求(本版7.1.2);
——增加了铜带的技术要求(本版9.2.3);
——增加了钢带的技术要求(本版12.2);
——增加了对隔离套的火花试验要求(本版12.3.3);
——增加了对无卤低烟阻燃电缆的隔离套的要求(本版12.3.3);
——增加了对外护套的火花试验要求(本版13.1);
——增加了对无卤低烟阻燃电缆的外护套的要求(本版13.2);
——修改了对非金属护套厚度的要求(2002年版16.5.3;本版的16.5.3);
——增加了ST_8无卤护套混合料的机械性能试验(本版18.4);
——增加了ST_8无卤护套混合料的特殊性能试验(本版18.8,18.22);
——增加了ST_8无卤护套电缆成束燃烧试验(本版18.14.2);
——增加了ST_8无卤护套电缆的烟发散试验、酸气含量、pH值和电导率试验、氟含量试验和毒性指数试验(本版18.14.3,18.14.4,18.14.5,18.14.6,18.14.7);
——增加了ST_8无卤护套的附加机械性能试验(本版18.21);
——修改了电缆安装后电气试验的要求(2002年版第19章;本版的第19章);
——修改了ST_7护套混合料的机械性能老化时间(2002年版表16;本版的表18);
——增加了ST_8无卤护套混合料的机械性能试验要求(本版表18);
——修改了ST_7护套混合料的高温压力试验温度(2002年版表18;本版的表20);
——增加了ST_8无卤护套混合料的特殊性能试验(本版表21);
——增加了无卤混合料的试验方法和要求(本版表23);
——增加了五芯电缆成缆线芯假设直径计算公式(本版A.2.3);
——删除了2002年版的附录D、附录E、附录F和附录G,并将其内容归并到本版的附录D中;
——增加了规范性附录"电缆产品的补充条款"(本版附录D);
——增加了第5种铜导体代号(本版D.1.2.1.1);
——删除了挡潮层聚乙烯护层代号(2002年版附录D);
——修改了非磁性金属带的规定(2002年版附录D,本版D.1.2.1.4);
——修改了内护层代号的规定(2002年版附录D,本版图D.1);
——增加了聚烯烃护套代号的规定(本版D.1.2.1);
——增加了阻燃电缆的产品表示方法(本版D.1.2.2.1);
——增加了中性线和保护线导体的标称截面规定(本版表D.2)。

本部分的附录A、附录B、附录C和附录D为规范性附录。

本部分由中国电器工业协会提出。

本部分由全国电线电缆标准化技术委员会(SAC/TC 213)归口。

本部分负责起草单位:上海电缆研究所。

本部分参加起草单位:上海特缆电工科技有限公司、昆明电缆有限公司、黑龙江沃尔德电缆有限公司、广东电缆厂有限公司、福建南平太阳电缆股份有限公司、海南威特电气集团有限公司、上海华普电缆有限公司、宝胜科技创新股份有限公司、特变电工山东鲁能泰山电缆有限公司、青岛汉缆股份有限公司、扬州曙光电缆有限公司、辽宁省电力有限公司。

本部分主要起草人：孙建生、邓长胜、张举位、鲍文波、高伟红、范德发、黎驹、周雁、唐崇健、刘召见、张延华、梁国华、杨长龙。

本部分所代替标准的历次版本发布情况为：

——GB 12706.1—1991、GB/T 12706.1—2002；

——GB 12706.2—1991、GB 12706.3—1991。

额定电压 1 kV(U_m=1.2 kV)到 35 kV(U_m=40.5 kV) 挤包绝缘电力电缆及附件 第 1 部分:额定电压 1 kV(U_m=1.2 kV)和 3 kV(U_m=3.6 kV)电缆

1 范围

GB/T 12706 的本部分规定了用于配电网或工业装置中,额定电压 1 kV(U_m=1.2 kV)和 3 kV(U_m=3.6 kV)固定安装的挤包绝缘电力电缆的结构、尺寸和试验要求。

本部分包括了阻燃、低烟和无卤型电缆。

本部分不包括用于特殊安装和运行条件的电缆,例如用于架空线路、采矿工业、核电厂(安全壳内及其附近),以及用于水下或船舶的电缆。

2 规范性引用文件

下列文件中的条款,通过 GB/T 12706 的本部分的引用而成为本部分的条款。凡是注日期的引用文件,其随后所有的修改单(不包括勘误的内容)或修订版均不适用于本部分,然而,鼓励根据本部分达成协议的各方研究是否可使用这些文件的最新版本。凡是不注日期的引用文件,其最新版本适用于本部分。

GB/T 156—2007 标准电压(IEC 60038:2002,MOD)

GB/T 2951.11—2008 电缆和光缆绝缘和护套材料通用试验方法 第 11 部分:通用试验方法——厚度和外形尺寸测量——机械性能试验(IEC 60811-1-1:2001,IDT)

GB/T 2951.12—2008 电缆和光缆绝缘和护套材料通用试验方法 第 12 部分:通用试验方法——热老化试验方法(IEC 60811-1-2:1985,IDT)

GB/T 2951.13—2008 电缆和光缆绝缘和护套材料通用试验方法 第 13 部分:通用试验方法——密度测定方法——吸水试验——收缩试验(IEC 60811-1-3:2001,IDT)

GB/T 2951.14—2008 电缆和光缆绝缘和护套材料通用试验方法 第 14 部分:通用试验方法——低温试验(IEC 60811-1-4:1985,IDT)

GB/T 2951.21—2008 电缆和光缆绝缘和护套材料通用试验方法 第 21 部分:弹性体混合料专用试验方法——耐臭氧试验——热延伸试验——浸矿物油试验(IEC 60811-2-1:2001,IDT)

GB/T 2951.31—2008 电缆和光缆绝缘和护套材料通用试验方法 第 31 部分:聚氯乙烯混合料专用试验方法——高温压力试验——抗开裂试验(IEC 60811-3-1:1985,IDT)

GB/T 2951.32—2008 电缆和光缆绝缘和护套材料通用试验方法 第 32 部分:聚氯乙烯混合料专用试验方法——失重试验——热稳定性试验(IEC 60811-3-2:1985,IDT)

GB/T 2951.41—2008 电缆和光缆绝缘和护套材料通用试验方法 第 41 部分:聚乙烯和聚丙烯混合料专用试验方法——耐环境应力开裂试验——熔体指数测量方法——直接燃烧法测量聚乙烯中碳黑和(或)矿物质填料含量——热重分析法(TGA)测量碳黑含量——显微镜法评估聚乙烯中碳黑分散度(IEC 60811-4-1:2004,IDT)

GB/T 3048.10—2007 电线电缆电性能试验方法 第 10 部分:挤出护套火花试验

GB/T 3048.13—2007 电线电缆电性能试验方法 第13部分:冲击电压试验(IEC 60230:1966,IEC 60060-1:1989,MOD)

GB/T 3956—2008 电缆的导体(IEC 60228:2004,IDT)

GB/T 6995.3—2008 电线电缆识别标志方法 第3部分:电线电缆识别标志

GB/T 6995.5—2008 电线电缆识别标志方法 第5部分:电力电缆绝缘线芯识别标志

GB/T 11091—2005 电缆用铜带

GB/T 12706.2—2008 额定电压1 kV(U_m=1.2 kV)到35 kV(U_m=40.5 kV)挤包绝缘电力电缆及附件 第2部分:额定电压6 kV(U_m=7.2 kV)到30 kV(U_m=36 kV)电缆(IEC 60502-2:2005,Power cables with extruded insulation and their accessories for rated voltages from 1 kV(U_m=1.2 kV) up to 30 kV(U_m=36 kV)—Part 2:Cables for rated voltage of 6 kV(U_m=7.2 kV) and 30 kV(U_m=36 kV),MOD)

GB/T 16927.1—1997 高电压试验技术 第1部分:一般试验要求(eqv IEC 60060-1:1989)

GB/T 17650.1—1998 取自电缆或光缆的材料燃烧时释出气体的试验方法 第1部分:卤酸气体总量的测定(idt IEC 60754-1:1994)

GB/T 17650.2—1998 取自电缆或光缆的材料燃烧时释出气体的试验方法 第2部分:用测量pH值和电导率来测定气体的酸度(idt IEC 60754-2:1991)

GB/T 17651.2—1998 电缆或光缆在特定条件下燃烧的烟密度测定 第2部分:试验步骤和要求(idt IEC 61034-2:1997)

GB/T 18380.11—2008 电缆和光缆在火焰条件下的燃烧试验 第11部分:单根绝缘电线电缆火焰垂直蔓延试验 试验装置(IEC 60332-1-1:2004,IDT)

GB/T 18380.12—2008 电缆和光缆在火焰条件下的燃烧试验 第12部分:单根绝缘电线电缆火焰垂直蔓延试验 1 kW预混合型火焰试验方法(IEC 60332-1-2:2004,IDT)

GB/T 18380.13—2008 电缆和光缆在火焰条件下的燃烧试验 第13部分:单根绝缘电线电缆火焰垂直蔓延试验 测定燃烧的滴落(物)/微粒的试验方法(IEC 60332-1-3:2004,IDT)

GB/T 18380.35—2008 电缆和光缆在火焰条件下的燃烧试验 第35部分:垂直安装的成束电线电缆火焰垂直蔓延试验 C类(IEC 60332-3-24:2000,IDT)

GB/T 19666—2005 阻燃和耐火电线电缆通则

JB/T 8137—1999(所有部分) 电线电缆交货盘

JB/T 8996—1999 高压电缆选择导则(eqv IEC 60183:1984)

YB/T 024—2008 铠装电缆用钢带

ISO 48:2007 硫化型或热塑型橡胶 硬度测定(硬度在10IRHD和100IRHD之间)

IEC 60684-2:2003 绝缘软管 第2部分:试验方法

IEC 60724:2000 额定电压不超过0.6/1 kV电缆允许短路温度导则

3 术语和定义

下列术语和定义适用于本部分。

3.1 尺寸值(厚度,截面积等)的术语和定义

3.1.1

标称值 nominal value

指定的量值并经常用于表格之中。

在本部分中,通常标称值引伸出的量值在考虑规定公差下通过测量进行检验。

3.1.2

近似值 approximate value

既不保证也不检查的数值，例如用于其他尺寸值的计算。

3.1.3

中间值 median value

将试验得到的若干数值以递增（或递减）的次序依次排列时，若数值的数目是奇数，中间的那个值为中间值；若数值的数目是偶数，中间两个数值的平均值为中间值。

3.1.4

假设值 fictitious value

按附录A计算所得的值。

3.2 有关试验的术语和定义

3.2.1

例行试验 routine tests

由制造方在成品电缆的所有制造长度上进行的试验，以检验所有电缆是否符合规定的要求。

3.2.2

抽样试验 sample tests

由制造方按规定的频度，在成品电缆试样上或在取自成品电缆的某些部件上进行的试验，以检验电缆是否符合规定要求。

3.2.3

型式试验 type tests

按一般商业原则对本部分所包含的一种类型电缆在供货之前所进行的试验，以证明电缆具有满足预期使用条件的满意性能。

注：该试验的特点是：除非电缆材料或设计或制造工艺的改变可能改变电缆的特性，试验做过以后就不需要重做。

3.2.4

安装后电气试验 electrical tests after installation

在安装后进行的试验，用以证明安装后的电缆及其附件完好。

4 电压标示和材料

4.1 额定电压

本部分中电缆的额定电压 $U_0/U(U_m)$ 为 0.6/1(1.2)kV 和 1.8/3(3.6)kV。

注：上述电压的表示方法是合适的。尽管在一些国家采用其他的表示方法。例如：1.7/3 kV 或 1.9/3.3 kV 代替 1.8/3 kV。

在电缆的电压表示 $U_0/U(U_m)$ 中：

U_0——电缆设计用的导体对地或金属屏蔽之间的额定工频电压；

U——电缆设计用的导体间的额定工频电压；

U_m——设备可承受的“最高系统电压”的最大值（见 GB/T 156—2007）。

电缆的额定电压应适合电缆所在系统的运行条件。为了便于选择电缆，将系统划分为下列三类：

——A 类：该类系统任一相导体与地或接地导体接触时，能在 1 min 内与系统分离；

——B 类：该类系统可在单相接地故障时作短时运行，接地故障时间按照 JB/T 8996—1999 应不超过 1 h。对于本部分包括的电缆，在任何情况下允许不超过 8 h 的更长的带故障运行时间。任何一年接地故障的总持续时间应不超过 125 h；

——C类:包括不属于A类、B类的所有系统。

注:应该认识到,在系统接地故障不能立即自动解除时,故障期间加在电缆绝缘上过高的电场强度,会在一定程度上缩短电缆寿命。如预期系统会经常地运行在持久的接地故障状态下,该系统应划为C类。

用于三相系统的电缆,U_0 的推荐值列于表1。

表1 额定电压 U_0 推荐值

系统最高电压 U_m/kV	额定电压 U_0/kV	
	A类 B类	C类
1.2	0.6	0.6
3.6	1.8	3.6[a]

[a] 这一类包括在GB/T 12706.2—2008的3.6/6(7.2)kV电缆中。

4.2 绝缘混合料

本部分所涉及绝缘混合料及其代号列于表2。

表2 绝缘混合料

绝缘混合料	代号
a) 热塑性的	
用于额定电压 $U_0/U \leqslant 1.8/3$ kV电缆的聚氯乙烯	PVC/A[a]
b) 热固性的	
乙丙橡胶或类似绝缘混合料(EPR或EPDM)	EPR
高弹性模数或高硬度乙丙橡胶	HEPR
交联聚乙烯	XLPE

[a] 聚氯乙烯为基料的绝缘混合料用于额定电压 $U_0/U=3.6/6$ kV电缆时,在GB/T 12706.2—2008中表示为PVC/B。

本部分所包括的各种绝缘混合料的导体最高温度列于表3。

表3 各种绝缘混合料的导体最高温度

绝缘混合料	导体最高温度/℃	
	正常运行	短路(最长持续5 s)
聚氯乙烯(PVC/A)		
导体截面≤300 mm^2	70	160
导体截面>300 mm^2	70	140
交联聚乙烯(XLPE)	90	250
乙丙橡胶(EPR和HEPR)	90	250

表3中的温度由绝缘材料的固有特性决定,在使用这些数据计算额定电流时其他因素的考虑也是很重要的。

例如在正常运行条件下,如果电缆直接埋入地下,按表中所规定的导体最高温度作连续负荷(100%负荷因数)运行,电缆周围的土壤热阻系数经过一定时间后,会因干燥而超过原始值,因此导体温度可能大大地超过最高温度,如果能预料这类运行条件,应当采取适当的预防措施。

短路温度的导则宜参照IEC 60724:2000。

4.3 护套混合料

本部分不同类型护套混合料电缆的导体最高温度列于表4中。

表 4　不同类型护套混合料电缆的导体最高温度

护套混合料	代号	正常运行时导体最高温度/℃
a）热塑性		
聚氯乙烯(PVC)	ST_1	80
	ST_2	90
聚乙烯	ST_3	80
	ST_7	90
无卤阻燃材料	ST_8	90
b）弹性体		
氯丁橡胶、氯磺化聚乙烯或类似聚合物	SE_1	85

5　导体

导体应是符合 GB/T 3956—2008 的第 1 种或第 2 种镀金属层或不镀金属层退火铜导体或是铝或铝合金导体。或者第 5 种裸铜导体或镀金属层退火铜导体。

6　绝缘

6.1　材料

绝缘应为表 2 所列的一种挤包成型的介质。

无卤电缆的绝缘应符合表 23 的规定。

6.2　绝缘厚度

绝缘标称厚度规定在表 5 到表 7 中。

任何隔离层的厚度应不包括在绝缘厚度之中。

表 5　PVC/A 绝缘标称厚度

导体标称截面积/mm²	额定电压 $U_0/U(U_m)$ 下的绝缘标称厚度/mm	
	0.6/1(1.2)kV	1.8/3(3.6)kV
1.5,2.5	0.8	—
4,6	1.0	—
10,16	1.0	2.2
25,35	1.2	2.2
50,70	1.4	2.2
95,120	1.6	2.2
150	1.8	2.2
185	2.0	2.2
240	2.2	2.2
300	2.4	2.4
400	2.6	2.6
500～800	2.8	2.8
1 000	3.0	3.0
注：不推荐任何小于以上给出的导体截面积。		

表6 交联聚乙烯(XLPE)绝缘标称厚度

导体标称截面积/mm²	额定电压 $U_0/U(U_m)$下的绝缘标称厚度/mm	
	0.6/1(1.2)kV	1.8/3(3.6)kV
1.5,2.5	0.7	—
4,6	0.7	—
10,16	0.7	2.0
25,35	0.9	2.0
50	1.0	2.0
70,95	1.1	2.0
120	1.2	2.0
150	1.4	2.0
185	1.6	2.0
240	1.7	2.0
300	1.8	2.0
400	2.0	2.0
500	2.2	2.2
630	2.4	2.4
800	2.6	2.6
1 000	2.8	2.8
注:不推荐任何小于以上给出的导体截面积。		

表7 乙丙橡胶(EPR)和硬乙丙橡胶(HEPR)绝缘标称厚度

导体标称截面积/mm²	在额定电压 $U_0/U(U_m)$下的绝缘标称厚度/mm			
	0.6/1(1.2)kV		1.8/3(3.6)kV	
	EPR	HEPR	EPR	HEPR
1.5,2.5	1.0	0.7	—	—
4,6	1.0	0.7	—	—
10,16	1.0	0.7	2.2	2.0
25,35	1.2	0.9	2.2	2.0
50	1.4	1.0	2.2	2.0
70	1.4	1.1	2.2	2.0
95	1.6	1.1	2.4	2.0
120	1.6	1.2	2.4	2.0
150	1.8	1.4	2.4	2.0
185	2.0	1.6	2.4	2.0
240	2.2	1.7	2.4	2.0
300	2.4	1.8	2.4	2.0
400	2.6	2.0	2.6	2.0
500	2.8	2.2	2.8	2.2
630	2.8	2.4	2.8	2.4
800	2.8	2.6	2.8	2.6
1 000	3.0	2.8	3.0	2.8
注:不推荐任何小于以上给出的导体截面积。				

7 多芯电缆的缆芯、内衬层和填充物

多芯电缆的缆芯与电缆的额定电压及每根绝缘线芯上有否金属屏蔽层有关。

下述7.1～7.3不适用于由有护套单芯电缆成缆的缆芯。

7.1 内衬层与填充

7.1.1 结构

内衬层可以挤包或绕包。

除五芯以上电缆外，圆形绝缘线芯电缆只有在绝缘线芯间的间隙被密实填充时，才可采用绕包内衬层。

挤包内衬层前允许用合适的带子扎紧。

7.1.2 材料

用于内衬层和填充物的材料应适合电缆的运行温度并和电缆绝缘材料相容。

无卤电缆的内衬层和填充应符合表23的规定。

7.1.3 挤包内衬层厚度

挤包内衬层的近似厚度应从表8中选取。

表8 挤包内衬层厚度

缆芯假设直径/mm		挤包内衬层厚度近似值/mm
—	≤25	1.0
>25	≤35	1.2
>35	≤45	1.4
>45	≤60	1.6
>60	≤80	1.8
>80	—	2.0

7.1.4 绕包内衬层厚度

缆芯假设直径为40 mm及以下时，绕包内衬层的近似厚度取0.4 mm；如大于40 mm时，则取0.6 mm。

7.2 额定电压0.6/1 kV电缆

额定电压0.6/1 kV电缆可以在绝缘线芯外包覆统包金属层。

注：电缆采用金属层与否，应取决于有关规范和安装要求，以免可能遭受机械损伤或直接电接触的危险。

7.2.1 有统包金属层的电缆(见第8章)

电缆绝缘外应有内衬层，内衬层和填充应符合7.1规定。

如果所用金属带的单层厚度不超过0.3 mm，金属带也可以直接绕包在缆芯外，省略内衬层。这种电缆应符合18.17规定的特殊弯曲试验的要求。

7.2.2 无统包金属层的电缆(见第8章)

只要电缆外部形状保持圆整而且缆芯和护套之间不粘连，内衬层就可以省略。

如热塑性护套包覆在10 mm^2 及以下的圆形缆芯的情况下，外护套可嵌入缆芯间隙。

如果采用内衬层，那么其厚度不必符合7.1.3或7.1.4规定。

7.3 额定电压1.8/3 kV电缆

额定电压1.8/3 kV电缆应具有分相或统包金属层。

7.3.1 具有统包金属层的电缆(见第8章)

缆芯外应有内衬层，内衬层和填充物应符合按7.1规定，并为非吸湿性材料。

7.3.2 具有分相金属层的电缆(见第9章)

各绝缘线芯的金属层应相互接触。

有附加统包金属层(见第 8 章)的电缆,当金属材料与分相包覆的金属层材料相同时,缆芯外应有内衬层。内衬层与填充物应符合 7.1 规定,并为非吸湿性材料。

当分相与统包金属层采用的金属材料不同时,应采用符合 13.2 中规定的任一种材料挤包隔离套将其隔开。对于铅套电缆,铅套与分相包覆的金属层之间的隔离,可采用符合 7.1 规定的内衬层。

既无铠装又无同心导体,也无其他统包金属层(见第 8 章)的电缆,只要电缆外形保持圆整,可以省略内衬层。如采用热塑性护套包覆 10 mm^2 及以下的圆形缆芯时,外护套可以嵌入缆芯间隙。若采用内衬层,其厚度不必按 7.1.3 或 7.1.4 的规定。

8 单芯或多芯电缆的金属层

本部分包括以下类型的金属层:

a) 金属屏蔽(见第 9 章);

b) 同心导体(见第 10 章);

c) 铅套(见第 11 章);

d) 金属铠装(见第 12 章)。

金属层应由上述的一种或几种型式组成,包覆在多芯电缆的单独绝缘线芯上或单芯电缆上时应是非磁性的。

9 金属屏蔽

9.1 结构

金属屏蔽应由一根或多根金属带,金属编织,金属丝的同心层或金属丝与金属带的组合结构组成。

金属屏蔽也可以是金属套或符合 9.2 要求的金属铠装层。

选择金属屏蔽材料时,应特别考虑存在腐蚀的可能性,这不仅为了机械安全,而且也为了电气安全。

金属屏蔽绕包的搭盖和间隙应符合 9.2 要求。

9.2 要求

9.2.1 金属屏蔽中铜丝的电阻,适用时应符合 GB/T 3956—2008 要求。铜丝屏蔽的标称截面积应根据故障电流容量确定。

9.2.2 铜丝屏蔽应由疏绕的软铜线组成,其表面采用反向绕包的铜丝或铜带扎紧。相邻铜丝的平均间隙应不大于 4 mm。

9.2.3 铜带屏蔽应由一层重叠绕包的软铜带组成,也可采用双层铜带间隙绕包。铜带间的搭盖率为铜带宽度的 15%(标称值),最小搭盖率应不小于 5%。

铜带应符合 GB/T 11091—2005 的规定。

铜带标称厚度为:

——单芯电缆:≥0.12 mm;

——多芯电缆:≥0.10 mm。

铜带的最小厚度应不小于标称值的 90%。

10 同心导体

10.1 结构

同心导体的间隙应符合 9.2.2 要求。

选用同心导体结构和材料时,应特别考虑腐蚀的可能性,这不仅为了机械安全,而且也为了电气安全。

10.2 要求

同心导体的尺寸、物理及其电阻值要求,应符合 9.2 要求。

10.3 使用

如采用同心导体结构，应在多芯电缆的内衬层外包覆同心导体层，对单芯电缆应直接在绝缘外或适当的内衬层外包覆同心导体层。

11 铅套

铅套应采用铅或铅合金，并形成松紧适当的无缝铅管。

铅套的标称厚度按下列公式计算：

a) 所有单芯电缆或缆芯：

$$t_{pb} = 0.03D_g + 0.8$$

b) 所有扇形导体电缆：

$$t_{pb} = 0.03D_g + 0.6$$

c) 其他电缆：

$$t_{pb} = 0.03D_g + 0.7$$

式中：

t_{pb}——铅套标称厚度，单位为毫米(mm)；

D_g——铅套前假设直径，单位为毫米(mm)(按附录 B 修约到一位小数)。

在所有情况下，最小标称厚度应为 1.2 mm。将计算值按附录 B 修约到一位小数。

12 金属铠装

12.1 金属铠装类型

本部分包括铠装类型如下：

a) 扁金属丝铠装；

b) 圆金属丝铠装；

c) 双金属带铠装。

注：经制造方与购买方协商一致，额定电压 0.6/1 kV，导体截面积不超过 6 mm^2 的电缆，可采用镀锌钢丝编织铠装。

12.2 材料

圆金属丝或扁金属丝应是镀锌钢丝、铜丝或镀锡铜丝、铝或铝合金丝。

金属带为涂漆钢带、镀锌钢带、铝或铝合金带。钢带应符合 YB/T 024—2008 规定。

注：铝带、铝合金带在考虑中。

在要求铠装钢丝满足最小导电性的情况下，铠装层中允许包含足够的铜丝或镀锡铜丝，以确保达到要求。

选择铠装材料时，尤其是铠装作为屏蔽层使用时，应特别考虑存在腐蚀的可能性，这不仅为了机械安全，而且也为了电气安全。

除特殊结构外，用于交流回路的单芯电缆铠装应采用非磁性材料。

注：用于交流回路的单芯电缆铠装采用某种特殊结构，电缆载流量仍将大为降低，应慎重选用。

12.3 铠装的使用

12.3.1 单芯电缆

单芯电缆的铠装层下应有挤包的或绕包的内衬层，其厚度应符合 7.1.3 或 7.1.4 的要求。

12.3.2 多芯电缆

多芯电缆需要铠装时，铠装应包覆在符合 7.1 规定的内衬层上。如采用金属带直接绕包铠装时，见 7.2.1 规定。

12.3.3 隔离套

当铠装下的金属层与铠装材料不同时，应用 13.2 规定的一种材料，挤包一层隔离套将其隔开。

隔离套应经受 GB/T 3048.10—2007 规定的火花试验。

无卤电缆的隔离套(ST_8)应符合表 23 的规定。

当铅套电缆要求铠装时,应采用包带垫层,并符合 12.3.4 规定。

如果在铠装层下采用隔离套,可以由其代替内衬层或附加在内衬层上。

挤包隔离套的标称厚度 T_s(以 mm 计)应按下列公式计算:

$$T_s = 0.02D_u + 0.6$$

式中:

D_u——挤包该隔离套前的假设直径,单位为毫米(mm)。

计算按附录 A 所述进行,计算结果修约到 0.1 mm(见附录 B)。

非铅套电缆的隔离套标称厚度应不小于 1.2 mm,若隔离套直接挤包在铅套上,隔离套的标称厚度应不小于 1.0 mm。

12.3.4 铅套电缆铠装下的包带垫层

铅套涂层外的包带垫层应由浸渍纸带与复合纸带组成,或者由两层浸渍纸带与复合纸带外加一层或多层复合浸渍纤维材料组成。

垫层材料的浸渍剂可为沥青或其他防腐剂。对于金属丝铠装,这些浸渍剂不能直接涂敷到金属丝下。

也可采用合成材料带代替浸渍纸带。

铅套与铠装之间的包带垫层在铠装后的总厚度的近似值应为 1.5 mm。

12.4 铠装金属丝和铠装金属带的尺寸

铠装金属丝和铠装金属带应优先采用下列标称尺寸:

——圆金属丝:直径 0.8,1.25,1.6,2.0,2.5,3.15 mm;

——扁金属线:厚度 0.8 mm;

——钢带:厚度 0.2,0.5,0.8 mm;

——铝或铝合金带:厚度 0.5,0.8 mm。

12.5 电缆直径与铠装层尺寸的关系

铠装圆金属丝的标称直径和铠装金属带的标称厚度应分别不小于表 9 和表 10 规定的数值。

表 9 圆铠装金属丝标称直径

铠装前假设直径/mm		铠装金属丝标称直径/mm
—	≤10	0.8
>10	≤15	1.25
>15	≤25	1.6
>25	≤35	2.0
>35	≤60	2.5
>60	—	3.15

表 10 铠装金属带标称厚度

铠装前假设直径/mm		金属带标称厚度/mm	
		钢带或镀锌钢带	铝或铝合金带
—	≤30	0.2	0.5
>30	≤70	0.5	0.5
>70	—	0.8	0.8

注:该表不适用于金属带直接包在缆芯上的电缆(见 7.2.1)。

铠装前电缆假设直径大于 15 mm 的电缆,扁金属线的标称厚度应取 0.8 mm。电缆假设直径为 15 mm 及以下时,不应采用扁金属线铠装。

12.6 圆金属丝或扁金属线铠装

金属丝铠装应紧密,即使相邻金属丝间的间隙为最小。必要时,可在扁金属线铠装和圆金属丝铠装外疏绕一条最小标称厚度为 0.3 mm 的镀锌钢带,钢带厚度的偏差应符合 16.7.3 规定。

12.7 双金属带铠装

当采用金属带铠装和符合 7.1 规定的内衬层时,其内衬层应采用包带垫层加强。如果铠装金属带厚度为 0.2 mm,内衬层和附加包带垫层的总厚度应按 7.1 的规定值再加 0.5 mm;如果铠装金属带厚度大于 0.2 mm,内衬层和附加包带垫层的总厚度应按 7.1 的规定值再加 0.8 mm。

内衬层和附加包带垫层的总厚度不应小于规定值的 80%再减 0.2 mm。

如果有隔离套或挤包的内衬层并且满足 12.3.3 规定时,则不必加包带垫层。

金属带铠装应螺旋绕包两层,使外层金属带的中线大致在内层金属带间隙上方,包带间隙应不大于金属带宽度的 50%。

13 外护套

13.1 概述

所有电缆都应具有外护套。

外护套通常为黑色,但也可以按照制造方和买方协议采用黑色以外的其他颜色,以适应电缆使用的特定环境。

外护套应经受 GB/T 3048.10—2007 规定的火花试验。

注:紫外稳定性试验在考虑中。

13.2 材料

外护套为热塑性材料(聚氯乙烯,聚乙烯或无卤材料)或弹性体材料(聚氯丁烯,氯磺化聚乙烯或类似聚合物)。

如果要求在火灾时电缆能阻止火焰的燃烧、发烟少以及没有卤素气体释放,应采用无卤型护套材料。无卤阻燃电缆的外护套(ST_8)应符合表 23 的规定。

外护套材料应与表 4 中规定的电缆运行温度相适应。

在特殊条件下(例如为了防白蚁)使用的外护套,可能有必要使用化学添加剂,但这些添加剂不应包括对人类及环境有害的材料。

注:例如不希望采用的材料包括[1):

- 氯甲桥萘(艾氏剂):1、2、3、4、10、10-六氯代-1、4、4a、5、8、8a-六氢化-1、4、5、8-二甲桥萘;
- 氧桥氯甲桥萘(狄氏剂):1、2、3、4、10、10-六氯代-6、7-环氧-1、4、4a、5、6、7、8、8a-八氢-1、4、5、8-二甲桥萘;
- 六氯化苯(高丙体六六六):1、2、3、4、5、6-六氯代-环乙烷 γ 异构体。

13.3 厚度

若无其他规定,挤包护套标称厚度值 T_s(以 mm 计)应按下列公式计算:

$$T_s = 0.035D + 1.0$$

式中:

D——挤包护套前电缆的假设直径,单位为毫米(mm)(见附录 A)。

按上式计算出的数值应修约到 0.1 mm(见附录 B)。

无铠装的电缆和护套不直接包覆在铠装、金属屏蔽或同心导体上的电缆,其单芯电缆护套的标称厚度应不小于 1.4 mm,多芯电缆护套的标称厚度应不小于 1.8 mm。

---

1) 来源:《工业材料中的危险品》N. I. Sax,第五版,Van Nostrand Reinhold,ISBN 0-442-27373-8。

护套直接包覆在铠装、金属屏蔽或同心导体上的电缆，护套的标称厚度应不小于 1.8 mm。

14 试验条件

14.1 环境温度

除非另有规定，试验应在环境温度(20±15)℃下进行。

14.2 工频试验电压的频率和波形

工频试验电压的频率应在 49 Hz～61 Hz；波形基本上为正弦波，引用值为有效值。

14.3 冲击试验电压的波形

按照 GB/T 3048.13—2007，冲击波形应具有有效波前时间 1 μs～5 μs ，标称半峰值时间 40 μs～60 μs。其他方面应符合 GB/T 16927.1—1997。

15 例行试验

15.1 概述

例行试验通常应在每一个电缆制造长度上进行(见 3.2.1)。根据购买方和制造方达成的质量控制协议，可以减少试验电缆的根数。

本部分要求的例行试验为：

a) 导体电阻测量(见 15.2)；

b) 电压试验(见 15.3)。

15.2 导体电阻

应对例行试验中的每一根电缆长度所有导体进行测量，如果有同心导体的话也包括在内。

成品电缆或从成品电缆上取下的试样，应在保持适当温度的试验室内至少存放 12 h。若怀疑导体温度是否与室温一致，电缆应在试验室内存放 24 h 后测量。也可选取另一种方法，即将导体试样浸在温度可以控制的液体槽内，至少浸入 1 h 后测量电阻。

电阻测量值应按 GB/T 3956—2008 规定的公式和系数校正到 20 ℃下 1 km 长度的数值。

每一根导体 20 ℃时的直流电阻应不超过 GB/T 3956—2008 规定的相应的最大值。标称截面积适用时，同心导体的电阻也应符合 GB/T 3956—2008 规定。

15.3 电压试验

15.3.1 概述

电压试验应在环境温度下进行。制造方可选择采用工频交流电压或直流电压。

15.3.2 单芯电缆试验步骤

单芯屏蔽电缆的试验电压应施加在导体与金属屏蔽之间，时间为 5 min。

单芯无屏蔽电缆应将其浸入室温水中 1 h，在导体和水之间施加试验电压 5 min。

注：单芯无金属层电缆的火花试验在考虑中。

15.3.3 多芯电缆试验步骤

对于分相屏蔽的多芯电缆，在每一相导体与金属层间施加试验电压 5 min。

对于非分相屏蔽的多芯电缆，应依次在每一绝缘导体对其余导体和绕包金属层(若有)之间施加试验电压 5 min。

导体可适当地连接在一起依次施加试验电压进行电压试验以缩短总的试验时间，只要连接顺序可以保证电压施加在每一相导体与其他导体和金属层(若有)之间至少 5 min 而不中断。

三芯电缆也可采用三相变压器，一次完成试验。

15.3.4 试验电压

工频试验电压为 $2.5U_0+2$ kV，对应标准额定电压的单相试验电压如表 11。

表 11 例行试验电压

额定电压 U_0/ kV	0.6	1.8
试验电压/ kV	3.5	6.5

若用三相变压器同时对三芯电缆进行电压试验，相间试验电压应取上表所列数据的 1.73 倍。

当电压试验采用直流电压时，直流电压值应为工频交流电压值的 2.4 倍。

在任何情况下，电压都应逐渐升高到规定值。

15.3.5 要求

绝缘应无击穿。

16 抽样试验

16.1 概述

本部分要求的抽样试验包括：

a) 导体检查(见 16.4)；

b) 尺寸检验(见 16.5～16.8)；

c) EPR、HEPR 和 XLPE 绝缘及弹性体护套的热延伸试验(见 16.9)。

16.2 抽样试验频度

16.2.1 导体检查和尺寸检查

导体检查，绝缘和护套厚度测量以及电缆外径的测量应在每批同一型号和规格电缆中的一根制造长度的电缆上进行，但应限制不超过合同长度数量的 10%。

16.2.2 物理试验

应按商定的质量控制协议，在制造长度电缆上取样进行试验。若无协议，对于总长度大于 2 km 的多芯电缆或 4 km 的单芯电缆测试按表 12 进行。

表 12 抽样试验样品数量

电缆长度/km				样品数
多芯电缆		单芯电缆		
>2	≤10	>4	≤20	1
>10	≤20	>20	≤40	2
>20	≤30	>40	≤60	3
余类推		余类推		余类推

16.3 复试

如果任一试样没有通过第 16 章的任一项试验，应从同一批中再取两个附加试样就不合格项目重新试验。如果两个附加试样都合格，样品所取批次的电缆应认为符合本部分要求。如果加试样品中有一个试样不合格，则认为抽取该试样的这批电缆不符合本部分要求。

16.4 导体检查

应采用检查或可行的测量方法检验导体结构是否符合 GB/T 3956—2008 要求。

16.5 绝缘和非金属护套厚度的测量(包括挤包隔离套但不包括挤包内衬层)

16.5.1 概述

试验方法应符合 GB/T 2951.11—2008 第 8 章规定。

为试验而选取的每根电缆长度应从电缆的一端截取一段电缆来代表，如果必要，应将可能损伤的部分电缆先从该端截除。

对于超过三芯的等截面电缆，测量的绝缘线芯数目应限制在任意三个绝缘线芯上，或取总绝缘线芯数的 10%，但应选取其中大的测量数。

16.5.2 对绝缘的要求

每一段绝缘线芯，绝缘厚度测量值的平均值在按附录B修约到0.1 mm后，应不小于规定的标称厚度；其最小测量值应不低于规定标称值的90%－0.1 mm，即：

$$t_{m} \geqslant 0.9t_{n} - 0.1$$

式中：

t_m——最小厚度，单位为毫米(mm)；

t_n——标称厚度，单位为毫米(mm)。

16.5.3 对非金属护套要求

护套应符合下列要求：

a) 无铠装电缆的非金属护套和不直接包覆在铠装、金属屏蔽或同心导体上的电缆外护套，其厚度的最小测量值应不低于规定标称值的85%－0.1 mm。即：

$$t_{m} \geqslant 0.85t_{n} - 0.1$$

b) 直接包覆在铠装、金属屏蔽或同心导体上的电缆外护套和隔离套，其厚度最小测量值应不低于规定标称值的80%－0.2 mm。即：

$$t_{m} \geqslant 0.8t_{n} - 0.2$$

16.6 铅套厚度测量

16.6.1 概述

根据制造方的意见选用下列方法之一测量铅套的最小厚度。铅套最小厚度应不低于规定标称值的95%－0.1 mm。即：

$$t_{m} \geqslant 0.95t_{n} - 0.1$$

16.6.2 窄条法

应使用测量头平面直径为4 mm～8 mm的千分尺测量，测量精度为±0.01 mm。

测量应在取自成品电缆上的50 mm长的护套试样进行。试样应沿轴向剖开并仔细展平。将试样擦拭干净后，应沿展平的试样的圆周方向距边缘至少10 mm进行测量。应测取足够多的数值，以保证测量到最小厚度。

16.6.3 圆环法

应使用具有一个平测头和一个球形测头的千分尺，或具有一个平测头和一个长为2.4 mm、宽为0.8 mm的矩形平测头的千分尺进行测量。测量时球形测头或矩形测头应置于护套环的内侧。千分尺的精度应为±0.01 mm。

测量应在从样品上仔细切下的环形护套上进行。应沿着圆周上测量足够多的点，以保证测量到最小厚度。

16.7 铠装金属丝和金属带的测量

16.7.1 金属丝的测量

应使用具有两个平测头精度为±0.01 mm的千分尺来测量圆金属丝的直径和扁金属丝的厚度。对圆金属丝应在同一截面上两个互成直角的位置上各测量一次，取两次测量的平均值作为金属丝的直径。

16.7.2 金属带的测量

应使用具有两个直径为5 mm平测头、精度为±0.01 mm的千分尺进行测量。对带宽为40 mm及以下的金属带应在宽度中央测其厚度；对更宽的带子应在距其每一边缘20 mm处测量，取其平均值作为金属带厚度。

16.7.3 要求

铠装金属丝和金属带的尺寸低于12.5中规定的标称尺寸的量值应不超过：

——圆金属丝：5%；

——扁金属丝：8%；

——金属带：10%。

16.8 外径测量

如果抽样试验中要求测量电缆外径，应按 GB/T 2951.11—2008 进行。

16.9 EPR、HEPR 和 XLPE 绝缘和弹性体护套的热延伸试验

16.9.1 步骤

抽样和试验步骤按 GB/T 2951.21—2008 第 9 章规定进行。

试验条件列于表 17 和表 22。

16.9.2 要求

EPR，HEPR 和 XLPE 绝缘试验结果应符合表 17 规定，SE_1 护套应符合表 22 规定。

17 电气型式试验

取成品电缆试样长度 10 m～15 m。应依次进行下列试验：

a) 环境温度下的绝缘电阻测量(见 17.1)；

b) 正常运行时导体最高温度下绝缘电阻测量(见 17.2)；

c) 4 h 电压试验(见 17.3)。

额定电压 1.8/3(3.6) kV 电缆应进行冲击电压试验；试验应在另外 10 m～15 m 长的成品电缆试样上进行(见 17.4)。

最多同时试验三个绝缘线芯。

17.1 环境温度下的绝缘电阻测量

17.1.1 步骤

该试验可在任何其他电气试验之前的试验样品上进行。

所有外护层应去掉，测试前绝缘线芯应在环境温度下的水中浸泡至少 1h。

直流测试电压应为 80 V～500 V 并施加足够长的时间，以达到合理稳定的测量，但不少于 1 min 也不超过 5 min。

测量在每相导体与水之间进行。

如有要求，测量可在(20±1)℃下进一步证实。

17.1.2 计算

体积电阻率由所测得的绝缘电阻通过下式求得：

$$\rho = \frac{2 \times \pi \times L \times R}{\ln(D/d)}$$

式中：

ρ——体积电阻率，单位为欧姆厘米(Ω·cm)；

R——测量得到的绝缘电阻，单位为欧姆(Ω)；

L——电缆长度，单位为厘米(cm)；

D——绝缘外径，单位为毫米(mm)；

d——绝缘内径，单位为毫米(mm)。

“绝缘电阻常数 K_i”可按下列公式计算，以 MΩ·km 表示：

$$K_i = \frac{L \times R \times 10^{-11}}{\lg(D/d)} = 10^{-11} \times 0.367\rho$$

注：对于成型导体的绝缘线芯，比值 D/d 是绝缘表面周长与导体表面周长之比。

17.1.3 要求

从测量值计算出的数值应不小于表 13 的规定值。

17.2 导体最高温度下绝缘电阻测量

17.2.1 步骤

电缆试样的绝缘线芯在试验前应浸在电缆正常运行时导体最高温度±2 ℃的水中至少 1 h。

直流测试电压应为 80 V～500 V，应施加足够长的时间，以达到合理稳定的测量，但不少于 1 min 也不超过 5 min。

测量应在每相导体与水之间进行。

17.2.2 计算

体积电阻率和(或)绝缘电阻常数，由绝缘电阻通过 17.1.2 所给公式计算求得。

17.2.3 要求

由测量值计算出的数据应不小于在表 13 中的规定值。

17.3 4 h 电压试验

17.3.1 步骤

电缆试验用绝缘线芯应在试验前浸入环境温度的水中至少 1 h。

在水与导体之间施加 $4U_0$ 的工频电压，电压应逐渐升高并持续 4 h。

17.3.2 要求

绝缘应不击穿。

17.4 额定电压 1.8/3(3.6)kV 电缆的冲击电压试验

17.4.1 步骤

试验应在导体温度高于正常运行时导体最高温度 5 ℃～10 ℃下的电缆上进行。

应按 GB/T 3048.13—2007 规定步骤施加冲击电压，峰值为 40 kV。

对于没有分相屏蔽的多芯电缆，每次冲击电压应依次施加在每相导体与地之间，其他导体连接在一起并接地。

17.4.2 要求

每根电缆绝缘线芯应承受正负各十次冲击电压后不击穿。

18 非电气型式试验

本部分非电气型式试验项目见表 14。

18.1 绝缘厚度测量

18.1.1 取样

应从每一根绝缘线芯上各取一个试样。

对多于三芯的等截面电缆，测量绝缘线芯的数目应限制在三个绝缘线芯或总芯数的 10%中，取两者中的大者。

18.1.2 步骤

按 GB/T 2951.11—2008 中 8.1 规定进行。

18.1.3 要求

见 16.5.2 规定。

18.2 非金属护套厚度测量(包括挤包隔离套但不包括内衬层)

18.2.1 取样

每根电缆取一个样品。

18.2.2 步骤

应按 GB/T 2951.11—2008 中 8.2 规定进行测量。

18.2.3 要求

见 16.5.3 规定。

18.3 老化前后绝缘的机械性能试验

18.3.1 取样

应按 GB/T 2951.11—2008 中 9.1 规定进行取样和制备试片。

18.3.2 老化处理

应在表 15 规定的条件下按 GB/T 2951.12—2008 中 8.1 的规定进行老化处理。

应仅对 0.6/1 kV 铜芯电缆进行表 15 中第 2.2 项和第 2.3 项规定的试验。对不能进行第 2.2 项试验的铜导体电缆进行第 2.3 项试验。

注：对于铜导体电缆推荐进行第 2.2 项和第 2.3 项试验，但到目前为止没有取得足够的资料来说明必须强制性达到这些要求，除非制造方和购买方同意进行。

18.3.3 预处理和机械试验

应按 GB/T 2951.11—2008 中 9.1 规定进行预处理和机械性能的试验。

18.3.4 要求

试片老化前和老化后的试验结果均应符合表 15 要求。

18.4 非金属护套老化前后的机械性能试验

18.4.1 取样

应按 GB/T 2951.11—2008 中 9.2 规定进行取样及制备试片。

18.4.2 老化处理

应在表 18 规定的条件下，按 GB/T 2951.12—2008 中 8.1 的规定进行老化处理。

18.4.3 预处理和机械性能试验

应按 GB/T 2951.11—2008 中 9.2 规定进行预处理和机械性能试验。

18.4.4 要求

试片老化前和老化后的试验结果均应符合表 18 要求。

18.5 成品电缆段的附加老化试验

18.5.1 概述

本试验旨在检验运行中电缆绝缘和非金属护套与电缆中其他电缆部件接触时有无劣化倾向。

本试验适用于任何类型的电缆。

18.5.2 取样

应按 GB/T 2951.12—2008 中 8.1.4 规定从成品电缆上截取样品。

18.5.3 老化处理

应按 GB/T 2951.12—2008 中 8.1.4 规定在空气烘箱中进行电缆样品的老化处理。老化条件如下：

——温度：高于电缆正常运行时导体最高温度(见表 15)(10±2)℃；

——周期：168 h。

18.5.4 机械试验

取自老化后电缆段试样的绝缘和护套试片，应按 GB/T 2951.12—2008 的 8.1.4 进行机械性能试验。

18.5.5 要求

老化前和老化后抗张强度与断裂伸长率中间值的变化率(见 18.3 和 18.4)应不超过空气烘箱老化后的规定值。绝缘的规定值见表 15，非金属护套的规定值见表 18。

18.6 ST_2 型 PVC 护套失重试验

18.6.1 步骤

应按 GB/T 2951.32—2008 中 8.2 规定取样和进行试验。

18.6.2 要求

试验结果应符合表 19 的要求。

18.7　绝缘和非金属护套的高温压力试验

18.7.1　步骤

应按 GB/T 2951.31—2008 第 8 章规定进行高温压力试验，试验条件和试验方法见表 16 和表 20。

18.7.2　要求

试验结果应符合 GB/T 2951.31—2008 第 8 章的要求。

18.8　低温下 PVC 绝缘和护套以及无卤护套的性能试验

18.8.1　步骤

应按 GB/T 2951.14—2008 第 8 章规定取样和进行试验，试验温度见表 16，表 19 和表 21。

18.8.2　要求

试验结果应符合 GB/T 2951.14—2008 第 8 章的要求。

18.9　PVC 绝缘和护套抗开裂试验(热冲击试验)

18.9.1　步骤

应按 GB/T 2951.31—2008 第 9 章规定取样和进行试验，试验温度和加热持续时间见表 16 和表 19。

18.9.2　要求

试验结果应符合 GB/T 2951.31—2008 第 9 章要求。

18.10　EPR 和 HEPR 绝缘耐臭氧试验

18.10.1　步骤

应按 GB/T 2951.21—2008 第 8 章规定取样和进行试验，臭氧浓度和试验时间应符合表 17 要求。

18.10.2　要求

试验结果应符合 GB/T 2951.21—2008 第 8 章要求。

18.11　EPR，HEPR 和 XLPE 绝缘和弹性体护套的热延伸试验

应按 16.9 规定取样和进行试验，并符合其要求。

18.12　弹性体的浸油试验

18.12.1　步骤

应按 GB/T 2951.21—2008 第 10 章规定取样和进行试验，试验条件应符合表 20 规定。

18.12.2　要求

试验结果应符合表 22 要求。

18.13　绝缘吸水试验

18.13.1　步骤

应按 GB/T 2951.13—2008 中 9.1 和 9.2 规定取样和进行试验。试验条件应分别符合表 16 和表 17 规定。

18.13.2　要求

试验结果应分别符合 GB/T 2951.13—2008 中 9.1 和表 17 要求。

18.14　不延燃试验

18.14.1　电缆的单根阻燃试验

该试验适用于 ST_1、ST_2 或 SE_1 护套的电缆。且仅有特别要求时才在这些电缆上进行。

试验要求和方法应符合 GB/T 18380.11—2008、GB/T 18380.12—2008、GB/T 18380.13—2008 规定。

18.14.2　电缆的成束阻燃试验

该试验适用于 ST_8 无卤护套的电缆。

试验要求和方法应符合 GB/T 18380.35—2008 规定。

18.14.3 烟发散试验

该试验适用于 ST_8 无卤护套的电缆。

试验要求和方法应符合 GB/T 17651.2—1998 规定。

18.14.4 酸气含量

该试验适用于非金属 ST_8 材料作为外护套的无卤电缆。

18.14.4.1 步骤

试验方法应符合 GB/T 17650.1—1998 规定。

18.14.4.2 要求

试验结果应符合表 23 要求。

18.14.5 pH 值和电导率试验

该试验适用于非金属 ST_8 材料作为外护套的无卤电缆。

18.14.5.1 步骤

试验方法应符合 GB/T 17650.2—1998 规定。

18.14.5.2 要求

试验结果应符合表 23 要求。

18.14.6 氟含量试验

该试验适用于非金属 ST_8 材料作为外护套的无卤电缆。

18.14.6.1 步骤

试验方法应符合 IEC 60684-2:2003 规定。

18.14.6.2 要求

试验结果应符合表 23 要求。

18.14.7 毒性指数试验

在考虑中。

注:IEC 正在制定试验方法。

18.15 黑色聚乙烯护套碳黑含量测定。

18.15.1 步骤

应按 GB/T 2951.41—2008 第 11 章规定取样和进行试验。

18.15.2 要求

试验结果应符合表 20 要求。

18.16 XLPE 绝缘的收缩试验

18.16.1 步骤

应按 GB/T 2951.13—2008 第 10 章规定取样和进行试验,试验条件应符合表 17 规定。

18.16.2 要求

试验结果应符合表 17 要求。

18.17 特殊弯曲试验

试验应在额定电压 0.6/1 kV 有统包金属层并且金属带直接绕包在缆芯上且省略内衬层的多芯电缆上进行。

18.17.1 步骤

试样应在环境温度下绕在试验圆柱体上(例如,线盘的筒体)至少一圈,圆柱体的直径为 $7D \pm 5\%$,这里 D 为电缆样品的实测外径。然后松开电缆再在相反方向上重复此过程。

这种操作循环进行三次，然后将绕在试验圆柱体上的试样放入电缆正常运行时导体最高温度的空气烘箱中加热 24 h。

电缆冷却后应按 15.3 规定对弯曲状态的电缆进行电压试验。

18.17.2 要求

无击穿，外护套无裂纹。

18.18 HEPR 绝缘的硬度试验

18.18.1 步骤

应按附录 C 规定取样和进行试验。

18.18.2 要求

试验结果应符合表 17 规定。

18.19 HEPR 绝缘弹性模量测定

18.19.1 步骤

应按 GB/T 2951.11—2008 第 9 章规定取样、制备试片和进行试验，应测量伸长率为 150%时所需的负荷。相应的应力可用测得的负荷除以未伸长前的截面积得到。确定应力与应变的比值就可得到伸长率为 150%时的弹性模量，弹性模量应取全部试验结果的中间值。

18.19.2 要求

试验结果应符合表 17 规定。

18.20 PE 护套收缩试验

18.20.1 步骤

应按 GB/T 2951.13—2008 第 11 章规定取样和进行试验。

试验条件见表 20。

18.20.2 要求

试验结果应符合表 20 规定。

18.21 无卤护套的附加机械性能试验

这些试验的目的是为了检查无卤外护套在电缆安装和运行过程中的可靠性。

注：磨损试验、耐撕裂试验和热冲击试验都在考虑中。

18.22 无卤护套的吸水试验

18.22.1 步骤

应按 GB/T 2951.13—2008 的 9.2 规定取样和进行试验，试验条件应符合表 21 规定。

18.22.2 要求

试验结果应符合表 21 要求。

19 安装后电气试验

如有要求，应在电缆和与之相配的附件安装完成后进行下述试验。

应施加 $4U_0$ 直流电压，持续 15 min。

注：电缆绝缘修复后的电气试验由安装要求决定，以上试验仅适用于新安装的电缆。

20 电缆产品的补充条款

电缆产品的补充条款包括电缆型号和产品表示方法、多芯电缆的中性线和保护线导体标称截面、产品验收规则、成品电缆标志及电缆包装、运输和贮存，以及产品安装条件，详见附录 D。

表 13　绝缘混合料的电气型式试验要求

序号	试验项目和试验条件 (混合料代号见 4.2)	单位	性能要求		
			PVC/A	EPR/HEPR	XLPE
0	正常运行时导体最高温度(见 4.2)	℃	70	90	90
1	体积电阻率 ρ				
1.1	——20 ℃(见 17.1)	Ω・cm	10^{13}	—	—
1.2	——正常运行时导体最高温度(见 17.2)	Ω・cm	10^{10}	10^{12}	10^{12}
2	绝缘电阻常数 K_i				
2.1	——20 ℃(见 17.1)	MΩ・km	36.7	—	—
2.2	——正常运行时导体最高温度(见 17.2)	MΩ・km	0.037	3.67	3.67

表 14　非电气型式试验

序号	试验项目 (混合料代号见 4.2 和 4.3)	绝缘				护套					
						PVC		PE		ST_8	SE_1
		PVC/A	EPR	HEPR	XLPE	ST_1	ST_2	ST_3	ST_7		
1	尺寸										
1.1	厚度测量	×	×	×	×	×	×	×	×	×	×
2	机械性能(抗张强度和断裂伸长率)										
2.1	老化前	×	×	×	×	×	×	×	×	×	×
2.2	空气烘箱老化后	×	×	×	×	×	×	×	×	×	×
2.3	成品电缆段老化	×	×	×	×	×	×	×	×	×	×
2.4	浸入热油后	—	—	—	—	—	—	—	—	—	×
3	热塑性能										
3.1	高温压力试验(凹痕)	×	—	—	—	×	×	—	×	×	—
3.2	低温性能	×	—	—	—	×	×	—	—	×	—
4	其他各类试验										
4.1	空气烘箱失重	—	—	—	—	—	×	—	—	—	—
4.2	热冲击试验(开裂)	×	—	—	—	×	×	—	—	—	—
4.3	耐臭氧试验	—	×	×	—	—	—	—	—	—	—
4.4	热延伸试验	—	×	×	×	—	—	—	—	—	×
4.5	吸水试验	×	×	×	×	—	—	—	—	×	—
4.6	收缩试验	—	—	—	×	—	—	×	×	c	—
4.7	碳黑含量[a]	—	—	—	—	—	—	×	×	—	—
4.8	硬度试验	—	—	×	—	—	—	—	—	—	—
4.9	弹性模量试验	—	—	×	—	—	—	—	—	—	—
5	不延燃试验										
5.1	电缆的单根阻燃试验(要求时)	—	—	—	—	×	×	—	—	—	×
5.2	电缆的成束阻燃试验	—	—	—	—	—	—	—	—	×	—
5.3	烟发散试验	—	—	—	—	—	—	—	—	×	—
5.4	酸气含量试验	—	b	b	b	—	—	—	—	×	—
5.5	pH 值和电导率	—	b	b	b	—	—	—	—	×	—
5.6	氟含量试验	—	b	b	b	—	—	—	—	×	—

注 1：×表示型式试验项目。

注 2：具体试验见表 15 到表 23。

a 仅对黑色外护套适用。

b 仅适用于绝缘材料为 EPR、HEPR 和 XLPE 的无卤电缆。

c 在考虑中。

表 15 电缆绝缘混合料机械性能试验要求(老化前后)

序号	试验项目 (混合料代号见4.2)	单位	PVC/A	EPR		HEPR		XLPE	
				0.6/1 kV铜导体电缆	其他电缆	0.6/1 kV铜导体电缆	其他电缆	0.6/1 kV铜导体电缆	其他电缆
0	正常运行时导体最高温度(见4.2)	℃	70	90	90	90	90	90	90
1	老化前(GB/T 2951.11—2008中9.1)								
1.1	抗张强度,　　最小	N/mm²	12.5	4.2	4.2	8.5	8.5	12.5	12.5
1.2	断裂伸长率,　　最小	%	150	200	200	200	200	200	200
2	空气烘箱老化后(GB/T 2951.12—2008中8.1)								
2.1	无导体老化后								
2.1.1	处理条件								
	——温度	℃	100	135	135	135	135	135	135
	——温度偏差	℃	±2	±3	±3	±3	±3	±3	±3
	——持续时间	h	168	168	168	168	168	168	168
2.1.2	抗张强度								
	a) 老化后数值,　　最小	N/mm²	12.5	—	—	—	—	—	—
	b) 变化率[a]　　最大	%	±25	±30	±30	±30	±30	±25	±25
2.1.3	断裂伸长率								
	a) 老化后数值,　　最小	%	150	—	—	—	—	—	—
	b) 变化率[a]　　最大	%	±25	±30	±30	±30	±30	±25	±25
2.2	带铜导体老化后抗张试验[b]								
2.2.1	处理条件								
	——温度	℃	—	150	—	150	—	150	—
	——温度偏差	℃	—	±3	—	±3	—	±3	—
	——持续时间	h	—	168	—	168	—	168	—
2.2.2	抗张强度变化率[a]　　最大	%	—	±30	—	±30	—	±30	—
2.2.3	断裂伸长率变化率[a]　　最大	%	—	±30	—	±30	—	±30	—
2.3	带铜导体老化后弯曲试验(仅用于如不进行2.2条试验的试样)[b]								
2.3.1	处理条件								
	——温度	℃	—	150	—	150	—	150	—
	——温度偏差	℃	—	±3	—	±3	—	±3	—
	——持续时间	h	—	240	—	240	—	240	—
2.3.2	试验结果		—	无裂纹	—	无裂纹	—	无裂纹	—

[a] 变化率:老化前后得出的中间值之差值除以老化前中间值,以百分数表示。

[b] 见18.3.2。

表 16 PVC 绝缘混合料特殊性能试验要求

序号	试验项目 (混合料代号见 4.2 和 4.3)	单位	PVC/A 绝缘
1	高温压力试验(GB/T 2951.31—2008 中第 8 章)		
1.1	温度(偏差±2 ℃)	℃	80
2	低温性能试验[a](GB/T 2951.14—2008 中第 8 章)		
2.1	未经老化前进行试验		
	——直径<12.5 mm 的冷弯曲试验		
	——温度(偏差±2 ℃)	℃	−15
2.2	哑铃片的低温拉伸试验		
	温度(偏差±2 ℃)	℃	−15
2.3	低温冲击试验		
	温度(偏差±2 ℃)	℃	—
3	热冲击试验(GB/T 2951.31—2008 中第 9 章)		
3.1	温度(偏差±3 ℃)	℃	150
3.2	持续时间	h	1
4	吸水试验(GB/T 2951.13—2008 中 9.1)电气法		
4.1	温度(偏差±2 ℃)	℃	70
4.2	持续时间	h	240

a 因气候条件,购买方可以要求采用更低的温度。

表 17 各种热固性绝缘混合料的特殊性能试验要求

序号	试验项目 (混合料代号见 4.2)	单位	EPR	HEPR	XLPE
1	耐臭氧试验(GB/T 2951.21—2008 中第 8 章)				
1.1	臭氧浓度(按体积)	%	0.025~0.030	0.025~0.030	—
1.2	无开裂持续试验时间	h	24	24	—
2	热延伸试验(GB/T 2951.21—2008 中第 9 章)				
2.1	处理条件				
	——空气温度(偏差±3 ℃)	℃	250	250	200
	——负荷时间	min	15	15	15
	——机械应力	N/cm^2	20	20	20
2.2	载荷下最大伸长率	%	175	175	175
2.3	冷却后最大永久伸长率	%	15	15	15
3	吸水试验(GB/T 2951.13—2008 中 9.2)重量分析法				
3.1	温度(偏差±2 ℃)	℃	85	85	85
3.2	持续时间	h	336	336	336
3.3	重量最大增量	mg/cm^2	5	5	1[a]
4	收缩试验(GB/T 2951.13—2008 中第 10 章)				
4.1	标志间长度 L	mm	—	—	200
4.2	处理温度(偏差±3 ℃)	℃	—	—	130
4.3	持续时间	h	—	—	1
4.4	最大允许收缩率	%	—	—	4
5	硬度测定(见附录 C)				
5.1	IRHD[b] 最小		—	80	—
6	弹性模量测定(见 18.19)				
6.1	150%伸长率下的弹性模量,最小	N/mm^2	—	4.5	—

a 对于密度大于 1 g/cm^3 的 XLPE 要考虑吸水量增加大于 1 mg/cm^2。

b IRHD:国际橡胶硬度级。

表 18　护套混合料机械性能试验要求(老化前后)

序号	试验项目 (混合料代号见 4.3)	单 位	ST_1	ST_2	ST_3	ST_7	ST_8	SE_1
1	正常运行时导体最高温度(见 4.3)	℃	80	90	80	90	90	85
2	老化前(GB/T 2951.11—2008 中 9.2)							
2.1	抗张强度，　最小	N/mm²	12.5	12.5	10.0	12.5	9.0	10.0
2.2	断裂伸长率，　最小	%	150	150	300	300	125	300
3	空气烘箱老化后(GB/T 2951.12—2008 中 8.1)							
3.1	处理条件							
	——温度(偏差±2 ℃)	℃	100	100	100	110	100	100
	——持续时间	h	168	168	240	240	168	168
3.2	抗张强度							
	a)　老化后数值　最小	N/mm²	12.5	12.5	—	—	9.0	—
	b)　变化率[a]，　最大	%	±25	±25	—	—	±40	±30
3.3	断裂伸长率							
	a)　老化后数值　最小	%	150	150	300	300	100	250
	b)　变化率[a]，　最大	%	±25	±25	—	—	±40	±40
[a] 变化率：老化前后得出的中间值之差值除以老化前中间值，以百分数表示。								

表 19　PVC 护套混合料特殊性能试验要求

序号	试验项目 (混合料代号见 4.2 和 4.3)	单位	ST_1	ST_2
			护套	
1	空气烘箱中失重试验(GB/T 2951.32—2008 中 8.2)			
1.1	处理条件			
	——温度(偏差±2 ℃)	℃	—	100
	——持续时间	h	—	168
1.2	最大允许失重量	mg/cm²	—	1.5
2	高温压力试验(GB/T 2951.31—2008 中第 8 章)			
2.1	温度(偏差±2 ℃)	℃	80	90
3	低温性能试验[a](GB/T 2951.14—2008 中第 8 章)			
3.1	未经老化前进行试验			
	——直径<12.5 mm 的冷弯曲试验			
	——温度(偏差±2 ℃)	℃	−15	−15
3.2	哑铃片的低温拉伸试验			
	温度(偏差±2 ℃)	℃	−15	−15
3.3	冷冲击试验			
	温度(偏差±2 ℃)	℃	−15	−15
4	热冲击试验(GB/T 2951.31—2008 中第 9 章)			
4.1	温度(偏差±3 ℃)	℃	150	150
4.2	持续时间	h	1	1
[a] 因气候条件，购买方可以要求采用更低的温度。				

表 20 PE(热塑性聚乙烯)护套混合料的特殊性能试验要求

序号	试验项目 (混合料代号见 4.3)	单位	ST_3	ST_7
1	密度[a](GB/T 2951.13—2008 中第 8 章)			
2	碳黑含量(仅适于黑色护套)(GB/T 2951.41—2008 中第 11 章)			
2.1	标称值	%	2.5	2.5
2.2	偏差	%	±0.5	±0.5
3	收缩试验(GB/T 2951.13—2008 中第 11 章)			
3.1	温度(偏差±2 ℃)	℃	80	80
3.2	加热持续时间	h	5	5
3.3	加热周期		5	5
3.4	最大允许收缩	%	3	3
4	高温压力试验(GB/T 2951.31—2008 中 8.2)			
4.1	温度(偏差±2 ℃)	℃	—	110

a 密度的测定仅在其他试验需要时才做。

表 21 无卤护套混合料的特殊性能试验要求

序号	试验项目 (混合料代号见 4.2 和 4.3)	单位	ST_8
1	高温压力试验(GB/T 2951.31—2008 中第 8 章)		
1.1	温度(偏差±2 ℃)	℃	80
2	低温性能试验[a](GB/T 2951.14—2008 中第 8 章)		
2.1	未经老化前进行试验		
	——直径<12.5 mm 的低温弯曲试验		
	——温度(偏差±2 ℃)	℃	−15
2.2	哑铃片的低温拉伸试验		
	温度(偏差±2 ℃)	℃	−15
2.3	低温冲击试验		
	温度(偏差±2 ℃)	℃	−15
3	吸水试验(GB/T 2951.13—2008 中 9.1) 重量法		
3.1	温度(偏差±2 ℃)	℃	70
3.2	持续时间	h	24
3.3	最大增加重量	mg/cm^2	10

a 因气候条件,购买方可以要求采用更低的温度。

表 22 弹性体护套混合料特殊性能试验要求

序号	试验项目 (混合料代号见 4.3)	单位	SE_1
1	浸油后机械性能试验(GB/T 2951.21—2008 中第 10 章和 GB/T 2951.11—2008 中第 9 章)		
1.1	处理条件		
	——油温(偏差±2 ℃)	℃	100
	——持续时间	h	24
	最大允许变化率[a]		
	a) 抗张强度	%	±40
	b) 断裂伸长率	%	±40
2	热延伸(GB/T 2951.21—2008 中第 9 章)		
2.1	处理条件		
	——温度(偏差±3 ℃)	℃	200
	——载荷时间	min	15
	——机械应力	N/cm^2	20
2.2	负载下允许最大伸长率	%	175
2.3	冷却后最大永久伸长率	%	15

a 变化率:处理前后得出的中间值之差值除以处理前中间值,以百分数表示。

表 23 无卤混合料的试验方法和要求

序号	试 验 项 目	单位	要求
1	酸气含量试验(GB/T 17650.1—1998)		
1.1	溴和氯含量(以 HCl 表示),最大值	%	0.5
2	氟含量试验(IEC 60684-2:2003)		
2.1	氟含量,最大值	%	0.1
3	pH 值和电导率试验(GB/T 17650.2—1998)		
3.1	pH 值,最小值		4.3
3.2	电导率,最大值	μS/mm	10

注:毒性指数试验在考虑中。

附 录 A
（规范性附录）
确定护层尺寸的假设计算方法

电缆护层，诸如护套和铠装，其厚度通常与电缆标称直径有一个“阶梯表”的关系。

有时候会产生一些问题，计算出的标称直径不一定与生产出的电缆实际尺寸相同。在边缘情况下，如果计算直径稍有偏差，护层厚度与实际直径不相符合，就会产生疑问。不同制造方的成型导体尺寸变化、计算方法不同会引起标称直径不同和由此导致使用在基本设计相同的电缆上的护层厚度不同。

为了避免这些麻烦，而采取假设计算方法。这种计算方法忽略形状和导体的紧压程度而根据导体标称截面积，绝缘标称厚度和电缆芯数，利用公式来计算假设直径。这样护套厚度和其他护层厚度都可以通过公式或表格而与假设直径有了相应的关系。假设直径计算的方法明确规定，使用的护层厚度是唯一的，它与实际制造中的细微差别无关。这就使电缆设计标准化，对于每一个导体截面的护层厚度尺寸可以被预先计算和规定。

假设直径仅用来确定护套和电缆护层的尺寸，不是代替精确计算标称直径所需的实际过程，实际标称直径计算应分开计算。

A.1 概述

采用下述规定的电缆各种护层厚度的假设计算方法，是为了保证消除在单独计算中引起的任何差异，例如由于导体尺寸的假设以及标称直径和实际直径之间不可避免的差异。

所有厚度值和直径都应按附录 B 中的规则修约到一位小数。

扎带，例如反向螺旋绕包在铠装外的扎带，如果不厚于 0.3 mm，在此方法中忽略。

A.2 方法

A.2.1 导体

不考虑形状和紧压程度如何，每一标称截面积导体的假设直径(d_L)由表 A.1 给出。

表 A.1 导体的假设直径

导体标称截面积/ mm^2	d_L/ mm	导体标称截面积/ mm^2	d_L/ mm
1.5	1.4	95	11.0
2.5	1.8	120	12.4
4	2.3	150	13.8
6	2.8	185	15.3
10	3.6	240	17.5
16	4.5	300	19.5
25	5.6	400	22.6
35	6.7	500	25.2
50	8.0	630	28.3
70	9.4	800	31.9
		1 000	35.7

A.2.2 绝缘线芯

任何绝缘线芯的假设直径 D_c 如下式：

$$D_c = d_L + 2t_i$$

式中：

t_i——绝缘的标称厚度，单位为毫米(mm)(见表5～表7)。

如果采用金属屏蔽或同心导体，则应参考A.2.5考虑增大绝缘线芯的标称直径。

A.2.3 缆芯直径

缆芯的假设直径(D_f)如下式：

a) 所有导体标称截面积相同的电缆

$$D_f = KD_c$$

式中：

成缆系数K在表A.2中给出。

b) 有一根小截面的四芯电缆

$$D_f = \frac{2.42(3D_{c1} + D_{c2})}{4}$$

c) 有一根小截面的五芯电缆

$$D_f = \frac{2.70(4D_{c1} + D_{c2})}{5}$$

d) 有两根小截面的五芯电缆

$$D_f = \frac{2.70(3D_{c1} + D_{c2} + D_{c3})}{5}$$

式中：

D_{c1}——包括金属层(若有)的每相绝缘线芯的假设直径，单位为毫米(mm)；

D_{c2}、D_{c3}——包括绝缘或护层(若有)的小截面绝缘线芯的假设直径，单位为毫米(mm)。

表A.2 线芯成缆系数K

芯 数	成缆系数K	芯 数	成缆系数K
2	2.00	24	6.00
3	2.16	25	6.00
4	2.42	26	6.00
5	2.70	27	6.15
6	3.00	28	6.41
7	3.00	29	6.41
7[a]	3.35	30	6.41
8	3.45	31	6.70
8[a]	3.66	32[1)]	6.70
9	3.80	33	6.70
9[a]	4.00	34	7.00
10	4.00	35	7.00
10[a]	4.40	36	7.00
11	4.00	37	7.00
12	4.16	38	7.33
12[a]	5.00	39	7.33
13	4.41	40	7.33
14	4.41	41	7.67
15	4.70	42	7.67
16	4.70	43	7.67
17	5.00	44	8.00
18	5.00	45	8.00
18[a]	7.00	46	8.00
19	5.00	47	8.00
20	5.33	48	8.15
21	5.33	52	8.41
22	5.67	61	9.00
23	5.67		

a 绝缘线芯在一层中成缆。

A.2.4　内衬层

内衬层的直径(D_B)应按下式计算：

$$D_B = D_f + 2t_B$$

式中：

缆芯的假设直径 D_f 为 40 mm 及以下，t_B=0.4 mm；

缆芯的假设直径 D_f 大于 40 mm，t_B=0.6 mm。

t_B 的假设直径应用于：

a)　多芯电缆：

——无论有无内衬层；

——无论内衬层为挤包还是绕包。

当有一个符合 12.3.3 规定的隔离套代替或附加在内衬层上时，应按 A.2.7 中公式计算。

b)　单芯电缆：

——无论有挤包还是绕包的内衬层。

A.2.5　同心导体和金属屏蔽

由于同心导体和金属屏蔽使直径增加的数值由表 A.3 给出。

表 A.3　同心导体和金属屏蔽使直径的增加值

同心导体或金属屏蔽的标称截面积/ mm^2	直径的增加值/ mm	同心导体或金属屏蔽的标称截面积/ mm^2	直径的增加值/ mm
1.5	0.5	50	1.7
2.5	0.5	70	2.0
4	0.5	95	2.4
6	0.6	120	2.7
10	0.8	150	3.0
16	1.1	185	4.0
25	1.2	240	5.0
35	1.4	300	6.0

如果同心导体或金属屏蔽的标称截面积介于上表所列数据的两数之间，那么取这两个标称值中较大数值所对应的直径增加值。

如果有金属屏蔽层，表 A.3 中规定的屏蔽层截面积应按下列公式计算：

a)　金属带屏蔽

$$截面积 = n_t \times t_t \times w_t (mm^2)$$

式中：

n_t——金属带根数；

t_t——单根金属带的标称厚度，单位为毫米(mm)；

w_t——单根金属带的标称宽度，单位为毫米(mm)。

当屏蔽总厚度小于 0.15 mm 时，直径增加值为零：

一层金属带重叠绕包屏蔽或两层金属带搭盖绕包屏蔽，屏蔽总厚度为金属带厚度的两倍；

金属带纵包屏蔽：

- 如果搭盖率小于 30%，屏蔽总厚度为金属带的厚度；
- 如果搭盖率达到或超过 30%，屏蔽总厚度为金属带厚度的两倍。

b)　金属丝屏蔽(包括一反向扎线，若有)

$$截面积 = \frac{n_w \times d_w^2 \times \pi}{4} + n_h \times t_h \times W_h (mm^2)$$

式中：

n_w——金属丝根数；
d_w——单根金属丝直径，单位为毫米(mm)；
n_h——反向扎带根数；
t_h——厚度大于 0.3 mm 的反向扎带的厚度，单位为毫米(mm)；
W_h——反向扎带的宽度，单位为毫米(mm)。

A.2.6 铅套

铅套的假设直径(D_{pb})应按下式计算：

$$D_{pb} = D_g + 2t_{pb}$$

式中：
D_g——铅套下的假设直径，单位为毫米(mm)；
t_{pb}——按第 11 章的计算厚度，单位为毫米(mm)。

A.2.7 隔离套

隔离套的假设直径(D_s)应按下式计算：

$$D_s = D_u + 2t_s$$

式中：
D_u——隔离套下的假设直径，单位为毫米(mm)；
t_s——按 12.3.3 的计算厚度，单位为毫米(mm)。

A.2.8 包带垫层

包带垫层的假设直径 D_{Lb}应按下式计算：

$$D_{Lb} = D_{ULb} + 2t_{Lb}$$

式中：
D_{ULb}——包带前假设直径，单位为毫米(mm)；
t_{Lb}——包带垫层厚度，按 12.3.4 规定即为 1.5 mm。

A.2.9 金属带铠装电缆的附加垫层(加在内衬层外)

因附加垫层引起的直径增加量见表 A.4。

表 A.4 因附加垫层引起的直径增加量

附加垫层下的假设直径/mm	因附加垫层引起的直径增加/mm
≤29	1.0
>29	1.6

A.2.10 铠装

铠装外的假设直径(D_X)应按下式计算：

扁或圆金属丝铠装

$$D_X = D_A + 2t_A + 2t_W$$

式中：
D_A——铠装前直径，单位为毫米(mm)；
t_A——铠装金属丝的直径或厚度，单位为毫米(mm)；
t_W——如果有反向螺旋扎带时厚度大于 0.3 mm 的反向螺旋扎带时厚度，单位为毫米(mm)。

双金属带铠装

$$D_X = D_A + 4t_A$$

式中：
D_A——铠装前直径，单位为毫米(mm)；
t_A——铠装带厚度，单位为毫米(mm)。

附 录 B
（规范性附录）
数 值 修 约

B.1 假设计算法的数值修约

在按附录A计算假设直径和确定单元尺寸而对数值进行修约时，采用下述规则。

当任何阶段的计算值小数点后多于一位数时，数值应修约到一位小数，即精确到0.1 mm。每一阶段的假设直径数值应修约到0.1 mm，当用来确定包覆层厚度和直径时，在用到相应的公式或表格中去之前应先进行修约，按附录A要求从修约后的假设直径计算出的厚度应依次修约到0.1 mm。

用下述实例来说明这些规则：

a) 修约前数据的第二位小数为0、1、2、3或4时则小数点后第一位小数保持不变（舍弃）。

例如：

2.12 ≈ 2.1

2.449 ≈ 2.4

25.0478 ≈ 25.0

b) 修约前数据的第二位小数为9、8、7、6或5时则小数点后第一位小数应增加1（进一）。

例如：

2.17 ≈ 2.2

2.453 ≈ 2.5

30.050 ≈ 30.1

B.2 用作其他目的的数值修约

除B.1考虑的用途外，有可能有些数值要修约到多于一位小数，例如计算几次测量的平均值，或标称值加上一个百分率偏差以后的最小值。在这些情况下，应按有关条文修约到小数点后面的规定位数。

这时修约的方法为：

a) 如果修约前应保留的最后数值后一位数为0、1、2、3或4时，则最后数值应保持不变（舍弃）。

b) 如果修约前应保留的最后数值后一位数为9、8、7、6或5时，则最后数值加1（进一）。

例如：

2.449 ≈ 2.45 修约到二位小数；

2.449 ≈ 2.4 修约到一位小数；

25.047 8 ≈ 25.048 修约到三位小数；

25.047 8 ≈ 25.05 修约到二位小数；

25.047 8 ≈ 25.0 修约到一位小数。

附 录 C
（规范性附录）
HEPR 绝缘硬度测定

C.1 试样

试样应是具有全部护层的一段成品电缆，小心地剥开试样，直至 HEPR 绝缘的测量表面，也可采用一段绝缘线芯作试样。

C.2 测量步骤

测量除按下述要求外，还应按 ISO 48:2007 要求进行。

C.2.1 大曲率面

测量装置应符合 ISO 48:2007 要求，其结构应便于使仪器稳定地放置在 HEPR 的绝缘上，同时使压脚和压头与绝缘表面垂直接触，这可由下述途径之一来实现：

a） 仪器上装有便于调节的万向接头可动脚，可与绝缘弯曲表面相适应；

b） 仪器由底板上两个平行杆 A 和 A′固定，其间距离由表面弯曲程度来决定（见图 C.1）。

这些方法可用于曲率半径 20 mm 以上的表面。

用于测量 HEPR 绝缘厚度小于 4 mm 的仪器，应采用 ISO 48:2007 中对于小试样规定的测量方法。

C.2.2 小曲率面

对于曲率半径很小表面的测量步骤同 C.2.1 规定，试样应与测量仪器用同一刚性底板固定，这样可以保证 HEPR 绝缘在压头压力增加时整体移动最小；同时可使压头与试样轴线垂直。

相应的步骤如下：

a） 将测量样品放在金属夹具槽中（见图 C.2a））；

b） 用 V 型枕台固定测量样品的两端导体（见图 C.2b））。

由此方法来测量的表面曲率半径的最小值可达 4 mm。对于更小的曲率半径表面应采用 ISO 48:2007 中所述的方法和仪器。

C.2.3 预处理和测量温度

测量至少应在制造（即硫化）后 16 h 进行。

测量应在（20±2）℃温度下进行，试样在此温度下至少保持 3 h 后立即测量。

C.2.4 测量次数

一次测量应在分布于试样的三个或五个点上进行，试样的硬度为测量结果的中间值，以最接近于国际橡胶硬度级（IRHD）的整数表示。

图 C.1 大曲率面的测量

a)

b)

图 C.2 小曲率面的测量

附　录　D
（规范性附录）
电缆产品的补充条款

D.1　电缆型号和产品表示方法

D.1.1　型号

电缆常用型号见表D.1。

表D.1　电缆型号

型　　号		名　　称
铜芯	铝芯	
VV	VLV	聚氯乙烯绝缘聚氯乙烯护套电力电缆
VY	VLY	聚氯乙烯绝缘聚乙烯护套电力电缆
VV22	VLV22	聚氯乙烯绝缘钢带铠装聚氯乙烯护套电力电缆
VV23	VLV23	聚氯乙烯绝缘钢带铠装聚乙烯护套电力电缆
VV32	VLV32	聚氯乙烯绝缘细钢丝铠装聚氯乙烯护套电力电缆
VV33	VLV33	聚氯乙烯绝缘细钢丝铠装聚乙烯护套电力电缆
YJV	YJLV	交联聚乙烯绝缘聚氯乙烯护套电力电缆
YJY	YJLY	交联聚乙烯绝缘聚乙烯护套电力电缆
YJV22	YJLV22	交联聚乙烯绝缘钢带铠装聚氯乙烯护套电力电缆
YJV23	YJLV23	交联聚乙烯绝缘钢带铠装聚乙烯护套电力电缆
YJV32	YJLV32	交联聚乙烯绝缘细钢丝铠装聚氯乙烯护套电力电缆
YJV33	YJLV33	交联聚乙烯绝缘细钢丝铠装聚乙烯护套电力电缆
注：本表中未列出的电缆型号可按本附录D.1.2的规定组成。		

D.1.2　代号和产品表示方法

D.1.2.1　代号

D.1.2.1.1　导体代号

第2种铜导体 …………………………………………………………………………（T）省略

第5种铜导体 …………………………………………………………………………… R

铝导体 ………………………………………………………………………………… L

D.1.2.1.2　绝缘代号

聚氯乙烯绝缘 ………………………………………………………………………… V

交联聚乙烯绝缘 ……………………………………………………………………… YJ

乙丙橡胶绝缘 ………………………………………………………………………… E

硬乙丙橡胶绝缘 ……………………………………………………………………… EY

D.1.2.1.3　护套代号[2)]

聚氯乙烯护套 ………………………………………………………………………… V

聚乙烯或聚烯烃护套 ………………………………………………………………… Y

弹性体护套[3)] ………………………………………………………………………… F

铅套 …………………………………………………………………………………… Q

2）护套代号包括挤包的内衬层和隔离套等。

3）弹性体护套包括氯丁橡胶、氯磺化聚乙烯或类似聚合物为基的护套混合料。若订货合同中未注明，则采用何种弹性体由制造方确定。

D.1.2.1.4 铠装代号

双钢带铠装…………………………………………………………………………………… 2

细圆钢丝铠装………………………………………………………………………………… 3

粗圆钢丝铠装………………………………………………………………………………… 4

(双)非磁性金属带[4]铠装 …………………………………………………………………… 6

非磁性金属丝[5]铠装 ……………………………………………………………………… 7

D.1.2.1.5 外护套代号

聚氯乙烯外护套……………………………………………………………………………… 2

聚乙烯或聚烯烃外护套……………………………………………………………………… 3

弹性体[6]外护套 …………………………………………………………………………… 4

D.1.2.2 产品表示方法

D.1.2.2.1 概述

产品用型号(型号中有数字代号的电缆外护层,数字前的文字代号表示内护层)、规格(额定电压、芯数、标称截面积)及本部分标准编号表示。

阻燃电缆产品的表示方法,应符合 GB/T 19666—2005 的规定表示。

D.1.2.2.2 产品型号组成

产品型号的组成和排列顺序如图 D.1。

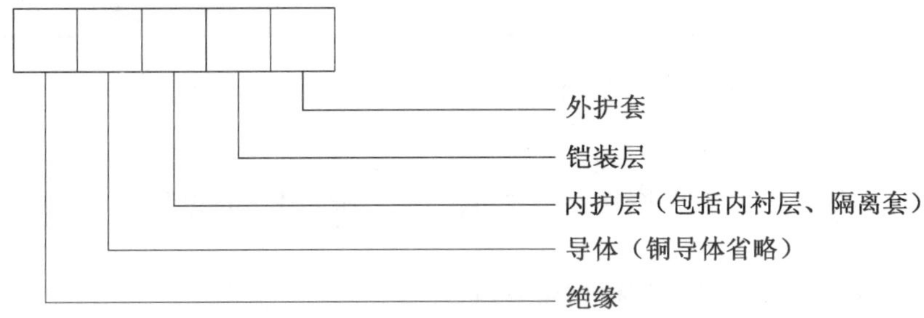

图 D.1 产品型号的组成和排列顺序图

D.1.2.2.3 产品表示示例

例如:

a) 铜芯交联聚乙烯绝缘钢带铠装聚氯乙烯护套电力电缆,额定电压为 0.6/1 kV,3+1 芯,标称截面积 95 mm²,中性线截面积 50 mm² 表示为:

YJV22-0.6/1 3×95+1×50 GB/T 12706.1—2008

b) 铝芯聚氯乙烯绝缘钢带铠装聚氯乙烯护套电力电缆,额定电压为 0.6/1 kV,3 芯,标称截面积 70 mm²,表示为:

VLV22-0.6/1 3×70 GB/T 12706.1—2008

D.2 多芯电缆中性线和保护线导体标称截面积

多芯电缆中性线和保护线导体标称截面积见表 D.2。

4) 非磁性金属带包括非磁性不锈钢带、铝或铝合金带等。若订货合同中未注明,则采用何种非磁性金属带由制造方确定。

5) 非磁性金属丝包括非磁性不锈钢丝、铜丝或镀锡铜丝、铜合金丝或镀锡铜合金丝、铝或铝合金丝等。若订货合同中未注明,则采用何种非磁性金属丝由制造方确定。

6) 弹性体外护套包括氯丁橡胶、氯磺化聚乙烯或类似聚合物为基的护套混合料。若订货合同中未注明,则采用何种弹性体由制造方确定。

表 D.2 多芯电缆中性线和保护线导体标称截面积

主绝缘线芯导体标称截面积/ mm²	中性线和保护线较小导体标称截面积/ mm²
4	2.5
6	4
10	6
16	10
25	16
35	16
50	25
70	35
95	50
120	70
150	70
185	95
240	120
300	150
400	185

D.3 产品验收规则、成品电缆标志及电缆包装、运输和贮存

D.3.1 验收规则

产品应由制造方的质量检验部门检验合格方可出厂。每个出厂的包装件上应附有产品质量检验合格证。

产品应按本部分规定的试验项目进行试验验收。

D.3.2 成品电缆标志

成品电缆的护套表面应有制造厂名称、产品型号及额定电压的连续标志，标志应字迹清楚、容易辨认、耐擦。

成品电缆标志应符合 GB/T 6995.3—2008 规定。

电缆绝缘线芯标志应符合 GB/T 6995.5—2008 规定。

D.3.3 电缆包装、运输和保管

D.3.3.1 电缆应妥善包装在符合 JB/T 8137—1999 规定要求的电缆盘上交货。

电缆端头应可靠密封，伸出盘外的电缆端头应加保护罩，伸出的长度应不小于 300 mm。

重量不超过 80 kg 的短段电缆，可以成圈包装。

D.3.3.2 成盘电缆的电缆盘外侧及成圈电缆的附加标签应标明：

a) 制造厂名称或商标；

b) 电缆型号和规格；

c) 长度，m；

d) 毛重，kg；

e) 制造日期：年　月；

f) 表示电缆盘正确滚动方向的符号；

g) 本部分标准编号。

D.3.4 运输和贮存应符合下列要求：

a) 电缆应避免在露天存放，电缆盘不允许平放；

b) 运输中严禁从高处扔下装有电缆的电缆盘，严禁机械损伤电缆；

c) 吊装包装件时，严禁几盘同时吊装。在车辆、船舶等运输工具上，电缆盘应放稳，并用合适方法固定，防止互撞或翻倒。

D.4 产品安装条件

D.4.1 电缆安装时的环境温度

具有聚氯乙烯绝缘或聚氯乙烯护套的电缆，安装时的环境温度不宜低于 0 ℃。

D.4.2 电缆安装时的最小弯曲半径

电缆安装时的最小允许弯曲半径见表 D.3。

表 D.3 电缆安装时的最小弯曲半径

项　目	单芯电缆		三芯电缆	
	无铠装	有铠装	无铠装	有铠装
安装时的电缆最小弯曲半径	20*D*	15*D*	15*D*	12*D*
靠近连接盒和终端的电缆最小弯曲半径(但弯曲要小心控制，如采用成型导板)	15*D*	12*D*	12*D*	10*D*
注：*D* 为电缆外径。				

ICS 29.060.20
K 13

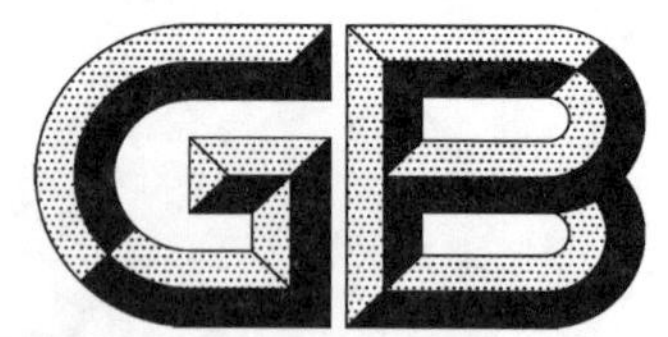

中华人民共和国国家标准

GB/T 12706.2—2008
代替 GB/T 12706.2—2002

额定电压 1 kV(U_m＝1.2 kV)到 35 kV(U_m＝40.5 kV)挤包绝缘电力电缆及附件 第 2 部分:额定电压 6 kV(U_m＝7.2 kV)到 30 kV(U_m＝36 kV)电缆

**Power cables with extruded insulation and their accessories for rated voltages from 1 kV (U_m＝1.2 kV) up to 35 kV (U_m＝40.5 kV)—
Part 2: Cables for rated voltages from 6 kV(U_m＝7.2 kV) up to 30 kV(U_m＝36 kV)**

(IEC 60502-2:2005, Power cables with extruded insulation and their accessories for rated voltages from 1 kV (U_m＝1.2 kV) up to 30 kV (U_m＝36 kV)—Part 2: Cables for rated voltages from 6 kV (U_m＝7.2 kV) up to 30 kV(U_m＝36 kV), MOD)

2008-12-31 发布　　　　2009-11-01 实施

中华人民共和国国家质量监督检验检疫总局
中国国家标准化管理委员会　发布

前　言

GB/T 12706《额定电压 1 kV(U_m=1.2 kV)到 35 kV(U_m=40.5 kV)挤包绝缘电力电缆及附件》分为四个部分：

——第 1 部分：额定电压 1 kV(U_m=1.2 kV)和 3 kV(U_m=3.6 kV)电缆；

——第 2 部分：额定电压 6 kV(U_m=7.2 kV)到 30 kV(U_m=36 kV)电缆；

——第 3 部分：额定电压 35 kV(U_m=40.5 kV)电缆；

——第 4 部分：额定电压 6 kV(U_m=7.2 kV)到 35 kV(U_m=40.5 kV)电缆附件试验要求。

本部分为 GB/T 12706 的第 2 部分。

本部分修改采用 IEC 60502-2:2005《额定电压 1 kV(U_m=1.2 kV)到 30 kV(U_m=36 kV)挤包绝缘电力电缆及附件　第 2 部分：额定电压 6 kV(U_m=7.2 kV)到 30 kV(U_m=36 kV)电缆》第 2 版(英文版)。

本部分根据 IEC 60502-2:2005 重新起草。其章条编号与 IEC 60502-2:2005 的章条编号相比，除增加了第 21 章外，其余完全一致。

考虑到我国国情，在采用 IEC 60502-2:2005 时，本部分做了一些修改。有关的技术性差异已编入正文中，并在它们所涉及的条款的页边空白处用垂直单线标识。主要的技术性差异和解释如下：

——为明确电缆用铜带材料的要求，增加了铜带材料要求内容(本版 10.2.3)和相应的引用标准 GB/T 11091—2005《电缆用铜带》(本版第 2 章)；

——为明确电缆用铠装钢带材料的要求，增加了铠装钢带材料要求内容(本版 13.2)和相应的引用标准 YB/T 024—2008《铠装电缆用钢带》(本版第 2 章)；

——为保证挤包隔离套和外护套的质量，增加了挤包隔离套火花试验要求(本版 13.3.3)、外护套的火花试验要求(本版 14.1)和相应的引用标准 GB/T 3048.10—2007《电线电缆电性能试验方法　第 10 部分：挤出护套火花试验》(本版第 2 章)；

——为了满足国内对电缆的技术要求，增加了第 21 章"电缆产品的补充条款"；

——考虑到国内对电缆的使用要求，本部分附录 B 为"电缆产品的补充条款"的相关内容，如电缆型号、产品表示方法，以及验收、运输、包装和安装等，并代替 IEC 60502-2:2005 标准中附录 B "额定电压 3.6/6 kV 到 18/30 kV 挤包绝缘电缆的连续载流量列表"的内容，并在本版第 2 章增加相应的引用标准 GB/T 6995.3—2008《电线电缆识别标志方法　第 3 部分：电线电缆识别标志》和 JB/T 8137—1999(所有部分)《电线电缆交货盘》。

为便于使用，在采用 IEC 60502-2:2005 时，本部分做了下列编辑性修改：

——"本标准"一词改为"本部分"；

——删除了 IEC 60502-2:2005 的前言；

——用小数点"."代替作为小数点的逗号","。

本部分代替 GB/T 12706.2—2002《额定电压 1 kV(U_m=1.2 kV)到 35 kV(U_m=40.5 kV)挤包绝缘电力电缆及附件　第 2 部分：额定电压 6 kV(U_m=7.2 kV)到 30 kV(U_m=36 kV)电缆》。

本部分与 GB/T 12706.2—2002 相比，主要变化如下：

——最大导体规格由 1 000 mm^2 扩大到 1 600 mm^2(2002 版表 5、表 6 和表 7，本版表 5、表 6 和表 7)；

——增加了铜带的技术要求(本版 10.2.3)；

——增加了钢带的技术要求(本版 13.2)；

——增加了挤包的隔离套的火花试验要求(本版 13.3.3);

——增加了挤包的外护套的火花试验要求(本版 14.1);

——局部放电试验要求改为在规定灵敏度下无放电(2002 版 16.3 和 18.1.3,本版 16.3 和 18.1.4);

——取消了电气型式试验顺序中第一步的局部放电试验(2002 版 18.1.1);

——安装后电气试验增加了外护套直流电压试验(本版 20.1);

——增加了"电缆产品的补充条款"(本版第 21 章);

——增加规范性附录"电缆产品的补充条款"(本版附录 B);

——取消了 2002 版的附录 G《电缆屏蔽结构的补充要求》,其技术要求补充到标准的正文中(本版第 7 章和第 10 章);

——取消了 2002 版的附录 H、附录 I 和附录 J,将其内容合并至本版附录 B。

本部分的附录 A、附录 B、附录 C、附录 D、附录 E 和附录 F 为规范性附录。

本部分由中国电器工业协会提出。

本部分由全国电线电缆标准化技术委员会(SAC/TC 213)归口。

本部分负责起草单位:上海电缆研究所。

本部分参加起草单位:远东控股集团有限公司、江苏上上电缆集团公司、无锡江南电缆有限公司、江苏圣安电缆有限公司、上海南大集团有限公司、浙江万马电缆股份有限公司、昆明电缆有限公司、黑龙江沃尔德电缆有限公司、广东电缆厂有限公司、福建南平太阳电缆股份有限公司、海南威特电气集团有限公司。

本部分主要起草人:徐晓峰、汪传斌、王松明、刘军、孙萍、杨志强、郑宏、张举位、鲍文波、高伟红、范德发、黎驹。

本部分所代替标准的历次版本发布情况为:

——GB 12706.2—1991、GB/T 12706.2—2002;

——GB 12706.1—1991、GB 12706.3—1991。

额定电压 1 kV(U_m=1.2 kV)到 35 kV (U_m=40.5 kV)挤包绝缘电力电缆及附件 第 2 部分:额定电压 6 kV(U_m=7.2 kV)到 30 kV(U_m=36 kV)电缆

1 范围

GB/T 12706 的本部分规定了用于配电网或工业装置中,额定电压 6 kV 到 30 kV 固定安装的挤包绝缘电力电缆的结构、尺寸和试验要求。

在决定电缆应用时,建议考虑径向进水的可能风险。本部分包括了所谓纵向阻水结构电缆及其试验。

本部分不包括用于特殊安装和运行条件的电缆,例如用于架空电缆、采矿工业、核电厂(安全壳内及其附近),以及用于水下或船舶的电缆。

2 规范性引用文件

下列文件中的条款,通过 GB/T 12706 的本部分的引用而成为本部分的条款。凡是注日期的引用文件,其随后所有的修改单(不包括勘误的内容)或修订版均不适用于本部分。然而鼓励根据本部分达成协议的各方研究是否可使用这些文件的最新版本。凡是不注日期的引用文件,其最新版本适用于本部分。

GB/T 156—2007 标准电压(IEC 60038:2002, MOD)

GB/T 2951.11—2008 电缆和光缆绝缘和护套材料通用试验方法 第 11 部分:通用试验方法——厚度和外形尺寸测量——机械性能试验(IEC 60811-1-1:2001, IDT)

GB/T 2951.12—2008 电缆和光缆绝缘和护套材料通用试验方法 第 12 部分:通用试验方法——热老化试验方法 (IEC 60811-1-2:1985, IDT)

GB/T 2951.13—2008 电缆和光缆绝缘和护套材料通用试验方法 第 13 部分:通用试验方法——密度测定方法——吸水试验——收缩试验 (IEC 60811-1-3:2001, IDT)

GB/T 2951.14—2008 电缆和光缆绝缘和护套材料通用试验方法 第 14 部分:通用试验方法——低温试验 (IEC 60811-1-4:1985, IDT)

GB/T 2951.21—2008 电缆和光缆绝缘和护套材料通用试验方法 第 21 部分:弹性体混合料专用试验方法——耐臭氧试验——热延伸试验——浸矿物油试验(IEC 60811-2-1:2001, IDT)

GB/T 2951.31—2008 电缆和光缆绝缘和护套材料通用试验方法 第 31 部分:聚氯乙烯混合料专用试验方法——高温压力试验——抗开裂试验(IEC 60811-3-1:1985, IDT)

GB/T 2951.32—2008 电缆和光缆绝缘和护套材料通用试验方法 第 32 部分:聚氯乙烯混合料专用试验方法——失重试验——热稳定性试验(IEC 60811-3-2:1985, IDT)

GB/T 2951.41—2008 电缆和光缆绝缘和护套材料通用试验方法 第 41 部分:聚乙烯和聚丙烯混合料专用试验方法——耐环境应力开裂试验——熔体指数测量方法——直接燃烧法测量聚乙烯中碳黑和(或)矿物质填料含量——热重分析法(TGA)测量碳黑含量——显微镜法评估聚乙烯中碳黑分散度(IEC 60811-4-1:2004, IDT)

GB/T 3048.10—2007 电线电缆电性能试验方法 第 10 部分:挤出护套火花试验

GB/T 3048.12—2007 电线电缆电性能试验方法 第 12 部分:局部放电试验(IEC 60885-3:

1988，MOD)

GB/T 3048.13—2007　电线电缆电性能试验方法　第13部分:冲击电压试验(IEC 60230:1966，IEC 60060-1:1989，MOD)

GB/T 3956—2008　电缆的导体(IEC 60228:2004，IDT)

GB/T 6995.3—2008　电线电缆识别标志方法　第3部分:电线电缆识别标志

GB/T 16927.1—1997　高电压试验技术　第1部分:一般试验要求(eqv IEC 60060-1:1989)

GB/T 11091—2005　电缆用铜带

GB/T 12706.1—2008　额定电压1 kV(U_m=1.2 kV)到35 kV (U_m=40.5 kV)挤包绝缘电力电缆及附件　第1部分:额定电压1 kV (U_m=1.2 kV)和3 kV(U_m=3.6 kV)电缆((IEC 60502-1:2004，Power cables with extruded insulation and their accessories for rated voltages from 1 kV (U_m=1.2 kV) up to 30 kV (U_m=36 kV) Part 1: Cables for rated voltage of 1 kV(U_m=1.2 kV)and 3 kV (U_m=3.6 kV),MOD)

GB/T 18380.12—2008　电缆和光缆在火焰条件下的燃烧试验　第12部分:单根绝缘电线电缆火焰垂直蔓延试验　1 kW预混合型火焰试验方法(IEC 60332-1-2:2004，IDT)

JB/T 8137—1999(所有部分)　电线电缆交货盘

JB/T 8996—1999　高压电缆选择导则(eqv IEC 60183:1984)

YB/T 024—2008　铠装电缆用钢带

ISO 48:2007　硫化型或热塑型橡胶　硬度确定(硬度在10IRHD和100IRHD之间)

IEC 60229:2007　具有特殊保护作用的挤包的电缆外护套的试验

IEC 60986:2000　额定电压6 kV(U_m=7.2 kV)至30 kV(U_m=36 kV)电缆的短路温度限值

3　术语和定义

下列术语和定义适用于本部分。

3.1　尺寸值(厚度、截面积等)的术语和定义

3.1.1

标称值　nominal value

指定的量值并经常用于表格之中。

注：在本部分中，通常标称值引伸出的量值在考虑规定公差下通过测量进行检验。

3.1.2

近似值　approximate value

既不保证也不检查的数值，例如用于其他尺寸值的计算。

3.1.3

中间值　median value

将试验得到的若干数值以递增(或递减)的次序依次排列时，若数值的数目是奇数，中间的那个值为中间值；若数值的数目是偶数，中间两个数值的平均值为中间值。

3.1.4

假设值　fictitious value

按附录A计算所得的值。

3.2　有关试验的术语和定义

3.2.1

例行试验　routine tests

由制造方在成品电缆的所有制造长度上进行的试验，以检验所有电缆是否符合规定的要求。

3.2.2

抽样试验　sample tests

由制造方按规定的频度，在成品电缆试样上或在取自成品电缆的某些部件上进行的试验，以检验电缆是否符合规定要求。

3.2.3

型式试验　type tests

按一般商业原则对本部分所包含的一种类型电缆在供货之前所进行的试验，以证明电缆具有满足预期使用条件的满意性能。

注：该试验的特点是：除非电缆材料或设计或制造工艺的改变可能改变电缆的特性，试验做过以后就不需要重做。

3.2.4

安装后电气试验　electrical tests after installation

在安装后进行的试验，用以证明安装后的电缆及其附件完好。

4　电压标示和材料

4.1　额定电压

本部分中电缆的额定电压 $U_0/U(U_m)$ 标示如下：

$U_0/U(U_m)$＝3.6/6(7.2)—6/6(7.2)—6/10(12)—8.7/10(12)—8.7/15(17.5)—12/20(24)—18/30(36) kV

注1：上述电压的表示方法是合适的。尽管在一些国家采用其他的表示方法。例如：3.5/6—5.8/10—11.5/20—17.3/30 kV。

在电缆的电压标示 $U_0/U(U_m)$ 中：

U_0——电缆设计用的导体对地或金属屏蔽之间的额定工频电压；

U——电缆设计用的导体之间的额定工频电压；

U_m——设备可使用的“最高系统电压”的最大值(见 GB/T 156—2007)。

对于一种给定应用的电缆的额定电压应适合电缆所在系统的运行条件。为了便于选择电缆，将系统划分为下列三类：

——A类：该类系统任一相导体与地或接地导体接触时，能在 1 min 内与系统分离；

——B类：该类系统可在单相接地故障时作短时运行，接地故障时间按照 JB/T 8996—1999 应不超过 1 h。对于本部分包括的电缆，在任何情况下允许不超过 8 h 的更长的带故障运行时间。任何一年接地故障的总持续时间应不超过 125 h；

——C类：包括不属于 A类、B类的所有系统。

注2：应该认识到，在系统接地故障不能立即自动解除时，故障期间加在电缆绝缘上过高的电场强度，会在一定程度上缩短电缆寿命。如系统预期会经常地运行在持久的接地故障状态下，该系统可建议划为C类。

用于三相系统的电缆，U_0 的推荐值列于表1。

表1　额定电压 U_0 推荐值

系统最高电压 U_m/kV	额定电压 U_0/kV	
	A类　B类	C类
7.2	3.6	6.0
12.0	6.0	8.7
17.5	8.7	12.0
24.0	12.0	18.0
36.0	18.0	—

4.2 绝缘混合料

本部分所包括的绝缘混合料及其代号列于表2。

表2 绝缘混合料

绝缘混合料	代号
a) 热塑性的	
用于额定电压 $U_0/U=3.6/6$ kV 电缆的聚氯乙烯	PVC/B[a]
b) 热固性的	
乙丙橡胶或类似绝缘混合料(EPR 或 EPDM)	EPR
高弹性模数或高硬度乙丙橡胶	HEPR
交联聚乙烯	XLPE

[a] 聚氯乙烯绝缘混合料用于额定电压 $U_0/U \leqslant 1.8/3$ kV 电缆时，在 GB/T 12706.1—2008 中表示为 PVC/A。

本部分所包括的各种绝缘混合料的导体最高温度列于表3。

表3 各种绝缘混合料的导体最高温度

绝缘混合料	导体最高温度/℃	
	正常运行	短路(最长持续 5 s)
聚氯乙烯(PVC/B)		
导体截面≤300 mm²	70	160
导体截面>300 mm²	70	140
交联聚乙烯(XLPE)	90	250
乙丙橡胶(EPR 和 HEPR)	90	250

表3中的温度由绝缘混合料的固有特性决定，在使用这些数据计算额定电流时其他因素的考虑也是重要的。

例如正常运行时，如果直接埋入地下的电缆按表3所示导体最高温度在连续负荷(100%负荷因数)下运行，电缆周围土壤的热阻系数经过一定时间后，会因土壤干燥而超过原始值。因此导体温度可能大大地超过最高温度。如果能预料这类运行条件，应当采取足够的预防措施。

短路温度的导则宜参照 IEC 60986:2000。

4.3 护套混合料

本部分中不同类型护套混合料的电缆导体最高温度列于表4中。

表4 不同类型护套混合料的电缆导体最高温度

护套混合料	代号	正常运行时导体最高温度/℃
a) 热塑性		
聚氯乙烯(PVC)	ST_1	80
	ST_2	90
聚乙烯	ST_3	80
	ST_7	90
b) 弹性体		
氯丁橡胶、氯磺化聚乙烯或类似聚合物	SE_1	85

5 导体

导体是符合 GB/T 3956—2008 的第 1 种或第 2 种镀金属层或不镀金属层退火铜导体、或是铝或铝合金导体。第 2 种导体也可以是纵向阻水结构。

6 绝缘

6.1 材料

绝缘应为表 2 所列的一种挤包成型的介质。

6.2 绝缘厚度

绝缘标称厚度在表 5～表 7 中规定。

注：表 6 和表 7 中额定电压 6/6 kV、8.7/10 kV 电缆分别与 6/10 kV、8.7/15 kV 电缆结构完全相同，详见表 1 规定。

导体或绝缘外面的任何隔离层或半导电屏蔽层的厚度应不包括在绝缘厚度之中。

表 5 PVC/B 绝缘标称厚度

导体标称截面积/mm²	在额定电压 $U_0/U(U_m)$ 下的绝缘标称厚度/mm 3.6/6(7.2)kV
10～1 600	3.4

注 1：不推荐任何小于本表给出的导体截面。然而，如果需要更小截面的话，可用导体屏蔽来增加导体的直径（见 7.1）或增加绝缘厚度，以限制在试验电压下加于绝缘的最大电场强度不超过本表中给出的最小导体尺寸计算得出的场强值。

注 2：对大于 1 000 mm² 导体，可以增加绝缘厚度以避免安装和运行时的机械伤害。

表 6 交联聚乙烯（XLPE）绝缘标称厚度

导体标称截面积/mm²	在额定电压 $U_0/U(U_m)$ 下的绝缘标称厚度/mm				
	3.6/6(7.2)kV	6/6(7.2)kV，6/10(12)kV	8.7/10(12)kV，8.7/15(17.5)kV	12/20(24)kV	18/30(36)kV
10	2.5	—	—	—	—
16	2.5	3.4	—	—	—
25	2.5	3.4	4.5	—	—
35	2.5	3.4	4.5	5.5	—
50～185	2.5	3.4	4.5	5.5	8.0
240	2.6	3.4	4.5	5.5	8.0
300	2.8	3.4	4.5	5.5	8.0
400	3.0	3.4	4.5	5.5	8.0
500～1 600	3.2	3.4	4.5	5.5	8.0

注 1：不推荐任何小于本表给出的导体截面。然而，如果需要更小截面的话，可用导体屏蔽来增加导体的直径（见 7.1）或增加绝缘厚度，以限制在试验电压下加于绝缘的最大电场强度不超过本表中给出的最小导体尺寸计算得出的场强值。

注 2：对大于 1 000 mm² 导体，可以增加绝缘厚度以避免安装和运行时的机械伤害。

表 7　乙丙橡胶(EPR)和硬乙丙橡胶(HEPR)绝缘标称厚度

导体标称截面积/mm^2	额定电压 $U_0/U(U_m)$ 下的绝缘标称厚度/mm					
	3.6/6(7.2) kV		6/6(7.2) kV, 6/10(12) kV	8.7/10(12) kV, 8.7/15(17.5) kV	12/20(24) kV	18/30(36)kV
	无屏蔽	有屏蔽				
10	3.0	2.5	—	—	—	—
16	3.0	2.5	3.4	—	—	—
25	3.0	2.5	3.4	4.5	—	—
35	3.0	2.5	3.4	4.5	5.5	—
50～185	3.0	2.5	3.4	4.5	5.5	8.0
240	3.0	2.6	3.4	4.5	5.5	8.0
300	3.0	2.8	3.4	4.5	5.5	8.0
400	3.0	3.0	3.4	4.5	5.5	8.0
500～1 600	3.2	3.2	3.4	4.5	5.5	8.0

注 1：不推荐任何小于本表给出的导体截面。然而，如果需要更小截面的话，可用导体屏蔽来增加导体的直径(见7.1)，或增加绝缘厚度，以限制在试验电压下加于绝缘的最大电场强度不超过本表中给出的最小导体尺寸计算得出的场强值。

注 2：对大于 1 000 mm^2 导体，可以增加绝缘厚度以避免安装和运行时的机械伤害。

7　屏蔽

所有电缆的绝缘线芯上应有金属屏蔽，可以在单根绝缘线芯上也可在几根绝缘线芯上包覆金属屏蔽。

当单芯和三芯电缆绝缘线芯需要屏蔽时，应由导体屏蔽和绝缘屏蔽组成。除下列两种电缆外，其他电缆均应有屏蔽：

a)　额定电压 3.6/6(7.2)kV EPR 和 HEPR 绝缘电缆，若采用表 7 中绝缘厚度较大的一种结构时，可用无屏蔽结构；

b)　额定电压 3.6/6(7.2)kV PVC 绝缘电缆应采用无屏蔽结构。

7.1　导体屏蔽

导体屏蔽应是非金属的，由挤包的半导电料或在导体上先包半导电带再挤包半导电料组成。挤包的半导电料应和绝缘紧密结合。

7.2　绝缘屏蔽

绝缘屏蔽应由非金属半导电层与金属层组合而成。

每根绝缘线芯上应直接挤包与绝缘线芯紧密结合或可剥离的非金属半导电层。

然后对每根绝缘线芯或缆芯也可绕包一层半导电带或挤包半导电料。

金属屏蔽层应包覆在每根绝缘线芯或缆芯的外面，并应符合第 10 章的要求。

8　三芯电缆的缆芯、内衬层和填充

三芯电缆的缆芯与电缆的额定电压及每根绝缘线芯上有否金属屏蔽层有关。

下述 8.1～8.3 不适用于有护套单芯电缆成缆的缆芯。

8.1　内衬层与填充

8.1.1　结构

内衬层可以挤包或绕包。

圆形绝缘线芯电缆只有在绝缘线芯间的间隙被密实填充时，才应允许采用绕包内衬层。

挤包内衬层前允许用合适的带子扎紧。

8.1.2 材料

用于内衬层和填充物的材料应适合电缆的运行温度并和电缆绝缘材料相兼容。

8.1.3 挤包内衬层厚度

挤包内衬层的近似厚度应从表8中选取。

表8 挤包内衬层厚度

缆芯假设直径/mm		挤包内衬层厚度近似值/mm
—	≤25	1.0
>25	≤35	1.2
>35	≤45	1.4
>45	≤60	1.6
>60	≤80	1.8
>80	—	2.0

8.1.4 绕包内衬层厚度

缆芯假设直径为40 mm及以下时，绕包内衬层的近似厚度取0.4 mm；若缆芯假设直径大于40 mm，则绕包内衬层的近似厚度取0.6 mm。

8.2 具有统包金属层的电缆(见第9章)

电缆的缆芯外应包覆内衬层。内衬层和填充物应符合8.1规定。除纵向阻水型电缆外，内衬层应采用非吸湿材料。

如果电缆的每个绝缘线芯均采用半导电屏蔽并统包金属层时，其内衬层应采用半导电材料，填充物也可采用半导电材料。

8.3 具有分相金属层的电缆(见第10章)

各个绝缘线芯的金属层应相互接触。

若电缆分相金属屏蔽缆芯外具有另外的同样金属材料的统包金属层(见第9章)，电缆的缆芯外应包覆内衬层。内衬层和填充物应符合8.1要求。除纵向阻水型电缆外，内衬层和填充物应采用非吸湿材料。内衬层和填充物也可采用半导电材料。

当分相与统包金属层采用的金属材料不同时，应采用符合14.2中规定的任一种材料挤包隔离套将其隔开。对于铅套电缆，铅套与分相包覆的金属层之间的隔离，应采用符合8.1的内衬层。

若电缆没有统包金属层(见第9章)，只要电缆外形保持圆整，可以省略内衬层。

9 单芯或三芯电缆的金属层

本部分包括以下类型的金属层：

a) 金属屏蔽(见第10章)；

b) 同心导体(见第11章)；

c) 金属套(见第12章)；

d) 金属铠装(见第13章)。

金属层应由上述的一种或几种型式组成，包覆在单芯电缆上或三芯电缆的单独绝缘线芯上时应是非磁性的。

可以采取某些措施使金属层周围具有纵向阻水性能。

10 金属屏蔽

10.1 结构

金属屏蔽应由一根或多根金属带、金属编织、金属丝的同心层或金属丝与金属带的组合结构组成。

金属屏蔽可以是金属套或是在统包屏蔽情况下符合 10.2 要求的铠装。

选择金属屏蔽材料时,应特别考虑存在腐蚀的可能性,这不仅为了机械安全,而且也为了电气安全。

金属屏蔽绕包的搭盖和间隙应符合 10.2 要求。

10.2 要求

10.2.1 金属屏蔽中铜丝的电阻,适用时应符合 GB/T 3956—2008 要求。铜丝屏蔽的标称截面积应根据故障电流容量确定。

10.2.2 铜丝屏蔽由疏绕的软铜线组成,其表面应用反向绕包的铜丝或铜带扎紧,相邻铜丝的平均间隙应不大于 4 mm。

10.2.3 铜带屏蔽由一层重叠绕包的软铜带组成,也可采用双层软铜带间隙绕包。铜带间的平均搭盖率应不小于 15%(标称值),其最小搭盖率应不小于 5%。

软铜带应符合 GB/T 11091—2005 的规定。

铜带标称厚度为:

——单芯电缆:≥0.12 mm;

——三芯电缆:≥0.10 mm。

铜带的最小厚度应不小于标称值的 90%。

10.3 不带半导电层的金属屏蔽

额定电压为 3.6/6(7.2)kV 的 PVC、EPR 和 HEPR 绝缘的电缆,采用金属屏蔽时不需要有半导电层。

11 同心导体

11.1 结构

同心导体的间隙应符合 10.2.3 要求。

选用同心导体结构和材料时,应特别考虑腐蚀的可能性,这不仅为了机械安全,而且也为了电气安全。

11.2 要求

同心导体的尺寸、物理及其电阻值要求,应符合 10.2 要求。

11.3 使用

如要求采用同心导体结构,可在三芯电缆的内衬层外,对单芯电缆也可以直接在绝缘上、半导电绝缘屏蔽层上或适当的内衬层外包覆同心导体层。

12 金属套

12.1 铅套

铅套应采用铅或铅合金,并形成松紧适当的无缝铅管。

铅套的标称厚度应按下列公式计算:

a) 所有单芯电缆或缆芯:

$$t_{pb} = 0.03D_g + 0.8$$

b) 所有 8.7/15 kV 及以下扇形导体电缆:

$$t_{pb} = 0.03D_g + 0.6$$

c) 所有其他电缆:

$$t_{pb} = 0.03D_g + 0.7$$

式中：

t_{pb}——铅套标称厚度，单位为毫米(mm)；

D_g——铅套前假设直径，单位为毫米(mm)(按照附录 C 修约到一位小数)。

在所有情况下，最小标称厚度应为 1.2 mm。将计算值按照附录 C 修约到一位小数。

12.2 其他金属套

在考虑中。

13 金属铠装

13.1 金属铠装类型

本部分包括的铠装类型如下：

a) 扁金属线铠装；

b) 圆金属丝铠装；

c) 双金属带铠装。

13.2 材料

圆金属丝或扁金属丝应是镀锌钢丝，铜丝或镀锡铜丝，铝或铝合金丝。

金属带应是涂漆钢带、镀锌钢带、铝或铝合金带。钢带应采用工业等级的热轧或冷轧钢带。钢带应符合 YB/T 024—2008 规定。

在要求铠装钢丝层满足最小导电性的情况下，铠装层中允许包含足够的铜丝或镀锡铜丝，以确保达到要求。

选择铠装材料时，尤其是铠装作为屏蔽层时，应特别考虑腐蚀的可能性，这不仅为了机械安全，而且也为了电气安全。

除非采用特殊结构，用于交流系统的单芯电缆的铠装应采用非磁性材料。

注：用于交流系统的单芯电缆以磁性材料为主的铠装即使采用特殊结构，电缆载流量仍将大为降低，应慎重选用。

13.3 铠装的应用

13.3.1 单芯电缆

单芯电缆的铠装层下应有挤包的或绕包的内衬层，其厚度应符合 8.1.3 或 8.1.4 要求。

13.3.2 三芯电缆

三芯电缆需要铠装时，铠装应包覆在符合 8.1 规定的内衬层上。

13.3.3 隔离套

当铠装下的金属层与铠装材料不同时，应用 14.2 中规定的一种材料，挤包一层隔离套将其隔开。

隔离套应经受 GB/T 3048.10—2007 规定的火花试验。

如铅套电缆要求有铠装层时，应采用隔离套或包带垫层，并符合 13.3.4 规定。

如果在铠装层下采用隔离套，可以由其代替内衬层或附加在内衬层上。

在金属层外具有纵向阻水结构的电缆不需要采用隔离套。

隔离套的标称厚度 T_s(以 mm 计)应按下列公式计算：

$$T_s = 0.02D_u + 0.6$$

式中：

D_u——挤包该隔离套前的假设直径，单位为毫米(mm)。

计算按附录 A 所述进行，计算结果修约到 0.1 mm(见附录 C)。

非铅套电缆的隔离套标称厚度应不小于 1.2 mm，若隔离套直接挤包在铅套上，隔离套的标称厚度应不小于 1.0 mm。

13.3.4 铅套电缆铠装下的包带垫层

铅套涂层外的包带垫层应由浸渍纸带与复合纸带组成，或者由两层浸渍纸带与复合纸带外加一层或多层复合浸渍纤维材料组成。

垫层材料的浸渍剂可为沥青或其他防腐剂，对于金属丝铠装，这些浸渍剂不能直接涂敷到金属丝下。

也可采用合成材料带代替浸渍纸带。

铅套与铠装之间的包带垫层在铠装后的总厚度的近似值应为 1.5 mm。

13.4 铠装金属丝和铠装金属带的尺寸

铠装金属丝和铠装金属带应优先采用下列标称尺寸：

——圆金属丝：直径 0.8 mm，1.25 mm，1.6 mm，2.0 mm，2.5 mm，3.15 mm；

——扁金属线：厚度 0.8 mm；

——钢带：厚度 0.2 mm，0.5 mm，0.8 mm；

——铝或铝合金带：厚度 0.5 mm，0.8 mm。

13.5 电缆直径与铠装层尺寸的关系

铠装圆金属丝的标称直径和铠装金属带的标称厚度应分别不小于表 9 和表 10 规定的数值。

表 9 铠装圆金属丝标称直径

铠装前假设直径/mm		铠装金属丝标称直径/mm
—	≤10	0.8
>10	≤15	1.25
>15	≤25	1.6
>25	≤35	2.0
>35	≤60	2.5
>60	—	3.15

表 10 铠装金属带标称厚度

铠装前假设直径/mm		金属带标称厚度/mm	
		钢带或镀锌钢带	铝或铝合金带
—	≤30	0.2	0.5
>30	≤70	0.5	0.5
>70	—	0.8	0.8

铠装前电缆假设直径大于 15 mm 的电缆，扁金属线的标称厚度应取 0.8 mm。电缆假设直径为 15 mm 及以下时，不应采用扁金属线铠装。

13.6 圆金属丝或扁金属线铠装

金属丝铠装应紧密，即使相邻金属丝间的间隙很小。必要时，可在扁金属线铠装和圆金属丝铠装外疏绕一条最小标称厚度为 0.3 mm 的镀锌钢带，钢带厚度的偏差应符合 17.7.3 规定。

13.7 双层金属带铠装

采用金属带铠装和符合 8.1 规定的内衬层时，其内衬层应采用包带垫层加强。如果铠装金属带厚度为 0.2 mm，内衬层和附加包带垫层的总厚度应按 8.1 的规定值再加 0.5 mm；如果铠装金属带厚度大于 0.2 mm，内衬层和附加包带垫层的总厚度应按 8.1 的规定值再加 0.8 mm。

内衬层和附加包带垫层的总厚度不应小于规定值的 80%再减 0.2 mm。

如果有隔离套或挤包的内衬层并且满足 13.3.3 规定时，则不要求加包带垫层。

金属带铠装应螺旋绕包两层，使外层金属带的中线大致在内层金属带的间隙上方，包带间隙应不大于金属带宽度的50%。

14 外护套

14.1 概述

所有电缆都应具有外护套。

外护套通常为黑色，但也可以按照制造方和买方协议采用黑色以外的其他颜色，以适应电缆使用的特定环境。

外护套应经受GB/T 3048.10—2007规定的火花试验。

注：紫外稳定性试验(UV stability test)在考虑中。

14.2 材料

外护套应为热塑性材料(聚氯乙烯或聚乙烯)或弹性体护套料(聚氯丁烯、氯磺化聚乙烯或类似聚合物)。

外护套材料应与表4中规定的电缆运行温度相适应。

在特殊条件下(例如为了防白蚁)使用的外护套，可能有必要使用化学添加剂，但这些添加剂不应包括对人类及环境有害的材料。

注：例如添加剂不希望采用的材料包括[1)]：

——氯甲桥萘(艾氏剂)：1、2、3、4、10、10-六氯代-1、4、4a、5、8、8a-六氢化-1、4、5、8-二甲桥萘；

——氧桥氯甲桥萘(狄氏剂)：1、2、3、4、10、10-六氯代-6、7-环氧-1、4、4a、5、6、7、8、8a-八氢-1、4、5、8-二甲桥萘；

——六氯化苯(高丙体六六六)：1、2、3、4、5、6-六氯代-环乙烷γ异构体。

14.3 厚度

若无其他规定，挤包外护套标称厚度值t_s(以mm计)应按下列公式计算：

$$t_s = 0.035D + 1.0$$

式中：

D——挤包护套前电缆的假设直径，单位为毫米(mm)(见附录A)。

按上式计算出的数值应修约到0.1 mm(见附录C)。

无铠装的电缆和护套不直接包覆在铠装、金属屏蔽或同心导体上的电缆，其单芯电缆护套的标称厚度应不小于1.4 mm，多芯电缆护套的标称厚度应不小于1.8 mm。

护套直接包覆在铠装、金属屏蔽或同心导体上的电缆，护套的标称厚度应不小于1.8 mm。

15 试验条件

15.1 环境温度

除非另有规定，试验应在环境温度(20±15)℃下进行。

15.2 工频试验电压的频率和波形

工频试验电压的频率应在49 Hz～61 Hz范围；波形应基本上为正弦波，引用值为有效值。

15.3 冲击试验电压的波形

按GB/T 3048.13—2007，冲击波应具有有效波前时间1 μs～5 μs，标称半峰值时间40 μs～60 μs。其他方面应符合GB/T 16927.1—1997。

16 例行试验

16.1 概述

例行试验通常应在每一根电缆制造长度上进行(见3.2.1)。根据购买方和制造方达成的质量控制协议，可以减少试验电缆的根数或采用其他的试验方法。

1) 来源：《工业材料中的危险品》N. I. Sax，第五版，Van Nostrand Reinhold，ISBN 0-442-27373-8。

本部分规定的例行试验为：

a）导体电阻测量(见16.2)；

b）在带有符合7.1和7.2规定的导体屏蔽和绝缘屏蔽的电缆绝缘线芯上进行的局部放电试验(见16.3)；

c）电压试验(见16.4)。

16.2 导体电阻

应对例行试验中的每一根电缆长度的所有导体进行电阻测量，若有同心导体也包括在内。

成品电缆或从成品电缆上取下的试样，试验前应在保持适当温度的试验室内至少存放12 h。若怀疑导体温度是否与室温一致，电缆应在试验室内存放24 h后测量。也可将导体试样放在温度可以控制的液体槽内至少1 h后测量电阻。

电阻测量值应按GB/T 3956—2008给出的公式和系数校正到20 ℃下1 km长度的数值。

每一根导体20 ℃时的直流电阻应不超过GB/T 3956—2008规定的相应的最大值。标称截面积适用时，同心导体的电阻也应符合GB/T 3956—2008规定。

16.3 局部放电试验

应按GB/T 3048.12—2007进行局部放电试验，试验灵敏度应为10 pC或更优。

三芯电缆的所有绝缘线芯都应试验，电压施加于每一根导体和金属屏蔽之间。

试验电压应逐渐升高到$2U_0$并保持10 s，然后缓慢降到$1.73U_0$。

在$1.73U_0$下，应无任何由被试电缆产生的超过声明试验灵敏度的可检测到的放电。

注：被试电缆的任何放电都可能有害。

16.4 电压试验

16.4.1 概述

电压试验应在环境温度下采用工频交流电压进行。

16.4.2 单芯电缆试验步骤

单芯电缆的试验电压应施加在导体与金属屏蔽之间，持续5 min。

16.4.3 三芯电缆试验步骤

对分相金属屏蔽的三芯电缆，应在每一根导体与金属屏蔽层之间施加电压，持续5 min。

对不分相金属屏蔽的三芯电缆，应依次在每一根绝缘导体对其他所有导体及统包金属屏蔽层之间施加试验电压，持续5 min。

三芯电缆也可采用三相变压器，一次完成试验。

16.4.4 试验电压

工频试验电压应为$3.5U_0$，对应额定电压的单相试验电压值见表11。

表11 例行试验电压

额定电压U_0/kV	3.6	6	8.7	12	18
试验电压/kV	12.5	21	30.5	42	63

若用三相变压器同时对三芯电缆进行电压试验，相间试验电压应取表11所列数据的1.73倍。

在任何情况下，电压都应逐渐升高到规定值。

16.4.5 要求

绝缘应无击穿。

17 抽样试验

17.1 概述

本部分要求的抽样试验包括：

a) 导体检查(见 17.4);

b) 尺寸检查(见 17.5~17.8);

c) 额定电压高于 3.6/6(7.2)kV 电缆的电压试验(见 17.9);

d) EPR、HEPR 和 XLPE 绝缘及弹性体护套的热延伸试验(见 17.10)。

17.2 抽样试验的频度

17.2.1 导体检查和尺寸检查

导体检查,绝缘和护套厚度测量以及电缆外径的测量应在每批同一型号和规格电缆中的一根制造长度的电缆上进行,但应限制不超过合同长度数量的 10%。

17.2.2 电气和物理试验

电气和物理试验应按商定的质量控制协议,在取自成品电缆的样品上进行试验。若无协议,在三芯电缆总长度大于 2 km 或单芯电缆总长度大于 4 km 时,应按表 12 数量进行试验。

表 12 抽样试验样品数量

电缆长度/km				样品数
多芯电缆		单芯电缆		
>2	≤10	>4	≤20	1
>10	≤20	>20	≤40	2
>20	≤30	>40	≤60	3
余类推		余类推		余类推

17.3 复试

如果任一试样没有通过第 17 章的任一项试验,应从同一批中再取两个附加试样就不合格项目重新试验。如果两个附加试样都合格,样品所取批次的电缆应认为符合本部分要求。如果加试样品中有一个试样不合格,则认为抽取该试样的这批电缆不符合本部分要求。

17.4 导体检查

应采用检查或可行的测量方法检查导体结构是否符合 GB/T 3956—2008 要求。

17.5 绝缘和非金属护套厚度的测量(包括挤包隔离套,但不包括挤包内衬层)

17.5.1 概述

试验方法应符合 GB/T 2951.11—2008 第 8 章规定。

为试验而选取的每根电缆长度应从电缆的一端截取一段来代表,如果必要,应将可能损伤的部分电缆先从该端截除。

17.5.2 对绝缘的要求

每一段绝缘线芯,最小测量值应不低于规定标称值的 90% 再减 0.1 mm,即:

$$t_{min} \geqslant 0.9t_n - 0.1$$

同时:

$$\frac{t_{max} - t_{min}}{t_{max}} \leqslant 0.15$$

式中:

t_{max}——最大厚度,单位为毫米(mm);

t_{min}——最小厚度,单位为毫米(mm);

t_n——标称厚度,单位为毫米(mm)。

注:t_{max} 和 t_{min} 在同一截面测得。

17.5.3 对非金属护套要求

护套应符合下列要求:

a) 对于非铠装电缆和护套不直接包覆在铠装、金属屏蔽或同心导体上的电缆，其最小测量值应不低于标称值的85%再减0.1 mm，即：

$$t_{min} \geqslant 0.85t_n - 0.1$$

b) 直接包覆在铠装、金属屏蔽或同心导体上的护套，其最小测量值应不低于标称值的80%再减0.2 mm，即：

$$t_{min} \geqslant 0.8t_n - 0.2$$

17.6 铅套厚度测量

根据制造方的意见应采用下列方法之一测量铅套最小厚度。铅套厚度应不低于规定标称值的95%再减0.1 mm，即：

$$t_{min} \geqslant 0.95t_n - 0.1$$

注：其他类型金属套厚度测量方法在考虑中。

17.6.1 窄条法

应使用测量头平面直径为4 mm～8 mm的千分尺测量，测量精度为±0.01 mm。

测量应在取自成品电缆上的50 mm长的护套试样进行。试样应沿轴向剖开并仔细展平。将试样擦拭干净后，应沿展平的试样的圆周方向距边缘至少10 mm进行测量。应测取足够多的数值，以保证测量到最小厚度。

17.6.2 圆环法

应使用具有一个平测头和一个球形测头的千分尺，或具有一个平测头和一个长为2.4 mm、宽为0.8 mm的矩形平测头的千分尺进行测量。测量时球形测头或矩形测头应置于护套环的内侧。千分尺的精度应为±0.01 mm。

测量应在从样品上仔细切下的环形护套上进行。应沿着圆周上测量足够多的点，以保证测量到最小厚度。

17.7 铠装金属丝和金属带的测量

17.7.1 金属丝的测量

应使用具有两个平测头精度为±0.01 mm的千分尺来测量圆金属丝的直径和扁金属线的厚度。对圆金属丝应在同一截面上两个互成直角的位置上各测量一次，取两次测量的平均值作为金属丝的直径。

17.7.2 金属带的测量

应使用具有两个直径为5 mm平测头、精度为±0.01 mm的千分尺进行测量。对带宽为40 mm及以下的金属带应在宽度中央测其厚度；对更宽的带子应在距其每一边缘20 mm处测量，取其平均值作为金属带厚度。

17.7.3 要求

铠装金属丝和金属带的尺寸低于13.5中给出标称尺寸的量值应不超过：

——圆金属丝：5%；

——扁金属线：8%；

——金属带：10%。

17.8 外径测量

如果抽样试验中要求测量电缆外径，应按GB/T 2951.11—2008规定进行。

17.9 4 h电压试验

本试验仅适用于额定电压3.6/6(7.2)kV以上的电缆。

17.9.1 取样

试验终端之间的一根成品电缆长度应至少为5 m。

17.9.2 步骤

在环境温度下，每一导体与金属层间应施加工频电压 4 h。

17.9.3 试验电压

试验电压应为 $4U_0$。对应于标准额定电压的试验电压值列于表 13。

表 13 抽样试验电压

额定电压 U_0/kV	6	8.7	12	18
试验电压/kV	24	35	48	72

试验电压应逐渐升高到规定值，并持续 4 h。

17.9.4 要求

绝缘应不发生击穿。

17.10 EPR、HEPR 和 XLPE 绝缘和弹性体护套热延伸试验

17.10.1 步骤

取样和试验步骤应按 GB/T 2951.21—2008 第 9 章进行。试验条件列于表 19 和表 23。

17.10.2 要求

EPR、HEPR 和 XLPE 绝缘的试验结果应符合表 19 要求，SE_1 护套应符合表 23 要求。

18 电气型式试验

具有特定电压和导体截面的一种型式的电缆通过了本部分的型式试验后，对于具有其他导体截面和/或额定电压的电缆型式批准仍然有效，只要满足下列三个条件：

a) 绝缘和半导电屏蔽材料以及所采用的制造工艺相同；

b) 导体截面积不大于已试电缆，但是如果已试电缆的导体截面积为 95 mm^2～630 mm^2（含）之间，那么 630 mm^2 及以下的所有电缆也有效；

c) 额定电压不高于已试电缆。

型式批准与导体材料无关。

18.1 具有导体屏蔽和绝缘屏蔽的电缆

应从成品电缆中取 10 m～15 m 长的电缆试样按 18.1.1 进行试验。

除 18.1.2 的例外，所有 18.1.1 所列的试验应依次在同一试样上进行。

三芯电缆的每项试验或测量应在所有绝缘线芯上进行。

18.1.9 规定的半导电屏蔽电阻率测量，应在另外的试样上进行。

18.1.1 试验顺序

正常试验的顺序应如下：

a) 弯曲试验及随后的局部放电试验（见 18.1.4）；

b) $\tan\delta$ 测量（见 18.1.2 和见 18.1.5）；

c) 加热循环试验及随后的局部放电试验（见 18.1.6）；

d) 冲击电压试验及随后的工频电压试验（见 18.1.7）；

e) 4 h 电压试验（见 18.1.8）。

18.1.2 特殊条款

$\tan\delta$ 测量可以在没有按 18.1.1 正常试验顺序做过试验的另一个试样进行。

额定电压低于 6/10(12)kV 的电缆，不需要进行 $\tan\delta$ 测量。

试验项目 e)可取一个新的试样进行，但该试样应预先进行过 18.1.1 中的 a)项和 c)项试验。

18.1.3 弯曲试验

在室温下试样应围绕试验圆柱体（例如线盘的筒体）至少绕一整圈，然后松开展直，再在相反方向上

重复此过程。

此操作循环应进行三次。

试验圆柱体的直径应为：

——铅套或纵包复合金属箔电缆：

$25(d+D)\pm5\%$　　单芯电缆；

$20(d+D)\pm5\%$　　三芯电缆。

——其他类型电缆：

$20(d+D)\pm5\%$　　单芯电缆；

$15(d+D)\pm5\%$　　三芯电缆。

式中：

D——电缆试样实测外径，单位为毫米(mm)，按 17.8 测量；

d——导体的实测直径，单位为毫米(mm)。

如果导体不是圆形：

$$d = 1.13\sqrt{S}$$

式中：

S——标称截面，单位为平方毫米(mm^2)。

本试验完成后，试样应即进行局部放电试验，并应符合 18.1.4 要求。

18.1.4 局部放电试验

应按 GB/T 3048.12—2007 进行局部放电试验，试验灵敏度应为 5 pC 或更优。

三芯电缆的所有绝缘线芯都应试验，电压施加于每一根导体和金属屏蔽之间。

试验电压逐渐升高到 $2U_0$ 并保持 10 s，然后缓慢降到 $1.73U_0$。

在 $1.73U_0$ 下，应无任何由被试电缆产生的超过声明试验灵敏度的可检测到的放电。

注：被试电缆的任何放电都可能有害。

18.1.5 额定电压 6/10(12) kV 及以上电缆的 tanδ 测量

成品电缆试样应采用下述方法之一加热：试样应放置在液体槽或烘箱中，或者在试样的金属屏蔽层或导体或两者都通电流加热。

试样应加热至导体温度超过电缆正常运行时导体最高温度 5 ℃～10 ℃。

每一方法中，导体的温度应或者通过测量导体电阻确定，或者用放在液体槽、烘箱内或放在屏蔽层表面上，或放在与被测电缆相同的另一根同样加热的参照电缆上的测温装置进行测量。

在交流电压不低于 2 kV 和上述规定温度下进行 tanδ 测量。

测量值应不高于表 15 规定。

18.1.6 热循环试验

经过上述各项试验后的试样应在试验室的地面上展开，并在试样导体上通以电流加热，直至导体达到稳定温度，此温度应超过电缆正常运行时导体最高温度 5 ℃～10 ℃。

三芯电缆的加热电流应通过所有导体。

加热循环应持续至少 8 h，在每一加热过程中，导体应在达到规定温度后至少维持 2 h。随后应在空气中自然冷却至少 3 h，使导体温度不超过环境温度 10 K。

此循环应重复 20 次。

第 20 个循环后，试样应进行局部放电试验并应符合 18.1.4 要求。

18.1.7 冲击电压试验及随后的工频电压试验

试验应在超过电缆正常运行时导体最高温度 5 ℃～10 ℃的温度下进行。

按 GB/T 3048.13—2007 规定的步骤施加冲击电压，其电压峰值列于表 14。

表 14 冲击电压

额定电压 U/kV	6	10	15	20	30
试验电压(峰值)/kV	60	75	95	125	170

电缆的每一个绝缘线芯应耐受 10 次正极性和 10 次负极性冲击电压而不击穿。

在冲击电压试验后,电缆试样的每一绝缘线芯应在室温下进行工频电压试验 15 min。试验电压应按表 11 规定。绝缘应不发生击穿。

18.1.8 4 h 电压试验

本试验应在室温下进行。应在试样的导体和屏蔽之间施加工频交流电压 4 h。

试验电压应为 $4U_0$,试验电压值见表 13。电压应逐渐升高至规定值。绝缘应不发生击穿。

18.1.9 半导电屏蔽电阻率

挤包在导体上的和绝缘上的半导电屏蔽的电阻率,应在取自电缆绝缘线芯上的试样上进行测量,绝缘线芯应分别取自制造好的电缆样品和进行过按 19.5 规定的材料相容性试验老化处理后的电缆样品。

18.1.9.1 步骤

试验步骤应按附录 D。

应在电缆正常运行时导体最高温度±2 ℃范围内进行测量。

18.1.9.2 要求

在老化前和老化后,电阻率应不超过下列数值:

——导体屏蔽:1 000 Ω·m;

——绝缘屏蔽:500 Ω·m。

18.2 额定电压为 3.6/6(7.2)kV 无绝缘屏蔽的电缆

在长度为 10 m~15 m 成品电缆试样的每一绝缘线芯上依次进行下列试验:

a) 环境温度下的绝缘电阻(见 18.2.1);

b) 电缆正常运行时导体最高温度下的绝缘电阻(见 18.2.2);

c) 4 h 电压试验(见 18.2.3)。

还应从成品电缆上另取一段 10 m~15 m 试样进行冲击电压试验(见 18.2.4)。

18.2.1 环境温度下绝缘电阻测量

18.2.1.1 步骤

试验应在未经过任何其他电气试验的一段试样上进行。

试验前应除去所有外护层,并将绝缘线芯浸在室温水中至少 1 h。

直流试验电压应为 80 V~500 V,为了达到合理稳定的测量,应施加足够时间的电压,但不能少于 1 min,也不能超过 5 min。

测量应在每一根导体与水之间进行。

若有要求,测量可在(20±1)℃下进一步证实。

18.2.1.2 计算

按下列公式用测量得到的绝缘电阻计算体积电阻率。

$$\rho = \frac{2 \times \pi \times L \times R}{\ln(D/d)}$$

式中:

ρ——体积电阻率,单位为欧姆厘米(Ω·cm);

R——测量得到的绝缘电阻值,单位为欧姆(Ω);

L——电缆长度,单位为厘米(cm);

D——绝缘外径,单位为毫米(mm);

d——绝缘内径,单位为毫米(mm)。

用下列公式也可以计算"绝缘电阻常数 K_i",以 MΩ·km 表示。

$$K_i = \frac{L \times R \times 10^{-11}}{\lg(D/d)} = 10^{-11} \times 0.367 \times \rho$$

注:对于成型导体的绝缘线芯,比值 D/d 是绝缘表面周长与导体表面周长之比。

18.2.1.3 **要求**

从测量值得出的计算值应不小于表 15 的规定值。

18.2.2 **导体最高温度下绝缘电阻的测量**

18.2.2.1 **步骤**

电缆试样的绝缘线芯在试验前应浸在温度为电缆正常运行时导体最高温度±2 ℃的水中至少 1 h。

直流试验电压应为 80 V~500 V,为了达到合理稳定的测量,应施加足够时间的电压,但不能少于 1 min,也不能超过 5 min。

测量应在每一根导体与水之间进行。

18.2.2.2 **计算**

体积电阻率和(或)绝缘电阻常数可由绝缘电阻用 18.2.1.2 的公式计算得到。

18.2.2.3 **要求**

从测量值计算出的数据应不小于表 15 的规定值。

18.2.3 **4 h 电压试验**

18.2.3.1 **步骤**

电缆试样的各个绝缘线芯应浸入室温水中至少 1 h 后进行试验。

在导体与水之间施加 $4U_0$ 的工频电压,试验电压值见表 13。电压应逐渐升高并持续 4 h。

18.2.3.2 **要求**

绝缘应不发生击穿。

18.2.4 **冲击电压试验**

18.2.4.1 **步骤**

试验应在超过电缆正常运行时导体最高温度 5 ℃~10 ℃下进行。

按 GB/T 3048.13—2007 规定的步骤施加冲击电压,其电压峰值应为 60 kV。

冲击试验应依次在每相导体和其他各相导体与地连接之间施加电压。

18.2.4.2 **要求**

电缆的每一个绝缘线芯应耐受 10 次正极性和 10 次负极性冲击电压而不击穿。

19 非电气型式试验

本部分要求的非电气型式试验项目见表 16。

19.1 绝缘厚度测量

19.1.1 **取样**

应从每一根绝缘线芯上各取一个样品。

19.1.2 **步骤**

应按 GB/T 2951.11—2008 的 8.1 进行测量。

19.1.3 **要求**

见 17.5.2。

19.2 非金属护套厚度测量(包括挤包隔离套,但不包括内衬层)

19.2.1 **取样**

应取一个电缆试样。

19.2.2 步骤

应按 GB/T 2951.11—2008 中 8.2 进行测量。

19.2.3 要求

见 17.5.3。

19.3 老化前后绝缘的机械性能试验

19.3.1 取样

应按 GB/T 2951.11—2008 中 9.1 取样和制备试片。

19.3.2 老化处理

老化处理应在表 17 规定的条件下，按 GB/T 2951.12—2008 的 8.1 进行。

19.3.3 预处理和机械性能试验

应按 GB/T 2951.11—2008 中 9.1 进行试片的预处理和机械性能试验。

19.3.4 要求

试片老化前和老化后的试验结果均应符合表 17 要求。

19.4 非金属护套老化前后的机械性能试验

19.4.1 取样

应按 GB/T 2951.11—2008 中 9.2 取样和制备试片。

19.4.2 老化处理

老化处理应在表 20 规定的条件下，按 GB/T 2951.12—2008 中 8.1 进行。

19.4.3 预处理和机械性能试验

应按 GB/T 2951.11—2008 中 9.2 进行试片的预处理和机械性能试验。

19.4.4 要求

试片老化前和老化后的试验结果均应符合表 20 要求。

19.5 成品电缆段的附加老化试验

19.5.1 概述

本试验旨在检验电缆绝缘和非金属护套与电缆中的其他材料接触有无造成运行中劣化倾向。

本试验适用于任何类型的电缆。

19.5.2 取样

应按 GB/T 2951.12—2008 中 8.1.4 从成品电缆上截取试样。

19.5.3 老化处理

电缆样品的老化处理应按 GB/T 2951.12—2008 中 8.1.4，在空气烘箱中进行。老化条件如下：

——温度：高于电缆正常运行时导体最高温度（见表 17）10 ℃±2 ℃；

——周期：7×24 h。

19.5.4 机械性能试验

取自老化后电缆段试样的绝缘和护套试片，应按 GB/T 2951.12—2008 中 8.1.4 进行机械性能试验。

19.5.5 要求

老化前和老化后抗张强度与断裂伸长率中间值的变化率（见 19.3 和 19.4）应不超过空气烘箱老化后的规定值。绝缘的规定值见表 17，非金属护套的规定值见表 20。

19.6 ST_2 型 PVC 护套失重试验

19.6.1 步骤

应按 GB/T 2951.32—2008 中 8.2 取样和进行试验。

19.6.2 要求

试验结果应符合表 21 规定。

19.7 绝缘和非金属护套的高温压力试验

19.7.1 步骤

高温压力试验应按 GB/T 2951.31—2008 第 8 章的试验方法及表 18、表 21 和表 22 给出的试验条件进行。

19.7.2 要求

试验结果应符合 GB/T 2951.31—2008 第 8 章要求。

19.8 PVC 绝缘和护套的低温性能试验

19.8.1 步骤

应按 GB/T 2951.14—2008 第 8 章取样和进行试验，试验温度见表 18 和表 21。

19.8.2 要求

试验结果应符合 GB/T 2951.14—2008 第 8 章要求。

19.9 PVC 绝缘和护套抗开裂试验(热冲击试验)

19.9.1 步骤

应按 GB/T 2951.31—2008 第 9 章取样和进行试验，试验温度和加热持续时间见表 18 和表 21。

19.9.2 要求

试验结果应符合 GB/T 2951.31—2008 第 9 章要求。

19.10 EPR 和 HEPR 绝缘耐臭氧试验

19.10.1 步骤

应按 GB/T 2951.21—2008 第 8 章取样和进行试验。臭氧浓度和试验持续时间应符合表 19 规定。

19.10.2 要求

试验结果应符合 GB/T 2951.21—2008 第 8 章要求。

19.11 EPR、HEPR 和 XLPE 绝缘和弹性体护套的热延伸试验

应按 17.10 取样和进行试验，并符合 17.10 要求。

19.12 弹性体护套的浸油试验

19.12.1 步骤

应按 GB/T 2951.21—2008 第 10 章取样和进行试验，试验条件应符合表 23。

19.12.2 要求

试验结果应符合表 23 要求。

19.13 绝缘吸水试验

19.13.1 步骤

应按 GB/T 2951.13—2008 的 9.1 或 9.2 取样和进行试验。试验条件应分别符合表 18 或表 19 要求。

19.13.2 要求

试验结果应符合表 18 或表 19 要求。

19.14 单根电缆的不延燃试验

本试验仅适用于 ST_1、ST_2 或 SE_1 材料护套电缆，且仅有特别要求时才进行。

应按 GB/T 18380.12—2008 规定的方法进行试验并符合其要求。

19.15 黑色 PE 护套碳黑含量测定

19.15.1 步骤

应按 GB/T 2951.41—2008 第 11 章取样和进行试验。

19.15.2 要求

试验结果应符合表 22 要求。

19.16 XLPE 绝缘收缩试验

19.16.1 步骤

应按 GB/T 2951.13—2008 第 10 章取样和进行试验，试验条件应符合表 19。

19.16.2 要求

试验结果应符合表 19 规定。

19.17 PVC 绝缘热稳定性试验

19.17.1 步骤

应按 GB/T 2951.32—2008 第 9 章取样和进行试验，试验条件应符合表 18 规定。

19.17.2 要求

试验结果应符合表 18 要求。

19.18 HEPR 绝缘硬度测量

19.18.1 步骤

应按附录 E 取样和进行测量。

19.18.2 要求

试验结果应符合表 19 要求。

19.19 HEPR 绝缘弹性模量测定

19.19.1 步骤

应按 GB/T 2951.11—2008 第 9 章取样、制备试片和进行测定。

应测量伸长为 150%时所需的负荷。相应的应力应用测得的负荷除以试片未拉伸前的截面积计算得到。应确定应力与应变的比值，以得到伸长率为 150%时的弹性模量。

弹性模量应取全部测量结果的中间值。

19.19.2 要求

试验结果应符合表 19 要求。

19.20 PE 外护套收缩试验

19.20.1 步骤

应按 GB/T 2951.13—2008 第 11 章取样和进行试验，试验条件应符合表 22。

19.20.2 要求

试验结果应符合表 22 要求。

19.21 绝缘屏蔽的可剥离性试验

当制造方声明采用的挤包半导电绝缘屏蔽为可剥离型时，应进行本试验。

19.21.1 步骤

试验应在老化前和老化后的样品上各进行三次，可在三个单独的电缆试样上进行试验，也可在同一个电缆试样上沿圆周方向彼此间隔约 120°的三个不同位置上进行试验。

应从老化前和按 19.5.3 老化后的被试电缆上取下长度至少 250 mm 的绝缘线芯。

在每一个试样的挤包绝缘屏蔽表面上从试样的一端到另一端向绝缘纵向切割成两道彼此相隔宽(10±1)mm 相互平行的深入绝缘的切口。

沿平行于绝缘线芯方向(也就是剥切角近似于 180°)拉开长 50 mm、宽 10 mm 的条形带后，将绝缘线芯垂直地装在拉力机上，用一个夹头夹住绝缘线芯的一端，而 10 mm 条形带，夹在另一个夹头上。

施加使 10 mm 条形带从绝缘分离的拉力，拉开至少 100 mm 长的距离。应在剥离角近似 180°和速度为(250±50)mm/min 条件下测量拉力。

试验应在(20±5)℃温度下进行。

对未老化和老化后的试样应连续地记录其剥离力的数值。

19.21.2 要求

从老化前后的试样绝缘上剥下挤包半导电屏蔽的剥离力应不小于 4 N 和不大于 45 N。

绝缘表面应无损伤及残留的半导电屏蔽痕迹。

19.22 透水试验

当制造方声称采用了纵向阻水屏障电缆的设计时，应进行透水试验。本试验的目的是满足地下埋设电缆的要求，而不适用于水底电缆。

本试验用于下列电缆设计：

a) 在金属层附近具有纵向阻水屏障；

b) 沿着导体具有纵向阻水屏障。

试验装置、取样和试验步骤应按附录 F 规定。

20 安装后电气试验

试验应在电缆及其附件安装完成后进行。

推荐按照 20.1 进行外护套的直流电压试验，并在有要求时按照 20.2 进行绝缘试验。对于只进行外护套的直流电压试验的情况，可以用买方和供方认可的质量保证程序代替绝缘试验。

20.1 外护套的直流电压试验

应在电缆的每相金属套或金属屏蔽与接地之间施加 IEC 60229:2007 第 5 章规定的直流电压及持续时间。

为了有效试验，有必要使外护套的全部外表面接地良好。外护套上的导电层能够帮助达到此目的。

20.2 绝缘试验

20.2.1 交流电压试验

按供方与买方协议，可以采用下列 a)项或 b)项工频电压试验：

a) 在导体与金属屏蔽间施加系统的相间电压，持续 5 min；

b) 施加正常系统电压，持续 24 h。

20.2.2 直流电压试验

作为交流电压试验的替代，可以采用直流电压 $4U_0$，施加 15 min。

注 1：直流电压试验可能对被试绝缘系统造成危险。其他试验方法在考虑中。

注 2：对已运行的电缆线路，可采用较低的电压和/或较短的时间进行试验。试验的电压和时间应考虑已运行的时间、环境条件、击穿历史以及试验的目的，经协商确定。

21 电缆产品的补充条款

电缆产品的补充条款包括电缆型号和产品表示方法、产品验收规则、成品电缆标志、电缆包装、运输和贮存，以及安装条件，详见附录 B。

表 15 绝缘混合料的电气型式试验要求

序号	试验项目和试验条件 (混合料代号见 4.2)	单 位	性能要求		
			PVC/B	EPR/HEPR	XLPE
0	正常运行时导体最高温度(见 4.2)	℃	70	90	90
1	体积电阻率 ρ[a]				
1.1	——20 ℃(见 18.2.1)	Ω·cm	10^{14}	—	—
1.2	——正常运行时导体最高温度(见 18.2.2)	Ω·cm	10^{11}	10^{12}	—
2	绝缘电阻常数 K_i[a]				
2.1	——20 ℃(见 18.2.1)	MΩ·km	367	—	—

表 15（续）

序号	试验项目和试验条件 （混合料代号见 4.2）	单位	性能要求		
			PVC/B	EPR/HEPR	XLPE
2.2	——正常运行时导体最高温度（见 18.2.2）	MΩ·km	0.37	3.67	—
3	tanδ（见 18.1.5） ——超过正常运行时导体最高温度 5 ℃～10 ℃，tanδ 最大值		—	400×10^{-4}	80×10^{-4}
[a] 用于按第 7 章 a）项和 b）项的额定电压 3.6/6(7.2)kV PVC、EPR 和 HEPR 绝缘无屏蔽电缆。					

表 16　非电气型式试验（见表 17～表 23）

序号	试验项目 （混合料代号见 4.2 和 4.3）	绝缘				护套				
		PVC/B	EPR	HEPR	XLPE	PVC		PE		SE_1
						ST_1	ST_2	ST_3	ST_7	
1	尺寸									
1.1	厚度测量	×	×	×	×	×	×	×	×	×
2	机械性能（抗张强度和断裂伸长率）									
2.1	老化前	×	×	×	×	×	×	×	×	×
2.2	空气烘箱老化后	×	×	×	×	×	×	×	×	×
2.3	成品电缆段老化	×	×	×	×	×	×	×	×	×
2.4	浸入热油后	—	—	—	—	—	—	—	—	×
3	热塑性能									
3.1	高温压力试验（凹痕）	×	—	—	—	×	×	—	×	—
3.2	低温性能	×	—	—	—	×	×	—	—	—
4	其他各类试验									
4.1	空气烘箱内的失重试验	—	—	—	—	—	×	—	—	—
4.2	热冲击试验（开裂）	×	—	—	—	×	×	—	—	—
4.3	耐臭氧试验	—	×	×	—	—	—	—	—	—
4.4	热延伸试验	—	×	×	×	—	—	—	—	×
4.5	不延燃试验（若需要）	—	—	—	—	×	×	—	—	×
4.6	吸水试验	×	×	×	×	—	—	—	—	—
4.7	热稳定试验	×	—	—	—	—	—	—	—	—
4.8	收缩试验	—	—	—	×	—	—	×	×	—
4.9	碳黑含量[a]	—	—	—	—	—	—	×	×	—
4.10	硬度试验	—	—	×	—	—	—	—	—	—
4.11	弹性模量试验	—	—	×	—	—	—	—	—	—
4.12	可剥离试验[b]									
4.13	透水试验[c]									
注：×表示型式试验项目。										
[a] 仅对黑色外护套适用。 [b] 用于制造方拟采用可剥离绝缘屏蔽电缆的设计中。 [c] 用于制造方拟采用纵向阻水屏障电缆的设计中。										

表 17 绝缘混合料机械性能试验要求(老化前后)

序号	试验项目 (混合料代号见 4.2)	单位	PVC/B	EPR	HEPR	XLPE
0	电缆正常运行时导体最高温度(见 4.2)	℃	70	90	90	90
1	老化前(GB/T 2951.11—2008 中 9.1)					
1.1	抗张强度,最小	N/mm^2	12.5	4.2	8.5	12.5
1.2	断裂伸长率,最小	%	125	200	200	200
2	空气烘箱老化后(GB/T 2951.12—2008 中 8.1)					
2.1	无导体老化后					
2.1.1	处理条件					
	——温度	℃	100	135	135	135
	——温度偏差	℃	±2	±3	±3	±3
	——持续时间	h	168	168	168	168
2.1.2	抗张强度					
	a) 老化后数值,最小	N/mm^2	12.5	—	—	—
	b) 变化率[a],最大	%	±25	±30	±30	±25
2.1.3	断裂伸长率					
	a) 老化后数值,最小	%	125	—	—	—
	b) 变化率[a],最大	%	±25	±30	±30	±25

[a] 变化率:老化前后得出的中间值之差值除以老化前中间值,以百分数表示。

表 18 PVC 绝缘混合料特殊性能试验要求

序号	试验项目 (混合料代号见 4.2 和 4.3)	单位	绝缘 PVC/B
1	高温压力试验(GB/T 2951.31—2008 中第 8 章)		
1.1	温度(偏差±2 ℃)	℃	80
2	低温性能试验[a](GB/T 2951.14—2008 中第 8 章)		
2.1	未经老化前进行试验		
	——直径<12.5 mm 的冷弯曲试验		
	——温度(偏差±2 ℃)	℃	—5
2.2	哑铃片的低温拉伸试验		
	——温度(偏差±2 ℃)	℃	—5
3	热冲击试验(GB/T 2951.31—2008 中第 9 章)		
3.1	温度(偏差±3 ℃)	℃	150
3.2	持续时间	h	1
4	热稳定试验(GB/T 2951.32—2008 中第 9 章)		
4.1	温度(偏差±0.5 ℃)	℃	200
4.2	最短时间	min	100
5	吸水试验(GB/T 2951.13—2008 中 9.1)		
	电气法:		
5.1	温度(偏差±2 ℃)	℃	70
5.2	持续时间	h	240

[a] 因气候条件,购买方可以要求采用更低的温度。

表 19 各种热固性绝缘混合料特殊性能试验要求

序号	试验项目(混合料代号见 4.2)	单位	EPR	HEPR	XLPE
1	耐臭氧试验(GB/T 2951.21—2008 中第 8 章)				
1.1	臭氧浓度(按体积)	%	0.025～0.030	0.025～0.030	—
1.2	无开裂试验持续时间	h	24	24	—
2	热延伸试验(GB/T 2951.21—2008 中第 9 章)				
2.1	处理条件				
	——空气温度(偏差±3 ℃)	℃	250	250	200
	——负荷时间	min	15	15	15
	——机械应力	N/cm²	20	20	20
2.2	载荷下最大伸长率	%	175	175	175
2.3	冷却后最大永久伸长率	%	15	15	15
3	吸水试验(GB/T 2951.13—2008 中 9.2)				
	重量分析法:				
3.1	温度(偏差±2 ℃)	℃	85	85	85
3.2	持续时间	h	336	336	336
3.3	重量最大增量	mg/cm²	5	5	1[a]
4	收缩试验(GB/T 2951.13—2008 中第 10 章)				
4.1	标志间长度 L	mm	—	—	200
4.2	温度(偏差±3 ℃)	℃	—	—	130
4.3	持续时间	h	—	—	1
4.4	最大允许收缩率	%	—	—	4
5	硬度测定(见附录 E)				
5.1	IRHD[b],最小		—	80	—
6	弹性模量测定(见 19.19)				
6.1	150%伸长率下的弹性模量,最小	N/mm²	—	4.5	—

a 对于密度大于 1 g/cm³ 的 XLPE 要考虑吸水量增加大于 1 mg/cm²。

b IRHD:国际橡胶硬度级。

表 20 护套混合料机械性能试验要求(老化前后)

序号	试验项目(混合料代号见 4.3)	单 位	ST_1	ST_2	ST_3	ST_7	SE_1
0	电缆正常运行时导体最高温度(见 4.3)	℃	80	90	80	90	85
1	老化前(GB/T 2951.11—2008 中 9.2)						
1.1	抗张强度,小	N/mm²	12.5	12.5	10.0	12.5	10.0
1.2	断裂伸长率,小	%	150	150	300	300	300
2	空气烘箱老化后(GB/T 2951.12—2008 中 8.1)						
2.1	处理条件						
	——温度(偏差±2 ℃)	℃	100	100	100	110	100
	——持续时间	h	168	168	240	240	168
2.2	抗张强度						
	a) 老化后数值,最小	N/mm²	12.5	12.5	—	—	—
	b) 变化率[a],最大	%	±25	±25	—	—	±30
2.3	断裂伸长率						
	a) 老化后数值,最小	%	150	150	300	300	250
	b) 变化率[a],最大	%	±25	±25	—	—	±40

a 变化率:老化前后得出的中间值之差值除以老化前中间值,以百分数表示。

表 21 PVC 护套混合料特殊性能试验要求

序 号	试验项目 （混合料代号见 4.2 和 4.3）	单位	护套	
			ST_1	ST_2
1	空气烘箱中失重试验（GB/T 2951.32—2008 中 8.2）			
1.1	处理条件			
	——温度（偏差±2 ℃）	℃	—	100
	——持续时间	h	—	168
1.2	最大允许失重量	mg/cm^2	—	1.5
2	高温压力试验（GB/T 2951.31—2008 中第 8 章）			
2.1	温度（偏差±2 ℃）	℃	80	90
3	低温性能试验[a]（GB/T 2951.14—2008 中第 8 章）			
3.1	未经老化前进行试验			
	——直径＜12.5 mm 的冷弯曲试验			
	——温度（偏差±2 ℃）	℃	−15	−15
3.2	哑铃片的低温拉伸试验			
	——温度（偏差±2 ℃）	℃	−15	−15
3.3	冷冲击试验			
	——温度（偏差±2 ℃）	℃	−15	−15
4	热冲击试验（GB/T 2951.31—2008 中第 9 章）			
4.1	——温度（偏差±3 ℃）	℃	150	150
4.2	——持续时间	h	1	1

[a] 因气候条件，购买方可以要求采用更低的温度。

表 22 PE（热塑性聚乙烯）护套混合料特殊性能试验要求

序 号	试验项目 （混合料代号见 4.3）	单位	ST_3	ST_7
1	密度[a]（GB/T 2951.13—2008 中第 8 章）			
2	碳黑含量（仅对于黑色护套） （GB/T 2951.41—2008 中第 11 章）			
2.1	标称值	%	2.5	2.5
2.2	偏差	%	±0.5	±0.5
3	收缩试验（GB/T 2951.13—2008 中第 11 章）			
3.1	温度（偏差±2 ℃）	℃	80	80
3.2	加热持续时间	h	5	5
3.3	加热周期		5	5
3.4	最大允许收缩	%	3	3
4	高温压力试验（GB/T 2951.31—2008 中 8.2）			
4.1	温度（偏差±2 ℃）	℃	—	110

[a] 密度的测定仅在其他试验需要时才做。

表 23　弹性体护套混合料特殊性能试验要求

序　号	试验项目 (混合料代号见 4.3)	单位	SE_1
1	浸油后机械性能测试 (GB/T 2951.21—2008 中第 10 章和 GB/T 2951.11—2008 中第 9 章)		
1.1	处理		
	——油温(偏差±2 ℃)	℃	100
	——持续时间	h	24
	最大允许变化率[a]		
	a) 抗张强度	%	±40
	b) 断裂伸长率	%	±40
2	热延伸(GB/T 2951.21—2008 中第 9 章)		
2.1	处理		
	——温度(偏差±3 ℃)	℃	200
	——载荷时间	min	15
	——机械应力	N/cm^2	20
2.2	负载下允许最大伸长率	%	175
2.3	冷却后最大永久伸长率	%	15
[a] 变化率:处理前后得出的中间值之差值与处理前中间值之比,以百分数表示。			

附　录　A
（规范性附录）
确定护层尺寸的假设计算方法

电缆护层，诸如护套和铠装，其厚度通常与电缆标称直径有一个“阶梯表”的关系。

有时候会产生一些问题，计算出的标称直径不一定与生产出的电缆实际尺寸相同。在边缘情况下，如果计算直径稍有偏差，护层厚度与实际直径不相符合，就会产生疑问。不同制造方的成型导体尺寸变化、计算方法不同会引起标称直径不同和由此导致使用在基本设计相同的电缆上的护层厚度不同。

为了避免这些麻烦，而采取假设计算方法。这种计算方法忽略形状和导体的紧压程度而根据导体标称截面积，绝缘标称厚度和电缆芯数，利用公式来计算假设直径。这样护套厚度和其他护层厚度都可以通过公式或表格而与假设直径有了相应的关系。假设直径计算的方法明确规定，使用的护层厚度是唯一的，它与实际制造中的细微差别无关。这就使电缆设计标准化，对于每一个导体截面的护层厚度尺寸可以被预先计算和规定。

假设直径仅用来确定护套和电缆护层的尺寸，不是代替精确计算标称直径所需的实际过程，实际标称直径计算应分开计算。

A.1　概述

采用下述规定的电缆各种护层厚度的假设计算方法，是为了保证消除在单独计算中引起的任何差异，例如由于导体尺寸的假设以及标称直径和实际直径之间不可避免的差异。

所有厚度值和直径都应按附录 C 中的规则修约到一位小数。

扎带，例如反向螺旋绕包在铠装外的扎带，如果不厚于 0.3 mm，在此方法中忽略。

A.2　方法

A.2.1　导体

不考虑形状和紧压程度如何，每一标称截面积导体的假设直径（d_L）由表 A.1 给出。

表 A.1　导体的假设直径

导体标称截面积/mm^2	d_L/mm	导体标称截面积/mm^2	d_L/mm
10	3.6	240	17.5
16	4.5	300	19.5
25	5.6	400	22.6
35	6.7	500	25.2
50	8.0	630	28.3
70	9.4	800	31.9
95	11.0	1 000	35.7
120	12.4	1 200	39.1
150	13.8	1 400	42.2
185	15.3	1 600	45.1

A.2.2　绝缘线芯

任何绝缘线芯的假设直径 D_c 如下式：

a)　无半导电屏蔽电缆的绝缘线芯：

$$D_c = d_L + 2t_i$$

b) 有半导电屏蔽电缆的绝缘线芯：

$$D_c = d_L + 2t_i + 3.0$$

式中：

t_i——绝缘的标称厚度，单位为毫米(mm)(见表 5～表 7)

如果采用金属屏蔽或同心导体，则应根据 A.2.5 考虑增大绝缘线芯的标称直径。

A.2.3 缆芯直径

缆芯的假设直径(D_f)如下式：

$$D_f = B \cdot D_c$$

式中：

B——三芯电缆的成缆系数，数值为 2.16。

A.2.4 内衬层

内衬层的直径(D_B)应按下式计算：

$$D_B = D_f + 2t_B$$

式中：

缆芯的假设直径 D_f 为 40 mm 及以下，t_B=0.4 mm；

缆芯的假设直径 D_f 大于 40 mm，t_B=0.6 mm。

t_B 假设值应用于：

a) 三芯电缆

——无论有无内衬层；

——无论内衬层为挤包还是绕包。

当有一个符合 13.3.3 规定的隔离套代替或附加在内衬层上时，应按 A.2.7 中公式计算。

b) 单芯电缆

——无论有挤包还是绕包的内衬层。

A.2.5 同心导体和金属屏蔽

由于同心导体和金属屏蔽使直径增加的数值如表 A.2 规定。

表 A.2 同心导体和金属屏蔽使直径的增加值

同心导体或金属屏蔽的标称截面积/mm^2	直径的增加值/mm	同心导体或金属屏蔽的标称截面积/mm^2	直径的增加值/mm
1.5	0.5	50	1.7
2.5	0.5	70	2.0
4	0.5	95	2.4
6	0.6	120	2.7
10	0.8	150	3.0
16	1.1	185	4.0
25	1.2	240	5.0
35	1.4	300	6.0

如果同心导体或金属屏蔽的标称截面介于上表所列数据的两数之间，那么取这两个标称值中较大数值所对应的直径增加值。

如果有金属屏蔽层，上表中规定的屏蔽层截面积应按下列公式计算：

a) 金属带屏蔽

$$截面积 = n_t \times t_t \times w_t (mm^2)$$

式中：

n_t——金属带根数；

t_t——单根金属带的标称厚度，单位为毫米(mm)；

w_t——单根金属带的标称宽度，单位为毫米(mm)。

当屏蔽总厚度小于 0.15 mm 时，直径增加值为零：

——一层金属带重叠绕包屏蔽或两层金属带搭盖绕包屏蔽，屏蔽总厚度为金属带厚度的两倍；

——金属带纵包屏蔽：

如果搭盖率小于 30%，屏蔽总厚度为金属带的厚度；

如果搭盖率达到或超过 30%，屏蔽总厚度为金属带厚度的两倍。

b) 金属丝屏蔽(包括一反向扎线，若存在)

$$\text{截面积} = \frac{n_w \times d_w^2 \times \pi}{4} + n_h \times t_h \times W_h (\text{mm}^2)$$

式中：

n_w——金属丝根数；

d_w——单根金属丝直径，单位为毫米(mm)；

n_h——反向扎带根数；

t_h——厚度大于 0.3 mm 的反向扎带的厚度，单位为毫米(mm)；

W_h——反向扎带的宽度，单位为毫米(mm)。

A.2.6 铅套

铅套的假设直径(D_{pb})应按下式计算：

$$D_{pb} = D_g + 2t_{pb}$$

式中：

D_g——铅套下的假设直径，单位为毫米(mm)；

t_{pb}——按 12.1 的计算厚度，单位为毫米(mm)。

A.2.7 隔离套

隔离套的假设直径(D_s)应按下式计算：

$$D_s = D_u + 2t_s$$

式中：

D_u——隔离套下的假设直径，单位为毫米(mm)；

t_s——按 13.3.3 的计算厚度，单位为毫米(mm)。

A.2.8 包带垫层

包带垫层的假设直径 D_{lb}应按下式计算：

$$D_{lb} = D_{ulb} + 2t_{lb}$$

式中：

D_{ulb}——包带前假设直径，单位为毫米(mm)；

t_{lb}——包带垫层厚度，按 13.3.4 规定即为 1.5mm。

A.2.9 金属带铠装电缆的附加垫层(加在内衬层外)

因附加垫层引起的直径增加量见表 A.3。

表 A.3 因附加垫层引起的直径增加量

附加垫层前的假设直径/mm	因附加垫层引起的直径增加/mm
≤29	1.0
>29	1.6

A.2.10 铠装

铠装外的假设直径(D_X)应按下式计算：

a) 扁或圆金属丝铠装

$$D_X = D_A + 2t_A + 2t_W$$

式中：

D_A——铠装前直径,单位为毫米(mm)；

t_A——铠装金属丝的直径或厚度,单位为毫米(mm)；

t_W——如果有反向螺旋扎带时厚度大于 0.3 mm 的反向螺旋扎带时厚度,单位为毫米(mm)。

b) 双金属带铠装

$$D_X = D_A + 4t_A$$

式中：

D_A——铠装前直径,单位为毫米(mm)；

t_A——铠装带厚度,单位为毫米(mm)。

附 录 B
（规范性附录）
电缆产品的补充条款

B.1 电缆型号和产品表示方法

B.1.1 代号

导体代号

铜导体 ………………………………………………………………………………（T）省略

铝导体 …………………………………………………………………………………… L

绝缘代号

聚氯乙烯绝缘 ………………………………………………………………………… V

交联聚乙烯绝缘 ……………………………………………………………………… YJ

乙丙橡胶绝缘 ………………………………………………………………………… E

硬乙丙橡胶绝缘………………………………………………………………………… EY

金属屏蔽代号

铜带屏蔽 ……………………………………………………………………………（D）省略

铜丝屏蔽 …………………………………………………………………………………… S

护套代号[2)]

聚氯乙烯护套 ………………………………………………………………………… V

聚乙烯护套 ……………………………………………………………………………… Y

弹性体[3)]护套 ………………………………………………………………………… F

金属箔复合护套 ………………………………………………………………………… A

铅套 ……………………………………………………………………………………… Q

铠装代号

双钢带铠装……………………………………………………………………………… 2

细圆钢丝铠装…………………………………………………………………………… 3

粗圆钢丝铠装…………………………………………………………………………… 4

（双）非磁性金属带[4)]铠装 ………………………………………………………… 6

非磁性金属丝[5)]铠装 ……………………………………………………………… 7

外护套代号

聚氯乙烯外护套………………………………………………………………………… 2

聚乙烯外护套…………………………………………………………………………… 3

弹性体[6)]外护套 ……………………………………………………………………… 4

2） 包括挤包的内衬层和隔离套。

3） 弹性体包括氯丁橡胶、氯磺化聚乙烯或类似聚合物为基的护套混合料。若订货合同中未注明，则采用何种弹性体由制造厂确定。

4） 非磁性金属带包括非磁性不锈钢带、铝或铝合金带等。若订货合同中未注明，则采用何种非磁性金属带由制造厂确定。

5） 非磁性金属丝包括非磁性不锈钢丝、铜丝或镀锡铜丝、铜合金丝或镀锡铜合金丝、铝或铝合金丝等。若订货合同中未注明，则采用何种非磁性金属丝由制造厂确定。

6） 弹性体包括氯丁橡胶、氯磺化聚乙烯或类似聚合物为基的护套混合料。若订货合同中未注明，则采用何种弹性体由制造厂确定。

B.1.2 产品型号

产品型号的组成和排列顺序如下[7)]：

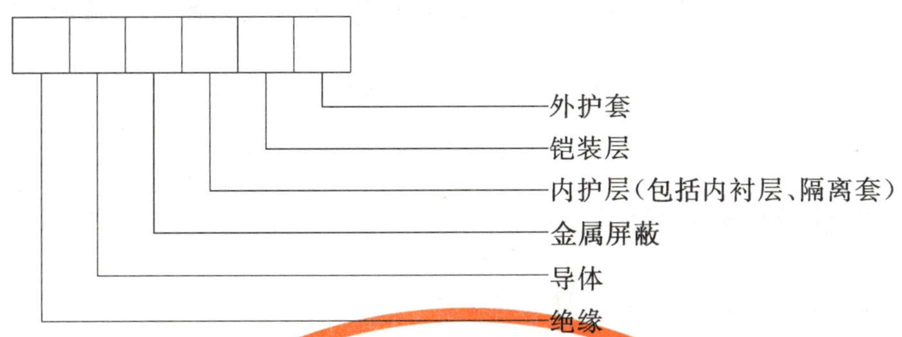

电缆常用型号如表 B.1。

表 B.1 电缆常用型号

型号		名称
铜芯	铝芯	
VV	VLV	聚氯乙烯绝缘聚氯乙烯护套电力电缆
VY	VLY	聚氯乙烯绝缘聚乙烯护套电力电缆
VV22	VLV22	聚氯乙烯绝缘钢带铠装聚氯乙烯护套电力电缆
VV23	VLV23	聚氯乙烯绝缘钢带铠装聚乙烯护套电力电缆
VV32	VLV32	聚氯乙烯绝缘细钢丝铠装聚氯乙烯护套电力电缆
VV33	VLV33	聚氯乙烯绝缘细钢丝铠装聚乙烯护套电力电缆
YJV	YJLV	交联聚乙烯绝缘聚氯乙烯护套电力电缆
YJY	YJLY	交联聚乙烯绝缘聚乙烯护套电力电缆
YJV22	YJLV22	交联聚乙烯绝缘钢带铠装聚氯乙烯护套电力电缆
YJV23	YJLV23	交联聚乙烯绝缘钢带铠装聚乙烯护套电力电缆
YJV32	YJLV32	交联聚乙烯绝缘细钢丝铠装聚氯乙烯护套电力电缆
YJV33	YJLV33	交联聚乙烯绝缘细钢丝铠装聚乙烯护套电力电缆
注：本表中未列出的电缆型号可按本附录 B.1.2 的规定组成。		

B.1.3 产品表示方法

产品用型号(型号中有数字代号的电缆外护层，数字前的文字代号表示内护层)、规格(额定电压、芯数、标称截面积)及本部分的标准编号表示。

例如：

铝芯交联聚乙烯绝缘铜带屏蔽钢带铠装聚氯乙烯护套电力电缆，额定电压为 8.7/10 kV，三芯，标称截面积 120 mm^2 表示为：

YJLV22—8.7/10 3×120 GB/T 12706.2—2008

交联聚乙烯绝缘铜丝屏蔽聚氯乙烯内护套钢带铠装聚氯乙烯护套电力电缆，额定电压为 8.7/10 kV，单芯铜导体，标称截面积 240 mm^2，铜丝屏蔽标称截面积 25 mm^2，表示为：

YJSV22—8.7/10 1×240/25 GB/T 12706.2—2008

7) 通常用绝缘作为电力电缆型号中的系列代号。

B.2 成品电缆标志

成品电缆的护套表面应有制造厂名称、产品型号及额定电压的连续标志，标志应字迹清楚、容易辨认、耐擦。

成品电缆标志应符合 GB/T 6995.3—2008 规定。

B.3 验收规则

B.3.1 产品应由制造方的质量检验部门检验合格方可出厂。每个出厂的包装件上应附有产品质量检验合格证。

B.3.2 产品应按本部分规定的试验项目进行试验验收。

B.4 电缆包装、运输和贮存

B.4.1 电缆应妥善包装在符合 JB/T 8137—1999 规定要求的电缆盘上交货。

电缆端头应可靠密封，伸出盘外的电缆端头应加保护罩，伸出的长度应不小于 300 mm。

重量不超过 80 kg 的短段电缆，可以成圈包装。

B.4.2 成盘电缆的电缆盘外侧及成圈电缆的附加标签应标明：

a) 制造厂名称或商标；

b) 电缆型号和规格；

c) 长度，m；

d) 毛重，kg；

e) 制造日期：年 月；

f) 表示电缆盘正确滚动方向的符号；

g) 本部分标准编号。

B.4.3 运输和贮存应符合下列要求：

a) 电缆应避免在露天存放，电缆盘不允许平放；

b) 运输中严禁从高处扔下装有电缆的电缆盘，严禁机械损伤电缆；

c) 吊装包装件时，严禁几盘同时吊装。在车辆、船舶等运输工具上，电缆盘应放稳，并用合适方法固定，防止互撞或翻倒。

B.5 电缆安装条件

B.5.1 电缆安装时的环境温度

具有聚氯乙烯绝缘或聚氯乙烯护套的电缆，安装时的环境温度应不低于 0 ℃。

B.5.2 电缆安装时的最小弯曲半径

电缆安装时的最小允许弯曲半径见表 B.2。

表 B.2 电缆安装时的最小弯曲半径

项目	单芯电缆		三芯电缆	
	无铠装	有铠装	无铠装	有铠装
安装时的电缆最小弯曲半径	20D	15D	15D	12D
靠近连接盒和终端的电缆的最小弯曲半径(但弯曲要小心控制，如采用成型导板)	15D	12D	12D	10D
注：D 为电缆外径。				

附 录 C
（规范性附录）
数 值 修 约

C.1 假设计算法的数值修约

在按附录A计算假设直径和确定单元尺寸而对数值进行修约时，采用下述规则。

当任何阶段的计算值小数点后多于一位数时，数值应修约到一位小数，即精确到0.1 mm。每一阶段的假设直径数值应修约到0.1 mm，当用来确定包覆层厚度和直径时，在用到相应的公式或表格中去之前应先进行修约，按附录A要求从修约后的假设直径计算出的厚度应依次修约到0.1 mm。

用下述实例来说明这些规则：

a) 修约前数据的第二位小数为0、1、2、3或4时则小数点后第一位小数保持不变（舍弃）。

例如：

2.12 ≈2.1

2.449 ≈2.4

25.047 8 ≈25.0

b) 修约前数据的第二位小数为9、8、7、6或5时则小数点后第一位小数应增加1（进一）。

例如：

2.17 ≈2.2

2.453 ≈2.5

30.050 ≈30.1

C.2 用作其他目的的数值修约

除C.1考虑的用途外，有可能有些数值要修约到多于一位小数，例如计算几次测量的平均值，或标称值加上一个百分偏差以后的最小值。在这些情况下，应按有关条文修约到小数点后面的规定位数。

这时修约的方法为：

a) 如果修约前应保留的最后数值后一位数为0、1、2、3或4时，则最后数值应保持不变（舍弃）；

b) 如果修约前应保留的最后数值后一位数为9、8、7、6或5时，则最后数值加1（进一）。

例如：

2.449 ≈2.45 修约到二位小数；

2.449 ≈2.4 修约到一位小数；

25.047 8 ≈25.048 修约到三位小数；

25.047 8 ≈25.05 修约到二位小数；

25.047 8 ≈25.0 修约到一位小数。

附 录 D
（规范性附录）
半导电屏蔽电阻率测量方法

从 150 mm 长成品电缆样品上制备试样。

将电缆绝缘线芯样品沿纵向对半切开，除去导体以制备导体屏蔽试样，如有隔离层也应去掉（见图 D.1a））。将绝缘线芯外所有保护层除去后制备绝缘屏蔽试片（见图 D.1b））。

屏蔽层体积电阻系数的测定步骤如下：

将四只涂银电极 A、B、C 和 D（见图 D.1a）和图 D.1b））置于半导电层表面。两个电位电极 B 和 C 间距 50 mm。两个电流电极 A 和 D 相应地在电位电极外侧间隔至少 25 mm。

采用合适的夹子连接电极。在连接导体屏蔽电极时，应确保夹子与试样外表面绝缘屏蔽层的绝缘。

将组装好的试样放入预热到规定温度的烘箱中。30 min 后用测试线路测量电极间电阻，测试线路的功率不超过 100 mW。

电阻测量后，在室温下测量导体屏蔽和绝缘的外径及导体屏蔽和绝缘屏蔽层的厚度。每个数据取六个测量值的平均值（见图 D.1b））。

体积电阻率 ρ（用 Ω·m 表示）按下式计算：

a） 导体屏蔽

$$\rho_c = \frac{R_c \times \pi \times (D_c - T_c) \times T_c}{2L_c}$$

式中：

ρ_c——体积电阻率，单位为欧姆米（Ω·m）；

R_c——测量电阻，单位为欧姆（Ω）；

L_c——电位电极间距离，单位为米（m）；

D_c——导体屏蔽外径，单位为米（m）；

T_c——导体屏蔽平均厚度，单位为米（m）。

b） 绝缘屏蔽

$$\rho_i = \frac{R_i \times \pi \times (D_i - T_i) \times T_i}{L_i}$$

式中：

ρ_i——体积电阻率，单位为欧姆米（Ω·m）；

R_i——测量电阻，单位为欧姆（Ω）；

L_i——电位电极间距离，单位为米（m）；

D_i——绝缘屏蔽外径，单位为米（m）；

T_i——绝缘屏蔽平均厚度，单位为米（m）。

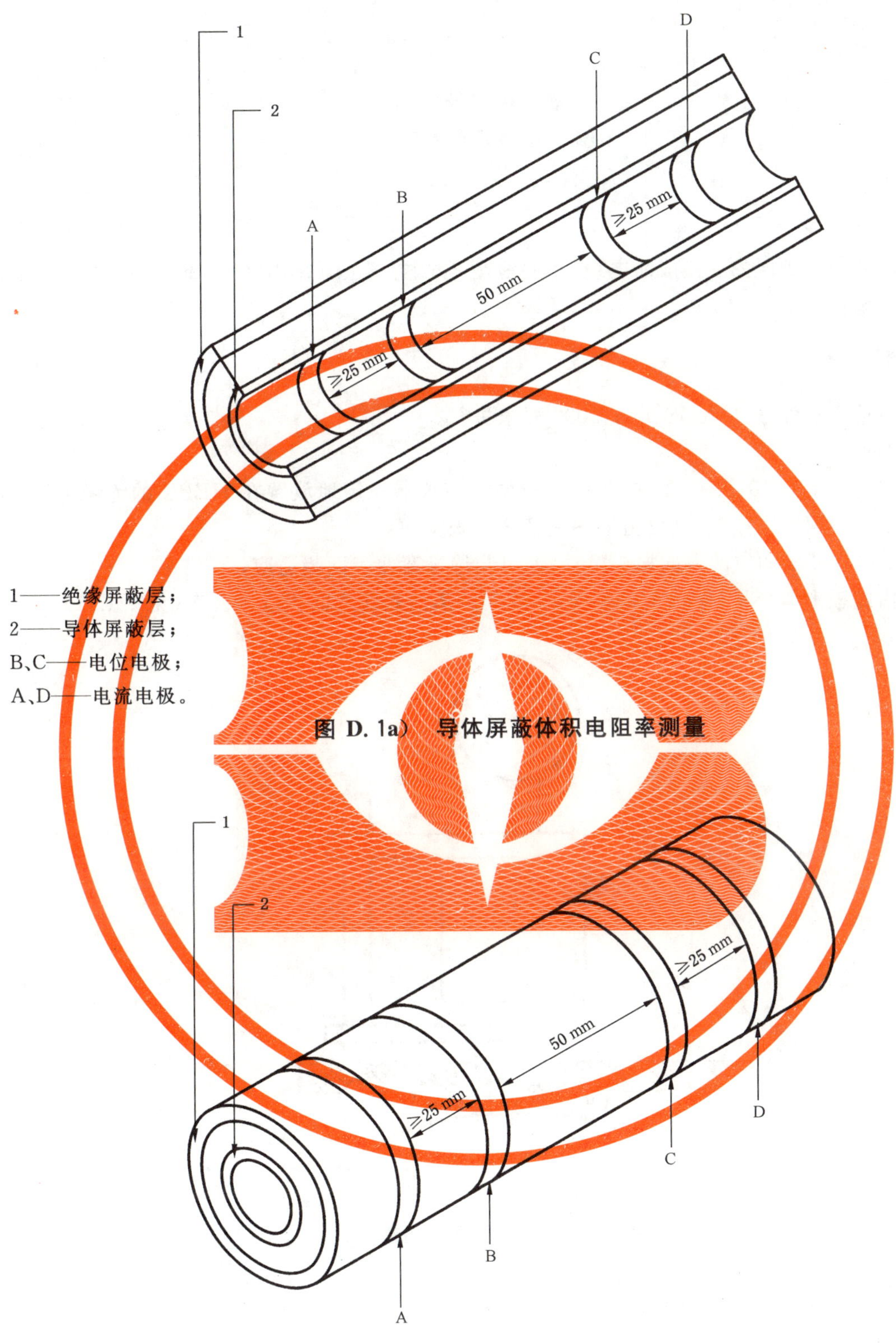

1——绝缘屏蔽层；
2——导体屏蔽层；
B、C——电位电极；
A、D——电流电极。

图 D.1a） 导体屏蔽体积电阻率测量

1——绝缘屏蔽层；
2——导体屏蔽层；
B、C——电位电极；
A、D——电流电极。

图 D.1b） 绝缘屏蔽体积电阻率测量

附 录 E
(规范性附录)
HEPR 绝缘硬度测定

E.1 试样

试样应是具有全部护层的一段成品电缆，小心地剥开试样，直至 HEPR 绝缘的测量表面，也可采用一段绝缘线芯作试样。

E.2 测量步骤

测量除按下述要求外，还应按 ISO 48:2007 要求进行。

E.2.1 大曲率面

测量装置应符合 ISO 48:2007 要求，其结构应便于使仪器稳定地放置在 HEPR 的绝缘上，同时使压脚和压头与绝缘表面垂直接触，这可由下述途径之一来实现：

a) 仪器上装有便于调节的万向接头可动脚，可与绝缘弯曲表面相适应；

b) 仪器由底板上两个平行杆 A 和 A′固定，其间距离由表面弯曲程度来决定(见图 E.1)。

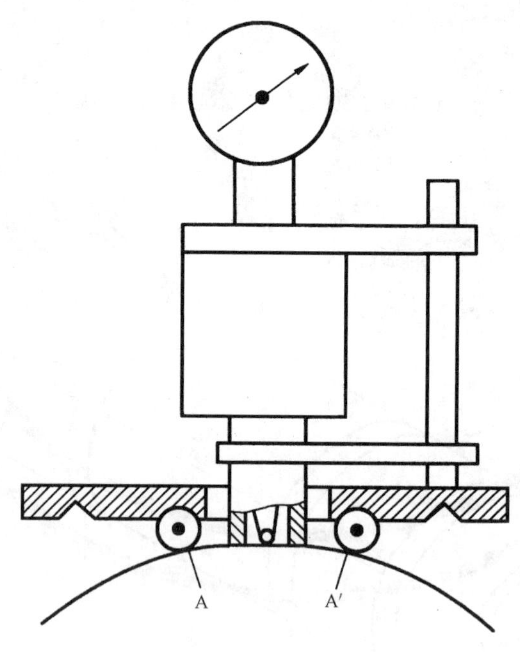

图 E.1 大曲率面的测量

这些方法可用于曲率半径 20 mm 以上的表面。

用于测量 HEPR 绝缘厚度小于 4 mm 的仪器，应采用 ISO 48:2007 中对于小试样规定的测量方法。

E.2.2 小曲率面

对于曲率半径很小表面的测量步骤同 E.2.1 规定，试样应与测量仪器用同一刚性底板固定，这样可以保证 HEPR 绝缘在压头压力增加时整体移动最小；同时可使压头与试样轴线垂直。

相应的步骤如下：

a) 将测量样品放在金属夹具槽中(见图 E.2a))；

b) 用 V 型枕台固定测量样品的两端导体(见图 E.2b))。

由此方法来测量的表面曲率半径的最小值可达 4 mm。对于更小的曲率半径表面应采用 ISO 48:

2007 中所述的方法和仪器。

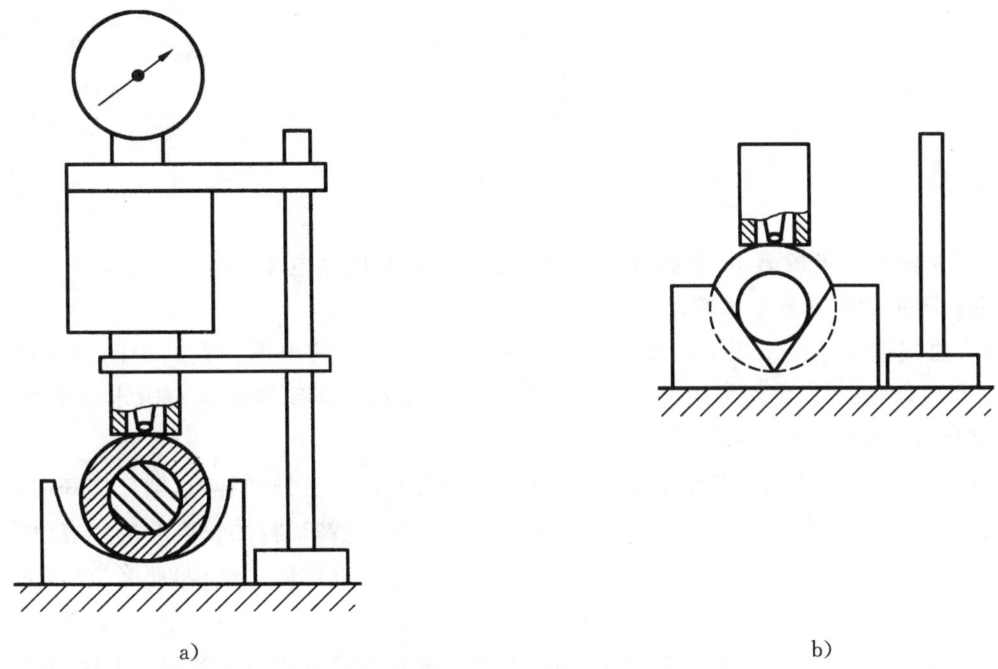

图 E.2　小曲率面的测量

E.2.3　预处理和测量温度

测量至少应在制造(即硫化)后 16 h 进行。

测量应在(20±2)℃温度下进行，试样在此温度下至少保持 3 h 后立即测量。

E.2.4　测量次数

一次测量应在分布于试样的三个或五个点上进行，试样的硬度为测量结果的中间值，以最接近于国际橡胶硬度级(IRHD)的整数表示。

附 录 F
（规范性附录）
透 水 试 验

F.1 试样制备

将一段至少长 6 m 未按第 18 章做过任何电气性能试验的成品电缆样品，按 18.1.3 规定进行弯曲试验，但不进行附加的局部放电试验。

从经过弯曲试验后并在水平放置的电缆上割取一段 3 m 长的电缆。在其中间的部位开一个约 50 mm 宽的圆环，剥去环内绝缘屏蔽外部所有护层。如果制造方声明导体也有阻水结构时，则应将圆环内导体外部的各层材料全部剥除。

如果电缆中含有间歇式纵向阻水屏障，试样中至少应含有两个这样的屏障，圆环应开在两个屏障之间。在此情况下，屏障间的平均距离在这种电缆中应加以说明，电缆试样的长度亦应相应地确定。

圆环应切割得使相关间隙很容易暴露在水中，如果电缆只有导体阻水结构，那么应用合适的材料密封有关的切割表面，或者剥除外面的所有包覆层。

用一个合适的装置把一根直径至少为 10 mm 的管子垂直地安置在切开的圆环上面，并与电缆外护套的表面相密封（见图 F.1）。在电缆密封出口处，该装置不应在电缆上产生机械应力。

注：某些阻水屏障对纵向透水的影响可能和水中的一些成分有关（如水的 pH 值和离子浓度），除非另有规定，一般应采用普通自来水做试验。

F.2 试验

把 20 ℃±10 ℃环境温度的水，在 5 min 内，注入管内，使管子中水位高于电缆中心轴线 1 m（见图 F.1），试样应放置 24 h。

然后对试样进行 10 次加热循环，采用导体通电加热方法，使导体温度超过电缆正常运行时导体最高温度 5 ℃～10 ℃，但不能达到 100 ℃。

每一次热循环应持续 8 h，其间导体温度应在上述规定温度范围内至少维持 2 h，随后应至少自然冷却 3 h。水头应维持 1 m 高。

注：由于在试验中不施加电压，故可在系统中接上另一根相同的模拟电缆一起试验，可直接在此根模拟电缆的导体上测量温度。

F.3 要求

在整个试验期间，试样的两端不应有水分渗出。

单位为毫米

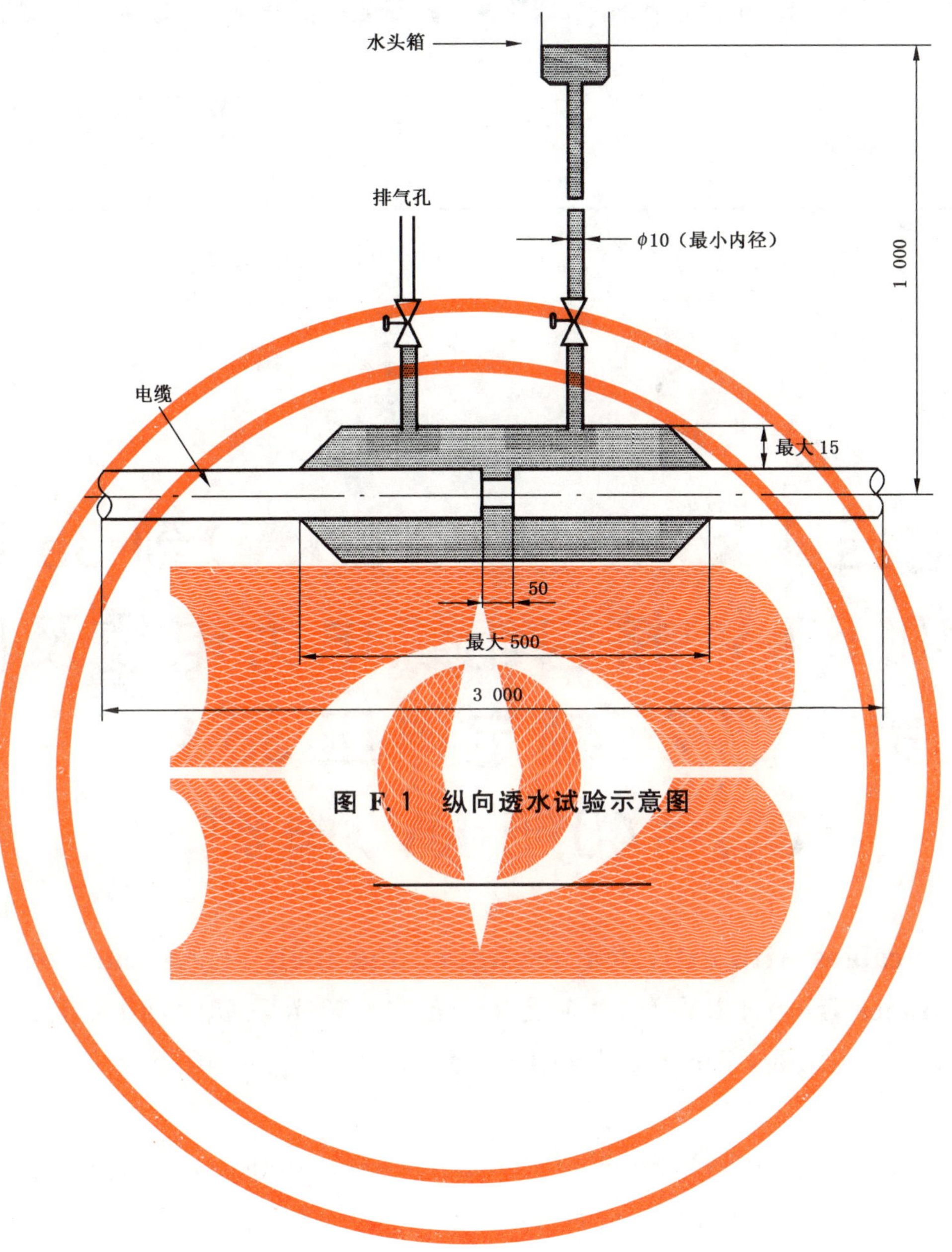

图 F.1 纵向透水试验示意图

ICS 29.060.20
K 13

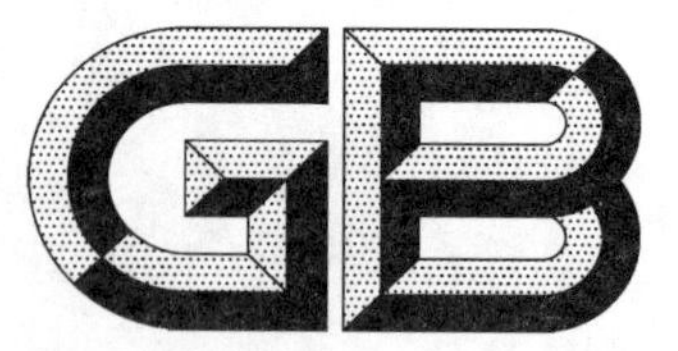

中华人民共和国国家标准

GB/T 12706.3—2008
代替 GB/T 12706.3—2002

额定电压 1 kV(U_m = 1.2 kV)到 35 kV (U_m = 40.5 kV)挤包绝缘电力电缆及附件 第3部分:额定电压 35 kV (U_m = 40.5 kV)电缆

Power cables with extruded insulation and their accessories for rated voltages from 1 kV(U_m = 1.2 kV) up to 35 kV(U_m = 40.5 kV)— Part 3: Cables for rated voltage of 35 kV(U_m = 40.5 kV)

(IEC 60502-2:2005, Power cables with extruded insulation and their accessories for rated voltages from 1 kV(U_m=1.2 kV) up to 30 kV(U_m=36 kV)—Part 2: Cables for rated voltages from 6 kV(U_m=7.2 kV) up to 30 kV(U_m=36 kV), NEQ)

2008-12-31 发布　　2009-11-01 实施

中华人民共和国国家质量监督检验检疫总局
中国国家标准化管理委员会　发布

前　言

GB/T 12706《额定电压 1 kV(U_m=1.2 kV)到 35 kV(U_m=40.5 kV)挤包绝缘电力电缆及附件》分为四个部分：

——第 1 部分：额定电压 1 kV(U_m=1.2 kV)和 3 kV(U_m=3.6 kV)电缆；

——第 2 部分：额定电压 6 kV(U_m=7.2 kV)到 30 kV(U_m=36 kV)电缆；

——第 3 部分：额定电压 35 kV(U_m=40.5 kV)电缆；

——第 4 部分：额定电压 6 kV(U_m=7.2 kV)到 35 kV(U_m=40.5 kV)电缆附件试验要求。

本部分为 GB/T 12706 的第 3 部分。

本部分对应于 IEC 60502-2:2005《额定电压 1 kV(U_m=1.2 kV)到 30 kV(U_m=36 kV)挤包绝缘电力电缆及附件　第 2 部分：额定电压 6 kV(U_m=7.2 kV)到 30 kV(U_m=36 kV)电缆》，与其一致性程度为非等效，主要差异如下：

——本部分仅适用于我国的配电系统 35 kV(U_m=40.5 kV)额定电压等级；

——型式试验项目增加了挤包外护套刮磨试验；

——安装后绝缘的电气试验采用 IEC 60840:2004《额定电压大于 30 kV(U_m=36 kV)至 150 kV(U_m=170 kV)挤包绝缘电力电缆及其附件　试验方法和要求》的规定；

——增加了资料性附录 F"具有纵包金属箔复合护层电缆组件的试验"；

——根据我国电缆产品技术要求，增加了第 21 章"电缆产品的补充条款"及相应的附录 G。

本部分代替 GB/T 12706.3—2002《额定电压 1 kV(U_m=1.2 kV)到 35 kV (U_m=40.5 kV)挤包绝缘电力电缆及附件　第 3 部分：额定电压 35 kV(U_m=40.5 kV)电缆》。

本部分与 GB/T 12706.3—2002 相比主要变化如下：

——最大导体规格扩大到 1 600 mm^2(前版标准的表 5 和表 A.1，本版的表 5 和表 A.1)；

——增加了铜带的技术要求(本版 10.2.2)；

——增加了钢带的技术要求(本版 13.2)；

——增加了挤包隔离套的火花试验要求(本版 13.3.3)；

——增加了挤包外护套的火花试验要求(本版 14.1)；

——局部放电试验要求改为在规定灵敏度下无放电(前版标准的 18.3，本版的 16.3 和 18.1.4)；

——型式试验项目增加了外护套刮磨试验(本版 19.17)；

——安装后电气试验增加了外护套直流电压试验(本版 20.1)；

——取消了主绝缘直流电压试验(前版标准的 20.2)；

——更改主绝缘交流电压试验条件为采用 IEC 60840:2004 的条件(前版标准的 20.1，本版的 20.2)；

——取消了 2002 版的附录 G"电缆屏蔽结构的补充要求"，其技术要求补充到标准的正文中去(本版第 7 章和第 10 章)；

——增加了资料性附录 F"具有纵包金属箔复合护层电缆组件的试验"(本版附录 F)；

——增加了规范性附录 G"电缆产品的补充条款"，取消了 2002 版附录 F、附录 H、附录 J，将其内容调整到本版增加的附录 G 中。

本部分的附录 A、附录 B、附录 C、附录 D、附录 E 和附录 G 为规范性附录，附录 F 为资料性附录。

本部分由中国电器工业协会提出。

本部分由全国电线电缆标准化技术委员会(SAC/TC 213)归口。

本部分负责起草单位：上海电缆研究所。

本部分参加起草单位：上海华普电缆有限公司、宝胜科技创新股份有限公司、特变电工山东鲁能泰山电缆有限公司、青岛汉缆股份有限公司、扬州曙光电缆有限公司、辽宁省电力有限公司、远东控股集团有限公司、江苏上上电缆集团公司、无锡江南电缆有限公司、江苏圣安电缆有限公司、上海南大集团有限公司、浙江万马电缆股份有限公司。

本部分主要起草人：邓长胜、周雁、唐崇健、刘召见、张延华、梁国华、杨长龙、汪传斌、王松明、刘军、孙萍、杨志强、郑宏。

本部分所代替标准的历次版本发布情况为：

——GB 12706.3—1991、GB/T 12706.3—2002；

——GB 12706.1—1991。

额定电压 1 kV(U_m=1.2 kV)到 35 kV (U_m=40.5 kV)挤包绝缘电力电缆及附件 第 3 部分:额定电压 35 kV (U_m=40.5 kV)电缆

1 范围

GB/T 12706 的本部分规定了用于配电网或工业装置中,额定电压 35 kV 固定安装的挤包绝缘电力电缆的结构、尺寸和试验要求。

在决定电缆应用时,建议考虑径向进水的可能风险。本部分包括了所谓纵向阻水和径向防水结构电缆(试验方法参见附录 F)的试验。

本部分不包括用于特殊安装和运行条件的电缆,例如用于架空线路、采矿工业、核电厂(安全壳内及其附近),以及用于水下或船舶的电缆。

2 规范性引用文件

下列文件中的条款,通过 GB/T 12706 的本部分的引用而成为本部分的条款。凡是注日期的引用文件,其随后所有的修改单(不包括勘误的内容)或修订版均不适用于本部分。然而鼓励根据本部分达成协议的各方研究是否可使用这些文件的最新版本。凡是不注日期的引用文件,其最新版本适用于本部分。

GB/T 156—2007　标准电压(IEC 60038:2002,MOD)

GB/T 2951.11—2008　电缆和光缆绝缘和护套材料通用试验方法　第 11 部分:通用试验方法——厚度和外形尺寸测量——机械性能试验(IEC 60811-1-1:2001,IDT)

GB/T 2951.12—2008　电缆和光缆绝缘和护套材料通用试验方法　第 12 部分:通用试验方法——热老化试验方法(IEC 60811-1-2:1985,IDT)

GB/T 2951.13—2008　电缆和光缆绝缘和护套材料通用试验方法　第 13 部分:通用试验方法——密度测定方法——吸水试验——收缩试验 (IEC 60811-1-3:2001,IDT)

GB/T 2951.14—2008　电缆和光缆绝缘和护套材料通用试验方法　第 14 部分:通用试验方法——低温试验(IEC 60811-1-4:1985,IDT)

GB/T 2951.21—2008　电缆和光缆绝缘和护套材料通用试验方法　第 21 部分:弹性体混合料专用试验方法——耐臭氧试验——热延伸试验——浸矿物油试验(IEC 60811-2-1:2001,IDT)

GB/T 2951.31—2008　电缆和光缆绝缘和护套材料通用试验方法　第 31 部分:聚氯乙烯混合料专用试验方法——高温压力试验——抗开裂试验(IEC 60811-3-1:1985,IDT)

GB/T 2951.32—2008　电缆和光缆绝缘和护套材料通用试验方法　第 32 部分:聚氯乙烯混合料专用试验方法——失重试验——热稳定性试验(IEC 60811-3-2:1985,IDT)

GB/T 2951.41—2008　电缆和光缆绝缘和护套材料通用试验方法　第 41 部分:聚乙烯和聚丙烯混合料专用试验方法——耐环境应力开裂试验——熔体指数测量方法——直接燃烧法测量聚乙烯中碳黑和(或)矿物质填料含量——热重分析法(TGA)测量碳黑含量——显微镜法评估聚乙烯中碳黑分散度(IEC 60811-4-1:2004,IDT)

GB/T 3048.10—2007　电线电缆电性能试验方法　第 10 部分:挤出护套火花试验

GB/T 3048.12—2007　电线电缆电性能试验方法　第 12 部分:局部放电试验(IEC 60885-3:

1988,MOD)

GB/T 3048.13—2007 电线电缆电性能试验方法 第13部分:冲击电压试验(IEC 60230:1966,IEC 60060-1:1989,MOD)

GB/T 3956—2008 电缆的导体(IEC 60228:2004,IDT)

GB/T 6995.3—2008 电线电缆识别标志方法 第3部分:电线电缆识别标志

GB/T 11091—2005 电缆用铜带

GB/T 16927.1—1997 高电压试验技术 第1部分:一般试验要求(EQV IEC 60060-1:1989)

GB/T 12706.2—2008 额定电压1 kV(U_m=1.2 kV)到35 kV(U_m=40.5 kV)挤包绝缘电力电缆及附件 第2部分:额定电压6 kV(U_m=7.2 kV)到30 kV(U_m=36 kV)电缆(IEC 60502-2:2005,Power cables with extruded insulation and their accessories for rated voltages from 1 kV(U_m=1.2 kV)up to 30 kV (U_m=35 kV)—Part 2:Cables for rated voltages from 6 kV(U_m=7.2 kV)up to 30 kV(U_m=36 kV),MOD)

GB/T 18380.12—2008 电缆和光缆在火焰条件下的燃烧试验 第12部分:单根绝缘电线电缆火焰垂直蔓延试验 1 kW预混合型火焰试验方法 (IEC 60332-1-2:2004,IDT)

JB/T 8137—1999(所有部分) 电线电缆交货盘

JB/T 8996—1999 高压电缆选择导则(eqv IEC 60183:1984)

JB/T 10181.1—2000 电缆载流量计算 第1部分:载流量公式(100%负荷因数)和损耗计算 第1节:一般规定(idt IEC 60287-1-1:1994)

JB/T 10181.2—2000 电缆载流量计算 第1部分:载流量公式(100%负荷因数)和损耗计算 第2节:双回路平面排列电缆金属套涡流损耗因数(idt IEC 60287-1-2:1993)

JB/T 10181.3—2000 电缆载流量计算 第2部分:热阻 第1节:热阻的计算(idt IEC 60287-2-1:1994)

JB/T 10181.4—2000 电缆载流量计算 第2部分:热阻 第2节:自由空气中不受到日光直接照射的电缆群载流量降低因数的计算方法(idt IEC 60287-2-2:1995)

JB/T 10181.5—2000 电缆载流量计算 第3部分:有关运行条件的各节 第1节:基准运行条件和电缆选型(idt IEC 60287-3-1:1995)

JB/T 10181.6—2000 电缆载流量计算 第3部分:有关运行条件的各节 第2节:电力电缆截面的经济优化选择(idt IEC 60287-3-2:1995)

JB/T 10696.6—2007 电线电缆机械和理化性能试验方法 第6部分 挤出外套刮磨试验

YB/T 024—2008 铠装电缆用钢带

ISO 48:2007 硫化型或热塑型橡胶 硬度测定(硬度在10IRHD和100IRHD之间)

IEC 60229:2007 具有特殊保护作用的挤包的电缆外护套的试验

IEC 61443:1999 额定电压30 kV (U_m=36 kV)以上电缆允许短路温度导则

3 术语和定义

下列术语和定义适用于本部分:

3.1 尺寸值(厚度,截面积等)的术语和定义

3.1.1

标称值 nominal value

指定的量值并经常用于表格之中。

注:在本部分中,通常标称值引伸出的量值在考虑规定公差下通过测量进行检验。

3.1.2

近似值 approximate value

既不保证也不检查的数值,例如用于其他尺寸值的计算。

3.1.3

中间值 median value

将试验得到的若干数值以递增(或递减)的次序依次排列时,若数值的数目是奇数,中间的那个值为中间值;若数值的数目是偶数,中间两个数值的平均值为中间值。

3.1.4

假设值 fictitious value

按附录A计算所得的值。

3.2 有关试验的术语和定义

3.2.1

例行试验 routine tests

由制造方在成品电缆的所有制造长度上进行的试验,以检验所有电缆是否符合规定的要求。

3.2.2

抽样试验 sample tests

由制造方按规定的频度,在成品电缆试样上或在取自成品电缆的某些部件上进行的试验,以检验电缆是否符合规定要求。

3.2.3

型式试验 type tests

按一般商业原则对本部分所包含的一种类型电缆在供货之前所进行的试验,以证明电缆具有满足预期使用条件的满意性能。

注:该试验的特点是:除非电缆材料或设计或制造工艺的改变可能改变电缆的特性,试验做过以后就不需要重做。

3.2.4

安装后电气试验 electrical tests after installation

在安装后进行的试验,用以证明安装后的电缆及其附件完好。

4 电压标示和材料

4.1 额定电压

本部分中电缆的额定电压 $U_0/U\ (U_m)$ 标示如下:

$U_0/U\ (U_m)$ =21/35(40.5)和26/35(40.5),单位kV。

在电缆的电压标示 $U_0/U(U_m)$ 中:

U_0——电缆设计用的导体对地或金属屏蔽之间的额定工频电压;

U——电缆设计用的导体之间的额定工频电压;

U_m——设备可使用的“最高系统电压”的最大值(见GB/T 156—2007)。

对于一种给定应用的电缆的额定电压应适合电缆所在系统的运行条件。为了便于选择电缆,将系统划分为下列三类:

——A类:该类系统任一相导体与地或接地导体接触时,能在1 min内与系统分离;

——B类:该类系统可在单相接地故障时作短时运行,接地故障时间按照JB/T 8996—1999应不超过1 h。对于本部分包括的电缆,在任何情况下允许不超过8 h的更长的带故障运行时间。任何一年接地故障的总持续时间应不超过125 h;

——C类:包括不属于A类、B类的所有系统。

注:应该认识到,在系统接地故障不能立即自动解除时,故障期间加在电缆绝缘上过高的电场强度,会在一定程度上缩短电缆寿命。如系统预期会经常地运行在持久地接地故障状态下,该系统可建议划为C类。

用于三相系统的电缆,U_0 的推荐值列于表 1。

表 1 额定电压 U_0 推荐值

系统最高电压 U_m/kV	额定电压 U_0/kV	
	A 类和 B 类	C 类
40.5	21	26

4.2 绝缘混合料

本部分所包括的绝缘混合料及其代号列于表 2。

表 2 绝缘混合料

绝缘混合料	代 号
交联聚乙烯	XLPE
乙丙橡胶或类似材料(EPR 或 EPDM)	EPR
高弹性模量或高硬度乙丙橡胶	HEPR

本部分所包括的各种绝缘混合料的导体最高温度列于表 3。

表 3 各种绝缘混合料的导体最高温度

绝缘混合料	导体最高温度/℃	
	正常运行	短路(最长持续 5 s)
交联聚乙烯(XLPE)	90	250
乙丙橡胶(EPR 和 HEPR)	90	250

表 3 中的温度由绝缘材料的固有特性决定,在使用这些数据计算额定电流时其他因素的考虑也是重要的。

例如正常运行时,如果直接埋入地下的电缆按表 3 所示导体最高温度在连续负荷(100%负荷因数)下运行,电缆周围土壤的热阻系数经过一段时间后,会因土壤干燥而超过原始值。因此导体温度可能大大地超过其最高温度。如果能预料这类运行条件,应当采取足够的预防措施。

关于连续负荷载流量的导则,参见 JB/T 10181—2000。

关于短路温度的导则,参见 IEC 61443:1999。

4.3 护套混合料

本部分中不同类型护套混合料的电缆导体最高温度列于表 4 中。

表 4 不同类型护套混合料的电缆导体最高温度

护套混合料	代 号	正常运行时导体最高温度/℃
a) 热塑性		
聚氯乙烯(PVC)	ST_1	80
	ST_2	90
聚乙烯	ST_3	80
	ST_7	90
b) 弹性体		
氯丁橡胶、氯磺化聚乙烯或类似聚合物	SE_1	85

5 导体

导体应是符合 GB/T 3956—2008 的第 1 种或第 2 种镀金属层或不镀金属层退火铜导体、或是铝或铝合金导体。第 2 种导体也可以是纵向阻水结构。

6 绝缘

6.1 材料

绝缘应为表2所列的一种挤包成型的介质。

6.2 绝缘厚度

标称绝缘厚度在表5中规定。

导体或绝缘外面的任何隔离层或半导电屏蔽层的厚度应不包括在绝缘厚度之中。

表5 绝缘的标称厚度

绝缘混合料	导体标称截面积/mm²	额定电压下绝缘标称厚度/mm	
		21/35(40.5)kV	26/35(40.5)kV
交联聚乙烯(XLPE)	50～1 600	9.3	10.5
乙丙橡胶(EPR)		9.3	10.5
硬乙丙橡胶(HEPR)		9.3	10.5

注1：不推荐任何小于本表给出的导体截面积。然而，如果需要更小截面的话，可用导体屏蔽来增加导体的直径(见7.1)或增加绝缘厚度，以限制在试验电压下加于绝缘的最大电场强度不超过按本表中给出的最小导体尺寸计算得出的场强值。

注2：对大于1 000 mm² 导体，可以增加绝缘厚度以避免安装和运行时的机械伤害。

7 屏蔽

所有电缆的绝缘线芯上应有分相的金属屏蔽层。

单芯或三芯电缆绝缘线芯的屏蔽，应由导体屏蔽和绝缘屏蔽组成。

7.1 导体屏蔽

导体屏蔽应为挤包的半导电层。挤包的半导电层应和绝缘紧密结合，其与绝缘层的界面应光滑、无明显绞线凸纹，不应有尖角、颗粒、烧焦或擦伤的痕迹。

标称截面积500 mm² 及以上电缆导体屏蔽应由半导电带和挤包半导电层复合组成。

7.2 绝缘屏蔽

绝缘屏蔽应由非金属半导电层与金属层组合而成。

每根绝缘线芯上应直接挤包与绝缘线芯紧密结合的非金属半导电层，其与绝缘层的界面应光滑，不应有尖角、颗粒、烧焦或擦伤的痕迹。

然后也可在每根绝缘线芯上包覆一层半导电带。

金属屏蔽层应包覆在每根绝缘线芯的外面，并应符合第10章要求。

8 三芯电缆的缆芯、内衬层和填充

三芯电缆缆芯的每根绝缘线芯上应有金属屏蔽层[1)]。

下述8.1和8.2不适用于由有护套单芯电缆成缆的缆芯。

8.1 内衬层与填充

8.1.1 结构

内衬层可以挤包或绕包。

圆形绝缘线芯电缆只有在绝缘线芯间的间隙被密实填充时，才允许采用绕包内衬层。

挤包内衬层前允许用合适的带子扎紧。

1) 本部分删除了IEC 60502-2:2005中不适用于额定电压35 kV三芯电缆的统包金属屏蔽结构。

8.1.2 材料

用于内衬层和填充物的材料应适合电缆的运行温度并和电缆绝缘材料相容。

8.1.3 挤包内衬层厚度

挤包内衬层的近似厚度应从表6中选取。

表6 挤包内衬层厚度

缆芯假设直径/ mm		挤包内衬层厚度近似值/ mm
>60	≤80	1.8
>80	—	2.0

8.1.4 绕包内衬层厚度

绕包内衬层的近似厚度应为0.6 mm。

8.2 具有分相金属层的电缆(见第10章)

各个绝缘线芯的金属层应相互接触。

若电缆的分相金属屏蔽缆芯外具有另外的同样金属材料的统包金属层(见第9章),电缆的缆芯外应包覆内衬层。内衬层和填充物应符合8.1要求。除纵向阻水型电缆外,内衬层和填充物应采用非吸湿材料。内衬层和填充物也可采用半导电材料。

当分相与统包金属层采用的金属材料不同时,应采用符合14.2中规定的任一种材料挤包隔离套将其隔开。对于铅套电缆,铅套与分相包覆的金属层之间的隔离,可采用符合8.1的内衬层。

若电缆没有统包金属层(见第9章),只要电缆外形保持圆整,可以省略内衬层。

9 单芯和三芯电缆的金属层

本部分包括以下类型的金属层:

a) 金属屏蔽(见第10章);

b) 同心导体(见第11章);

c) 金属套(见第12章);

d) 金属铠装(见第13章)。

金属层应由上述的一种或几种型式组成,包覆在单芯电缆上或三芯电缆的单独绝缘线芯上时应是非磁性的。

可以采取某些措施使金属层周围具有纵向阻水性能。

10 金属屏蔽

10.1 结构

金属屏蔽应由一根或多根金属带,金属编织,金属丝的同心层或金属丝与金属带的组合结构组成。

金属屏蔽也可以是金属套或符合10.2要求的金属铠装层。

选择金属屏蔽材料时,应特别考虑存在腐蚀的可能性,这不仅为了机械安全,而且也为了电气安全。

金属屏蔽绕包的搭盖和间隙应符合10.2.2和10.2.3要求。

10.2 要求

10.2.1 铜丝屏蔽的标称截面积应根据故障电流容量确定。

10.2.2 铜带屏蔽应由一层重叠绕包的软铜带组成,也可采用双层铜带间隙绕包。铜带间的搭盖率为铜带宽度的15%(标称值),最小搭盖率应不小于5%。

软铜带应符合GB/T 11091—2005的规定。

铜带标称厚度为:

——单芯电缆：≥0.12 mm；

——三芯电缆：≥0.10 mm。

铜带的最小厚度应不小于标称值的 90%。

10.2.3　标称截面积为 500 mm^2 及以上电缆的金属屏蔽应采用铜丝屏蔽结构。铜丝屏蔽应由疏绕的软铜线组成，其表面采用反向绕包的铜丝或铜带扎紧。相邻铜丝的平均间隙应不大于 4 mm。

金属屏蔽中铜丝的电阻，适用时应符合 GB/T 3956—2008 要求。

11　同心导体

11.1　结构

同心导体的间隙应符合 10.2.3 要求。

选用同心导体结构和材料时，应特别考虑腐蚀的可能性，这不仅为了机械安全，而且也为了电气安全。

11.2　要求

同心导体的尺寸、物理及其电阻值要求，应符合 10.2 要求。

11.3　使用

如要求采用同心导体结构，可在三芯电缆的内衬层外，对单芯电缆也可以直接在半导电绝缘屏蔽层外或适当的内衬层外包覆同心导体层。

12　金属套

12.1　铅套

铅套应采用铅或铅合金，并形成松紧适当的无缝铅套管。

铅套的标称厚度应按下列公式计算：

a）　所有单芯电缆或缆芯：

$$t_{pb} = 0.03D_g + 0.8$$

b）　所有其他电缆：

$$t_{pb} = 0.03D_g + 0.7$$

式中：

t_{pb}——铅套标称厚度，单位为毫米(mm)；

D_g——铅套前假设直径，单位为毫米(mm)(按照附录 B 修约到一位小数)。

在所有情况下，最小标称厚度应为 1.2 mm，计算值应按照附录 B 修约到一位小数。

12.2　其他金属套

在考虑中。

13　金属铠装

13.1　金属铠装类型

本部分包括的铠装类型如下：

a）　扁金属线铠装；

b）　圆金属丝铠装；

c）　双金属带铠装。

13.2　材料

圆金属丝或扁金属线应是镀锌钢丝，铜丝或镀锡铜丝，铝或铝合金丝。

金属带应是涂漆钢带、镀锌钢带、铝或铝合金带。钢带应符合 YB/T 024—2008 规定。

在要求铠装钢丝层满足最小导电性的情况下，铠装层中允许包含足够的铜丝或镀锡铜丝，以确保达到要求。

选择铠装材料时，尤其是铠装作为屏蔽层时，应特别考虑腐蚀的可能性，这不仅为了机械安全，而且也为了电气安全。

除非采用特殊结构，用于交流系统的单芯电缆的铠装应采用非磁性材料。

注：用于交流系统的单芯电缆以磁性材料为主的铠装即使采用特殊结构，电缆载流量仍将大为降低，应慎重选用。

13.3 铠装的应用

13.3.1 单芯电缆

单芯电缆的铠装层下应有挤包的或绕包的内衬层，其厚度应符合 8.1.3 或 8.1.4 要求。

13.3.2 三芯电缆

三芯电缆需要铠装时，铠装应包覆在符合 8.1 规定的内衬层上。

13.3.3 隔离套

当铠装下的金属层与铠装材料不同时，应用 14.2 规定的一种材料，挤包一层隔离套将其隔开。

隔离套应经受 GB/T 3048.10—2007 规定的火花试验。

如铅套电缆要求有铠装层时，应采用隔离套或包带垫层，并符合 13.3.4 规定。

如果在铠装层下采用隔离套，可以由其代替内衬层或附加在内衬层上。

在金属层外具有纵向阻水结构的电缆不需要采用隔离套。

隔离套的标称厚度 T_s(以 mm 计)应按下列公式计算：

$$T_s = 0.02D_u + 0.6$$

式中：

D_u——挤包该隔离套前的假设直径，单位为毫米(mm)。

计算按附录 A 所述进行，计算结果修约到 0.1 mm(见附录 B)。

非铅套电缆的隔离套标称厚度应不小于 1.2 mm。若隔离套直接挤包在铅套上，其标称厚度应不小于 1.0 mm。

13.3.4 铅套电缆铠装下的包带垫层

铅套涂层外的包带垫层应由浸渍纸带与复合纸带组成，或者由两层浸渍纸带与复合纸带外加一层或多层复合浸渍纤维材料组成。

垫层材料的浸渍剂可为沥青或其他防腐剂。对于金属丝铠装，这些浸渍剂不能直接涂敷到金属丝下。

也可采用合成材料带代替浸渍纸带。

铅套与铠装之间的包带垫层在铠装后的总厚度的近似值应为 1.5 mm。

13.4 铠装金属丝和铠装金属带的尺寸

铠装金属丝和铠装金属带应优先采用下列标称尺寸：

——圆金属丝：直径 2.0 mm，2.5 mm，3.15 mm；

——扁金属线：厚度 0.8 mm；

——钢带：厚度 0.5 mm，0.8 mm；

——铝或铝合金带：厚度 0.5 mm，0.8 mm。

13.5 电缆直径与铠装层尺寸的关系

铠装圆金属丝的标称直径和铠装金属带的标称厚度应分别不小于表 7 和表 8 规定的数值。

表 7 铠装圆金属丝标称直径

铠装前假设直径/mm		铠装金属丝标称直径/mm
>25	≤35	2.0
>35	≤60	2.5
>60	—	3.15
注：根据使用的需要，可以采用直径大于 3.15 mm 的铠装圆金属丝。		

表 8 铠装金属带标称厚度

铠装前假设直径/mm		金属带标称厚度/mm	
		钢带或镀锌钢带	铝或铝合金带
>30	≤70	0.5	0.5
>70	—	0.8	0.8

扁金属线的标称厚度应取 0.8 mm。

13.6 圆金属丝或扁金属线铠装

金属丝铠装应紧密，即相邻金属丝间的间隙很小。必要时，可在扁金属线铠装和圆金属丝铠装外疏绕一条最小标称厚度为 0.3 mm 的镀锌钢带，钢带厚度的偏差应符合 17.7.3 规定。

13.7 双层金属带铠装

当采用金属带铠装和符合 8.1 规定的内衬层时，其内衬层应采用包带垫层加强。内衬层和附加包带垫层的总厚度应按 8.1 的规定值再加 0.8 mm。

内衬层和附加包带垫层的总厚度不应小于规定值的 80%再减 0.2 mm。

如果有隔离套或挤包的内衬层并且满足 13.3.3 规定时，则不要求加包带垫层。

金属带铠装应螺旋绕包两层，使外层金属带的中线大致在内层金属带的间隙上方，包带间隙应不大于金属带宽度的 50%。

14 外护套

14.1 概述

所有电缆都应有外护套。

外护套通常为黑色，但也可以按照制造方和买方协议采用黑色以外的其他颜色，以适应电缆使用的特定环境。

外护套应经受 GB/T 3048.10—2008 规定的火花试验。

14.2 材料

外护套应为热塑性材料(聚氯乙烯或聚乙烯)或弹性体材料(聚氯丁烯，氯磺化聚乙烯或类似聚合物)。

外护套材料应与表 4 中规定的电缆运行温度相适应。

在特殊条件下(例如为了防白蚁)使用的外护套，可能有必要使用化学添加剂，但这些添加剂不应包括对人类及环境有害的材料。

注：例如不希望采用的材料包括[2]：

——氯甲桥萘(艾氏剂)：1、2、3、4、10、10-六氯代-1、4、4a、5、8、8a-六氢化-1、4、5、8-二甲桥萘；

——氧桥氯甲桥萘(狄氏剂)：1、2、3、4、10、10-六氯代-6、7-环氧-1、4、4a、5、6、7、8、8a-八氢-1、4、5、8-二甲桥萘；

——六氯化苯(高丙体六六六)：1、2、3、4、5、6-六氯代-环乙烷 γ 异构体。

---

2) 来源：《工业材料中的危险品》N. I. Sax，第五版，Van Nostrand Reinhold，ISBN 0-442-27373-8。

14.3 厚度

若无其他规定，挤包外护套标称厚度 t_s(以 mm 计)应按下式计算：

$$t_s = 0.035D + 1.0$$

式中：

D——挤包护套前电缆的假设直径，单位为(mm)(见附录 A)。

按上式计算出的数值应修约到 0.1 mm(见附录 B)。

无铠装的电缆和护套不直接包覆在铠装、金属屏蔽或同心导体上的电缆，其单芯电缆护套的标称厚度应不小于 1.4 mm，多芯电缆护套的标称厚度应不小于 1.8 mm。

护套直接包覆在铠装、金属屏蔽或同心导体上的电缆，护套的标称厚度应不小于 1.8 mm。

15 试验条件

15.1 环境温度

除非另有规定，试验应在环境温度(20±15)℃下进行。

15.2 工频试验电压的频率和波形

工频试验电压的频率应在 49 Hz～61 Hz 范围；波形应基本上为正弦波，引用值为有效值。

15.3 冲击试验电压的波形

按照 GB/T 3048.13—2007，冲击波形应具有有效波前时间 1 μs～5 μs，标称半峰值时间 40 μs～60 μs。其他方面应符合 GB/T 16927.1—1997。

16 例行试验

16.1 概述

例行试验通常应在每一根制造长度的电缆上进行(见 3.2.1)。根据购买方和制造方达成的质量控制协议，可以减少试验电缆的根数或采用其他的试验方法。

本部分要求的例行试验为：

a) 导体电阻测量(见 16.2)；

b) 在带有符合 7.1 和 7.2 规定的导体屏蔽和绝缘屏蔽的电缆绝缘线芯上进行的局部放电试验(见 16.3)；

c) 电压试验(见 16.4)。

16.2 导体电阻

应对例行试验中的每一根电缆长度的所有导体进行电阻测量，若有同心导体也包括在内。

成品电缆或从成品电缆上取下的试样，试验前应在保持适当温度的试验室内至少存放 12 h。若怀疑导体温度是否与室温一致，电缆应在试验室内存放 24 h 后测量。也可将导体试样放在温度可以控制的液体槽内至少 1 h 后测量电阻。

电阻测量值应按照 GB/T 3956—2008 给出的公式和系数校正到 20 ℃下 1 km 长度的数值。

每一根导体 20 ℃时的直流电阻应不超过 GB/T 3956—2008 规定的相应的最大值。标称截面积适用时，同心导体的电阻也应符合 GB/T 3956—2008 规定。

16.3 局部放电试验

应按 GB/T 3048.12—2007 进行局部放电试验，试验灵敏度应为 10pC 或更优。

三芯电缆的所有绝缘线芯都应试验，电压施加于每一根导体和金属屏蔽之间。

试验电压应逐渐升高到 $2U_0$ 并保持 10 s，然后缓慢降到 $1.73U_0$。

在 $1.73U_0$ 下，应无任何由被试电缆产生的超过声明试验灵敏度的可检测到的放电。

注：被试电缆的任何放电都可能有害。

16.4 电压试验[3)]

16.4.1 概述

电压试验应在环境温度下采用工频交流电压进行。

除非购买方另有要求，制造方可任选以下程序进行例行电压试验：

a) 3.5U_0，5 min；

b) 2.5U_0，30 min。

16.4.2 单芯电缆试验步骤

对单芯电缆的试验电压应施加在导体与金属屏蔽之间。

16.4.3 三芯电缆试验步骤

应在三芯电缆的每一根导体与金属层之间施加电压。

三芯电缆也可采用三相变压器，一次完成试验。

16.4.4 试验电压

对应额定电压的单相试验电压值见表 9。

表 9 例行试验电压

额定电压 U_0/kV	21	26
试验电压(3.5U_0)/kV	73.5	91
试验电压(2.5U_0)/kV	53	65

若用三相变压器同时对三芯电缆进行电压试验，相间试验电压应取表 9 所列数据的 1.73 倍。

在任何情况下，电压都应逐渐升高到规定值。

16.4.5 要求

绝缘应无击穿。

17 抽样试验

17.1 概述

本部分要求的抽样试验包括：

a) 导体检查(见 17.4)；

b) 尺寸检验(见 17.5～17.8)；

c) 电压试验(见 17.9)；

d) EPR、HEPR 和 XLPE 绝缘及弹性体护套的热延伸试验(见 17.10)。

17.2 抽样试验的频度

17.2.1 导体检查和尺寸检验

导体检查，绝缘和护套厚度测量以及电缆外径的测量应在每批同一型号和规格电缆中的一根制造长度的电缆上进行，但应限制不超过合同长度数量的 10%。

17.2.2 电气和物理试验

电气和物理试验应按商定的质量控制协议，在取自成品电缆的样品上进行试验。若无协议，在三芯电缆总长度大于 2 km 或单芯电缆总长度大于 4 km 时，应按表 10 数量进行试验。

---

3) 本部分相对于 IEC 60502-2:2005 在此条文中补充了“2.5U_0，30 min”的电压试验条件。

表 10 抽样试验样品数量

电缆长度/km				样品数
三芯电缆		单芯电缆		
>2	≤10	>4	≤20	1
>10	≤20	>20	≤40	2
>20	≤30	>40	≤60	3
余类推		余类推		余类推

17.3 复试

如果任一试样没有通过第 17 章的任一项试验，应从同一批中再取两个附加试样就不合格项目重新试验。如果两个附加试样都合格，样品所取批次的电缆应认为符合本部分要求。如果加试样品中有一个试样不合格，则认为抽取该试样的这批电缆不符合本部分要求。

17.4 导体检查

应采用检查或可行的测量方法检验导体结构是否符合 GB/T 3956—2008 要求。

17.5 绝缘和非金属护套厚度的测量（包括挤包隔离套，但不包括挤包内衬层）

17.5.1 概述

试验方法应符合 GB/T 2951.11—2008 第 8 章规定。

为试验而选取的每根电缆长度应从电缆的一端截取一段电缆来代表，如果必要，应将可能损伤的部分电缆先从该端截除。

17.5.2 对绝缘的要求

每一段绝缘线芯，最小测量值应不低于标称值的 90％再减 0.1 mm，即：

$$t_{min} \geqslant 0.9t_n - 0.1$$

同时：

$$\frac{t_{max} - t_{min}}{t_{max}} \leqslant 0.15$$

式中：

t_{max}——最大厚度，单位为毫米（mm）；

t_{min}——最小厚度，单位为毫米（mm）；

t_n——标称厚度，单位为毫米（mm）。

注：t_{max} 和 t_{min} 为同一截面上的测量值。

17.5.3 对非金属护套要求

护套应符合下列要求：

a） 对于非铠装电缆和护套不直接包覆在铠装、金属屏蔽或同心导体上的电缆，其最小测量值应不低于标称值的 85％再减 0.1 mm，即：

$$t_{min} \geqslant 0.85t_n - 0.1$$

b） 直接包覆在铠装、金属屏蔽或同心导体上的护套，其最小测量值应不低于标称值的 80％再减 0.2 mm，即：

$$t_{min} \geqslant 0.8t_n - 0.2$$

17.6 铅套厚度测量

根据制造方的意见应采用下列方法之一测量铅套最小厚度。铅套最小厚度应不低于标称值的 95％再减 0.1 mm。即：

$$t_{min} \geqslant 0.95t_n - 0.1$$

注：其他类型金属套厚度测量方法在考虑中。

17.6.1 **窄条法**

应使用测量头平面直径为 4 mm～8 mm 的千分尺测量，测量精度为±0.01 mm。

测量应在取自成品电缆上的 50 mm 长的护套试样进行。试样应沿轴向剖开并仔细展平。将试样擦拭干净后，应沿展平的试样的圆周方向距边缘至少 10 mm 进行测量。应测取足够多的数值，以保证测量到最小厚度。

17.6.2 **圆环法**

应使用具有一个平测头和一个球形测头的千分尺，或具有一个平测头和一个长为 2.4 mm、宽为 0.8 mm 的矩形平测头的千分尺进行测量。测量时球形测头或矩形测头应置于护套环的内侧。千分尺的精度应为±0.01 mm。

测量应在从样品上仔细切下的环形护套上进行。应沿着圆周上测量足够多的点，以保证测量到最小厚度。

17.7 **铠装金属丝和金属带的测量**

17.7.1 **金属丝的测量**

应使用具有两个平测头精度为±0.01 mm 的千分尺来测量圆金属丝的直径和扁金属丝的厚度。对圆金属丝应在同一截面上两个互成直角的位置上各测量一次，取两次测量的平均值作为金属丝的直径。

17.7.2 **金属带的测量**

应使用具有两个直径为 5 mm 平测头、精度为±0.01 mm 的千分尺进行测量。对带宽为 40 mm 及以下的金属带应在宽度中央测其厚度；对更宽的带子应在距其每一边缘 20 mm 处测量，取其平均值作为金属带厚度。

17.7.3 **要求**

铠装金属丝和金属带的尺寸低于 13.5 中给出标称尺寸的量值应不超过：

——圆金属丝：5%；

——扁金属线：8%；

——金属带：10%。

17.8 **外径测量**

如果抽样试验中要求测量电缆外径，应按 GB/T 2951.11—2008 进行。

17.9 **4 h 电压试验**

17.9.1 **取样**

试验终端之间的一根成品电缆长度应至少为 5 m。

17.9.2 **步骤**

在环境温度下，每一导体与金属层之间应施加工频电压 4 h。

17.9.3 **试验电压**

试验电压应为 $4U_0$。对应于标准额定电压的试验电压值列于表 11。

表 11 抽样试验电压

额定电压 U_0/kV	21	26
试验电压/kV	84	104

试验电压应逐渐升高到规定值，并持续 4 h。

17.9.4 **要求**

绝缘应不发生击穿。

17.10 **EPR、HEPR 和 XLPE 绝缘和弹性体护套热延伸试验**

17.10.1 **步骤**

取样和试验步骤应按 GB/T 2951.21—2008 第 9 章进行。

试验条件列于表 18 和表 19。

17.10.2 要求

EPR、HEPR 和 XLPE 绝缘的试验结果应符合表 18 要求，SE_1 护套应符合表 19 要求。

18 电气型式试验

具有特定电压和导体截面积的一种型式的电缆通过了本部分的型式试验后，对于具有其他导体截面积和/或额定电压的电缆型式认可仍然有效，只要满足下列三个条件：

a) 绝缘和半导电屏蔽材料以及所采用的制造工艺相同；

b) 导体截面积不大于已试电缆，但是如果已试电缆的导体截面积为 95 mm^2～630 mm^2（含）之间，那么 630 mm^2 及以下的所有电缆也有效；

c) 额定电压不高于已试电缆。

型式认可与导体材料无关。

18.1 具有导体屏蔽和绝缘屏蔽的电缆

应从成品电缆中取 10 m～15 m 长的电缆试样按 18.1.1 进行试验。

除 18.1.2 的例外，所有 18.1.1 所列的试验应依次在同一试样上进行。

三芯电缆的每项试验或测量应在所有绝缘线芯上进行。

18.1.9 规定的半导电屏蔽电阻率测量，应在另外的试样上进行。

18.1.1 试验顺序

正常试验的顺序应如下：

a) 弯曲试验及随后的局部放电试验（见 18.1.3 和 18.1.4）；

b) $\tan\delta$ 测量（见 18.1.2 和见 18.1.5）；

c) 热循环试验及随后的局部放电试验（见 18.1.6）；

d) 冲击电压试验及随后的工频电压试验（见 18.1.7）；

e) 4 h 电压试验（见 18.1.8）。

18.1.2 特殊条款

$\tan\delta$ 测量可以在没有按 18.1.1 正常试验顺序做过试验的另一个试样进行。

试验项目 e)可取一个新的试样进行，但该试样应预先进行过 18.1.1 中的 a)项和 c)项试验。

18.1.3 弯曲试验

在室温下试样应围绕试验圆柱体（例如线盘的筒体）至少绕一整圈，然后松开展直，再在相反方向上重复此过程。

此操作循环应进行三次。

试验圆柱体的直径应为：

——铅套或纵包复合金属箔电缆：

$25(d+D)\pm5\%$ 单芯电缆；

$20(d+D)\pm50\%$ 三芯电缆；

——其他类型电缆：

$20(d+D)\pm5\%$ 单芯电缆；

$15(d+D)\pm50\%$ 三芯电缆；

式中：

D——电缆试样实测外径，单位为毫米（mm），按 17.8 测量；

d——导体的实测直径，单位为毫米（mm）。

本试验完成后，试样应立即进行局部放电试验，并应符合 18.1.4 要求。

18.1.4 局部放电试验

应按 GB/T 3048.12—2007 进行局部放电试验,试验灵敏度应为 5pC 或更优。

三芯电缆的所有绝缘线芯都应试验,电压施加于每一根导体和金属屏蔽之间。

试验电压应逐渐升高到 $2U_0$ 并保持 10 s,然后缓慢降到 $1.73U_0$。

在 $1.73U_0$ 下,应无任何由被试电缆产生的超过声明试验灵敏度的可检测到的放电。

注:被试电缆的任何放电都可能有害。

18.1.5 **tanδ** 测量

成品电缆试样应用下述方法之一加热:试样应放置在液体槽或烘箱中,或者在试样的金属屏蔽层或导体或两者都通电流加热。

试样应加热至导体温度超过电缆正常运行时导体最高温度 5 ℃～10 ℃。

每一方法中,导体的温度应或者通过测量导体电阻确定,或者用放在液体槽、烘箱内或放在屏蔽层表面上,或放在与被测电缆相同的另一根同样加热的参照电缆上的测温装置进行测量。

tanδ 测量应在额定电压 U_0 和上述规定温度下进行。

测量值应不高于表 12 规定。

表 12 绝缘的电气型式试验要求

序号	试验项目和试验条件 (混合料代号见 4.2)	单位	性能要求	
			EPR/HEPR	XLPE
0	正常运行时导体最高温度(见 4.2)	℃	90	90
1	tanδ(见 18.5) ——超过电缆正常运行导体最高温度 5 ℃～10 ℃的 tanδ 最大值		50×10^{-4}	10×10^{-4}

18.1.6 热循环试验

经过上述各项试验后的试样应在试验室的地面上展开,并在试样导体上通以电流加热,直至导体达到稳定温度,此温度应超过电缆正常运行时导体最高温度 5 ℃～10 ℃。

三芯电缆的加热电流应通过所有导体。

加热循环应持续至少 8 h。在每一加热过程中,导体应在达到规定温度后至少维持 2 h。随后应在空气中自然冷却至少 16 h。

此循环应重复 20 次。

第 20 个循环后,试样应进行局部放电试验并应符合 18.1.4 要求。

18.1.7 冲击电压试验及随后的工频电压试验

试验应在超过电缆正常运行时导体最高温度 5 ℃～10 ℃的温度下进行。

应按照 GB/T 3048.13—2007 规定的步骤施加冲击电压,其电压峰值应为 200 kV。

电缆的每一个绝缘线芯应耐受 10 次正极性和 10 次负极性冲击电压而不击穿。

在冲击电压试验后,电缆试样的每一绝缘线芯应在室温下进行工频电压试验 15 min。试验电压应按表 9 规定。绝缘应不发生击穿。

18.1.8 4 h 电压试验

本试验应在室温下进行。应在试样的导体和屏蔽之间施加工频交流电压 4 h。

试验电压应为 $4U_0$,试验电压值见表 11。电压应逐渐升高至规定值。绝缘应不发生击穿。

18.1.9 半导电屏蔽电阻率

挤包在导体上的和绝缘上的半导电屏蔽的电阻率,应在取自电缆绝缘线芯上的试样上进行测量,绝缘线芯应分别取自制造好的电缆样品和进行过按 19.5 规定的材料相容性试验老化处理后的电缆样品。

18.1.9.1 步骤

试验步骤应按附录 C。

应在电缆正常运行时导体最高温度±2 ℃范围内进行测量。

18.1.9.2 要求

在老化前和老化后，电阻率应不超过下列数值：

——导体屏蔽：1 000 Ω·m；

——绝缘屏蔽：500 Ω·m。

19 非电气型式试验

本部分要求的非电气型式试验项目见表13。

19.1 绝缘厚度测量

19.1.1 取样

应从每一根绝缘线芯上各取一个样品。

19.1.2 步骤

应按GB/T 2951.11—2008中8.1进行测量。

19.1.3 要求

见17.5.2。

19.2 非金属护套厚度测量(包括挤包隔离套，但不包括内衬层)

19.2.1 取样

应取一个电缆试样。

19.2.2 步骤

应按GB/T 2951.11—2008中8.2进行测量。

19.2.3 要求

见17.5.3。

19.3 绝缘老化前后的机械性能试验

19.3.1 取样

应按GB/T 2951.11—2008中9.1取样和制备试片。

19.3.2 老化处理

老化处理应在表14规定的条件下，按GB/T 2951.12—2008中8.1进行。

19.3.3 预处理和机械性能试验

应按GB/T 2951.11—2008中9.1进行试片的预处理和机械性能试验。

19.3.4 要求

试片老化前和老化后的试验结果均应符合表14要求。

19.4 非金属护套老化前后的机械性能试验

19.4.1 取样

应按GB/T 2951.11—2008中9.2取样和制备试片。

19.4.2 老化处理

老化处理应在表15规定的条件下，按GB/T 2951.12—2008中8.1进行。

19.4.3 预处理和机械性能试验

应按GB/T 2951.11—2008中9.2进行试片的预处理和机械性能试验。

19.4.4 要求

试片老化前和老化后的试验结果均应符合表15要求。

19.5 成品电缆段的附加老化试验

19.5.1 概述

本试验旨在检验电缆绝缘和非金属护套与电缆中的其他材料接触有无造成运行中劣化倾向。

本试验适用于所有类型的电缆。

19.5.2 取样

应按 GB/T 2951.12—2008 中 8.1.4 从成品电缆上截取试样。

19.5.3 老化处理

电缆样品的老化处理应按 GB/T 2951.12—2008 中 8.1.4,在空气烘箱中进行。老化条件如下:

温度:高于电缆正常运行时导体最高温度(见表 12)(10±2)℃;

周期:7×24 h。

19.5.4 机械性能试验

取自老化后电缆段试样的绝缘和护套试片,应按 GB/T 2951.11—2008 中第 9 章进行机械性能试验。

19.5.5 要求

老化前和老化后抗张强度与断裂伸长率中间值的变化率(见 19.3 和见 19.4)应不超过空气烘箱老化后的规定值。绝缘的规定值见表 14,非金属护套的规定值见表 15。

19.6 ST_2 型 PVC 护套失重试验

19.6.1 步骤

应按 GB/T 2951.32—2008 中 8.2 取样和进行试验。

19.6.2 要求

试验结果应符合表 16 要求。

19.7 护套的高温压力试验。

19.7.1 步骤

高温压力试验应按 GB/T 2951.31—2008 第 8 章的试验方法及表 16 和表 17 给出的试验条件进行。

19.7.2 要求

试验结果应符合 GB/T 2951.31—2008 第 8 章要求。

19.8 PVC 护套的低温性能试验

19.8.1 步骤

应按 GB/T 2951.14—2008 第 8 章取样和进行试验,试验温度见表 16。

19.8.2 要求

试验结果应符合 GB/T 2951.14—2008 第 8 章要求。

19.9 PVC 护套的抗开裂试验(热冲击试验)

19.9.1 步骤

应按 GB/T 2951.31—2008 第 9 章取样和进行试验,试验温度和加热持续时间见表 16。

19.9.2 要求

试验结果应符合 GB/T 2951.31—2008 第 9 章要求。

19.10 EPR 和 HEPR 绝缘耐臭氧试验

19.10.1 步骤

应按 GB/T 2951.21—2008 第 8 章取样和进行试验。臭氧浓度和试验持续时间应符合表 18 规定。

19.10.2 要求

试验结果应符合 GB/T 2951.21—2008 第 8 章要求。

19.11 EPR、HEPR 和 XLPE 绝缘与弹性体护套的热延伸试验

应按 17.10 取样和进行试验,并应符合 17.10 要求。

19.12 弹性体护套的浸油试验

19.12.1 步骤

应按 GB/T 2951.21—2008 第 10 章取样和进行试验,试验条件应符合表 19。

19.12.2 要求

试验结果应符合表19要求。

19.13 绝缘吸水试验

19.13.1 步骤

应按GB/T 2951.13—2008中9.1取样和进行试验，试验条件应符合表18。

19.13.2 要求

试验结果应符合表18要求。

19.14 单根电缆的不延燃试验

本试验仅适用于ST_1、ST_2或SE_1材料护套电缆，且仅有特别要求时才进行。

应按GB/T 18380.12—2008规定的方法进行试验并符合其要求。

19.15 黑色PE护套碳黑含量测定

19.15.1 步骤

应按照GB/T 2951.41—2008第11章取样和进行试验。

19.15.2 要求

试验结果应符合表17要求。

19.16 XLPE绝缘收缩试验

19.16.1 步骤

应按照GB/T 2951.13—2008第10章取样和进行试验，试验条件应符合表18。

19.16.2 要求

试验结果应符合表18要求。

19.17 挤包外护套刮磨试验

试样经18.1.3规定的弯曲试验后，应按JB/T 10696.6—2007进行刮磨试验。

把经过刮磨试验的试样，在室温下浸入0.5%(重量比)氯化钠和大约0.1%(重量比)非离子型表面活性剂水溶液中至少24 h。

将金属屏蔽和铠装作为负极，在负极和盐溶液之间施加直流电压20 kV，历时1 min。然后施加雷电冲击电压20 kV，正负极性各10次。试样应不击穿。

把试样从溶液中取出，剥下包含刮磨部位的1 m长护套，用肉眼观察护套内外表面，应无裂缝和开裂。

19.18 HEPR绝缘硬度测量

19.18.1 步骤

应按照附录E取样和进行测量。

19.18.2 要求

试验结果应符合表18要求。

19.19 HEPR绝缘弹性模量测定

19.19.1 步骤

应按照GB/T 2951.11—2008第9章取样、制备试片和进行测定。

应测量伸长为150%时所需的负荷。相应的应力应用测得的负荷除以试片未拉伸前的截面积计算得到。应确定应力与应变的比值，以得到伸长率为150%时的弹性模量。

弹性模量应取全部测量结果的中间值。

19.19.2 要求

试验结果应符合表18要求。

19.20 PE外护套收缩试验

19.20.1 步骤

应按照GB/T 2951.13—2008第11章取样和进行试验，试验条件应符合表17。

19.20.2 要求

试验结果应符合表17要求。

19.21 绝缘屏蔽的可剥离性试验

当制造方声明采用的挤包半导电绝缘屏蔽为可剥离型时，应进行本试验。

19.21.1 步骤

试验应在老化前和老化后的样品上各进行三次，可在三个单独的电缆试样上进行试验，也可在同一个电缆试样上沿圆周方向彼此间隔约120°的三个不同位置上进行试验。

应从老化前和按19.5.3老化后的被试电缆上取下长度至少250 mm的绝缘线芯。

在每一个试样的挤包绝缘屏蔽表面上从试样的一端到另一端向绝缘纵向切割成两道彼此相隔宽(10±1)mm相互平行的深入绝缘的切口。

沿平行于绝缘线芯方向(也就是剥离角近似于180°)拉开长50 mm、宽10 mm的条形带后，将绝缘线芯垂直地装在拉力机上，用一个夹头夹住绝缘线芯的一端，而10 mm的条形带，夹在另一个夹头上。

施加使10 mm条形带从绝缘分离的拉力，拉开至少100 mm长的距离。应在剥离角近似180°和速度为(250±50)mm/min条件下测量拉力。

试验应在(20±5)℃温度下进行。

对未老化和老化后的试样应连续地记录其剥离力的数值。

19.21.2 要求

从老化前后的试样绝缘上剥下挤包半导电屏蔽的剥离力应不小于8 N和不大于45 N。

绝缘表面应无损伤及残留的半导电屏蔽痕迹。

19.22 透水试验

当制造方声称采用了纵向阻水屏障电缆的设计时，应进行透水试验。本试验的目的是满足地下埋设电缆的要求，而不适用于水底电缆。

本试验用于下列电缆设计：

a) 在金属层附近具有纵向阻水屏障；

b) 沿着导体具有纵向阻水屏障。

试验装置、取样和试验步骤应按附录D规定。

当电缆具有径向阻水的金属箔复合护层时，应进行附录F的试验。

20 安装后电气试验[4)]

试验应在电缆及其附件安装完成后进行。

推荐按照20.1进行外护套的直流电压试验，并在有要求时按照20.2进行绝缘试验。对于只进行外护套的直流电压试验的情况，可以用买方和供方认可的质量保证程序代替绝缘试验。

20.1 外护套的直流电压试验

应在电缆的每相金属套或金属屏蔽与接地之间施加IEC 60229：2007第5章规定的直流电压及持续时间。

为了有效试验，应使外护套的全部外表面接地良好。

注：外护套上的导电层有助于达到此目的。

20.2 交流电压试验

按供方与买方协议，可以采用下列a)项或b)项工频电压试验：

a) 交流电压试验应经买方和供方协商同意后进行。电压的波形应基本是正弦波，频率应为

---

4) 安装后绝缘的电气试验与IEC 60840：2004《额定电压大于30 kV(U_m=36 kV)至150 kV (U_m=170 kV)挤包绝缘电力电缆及其附件　试验方法和要求》一致。

20 Hz～300 Hz。试验电压应为 $2U_0$，持续 60 min。

b) 作为替代，可以施加系统额定电压 U_0，持续 24 h。

注：对已运行的电缆线路，可采用较低的电压和/或较短的时间进行试验。试验的电压和时间应考虑已运行的时间、环境条件、击穿历史以及试验的目的，经协商确定。

21 电缆产品的补充条款

电缆产品的补充条款包括电缆型号和产品表示方法、产品验收规则、成品电缆标志、电缆包装、运输和贮存，以及安装条件，详见附录 G。

表 13 绝缘混合料和护套混合料的非电气型式试验(见表 14 到表 19)

序号	试验项目 (混合料代号见 4.2 和 4.3)	绝缘			护套				
		EPR	HEPR	XLPE	PVC		PE		SE_1
					ST_1	ST_2	ST_3	ST_7	
1	尺寸								
1.1	厚度测量	×	×	×	×	×	×	×	×
2	机械性能(抗张强度和断裂伸长率)								
2.1	老化前	×	×	×	×	×	×	×	×
2.2	空气烘箱老化后	×	×	×	×	×	×	×	×
2.3	成品电缆段老化	×	×	×	×	×	×	×	×
2.4	浸入热油后	—	—	—	—	—	—	—	×
3	热塑性能								
3.1	高温压力试验(凹痕)	—	—	—	×	×	—	×	—
3.2	低温性能	—	—	—	×	×	—	—	—
4	其他各类试验								
4.1	空气烘箱内的失重试验	—	—	—	—	×	—	—	—
4.2	热冲击试验(开裂)	—	—	—	×	×	—	—	—
4.3	抗臭氧试验	×	×	—	—	—	—	—	—
4.4	热延伸试验	×	×	×	—	—	—	—	×
4.5	不延燃试验(要求时)	—	—	—	×	×	—	—	×
4.6	吸水试验	×	×	×	—	—	—	—	—
4.7	收缩试验	—	—	×	—	—	×	×	—
4.8	外护套刮磨试验	—	—	—	×	×	×	×	×
4.9	碳黑含量[a]	—	—	—	—	—	×	×	—
4.10	硬度试验	—	×	—	—	—	—	—	—
4.11	弹性模量试验	—	×	—	—	—	—	—	—
4.12	可剥离性试验[b]								
4.13	透水试验[c]								
4.14	金属箔粘结强度[c]								
注：×表示型式试验项目。									

a 仅对黑色外护套适用。

b 适用于制造方声明具有可剥离绝缘屏蔽电缆。

c 适用于制造方声明具有阻水屏障结构电缆。

表 14 绝缘混合料机械性能试验要求(老化前后)

序号	试验项目 (混合料代号见 4.2)	单位	EPR	HEPR	XLPE
0	正常运行时导体最高温度(见 4.2)	℃	90	90	90
1	老化前(GB/T 2951.11—2008 中 9.1)				
1.1	抗张强度,最小	N/mm^2	4.2	8.5	12.5
1.2	断裂伸长率,最小	%	200	200	200
2	空气烘箱老化后(GB/T 2951.12-2008 中 8.1)				
2.1	无导体老化后				
2.1.1	处理条件				
	——温度	℃	135	135	135
	——温度偏差	℃	±3	±3	±3
	——持续时间	d	7	7	7
2.1.2	抗张强度变化率[a],最大	%	±30	±30	±25
2.1.3	断裂伸长率变化率,最大	%	±30	±30	±25

[a] 变化率:老化前后得出的中间值之差值除以老化前中间值,以百分数表示。

表 15 护套混合料机械性能试验要求(老化前后)

序号	试验项目 (混合料代号见 4.3)	单位	ST_1	ST_2	ST_3	ST_7	SE_1
	正常运行时导体最高温度(见 4.3)	℃	80	90	80	90	85
1	老化前(GB/T 2951.11—2008 中 9.2)						
1.1	抗张强度,最小	N/mm^2	12.5	12.5	10.0	12.5	10.0
1.2	断裂伸长率,最小	%	150	150	300	300	300
2.0	空气烘箱老化后(GB/T 2951.12—2008 中 8.1)						
2.1	处理条件						
	——温度(偏差±2 ℃)	℃	100	100	100	110	100
	——持续时间	d	7	7	10	10	7
2.2	抗张强度:						
	a) 老化后数值,最小	N/mm^2	12.5	12.5	—	—	—
	b) 变化率[a],最大	%	±25	±25	—	—	±30
2.3	断裂伸长率:						
	a) 老化后数值,最小	%	150	150	300	300	250
	b) 变化率[a],最大	%	±25	±25	—	—	±40

[a] 变化率:老化前后得出的中间值之差值除以老化前中间值,以百分数表示。

表 16 护套混合料特殊性能试验要求

序号	试验项目 （混合料代号见 4.3）	单位	ST_1	ST_2
1	空气烘箱中失重试验(GB/T 2951.32—2008 中 8.2)			
1.1	处理条件			
	——温度(偏差±2 ℃)	℃	—	100
	——持续时间	d	—	7
1.2	最大允许失重量	mg/cm^2	—	1.5
2	高温压力试验(GB/T 2951.31—2008 第 8 章)			
2.1	温度(偏差±2 ℃)	℃	80	90
3	低温性能试验[a](GB/T 2951.14—2008 第 8 章)			
3.1	未经老化前进行试验			
	——直径<12.5 mm 的冷弯曲试验			
	——温度(偏差±2 ℃)	℃	−15	−15
3.2	哑铃片的低温拉伸试验			
	——温度(偏差±2 ℃)	℃	−15	−15
3.3	冷冲击试验			
	——温度(偏差±2 ℃)	℃	−15	−15
4	抗开裂试验(GB/T 2951.31—2008 第 9 章)			
4.1	——温度(偏差±3 ℃)	℃	150	150
4.2	——持续时间	h	1	1

[a] 因气候条件，购买方可以要求采用更低的温度。

表 17 PE(热塑性聚乙烯)护套混合料的特殊性能

序号	试验项目 （混合料代号见 4.3）	单位	ST_3	ST_7
1	密度[a](GB/T 2951.13—2008 第 8 章)			
2	碳黑含量(仅对于黑色护套)(GB/T 2951.41—2008 第 11 章)			
2.1	标称值	%	2.5	2.5
2.2	偏差	%	±0.5	±0.5
3	收缩试验(GB/T 2951.13—2008 第 11 章)			
3.1	温度(偏差±2 ℃)	℃	80	80
3.2	加热持续时间	h	5	5
3.3	加热周期		5	5
3.4	最大允许收缩	%	3	3
4	高温压力试验(GB/T 2951.31—2008 中 8.2)			
4.1	温度(偏差±2 ℃)	℃	—	110

[a] 密度的测定仅在其他试验需要时才做。

表 18　各种热固性绝缘混合料的特殊性能试验要求

序号	试验项目 (混合料代号见 4.2)	单位	EPR	HEPR	XLPE
1	耐臭氧试验(GB/T 2951.21—2008 第 8 章)				
1.1	臭氧浓度(按体积)	%	0.025～0.030	0.025～0.030	—
1.2	无开裂持续时间试验	h	24	24	—
2	热延伸试验(GB/T 2951.21—2008 第 9 章)				
2.1	处理条件				
	——空气温度(偏差±3 ℃)	℃	250	250	200
	——负荷时间	min	15	15	15
	——机械应力	N/cm^2	20	20	20
2.2	载荷下最大伸长率	%	175	175	175
2.3	冷却后最大永久伸长率	%	15	15	15
3	吸水试验(GB/T 2951.13—2008 中 9.2)重量分析法				
3.1	温度(偏差±2 ℃)	℃	85	85	85
3.2	持续时间	d	14	14	14
3.3	重量最大变化率	mg/cm^2	5	5	1[a]
4	收缩试验(GB/T 2951.13—2008 第 10 章)				
4.1	标志间长度 L	mm	—	—	200
4.2	温度(偏差±3 ℃)	℃	—	—	130
4.3	持续时间	h	—	—	1
4.4	最大允许收缩率	%	—	—	4
5	硬度测定(见附录 E)				
5.1	IRHD[b] 最小		—	80	—
6	弹性模量测定(见 19.19)				
6.1	150%伸长率下的弹性模量,最小	N/mm^2	—	4.5	—

a　对于密度大于 1 g/cm^3 的 XLPE 要考虑吸水量的增加大于 1 mg/cm^2；

b　IRHD:国际橡胶硬度等级。

表 19　弹性体护套混合料特殊性能试验要求

序号	试验项目 (混合料代号见 4.3)	单位	SE_1
1	浸油后机械性能测试(GB/T 2951.21—2008 第 10 章和 GB/T 2951.11—2008 第 9 章)		
1.1	处理条件		
	——油温(偏差±2℃)	℃	100
	——持续时间	h	24
	最大允许变化率[a]		
	a)　抗张强度	%	±40
	b)　断裂伸长率	%	±40
2	热延伸(GB/T 2951.21—2008 第 9 章)		

表 19（续）

序号	试验项目 （混合料代号见 4.3）	单位	SE_1
2.1	处理条件		
	——温度（偏差±3℃）	℃	200
	——载荷时间	min	15
	——机械应力	N/cm^2	20
2.2	负载下允许最大伸长率	%	175
2.3	冷却后最大永久伸长率	%	15
[a] 变化率：处理前后得出的中间值之差值与处理前中间值之比，以百分数表示。			

附　录　A
（规范性附录）
确定护层尺寸的假设计算方法

电缆护层，诸如护套和铠装，其厚度通常与电缆标称直径有一个“阶梯表”的关系。

有时候会产生一些问题，计算出的标称直径不一定与生产出的电缆实际尺寸相同。在边缘情况下，如果计算直径稍有偏差，护层厚度与实际直径不相符合，就会产生疑问。不同制造方的成型导体尺寸变化、计算方法不同会引起标称直径不同和由此导致使用在基本设计相同的电缆上的护层厚度不同。

为了避免这些麻烦，而采取假设计算方法。这种计算方法忽略形状和导体的紧压程度而根据导体标称截面积，标称绝缘厚度和电缆芯数，利用公式来计算假设直径。这样护套厚度和其他护层厚度都可以通过公式或表格而与假设直径有了相应的关系。假设直径计算的方法明确规定，使用的护层厚度是唯一的，它与实际制造中的细微差别无关。这就使电缆设计标准化，对于每一个导体截面的护层厚度尺寸可以被预先计算和规定。

假设直径仅用来确定护套和电缆护层的尺寸，不是代替精确计算标称直径所需的实际过程，实际标称直径计算应分开计算。

A.1　概述

采用下述规定的电缆各种护层厚度的假设计算方法，是为了保证消除在单独计算中引起的任何差异，例如由于导体尺寸的假设以及标称直径和实际直径之间不可避免的差异。

所有厚度值和直径都应按照附录 B(规范性附录)中的规则修约到一位小数。

扎带，例如反向螺旋绕包在铠装外的扎带，如果不厚于 0.3 mm，在此方法中忽略。

A.2　方法

A.2.1　导体

不考虑形状和紧压程度如何，每一标称截面积导体的假设直径(d_L)由表 A.1 给出。

表 A.1　导体的假设直径

导体标称截面积/mm^2	d_L/mm	导体标称截面积/mm^2	d_L/mm
50	8.0	630	28.3
70	9.4	800	31.9
95	11.0	1 000	35.7
120	12.4	1 200	39.1
150	13.8	1 400	42.2
185	15.3	1 600	45.1
240	17.5		
300	19.5		
400	22.6		
500	25.2		

A.2.2　绝缘线芯

任何绝缘线芯的假设直径 D_c 如下式：

a)　无半导电屏蔽电缆的绝缘线芯：

$$D_c = d_L + 2t_i$$

b)　有半导电屏蔽电缆的绝缘线芯：

$$D_c = d_L + 2t_i + 3.0$$

式中：

t_i——绝缘的标称厚度，单位为毫米(mm)（见表5～表7）

如果采用金属屏蔽或同心导体，则应根据A.2.5考虑增大绝缘线芯的标称直径。

A.2.3　缆芯直径

缆芯的假设直径(D_f)如下式：

$$D_f = K \cdot D_c$$

式中：

K——三芯电缆的成缆系数，数值为2.16。

A.2.4　内衬层

内衬层的直径(D_B)应按下式计算：

$$D_B = D_f + 2t_B$$

式中：

缆芯的假设直径D_f为40 mm及以下，t_B=0.4 mm；

缆芯的假设直径D_f大于40 mm，t_B=0.6 mm。

t_B假设值应用于：

a)　三芯电缆

无论有无内衬层；

无论内衬层为挤包还是绕包。

当有一个符合13.3.3规定的隔离套代替或附加在内衬层上时，应按A.2.7中公式计算。

b)　单芯电缆

无论有挤包还是绕包的内衬层。

A.2.5　同心导体和金属屏蔽

由于同心导体和金属屏蔽使直径增加的数值如表A.2规定。

表A.2　同心导体和金属屏蔽使直径的增加值

同心导体或金属屏蔽的标称截面积/mm^2	直径的增加值/mm
50	1.7
70	2.0
95	2.4
120	2.7
150	3.0
185	4.0
240	5.0
300	6.0

如果同心导体或金属屏蔽的标称截面积介于上表所列数据的两数之间，那么取这两个标称值中较大数值所对应的直径增加值。

如果有金属屏蔽层，上表中规定的屏蔽层截面积应按下列公式计算：

a)　金属带屏蔽

$$截面积 = n_t \times t_t \times w_t (mm^2)$$

式中：

n_t——金属带根数；

t_t——单根金属带的标称厚度，单位为毫米(mm)；

w_t——单根金属带的标称宽度，单位为毫米(mm)。

当屏蔽总厚度小于 0.15 mm 时，直径增加值为零：

一层金属带重叠绕包屏蔽或两层金属带搭盖绕包屏蔽，屏蔽总厚度为金属带厚度的两倍；

金属带纵包屏蔽：

如果搭盖率小于 30%，屏蔽总厚度为金属带的厚度；

如果搭盖率达到或超过 30%，屏蔽总厚度为金属带厚度的两倍。

b) 金属丝屏蔽(包括一反向扎线，若存在)

$$截面积 = \frac{n_w \times d_w^2 \times \pi}{4} + n_h \times t_h \times W_h (\text{mm}^2)$$

式中：

n_w——金属丝根数；

d_w——单根金属丝直径，单位为毫米(mm)；

n_h——反向扎带根数；

t_h——厚度大于 0.3 mm 的反向扎带的厚度，单位为毫米(mm)；

W_h——反向扎带的宽度，单位为毫米(mm)。

A.2.6 铅套

铅套的假设直径(D_{pb})应按下式计算：

$$D_{pb} = D_g + 2t_{pb}$$

式中：

D_g——铅套下的假设直径，单位为毫米(mm)；

t_{pb}——按 12.1 的计算厚度，单位为毫米(mm)。

A.2.7 隔离套

隔离套的假设直径(D_s)应按下式计算：

$$D_s = D_u + 2t_s$$

式中：

D_u——隔离套下的假设直径，单位为毫米(mm)；

t_s——按 13.3.3 的计算厚度，单位为毫米(mm)。

A.2.8 包带垫层

包带垫层的假设直径 D_{lb} 应按下式计算：

$$D_{lb} = D_{ulb} + 2t_{lb}$$

式中：

D_{ulb}——包带前假设直径，单位为毫米(mm)；

t_{lb}——包带垫层厚度，按照 13.3.4 规定，即为 1.5 mm。

A.2.9 金属带铠装电缆的附加垫层(加在内衬层外)

因附加垫层引起的直径增加量见表 A.3。

表 A.3 因附加垫层引起的直径增加量

附加垫层下的假设直径/mm	因附加垫层引起的直径增加/mm
>29	1.6

A.2.10 铠装

铠装外的假设直径(D_X)应按下式计算：

a) 扁或圆金属丝铠装

$$D_X = D_A + 2t_A + 2t_W$$

式中：

D_A——铠装前直径，单位为毫米(mm)；

t_A——铠装金属丝的直径或厚度，单位为毫米(mm)；

t_W——如果有反向螺旋扎带时厚度大于 0.3 mm 的反向螺旋扎带厚度，单位为毫米(mm)。

b) 双金属带铠装

$$D_X = D_A + 4t_A$$

式中：

D_A——铠装前直径，单位为毫米(mm)；

t_A——铠装带厚度，单位为毫米(mm)。

附 录 B
（规范性附录）
数 值 修 约

B.1 假设计算法的数值修约

在按照附录A计算假设直径和确定单元尺寸而对数值进行修约时，采用下述规则。

当任何阶段的计算值小数点后多于一位数时，数值应修约到一位小数，即精确到0.1 mm。每一阶段的假设直径数值应修约到0.1 mm，当用来确定包覆层厚度和直径时，在用到相应的公式或表格中去之前应先进行修约，按照附录A要求从修约后的假设直径计算出的厚度应依次修约到0.1 mm。

用下述实例来说明这些规则：

a) 修约前数值的第二位小数为0、1、2、3或4时则小数点后第一位小数保持不变（舍弃）。

例如：

2.12	≈	2.1
2.449	≈	2.4
25.047 8	≈	25.0

b) 修约前数值的第二位小数为9、8、7、6或5时则小数点后第一位小数应增加1（进一）。

例如：

2.17	≈	2.2
2.453	≈	2.5
30.050	≈	30.1

B.2 用作其他目的的数值修约

除B.1考虑的用途外，有可能有些数值要修约到多于一位小数，例如计算几次测量的平均值，或标称值加上一个百分偏差以后的最小值。在这些情况下，应按有关条文修约到小数点后面的规定位数。

这时修约的方法为：

a) 如果修约前应保留的最后数值后一位数为0、1、2、3或4时，则最后数值应保持不变（舍弃）。

b) 如果修约前应保留的最后数值后一位数为9、8、7、6或5时，则最后数值加1（进一）。

例如：

2.449	≈	2.45	修约到二位小数
2.449	≈	2.4	修约到一位小数
25.047 8	≈	25.048	修约到三位小数
25.047 8	≈	25.05	修约到二位小数
25.047 8	≈	25.0	修约到一位小数

附　录　C
（规范性附录）
半导电屏蔽电阻率测量方法

从 150 mm 长成品电缆样品上制备试样。

将电缆绝缘线芯样品沿纵向对半切开，除去导体以制备导体屏蔽试样，如有隔离层也应去掉（见图 C.1a））。将绝缘线芯外所有保护层除去后制备绝缘屏蔽试片（见图 C.1b））。

屏蔽层体积电阻系数的测定步骤如下：

将四只涂银电极 A、B、C 和 D（见图 C.1a）和 C.1b））置于半导电层表面。两个电位电极 B 和 C 间距 50 mm。两个电流电极 A 和 D 相应地在电位电极外侧间隔至少 25 mm。

采用合适的夹子连接电极。在连接导体屏蔽电极时，应确保夹子与试样外表面绝缘屏蔽层的绝缘。

将组装好的试样放入预热到规定温度的烘箱中。30 min 后用测试线路测量电极间电阻，测试线路的功率不超过 100 mW。

电阻测量后，在室温下测量导体屏蔽和绝缘的外径及导体屏蔽和绝缘屏蔽层的厚度。每个数据取六个测量值的平均值（见图 C.1b））。

体积电阻率 ρ（用 Ω · m 表示）按下式计算：

a)　导体屏蔽

$$\rho_c = \frac{R_c \times \pi \times (D_c - T_c) \times T_c}{2L_c}$$

式中：

ρ_c——体积电阻率，单位为欧姆米（Ω · m）；

R_c——测量电阻，单位为欧姆（Ω）；

L_c——电位电极间距离，单位为米（m）；

D_c——导体屏蔽外径，单位为米（m）；

T_c——导体屏蔽平均厚度，单位为米（m）。

b)　绝缘屏蔽

$$\rho_i = \frac{R_i \times \pi \times (D_i - T_i) \times T_i}{L_i}$$

式中：

ρ_i——体积电阻率，单位为欧姆米（Ω · m）；

R_i——测量电阻，单位为欧姆（Ω）；

L_i——电位电极间距离，单位为米（m）；

D_i——绝缘屏蔽外径，单位为米（m）；

T_i——绝缘屏蔽平均厚度，单位为米（m）。

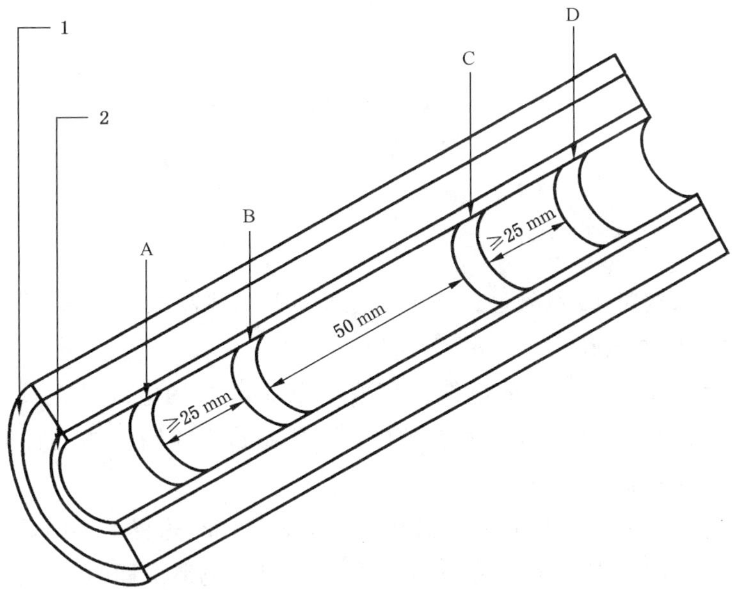

1——绝缘屏蔽层；
2——导体屏蔽层；
B、C——电位电极；
A、D——电流电极。

图 C.1 a) 导体屏蔽体积电阻率测量

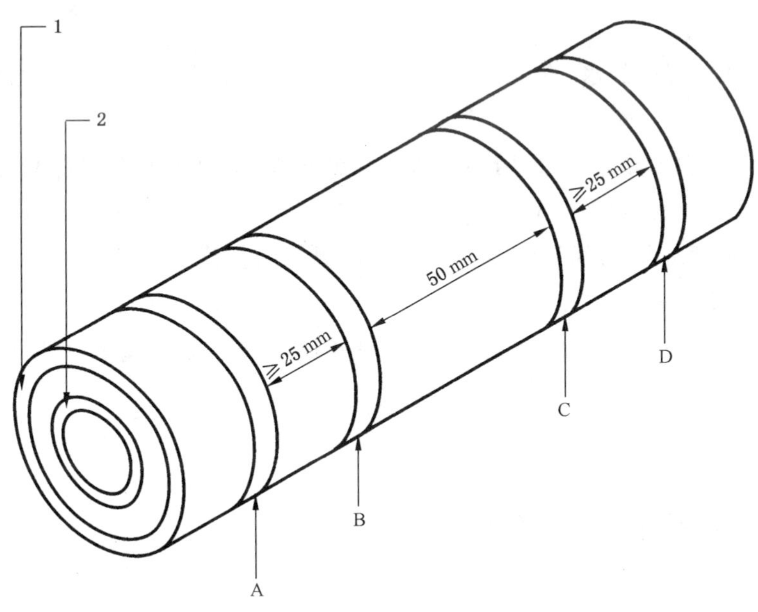

1——绝缘屏蔽层；
2——导体屏蔽层；
B、C——电位电极；
A、D——电流电极。

图 C.1 b) 绝缘屏蔽体积电阻率测量

附 录 D
（规范性附录）
透 水 试 验

D.1 试样制备

将一段至少长 6 m 未按第 18 章做过任何电气性能试验的成品电缆样品，按 18.4 规定进行弯曲试验，但不进行附加的局部放电试验。

从经过弯曲试验后并在水平放置的电缆上割取一段 3 m 长的电缆。在其中间的部位开一个约 50 mm 宽的圆环，剥去环内绝缘屏蔽外部所有护层。如果制造方声明导体也有阻水结构时，则应将圆环内导体外部的各层材料全部剥除。

如果电缆中含有间歇式纵向阻水屏障，试样中至少应含有两个这样的屏障，圆环应开在两个屏障之间。在此情况下，屏障间的平均距离在这种电缆中应加以说明，电缆试样的长度亦应相应地确定。

圆环应切割得使相关间隙很容易暴露在水中，如果电缆只有导体阻水结构，那么应用合适的材料密封有关的切割表面，或者剥除外面的所有包覆层。

用一个合适的装置把一根直径至少为 10 mm 的管子垂直地安置在切开的圆环上面，并与电缆外护套的表面相密封（见图 D.1）。在电缆密封出口处，该装置不应在电缆上产生机械应力。

注：某些阻水屏障对纵向透水的影响可能和水中的一些成分有关（如水的 pH 值和离子浓度），除非另有规定，一般应采用普通自来水做试验。

D.2 试验

把 20 ℃±10 ℃环境温度的水，在 5 min 内，注入管内，使管子中水位高于电缆中心轴线 1 m（见图 D.1），试样应放置 24 h。

然后对试样进行 10 次加热循环，采用导体通电加热方法，使导体温度超过电缆正常运行时导体最高温度 5 ℃～10 ℃，但不能达到 100 ℃。

每一次热循环应持续 8 h，其间导体温度应在上述规定温度范围内至少维持 2 h，随后应至少自然冷却 3 h。水头应维持 1 m 高。

注：由于在试验中不施加电压，故可在系统中接上另一根相同的模拟电缆一起试验，可直接在此根模拟电缆的导体上测量温度。

D.3 要求

在整个试验期间，试样的两端不应有水分渗出。

单位为毫米

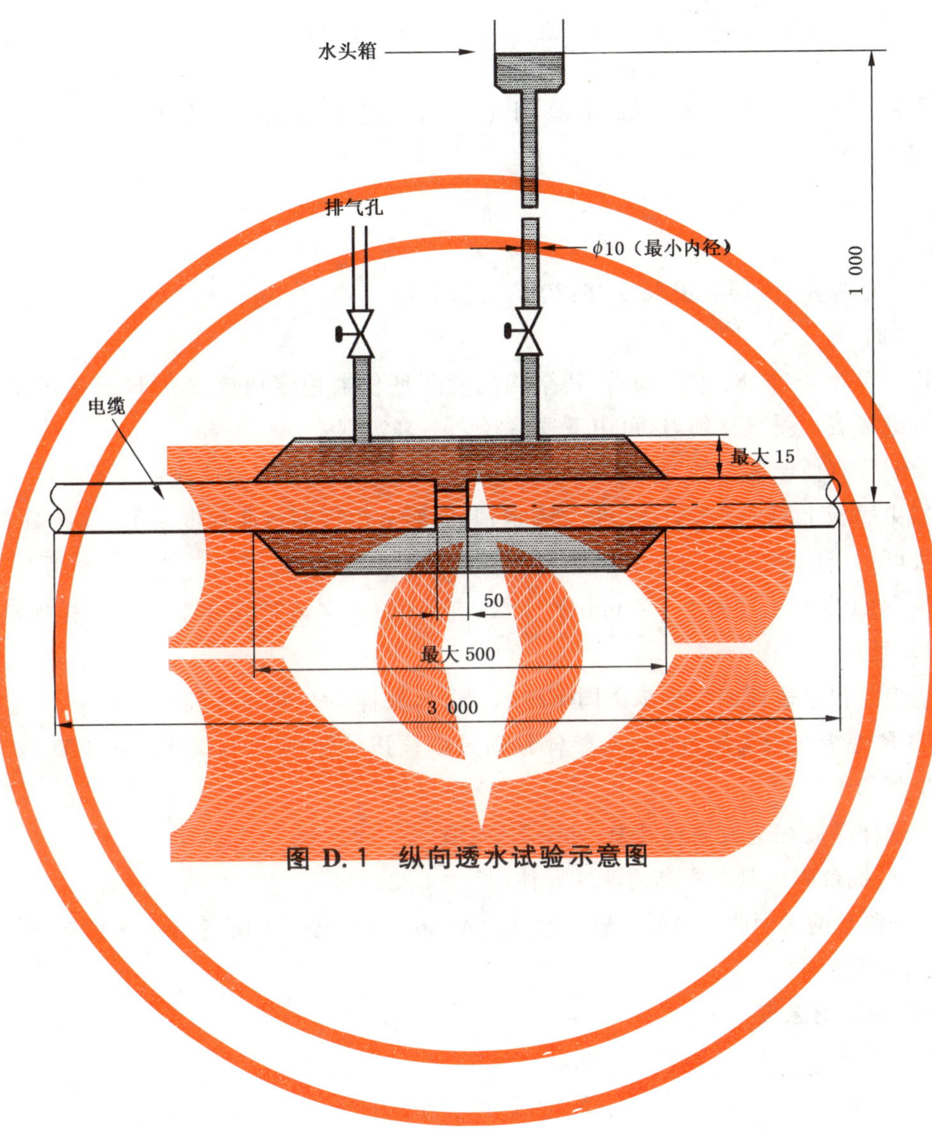

图 D.1　纵向透水试验示意图

附 录 E
（规范性附录）
HEPR 绝缘硬度测定

E.1 试样

试样应是具有全部护层的一段成品电缆，小心地剥开试样，直至 HEPR 绝缘的测量表面，也可采用一段绝缘线芯作试样。

E.2 测量步骤

测量除按下述要求外，还应按 ISO 48:2007 要求进行。

E.2.1 大曲率面

测量装置应符合 ISO 48:2007 要求，其结构应便于使仪器稳定地放置在 HEPR 的绝缘上，同时使压脚和压头与绝缘表面垂直接触，这可由下述途径之一来实现：

a) 仪器上装有便于调节的万向接头可动脚，可与绝缘弯曲表面相适应；

b) 仪器由底板上两个平行杆 A 和 A′固定，其间距离由表面弯曲程度来决定（见图 E.1）。

这些方法可用于曲率半径 20 mm 以上的表面。

用于测量 HEPR 绝缘厚度小于 4 mm 的仪器，应采用 ISO 48:2007 中对于小试样规定的测量方法。

E.2.2 小曲率面

对于曲率半径很小表面的测量步骤同 E.2.1 规定，试样应与测量仪器用同一刚性底板固定，这样可以保证 HEPR 绝缘在压头压力增加时整体移动最小；同时可使压头与试样轴线垂直。

相应的步骤如下：

a) 将测量样品放在金属夹具槽中（见图 E.2a））；

b) 用 V 型枕台固定测量样品的两端导体（见图 E.2b））。

由此方法来测量的表面曲率半径的最小值可达 4 mm。对于更小的曲率半径表面应采用 ISO 48:2007 中所述的方法和仪器。

E.2.3 预处理和测量温度

测量至少应在制造（即硫化）后 16 h 进行。

测量应在（20±2）℃温度下进行，试样在此温度下至少保持 3 h 后立即测量。

E.2.4 测量次数

一次测量应在分布于试样的三个或五个点上进行，试样的硬度为测量结果的中间值，以最接近于国际橡胶硬度级（IRHD）的整数表示。

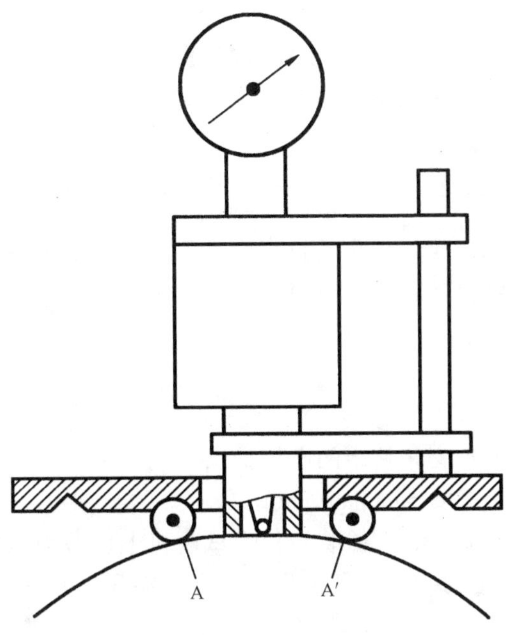

图 E.1 大曲率面的测量

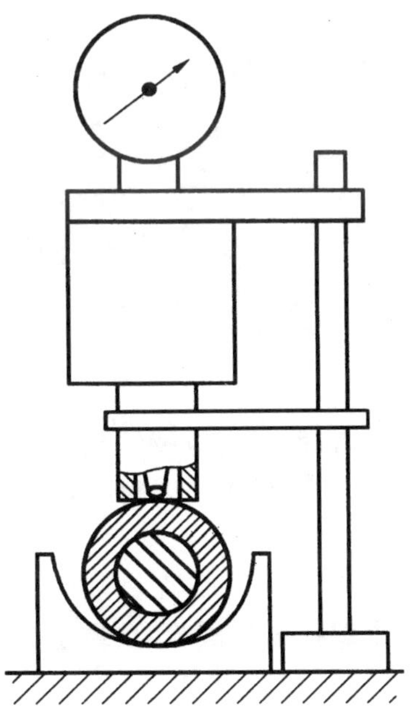

a)

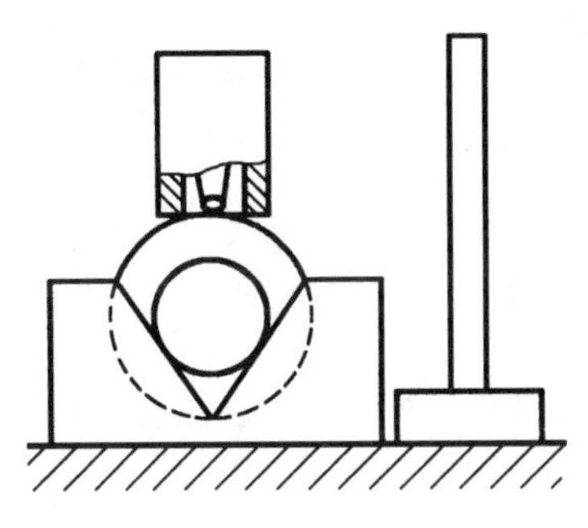

b)

图 E.2 小曲率面的测量

附　录　F
（资料性附录）
具有纵包金属箔复合护层电缆组件的试验

F.1　目视检查

电缆应进行分解和目视检查。应运用正常目力或无扩大的矫正视力检查，以确认复合护层的金属箔没有开裂或分离，或对电缆其他部分的造成损坏。

F.2　金属箔粘结强度

F.2.1　步骤

试样应取自金属箔与塑料外护套相粘结的电缆护层。

试样的长度和宽度应分别是 200 mm 和 10 mm。

试样的一端应剥开 50 mm～120 mm，并装在拉力试验机上。拉力试验机的一个夹头夹住塑料护套或半导电屏蔽层的一端，而金属箔的一端折弯由另一个夹头夹住，如图 F.1 所示。

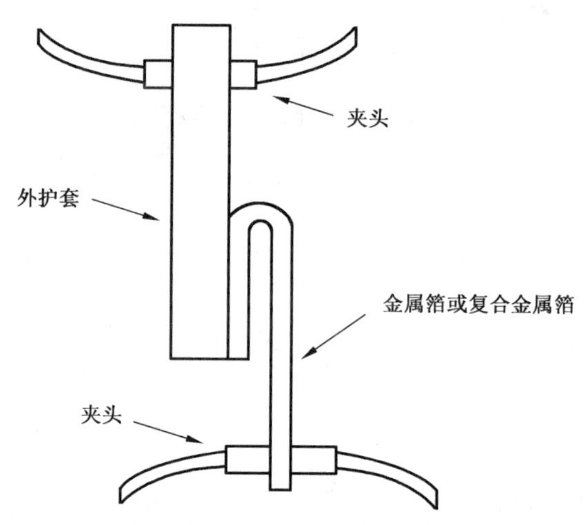

图 F.1　金属箔粘结强度试验

试验期间，试样应沿夹头平面保持近似垂直。

调整好连续记录装置后，分离的部分应以约 180°角度从试样上剥离，而分离应持续足够的长度以读取剥离强度值。至少有一半的剩余粘结面积应以约 50 mm/min 的速度剥离。试验应在环境温度(20±15)℃下进行。

F.2.2　要求

以剥离力除以试样宽度计算出粘结强度(N/mm)。至少应对五个试样进行试验，且最小的粘结强度值应不小于 0.5 N/mm。

注：如果剥离强度大于金属箔的抗拉强度以至于金属箔在剥离前断裂，则本试验应终止并记录断裂点。

F.3　金属箔搭接处的粘结强度

F.3.1　步骤

应从包含有金属箔搭接部分的电缆上取下长 200 mm 的试样。从取下的试样上应按图 F.2 所示切下只含有搭接的部分。

试验应以与 F.2.1 相同的方式进行。试样的安装如图 F.3 所示。

F.3.2　要求

最小的粘结强度应不小于 0.5 N/mm。

注：如果剥离强度大于金属箔的抗拉强度以至于金属箔在剥离前断裂，则本试验应终止并记录断裂点。

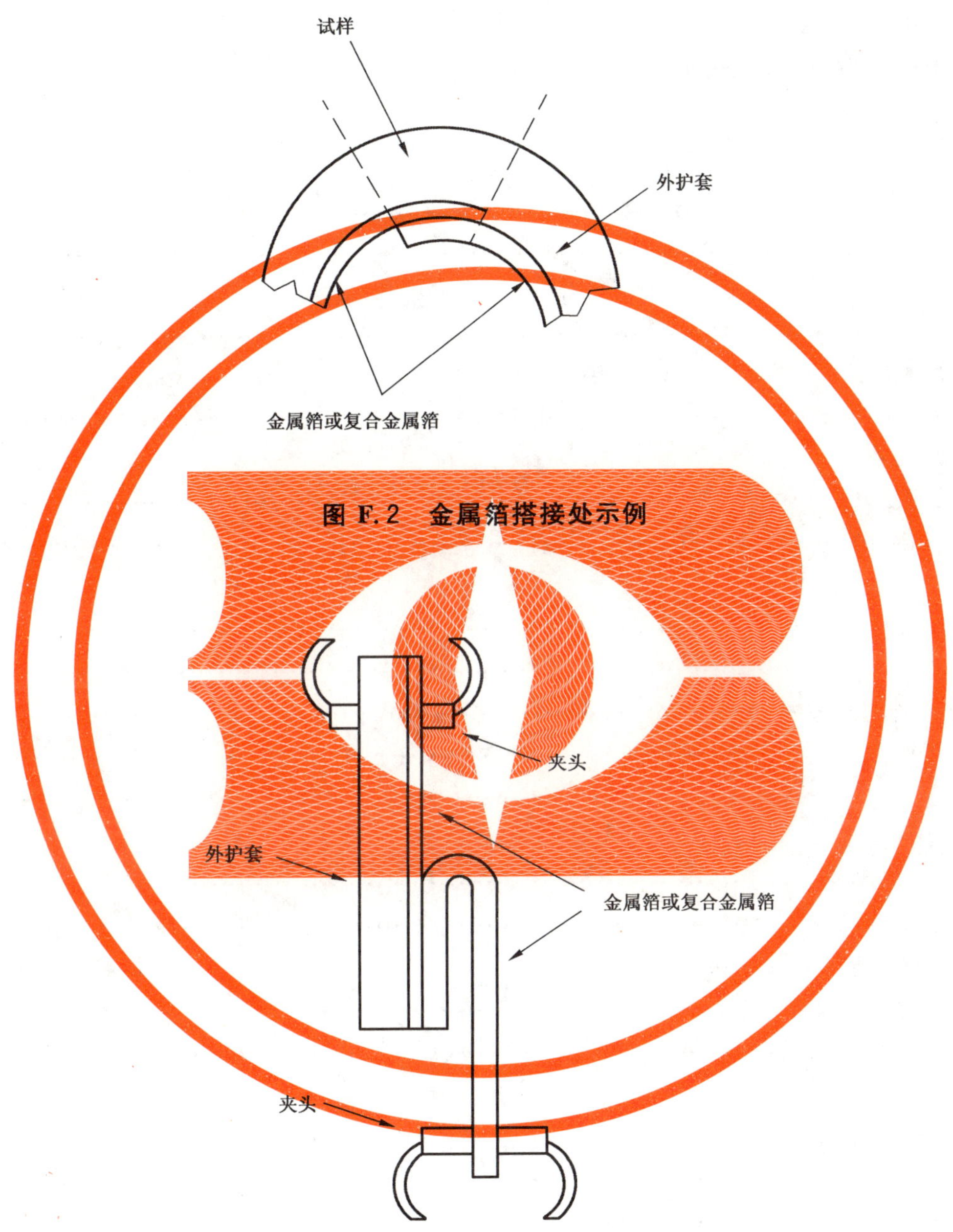

图 F.2　金属箔搭接处示例

图 F.3　金属箔搭接处的粘结强度试验

附 录 G
（规范性附录）
电缆产品的补充条款

G.1 电缆型号和产品表示方法

G.1.1 代号

导体代号

铜导体 …… (T)省略

铝导体 …… L

绝缘代号

交联聚乙烯绝缘 …… YJ

乙丙橡胶绝缘 …… E

硬乙丙橡胶绝缘 …… EY

金属屏蔽代号

铜带屏蔽 …… (D)省略

铜丝屏蔽 …… S

护套代号[5)]

聚氯乙烯护套 …… V

聚乙烯护套 …… Y

弹性体[6)]护套 …… F

金属箔复合护套 …… A

铅护套 …… Q

铠装代号

双钢带铠装 …… 2

细圆钢丝铠装 …… 3

粗圆钢丝铠装 …… 4

(双)非磁性金属带[7)]铠装 …… 6

非磁性金属丝[8)]铠装 …… 7

外护套代号

聚氯乙烯外护套 …… 2

聚乙烯外护套 …… 3

弹性体外护套 …… 4

G.1.2 产品型号

产品型号的组成和排列顺序如下[9)]：

5） 包括挤包的内衬层和隔离套等。

6） 弹性体包括氯丁橡胶、氯磺化聚乙烯或类似聚合物为基的材料。

7） 非磁性金属带包括非磁性不锈钢带、铜或铜合金带、铝或铝合金带等。

8） 非磁性金属丝包括非磁性不锈钢丝、铜丝或镀锡铜丝、铜合金丝或镀锡铜合金丝、铝或铝合金丝等。

9） 通常用绝缘作为电力电缆型号中的系列代号。

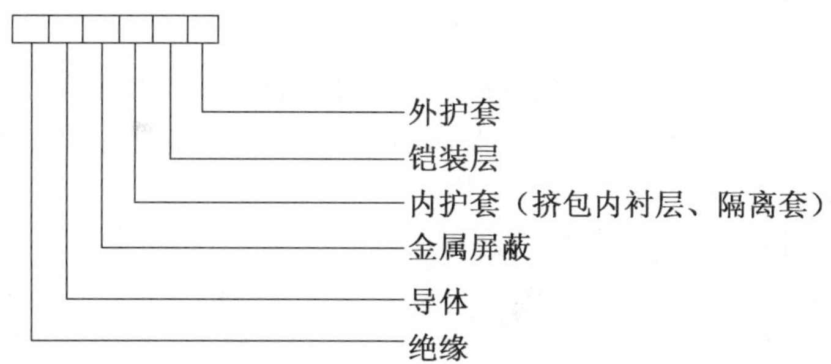

电缆常用型号如表 G.1。

表 G.1 电缆常用型号

型号		名称
铜芯	铝芯	
YJV	YJLV	交联聚乙烯绝缘聚氯乙烯护套电力电缆
YJY	YJLY	交联聚乙烯绝缘聚乙烯护套电力电缆
YJV22	YJLV22	交联聚乙烯绝缘钢带铠装聚氯乙烯护套电力电缆
YJV23	YJLV23	交联聚乙烯绝缘钢带铠装聚乙烯护套电力电缆
YJV32	YJLV32	交联聚乙烯绝缘细钢丝铠装聚氯乙烯护套电力电缆
YJV33	YJLV33	交联聚乙烯绝缘细钢丝铠装聚乙烯护套电力电缆
YJV42	YJLV42	交联聚乙烯绝缘粗钢丝铠装聚氯乙烯护套电力电缆
YJV43	YJLV43	交联聚乙烯绝缘粗钢丝铠装聚乙烯护套电力电缆
注：本表中未列出的电缆型号可按照本附录 G.1.2 的规定组成。		

G.1.3 产品表示方法

产品用型号（型号中有数字代号的电缆外护层，数字前的文字代号表示内护层）、规格（额定电压、导体芯数、标称截面积及金属屏蔽的标称截面积）及本部分标准编号表示。

例如：

交联聚乙烯绝缘铜带屏蔽聚氯乙烯护套电力电缆，额定电压为 26/35 kV，三芯铜导体，标称截面积 240 mm^2，表示为：

YJV-26/35　3×240　GB/T 12706.3—2008

交联聚乙烯绝缘铜丝屏蔽聚氯乙烯内护套钢带铠装聚氯乙烯护套电力电缆，额定电压为 26/35 kV，单芯铜导体，标称截面积 240 mm^2，铜丝屏蔽标称截面积 25 mm^2，表示为：

YJSV22-26/35　1×240/25　GB/T 12706.3—2008

G.2 成品电缆标志

成品电缆的护套表面应有制造厂名称、产品型号及额定电压的连续标志，标志应字迹清楚、容易辨认、耐擦。

成品电缆标志应符合 GB/T 6995.3—2008 规定。

G.3 验收规则

G.3.1 产品应由制造方的质量检验部门检验合格方可出厂。每个出厂的包装件上应附有产品质量检验合格证。

G.3.2 产品应按本部分规定的试验项目进行试验验收。

G.4 电缆包装、运输和贮存

G.4.1 电缆应妥善包装在符合 JB/T 8137—1999 规定要求的电缆盘上交货。

电缆端头应可靠密封并采用合适装置加以保护，伸出盘外的电缆端头的长度应不小于 300 m。

质量不超过 80 kg 的短段电缆，可以成圈包装。

G.4.2 电缆盘外侧及成圈电缆的附加标签上应标明：

a) 制造厂名称或商标；

b) 电缆型号和规格；

c) 长度，m；

d) 毛重，kg；

e) 制造日期： 年 月；

f) 表示电缆盘正确滚动方向的符号；

g) 本部分标准编号。

G.4.3 运输和贮存应符合下列要求：

a) 电缆应避免在露天存放，电缆盘不允许平放；

b) 运输中严禁从高处扔下装有电缆的电缆盘，严禁机械损伤电缆；

c) 吊装包装件时，严禁几盘同时吊装。在车辆、船舶等运输工具上，电缆盘应放稳，并用合适方法固定，防止互撞或翻倒。

G.5 电缆安装条件

G.5.1 电缆安装时的环境温度

具有聚氯乙烯护套的电缆，安装时的环境温度应不低于 0 ℃。

G.5.2 电缆安装时的最小弯曲半径

电缆安装时的最小弯曲半径见表 G.2。

表 G.2 电缆安装时的最小弯曲半径

项目	单芯电缆		三芯电缆	
	无铠装	有铠装	无铠装	有铠装
安装时的电缆最小弯曲半径	$20D$	$15D$	$15D$	$12D$
靠近连接盒和终端的电缆的最小弯曲半径(但弯曲要小心控制，如采用成型导板)	$15D$	$12D$	$12D$	$10D$
注：D 为电缆外径。				

ICS 29.060.20
K 13

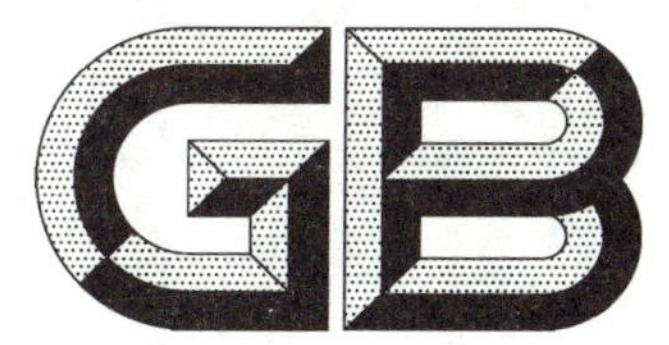

中华人民共和国国家标准

GB/T 12706.4—2008
代替 GB/T 12706.4—2002

额定电压 1 kV(U_m＝1.2 kV)到 35 kV(U_m＝40.5 kV)挤包绝缘电力电缆及附件 第 4 部分:额定电压 6 kV(U_m＝7.2 kV)到 35 kV(U_m＝40.5 kV)电力电缆附件试验要求

Power cables with extruded insulation and their accessories for rated voltages from 1 kV (U_m＝1.2 kV) up to 35 kV(U_m＝40.5 kV)—Part 4:Test requirements on accessories for cables with rated voltages from 6 kV(U_m＝7.2 kV) up to 35 kV(U_m＝40.5 kV)

(IEC 60502-4:2005,Power cables with extruded insulation and their accessories for rated voltages from 1 kV(U_m＝1.2 kV) up to 30 kV(U_m＝36 kV)—Part 4:Test requirements on accessories for cables with rated voltages from 6 kV(U_m＝7.2 kV) up to 30 kV(U_m＝36 kV),MOD)

2008-12-31 发布　　　　2009-11-01 实施

中华人民共和国国家质量监督检验检疫总局
中国国家标准化管理委员会　发布

前　言

GB/T 12706《额定电压 1 kV(U_m=1.2 kV)到 35 kV(U_m=40.5 kV)挤包绝缘电力电缆及附件》分为四个部分：

——第 1 部分：额定电压 1 kV(U_m=1.2 kV)到 3 kV(U_m=3.6 kV)电缆；

——第 2 部分：额定电压 6 kV(U_m=7.2 kV)到 30 kV(U_m=36 kV)电缆；

——第 3 部分：额定电压 35 kV(U_m=40.5 kV)电缆；

——第 4 部分：额定电压 6 kV(U_m=7.2 kV)到 35 kV(U_m=40.5 kV)电力电缆附件试验要求。

本部分为 GB/T 12706 的第 4 部分。

本部分修改采用 IEC 60502-4:2005《额定电压 1 kV(U_m=1.2 kV)到 30 kV(U_m=40.5 kV)挤包绝缘电力电缆及附件　第 4 部分：额定电压 6 kV(U_m=7.2 kV)到 30 kV(U_m=36 kV)电力电缆附件试验要求》第 2 版(英文版)。

本部分根据 IEC 60502-4:2005 重新起草。本部分除增加资料性附录 B 外，其结构与 IEC 60502-4:205 完全相同。

考虑到我国国情，在采用 IEC 60502-4:2005 时，本部分作了一些修改，有关技术性差异已编入正文中并在它们所涉及的条款的页边空白处用垂直单线标识，并在附录 B 中给出了这些技术性差异及原因的一览表。

为便于使用，在采用 IEC 60502-4:2005 时，本部分做了下列编辑性修改：

——将“本标准”一词改为“本部分”；

——删除了 IEC 60502-4:2005 的前言；

——用小数点“.”代替作为小数点的逗号“,”。

本部分代替 GB/T 12706.4—2002《额定电压 1 kV(U_m=1.2 kV)到 35 kV(U_m=40.5 kV)挤包绝缘电力电缆及附件　第 4 部分：额定电压 6 kV(U_m=7.2 kV)到 35 kV(U_m=40.5 kV)电力电缆附件试验要求》。

本部分与 GB/T 12706.4—2002 相比，主要变化如下：

——术语和定义一章中增加“漏电痕迹、电蚀、金属护罩”(本版 3.19、3.20、3.21)；

——增加“注 1：电流值应足以达到 GB/T 18889—2002 中 9.2 规定的导体试验温度。注 2：使用这些导体截面，当达到要求的导体温度时，可能导致套管过热。在这种情况下使用一个截面积较小的导体是允许的。如果套管损坏，则该试验应宣布无效(见 9.1)。”(本版表 1)；

——增加“如果在较低 U_0 值电缆的绝缘半导电屏蔽层上的径向电场强度不大于试验电缆的径向电场强度，则对规定 U_0 的试验附件认可后可扩展到低于该 U_0 值的同类附件。”(本版 7.8)；

——删去“试验方法”(2002 版第 8 章)；

——增加 I_{sc}、I_d、θ_{sc} 三个符号的含义注解(本版表 3)；

——删去“序号 4(3 次恒压循环电压试验)和 5(局部放电试验)”(2002 版表 4、表 5、表 7、表 8)；

——“…峰值电流…”改为“…初始峰值电流…”(2002 版表 4、表 5、表 7、表 8 注，本版表 4、表 5、表 7、表 8 的注)；

——补充“I_d 值应由制造商提供”(本版表 4、表 5、表 7、表 8 的注)；

——增加“检验”(本版表 4～表 12)；

——增加“6/6、8.7/10”(本版表 13)；

——对盐雾和潮湿试验的要求增加了补充说明(本版表 13)。

本部分的附录 A 和附录 B 为资料性附录。

本标准由中国电器工业协会提出。

本部分由全国电线电缆标准化技术委员会(SAC/TC 213)归口。

本标准起草单位:上海电缆研究所、武汉高压研究院、广东吉熙安电缆附件有限公司、深圳市长园新材料股份有限公司、浙江永锦电力器材有限公司、南京业基电气设备有限公司、上海三原电缆附件有限公司。

本标准主要起草人:张智勇、阎孟昆、龙莉英、华国明、柯德刚、汤志辉、沈卫东、葛光明。

本部分所代替标准的历次版本发布情况为:

——GB/T 12706.4—2002。

额定电压 1 kV(U_m=1.2 kV)到 35 kV(U_m=40.5 kV)挤包绝缘电力电缆及附件 第 4 部分:额定电压 6 kV(U_m=7.2 kV)到 35 kV(U_m=40.5 kV)电力电缆附件试验要求

1 范围

GB/T 12706 的本部分规定了额定电压 3.6/6 kV(7.2 kV)到 26/35 kV(40.5 kV)且符合 GB/T 12706.2—2008 或 GB/T 12706.3—2008 要求的挤包绝缘电力电缆用附件的型式试验和试验要求。

本部分不包括在特殊条件下使用的电缆附件,如架空电缆、海底电缆或船用电缆或危险环境(易爆环境、耐火电缆、地震条件)的附件。

以前,对由本部分覆盖的产品是基于获得国家标准和/或满意地运行特性验证以后才获得认可的。本部分不否定已有的认可,但按这种以前的标准或规范所获得的认可的产品不能获得本部分的认可,除非对它进行特殊试验。

附件如果通过试验,除非可能影响运行特性的材料、设计或制造工艺发生改变,这些试验不必重复。

试验方法包含在 GB/T 18889—2002 中。

2 规范性引用文件

下列文件中的条款通过 GB/T 12706 的本部分的引用而成为本部分的条款。凡是注日期的引用文件,其随后所有的修改单(不包括勘误的内容)或修订版均不适用于本部分,然而,鼓励根据本部分达成协议的各方研究是否可使用这些文件的最新版本。凡是不注日期的引用文件,其最新版本适用于本部分。

GB/T 2900.10—2001 电工术语 电缆(IEC 60050(461):1984,IDT)

GB/T 12706.2—2008 额定电压 1 kV(U_m=1.2 kV)到 35 kV(U_m=40.5 kV)挤包绝缘电力电缆及附件 第 2 部分:额定电压 6 kV(U_m=7.2 kV)到 30 kV(U_m=36 kV)电缆(IEC 60502-2:2005,Power cables with extruded insulation and their accessories for rated voltages from 1 kV(U_m=1.2 kV) up to 30 kV(U_m=36 kV)—Part 2:Cables for rated voltages from 6 kV(U_m=7.2 kV) up to 30 kV(U_m=36 kV),MOD)

GB/T 12706.3—2008 额定电压 1 kV(U_m=1.2 kV)到 35 kV(U_m=40.5 kV)挤包绝缘电力电缆及附件 第 3 部分:额定电压 35 kV(U_m=40.5 kV)电缆(IEC 60502-2:2005,Power cables with extruded insulation and their accessories for rated voltages from 1 kV(U_m=1.2 kV)up to 30 kV(U_m=36 kV)—Part 2:Cables for rated voltages from 6 kV(U_m=7.2 kV)up to 30 kV(U_m=36 kV),NEQ)

GB/T 12976.3—2008 《额定电压 35 kV(U_m=40.5 kV)及以下纸绝缘电力电缆及其附件 第 3 部分:电缆和附件试验》(IEC 60055-1:2005,Paper-insulated metal-sheathed cables for rated voltages up to 18/30 kV(with copper or aluminium conductors and exluding gas-pressure and oil-filled cables)—Part 1:Tests on cables and their accessories,MOD)

GB/T 18889—2002 额定电压 6 kV(U_m=7.2 kV)到 35 kV(U_m=40.5 kV)电力电缆附件试验方

法(IEC 61442:1997,Test methods for accessories for power cables with rated voltages from 6 kV (U_m=7.2 kV) up to 30 kV(U_m=36 kV),MOD)

JB/T 8996—1999 高压电缆选择导则(eqv IEC 60183:1984)

3 术语和定义

GB/T 2900.10—2001 确立的以及下列术语和定义适用于本部分。

3.1

导体连接金具 connector

将电缆各导体连接在一起的一种金具。

3.2

终端 termination

安装在电缆末端,以保证与该系统其他部分的电气连接并保持绝缘至连接点的装置。

3.3

户内终端 indoor termination

在既不受阳光直接照射又不暴露在气候环境下使用的终端。

3.4

户外终端 outdoor termination

在受阳光直接照射或暴露在气候环境下或二者都存在的情况下使用的终端。

3.5

终端盒 terminal box

用于填充空气或浇注剂,并全面密封终端的盒子。

3.6

护罩式终端 shrouded termination

在套管连接处有附加绝缘并在充满空气的终端盒中使用的户内终端。

3.7

直通接头 straight joint

连接两根电缆形成连续电路的附件。

3.8

分支接头 branch joint

将分支电缆连接到干线电缆上去的附件。

3.9

过渡接头 transition joint

把两根不同种类挤包绝缘电缆连接起来的直通接头或分支接头。

3.10

绝缘终端 stop-end

提供带电电缆未连接末端绝缘用的附件。

3.11

可分离连接器 separable connector

使电缆与其他设备连接或断开的完全绝缘的终端。

3.12

屏蔽可分离连接器 screened separable connector

外表面完全屏蔽的可分离连接器。

3.13

非屏蔽可分离连接器　unscreened separable connector

外表面没有屏蔽的可分离连接器。

3.14

插入式可分离连接器　plug-in type separable connector

由滑动部件作电气接触的可分离连接器。

3.15

螺栓式可分离连接器　bolted-type separable connector

由螺栓部件作电气接触的可分离连接器。

3.16

不带电插拔连接器　deadbreak connector

只能接通或断开不带电回路的可分离连接器。

3.17

带负荷插拔连接器　loadbreak connector

能接通或断开带电回路的可分离连接器。

3.18

宽范围附件　range-taking accessory

用于一种以上电缆截面的附件。

3.19

漏电痕迹　tracking

由于通道的形成出现不可逆的老化，该通道甚至在干燥情况下也是导电的。通道是在绝缘材料表面形成和发展的，它可能出现在与空气接触的表面上，也可能出现在不同绝缘材料之间的界面上。

3.20

电蚀　erosion

由于材料损耗而引起的绝缘体表面不可逆的和不导电的老化痕迹，它可以是均匀的、局部的或树枝状的。

注：局部闪络之后，通常在终端可能形成树枝状的浅的表面痕迹，只要它们是不导电的，这些痕迹是允许的；当它们是导电的，则划为漏电痕迹。

3.21

金属护罩　metallic housing

金属护罩是指与可分离连接器外屏蔽直接接触的金属外壳，它至少具有与使用可分离连接器的电缆金属屏蔽层相同的对地通(电)流能力。

4　附件类型

本部分包括的附件列出如下：

——所有结构的户内、户外终端，包括终端盒；

——适合于用在地下或空气中的所有结构的直通接头、分支接头和绝缘终端；

——屏蔽或非屏蔽插拔式或螺栓式可分离连接器。

注：挤包绝缘电缆与纸绝缘电缆相连接的过渡接头不包括在内，涉及这些附件的试验要求见 GB/T 12976.3—2008。

5　电压的表示方法和导体最高温度

5.1　额定电压

本部分考虑的附件的额定电压 $U_0/U(U_m)$ 在 GB/T 12706.2—2008 和 GB/T 12706.3—2008 的 4.1 已给出。

对于规定用途的附件的额定电压应与电缆的额定电压相一致，而且应适合于根据 JB/T 8996—1999 推荐的所在系统的运行条件。

5.2 导体最高温度

附件应适用于 GB/T 12706.2—2008 和 GB/T 12706.3—2008 的 4.2 中表 3 规定的电缆正常运行时导体最高温度和短路时导体最高温度。

6 被试附件的安装

6.1 标示

6.1.1 用于试验的电缆应符合 GB/T 12706.2—2008 和 GB/T 12706.3—2008 规定，且应与被试附件的额定电压相同。

建议按附录 A 的示例对电缆作出正确的标示。

6.1.2 附件里使用的导体连接金具应正确标示下述有关内容：

——安装工艺；

——工具及必要的配件；

——接触表面的处理；

——连接金具的型号、编号和任何其他标示；

——型式试验认可的细述。

6.1.3 被试电缆附件应正确标示下述有关内容：

——制造商名称；

——附件的型号及表示方法、制造日期或日期代码；

——电缆的最小和最大截面积，电缆导体的材料和形状；

——电缆绝缘层的最小和最大外径；

——额定电压(见 5.1)；

——安装说明书(参照标准和日期)。

6.2 安装和连接

6.2.1 除非另有规定，电缆截面积如下：

a) 终端、接头和绝缘终端：120 mm^2、150 mm^2、185 mm^2；

b) 可分离连接器：用铝导体或铜导体电缆对表 1 中所列的每一个额定值进行试验。

表 1 用于可分离连接器试验的电缆截面积

额定值/A	电缆截面积/mm^2	
	铜	铝
200/250	50	70
400	95	150
600/630	185	300
800	300	400
1 250	500	630

注 1：电流值宜足以达到 GB/T 18889—2002 中 9.2 规定的导体试验温度。

注 2：使用这些导体截面，当达到要求的导体温度时，可能导致套管过热。在这种情况下使用一个截面较小的导体是允许的。如果套管损坏，则该试验应宣布无效(见 9.1)。

6.2.2 附件应采用制造方提供的材料等级、数量及润滑剂(若有),按制造方说明书规定的方法进行安装。

6.2.3 附件应是干燥和清洁的,且不管是电缆还是附件都不应经受可能改变被试组件的电气、热或机械性能的任何方式的处理。

注:与化学品,如变压器油,接触可能影响电缆附件的性能,应避免。

6.2.4 除非另有规定,可分离连接器应连接到与其配合的套管上。

6.2.5 被试终端或可分离连接器与接线端子或套管之间连接应具有与电缆导体相同的导电截面积。

6.2.6 应对由制造厂推荐的非屏蔽型可分离连接器的最小相对相和相对地净距进行试验。

6.2.7 试验分支接头时,仅对干线电缆施加加热电流。

6.2.8 关于试验安装的主要细节,尤其是支撑装置,都应记录。

6.2.9 样品的试验布置和数量见图1~图5。

7 认可的范围

7.1 一种型式的宽范围附件和非宽范围附件使用6.2.1中所规定的一种导体截面成功地完成表4至表9所列本部分规定的相应的型式试验项目后,则应认为对95 mm^2~300 mm^2 这一范围内的所有截面均有效。

为了实现上述给定范围扩展至更大范围的认可,应在所要求扩展范围的最小和(或)最大截面上按表10所示进行附加试验。

7.2 认可与电缆导体材料无关,因此试验可以用铝导体或铜导体电缆进行。

7.3 对安装在成型导体电缆上的附件进行的试验,应被认为覆盖了圆形导体电缆的相同类型附件,反之则不然。

为了实现从圆形导体扩展到扇形导体的认可,应按表11进行附加试验。绝缘终端按表6试验,试样取图3中的一半。

7.4 取决于被试电缆绝缘的认可的详细情况见表2。

表2 被试电缆绝缘的认可范围

试验电缆的绝缘	认可范围
XLPE	XLPE、EPR、HEPR和PVC
EPR和HEPR	EPR、HEPR和PVC
PVC	PVC

7.5 实现对不同类型电缆绝缘屏蔽的认可的扩展应按表11规定进行附加试验,绝缘终端应按表6进行试验,试样取图3的一半。

7.6 由非纵向阻水型电缆试验获得认可后将扩展到金属屏蔽内有纵向阻水层而其他方面结构相同的电缆,反之则不适用。

7.7 在三芯附件上进行的试验应认为适用于相同结构的单芯附件,反之则不适用。

7.8 如果在较低 U_0 值电缆的绝缘半导电屏蔽层上的径向电场强度不大于试验电缆的径向电场强度,则对规定 U_0 的试验附件认可后可扩展到低于该 U_0 值的同类附件。

8 试验程序

适用于各种附件的试验应按表3中所列出的相应的表中程序和图进行。

表 3 试验程序

附件	表	图
终端	4	1
直通或分支接头	5	2
绝缘终端	6	3
屏蔽型不带电插拔式可分离连接器	7	4
非屏蔽型插拔式可分离连接器	8	5
带负荷插拔式可分离连接器	9[a]	6[a]
最小和最大电缆截面的附加试验	10	—
不同类型的电缆绝缘屏蔽及从圆形导体到成型导体认可的附加试验	11	—
注：表 4 至表 8 中的符号在 GB/T 18889—2002 中给出的含义为： I_{sc}——金属屏蔽的短路电流(有效值)。 I_d——导体短路电流(起始峰值)。 θ_{sc}——电缆导体的最大允许短路温度。		
[a] 在考虑中。		

对终端和接头，如果试验程序和要求是相同的，则可组合起来试验。

屏蔽型或非屏蔽型螺栓式可分离连接器的试验程序和要求可参照表 7(除插拔试验、操作环试验、操作力试验和电容试验点测试外)或表 8(除插拔试验外)规定进行。

注：IEC 60502-4:2005 中未明确螺栓式可分离连接器的试验程序，为便于本部分的实施，特作此补充。

表 12 归纳了各种附件所要求的试验，表 13 归纳了试验电压和要求。

9 试验结果

按第 7 章和表 4～表 11 所指定的项目进行试验的所有试样应满足全部试验程序的要求。

如果任一试验样品未满足要求，则应拆除，按 9.1 或 9.2 提供的检查判定，并记录检查结果。

9.1 附件失效

如果一个附件由于安装或试验程序错误而不符合要求，应宣布该试验无效，而不否定该附件。

应在新安装的试样上重复整个试验程序。

如果没有上述错误证据，则该型式附件不予认可。

9.2 电缆失效

如果除附件任何部分以外的电缆击穿，则该试验应被宣布无效，而不否定该附件。可用新的附件重新试验(按该试验程序从头开始试验)或者修复电缆后重新试验(从中断的时刻开始继续试验)。

表 4 终端的试验程序和要求

序号	试验项目[a]	要求	试验方法	试验程序(见图 1)				
			GB/T 18889—2002	1.1	1.2	1.3	1.4	1.5
1	交流耐压或直流耐压	$4.5U_0$,5 min 或 $4U_0$,15 min	第 4 章或第 5 章	×	×	×		
	交流耐压	$4U_0$,1 min,淋雨[b]	第 4 章	×				
2	局部放电[c]	在 $1.73U_0$ 下,≤10 pC	第 7 章	×				
3	冲击电压试验(在 θ_t[d] 下)	每个极性冲击 10 次	第 6 章	×				
4	恒压负荷循环试验(在空气中)	在 θ_t[d] 和 $2.5U_0$ 下循环 60 次[e]	第 9 章	×				
5	局部放电[c](在 θ_t[d,f] 下和环境温度下)	在 $1.73U_0$ 下,≤10 pC	第 7 章	×				
6	短路热稳定(屏蔽)[g]	在电缆屏蔽的 I_{sc} 下,短路二次,无可见损伤	第 10 章		×[h]			

表 4（续）

序号	试验项目[a]	要求	试验方法 GB/T 18889—2002	试验程序（见图 1） 1.1	1.2	1.3	1.4	1.5
7	短路热稳定（导体）	升高到电缆导体的 θ_{sc} 下，短路二次，无可见损伤	第 11 章		×[h]			
8	短路动稳定[i]	在 I_d 下短路一次，无可见损伤	第 12 章			×		
9	冲击电压试验	每个极性冲击 10 次	第 6 章	×	×	×		
10	交流耐压	2.5U_0，15 min	第 4 章	×	×	×		
11	潮湿试验[j,k]	1.25U_0，300 h，见表 13	第 13 章				×	
12	盐雾试验[b,k]	1.25U_0，1 000 h，见表 13	第 13 章					×
13	检验	仅供参考[l]	—	×	×	×	×	×

a 除非另有规定，试验应在环境温度下进行。

b 仅用于户外终端。

c 对安装在 3.6/6(7.2)kV 无绝缘屏蔽电缆上的附件无此要求。

d θ_t 是正常运行时导体最高温度加 5 ℃～10 ℃。

e 每一循环 8 h，温度稳定时间至少 2 h，冷却时间至少 3 h。

f 在加热期结束时进行测量。

g 本试验仅适用于能直接或通过衬套与电缆金属屏蔽相连接的终端。

h 短路热稳定试验可以与短路动稳定试验结合进行。

i 仅对初始峰值电流 i_p＞80 kA 的单芯电缆附件和初始峰值电流 i_p＞63 kA 的三芯电缆附件有此要求；I_d 值应由制造商提供。

j 仅用于户内终端，对瓷绝缘套管的终端无此要求；护罩式终端应在三相条件下试验。

k 对有瓷套管的终端无此要求。

l 被检查的附件对下列任一现象都应考虑：

（Ⅰ）填充物和/或带材或管件有裂纹；

和/或（Ⅱ）主要密封部位有贯穿性潮湿通道；

和/或（Ⅲ）腐蚀和/或漏电痕迹、电蚀，最后导致附件损坏；

和/或（Ⅳ）任何绝缘材料渗漏。

表 5　直通接头或分支接头试验程序和要求

序号	试验项目[a]	要求	试验方法 GB/T 18889—2002	试验程序（见图 2） 2.1	2.2	2.3
1	交流耐压或直流耐压	4.5U_0，5 min 或 4U_0，15 min	第 4 章或第 5 章	×	×	×
2	局部放电[b,c]	在 1.73U_0 下，≤10 pC	第 7 章	×		
3	冲击电压试验（在 θ_t[c,d] 下）	每个极性冲击 10 次	第 6 章	×		
4	恒压负荷循环试验（在空气中）	在 θ_t[c,d] 和 2.5U_0 下循环 30 次[e]	第 9 章	×		
5	恒压负荷循环试验（在水中）	在 θ_t[c,d] 和 2.5U_0 下循环 30 次[e]	第 9 章	×		
6	局部放电[b,c]（在 θ_t[c,d,f] 和环境温度下）	在 1.73U_0 下，≤10 pC	第 7 章	×		
7	短路热稳定（屏蔽）[c]	在电缆屏蔽的 I_{sc} 下，短路二次，无可见损伤	第 10 章		×[g]	
8	短路热稳定（导体）	升高到电缆导体的 θ_{sc} 下，短路二次，无可见损伤	第 11 章		×[g]	
9	短路动稳定[h]	在 I_d 下短路一次，无可见损伤	第 12 章			×

表 5（续）

序号	试验项目[a]	要求	试验方法	试验程序(见图 2)		
			GB/T 18889—2002	2.1	2.2	2.3
10	冲击电压试验	每个极性冲击 10 次	第 6 章	×	×	×
11	交流耐压	2.5U_0,15 min	第 4 章	×	×	×
12	检验	仅供参考[i]	—	×	×	×

a 除非另有规定，试验应在环境温度下进行。

b 对安装在 3.6/6(7.2)kV 无绝缘屏蔽电缆上的附件无此要求。

c 过渡接头（挤包绝缘到挤包绝缘）试验参数是由额定值较低的电缆来确定。

d θ_t 是电缆正常运行情况下导体最高温度加 5 ℃～10 ℃。

e 每一循环 8 h，温度稳定时间至少 2 h，冷却时间至少 3 h。

f 在加热期结束时进行测量。

g 短路热稳定试验可以与短路动稳定试验结合进行。

h 仅对初始峰值电流 i_p＞80 kA 的单芯电缆附件和初始峰值电流 i_p＞63 kA 的三芯电缆附件有此要求；I_d 值应由制造商提供。

i 被检查的附件对下列任一现象都应考虑：

（Ⅰ）填充物和/或带材或管件有裂纹；

和/或（Ⅱ）主要密封部位有贯穿性潮湿通道；

和/或（Ⅲ）腐蚀和/或漏电痕迹、电蚀，最后导致附件损坏；

和/或（Ⅳ）任何绝缘材料渗漏。

表 6　绝缘终端的试验程序和要求

序号	试验项目[a]	要求	试验方法	试验程序(见图 3)
			GB/T 18889—2002	3.1
1	交流耐压或直流耐压	4.5U_0,5 min 或 4U_0,15 min	第 4 章或第 5 章	×
2	局部放电[b]	在 1.73U_0 下，≤10 pC	第 7 章	×
3	冲击电压试验	每个极性冲击 10 次	第 6 章	×
4	交流耐压	2.5U_0,500 h	第 4 章	×
5	局部放电[b]	在 1.73U_0 下，≤10 pC	第 7 章	×
6	冲击电压试验	每个极性冲击 10 次	第 6 章	×
7	交流耐压	2.5U_0,15 min	第 4 章	×
8	检验	仅供参考[c]	—	×

a 除非另有规定，试验应在环境温度下进行。

b 对安装在 3.6/6(7.2)kV 无绝缘屏蔽电缆上的附件无此要求。

c 被检查的附件对下列任一现象都应考虑：

（Ⅰ）填充物和/或带材或管件有裂纹；

和/或（Ⅱ）主要密封部位有贯穿性潮湿通道；

和/或（Ⅲ）腐蚀和/或漏电痕迹、电蚀，最后导致附件损坏；

和/或（Ⅳ）任何绝缘材料渗漏。

表 7　屏蔽不带电插拔可分离连接器的试验程序和要求

序号	试验项目[a]	要　　求	试验方法 GB/T 18889—2002	试验程序(见图 4) 4.1	 4.2	 4.3	 4.4
1	交流耐压或直流耐压	4.5U_0,5 min 或 4U_0,15 min	第 4 章或第 5 章	×	×	×	
2	局部放电[b]	在 1.73U_0 下,≤10 pC	第 7 章	×			
3	冲击电压试验(在 θ_t[c] 下)	每个极性冲击 10 次	第 6 章	×			
4	短路热稳定(屏蔽)[f]	在电缆屏蔽的 I_{sc} 下,短路二次,无可见损伤	第 10 章		×[g]		
5	短路热稳定(导体)	升高到电缆导体的 θ_{sc} 下,短路二次,无可见损伤	第 11 章		×[g]		
6	短路动稳定[h]	在 I_d 下短路一次,无可见损伤	第 12 章			×	
7	恒压负荷循环试验(在空气中)	在 θ_t[c] 和 2.5U_0[l] 下循环 30 次[d]	第 9 章	×			
8	恒压负荷循环试验(在水中)	在 θ_t[c] 和 2.5U_0[l] 下循环 30 次[d]	第 9 章	×			
9	插拔试验[i]	五次,触点无可见损伤	—	×	×	×	
10	局部放电[b](在 θ_t[c,e] 和环境温度下)	在 1.73U_0 下,≤10 pC	第 7 章	×			
11	冲击电压试验	每个极性冲击 10 次	第 6 章	×	×	×	
12	交流耐压	2.5U_0,15 min	第 4 章	×	×	×	
13	操作循环试验	轴向力 2 200 N,1 min,力矩 14 N·m	第 18 章				×
14	局部放电[b]	在 1.73U_0 下,≤10 pC	第 7 章				×
15	检验	仅供参考[m]		×	×	×	×
16	屏蔽电阻[j]	≤5 kΩ	第 14 章	序号 16～20 项的试验在单独试样上进行。 16 和 19 项试验要求不带电缆。 17、18 和 20 项实验使用适当长度电缆。			
17	屏蔽泄漏电流[j]	在 U_m 下,≤0.5 mA	第 15 章				
18	故障电流引发试验	见[k]	第 16 章				
19	操作力试验	力<900 N	第 17 章				
20	电容试验点测试	试验点对电缆导体的电容 $C_{tc}>1.0$ pF 试验点对地电容 C_{te} 与试验点对电缆导体的电容的比率:$C_{te}/C_{tc}\leqslant 12.0$	第 19 章				

a 除非另有规定,试验应在环境温度下进行。

b 对安装在 3.6/6(7.2)kV 无绝缘屏蔽电缆上的附件无此要求。

c θ_t 是电缆正常运行时导体最高温度加 5 ℃～10 ℃。

d 每一循环 8 h,温度稳定时间至少 2 h,冷却时间至少 3 h。

e 在加热期结束时进行测量。

f 本试验仅适用于能直接或通过衬套与电缆金属屏蔽相连接的可分离连接器。

g 短路热稳定试验可以与短路动稳定试验结合起来做。

h 仅对初始峰值电流 $i_p>80$ kA 的单芯电缆附件和初始峰值电流 $i_p>63$ kA 的三芯电缆附件有此要求;I_d 值应由制造商提供。

i 该试验仅在电缆不带电时进行。

j 无金属罩或可拆下的金属罩的可分离连接器要求做此试验。试验期间,金属罩应先拆去。对于只能在适当位置应用的带有金属罩运行的可分离连接器,则不要求做此试验。

k 对于固定接地系统,起始故障应在 3 s 内出现。对非接地或阻抗接地系统,该故障电流应连续流过。

l 电流,见表 1。

m 被检查的附件对下列任一现象都应考虑:

(Ⅰ)填充物和/或带材或管件有裂纹;

和/或(Ⅱ)主要密封部位有贯穿性潮湿通道;

和/或(Ⅲ)腐蚀和/或漏电痕迹、电蚀,最后导致附件损坏;

和/或(Ⅳ)任何绝缘材料渗漏。

表 8 非屏蔽插拔式可分离连接器的试验程序和要求(不包括护罩式终端)

序号	试验项目[a]	要求	试验方法	试验程序(见图 5)			
			GB/T 18889—2002	5.1	5.2	5.3	5.4
1	交流耐压或直流耐压	4.5U_0,5 min 或 4U_0,15 min	第 4 章或第 5 章	×	×	×	
2	局部放电[b]	在 1.73U_0 下,≤10 pC	第 7 章	×			
3	冲击电压试验(θ_t[c] 下)	每个极性冲击 10 次	第 6 章	×			
4	短路热稳定(屏蔽)[f]	在电缆屏蔽的 I_{sc}下短路二次,无可见损伤	第 10 章		×[g]		
5	短路热稳定(导体)	升高到电缆导体的 θ_{sc}下,短路二次,无可见损伤	第 11 章		×[g]		
6	短路动稳定[h]	在 I_d 下短路一次,无可见损伤	第 12 章			×	
7	恒压负荷循环试验(在空气中)	在 θ_t[c] 和 2.5U_0 下循环 30 次[d]	第 9 章	×			
8	恒压负荷循环试验(在水中)	在 θ_t[c] 和 2.5U_0 下循环 30 次[d]	第 9 章	×			
9	插拔试验[i]	五次,触点无可见损伤	—	×	×	×	
10	局部放电[b](在 θ_t[c,e]和环境温度下)	在 1.73U_0 下,≤10 pC	第 7 章	×			
11	冲击电压试验	每个极性冲击 10 次	第 6 章	×	×	×	
12	交流耐压	2.5U_0,15 min	第 4 章	×	×	×	
13	潮湿试验[j]	1.25U_0,300 h,见表 13	第 13 章				×
14	检验	仅供参考[k]		×	×	×	×

a 除非另有规定,试验应在环境温度下进行。

b 对安装在 3.6/6(7.2)kV 无绝缘屏蔽电缆上的附件无此要求。

c θ_t 是电缆正常运行时导体最高温度加 5 ℃～10 ℃。

d 每一循环 8 h,温度稳定时间至少 2 h,冷却时间至少 3 h。

e 在加热期结束时进行测量。

f 本试验仅适用于能直接或通过衬套与电缆金属屏蔽相连接的可分离连接器。

g 短路热稳定试验可以与短路动稳定试验结合进行。

h 仅对初始峰值电流 i_p>80 kA 的单芯电缆附件和初始峰值电流 i_p>63 kA 的三芯电缆附件有此要求;I_d 值应由制造商提供。

i 该试验仅在电缆不带电时进行。

j 应将三个试样装在一个终端盒内进行试验。

k 被检查的附件对下列任一现象都应考虑:

(Ⅰ)填充物和/或带材或管件有裂纹;

和/或(Ⅱ)主要密封部位有贯穿性潮湿通道;

和/或(Ⅲ)腐蚀和/或漏电痕迹、电蚀,最后导致附件损坏;

和/或(Ⅳ)任何绝缘材料渗漏。

表 9 带负荷插拔可分离连接器的试验程序和要求

序号	试验项目	要求	试验方法	试验程序(见图 6)			
		正在考虑中					

表 10 最小和最大导体截面的附加试验(见 7.1)

序号	试验项目[a]	要求	试验方法	试验程序(见图 1、2 和 3)		
			GB/T 18889—2002	1.1[b]	2.1[c]	3.1[d]
1	交流耐压或直流耐压	4.5U_0,5 min 或 4U_0,15 min	第 4 章或第 5 章	×	×	×
2	局部放电[e]	在 1.73U_0 下,≤10 pC	第 7 章	×	×	×
3	冲击电压试验	每个极性冲击 10 次	第 6 章	×	×	×
4	检验	仅供参考[f]	—	×	×	×

a 除非另有规定,试验应在环境温度下进行。

b 终端:取图 1 中试品数量的一半试验。

c 接头:取图 2 中试品数量的一半试验。

d 绝缘终端:取图 3 中试品数量的一半试验。

e 对安装在 3.6/6(7.2)kV 无绝缘屏蔽电缆上的附件无此要求。

f 被检查的附件对下列任一现象都应考虑:

(Ⅰ)填充物和/或带材或管件有裂纹;

和/或(Ⅱ)主要密封部位有贯穿性潮湿通道;

和/或(Ⅲ)腐蚀和/或漏电痕迹、电蚀,最后导致附件损坏;

和/或(Ⅳ)任何绝缘材料渗漏。

表 11 对不同型式的电缆绝缘屏蔽及从圆形导体到成型导体认可的附加试验
(不适用于绝缘终端,见 7.1 和 7.3)

序号	试验项目[a]	要求	试验方法	试验程序(见图 1、2 和 3)		
			GB/T 18889—2002	1.1[b]	2.1[c]	4.1~5.1[d]
1	交流耐压或直流耐压	4.5U_0,5 min 或 4U_0,15 min	第 4 章或第 5 章	×	×	×
2	局部放电[e](在 θ_t[f,g]和环境温度下)	在 1.73U_0 下,≤10 pC	第 7 章	×	×	×
3	恒压负荷循环试验(在空气中)	在 θ_t[f] 下,2.5U_0,63 循环[h]	第 9 章	×	×	×
4	局部放电[e](在 θ_t[f,g]和环境温度下)	在 1.73U_0 下,≤10 pC	第 7 章	×	×	×
5	冲击电压试验	每个极性冲击 10 次	第 6 章	×	×	×
6	交流耐压	2.5U_0,15 min	第 4 章	×	×	×
7	检验	仅供参考[i]	—	×	×	×

a 除非另有规定,试验应在环境温度下进行。

b 终端:取图 1 中试品数量的一半试验。

c 接头:取图 2 中试品数量的一半试验。

d 可分离连接器:取图 4 和图 5 中试品数量的一半试验。

e 不适用于安装在 3.6/6(7.2)kV 无绝缘屏蔽电缆上的附件。

f θ_t 是电缆正常运行时导体最高温度加 5 ℃~10 ℃。

g 在加热期结束时进行测量。

h 每一循环 8 h,温度稳定时间至少 2 h,冷却时间至少 3 h。

i 被检查的附件对下列任一现象都应考虑:

(Ⅰ)填充物和/或带材或管件有裂纹;

和/或(Ⅱ)主要密封部位有贯穿性潮湿通道;

和/或(Ⅲ)腐蚀和/或漏电痕迹、电蚀,最后导致附件损坏;

和/或(Ⅳ)任何绝缘材料渗漏。

表 12 试验归纳

试验项目	终端		直通接头和分支接头	绝缘终端	可分离连接器		
	户内	户外			不带电插拔		带负荷插拔[a]
					屏蔽型	非屏蔽型	
交流耐压							
$4.5U_0$/5 min，干态	×	×	×	×	×	×	
$2.5U_0$/15 min，干态	×	×	×	×	×	×	
$2.5U_0$/500 h，干态				×			
$4U_0$/1 min，湿态		×					
直流耐压							
$4U_0$/15 min，干态	×	×	×	×	×	×	
局部放电							
在 θ_t 下	×	×	×		×	×	
在环境温度下	×	×	×	×	×	×	
冲击电压试验							
在 θ_t 下	×	×	×		×	×	
在环境温度下	×	×	×	×	×	×	
恒压负荷循环试验							
在空气中	×	×	×		×	×	
在水中			×		×	×	
短路热稳定							
屏蔽	×	×	×		×	×	
导体	×	×	×		×	×	
短路动稳定	×	×	×		×	×	
潮湿试验	×						
盐雾试验		×					
插拔试验					×	×	
操作循环试验					×		
屏蔽电阻					×		
屏蔽泄漏电流					×		
故障电流引发					×		
操作力试验					×		
试验点电容测试					×		
检验	×	×	×	×	×	×	

注：本表只列出了试验项目而无试验程序。

[a] 在考虑中。

表 13 试验电压和要求的归纳(见第 9 章)

试验项目	试验电压	额定电压 $U_0/U(U_m)$kV							要求
		3.6/6(7.2)	6/6(7.2) 6/10(12)	8.7/10(12) 8.7/15(17.5)	12/20(24)	18/30(36)	21/35(40.5)	26/35(40.5)	
潮湿试验 盐雾试验	$1.25U_0$	4.5	7.5	11	15	22.5	26.25	32.5	不击穿或闪络 跳闸不超过三次 无显著的损伤[b]
局部放电[a]	$1.73U_0$	6	10	15	20	30	36.33	45	≤10 pC
恒压负荷循环和交流耐压,15 min 和 500 h	$2.5U_0$	9	15	22	30	45	52.5	65	不击穿或闪络
交流耐压,1 min	$4U_0$	14.5	24	35	48	72	84	104	不击穿或闪络
直流耐压,15 min	$4U_0$	14.5	24	35	48	72	84	104	不击穿或闪络
交流耐压,5 min	$4.5U_0$	16	27	39	54	81	94.5	117	不击穿或闪络
冲击电压试验(峰值)	—	60	75	95	125	170	200	200	不击穿或闪络

a 安装在 3.6/6 kV 无绝缘屏蔽电缆上的附件无此要求；

b 当由于下述原因附件性能严重地下降了,则认为它确实已损坏:

(Ⅰ)由于漏电痕迹引起介质损坏；

和/或(Ⅱ)电蚀深度达到 2 mm 或者所使用的绝缘材料任何一处较小壁厚的 50%；

和/或(Ⅲ)材料开裂；

和/或(Ⅳ)材料穿孔。

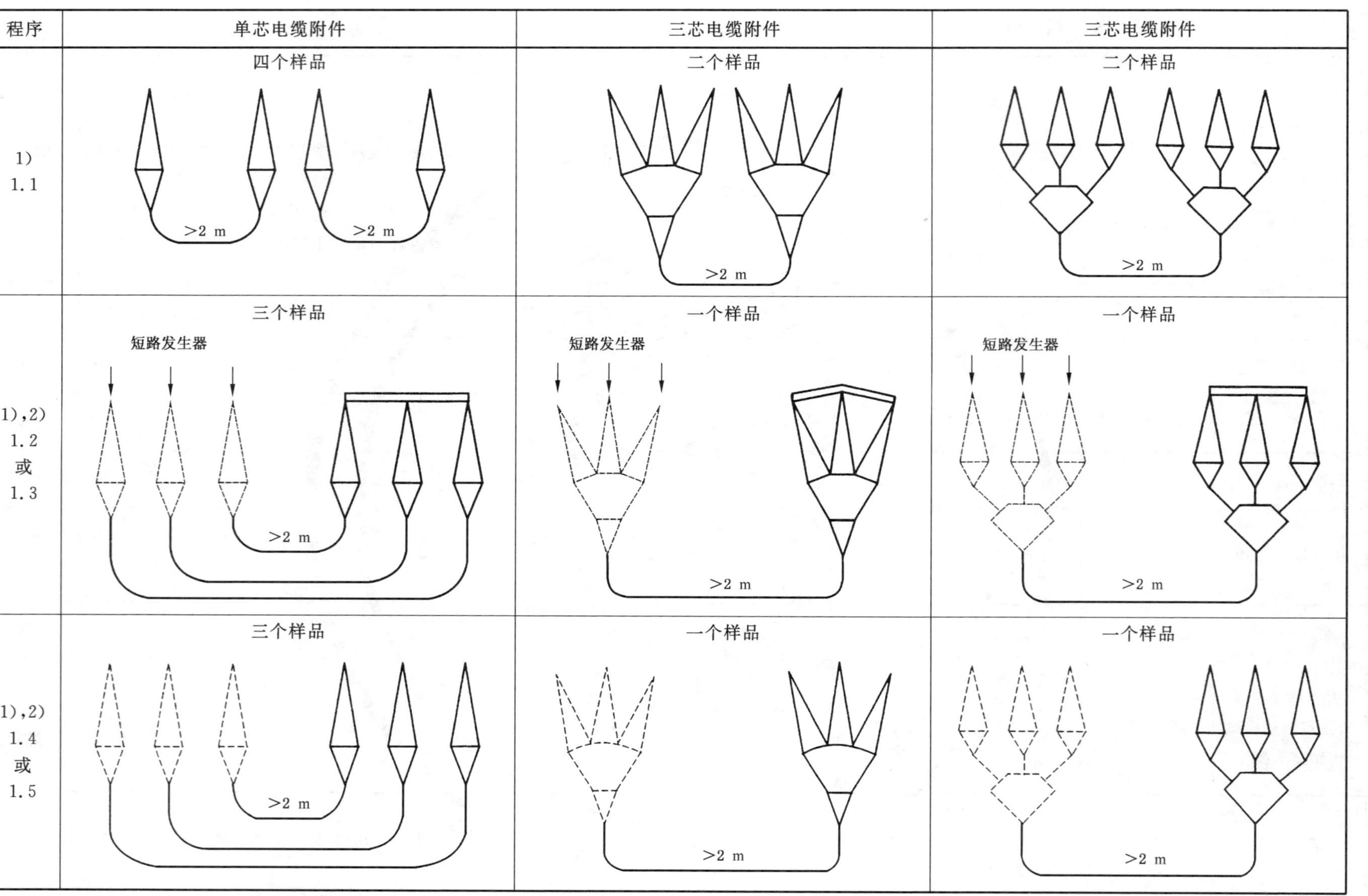

1) 附件引入点之间的电缆长度应大于 2 m。

2) 1.2 项可以与 1.3 项结合起来。对于单芯附件，1.2 项也可在单独回路里进行，电缆与附件的固定方法和附件之间的距离应按照制造方的推荐。

图 1 终端试品数量和试验布置(见表 4)

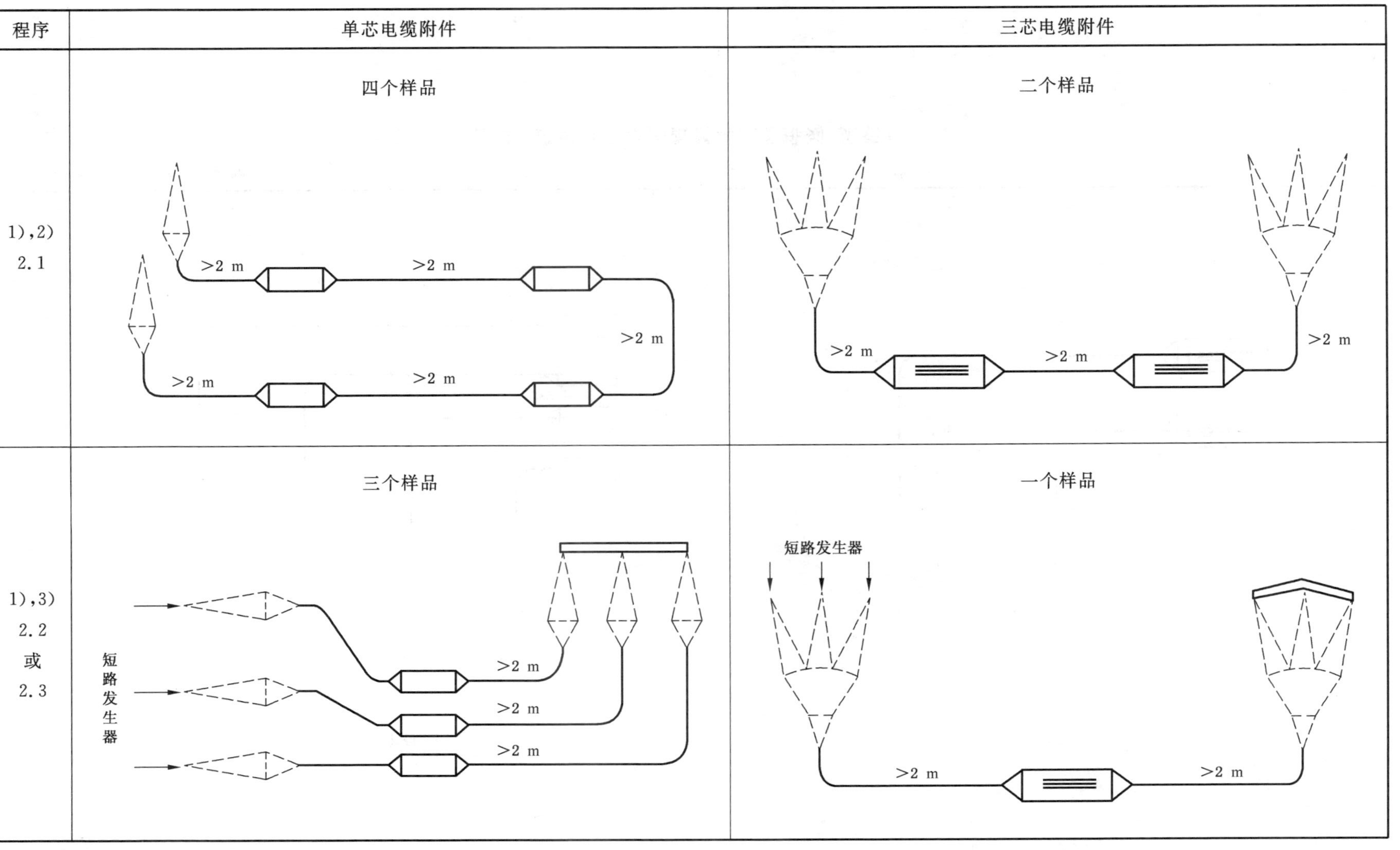

1) 附件引入点之间的电缆长度应大于 2 m。

2) 接头试验允许在单独的回路里进行。

3) 2.2 项可以与 2.3 项结合起来。对于单芯附件,2.2 项也可在单独的回路里进行,电缆与附件的固定方法和附件之间的距离应按照制造方的推荐。

图 2 直通接头或分支接头的试品数量和试验布置(见表 5)

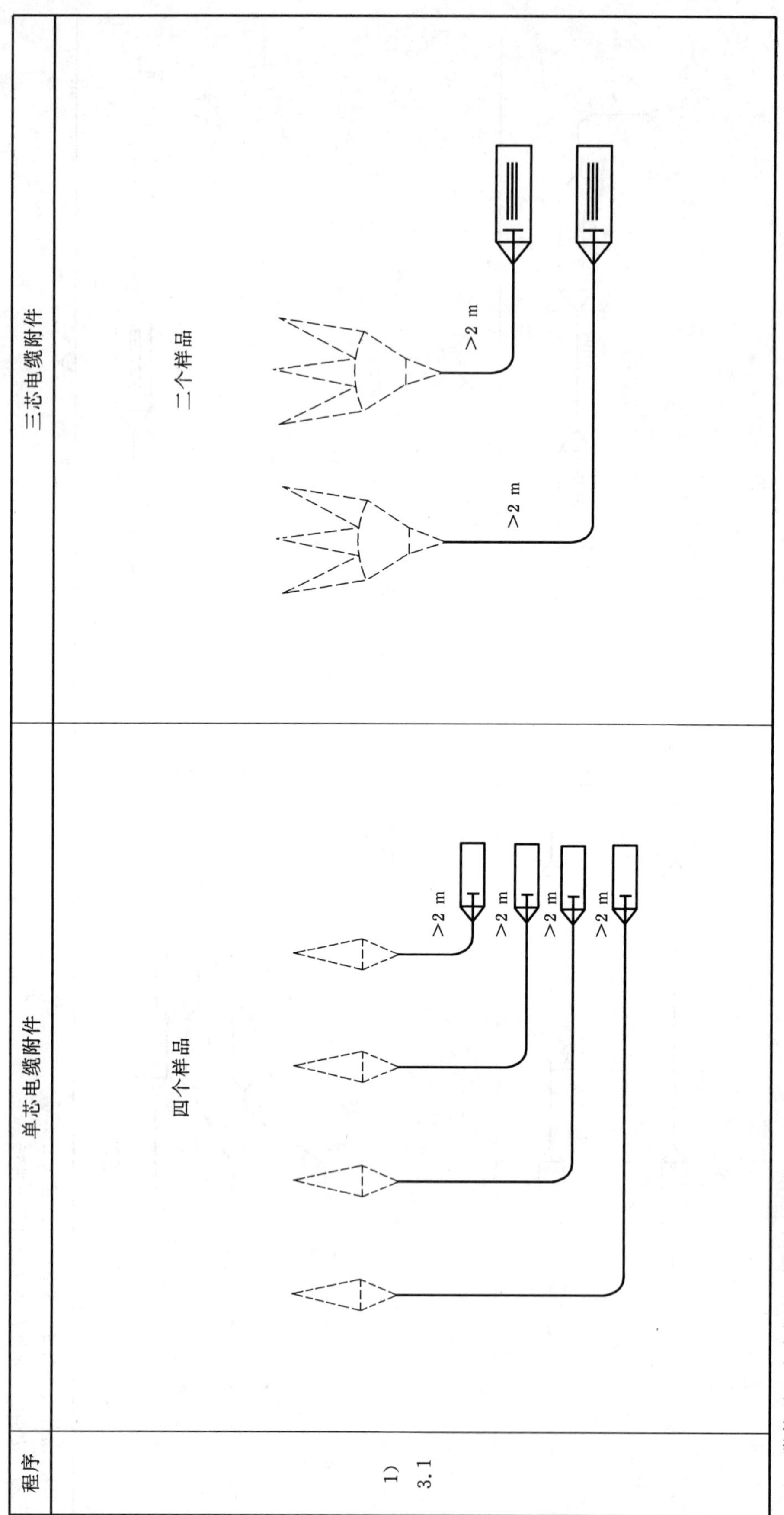

1) 附件引入点之间的电缆长度应大于2 m。

图3 绝缘终端试品数量和试验排列(见表6)

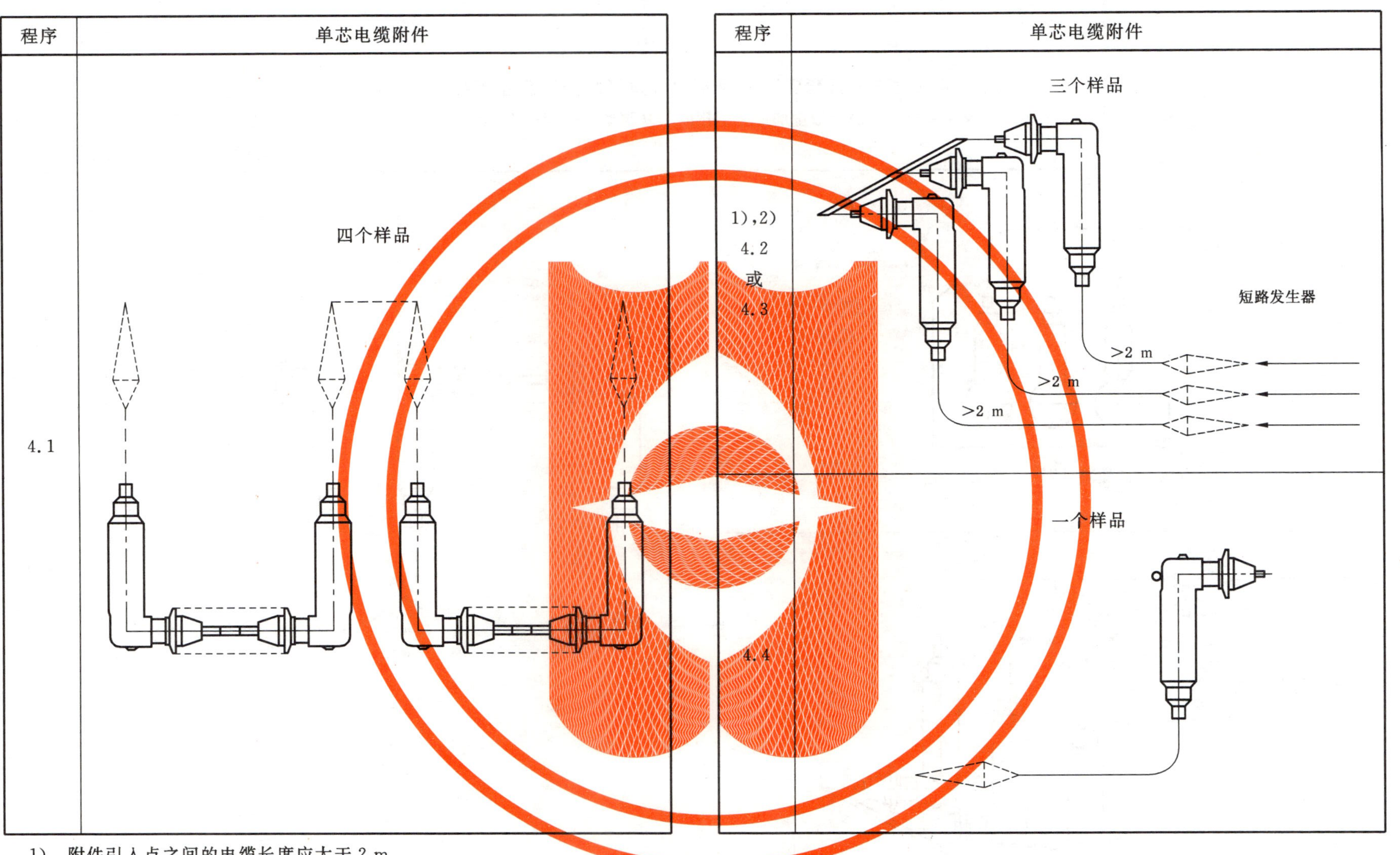

1) 附件引入点之间的电缆长度应大于 2 m。

2) 4.2 项可在单独的回路里进行或与 4.3 项结合起来,电缆与附件的固定方法和附件之间的距离应按照制造方的推荐。

图 4 屏蔽型不带电插拔式可分离连接器试品数量和试验布置(见表 7)

程序	单芯电缆附件
5.1	四个样品 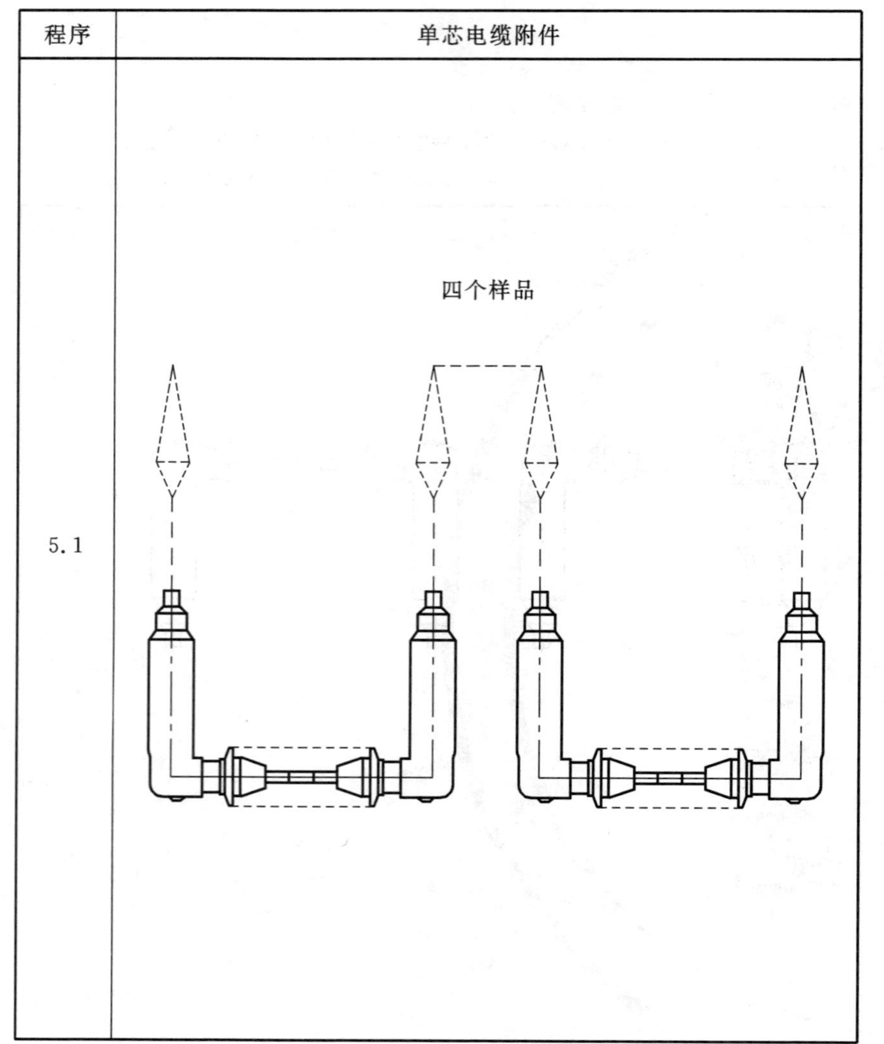

程序	单芯电缆附件
1),2) 5.2 或 5.3	三个样品 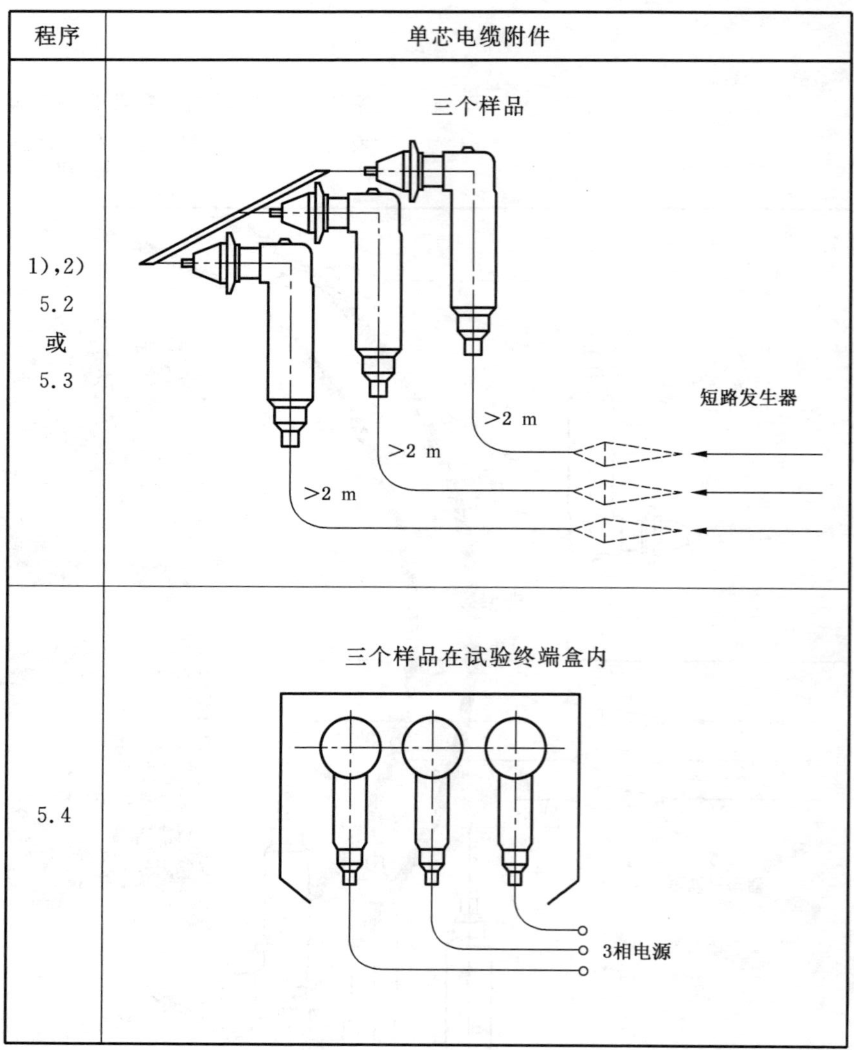
5.4	三个样品在试验终端盒内

1) 附件引入点之间的电缆长度应大于 2 m。

2) 5.2 项可在单独的回路里进行或与 5.3 项结合起来，电缆与附件的固定方法和附件之间的距离应按照制造方的推荐。

图 5　非屏蔽型不带电插拔式可分离连接器试品数量和试验布置(见表 8)

正在考虑之中

图 6　带负荷插拔可分离连接器试品数量和试验排列(参见表 9)

附　录　A
（资料性附录）
试验电缆的标示

额定电压 $U_0/U(U_m)$	kV		
结构：	□单芯	□三芯	□非分相屏蔽
			□分相屏蔽
导体：	□铝	□铜	
	□绞合	□实心	
	□圆形	□成型导体	
	□120 mm^2	□150 mm^2	□185 mm^2
	其他截面		mm^2
绝缘：	□PVC	□XLPE	
	□EPR	□HEPR	
绝缘屏蔽：	□不可剥离	□可剥离	
金属屏蔽：	□金属丝	□金属带	□挤包金属套
外护层：	□PVC	□PE(ST3)	□PE(ST7)
阻水层(若有)：	□在导体内	□外护套下	
直径：	* 导体		mm
	* 绝缘		mm
	* 绝缘屏蔽		mm
	* 外护套		mm
电缆标示：			

附　录　B
（资料性附录）
本部分与 IEC 60502-4:2005 的技术性差异及其原因

表 B.1 给出了本部分与 IEC 60502-4:2005 的技术性差异及其原因。

表 B.1　本部分与 IEC 60502-4:2005 的技术性差异及其原因

本部分的章条号	技术性差异	原　因
第 1 章	增加 35 kV 电压等级	适应我国国情需要，我国电网系统有 21/35 kV、26/35 kV 电压等级
5.1	增加"…GB/T 12706.3—2008…"	GB/T 12706.3—2008 对应 35 kV 电压等级电缆
5.2	增加"…GB/T 12706.3—2008…"	GB/T 12706.3—2008 对应 35 kV 电压等级电缆
6.1.1	增加"…GB/T 12706.3—2008…"	GB/T 12706.3—2008 对应 35 kV 电压等级电缆
7.8	增加"如果在较低 U_0 值电缆的绝缘半导电屏蔽层上的径向电场强度不大于试验电缆的径向电场强度，"	规定 U_0 的试验附件获得认可后要扩展到低于该 U_0 值的同类附件上，还应考虑到电缆相对应位置的径向电场强度要不大于获得认可的试验电缆的径向电场强度
表 13	增加"6/6 kV、8.7/10 kV、21/35 kV、26/35 kV"	我国的电网系统中有这些电压等级

ICS 29.060.20
K 13

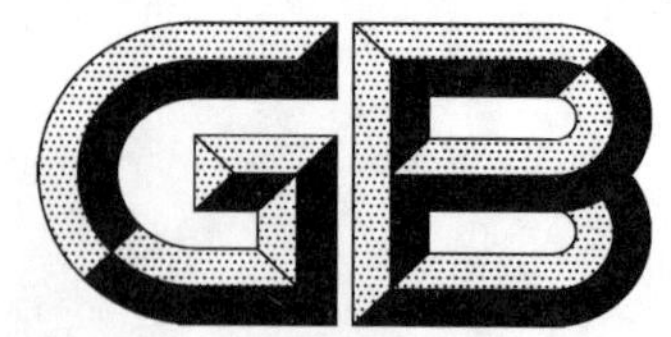

中华人民共和国国家标准

GB/T 18890.1—2015
代替 GB/Z 18890.1—2002

额定电压 220 kV(U_m=252 kV)交联聚乙烯绝缘电力电缆及其附件 第1部分:试验方法和要求

Power cables with cross-linked polyethylene insulation and their accessories for rated voltage of 220 kV(U_m=252 kV)—Part 1: Test methods and requirements

(IEC 62067:2011,Power cables with extruded insulation and their accessories for rated voltages above 150 kV(U_m=170 kV) up to 500 kV (U_m=550 kV)—Test methods and requirements,MOD)

2015-10-09 发布　　2016-05-01 实施

中华人民共和国国家质量监督检验检疫总局
中国国家标准化管理委员会　发布

前　言

GB/T 18890《额定电压 220 kV(U_m=252 kV)交联聚乙烯绝缘电力电缆及其附件》分为三个部分:

——第 1 部分:试验方法和要求;

——第 2 部分:电缆;

——第 3 部分:电缆附件。

本部分为 GB/T 18890 的第 1 部分。

本部分按照 GB/T 1.1—2009 给出的规则起草。

本部分代替 GB/Z 18890.1—2002《额定电压 220 kV(U_m=252 kV)交联聚乙烯绝缘电力电缆及其附件　第 1 部分:额定电压 220 kV(U_m=252 kV)交联聚乙烯绝缘电力电缆及其附件的电力电缆系统　试验方法和要求》。与 GB/Z 18890.1—2002 相比,主要技术变化如下:

——标准的性质由指导性技术文件改为推荐性标准;

——标准名称由"额定电压 220 kV(U_m=252 kV)交联聚乙烯绝缘电力电缆及其附件　第 1 部分:额定电压 220 kV(U_m=252 kV)交联聚乙烯绝缘电力电缆及其附件的电力电缆系统　试验方法和要求"修改为"额定电压 220 kV(U_m=252 kV)交联聚乙烯绝缘电力电缆及其附件　第 1 部分:试验方法和要求";

——增加了标称电场强度的定义(见 3.4);

——删除了以聚氯乙烯为基的 ST_1 和以聚乙烯为基的 ST_3 外护套材料,其后试验项目及要求相应删减(见 4.4,表 2,2002 年版的 4.3);

——增加了金属屏蔽和/或金属套电阻测量的要求(见 10.5);

——增加了皱纹金属套上外护套厚度的测量方法(见 10.6.3);

——修改了附件的抽样试验(见第 11 章,2002 年版的第 11 章);

——修改了电缆系统的预鉴定试验(见第 13 章,2002 年版的第 13 章);

——增加了电缆系统的预鉴定扩展试验(见 13.3);

——增加了电缆的型式试验(见第 14 章);

——增加了附件的型式试验(见第 15 章);

——增加了导体温度的测定方法(见附录 A);

——修改了透水试验的样品长度(见附录 E,2002 年版的附录 C);

——增加了具有与外护套黏结的纵包金属带或纵包金属箔的电缆组件的试验(见附录 F)。

本部分使用重新起草法修改采用 IEC 62067:2011《额定电压大于 150 kV(U_m= 170 kV)至 500 kV (U_m=550 kV)挤包绝缘电力电缆及其附件　试验方法和要求》英文版(第 2 版)。

本部分与 IEC 62067:2011 相比结构上有部分调整,附录 I 列出了本部分与 IEC 62067:2011 的章条编号对照一览表。

本部分与 IEC 62067:2011 相比存在技术性差异,这些差异涉及的条款已通过在其外侧页边空白位置的垂直单线(|)进行了标示,附录 J 给出了相应技术性差异及其原因的一览表。

本部分由中国电器工业协会提出。

本部分由全国电线电缆标准化技术委员会(SAC/TC 213)归口。

本部分负责起草单位:上海电缆研究所。

本部分参加起草单位:中国电力科学研究院、国家电线电缆质量监督检验中心、扬州曙光电缆有限公司、郑州电缆有限公司、广东南洋超高压电缆有限公司、江苏新远东电缆有限公司、浙江晨光电缆股份有限公司、天津塑力线缆集团有限公司。

本部分主要起草人：徐晓峰、赵健康、范玉军、胡剑虹、朱爱荣、郭党庆、汪传斌、岳振国、孙建生、韩长武。

本部分所代替标准的历次版本发布情况为：

——GB/Z 18890.1—2002。

额定电压 220 kV(U_m=252 kV)交联聚乙烯绝缘电力电缆及其附件 第1部分:试验方法和要求

1 范围

GB/T 18890 的本部分规定了额定电压 220 kV(U_m=252 kV)固定安装的交联聚乙烯绝缘电力电缆系统、电缆本体及其附件本体的试验方法和要求。

本部分适用于通常安装和运行条件下使用的单芯电缆及其附件,但不适用于特殊条件下使用的电缆及其附件,如海底电缆。对这些特殊用途的电缆及附件可能需要修改本部分的试验或可能需要设定一些特殊的试验条件。

本部分不包含连接交联聚乙烯绝缘电缆和纸绝缘电缆的过渡接头。

2 规范性引用文件

下列文件对于本文件的应用是必不可少的。凡是注日期的引用文件,仅注日期的版本适用于本文件。凡是不注日期的引用文件,其最新版本(包括所有的修改单)适用于本文件。

GB/T 2951.11—2008 电缆和光缆绝缘和护套材料通用试验方法 第11部分:通用试验方法——厚度和外形尺寸测量——机械性能试验(IEC 60811-1-1:2001,IDT)

GB/T 2951.12—2008 电缆和光缆绝缘和护套材料通用试验方法 第12部分:通用试验方法——热老化试验方法 (IEC 60811-1-2:1985,IDT)

GB/T 2951.14—2008 电缆和光缆绝缘和护套材料通用试验方法 第14部分:通用试验方法——低温试验 (IEC 60811-1-4:1985,IDT)

GB/T 2951.21—2008 电缆和光缆绝缘和护套材料通用试验方法 第21部分:弹性体混合料专用试验方法-耐臭氧试验——热延伸试验——浸矿物油试验(IEC 60811-2-1:2001,IDT)

GB/T 2951.31—2008 电缆和光缆绝缘和护套材料通用试验方法 第31部分:聚氯乙烯混合料专用试验方法——高温压力试验——抗开裂试验(IEC 60811-3-1:1985,IDT)

GB/T 2951.32—2008 电缆和光缆绝缘和护套材料通用试验方法 第32部分:聚氯乙烯混合料专用试验方法——失重试验——热稳定性试验(IEC 60811-3-2:1985,IDT)

GB/T 2951.41—2008 电缆和光缆绝缘和护套材料通用试验方法 第41部分:聚乙烯和聚丙烯混合料专用试验方法——耐环境应力开裂试验——熔体指数测量方法——直接燃烧法测量聚乙烯中碳黑和(或)矿物质填料含量——热重分析法(TGA)测量碳黑含量——显微镜法评估聚乙烯中碳黑分散度(IEC 60811-4-1:2004,IDT)

GB/T 3048.12 电线电缆电性能试验方法 第12部分:局部放电试验(GB/T 3048.12—2007,IEC 60885-3:1988,Electrical test methods for electric cables—Part 3:Test methods for partial discharge measurements on lengths of extruded power cables,MOD)

GB/T 3048.13 电线电缆电性能试验方法 第13部分:冲击电压试验(GB/T 3048.13—2007,IEC 60230:1966,Impulse tests on cables and accessories,IEC 60060-1:1989,High-voltage test techniques—Part 1:General definitions and test requirements,MOD)

GB/T 3956 电缆的导体(GB/T 3956—2008,IEC 60228:2004,IDT)

GB/T 16927.1 高电压试验技术 第1部分:一般定义及试验要求(GB/T 16927.1—2011,IEC 60060-1:2006,High-voltage test techniques—Part 1: General definitions and test requirements,MOD)

GB/T 18380.12 电缆和光缆在火焰条件下的燃烧试验 第12部分:单根绝缘电线电缆火焰垂直蔓延试验-1 kW预混合型火焰试验方法(GB/T 18380.12—2008,IEC 60332-1-2:2004,IDT)

JB/T 10181.11—2014 电缆载流量计算 第11部分:载流量公式(100%负荷因数)和损耗计算一般规定(IEC 60287-1-1:2006,IDT)

JB/T 10696.5—2007 电线电缆机械和理化性能试验方法 第5部分:腐蚀扩展试验

JB/T 10696.6—2007 电线电缆机械和理化性能试验方法 第6部分:挤出外套刮磨试验

IEC 60183 高压交流电缆选择导则(Guidance for the selection of high-voltage a.c. cable systems)

IEC 60229:2007 电缆 具有特殊保护功能的挤包外护套的试验(Electric cables -Tests on extruded oversheaths with a special protective function)

3 术语和定义

下列术语和定义适用于本文件。

3.1 尺寸值(厚度,截面积等)定义

3.1.1

标称值 nominal value

指定的量值并经常用于表格之中。

注:在本部分中,标称值通常引伸出在考虑规定公差下通过测量进行检验的一些量值。

3.1.2

中间值 median value

将测量的若干个数值以递增(或递减)的次序排列,若数值的数目为奇数时中间的那个数值为中间值,若数值的数目为偶数时中间两个数值的平均值为中间值。

3.2 有关试验的定义

3.2.1

例行试验 routine test

由制造商在部件(所有制造长度电缆或所有附件)上进行的试验,以检验其是否满足规定的要求。

3.2.2

抽样试验 sample test

由制造商按规定的频度在成品电缆或取自成品电缆或附件的部件的试样上进行的试验,以验证成品电缆或附件是否满足规定的要求。

3.2.3

型式试验 type test

在一般工业生产基础上供应本部分所包含的一种型式的电缆系统之前进行的试验,以证明其具有满足预期使用条件的良好性能。

注:型式试验一旦通过后,除非电缆或附件中的材料、制造工艺、结构或设计电场强度发生改变,且这种改变可能会对其性能产生不利影响,否则就不必重复进行。

3.2.4

预鉴定试验　prequalification test

在一般工业生产基础上供应本部分所包含的一种型式的电缆系统之前进行的试验，以证明该完整电缆系统具有满意的长期运行性能。

3.2.5

预鉴定扩展试验　extension of prequalification test

在一般工业生产基础上供应本部分所包含的一种型式的电缆系统之前，系统电缆和附件已经分别通过预鉴定试验，为验证该完整电缆系统具有满意的长期运行性能所进行的试验。

3.2.6

安装后的电气试验　electrical test after installation

电缆系统安装完成时为证明其完好所进行的试验。

3.3 其他定义

3.3.1

电缆系统　cable system

安装了各种附件的电缆，包括用于抑制系统上热机械力的仅对终端和接头使用的各种部件。

3.3.2

标称电场强度　nominal electrical stress

以标称尺寸计算的在 U_0 下的电场强度。

4 电压标示和材料

4.1 额定电压

本部分用符号 U_0、U 和 U_m 表示电缆和附件的额定电压，这些符号的意义由 IEC 60183 给出。

4.2 电缆的绝缘材料

本部分适用于以交联聚乙烯(XLPE)材料作为绝缘的电缆，表 1 中规定了 XLPE 绝缘电缆导体的最高工作温度，并据此规定试验条件。

表 1　电缆的交联聚乙烯绝缘混合料

绝缘混合料	导体最高温度/℃	
	正常运行	短路(最长持续时间 5 s)
交联聚乙烯(XLPE)	90	250

4.3 电缆的金属屏蔽和(或)金属套

本部分适用于使用中的各种结构的金属屏蔽，包括径向防水结构以及其他结构。

提供径向防水功能的结构主要有：

——金属套；

——与外护套黏结的纵包金属带或纵包金属箔；

——复合屏蔽，包括束合金属线及其外部加上的作为径向不透水的阻挡层(见第 5 章)的金属套或与外护套黏结的金属带或金属箔。

而其他结构如：

——仅有束合金属线。

注：在任何情况下，金属屏蔽和(或)金属套应能够承受全部故障电流。

4.4 电缆的外护套材料

本部分的各项试验规定适用于以下两种类型外护套：

——以聚氯乙烯(PVC)为基材的 ST_2；

——以聚乙烯(PE)为基材的 ST_7。

选用何种类型护套取决于电缆的设计及电缆运行时的机械、热性能和阻燃性能的要求。

与本部分中包括的各种类型的外护套材料相适应的在正常运行时的最高导体温度见表 2。

注：一些情况下，外护套上可包覆一层功能材料(如半导电层)。

表 2 电缆的外护套混合料

外护套混合料	代号	正常运行时电缆导体最高温度/℃
聚氯乙烯(PVC)	ST_2	90
聚乙烯(PE)	ST_7	90

5 电缆阻水措施

当电缆系统敷设在地下、易积水的地下通道或水中时，推荐采用径向不透水的阻挡层包覆电缆。

注：目前尚无径向透水试验方法。

为防止一旦电缆损坏进水后更换大段长度的电缆，也可以采用纵向阻水措施。

纵向透水试验在 12.5.14 中给出。

6 电缆特性

为实施并记录本部分所述的电缆系统或电缆的试验，应对电缆进行标示。

下列电缆特性应予明确或申明：

a) 制造商名称、型号、名称、制造日期或日期代码。

b) 额定电压：应给出 U_0、U 和 U_m 的值(见 4.1 和 8.4)。

c) 导体类型及其材料和用平方毫米表示的标称截面积；导体结构；减小集肤效应的措施(如果有)及其性质；纵向阻水措施(如果有)及其性质；如果标称截面积与 GB/T 3956 不一致，给出折算到 20 ℃时 1 km 的导体直流电阻。

d) 绝缘的材料和标称厚度(见 4.2)。表 3 给出了交联聚乙烯绝缘材料的 $\tan\delta$。

e) 绝缘系统的制造工艺类型。

f) 屏蔽层的阻水措施(如果有)及其性质。

g) 金属屏蔽的材料和结构，例如金属线的根数和直径。应申明金属屏蔽的直流电阻。金属套的材质、结构及标称厚度，或与外护套黏结的纵包金属带或金属箔(如果有)的材料、结构和标称厚度。

h) 外护套的材料和标称厚度。

i) 导体标称直径(d)。

j) 成品电缆标称外径(D)。

k) 绝缘的标称内径(d_{ii})和计算的标称外径(D_{io})。

l) 导体与金属屏蔽和(或)金属套间的 1 km 标称电容。

m) 计算的导体屏蔽上的标称电场强度(E_i)和绝缘屏蔽上的标称电场强度(E_o):

$$E_i = \frac{2U_0}{d_{ii}\ln\left(\frac{D_{io}}{d_{ii}}\right)}$$

$$E_o = \frac{2U_0}{D_{io}\ln\left(\frac{D_{io}}{d_{ii}}\right)}$$

式中:

U_0 =127 kV;

$D_{io} = d_{ii} + 2t_n$;

D_{io}——计算的绝缘标称外径,单位为毫米(mm);

d_{ii}——申明的绝缘标称内径,单位为毫米(mm);

t_n——申明的绝缘标称厚度,单位为毫米(mm)。

表 3 交联聚乙烯绝缘料的 tanδ

绝缘混合料	交联聚乙烯(XLPE)
tanδ 最大值	10×10^{-4}

7 附件特性

为实施并记录本部分所述的电缆系统或附件的试验,应对附件进行标示。

下列特性应予明确或申明:

a) 用于附件试验的电缆应按第 6 章正确标示;

b) 附件中使用的导体连接金具应正确地标示:

——安装工艺;

——工具、模具和必要的装配设置;

——接触表面的处理;

——连接金具的型号、编号和其他识别标志;

——导体连接金具已经通过的型式试验认可的详细情况,适用时。

c) 用于试验的附件应正确地标示:

——制造商名称;

——型号、名称、制造日期或日期代码;

——额定电压[见第 6 章 b)项];

——安装说明书(编号和日期)。

8 试验条件

8.1 环境温度

除非对特殊试验另外详细规定,试验应在环境温度为(20±15)℃下进行。

8.2 工频试验电压的频率和波形

除非本部分另外指明，交流试验电压的频率应为 49 Hz～61 Hz。波形应基本为正弦波。电压值以均方根值(r.m.s.)表示。

8.3 雷电冲击试验电压的波形

按照 GB/T 3048.13，标准雷电冲击电压波的波前时间应为 1 μs～5 μs，按照 GB/T 16927.1，半波峰时间应为(50±10)μs。

8.4 试验电压与额定电压的关系

本部分规定的试验电压用额定电压 U_0 的倍数表示，为确定试验电压的 U_0 值为 127 kV，试验电压应按表 4 规定。

本部分中的试验电压是根据假定电缆和附件用于 IEC 60183 中定义的 A 类系统而确定。

表 4　试验电压

1	2	3	4[a]	5[a]	6[a]	7[a]	8[a]	9[a]	10[b]
额定电压 U	设备最高电压 U_m	用于确定试验电压的值 U_0	9.3 电压试验 $2.5U_0$ (30 min)	9.2 和 12.4.4 局部放电试验 $1.5U_0$	12.4.5 tanδ 试验 U_0	12.4.6 热循环电压试验 $2U_0$	10.12、12.4.7.2 和 13.2.5 雷电冲击电压试验	12.4.7.2 电压试验 $2U_0$	16.3 安装后电压试验 (60 min)
kV	kV	kV	kV	kV	kV	kV	kV	kV	kV
220	252(245)[c]	127	318	190	127	254	1 050	254	180

[a] 必要时，应根据 12.4.1 调整施加电压。

[b] 必要时，应根据 16.3 调整施加电压。

[c] 圆括号中的数值为用户有要求时使用。

8.5 电缆导体温度的测定

推荐采用附录 A 中所述的试验方法之一测定导体的实际温度。

9 电缆和预制附件主绝缘的例行试验

9.1 概述

下列试验应在每根制造长度电缆上进行：

a) 局部放电试验(见 9.2)；

b) 电压试验(见 9.3)；

c) 外护套的电气试验 (见 9.4)。

这些试验的次序由制造方自行确定。

每个预制附件的主绝缘应经受局部放电试验(见 9.2)和电压试验(见 9.3)，可按以下 1)、2)或 3)叙述的方法进行试验：

1) 在安装于电缆的附件上进行；

2） 主绝缘部件装在专供试验的附件上进行；

3） 采用模拟附件装置进行试验，使主绝缘部件所受的电场强度再现实际电场情况。

在上述2)和3)情况下，应选取试验电压值使得产生的电场强度至少与附件产品上施加9.2和9.3规定试验电压时在该部件上产生的电场强度相同。

注：预制附件的主绝缘包括与电缆绝缘直接接触并且是附件中控制电场分布所必需而且基本的部件，例如模压预制或预浇注预制橡胶绝缘件或有填充料的环氧绝缘件。它们可以单独使用或组合起来使用而成为附件的必要的绝缘和屏蔽。

9.2 局部放电试验

电缆局部放电试验应按GB/T 3048.12进行，检测灵敏度应为10 pC或更优。附件试验按相同原则进行，检测灵敏度应为5 pC或更优。

试验电压应逐渐升到$1.75U_0$并保持10 s，然后慢慢地降到$1.5U_0$(见表4第5列)。

在$1.5U_0$下，被试品应无超过申明灵敏度的可检测的放电。

9.3 电压试验

电压试验应在环境温度下以工频交流电压进行。

试验电压应施加在导体和金属屏蔽和(或)金属套间逐渐地升到$2.5U_0$(见表4)，然后保持30 min。

绝缘不应发生击穿。

9.4 外护套的电气试验

应进行IEC 60229:2007第3章规定的电气试验，在金属屏蔽和(或)金属套与外护套表面导电层之间以金属套接负极施加直流电压25 kV，历时1 min。

外护套不应发生击穿。

10 电缆的抽样试验

10.1 概述

下列试验应在代表交货批的电缆样品上进行，对b)项和g)项试验，样品可以是整盘电缆。

a） 导体检验(见10.4)；

b） 导体电阻和金属屏蔽和(或)金属套电阻测量(见10.5)；

c） 绝缘与外护套厚度测量(见10.6)；

d） 金属套厚度测量(见10.7)；

e） 直径测量，要求时(见10.8)；

f） XLPE绝缘热延伸试验(见10.9)；

g） 电容测量(见10.10)；

h） 雷电冲击电压试验(见10.11)；

i） 透水试验，适用时(见10.12)；

j） 具有与外护套黏结的纵包金属带或纵包金属箔的电缆部件的试验(见10.13)。

10.2 试验频度

10.1中的a)～g)以及j)抽样试验项目，应在相同型号和导体截面积电缆的每一批(生产系列)中抽取的一根试样上进行，但不应超过任何合同中电缆总根数的10%，修约至最近的整数。

10.1中的h)和i)项的抽样频度应符合协议的质量控制方法。在无此类协议时，对电缆长度在

4 km～20 km 的合同应进行一次试验，对电缆长度超过 20 km 的合同应进行二次试验。

10.3 复试

如果取自任一根电缆上的试样，未通过 10.1 中的任何一项试验，则应从同一批电缆中再取两根试样，对未通过的项目进行试验。假如加试的这两根电缆都通过了试验，则抽取这两根试样的该批其他电缆应认为符合要求。如任一根加试电缆未通过试验，则该批电缆应认为不符合要求。

10.4 导体检验

应采用实际可行的检验及测量方法来检查导体结构是否符合 GB/T 3956。

10.5 导体电阻和金属屏蔽和(或)金属套电阻测量

整根电缆或电缆试样在试验前应置于温度适当稳定的试验室内至少 12 h。如怀疑导体或金属屏蔽温度与试验室温度不同，则电缆应放在试验室内 24 h 后再测量电阻。或者可将导体或金属屏蔽试样放置在可控温的恒温槽内至少 1 h 后再测量电阻。

导体或金属屏蔽直流电阻应按 GB/T 3956 给出的公式和系数校正到温度为 20 ℃时 1 km 的数值。对于不是铜或铝的金属屏蔽，温度系数和校正公式应分别从 JB/T 10181.11—2014 的表 1 和 2.1.1 取得。

校正到 20 ℃的导体直流电阻不应超过 GB/T 3956 规定的相应的最大值或申明值。

校正到 20 ℃的金属屏蔽直流电阻不应超过申明值。

10.6 绝缘和外护套厚度测量

10.6.1 概述

试验方法应按 GB/T 2951.11—2008 第 8 章的规定，但包覆在皱纹金属套上的外护套厚度测量应按照 10.6.3 给出的方法。

应从每根选作试验的电缆的一端(如果必需)截除任何可能受到损伤的部分后，切取一段代表被试电缆的试样。

10.6.2 对绝缘的要求

最小测量厚度不应小于标称厚度的 90%：

$$t_{\min} \geqslant 0.90 t_{n}$$

以及，由下式定义的绝缘的偏心度不应大于 8%：

$$\frac{t_{\max} - t_{\min}}{t_{\max}} \leqslant 0.08$$

式中：

$t_{\max}$——最大厚度，单位为毫米(mm)；

$t_{\min}$——最小厚度，单位为毫米(mm)；

t_{n} ——标称厚度，单位为毫米(mm)。

注：其中 $t_{\max}$ 和 $t_{\min}$ 为绝缘同一截面上的测量值。

导体和绝缘上的半导电屏蔽层厚度不应包含在绝缘厚度内。

10.6.3 对电缆外护套的要求

外护套厚度的最小测量值加上 0.1 mm 后，不应小于标称厚度的 85%，即：

$$t_{\min} \geqslant 0.85 t_{n} - 0.1$$

式中：

t_{min}——最小厚度，单位为毫米(mm)；

t_n ——标称厚度，单位为毫米(mm)。

此外，包覆在基本光滑表面上的外护套，其测量值的平均值(mm)按附录B修约至一位小数，不应小于标称厚度。

对平均厚度的要求不适用于包覆在不规则表面上的外护套，如包覆在金属屏蔽线和(或)金属带、或皱纹金属套上的外护套。

包覆在皱纹金属套上的外护套厚度，应采用具有至少一个半径约为3 mm的球面测头、精度为±0.01 mm的测微计进行测量。取样和测量的步骤如下：

a) 从成品电缆上切取包含至少6个波峰和6个波谷的足够长度的一段外护套试样，在该外护套试样的外表面上画一条平行于电缆轴线的参考线。从外护套试样的一端截取的一个圆环上确定最小厚度的位置，以该最小厚度的位置为中点(以前述的参考线辅助定位)、沿着电缆轴线切取宽度约为20 mm～40 mm的包含了6个波峰和6个波谷的条状试片。应小心地除去试片上的各种附着物(如防腐涂料)；

b) 在条状试片上6个波谷位置(护套较薄处)分别测量每个波谷处的护套最小厚度。

6个测量值中最小的一个即为该皱纹金属套上的外护套的最小测量厚度。

10.7 金属套厚度测量

下列试验适用于铅、铅合金或铝金属套电缆。

10.7.1 铅或铅合金套

铅或铅合金套电缆，其金属套的最小厚度加上0.1 mm后，不应小于标称厚度的95%，即：

$$t_{min} \geqslant 0.95t_n - 0.1$$

应由制造方决定用下列的一种方法测量金属套厚度。

10.7.1.1 窄条法

应采用测量面直径为4 mm～8 mm、精度为±0.01 mm的测微计进行测量。

应从成品电缆上切取约50 mm长的铅套试件进行测量。应将试件沿纵向剖开，并小心地展平。在清洁试片后，应沿着铅套圆周、距试片边缘不小于10 mm处在足够多的点上测量，以确保测得最小厚度。

10.7.1.2 圆环法

应采用测微计测量，测微计的两个测量面，一个为平面，另一个为球面，或一个为平面，另一个为长2.4 mm、宽0.8 mm的矩形平面。球面或矩形平面应适合与环的内侧面接触。测微计精度应为±0.01 mm。

应从试样上仔细切取铅套圆环进行测量。应沿圆环的圆周在足够多的点上测量，以确保测得最小厚度。

10.7.2 平铝套或皱纹铝套

平铝套的最小厚度加上0.1 mm后，不应小于标称厚度的90%，即

$$t_{min} \geqslant 0.90t_n - 0.1$$

皱纹铝套的最小厚度加上0.1 mm后，不应小于标称厚度的85%，即

$$t_{min} \geqslant 0.85t_n - 0.1$$

应从成品电缆上仔细切取约 50 mm 宽的铝金属套圆环，采用具有两个半径约 3 mm 球面测头、精度为±0.01 mm 的千分尺进行测量。应沿圆环圆周在足够多的点上测量，以确保测得最小厚度。

10.8 直径测量

如买方要求，应测量电缆绝缘芯直径和(或)电缆外径。测量应按 GB/T 2951.11—2008 的 8.3 进行。

10.9 XLPE 绝缘的热延伸试验

10.9.1 步骤

取样和试验步骤应按照 GB/T 2951.21—2008 第 9 章进行，采用表 9 给出的试验条件。

试片应按所采用的交联工艺，取自被认为交联度最低的绝缘部分。

10.9.2 要求

试验结果应符合表 9 要求。

10.10 电容测量

应在环境温度下测量导体与金属屏蔽和(或)金属套间的电容，并应同时记录环境温度。

电容测量值应校正到 1 km 电容，并且不应超过制造商申明标称值 8%。

10.11 雷电冲击电压试验

试验应在不包括试验附件至少 10 m 长的成品电缆试样上进行，试验时导体温度应比电缆正常运行的最大导体温度高 5 K～10 K。

应只通过导体电流将被试电缆加热到规定的温度。

注：如果由于实际原因，不能达到试验温度，可以外加热绝缘措施。

应按照 GB/T 3048.13 的试验程序施加雷电冲击电压。

电缆应耐受按表 4 第 8 栏试验电压值施加的 10 次正极性和 10 次负极性电压冲击而不破坏。

绝缘不应发生击穿。

10.12 透水试验

适用时，应从成品电缆上取样进行试验，并应满足 12.5.14 的要求。

10.13 与外护套黏结的纵包金属带或金属箔电缆的部件试验

对具有与外护套黏结的纵包金属带或纵包金属箔的电缆，应从成品电缆上取 1 m 试样，并按照 12.5.15要求进行试验。

11 附件的抽样试验

11.1 附件部件的试验

对每个部件的特性应按照附件制造商的技术规范，或者通过部件供应商提供的试验报告或通过内部试验来进行查验。

附件制造商应提供每种部件要进行的各项试验的清单，并说明每种试验的频次。

对部件要按照图纸进行检查，不应有超出申明公差的偏离。

注：由于各个供应商提供的部件各不相同，因此本部分不可能规定部件通用的抽样试验。

11.2 成品附件的试验

对主绝缘部件不能进行例行试验（见 9.1）的附件，制造商应在完全装配好的附件上进行下列各项电气试验。

a） 局部放电试验（见 9.2）；

b） 电压试验（见 9.3）。

这些试验的次序由制造方按适合试验安排来确定。

注：不做例行试验的主绝缘的例子有绕包绝缘和（或）现场模制的绝缘。

如果该合同中这种形式附件的数量超过 50 个，应对该形式的一个附件进行抽样试验。

如果试样未通过上述二项试验中的任何一项试验，则应从合同供应的相同类型附件中再抽取两个试样，对未通过的项目进行试验。如果这两个加试试样都通过了试验，则应认为该合同相同类型的其他附件符合本部分要求。如任一个加试试样仍未通过试验，则应认为该合同的该种类型的附件不符合本部分要求。

12 电缆系统的型式试验

12.1 概述

本章规定的各项试验是用以验证电缆系统具有满意的性能。

附录 C 给出电缆系统型式试验及其条文号的一览表。

注：本部分不规定与环境条件有关的终端试验。

12.2 型式认可的范围

对具有特定截面以及相同额定电压和结构的一种或一种以上电缆系统的型式试验通过后，如果满足下列 a）～f）的所有条件，则该型式认可对本标准范围内其他导体截面、额定电压和结构的电缆系统亦应认可有效：

注：按照本部分的 2002 年版本已经通过的型式试验依然有效。

a） 电压等级不高于已试电缆系统的电压等级；

注：本部分中相同额定电压等级的电缆系统是指具有相同设备最高电压 U_m 和相同试验电压等级（见表 4 中第 1 栏和第 2 栏）的电缆系统。

b） 导体截面不大于已试电缆的导体截面；

c） 电缆和附件具有与已试电缆系统相同或相似的结构；

注：结构类似的电缆和附件是指绝缘和半导电屏蔽的类型和制造工艺相同的电缆和附件。由于导体或连接金具的型式或材料的差异、或者由于屏蔽绝缘线芯上或附件主绝缘部件上的保护层的差异，除非这些差异可能对试验结果有显著影响，否则电气型式试验就不必重复进行。在有些情况下，重做型式试验中的一项或几项试验[例如弯曲试验、热循环试验和（或）相容性试验]可能是合适的。

d） 电缆导体屏蔽上计算的标称电场强度值和雷电冲击电场强度值不超过已试电缆系统相应计算值 10％；

e） 电缆绝缘屏蔽上计算的标称电场强度值和雷电冲击电场强度值不超过已试电缆系统相应计算值；

f） 电缆附件主绝缘件上和电缆与附件界面上计算的标称电场强度值和雷电冲击电场强度值不超过已试电缆系统相应计算值。

除非采用不同的材料和制造工艺，对取自不同电压等级和（或）导体截面的电缆的试样不需要进行电缆组件的型式试验（见 12.5）。但是如果包覆在屏蔽绝缘芯上的材料组合不同于原先已经过型式试验的电缆的材料组合,可以要求重复进行成品电缆样段的老化试验以检验材料的相容性(见 12.5.4)。

由具有资质的鉴证机构代表签署的型式试验证书、或由制造商提供的有合适资格官员签署的载有试验结果的报告、或由独立实验室出具的型式试验证书应认可作为通过型式试验的证明。

12.3 型式试验概要

型式试验应包括 12.4 规定的成品电缆系统的电气试验和 12.5 规定的电缆部件及成品电缆适用的非电气试验。

12.4.2 列出的试验应在不包括电缆附件至少 10 m 长的一个或多个成品电缆试样上进行,试样的数量取决于试验的附件数量。

两个附件之间自由电缆的最短长度应为 5 m。

附件应安装在经过弯曲试验后的电缆上,每种型式的附件应有一个试样进行试验。

电缆和附件应按制造商说明书规定的方法进行组装,采用其所提供的等级和数量的材料,包括润滑剂(如果有)。

附件的外表面应干燥和清洁,但对电缆和附件都不应以制造商说明书没有规定的方式进行任何可能改变其电性能、热性能或机械性能的方法进行处理。

进行 12.4.2 的 c)项～g)项试验时,必须将被试接头的外保护层装上。但如果能够表明此外保护层不会影响接头绝缘性能,例如没有热机械或相容性的影响,就不必装上此外保护层。

12.4.9 规定的半导电屏蔽电阻率测量应在单独的试样上进行。

12.4 成品电缆系统的电气型式试验

12.4.1 试验电压值

电气型式试验前,应按 GB/T 2951.11—2008 中 8.1 规定方法在供试验用的有代表性的一段试样上测量电缆的绝缘厚度,以检查绝缘平均厚度是否超过标称值太多。

如果绝缘平均厚度未超过标称厚度 5%,试验电压应取表 4 规定的试验电压值。

如果绝缘平均厚度超过标称厚度 5%、但不超过 15%,应调整试验电压,以使得导体屏蔽上电场强度等于绝缘平均厚度为标称值、且试验电压为表 4 规定的试验电压值时确定的电场强度。

用于电气型式试验的电缆段的绝缘平均厚度不应超过标称值 15%。

12.4.2 试验及试验顺序

试验 a)～h)应按以下顺序进行:

a) 弯曲试验(见 12.4.3)随后安装附件和在环境温度下的局部放电试验(见 12.4.4);

b) tanδ 测量(见 12.4.5);

注:本项试验可以在未进行本试验序列中其余试验项目的装有特殊试验终端的另一个电缆试样上进行。

c) 热循环电压试验(见 12.4.6);

d) 局部放电试验(见 12.4.4):

- 在环境温度下进行,以及
- 在高温下进行。

本试验应在上述 c)项最后一次循环后进行,或者在下述 e)项雷电冲击电压试验后进行;

e) 雷电冲击电压试验及随后的工频电压试验(见 12.4.7);

f) 局部放电试验,若上述 d)项没有进行;

g) 接头的外保护层试验(见附录 G);

注 1:本项试验可以在已经通过 c)项热循环电压试验的接头上进行,也可以在经过至少 3 次热循环(见附录 G)的另一个单独的接头上进行。

注 2:如果电缆和接头不在潮湿环境下运行(即不直接埋在地下或不间断地或连续浸在水中),则 G.3 和 G.4.2 规定的试验可以不做。

h) 在上述各项试验完成时，对包含电缆和附件的电缆系统的检验(见 12.4.8)；

i) 电缆半导电屏蔽的电阻率试验(见 12.4.9)应在单独的试样上测量。

试验电压应符合表 4 的规定。

12.4.3 弯曲试验

电缆试样应在环境温度下围绕试验用圆柱体(例如电缆盘的筒体)弯曲至少一整圈，然后展直，过程中电缆没有轴向转动。接着应将试样沿电缆轴线旋转 180°，重复上述过程。如此作为一个循环。

这样的弯曲循环应共进行三次。

试验用圆柱体的直径不应大于：

——$36(d+D)\times1.05$，平铝套电缆；

——$25(d+D)\times1.05$，铅、铅合金、皱纹金属套或具有与外护套黏结的纵包金属带或纵包金属箔的电缆；

——$20(d+D)\times1.05$，其他电缆。

式中：

d——导体标称直径，单位为毫米(mm)[见第 6 章，i)项]；

D——电缆标称外径，单位为毫米(mm)[见第 6 章，j)项]。

注：不规定负偏差。只有与制造商协商一致才能用小于规定直径进行弯曲试验。

12.4.4 局部放电试验

局部放电试验应按 GB/T 3048.12 进行，检测的灵敏度应为 5 pC 或更优。

试验电压应逐渐升到 $1.75U_0$ 并保持 10 s，然后慢慢地降到 $1.5U_0$。

高温下试验时，试样应在比电缆正常运行的最大导体温度高 5 K～10 K 下进行试验。导体温度应在此规定温度范围内保持至少 2 h。

应只通过导体电流将被试电缆加热到规定的温度。

注：如果由于实际原因，不能达到试验温度，可以外加热绝缘措施。

在 $1.5U_0$ 下，试品中应无超过申明灵敏度的可检测的放电。

12.4.5 tanδ 测量

应只通过导体电流将试样加热到规定的温度。可采用测量导体电阻，或采用置于屏蔽或金属套表面的热电偶，或采用同样加热方式的另一段相同电缆试样导体上的热电偶来确定导体温度。

试样应加热至导体温度超过电缆正常运行的最大导体温度 5 K～10 K。

注：如果由于实际原因，不能达到试验温度，可以外加热绝缘措施。

然后应在工频电压 U_0(见表 4 第 6 栏)及上述规定温度下测量 $\tan\delta$。

测量值不应大于表 3 的给定值。

12.4.6 热循环电压试验

电缆试样应有一段弯成 12.4.3 规定直径的 U 形。

应只通过导体电流将试样加热到规定的温度。试样应加热至导体温度超过电缆正常运行的最大导体温度 5 K～10 K。

注：如果由于实际原因，不能达到试验温度，可以外加热绝缘措施。

加热应至少 8 h。在每个加热期内，导体温度应保持在上述温度范围内至少 2 h。随后应自然冷却至少 16 h，直到导体温度冷却至不高于 30 ℃或者冷却至高于环境温度 15 K 以内，取两者之中的较高值，但最高不高于 45 ℃。应记录每个加热周期最后 2 h 的导体电流。

加热和冷却循环应进行 20 次。

在整个试验期内，试样上应施加 $2U_0$ 电压(见表4第7栏)。

试验过程允许中断，只要完成了总共20个加电压的完整热循环即可。

注：导体温度超过电缆正常运行的最大导体温度10 K的那些热循环也认为有效。

12.4.7 雷电冲击电压试验及随后的工频电压试验

应只通过导体电流将试样加热到规定的温度。试样应加热至导体温度超过电缆正常运行的最大导体温度5 K～10 K。

导体温度应保持在上述试验温度范围至少2 h。

注：如果由于实际原因，不能达到试验温度，可以外加热绝缘措施。

应按照GB/T 3048.13给出的试验程序施加雷电冲击电压。

电缆应耐受按表4第8栏试验电压值施加的10次正极性和10次负极性电压冲击而不破坏。

雷电冲击电压试验后，应对试样系统进行 $2U_0$，15 min的工频电压试验(见表4第9栏)。由制造方决定，这项试验可在冷却过程中或在环境温度下进行。

不应发生绝缘击穿或闪络。

12.4.8 检验

12.4.8.1 电缆和附件

将一个试样电缆解剖，以及只要可能将各个附件拆解，以正常视力或经矫正但不放大的视力进行检查，应无可能影响电缆系统运行的劣化迹象(如：电气品质下降、泄露、腐蚀或有害的收缩)。

12.4.8.2 与外护套黏结的纵包金属箔或金属带电缆

应从完成上述型式试验后的电缆上取下1 m长的试样，进行12.5.15的各项试验。

12.4.9 半导电屏蔽电阻率

电缆半导电屏蔽的电阻率应在单独的试样上测量。

应从制造后未经处理的电缆试样的绝缘芯上和从已经过12.5.4规定的组件材料相容性试验老化处理后的电缆试样的绝缘芯上分别取试件，进行导体上和绝缘上的挤包半导电屏蔽的电阻率测定。

12.4.9.1 步骤

试验步骤见附录D。

测量应在温度(90±2)℃下进行。

12.4.9.2 要求

老化前和老化后的电阻率不应超过：

——导体屏蔽：1 000 Ω·m；

——绝缘屏蔽：500 Ω·m。

12.5 电缆组件和成品电缆的非电气型式试验

非电气型式试验项目如下：

a) 电缆结构检验(见12.5.1)；

b) 绝缘老化前后机械性能试验(见12.5.2)；

c) 外护套老化前后机械性能试验(见12.5.3)；

d) 检验材料相容性的成品电缆段老化试验(见12.5.4)；

e) ST_2 型PVC外护套的失重试验(见12.5.5)；

f) 外护套的高温压力试验(见 12.5.6);

g) PVC 外护套(ST_2)低温试验(见 12.5.7);

h) PVC 外护套(ST_2)热冲击试验(见 12.5.8);

i) XLPE 绝缘的微孔杂质试验(见 12.5.9);

j) XLPE 绝缘热延伸试验(见 12.5.10);

k) 半导电屏蔽层与绝缘层界面的微孔与突起试验(见 12.5.11);

l) 黑色 PE 外护套(ST_7)碳黑含量测量(见 12.5.12);

m) 燃烧试验(见 12.5.13);

n) 透水试验(见 12.5.14);

o) 具有与外护套黏结的纵包金属带或纵包金属箔的电缆部件的试验(见 12.5.15);

p) 非金属外护套的刮磨试验(见 12.5.16);

q) 铝套的腐蚀扩展试验(见 12.5.17)。

电缆组件及成品电缆的非电气试验汇总于表 5 中,并指出每种试验所适用的 XLPE 绝缘和各种护套材料。电缆燃烧试验仅在制造商希望申明该电缆的设计特性适合该试验时才要求进行。

表 5 电缆组件和成品电缆的非电气型式试验项目汇总

	绝缘	外护套	
混合料代号(见 4.2 和 4.4)	XLPE	ST_2	ST_7
结构检查 透水试验[a]	均适用,与绝缘和外护套材料无关		
机械性能 (抗张强度和断裂伸长率)			
a) 老化前	×	×	×
b) 空气烘箱 老化后	×	×	×
c) 成品电缆 老化后(相容性试验)	×	×	×
高温压力试验	—	×	×
低温性能			
a) 低温拉伸试验	—	×	—
b) 低温冲击试验	—	×	—
空气烘箱热失重	—	×	—
热冲击试验	—	×	—
热延伸试验	×	—	—
炭黑含量试验[b]	—	—	×
燃烧试验[c]	—	×	—
绝缘中微孔杂质试验	×	—	—
半导电屏蔽层与绝缘层界面的微孔与突起	×	—	—
非金属外护套的刮磨试验	—	×	×
铝套的腐蚀扩展试验	—	×	×
具有与外护套黏结的纵包金属层的试验[c]	—	—	×

注:×表示要做此项试验。

[a] 用于制造方申明具有纵向阻水措施的电缆。

[b] 仅对黑色外护套。

[c] 只在制造方申明电缆设计适合时要求。

12.5.1 电缆结构检查

导体检查、绝缘和外护套厚度以及金属套厚度测量应分别按10.4、10.6和10.7进行，并应符合要求。

12.5.2 绝缘老化前后机械性能试验

12.5.2.1 取样

取样和试片制备应按GB/T 2951.11—2008的9.1进行。

12.5.2.2 老化处理

老化处理应按表6和GB/T 2951.12—2008的8.1并在表6规定的条件下进行。

表6 电缆XLPE绝缘混合料的机械性能试验要求(老化前后)

序号	试验项目和试验条件 (混合料代号见4.2)	单位	性能要求 XLPE
0	正常运行时导体最高温度	℃	90
1	老化前(GB/T 2951.11—2008的9.1)		
1.1	最小抗张强度	N/mm²	12.5
1.2	最小断裂伸长率	%	200
2	空气烘箱老化后(GB/T 2951.12—2008的8.1)		
2.1	处理条件:温度	℃	135
	温度偏差	K	±3
	持续时间	h	168
2.2	抗张强度		
	a) 老化后最小值	N/mm²	—
	b) 最大变化率[a]	%	±25
2.3	断裂伸长率		
	a) 老化后最小值	%	—
	b) 最大变化率[a]	%	±25
[a] 变化率:老化后测得中间值与老化前测得中间值的差值除以后者,以百分率表示。			

12.5.2.3 预处理和机械性能试验

预处理和机械性能的测量应按GB/T 2951.11—2008的9.1进行。

12.5.2.4 要求

老化前和老化后试片的试验结果应符合表6要求。

12.5.3 外护套老化前后机械性能试验

12.5.3.1 取样

取样和试片制备应按GB/T 2951.11—2008的9.2进行。

12.5.3.2 **老化处理**

老化处理应按表7和GB/T 2951.12—2008的8.1并在表7规定的条件下进行。

12.5.3.3 **预处理和机械性能试验**

预处理和机械性能的测量应按GB/T 2951.11—2008的9.2进行。

12.5.3.4 **要求**

老化前和老化后试片的试验结果应符合表7要求。

表7 电缆外护套混合料的机械性能试验要求(老化前后)

序号	试验项目和试验条件 (混合料代号见4.4)	单位	性能要求(混合料代号见4.4)	
			ST_2	ST_7
1	老化前(GB/T 2951.11—2008的8.2)			
1.1	最小抗张强度	N/mm²	12.5	12.5
1.2	最小断裂伸长率	%	150	300
2	空气烘箱老化后(GB/T 2951.12—2008的8.1)			
	处理条件:温度	℃	100	110
	温度偏差	K	±2	±2
	持续时间	h	168	240
2.1	抗张强度			
	a) 老化后最小值	N/mm²	12.5	—
	b) 最大变化率[a]	%	±25	—
2.2	断裂伸长率			
	a) 老化后最小值	%	150	300
	b) 最大变化率[a]	%	±25	—
3	高温压力试验(GB/T 2951.31—2008的8.2)			
	试验温度	℃	90	110
	温度偏差	K	±2	±2

[a] 变化率:老化后测得中间值与老化前测得中间值的差值除以后者,以百分率表示。

12.5.4 **检验材料相容性的成品电缆段的老化试验**

12.5.4.1 **概述**

应进行成品电缆段的老化试验,以检验电缆是否存在由于绝缘、挤包半导电层和外护套与电缆其他组成部分的接触而容易在运行中过多劣化的倾向。

本试验适用于所有类型电缆。

12.5.4.2 **取样**

绝缘和外护套试验用电缆试样应取自GB/T 2951.12—2008的8.1.4所述的成品电缆。

12.5.4.3 **老化处理**

电缆段的老化处理应按GB/T 2951.12—2008的8.1.4在空气烘箱中进行,条件如下:

——温度:(100±2)℃;
——持续时间:7×24 h。

12.5.4.4 **机械性能试验**

从老化后电缆样品上取下的绝缘和护套试片,应按 GB/T 2951.12—2008 中 8.1.4 制备并进行机械性能试验。

12.5.4.5 **要求**

老化后的抗张强度和断裂伸长率的中间值与老化前得出的相应值(见 12.5.2 和 12.5.3)的变化率不应超过表 6 给出的绝缘经空气烘箱老化后的试验值,以及表 7 给出的外护套经空气烘箱老化后的试验值。

12.5.5 **ST_2 型 PVC 外护套失重试验**

12.5.5.1 **步骤**

ST_2 型外护套的失重试验应按表 8 和 GB/T 2951.32—2008 的 8.2 规定条件下进行。

12.5.5.2 **要求**

试验结果应符合表 8 要求。

表 8 电缆 PVC 外护套料特殊性能试验要求

序号	试验项目和试验条件	单位	要求(混合料代号见 4.4)
			ST_2
1	空气烘箱热失重试验 (GB/T 2951.32—2008 中 8.2)		
1.1	处理条件:温度	℃	100
	温度偏差	K	±2
	持续时间	h	168
1.2	最大允许失重	mg/cm^2	1.5
2	低温性能[a](GB/T 2951.14—2008 的第 8 章) 试验在未经先前老化下进行		
2.1	哑铃片的低温拉伸试验		
	试验温度	℃	−15
	温度偏度	K	±2
2.2	低温冲击试验		
	试验温度	℃	−15
	温度偏度	K	±2
3	热冲击试验(GB/T 2951.31—2008 的 9.2)		
	试验温度	℃	150
	温度偏度	K	±3
	试验时间	h	1

[a] 因气候条件不同时,可以采用更低的试验温度。

12.5.6 外护套高温压力试验

12.5.6.1 步骤

ST_2 和 ST_7 外护套的高温压力试验应按 GB/T 2951.31—2008 的 8.2 所述试验方法和表 7 给出的试验条件进行。

12.5.6.2 要求

试验结果应符合 GB/T 2951.31—2008 的 8.2 要求。

12.5.7 PVC 外护套(ST_2)低温试验

12.5.7.1 步骤

ST_2 外护套的低温试验应采用表 8 规定的试验温度，按 GB/T 2951.14—2008 的第 8 章进行。

12.5.7.2 要求

试验结果应符合 GB/T 2951.14—2008 的第 8 章要求。

12.5.8 PVC 外护套(ST_2)热冲击试验

12.5.8.1 步骤

ST_2 外护套的热冲击试验应采用表 8 规定的试验温度和持续时间，按 GB/T 2951.31—2008 的 9.2 进行。

12.5.8.2 要求

试验结果应符合 GB/T 2951.31—2008 的 9.2 要求。

12.5.9 XLPE 绝缘的微孔杂质试验

12.5.9.1 步骤

XLPE 绝缘的微孔杂质试验应按照附录 H 进行取样和试验。

12.5.9.2 要求

试验结果应符合以下要求：

a) 成品电缆绝缘中应无大于 0.05 mm 的微孔，大于 0.025 mm 的微孔在每 10 cm^3 绝缘中不应多于 18 个；

b) 成品电缆绝缘中应无大于 0.125 mm 的不透明杂质，大于 0.05 mm 并小于等于 0.125 mm 的不透明杂质在每 10 cm^3 绝缘中不应多于 6 个；

c) 成品电缆绝缘中应无大于 0.16 mm 的半透明深棕色杂质。

12.5.10 XLPE 绝缘热延伸试验

XLPE 绝缘应按 10.9 进行热延伸试验并应符合表 9 要求。

表 9 电缆 XLPE 绝缘混合料的特殊性能试验要求

序号	试验项目和试验条件	单位	性能要求
			XLPE
1	热延伸试验(GB/T 2951.21—2008 的第 9 章)		
	处理条件:空气烘箱温度	℃	200
	温度偏差	K	±3
	负荷时间	min	15
	机械应力	N/cm^2	20
1.1	负荷下最大伸长率	%	175
1.2	冷却后最大永久伸长率	%	15

12.5.11 半导电屏蔽层与绝缘层界面的微孔与突起试验

12.5.11.1 步骤

半导电屏蔽层与绝缘层界面的微孔与突起试验应按照附录 H 进行取样和试验。

12.5.11.2 要求

试验结果应符合下述规定:

a) 半导电屏蔽层与绝缘层界面上应无大于 0.05 mm 的微孔;

b) 导体半导电屏蔽层与绝缘层界面上应无大于 0.08 mm 的进入绝缘层的突起以及大于 0.08 mm的进入半导电层的突起;

c) 绝缘半导电屏蔽层与绝缘层界面上应无大于 0.08 mm 的进入绝缘层的突起以及大于0.08 mm 的进入半导电层的突起。

12.5.12 黑色 PE 外护套碳黑含量测量

12.5.12.1 步骤

ST_7 外护套的碳黑含量测量应按 GB/T 2951.41—2008 第 11 章所述的取样和试验步骤进行。

12.5.12.2 要求

碳黑含量应为(2.5±0.5)%。

注:对不受紫外线曝晒的特殊场合,允许较低的炭黑含量值。

12.5.13 燃烧试验

如果制造商希望申明电缆的特殊设计符合燃烧试验要求时,应在成品电缆的试样上进行 GB/T 18380.12规定的燃烧试验。

试验结果应符合 GB/T 18380.12 要求。

12.5.14 透水试验

透水试验应适用于具有包括如第 6 章的 c)和 f)中申明的纵向透水阻隔结构的电缆。本试验的目的是满足埋地电缆的要求,而不是为了用于如海底电缆那类结构的电缆。

试验装置、取样、试验步骤和要求应符合附录 E。

12.5.15 与外护套黏结的纵包金属箔或金属带电缆的组件的试验

电缆试样应进行下列试验：

a) 目力检查(见 F.1)；

b) 金属箔黏结强度(见 F.2)；

c) 金属箔搭接的剥离强度(见 F.3)。

试验装置、步骤和要求应符合附录 F 的规定。

12.5.16 非金属外护套刮磨试验

电缆的非金属外护套应进行 JB/T 10696.6—2007 规定的刮磨试验并符合要求。

12.5.17 铝套腐蚀扩展试验

铝套电缆应进行 JB/T 10696.5—2007 规定的腐蚀扩展试验并符合要求。

13 电缆系统的预鉴定试验

13.1 概述和预鉴定试验的认可范围

当额定电压 220 kV 电缆系统成功通过预鉴定试验，制造商就具有供应额定电压 220 kV 或较低电压等级电缆系统的合格资格，只要其绝缘屏蔽上计算的标称电场强度等于或者低于已通过试验的电缆系统的相应值。

如果一个预鉴定合格的电缆系统使用另一个已通过预鉴定试验电缆系统的电缆和(或)附件进行替换，且另一个电缆系统的绝缘屏蔽上的计算电场强度等于或高于被替换的电缆系统，则现有的预鉴定认可应扩展到此系统或另一个电缆系统的电缆和(或)附件，只要其满足了 13.3 的全部要求。

如果一个预鉴定合格的电缆系统使用没有进行过预鉴定试验的电缆和(或)附件，或者使用另一个已通过预鉴定试验电缆系统的电缆和(或)附件进行替换，但该电缆系统的绝缘屏蔽上的计算电场强度低于被替换的电缆系统，则新组成的电缆系统应进行预鉴定试验，并满足 13.2 的全部要求。

预鉴定试验和预鉴定扩展试验的一览表参见附录 C。

注 1：除非与该电缆系统相关的材料、制造工艺、设计和设计场强水平有实质性改变，预鉴定试验只需要进行一次。

注 2：实质性改变定义为可能对电缆系统产生不利影响的改变。如果有改变而申明不构成实质性改变，供应方应提供包括试验证据的详细情况。

注 3：推荐使用大截面导体的电缆进行预鉴定试验，以覆盖热-机械性能的影响。

注 4：如果电缆系统已经完成了同等要求的长期试验，且已经证明其具有良好的运行经历，预鉴定试验可以免做。

注 5：已经按照 2002 版本标准通过的预鉴定试验仍然有效。

由具有资质的鉴证机构代表签署的预鉴定试验证书、或由制造商提供的有合适资格官员签署的载有试验结果的报告、或由独立实验室出具的预鉴定试验证书应认可作为通过预鉴定试验的证明。

13.2 电缆系统的预鉴定试验

13.2.1 预鉴定试验概要

预鉴定试验应由约 100 m 长的成品电缆包含每种类型附件至少一件的完整电缆系统上进行的电气试验组成。附件之间的自由电缆的长度应至少 10 m。试验的顺序应如下：

a) 热循环电压试验(见 13.2.4)；

b) 雷电冲击电压试验(见 13.2.5)；

c) 电缆系统完成上述试验后的检验(见 13.2.6)。

可能有一个或多个附件不能满足13.2中所有预鉴定试验的要求。对被试电缆系统修理后，可以对保留下的电缆系统(电缆和其余的附件)继续进行预鉴定试验。如果保留下的电缆系统满足了13.2的所有要求，该保留下的电缆系统(电缆和其余的附件)就认为通过预鉴定试验，而没有完成试验的电缆附件则没有通过该预鉴定试验。但是可以对更换附件的电缆系统继续进行预鉴定试验直到满足13.2的所有要求。如果制造商确定预鉴定试验的电缆系统包含修理好的附件，那么该完整系统的预鉴定试验的起始时间应该从修理后开始计算。

13.2.2 试验电压值

电缆系统预鉴定试验前，应测量电缆的绝缘厚度，必要时按照12.4.1调整试验电压值。

13.2.3 试验布置

电缆和附件应按制造商说明书规定的方法进行组装，采用其所提供的等级和数量的材料，包括润滑剂(如果有)。

试验布置应能代表实际安装敷设的条件，例如刚性固定、挠性固定和过渡方式安装、地下以及空气中安装。特别应当考虑附件热机械性能的特殊情况。

在安装和试验期间环境条件可能会有变化，但认为环境条件的变化并无重要影响。8.1规定的温度限制不适用。

13.2.4 热循环电压试验

应只通过导体电流将试样加热到规定的温度。试样应加热至导体温度超过电缆正常运行的最大导体温度0～5 K。试验过程中因环境温度变化要求调节导体电流。

应选择加热布置方式，使得远离附件的电缆导体温度达到上述规定温度。应记录电缆表面温度作为参考。

加热应至少8 h。在每个加热期内，导体温度应保持在上述温度范围内至少2 h。随后应自然冷却至少16 h。

注1：如果由于实际原因，不能达到试验温度，可以外加热绝缘措施。

在整个8 760 h的试验期间，应对电缆系统施加1.7U_0电压和热循环。加热冷却循环应进行至少180次。

应无击穿发生。

注2：建议在试验期间进行局部放电测试以便提供可能劣化的早期预警，从而有可能在故障前进行修理。

注3：应完成总的循环次数而不管那些可能发生的中断。

注4：导体温度超过电缆正常运行的最大导体温度5 K的那些热循也认为有效。

13.2.5 雷电冲击电压试验

试验应在取自试验系统的总有效长度最少30 m的一根或多根电缆试样上进行，电缆导体温度超过电缆正常运行的最大导体温度0～5 K。导体温度应保持在上述温度范围内至少2 h。

注：作为替代，试验也可在整个试验回路上进行。

应按照GB/T 3048.13给出的步骤施加冲击电压。

试验回路应耐受按表4第8栏试验电压值施加的10次正极性和10次负极性电压冲击而不破坏。

13.2.6 检验

电缆系统(电缆和附件)的检验应符合12.4.8的要求。

13.3 电缆系统的预鉴定扩展试验

13.3.1 预鉴定扩展试验概要

预鉴定扩展试验应包括 13.3.2 规定的完整电缆系统的电气性能试验和 12.5 中规定的电缆的非电气试验。

13.3.2 电缆系统的预鉴定扩展试验的电气部分

13.3.2.1 概述

13.3.2.3 所列试验应在已通过预鉴定试验的电缆系统的一个或多个成品电缆的试样上进行，取决于附件的数量。电缆系统的试样应包含需要预鉴定扩展试验的电缆附件每种至少一件。试验可在实验室中进行，而不必在模拟真实安装的条件下进行。

附件之间电缆的最短长度应为 5 m。电缆总长度应最少 20 m。

电缆和附件应按制造商说明书规定的方法进行安装，采用其所提供的等级和数量的材料，包括润滑剂(如果有)。

如果一个接头的预鉴定要扩展到用于挠性和刚性二种安装方式，试验时一个接头应以挠性方式安装，另一个接头应以刚性方式安装，见图 1。

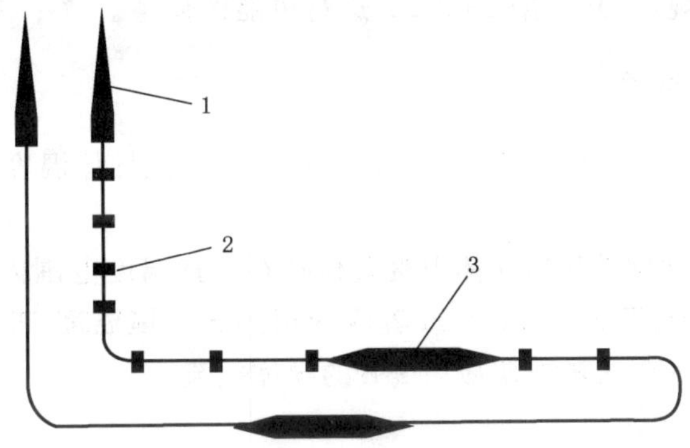

说明：

1——终端；

2——夹具；

3——接头。

图 1 一个采用设计为挠性和刚性二种安装方式的另外接头的系统的预鉴定扩展试验的布置示例

如果电缆也是预鉴定扩展试验的部分，试验回路应按 12.4.3 规定的直径敷设成 U 形。

除 13.3.2.3 规定情形之外，13.3.2.3 所列的所有试验项目应在同一个试样上依次进行。附件应在电缆的弯曲试验后安装。

12.4.9 所述的半导电屏蔽电阻率的测量应在单独的试样上进行。

如果预鉴定扩展试验仅针对附件，那么就不要求 U 形试验回路以及进行电缆半导电屏蔽电阻率测量。

13.3.2.2 试验电压值

预鉴定扩展试验的电气试验前，应测量电缆的绝缘厚度，必要时应按照 12.4.1 调整试验电压值。

13.3.2.3 预鉴定扩展试验的电气试验顺序

预鉴定扩展试验的电气部分的正常顺序应如下：

a) 弯曲试验(见 12.4.3)后先不做判定性的局部放电试验，而是随后安装要进行预鉴定扩展试验的附件；

b) 弯曲试验及安装附件后进行局部放电试验(见 12.4.4)，以检查已安装的附件的质量；

c) 不加电压的热循环试验(见 13.3.2.4)；

d) tanδ 测量(见 12.4.5)；

注 1：本项试验可以在不进行本试验序列中其余试验项目的装有特殊试验终端的另一个电缆试样上进行。

e) 热循环电压试验(见 12.4.6)；

f) 环境温度下和高温下的局部放电试验(见 12.4.4)；本试验应在上述 e)项试验的最后一次循环后，或者在下述 g)项雷电冲击电压试验后进行；

g) 雷电冲击电压试验及随后的工频电压试验(见 12.4.7)；

h) 局部放电试验，若上述 f)项没有进行；

i) 接头的外保护层试验(见附录 G)；

注 2：本项试验可以在已经通过 c)项热循环试验的接头上进行，也可以在经过至少 3 次热循环(见附录 G)的另一个单独的接头上进行。

注 3：如果电缆和接头不在潮湿环境下运行(即不直接埋在地下或不间歇地或连续地浸在水中)，则 G.3 和 G.4.2 规定的试验可以不做。

j) 在上述各项试验完成后，对包含电缆和附件的电缆系统的检验(见 12.4.8)；

k) 电缆半导电屏蔽的电阻率(见 12.4.9)应在单独的试样上测量。

试验电压应符合表 4 的规定，并根据 13.3.2.2 进行可能的调整。

13.3.2.4 不加电压的热循环试验

应只通过导体电流将试样加热到规定的温度。试样应加热至导体温度超过电缆正常运行的最大导体温度 0～5K。

加热应至少 8 h。在每个加热期内，导体温度应保持在上述温度范围内至少 2 h。随后应自然冷却至少 16 h，直到导体温度冷却至不高于 30 ℃或者冷却至高于环境温度 15 K 以内，取两者之中的较高值，但最高为 45 ℃。应记录每个加热周期最后 2 h 的导体电流。

加热冷却循环应进行 60 次。

注：导体温度超过电缆正常运行的最大导体温度 5 K 的那些热循环也认为有效。

14 电缆的型式试验

电缆应作为电缆系统的一部分进行型式试验。

15 附件的型式试验

附件应作为电缆系统的一部分进行型式试验。

16 安装后的电气试验

16.1 概述

试验在电缆和附件安装完成后的新线路上进行。

推荐采用 16.2 的外护套直流电压试验和/或 16.3 的绝缘交流电压试验。

当电缆线路仅按 16.2 作了外护套试验，根据购买方和承包方协议，附件安装的质量保证程序可以代替 16.3 的绝缘交流电压试验。

16.2 外护套直流电压试验

应按 IEC 60229 在电缆金属套或金属屏蔽与地之间对外护套施加 10 kV 直流电压，持续时间 1 min。

为使试验有效，外护套外表面必须与地良好接触。外护套上的导电层有助于达到此要求。

16.3 绝缘交流电压试验

应经购买方与承包方协商同意施加交流电压。电压波形应基本为正弦波形，频率应为 20 Hz～300 Hz。施加的交流电压值应为 180 kV 或者 216 kV(1.7U_0)，持续时间 1 h。作为替代，可施加交流电压 127 kV(U_0)，持续时间 24 h。

注：对已运行的电缆线路，可采用较低电压和/或较短时间进行试验。应考虑到运行年份、环境条件、击穿经历以及试验目的，经协商确定试验电压和时间。

附 录 A
（资料性附录）
电缆导体温度的测定

A.1 目的

对某些试验，电缆施加工频或冲击电压时，必须将电缆导体温度升高到某一给定温度，典型的为正常运行时的最高温度以上 5 K～10 K，因此不可能去接触导体，直接测量温度。

此外尽管环境温度可能变化范围很大，但是导体温度变化应被维持在严格限制范围(5 K)。

尽管对被试电缆的预先校准或计算可能最初是满意的，但整个试验期间环境条件的变化可能导致导体温度偏离要求的范围之外。

因此，应采用一些使导体温度在整个试验期间能够监测和控制的方法。

本导则给出了通用的方法。

A.2 主试验回路温度的校准

A.2.1 概述

校准的目的是在试验要求的温度范围内，对一给定电流通过直接测量确定导体温度。

用于校准的电缆(以下称参照电缆)应与主回路所用的电缆相同。

A.2.2 电缆和温度传感器的安装

校准应在取自与被试电缆相同的一段至少 5 m 长的电缆上进行。电缆长度应使得热量向电缆两端的纵向传导对电缆中部 2 m 范围内温度的影响不超过 2 K。

在参照电缆的中部应设置两个温度传感器：一个(TC_{1C})在导体上，另一个(TC_{1S})装在电缆外表面上或直接在外表面下。

另外两个温度传感器 TC_{2C} 和 TC_{3C} 应装在参照电缆的导体上(见图 A.1)，每个温度传感器距离电缆中部约 1 m。

应采用机械方法使这些温度传感器固定在导体上，因为温度传感器可能会由于加热期间电缆的振动而移动。在试验期间，应小心保持良好的热接触，以免热量泄漏至周围环境。建议按照图 A.2 所示，把温度传感器安装在绞合导体的两根股线之间或在(实心)导体与导体屏蔽之间。把导体外面的各包覆层仔细挖去形成一个小洞，以便将温度传感器装在参照电缆中部的导体上。安装好温度传感器后，可将挖出的各包覆层放回原处，这样可以恢复参照电缆的热特性。

注：为证实向电缆两端的热传导可以忽略，温度传感器 TC_{1C}、TC_{2C} 和 TC_{3C} 的各读数之间的差值应小于 2 K。

如果实际主试验回路包含了几个彼此靠近的单独电缆段，则这些电缆段会受到热邻近效应的影响。因此，考虑到这种实际试验布置应进行校准，测量应在最热的电缆段(通常是位于中间的电缆段)上进行。

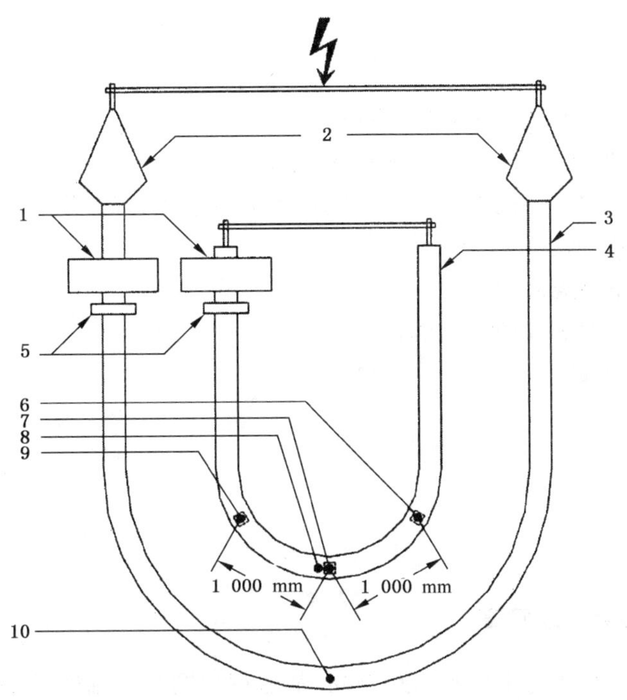

说明：

1——大电流变压器；
2——终端；
3——试验电缆；
4——参照电缆(≥5 m)；
5——电流互感器；
6——TC_{3C}(导体)；
7——TC_{1C}(导体)；
8——TC_{1S}(护套)；
9——TC_{2C}(导体)；
10——TC_{S}(护套)。

图 A.1 参考回路和试验回路的典型布置图

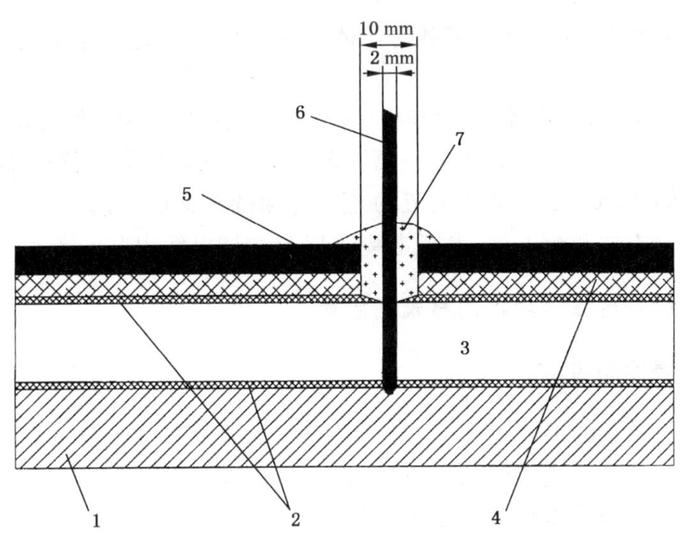

说明：

1——导体；
2——半导电屏蔽；
3——绝缘；
4——金属屏蔽；
5——电缆外护套；
6——温度传感器；
7——热绝缘胶(泥)。

图 A.2 参照回路导体上的温度传感器的布置示例

A.2.3 校准方法

校准应在温度(20±5)℃和无通风状况下进行。

应采用温度记录仪同时测量导体、外护套和环境温度。

电缆应加热到图 A.1 温度传感器 TC_{1C}指示的导体温度达到稳定,并如表 1 给出的电缆正常运行时导体最高温度以上 5 K～10 K。

当温度稳定时,记录下述温度:

——导体温度:位置 1、2 和 3 的平均值;

——外护套温度:位置 TC_{1C};

——环境温度;

——加热电流。

A.3 试验中的加热

A.3.1 方法 1——应用参照电缆回路

本方法中,参照回路的电缆与主试验回路相同,都通过相同的电流进行加热。

二个回路的电缆和温度传感器应按 A.2 进行安装。

试验回路的布置应考虑如下因素:

——参照电缆的加热电流在任何时刻与主试验回路的相同;

——试验回路的安装方式要考虑整个试验中相互的热影响。

应调节两个回路的电流,使得导体温度保持在规定范围之内。

温度传感器(TC_S)应安装在主回路最热点(通常在回路的中部)的电缆外表面上或外表面下,并与参照电缆最热点的温度传感器 TC_{1S}安装方式相同。

注 1:安装在主回路电缆外护套表面上或外护套下的温度传感器(TC_S)和参照电缆上的温度传感器(TC_{1S})所测到的温度被用于核查两个试验回路的外护套温度是否相同。

参照回路导体上的温度传感器 TC_{1C}测量的导体温度可以认为能表示加有试验电压的主试验回路的导体温度。

注 2:由于介质损耗的影响,主试验回路的导体温度可稍高于参照回路的导体温度。如果有必要,应进行修正。

所有温度传感器应连接到记录仪以便进行温度监测。应记录每个回路的加热电流,以验证二个回路电流值在整个试验期间相同。二个加热电流的差异应保持在±1%内。

如果通过光纤或类同方式测量温度,参考电缆可以与被试电缆串联。

A.3.2 方法 2——应用计算导体温度和测量表面温度

A.3.2.1 试验电缆导体温度的校准

校准的目的是在试验要求的温度范围内,对一给定电流通过直接测量确定导体温度。

用于校准的电缆应与被试电缆相同,且加热方式也应相同。

用于校准的电缆及温度传感器应按 A.2.2 安装。

校准应按 A.2.3 在参照电缆上进行。

A.3.2.2 基于外表面温度测量的试验

校准期间以及主回路试验期间,主回路的电缆导体温度应依据测得的外护套表面温度(TC_S)按照 IEC 60853-2 计算。温度测量应采用安装在外护套表面或下面的最热点处的温度传感器、以与参照电缆相同的方式进行。

注：如证实暂态温度已在规定时间内趋近稳定，则作为替代，可按照 JB/T 10181.11—2014 进行计算。

应调整加热电流，以得到根据所测得的外护套的外表面温度计算导体温度所要求的值。

附　录　B
（规范性附录）
数值修约

当数值要修约到规定位数的小数，例如从几个测量值计算平均值或由一个给定标称值加上偏差百分率推导出最小值时，其步骤应按下述。

如修约前要保留的最后一位数字后跟着的数字是0、1、2、3或4，则该位数字应保持不变（修约舍弃）。

如修约前要保留的最后一位数字后跟着的数字是9、8、7、6或5，则该位数字应加1（修约进位）。

例如：

2.449	≈ 2.45	修约到两位小数
2.449	≈ 2.4	修约到一位小数
2.453	≈ 2.45	修约到两位小数
2.453	≈ 2.5	修约到一位小数
25.047 8	≈ 25.048	修约到三位小数
25.047 8	≈ 25.05	修约到两位小数
25.047 8	≈ 25.0	修约到一位小数

附 录 C
（资料性附录）
电缆系统的型式试验、预鉴定试验和预鉴定扩展试验一览表

电缆系统的型式试验叙述于第12章。

表C.1列出了电缆系统的型式试验的概要和条款编号。

电缆系统的预鉴定试验叙述于13.1和13.2。

电缆系统的预鉴定扩展试验叙述于13.1和13.3。

表C.2列出了电缆系统的预鉴定试验的概要和条款编号。

表C.3给出了电缆系统的预鉴定扩展试验的概要和条款编号。

表C.1 电缆系统的型式试验

序号	试验	条目
		电缆系统
a	概述	12.1
b	型式认可范围	12.2
c	电气型式试验	12.4
d	试验电压值	12.4.1
e	弯曲试验 室温下的局部放电试验	12.4.3 12.4.4
f	tanδ 测量	12.4.5
g	热循环电压试验	12.4.6
h	高温下的局部放电试验	12.4.4
	室温下的局部放电试验[最后一次热循环后或者i)项雷电冲击电压试验后]	12.4.4
i	雷电冲击电压试验及随后的工频电压试验	12.4.7
j	高温下的局部放电试验[如上述g)项后没有进行]	12.4.4
	室温下的局部放电试验[如上述g)项后没有进行]	12.4.4
k	接头外保护层试验	附录G
l	检验	12.4.8
m	半导电屏蔽电阻率	12.4.9
n	电缆组件和成品电缆的非电气型式试验	12.5

表C.2 电缆系统的预鉴定试验

序号	试验	条目
		电缆系统
a	概述和预鉴定试验的认可范围	13.1

表 C.2（续）

序号	试验	条目
		电缆系统
b	电缆系统上的预鉴定试验	13.2
c	预鉴定试验概要	13.2.1
d	试验电压值	13.2.2
e	试验布置	13.2.3
f	热循环电压试验	13.2.4
g	雷电冲击电压试验	13.2.5
h	检验	13.2.6

表 C.3　电缆系统的预鉴定扩展试验

序号	试验	条目
		电缆系统
a	预鉴定试验的认可范围及概述	13.1
b	电缆系统的预鉴定扩展试验概要	13.3
c	电缆系统的预鉴定扩展试验的电气部分	13.3.2
d	试验电压值	13.3.2.2
e	弯曲试验，不进行局部放电试验	12.4.3
f	室温下的局部放电试验，试验中安装附件后进行	12.4.4
g	不加电压的热循环试验	13.3.2.4
h	$\tan\delta$ 测量	12.4.5
i	热循环电压试验	12.4.6
j	室温下的局部放电试验[i)项最后一次热循环后或者 l)项雷电冲击电压试验后]	12.4.4
k	雷电冲击电压试验及随后的工频电压试验	12.4.7
l	高温下的局部放电试验(如上述 i)项后没有进行)	12.4.4
m	接头外保护层试验	附录 G
n	检验	12.4.8
o	半导电屏蔽电阻率	12.4.9
p	电缆组件和成品电缆的非电气型式试验	12.5

附　录　D
（规范性附录）
半导电屏蔽电阻率测量方法

应从长度 150 mm 的成品电缆试样上制备每个试件。

应将绝缘线芯试样沿纵向对半切开，除去导体及隔离层（如果有）以制备导体屏蔽试件[见图 D.1a)]。应将绝缘线芯外所有包覆层除去以制备绝缘屏蔽试件[见图 D.1b)]。

屏蔽的体积电阻率的测定步骤应如下：

应将四只涂银电极 A、B、C 和 D(见图 D.1a)和图 D.1b))置于半导电层表面。两个电位电极 B 和 C 应间距 50 mm。两个电流电极 A 和 D 应分别放置在每个电位电极外侧至少 25 mm 处。

应采用合适的夹子连接电极。连接导体屏蔽电极时，应确保夹子与试件外表面的绝缘屏蔽相互绝缘。

应将组装好的试样放入已经预热到规定温度的烘箱内，至少放置 30 min 后，用功率不超过100 mW 的测量电路测量两个电位电极间的电阻。

电阻测量后，应在环境温度下测量导体屏蔽和绝缘屏蔽的外径，以及测量导体屏蔽层和绝缘屏蔽层的厚度，每个数据取图 D.1b)所示试样上六个测量值的平均值。

体积电阻率 ρ(用 Ω·m 表示)应按下式计算：

a)　导体屏蔽

$$\rho_c = \frac{R_c \times \pi \times (D_c - T_c) \times T_c}{2L_c}$$

式中：

ρ_c ——体积电阻率，单位为欧姆米(Ω·m)；

R_c——测量电阻，单位为欧姆(Ω)；

L_c——电位电极间距离，单位为米(m)；

D_c——导体屏蔽外径，单位为米(m)；

T_c——导体屏蔽平均厚度，单位为米(m)。

b)　绝缘屏蔽

$$\rho_i = \frac{R_i \times \pi \times (D_i - T_i) \times T_i}{L_i}$$

式中：

ρ_i ——体积电阻率，单位为欧姆米(Ω·m)；

R_i——测量电阻，单位为欧姆(Ω)；

L_i——电位电极间距离，单位为米(m)；

D_i——绝缘屏蔽外径，单位为米(m)；

T_i——绝缘屏蔽平均厚度，单位为米(m)。

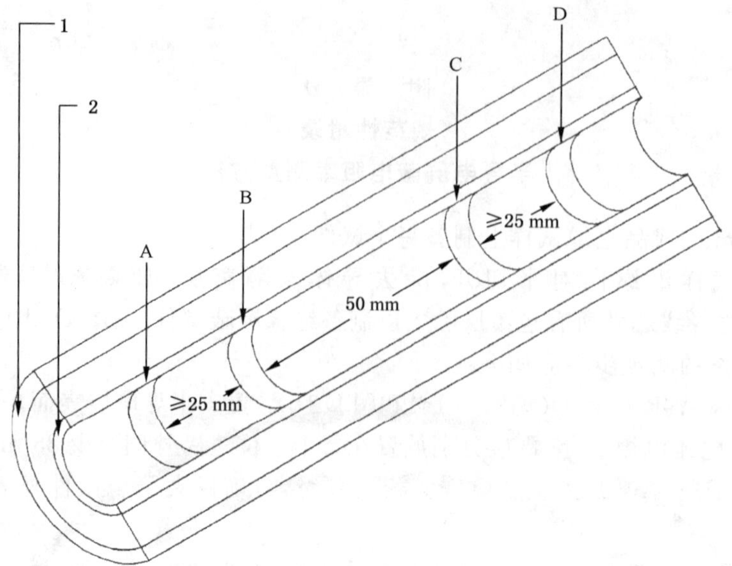

说明：

1 ——绝缘屏蔽层；

2 ——导体屏蔽层；

B、C ——电位电极；

A、D ——电流电极。

a）导体屏蔽的体积电阻率测量

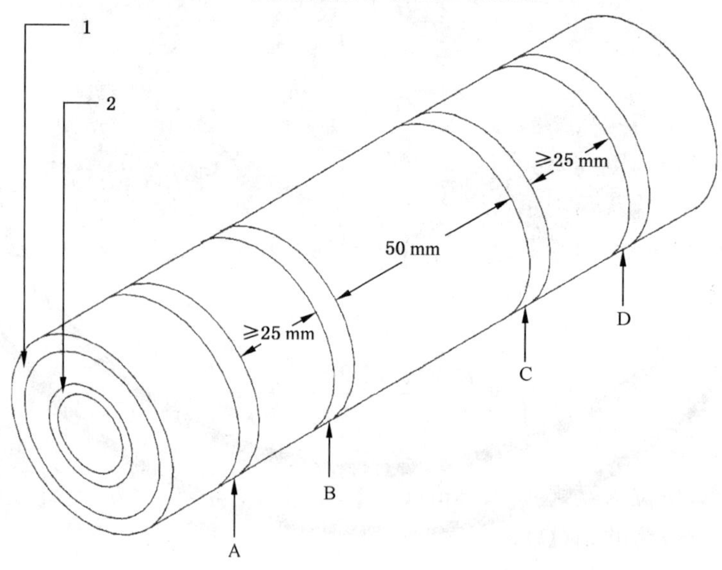

说明：

1 ——绝缘屏蔽层；

2 ——导体屏蔽层；

B、C ——电位电极；

A、D ——电流电极。

b）绝缘屏蔽的体积电阻率测量

图 D.1 导体屏蔽和绝缘屏蔽的体积电阻率测量的试样制备

附 录 E
（规范性附录）
透水试验

E.1 试样

一段未经过 12.4 或 14.4 所述任何试验的长度至少 8 m 的成品电缆试样应进行 12.4.3 所述的弯曲试验。

应从经过弯曲试验后的电缆上截取一段 8 m 长的电缆，并水平放置。应在电缆中间部位切除一段宽约 50 mm 的圆环。切除的圆环应包括绝缘屏蔽以外的所有各层材料。如果申明导体也有纵向阻水结构，则切除的圆环应包括导体以外包覆的所有各层材料。

如电缆采用间隔的纵向透水阻隔结构，试样至少应含有 2 个这样的阻隔，并在阻隔之间切除圆环。对这种情形，应告知电缆阻隔间的平均距离。

切出的表面应使具有纵向阻水作用的界面容易被水浸湿。不具有纵向阻水作用的界面，应采用适当的材料密封，或者将其外包覆层除去。

这样的界面例子包括：

——电缆只有导体阻水；

——界面位于外护套和金属套之间。

采用适当的装置（见图 E.1），将一根内径至少为 10 mm 的管子垂直放置在切开的圆环上，并与外护套表面相密封。电缆穿出该装置处的密封不应在电缆上产生机械应力。

注：某些阻隔对纵向透水的反应可能和水的组分（例如 pH 值和离子浓度）有关。除非另有规定，应采用普通的自来水试验。

E.2 试验

应在 5 min 内向管子内注入温度为（20±10）℃的水，使管中水柱高于电缆中心 1 m（见图 E.1）。

注水后的试样装置应放置 24 h。

然后应在试样上施加 10 次加热循环。应采用适当方法加热导体，直到其温度达到电缆正常运行时导体最高温度以上 5 K～10 K 之间的一个稳定温度，但不应达到水的沸点。

应至少加热 8 h。在每一个加热期内，导体温度应保持在上述温度范围内至少 2 h，随后应自然冷却至少 16 h。

水头应保持在 1 m。

注：整个试验过程中不加电压，建议使用一根（与被试电缆相同的）模拟电缆与被试电缆串联，在模拟电缆的导体上直接测量温度。

E.3 要求

试验期间，电缆试样两端应无水分渗出。

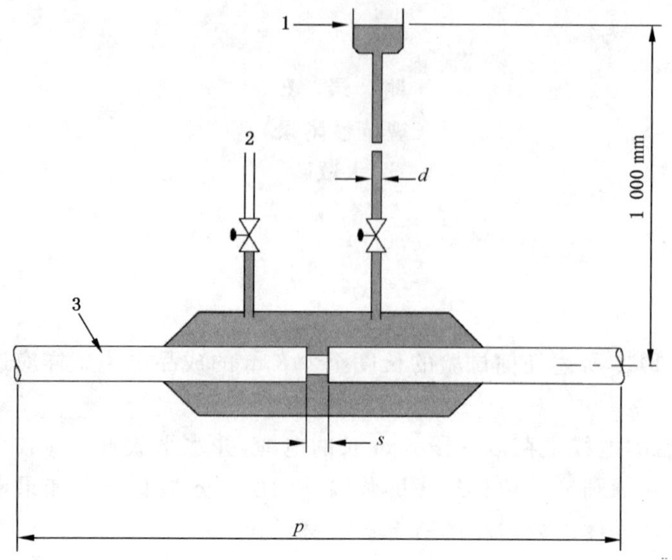

说明：

1——水头箱；　　d——直径最小 ϕ10 mm(内径)；

2——排气管；　　s——约 50 mm；

3——电缆。　　p——长度，8 000 mm。

图 E.1　透水试验装置示意图

附 录 F
（规范性附录）
具有与外护套黏结的纵包金属带或纵包金属箔的电缆组件的试验

F.1 目视检查

应将电缆解剖后作目视检查。对试样以正常或经矫正但不放大的视力进行检查，应无开裂或金属箔与其黏结的外护套相分离或对电缆其他部分的损伤。

F.2 金属箔黏结强度

F.2.1 步骤

试片应取自金属箔与外护套相黏结的电缆护层。

试片的长度和宽度应分别为 200 mm 和 10 mm。

试片的一端应剥开 50 mm～120 mm，装在拉力试验机上，用拉力试验机的一个夹具夹住剥开一端的外护套或绝缘屏蔽层。再将剥开端的金属箔向下翻转后用另一个夹具夹住，如图 F.1 所示。

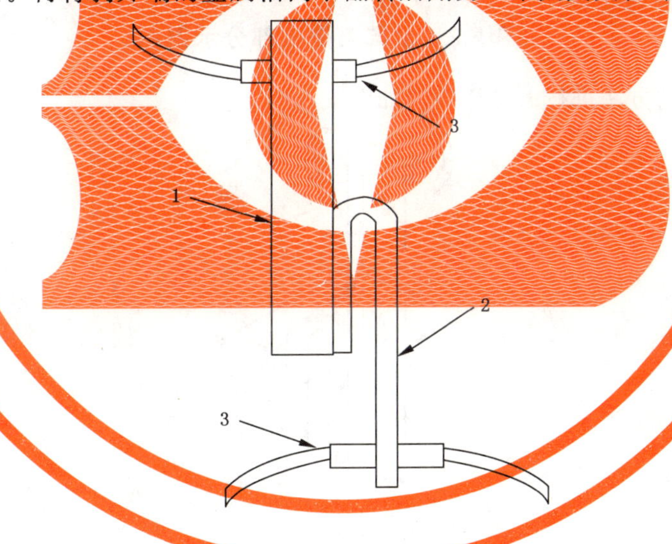

说明：
1—— 外护套；
2——金属箔或层合的金属箔；
3——夹具。

图 F.1 金属箔黏结强度

试验期间，试片应保持夹住并与夹具端面近似垂直。

调整好连续记录装置后，应以约 180°角度从试片上剥离金属箔，并连续剥离一段足够长度以显示黏结强度。至少有一半长度的保留黏结面应以约 50 mm/min 的速度剥离。

F.2.2 要求

应由剥离力除以试样宽度计算出剥离强度（N/mm）。至少应对 5 个试样进行试验，且剥离强度的最小值不应小于 0.5 N/mm。

注：如果剥离强度大于金属箔的抗拉强度以至于金属箔在剥离前断裂，应结束试验并记录断裂位置。

F.3 金属箔搭接处的剥离强度

F.3.1 步骤

应从包含有金属箔搭接部分的电缆上取下长 200 mm 的试样。应从取下的试样上按图 F.2 所示切下只含有搭接的部分。

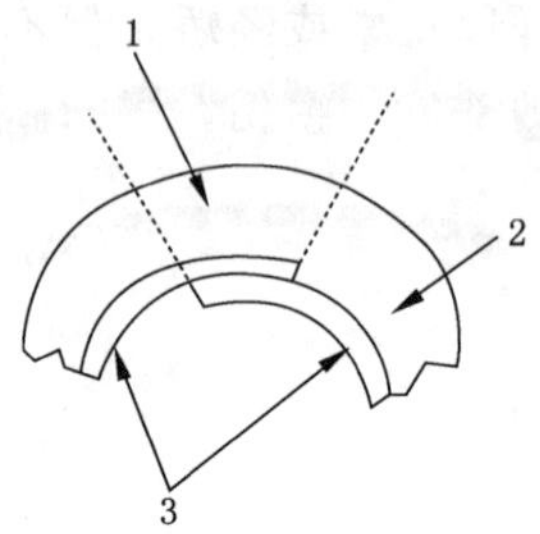

说明：

1——样品；

2——外护套；

3——金属箔或层合的金属箔。

图 F.2 金属箔搭接部分示例

试验应按 F.2 相同的方法进行。试样装置如图 F.3 所示。

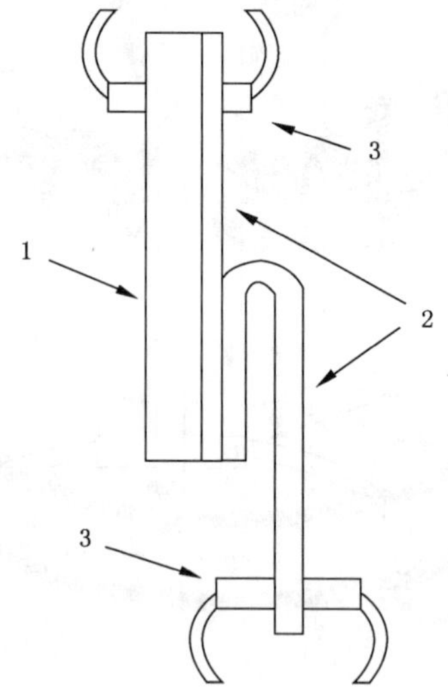

说明：

1——外护套；

2——金属箔或层合的金属箔；

3——夹具。

图 F.3 金属箔搭接部分的剥离强度试验

F.3.2 要求

剥离强度的最小值不应小于 0.5 N/mm。

注：如果剥离强度大于金属箔的抗拉强度以至于金属箔在剥离前断裂，应结束试验并记录断裂位置。

附 录 G
（规范性附录）
接头的外保护层试验

G.1 概述

本附录规定了用于直埋接头、或用于屏蔽中断的金属套分段绝缘的绝缘护套电力电缆系统中使用的带有金属套分断结构的所有类型接头的外保护层的型式认可试验的步骤。

接头的制造商应提供带有可清楚识别的所有防水保护层的图纸。

G.2 认可范围

当需要认可具有诸如互联引线入口等结构的接头外保护层时，被试外保护层应包含这些设计特征。

如果一种符合12.2认可的成品电缆直径的金属套分段绝缘的接头的外保护层通过了试验，那么对于没有金属套分段绝缘的类似接头的外保护层也将给予认可，但反之却不可以。

当一种接头外保护层的设计取得认可后，那么由同一制造商提供的采用相同基本设计原理、采用相同材料而且在已试验直径范围之内、试验电压相同或较低的所有接头的外保护层也应认为获得认可。

试验G.3和G.4应依次在一个已通过热循环电压试验（见12.4.6）的接头上、或在按12.4.2的g）项要求经历了至少三个不加电压的热循环的另一个接头上进行。

G.3 浸水和热循环

组装试样应浸入水中，水面距外保护层最高点至少1 m。需要时，可以使用一个水头箱与装有组装试样的密封容器相连接来实现。水应能够接触到制造商申明的阻水层。

应进行总共20个加热和冷却循环，水温应升高到低于正常运行条件下导体最高温度15 K～20 K范围。每个循环中，水应被加热到规定温度，保持至少5 h，然后冷却至环境温度以上10 K之内。可以通过加入冷水或热水来达到试验温度。每个加热和冷却循环的总时间不应小于12 h，应尽可能使水温升高到规定温度的时间与冷却到30 ℃以下或冷却至环境温度以上10 K内的时间相同。

G.4 电压试验

G.4.1 概述

完成热循环且试样仍浸于水中的组装试样，应立即进行以下电压试验：

G.4.2 没有金属套分断绝缘接头的组装试样

在电力电缆的金属屏蔽和（或）金属套与接头外保护层的接地的外表面之间应施加直流试验电压25 kV，历时1 min。

G.4.3 金属套分断绝缘的组装试样

G.4.3.1 直流电压试验

在附件两端的电力电缆金属屏蔽和（或）金属套之间，以及在每一端的金属屏蔽和（或）金属套与接头外保护层接地的外表面之间应施加直流试验电压 25 kV,历时各 1 min。

G.4.3.2 雷电冲击电压试验

表 G.1 的试验电压应施加在浸于水中的组装试样两端的金属屏蔽和(或)金属套之间,以及施加在每一端金属屏蔽和(或)金属套与接头外保护层接地的外表面之间。若无法对浸在水中的组装试样进行冲击电压试验,可将其从水中取出,而后在最短时间内进行试验,或者可以用湿布包裹以保持试样潮湿,或者可以将组装试样的整个外表面上涂上导电层。

对两端金属屏蔽和(或)金属套之间的试验,应在冲击电压试验前将组装试样从水中移出后进行。

试验应按 GB/T 3048.13 规定并在环境温度下进行。

上述任何一项试验中应无击穿发生。

注:开始热循环前,可以考虑进行 G.4 的电压试验以检查试样装置的安装状态。

表 G.1 冲击电压试验

主绝缘额定 雷电冲击电压[a] kV	雷电冲击试验电压水平			
	接头两端之间		接头每端对地之间	
	互联引线≤3 m kV	互联引线>3 m 和 ≤10 m[b] kV	互联引线≤3 m kV	互联引线>3 m 和 ≤10 m[b] kV
1 050	60	95	30	47.5

[a] 见表 4 第 8 栏;

[b] 若电缆的金属套电压限制器装在邻近接头处,采用互联引线不大于 3 m 的试验电压。

G.5 试样装置的检查

G.4 所述试验完成后,应即检查组装试样。

对填充可移动浇注剂的接头外保护盒,如没有可见的内部气隙或由于水分侵入造成浇注剂内部位移,或者没有浇注剂经各密封处或盒壁漏泄的迹象,应认为通过检验。

对采用其他设计和材料的接头外保护层应没有水侵入或内部腐蚀的迹象。

附 录 H
（规范性附录）
微孔、杂质与半导电屏蔽层界面突起试验

H.1 试验设备

H.1.1 显微镜

最小放大倍数为15倍的显微镜。

最小放大倍数为40倍的测量显微镜。

H.1.2 切片机

普通用途的切片机或具有类似功能的其他设备。

H.2 试样制备

从约50 mm长的电缆绝缘线芯样品上沿径向切取80个含有导体屏蔽、绝缘和绝缘屏蔽的圆形或螺旋形薄试片，试片的厚度约0.4 mm～0.7 mm。切割用的刀片应锋利，以便获得的试片具有均匀的厚度和极光滑的表面。应非常小心地保持试片表面清洁，并防止擦伤。

H.3 步骤

应采用透射光普遍检查全部80个试片绝缘内的微孔、不透明杂质和半透明棕色物质，以及绝缘与半导电屏蔽层界面处的微孔和突起。

应采用最小放大倍数为15倍的显微镜检测在上述普遍检查中可疑的20个连续试片(或相等圈数的螺旋形试片)的全部区域。记录并列表统计下列各项：

——所有大于或等于0.025 mm的微孔；

——所有大于或等于0.05 mm的不透明杂质；

——所有大于或等于0.16 mm的半透明棕色(琥珀状)物质；

——所有大于或等于0.08 mm的绝缘层与半导电屏蔽层界面的突起。

这个表格应成为试验报告的组成部分。

对最大的微孔、最大的杂质、最大的半透明棕色物质以及最大的绝缘与半导电层界面的突起应做标记。

应采用最小放大倍数为40倍的测量显微镜对最大的微孔、最大的杂质、最大的半透明棕色物质以及最大的绝缘与半导电层界面的突起在其最大尺寸方向上测量其尺寸。

H.4 试验结果及计算

测量及计算20个试片绝缘的总体积，将统计表中的微孔和杂质数量换算成每10 cm^3 绝缘体积中的数量，计算值应修约为整数。

应记录和报告最大的微孔、最大的杂质、最大的半透明棕色物质以及最大的绝缘与半导电层界面突

起的尺寸。

如果20个试片的总体积小于16.4 cm^3，且计算的10 cm^3体积中的微孔和杂质数量大于本部分12.5.9.2的规定，则应从同一样品上再取足够的试片进行测量，以使被测试片的总体积达到16.4 cm^3及以上。

附 录 I
（资料性附录）
本部分与 IEC 62067:2011 相比的结构变化情况

本部分与 IEC 62067:2011 相比在结构上有调整，具体章条编号对照情况见表 I.1。

表 I.1 本部分与 IEC 62067:2011 的章条对照情况

本部分章条编号	对应的 IEC 62067:2011 章条编号
—	8.3.2（删除）
—	10.11（删除）
10.11	10.12
10.12	10.13
10.13	10.14
—	12.4.7.1（删除）
12.5.9（增加）	—
—	12.5.9（删除）
12.5.11（增加）	—
—	12.5.11（删除）
12.5.16（增加）	—
12.5.17（增加）	—
表 8	表 9
表 9	表 8
附录 H（增加）	—
附录 I（增加）	—
附录 J（增加）	—

附 录 J
(资料性附录)
本部分与 IEC 62067:2011 的技术性差异及其原因

表 J.1 给出了本部分与 IEC 62067:2011 的技术性差异及其原因。

表 J.1 本部分与 IEC 62067:2011 的技术性差异及其原因

本部分章条编号	技术性差异	原 因
标题	限定额定电压为 220 kV 和交联聚乙烯绝缘	我国高压电力电缆标准系列所确定
1	限定额定电压为 220 kV 和交联聚乙烯绝缘	本部分范围确定为 220 kV 电压等级
2	删除了 ISO 48 有关橡胶试验的标准	不在本部分范围
2	增加了 JB/T 10696.5 和 JB/T 10696.6	文本件中增加的试验项目
4.2,表 1,表 3	删除了交联聚乙烯绝缘以外的绝缘类型	本部分范围为交联聚乙烯
4.4,表 2	删除了以聚氯乙烯为基的 ST_1 和以聚乙烯为基的 ST_3 外护套材料	本部分范围电缆导体最高工作温度为 90℃
8.3.2	删除了操作冲击电压	不在本部分范围
8.4,表 4,表 G.1	删除了 220 kV 以外的电压等级	本部分范围为 220 kV 电压等级
10.1	删除了 EPR 和 HDPE 绝缘的内容	不在本部分范围
10.6.1	增加了皱纹金属套上的外护套厚度测量方法	现行国家标准尚无适用方法
10.6.2	修改绝缘偏心度为 0.08	适应我国国情,提高绝缘品质要求
10.6.3	增加了皱纹金属套上的外护套厚度测量方法	现行国家标准尚无适用方法
10.9	删除了 EPR 内容	不在本部分范围
10.11	删除了 HDPE 绝缘测量	不在本部分范围
12.4.2	删除了操作冲击电压试验	不在本部分范围
12.4.7.1	删除了操作冲击电压试验	不在本部分范围
12.5	删除了 EPR 和 HDPE 绝缘的内容	不在本部分范围
12.5	增加了外护套刮磨试验、铝套腐蚀扩展试验、绝缘中微孔杂质试验、半导电界面突起试验	适应我国国情,增加电缆产品的质量要求
表 5	修改了表名,增加了外护套刮磨试验、铝套腐蚀扩展试验、绝缘中微孔杂质试验、半导电界面突起试验、与外护套黏结的纵包金属层的试验,删除了与 HDPE、EPR、ST_3、ST_1 有关的试验内容	汇总了非电气型式试验项目,方便本部分的使用
12.5.9,表 8	删除了 EPR 耐臭氧试验	不在本部分范围
12.5.9	增加绝缘中微孔杂质试验	适应我国国情,增加绝缘品质要求
12.5.10	删除了 EPR 内容	不在本部分范围
12.5.11,表 8	删除了 HDPE 绝缘的密度测量	不在本部分范围
12.5.11	增加了半导电界面突起试验	适应我国国情,增加绝缘品质要求

表 J.1（续）

本部分章条编号	技术性差异	原 因
12.5.16	增加外护套刮磨试验	增加外护套品质要求
12.5.17	增加铝套腐蚀扩展试验	增加金属套品质要求
13.3.2.3	删除了操作冲击电压试验	不在本部分范围
附录 C	删除了操作冲击电压试验	不在本部分范围
附录 H	增加绝缘中微孔杂质试验	增加绝缘品质要求
附录 I	—	按 GB/T 20000.2 要求设置
附录 J	—	按 GB/T 20000.2 要求设置

参 考 文 献

[1] IEC 60840:2011 额定电压 30 kV(U_m=36 kV)以上至 150 kV(U_m=170 kV)挤包绝缘电力电缆及其附件试验方法和要求[Power cables with extruded insulation and their accessories for rated voltages above 30 kV(U_m=36 kV) up to 150 kV(U_m=170 kV)—Test methods and requirements]

[2] IEC 60853-2 电缆周期性和应急载流量的计算 第 2 部分:大于 18/30 (36) kV 电缆周期性载流量和所有电压电缆应急载流量(Calculation of the cyclic and emergency current rating of cables—Part 2: Cyclic rating of cables greater than 18/30 (36) kV and emergency ratings for cables of all voltages)

[3] Electra No. 151:额定电压 150 kV(U_m=170 kV)以上至 400 kV(U_m=420 kV)挤包绝缘电力电缆及其附件推荐的电气试验,型式试验、抽样试验和例行试验(Recommendations for electrical tests,type,sample and routine on extruded cables and accessories at voltages above 150 kV(U_m=170 kV)and up to and including 400 kV(U_m= 420 kV), December 1993, pp 20-28

[4] Electra No. 151:额定电压 150 kV(U_m=170 kV)以上至 400 kV(U_m=420 kV)挤包绝缘电力电缆及其附件推荐的电气预鉴定试验和开发试验(Recommendations for electrical tests prequalification and development on extruded cables and accessories at voltages above 150 kV(U_m=170 kV) and up to and including 400 kV (U_m= 420 kV),December 1993,pp 14-19

[5] Electra No. 173:高压挤包绝缘电缆系统安装后的试验(After laying tests on high-voltage extruded insulation cable systems), Augst 1997, pp 32-41

[6] Electra No. 193:额定电压 150 kV(U_m=170 kV)以上至 500 kV(U_m=550 kV)挤包绝缘电力电缆及其附件推荐的电气试验,型式试验、抽样试验和例行试验(Recommendations for electrical tests,type,sample and routine on extruded cables and accessories at voltages above 150 kV (U_m=170 kV)and up to and including 500 kV (U_m= 550 kV), December 2000

[7] Electra No. 193:额定电压 150 kV(U_m=170 kV)以上至 500 kV(U_m=550 kV)挤包绝缘电力电缆及其附件推荐的电气预鉴定试验和开发试验(Recommendations for electrical tests prequalification and development on extruded cables and accessories at voltages above 150 kV (U_m=170 kV)and up to and including 500 kV (U_m= 550 kV),December 2000

[8] CIGRE Technical Brochure 303:交流(超)高压挤包绝缘地下电缆预鉴定程序的评价(Revision of qualification procedures for extruded (extra) high voltage ac undergroud cables); CIGRE Working Group B1-06; 2006

ICS 29.060.020
K 13

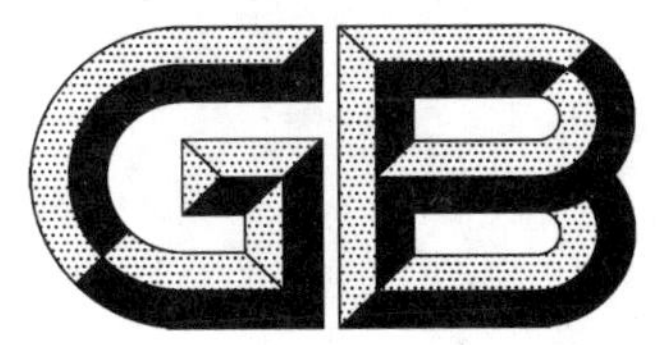

中华人民共和国国家标准

GB/T 18890.2—2015
代替 GB/Z 18890.2—2002

额定电压 220 kV(U_m = 252 kV)交联聚乙烯绝缘电力电缆及其附件 第 2 部分:电缆

Power cables with cross-linked polyethylene insulation and their accessories for rated voltage of 220 kV(U_m = 252 kV)—Part 2: Power cables

2015-10-09 发布　　2016-05-01 实施

中华人民共和国国家质量监督检验检疫总局
中国国家标准化管理委员会　发布

前　言

GB/T 18890《额定电压 220 kV(U_m=252 kV)交联聚乙烯绝缘电力电缆及其附件》分为三个部分：

——第 1 部分：试验方法和要求；

——第 2 部分：电缆；

——第 3 部分：电缆附件。

本部分为 GB/T 18890 的第 2 部分。

本部分按照 GB/T 1.1—2009 给出的规则起草。

本部分代替 GB/Z 18890.2—2002《额定电压 220 kV(U_m=252 kV)交联聚乙烯绝缘电力电缆及其附件　第 2 部分：额定电压 220 kV(U_m=252 kV)交联聚乙烯绝缘电力电缆》。与 GB/Z 18890.2—2002 相比，本部分主要技术变化如下：

——标准的性质由指导性技术文件改为推荐性标准；

——标准名称由"额定电压 220 kV(U_m=252 kV)交联聚乙烯绝缘电力电缆及其附件　第 2 部分：额定电压 220 kV(U_m=252 kV)交联聚乙烯绝缘电力电缆"改为"额定电压 220 kV(U_m=252 kV)交联聚乙烯绝缘电力电缆及其附件　第 2 部分：电缆"；

——增加了金属塑料复合护套的定义(见 3.2)；

——增加了使用特性和电缆载流量(见 4.3)；

——增加了金属塑料复合护套电缆的代号、型号和名称(见 5.1、表 1)；

——修改了皱纹铝套的注释(见表 1，2002 年版 5.1 的注)；

——增加了铜丝屏蔽的要求和标示方法(见 5.3)；

——删除了 2002 年版的第 6 章材料，其内容列入技术要求的相关章节；

——增加了分割导体的技术要求内容(见 6.1.2)；

——增加了半导电屏蔽层的最薄点厚度的要求(见 6.3.2 和 6.3.3)；

——增加了缓冲层和纵向阻水层材料的要求(见 6.4.1)；

——增加了金属屏蔽的要求(见 6.5)；

——增加了径向隔水层(见 6.5.5)；

——修改了铅套和铝套材料的要求(见 6.6.1，2002 年版的 6.4 和 6.5)；

——增加了铜套(见 6.6.1 的注)；

——增加了沥青材料的要求(见 6.6.3)；

——增加了挤塑的半导电层及其要求(见 6.7.3)；

——修改了电缆试验项目及要求(见 8.2，2002 年版的第 8 章)；

——修改了电缆的使用条件(见附录 A，2002 年版的附录 A)；

——增加了半导电材料的性能(见附录 B)；

——增加了参考文献。

本部分由中国电器工业协会提出。

本部分由全国电线电缆标准化技术委员会(SAC/TC 213)归口。

本部分负责起草单位：上海电缆研究所。

本部分参加起草单位：中国电力科学研究院、国家电线电缆质量监督检验中心、青岛汉缆股份有限公司、特变电工山东鲁能泰山电缆有限公司、重庆泰山电缆有限公司、杭州电缆股份有限公司、宝胜普睿司曼电缆有限公司、上海上缆藤仓电缆有限公司、沈阳古河电缆有限公司、浙江万马电缆股份有限公司。

本部分主要起草人：孙建生、赵健康、范玉军、陈沛云、刘召见、周勇华、滕兆丰、陈涛、赵源泽、张道利、徐晓峰、刘焕新。

本部分所代替标准的历次版本发布情况为：

——GB/Z 18890.2—2002。

额定电压 220 kV(U_m=252 kV)交联聚乙烯绝缘电力电缆及其附件 第 2 部分:电缆

1 范围

GB/T 18890 的本部分规定了固定安装的额定电压 220 kV(U_m=252 kV)交联聚乙烯绝缘电力电缆型号命名、技术要求、试验及验收规则、包装、运输及贮存。

本部分适用于通常安装和运行条件下使用的单芯电缆,但不适用于特殊条件下使用的电缆,如海底电缆。

2 规范性引用文件

下列文件对于本文件的应用是必不可少的。凡是注日期的引用文件,仅注日期的版本适用于本文件。凡是不注日期的引用文件,其最新版本(包括所有的修改单)适用于本文件。

GB/T 494—2010 建筑石油沥青

GB/T 2951.11—2008 电缆和光缆绝缘和护套材料通用试验方法 第 11 部分:通用试验方法——厚度和外形尺寸测量——机械性能试验

GB/T 2951.12—2008 电缆和光缆绝缘和护套材料通用试验方法 第 12 部分:通用试验方法——热老化试验方法

GB/T 2951.14—2008 电缆和光缆绝缘和护套材料通用试验方法 第 14 部分:通用试验方法——低温试验

GB/T 2951.21—2008 电缆和光缆绝缘和护套材料通用试验方法 第 21 部分:弹性体混合料专用试验方法——耐臭氧试验——热延伸试验——浸矿物油试验

GB/T 2951.31—2008 电缆和光缆绝缘和护套材料通用试验方法 第 31 部分:聚氯乙烯混合料专用试验方法——高温压力试验——抗开裂试验

GB/T 2951.32—2008 电缆和光缆绝缘和护套材料通用试验方法 第 32 部分:聚氯乙烯混合料专用试验方法——失重试验——热稳定性试验

GB/T 2951.41—2008 电缆和光缆绝缘和护套材料通用试验方法 第 41 部分:聚乙烯和聚丙烯混合料专用试验方法——耐环境应力开裂试验——熔体指数测量方法——直接燃烧法测量聚乙烯中碳黑和(或)矿物质填料含量——热重分析法(TGA)测量碳黑含量——显微镜法评估聚乙烯中碳黑分散度

GB/T 3048.4—2007 电线电缆电性能试验方法 第 4 部分:导体直流电阻试验

GB/T 3048.8—2007 电线电缆电性能试验方法 第 8 部分:交流电压试验

GB/T 3048.11—2007 电线电缆电性能试验方法 第 11 部分:介质损失角正切试验

GB/T 3048.12—2007 电线电缆电性能试验方法 第 12 部分:局部放电试验

GB/T 3048.13—2007 电线电缆电性能试验方法 第 13 部分:冲击电压试验

GB/T 3048.14—2007 电线电缆电性能试验方法 第 14 部分:直流电压试验

GB/T 3880.1—2012 一般工业用铝及铝合金板、带材 第 1 部分:一般要求

GB/T 3953 电工圆铜线

GB/T 3956 电缆的导体

GB/T 6995.3—2008 电线电缆识别标志方法 第3部分:电线电缆识别标志

GB/T 18380.12—2008 电缆和光缆在火焰条件下的燃烧试验 第12部分:单根绝缘电线电缆火焰垂直蔓延试验 1 kW预混合型火焰试验方法

GB/T 18890.1—2015 额定电压220 kV(U_m=252 kV)交联聚乙烯绝缘电力电缆及其附件 第1部分:试验方法和要求

GB/T 26011—2010 电缆护套用铅合金锭

JB/T 5268.1—2011 电缆金属套 第1部分:总则

JB/T 8137(所有部分) 电线电缆交货盘

JB/T 10181.11—2014 电缆载流量计算 第11部分:载流量公式(100%负荷因数)和损耗计算 一般规定

JB/T 10259 电缆和光缆用阻水带

JB/T 10696.5—2007 电线电缆机械和理化性能试验方法 第5部分 腐蚀扩展试验

JB/T 10696.6—2007 电线电缆机械和理化性能试验方法 第6部分 挤出外套刮磨试验

YD/T 723—2007(所有部分) 通信电缆光缆用金属塑料复合带

IEC 60183 高压交流电缆选择导则(Guidance for the selection of high-voltage a.c.cable systems)

3 术语和定义

GB/T 18890.1—2015界定的以及下列术语和定义适用于本文件。

3.1

近似值 approximate value

一种既不保证也不检查的数值,例如用于其他尺寸值的计算。

3.2

金属塑料复合护套 metal-plastic laminated sheath

具有与电缆外护套黏结性能的纵包金属带或纵包金属箔的复合护套,复合护套的金属带(箔)搭接缝通过熔化塑料或粘接剂黏结形成不透水的密封。通常金属层与聚乙烯护套黏结,构成为金属复合聚乙烯护套。

4 使用特性

4.1 额定电压

额定电压是电缆设计和电性能试验用的基准电压,本部分用U_0/U和U_m标识,这些符号的意义由IEC 60183给出:

U_0——电缆设计用的导体与金属屏蔽或金属套之间的额定电压有效值,kV;

U ——电缆设计用的导体之间的额定电压有效值,kV;

U_m——设备最高工作电压有效值,kV。

在本部分中:U_0/U=127/220 kV;

U_m=252 kV。

4.2 工作温度和额定载流量

电缆正常运行时导体允许的长期最高温度为90 ℃。

短路时(最长持续时间不超过 5 s),电缆导体允许的最高温度为 250 ℃。

JB/T 10181.11—2014 给出了电缆正常运行时载流量计算方法。

4.3 安装最小弯曲半径

电缆的安装最小弯曲半径推荐为 20 倍电缆外径。

4.4 使用条件

电缆的使用条件参见附录 A。

5 产品命名

5.1 代号

本部分采用下列代号:

交联聚乙烯绝缘 …………………… YJ
铜导体 ………………………………… T(省略)
铅套 …………………………………… Q
皱纹铝套 ……………………………… LW
金属塑料复合护套 ………………… A
聚氯乙烯外护套 …………………… 02
聚乙烯外护套 ……………………… 03
纵向阻水结构 ……………………… Z

5.2 型号

型号依次由绝缘、导体、金属套、外护套或通用外护层以及阻水结构的代号构成。

本部分包括的电缆型号和名称见表 1。

表 1 电缆的型号和名称

型 号	电缆名称
YJLW02	交联聚乙烯绝缘皱纹铝套或焊接皱纹铝套聚氯乙烯护套电力电缆
YJLW03	交联聚乙烯绝缘皱纹铝套或焊接皱纹铝套聚乙烯护套电力电缆
YJLW02-Z	交联聚乙烯绝缘皱纹铝套或焊接皱纹铝套聚氯乙烯护套纵向阻水电力电缆
YJLW03-Z	交联聚乙烯绝缘皱纹铝套或焊接皱纹铝套聚乙烯护套纵向阻水电力电缆
YJQ02	交联聚乙烯绝缘铅套聚氯乙烯护套电力电缆
YJQ03	交联聚乙烯绝缘铅套聚乙烯护套电力电缆
YJQ02-Z	交联聚乙烯绝缘铅套聚氯乙烯护套纵向阻水电力电缆
YJQ03-Z	交联聚乙烯绝缘铅套聚乙烯护套纵向阻水电力电缆
YJA03	交联聚乙烯绝缘金属复合聚乙烯护套电力电缆
YJA03-Z	交联聚乙烯绝缘金属复合聚乙烯护套纵向阻水电力电缆
注: 皱纹铝套包括挤包皱纹铝套和铝带焊接皱纹铝套,按 JB/T 5268.1—2011 二者代号均为 LW;焊接皱纹铝套应在产品名称中明确表示。	

5.3 规格

电缆的规格用额定电压、导体芯数、导体标称截面积/铜丝屏蔽(如果有)标称截面积表示。

本部分包括的电缆导体标称截面积(mm^2)有：

400,500,630,800,1 000,1 200,(1 400),1 600,(1 800),2 000,(2 200),2 500。

其中括号内数字为非优选导体截面积。

铜丝屏蔽标称截面积宜采用 GB/T 3956 的推荐系列。

5.4 产品表示方法

5.4.1 产品表示

产品用型号、规格和本部分编号表示。

5.4.2 举例

示例 1：额定电压 127/220 kV、单芯、铜导体标称截面积 630 mm^2、交联聚乙烯绝缘皱纹铝套聚氯乙烯护套电力电缆，表示为：YJLW02 127/220 1×630 GB/T 18890.2—2015。

示例 2：额定电压 127/220 kV、单芯、铜导体标称截面积 1 000 mm^2、交联聚乙烯绝缘铅套聚乙烯护套纵向阻水电力电缆，表示为：YJQ03-Z 127/220 1×1 000 GB/T 18890.2—2015。

示例 3：额定电压 127/220 kV、单芯、铜导体标称截面积 1 000 mm^2/铜丝屏蔽标称截面积 400 mm^2、交联聚乙烯绝缘金属复合聚乙烯护套纵向阻水电力电缆，表示为：YJA03-Z 127/220 1×1 000/400 GB/T 18890.2—2015。

6 技术要求

6.1 导体

6.1.1 材料

铜导体应采用符合 GB/T 3953 规定的 TR 型圆铜线。

6.1.2 结构和直流电阻

标称截面积为 800 mm^2 以下的导体应采用符合 GB/T 3956 的第 2 种紧压绞合圆形结构；800 mm^2 的导体可以采用紧压绞合圆形结构，也可以采用分割导体结构。

标称截面积为 800 mm^2 以上的导体应采用分割导体结构。分割导体如果采用金属绑扎带，应是非磁性的，且应具有足以减小分割导体股块位移所需的强度。金属绑扎带应无凹痕、油污、裂缝、折皱；绕包后不应有可能穿透半导电屏蔽层的缺陷。

分割导体的圆度应采用卡尺和周长带二种方法沿着导体轴向相互间隔约 0.3 m 的 5 个位置进行测量。卡尺测得的 5 个最大直径的平均值不应超过周长带测得的 5 个直径的平均值 2%；在任一位置卡尺测得的最大直径不应超过周长带测得的直径 3%。

各种绞合导体和分割导体不允许整芯或整股焊接。绞合导体中的单线允许焊接，但在同一层内，相邻两个接头之间的距离不应小于 300 mm。导体表面应光洁、无油污、无损伤屏蔽及绝缘的毛刺及锐边、以及无凸起或断裂的单线。

导体的结构和直流电阻应符合表 2 要求。

表 2 铜导体的结构和直流电阻

导体标称截面积/mm^2	导体中单线最少根数	20 ℃时直流电阻最大值/(Ω/km)
400	53	0.047 0
500	53	0.036 6
630	53	0.028 3
800	53	0.022 1
1 000	170	0.017 6
1 200	170	0.015 1
1 400	170	0.012 9
1 600	170	0.011 3
1 800	265	0.010 1
2 000	265	0.009 0
2 200	265	0.008 3
2 500	265	0.007 2

6.2 绝缘

6.2.1 材料

本部分包括的绝缘材料的类型应是超净的交联聚乙烯，缩写代号为 XLPE。

绝缘材料的性能参见附录 B。

6.2.2 厚度

绝缘层的标称厚度应符合表 3 规定。

绝缘层的最小厚度以及偏心度应符合 GB/T 18890.1—2015 中 10.6.2 规定。

表 3 绝缘层的标称厚度

导体标称截面积/mm^2	绝缘层标称厚度/mm
400 和 500	27
630	26
800	25
1 000 及以上	24

6.2.3 绝缘中的微孔和杂质

绝缘中允许的微孔和杂质尺寸及数目应符合 GB/T 18890.1—2015 中 12.5.9.2 要求。

6.3 半导电屏蔽

6.3.1 材料

半导电屏蔽应采用交联型的半导电屏蔽塑料，应具有与其直接接触的其他材料的良好相容性，其耐温等级应与 XLPE 绝缘适配。

半导电屏蔽材料的性能参见附录 B。

6.3.2 导体屏蔽

导体屏蔽应由绕包半导电带和在其上挤包的半导电层组成，其厚度的近似值为 2.0 mm，其中挤包的半导电层的最薄点厚度不应小于 0.8 mm。

导体屏蔽绕包用的半导电带的体积电阻率参见附录 B。

挤包的半导电层应厚度均匀，并与绝缘层牢固地黏结。半导电层与绝缘层的界面应连续光滑，无明显绞线凸纹、尖角、颗粒、焦烧及擦伤的痕迹。

6.3.3 绝缘屏蔽

绝缘屏蔽应为与绝缘层同时挤出的半导电层，其厚度的近似值为 1.0 mm，其最薄点厚度不应小于 0.5 mm。

半导电层应均匀地挤包在绝缘上，并与绝缘层牢固地黏结。半导电层与绝缘层的界面应连续光滑，无明显尖角、颗粒、焦烧及擦伤的痕迹。

6.3.4 半导电屏蔽层与绝缘层界面的微孔与突起

半导电屏蔽层与绝缘层界面的微孔与突起应符合 GB/T 18890.1—2015 中 12.5.11 要求。

6.3.5 半导电屏蔽电阻率

半导电屏蔽电阻率应符合 GB/T 18890.1—2015 中 12.4.9 规定。

6.4 缓冲层和纵向阻水层

6.4.1 材料

缓冲层应采用半导电弹性材料，或具有纵向阻水功能的半导电弹性阻水材料。

阻水带和阻水绳应具有吸水膨胀性能。缓冲层和纵向阻水材料应与其相接触的其他材料相容。

绕包用的半导电缓冲带的体积电阻率应与电缆挤包的绝缘屏蔽的体积电阻率相适应，其他物理力学性能应符合 JB/T 10259 要求。

6.4.2 缓冲层

在挤包的绝缘半导电屏蔽层外应有缓冲层。

缓冲层应是半导电的，以使绝缘半导电屏蔽层与金属屏蔽层保持电气上接触良好。

缓冲层的厚度应能满足补偿电缆运行中热膨胀的要求。

6.4.3 纵向阻水层

如电缆有纵向阻水要求时，绝缘屏蔽层与径向金属防水层之间应有纵向阻水层。纵向阻水层应由半导电性的阻水膨胀带绕包而成。阻水膨胀带应绕包紧密、平整，其可膨胀面应面向铜丝屏蔽(如果有)。

当采用与绝缘半导电屏蔽直接黏结的铝箔复合套时，可免去额外的纵向阻水层。

如对电缆导体也有纵向阻水要求时，导体绞合时应加入阻水材料。

6.5 金属屏蔽

6.5.1 一般要求

金属屏蔽应施加在电缆非金属屏蔽层上面。金属屏蔽在整个电缆长度上应电气上连续。

金属屏蔽应能满足电缆线路短路容量(短路电流及持续时间)的要求。

注：验证金属屏蔽的短路电流有效值的计算可参见 IEC 60949。

6.5.2 铜丝屏蔽

铜丝屏蔽应由同心疏绕的软铜线组成，铜丝屏蔽层的表面上应用铜丝或铜带反向扎紧。屏蔽铜丝的直径不应小于 1.00 mm；相邻屏蔽铜丝的平均间隙 G 不应大于 4 mm。G 由式(1)定义：

$$G=\frac{\pi(D+d)-nd}{n} \qquad (1)$$

式中：

G ——相邻屏蔽铜丝的平均间隙，单位为毫米(mm)；

D ——铜丝屏蔽下的缆芯直径，单位为毫米(mm)；

d ——铜丝的直径，单位为毫米(mm)；

n ——铜丝的根数。

6.5.3 金属套屏蔽

电缆采用铅套或铝套时，金属套可作为金属屏蔽。如铅套或铝套的厚度不能满足短路容量的要求时，应采取增加铜丝屏蔽或增加金属套厚度的措施。

6.5.4 金属屏蔽的电阻

如适用，铜丝屏蔽的电阻测量值应符合 GB/T 3956 规定，或者不大于制造厂申明值(当铜丝屏蔽的截面积与 GB/T 3956 推荐的系列截面积不同时)。要求时，还应测量金属套的电阻值。

6.5.5 径向隔水层

当电缆系统敷设在地下、易积水的地下通道或水中时，电缆应采用径向不透水的阻挡层。

径向隔水层包括金属套及金属塑料复合护套。

金属塑料复合护套应符合 GB/T 18890.1—2015 的 12.5.15 要求。金属塑料复合带应符合 YD/T 723—2007 要求。

6.6 金属套

6.6.1 材料

铅套应用铅合金制造。铅合金应符合 GB/T 26011—2010 要求。

皱纹铝套应采用纯度不小于 99.50%的铝或铝合金制造。焊接用铝带应符合 GB/T 3880.1—2012 要求，其伸长率不应小于 16%。

注：买方要求时，也可以采用铜套。铜套代号符合 JB/T 5268.1—2011 的规定，厚度测量参照皱纹铝套厚度测量方法。

6.6.2 金属套的厚度

金属套的标称厚度应符合表 4 规定。

铅套的最小厚度应符合 GB/T 18890.1—2015 中 10.7.1 规定。

铝套的最小厚度应符合 GB/T 18890.1—2015 中 10.7.2 规定。

表 4 金属套的标称厚度

导体标称截面积 mm^2	铅 套 mm	铝 套 mm
400	2.7	2.4
500	2.7	2.4
630	2.8	2.4
800	2.8	2.4
1 000	2.8	2.6
1 200	2.9	2.6
(1 400)	3.0	2.6
1 600	3.1	2.6
(1 800)	3.1	2.8
2 000	3.2	2.8
(2 200)	3.3	2.8
2 500	3.4	2.8

6.6.3 金属套的防蚀层

金属套表面应有沥青或热熔胶防蚀层。沥青可采用符合 GB/T 494—2010 要求的 10 号沥青。

铅套上允许绕包自粘性橡胶带作为防蚀层。

6.7 外护套

6.7.1 材料

本部分包括的外护套的类型和代号应为符合 GB/T 18890.1—2015 中 4.4 规定的代号为 ST_2 和 ST_7 外护套混合料。

外护套的性能应符合 GB/T 18890.1—2015 中表 7 和表 8 中 ST_2 和 ST_7 的要求。

外护套的颜色一般为黑色。为了适应电缆的某种特殊使用条件，经供需双方协商也可采用其他颜色，这种情况下，不规定外护套混合料的碳黑含量。

6.7.2 外护套的厚度

外护套的标称厚度应是 5.0 mm。

外护套的平均厚度不应小于标称厚度，最小厚度应是 4.2 mm。对皱纹金属套的外护套无平均厚度要求。

注： 当采用复合外护套结构时，本规定仅适用于总厚度。

6.7.3 导电层

外护套的表面应施以均匀牢固的导电层。

如果采用挤塑的半导电层,且其与电缆外护套粘结牢固,其厚度可以构成为外护套总厚度的一部分,但挤塑半导电层不应超过外护套标称厚度的20%。半导电塑料的性能参见附录B。

6.8 成品电缆

成品电缆的性能应符合第7章和第8章要求。

7 成品电缆标志

成品电缆的外护套表面应有制造商名称、产品型号、导体/铜丝屏蔽(如果有)规格、额定电压的连续标志和长度标志。标志应字迹清楚,容易辨认,耐擦。

成品电缆标志应符合GB/T 6995.3—2008规定。

8 试验要求

8.1 试验类别及代号

试验类别及代号见表5。

表5 试验类别及代号

试验类别	代号
电缆例行试验	R
电缆抽样试验	S
电缆型式试验	T
电缆系统型式试验	T
电缆系统预鉴定试验	PQ

8.2 试验项目及要求

试验项目及要求应符合表6～表8规定。例行试验应符合GB/T 18890.1—2015的第9章和表6要求。抽样试验应符合GB/T 18890.1—2015的第10章和表7要求。成品电缆系统的型式试验应符合GB/T 18890.1—2015的第12章和表8要求。预鉴定试验(以及预鉴定的扩展试验)应符合GB/T 18890.1—2015的第13章和表9要求。

其中型式试验和预鉴定试验均应在成品电缆系统上进行,为成品电缆系统的型式试验和预鉴定试验。

表6 电缆例行试验项目及要求

序号	试验项目	试验类型	试验要求	试验方法
			GB/T 18890.1—2015	
1	局部放电试验	R	9.2	GB/T 3048.12—2007
2	电压试验	R	9.3	GB/T 3048.8—2007
3	外护套的电气试验	R	9.4	GB/T 3048.14—2007

表 7 电缆抽样试验项目及要求

序号	试验项目	试验类型	试验要求		试验方法
			GB/T 18890.2—2015	GB/T 18890.1—2015	
1	导体检验	S	6.1.2	10.4	适当方法
2	导体和金属屏蔽电阻测量	S	6.1.2 和 6.5.3	10.5	GB/T 3048.4—2007
3	绝缘厚度测量	S	6.2.2	10.6	GB/T 2951.11—2008
4	铜丝屏蔽的检查(适用时)	S	6.5.2	—	适当方法
5	金属套厚度测量	S	6.6.2	10.7	GB/T 18890.1—2015 的 10.7
6	外护套厚度测量	S	6.7.2	10.6	GB/T 18890.1—2015 的 10.6.3
7	直径测量(要求时进行)	S	—	10.8	GB/T 2951.11—2008 及其他适当方法
8	XLPE 绝缘热延伸试验	S	—	10.9	GB/T 2951.21—2008
9	电容测量	S	—	10.10	GB/T 3048.11—2007
10	雷电冲击电压试验	S	—	10.11	GB/T 3048.13—2007
11	透水试验(适用时)	S	—	10.12	GB/T 18890.1—2015 的附录 E
12	具有与外护套黏结的纵包金属带或纵包金属箔的电缆组件的试验(适用时)	S	—	10.13	GB/T 18890.1—2015 的附录 F

表 8 电缆系统的型式试验项目及要求

序号	试验项目	试验类型	试验要求		试验方法
			GB/T 18890.2—2015	GB/T 18890.1—2015	
1	绝缘厚度检验	T	—	12.4.1	GB/T 2951.11—2008
2	弯曲试验 随后进行 室温下的局部放电试验	T	—	12.4.3 12.4.4	GB/T 18890.1—2015 的 12.4.3 GB/T 3048.12—2007
3	tanδ 测量	T	—	12.4.5	GB/T 3048.11—2007
4	热循环电压试验	T	—	12.4.6	GB/T 18890.1—2015 的 12.4.6
5	局部放电试验(最后一次热循环后或下述第 6 项雷电冲击电压试验后进行) 高温下 室温下	T	—	12.4.4	GB/T 3048.12—2007
6	雷电冲击电压试验及随后的工频电压试验	T	—	12.4.7	GB/T 3048.13—2007, GB/T 3048.8—2007

表 8（续）

序号	试验项目	试验类型	试验要求		试验方法
			GB/T 18890.2—2015	GB/T 18890.1—2015	
7	局部放电试验（如果上述第 5 项试验没有进行） 高温下 室温下	T	—	12.4.4	GB/T 3048.12—2007
8	检验	T	—	12.4.8	GB/T 18890.1—2015 的 12.4.8
9	半导电屏蔽电阻率	T	6.3.5	12.4.9	GB/T 18890.1—2015 的附录 D
10	电缆结构检查	T	6.1.2，6.2.2，6.3.2，6.3.3，6.5.2，6.6.2，6.7.2	12.5.1	GB/T 2951.11—2008 及其他适当方法
11	绝缘老化前后机械性能试验	T	—	12.5.2	GB/T 2951.11—2008，GB/T 2951.12—2008
12	外护套老化前后机械性能试验	T	—	12.5.3	GB/T 2951.11—2008，GB/T 2951.12—2008
13	成品电缆段相容性老化试验	T	—	12.5.4	GB/T 2951.11—2008，GB/T 2951.12—2008
14	ST_2 型 PVC 外护套失重试验	T	—	12.5.5	GB/T 2951.32—2008
15	外护套高温压力试验	T	—	12.5.6	GB/T 2951.31—2008
16	PVC 外护套（ST_2）低温试验	T	—	12.5.7	GB/T 2951.14—2008
17	PVC 外护套（ST_2）热冲击试验	T	—	12.5.8	GB/T 2951.31—2008
18	XLPE 绝缘微孔杂质试验	T	6.2.3	12.5.9	GB/T 18890.1—2015 的附录 H
19	XLPE 绝缘热延伸试验	T	—	12.5.10	GB/T 2951.21—2008
20	半导电屏蔽层与绝缘层界面的微孔与突起试验	T	6.3.4	12.5.11	GB/T 18890.1—2015 的附录 H
21	黑色 PE 外护套碳黑含量测量	T	—	12.5.12	GB/T 2951.41—2008
22	燃烧试验（要求时进行）	T	—	12.5.13	GB/T 18380.12—2008
23	纵向透水试验（要求时进行）	T	—	12.5.14	GB/T 18890.1—2015 的附录 E
24	具有与外护套黏结的纵包金属带或纵包金属箔的电缆的组件试验	T	—	12.5.15	GB/T 18890.1—2015 的附录 F
25	非金属外护套刮磨试验	T	—	12.5.16	JB/T 10696.6—2007
26	铝套腐蚀扩展试验	T	—	12.5.17	JB/T 10696.5—2007
27	成品电缆标志的检查	T	第 7 章	—	GB/T 6995.3—2008

表 9　电缆系统预鉴定试验项目及要求

序号	试验项目	试验类型	试验要求 GB/T 18890.1—2015	试验方法
1	绝缘厚度检验	PQ	13.2.2	GB/T 2951.11—2008
2	热循环电压试验	PQ	13.2.4	GB/T 18890.1—2015 的 12.4.6
3	雷电冲击电压试验	PQ	13.2.5	GB/T 3048.13—2007、GB/T 3048.8—2007
4	预鉴定试验后的试样检验	PQ	13.2.6	合适方法
5	预鉴定扩展试验[a]	PQ	13.3	GB/T 18890.1—2015 的 13.3
[a] 要求时进行。				

9　验收规则

制造方应按本部分第 8 章要求进行例行试验、抽样试验、型式试验和(或)预鉴定试验并应符合要求。抽样试验的频度和复试要求应按照 GB/T 18890.1—2015 中 10.2 和 10.3 规定。

型式试验和(或)预鉴定试验应由制造商或独立检测机构按本部分要求进行并符合要求。型式试验报告和预鉴定试验报告的效力应符合 GB/T 18890.1—2015 要求。

产品应由制造商的质量检验部门检验合格后方能出厂。出厂的每盘电缆应附有产品检验合格证书。买方要求时,制造商应提供产品的工厂试验报告、型式试验报告。

产品的工厂验收应按表 6 和表 7 规定的试验项目进行。

10　包装、运输和贮存

10.1　包装

电缆应卷绕在符合 JB/T 8137 的电缆盘上交货,电缆盘的筒径应考虑使电缆不受到过度弯曲。电缆的两个端头应有可靠的防水或防潮密封,并牢靠地固定在电缆盘上。

在每盘出厂的电缆上,应附有产品检验合格证。

每个电缆盘上应标明:

a) 制造商名称;

b) 电缆型号;

c) 额定电压,kV;

d) 标称截面,mm^2;

e) 装盘长度,m;

f) 毛重,kg;

g) 电缆盘包装尺寸(长×宽×高),m;

h) 电缆盘工厂编号;

i) 制造日期,年 月;

j) 表示电缆盘搬运时正确滚动方向的箭头;

k) 本部分编号。

10.2 运输和贮存

电缆应尽量避免露天存放。电缆盘不允许平放。

搬运中严禁从高处扔下装有电缆的电缆盘，严禁机械损伤电缆。吊装包装件时，严禁几盘同时吊装。

在车辆、船舶等运输工具上，电缆盘必须放稳，并用合适的方法固定，防止运输中相互碰撞、滚动或翻倒。

附 录 A
（资料性附录）
电缆的使用条件

A.1 概述

本部分中电缆的使用环境主要由电缆金属套和塑料外护套的性能确定，因此一般适用于GB/T 2952.2—2008 中表 1 推荐的场所。

A.2 铅套和铝套电缆

铅套和铝套电缆除适用于一般场所外，特别适合于下列场合：

——铅套电缆：腐蚀较严重但无硝酸、醋酸、有机质（如泥煤）及强碱性腐蚀质，且受机械力（拉力、压力、振动等）不大的场所；

——铝套电缆：腐蚀不严重和要求承受一定机械力的场所（如直接与变压器连接，敷设在桥梁上、坡道和竖井中等）。

A.3 金属塑料复合护套电缆

金属塑料复合护套电缆主要适用于受机械力（拉力、压力、振动等）不大，无腐蚀或腐蚀轻微，且不直接与水接触的一般潮湿场所。

A.4 塑料外护套

塑料外护套有如下种类：

——02 型（聚氯乙烯）外护套电缆主要适用于有一般防火要求和对外护套有一定绝缘要求的线路；

——03 型（聚乙烯）外护套电缆主要适用于对外护套绝缘要求较高的直埋敷设的电缆线路；对 −20 ℃ 以下的低温环境，或化学液体浸泡场所，以及燃烧时有低毒性要求的电缆宜采用聚乙烯外护套。聚乙烯外护套如有必要用于隧道或竖井中时应采取相应的防火阻燃措施。

A.5 电缆敷设时的温度

聚氯乙烯外护套电缆敷设前 24 h 的环境温度不应低于 0 ℃。在更低环境温度敷设时，应采取适当的加温措施，恒温时间不低于 12 h 方可展放。

A.6 电缆安装时的最大拉力和最大侧压力

电缆安装时允许的最大拉力和最大侧压力可参照 GB 50217—2007 的附录 H 确定。

附　录　B
（资料性附录）
绝缘料和半导电材料的性能

电缆绝缘和半导电材料的性能如表 B.1 所示。

表 B.1　电缆绝缘和半导电材料的性能

序号	项　目	单位	绝缘料	半导电屏蔽料	半导电护套料	导体屏蔽绕包半导电带
1	抗张强度	MPa	≥17.0	≥12.0	≥12.0	—
2	断裂伸长率	%	≥500	≥150	≥150	—
3	热延伸试验[(200±3)℃,0.20 MPa,15 min] 负荷下伸长率 永久变形率	 % %	 ≤100 ≤10	 ≤100 ≤10	—	—
4	介电常数	—	≤2.35	—	—	—
5	介质损失角正切 tanδ	—	≤5.0×10^{-4}	—	—	—
6	短时工频击穿强度（较小的平板电极直径 25 mm,升压速率 500 V/s）	kV/mm	≥30	—	—	—
7	体积电阻率 23 ℃ 90 ℃	 Ω·m Ω·m	 ≥1.0×10^{14} —	 ≤1.0 ≤3.5	 ≤1.0 —	 ≤1 000 —
8	杂质最大尺寸(1 000 g 样片中)	mm	≤0.10	—	—	—

参 考 文 献

［1］ GB/T 2952.2—2008 电缆外护层 第2部分:金属套电缆外护层

［2］ GB 50217—2007 电力工程电缆设计规范

［3］ IEC 60949 考虑非绝热效应的允许热短路电流的计算(Calculation of thermally permissible short-circuit currents，taking into account non-adiabatic heating effects)

ICS 29.060.20
K 13

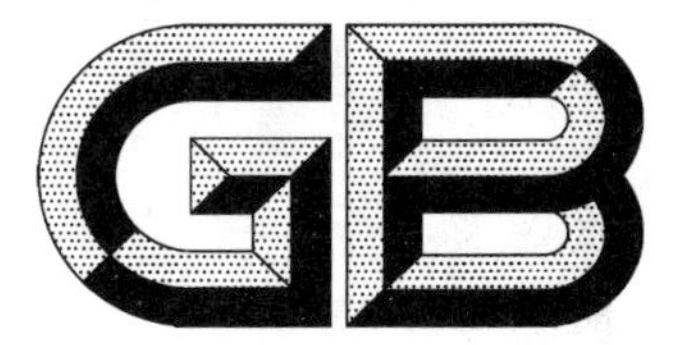

中华人民共和国国家标准

GB/T 18890.3—2015
代替 GB/Z 18890.3—2002

额定电压220 kV(U_m=252 kV)交联聚乙烯绝缘电力电缆及其附件 第3部分:电缆附件

Power cables with cross-linked polyethylene insulation and their accessories for rated voltage of 220 kV(U_m=252 kV)—Part 3: Accessories

2015-10-09 发布　　　　2016-05-01 实施

中华人民共和国国家质量监督检验检疫总局
中国国家标准化管理委员会 发布

前　　言

GB/T 18890—2015《额定电压 220 kV(U_m =252 kV)交联聚乙烯绝缘电力电缆及其附件》分为 3 个部分：

——第 1 部分：试验方法和要求；

——第 2 部分：电缆；

——第 3 部分：电缆附件。

本部分为 GB/T 18890 的第 3 部分。

本部分按照 GB/T 1.1—2009 给出的规则起草。

本部分代替 GB/Z 18890.3—2002《额定电压 220 kV(U_m=252 kV)交联聚乙烯绝缘电力电缆及其附件　第 3 部分：额定电压 220 kV(U_m=252 kV)交联聚乙烯绝缘电力电缆附件》。与 GB/Z 18890.3—2002 相比，本部分的主要技术变化如下：

——标准的性质由指导性技术文件改为推荐性标准；

——标准名称由"额定电压 220 kV(U_m=252 kV)交联聚乙烯绝缘电力电缆及其附件　第 3 部分：额定电压 220 kV(U_m=252 kV)交联聚乙烯绝缘电力电缆附件"改为"额定电压 220 kV(U_m=252 kV)交联聚乙烯绝缘电力电缆及其附件　第 3 部分：电缆附件"；

——增加了术语：瓷套管终端、复合套管终端、GIS 终端连接的外壳、设计压力、最低功能压力(见第 3 章)；

——附件特性改为使用条件(见第 4 章，2002 年版的第 4 章)；

——修改了 GIS 终端的压力(见 4.3，2002 年版的 4.4)；

——修改了外绝缘环境分类、污秽类型，增加现场污秽度(SPS)等级的表示(见 4.2.5 和表 1，2002 年版的 5.1.4 和表 1)将"最小爬电比距"修改为"三相系统爬电比距"(见 5.1.4，2002 年版的 5.1.4)；

——增加了特殊环境条件的说明(见 4.2.6)；

——修改了油浸(变压器)终端的命名(见 5.1.2，2002 年版的 5.1.2)；

——增加了复合套管终端的代号(见 5.1.2)、型号名称(见表 2)及其技术要求(见 6.7)；

——修改了液体填充绝缘的代号(见 5.1.3.1，2002 年版的 5.1.3.1)；

——修改了导体连接金具的要求(见 6.1，2002 年版的 6.1)；

——增加了半导电屏蔽用橡胶带要求和半导电橡胶带的性能(见 6.3 和附录 A)；

——修改了橡胶绝缘件用绝缘料与半导电料的性能要求(见 6.4，2002 年版的 6.4 和附录 A)；

——增加了用于绝缘接头金属套分断的绝缘件的要求(见 6.5)；

——修改了瓷套管的技术要求(见 6.6，2002 年版的 6.6)；

——增加了接头金属屏蔽的技术要求(见 6.10)；

——增加了附件的抽样试验的内容(见 8.3，2002 年版的第 10 章)；

——修改了终端组装后的密封试验条件(见 8.4.1，2002 年版的 11.5)；

——删除了户外终端无线电干扰试验的要求(2002 年版的 11.1.1)；

——增加了附件和电缆组成电缆系统的型式试验(见 8.5)；

——增加了预鉴定扩展试验(表 3)；

——修改了液体绝缘填充剂硅油的性能要求，增加聚异丁烯(见附录 C)；

——增加了参考文献。

本部分由中国电器工业协会提出。

本部分由全国电线电缆标准化技术委员会(SAC/TC 213)归口。

本部分负责起草单位:上海电缆研究所。

本部分参加起草单位:中国电力科学研究院、国家电线电缆质量监督检验中心、上海三原电缆附件有限公司、长缆电工科技股份有限公司、南京业基电气设备有限公司、广东吉熙安电缆附件有限公司、浙江金凤凰电气有限公司、长园电力技术有限公司、上海永锦电气技术有限公司。

本部分主要起草人:夏俊峰、赵健康、范玉军、徐操、郭长春、汤志辉、龙莉英、屈哲、王锦明、邓长胜、柯德刚。

本部分所代替标准的历次版本发布情况为:

——GB/Z 18890.3—2002。

额定电压 220 kV(U_m=252 kV)交联聚乙烯绝缘电力电缆及其附件 第3部分:电缆附件

1 范围

GB/T 18890 的本部分规定了额定电压 220 kV(U_m=252 kV)交联聚乙烯绝缘电力电缆附件的基本结构、型号命名、技术要求、试验和验收规则、包装、运输及贮存。

本部分适用于一般安装条件下符合 GB/T 18890.1—2015 规定的额定电压 220 kV(U_m=252 kV)交联聚乙烯绝缘电力电缆使用的户外终端、GIS 终端、油浸(变压器)终端、直通接头及绝缘接头。

本部分不适用于包带绝缘的接头、用于连接交联聚乙烯绝缘电缆和纸绝缘电缆的过渡接头以及可分离式电缆终端。

2 规范性引用文件

下列文件对于本文件的应用是必不可少的。凡是注日期的引用文件,仅注日期的版本适用于本文件。凡是不注日期的引用文件,其最新版本(包括所有的修改单)适用于本文件。

GB 311.1—2012 绝缘配合 第1部分:定义、原则和规则

GB/T 1527—2006 铜及铜合金拉制管

GB/T 2900.10—2013 电工术语 电缆

GB/T 3048.8—2007 电线电缆电性能试验方法 第8部分:交流电压试验

GB/T 3048.12—2007 电线电缆电性能试验方法 第12部分:局部放电试验

GB/T 3048.13—2007 电线电缆电性能试验方法 第13部分:冲击电压试验

GB/T 4109—2008 交流电压高于1 000 V的绝缘套管

GB/T 4423—2007 铜及铜合金拉制棒

GB/T 7354—2003 局部放电测量

GB/T 8287.1—2008 标称电压高于1 000 V系统用户内和户外支柱绝缘子 第1部分:瓷或玻璃绝缘子的试验

GB/T 12464 普通木箱

GB/T 16927.1 高电压试验技术 第1部分:一般定义及试验要求

GB/T 18890.1—2015 额定电压 220 kV(U_m=252 kV)交联聚乙烯绝缘电力电缆及其附件 第1部分:试验方法和要求

GB/T 18890.2—2015 额定电压 220 kV(U_m=252 kV)交联聚乙烯绝缘电力电缆及其附件 第2部分:电缆

GB/T 21429—2008 户外和户内电气设备用空心复合绝缘子 定义、试验方法、接收准则和设计推荐

GB/T 22381—2008 额定电压72.5 kV及以上气体绝缘金属封闭开关设备与充流体及挤包绝缘电力电缆的连接 充流体及干式电缆终端

GB/T 23752—2009 额定电压高于1 000 V的电器设备用承压和非承压空心瓷和玻璃绝缘子

GB/T 26218.1—2010 污秽条件下使用的高压绝缘子的选择和尺寸确定 第1部分：定义、信息和一般原则

IEC 62271-209:2007 高压开关和控制设备 第209部分：额定电压52 kV以上气体绝缘金属封闭开关的电缆连接 充流体的和挤包绝缘电缆 充流体的和干式电缆-终端(High-voltage switchgear and controlgear—Part 209: Cable connections for gas-insulated metal-enclosed switchgear for rated voltages above 52 kV—Fluid-filled and extruded insulation cables—Fluid-filled and dry-type cable-terminations)

IEC/TR 62271-301:2009 高压开关和控制设备 第301部分：高压端子的尺寸标准化(High-voltage switchgear and controlgear—Part 301: Dimensional standardization of high-voltage terminals)

3 术语和定义

GB/T 18890.1—2015和GB/T 2900.10—2013界定的以及下列术语和定义适用于本文件。为了便于使用，以下重复列出了GB/T 2900.10—2013中的某些术语和定义。

3.1

户外终端 outdoor termination

在受阳光直接照射或暴露在气候环境下或二者都存在的情况下使用的电缆终端。

[GB/T 2900.10—2013，定义461-10-14]

3.2

瓷套管终端 termination with porcelain insulator

以瓷套管为外绝缘的(户外)电缆终端。

3.3

复合套管终端 termination with composite insulator

以玻璃纤维增强环氧管为衬芯，外覆耐候、抗污秽弹性体材料(如硅橡胶)组成的复合套管为外绝缘的(户外)电缆终端。

3.4

GIS终端 gas-immersed termination for GIS

安装在气体绝缘金属封闭开关(GIS)设备内部以六氟化硫(SF_6)气体为其外绝缘的气体绝缘部分的电缆终端。

3.5

油浸终端(变压器终端) oil-immersed termination

安装在油浸变压器设备油箱内以绝缘油为其外绝缘的液体绝缘部分的电缆终端。

3.6

直通接头 straight joint

连接两根电缆形成连续电路的附件。在本部分中特指接头的金属外壳与被连接电缆的金属屏蔽和绝缘屏蔽在电气上连续的接头。

3.7

绝缘接头 sectionalizing joint

将被连接电缆的金属套、金属屏蔽和绝缘屏蔽在电气上保持断开(不连续)的接头。

3.8

预制附件 pre-fabricated accessories

以具有电场应力控制作用的预制橡胶元件(和预制环氧绝缘件)作为主要绝缘件的电缆附件，包含预制式终端和预制式接头。

3.9

组合预制绝缘件接头　composite type pre-fabricated joint

采用预制橡胶应力锥及预制环氧绝缘件现场组装作为主要绝缘件的接头。

3.10

整体预制橡胶绝缘件接头　one piece pre-molded joint

采用单一预制橡胶绝缘件作为主要绝缘件的接头。

3.11

GIS 终端连接的外壳　cable termination connection enclosure for GIS

气体绝缘金属封闭开关设备中装有电缆终端及开关主回路末端的封闭壳体。

注：参见 IEC 62271-209:2007 的 3.3。

3.12

设计压力　design pressure

用于确定电缆终端连接的 GIS 外壳厚度以及承受该压力的 GIS 终端部件结构的压力。

注：参见 IEC 62271-209:2007 的 3.5。

3.13

最低功能压力　minimum functional pressure

折算到标准大气条件(20 ℃,101.3 kPa)下,用相对压力或绝对压力(Pa)表示的绝缘介质的最低工作压力,大于或等于此压力时开关设备和 GIS 终端保持其额定特性。

注：参见 GB/T 11022—2011 中的 3.6.5.5。

4　使用条件

4.1　额定电压与导体工作温度

附件的额定电压和正常运行时最高工作温度、短路温度与 GB/T 18890.2—2015 第 4 章对电缆的规定相一致。

4.2　环境条件(适用于户外终端)

4.2.1　标准参考大气压条件

标准参考大气压条件为：

——温度 $t_0=20$ ℃；

——压力 $p_0=101.3$ kPa；

——绝对湿度 $h_0=11$ g/m^3。

本部分规定的试验电压均为标准参考大气压条件下的数值。

4.2.2　正常使用条件

本部分规定的试验电压,适用于下列使用条件下运行的设备：

a)　周围环境最高空气温度不超过 40 ℃；

b)　安装地点的海拔高度不超过 1 000 m。

4.2.3　试验电压值的温度修正

对周围环境空气温度高于 40 ℃处的设备,其外绝缘在干燥状态下的试验电压应取本部分规定的试验电压值乘以温度修正因数 K_T,温度修正因数的计算见式(1)：

$$K_T = 1 + 0.0033(T - 40) \quad \cdots\cdots(1)$$

式中：

T——环境空气温度，单位为摄氏度(℃)。

4.2.4 试验电压值的海拔修正

对用于海拔高于 1 000 m，但不超过 4 000 m 处的户外终端的外绝缘的绝缘强度应进行海拔修正，修正方法见 GB 311.1—2012 的附录 B。对于海拔高于 1 000 m，但不超过 4 000 m 安装使用的户外终端，在海拔不高于 1 000 m 地点试验时，其试验电压应将本部分规定的试验电压乘以海拔校正因数 K_a［计算见式(2)］，并按此要求相应提高户外终端的外绝缘的绝缘水平。

$$K_a = \frac{1}{1.1 - H \times 10^{-4}} \quad \cdots\cdots(2)$$

式中：

H——户外终端安装地点的海拔高度，单位为米(m)。

4.2.5 污秽环境

外绝缘环境分类、污秽类型和现场污秽度(SPS)等级的表示应符合 GB/T 26218.1—2010。

4.2.6 特殊环境条件

设计用于特殊环境条件，例如地震、飓风、覆冰等非正常条件下运行的设备，可能需要某些特定的试验，见 GB/T 21429—2008、GB/T 23752—2009 和 GB/T 4109—2008，本部分不作规定。

4.3 GIS 终端的压力

包围 GIS 终端外绝缘的 SF_6 气体在 20 ℃下的设计压力(相对压力)为 0.75 MPa，最低功能压力不应超过 0.25 MPa(相对压力)。GIS 额定充气压力不应低于其最低功能压力。

当与电缆连接的 GIS 外壳抽真空是属于 SF_6 充气工序的一部分时，电缆终端应耐受真空条件(见 IEC 62271-209:2007)。

4.4 终端安装角度

终端一般应垂直安装。如终端的轴线与垂直线的夹角超过 30°时应满足 GB/T 4109—2008 规定的弯曲耐受负荷。该要求不适用于 GIS 终端和变压器终端。

4.5 系统类别

本部分包括的附件适合的系统类别与 GB/T 18890.2—2015 中 4.1 的规定相一致。

5 产品命名

5.1 代号

5.1.1 系列代号

交联聚乙烯绝缘电缆 ………………………………………………………………… YJ

5.1.2 附件代号

瓷套管(户外)终端 ………………………………………………………………… ZW

复合套管(户外)终端 …………………………………………………… ZWF
GIS 终端 ……………………………………………………………… ZG
油浸(变压器)终端 …………………………………………………… ZY
直通接头 ……………………………………………………………… JT
绝缘接头 ……………………………………………………………… JJ

5.1.3 内绝缘代号

5.1.3.1 终端内绝缘特征

液体填充绝缘 ………………………………………………………… Y
干式绝缘 ……………………………………………………………… G
六氟化硫(SF_6)充气绝缘 ………………………………………… Q

5.1.3.2 接头内绝缘特征

组合预制绝缘件 ……………………………………………………… Z
整体预制绝缘件 ……………………………………………………… I

5.1.4 户外终端外绝缘污秽等级代号

户外终端外绝缘污秽等级代号见表1。

表1 户外终端外绝缘污秽等级代号

污秽度(SPS)等级	代号	统一爬电比距 mm/kV	三相系统爬电比距 mm/kV
a	0	22.0	12.7
b	1	27.8	16
c	2	34.7	20
d	3	43.3	25
e	4	53.7	31

5.1.5 接头保护盒及外保护层

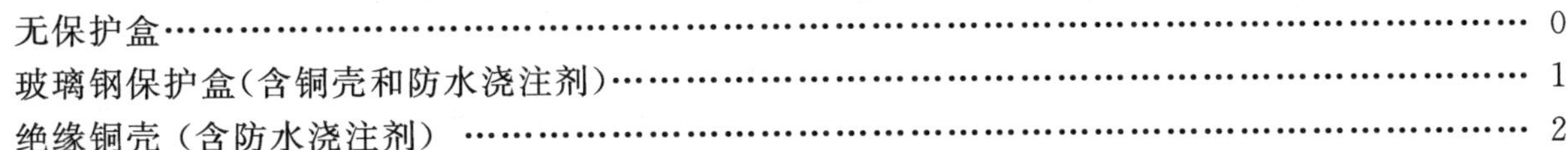

无保护盒 ……………………………………………………………… 0
玻璃钢保护盒(含铜壳和防水浇注剂) ……………………………… 1
绝缘铜壳(含防水浇注剂) …………………………………………… 2

5.2 产品型号

型号组成如图1所示:

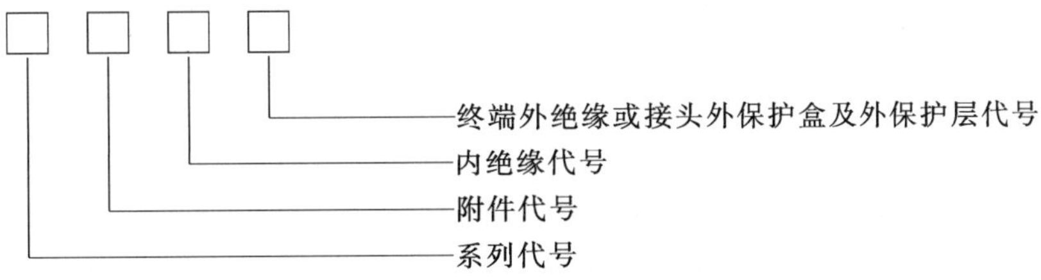

图1 电缆附件型号组成

本部分包括的附件产品型号与名称见表2。

表2 产品型号及名称

型号		产品名称
主型号	含副型号	
YJZWY	YJZWY0	交联聚乙烯绝缘电力电缆用液体填充绝缘瓷套管终端,外绝缘污秽等级a级
	YJZWY1	交联聚乙烯绝缘电力电缆用液体填充绝缘瓷套管终端,外绝缘污秽等级b级
	YJZWY2	交联聚乙烯绝缘电力电缆用液体填充绝缘瓷套管终端,外绝缘污秽等级c级
	YJZWY3	交联聚乙烯绝缘电力电缆用液体填充绝缘瓷套管终端,外绝缘污秽等级d级
	YJZWY4	交联聚乙烯绝缘电力电缆用液体填充绝缘瓷套管终端,外绝缘污秽等级e级
YJZWQ	YJZWQ0	交联聚乙烯绝缘电力电缆用 SF_6 充气绝缘瓷套管终端,外绝缘污秽等级a级
	YJZWQ1	交联聚乙烯绝缘电力电缆用 SF_6 充气绝缘瓷套管终端,外绝缘污秽等级b级
	YJZWQ2	交联聚乙烯绝缘电力电缆用 SF_6 充气绝缘瓷套管终端,外绝缘污秽等级c级
	YJZWQ3	交联聚乙烯绝缘电力电缆用 SF_6 充气绝缘瓷套管终端,外绝缘污秽等级d级
	YJZWQ4	交联聚乙烯绝缘电力电缆用 SF_6 充气绝缘瓷套管终端,外绝缘污秽等级e级
YJZWFY	YJZWFY2	交联聚乙烯绝缘电力电缆用液体填充绝缘复合套管终端,外绝缘污秽等级c级
	YJZWFY3	交联聚乙烯绝缘电力电缆用液体填充绝缘复合套管终端,外绝缘污秽等级d级
	YJZWFY4	交联聚乙烯绝缘电力电缆用液体填充绝缘复合套管终端,外绝缘污秽等级e级
YJZWFQ	YJZWFQ2	交联聚乙烯绝缘电力电缆用 SF_6 充气绝缘复合套管终端,外绝缘污秽等级c级
	YJZWFQ3	交联聚乙烯绝缘电力电缆用 SF_6 充气绝缘复合套管终端,外绝缘污秽等级d级
	YJZWFQ4	交联聚乙烯绝缘电力电缆用 SF_6 充气绝缘复合套管终端,外绝缘污秽等级e级
YJZGY	—	交联聚乙烯绝缘电力电缆用液体填充绝缘GIS终端
YJZGG	—	交联聚乙烯绝缘电力电缆用干式绝缘GIS终端
YJZYY	—	交联聚乙烯绝缘电力电缆用液体填充绝缘(变压器)油浸终端
YJZYG	—	交联聚乙烯绝缘电力电缆用干式绝缘(变压器)油浸终端
YJJTI	YJJTI0	交联聚乙烯绝缘电力电缆用整体预制橡胶绝缘件直通接头,无保护盒
	YJJTI1	交联聚乙烯绝缘电力电缆用整体预制橡胶绝缘件直通接头,玻璃钢保护盒
	YJJTI2	交联聚乙烯绝缘电力电缆用整体预制橡胶绝缘件直通接头,绝缘铜壳保护盒
YJJTZ	YJJTZ0	交联聚乙烯绝缘电力电缆用组合预制绝缘件直通接头,无保护盒
	YJJTZ1	交联聚乙烯绝缘电力电缆用组合预制绝缘件直通接头,玻璃钢保护盒
	YJJTZ2	交联聚乙烯绝缘电力电缆用组合预制绝缘件直通接头,绝缘铜壳保护盒
YJJJI	YJJJI0	交联聚乙烯绝缘电力电缆用整体预制橡胶绝缘件绝缘接头,无保护盒
	YJJJI1	交联聚乙烯绝缘电力电缆用整体预制橡胶绝缘件绝缘接头,玻璃钢保护盒
	YJJJI2	交联聚乙烯绝缘电力电缆用整体预制橡胶绝缘件绝缘接头,绝缘铜壳保护盒
YJJJZ	YJJJZ0	交联聚乙烯绝缘电力电缆用组合预制绝缘件绝缘接头,无保护盒
	YJJJZ1	交联聚乙烯绝缘电力电缆用组合预制绝缘件绝缘接头,玻璃钢保护盒
	YJJJZ2	交联聚乙烯绝缘电力电缆用组合预制绝缘件绝缘接头,绝缘铜壳保护盒

5.3 附件规格

附件规格由额定电压、适用电缆的相数及导体截面积表示。

附件规格应与所配套的电缆导体截面相适配。

GIS终端及油浸(变压器)终端的规格应与其所配套设备的额定电压及额定电流相适配。

5.4 产品表示方法

产品用型号、规格(额定电压、相数、适用电缆截面)及标准号表示。

示例1:导体标称截面积1 000 mm²、额定电压127/220 kV、交联聚乙烯绝缘电力电缆用液体填充绝缘瓷套管终端,外绝缘污秽等级c级,表示为:YJZWY2 127/220 1×1000 GB/T 18890.3—2015。

示例2:导体标称截面积630 mm²、额定电压127/220 kV、交联聚乙烯绝缘电力电缆用干式绝缘GIS终端,表示为:YJZGG 127/220 1×630 GB/T 18890.3—2015。

示例3:导体标称截面积1 600 mm²、额定电压127/220 kV、交联聚乙烯绝缘电力电缆用整体预制橡胶绝缘件绝缘接头,绝缘铜壳外保护盒,表示为:YJJJI2 127/220 1×1600 GB/T 18890.3—2015。

6 技术要求

6.1 导体连接金具

导体连接杆应采用符合GB/T 4423—2007的铜材制造。

导体连接管应采用符合GB/T 1527—2006的铜材制造。压接型导体连接管的铜含量不应低于99.90%,并经退火处理。

终端的接线端子应采用导电性良好的铜或铜合金制造,其尺寸应符合IEC/TR 62271-301:2009或用户要求。

导体连接金具的表面应光滑、洁净,不允许有损伤、毛刺和凹凸斑痕及其他影响电气接触和机械强度的缺陷。铸造成型的接线端子其接触面及连接孔不得有气孔、砂眼和夹渣等缺陷。

连接金具的规格不应小于电缆导体截面。连接金具的机械强度应满足安装和运行条件的要求。

要求时,导体连接杆和导体连接管可进行8.4.2规定的试验,以证明其性能满足要求。

6.2 结构金具

附件结构金具(金属壳体、法兰、套管、包围支架等)应采用非磁性金属材料。

弹簧压紧装置的配合面应光滑无突起,应与橡胶应力锥紧密配合,能在设计寿命内提供规定的设计压力。

所有密封金具应有良好的组装密封性和配合性,不应有造成后泄露的缺陷,如划伤、凹痕等。密封性能应符合8.4.1规定的试验要求。

6.3 密封圈及半导电橡胶带

附件用密封圈应与其周围介质相容,并能在额定负荷下长期保持使用功能。

用于屏蔽的半导电橡胶带应是交联型的,其性能参见附录A。

6.4 橡胶应力锥及预制橡胶绝缘件

橡胶应力锥及预制橡胶绝缘件用绝缘料与半导电料的性能参见GB/T 20779.2—2007(其中的人工气候老化和耐电痕试验不适用)。

橡胶应力锥及预制橡胶绝缘件应无气泡、烧焦物及其他有害杂质,内外表面应光滑,无伤痕、裂痕、突起物。绝缘与半导电的界面应结合良好,无裂纹和剥离现象,半导电屏蔽内应无有害杂质。

橡胶绝缘件的尺寸规格应与电缆主绝缘的外径相适配。

6.5 环氧预制件及环氧套管

环氧树脂固化体性能参见附录B。

环氧预制件及环氧套管应无有害杂质、气孔，内外表面应光滑无缺陷。绝缘体与预埋金属件结合良好，无裂纹、变形等异常现象。

用于绝缘接头金属套分断的绝缘件应能耐受 GB/T 18890.1—2015 的 G.4.3 的直流电压试验和雷电冲击电压试验。

环氧预制件的密封性能应符合 8.4.1 的试验要求。

6.6 瓷套管

瓷套管应符合 GB/T 23752—2009 的要求。

6.7 复合套管

复合套管应符合 GB/T 21429—2008 的要求。

6.8 支柱绝缘子

支柱绝缘子应符合 GB/T 8287.1—2008 的要求。

6.9 液体绝缘填充剂

液体绝缘填充剂应与相接触的绝缘材料及结构材料相容。硅油性能和聚异丁烯性能参见附录 C。

对乙丙橡胶应力锥推荐采用硅油或聚异丁烯作为绝缘填充剂。

对硅橡胶应力锥推荐采用聚异丁烯或高粘度硅油作为绝缘填充剂。

6.10 接头的金属屏蔽

接头的金属屏蔽组合应能提供不低于所连接电缆在正常运行(连续或短时负荷)和故障(短路)条件下的载流能力。

注：有关接头的金属屏蔽组合短路特性的信息可参见 IEC 60949:1988 和 IEEE Std 404:2012。

6.11 GIS 终端连接尺寸

GIS 终端与 GIS 开关的安装连接尺寸应符合 IEC 62271-209:2007 或 GB/T 22381—2008 的要求。当终端制造方与 GIS 开关制造方协商同意时，也可以采用其他配合尺寸。

终端制造方与 GIS 开关制造方的供应方界限见 IEC 62271-209:2007 的图 2 和图 4 或 GB/T 22381—2008的表 A.1 和表 A.3。

GIS 终端应采用防止外绝缘的 SF_6 气体进入终端和电缆内部的结构。

6.12 附件产品

附件产品及其主要部件应符合第 7 章及第 8 章的要求。

7 附件标志

7.1 产品标志

每个出厂的电缆附件产品应带有明显的耐久性标志，标志内容如下：

a) 制造方名称；

b) 型号、规格；

c) 额定电压，kV；

d) 生产日期及编号。

7.2 零部件的标志

接头保护盒、预制橡胶绝缘件等部件应采用适当的方式标明制造方名称、型号、规格。

8 试验和要求

8.1 概述

试验分为例行试验(代号为 R)、抽样试验(代号为 S)、型式试验(代号为 T)、附加试验(代号为 A)和预鉴定试验(代号为 PQ)。

试验条件应符合 GB/T 18890.1—2015 的第 8 章的要求。

8.2 附件部件的例行试验

附件预制橡胶绝缘件的例行试验应包括以下项目:

a) 密封金具的密封试验;

b) 预制橡胶绝缘件的局部放电试验(见 GB/T 18890.1—2015 的 9.2);

c) 预制橡胶绝缘件的电压试验(见 GB/T 18890.1—2015 的 9.3)。

预制橡胶绝缘件包括应力锥或整体预制的组合应力控制绝缘件。

密封金具的密封试验可根据适用条件任选 8.4.1.1 或 8.4.1.2 规定的一种方法进行试验。其他试验应按照 GB/T 18890.1—2015 第 9 章进行,并符合要求。

注:经制造方和买方同意,密封金具的密封试验可以采用检漏仪或其他方式进行。

8.3 附件的抽样试验

附件的抽样试验应按照 GB/T 18890.1—2015 第 11 章进行,并符合要求。

8.4 附件的型式试验

附件的型式试验及要求应符合 GB/T 18890.1—2015 第 12 章和第 15 章,此外还应进行下列项目的试验:

a) 终端组装后的密封试验(见 8.4.1);

b) 导体压接和机械连接件的热机械性能试验,购买方有要求时(见 8.4.2);

c) 附加试验的户外终端淋雨工频电压试验,购买方有要求时(见 8.4.3)。

被试附件应按制造方提供的安装说明书并采用制造方提供的规定等级和数量的材料(包括润滑剂)进行组装。通常的安装指南参见附录 D。

GIS 终端产品电气型式试验采用的连接外壳的尺寸应符合 IEC 62271-209:2007 的图 3 或图 5 规定。变压器终端产品电气型式试验采用的连接外壳的尺寸应与设备一致(由变压器制造商提出)。

电气试验时,GIS 终端连接的外壳内应充气至其最小功能压力。经协商同意,允许采用其他气体介质代替 SF_6 气体,但充气压力应提供相同的介电强度。变压器终端连接的外壳内应充以允许的最小工作压力(由变压器制造商提出)的变压器油。

8.4.1 终端组装后的密封试验

终端试样应按实际使用的安装要求进行组装,组装试样内允许不含绝缘件。

试验装置应将密封金具、瓷套管、复合套管或环氧套管试品两端密封。可根据实际情况任选8.4.1.1 或 8.4.1.2 的一种方法进行试验。

8.4.1.1 压力泄漏试验

在环境温度下对试品施加表压为(250±10) kPa 的气压,保持 1 h。承受气压的试品应有防爆安全措施。任选浸水检验或密封面上涂肥皂液检验,观察是否有气体逸出。

或施加相同水压,保持 1 h。在密封面上涂白垩粉,观察是否有水渗出迹象。

试验期间应无漏气或渗水迹象。

8.4.1.2 真空漏增试验

在环境温度下将试样抽真空至残压 A 为 10 kPa,然后关闭试品与真空泵间的真空阀门,保持 1 h。测量试品的压力值 B。测量用真空计的分辨率不应超过 2 kPa。

试验结束时,真空压力漏增值($B-A$)不应超过 10 kPa。

8.4.2 导体压接和机械连接件的热机械性能试验

经制造方和买方同意,导体压接和机械连接件应进行电气热循环试验和机械试验。

试验方法和要求在考虑中。

8.4.3 户外终端淋雨工频电压试验

户外终端试样在淋雨状态下,施加工频电压 460 kV 经 1 min,终端应不闪络或击穿。淋雨条件采用 GB/T 16927.1 的规定。

8.5 附件和电缆组成系统的型式试验

包含附件的电缆系统的型式试验应按 GB/T 18890.1—2015 第 12 章,并应符合要求。

8.6 附件和电缆组成系统的预鉴定试验

包含附件的电缆系统的预鉴定试验应按 GB/T 18890.1—2015 第 13 章,并应符合要求。

9 验收规则

附件产品的试验要求和试验方法如表 3 所示。

电缆附件产品应按表 3 规定进行试验。

产品应由制造方的质量检验部门检验合格后方能出厂,每件出厂的附件产品应附有产品检验合格证书。用户要求时,制造方应提供产品的工厂试验报告或(和)型式试验报告。

产品应按表 3 规定的试验项目进行出厂验收。

表 3 附件的试验分类、要求及试验方法

序号	试 验 项 目	试验类型	试验要求	试验方法
1	密封金具的密封试验	R	8.2	8.2
2	预制橡胶绝缘件的局部放电试验	R	GB/T 18890.1—2015 中 9.2	GB/T 7354—2003, GB/T 3048.12—2007
3	预制橡胶绝缘件的电压试验	R	GB/T 18890.1—2015 中 9.3	GB/T 3048.8—2007
4	附件部件的试验	S	GB/T 18890.1—2015 中 11.1	合适方法

表 3（续）

序号	试 验 项 目	试验类型	试验要求	试验方法
5	成品附件的局部放电试验	S	GB/T 18890.1—2015 中 11.2	GB/T 7354—2003 GB/T 3048.12—2007
6	成品附件的电压试验	S	GB/T 18890.1—2015 中 11.2	GB/T 3048.8—2007
7	环境温度下的局部放电试验	T	GB/T 18890.1—2015 中 12.4.4	GB/T 7354—2003 GB/T 3048.12—2007
8	热循环电压试验	T	GB/T 18890.1—2015 中 12.4.6	GB/T 18890. 1—2015 中 12.4.6
9	环境温度下和高温下的局部放电试验	T	GB/T 18890.1—2015 中 12.4.4	GB/T 7354—2003 GB/T 3048.12—2007
10	雷电冲击电压试验及随后的工频电压试验	T	GB/T 18890.1—2015 中 12.4.7	GB/T 3048.13—2007 GB/T 3048.8—2007
11	电气试验后的试样检验	T	GB/T 18890.1—2015 中 12.4.8	合适方法
12	直埋接头的外保护层试验	T	GB/T 18890.1—2015 的附录 G	GB/T 18890.1—2015 的附录 G
13	终端组装后的密封试验	T	8.4.1	8.4.1
14	导体压接和机械连接件的试验[a]	T	8.4.2	在考虑中
15	户外终端淋雨工频耐压试验[a]	A	8.4.3	GB/T 16927.1
16	预鉴定试验的热循环电压试验	PQ	GB/T 18890.1—2015 中 13.2.4	GB/T 18890. 1—2015 中 12.4.6
17	预鉴定试验后的试样检验	PQ	GB/T 18890.1—2015 中 13.2.6	合适方法
18	预鉴定扩展试验[a]	PQ	GB/T 18890.1—2015 中 13.3	GB/T 18890. 1—2015 中 13.3

[a] 仅在要求时进行。

10 包装、运输及贮存

10.1 一般要求

电缆附件产品的包装方式可根据产品特点而定，附件的零部件可分开包装。

对各种预制绝缘件、带材等应有相应的防水、防潮等密封措施；对易碎、怕压部件或材料应有相应的防压、防撞击的包装措施，并在包装物外部明显位置标出相应的字样或标记；易燃部件或材料应有防火警示标志。

10.2 包装箱

包装箱可采用木箱或纸箱。木箱应符合 GB/T 12464 要求。装箱时在箱内应装入装箱清单。包装箱侧面应标明附件(部件)名称、规格。包装箱的两端面应标示：

a） 轻放；

b） 防雨；

c） 不得倒置。

10.3 运输和贮存

产品运输过程中不得将包装箱倒置及碰撞。

产品应贮存在清洁干燥和阴凉处，不得在户外或阳光下存放。

附　录　A
（资料性附录）
半导电橡胶带的性能

半导电橡胶带的性能见表 A.1。

表 A.1　半导电橡胶带的性能

<table>
<tr><th>序号</th><th colspan="2">项　目</th><th>单　位</th><th>性能指标</th></tr>
<tr><td rowspan="2">1</td><td rowspan="2">老化前机械性能</td><td>抗张强度</td><td>MPa</td><td>≥0.70</td></tr>
<tr><td>断裂伸长率</td><td>%</td><td>≥300</td></tr>
<tr><td rowspan="2">2</td><td rowspan="2">空气箱老化后机械性能[老化条件：(135±3)℃，7 d]</td><td>抗张强度变化率</td><td>%</td><td>≤±30</td></tr>
<tr><td>伸长率的变化率</td><td>%</td><td>≤±30</td></tr>
<tr><td>3</td><td colspan="2">体积电阻率(23 ℃)</td><td>Ω·m</td><td>≤10</td></tr>
</table>

附 录 B
（资料性附录）
环氧树脂固化（胶）体的性能

附件用环氧树脂固化体的性能见表B.1。

表 B.1 环氧树脂固化体的性能

序号	项目			单位	性能指标
1	电气性能	室温	体积电阻率(23 ℃)	Ω·m	$\geqslant 1.0\times 10^{13}$
			tanδ	—	$\leqslant 5.0\times 10^{-3}$
			介电常数	—	3.5～6.0
			短时工频击穿电场强度	kV/mm	≥20
		100 ℃	体积电阻率	Ω·m	$\geqslant 1.0\times 10^{13}$
			tanδ	—	$\leqslant 5.0\times 10^{-3}$
			介电常数	—	3.5～6.0
2	热变形温度			℃	≥105

附 录 C
（资料性附录）
液体绝缘填充剂的性能

硅油的性能见表C.1。

聚异丁烯的性能见表C.2。

表 C.1 硅油的性能

序号	项 目		单 位	性能指标
1	外观		—	无色透明，无杂质
2	运动黏度(25 ℃)	低黏度硅油	m^2/s	$(40\sim1\ 000)\times10^{-6}$
		高黏度硅油	m^2/s	$(7\ 000\sim13\ 000)\times10^{-6}$
3	闪点		℃	≥300
4	折光指数(25 ℃)		—	1.42～1.47
5	击穿电压(电极间距 2.5 mm)		kV	≥35
6	体积电阻率(25 ℃)		Ω·m	$\geq8.0\times10^{12}$
7	挥发度(条件:150 ℃,3 h)		%	≤0.5

表 C.2 聚异丁烯的性能

序号	项 目	单 位	性能指标
1	外观	—	无色透明，无杂质
2	闪点	℃	≥165
3	折光指数(25 ℃)	—	1.48～1.53
4	击穿电压(电极间距 2.5 mm)	kV	≥35
5	体积电阻率(25 ℃)	Ω·m	$\geq5.0\times10^{12}$

附 录 D
（资料性附录）
安装导则

D.1 范围

本安装导则适用于额定电压220 kV交联聚乙烯绝缘电力电缆附件安装的一般要求。附件的具体安装工艺和详细技术要求由制造方提供。

D.2 一般要求

D.2.1 安装工作应由经过培训合格和掌握附件安装技术的有经验人员进行。

D.2.2 安装手册规定的安装程序，根据不同的环境可进行调整和改变，但应通知制造方以便提供参考意见。

D.2.3 施工现场应保持清洁、无尘。一般情况下其相对湿度不应超过75％方可进行电缆终端施工安装。

D.2.4 需要时，电缆应用加热方法预先进行校直。

D.2.5 电缆和附件的各组成部件，应采用挥发性好的专用清洗剂进行清洗。

D.2.6 ○型圈在安装前应涂上密封硅胶或专用硅脂，与○型圈接触的表面，必须用清洗剂清洗干净，并确认这些接触面无任何损伤。

D.2.7 导体连接杆和导体连接管压接时，其所用模具尺寸应符合安装工艺规定。

D.2.8 在安装过程中，预制橡胶绝缘件和电缆绝缘表面，均应清洁干净。

D.2.9 当对电缆金属套进行钎焊时，连续钎焊时间不应超过30 min，并可在钎焊过程中采取局部冷却措施，以免因钎焊时金属套温度过高而损伤电缆绝缘。焊接前焊接处表面应保持清洁，焊接后的表面应处理光滑。

参 考 文 献

［1］ GB/T 11022—2011 高压开关设备和控制设备标准的共用技术要求

［2］ GB/T 20779.2—2007 电力防护用橡胶材料 第2部分:电缆附件用橡胶材料

［3］ IEC 60949:1988 考虑非绝热效应的允许热短路电流的计算(Calculation of thermally permissible short-circuit currents, taking into account non-adiabatic heating effects)

［4］ IEEE Std 404:2012 2.5 kV～500 kV 挤包和层绕绝缘屏蔽电缆接头(IEEE Standard for Extruded and Laminated Dielectric Shielded Cable Joints Rated 2.5 kV to 500 kV)

ICS 83.140.99
G 47

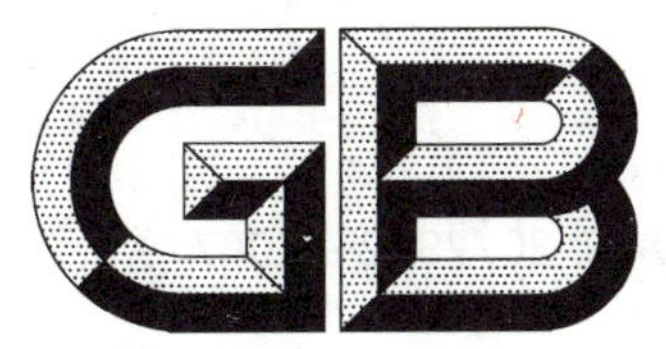

中华人民共和国国家标准

GB/T 20779.2—2007

电力防护用橡胶材料 第2部分：电缆附件用橡胶材料

Rubber for electric power safety—
Part 2: Rubber for cable accessories

2007-11-28 发布　　2008-06-01 实施

中华人民共和国国家质量监督检验检疫总局
中国国家标准化管理委员会　发布

前　言

GB/T 20779《电力防护用橡胶材料》预计分为如下几个部分：

——第1部分：通则；

——第2部分：电缆附件用橡胶材料；

——第3部分：绝缘子用橡胶材料。

本部分为GB/T 20779的第2部分。

本部分由中国石油和化学工业协会提出。

本部分由全国橡胶与橡胶制品标准化技术委员会橡胶杂品分会(SAC/TC 35/SC 7)归口。

本部分负责起草单位：上海电缆研究所。

本部分参加起草单位：通用电气(中国)有限公司、上海三原电缆附件有限公司、上海回天化工新材料有限公司。

本部分主要起草人：刘旌平、陈佶民、林卫宇、沈卫东、陈辉。

本部分为首次发布。

电力防护用橡胶材料
第2部分:电缆附件用橡胶材料

1 范围

GB/T 20779的本部分规定了用于电缆附件中绝缘和半导电组件的以硅橡胶或(三元)乙丙橡胶为基础的混合物的技术要求。

本部分适用于电力设备中承受工作电场以及电气安全防护的绝缘和半导电橡胶制品或组件用橡胶制品,但不包括电线电缆绝缘和半导电层用橡胶材料。

2 规范性引用文件

下列文件中的条款通过GB/T 20779的本部分的引用而成为本部分的条款。凡是注日期的引用文件,其随后所有的修改单(不包括勘误的内容)或修订版均不适用于本部分,然而,鼓励根据本部分达成协议的各方研究是否可使用这些文件的最新版本。凡是不注日期的引用文件,其最新版本适用于本部分。

GB/T 20779.1—2006　电力防护用橡胶材料　第1部分:通则

3 分类代号

冷收缩式电缆附件用橡胶材料　　L
预制式电缆附件用橡胶材料　　Y

4 性能

4.1 试样制备

预制式电缆附件用橡胶试样采用一段硫化,冷收缩式电缆附件用硅橡胶试样采用两段硫化。硫化温度和时间采用制造方推荐参数。

4.2 要求

电缆附件用橡胶材料的性能应符合表1中的规定。

表1　电缆附件用橡胶材料技术要求

序号	试验项目	单位	技术要求					
			FJ1L	FB1L	FJ1Y	FB1Y	FJ2Y	FB2Y
1	原始拉伸性能 拉伸强度 拉断伸长率	 N/mm² %	 ≥5.0 ≥420	 ≥5.0 ≥420	 ≥4.0 ≥300	 ≥4.0 ≥300	 ≥5.0 ≥300	 ≥10.0 ≥300
2	撕裂强度	N/mm	≥17	≥6	≥6	≥6	≥10	≥10
3	热空气老化(135℃×168 h)后拉伸性能 拉伸强度变化率 拉断伸长率变化率	 % %	—	—	—	—	 −30～+30 −30～+30	 −30～+30 −30～+30
4	1 008 h人工气候(氙灯)老化后拉伸性能 拉伸强度变化率 拉断伸长率变化率	 % %	—	—	—	—	 −30～+30 −30～+30	 −30～+30 −30～+30

表 1(续)

序号	试验项目	单位	技术要求					
			FJ1L	FB1L	FJ1Y	FB1Y	FJ2Y	FB2Y
5	100℃×24 h 浸硅油后拉伸性能 拉伸强度变化率 拉断伸长率变化率	 % %	—	—	—	—	 −30～+30 −30～+30	 −30～+30 −30～+30
6	20℃体积电阻率	Ω·m	≥1×10^{13}	≤10	≥1×10^{13}	≤10	≥1×10^{13}	≤10
7	工频介质损耗角正切		≤0.004	—	≤0.004	—	≤0.005	—
8	工频介电常数		2.5～3.5	—	2.5～3.5	—	2.5～3.5	—
9	工频击穿介电强度	MV/m	≥22	—	≥22	—	≥25	—
10	耐电痕化和蚀损		≥1A3.5	—	≥1A3.5	—	≥1A3.5	—
11	(90℃×120 h),300%定伸永久变形率	%	≤15	≤15	—	—	—	—

5 试验

电缆附件用橡胶材料应按表 2 的试验项目进行试验。

表 2 电缆附件用橡胶材料试验项目

序号	试验项目	试验方法 GB/T 20779.1 中条款	试验种类
1	原始拉伸性能	5.3	S,T
2	撕裂强度	5.4	S,T
3	热空气老化后拉伸性能	5.5	T
4	人工气候(氙灯)老化后拉伸性能	5.6	T
5	浸硅油后拉伸性能[a]	5.10	T
6	20℃体积电阻率	5.7	S,T
7	工频介质损耗角正切	5.8	S,T
8	工频介电常数	5.8	S,T
9	工频击穿介电强度	5.9	S,T
10	耐电痕化和蚀损[b]	5.11	T
11	定伸永久变形	5.12	T
S——出厂检验;T——型式检验。			
a 浸硅油试验采用 25℃黏度为(0.007～0.01)m^2/s 的硅油; b 耐电痕化和蚀损试验适用于室内和室外运行的电缆终端。			

ICS 29.060.20
K 13

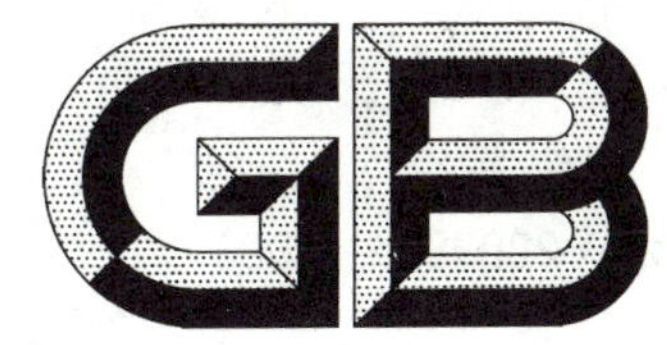

中华人民共和国国家标准

GB/T 22078.1—2008

额定电压500 kV(U_m=550 kV)交联聚乙烯绝缘电力电缆及其附件 第1部分:额定电压500 kV(U_m=550 kV)交联聚乙烯绝缘电力电缆及其附件——试验方法和要求

Power cables with cross-linked polyethylene insulation and their accessories for rated voltage of 500 kV(U_m=550 kV)—Part1:Power cable systems-cables with cross-linked polyethylene insulation and their accessories for rated voltage of 500 kV(U_m=550 kV)—Test methods and requirements

(IEC 62067:2006,MOD)

2008-06-30 发布 2009-04-01 实施

中华人民共和国国家质量监督检验检疫总局
中国国家标准化管理委员会 发布

前　言

GB/T 22078《额定电压 500 kV(U_m=550 kV)交联聚乙烯绝缘电力电缆及其附件》分为三个部分：

——第1部分：额定电压 500 kV(U_m=550 kV)交联聚乙烯绝缘电力电缆及其附件——试验方法和要求；

——第2部分：额定电压 500 kV(U_m=550 kV)交联聚乙烯绝缘电力电缆；

——第3部分：额定电压 500 kV(U_m=550 kV)交联聚乙烯绝缘电力电缆附件。

本部分为 GB/T 22078 的第1部分。

本部分修改采用 IEC 62067:2006 Ed. 1.1《额定电压 150 kV(U_m=170 kV)以上至 500 kV(U_m=550 kV)挤包绝缘电缆及其附件——试验方法和要求》(英文版)。IEC 第 20 技术委员会(电缆)已决定此出版物的内容直至 2010 年保持不变。至该时，此出版物将重新确认或废止或修订或修改。

本部分主要技术内容和编写格式、文本结构与 IEC 62067:2006 相同，但外护套材料仅采用与正常运行条件电缆导体最高温度 90 ℃相适配的 ST_2 和 ST_7 外护套混合料；型式试验中增加绝缘层微孔、杂质和半导电屏蔽层与绝缘层界面微孔、突起试验，相应增加附录 E：绝缘层杂质、微孔和半导电屏蔽与绝缘层界面微孔、突起试验；增加外护套刮磨试验和铝套腐蚀扩展试验。绝缘偏心度要求和绝缘 $\tan\delta$ 值要求以及例行试验中局部放电试验灵敏度要求均严于 IEC 62067:2006。有关技术性差异已编入正文中并在它们所涉及的条款的页边空白处用垂直单线标识。在附录 F 中给出了这些技术性差异及其原因的一览表以供参考。

本部分的附录 A、附录 B、附录 C、附录 D、附录 E 为规范性附录，附录 F 为资料性附录。

本部分由中国电器工业协会提出。

本部分由全国电线电缆标准化技术委员会(SAC/TC 213)归口。

本部分负责起草单位：上海电缆研究所。

本部分参加起草单位：武汉高压研究院、国家电线电缆产品质量监督检验中心、特变电工山东鲁能泰山电缆有限公司、远东控股集团有限公司、上海电缆输配电公司、天津塑力线缆集团有限公司。

本部分主要起草人：应启良、杨黎明、吴长顺、刘召见、汪传斌、姜芸、韩长武。

额定电压500 kV(U_m=550 kV)交联聚乙烯绝缘电力电缆及其附件 第1部分:额定电压500 kV(U_m=550 kV)交联聚乙烯绝缘电力电缆及其附件——试验方法和要求

1 范围

GB/T 22078的本部分规定了额定电压500 kV(U_m=550 kV)固定安装的交联聚乙烯绝缘电缆系统、电缆及其附件的试验方法和要求。

此试验要求适用于通常安装和运行条件下的单芯电缆及其附件,而不适用于特种电缆及其附件,诸如海底电缆。对特种电缆可能需要修改本部分的试验或可能需要设计特殊的试验条件。

本部分不包含交联聚乙烯绝缘电缆和纸绝缘电缆的过渡接头。

2 规范性引用文件

下列文件中的条款通过GB/T 22078的本部分的引用而成为本部分的条款。凡是注日期的引用文件,其随后所有的修改单(不包括勘误的内容)或修订版均不适用于本部分,然而,鼓励根据本部分达成协议的各方研究是否可使用这些文件的最新版本。凡是不注日期的引用文件,其最新版本适用于本部分。

GB/T 2951.11—2008 电缆和光缆绝缘和护套材料通用试验方法 第11部分:通用试验方法 厚度和外形尺寸测量 机械性能试验(IEC 60811-1-1:2001,IDT)

GB/T 2951.12—2008 电缆和光缆绝缘和护套材料通用试验方法 第12部分:通用试验方法 热老化试验方法(IEC 60811-1-2:1985,IDT)

GB/T 2951.14—2008 电缆和光缆绝缘和护套材料通用试验方法 第14部分:通用试验方法 低温试验(IEC 60811-1-4:1985,IDT)

GB/T 2951.21—2008 电缆和光缆绝缘和护套材料通用试验方法 第21部分:弹性体混合料专用试验方法 耐臭氧试验 热延伸试验 浸矿物油试验(IEC 60811-2-1:2001,IDT)

GB/T 2951.31—2008 电缆和光缆绝缘和护套材料通用试验方法 第31部分:聚氯乙烯混合料专用试验方法 高温压力试验 抗开裂试(IEC 60811-3-1:1985,IDT)

GB/T 2951.32—2008 电缆和光缆绝缘和护套材料通用试验方法 第32部分:聚氯乙烯混合料专用试验方法 失重试验 热稳定性试验(IEC 60811-3-2:1985,IDT)

GB/T 2951.41—2008 电缆和光缆绝缘和护套材料通用试验方法 第41部分:聚乙烯和聚丙烯混合料专用试验方法 耐环境应力开裂试验 熔体指数测量方法—直接燃烧法测量聚乙烯中碳黑和/或矿物质填料含量—热重分析法(TGA)测量碳黑含量—显微镜法评估聚乙烯中碳黑分散度(IEC 60811-4-1:2004,IDT)

GB/T 2952.1—1989 电缆外护层 第1部分:总则

GB/T 3048.12—2007 电线电缆电性能试验方法 第12部分:局部放电试验(IEC 60885-3:1988,MOD)

GB/T 3048.13—2007 电线电缆电性能试验方法 第13部分:冲击电压试验(IEC60230:1966,

IEC 60060-1:1989,MOD)

GB/T 3956—1997 电缆的导体(idt IEC 60228: 1978)

GB/T 16927.1—1997 高电压试验技术 第一部分:一般试验要求(eqv IEC 60060-1:1989)

GB/T 18380.1—2001 电缆在火焰条件下的燃烧试验 第1部分:单根绝缘电线或电缆的垂直燃烧试验方法(idt IEC 60332-1: 1993)

GB/T 22078.2—2008 额定电压 500 kV(U_m=550 kV)交联聚乙烯绝缘电力电缆及其附件 第2部分:额定电压 500 kV(U_m=550 kV)交联聚乙烯绝缘电力电缆

JB/T 8996—1999 高压电缆选择导则(eqv IEC 60183: 1984)

JB/T 10696.5—2007 电线电缆机械和理化性能试验方法 第5部分:腐蚀扩展试验

JB/T 10696.6—2007 电线电缆机械和理化性能试验方法 第6部分:挤出外套刮磨试验

3 定义

本部分采用下列定义:

3.1 尺寸(厚度、导体截面等)定义

3.1.1

标称值 nominal value

指定的量值并经常用于表格之中。

注:本部分中,通常标称值引伸出的量值考虑规定公差,通过测量并进行检验。

3.1.2

中间值 median value

将试验得到的若干数值以递增(或递减)的次序依次排列时,若数值的数目是奇数,中间的那个值为中间值;若数值的数目是偶数,中间两个数值的平均值为中间值。

3.2 有关试验的定义

3.2.1

例行试验 routine test

由制造方在成品电缆的所有制造长度或附件的每个预制绝缘件上进行的试验,以检验其是否符合规定的要求。

3.2.2

抽样试验 sample test

由制造方按规定的频度在成品电缆试样上,或在取自成品电缆的某些部件上进行的试验,以检验成品电缆是否符合规定要求。

3.2.3

型式试验 type test

按一般商业原则对本部分所包含的一种型式电缆系统在供货前进行的试验,以表明其具有能满足预期使用条件的良好性能。除非电缆或附件的材料或设计或制造工艺的改变可能改变其特性,试验一旦成功完成,就不需要重做。

3.2.4

预鉴定试验 prequalification test

按一般商业原则对本部分所包含的一种型式电缆系统在供货前进行的试验,以证明该成品电缆系统具有满意的长期运行性能。

除非该电缆系统相关的材料、制造工艺、设计和设计水平有实质性改变,预鉴定试验只需要进行一次。

注:实质性改变定义为可能对电缆系统产生不利影响的改变。如果有改变而申明不构成实质性改变,供应方应提供包括试验证据的详细情况。

3.2.5

安装后电气试验　electrical tests after installation

用以证明安装后的电缆系统完好的试验。

3.3

电缆系统　cable system

电缆系统由电缆和安装在电缆上的附件构成。

4　电压标示和材料

4.1　额定电压

本部分中，符号 U_0、U 和 U_m 标示电缆和附件的额定电压。这些符号的含义由 JB/T 8996—1999 给出。

4.2　电缆绝缘材料

本部分适用的电缆的交联聚乙烯绝缘混合料列于表 1 中。该表亦规定了采用该绝缘混合料电缆的导体最高运行温度，此为规定试验条件的依据。

表 1　电缆的交联聚乙烯绝缘混合料

绝缘混合料	导体最高温度/℃	
	正常运行	短路(最长时间 5 s)
交联聚乙烯(XLPE)	90	250

4.3　电缆外护套材料

规定下列两种型式的外护套的试验：

——以聚氯乙烯为基料的 ST_2；

——以聚乙烯为基料的 ST_7。

外护套型式的选择取决于电缆设计以及运行时机械和热性能的限定。

外护套混合料适用的导体最高温度见表 2。

表 2　电缆外护套混合料

外护套混合料	代　　号	正常运行条件电缆导体最高温度/℃
聚氯乙烯	ST_2	90
聚乙烯	ST_7	90

5　电缆阻水措施

当电缆系统安装于地下、易积水的隧道或水中时，推荐电缆应具有径向不透水阻隔层。

注：目前尚不具备径向透水试验条件。

按购买方和制造方之间的协议或按制造方推荐，电缆可以采用纵向阻水结构以免万一电缆在接触水的环境中损伤时必须更换大段电缆。

纵向阻水试验见 12.5.12。

6　电缆特性

为实施并记录本部分所述的试验，应验明电缆。下列特性应予确认或申明：

6.1　额定电压：应给出 U_0、U 和 U_m 值(见 4.1 和 8.4)。

6.2　导体类别、材料和单位为平方毫米的标称截面积。如果导体有纵向阻水结构，明确实现纵向阻水性能的措施实质。如果导体截面积不符合 GB/T 3956—1997，应申明导体的直流电阻。

6.3 绝缘的材料和标称厚度(见4.2和GB/T 22078.2—2008中7.2.1)。

6.4 绝缘系统的制造工艺。

6.5 如果屏蔽处有阻水措施,其阻水措施的实质。

6.6 如果有金属屏蔽,明确金属屏蔽的材料和结构,例如金属丝根数和单线直径。

如果有金属套,明确其材料、结构和标称厚度。应申明金属屏蔽的直流电阻。

6.7 外护套的材料和标称厚度。

6.8 导体标称外径(d)。

6.9 成品电缆标称外径(D)。

6.10 导体与金属屏蔽和(或)金属套间标称电容。

7 附件特性

为实施并记录本部分所述的试验,应验明附件。应予确认或申明下列特性:

7.1 应对附件内所用的导体连接金具正确地标明以下各点:

——安装工艺;

——工具、模具和必需的调整;

——接触表面处理,如果适用;

——连接金具的类型、编号和其他识别标志。

7.2 应对要作试验的附件正确标明以下各点:

——制造方名称;

——附件型式、标号、制造日期或日期代码;

——额定电压(见上述6.1);

——安装说明书(参照资料和日期)。

8 试验条件

8.1 环境温度

除非特殊试验另有详细规定,试验应在环境温度(20±15)℃下进行。

8.2 工频试验电压的频率和波形

除非本部分另外指明,工频试验电压的频率应为49 Hz~61 Hz范围。波形应基本为正弦波形。电压值以有效值表示。

8.3 雷电冲击试验电压波形

按照GB/T 3048.13—2007,标准雷电冲击电压的波前时间应为1 μs~5 μs。按GB/T 16927.1—1997规定,半波峰时间为40 μs~60 μs。

8.4 操作冲击试验电波形

按照GB/T 16927.1—1997规定,标准操作冲击电压的波前时间为250 μs±50 μs,半波峰时间为2 500 μs±1 500 μs。

8.5 试验电压与额定电压的关系

本部分的试验电压为额定电压U_0的倍数,U_0值和试验电压应按表3规定。

本部分中试验电压是根据假定电缆和附件使用于JB/T 8996—1999定义的A类系统而确定。

表 3 试验电压

1	2	3	4		5	6	7	8	9
额定电压 U/kV	设备最高电压 U_m /kV	确定试验电压值 U_0/kV	9.3 电压试验		9.2 和 12.4.5 局部放电试验 ($1.5U_0$) /kV	12.4.7 热循环电压试验 ($2U_0$)/kV	10.11，12.4.9 和 13.2.4 雷电冲击电压试验 /kV	10.11 和 12.4.9 雷电冲击电压试验后电压试验 /kV	12.4.8 操作冲击电压试验 /kV
			电压[a] /kV	时间[a] /min					
500	550	290	580	60	435	580	1 550	580	1 175

[a] 绝缘的电场强度不宜超过阈值 27 MV/m～30 MV/m 以避免电缆在交货前遭受任何可能导致以后运行时发生击穿的绝缘损伤。9.3 电压试验时可降低试验电压同时延长试验时间以避免电场强度过高。

在制造方和购买方同意条件下，即使绝缘试验最大电场强度低于 30 MV/m，9.3 电压试验亦可采用较低电压和较长时间代替，但试验电压应不低于 435 kV($1.5U_0$)，试验时间不超过 10 h。

9 电缆和预制附件主绝缘的例行试验

9.1 概述

应对每根制造长度电缆和每个预制附件的主绝缘进行下列试验以检验每根电缆和每个预制附件主绝缘是否符合要求。

这些试验项目的次序由制造方安排而定。

a) 局部放电试验(见 9.2)；

b) 电压试验(见 9.3)；

c) 电缆外护套电气试验(见 9.4)。

预制附件的主绝缘要经受局部放电和电压例行试验，按以下 1)或 2)或 3)进行。

1) 在安装于电缆的预制附件的主绝缘上进行；

2) 主绝缘部件装在专供试验的附件上进行；

3) 采用模拟附件试验装置进行试验，使主绝缘部件所受的电场强度再现实际电场情况。

在上述 2)和 3)情况下，应选取试验电压值使得产生的电场强度至少与附件产品上施加 9.2 和 9.3 规定试验电压时在该部件上产生的电场强度相同。

注：预制附件的主绝缘包括与电缆绝缘直接接触并且是附件中控制电场分布所必需而且基本的部件，例如模压预制或预浇注预制橡胶绝缘件或有填充料的环氧绝缘件。它们可以单独使用或组合起来使用而成为附件的必需的绝缘和屏蔽。

9.2 局部放电试验

应根据 GB/T 3048.12—2007 对电缆进行局部放电试验，且按 GB/T 3048.12—2007 定义，其灵敏度应优于或等于 5 pC。附件的试验按相同原则进行。

试验电压应逐渐升至 508 kV($1.75U_0$)并保持 10 s，然后慢慢地降至 435 kV($1.5U_0$)。

在 435 kV 下被试品应无可检测出的放电。

9.3 电压试验

应在室温下以工频交流电压进行电压试验。

按照表 3 第 4 栏规定，应将导体与金属屏蔽和(或)金属套之间的试验电压逐渐上升至 580 kV ($2U_0$)，然后保持 60 min。

绝缘应不发生击穿。

9.4 电缆外护套电气试验

按 GB/T 2952.1—1989 规定，在金属套和外护套表面导电层之间以金属套接负极施加直流电压

25 kV,历时 1 min,外护套应不击穿。可以在外护套上包覆导电层,也可以将电缆浸入水中进行试验。

10 电缆抽样试验

10.1 概述

下列试验应在代表批的试样上进行。对试验项目 b)和 g)可以将成盘电缆作为试样。

a) 导体检验(见 10.4);

b) 导体电阻测量(见 10.5);

c) 绝缘和外护套厚度测量(见 10.6);

d) 金属套厚度测量(见 10.7);

e) 外径测量,如有要求(见 10.8);

f) XLPE 绝缘热延伸试验(见 10.9);

g) 电容测量(见 10.10);

h) 雷电冲击电压试验和随后的工频电压试验(见 10.11);

i) 透水试验,如适用(见 12.5.12)。

10.2 试验频度

抽样试验项目 a)项～g)项应在每批相同型号、相同导体截面电缆中抽取一根试样上进行,但抽样根数应不超过任何合同的电缆根数的 10%修约至最接近的整数。

试验项目 h)和 i)的试验频度应根据协议的质量控制方法。在无此协议情况下,试验应按以下抽样方法进行。

合同总数(单芯长度)L/km	试　样　数
$4<L\leqslant 20$	1
$L>20$	2

10.3 复试

如果取自任何一根选作试验电缆的试样未通过第 10 章规定的任何一项试验,应在同一批中再从两根电缆上取试样就原先试样未通过的项目进行试验。如果两个加试的试样都通过试验,该批的其他电缆应认为符合本部分要求。如果任何一个试样未通过试验,则应判该批电缆为不合格。

10.4 导体检验

应采用实际可行的检测方法检验导体结构是否符合 GB/T 3956—1997 的要求。

10.5 导体电阻测量

整根电缆或从中取出的试样应在试验前置于温度相当稳定的试验室内至少 12 h。如果怀疑导体与试验室温度不同,应在电缆置于试验室至少 24 h 以后测量导体电阻。或者可将导体试样放置在温控的液浴中至少处理 1 h 后测量电阻。

应根据 GB/T 3956—1997 的公式和系数,将导体直流电阻修正至温度为 20 ℃、长度为 1 km 的电阻值。

20 ℃下导体的直流电阻应不超过 GB/T 3956—1997 和 GB/T 22078.2—2008 中表 2 规定的相应的最大值。

10.6 绝缘和电缆外护套厚度测量

10.6.1 概述

试验方法应按 GB/T 2951.11—2008 的规定。

应从每根选作试验的电缆的一端切除损伤部分(如果必需)取出代表被试电缆的试件。

10.6.2 绝缘要求

最小测量厚度应不小于标称厚度的 90%:

$$t_{min} \geqslant 0.90t_n$$

绝缘偏心度应不大于8%：

$$\frac{t_{max}-t_{min}}{t_{max}} \leqslant 0.08$$

式中：

t_{max}——绝缘最大厚度，单位为毫米(mm)；

t_{min}——绝缘最小厚度，单位为毫米(mm)；

t_n——绝缘标称厚度，单位为毫米(mm)。

注：t_{max}和t_{min}在绝缘同一截面上测得。

绝缘厚度应不包含导体和绝缘上半导电屏蔽厚度。

10.6.3 电缆外护套要求

最小测量厚度应不低于标称厚度的85%－0.1 mm：

$$t_{min} \geqslant 0.85t_n - 0.1$$

式中：

t_{min}——最小厚度，单位为毫米(mm)；

t_n——标称厚度，单位为毫米(mm)。

此外包覆在基本为光滑表面上的外护套，其测量值的平均值按附录A修约至一位小数，应不小于标称值。

对包覆在不规则表面诸如金属丝和(或)金属带屏构成的表面或皱纹金属套上的外护套没有测量值的平均值的要求。

10.7 金属套厚度测量

电缆有铅或铅合金套或铝套，采用下列试验方法。

10.7.1 铅或铅合金套

如果电缆具有铅或铅合金套，金属套的最小厚度应不小于标称厚度95%－0.1 mm：

$$t_{min} \geqslant 0.95t_n - 0.1$$

铅套厚度由应制造方确定用下列的一种方法测量。

10.7.1.1 窄条法

应采用测微计进行测量，测微计的两个平面端的直径4 mm～8 mm，测量精度为±0.01 mm。

应从成品电缆取出一段长约50 mm的铅套试件进行测量。应将试件沿纵向剖开，并小心地展平。在试件作清洁处理后，应沿着铅套圆周，在距展平的铅片边缘不小于10 mm处作足够多点的测量，以确保测得最小厚度。

10.7.1.2 圆环法

应采用测微计进行测量，测微计的一个测量头为平面，另一测量头为球面，或一个测量头为平面，另一测量头为宽0.8 mm、长2.4 mm的矩形面。球面测量头或矩形平面测量头应置于圆环的内侧。测微计的精度应为±0.01 mm。

应从试样上小心地切下铅套圆环进行测量。应沿圆环四周足够多的点上测量厚度以确保测得最小厚度。

10.7.2 皱纹铝套

应采用两个具有半径约3mm的球面头测微计进行测量，其精度应为±0.01 mm。

如果电缆具有铝套，其最小厚度应不小于标称厚度85%－0.1 mm，即：

$$t_{min} \geqslant 0.85t_n - 0.1$$

应小心地从成品电缆取宽约50 mm的铝套圆环，对其进行测量。应沿圆环四周足够多点上测量厚度以确保测得最小厚度。

10.8 直径测量

如果购买方要求测量绝缘芯和(或)电缆外径,应按照 GB/T 2951.11—2008 中 8.3 进行测量。

10.9 XLPE 绝缘热延伸试验

10.9.1 步骤

取样和试验步骤应按照 GB/T 2951.21—2008 第 9 章,并采用表 7 给出的试验条件进行试验。

应按所采用的交联工艺,在认为交联度最低的绝缘部分制取试片。

10.9.2 要求

试验结果应符合表 7 给出的要求。

10.10 电容测量

应测量导体与金属屏蔽和(或)金属套间的电容。

测量值应不超过制造方申明的标称值 8%。

10.11 雷电冲击电压试验及随后的工频电压试验

应在不包括试验附件,长度至少 10 m 的成品电缆上,于导体温度 95 ℃~100 ℃下进行。

应根据 GB/T 3048.13—2007 规定的方法施加雷电冲击电压。

电缆应耐受表 3 中第 7 栏给出的电压值 1 550 kV 正负极性各 10 次雷电电压冲击而不击穿。

雷电冲击电压试验后电缆试样应经受 580 kV($2U_0$),15 min 的工频电压试验,由制造方任选,可在冷却过程中或在室温下进行。绝缘应不发生击穿。

11 附件抽样试验

在考虑中。

12 电缆系统的型式试验

12.1 概述

电缆和附件应按制造方的安装说明书规定进行组装并采用制造方提供等级和数量的材料,包括润滑剂(如果有)。

附件外表面应干燥、清洁,但电缆和附件均不应经受制造方安装说明书未规定的任何方式的可能改变组装试样的电气、热或机械性能的处理。

在作 12.4.2 的 c)项~g)项试验时,必须将被试接头加上外保护层。如果能够指明此外保护层不会影响接头绝缘性能,例如没有热机械或有关相容性的影响,就不必加上此外保护层。

注:本部分不规定终端有关环境条件方面的试验。

12.2 型式试验认可范围

当某一特定导体截面和结构的相同额定电压等级为 500 kV 的电缆系统成功地通过型式试验,如果符合下列全部条件,型式试验对本部分范围内相同额定电压的其他导体截面和结构的电缆系统亦认可有效。

注:本部分中相同额定电压等级电缆系统是指具有相同 U_m 值(设备最高电压),因而试验电压水平相同的电缆系统。

a) 导体截面不大于通过试验电缆的导体截面;

b) 电缆和附件具有和通过试验的电缆系统相同或相似的结构;

注:相似结构的电缆和附件是指型式相同、绝缘和半导电屏蔽制造工艺相同的电缆和附件。由于导体的种类或材料的差异或者屏蔽绝缘芯上或附件主绝缘上保护层的差异,除非这些差异可能对试验结果有显著影响,电气型式试验不必重复进行。有些情况下,重复进行型式试验中一项或多项试验(例如弯曲试验、热循环试验和(或)相容性试验)可能合适。

c) 导体和绝缘屏蔽上、附件主绝缘部件中和界面上的最大的计算电场强度等于或低于通过试验的电缆和附件的相应值。

注：假如电压等级相同，且电缆导体截面较小，并且绝缘厚度不小于通过试验的电缆，导体上计算的最大电场强度可以比通过试验电缆的相应值大10%。

除非采用不同的材料生产电缆，取自不同导体截面的电缆的试样不需进行电缆组件的型式试验(见12.5)。然而假如包覆在屏蔽绝缘芯上的材料组合不同于原先已经型式试验的电缆的材料组合，可以要求重复进行成品电缆样段的老化试验以检验材料的相容性(见12.5.4)。

由具有资质的监证机构代表签署的型式试验证书或制造方提供的由有合适资格的官员签署的试验报告或由独立试验室出具的型式试验证书应认可作为通过型式试验的证明。

12.3 型式试验概要

型式试验应包含12.4规定的成品电缆系统的电气试验和12.5规定的电缆组件和成品电缆适用的非电气试验。

除12.4.3规定，电气试验应依次在电缆系统的一根试样上进行。

电缆组件和成品电缆的非电气试验汇总于表4，此表指出哪些试验适用于交联聚乙烯绝缘材料和各种外护套材料。燃烧试验仅当制造方希望申明以通过此项试验为其电缆的设计特点时才要求进行。

表4 电缆绝缘和外护套混合料非电气型式试验

混合料代号(见4.2和4.3)	绝 缘	外 护 套	
	XLPE	ST_2	ST_7
结构检查 透水试验[a]	采用各种外护套材料的交联聚乙烯绝缘电缆均适用		
机械性能(抗张强度和断裂伸长率)			
a) 老化前	×	×	×
b) 空气烘箱老化后	×	×	×
c) 成品电缆老化后(相容性试验)	×	×	×
高温压力试验	—	×	×
低温性能			
a) 低温拉伸试验	—	×	—
b) 低温冲击试验	—	×	—
空气烘箱失重试验	—	×	—
热冲击试验	—	×	—
热延伸试验	×	—	—
碳黑含量[b]	—	—	×
燃烧试验[c]	—	×	—
注：“×”表示要作型式试验。			

[a] 对制造方申明电缆设计具有纵向透水阻隔结构时，要做此项试验。

[b] 仅对黑色外护套。

[c] 仅当制造方希望申明符合电缆设计时有要求。

12.4 成品电缆系统的电气型式试验

不包括附件长度的成品电缆试样长度至少10 m。在一个或几个成品电缆试样上应进行12.4.2中所列的试验。成品电缆试样数取决于试验的附件种类数。

附件之间电缆的最短净长应为5 m。

除12.4.3规定外，12.4.2所列的全部试验应依次施加于同一试样。附件应在电缆经弯曲试验后安装。每种附件应有一个试样进行试验。

12.4.11所述的半导电屏蔽电阻率测量应在一未经上述试验的试样上进行。

12.4.1 **试验电压值**

电气型式试验前，应在用于试验的电缆段上取代表性试件，按 GB/T 2951.11—2008 中 8.1 规定的方法测量绝缘厚度以检查绝缘厚度是否过分超过标称值。

如果绝缘平均厚度不超过标称厚度 5%，试验电压应为按表 3 规定的试验电压值。

如果绝缘平均厚度超过标称厚度 5%但不超过 15%，应调整试验电压使得导体屏蔽上电场强度等于绝缘平均厚度为标称值且试验电压为按表 3 的试验电压值时产生的电场强度。

用于电气型式试验电缆的绝缘平均厚度应不超过标称值 15%。

12.4.2 **试验顺序**

试验应按以下顺序进行。

a) 电缆弯曲试验(见 12.4.4)后安装附件并在室温下进行局部放电试验(见 12.4.5)；

b) tanδ 测量(见 12.4.6)；

c) 热循环电压试验(见 12.4.7)；

d) 室温和高温下局部放电试验(见 12.4.5)

试验应在上述 c)项最后一次循环后进行，或在下述 f)项雷电冲击电压试验后进行；

e) 操作冲击电压试验 (见 12.4.8)；

f) 雷电冲击电压试验及随后工频电压试验(见 12.4.9)；

g) 局部放电试验(如果上述 d)项试验未进行)；

h) 直埋接头外保护层试验(见附录 D)；

注 1：此项试验施加于已通过 c)项循环试验的接头或已通过三次热循环(见附录 D)的分开试验接头。

注 2：如果电缆和接头在运行时不遭受潮湿环境(非直埋于地下或非间断或连续浸水)此项试验可以免除。

i) 结束上述试验后应检验包含电缆和附件的电缆系统(见 12.4.10)。

12.4.3 **特殊条款**

12.4.2 中 b)项试验可以用未经 12.4.2 列出其余试验的电缆试样并安装特殊的试验终端进行。

12.4.4 **弯曲试验**

室温下电缆试样应绕试验圆柱体(例如圆盘筒体)至少弯曲一整圈。再复位而轴不转。然后反方向弯曲试样，重复此过程。

此反复弯曲应总共进行三次。

试验圆柱体直径对铅、铅合金和皱纹金属套电缆应不大于 25(d+D)+5%。其中 d 为导体标称直径，mm(见 6.8)；D 为电缆标称外径，mm(见 6.9)。

弯曲试验结束后应将附件安装在电缆上。此组装试样应在室温下进行局部放电试验，并应符合 12.4.5 规定要求。

12.4.5 **局部放电试验**

应根据 GB/T 3048.12—2007 进行试验，其灵敏度为 5 pC 或优于 5 pC。

试验电压应逐渐升至 508 kV(1.75U_0)并保持 10 s，然后缓慢地降低至 435 kV(1.5U_0)。

对高温下局部放电试验，组装试样应在导体温度 95 ℃～100 ℃下进行试验，导体温度应在此规定的温度范围内至少保持 2 h。

组装试样在 435 kV 下应无可检测出的放电。

12.4.6 **tanδ 测量**

应采用适当方法加热试样。采用测量导体电阻或采用放置在屏蔽或金属套表面热电偶测温或以相同加热方法，用放置在另一相同电缆试样的导体中热电偶测温方法确定导体温度。

应加热试样使导体温度达到 95 ℃～100 ℃。

在工频电压 290 kV(U_0)及上述规定温度下测量 tanδ，测量值应不超过 8.0×10^{-4}。

12.4.7 **热循环电压试验**

电缆应弯成 U 形，其弯曲直径按 12.4.4 规定。

用导体电流加热组装试样至电缆导体温度达到稳定温度 95 ℃～100 ℃。

注：如果因为实际原因，不能达到试验温度，可以外加热绝缘措施。

至少加热 8 h。每个加热周期导体温度应在上述温度范围内至少保持 2 h。随后应自然冷却至少 16 h 至导体温度为环境温度以上 15 ℃范围以内，最大不超过 45 ℃。应记录每个加热周期最后 2 h 的导体电流。

此加热和冷却循环应进行 20 次。

在全部试验过程中，应对组装试样施加 580 kV($2U_0$)电压。

组装试样应在最后一次热循环后或在 12.4.9 所述的雷电冲击电压试验后，在高温和室温下按 12.4.5 要求进行局部放电试验并符合要求。

12.4.8 操作冲击电压试验

应在导体温度为 95 ℃～100 ℃对组装试样进行试验。导体温度应在此温度范围内至少保持 2 h。

应按 GB/T 3048.13—2007 所述的方法施加符合表 3 第 9 栏给出的操作冲击试验电压。

组装试样应耐受正负极性各 10 次操作冲击电压而不击穿或闪络。

12.4.9 雷电冲击电压试验和随后的工频电压试验

应在导体温度为 95 ℃～100 ℃下对组装试样进行试验。导体温度应在此温度范围内至少保持 2 h。

应按 GB/T 3048.13—2007 给出的方法施加雷电冲击试验电压。

组装试样应耐受正负极性各 10 次表 3 第 7 栏给出的雷电冲击电压而不击穿或闪络。

雷电冲击电压试验后组装试样应经受 580 kV($2U_0$)，15 min 的工频电压试验。由制造方任选，试验可在冷却过程中或室温下进行。应不发生绝缘击穿或闪络。

如果原先按 12.4.7 规定的热循环电压试验结束时未进行局部放电试验，组装试样应在高温和室温下按 12.4.5 规定经受局部放电试验并符合要求。

12.4.10 检验

用肉眼检验含电缆和附件的电缆系统，应无可能影响系统运行的劣化迹象(例如电气品质降低、泄漏、腐蚀或有害的收缩)。

12.4.11 半导电屏蔽电阻率

应从制成后未经处理的电缆试样的绝缘芯取试件和已经受按 12.5.4 规定作组件材料相容性试验的老化处理的电缆试样绝缘芯取试件进行导体上和绝缘上的挤包半导电屏蔽的电阻率测定。

12.4.11.1 测量方法

测量方法应按照附录 B。

应在 90 ℃±2 ℃温度范围内进行测量。

12.4.11.2 要求

老化前后的电阻率应不超过以下值：

导体屏蔽：1 000 Ω·m；

绝缘屏蔽：500 Ω·m。

12.5 电缆组件和成品电缆的非电气型式试验

12.5.1～12.5.15 规定试验的详细要求。

12.5.1 电缆结构检查

导体检验和绝缘、外护套与金属套厚度测量应根据并符合 10.4、10.6、10.7 给出的要求。

12.5.2 确定老化前后绝缘的机械性能试验

12.5.2.1 取样

试件取样和制备应按 GB/T 2951.11—2008 中的 9.1 进行。

12.5.2.2 老化处理

老化处理应按 GB/T 2951.12—2008 中的 8.1 并在表 5 规定的条件下进行。

表 5 电缆绝缘混合料机械特性要求(老化前后)

序号	试验项目和试验条件 (混合料代号见 4.2)	单 位	性能要求
			XLPE
0	正常运行时导体最高温度	℃	90
1	老化前(GB/T 2951.11—2008 中 9.1)		
1.1	最小抗张强度	N/mm²	12.5
1.2	最小断裂伸长率	%	200
2	空气烘箱老化后(GB/T 2951.12—2008 中 8.1)		
2.1	处理条件:温度	℃	135
	温度偏差	℃	±3
	持续时间	d	7
2.2	抗张强度		
	a) 老化后最小值	N/mm²	—
	b) 最大变化率[a]	%	±25
2.3	断裂伸长率		
	a) 老化后最小值	%	—
	b) 最大变化率[a]	%	±25

[a] 变化率:老化后测得中间值与老化前测得中间值的差值除以后者,以百分率表示。

12.5.2.3 **预处理和机械性能试验**

预处理和机械性能测试应按 GB/T 2951.11—2008 中的 9.1 进行。

12.5.2.4 **要求**

老化前和老化后试件的试验结果应符合表 5 给出的要求。

12.5.3 **确定老化前后外护套机械性能试验**

12.5.3.1 **取样**

试件取样和制备应按 GB/T 2951.11—2008 中的 9.2 进行。

12.5.3.2 **老化处理**

老化处理应按 GB/T 2951.12—2008 中的 8.1 并在表 6 规定的条件下进行。

表 6 电缆外护套混合料机械特性试验要求(老化前后)

序号	试验项目和试验条件 (混合料代号见 4.3)	单位	性能要求	
			ST_2	ST_7
1	老化前(GB/T 2951.11—2008 中 9.2)			
1.1	最小抗张强度	N/mm²	12.5	12.5
1.2	最小断裂伸长率	%	150	300
2	空气烘箱老化后(GB/T 2951.12—2008 中 8.1)			
2.1	处理条件:温度	℃	100	100
	温度偏差	℃	±2	±2
	持续时间	d	7	10
2.2	抗张强度:			
	a) 老化后最小值	N/mm²	12.5	—
	b) 最大变化率[a]	%	±25	—
2.3	断裂伸长率:			
	a) 老化后最小值	%	150	300
	b) 最大变化率[a]	%	±25	—
3	高温压力试验(GB/T 2951.31—2008 中 8.2)			
3.1	试验温度	℃	90	110
	温度偏差	℃	±2	±2

[a] 变化率:老化后测得中间值与老化前测得中间值的差值除以后者,以百分率表示。

12.5.3.3 **预处理和机械性能试验**

预处理和机械性能测试应按 GB/T 2951.11—2008 中的 9.2 进行。

12.5.3.4 **要求**

老化前和老化后试件的试验结果应符合表 6 给出的要求。

12.5.4 **检验材料相容性的成品电缆样段老化试验**

12.5.4.1 **概述**

应进行成品电缆样段老化试验以检验绝缘、挤包半导电层和外护套是否由于与电缆中其他组件相接触而引起过分劣化。

此项试验适用于所有型式的电缆。

12.5.4.2 **取样**

绝缘和外护套试样应从 GB/T 2951.12—2008 中 8.1.4 所述的成品电缆上取样。

12.5.4.3 **老化处理**

电缆段的老化处理应按 GB/T 2951.12—2008 中 8.1.4，在空气烘箱中按以下条件进行：

温度：(100±2)℃；

时间：7×24 h。

12.5.4.4 **机械性能试验**

应按 GB/T 2951.12—2008 中 8.1.4 所述制备取自老化电缆样段的绝缘和外护套的试件，并进行机械性能试验。

12.5.4.5 **要求**

老化后的抗张强度和断裂伸长率的中间值与老化前得出的相应值(见 12.5.2 和 12.5.3)的变化率应不超过表 5 给出适用于绝缘经空气烘箱老化后试验值以及表 6 给出适用于外护套经空气烘箱老化后试验值。

12.5.5 **ST_2 型聚氯乙烯外护套失重试验**

12.5.5.1 **方法**

ST_2 型外护套的失重试验应按 GB/T 2951.32—2008 中 8.2 所述在表 9 给出的条件下进行。

表 7 电缆交联聚乙烯绝缘混合料热延伸试验要求

混合料代号(见 4.2)	单　位	XLPE
热延伸试验(GB/T 2951.21—2008 第 9 章)		
处理条件：空气烘箱温度	℃	200
温度偏差	℃	±3
负荷时间	min	15
机械应力	N/cm^2	20
负荷下最大伸长率	%	175
冷却后最大永久伸长率	%	15

表 8 电缆热塑性聚乙烯混合料的碳黑含量试验要求

混合料代号(见 4.3)	单　位	ST_7
碳黑含量(仅对黑色外护套，GB/T 2951.41—2008 第 11 章)		
标称值	%	2.5
偏差	%	±0.5

表 9　电缆 PVC 外护套混合料特性试验要求

序号	试验项目和试验条件(混合料代号见 4.3)	单位	性能要求
			ST_2
1	空气烘箱失重(GB/T 2951.32—2008 中 8.2)		
1.1	处理条件:		
	温度	℃	100
	温度偏差	℃	±2
	持续时间	d	7
1.2	最大允许失重	mg/cm^2	1.5
2	低温性能[1)](GB/T 2951.14—2008 第 8 章)		
	试验在未经先前老化下进行		
2.1	哑铃片的低温拉伸试验		
	试验温度	℃	−15
	温度偏差	℃	±2
2.2	低温冲击试验		
	试验温度	℃	−15
	温度偏差	℃	±2
3	热冲击试验(GB/T 2951.31—2008 中 9.2)		
3.1	试验温度	℃	150
	温度偏差	℃	±3
3.2	试验时间	h	1

1)　因气候条件,可以采用更低的试验温度。

12.5.5.2　要求

试验结果应符合表 9 给出的要求。

12.5.6　外护套高温压力试验

12.5.6.1　方法

ST_2 和 ST_7 外护套的高温压力试验应按 GB 2951.31—2008 中的 8.2 所述,采用该试验方法和表 6 的试验条件进行。

12.5.6.2　要求

试验结果应符合 GB/T 2951.31—2008 中的 8.2 给出的要求。

12.5.7　聚氯乙烯外护套(ST_2)的低温试验

12.5.7.1　方法

ST_2 外护套的低温试验应按 GB/T 2951.14—2008 第 8 章,采用表 9 给出的试验温度进行。

12.5.7.2　要求

试验结果应符合 GB/T 2951.14—2008 第 8 章给出的要求。

12.5.8　聚氯乙烯外护套(ST_2)热冲击试验

12.5.8.1　方法

ST_2 外护套的热冲击试验应按 GB/T 2951.31—2008 中的 9.2,且试验温度和时间根据表 9 进行。

12.5.8.2　要求

试验结果应符合 GB/T 2951.31—2008 中的 9.2 给出要求。

12.5.9 **XLPE 绝缘热延伸试验**

XLPE 绝缘应经受 10.9 所述的热延伸试验，并应符合其要求。

12.5.10 **黑色聚乙烯外护套碳黑含量测量**

12.5.10.1 **方法**

ST_7 外护套的碳黑含量应按 GB/T 2951.41—2008 第 11 章所述的取样和试验方法作测量。

12.5.10.2 **要求**

试验结果应符合表 8 给出的要求。

12.5.11 **燃烧试验**

如果电缆有 ST_2 外护套，且如果制造方希申明电缆的特殊设计符合要求，应在成品电缆的试样上按照 GB/T 18380.1—2001 进行燃烧试验。

试验结果应符合 GB/T 18380.1—2001 给出的要求。

12.5.12 **透水试验**

具有纵向阻水结构的电缆应进行透水试验。此项试验目的为满足埋地电缆的要求而不是用于如海底电缆这种结构的电缆。

此试验适用于下列电缆结构：

a) 具有防止沿绝缘屏蔽外表面与径向不透水阻隔层之间的间隙纵向透水的阻隔结构；

b) 具有防止沿导体纵向透水的阻隔结构。

试验设备、取样、试验方法和要求应按照附录 C 的规定。

12.5.13 **绝缘层杂质、微孔和半导电屏蔽层与绝缘层界面微孔、突起试验**

绝缘层杂质、微孔和半导电屏蔽层与绝缘层界面微孔、突起应按附录 E 规定进行测试，试验结果应符合以下要求：

a) 成品电缆绝缘中应无大于 0.02 mm 的微孔；

b) 成品电缆绝缘中应无大于 0.075 mm 的不透明杂质；

c) 半导电屏蔽层与绝缘层界面应无大于 0.02 mm 的微孔；

d) 导体半导电屏蔽层与绝缘层界面应无大于 0.05 mm 进入绝缘层的突起和大于 0.05 mm 进入半导电屏蔽层的突起；

e) 绝缘半导电屏蔽层与绝缘层界面应无大于 0.05 mm 进入绝缘层的突起和大于 0.05 mm 进入半导电屏蔽层的突起。

12.5.14 **外护套刮磨试验**

经 12.4.4 弯曲试验后的试样应按 JB/T 10696.6—2007 规定方法进行外护套刮磨试验。试验结果应符合 GB/T 2952.1—1989 中 8.3.4 的要求。

12.5.15 **铝套腐蚀扩展试验**

经 12.4.4 弯曲试验后的试样应按 JB/T 10696.5—2007 规定方法进行腐蚀扩展试验。试验结果应符合 GB/T 2952.1—1989 中 8.3.3 的要求。

13 电缆系统预鉴定试验

13.1 预鉴定试验认可范围

当额定电压 500 kV 电缆系统成功地通过预鉴定试验，制造方就具有供应额定电压 500 kV 电缆系统的合格资格，只要绝缘屏蔽上计算电场强度等于或低于通过试验的电缆系统的相应值。

注：推荐采用较大导体截面电缆进行预鉴定试验以包含热机械方面影响。

由具有资质的监证机构代表签署的试验证书或由制造方给出并由具有合适资格的官员签署的试验报告或独立试验室出具的试验证书均应认可作为通过预鉴定试验的证明。

13.2 成品电缆系统的预鉴定试验

预鉴定试验应包含在约100 m长实样尺寸的成品电缆系统上进行的电气试验，电缆系统含每种附件至少1件。试验的正常顺序应为：

a) 热循环电压试验(见13.2.3)；

b) 电缆试样雷电冲击电压试验(见13.2.4)；

c) 结束上述试验后电缆系统的检验(见13.2.5)。

注：如果已进行过替代的长期试验并能表明具有满意的运行经验，预鉴定试验可以免除。

13.2.1 预鉴定试验用电缆的绝缘厚度检查

预鉴定试验前，应按照GB/T 2951.11—2008中8.1规定方法测量绝缘厚度，在用作预鉴定试验的电缆上取代表性试件，以检查绝缘厚度是否过分超过标称值。

绝缘厚度标称值要求如12.4.1所给出。

13.2.2 试验布置

电缆和附件应按制造方说明书规定方法进行安装，采用所提供的等级和数量的材料，包括润滑剂(如果有)。

试验的布置应代表安装设计的状况，例如刚性固定、柔性固定和过渡区安装、埋地和空气中安装。特别应注意附件的热机械方面状况。

各试验装置之间及试验时环境条件会有改变，但认为环境条件并无重要影响。8.1规定的环境温度限制不必采用。

13.2.3 热循环电压试验

采用导体电流加热组装试样直到电缆导体温度达到90 ℃～95 ℃。试验过程中因环境温度变化要求调节导体电流。

应选择加热设施，使得远离附件的电缆导体温度达到上述规定温度。

至少应加热8 h。每个加热周期内应在上述温度范围内至少保持2 h。随后至少应自然冷却16 h。

在整个试验期间8 760 h内，应对组装试样施加电压493 kV(1.7U_0)和热循环。加热冷却循环至少应进行180次。

试验期间应不发生击穿。

13.2.4 电缆试样的雷电冲击电压试验

应从组装试样上截取最短有效总长为30 m的一根或多根电缆试样，在导体温度90 ℃～95 ℃下进行雷电冲击电压试验。导体温度应在此温度范围内至少保持2 h。

注：作为替代，试验可在整个组装试样上进行。

应按照GB/T 3048.13—2007给出的步骤施加雷电冲击电压。

电缆试样应耐受正负极性各10次表3第7栏给出的雷电电压冲击而不发生击穿。

13.2.5 检验

目测检验电缆和附件的电缆系统，应无可能影响系统运行的劣化迹象(例如电气品质降低、潮气侵入、泄漏、腐蚀或有害收缩)。

14 安装后电气试验

电缆和其附件安装完成后，在新的电缆线路上进行试验。

推荐采用按14.1的外护套试验和(或)按14.2的绝缘交流电压试验。当电缆线路仅按14.1作了外护套试验，根据购买方和承包方协议，附件安装的质量保证程序可以代替绝缘试验。

14.1 外护套直流电压试验

电缆金属套或同心金属线或金属带屏蔽对地间施加直流电压10 kV，时间1 min。

为使试验有效，外护套外表面必须与地良好接触。外护套上导电层有助于达到此要求。

14.2 绝缘交流电压试验

应经购买方和承包方协商同意施加交流电压。电压波形应基本为正弦波形,频率应为 20 Hz～300 Hz。应根据实际试验条件,施加 320 kV 或 493 kV(1.7U_0)交流电压,时间为 1 h。

作为替代,可施加 290 kV(U_0)交流电压,时间 24 h。

注:对于已运行的电缆线路,可采用较低电压和(或)较短时间进行试验。应考虑运行年份、环境条件、击穿经历及试验目的,经协商确定试验电压和时间。

附 录 A
（规范性附录）
数值修约

当数值要修约到规定的小数位数，例如从几个测量值计算平均值或由给出的标称值加上偏差百分率而导出最小值，应按以下步骤：

如果修约前要保留的最后一位数字后跟着0，1，2，3或4，此数字为不变（修约舍弃）。如果修约前要保留的最后一位数字后跟着9，8，7，6或5，此数字应加一（修约进一）。例如：

2.449≈2.45 修约到二位小数；

2.449≈2.4 修约到一位小数；

2.453≈2.45 修约到二位小数；

2.453≈2.5 修约到一位小数；

25.047 8≈25.048 修约到三位小数；

25.047 8≈25.05 修约到二位小数；

25.047 8≈25.0 修约到一位小数。

附 录 B
(规范性附录)
半导电屏蔽电阻率测量方法

应从 150 mm 成品电缆试样上制备每个试件。

应将绝缘芯试样纵向切成两半,除去导体和隔离层(如果有)以制备导体屏蔽试件(见图 B.1a)。

应将绝缘芯试样剥去所有外保护层以制备绝缘屏蔽试件(见图 B.1b)。

测定屏蔽的体积电阻率方法应如下。

应将四个涂银电极 A、B、C 和 D[(见图 B.1a)和 B.1b)]放置在半导电表面上。两个电位电极 B 和 C 应相距 50 mm,两个电流电极 A 和 D 应放置于电位电极外侧至少 25 mm。

用合适的夹子连接电极。与导体屏蔽电极相连接时,应确保夹子与试件外表面的绝缘屏蔽相互绝缘。

装好的试件应放置在预热到规定温度的烘箱内,并且至少在相隔 30 min 以后测量电极间电阻,测量回路功率应不超过 100 mW。

电阻测量以后,应在环境温度下测量导体屏蔽和绝缘屏蔽的直径以及导体屏蔽和绝缘屏蔽的厚度,各为图 B.1b 所示试件上六个测量值的平均值。

体积电阻率应按下式计算:

导体屏蔽

$$\rho_c = \frac{R_c \times \pi \times (D_c - T_c) \times T_c}{2L_c}$$

式中:

ρ_c——体积电阻率,单位为欧姆米(Ω·m);

R_c——测量电阻,单位为欧姆(Ω);

L_c——电位电极间距离,单位为米(m);

D_c——导体屏蔽外径,单位为米(m);

T_c——导体屏蔽平均厚度,单位为米(m)。

绝缘屏蔽

$$\rho_i = \frac{R_i \times \pi \times (D_i - T_i) \times T_i}{L_i}$$

式中:

ρ_i——体积电阻率,单位为欧姆米(Ω·m);

R_i——测量电阻,单位为欧姆(Ω);

L_i——电位电极间距离,单位为米(m);

D_i——绝缘屏蔽外径,单位为米(m);

T_i——绝缘屏蔽平均厚度,单位为米(m)。

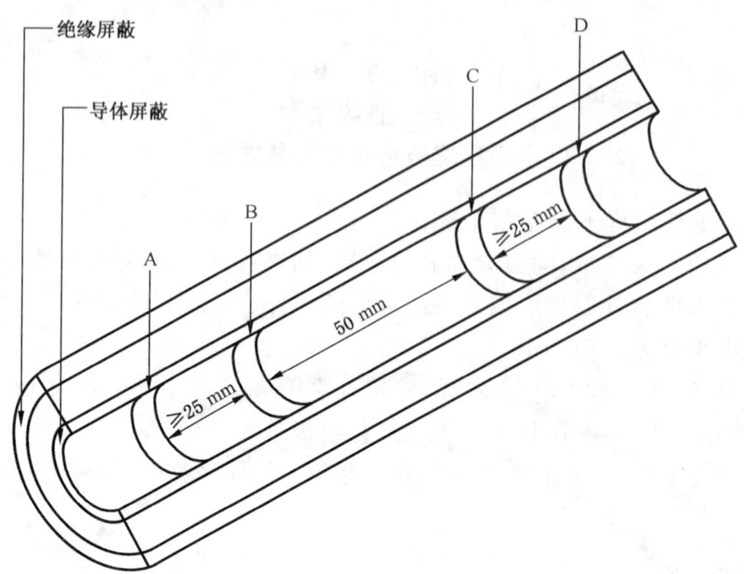

B、C——电位电极；
A、D——电流电极。

a) 导体屏蔽体积电阻率测量

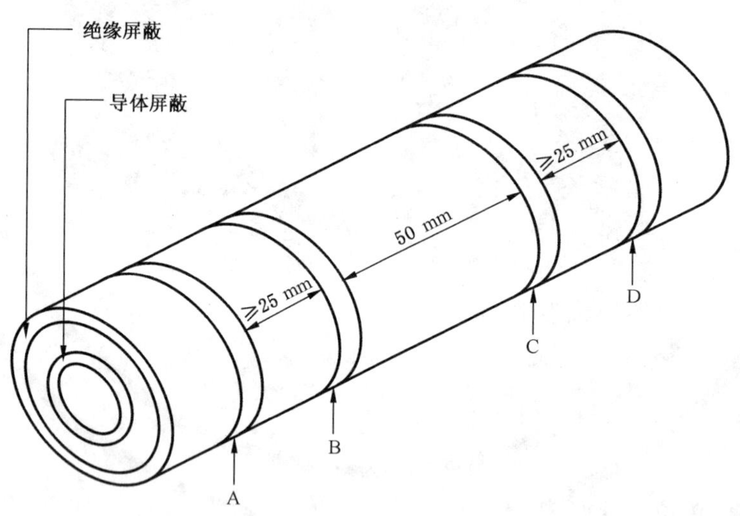

B、C——电位电极；
A、D——电流电极。

b) 绝缘屏蔽体积电阻率测量

图 B.1 导体屏蔽和绝缘屏蔽体积电阻率测量的试样制备

附　录　C
（规范性附录）
透水试验

C.1　试件

一段长度至少 8 m，未经受 12.4 所述任何试验的成品电缆试样应经受 12.4.4 所述的弯曲试验。

应从已经受弯曲试验的电缆段上切取 8 m 长电缆，并水平放置。应从该段电缆的中央处切开约 50 mm 宽的圆环，剥去环内绝缘屏蔽外的所有包覆层。当申明导体亦有阻隔结构时，此切除的圆环应包含导体以外的所有包覆层。

如果电缆有间断的纵向阻水阻隔结构，试样应至少包含两个阻隔结构，并将阻隔结构间的圆环去除。这种情况下，应知道这种电缆阻隔结构间的平均距离。

切出表面应使得有纵向阻水要求界面易于与水接触，而无纵向阻水要求的界面用合适的材料封堵或除外包覆层。

界面情况例如包括：

——电缆仅有导体阻隔；

——界面在外护套与金属套之间。

采用适当的装置(见图 C.1)，将一根直径至少 10 mm 的管子垂直放置在切开的圆环上并与外护套表面相密封。电缆从此试验装置穿出处的密封应不对电缆施加机械应力。

注：某些阻隔结构对纵向阻水的影响取决于水的组分(例如 pH 值，离子浓度)。除非另有规定，宜采用自来水进行试验。

C.2　试验

在(20±10)℃温度下，于 5 min 内将管子充满水使得管子的水高出电缆中心 1 m(见图 C.1)。

试样应放置 24 h。

然后试样应经受 10 次热循环。采用合适方法将导体加热至 95 ℃～100 ℃但应不达到 100 ℃。

应至少加热 8 h，每个加热周期中导体温度应保持在所述的温度范围内至少 2 h。然后应至少自然冷却 16 h。

水头应保持为 1 m。

注：在整个试验中不施加电压，建议串联一段与被试电缆相同的仿真电缆，并直接测量该电缆的导体温度。

C.3　要求

试验期间试样两端应无水渗漏。

尺寸单位为毫米

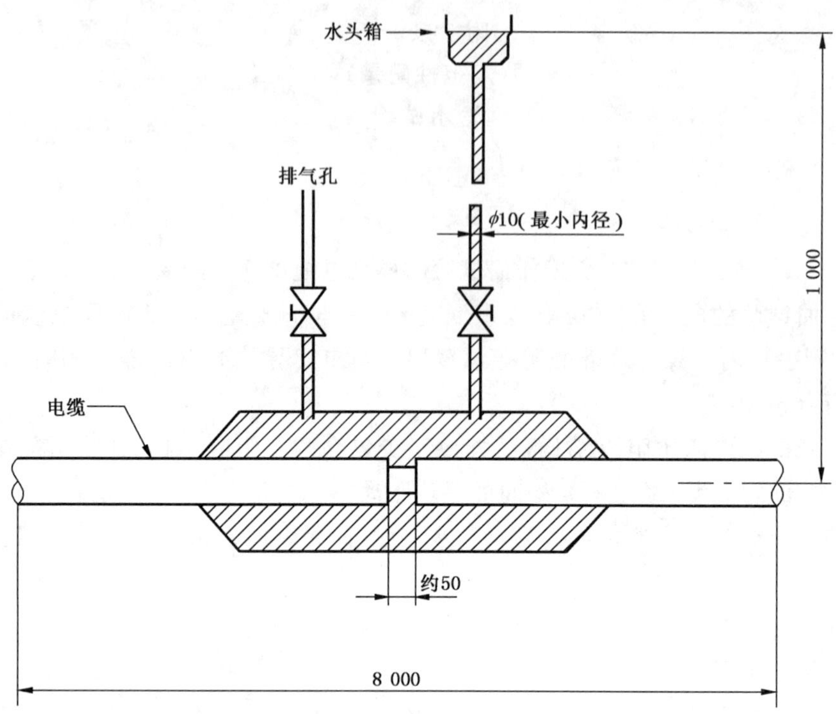

图 C.1 纵向透水试验示意图

附 录 D
（规范性附录）
直埋接头外保护层试验

D.1 概述

本附录规定的方法适用于接头的各种型式外保护层的型式认可试验，包括用于直埋接头或绝缘护套电缆系统的金属套开断结构以及金属套分段绝缘连同屏蔽开断结构的认可试验。

D.2 认可范围

当接头外保护层的认可要求包括引入器件，诸如连接引线时，所试的外保护层应包含这些设计特点。

适用于所认可的最小和最大外径的成品电缆的绝缘接头外保护层成功地通过试验，其认可范围可以包括相似的直通接头外保护层，但反之无效。

当一种接头外保护层的设计取得认可，则由相同制造方供应的采用相同设计原则，采用相同材料，在所试的电缆直径范围内，试验电压相同或较低的所有接头外保护层均应予以认可。

已通过热循环电压试验（见12.4.7）的接头或已通过如12.4.7规定至少三次热循环但不加电压的分开试验的接头应接着进行D.3和D.4项试验。

D.3 浸水和热循环

接头试样应浸入水中，使其外保护层顶点处水深不小于1 m。需要时，可采用与放入接头试样并穿出密封的容器相连接的水头箱来实施。

应施加总共20次加热和冷却循环，水温升高到70 ℃～75 ℃。每次热循环，水温应上升至规定温度，至少保持5 h，然后冷却到不超过环境温度以上10 ℃范围内。可用热水或冷水来混合以达到试验温度。

D.4 电压试验

热循环结束且接头试样浸于水中，应即按以下进行电压试验。

D.4.1 接头试样无金属套开断绝缘

在电力电缆的金属屏蔽和（或）金属套与接头外保护层接地外表面之间应施加直流试验电压20 kV，历时1 min。

D.4.2 接头试样具有金属套开断绝缘

D.4.2.1 直流电压试验

在接头隔离绝缘体两端的电力电缆金属屏蔽和（或）金属套之间以及每端金属屏蔽和（或）金属套与接头外保护层接地外表面之间应施加直流试验电压20 kV，历时1 min。

D.4.2.2 冲击电压试验

在接头试样浸于水中情况下，每端的金属屏蔽和（或）金属套与接头试样外表面之间应施加按表D.1所示的试验电压以进行各端对地试验。如果在接头试样浸水时，不能进行冲击电压试验，可将接头从水中取出，经最短时间，用湿布擦抹接头外表面保持潮湿或在试验装置整个外表面加上导电涂层以进行冲击电压试验。

对两端金属屏蔽和（或）金属套之间的试验，应在冲击电压试验前将接头试样从水中取出进行试验。

应按照GB/T 3048.13—2007规定的试验步骤在环境温度下进行接头试验。

表 D.1 冲击电压试验

主绝缘额定雷电冲击电压/kV	冲击电压水平			
	两端间		每端对地	
	互连引线 L		互连引线 L	
	L≤3 m kV	3 m<L≤10 m[a] kV	L≤3 m kV	3 m<L≤10 m[a] kV
1 550	75	145	37.5	72.5
[a] 如果金属套电压限制器置于靠近接头，采用互连引线≤3 m 的电压值。				

上述任何试验应不发生击穿。

D.5 接头试样检验

D.4 所述的试验结束后，应即检验接头试样。对填充流动浇注剂的接头保护盒如果无可见的内部气孔或因水分进入使浇注剂移动或浇注剂从各密封处或保护盒壁漏泄的迹象，就认为检验通过。

对于采用其他替代的设计或材料的接头保护层，应无水分进入或内部腐蚀的迹象。

附　录　E
（规范性附录）
绝缘层杂质、微孔和半导电屏蔽层与绝缘层界面微孔、突起试验

E.1　试验设备

E.1.1　显微镜

最小放大倍数为25倍的显微镜。

最小放大倍数为40倍的测量显微镜。

E.1.2　切片机

普通用切片机或具有类似功能的其他设备。

E.2　试样制备

从50 mm长的电缆样品上沿径向切取80个含有导体屏蔽、绝缘和绝缘屏蔽的圆形或螺形薄试片，试片的厚度约0.625 mm。切割用的刀片应锋利，以便获得的试片具有均匀的厚度和极光滑的表面。应非常小心地保持试片表面清洁，并防止擦伤。

E.3　试验步骤

E.3.1　应采用透射光普遍检查全部80个试片绝缘内的微孔、不透明杂质，以及绝缘与半导电屏蔽层界面处的微孔和突起。

E.3.2　应采用最小放大倍数为25倍的显微镜检测在上述普遍检查中可疑的20个连续试片(或相等圈数的螺旋形试片)的全部区域。记录并列表统计包括：

a)　所有大于等于0.02 mm的微孔；

b)　所有大于等于0.075 mm的不透明杂质；

c)　所有大于等于0.05 mm的绝缘与半导电层界面的突起。

这个表应成为试验报告的组成部分。

对最大的微孔、最大的杂质，以及最大的绝缘与半导电层界面的突起应做标记。

E.3.3　应采用最小放大倍数为40倍的显微镜对最大的微孔、最大的杂质以及最大的绝缘与半导电层界面的突起，在其最大尺寸方向上测量。

E.4　试验结果及计算

E.4.1　测量及计算20个试片绝缘的总体积。

E.4.2　应记录和报告最大的微孔、最大的杂质以及最大的绝缘与半导电层界面突起的尺寸。

附 录 F
（资料性附录）
本部分与 IEC 62067:2006 技术性差异及其原因

表 F.1 给出了本部分与 IEC 62067:2006 的技术性差异及其原因的一览表。

表 F.1 本部分与 IEC 62067:2006 技术性差异及其原因

本部分的章条编号	技术性差异	原因
1	将第一段中额定电压由“150 kV 以上至 500 kV”修改为“500 kV”。	本部分所有部分均为适用于“额定电压 500 kV(U_m=550 kV)交联聚乙烯绝缘电力电缆及其附件”。
2	引用了采用国际标准的我国标准，而非国际标准。	以适合我国国情。
4.3	电缆外护套材料由“ST_1、ST_2 和 ST_3、ST_7”四种修改为“ST_2 和 ST_7”两种，并将表 2 更改为“外护套混合料”。	因本部分适用的“额定电压 500 kV (U_m=550 kV)交联聚乙烯绝缘电力电缆”外护套只采用“ST_2 和 ST_7”两种混合料；同时，为方便标准实施，将表 2 更改为“外护套混合料”。 原文的表 2 为“电缆绝缘混合料 tanδ 的要求”，本部分仅适用于交联聚乙烯绝缘的电缆，只须规定“XLPE”的“tanδ”值，因此删除了该表。
6.3	增加引用本标准第 2 部分的 7.2.1。	原文仅引用本部分 4.2，并无绝缘标称厚度规定。
8.5	删除了原文的第 2 段。	本部分的所有部分均为适用于“额定电压 500 kV(U_m=550 kV)”，不须对其他电压范围作出规定。
9.2	将局部放电试验的检测灵敏度由原文的“10 pC”提高为“5 pC”。	符合我国目前的实际技术水平。
9.3	将原文第二段中“试验电压上升至规定值”修改为直接规定“580 kV($2U_0$)”。	本部分仅适用于“额定电压 500 kV (U_m=550 kV)”。
9.4	明确规定应对电缆外护套进行电压试验，而非原文所述“若合同或规程特殊规定”方进行此项试验。	符合我国目前的实际情况。
10.1	删除了原文的第“h)”项，其后两项按顺序提前。	本部分不含 HDPE 绝缘品种，故删除该试验项目。
10.6.2	所规定的最大绝缘偏心度提高为“0.08”，而非原文规定的“0.10”。	符合我国目前的实际技术水平。
10.7.2	条文的标题修改为“皱纹铝套”，而非原文的“平或皱纹铝套”；并且删除了条文中全部关于“平铝套”的内容。	符合我国目前的实际情况，我国额定电压 500 kV 交联聚乙烯绝缘电力电缆的金属套不采用“平铝套”型式。
第 10 章	删除了原文的“10.11 HDPE 绝缘密度测量”，其后条文编号按顺序提前。	本部分不含 HDPE 绝缘品种，故删除该试验项目。

表 F.1（续）

本部分的章条编号	技术性差异	原因
10.11(原文 10.12)	直接规定适用于交联聚乙烯绝缘的导体温度“95 ℃～100 ℃”； 雷电冲击电压后的工频试验电压值由原文的“$2U_0$”修改为直接规定“580 kV($2U_0$)”。	本部分仅适用于交联聚乙烯绝缘的电缆，只须规定与其相适的导体温度； 本部分仅适用于“额定电压 500 kV (U_m=550 kV)”。
12.2	删除原文中本条的“a)”项，其后续列项按顺序提前。	本部分仅适用于“额定电压 500 kV (U_m=550 kV)”。
12.4.4	删除了条文中全部关于“平铝套”的内容。	符合我国目前的实际情况，我国额定电压 500 kV 交联聚乙烯绝缘电力电缆的金属套不采用“平铝套”型式。
12.4.5	试验电压值由原文的“$1.75U_0$，$1.5U_0$”修改为直接规定“508 kV($1.75U_0$)，435 kV($1.5U_0$)”； 直接规定适用于交联聚乙烯绝缘的导体温度“95 ℃～100 ℃”。	本部分仅适用于“额定电压 500 kV (U_m=550 kV)”； 本部分仅适用于交联聚乙烯绝缘的电缆，只须规定与其相适应的导体温度。
12.4.6	将原文第三、第四段中测量电缆绝缘“$\tan\delta$”时的温度和电压规定值及“$\tan\delta$”的规定值改为直接规定对于“额定电压 500 kV 交联聚乙烯绝缘电缆”的数值，并且“$\tan\delta$”的规定值(8.0×10^{-4})优于原文的规定值(10×10^{-4})。	本部分仅适用于额定电压 500 kV 交联聚乙烯绝缘电缆，只须规定与之相适应的数值。本部分规定的“XLPE”的“$\tan\delta$”值，符合我国目前的实际技术水平。
12.4.7	直接规定适用于交联聚乙烯绝缘的导体温度“95 ℃～100 ℃”； 试验电压值由原文的“$2U_0$”修改为直接规定“580 kV($2U_0$)”。	本部分仅适用于交联聚乙烯绝缘的电缆，只须规定与其相适的导体温度； 本部分仅适用于“额定电压 500 kV (U_m=550 kV)”。
12.4.8	删除原文第一段； 直接规定适用于交联聚乙烯绝缘的导体温度“95 ℃～100 ℃”。	本部分仅适用于“额定电压 500 kV (U_m=550 kV)”，不存在“电压范围”； 本部分仅适用于交联聚乙烯绝缘的电缆，只须规定与其相适应的导体温度。
12.4.9	直接规定适用于交联聚乙烯绝缘的导体温度“95 ℃～100 ℃”； 雷电冲击电压试验后的电压试验值由原文的“$2U_0$”修改为直接规定“580 kV($2U_0$)”。	本部分仅适用于交联聚乙烯绝缘的电缆，只须规定与其相适应的导体温度。 本部分仅适用于“额定电压 500 kV (U_m=550 kV)”。
12.5.4.2	引用了采用 IEC 60811-1-2 的我国标准 GB/T 2951.12，而非原文引用的 IEC 60811-1-2。	以适合我国国情。
12.5.4.3	直接规定适用于交联聚乙烯绝缘的电缆段空气烘箱老化温度“(100±2) ℃”。	本部分仅适用于交联聚乙烯绝缘的电缆，只须规定与其相适应的老化温度。
12.5.6	12.5.6.1 中删除了原文中的“ST_1”外护套混合料；	因本部分适用的“额定电压 500 kV (U_m=550 kV)交联聚乙烯绝缘电力电缆”外护套只采用“ST_2 和 ST_7”两种混合料情。
12.5.7	删除了原文标题及 12.5.7.1 中外护套混合料的“ST_1”。	因本部分适用的“额定电压 500 kV (U_m=550 kV)交联聚乙烯绝缘电力电缆”外护套只采用“ST_2”聚氯乙烯混合料。

表 F.1（续）

本部分的章条编号	技术性差异	原因
12.5.8	删除了原文标题及 12.5.8.1 中外护套混合料的“ST_1”。	因本部分适用的“额定电压 500 kV（U_m=550 kV）交联聚乙烯绝缘电力电缆”外护套只采用“ST_2”聚氯乙烯混合料。
第 12.5 条	删除了原文的“12.5.9 中 EPR 绝缘耐臭氧试验”和“12.5.11 中 HDPE 绝缘密度测量”，其后条文编号按顺序提前。	本部分不含“EPR 绝缘”和“HDPE 绝缘”品种，故删除该两项试验项目。
12.5.9（原文 12.5.10）	删除了原文中的“EPR 绝缘”。	本部分不含 EPR 绝缘品种，故予以删除。
12.5.11（原文 12.5.13）	删除了原文中外护套混合料的“ST_1”。	因本部分适用的“额定电压 500 kV（U_m=550 kV）交联聚乙烯绝缘电力电缆”外护套只采用“ST_2”聚氯乙烯混合料。
12.5.13、12.5.14、12.5.15	原文无此三条条文。	该三条条文系本部分为适应我国国情和满足使用方要求所增加。
13.1	明确规定为额定电压 500kV 电缆系统预鉴定试验。	本部分仅适用于“额定电压 500 kV（U_m=550 kV）”。
13.2.3	直接规定适用于交联聚乙烯绝缘的导体温度“90 ℃～95 ℃”； 试验电压值由原文的“1.7U_0”修改为直接规定“493kV（1.7U_0）”。	本部分仅适用于交联聚乙烯绝缘的电缆，只须规定与其相适应的导体温度； 本部分仅适用于“额定电压 500 kV（U_m=550 kV）”。
13.2.4	直接规定适用于交联聚乙烯绝缘的导体温度“90 ℃～95 ℃”。	本部分仅适用于交联聚乙烯绝缘的电缆，只须规定与其相适应的导体温度。
14.2	直接规定适用于额定电压 500 kV 电缆系统的试验电压值而非原文按不同电压等级的列表。	本部分仅适用于“额定电压 500 kV（U_m=550 kV）”。
表 1～表 9 表 D.1	表 1、表 3、表 4、表 5、表 6、表 7、表 8、表 9 和表 D.1 分别删除了原文中与本部分无关的绝缘混合料、外护套混合料、电压等级的相关内容。 删除了原文的表 2。 删除了原文的表 10。	本部分适用的“额定电压 500 kV（U_m=550 kV）交联聚乙烯绝缘电力电缆”绝缘混合料仅采用“XLPE”，外护套混合料仅采用“ST_2、ST_7”，电缆的额定电压等级为“500 kV”，因此只须规定这些材料和电压相关的技术要求和试验。 见 4.3 的差异说明。 原文的表 10 为绝缘交流试验电压列表，本标准仅适用于“额定电压 500 kV”。

ICS 29.060.20
K 13

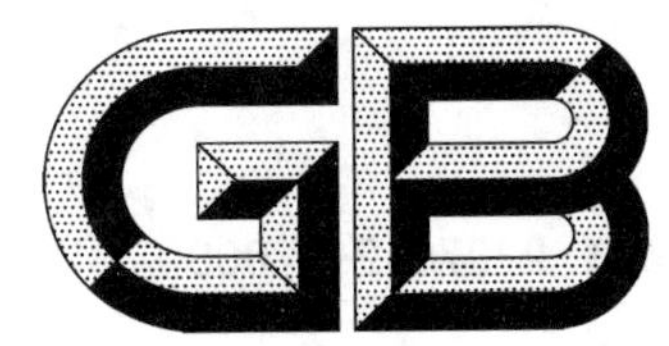

中华人民共和国国家标准

GB/T 22078.2—2008

额定电压 500 kV(U_m=550 kV)交联聚乙烯绝缘电力电缆及其附件 第2部分:额定电压 500 kV(U_m=550 kV)交联聚乙烯绝缘电力电缆

Power cables with cross-linked polyethylene insulation and their accessories for rated voltage of 500 kV(U_m=550 kV)—
Part 2: Power cables with cross-linked polyethylene insulation for rated voltage of 500 kV(U_m=550 kV)

2008-06-30 发布 2009-04-01 实施

中华人民共和国国家质量监督检验检疫总局
中国国家标准化管理委员会 发布

前　言

GB/T 22078《额定电压 500 kV(U_m=550 kV)交联聚乙烯绝缘电力电缆及其附件》分为三个部分：

——第 1 部分：额定电压 500 kV(U_m=550 kV)交联聚乙烯绝缘电力电缆及其附件　试验方法和要求；

——第 2 部分：额定电压 500 kV(U_m=550 kV)交联聚乙烯绝缘电力电缆；

——第 3 部分：额定电压 500 kV(U_m=550 kV)交联聚乙烯绝缘电力电缆附件。

本部分为 GB/T 22078 的第 2 部分。

本部分的附录 A 和附录 B 为资料性附录。

本部分由中国电器工业协会提出。

本部分由全国电线电缆标准化技术委员会(SAC/TC 213)归口。

本部分负责起草单位：上海电缆研究所。

本部分参加起草单位：武汉高压研究院、沈阳古河电缆有限公司、上海上缆藤仓电缆有限公司、青岛汉缆集团有限公司、浙江万马电缆有限公司、宝胜科技创新股份有限公司。

本部分主要起草人：应启良、杨黎明、张道利、华良伟、陈沛云、姜松弈、房权生。

额定电压 500 kV(U_m=550 kV)交联聚乙烯绝缘电力电缆及其附件 第2部分:额定电压 500 kV(U_m=550 kV)交联聚乙烯绝缘电力电缆

1 范围

GB/T 22078 的本部分规定了固定安装的额定电压 500 kV(U_m=550 kV)交联聚乙烯绝缘电力电缆的型号、材料、技术要求、试验、验收规则、包装和贮运。

本部分适用于通常安装和运行条件下的单芯电缆,但不适用于如海底电缆等特殊用途电缆。

2 规范性引用文件

下列文件中的条款通过本部分的引用而成为本部分的条款。凡是注日期的引用文件,其随后所有的修改单(不包括勘误的内容)或修订版均不适用于本部分,然而,鼓励根据本部分达成协议的各方研究是否可使用这些文件的最新版本。凡是不注日期的引用文件,其最新版本适用于本部分。

GB/T 2951.11—2008 电缆和光缆绝缘和护套材料通用试验方法 第11部分:通用试验方法—厚度和外形尺寸测量—机械性能试验(IEC 60811-1-1:2001,IDT)

GB/T 2951.12—2008 电缆和光缆绝缘和护套材料通用试验方法 第12部分:通用试验方法—热老化试验方法(IEC 60811-1-2:1985,IDT)

GB/T 2951.14—2008 电缆和光缆绝缘和护套材料通用试验方法 第14部分:通用试验方法—低温试验(IEC 60811-1-4:1985,IDT)

GB/T 2951.21—2008 电缆和光缆绝缘和护套材料通用试验方法 第21部分:弹性体混合料专用试验方法—耐臭氧试验—热延伸试验—浸矿物油试验(IEC 60811-2-1:2001,IDT)

GB/T 2951.31—2008 电缆和光缆绝缘和护套材料通用试验方法 第31部分:聚氯乙烯混合料专用试验方法—高温压力试验—抗开裂试(IEC 60811-3-1:1985,IDT)

GB/T 2951.32—2008 电缆和光缆绝缘和护套材料通用试验方法 第32部分:聚氯乙烯混合料专用试验方法—失重试验—热稳定性试验(IEC 60811-3-2:1985,IDT)

GB/T 2951.41—2008 电缆和光缆绝缘和护套材料通用试验方法 第41部分:聚乙烯和聚丙烯混合料专用试验方法—耐环境应力开裂试验—熔体指数测量方法—直接燃烧法测量聚乙烯中碳黑和/或矿物质填料含量—热重分析法(TGA)测量碳黑含量—显微镜法评估聚乙烯中碳黑分散度(IEC 60811-4-1:2004,IDT)

GB/T 2952.2—1989 电缆外护层 金属套电缆通用外护层(IEC neq 60055-2:1981)

GB/T 3048.4—2007 电线电缆电性能试验方法 第4部分:导体直流电阻试验

GB/T 3048.8—2007 电线电缆电性能试验方法 第8部分:交流电压试验(IEC 60060-1:1989,NEQ)

GB/T 3048.11—2007 电线电缆电性能试验方法 第11部分:介质损耗角正切试验

GB/T 3048.12—2007 电线电缆电性能试验方法 第12部分:局部放电试验(IEC 60885-3:1988,MOD)

GB/T 3048.13—2007 电线电缆电性能试验方法 第13部分:冲击电压试验(IEC 60230:1966,IEC 60060-1:1989,MOD)

GB/T 3048.14—2007 电线电缆电性能试验方法 第14部分:直流电压试验(IEC 60060-1:1989,NEQ)

GB/T 3953—1983 电工圆铜线

GB/T 3956—1997 电缆的导体(idt IEC 60228:1978)

GB 6995.1—1986 电线电缆识别标志方法 第1部分:一般规定(IEC neq 60304:1982)

GB 6995.3—1986 电线电缆识别标志方法 第3部分:电线电缆识别标志(IEC neq 60227:1979)

GB/T 18380.1—2001 电缆在火焰条件下的燃烧试验 第1部分:单根绝缘电线或电缆的垂直燃烧试验方法(idt IEC 60332-1:1993)

GB/T 22078.1—2008 额定电压500 kV(U_m=550 kV)交联聚乙烯绝缘电力电缆及附件 第1部分:额定电压500 kV(U_m=550 kV)交联聚乙烯绝缘电力电缆及其附件的电力电缆系统—试验方法和要求

JB 5268.2—1991 电缆金属套 第2部分:铅套

JB/T 10696.5—2007 电线电缆机械和理化性能试验方法 第5部分:腐蚀扩展试验

JB/T 10696.6—2007 电线电缆机械和理化性能试验方法 第6部分:挤出外套刮磨试验

3 定义

本部分除采用GB/T 22078.1—2008的定义外,还采用以下定义:

近似值 approximate value

一个既不保证也不检查的数值,例如用于其他尺寸值的计算。

4 电缆特性

4.1 应按GB/T 22078.1—2008第6章要求确知并申明GB/T 22078.1—2008中6.1明确的各项电缆特性,其中电缆的额定电压为:

——U_0=290 kV;

——U=500 kV;

——U_m=550 kV。

4.2 电缆导体最高允许温度:正常运行时为90 ℃;短路时(最长5 s)为250 ℃。

4.3 电缆安装时最小弯曲半径推荐为20倍电缆外径;电缆安装后最小弯曲半径推荐为15倍电缆外径。

4.4 电缆使用环境参照附录A。

5 电缆的代号和命名

5.1 代号

5.1.1 产品系列代号

交联聚乙烯绝缘电缆 ………… YJ

5.1.2 材料特征代号

铜导体 ………… 省略

铅套 ………… Q

皱纹铝套 ………… LW

聚氯乙烯外护套 ………… 02

聚乙烯外护套 ………… 03

5.1.3 阻水结构代号

纵向阻水 ………… Z

注 1：皱纹铝套包括挤包皱纹铝套和焊接皱纹铝套，两种不同皱纹铝套的代号均为 LW 不作区分，但焊接皱纹铝套应在产品名称中明确，名称中未说明焊接皱纹铝套的即为挤包皱纹铝套。

注 2：纵向阻水包括绝缘屏蔽与金属套间阻水和导体阻水。其代号均为 Z。

5.2 型号

型号依次由产品系列代号、导体、金属套和外护套特征代号以及阻水结构代号构成。

本部分包括的电缆型号和名称见表 1。

表 1 电缆的型号和名称

型　号	名　称
YJLW02	交联聚乙烯绝缘皱纹铝套或焊接皱纹铝套聚氯乙烯护套电力电缆
YJLW03	交联聚乙烯绝缘皱纹铝套或焊接皱纹铝套聚乙烯护套电力电缆
YJLW02- Z	交联聚乙烯绝缘皱纹铝套或焊接皱纹铝套聚氯乙烯护套纵向阻水电力电缆
YJLW03-Z	交联聚乙烯绝缘皱纹铝套或焊接皱纹铝套聚乙烯护套纵向阻水电力电缆
YJQ02	交联聚乙烯绝缘铅套聚氯乙烯护套电力电缆
YJQ03	交联聚乙烯绝缘铅套聚乙烯护套电力电缆
YJQ02-Z	交联聚乙烯绝缘铅套聚氯乙烯护套纵向阻水电力电缆
YJQ03-Z	交联聚乙烯绝缘铅套聚乙烯护套纵向阻水电力电缆

5.3 规格

本部分适用电缆的导体标称截面(mm^2)为 800、1 000、1 200、(1 400)、1 600、(1 800)、2 000、(2 200)、2 500。其中括号内为非优选导体截面。

5.4 产品表示方法

产品用型号、规格和本部分编号表示。

产品表示方法举例如下：

示例 1：铜芯、单芯、导体截面 1 000 mm^2、500 kV 交联聚乙烯绝缘皱纹铝套聚乙烯护套电力电缆表示为：

YJLW03　290/500　1×1 000　GB/T 22078.2—2008

示例 2：铜芯、单芯、导体截面 1 600 mm^2、500 kV 交联聚乙烯绝缘皱纹铝套聚氯乙烯护套纵向阻水电力电缆表示为：

YJLW02-Z　290/500　1×1 600　GB/T 22078.2—2008

6 材料

6.1 导体用铜单线应采用 GB/T 3953—1983 中 TR 型圆铜线。

6.2 绝缘料推荐采用超净的可交联聚乙烯料。其性能要求参见附录 B。

6.3 屏蔽用半导电料推荐采用超光滑可交联半导电料，其性能要求参见附录 B。

6.4 皱纹铝套用铝的纯度一般不低于 99.6%。

6.5 铅套应采用符合 JB 5268.2—1991 规定的铅合金。

6.6 外护套应为符合 GB/T 22078.1—2008 中规定的以聚氯乙烯为基料的代号为 ST_2 外护套混合料和以聚乙烯为基料的代号为 ST_7 外护套混合料。

7 技术要求

7.1 导体

7.1.1 应采用紧压绞合圆形铜导体，截面为 800 mm^2 导体可任选紧压导体或分割导体结构；1 000 mm^2 及以上导体应采用分割导体结构。

导体的结构和直流电阻应符合 GB/T 3956—1997 和表 2 规定。

表 2 铜导体的结构和直流电阻

导体标称截面/ mm^2	导体中单线最少根数	20 ℃时导体直流电阻最大值/ Ω/km
800	53	0.022 1
1 000	170	0.017 6
1 200	170	0.015 1
1 400	170	0.012 9
1 600	170	0.011 3
1 800	265	0.010 1
2 000	265	0.009 0
2 200	265	0.008 3
2 500	265	0.007 3

7.1.2 导体表面应光洁、无油污、无损伤屏蔽及绝缘的毛刺、锐边以及凸起或断裂的单线。

7.2 绝缘

7.2.1 绝缘层的标称厚度应符合表 3 规定。

表 3 绝缘层标称厚度

导体标称截面/ mm^2	绝缘层标称厚度/ mm
800	34
1 000,1 200	33
1 400,1 600	32
1 800,2 000,2 200,2 500	31

7.2.2 绝缘最小测量厚度和绝缘偏心度要求应符合 GB/T 22078.1—2008 中 10.6.2 要求。

7.3 屏蔽

7.3.1 导体屏蔽

导体屏蔽由半导电包带和挤包的半导电层组成,其厚度近似值为 2.5 mm,其中挤包半导电层厚度近似值为 2.0 mm。挤包半导电层应均匀地包覆在半导电包带外,并牢固地粘在绝缘层上。在与绝缘层的交界面上应光滑,无明显绞线凸纹、尖角、颗粒、烧焦或擦伤痕迹。

7.3.2 绝缘屏蔽

绝缘屏蔽为挤包半导电层,其厚度近似值为 1.0 mm,绝缘屏蔽应与导体挤包屏蔽层和绝缘层一起三层共挤。绝缘屏蔽应均匀地包覆在绝缘表面,并牢固地粘附在绝缘层上。在绝缘屏蔽的表面以及与绝缘层的交界面上应光滑,无尖角、颗粒、烧焦或擦伤的痕迹。

7.4 缓冲层、纵向阻水结构和径向不透水阻隔层

7.4.1 缓冲层

在绝缘半导电屏蔽层外应有缓冲层,可采用半导电弹性材料或具有纵向阻水功能的半导电阻水膨胀带绕包而成。绕包应平整、紧实、无皱褶。

7.4.2 纵向阻水结构

对电缆的金属套内间隙有纵向阻水要求时,绝缘屏蔽与金属套间应有纵向阻水结构。纵向阻水结

构可采用半导电阻水膨胀带绕包而成，半导电阻水带应绕包紧密、平整、无擦伤；亦可采用具有纵向阻水性能的金属丝屏蔽布带绕包结构。如对电缆导体亦有纵向阻水要求时，导体绞合时应绞入阻水绳等材料。

7.4.3 径向不透水阻隔层

7.4.3.1 应采用铅套或皱纹铝套等金属套作为径向不透水阻隔层。

7.4.3.2 金属套的标称厚度应符合表4规定。如不能满足用户对短路容量的要求时应采取增加金属套厚度或在金属套内或外增加疏绕铜丝（在疏绕铜丝外用反向绕包的铜丝或铜带扎紧）等措施。

表4 金属套的标称厚度

导体标称截面/ mm^2	铅套厚度/ mm	皱纹铝套厚度/ mm
800	3.3	2.9
1 000	3.4	3.0
1 200	3.5	3.0
1 400	3.5	3.0
1 600	3.6	3.1
1 800	3.6	3.2
2 000	3.7	3.2
2 200	3.7	3.2
2 500	3.8	3.3

7.4.3.3 铅套的最小厚度应符合GB/T 22078.1—2008中10.7.1对铅套的要求；皱纹铝套的最小厚度应符合GB/T 22078.1—2008中10.7.2对皱纹铝套的要求。

7.4.4 金属丝屏蔽布带

金属套下允许绕包金属丝屏蔽布带。

7.5 外护套

7.5.1 金属套的外护套应采用绝缘型的聚氯乙烯或聚乙烯护套。金属套表面应有电缆沥青（或热熔胶）防腐涂层，铅套上允许绕包自粘性橡胶带代替防腐涂层。防腐涂层与外护套间允许加绕塑料带或相当带材。

7.5.2 外护套的性能应符合GB/T 22078.1—2008中表6、表8和表9的要求。外护套的颜色一般为黑色，但为了适应电缆的某种特殊使用条件，经供需双方协商也可采用其他颜色。

7.5.3 外护套的标称厚度为6.0 mm。最小厚度为5.0 mm。

7.5.4 在外护套表面应有均匀牢固的导电层作为外护套耐压试验时的外电极。

7.6 成品电缆

成品电缆的检验由第8章规定。

8 成品电缆检验

成品电缆的检验分为例行试验（代号为R）、抽样试验（代号为S）、型式试验（代号为T）和预鉴定试验（代号为P），如表5所示，各类试验的项目、试验方法和试验要求应符合GB/T 22078.1—2008中第8章、第9章、第10章、第12章和第13章规定。

其中型式试验和预鉴定试验均应在成品电缆系统上进行，为成品电缆系统的型式试验和预鉴定试验。

表 5　电缆的检验分类、要求和试验方法

序号	试验项目	试验要求	试验类型	试验方法
1	局部放电试验	GB/T 22078.1—2008 中 9.2	R	GB/T 3048.12—2007
2	工频电压试验	GB/T 22078.1—2008 中 9.3	R	GB/T 3048.8—2007
3	金属套外护套直流耐压试验	GB/T 22078.1—2008 中 9.4	R	GB/T 3048.14—2007
4	导体结构检查	GB/T 22078.1—2008 中 10.4 和 12.5.1	S、T	目测
5	导体直流电阻测量	GB/T 22078.1—2008 中 10.5	S	GB/T 3048.4—2007
6	绝缘厚度测量	GB/T 22078.1—2008 中 10.6 和 12.4.1	S、T	GB/T 2951.11—2008
7	金属套厚度测量	GB/T 22078.1—2008 中 10.7 和 12.5.1	S、T	GB/T 2951.11—2008 和 GB/T 22078.1—2008 中 10.7
8	金属套外护套厚度测量	GB/T 22078.1—2008 中 10.6 和 12.5.1	S、T	GB/T 2951.11—2008
9	交联聚乙烯绝缘热延伸试验	GB/T 22078.1—2008 中 10.9 和 12.5.9	S、T	GB/T 2951.21—2008
10	电容测量	GB/T 22078.1—2008 中 10.10	S	GB/T 3048.11—2007
11	雷电冲击电压试验及随后的工频电压试验	GB/T 22078.1—2008 中 10.11	S	GB/T 3048.13—2007 和 GB/T 3048.8—2007
12	绝缘厚度检查	GB/T 22078.1—2008 中 12.4.1	T	GB/T 2951.11—2008
13	弯曲试验及随后的局部放电试验	GB/T 22078.1—2008 中 12.4.4 和 12.4.5	T	GB/T 3048.12—2007
14	tanδ 试验	GB/T 22078.1—2008 中 12.4.6	T	GB/T 3048.11—2007
15	热循环电压试验及随后的局部放电试验	GB/T 22078.1—2008 中 12.4.7 和 12.4.5	T	GB/T 3048.8—2007 和 GB/T 3048.12—2007
16	操作冲击电压试验	GB/T 22078.1—2008 中 12.4.8	T	GB/T 3048.13—2007
17	雷电冲击电压试验及随后的工频电压试验	GB/T 22078.1—2008 中 12.4.9	T	GB/T 3048.13—2007 GB/T 3048.8—2007
18	电气型式试验结束后电缆系统的检验	GB/T 22078.1—2008 中 12.4.10	T	目测检验
19	半导电屏蔽电阻率测量	GB/T 22078.1—2008 中 12.4.11	T	GB/T 22078.1—2008 中附录 B
20	绝缘和护套机械性能试验	GB/T 22078.1—2008 中 12.5.2 和 12.5.3	T	GB/T 2951.11—2008 GB/T 2951.12—2008
21	成品电缆样段材料相容性试验	GB/T 22078.1—2008 中 12.5.4	T	GB/T 22078.1—2008 中12.5.4
22	聚氯乙烯护套热失重试验	GB/T 22078.1—2008 中 12.5.5	T	GB/T 2951.32—2008

表 5（续）

序号	试验项目	试验要求	试验类型	试验方法
23	护套高温压力试验	GB/T 22078.1—2008 中 12.5.6	T	GB/T 2951.31—2008
24	聚氯乙烯外护套低温性能试验	GB/T 22078.1—2008 中 12.5.7	T	GB/T 2951.14—2008
25	聚氯乙烯外护套热冲击试验	GB/T 22078.1—2008 中 12.5.8	T	GB/T 2951.31—2008
26	黑色聚乙烯外护套炭黑含量测量	GB/T 22078.1—2008 中 12.5.10	T	GB/T 2951.41—2008
27	燃烧试验	GB/T 22078.1—2008 中 12.5.11	T	GB/T 18380.1—2001
28	纵向透水试验	GB/T 22078.1—2008 中 12.5.12	T	GB/T 22078.1—2008 中附录 C
29	绝缘层杂质、微孔和半导电层与绝缘界面微孔、突起检查	GB/T 22078.1—2008 中 12.5.13	T	GB/T 22078.1—2008 中附录 E
30	外护套刮磨试验	GB/T 22078.1—2008 中 12.5.14	T	JB/T 10696.6—2007
31	皱纹铝套腐蚀扩展试验	GB/T 22078.1—2008 中 12.5.15	T	JB/T 10696.5—2007
32	成品电缆标志检查	第 9 章	T	目测
33	成品电缆标志耐擦试验	第 9 章	T	GB 6995.1—1986 中 5.2
34	绝缘厚度检查	GB/T 22078.1—2008 中 13.2.1	P	GB/T 2951.11—2008
35	热循环电压试验	GB/T 22078.1—2008 中 13.2.3	P	GB/T 3048.8—2007
36	雷电冲击电压试验	GB/T 22078.1—2008 中 13.2.4	P	GB/T 3048.13—2007
37	预鉴定试验结束后电缆系统的检验	GB/T 22078.1—2008 中 13.2.5	P	目测检验

9 成品电缆标志

在成品电缆的外护套上应有制造厂名称、产品型号、额定电压、导体截面和制造年份的连续标志和长度标志。标志的字迹应清晰、容易辨认和耐擦。成品电缆的标志还应符合 GB 6995.1—1986 和 GB 6995.3—1986 的相应规定。

10 验收规则

10.1 制造厂应按本部分要求进行例行试验、抽样试验、型式试验和预鉴定试验。

10.2 产品应由制造厂的质量检验部门检验合格后方能出厂，每盘出厂的电缆应附有产品检验合格证书。用户有要求时，制造厂应提供产品的试验报告。

10.3 产品应按表 5 规定的试验项目进行验收。

11 包装、运输和贮存

11.1 电缆应卷绕在符合电缆弯曲盘径的电缆盘上交货。考虑使电缆不受到过度弯曲，电缆盘的筒径应不小于型式试验的电缆弯曲直径。对于大规格电缆如果按此规定电缆盘筒径过大，无法运输，可按制造方和购买方协议，采用筒径较小的电缆盘运输。电缆的两个端头应有可靠防水、防潮密封，在外侧端头上应装有供敷设用的牵引头。

11.2　每盘出厂的电缆，应附有产品检验合格证，合格证应放在不透水的塑料袋内，该袋固定在电缆盘侧板上。每个电缆盘上应标明：

a）制造厂名称；

b）电缆型号；

c）额定电压，kV；

d）标称截面，mm^2；

e）装盘长度，m；

f）毛重，kg；

g）电缆盘的尺寸，m；

h）工厂电缆盘编号；

i）制造日期，　年　月；

j）表示电缆盘在搬运时放线方向的箭头；

k）本部分编号。

11.3　运输及贮存应注意：

a）电缆盘不允许平放；

b）运输中严禁从高处扔下装有电缆的电缆盘，严禁机械损伤电缆；

c）吊装包装件时，严禁几盘同时吊装。在车辆、船舶等运输工具上，电缆盘必须放稳、并用合适方法固定，防止相互碰撞或翻倒。

12　安装后电气试验

电缆连同其附件安装完成后的电气试验建议采用 GB/T 22078.1—2008 中第 14 章的推荐规定。

附 录 A
（资料性附录）
电缆的使用环境

A.1 概述

本部分中电缆的使用环境主要由电缆金属套和塑料外护套的性能确定，因此一般应符合GB/T 2952.2—1989中表1的规定。

A.2 金属套

铅套和皱纹铝套除适用于一般场所外，特别适用于下列场合：

——铅套电缆：腐蚀较严重但无硝酸、醋酸、有机质（如泥煤）及强碱性腐蚀质，且受机械力（拉力、压力、振动等）不大的场所。

——皱纹铝套电缆：腐蚀不严重和要求承受一定机械力的场所（如直接与变压器连接，敷设在桥梁上和竖井中等）。

A.3 塑料外护套

——02型（聚氯乙烯）外护套电缆主要适用于有一般防火要求和对外护套有一定绝缘要求的高压电缆线路；

——03型（聚乙烯）外护套电缆主要适用于对外护套绝缘要求较高的直埋敷设的高压电缆线路。如有必要用于隧道或竖井中时应采取一定的阻燃防火措施。

注：隧道内安装的电缆应具有阻燃外护套。

附 录 B
（资料性附录）
绝缘料和半导电料性能

绝缘料和半导电料性能可参照表 B.1 所示。

表 B.1 绝缘料和半导电料性能

序号	项 目	单位	绝缘料	半导电料
1	抗张强度	N/mm^2	≥20.0	≥12.0
2	断裂伸长率	%	≥500	≥180
3	热延伸试验（200 ℃，0.20 N/mm^2，15 min） 负荷下伸长率 永久变形	 % %	 ≤100 ≤10	 — —
4	$\tan\delta$		$\leq 5.0\times10^{-4}$	—
5	体积电阻率 23 ℃	Ω·cm	$\geq 1.0\times10^{16}$	<35
6	短时工频击穿强度	MV/m	≥35	—
7	凝胶含量	%	≥82	≥65
8	绝缘料杂质含量（1 000 g 样带） 杂质颗粒尺寸>0.075 mm	个	0	—

ICS 29.060.20
K 13

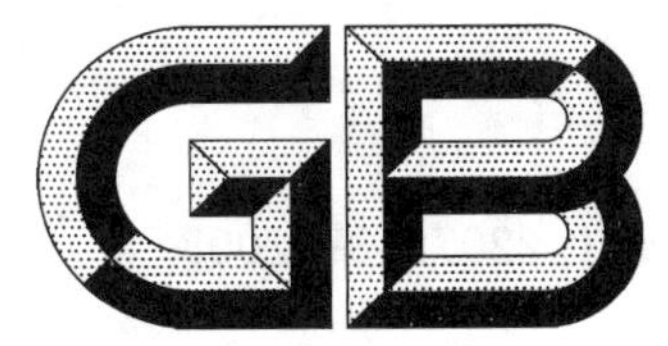

中华人民共和国国家标准

GB/T 22078.3—2008

额定电压500 kV(U_m=550 kV)交联聚乙烯绝缘电力电缆及其附件 第3部分:额定电压500 kV(U_m=550 kV)交联聚乙烯绝缘电力电缆附件

Power cables with cross-linked polyethylene insulation and their accessories for rated voltage of 500 kV(U_m=550 kV)— Part 3: Accessories for power cables with cross-linked polyethylene insulation for rated voltage of 500 kV (U_m=550 kV)

2008-06-30 发布　　2009-04-01 实施

中华人民共和国国家质量监督检验检疫总局
中国国家标准化管理委员会　发布

前　言

GB/T 22078《额定电压 500 kV(U_m=550 kV)交联聚乙烯绝缘电力电缆及其附件》分为三个部分：

——第 1 部分：额定电压 500 kV(U_m=550 kV)交联聚乙烯绝缘电力电缆及其附件　试验方法和要求；

——第 2 部分：额定电压 500 kV(U_m=550 kV)交联聚乙烯绝缘电力电缆；

——第 3 部分：额定电压 500 kV(U_m=550 kV)交联聚乙烯绝缘电力电缆附件。

本部分为 GB/T 22078 的第 3 部分。

本部分的附录 A、附录 B、附录 C 和附录 D 为资料性附录。

本部分由中国电器工业协会提出。

本部分由全国电线电缆标准化技术委员会(SAC/TC 213)归口。

本部分负责起草单位：上海电缆研究所。

本部分参加起草单位：上海三原电缆有限公司、武汉高压研究院、宝胜普睿司曼电缆有限公司、江苏安靠超高压电缆附件公司、北京电力公司。

本部分主要起草人：应启良、魏东、杨黎明、吴春忠、陈晓鸣、李华春。

额定电压 500 kV(U_m=550 kV)交联聚乙烯绝缘电力电缆及其附件 第3部分:额定电压 500 kV(U_m=550 kV)交联聚乙烯绝缘电力电缆附件

1 范围

GB/T 22078 的本部分规定了额定电压 500 kV 交联聚乙烯绝缘电力电缆附件的基本结构、型号、技术要求、验收规则、包装、运输和贮存。

本部分适用于额定电压 500 kV 交联聚乙烯绝缘电力电缆的户外终端、气体绝缘终端(GIS 终端)、油浸终端、复合终端、直通接头和绝缘接头。

2 规范性引用文件

下列文件中的条款通过 GB/T 22078 的本部分的引用而成为本部分的条款。凡是注日期的引用文件,其随后所有的修改单(不包括勘误的内容)或修订版均不适用于本部分,然而,鼓励根据本部分达成协议的各方研究是否可使用这些文件的最新版本。凡是不注日期的引用文件,其最新版本适用于本部分。

GB 311.1—1997 高压输变电设备的绝缘配合(IEC neq 60071-1:1993)

GB/T 4423—2007 铜及铜合金拉制棒

GB/T 772—2005 高压绝缘子瓷件 技术条件

GB/T 3048.8—2007 电线电缆电性能试验方法 第8部分:交流电压试验(IEC 60060-1:1989,NEQ)

GB/T 3048.12—2007 电线电缆电性能试验方法 第12部分:局部放电试验(IEC 60885-3:1988,MOD)

GB/T 3048.13—2007 电线电缆电性能试验方法 第13部分:冲击电压试验(IEC 60230:1966,IEC 60060-1:1989,MOD)

GB/T 5582—1993 高压电力设备外绝缘污秽等级(IEC neq 60507:1991)

GB/T 7354—2003 局部放电测量(IEC 60270:2000,IDT)

GB/T 11604—1989 高压电器设备无线电干扰测试方法(eqv IEC 60018:1983)

GB/T 12464—2002 普通木箱

GB/T 22078.1—2008 额定电压 500 kV(U_m=550 kV)交联聚乙烯绝缘电力电缆及其附件 第1部分:额定电压 500 kV(U_m=550 kV)交联聚乙烯绝缘电力电缆及其附件的电力电缆系统 试验方法和要求(IEC 62067:2006,MOD)

GB/T 22078.2—2008 额定电压 500 kV(U_m=550 kV)交联聚乙烯绝缘电力电缆及其附件 第2部分:额定电压 500 kV(U_m=550 kV)交联聚乙烯绝缘电缆

IEC 62271-209:2007 额定电压 52 kV 以上气体绝缘金属封闭开关 充油电缆及挤包绝缘电缆 充油及干式电缆终端的电缆连接装置

3 定义

除采用 GB/T 22078.1—2008 有关定义外,以下定义适用于本部分。

3.1

户外终端　outdoor termination

在受阳光直接照射或暴露在气候环境下或二者都存在的情况下使用的终端。

3.2

气体绝缘终端(GIS终端)　SF_6 gas immersed termination(GIS　termination)

安装在气体绝缘封闭开关设备(GIS)内部以六氟化硫(SF_6)气体为外绝缘的气体绝缘部分的电缆终端(以下简称GIS终端)。

3.3

油浸终端　oil immersed termination

安装在油浸变压器油箱内以绝缘油为外绝缘的液体绝缘部分的电缆终端。

3.4

复合终端(复合套管终端)　composite termination

以玻璃纤维增强环氧管为衬芯,外覆耐候、抗污秽弹性材料(如硅橡胶)制成的复合套管为外绝缘的户外终端。

3.5

直通接头　straight joint

连接两根电缆形成连续电路的附件。在本部分中特指接头的金属外壳以及接头两边电缆的金属屏蔽和绝缘屏蔽在电气上连续的接头。

绝缘接头　sectionalizing joint

将电缆的金属套、金属屏蔽和绝缘屏蔽在电气上断开的接头。

3.6

预制附件　pre-fabricated accessories

以具有电场应力控制作用的预制橡胶元件作为主要绝缘件的电缆附件。

3.7

组合预制绝缘件接头　composite type pre-fabricated joint

采用预制橡胶应力锥及预制环氧绝缘件现场组装的接头。

3.8

整体预制橡胶绝缘件接头　one piece pre-moulded joint

采用单一预制橡胶绝缘件的接头。

4　附件特性

4.1　一般要求

应按照GB/T 22078.1—2008第7章要求,确知并申明附件特性。

4.2　额定电压和正常运行条件

附件的额定电压和正常运行时最高温度、短路温度应与GB/T 22078.2—2008中4.1和4.2对电缆的规定相一致。

4.3　试验电压的海拔高度修正

本部分适用的户外终端的正常使用条件为海拔高度不超过1 000 m。对于海拔高度超过1 000 m,但不超过4 000 m安装使用的户外终端,在海拔不高于1 000 m地点试验时,其试验电压应按GB 311.1—1997中3.4的规定将本部分规定的试验电压乘以海拔校正因数K_a,并按此要求相应提高户外终端外绝缘的绝缘水平。

$$K_a = \frac{1}{1.1 - H \times 10^{-4}}$$

式中：

H——户外终端安装地点的海拔高度，单位为米(m)。

4.4 GIS 终端工作气压

GIS 终端外绝缘的 SF_6 气体在 20 ℃下的设计工作压力(表压)最大为 0.75 MPa，最小为 0.30 MPa。

注：GIS 终端推荐最大设计工作气压值采用 IEC 62271-209:2007 给出的数值。

5 附件的型号和命名

5.1 代号

5.1.1 系列代号

交联聚乙烯绝缘电缆 …… YJ

5.1.2 附件代号

户外终端 …… ZW

GIS 终端 …… ZG

油浸终端 …… ZY

复合终端(复合套管终端) …… ZF

直通接头 …… JT

绝缘接头 …… JJ

5.1.3 内绝缘代号

5.1.3.1 终端内绝缘

液体绝缘橡胶应力锥 …… Y

干式绝缘橡胶应力锥 …… G

六氟化硫(SF_6)充气绝缘橡胶应力锥 …… Q

硅油浸渍电容锥 …… R

5.1.3.2 接头绝缘

组合预制橡胶绝缘件 …… Z

整体预制橡胶绝缘件 …… I

5.1.4 终端外绝缘污秽等级

外绝缘污秽等级符合 GB/T 5582—1993 规定。本部分采用以下代号：

Ⅰ级(最小爬电比距 16 mm/kV) …… 1

Ⅱ级(最小爬电比距 20 mm/kV) …… 2

Ⅲ级(最小爬电比距 25 mm/kV) …… 3

Ⅳ级(最小爬电比距 31 mm/kV) …… 4

5.1.5 接头保护盒和外保护层

无保护盒 …… 0

保护盒含防水浇注剂 …… 1

绝缘铜壳 …… 2

5.2 型号组成

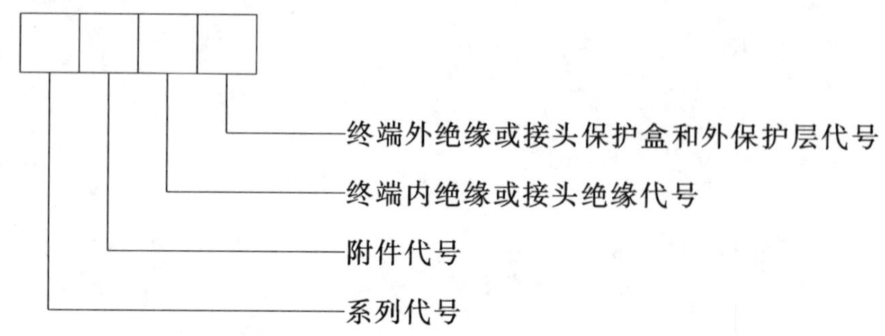

附件型号和名称见表1。

表1 附件型号及名称

型号		产品名称
主型号	含副型号	
YJZWY	YJZWY1 YJZWY2 YJZWY3 YJZWY4	液体绝缘橡胶应力锥户外终端,外绝缘污秽等级Ⅰ级 液体绝缘橡胶应力锥户外终端,外绝缘污秽等级Ⅱ级 液体绝缘橡胶应力锥户外终端,外绝缘污秽等级Ⅲ级 液体绝缘橡胶应力锥户外终端,外绝缘污秽等级Ⅳ级
YJZWQ	YJZWQ1 YJZWQ2 YJZWQ3 YJZWQ4	SF_6 充气绝缘橡胶应力锥户外终端,外绝缘污秽等级Ⅰ级 SF_6 充气绝缘橡胶应力锥户外终端,外绝缘污秽等级Ⅱ级 SF_6 充气绝缘橡胶应力锥户外终端,外绝缘污秽等级Ⅲ级 SF_6 充气绝缘橡胶应力锥户外终端,外绝缘污秽等级Ⅳ级
YJZWR	YJZWR1 YJZWR2 YJZWR3 YJZWR4	硅油浸渍电容锥户外终端,外绝缘污秽等级Ⅰ级 硅油浸渍电容锥户外终端,外绝缘污秽等级Ⅱ级 硅油浸渍电容锥户外终端,外绝缘污秽等级Ⅲ级 硅油浸渍电容锥户外终端,外绝缘污秽等级Ⅳ级
YJZFY		液体绝缘橡胶应力锥复合终端
YJZFQ		SF_6 充气绝缘橡胶应力锥复合终端
YJZFR		硅油浸渍电容锥复合终端
YJZGY		液体绝缘橡胶应力锥 GIS 终端
YJZGG		干式绝缘橡胶应力锥 GIS 终端
YJZGR		硅油浸渍电容锥 GIS 终端
YJZYY		液体绝缘橡胶应力锥油浸终端
YJZYG		干式绝缘橡胶应力锥油浸终端
YJZYR		硅油浸渍电容锥油浸终端
YJJTI	YJJTI0 YJJTI1 YJJTI2	整体预制橡胶绝缘件直通接头,无保护盒 整体预制橡胶绝缘件直通接头,保护盒含防水浇注剂 整体预制橡胶绝缘件直通接头,绝缘铜壳保护盒
YJJTZ	YJJTZ0 YJJTZ1 YJJTZ2	组合预制橡胶绝缘件直通接头,无保护盒 组合预制橡胶绝缘件直通接头,保护盒含防水浇注剂 组合预制橡胶绝缘件直通接头,绝缘铜壳保护盒

表 1（续）

型号		产品名称
主型号	含副型号	
YJJJI	YJJJI0 YJJJI1 YJJJI2	整体预制橡胶绝缘件绝缘接头，无保护盒 整体预制橡胶绝缘件绝缘接头，保护盒含防水浇注剂 整体预制橡胶绝缘件绝缘接头，绝缘铜壳保护盒
YJJJZ	YJJJZ0 YJJJZ1 YJJJZ2	组合预制橡胶绝缘件绝缘接头，无保护盒 组合预制橡胶绝缘件绝缘接头，保护盒含防水浇注剂 组合预制橡胶绝缘件绝缘接头，绝缘铜壳保护盒

5.3 产品表示方法

产品用型号、规格（额定电压、相数、适用电缆截面）及本部分编号表示。

产品表示方法举例如下：

示例 1：导体标称截面 1 000 mm^2、500 kV 交联聚乙烯绝缘电缆液体绝缘橡胶应力锥单相户外终端，外绝缘污秽等级Ⅰ级，表示为：

YJZWY1　290/500　1×1 000　GB/T 22078.3—2008

示例 2：导体标称截面 1 600 mm^2、500 kV 交联聚乙烯绝缘电缆干式绝缘橡胶应力锥单相 GIS 终端表示为：

YJZGG　290/500　1×1 600　GB/T 22078.3—2008

6 技术要求

6.1 导体连接杆和导体连接管

6.1.1 导体连接杆和导体连接管应采用 GB/T 4424—2007 规定的铜材制造，并经退火处理。

6.1.2 导体连接杆和导体连接管表面应光滑、清洁，应无损伤和毛刺。

6.1.3 导体连接杆和导体连接管压接连接件的性能应符合 11.6 规定的试验要求。

6.2 金具

6.2.1 附件金具应采用非磁性金属材料。

6.2.2 附件的密封金具应具有良好的组装密封性和配合性，不应有组装后造成泄漏的缺陷，如划伤、凹痕等。密封性能应符合 9.2 规定的要求。

6.3 密封圈

附件用密封圈应与相接触的材料相容，并能在附件正常运行的最高温度下长期使用。

6.4 橡胶应力锥和橡胶绝缘件

6.4.1 橡胶应力锥和橡胶绝缘件的绝缘料和半导电料推荐采用符合附录 A 的材料。

6.4.2 橡胶应力锥和橡胶绝缘件应无气泡、焦烧物和其他有害杂质，其内外表面应光滑，应无伤痕、裂痕和突起物。绝缘与半导电屏蔽的界面应结合良好，应无裂纹和剥离现象。半导电屏蔽应无有害杂质。

6.5 环氧预制件和环氧套管

6.5.1 环氧树脂混合料推荐采用符合附录 B 的材料。

6.5.2 环氧预制件和环氧套管内外表面应光滑，无有害杂质、气孔。绝缘与预埋金属嵌件结合良好，无裂纹、变形等异常情况。

6.5.3 环氧套管的密封性能应符合 9.2 规定的要求。

6.6 瓷套

应按终端外绝缘污秽等级要求选用瓷套。瓷套应符合 GB/T 772—2005 的要求。

6.7 复合套管

复合终端用复合套管的污秽等级应为Ⅲ级或以上（最小爬电比距不小于 25 mm/kV）。

6.8 液体绝缘填充剂

液体绝缘填充剂应与绝缘材料相容。由于500 kV终端的工作电场强度较高，对500 kV终端推荐采用经真空脱气的硅油作为液体绝缘填充剂。

推荐采用符合附录C要求的硅油作为液体绝缘填充剂。

6.9 防水浇注剂

推荐采用聚氨酯混合物作为接头保护盒的防水浇注剂。浇注剂应具有良好的防水密封性能，并对周围材料无有害作用。浇注剂应对环境无污染。

6.10 GIS终端与GIS连接配合要求

GIS终端与GIS的安装连接尺寸配合要求应符合IEC 62271-209:2007的规定。

6.11 附件产品

附件产品和其主要部件的试验要求在第7章中规定。

7 附件检验

附件的检验分例行试验(代号为R)、抽样试验(代号为S)、型式试验(代号为T)和预鉴定试验(代号为P)。如表2所示。当购买方有要求时，还需进行附加试验(代号为A)。各类试验的试验项目、试验要求在第8章、9章、10章、11章和12章中规定。

表2 附件的检验分类，要求和试验方法

序号	试验项目	试验要求	试验类型	试验方法
1	密封金具、瓷套、复合套管及环氧套管压力泄漏和真空漏增试验	9.2	R	9.2
2	预制件局部放电试验	9.3	R	GB/T 7354—2003
3	预制件电压试验	9.4	R	GB/T 3048.8—2007
4	室温下局部放电试验	GB/T 22078.1—2008中12.4.5	T	GB/T 3048.12—2007
5	热循环电压试验	GB/T 22078.1—2008中12.4.7	T	GB/T 22078.1—2008中12.4.7
6	室温和高温下局部放电试验	GB/T 22078.1—2008中12.4.5	T	GB/T 3048.12—2007
7	操作冲压试验	GB/T 22078.1—2008中12.4.8	T	GB/T 3048.13—2007
8	雷电冲击电压试验及随后的工频电压试验	GB/T 22078.1—2008中12.4.9	T	GB/T 3048.13—2007和GB/T 3048.8—2007
9	附件试样检验	GB/T 22078.1—2008中12.4.10	T	GB/T 22078.1—2008中12.4.10
10	直埋接头外保护层浸水电压试验	GB/T 22078.1—2008中附录D	T	GB/T 22078.1—2008中附录D
11	导体连接杆和导体连接管的压接连接件性能试验	11.6	T	在考虑中
12	组装附件压力泄漏及真空漏增试验	11.5	T	11.5
13	户外终端无线电干扰试验	11.4	A	GB/T 11604—1989
14	预鉴定试验的热循环电压试验	GB/T 22078.1—2008中13.2.3	P	GB/T 3048.8—2007
15	预鉴定试验结束后试样检验	GB/T 22078.1—2008中13.2.5	P	目测检验

8 试验条件

试验条件按 GB/T 22078.1—2008 第 8 章规定。

9 附件的例行试验

9.1 一般规定

附件的例行试验包括以下项目

a) 密封金具、瓷套、复合套管和环氧套管的密封试验(见 9.2);

b) 预制附件的部件主绝缘电气试验:

1) 橡胶应力锥和整体预制橡胶绝缘件局部放电试验(见 9.3);

2) 橡胶应力锥和整体预制橡胶绝缘件电压试验(见 9.4)。

9.2 密封金具、瓷套、复合套管和环氧套管的压力泄漏和真空漏增试验

试验装置应将密封金具、瓷套或环氧套管两端密封。

制造方可根据适用条件任选 9.2.1 或 9.2.2 规定的一种方法进行试验。

9.2.1 压力泄漏试验

室温下对试件加以(0.20±0.01)MPa 表压气压,保持 1 h。任选浸水检验或密封面上涂肥皂水检验,应无气体逸出迹象。试验装置应有防爆安全措施。亦可施加相同水压,保持 1 h,在密封面上涂白垩粉,应无水渗出迹象。

9.2.2 真空漏增试验

在室温下,将试件抽真空至残压约 67 Pa,然后关闭试件与真空泵间的阀门,经 0.5 h 压力漏增应不超过 67 Pa。

9.3 局部放电试验

橡胶应力锥和整体预制橡胶绝缘件的局部放电试验应符合 GB/T 22078.1—2008 中 9.1 和 9.2 的要求。

9.4 电压试验

橡胶应力锥和整体预制橡胶绝缘件的电压试验应符合 GB/T 22078.1—2008 中 9.1 和 9.3 的要求。

10 附件的抽样试验

在考虑中。

11 附件的型式试验

11.1 概述

附件的型式试验包括以下项目:

11.1.1 电气型式试验

a) 附件与电缆组成的系统的电气型式试验(见 11.2);

b) 直埋接头外保护层的浸水热循环和电压试验(见 11.3);

c) 当购买方有要求时进行的附加的无线电干扰试验(见 11.4)。

11.1.2 组装附件压力泄漏试验和真空漏增试验(见 11.5)。

11.1.3 导体连接杆和导体连接管压接连接件性能试验(见 11.6)。

11.2 附件和电缆组成系统的电气型式试验

可参照附录 D 在电缆上安装附件组成电缆系统。应按 GB/T 22078.1—2008 中 12.1、12.2 和12.4 进行电气型式试验,并应符合规定要求。

11.3 直埋接头外保护层浸水热循环和电压试验

直埋接头外保护层浸水热循环和电压试验应按 GB/T 22078.1—2008 中附录 D 进行，并符合规定要求。

11.4 户外终端无线电干扰试验

户外终端试样在 319 kV(1.1U_0)工频电压下，其 1 MHz 的无线电干扰电压应不超过 500 μV。试验方法按照 GB/T 11604—1989 的规定。

11.5 组装附件压力泄漏试验和真空漏增试验

11.5.1 压力泄漏试验

附件试样组装后，在室温下充以(0.20±0.01)MPa 表压气压保持 1 h。在密封面上涂肥皂水检验，应无气体逸出迹象。试验装置应有防爆安全措施。试验亦可加以相同水压，保持 1 h，在密封面上涂白垩粉，应无水渗出迹象。

11.5.2 真空漏增试验

附件试样组装后在室温下抽真空至残压约 67 Pa，然后关闭试样和真空泵间阀门，经 0.5 h，压力漏增应不超过 67 Pa。

11.6 导体连接杆和导体连接管的压接连接件性能试验

试验方法和试验要求在考虑中。

12 附件和电缆组成系统的预鉴定试验

附件和电缆组成系统的预鉴定试验应按 GB/T 22078.1—2008 第 13 章进行试验，并符合规定要求。

13 产品标志

13.1 产品标志

应在终端及接头的保护管表面粘接一金属软标牌标明：

a） 制造厂名称；

b） 型号、规格；

c） 额定电压，kV；

d） 制造年、月。

13.2 零部件

金属顶盖、电缆保护管、绝缘预制件等部件制造时应采用适当的方式标明制造规格、型号。

14 验收规则

附件产品按表 2 规定进行例行试验、型式试验和预鉴定试验，当用户有要求时还需进行附加试验，并按此验收。

14.1 产品应由制造厂的质量检验部门检验合格后方能出厂；每件出厂的附件应附有产品检验合格证书。用户有要求时，制造厂应提供产品的试验报告。

14.2 产品应按表 2 规定的试验项目进行验收。

15 包装、运输和贮存

15.1 电缆附件的包装

15.1.1 电缆附件产品的包装方式可根据各种零部件特点而定。对各种预制绝缘件、带材等应有相应的防水、防潮等密封措施；对易碎、防压的部件和材料应有相应的防压、防冲击的包装措施，并在包装物外部明显位置标出相应的字样或标记；易燃部件或材料应有防火标志。

15.1.2 包装箱可采用木箱或纸箱。木箱应符合 GB/T 12464—2002 要求。装箱时箱内应装入装箱单。零部件可分开包装。包装箱侧面应注部件名称、规格。两端面应注明：

a) 轻放；

b) 防雨；

c) 不得倒置。

15.2 运输和贮存

15.2.1 产品运输过程中不得将包装箱倒置及碰撞。

15.2.2 产品应贮存在清洁干燥和阴凉处。不得在户外或阳光下存放。

附　录　A
（资料性附录）
橡胶料的性能

预制橡胶绝缘件的三元乙丙橡胶绝缘料与半导电料的性能如表 A.1 所示。硅橡胶绝缘料与半导电料的性能如表 A.2 所示。

表 A.1　三元乙丙橡胶料的性能

序号	项　　目	单　　位	绝缘料	半导电料
1.0	老化前机械性能			
1.1	抗张强度	N/mm²	≥7.0	≥8.0
1.2	断裂伸长率	%	≥300	≥260
1.3	抗撕裂强度	N/mm	≥22	≥22
1.4	硬度	邵氏 A	≤70	≤80
1.5	压缩永久变形	%	≤40	≤40
2.0	空气箱老化后机械性能 老化条件：135 ℃±3 ℃，7 d			
2.1	抗张强度最大变化率	%	±30	±30
2.2	伸长率最大变化率	%	±30	±30
3.0	电气性能（室温下）			
3.1	体积电阻率（23 ℃）	Ω·cm	$\geq 1.5\times10^{15}$	$<1.0\times10^{3}$
3.2	$\tan\delta$	—	$\leq 5.0\times10^{-3}$	—
3.3	介电常数	—	2.5～4.0	—
3.4	短时工频击穿电场强度	MV/m	≥25	—

表 A.2　硅橡胶料的性能

序号	项　　目	单　　位	绝缘料	半导电料
1.0	老化前机械性能			
1.1	抗张强度	N/mm²	≥6.0	≥6.0
1.2	断裂伸长率	%	≥450	≥350
1.3	抗撕裂强度	N/mm	≥20	≥18
1.4	硬度	邵氏 A	≤50	≤55
1.5	压缩永久变形	%	在考虑中	在考虑中
2.0	空气箱老化后机械性能 老化条件：135 ℃±3 ℃，7 d			
2.1	抗张强度最大变化率	%	±20	±20
2.2	伸长率最大变化率	%	±20	±20
3.0	电气性能（室温下）			
3.1	体积电阻率（23 ℃）	Ω·cm	$\geq 1.0\times10^{15}$	$<1.0\times10^{4}$
3.2	$\tan\delta$	—	$\leq 4.0\times10^{-3}$	—
3.3	介电常数	—	2.8～3.5	—
3.4	短时工频击穿电场强度	MV/m	≥25	—

附 录 B
（资料性附录）
环氧树脂固化体的性能

附件用环氧树脂固化体的性能如表 B.1 所示。

表 B.1 环氧树脂固化体的性能

序号	项 目	单 位	性能指标
1.0	电气性能(室温下)		
1.1	体积电阻率(23 ℃)	Ω·cm	$\geqslant 1.5\times10^{15}$
1.2	$\tan\delta$	—	$\leqslant 5.0\times10^{-3}$
1.3	介电常数	—	3.5～6.0
1.4	短时工频击穿电场强度	MV/m	≥25
2.0	电气性能(100 ℃时)		
2.1	体积电阻率	Ω·cm	$\geqslant 1.0\times10^{15}$
2.2	$\tan\delta$	—	$\leqslant 5.0\times10^{-3}$
2.3	介电常数	—	3.5～6.0
3.0	热变形温度	℃	>105

附 录 C
（资料性附录）
硅油的性能

附件用硅油的性能如表 C.1 所示。

表 C.1 硅油的性能指标

序号	项 目		单 位	性能指标
1	外观			无色透明、无杂质
2	动力黏度(25 ℃)	低黏度硅油	Pa·s	4～100
		高黏度硅油		800～1 300
3	黏度最大变化率		%	±4.8
4	闪点		℃	>300
5	折光指数(25 ℃)			1.35～1.47
6	击穿电压(电极间距 2.5 mm)		kV	>35
7	体积电阻率(25 ℃)		Ω·cm	$>1.0\times10^{15}$
8	挥发度(150 ℃,3 h)		%	<0.5

附 录 D
（资料性附录）
附件安装导则

D.1 范围

本安装导则适用于额定电压 500 kV 交联聚乙烯绝缘电力电缆用的户外终端、GIS 终端、油浸终端、直通接头和绝缘接头安装时的一般要求。上述各类附件的安装手册和安装详细技术要求，由制造方在产品发货时一并提供用户。

D.2 一般要求

D.2.1 安装工作应由经过培训和掌握各类附件的专用安装手册知识的有经验人员进行。

D.2.2 安装手册规定的安装程序，根据不同的环境可进行调整和改变，但应通知制造方，以便交换意见。

D.2.3 在安装前按装箱单检查所有部件是否完整、无缺。

D.2.4 各部分安装尺寸，均应符合制造方提供的图样要求。

D.2.5 电缆和附件的各组成部件，应采用适用的清洗剂进行清洗，清洗剂在热风干燥器吹干时，应具有良好的挥发性能。

D.2.6 在安装处理过程中，不应损伤电缆的附件部件，特别是应力锥、O 型圈以及与 O 型圈接触的所有接触表面。

D.2.7 施工现场应保持清洁、无尘埃。一般情况下其相对湿度应不超过 70%方可进行电缆附件施工安装。

D.2.8 各部位固定螺丝应按图样规定要求，用力矩扳手固紧。

D.2.9 应注意电缆绝缘的收缩，保证电缆各部位的最终尺寸符合要求。

D.2.10 当剥离半导电层时，应特别注意不要损伤电缆绝缘。电缆绝缘表面应经适当方法处理得光滑、清洁、外形圆整。

D.2.11 放置 O 型圈前，与 O 型圈接触的表面，应使用清洗剂清洗干净，并确认这些接触面无任何损伤。

D.2.12 导体连接管压接时，其所用模具尺寸应按图样规定。

D.2.13 在组装过程中，环氧树脂预制件、应力锥和电缆绝缘表面，均应清洁干净，各绝缘件的接触表面，均涂上专用硅脂涂层。

D.2.14 当与电缆金属套进行铅锡合金焊接时，连续焊接时间应不超过 30 min，并可在焊接过程中采取局部冷却措施，以免因焊接时金属套温度过高而损伤电缆绝缘芯。焊接前焊接处表面应保持清洁并应处理光滑。

D.2.15 在组装各种附件时，电缆均应该用加热的方法预先进行校直。

D.2.16 所有的接地线或金属编织带均应用铜丝扎紧后再以焊锡固焊。

D.2.17 对于采用弹簧压缩装置的附件的压力调整均应按图样要求，用力矩扳手固紧。

ICS 29.280
S 82

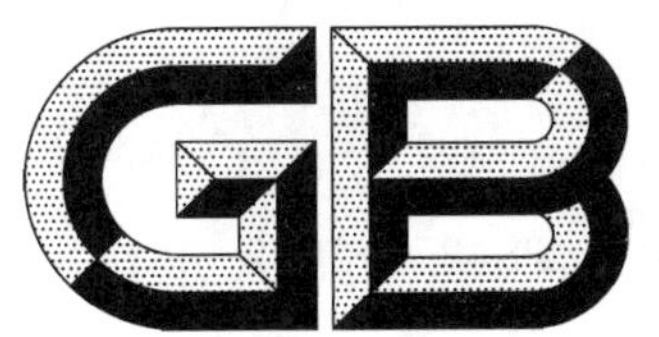

中华人民共和国国家标准

GB/T 28427—2012

电气化铁路 27.5 kV 单相交流交联聚乙烯绝缘电缆及附件

27.5 kV single-phase AC XLPE insulation cable and accessories for electrification railway

2012-06-29 发布 2012-10-01 实施

中华人民共和国国家质量监督检验检疫总局
中国国家标准化管理委员会 发布

前　言

本标准按照GB/T 1.1—2009给出的规则起草。

本标准由中华人民共和国铁道部提出。

本标准由中铁电气化局集团有限公司归口。

本标准负责起草单位：中铁电气化勘测设计研究院有限公司、中铁电气化局集团有限公司。

本标准参加起草单位：河北晶辉电工有限公司、广东吉熙安电缆附件有限公司、3M中国有限公司。

本标准主要起草人：李汉卿、邵健强、沈菊、王立天、王作祥、韩士恩、吴春玲、杨韬、庄猛。

电气化铁路
27.5 kV 单相交流交联聚乙烯
绝缘电缆及附件

1 范围

本标准规定了电气化铁路 27.5 kV 单相交流交联聚乙烯绝缘电缆及附件的术语及定义、电压标示及材料、使用特性及条件、代号及表示方法、技术要求、试验条件、检验规则、试验方法、验收规则、标志、包装、运输及保管。

本标准适用于电气化铁路的额定电压 U_0 为 27.5 kV 的单相交流交联聚乙烯绝缘电缆及其内锥型插入式可分离连接器、户内外终端、中间接头等。

2 规范性引用文件

下列文件对于本文件的应用是必不可少的。凡是注日期的引用文件，仅注日期的版本适用于本文件。凡是不注日期的引用文件，其最新版本(包括所有的修改单)适用于本文件。

GB/T 2951.11—2008 电缆和光缆绝缘和护套材料通用试验方法 第 11 部分:通用试验方法 厚度和外形尺寸测量 机械性能试验(IEC 60811-1-1:2001,IDT)

GB/T 2951.12—2008 电缆和光缆绝缘和护套材料通用试验方法 第 12 部分:通用试验方法 热老化试验方法(IEC 60811-1-2:1985,IDT)

GB/T 2951.13—2008 电缆和光缆绝缘和护套材料通用试验方法 第 13 部分:通用试验方法 密度测定方法 吸水试验 收缩试验(IEC 60811-1-3:2001,IDT)

GB/T 2951.14—2008 电缆和光缆绝缘和护套材料通用试验方法 第 14 部分:通用试验方法 低温试验(IEC 60811-1-4:1985,IDT)

GB/T 2951.21—2008 电缆和光缆绝缘和护套材料通用试验方法 第 21 部分:弹性体混合料专用试验方法 耐臭氧试验-热延伸试验-浸矿物油试验(IEC 60811-2-1:2001,IDT)

GB/T 2951.31—2008 电缆和光缆绝缘和护套材料通用试验方法 第 31 部分:聚氯乙烯混合料专用试验方法 高温压力试验-抗开裂试验(IEC 60811-3-1:1985,IDT)

GB/T 2951.32—2008 电缆和光缆绝缘和护套材料通用试验方法 第 32 部分:聚氯乙烯混合料专用试验方法 失重试验 热稳定性试验(IEC 60811-3-2:1985,IDT)

GB/T 2951.41—2008 电缆和光缆绝缘和护套材料通用试验方法 第 41 部分:聚乙烯和聚丙烯混合料专用试验方法 耐环境应力开裂试验 熔体指数测量方法 直接燃烧法测量聚乙烯中碳黑和(或)矿物质填料含量 热重分析法(TGA)测量碳黑含量 显微镜法评估聚乙烯中碳黑分散度(IEC 60811-4-1:2004,IDT)

GB/T 2952.3—2008 电缆外护层 第 3 部分:非金属套电缆通用外护层

GB/T 3048.4—2007 电线电缆电性能试验方法 第 4 部分:导体直流电阻试验

GB/T 3048.8—2007 电线电缆电性能试验方法 第 8 部分:交流电压试验(IEC 60060-1:1989,NEQ)

GB/T 3048.11—2007 电线电缆电性能试验方法 第 11 部分:介质损耗角正切试验

GB/T 3048.12—2007 电线电缆电性能试验方法 第 12 部分:局部放电试验(IEC 60885-3:1988,MOD)

GB/T 3048.13—2007　电线电缆电性能试验方法　第13部分：冲击电压试验(IEC 60230:1966,IEC 60060-1:1989,MOD)

GB/T 3512—2001　硫化橡胶或热塑性橡胶　热空气加速老化和耐热试验(eqv ISO 188:1998)

GB/T 3956—2008　电缆的导体(IEC 60228:2004,IDT)

GB/T 6553—2003　评定在严酷环境条件下使用的电气绝缘材料耐电痕化和蚀损的试验方法(IEC 60587:1984,IDT)

GB 6995.3—2008　电线电缆识别标志方法　第3部分：电线电缆识别标志

GB/T 9327—2008　额定电压35 kV(U_m=40.5 kV)及以下电力电缆导体用压接式和机械式连接金具　试验方法和要求(IEC 61238-1:2003,MOD)

GB/T 14315—2008　电力电缆导体用压接型铜、铝接线端子和连接管

GB/T 16585—1996　硫化橡胶人工气候老化(荧光紫外灯)试验方法(eqv ASTM G53:1988)

GB/T 16927.1—2011　高电压试验技术　第1部分：一般定义及试验要求(IEC 60060-1:1989,MOD)

GB/T 17650.1—1998　取自电缆或光缆的材料燃烧时释出气体的试验方法　第1部分：卤酸气体总量的测定(idt IEC 60754-1:1994)

GB/T 17650.2—1998　取自电缆或光缆的材料燃烧时释出气体的试验方法　第2部分：用测量pH值和电导率来测定气体的酸度(idt IEC 60754-2:1991)

GB/T 17651.1—1998　电缆或光缆在特定条件下燃烧的烟密度测定　第1部分：试验装置(idt IEC 61034-1:1997)

GB/T 17651.2—1998　电缆或光缆在特定条件下燃烧的烟密度测定　第2部分：试验步骤和要求(idt IEC 61034-2:1997)

GB/T 18380.35—2008　电缆和光缆在火焰条件下的燃烧试验　第35部分：垂直安装的成束电线电缆火焰垂直蔓延试验　C类(IEC 60332-3-24:2000,IDT)

GB/T 18889—2002　额定电压6 kV(U_m=7.2 kV)到35 kV(U_m=40.5 kV)电力电缆附件试验方法(IEC 61442:1997,MOD)

JB/T 4278.10—2011　橡皮塑料电线电缆试验仪器设备检定方法　第10部分：火花试验机

EN 50181—1997　不包括充液变压器在内的设备用1 kV至36 kV,250 A至1 250 A插入式套管(Plug-in type bushings above 1 kV up to 36 kV and from 250 A to 1.25 kA for equipment other than liquid filled transformers)

3　术语和定义

下列术语及定义适用于本文件。

3.1

标称值　nominal value

指定的量值并经常用于表格之中。标准中通常标称值引伸出的量值考虑规定公差，通过测量并进行检验。

3.2

近似值　approximate value

一个既不保证也不检查的数值，例如用于其他尺寸值的计算。

3.3

中间值　median value

将试验得到的若干数值以递增(或递减)的次序依次排列时，若数值的数目是奇数，中间的那个值为中间值；若数值的数目是偶数，中间两个数值的平均值为中间值。

3.4

假设值　fictitious value

按附录A计算所得的值。

3.5

导体连接金具　connector

将电缆各导体连接起来的一种金具。

3.6

终端　termination

安装在电缆末端，以保证电缆与系统的其他部分电气连接，并维持绝缘直到连接点的终端装置。

3.7

户内终端　indoor termination

在既不受阳光直接照射，也不暴露在风雨环境下使用的终端。

3.8

户外终端　outdoor termination

在受阳光直接照射，或暴露在风雨环境下，或二者都存在的情况下使用的终端。

3.9

中间接头　joint

连接两根电缆形成连续电路的附件。

3.10

预制式终端　premolded termination

将预制的橡胶终端套管或组件现场套装在经过处理后的电缆末端而构成的终端。

3.11

预制式中间接头　premolded joint

将预制的橡胶接头部件现场套装在经过处理后的电缆连接处而构成的接头。

3.12

冷缩式终端　cold shrink termination

将预扩张、内有支撑物的弹性体终端套在经过处理后的电缆末端，抽出支撑物，收缩压紧在电缆上而形成的电缆终端。

3.13

冷缩式中间接头　cold shrink joint

将预扩张、内有支撑物的弹性体接头部件现场套在经过处理后的电缆连接处，抽出支撑物，收缩压紧在电缆上而构成的接头。

3.14

可分离连接器　separable connector

使电缆与其他设备连接或断开的完全绝缘的终端。

3.15

插入式可分离连接器　plug-in type separable connector

由滑动部件作电气接触的可分离连接器。

3.16

内锥型插入式可分离连接器　inside cone plug-in type separable connector

锥形套管在封闭式设备内部的插入式可分离连接器。

4 电压标示及材料

4.1 电压标示

4.1.1 对于单相工频交流系统电压表示如表1。

表1 牵引供电系统电压标称值及允许波动限值

标称电压值 kV	最高值 kV	瞬时最大值 kV
25	27.5	29[a]
[a] 在牵引供电系统因改变运行方式或电网电压波动时可能出现的持续时间不大于5 min的电压最大值。当系统电压瞬时最大值与本标准规定不一致时，由用户与制造商商定。		

4.1.2 电缆及附件的额定电压 U_0 为27.5 kV。

4.2 电缆绝缘材料

本标准所涉及的电缆交联聚乙烯绝缘混合料代号，见表2。

表2 绝缘混合料

绝缘混合料	代号
交联聚乙烯	XLPE

4.3 电缆外护套材料

规定下列两种不同类型护套混合料代号：

——以聚氯乙烯为基料的低卤低烟阻燃护套料；

——以聚乙烯为基料的无卤低烟阻燃护套料。

外护套混合料代号见表3。

表3 外护套混合料

外护套混合料	代　　号
低卤低烟阻燃护套料	$DD\text{-}ST_2$
无卤低烟阻燃护套料	$WD\text{-}ST_7$

5 使用特性及条件

5.1 电缆

5.1.1 一般要求

5.1.1.1 电缆导体截面优先值为150 mm^2、185 mm^2、240 mm^2、300 mm^2、400 mm^2。

5.1.1.2 电缆应满足低卤低烟阻燃电缆或无卤低烟阻燃电缆的燃烧性能要求，要求如下：

a) 低卤低烟阻燃电缆，烟气最小透光率应大于或等于30%，燃烧时释放气体的pH值应大于或等于2.5，电导率应小于或等于30 μs/mm，卤酸气体逸出量应小于或等于100 mg/g；

b) 无卤低烟阻燃电缆，其烟气最小透光率应大于或等于60%，燃烧时释放气体的pH值应大于或等于4.3，电导率应小于或等于10 μs/mm。

5.1.1.3 电缆应具有径向防水性能。

5.1.2 工作温度

5.1.2.1 电缆在正常运行时导体允许的长期最高温度为90 ℃。

5.1.2.2 短路时(最长持续时间不超过5 s)，电缆导体允许的最高温度为250 ℃。

5.1.3 短路电流

电缆导体最大允许故障短路电流见表4。

表4 电缆导体最大允许故障短路电流[a]

标称截面 mm²	150	185	240	300	400
最大允许故障短路电流 kA	21.4	26.4	34.3	42.9	57.2
[a] 短路持续时间为1 s，短路起始温度为90 ℃。					

5.1.4 电缆参考载流量

电缆参考载流量参见附录B。

5.1.5 电缆的弯曲半径

安装时电缆最小弯曲半径为15D，D为电缆外径。

5.1.6 敷设环境

电缆主要敷设地点分为地下直埋、穿管、地面电缆沟、地下隧道、变电所电缆夹层或局部露天敷设等，电缆可能经常或周期性地被水浸泡。

5.1.7 其他

对于可能经常或周期性被水浸泡的电缆，其外护套不宜采用以聚氯乙烯(PVC)为基料的护套料。

5.2 电缆附件

5.2.1 额定参数

5.2.1.1 额定参数见表5。

表 5 附件额定参数

<table>
<tr><td colspan="2">额定电压 U_0
kV</td><td>27.5</td></tr>
<tr><td colspan="2">工频耐压(5 min)
kV</td><td>124</td></tr>
<tr><td colspan="2">冲击耐压
kV</td><td>250</td></tr>
<tr><td colspan="2">适用电缆截面</td><td>与电缆截面相匹配</td></tr>
<tr><td rowspan="2">终端外爬距</td><td>户内终端外爬距
mm</td><td>不小于 700</td></tr>
<tr><td>户外终端外爬距
mm</td><td>不小于 1 200</td></tr>
</table>

5.2.1.2 电缆附件长期工作温度和短路温度,满足与其配套电缆的要求。

5.2.2 使用环境条件

5.2.2.1 环境温度

−40 ℃～+60 ℃。

5.2.2.2 海拔

终端附件不超过 1 000 m。

当电缆终端在海拔高于 1 000 m 但不超过 4 000 m 地区应用时,其试验电压应按本标准规定的额定耐受电压乘以海拔校正因数 Ka,见公式(1)。

$$Ka=\frac{1}{1.1-H\times 10^{-4}} \qquad \cdots\cdots(1)$$

式中:

H——设备安装地点的海拔高度,单位为米(m)。

5.2.2.3 使用环境

电缆附件的使用环境与电缆的敷设环境有关。

电缆终端主要使用在户内或户外电缆与设备连接处。

中间接头主要使用在电缆间接续处,使用环境与电缆敷设环境基本相同,主要使用地点分为地下直埋、穿管、地面电缆沟、地下隧道、变电所电缆夹层或局部露天敷设等,中间接头可能经常或周期性地被水浸泡。

内锥型插入式可分离连接器主要使用在电缆与设有内锥型套管的设备连接处。

6 电缆产品代号及表示方法

电缆产品代号及表示方法按附录 C 规定。

7 技术要求

7.1 电缆

7.1.1 导体

7.1.1.1 电缆用铜芯导体应符合 GB/T 3956—2008 中绞合紧压圆形导体(第 2 种)的规定。

7.1.1.2 导体表面应光洁、无油污、无损伤屏蔽及绝缘的毛刺、锐边,以及凸起或断裂的单线。

7.1.2 绝缘

7.1.2.1 绝缘应为交联聚乙烯(XLPE)材料,其机械、电气性能应符合表 6 的规定。

7.1.2.2 电缆标称绝缘厚度不小于 11 mm。

7.1.2.3 绝缘厚度的平均值不应小于标称值,绝缘任意一处最薄点的厚度不应小于标称值的 90%再减 0.1 mm,厚度的测量结果应修约到 0.1 mm。

7.1.2.4 绝缘的偏芯度不应大于 10%。

7.1.3 屏蔽

7.1.3.1 单芯电缆绝缘线芯的屏蔽,应由导体屏蔽和绝缘屏蔽组成。

7.1.3.2 导体屏蔽采用挤包交联粘结型半导电料,其机械、电气性能应符合表 6 的规定。

7.1.3.3 半导电屏蔽层应均匀地包覆在导体上,表面应光滑,无明显绞线凸纹、尖角、颗粒、烧焦和擦伤的痕迹。

表 6 XLPE 交联聚乙烯绝缘材料、导体屏蔽、绝缘屏蔽材料性能

序号	项目名称	单位	技术指标		
			绝缘料	导体屏蔽交联粘合型半导电料	绝缘屏蔽交联粘合型半导电料
1	抗拉强度	N/mm²	≥13.5	≥12.5	≥12.5
2	断裂伸长率	%	≥350	≥200	≥200
3	冲击脆化温度				
	试验温度	℃	≤−76	≤−40	≤−40
	冲击脆化性能	失效数	≤15/30	—	—
4	空气热老化 135 ℃±2 ℃,168 h:				
	抗拉强度变化率,最大	%	±20	±40	±40
	断裂伸长率变化率,最大	%	±20	±40	±40
5	热延伸 200 ℃,0.2 MPa,15 min:				
	负荷下伸长率	%	≤80	≤175	≤175
	冷却后永久变形	%	≤5	≤15	≤15
6	凝胶率	%	≥80	—	—
7	介质损耗角正切 50 Hz,20 ℃		≤0.000 5	—	—

表 6（续）

序号	项目名称	单位	技术指标		
			绝缘料	导体屏蔽交联粘合型半导电料	绝缘屏蔽交联粘合型半导电料
8	体积电阻率 20 ℃，测试电压为 DC 1 kV	Ω·m	≥1×10^14	90 ℃±2 ℃ ≤1 000	90 ℃±2 ℃ ≤500
9	介电强度 50 Hz，20 ℃	kV/mm	≥25	—	—
10	相对介电常数 50 Hz，20 ℃	—	≤2.35	—	—
11	空气热老化 100 ℃，168 h：体积电阻率 90 ℃±2 ℃	Ω·m	—	≤1 000	≤500

7.1.3.4 绝缘屏蔽应由非金属半导电层与金属屏蔽层组合而成：

a) 非金属半导电层

非金属半导电层采用挤包交联粘结型半导电料，其机械、电气性能应符合表 6 的规定。绝缘屏蔽应均匀地包覆在绝缘上，并与绝缘牢固地粘结。半导电层与绝缘层的界面应光滑，无明显尖角、颗粒、烧焦和擦伤的痕迹。

b) 金属屏蔽层

电缆应有金属屏蔽层，金属屏蔽采用铜丝屏蔽。

铜丝屏蔽由疏绕的软铜线组成，其表面应用反向绕包的铜丝或铜带扎紧。相邻铜线的平均间隙不应大于 4 mm，任何两根相邻铜线间隙不应大于 8 mm，铜丝屏蔽的标称截面可根据故障电流容量要求选用。

金属屏蔽层中铜线的电阻要求应符合 GB/T 3956—2008 的规定。

7.1.3.5 挤包导体屏蔽、绝缘、绝缘屏蔽应采用“干法三层共挤”工艺。

7.1.4 隔离层

7.1.4.1 在金属屏蔽层和铠装层之间应设有挤包型隔离层。

7.1.4.2 材料应采用聚乙烯材料，其厚度不小于 2.0 mm。

7.1.4.3 隔离套外应叠包 0.2 mm 厚的无卤低烟阻燃玻璃纤维带。

7.1.5 铠装

铠装应为非铁磁性材料。应采用圆金属丝或扁金属丝。材质宜采用铝材质。

应优先采用下列标称尺寸：

圆金属丝：直径 2.0 mm，2.5 mm；

扁金属丝：厚度 0.8 mm。

圆铠装金属丝的标称直径不应小于表 7 规定的数值。

表 7 圆铠装金属丝标称直径

单位为毫米

铠装前假设直径 d	铠装金属丝标称直径
$25<d\leqslant 35$	2.0
$35<d\leqslant 60$	2.5

7.1.6 外护套

7.1.6.1 概述

外护套为黑色。若制造方和购买方达成协议,可采用黑色以外的其他颜色。

7.1.6.2 材料

外护套为热塑性低卤低烟(DD)或无卤低烟(WD)材料。

外护套材料应与表3中规定的电缆运行温度相适应。

在特殊条件下(例如为了防白蚁)使用的外护套,可在配方中加入化学添加剂。但这些添加剂应对人类及环境无害。

外护套材料性能应符合表8的规定。

表8 外护套材料性能

序号	项目名称	单位	性能指数	
			低卤低烟(DD)	无卤低烟(WD)
1	老化前物理性能试验			
1.1	抗拉强度,最小	N/mm^2	15	10
1.2	断裂伸长率,最小	%	180	130
2	空气热老化后物理性能试验			
	老化温度	℃	100±2	100±2
	老化持续时间	h	168	168
2.1	抗拉强度			
a)	最小	N/mm^2	15	8
b)	变化率,最大	%	±20	±20
2.2	断裂伸长率			
a)	最小	%	150	120
b)	变化率,最大	%	±20	±20
3	高温压力试验			
	试验温度	℃	90±2	80±2
	载荷下持续时间	h	6	6
	允许最大变形	%	50	40
4	抗开裂试验			
	试验温度	℃	150±3	130±3
	持续时间	h	1	1
5	低温冲击试验			
	试验温度	℃	−15±2	−15±2
6	腐蚀性试验			
6.1	pH值,最小		2.5	4.3

表 8（续）

序号	项 目 名 称	单位	性能指数	
			低卤低烟(DD)	无卤低烟(WD)
6.2	电导率	μs/mm	30	10
6.3	HCl 释放量，最大	mg/g	100	—
7	烟密度最小透光率	%	≥30	≥60
8	氧指数		≥30	≥32

7.1.6.3 **厚度**

外护套厚度按 GB/T 2952.3—2008 规定。

外护套厚度的平均值不应小于标称值，最薄点厚度不应小于标称厚度的 85%再减 0.1 mm。

7.2 电缆附件

7.2.1 终端、中间接头及内锥型插入式可分离连接器主体橡胶部件及安装材料应按附录 D，所有附件及安装材料应配套。安装后中间接头主要尺寸应符合图 1 规定。

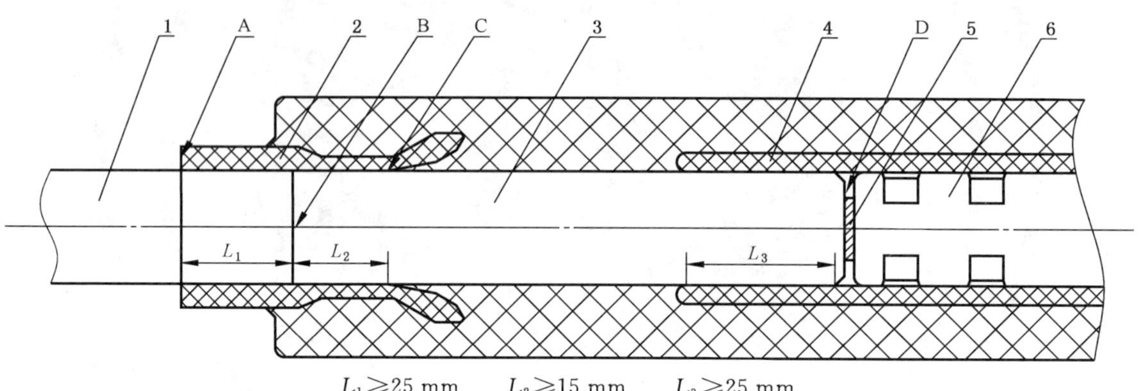

$L_1 \geqslant 25$ mm　$L_2 \geqslant 15$ mm　$L_3 \geqslant 25$ mm

说明：

1——电缆半导电屏蔽层；

2——应力锥；

3——电缆绝缘层；

4——屏蔽管；

5——线芯；

6——连接管；

A——应力锥端部；

B——外半导电层切断处；

C——应力锥控制起点处；

D——电缆绝缘端面。

图 1 安装后中间接头主要尺寸

7.2.2 附件的主要材料采用低烟、无卤阻燃材料，对于户外终端所用的外绝缘材料应具有耐气候老化、耐电痕化和蚀损性能，材料性能要求应按附录 E。

7.2.3 终端和中间接头用的导体连接金具应符合 GB/T 14315—2008 中的相应规定，内锥型插入式可分离连接器用的导体连接金具应符合 GB/T 9327—2008 中的相应规定。

7.2.4 内锥型插入式可分离连接器应与内锥式套管匹配。内锥式套管的界面尺寸按附录F。

7.2.5 内锥型插入式可分离连接器主体可包含滑动式顶部连接金具、应力锥的橡胶绝缘主体、顶推弹簧机构(或其他形式)、密封尾管等主要部件,所有金属部件应均为非铁磁性材料。典型结构和部件可参见附录G。

7.2.6 内锥型插入式可分离连接器在正常操作的情况下,可插/拔次数不应小于30次。30次插/拔操作后,顶部金属接触部分及绝缘部分不应有可见的损伤。

7.2.7 中间接头需要有防鼠、防蚁性能时可采取增加铝壳机械保护盒或其他措施进行防护,并应按附录H.1对安装有保护盒的接头进行机械撞击试验。

7.2.8 附件接地线和过桥线截面积应按与之相适应的电缆金属屏蔽层和铠装层截面积相一致的原则选取。铠装接地与屏蔽接地应分开处理。

7.2.9 对于中间接头,电缆外护套端部与中间接头外护层搭接长度不应少于100 mm。

8 试验条件

8.1 环境温度

除非特殊试验另有详细规定,试验应在环境温度20 ℃±15 ℃下进行。

8.2 工频试验电压的频率和波形

工频试验电压的频率应为49 Hz~61 Hz范围。波形应基本为正弦形。电压值以有效值表示。

8.3 冲击试验电压波形

按照GB/T 3048.13—2007的规定,标准冲击电压的波前时间应为1 μs~5 μs,半波峰时间为40 μs~60 μs,其他方面应按照GB/T 16927.1—2011的规定。

8.4 试验电压与额定电压的关系

试验电压按表9、表10规定。

表9 电缆试验电压

1	2		3	4	5	6
确定试验电压 U_0 值	例行电压试验		局部放电试验	电缆4 h电压试验	冲击试验后工频耐压试验	冲击电压试验
	电压	时间				
U_0 kV	$3.5U_0$ kV	min	$1.73U_0$ kV	$4U_0$ kV	$2.5U_0$ kV	kV
27.5	97	5	48	110	69	250

表10 附件试验电压

1	2		3	4	5
确定试验电压 U_0 值	交流耐压		局部放电试验	冲击试验后工频耐压试验	冲击电压试验
	电压	时间			
U_0 kV	$4.5U_0$ kV	min	$1.73U_0$ kV	$2.5U_0$ kV	kV
27.5	124	5	48	69	250

9 电缆的例行试验

9.1 概述

例行试验包括如下：

a) 导体电阻测量(见 9.2)；

b) 局部放电试验(见 9.3)；

c) 5 min 交流电压试验(见 9.4)；

d) 电缆外护套的电气试验(见 9.5)。

9.2 导体电阻测量

成品电缆或从成品电缆上取下的试样，应在保持适当温度的试验室内至少存放 24 h 后测量。也可采用另一种方法，即将导体试样浸在温度可以控制的液体槽内，至少浸入 1 h 后测量电阻。

电阻测量值应按照 GB/T 3956—2008 规定的公式和系数校正到 20 ℃下 1 km 长度的数值。

每一根导体 20 ℃时的直流电阻应不超过 GB/T 3956—2008 规定的相应的最大值。

9.3 局部放电试验

局部放电试验应按 GB/T 3048.12—2007 进行，检测灵敏度不应大于 10 pC。

应在 1.73U_0(48 kV)电压下测量局部放电量，测量值不应大于 10 pC。

9.4 5 min 交流电压试验

5 min 交流电压试验应使用工频交流电压在环境温度下进行。

试验电压应施加在导体和金属屏蔽间逐渐地升到 97 kV，然后保持 5 min，绝缘不应击穿。

9.5 电缆外护套的电气试验

按附录 I 进行工频交流火花试验，试验电压为 15 kV，电缆通过电极的时间应足以检查缺陷。电缆外护套的工频交流火花试验范围应达到电缆圆周方向上的 100%。

10 电缆的抽样试验

10.1 一般规定

抽样试验包括如下：

a) 导体检查(见 10.2)；

b) 绝缘和外护套厚度测量(见 10.3)；

c) 铠装金属丝的测量(见 10.4)；

d) 直径测量(见 10.5)；

e) XLPE 绝缘热延伸试验(见 10.6)；

f) 4 h 电压试验(见 10.7)；

g) 径向防水试验(见 10.8)。

10.2 导体检查

10.2.1 导体外观

导体外观检查应规整，表面光洁、无氧化、无油污、无损伤绝缘的毛刺、锐边以及凸起或断裂的单线等缺陷。

10.2.2 导体的电阻测量

导体 20 ℃时的直流电阻应符合 GB/T 3956—2008 的规定，试验方法应按 9.2 的规定进行。

10.2.3 导体的结构

第 2 种导体中的单线根数应不小于 GB/T 3956—2008 中表 2 规定的相应最少根数。

10.3 绝缘和外护套厚度测量

10.3.1 概述

试验方法应按 GB/T 2951.11—2008 第 8 章规定。

从被试电缆一端取下一段电缆试样，必要时，先截除已受损的部分再行取样。

10.3.2 绝缘厚度测量

每一段绝缘线芯，其绝缘厚度测量值的平均值按附录 J 修约到 0.1 mm 后，不应小于规定的标称厚度；最小测量值不应低于规定标称值的 90%再减 0.1 mm，即：

$$t_{min} \geqslant t_n - (0.1 + 0.1t_n) \quad \cdots\cdots (2)$$

同时绝缘偏芯度应符合：

$$\frac{t_{max} - t_{min}}{t_{max}} \leqslant 0.1 \quad \cdots\cdots (3)$$

式中：

t_{max}——最大厚度，单位为毫米(mm)；

t_{min}——最小厚度，单位为毫米(mm)；

t_n ——标称厚度，单位为毫米(mm)。

10.3.3 外护套厚度测量

外护套厚度测量值的平均值，按附录 J 修约到 0.1 mm，不应小于规定的标称厚度，其最小测量值应不低于规定标称值的 85%再减 0.1 mm。即：

$$t_{min} \geqslant t_n - (0.1 + 0.15t_n) \quad \cdots\cdots (4)$$

式中：

t_{min}——最小厚度，单位为毫米(mm)；

t_n ——标称厚度，单位为毫米(mm)。

10.4 铠装金属丝的测量

使用具有两个平测头精度为±0.01 mm 的千分尺来测量圆铠装金属丝的直径和扁铠装金属丝的厚度，圆金属丝测量应在同一截面上两个互成直角的位置上各测一次，取其平均值作为金属丝的直径。

铠装金属丝的尺寸低于 7.1.5 规定的标称尺寸的量值不应超过：

——圆金属丝：5%；

——扁金属丝：8%。

10.5 直径测量

应测量电缆绝缘芯直径和(或)电缆外径。测量应按 GB/T 2951.11—2008 中 8.3 规定进行。

10.6 XLPE 绝缘热延伸试验

取样和试验步骤应按照 GB/T 2951.21—2008 第 9 章进行。

试片应取自所用交联工艺中通常交联度最低处的绝缘内层、中层或外层。

试验结果应符合表 11 要求。

表 11 电缆 XLPE 绝缘混合料特殊性能试验要求

序号	试验项目(混合料代号见 4.2)	单位	XLPE
1	热延伸试验(GB/T 2951.21—2008 中第 9 章)		
1.1	处理条件		
	——空气温度(偏差±3 ℃)	℃	200
	——负荷时间	min	15
	——机械应力	N/cm^2	20
1.2	载荷下最大伸长率	%	175
1.3	冷却后最大永久伸长率	%	15
2	吸水试验(GB/T 2951.13—2008 中 9.2)重量分析法		
2.1	温度(偏差±2 ℃)	℃	85
2.2	持续时间	d	14
2.3	重量最大变化率	mg/cm^2	1[a]
3	收缩试验(GB/T 2951.13—2008 中第 10 章)		
3.1	标志间长度 L	mm	200
3.2	温度(偏差±3 ℃)	℃	130
3.3	持续时间	h	1
3.4	最大允许收缩率	%	4
[a] 对于密度大于 1 g/cm^3 的 XLPE 要考虑吸水量增加大于 1 mg/cm^2。			

10.7 4 h 电压试验

10.7.1 取样

试验终端之间的一根成品电缆长度应至少为 5 m。

10.7.2 步骤

试验应在室温下进行，在试样的每一导体与金属屏蔽或护套间应施加工频交流电压 4 h。

试验电压为 $4U_0$，即 110 kV。试验电压应逐渐升高到规定值，并持续 4 h。绝缘不应发生击穿。

10.8 径向防水试验

试验在室温下进行，将电缆样品在水中浸泡 72 h，去除绝缘层外面的复合层后，用肉眼观察，绝缘层外表面应该是干燥的。

11 电缆的型式试验

11.1 成品电缆的电气型式试验

11.1.1 概述

从成品电缆中取出 10 m～15 m 长的电缆试样按 11.1.2 规定进行试验。

除 11.1.3 规定外，电气试验应在一根电缆试样上依次进行。

按 11.1.10 规定，应单独另取试样对半导电屏蔽进行电阻率测量。

11.1.2 试验顺序

正常试验顺序应是：

a) 局部放电试验(见 11.1.4)；

b) 弯曲试验及随后的局部放电试验(见 11.1.5)；

c) $\tan\delta$ 测量(见 11.1.6)；

d) 加热循环试验及随后的局部放电试验 (见 11.1.7)；

e) 冲击电压试验及随后的工频电压试验(见 11.1.8)；

f) 4 h 电压试验(见 11.1.9)。

11.1.3 特别条款

11.1.2c)试验可以在未做过 11.1.2 中其他试验的另一根试样上进行。

11.1.2f)试验可在一个新的试样进行，但该试样应预先进行过 11.1.2b)和 d)规定的试验。

11.1.4 局部放电试验

局部放电试验应按 GB/T 3048.12—2007 进行，检测灵敏度不应大于 5 pC。

应在 1.73U_0(48 kV)电压下测量局部放电量，测量值不应大于 5 pC。

11.1.5 弯曲试验及随后的局部放电试验

电缆试样应在环境温度下围绕试验用圆柱体(例如电缆盘的筒体)弯曲至少一整圈，然后展直，再在反方向弯曲一整圈，如此作为一个循环。

这样的弯曲循环共应进行三次。

试验用圆柱体直径应符合：

$$D_0 \leqslant 20(d+D) \pm 5\% \qquad \cdots\cdots(5)$$

式中：

D_0——试验用圆柱体直径，单位为毫米(mm)；

D ——电缆试样实测外径(按 10.5 规定测量)，单位为毫米(mm)；

d ——导体的实测直径，单位为毫米(mm)。

本试验结束后，电缆应立即进行局部放电试验并应符合 11.1.4 要求。

11.1.6 tanδ 测量

成品电缆试样应用下述方法之一加热：

a) 试样应放置在液体槽或烘箱中加热；

b) 在试样的金属屏蔽层或导体或两者都通电流加热。

试样应加热至导体温度超过电缆正常运行时导体最高温度 5 ℃～10 ℃。

每一方法中，导体的温度或者通过测量导体电阻确定，或者用放在液体槽、烘箱内或放在屏蔽层表面上，或者放在被测电缆相同的另一根基准电缆上的测温装置进行测量。

在额定电压 U_0 和上述温度规定下进行 tanδ 测量。

测量值不应高于 10×10^{-4}。

11.1.7 加热循环试验及随后的局部放电试验

将经过上述各项试验后的试样放在试验室的地板上，并在试样导体上通以交流电流，加热导体直至达到稳定温度，此温度应超过电缆正常运行时导体最高温度 5 ℃～10 ℃。

加热循环应持续至少 8 h，在每一加热过程中，导体在达到规定温度后至少应维持 2 h，并随即在空气中自然冷却至少 16 h。

此循环应重复 20 次。

第 20 个循环后，试样应进行局部放电试验并应完全符合 11.1.4 规定。

11.1.8 冲击电压试验及随后的交流电压试验

试验应在试样加热至导体达到 95 ℃～100 ℃之间的一个稳定温度时进行。

应按照 GB/T 3048.13—2007 规定的试验程序施加冲击电压。施加 10 次正极性和 10 次负极性电压冲击，电压峰值为 250 kV，电缆不应击穿。

冲击电压试验后，电缆试样应在室温下进行 69 kV、15 min 的工频电压试验，绝缘不应击穿。

11.1.9 4 h 电压试验

4 h 电压试验按 10.7 进行。

11.1.10 半导电屏蔽电阻率试验

导体及绝缘上挤包的半导电屏蔽的电阻率应在绝缘芯试样上测量，绝缘芯试样应分别取自制造后的电缆试样和已按 11.2.5 规定进行过组件材料相容性试验老化处理后的电缆试样。

试验步骤应符合附录 K。

测量应在导体的温度达到 90 ℃±2 ℃下进行。

老化前和老化后的电阻率不应超过：

——导体屏蔽　　1 000 Ω · m；

——绝缘屏蔽　　500 Ω · m。

11.2 成品电缆的非电气型式试验

11.2.1 绝缘混合料和护套混合料非电气型式试验

成品电缆的非电气试验见表 12，并指出每种试验所试用的绝缘和护套材料。

表 12 绝缘混合料和护套混合料非电气型式试验

序号	试验项目 (混合料代号见 4.2 和 4.3)	绝缘	护套	
		XLPE	PVC	PE
			DD-ST_2	WD-ST_7
1	尺寸			
1.1	厚度测量	×	×	×
2	机械性能(抗张强度和断裂伸长率)			
2.1	老化前	×	×	×
2.2	空气烘箱老化后	×	×	×
2.3	成品电缆段老化	×	×	×
3	热塑性能			
3.1	高温压力试验(凹痕)	—	×	×
3.2	低温性能	—	×	—
4	其他各类试验			
4.1	空气烘箱内的失重试验	—	×	—
4.2	热冲击试验(开裂)	—	×	—
4.3	热延伸试验	×	—	—
4.4	吸水试验	×	—	—
4.5	收缩试验	×	—	×
4.6	碳黑含量[a]	—	—	×
5	燃烧试验			
5.1	成束燃烧试验	—	×	×
5.2	电缆燃烧的烟密度测定	—	×	×
5.3	护套燃烧释放气体试验	—	×	×
注：×表示应进行型式试验；—表示不进行型式试验。				
[a] 仅对黑色外护套适用。				

11.2.2 结构尺寸检查

导体检查、绝缘和外护套厚度以及铠装金属丝和金属带测量应分别按 10.2、10.3 及 10.4 进行，并应符合规定。

11.2.3 老化前后绝缘的机械性能试验

11.2.3.1 取样

取样和试片制备应按 GB/T 2951.11—2008 中 9.1 进行。

11.2.3.2 老化处理

老化处理应按表 13 和 GB/T 2951.12—2008 中 8.1 规定的条件进行。

表 13 绝缘混合料机械性能试验要求(老化前后)

序号	试验项目(混合料代号见 4.2)	单位	XLPE
	正常运行时导体最高温度(见 4.2)	℃	90
1	老化前(GB/T 2951.11—2008 中 9.1)		
1.1	抗张强度,最小	N/mm²	12.5
1.2	断裂伸长率,最小	%	200
2	空气烘箱老化后(GB/T 2951.12—2008 中 8.1)		
	无导体老化后		
2.1	处理条件		
	温度	℃	135
	温度偏差	℃	±3
	持续时间	d	7
2.2	抗张强度变化率[a],最大	%	±25
2.3	断裂伸长率变化率[a],最大	%	±25

[a] 变化率是老化前后得出的中间值之差值除以老化前中间值,以百分数表示。

11.2.3.3 预处理和机械性能试验

预处理和机械性能的测量应按 GB/T 2951.11—2008 中 9.1 进行。

11.2.3.4 试验结果

老化前和老化后试片的试验结果应符合表 13 规定。

11.2.4 老化前后外护套的机械性能试验

11.2.4.1 取样

取样和试片制备应按 GB/T 2951.11—2008 中 9.2 进行。

11.2.4.2 老化处理

老化处理应按表 14 和 GB/T 2951.12—2008 中 8.1 规定的条件进行。

表 14 护套混合料机械性能试验要求(老化前后)

序号	试验项目	单位	$DD\text{-}ST_2$	$WD\text{-}ST_7$
	正常运行时导体最高温度(见 4.3)	℃	90	90
1	老化前(GB/T 2951.11—2008 中 9.2)			
1.1	抗张强度,最小	N/mm²	12.5	9
1.2	断裂伸长率,最小	%	150	125
2	空气烘箱老化后(GB/T 2951.12—2008 中 8.1)			

表 14（续）

序号	试验项目	单位	DD-ST_2	WD-ST_7
2.1	处理条件			
	温度(偏差±2 ℃)	℃	100	100
	持续时间	d	7	7
2.2	抗张强度：			
	a) 老化后数值，最小	N/mm²	12.5	7
	b) 变化率[a]，最大	%	±25	±30
2.3	断裂伸长率：			
	a) 老化后数值，最小	%	150	110
	b) 变化率[a]，最大	%	±25	±30
[a] 变化率是老化前后得出的中间值之差值除以老化前中间值，以百分数表示。				

11.2.4.3 预处理和机械性能试验

预处理和机械性能的测量应按 GB/T 2951.11—2008 中 9.2 进行。

11.2.4.4 试验结果

老化前和老化后试片的试验结果应符合表 14 规定。

11.2.5 成品电缆段附加老化试验

11.2.5.1 概述

本试验旨在检验运行中电缆绝缘及护套与其他材料接触时有无劣化倾向。

11.2.5.2 取样

应按 GB/T 2951.12—2008 中 8.1.4 规定从成品电缆上截取试样。

11.2.5.3 老化处理

电缆段的老化处理应按 GB/T 2951.12—2008 中 8.1.4 在空气烘箱中进行，条件如下：

——温度：100 ℃±2 ℃；

——持续时间：7×24 h。

11.2.5.4 机械性能试验

从老化后电缆样品上取下的绝缘和护套试片，应按 GB/T 2951.12—2008 中 8.1.4 制备并进行机械性能试验。

11.2.5.5 试验结果

老化前后，抗张强度和断裂伸长率中间值(见 11.2.3 和 11.2.4)的变化率不应超过空气烘箱老化试验后的规定值。绝缘的规定值见表 13，外护套的规定值见表 14。

11.2.6 DD-ST_2 护套失重试验

DD-ST_2 型护套的失重试验应按表 15 和 GB/T 2951.32—2008 中 8.2 规定的条件进行。试验结果应符合表 15 规定。

表 15 护套混合料特殊性能试验要求

序号	试验项目	单位	DD-ST_2
1	空气烘箱中失重试验(GB/T 2951.32—2008 中 8.2)		
1.1	处理条件		
	温度(偏差±2 ℃)	℃	100
	持续时间	d	7
1.2	最大允许失重量	mg/cm^2	1.5
2	高温压力试验(GB/T 2951.31—2008 中第 8 章)		
2.1	温度(偏差±2 ℃)	℃	90
3	低温性能试验[a](GB/T 2951.14—2008 中第 8 章)		
3.1	哑铃片的低温拉伸试验		
	温度(偏差±2 ℃)	℃	−15
3.2	冷冲击试验		
	温度(偏差±2 ℃)	℃	−15
4	抗开裂试验(GB/T 2951.31—2008 中第 9 章)		
4.1	温度(偏差±3 ℃)	℃	150
4.2	持续时间	h	1
[a] 因气候条件,购买方可以要求采用更低的温度。			

11.2.7 护套高温压力试验

按表 15、表 16 和 GB/T 2951.31—2008 第 8 章规定的条件进行。试验结果应符合 GB/T 2951.31—2008 中 8.2 规定。

表 16 WD-ST_7 护套混合料的特殊性能

序号	试验项目	单位	WD-ST_7
1	密度[a](GB/T 2951.13—2008 中第 8 章)		
2	碳黑含量(仅对于黑色护套)(GB/T 2951.41—2008 中第 11 章)		
2.1	标称值	%	2.5
2.2	偏差	%	±0.25
3	收缩试验(GB/T 2951.13—2008 中第 11 章)		
3.1	温度(偏差±2 ℃)	℃	80
3.2	加热持续时间	h	5

表 16（续）

序号	试 验 项 目	单位	WD-ST_7
3.3	加热周期		5
3.4	最大允许收缩	%	3
4	高温压力试验(GB/T 2951.31—2008 中 8.2)		
4.1	温度(偏差±2 ℃)	℃	110
[a] 密度的测定仅在其他试验需要时才做。			

11.2.8 DD-ST_2 护套低温试验

DD-ST_2 护套低温试验应采用表 15 规定的试验温度，按 GB/T 2951.14—2008 第 8 章进行。

试验结果应符合 GB/T 2951.14—2008 第 8 章规定。

11.2.9 DD-ST_2 护套抗开裂试验(热冲击试验)

DD-ST_2 护套热冲击试验应采用表 15 规定的试验温度和持续时间，按 GB/T 2951.31—2008 中9.2 进行。试验结果应符合 GB/T 2951.31—2008 中 9.2 规定。

11.2.10 XLPE 绝缘热延伸试验

应按 10.6 规定取样和进行试验，试验结果应符合 10.6 规定。

11.2.11 绝缘吸水试验

应按 GB/T 2951.13—2008 中 9.1 或 9.2 规定取样和进行试验。试验结果应符合表 11 规定。

11.2.12 黑色 WD-ST_7 护套碳黑含量测量

应按 GB/T 2951.41—2008 第 11 章规定的取样和试验步骤进行。试验结果应符合表 16 规定。

11.2.13 XLPE 绝缘收缩试验

XLPE 绝缘收缩试验应按表 11 规定的试验条件和 GB/T 2951.13—2008 第 10 章的取样及试验步骤进行。试验结果应符合表 11 规定。

11.2.14 WD-ST_7 外护套收缩试验

应按照 GB/T 2951.13—2008 第 11 章规定取样和进行试验，试验条件、试验结果应符合表 16 规定。

11.2.15 燃烧试验

11.2.15.1 成束燃烧试验

按 GB/T 18380.35—2008 规定通过成束燃烧试验，试验结果应符合 GB/T 18380.35—2008 中的规定。

11.2.15.2 电缆燃烧的烟密度测定

按 GB/T 17651.1～17651.2—1998 规定在特定条件下燃烧的烟密度测定，试验结果应符合

5.1.1.2中的规定。

11.2.15.3 护套燃烧释放气体试验

按 GB/T 17650.1～17650.2—1998 规定进行燃烧试验，试验结果应符合 5.1.1.2 中的规定。

12 成品电缆的检验规则

12.1 概述

电缆检验检查包括例行试验、抽样试验、型式试验。

12.2 例行试验

例行试验是在成品电缆的所有制造长度上进行的试验，以检验所有电缆是否符合规定的要求。

12.3 抽样试验

12.3.1 一般要求

抽样试验是在成品电缆试样上或在取自成品电缆的某些部件上进行的试验，以检验电缆是否符合规定要求。

12.3.2 试验频度

12.3.2.1 导体检查和尺寸检查

导体检查、绝缘和护套厚度测量以及电缆外径的测量应在每批同一型号和规格的电缆中的一根制造长度的电缆上进行，但应限制不超过合同长度数量的 10%。

12.3.2.2 电气和物理试验

按商定的质量控制协议，在制造长度电缆上取样进行试验。若无协议，可按表 17 进行试验。

表 17 抽样试验样品数量

电缆长度 L km	样品数
$L \leqslant 20$	1
$20 < L \leqslant 40$	2
$40 < L \leqslant 60$	3
余类推	余类推

12.3.3 复试

如果任一试样，未通过抽样试验中任何一项试验，则应从同一批电缆中再取两根试样，对未通过的项目进行试验。假如这两根加试电缆都通过了试验，则该批其他电缆应认为符合本标准要求。如任一根加试电缆未通过试验，则该批电缆应认为不符合要求。

12.4 型式试验

按一般商业原则对本标准所包含的一种类型电缆在供货之前所进行的试验，以证明电缆具有能满足预期使用条件的良好性能。

注：该试验的特点是除非电缆材料或设计或制造工艺的改变可能改变电缆的特性，试验做过以后就不需要重做。

12.5 检验项目

成品电缆应按规定试验方法完成表18规定的检验项目。

表18 成品电缆检验项目

序号	检验项目	试验要求	试验方法
1	例行试验(R)		
1.1	导体电阻测量	9.2	GB/T 3048.4—2007
1.2	局部放电试验	9.3	GB/T 3048.12—2007
1.3	5 min交流电压试验	9.4	GB/T 3048.8—2007
1.4	电缆外护套电气试验	9.5	9.5
2	抽样试验(S)		
2.1	导体检查	10.2	10.2
2.2	绝缘和外护套厚度测量	10.3	GB/T 2951.11—2008
2.3	铠装金属丝的测量	10.4	10.4
2.4	电缆直径测量	10.5	GB/T 2951.11—2008中8.3
2.5	XLPE绝缘热延伸试验	10.6	GB/T 2951.21—2008
2.6	4 h电压试验	10.7	GB/T 3048.8—2007
2.7	径向防水试验	10.8	10.8
3	型式试验(T)		
3.1	电气型式试验		
3.1.1	局部放电试验	11.1.4	GB/T 3048.12—2007
3.1.2	弯曲试验及随后的局部放电试验	11.1.5	11.1.5
3.1.3	tanδ测量	11.1.6	GB/T 3048.11—2007
3.1.4	加热循环试验及随后的局部放电试验	11.1.7	11.1.7
3.1.5	冲击电压试验及随后的工频电压试验	11.1.8	11.1.8
3.1.6	4 h电压试验	11.1.9	GB/T 3048.8—2007
3.1.7	半导电屏蔽电阻率试验	11.1.10	11.1.10
3.2	非电气型式试验		
3.2.1	结构尺寸检查	11.2.2	按本表2.1,2.2,2.3执行
3.2.2	老化前后绝缘机械性能试验	11.2.3	11.2.3
3.2.3	老化前后护套机械性能试验	11.2.4	11.2.4
3.2.4	成品电缆段的附加老化试验	11.2.5	11.2.5

表 18（续）

序号	检验项目	试验要求	试验方法
3.2.5	DD-ST_2 护套失重试验	11.2.6	GB/T 2951.32—2008
3.2.6	护套高温压力试验	11.2.7	GB/T 2951.31—2008
3.2.7	DD-ST_2 护套低温试验	11.2.8	GB/T 2951.14—2008
3.2.8	DD-ST_2 护套抗开裂试验(热冲击试验)	11.2.9	GB/T 2951.31—2008
3.2.9	XLPE 绝缘热延伸试验	11.2.10	GB/T 2951.21—2008
3.2.10	XLPE 绝缘吸水试验	11.2.11	GB/T 2951.13—2008 中 9.1,9.2
3.2.11	黑色 WD-ST_7 护套碳黑含量测量	11.2.12	GB/T 2951.41—2008
3.2.12	XLPE 绝缘收缩试验	11.2.13	GB/T 2951.13—2008
3.2.13	WD-ST_7 外护套收缩试验	11.2.14	GB/T 2951.13—2008
3.2.14	电缆成束燃烧试验	11.2.15.1	GB/T 18380.35—2008
3.2.15	电缆燃烧的烟密度测定	11.2.15.2	GB/T 17651.1～17651.2—1998
3.2.16	护套燃烧释放气体试验	11.2.15.3	GB/T 17650.1～17650.2—1998

13 附件的型式试验

13.1 被试附件的安装

13.1.1 除非另有规定，电缆导体截面为 240 mm^2 或 300 mm^2。

13.1.2 附件应采用制造方提供的材料等级、数量及润滑剂(若有)，按制造方说明书规定的方法进行安装。

13.1.3 附件应该是干燥和清洁的，且不管是电缆还是附件都不应经受可能改变被试组件的电气或热或机械性能的任何方式的处理。

注：应避免与可能影响电缆附件性能的化学品(如变压器油)接触。

13.1.4 除非另有规定，可分离连接器应连接到与其配合的套管上。

13.1.5 被试终端或可分离连接器与接线端子或套管之间连接应具有与电缆导体相同的导电截面。

13.1.6 关于试验安装的主要细节，尤其是支撑装置，都应记录。

13.2 试验方法

试验按表 20～表 22“试验方法”栏里标准规定的试验方法进行。

13.3 试验程序

13.3.1 适用于各种附件的试验应按表 19 中所列出的相应的表中程序和图进行。

表 19 试验程序

附件	对应表	对应图
终端	表 20	图 2
中间接头	表 21	图 3
内锥型插入式可分离连接器	表 22	图 4

13.3.2　对终端和中间接头，如果试验程序和要求是相同的，则可组合起来试验。

13.4　试验结果

13.4.1　概述

按表 20～表 22 所指定的项目进行试验的所有试样应满足全部试验程序的规定。

按表 20～表 22 指定的型式试验中的所有系列试验项目全部通过后，该附件被认可。对任何一个未满足要求的试样都应进行检查。

13.4.2　附件失效

如果一个附件由于安装或试验程序错误而不符合要求，应宣布该试验无效，但不否定该附件。应在新安装的试样上重复整个试验程序。如果没有上述错误证据，则该型式附件不予认可。

13.4.3　电缆失效

如果仅电缆击穿，则该试验应被宣布无效，但不否定该附件。允许重新安装附件按该试验程序从头开始试验或者修复电缆后从中断的时刻开始继续试验。

13.5　认可范围

安装在 13.1.1 规定的截面电缆上的附件，通过表 20～表 22 规定的相应的型式试验项目后，则应认为对相应的 150 mm²～400 mm² 这一范围内的所有截面电缆均有效。

表 20　终端的试验程序和试验要求

序号	试验项目[a]	试验要求	试验方法	试验程序[h] 1	2	3	4
1	交流耐压或直流耐压 交流耐压	124 kV，5 min 或 110 kV，15 min 110 kV，1 min，淋雨[b] 不闪络，不击穿	GB/T 18889—2002 第 4 章或第 5 章	• •	•	•	
2	局部放电	在环境温度下，48 kV，≤5 pC	GB/T 18889—2002 第 7 章	•			
3	冲击电压试验（在 θ_t^{cd} 下）	250 kV，±10 次	GB/T 18889—2002 第 6 章	•			
4	恒压负荷循环试验（在空气中）	3 次循环[e]，在 69 kV 和 θ_t 环境下	GB/T 18889—2002 第 9 章	•			
5	局部放电	48 kV，在环境温度下和 θ_t 环境下，≤5 pC	GB/T 18889—2002 第 7 章	•			
6	恒压负荷循环试验（在空气中）	60 次循环，在 69 kV 和 θ_t 环境下	GB/T 18889—2002 第 9 章	•			
7	浸水试验[b]	10 个周期	附录 H.2	•			
8	局部放电	48 kV，在环境温度下和 θ_t 环境下，≤5 pC	GB/T 18889—2002 第 7 章	•			
9	短路热稳定（屏蔽和铠装）	在电缆屏蔽的 I_{SC} 下，短路 2 次，无可见损伤	GB/T 18889—2002 第 10 章		•		

表 20（续）

序号	试验项目[a]	试验要求	试验方法	试验程序[h]			
				1	2	3	4
10	短路热稳定(导体)	升高到电缆导体的 Q_{SC} 时，短路2次，无可见损伤	GB/T 18889—2002 第 11 章		•		
11	短路动稳定	在 I_d 下短路 1 次，无可见损伤	GB/T 18889—2002 第 12 章		•		
12	冲击电压试验	250 kV，±10 次	GB/T 18889—2002 第 6 章	•	•		
13	交流耐压	69 kV，15 min	GB/T 18889—2002 第 4 章	•	•		
14	潮湿试验[f]	34.5 kV，300 h，不闪络，不击穿，跳闸不超过 3 次，无明显损坏[g]	GB/T 18889—2002 第 13 章			•	
15	盐雾试验[b]	34.5 kV，1 000 h，不闪络，不击穿，跳闸不超过 3 次，无明显损坏[g]	GB/T 18889—2002 第 13 章				•

[a] 除非另有规定，试验应在环境温度下进行；
[b] 仅用于户外终端；
[c] θ_t 是电缆正常运行导体温度加 5 ℃～10 ℃；
[d] 在加热期结束时进行；
[e] 每个负荷循环周期为 8 h，电缆导体稳定在规定的 θ_t 温度下至少 2 h，冷却时间至少 3 h；
[f] 仅用于户内终端；
[g] 当由于下述原因附件性能有明显下降时，则认为它明显损坏：(1)由于漏电痕迹引起介质质量下降；(2)电蚀深度达到 2 mm 或者达到作为使用的绝缘材料任何一处较小壁厚的 50%；(3)材料开裂；(4)材料穿孔；
[h] 试验程序见图 2。

表 21　中间接头的试验程序和试验要求

序号	试验项目[a]	试验要求	试验方法	试验程序	
				1	2
1	交流耐压或直流耐压	124 kV，5 min 或 110 kV，15 min	GB/T 18889—2002 第 4 章或第 5 章	•	•
2	局部放电	在环境温度下，48 kV，≤5 pC	GB/T 18889—2002 第 7 章	•	
3	冲击电压试验(在 θ_t^{bc} 下)	250 kV，±10 次	GB/T 18889—2002 第 6 章	•	
4	恒压负荷循环试验(在空气中)	3 次循环[d]，在 69 kV 和 θ_t 环境下	GB/T 18889—2002 第 9 章	•	
5	局部放电	48 kV，在环境温度下和 θ_t 环境下，≤5 pC	GB/T 18889—2002 第 7 章	•	
6	恒压负荷循环试验(在空气中)	30 次循环，在 69 kV 和 θ_t 环境下	GB/T 18889—2002 第 9 章	•	

表 21（续）

序号	试验项目[a]	试 验 要 求	试验方法	试验程序	
				1	2
7	恒压负荷循环试验（在水中）	30 次循环，在 69 kV 和 θ_t 环境下	GB/T 18889—2002 第 9 章	•	
8	局部放电	48 kV，在环境温度下和 θ_t 环境下，≤5 pC	GB/T 18889—2002 第 7 章	•	
9	短路热稳定（屏蔽和铠装）	在电缆屏蔽的 I_{SC} 下，短路 2 次，无可见损伤	GB/T 18889—2002 第 10 章		•[e]
10	短路热稳定（导体）	升高到电缆导体的 Q_{SC} 时，短路 2 次，无可见损伤	GB/T 18889—2002 第 11 章		•[e]
11	短路动稳定	在 I_d 下短路 1 次，无可见损伤	GB/T 18889—2002 第 12 章		•
12	冲击电压试验	250 kV，±10 次	GB/T 18889—2002 第 6 章	•	•
13	中间接头机械冲击试验[f]	附录 H.1	附录 H.1	•	
14	交流耐压	69 kV，15 min	GB/T 18889—2002 第 4 章	•	•

[a] 除非另有规定，试验应在环境温度下进行；
[b] θ_t 是电缆正常运行导体温度加 5 ℃～10 ℃；
[c] 在加热期结束时进行；
[d] 每个负荷循环周期为 8 h，电缆导体稳定在规定的 θ_t 温度下至少 2 h，冷却时间至少 3 h；
[e] 短路热稳定试验可以与动稳定试验同时进行；
[f] 需要时可作该试验；
[g] 试验程序见图 3。

表 22 内锥型插入式可分离连接器的试验程序和试验要求

序号	试验项目[a]	试 验 要 求	试验方法	试验程序[f]	
				1	2
1	交流耐压或直流耐压	124 kV，5 min 或 110 kV，15 min 不击穿	GB/T 18889—2002 第 4 章或第 5 章	•	•
2	局部放电	在环境温度下，48 kV，≤5 pC	GB/T 18889—2002 第 7 章	•	
3	冲击电压试验（在 θ_t^b 下）	250 kV，±10 次 不击穿	GB/T 18889—2002 第 6 章	•	
4	短路热稳定（屏蔽和铠装）	在电缆屏蔽的 I_{SC} 下，短路 2 次，无可见损伤	GB/T 18889—2002 第 10 章		•
5	短路热稳定（导体）	升高到电缆导体的 θ_{SC} 时，短路 2 次，无可见损伤	GB/T 18889—2002 第 11 章		•

表 22（续）

序号	试验项目[a]	试 验 要 求	试验方法	试验程序[f]	
				1	2
6	短路动稳定	在 I_d 下短路 1 次，无可见损伤	GB/T 18889—2002 第 12 章		•
7	恒压负荷循环试验（在空气中）	30 次循环[c]，在 69 kV 和 θ_t^b 环境下，不击穿	GB/T 18889—2002 第 9 章	•	
8	恒压负荷循环试验（在水中）	30 次循环[c]，在 69 kV 和 θ_t^b 环境下，不击穿	GB/T 18889—2002 第 9 章	•	
9	插拔试验[d]	30 次插拔操作，金属接触部分和绝缘主体无可见损伤	—	•	
10	局部放电	48 kV，在环境温度下和 θ_t^{be} 环境下，≤5 pC	GB/T 18889—2002 第 7 章	•	
11	冲击电压试验	250 kV，±10 次，不击穿	GB/T 18889—2002 第 6 章	•	•
12	交流耐压	69 kV，15 min，不击穿	GB/T 18889—2002 第 4 章	•	•
13	外观检验	无可见损伤		•	•

[a] 除非另有规定，试验应在环境温度下进行；
[b] θ_t 是电缆正常运行导体温度加 5 ℃～10 ℃；
[c] 每个负荷循环周期为 8 h，电缆导体稳定在规定的 θ_t 温度下至少 2 h，冷却时间至少 3 h；
[d] 试验在电缆不带电的情况下进行，插入时紧固螺栓连接到位；
[e] 在加热期结束时进行；
[f] 试验程序见图 4。

14 附件的抽样试验

14.1 试验条件

被试附件的安装及环境与其型式试验要求相同。

14.2 试验规定

按表 23 进行抽样试验。

表 23 抽样试验程序和要求

序号	试验项目[a]	试 验 要 求	试 验 方 法
1	交流耐压或直流耐压	124 kV，5 min 110 kV，15 min	GB/T 18889—2002 第 4 章或第 5 章
2	局部放电	48 kV，≤5 pC	GB/T 18889—2002 第 7 章

表 23（续）

序号	试验项目[a]	试验要求	试验方法
3	负荷循环试验（在空气中，不加电压）	3 次循环[b]，在 θ_t^c 下	GB/T 18889—2002 第 9 章
4	插拔试验[d]	5 次插拔操作，金属接触部分和绝缘主体无可见损伤	—
5	局部放电	48 kV，≤5 pC	GB/T 18889—2002 第 7 章
6	冲击试验	250 kV，±10 次	GB/T 18889—2002 第 6 章
7	交流耐压	110 kV，4 h	GB/T 18889—2002 第 4 章

[a] 除非另有规定，试验应在环境温度下进行；
[b] 循环每周期 8 h，稳定温度时间至少 2 h，冷却时间至 3 h；
[c] θ_t 是电缆正常运行导体温度加 5 ℃～10 ℃；
[d] 仅适用于内锥型插入式可分离连接器。试验在电缆不带电的情况下进行，插入时紧固螺栓连接到位。

15 附件的检验规则

15.1 附件的检验检查包括型式试验、抽样试验。抽样试验应在交货批的电缆附件样品上进行，试验数量可由制造方与用户商定。若仅有一个试样未通过抽样试验，允许重新取样进行试验，若仍未通过，则认为该试样未通过抽样试验。

15.2 耐气候大气老化性能要求按 GB/T 16585—1996 中规定的试验方法进行试验；耐电痕化和蚀损的性能要求按 GB/T 6553—2003 规定的试验方法进行试验。

15.3 对内锥型插入式可分离连接器规定的相关要求按 GB/T 9327—2008 规定的试验方法进行试验。

15.4 电气性能要求按表 20～表 22 规定的试验方法和试验程序进行试验。

16 安装后的电气试验

16.1 测量绝缘电阻

测量各电缆导体对地或对金属屏蔽层间的绝缘电阻，应符合下列规定：

a） 耐压试验前后，绝缘电阻测量应无明显变化；
b） 电缆交联聚乙烯绝缘层的测量采用额定电压 5 000 V 兆欧表，电缆外护套、内衬层的测量采用额定电压 500 V 兆欧表；
c） 电缆外护套、内衬层的绝缘电阻不应低于 0.5 MΩ/km。

16.2 交流电压试验

对金属屏蔽/铠装一端接地，另一端装有护层过电压保护器的单芯电缆主绝缘做耐压试验时，应将护层过电压保护器短接，使这一端的电缆金属屏蔽/铠装临时接地。

试验应施加 55 kV（$2U_0$）电压，持续 60 min。

16.3 测量金属屏蔽层电阻和导体电阻比

测量在相同温度下的金属屏蔽层和导体的直流电阻。

17 验收规则

17.1 电缆及附件应由制造方的质量检验部门检验合格方可出厂。每个出厂的包装件上应附有产品质量检验合格证。

17.2 电缆及附件应按本标准规定的试验项目进行试验验收。

18 标志、包装、运输、保管

18.1 电缆

18.1.1 成品电缆标志

成品电缆的护套表面应有制造厂名称、产品型号及额定电压的连续标志,标志应字迹清楚、容易辨认、耐擦。

成品电缆标志应符合 GB 6995.3—2008 规定。

18.1.2 包装

电缆应妥善包装在符合相关标准规定要求的电缆盘上交货。

电缆端头应可靠密封,伸出盘外的电缆端头应钉保护罩,伸出的长度不应小于 300 mm。

质量不超过 80 kg 的短段电缆,可以成圈包装。

成盘电缆的电缆盘外侧及成圈电缆的附加标签应标明:

a) 制造厂名称或商标;

b) 电缆型号和规格;

c) 长度:m;

d) 毛重:kg;

e) 制造日期: 年 月;

f) 表示电缆盘正确滚动方向的符号;

g) 本标准编号。

18.1.3 运输和保管

电缆应避免在露天存放,电缆盘不允许平放;

运输中严禁从高处扔下装有电缆的电缆盘,严禁机械损伤电缆;

吊装包装件时,严禁几盘同时吊装。在车辆、船舶等运输工具,电缆盘应放稳,并用合适方法固定,防止互撞或翻倒。

18.2 电缆附件

18.2.1 标志

电缆附件用主要材料和部件均应标出牌号、名称、厂名、生产日期,并附有合格证,或验收标记,有贮存期限的材料应注明生产日期和贮存期。

18.2.2 包装

橡胶预制件、润滑剂、清洗剂等均应密封包装,橡胶预制件包装内应附有预制件内径适用范围,每套附件的部件和材料应以专用包装箱包装,包装箱内应附有材料清单、产品合格证及安装工艺说明书。

包装箱上应注明：

a） 制造厂厂名；

b） 产品型号、名称、产品标准号；

c） 额定电压；

d） 导体材料、截面和芯数；

e） 生产日期；

f） 包装箱尺寸；

g） 毛重。

18.2.3 运输和贮藏

产品在运输中应防止重压和猛烈碰撞。

产品贮存时应避免接触热源，贮存处应有防火措施、干燥通风，贮存期应不超过相应配套材料和配套件的贮存期限。

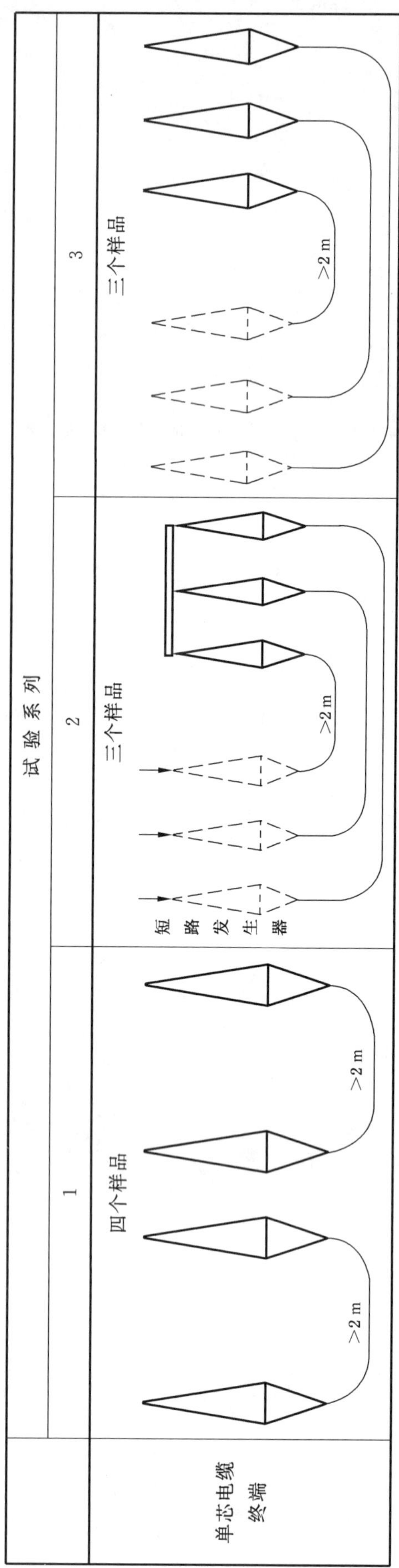

注：1) 图中所标电缆长度是电缆引入终端之间的测量长度。
2) 电缆与终端的固定方法应按照制造方的推荐。

图 2 终端的试样数量和试验布置

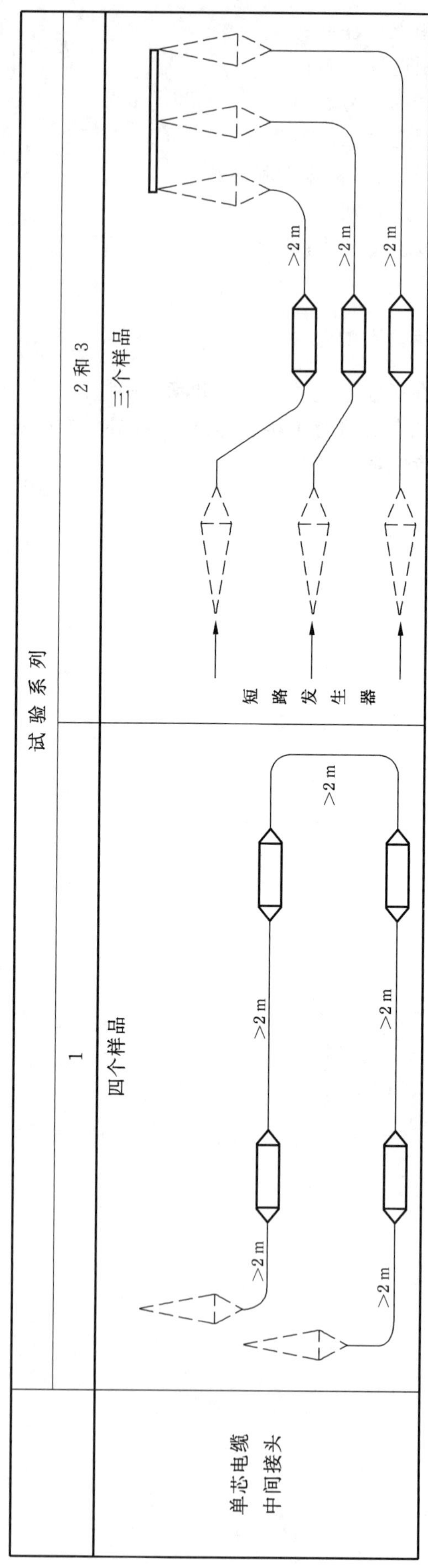

图 3 中间接头的试样数量和试验布置

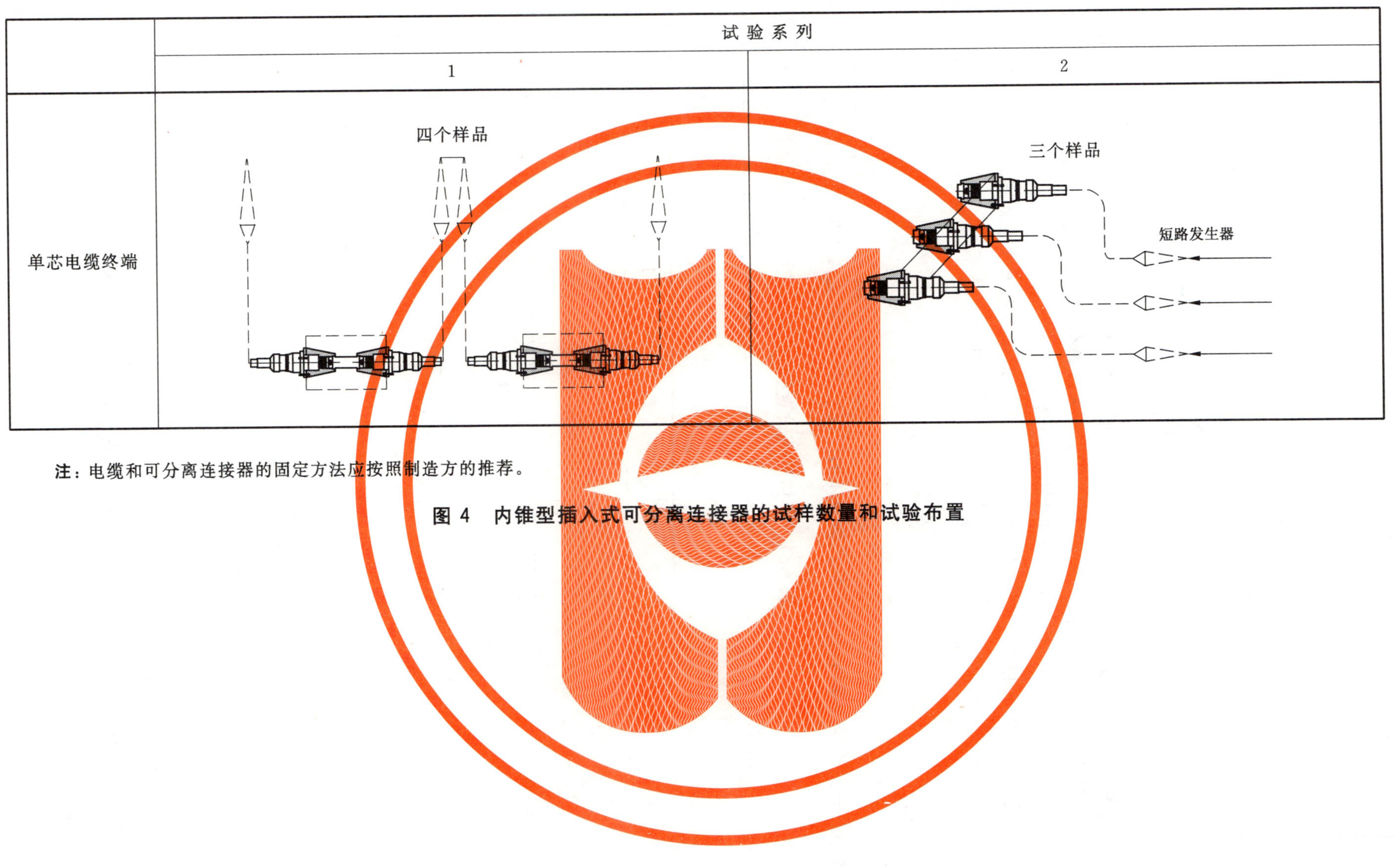

注：电缆和可分离连接器的固定方法应按照制造方的推荐。

图 4　内锥型插入式可分离连接器的试样数量和试验布置

附 录 A
(规范性附录)
确定护层尺寸的假设计算方法

A.1 概述

采用下述规定的电缆各种护层厚度的假设计算方法,是为了保证消除在单独计算中引起的任何差异,例如由于导体尺寸的假设以及标称直径和实际直径之间不可避免的差异。

所有厚度值和直径都应按照附录J中的规则修约到一位小数。

扎带,例如反向螺旋绕包在铠装外的扎带,如果不厚于0.3 mm,在此方法中忽略。

A.2 方法

A.2.1 导体

不考虑形状和紧压程度如何,每一标称截面导体的假设直径(d_L)由表A.1给出。

表A.1 导体的假设直径

导体标称截面 mm^2	d_L mm
150	13.8
185	15.3
240	17.5
300	19.5
400	22.6
500	25.2
630	28.3

A.2.2 绝缘线芯

任何绝缘线芯的假设直径 D_c 如公式(A.1):

$$D_c = d_L + 2t_1 + 3.0 \qquad \text{(A.1)}$$

式中:

t_1——绝缘的标称厚度,单位为毫米(mm)。

如果采用金属屏蔽或同心导体,则应根据表A.2考虑增大绝缘线芯的标称直径。

A.2.3 同心导体和金属屏蔽

由于同心导体和金属屏蔽使直径增加的数值如表A.2规定。

表 A.2 同心导体和金属屏蔽使直径的增加值

同心导体或金属屏蔽的标称截面 mm^2	直径的增加值 mm
50	1.7
70	2.0
95	2.4
120	2.7
150	3.0
185	4.0
240	5.0
300	6.0

如果同心导体或金属屏蔽的标称截面介于表 A.2 所列数据的两数之间，那么取这两个标称值中较大数值所对应的直径增加值。

如果有金属屏蔽层，上表中规定的屏蔽层截面积应按公式(A.2)计算：

a) 金属带屏蔽

$$截面积(mm^2)=n_t \times t_t \times w_t \quad \cdots\cdots(A.2)$$

式中：

n_t ——金属带根数；

t_t ——单根金属带的标称厚度，单位为毫米(mm)；

w_t ——单根金属带的标称宽度，单位为毫米(mm)。

当屏蔽总厚度小于 0.15 mm 时，直径增加值为零；

——层金属带重叠绕包屏蔽或两层金属带搭盖绕包屏蔽，屏蔽总厚度为金属带厚度的两倍；

——金属带纵包屏蔽：

如果搭盖率小于 30%，屏蔽总厚度为金属带的厚度；

如果搭盖率达到或超过 30%，屏蔽总厚度为金属带厚度的两倍。

b) 金属丝屏蔽(包括一反向扎线，若存在)

$$截面积(mm^2)=\frac{n_w \times d_w^2 \times \pi}{4}+n_h \times t_h \times W_h \quad \cdots\cdots(A.3)$$

式中：

n_w ——金属丝根数；

d_w ——单根金属丝直径，单位为毫米(mm)；

n_h ——反向扎带根数；

t_h ——厚度大于 0.3 mm 的反向扎带的厚度，单位为毫米(mm)；

W_h ——反向扎带的宽度，单位为毫米(mm)。

A.2.4 隔离套

隔离套的假设直径(D_S)应按公式(A.4)计算：

$$D_S=D_U+2t_s \quad \cdots\cdots(A.4)$$

式中：

D_U ——隔离套下的假设直径，单位为毫米(mm)；

t_s ——隔离套厚度，按 7.1.4 执行，单位为毫米(mm)。

A.2.5 铠装

铠装外的假设直径(D_x)应按公式(A.5)计算：

a) 扁或圆金属丝铠装

$$D_x = D_A + 2t_A + 2t_w \qquad \text{(A.5)}$$

式中：

D_A ——铠装前直径，单位为毫米(mm)；

t_A ——铠装金属丝的直径或厚度，单位为毫米(mm)；

t_w ——如果有反向螺旋扎带时厚度大于 0.3 mm 的反向螺旋扎带厚度，单位为毫米(mm)。

b) 双金属带铠装

$$D_x = D_A + 4t_A \qquad \text{(A.6)}$$

式中：

D_A ——铠装前直径，单位为毫米(mm)；

t_A ——铠装带厚度，单位为毫米(mm)。

附　录　B
（资料性附录）
电缆参考载流量及修正系数

B.1　表 B.1 所示不同敷设条件下，27.5 kV 交联聚乙烯绝缘铜芯电缆载流量表。

表 B.1　电缆载流量

序号	敷设条件	单位	标称截面 mm²				
			150	185	240	300	400
1	1）电缆导体工作温度　90 ℃ 2）环境温度　40 ℃ 3）敷设在空气中 4）平面排列，电缆中心距为 2 倍电缆直径 5）金属屏蔽和铠装单端接地	A	490	565	665	760	890
2	1）电缆导体工作温度　90 ℃ 2）环境温度　25 ℃ 3）敷设在土壤中，土壤热阻系数为 1.0 K·m/W 4）平面排列，电缆中心距为 2 倍电缆直径 5）金属屏蔽和铠装单端接地	A	425	485	565	635	730
3	1）电缆导体工作温度　90 ℃ 2）环境温度　40 ℃ 3）敷设在空气管道中 4）平面排列，电缆中心距为 2 倍电缆直径 5）金属屏蔽和铠装单端接地	A	385	440	520	590	685
4	1）电缆导体工作温度　90 ℃ 2）环境温度　25 ℃ 3）敷设在土壤管道中 4）平面排列，电缆中心距为 2 倍电缆直径 5）金属屏蔽和铠装单端接地	A	370	420	490	560	640

B.2　表 B.2 所示环境空气温度不同时的载流量修正系数。

表 B.2　环境空气温度不同时的载流量修正系数

导体工作温度 ℃	环境温度（空气中） ℃							
	20	25	30	35	40	45	50	55
90	1.23	1.17	1.12	1.06	1.00	0.94	0.87	0.81

B.3 表 B.3 所示环境土壤温度不同时的载流量修正系数。

表 B.3 环境土壤温度不同时的载流量修正系数

导体工作温度 ℃	环境温度(土壤中) ℃					
	10	15	20	25	30	35
90	1.11	1.07	1.04	1.00	0.96	0.92

B.4 表 B.4 所示不同土壤热阻系数的载流量修正系数。

表 B.4 不同土壤热阻系数的载流量修正系数

电压 kV	土壤热阻系数 K·m/W			
	0.8	1.0	1.2	1.5
27.5	1.06	1.0	0.94	0.80

附　录　C
（规范性附录）
电缆产品代号及表示方法

C.1　代号

电缆产品代号见表C.1。

表C.1　产品代号

产品系列代号	TD	内护套(隔离层)代号	
低卤低烟	DD	聚乙烯护套	Y
无卤低烟	WD	铠装代号	
导体代号		非铁磁性金属丝铠装	7
铜导体	(T)省略…	外护套代号	
绝缘代号		聚氯乙烯为基料的低卤低烟阻燃外护套	2
交联聚乙烯绝缘	YJ	聚乙烯为基料的无卤低烟阻燃外护套	3

C.2　产品表示方法

C.2.1　一般要求

产品用型号(型号中有数字代号的电缆外护层,数字前的文字代号表示内护层)、规格(额定电压、芯数、标称截面)及本标准编号表示。

C.2.2　产品型号组成

产品型号的组成和排列顺序如下：

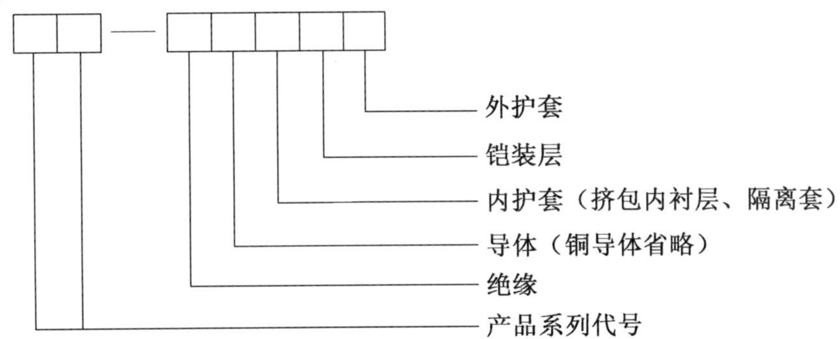

C.2.3　产品表示示例

示例1:铜芯交联聚乙烯绝缘铝丝铠装低卤低烟阻燃护套电力电缆,额定电压27.5 kV(U_0),单芯,标称截面300 mm^2,

表示为：

TDDD—YJY_{72}　27.5 kV　1×300　GB/T 28427—2012

示例 2：铜芯交联聚乙烯绝缘铝丝铠装无卤低烟阻燃护套电力电缆，额定电压 27.5 kV(U_0)，单芯，标称截面 300 mm^2，表示为：

TDWD—YJY_{73}　27.5 kV　1×300　GB/T 28427—2012

附　录　D
（规范性附录）
终端、中间接头及内锥型插入式可分离连接器安装材料一般技术要求

D.1　所有主体橡胶件内外表面应光滑，无肉眼可见的因材料和工艺不完善引起的斑痕、凹坑和裂纹，结构尺寸应符合图纸要求。

D.2　主体所用的硅橡胶绝缘橡胶材料和半导电橡胶材料主要性能见附录 E。

D.3　终端及中间接头的应力锥、中间接头用的半导电屏蔽管电阻值不应大于 5 kΩ，试验方法见附录 H.3。

D.4　安装用的硅脂润滑剂主要性能参见附录 L。

D.5　安装用清洗剂应不含水分，易挥发，能溶解油污，且对被清洗的电缆绝缘及橡胶部件无损害作用。若对人身或被清洗物有不良影响，应在外包装上有明显标示和文字说明，并提供正确的使用方法。

附 录 E
（规范性附录）
终端、中间接头及内锥型插入式可分离连接器材料主要性能要求

E.1 硅橡胶绝缘材料主要性能要求见表 E.1 所示。

表 E.1 硅橡胶绝缘材料主要性能要求

序号	项　　目[a]		单位	性能指标
1	抗张强度	不小于	N/mm²	5.0
2	断裂伸长率	不小于	%	400
3	硬度(邵氏 A)	不大于		45
4	抗撕裂强度	不小于	N/mm	15
5	耐压强度	不小于	MV/m	20
6	体积电阻率	不小于	Ω·cm	10^{14}
7	介电系数	(50 Hz)		2.8～3.5
8	介质损耗角正切	不大于		0.02
9	耐漏电痕迹耐电蚀[b]	不小于		1A3.5
10	氧指数	不小于		30
11	燃烧性			FV0
12	烟密度等级(SDR)	不大于		75
13	卤酸含量		%	0
14	拉伸永久变形[c] 300%,90 ℃×120 h,不大于		%	15%

[a] 除非另有规定，表中数据为室温下试样的性能要求；
[b] 仅对终端考核；
[c] 仅对冷缩终端及接头考核。

E.2 半导电硅橡胶材料主要性能要求见表 E.2 所示。

表 E.2 半导电硅橡胶材料主要性能要求

序号	项　　目[a]		单位	性能指标	
				预制式	冷缩式
1	抗张强度	不小于	N/mm²	4.0	5.0
2	断裂伸长率	不小于	%	350	400
3	硬度(邵氏 A)	不大于	—	55	50
4	抗撕裂强度	不小于	N/mm	13	15
5	体积电阻率	不大于	Ω·cm	150	150
6	拉伸永久变形[b] 300%,90 ℃×120 h,不大于		%	—	15

[a] 除非另有规定，表中数据为室温下试样的性能要求；
[b] 仅对冷缩终端及接头考核。

附 录 F
（规范性附录）
内锥型套管的内界面尺寸

内锥型套管采用 EN 50181—1997 中的 3 型接口界面，套管的界面尺寸如图 F.1。

单位为毫米

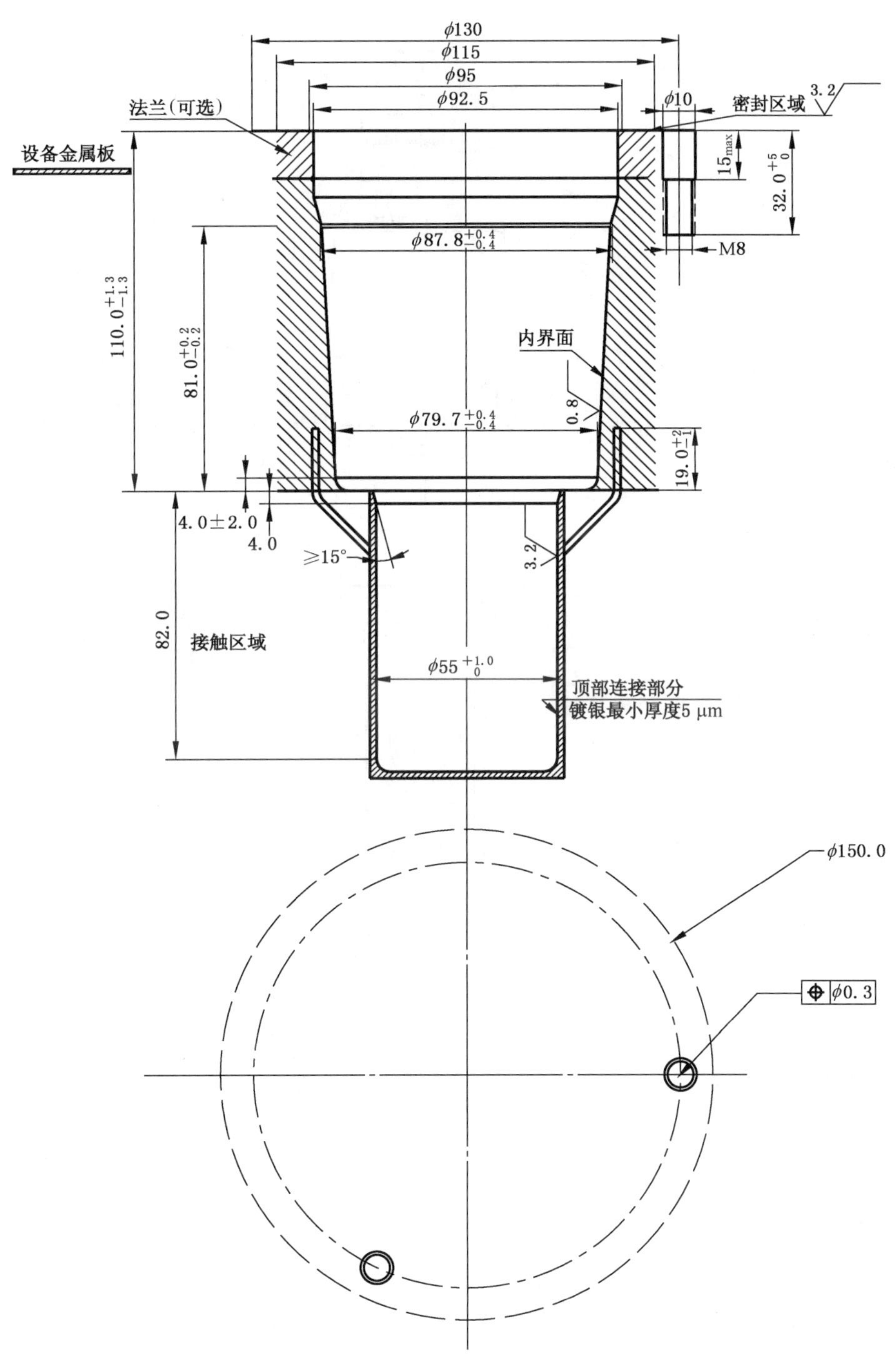

图 F.1 内锥型套管界面尺寸图

附 录 G
(资料性附录)
内锥型插入式可分离连接器典型结构和部件

内锥型插入式可分离连接器典型结构和部件参见图 G.1。

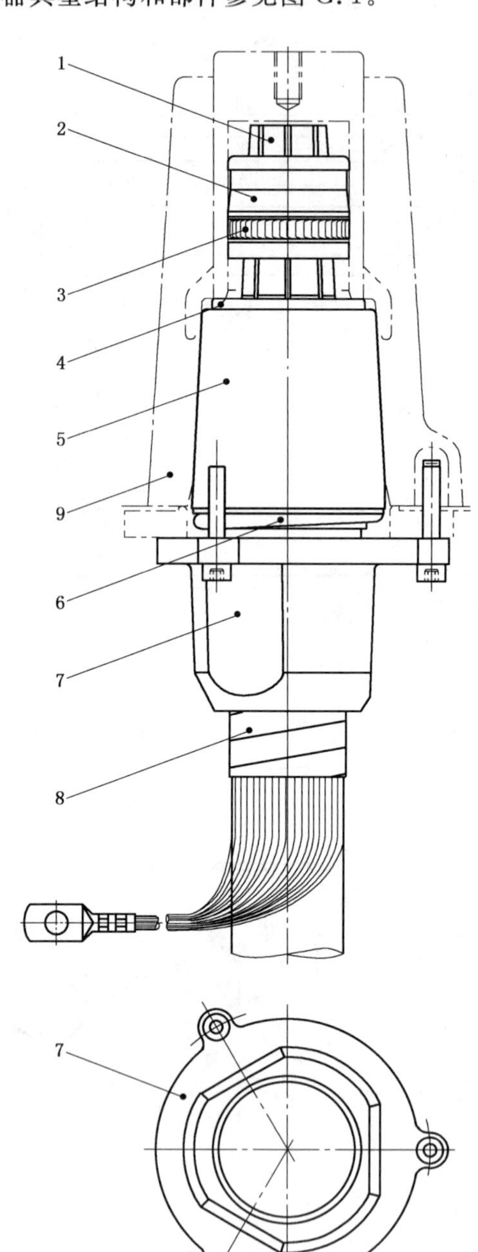

说明：
1——金属连接管；
2——顶部金属接触环；
3——表带式接触机构；
4——隔离碟；
5——含应力锥的硅橡胶绝缘主体；
6——顶推弹簧机构；
7——密封尾管及螺栓；
8——绝缘密封胶带；
9——内锥式套管(见附录 F)。

图 G.1 内锥型插入式可分离连接器典型结构和部件

附 录 H
（规范性附录）
电缆附件试验方法

H.1 中间接头机械撞击试验

H.1.1 试验装置

试验装置如图 H.1 所示，撞击块用钢制成，支撑架两侧有保证撞击块按规定方向自由降落的导轨，支撑架顶端装有起吊撞击块的滑轮。

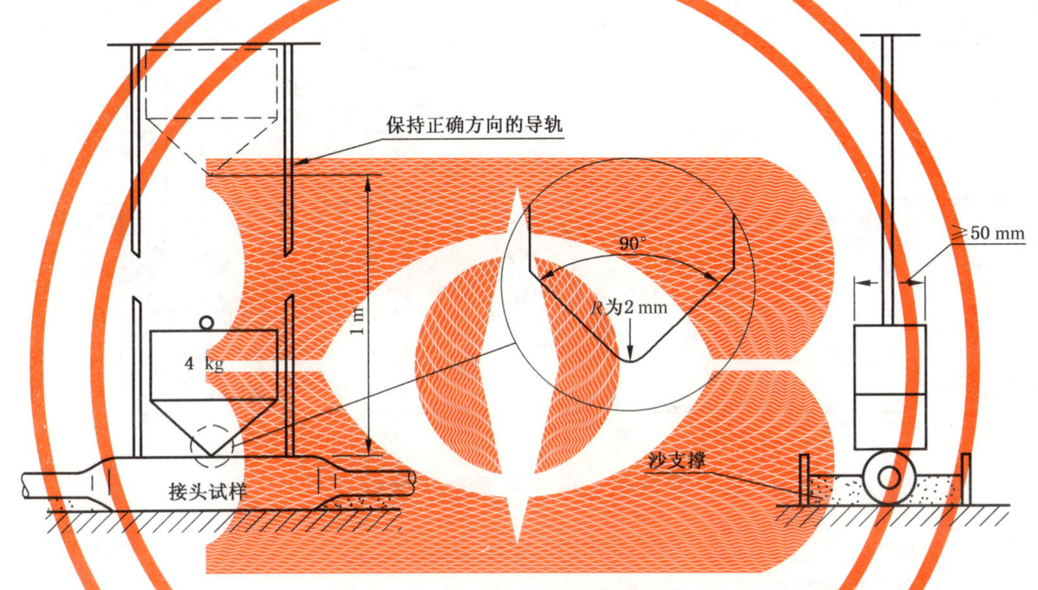

图 H.1 接头机械撞击试验装置

H.1.2 试验方法

H.1.2.1 撞击之前应测量导体与金属屏蔽之间的绝缘电阻，直流试验电压应为 100 V～1 000 V，施加足够长时间（不少于 1 min 和不多于 5 min），以达到适当稳定后测量。

H.1.2.2 按图 H.1 所示将被试接头安放在坚硬的基础（如水泥板）上，固定试样两端电缆，周围填沙，沙填到被试接头的水平中心线，确保试验过程中试样不致滚动。

H.1.2.3 提升撞击块到规定高度 1 m。

H.1.2.4 让撞击块自由降落到被试接头上，在降落过程中使撞击块下部刀口保持水平，并与被试接头轴线成直角。在接头的每个末端撞击一次，导体连接金具部位上面撞击一次。在接头末端撞击时，应在外护套切断处。

H.1.2.5 撞击试验以后，接头应浸在环境温度下的水中最少 3 h，接头的上表面离水面 1.00 m。按上述再次测量导体与金属屏蔽之间和金属屏蔽与水之间的绝缘电阻。

H.1.3 试验结果评定

经撞击试验后试样应无破裂和明显变形，密封保护层应无损坏或穿透，绝缘电阻无明显变化。

H.2 户外终端浸水试验

H.2.1 本试验目的是检验户外终端的密封性能。

H.2.2 户外终端恒压负荷循环后，将整个终端都浸在水中，水浸没到终端的所有部件以上至少 0.03 m（如图 H.2），试验回路不加电压，共 10 个周期（每周期试验方法按 GB/T 18889—2002 第 9 章规定）。

单位为米

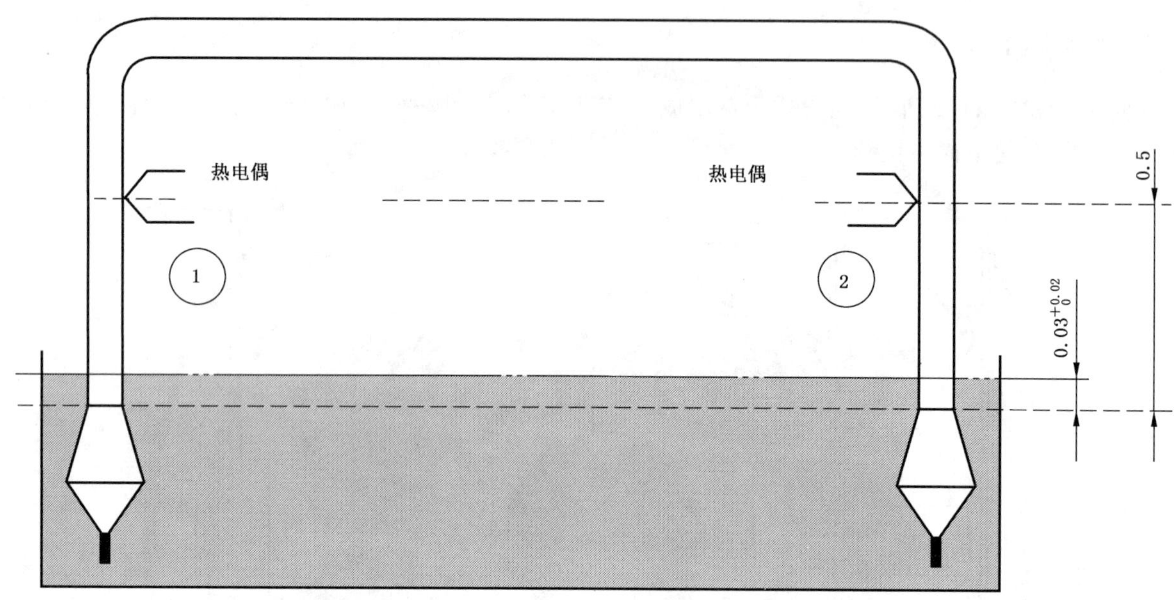

图 H.2 户外终端浸水试验

H.3 半导电屏蔽层电阻值的测试

H.3.1 本试验的目的是保证应力锥半导电屏蔽层和半导电屏蔽管能达到设计的屏蔽效果。

H.3.2 在预制的应力锥半导电屏蔽层和半导电屏蔽管的两端分别设置测试用的电极。

H.3.3 在环境温度下测量两个电极间的屏蔽电阻值，试验回路中的功率损耗应不超过 100 mW。

H.4 拉伸永久变形试验方法

拉伸永久变形采用 GB/T 3512 中规定的试样和设备。试验步骤为：在无应变状态下，将试样夹在预热的夹持器上，再将夹持器放入预热到试验温度的老化箱中。经 5 min±0.5 min 后拉伸试样，并在 1 min 内使其标志线间部分达到规定的伸长率。试样在规定的伸长率保持规定时间后，从老化箱中取出夹持器，再取下试样，使试样在室温、无应力条件下恢复 30 min 后测量标志线间的距离，并计算拉伸永久变形。

附 录 I
（规范性附录）
护套工频火花试验方法

I.1 适用范围

I.1.1 本方法规定了铁道交流 27.5 kV 交联聚乙烯绝缘电缆护套工频火花试验设备、试验电压、试验前准备、试验评定和工频火花试验机的检定。

I.1.2 试验环境的相对湿度宜保持在 85%以下。

I.2 试验设备

I.2.1 火花试验机

火花试验机示意图如图 I.1 所示。

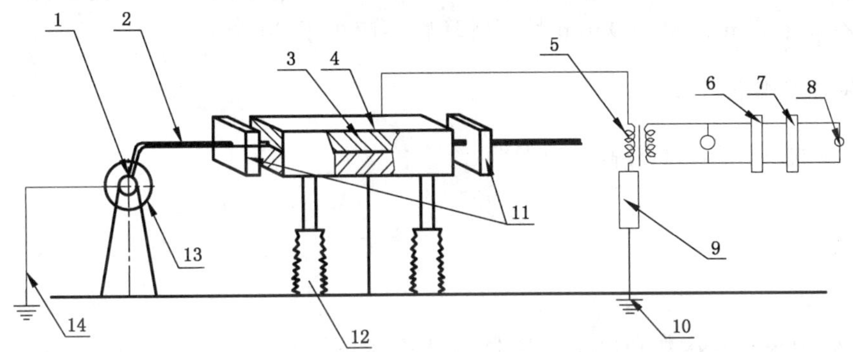

说明：

1——试样导体；

2——被试电线；

3——高压电极；

4——电极箱；

5——试验变压器；

6——电压调整器；

7——电压断路器；

8——电源；

9——绝缘不良指示器（也可以安在电源系统中）；

10——变压器接地；

11——保护电极；

12——绝缘子；

13——收线盘；

14——接地。

图 I.1 火花试验机的示意图

I.2.2 高压电源

电源频率 40 Hz～60 Hz,电压波形应近似正弦波。

高电极对地的电位差由火花机的试验电压指示仪表显示。该表既可直接接到高压电源输出端,也可通过任何其他合适连接方法连接,但视值误差应在±5%范围内。

试验电压指示仪表按 JB 4278.10—1993 校验。

I.2.3 试验电极

I.2.3.1 电极的有效长度应使被试电缆护套圆周方向每点通过电极的时间不少于 0.05 s。电极底部两端应有"U"形轮相支撑。对地保持良好绝缘,而使在最高电压下,当绝缘子受湿时火花机也能正常运行。电极壳体应接地。

I.2.3.2 电极为铜金属丝制成的 2 道接触式电极,铜金属丝直径应小于 0.5 mm,每道电极根数应大于 400 根并均匀的分布在电缆的护套圆周上并应保证铜丝的自由端与电缆相接触。

I.2.4 保护电极

试验电极两端应有接地保护电极。保护电极的宽度不应小于 15 mm,所用珠链的珠直径应为 2.5 mm,一串链珠上的相邻两颗珠子的间距不超过 2.5 mm。若采用环链,环由直径大于 0.8 mm 金属丝构成,环外径不大于 5 mm,每 100 mm 长环链环数不应少于 20 个。

I.2.5 安全保护连锁装置

保证开启试验电极时自动断开高压电源。

I.2.6 击穿指示器

I.2.6.1 功能

应能保证正确记录击穿次数和触发断路器断开高压电源和驱动系统电源。在必要时可遮断触发信号。

I.2.6.2 击穿电流取样

可以串接在试验变压器次级绕组低压侧的电阻上端取样,也允许采用其他实际上等效的连接方法取样。

I.2.6.3 最小灵敏度

用人工击穿装置测试。人工击穿装置由一金属针和一金属板所组成。平板对针尖作相对旋转运动,每旋转一周,针尖掠越平板一次,每次持续时间 0.025 s。在针尖掠过平板时,二者的距离为 0.25 mm±0.05 mm。

测试最小灵敏度时,将试验变压器的空载电压调整到 3 kV,在此电压下的短路稳态电流应限制在 600 μA 以下,必要时可串联阻抗。

旋转上述人工击穿装置,连续进行 20 次,每次时间间隔 1 s,人工火花间隙连续击穿,击穿指示器应准确无误的记录下每一次击穿数。

I.2.6.4 稳定性

在完成 I.2.6.3 测试后,将附加阻抗短路(如外接的话)。在电极间放入一段没有缺陷的被测电缆,或在人工击穿装置的板电极与针尖电极之间并上一个与被测电缆具有相同电容值的电容器，将电极电压升到所需测试最高电压，旋转上述人工击穿装置，持续进行20次，每旋转一次的时间为1 s，人工火花间隙应相应击穿，击穿指示器应正确无误地记录下每一次击穿数。

I.2.6.5 要求

进行第I.2.6.3和I.2.6.4试验时，应断开触发信号，以保证试验变压器的电源不被断开。

进行第I.2.6.3试验时，每次试验应更换铜针，针尖的锥度不应大于60°，直径不大于2 mm。

进行第I.2.6.4试验时，可用较粗的铜针，以防止针尖熔化。

进行第I.2.6.4试验时，所用的这段被测电缆应该是该火花机将要测试的具有最大电容值的电缆。

I.3 试验电压

铁道用交流27.5 kV交联聚乙烯绝缘电缆护套火花试验电压为交流15 kV。

I.4 试验前准备

I.4.1 火花试验设备和收、放线装置均应可靠接地。

I.4.2 每次试验前应检查电极安全保护联锁装置，应正常动作。

I.4.3 被测电缆导体应可靠地连续接地。

I.4.4 被测电缆进入电极之前，应用适当方法除去护套表面水分，以防止试验过程中产生闪络。

I.5 试验结果及评定

整根被测电缆不应有任何击穿。

I.6 火花试验机的检定

火花试验机每年至少检查一次，在大修或较大程度调整后也应进行检定。检定方法按JB 4278.10—1993规定进行。

附 录 J
（规范性附录）
数 值 修 约

J.1 假设计算法的数值修约

在按照附录A计算假设直径和确定单元尺寸而对数值进行修约时，采用下述规则。

当任何阶段的计算值小数点后多于一位数时，数值应修约到一位小数，即精确到0.1 mm。每一阶段的假设直径数值应修约到0.1 mm，当用来确定包覆层厚度和直径时，在用到相应的公式或表格中去之前应先进行修约，按照附录A要求从修约后的假设直径计算出的厚度应依次修约到0.1 mm。

用下述实例来说明这些规则：

a） 修约前数值的第二位小数为0、1、2、3或4时，则小数点后第一位小数保持不变（舍弃）。例如：
2.12≈2.1；
2.449≈2.4；
25.047 8≈25.0。

b） 修约前数值的第二位小数为9、8、7、6或5时，则小数点后第一位小数应增加1（进一）。例如：
2.17≈2.2；
2.453≈2.5；
30.050≈30.1。

J.2 用作其他目的的数值修约

除J.1考虑的用途外，有可能有些数值要修约到多于一位小数，例如计算几次测量的平均值，或标称值加上一个百分偏差以后的最小值。在这些情况下，应按有关条文修约到小数点后面的规定位数。

这时修约的方法为：

a） 如果修约前应保留的最后数值后一位数为0、1、2、3或4时，则最后数值应保持不变（舍弃）。

b） 如果修约前应保留的最后数值后一位数为9、8、7、6或5时，则最后数值加1（进一）。例如：
2.449≈2.45　　修约到二位小数；
2.449≈2.4　　修约到一位小数；
25.047 8≈25.048　修约到三位小数；
25.047 8≈25.05　修约到二位小数；
25.047 8≈25.0　修约到一位小数。

附　录　K
（规范性附录）
电缆半导电屏蔽电阻率测量方法

从 150 mm 长成品电缆样品上制备试样。

将电缆绝缘线芯样品沿纵向对半切开，除去导体以制备导体屏蔽试样，如有隔离层也应去掉（见图 K.1a）。将绝缘线芯外所有保护层除去后制备绝缘屏蔽试片，见图 K.1b）。

屏蔽层体积电阻系数的测定步骤如下：

将四只涂银电极 A、B、C 和 D 置于半导电层表面，见图 K.1a）和图 K.1b）。两个电位电极 B 和 C 间距 50 mm。两个电流电极 A 和 D 相应地在电位电极外侧间隔至少 25 mm。

采用合适的夹子连接电极。在连接导体屏蔽电极时，应确保夹子与试样外表面绝缘屏蔽层的绝缘。

将组装好的试样放入预热到规定温度的烘箱中。30 min 后用测试线路测量电极间电阻，测试线路的功率不超过 100 mW。

电阻测量后，在室温下测量导体屏蔽和绝缘的外径及导体屏蔽和绝缘屏蔽层的厚度。每个数据取六个测量值的平均值，见图 K.1b）。

体积电阻率 ρ（用 Ω·m 表示）按公式（K.1）和公式（K.2）计算：

a）　导体屏蔽

$$\rho_c = \frac{R_c \times \pi \times (D_c - T_c) \times T_c}{2L_c} \quad \cdots\cdots（K.1）$$

式中：

ρ_c ——体积电阻率，单位为欧姆·米（Ω·m）；

R_c ——测量电阻，单位为欧姆（Ω）；

L_c ——电位电极间距离，单位为米（m）；

D_c ——导体屏蔽外径，单位为米（m）；

T_c ——导体屏蔽平均厚度，单位为米（m）。

b）　绝缘屏蔽

$$\rho_i = \frac{R_i \times \pi \times (D_i - T_i) \times T_i}{L_i} \quad \cdots\cdots（K.2）$$

式中：

ρ_i ——体积电阻率，单位为欧姆·米（Ω·m）；

R_i ——测量电阻，单位为欧姆（Ω）；

L_i ——电位电极间距离，单位为米（m）；

D_i ——绝缘屏蔽外径，单位为米（m）；

T_i ——绝缘屏蔽平均厚度，单位为米（m）。

单位为毫米

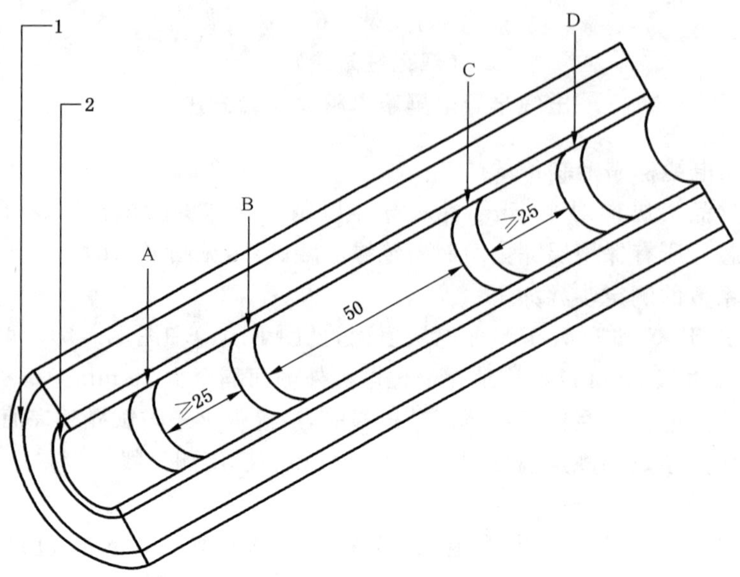

说明：

1——绝缘屏蔽层；2——导体屏蔽层；B、C——电位电极；A、D——电流电极。

a) 导体屏蔽

单位为毫米

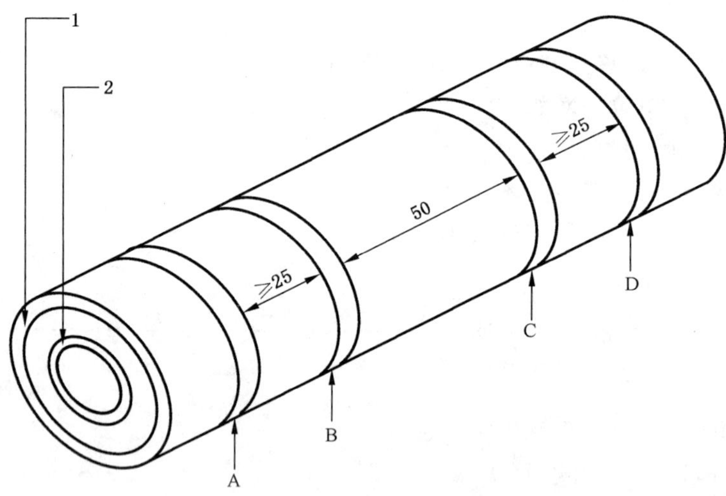

说明：

1——绝缘屏蔽层；2——导体屏蔽层；B、C——电位电极；A、D——电流电极。

b) 绝缘屏蔽

图 K.1 体积电阻率测量

附　录　L
（资料性附录）
安装用硅脂润滑剂主要性能要求

安装用硅脂润滑剂主要性能要求见表 L.1 规定。

表 L.1　安装用硅脂润滑剂主要性能要求

序号	项　　目[a]		单位	性能指标
1	耐压强度	不小于	MV/m	8
2	介电系数	(50 Hz)		2.8～3.2
3	介质损耗角正切	不大于	%	0.5
4	体积电阻率	不小于	Ω·cm	10^{13}
5	针入度		1/10 mm	200～300
6	挥发度(喷霜)(200 ℃,24 h)	不大于	%	3

[a] 除非另有规定,表中数据为室温下试样的性能要求。

参 考 文 献

[1] GB/T 269—1991 润滑脂和石油脂针入度测定法(eqv ISO 2137:1985)

[2] GB/T 507—2002 绝缘油 击穿电压测定法(eqv IEC 156:1995)

[3] GB/T 5654—2007 液体绝缘材料 相对电容率、介质损耗因数和直流电阻率的测量(IEC 60247:2004,IDT)

[4] GB/T 7325—1987 润滑脂和润滑油蒸发损失测定法(eqv ASTM D972:1981)

[5] IEC 60502-2:2005 额定电压 1 kV(U_m=1.2 kV)到 30 kV(U_m=36 kV)挤包绝缘电力电缆及其附件 第 2 部分:额定电压 6 kV(U_m=7.2 kV)到 30 kV(U_m=36 kV)电缆

[6] IEC 60502-4:2005 额定电压 1 kV(U_m=1.2 kV)到 30 kV(U_m=36 kV)挤包绝缘电力电缆及其附件 第 4 部分:额定电压 6 kV(U_m=7.2 kV)到 30 kV(U_m=36 kV)电缆附件试验要求

[7] IEC 61442—2005 额定电压 6 kV(U_m=7.2 kV)到 30 kV(U_m=36 kV)电力电缆附件试验方法

ICS 29.280
S 82

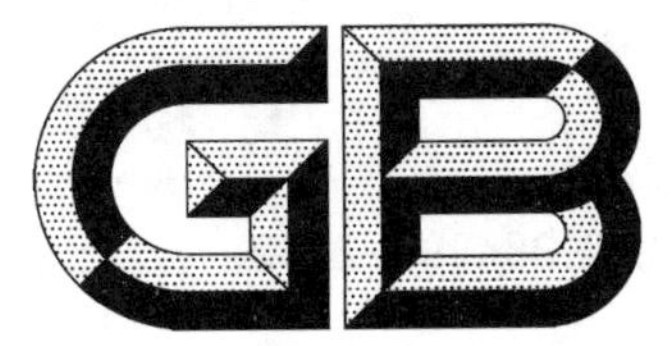

中华人民共和国国家标准

GB/T 28429—2012

轨道交通 1 500 V 及以下直流牵引电力电缆及附件

DC Traction power cables and accessories up to 1 500 V for urban rail transit

2012-06-29 发布　　2012-10-01 实施

中华人民共和国国家质量监督检验检疫总局
中国国家标准化管理委员会　发布

前　言

本标准按照 GB/T 1.1—2009 给出的规则起草。

本标准由中华人民共和国铁道部提出。

本标准由中铁电气化局集团有限公司归口。

本标准负责起草单位:中铁电气化勘测设计研究院有限公司、中铁电气化局集团有限公司。

本标准参加起草单位:宝胜集团有限公司、3M 中国有限公司、广东吉熙安电缆附件有限公司、天津金山电线电缆股份有限公司。

本标准起草人:李汉卿、肖明辉、王立天、唐朝荣、周建、杨韬、庄猛、吴春玲、郑国俊。

轨道交通 1 500 V 及以下直流牵引电力电缆及附件

1 范围

本标准规定了轨道交通用额定电压1 500 V及以下直流牵引电力电缆及附件的技术要求、试验、产品验收规则、标志及包装、运输和保管。

本标准适用于轨道交通额定电压1 500 V及750 V直流牵引电力电缆及附件。

2 规范性引用文件

下列文件对于本文件的应用是必不可少的。凡是注日期的引用文件,仅注日期的版本适用于本文件。凡是不注日期的引用文件,其最新版本(包括所有的修改单)适用于本文件。

GB/T 2951.11—2008 电缆和光缆绝缘和护套材料通用试验方法 第11部分:通用试验方法——厚度和外形尺寸测量——机械性能试验(IEC 60811-1-1:2001,IDT)

GB/T 2951.12—2008 电缆和光缆绝缘和护套材料通用试验方法 第12部分:通用试验方法——热老化试验方法(IEC 60811-1-2:1985,IDT)

GB/T 2951.13—2008 电缆和光缆绝缘和护套材料通用试验方法 第13部分:通用试验方法——密度测定方法——吸水试验——收缩试验(IEC 60811-1-3:2001,IDT)

GB/T 2951.14—2008 电缆和光缆绝缘和护套材料通用试验方法 第14部分:通用试验方法——低温试验(IEC 60811-1-4:1985,IDT)

GB/T 2951.21—2008 电缆和光缆绝缘和护套材料通用试验方法 第21部分:弹性体混合料专用试验方法——耐臭氧试验——热延伸试验——浸矿物油试验(IEC 60811-2-1:2001,IDT)

GB/T 2951.31—2008 电缆和光缆绝缘和护套材料通用试验方法 第31部分:聚氯乙烯混合料专用试验方法——高温压力试验——抗开裂试验(IEC 60811-3-1:1985,IDT)

GB/T 2951.41—2008 电缆和光缆绝缘和护套材料通用试验方法 第41部分:聚乙烯和聚丙烯混合料专用试验方法——耐环境应力开裂试验——熔体指数测量方法——直接燃烧法测量聚乙烯中炭黑和/或矿物质填料含量——热重分析法(TGA)测量碳黑含量——显微镜法评估聚乙烯中炭黑分散度(IEC 60811-4-1:2004,IDT)

GB/T 3048.4—2007 电线电缆电性能试验方法 第4部分:导体直流电阻试验

GB/T 3048.13—2007 电线电缆电性能试验方法 第13部分:冲击电压试验

GB/T 3048.14—2007 电线电缆电性能试验方法 第14部分:直流电压试验

GB/T 3956—2008 电缆的导体(IEC 60228:2004,IDT)

GB/T 6995.3—2008 电线电缆识别标志方法 第3部分:电线电缆识别标志

GB/T 12527—2008 额定电压1 kV及以下架空绝缘电缆

GB/T 12706.1—2008 额定电压1 kV(Um=1.2 kV)到35 kV(Um=40.5 kV)挤包绝缘电力电缆及附件 第1部分:额定电压1 kV(Um=1.2 kV)和3 kV(Um=3.6 kV)电缆(IEC 60502-1:2004,IDT)

GB/T 14315—2008 电力电缆导体用压接型铜、铝接线端子和连接管

GB/T 16927.1—2011 高电压试验技术 第1部分:一般定义及试验要求(IEC 60060-1:2006,MOD)

GB/T 17650.1—1998 取自电缆或光缆的材料燃烧时释出气体的试验方法 第1部分:卤酸气体总量的测定 (idt IEC 60754-1:1994)

GB/T 17650.2—1998 取自电缆或光缆的材料燃烧时释出气体的试验方法 第2部分:用测量pH值和电导率来测定气体的酸度(idt IEC 60754-2:1997)

GB/T 17651.2—1998 电缆或光缆在特定条件下燃烧的烟密度测定 第2部分:试验步骤和要求(idt IEC 61034-2:1997)

GB/T 18380.12—2008 电缆和光缆在火焰条件下的燃烧试验 第12部分:单根绝缘电线电缆火焰垂直蔓延试验 1 kW预混合型火焰试验方法(IEC 60332-1-2:2004,IDT)

GB/T 18380.33—2008 电缆在火焰条件下的燃烧试验 第33部分:垂直安装的成束电线电缆火焰垂直蔓延试验 A类(IEC 60332-3-22:2000,IDT)

JB/T 8137—1999 电线电缆交货盘 第1部分:一般规定

IEC 60684-2,AMD2:2005 绝缘软套管 第2部分:试验方法(Flexible insulating sleeving—Part 2:Methods of test;Amendment 1)

IEC 60724:2000 额定电压不超过0.6/1 kV电缆允许短路温度导则(Short-Circuit Temperature Limits of Electric Cables with Rated Voltages 1 kV(Um=1,2 kV)and 3 kV(Um=3,6 kV)Third Edition)

IEC 60986:2008 额定电压1.8/3.6 kV到18/30(36) kV电缆允许短路温度导则(Short-Circuit Temperature Limits of Electric Cables with Rated Voltages from 6 kV(Um=7,2 kV)up to 30 kV (Um=36 kV)Second Edition)

3 术语和定义

下列术语和定义适用于本文件。

3.1

标称值 nominal value

指定的量值并经常用于表格之中,在本标准中通常标称值引伸出的最值考虑规定公差,通过测量进行检验。

3.2

近似值 approximate value

一个既不保证也不检查的数值,例如用于其他尺寸值的计算。

3.3

中间值 median value

将试验得到的若干数值以递增(或递减)的次序依次排列时,若数值的数目是奇数,中间的那个值为中间值;若数值的数目是偶数,中间两个数值的平均值为中间值。

3.4

假设值 fictitious value

按附录A计算所得的值。

3.5

乙丙橡胶混合料 EPR/HEPR

其特有组分为乙丙橡胶和(或)合成弹性体,经过适当选择、配比、加工而成的混合料。

3.6

交联聚乙烯混合料　XLPE

其特有组分为聚乙烯或它的共聚物，经过适当选择、配比、加工而成的混合料。

3.7

导体连接金具　connector

把电缆导体连接起来的金属部件。

3.8

热缩部件　heat shrink part

以聚合物为基本材料而制成所需要的型材，经过交联工艺，使聚合物的线性分子变成网状结构的体型分子，经加热扩张至规定尺寸，再加热能自行收缩到预定尺寸的部件。

3.9

冷缩部件　cold shrink part

将预扩张、内有支撑物的弹性体部件，套在经过处理后的电缆上，抽出支撑物，收缩压紧在电缆上而构成的部件。

3.10

扩张率　Expanded ratio

指预制橡胶管主体被撑开后其内径变化的程度，即扩张后内径与未扩张内径的比值。

4　电压标示、代号和表示方法

4.1　电压标示

电缆的额定电压是指电缆及附件设计和电气性能试验用的基准电压，电缆的额定电压应适合电缆及附件所在系统的运行条件。通常为电缆及附件设计用的导体对地(周围介质、金属外壳)之间的电压，其值等于系统标称电压。本标准中电缆及附件的额定电压用 U_0 表示，单位为 V。

本标准中电缆及附件的额定电压 U_0 为直流 750 V 和直流 1 500 V(下同)，电缆及附件额定电压的选择与系统运行电压的匹配关系见表 1。

表 1　额定电压

单位为伏特

额定电压 U_0	系统标称电压	系统最低电压	系统最高电压
750	750	500	900
1 500	1 500	1 000	1 800

4.2　绝缘混合料代号及其导体温度

4.2.1　绝缘混合料及其代号见表 2。

表 2　绝缘混合料

绝缘混合料	代　　号
乙丙橡胶或类似绝缘混合料(EPR 或 EPDM)	EPR
高弹性模数或高硬度乙丙橡胶	HEPR
交联聚乙烯	XLPE

4.2.2　绝缘混合料的导体最高温度见表 3。

表 3 各种绝缘混合料的导体最高温度

单位为摄氏度

绝缘混合料	导体最高温度	
	正常运行	短路(最长持续 5 s)
交联聚乙烯(XLPE)	90	250
乙丙橡胶(EPR 和 HEPR)	90	250
注:表中的温度由绝缘材料的固有特性决定,在使用这些数据计算额定电流时其他因素的考虑也是很重要的。		

4.2.3 绝缘混合料的导体短路温度的导则应按照 IEC 60724:2000 和 IEC 60986:2008 的规定。

4.3 护套混合料代号及其导体温度

不同类型护套混合料电缆的导体最高温度见表 4。

表 4 不同类型护套混合料电缆的导体最高温度

单位为摄氏度

护套混合料	代　　号	正常运行时导体最高温度
a) 热塑性		
无卤阻燃聚烯烃护套	SHF1	90
聚乙烯	ST7	90
b) 热固性		
无卤阻燃弹性体护套或类似聚合物	SHF2	90

4.4 电缆型号和产品表示方法

电缆型号和产品表示方法见附录 B。

5 电缆技术要求

5.1 导体

导体应是符合 GB/T 3956—2008 的第 1 种或第 2 种裸退火铜导体或镀金属层退火铜导体,或者第 5 种或第 6 种裸铜导体或镀金属层退火铜导体。

5.2 绝缘

5.2.1 材料

绝缘应为表 2 所列的各类挤包固体介质的一种。

5.2.2 绝缘厚度

绝缘标称厚度规定见表 5～表 6。

任何隔离层的厚度不应包括在绝缘厚度之中。

表 5　交联聚乙烯(XLPE)绝缘标称厚度

导体标称截面 mm^2	额定电压下的绝缘标称厚度/mm	
	750 V	1 500 V
120	1.2	2.0
150	1.4	2.0
185	1.6	2.0
240	1.7	2.0
300	1.8	2.0
400	2.0	2.0
500	2.2	2.2
630	2.4	2.4
800	2.6	2.6
1 000	2.8	2.8

表 6　乙丙橡胶(EPR)和硬乙丙橡胶(HEPR)绝缘标称厚度

导体标称截面 mm^2	额定电压下的绝缘标称厚度/mm			
	750 V		1 500 V	
	EPR	HEPR	EPR	HEPR
120	1.6	1.2	2.4	2.0
150	1.8	1.4	2.4	2.0
185	2.0	1.6	2.4	2.0
240	2.2	1.7	2.4	2.0
300	2.4	1.8	2.4	2.0
400	2.6	2.0	2.6	2.0
500	2.8	2.2	2.8	2.2
630	2.8	2.4	2.8	2.4
800	2.8	2.6	2.8	2.6
1 000	3.0	2.8	3.0	2.8

5.3　阻水层

5.3.1　当需要时，电缆可采用阻水层。

5.3.2　阻水层应由和电缆相适应的、非导电性阻水带绕包而成，绕包应平整。

5.4　防水层

5.4.1　当需要时，电缆可采用防水层。防水层可采用铝塑粘接结构或其他合适的防水结构。

5.4.2　铝塑粘接防水层按下列要求：

a)　当电缆采用一层铝塑粘接防水层时，铝塑粘接防水层应由纵包的涂塑铝带与聚乙烯护套粘接组合而成；

b)　双面铝塑带标称厚度为 0.20 mm，其中裸铝带的标称厚度不应小于 0.15 mm；

c)　铝塑带应完整地纵包在缆芯上，铝塑带纵包重叠宽度不应小于 6 mm，纵包重叠宽度不应小于线芯圆周的20%；

d) 在纵包的铝塑带外应紧密挤包一层粘结的聚乙烯护套，聚乙烯护套应采用线性中密度或高密度聚乙烯。护套应与铝塑带牢固粘接，形成一个完整的铝-塑粘接防水层；

e) 聚乙烯护套标称厚度不应小于1.6 mm，最薄点不应小于1.4 mm；

f) 聚乙烯护层外表面应光滑、平整、无空洞、裂纹、气孔和凹陷等缺陷。

5.4.3 电缆也可采用其他防水层形式。

5.5 隔火层[1)]

5.5.1 结构

电缆隔火层采用挤包或绕包形式。

5.5.2 材料

用于隔火层材料应适合电缆的运行温度并与电缆绝缘材料相兼容。

隔火层可采用适合的无卤低烟阻燃材料挤包而成，也可采用非吸湿性的无卤低烟隔火带包覆在线芯或防水层外(如有防水层)。

5.5.3 挤包隔火层厚度

挤包隔火层的近似厚度应从表7中选取。

表7 挤包隔火层厚度

单位为毫米

缆芯假设直径 d	挤包隔火层厚度近似值
$d \leqslant 25$	1.0
$25 < d \leqslant 35$	1.2
$35 < d \leqslant 45$	1.4
$45 < d \leqslant 60$	1.6
$60 < d \leqslant 80$	1.8
$80 < d$	2.0

5.5.4 绕包隔火层厚度

线芯假设直径小于或等于40 mm时，绕包隔火层的近似厚度取0.4 mm；大于40 mm时，取0.6 mm。

5.6 铠装[2)]

5.6.1 结构

铠装结构类型如下：

a) 金属丝铠装：由多根金属丝编织或金属丝的同心绞合组成；

b) 金属带铠装：由一根或多根金属带螺旋搭盖绕包组成。

---

1) 当需要时，电缆可采用隔火层，以满足电缆对燃烧性能的要求。

2) 当需要时，电缆可采用铠装层。

5.6.2 材料

圆金属丝应是铜丝或镀锡铜丝。

金属带为铜或铜合金带、铝或铝合金带。

5.6.3 铠装的使用

电缆的铠装应包覆在符合5.4或5.5规定的防水层或隔火层上。

5.6.4 电缆直径与铠装层尺寸的关系

铠装圆金属丝的标称直径和铠装金属带的标称厚度应分别不小于表8和表9的规定。

表8 铠装圆金属丝标称直径

单位为毫米

铠装前假设直径 d	铠装金属丝标称直径
$d \leqslant 25$	0.25
$25 < d \leqslant 35$	0.30
$35 < d \leqslant 60$	0.40
$60 < d$	0.50

表9 铠装金属带标称厚度

单位为毫米

铠装前假设直径 d	金属带标称厚度	
	铜带	铝或铝合金带
$d \leqslant 25$	0.2	0.5
$25 < d \leqslant 60$	0.3	0.5
$60 < d$	0.5	0.8

5.7 外护套

5.7.1 概述

所有电缆都应具有外护套。

外护套通常为黑色，若制造方和购买方达成协议，允许采用其他颜色，以适应电缆使用的特定条件。

5.7.2 材料

外护套为热塑性护套混合料或热固性护套混合料。

外护套材料应与表4中规定的电缆运行温度相适应。

在特殊条件下(例如为了防白蚁、防鼠)使用的外护套，可在配方中加入化学添加剂，但这些添加剂应对人类及环境无害。

电缆应具有低烟、无卤、A类阻燃、防紫外线(可选)性能。

5.7.3 厚度

若无其他规定，挤包护套标称厚度值 T_S(以mm计)应按公式(1)计算：

$$T_S = 0.035D + 1.0 \qquad \cdots\cdots (1)$$

式中：

D——挤包护套前电缆的假设直径，单位为毫米(mm)(见附录A)。

按上式计算出的数值应修约到0.1 mm(见附录C)。

无铠装的电缆和护套不直接包覆在铠装、金属屏蔽的电缆，其单芯电缆护套的标称厚度不应小于1.4 mm。

护套直接包覆在铠装上的电缆，护套的标称厚度不应小于1.8 mm。

6 电缆附件技术要求

6.1 一般要求

6.1.1 附件应用的电压等级应与电缆相一致。

6.1.2 导体连接金具应符合GB/T 14315—2008中的相应规定。

6.1.3 需要时，可采用镀锡编织铜线对电缆金属铠装层进行电气上接续，接续的截面不得小于对应层的等效截面，但最小值不应小于10 mm^2。

6.1.4 电缆具有防水结构时，附件产品应提供满足附录D要求的组件。

6.1.5 终端所用的外绝缘材料应具有耐大气老化及耐漏电痕迹和耐电蚀性能，其性能应满足表10～表12的规定。

6.1.6 可采用冷缩、热缩或胶带绕包等方式来恢复绝缘或护套。

6.1.7 电缆附件采用的材料具有低烟、无卤、阻燃性能。

6.2 冷缩附件

6.2.1 所有冷缩部件内外表面应光滑，无肉眼可见的因材料和工艺不完善引起的斑痕、凹坑和裂纹，结构尺寸应符合图纸要求。

6.2.2 冷缩部件应由防电痕的硅橡胶材料构成，其性能应符合表10的规定，安装后的扩张率不应小于120%。

6.2.3 冷缩部件的允许贮存期在环境温度不高于35 ℃时不应少于12个月。

表10 硅橡胶绝缘材料主要性能指标

序号	项目		单位	性能指标
1	抗张强度	不小于	N/mm^2	4.0
2	断裂伸长率	不小于	%	450
3	硬度(邵氏A)	不大于		50
4	抗撕裂强度	不小于	N/mm	10
5	耐压强度	不小于	MV/m	20
6	体积电阻率	不小于	Ω·cm	10^{14}
7	介电系数	(50 Hz)		2.8～3.5
8	介质损耗角正切	不大于		0.02
9	耐漏电痕迹耐电蚀	不小于		1A3.5
10	氧指数	不小于	%	30
11	烟密度等级(SDR)	不大于		75
12	卤酸含量		mg/g	0

注：除非另有规定，表中数据为室温下试样的性能要求。

6.3 绕包式附件

采用自粘性绝缘带，应能在 90 ℃下连续工作，主要性能见表 11。

表 11 绕包带性能要求

序号	项　目		单　位	性能指标
1	抗张强度	不小于	N/mm²	1.7
2	断裂伸长率	不小于	%	500
3	耐压强度	不小于	MV/m	28
4	体积电阻率	不小于	Ω·cm	10^{14}
5	介质损耗角正切	不大于		0.05
6	介电常数	不大于		5
7	耐热性	不小于	℃	130
注：除非另有规定，表中数据为室温下试样的性能要求。				

6.4 热缩附件

6.4.1 所有热缩部件表面应无材质和工艺不善引起的斑痕和凹坑，热缩部件内壁应涂热溶胶，胶层均匀，且在规定的贮存条件和运输条件下，胶层不应流淌，不相互粘搭，在加热收缩后不会产生气隙。

6.4.2 热缩部件主要性能指标见表 12。

6.4.3 热缩部件在限制性收缩时不得有裂纹或开裂现象，在规定的耐受电压方式下不击穿。热缩部件的收缩温度应为 120 ℃～140 ℃。

6.4.4 热缩部件的允许贮存期在环境温度不高于 35 ℃时不应少于 24 个月。

表 12 热缩部件主要性能指标

序号	项　目		单　位	性能指标
1	抗张强度	不小于	N/mm²	10
2	断裂伸长率	不小于	%	350
3	脆化温度	不大于	℃	−40
4	硬度(邵氏 A)	不大于		80
5	空气箱热老化 130 ℃ 168 h		%	
	抗张强度变化率	不大于	%	±20
	断裂伸长率变化率	不大于		±20
6	体积电阻率	不小于	Ω·cm	10^{14}
7	介电常数	不大于		4
8	击穿场强	不小于	MV/m	20
9	氧指数	不小于	%	30
10	卤酸含量		mg/g	0
11	烟密度等级(SDR)	不大于		75
12	吸水率 (23±2)℃ 24 h	不大于	%	0.1

7 试验

7.1 试验条件

7.1.1 环境温度

除非另有规定，试验应在环境温度 20 ℃±15 ℃下进行。

7.1.2 工频试验电压的频率和波形

工频试验电压的频率应在 49 Hz～61 Hz；波形基本上为正弦波，引用值为有效值。

7.1.3 冲击试验电压的波形

按 GB/T 3048.13—2007 规定，冲击波的波前时间为 1 μs～5 μs，半峰值时间在 40 μs～60 μs 之间，其他方面与 GB/T 16927.1—2011 规定一致。

7.2 电缆试验

7.2.1 例行试验

例行试验通常应在每一个电缆制造长度上进行。根据购买方和制造方达成的质量控制协议可以减少试验电缆的根数。

本标准要求的例行试验为：

a) 导体电阻测量(见 7.2.1.1)；

b) 电压试验(见 7.2.1.2)。

7.2.1.1 导体电阻测量

成品电缆或从成品电缆上取下的试样，应在保持适当温度的试验室内至少存放 12 h 后测量。若怀疑导体温度是否与室温一致，电缆应在试验室内存放 24 h 后测量。也可选取另一种方法，即将导体试样浸在温度可以控制的液体槽内，至少浸入 1 h 后测量电阻。

电阻测量值应按 GB/T 3956—2008 规定的公式和系数校正到 20 ℃下 1 km 长度的数值。

每一根导体 20 ℃时的直流电阻不应超过规定的相应的最大值。

7.2.1.2 电压试验

7.2.1.2.1 概述

电压试验应在环境温度下进行。制造方可选择采用直流电压或工频交流电压。优先采用直流电压试验。

7.2.1.2.2 试验步骤

屏蔽电缆的试验电压应施加在导体与金属屏蔽之间，时间为 5 min。

无屏蔽电缆应将其浸入室温水中 1 h，在导体和水之间施加试验电压 5 min。

7.2.1.2.3 试验电压

试验电压如表 13。在任何情况下，电压都应逐渐升高到规定值。

表 13 试验电压

额定电压 U_0/V	750	1 500
直流试验电压/kV	4	6.5
工频交流试验电压/kV	1.7	2.7

7.2.1.2.4 结果

绝缘应无击穿。

7.2.2 抽样试验

7.2.2.1 概述

本标准要求的抽样试验包括：

a) 导体检查(见 7.2.2.2)；

b) 尺寸检查(见 7.2.2.3～7.2.2.5)；

c) EPR、HEPR、XLPE 绝缘和热固性护套的热延伸试验(见 7.2.2.6)。

7.2.2.2 导体检查

7.2.2.2.1 导体外观的要求

导体应规整，表面光洁、无氧化、无油污、无损伤绝缘的毛刺、锐边以及凸起或断裂的单线等与良好工业品不相符的缺陷。

7.2.2.2.2 导体电阻的测量

导体 20 ℃时的直流电阻应符合 GB/T 3956—2008 的规定，试验方法应按 7.2.1.1 的规定进行。

7.2.2.2.3 导体的结构要求

第 2 种导体中的单线根数不应小于 GB/T 3956—2008 中表 2 规定的相应最少根数；第 5 种、第 6 种导体中的单线直径不应超过 GB/T 3956—2008 中表 3 或表 4 相应规定的最大值。

7.2.2.3 绝缘和非金属护套厚度的测量

7.2.2.3.1 概述

应按 GB/T 2951.11—2008 第 8 章的规定方法进行测量。

为试验而选取的每根电缆长度可用一段电缆来代表，如果必要，这段电缆应在已去除可能受到损伤的部分以后，从电缆的一端截取。

7.2.2.3.2 对绝缘厚度的要求

每一段绝缘线芯，绝缘厚度测量值的平均值在按附录 C 修约到 0.1 mm 后，不应小于规定的标称厚

度;其最小测量值不应低于规定标称值的 90%－0.1 mm,即按公式(2):

$$t_m \geqslant t_n - (0.1 + 0.1t_n) \qquad \cdots\cdots(2)$$

式中:

t_m——最小厚度,单位为毫米(mm);

t_n——标称厚度;单位为毫米(mm)。

7.2.2.3.3 对非金属护套厚度的要求

护套应符合下列要求:

a) 包覆在光滑圆柱体表面的外护套(例如挤包隔火层或绝缘上),其厚度测量值的平均值,按附录C 修约到 0.1 mm,不应小于规定的标称厚度,其最小测量值不应低于规定标称值的 85%－0.1 mm。即按公式(3):

$$t_m \geqslant t_n - (0.1 + 0.15t_n) \qquad \cdots\cdots(3)$$

b) 包覆在不规则圆柱体表面的护套(例如直接包覆在铠装上的护套)和隔火层的厚度,其最小测量值不应低于规定标称值的 80%－0.2 mm。即按公式(4):

$$t_m \geqslant t_n - (0.2 + 0.2t_n) \qquad \cdots\cdots(4)$$

7.2.2.4 铠装金属丝和铠装金属带的测量

7.2.2.4.1 铠装金属丝的测量

使用具有两个平测头精度为±0.01 mm 的千分尺来测量圆铠装金属丝的直径,测量应在同一截面两个互成直角的位置上各测一次,取其平均值作为金属丝的直径。

7.2.2.4.2 铠装金属带的测量

测量时应使用具有两个直径为 5 mm 平测量头,精度为±0.01 mm 的千分尺,对于宽为 40 mm 及以下的金属带应在宽度中央测其厚度,对于更宽的带子应在距其每一边缘 20 mm 处各测一次,取其平均值作为金属带厚度。

7.2.2.4.3 结果

铠装金属丝和金属带的尺寸低于 5.6.4 中规定的标称尺寸的量值不应超过:

a) 圆金属丝:5%;

b) 金属带:10%。

7.2.2.5 外径测量

如果抽样试验中要求测量电缆外径,应按 GB/T 2951.11—2008 规定进行。

7.2.2.6 EPR、HEPR 和 XLPE 绝缘和 SHF2 型护套的热延伸试验

7.2.2.6.1 步骤

抽样和试验步骤按 GB/T 2951.21—2008 第 9 章规定进行。

试验条件见表 14 和表 15。

表 14 各种热固性绝缘混合料的特殊性能试验

序号	试验项目 (混合料代号见 4.2)	单位	EPR	HEPR	XLPE
1	耐臭氧试验(GB/T 2951.21—2008 中第 8 章)				
1.1	臭氧浓度(按体积)	%	0.025～0.030	0.025～0.030	—
1.2	无开裂持续时间	h	24	24	
2	热延伸试验(GB/T 2951.21—2008 中第 9 章)				
2.1	处理条件				
	——空气温度(偏差±3 ℃)	℃	250	250	200
	——负荷时间	min	15	15	15
	——机械应力	N/cm²	20	20	20
2.2	载荷下最大伸长率	%	175	175	175
2.3	冷却后最大永久伸长率	%	15	15	15
3	吸水试验(GB/T 2951.13—2008 中 9.2)重量分析法				
3.1	温度(偏差±2 ℃)	℃	85	85	85
3.2	持续时间	d	14	14	14
3.3	重量最大增量	mg/cm²	5	5	1[a]
4	收缩试验(GB/T 2951.13—2008 中第 10 章)				
4.1	标志间长度 L	mm	—	—	200
4.2	温度(偏差±3 ℃)	℃	—	—	130
4.3	持续时间	h	—	—	1
4.4	最大允许收缩率	%	—	—	4
5	硬度测定(见 GB/T 12706.1—2008 附录 C)				
5.1	IRHD[b],最小		—	80	—
6	弹性模量测定(见 7.2.6.17)				
6.1	150%伸长率时模量,最小	N/mm²	—	4.5	—

[a] XLPE 密度大于 1 g/cm³ 时,吸水增量可能大于 1 mg/cm²。

[b] IRHD:国际橡胶硬度级。

表 15 热固性护套混合料(SHF2)特殊性能试验要求

序号	试验项目 (混合料代号见 4.3)	单位	SHF2
1	低温性能试验(GB/T 2951.14—2008 中第 8 章)		
1.1	哑铃片的低温拉伸试验 温度(偏差±2 ℃)	℃	−15
1.2	冷冲击试验 温度(偏差±2 ℃)	℃	−15
2	浸油后机械性能试验(GB/T 2951.21—2008 中第 10 章和 GB/T 2951.11—2008 中第 9 章)		

表 15（续）

序号	试验项目 （混合料代号见 4.3）	单位	SHF2
2.1	处理条件		
	——温度(偏差±2 ℃)	℃	100
	——持续时间	h	24
	最大允许变化率[a]		
	a) 抗张强度:	%	±40
	b) 断裂伸长率	%	±40
3	热延伸试验(GB/T 2951.21—2008 中第 9 章)		
3.1	处理条件		
	——温度(偏差±3 ℃)	℃	200
	——载荷时间	min	15
	——机械应力	N/cm^2	20
3.2	负载下允许最大伸长率	%	175
3.3	冷却后最大永久伸长率	%	15
4	耐臭氧试验(GB/T 2951.21—2008 中第 8 章)		
4.1	臭氧浓度(按体积)	%	0.025～0.030
4.2	无开裂持续时间	h	24

[a] 变化率:处理前后得出的中间值之差除以处理前中间值,以百分数表示。

7.2.2.6.2 结果

EPR、HEPR 和 XLPE 绝缘试验结果应符合表 14 规定,SHF2 型护套应符合表 15 规定。

7.2.3 电气型式试验

7.2.3.1 导体最高温度下绝缘电阻测量

7.2.3.1.1 步骤

取成品电缆试样长度 10 m～15 m。

电缆试样的绝缘线芯在试验前应浸在电缆正常运行时导体最高温度±2 ℃的水中至少 1 h。

直流测试电压应为 80 V～500 V,应施加足够长的时间,以达到合理稳定的测量,但不少于 1 min,也不超过 5 min。

测量应在导体与水之间进行。

7.2.3.1.2 计算

体积电阻率由所测得的绝缘电阻通过公式(5)求得:

$$\rho=\frac{2\times\pi\times L\times R}{\ln\frac{D}{d}} \qquad \cdots\cdots(5)$$

式中：

ρ ——体积电阻率，单位为欧姆·厘米(Ω·cm)；

R ——测量得到的绝缘电阻，单位为欧姆(Ω)；

L ——电缆长度，单位为厘米(cm)；

D ——绝缘外径，单位为毫米(mm)；

d ——绝缘内径，单位为毫米(mm)。

"绝缘电阻常数 K_i"可按公式(6)计算求得，以 MΩ·km 表示：

$$K_i=\frac{L\times R\times 10^{-11}}{\lg\frac{D}{d}}=10^{-11}\times 0.367\rho \qquad \cdots\cdots(6)$$

7.2.3.1.3 结果

由测量值计算出的数据不应小于在表 16 中的规定值。

表 16 绝缘混合料的电气型式试验要求

序号	试验项目和试验条件 (混合料代号见 4.2)	单位	性能要求	
			EPR/HEPR	XLPE
	正常运行时导体最高温度(见 4.2)	℃	90	90
1	体积电阻率 ρ ——正常运行时导体最高温度(见 7.2.3.1)	Ω·cm	10^{12}	10^{12}
2	绝缘电阻常数 K_i ——正常运行时导体最高温度(见 7.2.3.1)	MΩ·km	3.67	3.67

7.2.3.2 4 h 电压试验

7.2.3.2.1 步骤

本项试验在 7.2.3.1 试验之后进行，可延用 7.2.3.1 试验所用电缆。

电缆试验用绝缘线芯应在试验前浸入环境温度的水中至少 1 h。

在水与导体之间施加 $4U_0$ 的工频电压，电压应逐渐升高并持续 4 h。

7.2.3.2.2 结果

绝缘不应击穿。

7.2.3.3 冲击电压试验

7.2.3.3.1 步骤

额定电压 1 500 V 电缆应进行冲击电压试验；试验应在另外 10 m～15 m 长的成品电缆试样上

进行。

应在导体温度高于正常运行时导体最高温度 5 ℃～10 ℃下的电缆上进行。

应按 GB/T 3048.13—2007 规定步骤施加冲击电压，峰值为 40 kV。

7.2.3.3.2 结果

每根电缆绝缘线芯应承受正负各十次冲击电压后不击穿。

7.2.4 非电气型式试验

7.2.4.1 绝缘厚度测量

7.2.4.1.1 取样

每根绝缘线芯一个样品。

7.2.4.1.2 步骤

按 GB/T 2951.11—2008 中 8.1 规定进行。

7.2.4.1.3 结果

见 7.2.4.5.2 规定。

7.2.4.2 非金属护套厚度测量

7.2.4.2.1 取样

每根电缆一个样品。

7.2.4.2.2 步骤

应按 GB/T 2951.11—2008 中 8.2 规定进行测量。

7.2.4.2.3 结果

见 7.2.4.5.3 规定。

7.2.4.3 老化前后绝缘的机械性能试验

7.2.4.3.1 取样

应按 GB/T 2951.11—2008 中 9.1 规定进行取样和制备试片。

7.2.4.3.2 老化处理

应在表 17 规定的条件下按 GB/T 2951.12—2008 中 8.1 的规定进行老化处理。

表 17 电缆绝缘混合料机械性能试验要求(老化前后)

序号	试验项目 (混合料代号见 4.2)		单位	EPR	HEPR	XLPE
	正常运行时导体最高温度(见 4.2)		℃	90	90	90
1	老化前(GB/T 2951.11—2008 中 9.1)					
1.1	抗张强度	最小	N/mm²	4.2	8.5	12.5
1.2	断裂伸长率	最小	%	200	200	200
2	空气烘箱老化后(GB/T 2951.12—2008 中 8.1)					
	无导体老化后					
2.1	处理					
2.1.1	——温度		℃	135	135	135
	——偏差		℃	±3	±3	±3
	——持续时间		d	7	7	7
2.1.2	抗张强度		N/mm²			
	a) 老化后数值	最小	%	—	—	—
	b) 变化率[a]	最大		±30	±30	±25
2.1.3	断裂伸长率					
	a) 老化后数值	最小	%	—	—	—
	b) 变化率[a]	最大	%	±30	±30	±25
2.2	带铜导体老化后抗张试验[a]					
2.2.1	处理					
	——温度		℃	150	150	150
	——偏差		℃	±3	±3	±3
	——持续时间		d	7	7	7
2.2.2	抗张强度变化率[a]	最大	%	±30	±30	±30
2.2.3	断裂伸长变化率[a]	最大	%	±30	±30	±30
2.3	带铜导体老化弯曲试验		—	—	—	—
	(仅用于如不进行 2.2 试验的试样		—	—	—	—
2.3.1	处理					
	——温度		℃	150	150	150
	——偏差		℃	±3	±3	±3
	——持续时间		d	10	10	10
2.3.2	应得结果			无裂痕	无裂痕	无裂痕

[a] 变化率:老化前后得出的中间值之差值除以老化前中间值,以百分数表示。

7.2.4.3.3 预处理和机械试验

应按 GB/T 2951.11—2008 中 9.1 规定进行预处理和机械性能的试验。

7.2.4.3.4 结果

未经老化和老化后试片的试验结果均应达到表 17 的要求。

7.2.4.4 非金属护套老化前后的机械性能试验

7.2.4.4.1 取样

应按 GB/T 2951.11—2008 中 9.2 规定进行取样及制备试片。

7.2.4.4.2 老化处理

应在表 18 规定的条件下:按 GB/T 2951.12—2008 中 8.1 进行老化处理。

表 18 护套混合料机械性能试验要求(老化前后)

序号	试验项目 (混合料代号见 4.3)	单位	ST_7	SHF1	SHF2
	正常运行导体最高温度(见 4.3)	℃	90	90	90
1	老化前(GB/T 2951.11—2008 中 9.2)				
1.1	抗张强度　　最小	N/mm²	12.5	9.0	10.0
1.2	断裂伸长率　　最小	%	300	125	300
2	空气烘箱老化后(GB/T 2951.12—2008 中 8.1)				
2.1	处理				
	——温度(偏差±2 ℃)	℃	110	100	100
	——持续时间	d	10	7	7
2.2	抗张强度:				
	a) 老化后数值　　最小	N/mm²	—	9.0	—
	b) 变化率[a]　　最大	%	—	±40	±30
2.3	断裂伸长率				
	a) 老化后数值　　最小	%	300	100	250
	b) 变化率[a]　　最大	%	—	±40	±40
3	吸水性试验(GB/T 2951.13—2008)(重量法)				
3.1	处理				
	——温度(偏差±2 ℃)	℃	—	70	70
	——持续时间	h	—	24	24
3.2	最大增重	mg/cm²	—	10	10
4	人工气候老化试验				
	老化时间	h	1 008	1 008	1 008
	试验结果:				
4.1	a) 0 h～1 008 h				
	抗张强度变化率　　最大	%	±30	±30	±30
	断裂伸长率变化率　　最大	%	±30	±30	±30
4.2	b) 504 h～1 008 h				
	抗张强度变化率　　最大	%	±15	±15	±15
	断裂伸长率变化率　　最大	%	±15	±15	±15

[a] 变化率:老化前后得出的中间值之差值除以老化前中间值,以百分数表示。

7.2.4.4.3 预处理和机械性能试验

应按 GB/T 2951.11—2008 中 9.2 规定进行预处理和机械性能试验。

7.2.4.4.4 **结果**

对于未老化和经老化后的试片，试验结果应满足表18的要求。

7.2.4.5 **成品电缆段的附加老化试验**

7.2.4.5.1 **概述**

本试验旨在检验运行中电缆绝缘和非金属护套与电缆中其他电缆部件接触时有无劣化倾向。

本试验适用于任何类型的电缆。

7.2.4.5.2 **取样**

按GB/T 2951.12—2008中8.1.4规定从成品电缆上截取样品。

7.2.4.5.3 **老化处理**

应按GB/T 2951.12—2008中8.1.4规定在空气烘箱中进行电缆样品的老化处理。老化条件如下：

a) 温度：高于电缆正常运行时最高温度(见表18)10 ℃±2 ℃；

b) 周期：7×24 h。

7.2.4.5.4 **机械性能试验**

将老化后的电缆取下的绝缘和护套试样按GB/T 2951.12—2008中8.1.4规定进行机械性能试验。

7.2.4.5.5 **结果**

老化前后抗张强度与断裂伸长率的中间值，不应超过表17中对于绝缘和表18中对非金属护套空气烘箱老化后的规定值。

7.2.4.6 **SHF1型护套的高温压力试验**

7.2.4.6.1 **步骤**

应按GB/T 2951.31—2008第8章规定进行高温压力试验，试验条件和试验方法见表19。

表19 热塑性聚烯烃护套混合料SHF1特殊性能试验要求

序号	试验项目 (混合料代号见4.2和4.3)	单位	SHF1
			护套
1	高温压力试验(GB/T 2951.31—2008中第8章)		
1.1	温度(偏差±2 ℃)	℃	80
2	热冲击试验(GB/T 2951.31—2008中第9章) 处理		
2.1	——温度(偏差±3 ℃)	℃	150
2.2	——时间	h	1
3	低温性能试验[a](GB/T 2951.14—2008中第8章)		
3.1	哑铃片的低温拉伸试验 温度(偏差±2 ℃)	℃	−15
3.2	冷冲击试验 温度(偏差±2 ℃)	℃	−15

[a] 因气候条件，购买方可以要求采用更低的温度。

7.2.4.6.2 **结果**

试验结果应符合 GB/T 2951.31—2008 第 8 章的要求。

7.2.4.7 **低温下护套的性能试验**

7.2.4.7.1 **步骤**

应按 GB/T 2951.14—2008 第 8 章规定进行取样和进行试验，试验温度见表 19 和表 15。

7.2.4.7.2 **结果**

试验结果应符合 GB/T 2951.14—2008 第 8 章的要求。

7.2.4.8 **护套抗开裂试验(热冲击)**

7.2.4.8.1 **步骤**

应按 GB/T 2951.31—2008 第 9 章规定进行取样和进行试验，试验温度和周期见表 19 和表 15。

7.2.4.8.2 **结果**

试验结果应符合 GB/T 2951.31—2008 第 9 章的要求。

7.2.4.9 **EPR 和 HEPR 绝缘及 SHF2 型护套耐臭氧试验**

7.2.4.9.1 **步骤**

应按 GB/T 2951.21—2008 第 8 章规定进行取样和进行试验，臭氧浓度和试验时间应符合表 14 和表 15 要求。

7.2.4.9.2 **结果**

试验结果应符合 GB/T 2951.21—2008 第 8 章的要求。

7.2.4.10 **EPR、HEPR 和 XLPE 绝缘和 SHF2 型护套的热延伸试验**

应按 7.2.4.8 规定取样和进行试验，并符合其要求。

7.2.4.11 **热固性护套的浸油试验(可选)**

7.2.4.11.1 **步骤**

应按 GB/T 2951.21—2008 第 10 章规定进行取样和进行试验，试验条件应符合表 15 规定。

7.2.4.11.2 **结果**

试验结果应符合表 15 要求。

7.2.4.12 **绝缘吸水试验**

7.2.4.12.1 **步骤**

应按 GB/T 2951.13—2008 中 9.1 和 9.2 规定进行取样和进行试验，试验结果应符合表 14 规定。

7.2.4.12.2 **结果**

试验结果应符合表 14 要求。

7.2.4.13 **铝塑粘结防水层的完整性试验**

铝塑粘结防水层应具备完整性。

铝塑粘结防水层的完整性应采用充气试验来检验，充入压力为 50 kPa～100 kPa 的干燥空气或氮气，在电缆全长气压均衡 3 h(有外护层电缆 6 h)内，电缆内的气压不应降低。

7.2.4.14 **燃烧性能试验**

7.2.4.14.1 **单根电缆垂直燃烧试验**

若有特殊要求，该试验应在 ST_7、SHF1 和 SHF2 型护套进行。

试验方法和要求应符合 GB/T 18380.12—2008 的规定。

7.2.4.14.2 **垂直安装的成束电线电缆火焰垂直蔓延试验**

该试验要用成品电缆的样品进行，试验方法和结果应符合 GB/T 18380.33—2008 中对 A 类阻燃的要求。

7.2.4.14.3 **电缆烟密度试验**

该试验要用成品电缆的样品进行，试验方法和结果应符合 GB/T 17651.2—1998 规定，透光率不应低于 60%。

7.2.4.14.4 **护套材料的卤酸气体总量的测定**

护套材料的卤酸气体总量的测定方法与结果如下：

a) 方法

取样与试验方法要符合 GB/T 17650.1—1998 中的规定。

b) 结果

试验结果要符合表 20 的要求。

表 20 无卤材料的试验方法和要求

序号	试验项目 (混合料代号见 4.3)	单位	要求
1	酸性气体释放试验(GB/T 17650.1—1998)		
	卤素含量(以 HCL 表示)，最大	%	0.5
2	氟含量试验(IEC 60684-2:2005)		
	氟含量，最大	%	0.1
3	pH 值和电导率试验(GB/T 17650.2—1998)		
	pH 值，最小		4.3
	导电率，最大	μs/mm	10

7.2.4.14.5 通过测量 pH 值和电导率对护套材料在燃烧期间的释放气体酸度的测定

通过测量 pH 值和电导率对护套材料在燃烧期间的释放气体酸度的测定方法与结果如下：

a） 方法

取样试验方法要符合 GB/T 17650.2—1998 中的规定。

b） 结果

试验结果应符合表 20 中的要求。

7.2.4.14.6 氟含量性能试验

氟含量性能试验步骤与结果如下：

a） 步骤

取样和试验要求应符合 IEC 60684-2:2005 的规定。

b） 结果

试验结果应符合表 20 中的要求。

7.2.4.15 XLPE 绝缘的收缩试验

7.2.4.15.1 步骤

应按 GB/T 2951.13—2008 第 10 章规定取样和进行试验，试验条件应符合表 14 规定。

7.2.4.15.2 结果

试验结果应符合表 14 要求。

7.2.4.16 HEPR 绝缘的硬度试验

7.2.4.16.1 步骤

应按 GB/T 12706.1—2008 附录 C 规定取样和进行试验。

7.2.4.16.2 结果

试验结果应符合表 14 规定。

7.2.4.17 HEPR 绝缘弹性模量测定

7.2.4.17.1 步骤

应按 GB/T 2951.11—2008 第 9 章规定取样、制备试片和进行试验，应测量伸长率为 150％时所需的负荷。相应的应力可用测得的负荷除以未伸长前的截面积得到。确定应力与应变的比值就可得到伸长率为 150％时的弹性模量，弹性模量应取全部试验结果的中间值。

7.2.4.17.2 结果

试验结果应符合表 14 规定。

7.2.4.18 PE 护套收缩试验

7.2.4.18.1 步骤

应按 GB/T 2951.13—2008 第 11 章规定取样和进行试验。试验条件见表 21。

表 21 PE(热塑性聚乙烯)护套混合料的特殊性能

序号	试验项目 (混合料代号见 4.3)	单位	ST_7
1	密度[a](GB/T 2951.13—2008 中第 8 章)		
2	碳黑含量(仅适于黑色护套)(GB/T 2951.41—2008 中第 11 章)		
2.1	标称值	%	2.5
2.2	偏差	%	±0.5
3	收缩试验(GB/T 2951.13—2008 中第 11 章)		
3.1	温度(偏差±2 ℃)	℃	80
3.2	加热持续时间	h	5
3.3	加热周期		5
3.4	最大允许收缩	%	3
4	高温压力试验(GB/T 2951.31—2008 中 8.2)		
4.1	温度(偏差±2 ℃)	℃	110

[a] 密度的测定仅在其他试验需要时才做。

7.2.4.18.2 **结果**

试验结果应符合表 21 规定。

7.2.4.19 **护套的吸水性试验**

7.2.4.19.1 **步骤**

应按 GB/T 2951.13—2008 中 9.2 规定取样和进行试验。

试验条件见表 18。

7.2.4.19.2 **结果**

试验结果应符合表 18 规定。

7.2.4.20 **电缆防紫外线性能试验(可选)**

7.2.4.20.1 **步骤**

该试验要用成品电缆的样品进行,试验方法和要求应符合 GB/T 12527—2008 附录 A 中人工气候老化试验方法(氙灯法)。

7.2.4.20.2 **结果**

试验结果应符合表 18 规定。

7.3 **电缆附件试验**

7.3.1 **试验回路**

7.3.1.1 用于试验的电缆应满足本标准的要求,电缆长度不小于 6 m,推荐使用 400 mm^2 电缆进行试验。

7.3.1.2 将试验电缆两端安装终端后从中间断开安装中间接头,试验回路制作按图 1。

单位为米

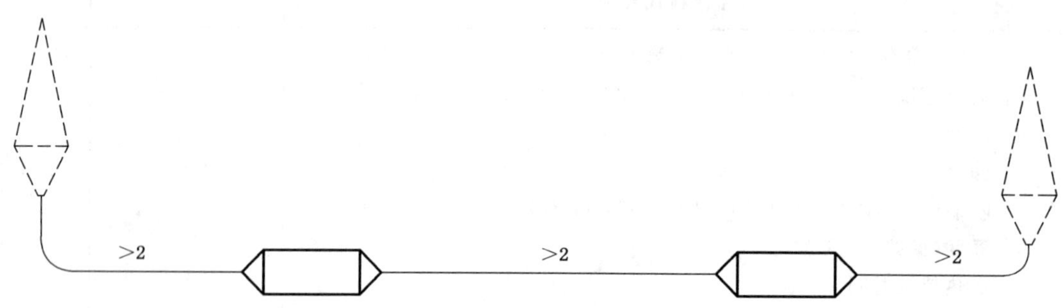

图 1

7.3.2 型式试验

7.3.2.1 型式试验项目见表22。试验项目全部通过后，该回路附件被认可。

表22 电缆附件型式试验项目

试验程序	条件		试验方法
	750 V	1 500 V	
导体电阻测量	不大于1.2倍	不大于1.2倍	GB/T 3048.4—2007
直流耐压	4.5 kV,5 min	9 kV,5 min	GB/T 3048.14—2007
冲击试验，正负极性各10次	—	40 kV	GB/T 3048.13—2007
浸水循环	20次，每次4 h	20次，每次4 h	附录D
机械冲击[a]	无可见损伤	无可见损伤	附录E
直流耐压	4.5 kV,5 min	9 kV, 5 min	GB/T 3048.14—2007

[a] 需要时，中间接头进行机械冲击试验。

7.3.2.2 按表22指定的型式试验中，如果任何一个试样未满足要求，则应拆除，按7.3.2.3或7.3.2.4提供的检查判定，并记录检查结果。

7.3.2.3 如果由于附件安装或试验程序错误而不符合要求，应宣布该试验无效，但不否定该附件。应在新安装的试样上重复整个程序。如果没有上述错误证据，则该附件不予认可。

7.3.2.4 如果电缆击穿，则该试验应被宣布无效，但不否定该附件，在电缆长度允许的情况下，可重新安装附件从中断的时刻开始继续试验或者另选电缆重新安装试样，按规定程序从头开始试验。

7.3.3 抽样试验

正常生产时每两年进行一次产品的抽样试验。试验项目及试验结果评定方法应按表23规定。当用户提出要求，经双方协商同意后也应进行抽样试验。

表 23　电缆附件抽样试验项目

试验项目	条　　件		试验方法
	750 V	1 500 V	
导体电阻测量 直流耐压	不大于 1.2 倍 4.5 kV,5 min	不大于 1.2 倍 9 kV,5 min	GB/T 3048.4—2007 GB/T 3048.14—2007

若有抽样试验项目没有通过，且能证明不存在安装错误或电缆故障时，则判定产品不符合要求。

8　安装后电气试验

应在电缆和与之相配的附件(安装条件参见附录 F)完成后进行下述试验。

在导体与金属铠装或接地系统间施加 $4U_0$ 直流电压，持续 15 min。

注：电缆绝缘修复后的电气试验由安装要求决定，以上试验仅适用于新安装的电缆。

9　检验规则

9.1　例行试验

9.1.1　电缆出厂前应进行例行试验，试验项目见表 24。

9.1.2　经检验合格的产品应签发合格证，其内容至少应包括：

a)　制造厂名称；

b)　产品名称和型号；

c)　检验日期；

d)　检验人员签章。

表 24　成品电缆试验项目

序号	试 验 项 目	试验要求	试验方法
1	例行试验(R)		
1.1	导体电阻测量	7.2.1.1	7.2.1.1
1.2	电压试验	7.2.1.2	7.2.1.2
2	抽样试验(S)		
2.1	导体检查	7.2.2.2	GB/T 3956—2008
2.2	尺寸检查		
2.2.1	绝缘和非金属护套厚度的测量	7.2.2.3	GB/T 2951.11—2008
2.2.2	铠装金属丝和铠装金属带的测量	7.2.2.4	7.2.2.4
2.2.3	外径测量	7.2.2.5	GB/T 2951.11—2008
2.3	EPR、HEPR、XLPE 绝缘和热固性护套的热延伸试验	7.2.2.6	GB/T 2951.21—2008

表 24(续)

序号	试验项目	试验要求	试验方法
3	型式试验(T)		
3.1	电气型式试验		
3.1.1	导体最高温度下绝缘电阻测量	7.2.3.1	7.2.3.1
3.1.2	4 h 电压试验	7.2.3.2	7.2.3.2
3.1.3	冲击电压试验	7.2.3.3	GB/T 3048.13—2007
3.2	非电气型式试验		
3.2.1	绝缘厚度测量	7.2.4.1	GB/T 2951.11—2008
3.2.2	非金属护套厚度测量	7.2.4.2	GB/T 2951.11—2008
3.2.3	老化前后绝缘的机械性能试验	7.2.4.3	GB/T 2951.11—2008
3.2.4	非金属护套老化前后的机械性能试验	7.2.4.4	GB/T 2951.11—2008
3.2.5	成品电缆段附加老化试验	7.2.4.5	GB/T 2951.12—2008
3.2.6	SHF1 型护套的高温压力试验	7.2.4.6	GB/T 2951.31—2008
3.2.7	SHF1、SHF2 低温下的性能试验	7.2.4.7	GB/T 2951.14—2008
3.2.8	SHF1 护套抗开裂试验(热冲击)	7.2.4.8	GB/T 2951.31—2008
3.2.9	EPR 和 HEPR 绝缘及 SHF2 型护套耐臭氧试验	7.2.4.9	GB/T 2951.21—2008
3.2.10	EPR 和 HEPR、XLPE 绝缘和 SHF2 型护套热延伸试验	7.2.4.10	GB/T 2951.21—2008
3.2.11	热固性护套的浸油试验(可选)	7.2.4.11	GB/T 2951.21—2008
3.2.12	绝缘吸水试验	7.2.4.12	GB/T 2951.13—2008
3.2.13	铝塑粘结防水层的完整性试验	7.2.4.13	7.2.6.13
3.2.14	燃烧性能试验		
3.2.14.1	单根电缆垂直燃烧试验	7.2.4.14.1	GB/T 18380.12—2008
3.2.14.2	垂直安装的成束电线电缆火焰垂直蔓延试验	7.2.4.14.2	GB/T 18380.12—2008
3.2.14.3	电缆烟密度试验	7.2.4.14.3	GB/T 17651.2—1998
3.2.14.4	护套材料的卤酸气体总量的测量	7.2.4.14.4	GB/T 17650.1—1998
3.2.14.5	通过测量 pH 值和电导率对护套材料在燃烧期间的释放气体酸度的测定	7.2.4.14.5	GB/T 17650.2—1998
3.2.14.6	氟含量性能试验	7.2.4.14.6	IEC 60684-2
3.2.15	XLPE 绝缘的收缩试验	7.2.4.15	GB/T 2951.13—2008
3.2.16	HEPR 绝缘的硬度试验	7.2.4.16	GB/T 12706.1—2008
3.2.17	HEPR 绝缘弹性模量测定	7.2.4.17	GB/T 2951.11—2008
3.2.18	PE 护套收缩试验	7.2.4.18	GB/T 2951.13—2008
3.2.19	护套的吸水性试验	7.2.4.19	GB/T 2951.13—2008
3.2.20	电缆防紫外线性能试验	7.2.4.20	GB/T 12527—2008

9.2 抽样试验

抽样试验由制造方进行,按规定的频度在成品电缆试样上,或在取自成品电缆的某些部件上进行的试验,以检验电缆是否符合规定要求。抽样试验相关规定见 7.2.2。抽样试验项目见表 24。

9.2.1 抽样试验频度

9.2.1.1 导体检查和尺寸检查

导体检查,绝缘和护套厚度测量以及电缆外径的测量应在每批同一型号和规格电缆中的一根制造长度的电缆上进行，但应限制不超过合同长度数量的10%。

9.2.1.2 物理试验

若无协议，对于总长度大于4 km的单芯电缆测试按表25进行。

表25 抽样试验样品数量

电缆长度 L km	样品数
$4<L\leqslant 20$	1
$20<L\leqslant 40$	2
$40<L\leqslant 60$	3
余类推	余类推

9.2.2 复试

如果任一试样不符合7.2.2规定的任一试验要求，应从同一批中再取两个附加试样就不合格项目重新试验。两个附加试样都合格，则该批电缆才可被认为符合本标准要求。如果有一个试样不合格，则认为该批电缆不符合本标准要求。

9.3 型式试验

9.3.1 凡有下列情况之一者应进行型式试验：

a) 新产品定型或老产品转厂生产时；

b) 当设计、材料、电气元件、工艺有较大改变，可能影响产品性能时；

c) 停产一年以上，再恢复生产时。

9.3.2 型式试验项目见表24。

10 产品验收规则、标志及包装、运输和保管

10.1 电缆验收规则、成品电缆标志及电缆包装、运输和保管

若合同无特殊规定，电缆产品验收、成品电缆标志及电缆包装、运输和保管应符合附录G的规定。

10.2 电缆附件标志、包装、运输、贮存

10.2.1 附件用主要材料和部件均应标出牌号、名称、厂名、生产日期，并附有合格证，或验收标记，有贮存期限的材料应注明生产日期和有效日期。

10.2.2 主要部件、润滑剂、清洗剂等均应密封包装，部件包装内应附有电缆绝缘外径适用范围、生产日期和有效日期，每套电缆附件的部件和材料应以专用包装箱包装，包装箱内应附有材料清单、产品合格证及安装工艺说明书。

10.2.3 包装箱上应注明：

a) 制造厂厂名；

b) 产品型号、名称、产品标准号；

c) 额定电压；

d) 导体材料、截面和芯数；

e） 生产日期；

f） 包装箱尺寸；

g） 毛重。

10.2.4 产品在运输中应防止重压和猛烈碰撞。

产品贮存时应避免接触热源，贮存处应有防火措施、干燥通风，贮存期不应超过相应配套材料和配套件的有效日期。

附 录 A
(规范性附录)
确定护层尺寸的假设计算方法

A.1 概述

采用下述规定的电缆各种护层厚度的假设计算方法,是为了保证消除在单独计算中引起的任何差异,例如由于导体尺寸的假设以及标称直径和实际直径之间不可避免的差异。

所有厚度值和直径都应按附录C中的规则修约到一位小数。

扎带,例如反向螺旋绕包在铠装外的扎带,如果不厚于0.3 mm,在此方法中忽略。

A.2 方法

A.2.1 导体

不考虑形状和紧压程度如何,每一标称截面导体的假设直径(d_L)由表A.1给出。

表 A.1 导体的假设直径

导体标称截面 mm²	导体的假设直径 d_L mm
120	12.4
150	13.8
185	15.3
240	17.5
300	19.5
400	22.6
500	25.2
630	28.3
800	31.9
1 000	35.7

A.2.2 绝缘线芯

任何绝缘线芯的假设直径 D_C 按公式(A.1):

$$D_C = d_L + 2t_i \qquad \text{(A.1)}$$

式中:

t_i——绝缘的标称厚度,单位为毫米(mm)(见表5到表6)。

A.2.3 防水层

防水层的直径(D_f)应按公式(A.2)计算:

$$D_f = D_c + 2t_f + 2t_l \qquad \text{(A.2)}$$

式中：

t_f——铝塑带的标称厚度；单位为毫米(mm)(见 5.4.2)；

t_l——聚乙烯的标称厚度，单位为毫米(mm)(见 5.4.2)。

A.2.4 隔火层

隔火层的直径(D_B)应按公式(A.3)计算：

$$D_B = D_f + 2t_B \qquad \text{(A.3)}$$

式中：

t_B——隔火层的标称厚度；单位为毫米(mm)(见 5.5)

A.2.5 铠装

铠装外的假设直径(D_x)应按公式(A.4)、(A.5)计算：

圆金属丝编织铠装

$$D_x = D_A + 4t_A \qquad \text{(A.4)}$$

式中：

D_A——铠装前直径，单位为毫米(mm)；

t_A——铠装金属丝的直径或厚度，单位为毫米(mm)；

金属带铠装

$$D_x = D_A + 2t_A \qquad \text{(A.5)}$$

式中：

D_A——铠装前直径，单位为毫米(mm)；

t_A——铠装带厚度，单位为毫米(mm)。

附　录　B
（规范性附录）
代号和产品表示方法

B.1　代号

系列代号:GD

导体代号

铜导体 ……………………………………………………………………… (T)省略

绝缘代号

交联聚乙烯绝缘 ……………………………………………………………… YJ

乙丙橡胶绝缘 ………………………………………………………………… E

硬乙丙橡胶绝缘 ……………………………………………………………… HE

护套代号

热塑性护套 …………………………………………………………………… Y

热固性护套 …………………………………………………………………… G

铝塑综合护层聚乙烯护套 …………………………………………………… A

铠装代号

铜丝铠装……………………………………………………………………… 8

铜带铠装……………………………………………………………………… 3

铝带铠装……………………………………………………………………… 6

外护套代号

热塑性外护套………………………………………………………………… 3

热固性外护套………………………………………………………………… 4

B.2　产品表示方法

产品用型号(型号中有数字代号的电缆外护层,数字前的文字代号表示内护层)、规格(额定电压、芯数、标称截面)及标准编号表示。

B.3　产品型号组成

产品型号的组成和排列顺序如下:

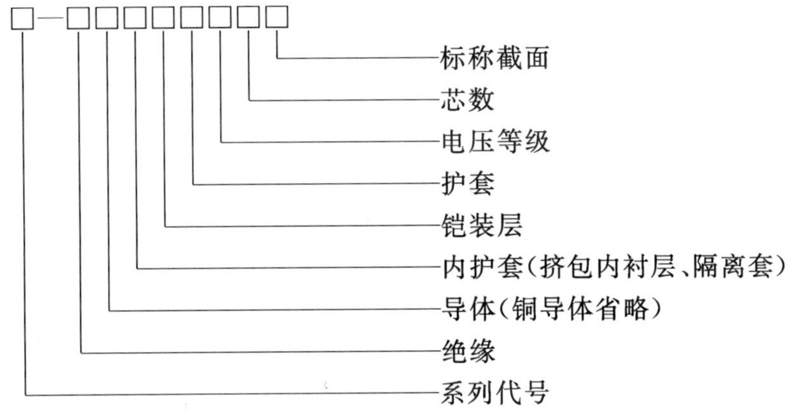

B.4 产品表示示例

示例:城市轨道交通用铜芯交联聚乙烯绝缘铜带铠装聚烯烃护套直流牵引电力电缆,额定电压为750 V,单芯,标称截面400 mm^2 表示为:

GD-YJY33 750V 1×400 GB/T 28429—2012;

附　录　C
（规范性附录）
数 值 修 约

C.1　假设计算法的数值修约

在按附录A计算假设直径和确定单元尺寸而对数值进行修约时，采用下述规则。

当任何阶段的计算值小数点后多于一位数时，数值应修约到一位小数，即精确到0.1 mm每一阶段的假设直径数值应修约到0.1 mm，当用来确定包覆层厚度和直径时，在用到相应的公式表中去之前应先进行修约，按附录A要求从修约后的假设直径计算出的厚度应依次修约到0.1 mm。

用下述实例来说明这些规则：

a）修约前数据的第二位小数为0、1、2、3、或4时则小数点后第一位保持不变（舍弃）。

例如：

2.12≈2.1

2.449≈2.4

25.0478≈25.0

b）修约前数据的第二位小数为9、8、7、6或5时则小数点后第一位小数应增加1（进一）。

例如：

2.17≈2.2

2.453≈2.5

30.050≈30.1

C.2　用作其他目的的数值修约

除C.1考虑的用途外，有可能有些数值要修约到多于一位小数，例如计算几次测量的平均值，或标称值加上一个百分率偏差以后的最小值。在这些情况下，应按有关条文修约到小数点后面的规定位数。这时，修约的方法为：

a）如果修约前应保留的最后数值后一位数为0、1、2、3或4时，则最后数值应保持不变（舍弃）。

b）如果修约前应保留的最后数值后一位数为9、8、7、6或5时，则最后数值加1（进）。

例如：

2.449≈2.45　修约到二位小数；

2.449≈2.4　修约到一位小数；

25.047 8≈25.048　修约到三位小数；

25.047 8≈25.05　修约到二位小数；

25.047 8≈25.0　修约到一位小数。

附 录 D
（规范性附录）
浸水循环试验

D.1 试验布置

试验布置如图 D.1 和图 D.2。

单位为米

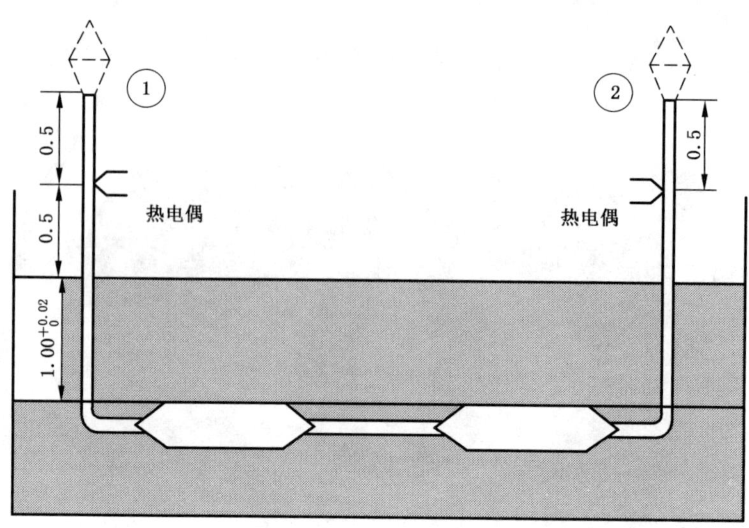

图 D.1

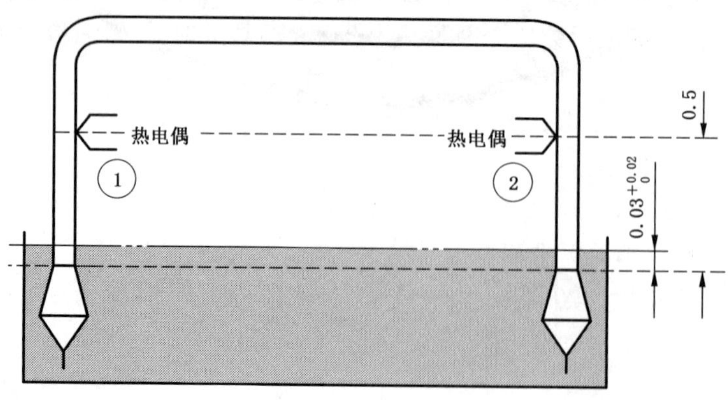

图 D.2

D.2 试验方法

在导体上施加电流使用导体温度在 1 h 内达到正常运行温度以上 5 ℃～10 ℃，保持该温度 1 h 后，冷却 2 h 作为一次循环。重复以上步骤，进行 20 次循环。

循环结束后，试样应通过直流耐压试验，试验要求如下：

750 V 电缆附件：4.5 kV，5 min；

1 500 V 电缆附件：9 kV，5 min。

附 录 E
（规范性附录）
机械冲击试验产品安装条件

E.1 试验装置

试验装置如图E.1所示，撞击块用钢制成，支撑架两侧有保证撞击块按规定方向自由降落的导轨，支撑架顶端装有起吊撞击块的滑轮。

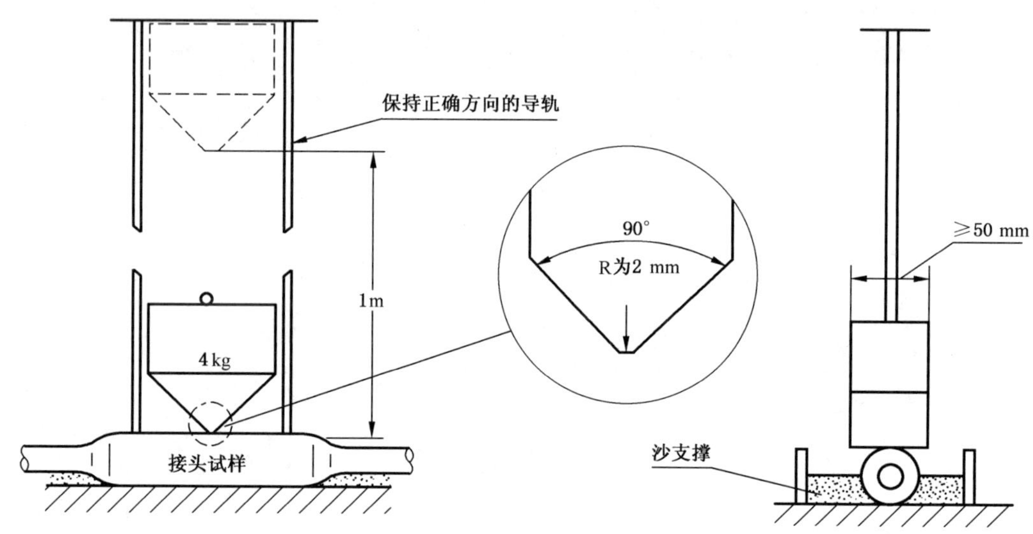

图 E.1 附件机械撞击试验装置

E.2 试验方法

E.2.1 撞击之前应测量导体与金属屏蔽之间的绝缘电阻，直流试验电压应为100 V到1 000 V，施加足够长时间（不少于1 min和不多于5 min），以达到适当稳定后测量。

E.2.2 按图E.1所示将被试附件安放在坚硬的基础（如水泥板）上，固定试样两端电缆，周围填沙，沙填到被试附件的水平中心线，确保试验过程中试样不致滚动。

E.2.3 提升撞击块到规定高度1 m。

E.2.4 让撞击块自由降落到被试附件上，在降落过程中使撞击块下部刀口保持水平，并与被试附件轴线成直角。在附件的每个末端撞击一次，导体连接金具部位上面撞击一次。在附件末端撞击时，应在外护套切断处。

E.2.5 撞击试验以后，附件应浸在环境温度下的水中最少3 h，附件的上表面离水面1.00 m。按上述再次测量导体与金属屏蔽之间和金属屏蔽与水之间的绝缘电阻。

E.3 试验结果评定

经撞击试验后试样应无破裂和明显变形，密封保护层应无损坏或穿透，绝缘电阻无明显变化。

附 录 F
（资料性附录）
电缆敷设时的环境温度

对于交联聚乙烯绝缘热塑性护套电缆，敷设时的环境温度不宜低于 0 ℃。对于 EPR 或 HEPR 绝缘热固性护套电缆，敷设时的环境温度不宜低于－15 ℃。

F.1 电缆敷设时的最小弯曲半径

电缆敷设时的最小允许弯曲半径见表 F.1。

表 F.1 电缆敷设时的最小弯曲半径

项 目	单芯 1、2 类导体电缆	单芯 5、6 类导体电缆
敷设时的电缆最小弯曲半径	20*D*（交联聚乙烯绝缘热塑性护套电缆）	6*D*(EPR 或 HEPR 绝缘热固性护套电缆)
注：*D* 为电缆外径。		

附 录 G
（规范性附录）
产品验收规则、成品电缆标志及电缆包装、运输和保管

G.1 验收规则

G.1.1 产品应由制造方的质量检验部门检验合格方可出厂。每个出厂的包装件上应附有产品质量检验合格证。

G.1.2 产品应按本标准规定的试验项目进行试验验收。

G.2 成品电缆标志

成品电缆的护套表面应有制造厂名称、产品型号及额定电压的连续标志，标志应字迹清楚、容易辨认、耐擦。

成品电缆标志应符合 GB/T 6995.3—2008 规定。

G.3 电缆包装、运输和保管

G.3.1 电缆应妥善包装在符合 JB/T 8137.1—1999 规定要求的电缆盘上交货。

电缆端头应可靠密封，伸出盘外的电缆端头应加保护保护罩，伸出的长度不应小于 300 mm。

质量不超过 80 kg 的短段电缆，可以成圈包装。

G.3.2 成盘电缆的电缆盘外侧的及成圈电缆的附加标签应标明：

a) 制造厂名称或商标；
b) 电缆型号和规格；
c) 长度，m；
d) 毛重，kg；
e) 制造日期：年　月；
f) 表示电缆盘正确滚动方向的符号；
g) 本标准编号。

G.3.3 运输和保管应符合下列要求：

a) 电缆应避免在露天存放，电缆盘不允许平放；
b) 运输中严禁从高处扔下装有电缆的电缆盘，严禁机械损伤电缆；
c) 吊装包装件时，严禁几盘同时吊装。在车辆、船舶等运输工具上，电缆盘必须放稳，并用合适方法固定，防止互撞或翻倒。

参 考 文 献

[1] IEC 60502-1:2004《额定电压 1 kV(U_m=1.2 kV)到 30 kV(U_m=36 kV)挤包绝缘电力电缆及其附件　第1部分:额定电压 1 kV(U_m=1.2 kV)和 3 kV(U_m=3.6 kV)电缆》第2版(英文版)(Power cables with extruded insulation and their accessories for rated voltages from 1 kV(U＜(Index)m＞=1.2 kV)up to 30 kV (U＜(Index)m＞=36 kV)—Part 1:Cables for rated voltages of 1 kV(U＜(Index)m＞=1.2 kV)and 3 kV(U＜(Index)m＞=3.6 kV))

ICS 29.060.20
K 13

中华人民共和国国家标准

GB/T 32346.1—2015

额定电压 220 kV(U_m=252 kV)交联聚乙烯绝缘大长度交流海底电缆及附件 第1部分:试验方法和要求

Long AC submarine cables with cross-linked polyethylene insulation and their accessories for rated voltage of 220 kV(U_m=252 kV)—Part 1: Test methods and requirements

2015-12-31 发布 2016-07-01 实施

中华人民共和国国家质量监督检验检疫总局
中国国家标准化管理委员会 发布

前　言

GB/T 32346《额定电压 220 kV(U_m=252 kV)交联聚乙烯绝缘大长度交流海底电缆及附件》分为三个部分：

——第 1 部分：试验方法和要求；

——第 2 部分：大长度交流海底电缆；

——第 3 部分：海底电缆附件。

本部分为 GB/T 32346 的第 1 部分。

本部分按照 GB/T 1.1—2009 给出的规则起草。

本部分由中国电器工业协会提出。

本部分由全国电线电缆标准化技术委员会(SAC/TC 213)归口。

本部分起草单位：上海电缆研究所、宁波东方电缆股份有限公司、中天科技海缆有限公司、江苏亨通高压电缆有限公司、国家电线电缆质量监督检验中心、福建永福工程顾问有限公司、青岛汉缆股份有限公司、中国电力科学研究院、上海上缆藤仓电缆有限公司、广州岭南电缆股份有限公司、中国电建集团华东勘测设计研究院有限公司、上海三原电缆附件有限公司。

本部分主要起草人：应启良、叶信红、张建民、潘文林、吴长顺、邱国华、陈沛云、饶文斌、过涵竹、邓声华、杨建军、徐操。

额定电压 220 kV(U_m=252 kV)交联聚乙烯绝缘大长度交流海底电缆及附件 第1部分:试验方法和要求

1 范围

GB/T 32346 的本部分规定了额定电压 220 kV(U_m=252 kV)交联聚乙烯绝缘大长度交流海底电缆及其附件的试验方法和要求。

注:符合本部分规定并按本部分试验方法和要求检验合格的大长度海底电缆及附件的认可范围可以覆盖相对于3.7 大长度定义长度较短的海底电缆。

本部分适用于安装在海底的 220 kV 单芯和三芯交联聚乙烯绝缘海底电缆和光纤复合交联聚乙烯绝缘海底电缆;也适用于工厂接头(软接头)、修理接头、海底电缆与陆上电缆间过渡接头和终端等海底电缆附件。

本部分不适用于特殊应用场合如海上浮动平台的动态电缆的试验。这种动态电缆受到另一种机械应力,因此不包括在本部分适用范围以内。

2 规范性引用文件

下列文件对于本文件的应用是必不可少的。凡是注日期的引用文件,仅注日期的版本适用于本文件。凡是不注日期的引用文件,其最新版本(包括所有的修改单)适用于本文件。

GB/T 2951.11—2008 电缆和光缆绝缘和护套材料通用试验方法 第11部分:通用试验方法——厚度和外形尺寸测量——机械性能试验

GB/T 2951.12—2008 电缆和光缆绝缘和护套材料通用试验方法 第12部分:通用试验方法——热老化试验方法

GB/T 2951.21—2008 电缆和光缆绝缘和护套材料通用试验方法 第21部分:弹性体混合料专用试验方法——耐臭氧试验——热延伸试验——浸矿物油试验

GB/T 2951.31—2008 电缆和光缆绝缘和护套材料通用试验方法 第31部分:聚氯乙烯混合料专用试验方法——高温压力试验——抗开裂试验

GB/T 3048.12 电线电缆电性能试验方法 第12部分:局部放电试验

GB/T 3048.13 电线电缆电性能试验方法 第13部分:冲击电压试验

GB/T 3956 电缆的导体

GB/T 16927.1 高电压试验技术 第1部分:一般定义及试验要求

GB/T 18890.1—2015 额定电压 220 kV(U_m=252 kV)交联聚乙烯绝缘电力电缆及其附件 第1部分:试验方法和要求

GB/T 32346.2—2015 额定电压 220 kV(U_m=252 kV)交联聚乙烯绝缘大长度交流海底电缆及附件 第2部分:大长度交流海底电缆

GB/T 32346.3—2015 额定电压 220 kV(U_m=252 kV)交联聚乙烯绝缘大长度交流海底电缆及附件 第3部分:海底电缆附件

JB/T 10181.11—2014 电缆载流量计算 第11部分:载流量公式(100%负荷因数)和损耗计算 一般规定

3 术语和定义

下列术语和定义适用于本文件。

3.1

工厂接头(软接头)　factory joint(flexible joint)

在户内条件下制作的制造长度电缆间的接头。这种接头通常用于交货长度大于制造长度的情况。工厂接头通常无铠装。工厂接头完成制作后,电缆连同工厂接头一起进行连续的铠装。工厂接头延伸范围为金属套焊接处加上两边电缆各1 m。

3.2

现场接头(安装接头)　field joint(installation joint)

在已经铠装的电缆间,置于电缆敷设船或驳船的甲板上或在海滩区制作的接头。现场接头通常用于连接两根近海的交货长度电缆。现场接头的设计原则通常与修理接头相同,处理亦相同。

3.3

修理接头　repair joint

在已经铠装电缆之间的接头。修理接头通常用于修复损伤的海底电缆或连接两根近海或在厂内的交货长度电缆。根据需要,修理接头亦可以用作电缆系统的现场接头。

修理接头长度定义为接头两边铠装丝连接处外加上电缆各1 m。

3.4

接头的内部设计　internal design of joint

以传输电流、控制和承受电场强度、形成接头电气屏蔽、防护接头绝缘系统免受水分侵入作为刚性或柔性,单芯或三芯电缆接头的电气功能设计原则的设计为接头的内部设计。

3.5

接头的外部设计　external design of joint

以耐受周围环境影响、承受敷设和运行时的机械弯曲、机械张力和扭转作为刚性或柔性、单芯或三芯电缆接头的机械功能设计原则的设计为接头的外部设计。

3.6

海缆与陆缆的过渡接头　sea and land transition joint

术语"过渡接头"通常意义为连接不同绝缘类型电缆的接头。本部分中此术语定义为连接两根均为挤包绝缘但有设计差异的海缆与陆缆(例如导体的截面、结构或材质不同)间的接头。

注:过渡接头井通常位于海岸线或靠近海岸线。

3.7

大长度　long length

海底电缆交货长度会超过一百公里,超过单个电缆运输盘的容量。通常要从工厂生产线直接输送到大型转盘或电缆敷设船上。

注:本部分此术语的含义指电缆长度为:

——包含一个或多个工厂接头的电缆交货长度;或者

——电缆交货长度过长,因电气特性不能用厂内或现场试验设备严格按照相应标准进行电压试验和局部放电试验的电缆交货长度;或者

——不能用单个电缆运输盘将电缆从工厂运送到具有适当的试验装置场所的电缆交货长度。

3.8

制造长度　manufactured length

一次连续挤出的电缆长度或其部分长度。一般不含任何工厂接头,但当制作制造长度电缆过程(如

挤包铅套)中发生意外必须切断电缆并采用工厂接头接续电缆时,制造长度电缆可含工厂接头。制造长度电缆通常无铠装但亦可有铠装。

3.9

交货长度　delivery length

交货长度可以是一根制造长度电缆或用工厂接头相连接的多根制造长度电缆。典型的交货长度为海缆的发运长度。

3.10

例行试验　routine tests

由制造商在部件(所有制造长度电缆或所有附件)上进行的试验,以检验其是否满足规定的要求。

3.11

抽样试验　sample tests

由制造商按规定的频度在成品电缆或取自成品电缆或附件的部件的试样上进行的试验,以验证成品电缆或附件是否满足规定的要求。

3.12

型式试验　type tests

按一般工业生产基础上供应对本部分所包含的一种型式海底电缆系统之前所进行作的试验,以证明其具有满足预期使用条件的良好性能。除非电缆或附件材料、设计或制造工艺改变可能改变其性能特性,试验一旦成功通过,试验不需重复进行。

3.13

预鉴定试验　prequalification test

在一般工业生产基础上供应本部分所包含的一种型式的海底电缆系统之前进行的试验,以证明该完整电缆系统具有满意的长期运行性能。除非该电缆系统的材料、制造工艺、设计和设计水平有实质性的改变,预鉴定试验只需进行一次。

注:实质性的改变定义为对电缆可能产生有害影响的改变。供应方应提供详细的例证,包括试验证明以表明如果有变更不会构成实质性的改变。

3.14

预鉴定扩展试验　tests for extension of prequalification

在一般工业生产基础上供应本部分所包含的一种型式的海底电缆系统之前,系统电缆和附件已经分别通过预鉴定试验,为验证该完整电缆系统具有满意的长期运行性能所进行的试验。

3.15

工厂验收试验　factory acceptance test

制造商对成品电缆所作的试验以检验证实每根电缆均符合规定要求。这些试验通常有用户在场时进行。

3.16

安装后电气试验　electrical tests after installation

电缆系统安装完成时为证明其完好所进行的试验。

3.17

海底电缆系统　submarine cable system

海底电缆系统包含海底电缆、终端和各种不同的接头。

4　试验条件

4.1　环境温度

除非特殊试验另有详细规定,试验应在环境温度(20±15)℃下进行。

4.2 工频试验电压的频率和波形

除非本部分另有指定,工频试验电压频率应为 49 Hz~61 Hz。波形应基本是正弦形。电压值以均方根值(r.m.s.)表示。

4.3 雷电冲击试验电压波形

按照 GB/T 3048.13,标准雷电冲击电压波的波前时间应为 1 μs~5 μs,按照 GB/T 16927.1,半波峰时间应为(50±10)μs。

4.4 试验电压与额定电压的关系

本部分规定的试验电压用额定电压 U_0 的倍数表示,为确定试验电压的 U_0 值为 127 kV,试验电压应按表 1 规定。

表 1 试验电压

1	2	3	4	5	6	7	8	9	10
额定电压 U	设备最高电压 U_m	用于确定试验电压的 U_0 值	电压试验 2.5 U_0 (30 min)	局部放电试验 1.5 U_0	tanδ 试验 U_0	热循环电压试验 2 U_0	雷电冲击电压试验	雷电冲击电压试验后电压试验 2 U_0	安装后电压试验 (60 min)
kV	kV	kV	kV	kV	kV	kV	kV	kV	kV
220	252	127	318	190	127	254	1 050	254	180

5 电缆的特性和主要设计参数

为实施和记录本部分所述电缆系统的试验,应确知或申明以下电缆的特性:

a) 金属铠装的材料和结构,如铠装丝数量和直径;
b) 电缆设计敷设水深和电缆安装时最大张力;
c) 阻止导体和金属屏蔽或金属套下纵向透水的方法;
d) 导体最高设计工作温度;
e) 卷绕能力,包括卷绕试验参数;
f) 额定电压,应给出 4.4 中的 U_0、U 和 U_m 的值;
g) 导体类型、材料和标称截面积和导体结构;
h) 绝缘材料和标称厚度;
i) 绝缘的制造工艺;
j) 金属套材料和标称厚度;
k) 外护套材料和标称厚度;
l) 导体标称直径;
m) 电缆标称直径;
n) 绝缘的标称内径和外径;
o) 导体与金属屏蔽或金属套间的标称电容值;
p) 计算的导体屏蔽上的标称电场强度(E_i)和绝缘屏蔽上的标称电场强度(E_o)。

6 例行试验

6.1 制造长度电缆例行试验

6.1.1 局部放电试验

应按 GB/T 3048.12 进行局部放电试验。要求测试灵敏度为 10 pC 或 优于 10 pC。

试验电压逐步上升至 222 kV（1.75 U_0），保持 10 s，然后缓慢地下降至 190 kV（1.5 U_0）。在 190 kV 下，制造长度电缆应无超过申明灵敏度的可检出的放电。

假如制造长度电缆相对较短，局部放电测试灵敏度可以达到 10 pC 或优于 10 pC，则可在每根制造长度电缆上进行局部放电测试。

假如制造长度电缆的长度很长，局部放电脉冲衰减很大而使局部放电测试灵敏度达不到上述要求，制造长度电缆应按 7.1.12 电缆抽样试验的局部放电试验程序进行局部放电试验。

6.1.2 电压试验

按 4.1 规定的环境温度和 4.2 规定的工频试验电压的频率和波形，将试验电压逐步升高至 318 kV（2.5 U_0），保持 30 min。制造长度电缆绝缘应不发生击穿。

如因电缆长度太长而无法采用工频电压试验，允许对制造长度电缆采用频率不低于 10 Hz 交流电压进行例行试验。

6.2 工厂接头例行试验

6.2.1 局部放电试验

推荐采用局部放电试验作为每个工厂接头的例行试验。试验方法在考虑中。局部放电试验灵敏度应为 5 pC 或优于 5 pC。工厂接头应在包覆外半导电屏蔽后即进行局部放电检测。在试验电压 190 kV（1.5 U_0）下，应无超过申明的灵敏度的可检出的放电。

如果由于试验现场例如环境噪音等实际原因而不能进行工厂接头的局部放电检测，在制造商和用户协议下，可以采用如超声波测量等方法或质量管理程序替代局部放电试验。

6.2.2 电压试验

所有工厂接头在成品电缆交货时还要经受 6.3.2 交流电压试验。但工厂接头在接头制作后直接进行交流电压试验可以避免后续生产的成品电缆因所含工厂接头在试验时万一击穿而造成时间的延误。试验电压为 318 kV（2.5 U_0），保持时间 30 min。工厂接头应不发生击穿。

6.2.3 X 射线检验

6.2.3.1 工厂接头恢复绝缘 X 射线检验

推荐使用 X 射线检验恢复绝缘界面质量和可能存在的金属杂质的状况，以表明工厂接头质量完好。

注：试验方法和要求在考虑中。

6.2.3.2 工厂接头导体焊接的 X 射线检验

推荐对每个工厂接头的导体焊接进行 X 射线检验，以表明焊接质量完好。

注：试验方法和要求在考虑中。

6.3 交货电缆例行试验

6.3.1 概述

本项试验为交货电缆的工厂验收试验(FAT)。如果电缆装运前电缆上已安装固定的机械装置(如锚固装置),则工厂验收试验应在安装此固定的机械装置后进行。

6.3.2 电压试验

每根交货电缆应经受 318 kV (2.5 U_0), 30 min 频率不低于 10 Hz 的交流电压试验。如果成品交货电缆长度太长而无法进行例行试验,可经制造商与用户协议,降低试验电压并延长试验时间进行试验。

6.3.3 局部放电试验

如果交货电缆长度相对较短且工厂物流条件允许,可以对每根交货电缆进行局部放电试验。交货长度电缆按 6.1.1 规定的施加电压方法和灵敏度要求以及 GB/T 3048.12 长电缆局部放电试验程序进行局部放电试验。

6.4 修理接头例行试验

6.4.1 概述

如果刚性修理接头的主绝缘为预制绝缘件,这些预制绝缘件可以在接头安装前经受例行试验。经制造商与用户协议,可以采用模拟附件试验装置对预制绝缘件进行例行试验。试验时要求预制绝缘件所受电场强度与实际电场强度相同。试验要求按 6.4.2 和 6.4.3。

对于软接头型修理接头,推荐采用 6.2.1 局部放电试验进行修理接头试验。如果由于试验现场例如环境噪音等实际原因而不能进行接头的局部放电检测,在制造商和用户协议下,可以采用如超声波测量等方法或质量管理程序替代局部放电试验。

6.4.2 预制绝缘件局部放电试验

局部放电试验灵敏度应为 5 pC 或优于 5 pC,在试验电压 190 kV (1.5 U_0)下应无超过申明的灵敏度的可检出的放电。

6.4.3 预制绝缘件电压试验

试验电压为 318 kV (2.5 U_0),保持 30 min,预制绝缘件应不发生击穿。

6.5 终端例行试验

假如终端由预制绝缘件构成,这些预制绝缘件可以在终端安装前经受例行试验,经制造商与用户协议,可采用模拟附件试验装置对预制绝缘件进行例行试验作为终端例行试验。试验要求预制绝缘件所受电场强度与实际电场强度相同。假如终端不是预制绝缘件结构,应由制造商和用户协议,采用实际可行的方法检验终端的质量。

预制绝缘件的试验要求按 6.4.2 和 6.4.3。

6.6 过渡接头例行试验

如果过渡接头由预制绝缘件构成,这些预制绝缘件可以在接头安装前经受例行试验,经制造商与用户协议,可采用模拟附件试验装置对预制绝缘件进行例行试验作为过渡接头的例行试验。试验要求预制绝缘件所受电场强度与实际电场强度相同。

预制绝缘件的试验要求按 6.4.2 和 6.4.3。

7 抽样试验

7.1 电缆抽样试验

7.1.1 概述

应从代表生产线制造的电缆上取样进行抽样试验。其中 7.1.4～7.1.13 应从绝缘线芯或成品电缆上取样进行试验。

7.1.2 试验频度

试验项目 7.1.4～7.1.11 及 7.1.14 应从每一次挤出电缆的一个试样上进行试验。试验项目 7.1.12 和 7.1.13 应从每次挤出电缆的首端和末端取试样(两个试样)进行试验。试验项目 7.1.15 应从交货电缆取一个试样进行检验。假如经制造商与用户协议同意短段电缆能做局部放电试验,试样数可以减少。

7.1.3 复试规定

如果任何一段选作试验的试样未通过抽样试验规定的任何一项试验,应以相同工艺条件制作两根与未通过试验的电缆相同的一次挤出的电缆上分别取一个试样,就原先未通过的项目进行试验。如果加试的试样都通过试验,则该电缆应认为符合本部分要求。如果任何一个试样未通过试验,则应判该电缆为不合格。

7.1.4 导体检验

应采用实际可行的检测方法检验导体是否符合 GB/T 3956。

7.1.5 成品电缆导体电阻和金属套电阻测量

整根电缆或电缆试样在试验前应置于温度适当稳定的试验室内至少 12 h。如怀疑导体或金属套温度与试验室温度不同,则电缆应放在试验室内 24 h 后再测量电阻。或者可将导体或金属套试样放置在可控温的恒温槽内至少 1 h 后再测量电阻。

应根据 GB/T 3956 中公式和系数,将导体或金属套的直流电阻校正到温度为 20 ℃时 1 km 的数值。20 ℃下导体的直流电阻应不超过 GB/T 3956 规定的相应最大值。金属套如铅套的电阻温度系数应按 JB/T 10181.11—2014 表 1 所示的电阻率和温度系数来确定。

7.1.6 绝缘和电缆外护套厚度测量

7.1.6.1 概述

试验方法应按 GB/T 2951.11—2008 的规定。

应从每根选作试验的电缆的一端(如果必需)截除任何可能受到损伤的部分后,切取一段代表被试电缆的试样。

7.1.6.2 绝缘要求

最小测量厚度不应小于标称厚度的 90%,见式(1):

$$t_{min} \geqslant 0.90 t_n \qquad (1)$$

以及,由式(2)定义的绝缘的偏心度不应大于 8%:

$$\frac{t_{\max}-t_{\min}}{t_{\max}} \leqslant 0.08 \qquad \cdots\cdots (2)$$

式中：

$t_{\max}$——最大厚度，单位为毫米(mm)；

$t_{\min}$——最小厚度，单位为毫米(mm)；

t_n ——标称厚度，单位为毫米(mm)。

注：其中 $t_{\max}$和 $t_{\min}$为绝缘同一截面上的测量值。

导体和绝缘上的半导电屏蔽层厚度不应包含在绝缘厚度内。

7.1.6.3 对电缆外护套的要求

外护套厚度的最小测量值加上 0.1 mm 后，不应小于标称厚度的 85%，见式(3)：

$$t_{\min} \geqslant 0.85t_n - 0.1 \qquad \cdots\cdots (3)$$

式中：

$t_{\min}$——最小厚度，单位为毫米(mm)；

t_n ——标称厚度，单位为毫米(mm)。

此外，包覆在基本光滑表面上的外护套，其测量值的平均值(mm)按附录 B 修约至一位小数，不应小于标称厚度。

7.1.7 金属套厚度测量

7.1.7.1 概述

海底电缆金属套采用铅和铅合金套。

以下试验适用于铅和铅合金套厚度测量。

铅或铅合金套的最小厚度应不小于标称厚度的 95%－0.1 mm ，见式(4)。

$$t_{\min} \geqslant 0.95t_n - 0.1 \qquad \cdots\cdots (4)$$

式中：

$t_{\min}$——最小厚度，单位为毫米(mm)；

t_n ——标称厚度，单位为毫米(mm)。

由制造方确定采用下述的一个方法测量铅套厚度。

7.1.7.2 窄条法

应采用测微计进行测量，测微计的两个平面的直径为 4 mm～8 mm，测量精度为±0.01 mm。

应从成品电缆取出一段长约 50 mm 的铅套试件进行测量。应将试件沿纵向剖开，并小心地展平。在试件作清洁处理后，应沿铅套圆周，在距展平的铅片边缘不小于 10 mm 处作足够多点的测量，以确保测得最小厚度。

7.1.7.3 圆环法

应采用测微计进行测量，测微计的一个测量头为平面，另一测量头为球面，或一个测量头为平面，另一测量头为宽 0.8 mm、长 2.4 mm 的矩形面。球面测量头或矩形平面测量头应置于圆环内侧。测微头的精度为±0.01 mm。

应从试样小心地切下圆环进行测量。应沿圆形四周足够多点上测量厚度以确保测得最小厚度。

7.1.8 铠装金属丝的测量

7.1.8.1 测量方法

使用具有两个平面测量头准确度为±0.01 mm 的测微计来测量圆铠装金属丝直径和扁铠装金属丝的厚度。圆铠装金属丝测量应在同一截面上两个互成直角的位置上个测一次，取两次测量平均值作为金属丝的直径。

7.1.8.2 要求

铠装金属尺寸低于 GB/T 32346.2—2015 中规定的标称尺寸的量值应不超过：

——圆金属丝 ：5%；

——扁金属丝 ：8%。

7.1.9 直径测量

如果用户要求测量绝缘线芯和(或)电缆外径，测量应按 GB/T 2951.11—2008 中的 8.3 进行。

7.1.10 交联聚乙烯绝缘热延伸试验

取样和试验方法应按照 GB/T 2951.21—2008，并采用表 2 给出的试验条件进行试验。

应按所采用的交联工艺，在认为交联度最低的绝缘部分制取试片。

表 2 电缆 XLPE 绝缘混合料的热延伸试验要求

序号	试验项目和试验条件	单位	性能要求
1	热延伸试验(GB/T 2951.21—2008 的第 9 章)		
	处理条件：空气烘箱温度	℃	200
	温度偏差	K	±3
	负荷时间	min	15
	机械应力	N/cm^2	20
1.1	负荷下最大伸长率	%	175
1.2	冷却后最大永久伸长率	%	15

7.1.11 电容测量

应测量导体和金属屏蔽和(或)金属套间的电容。

测量值应不超过制造方申明的标称值的 8%。

7.1.12 局部放电试验

如果未经 6.1.1 例行试验的局部放电试验，则应从挤出电缆首端和末端取至少 10 m 长试样进行局部放电试验。

试验要求同 6.1.1。

7.1.13 雷电冲击电压试验

如果在一个试样上试验，雷电冲击电压试验应在经局部放电试验同一试样上进行。

应在导体温度 95 ℃～100 ℃下对电缆试样进行试验。应按 GB/T 3048.13 规定的方法对试样施加雷电冲击试验电压 1 050 kV。试样应耐受正负极性各 10 次雷电冲击电压而不发生绝缘击穿。

7.1.14 导体屏蔽、绝缘屏蔽和半导电外护套电阻率测量

7.1.14.1 试样

应从未经处理或运行的电缆绝缘芯取试样进行导体屏蔽、绝缘屏蔽和半导电外护套电阻率测量。

7.1.14.2 试验方法

试验方法应按附录 A。

7.1.14.3 要求

导体屏蔽、绝缘屏蔽的半导电体积电阻率，在(90±2)℃ 温度范围内测量值应不超过以下值：

——导体屏蔽：1 000 Ω · m；

——绝缘屏蔽：500 Ω · m。

半导电护套体积电阻率，在(80±2)℃ 温度范围内测量值应不超过 1 000 Ω · m。

7.1.15 成品电缆检验

长度大于金属丝铠装节距的成品电缆试样应经目测检验以确认制造过程并未造成任何有害的缺陷。电缆绝缘芯应无有害的压痕。屏蔽或铠装丝无跳线及灯笼状鼓起的缺陷。

应计数每层铠装的铠装丝数量并确定符合设计要求。在计算总截面积前，应测量每层 5 根铠装丝(圆线或扁线)的直径及其平均截面积。铠装的总截面积应不小于申明值。应测量各铠装层的节距并确认在申明值的允许偏差±10%以内。

7.2 工厂接头抽样试验

7.2.1 概述

对海底电缆系统，推荐按 6.2 所述对每根制造长度电缆和每个工厂接头进行局部放电例行试验，因为例行试验可检验整个海底电缆的质量。下述 7.2.2～7.2.5 的抽样试验要在开始制作接头前仅对一个电缆芯的接头进行试验。电缆试样长度至少 10 m，并制备工厂接头试样进行试验。假如按合同要求特定的工厂接头要作型式试验，此抽样试验可以免除。

注：本条规定工厂接头的抽样试验是在开始制作接头前用以检验按工厂接头的设计、材料和工艺所制作的工厂接头样品性能的试验。有别于一般意义上的对批量生产产品的抽样试验。

7.2.2 局部放电试验和交流电压试验

在恢复外半导电层和金属接地导体或金属套后，即可按 6.3.2 和 6.3.3 进行局部放电试验和交流电压试验。局部放电测试灵敏度为 5 pC 或优于 5 pC。

7.2.3 雷电冲击电压试验

按 7.1.13 进行。

7.2.4 交联聚乙烯绝缘热延伸试验

按 7.1.10 进行。

7.2.5 导体接头拉力试验

应按制造商规范进行导体接头拉力试验。导体接头拉断力要求及试验方法见 GB/T 32346.3—

2015 中 6.11。此项试验可在分开的导体试样上进行。

7.2.6 试验合格准则

假如工厂接头未通过上述任何一项试验，应取两个加试的工厂接头试样。均通过试验才认为试验合格。

7.3 修理接头和终端的抽样试验

抽样试验不适用于海底电缆系统的修理接头和终端。

8 海底电缆系统型式试验

8.1 概述

本章规定的试验目的为表明海底电缆系统具有符合预期使用条件的满意性能。

如果在热循环电压试验或雷电冲击试验过程中，试验中断或试验参数发生偏离，应重新进行相应的热循环电压试验或雷电冲击试验。

如果几个试样同时试验发生绝缘击穿，可去除击穿的试样，并且此事故作为一次中断。

击穿的试样判作不合格，并重新试验。任何由 3.1、3.2 和 3.3 定义的接头试样延伸范围以内的击穿认作是该接头的击穿。

8.2 型式试验认可范围

220 kV 交联聚乙烯绝缘交流海底电缆系统包含海底电缆、终端和各种接头。海底电缆系统的电缆和接头必须经受电缆在安装、敷设和修理时预期遭遇到的最高机械负荷的相应机械试验。

当特定导体截面和相同设计的 220 kV 海底电缆系统已经成功地通过型式试验，则在符合 GB/T 18890.1—2015 中 12.2 的规定和以下附加条件下，此型式试验有效范围可以覆盖到其他导体截面的 220 kV 海底电缆系统：

——经受到比通过型式试验的海底电缆系统较轻的机械应力(扭转、弯曲等)的海底电缆系统；

——导体或金属套下阻水设计和方法没有改变；

注 1：除去设计改变对试验有影响的项目如 8.7 透水试验以外，全部型式试验程序不需重复。

——接头的导体连接设计没有改变；

——工厂接头按导体屏蔽标称直径的计算标称电场强度和雷电冲击电场强度与通过试验的电缆系统相应的计算电场强度相比较不超过 10%。

注 2：工厂接头与电缆尺寸相同，因此电气和机械上处理和试验应与电缆相同。

8.3 型式试验概要

型式试验包含成品电缆和附件的机械试验和电气试验，按 8.5～8.9 规定进行。

8.4 试验准备

机械试验所要求最短的完整的试样长度和工厂接头间距离按 8.6 规定。8.8 规定的成品电缆电气型式试验的试样数量由所含的接头数决定。不包含附件的试样电缆长度至少为 10 m。应从经受机械试验的电缆试样取出电缆系统试样。附件间最短的电缆长度应为 5 m。

每种附件应取一个试样经受电气型式试验。

电缆和附件应按制造商说明书规定的方法进行组装，采用其所提供的等级和数量的材料，包括润滑剂(如果有)。还应包含接地连接件。

附件的外表面应干燥和清洁，但对电缆和附件都不应以制造商说明书没有规定的方式进行任何可能改变其电性能、热性能或机械性能的方法进行处理。

8.8.2.7 所述的半导电屏蔽和半导电护套的电阻率测量应在单独的试样上进行。

8.5 电气型式试验的电缆绝缘厚度检查和试验电压调整

电气型式试验前应在用于试验的电缆段上取代表性试样按 GB/T 2951.11—2008 中 8.1 规定方法测量绝缘厚度，以检查绝缘平均厚度是否超过标称值太多。

如果绝缘平均厚度超过标称厚度不到 5%，试验电压按表 1 规定。

如果绝缘平均厚度超过标称厚度的 5%，但不超过 15% ，则应调整试验电压，使得导体屏蔽上电场强度等于绝缘平均厚度为标称值且试验电压为按表 1 规定时产生的电场强度。

用于电气型式试验电缆的绝缘平均厚度应不超过标称值 15%。

8.6 成品海底电缆系统的机械试验

8.6.1 海底电缆和工厂接头

用于 8.8 规定的成品电缆和工厂接头电气型式试验的试样应经受以下机械试验。

8.6.1.1 卷绕试验

如果适用，此项试验应在 8.6.1.2 张力弯曲试验前进行。

此项试验仅适用于电缆在制造或敷设时要卷绕的情况，而不适用于电缆仅仅绕在电缆盘上或盘绕在转盘内的情况。电缆在卷绕操作时，会经受扭转，因此在卷绕试验后检验电缆结构是否受损很重要。

卷绕试验应在至少可形成八整圈的电缆上进行试验。应在电缆试验段的中间至少安装两个工厂接头。接头的末端间最小距离应为两整圈电缆。但假如采用刚性修理接头，则卷绕试验只需包含一个工厂接头。

绕圈的形状应与电缆制造或运输时相同，制造商应规定绕圈的最小半径和绕圈方向。务必要能够在最小半径的圆形绕圈上进行试验。

在开始卷绕前，应在电缆上标上平行于电缆轴的标志线以检验卷绕操作过程中电缆是否均匀扭转。

绕圈的电缆最上层上放线架高度应不超过可以预计的电缆卷绕操作要求高度，例如在制造、收绕和敷设过程中放线架的高度。

夹住电缆两端以防止电缆旋转，电缆应以制造商规定的最小弯曲半径卷绕电缆。

卷绕后，电缆应再绕到电缆盘上。这样的卷绕循环操作次数应与预期电缆在制造、收绕和敷设时卷绕次数相同。

卷绕操作过程中，电缆扭转应基本均匀，如预先加上的标志线所示。从电缆试验段中间部分取试样，包括 1 个工厂接头，应经目测检验。

卷绕试验结束试样应不产生以下损伤：

——电缆绝缘、金属套和外护套破坏；

——导体或铠装永久变形。

假如随后的张力弯曲试验亦将进行(8.6.1.2)，则可在张力弯曲后作目测检验，因而可能减少接头数量而完成此项试验。

8.6.1.2 张力弯曲试验

8.6.1.2.1 试验要求

本项试验用以考虑到在电缆敷设和常规的修复电缆操作时施加于电缆上的力。常规的修复定义为修复暴露置于海底的电缆或电缆上覆盖物不超过电缆自身直径范围。假如电缆埋入范围超过自身直径,并且电缆在修复后还要重新使用,则应采用适当方法,在修复电缆前,除去电缆上的覆盖物。亦可直接在置于电缆沟移出电缆进行修复,但在此情况下张力试验中应估计并加上此所需的额外的张力。典型情况下,此外加的张力可考虑在 5 000 N～20 000 N 之间。

假如已经卷绕试验,本项试验可从经 8.6.1.1 卷绕试验至少含一个工厂接头的已试电缆上取样进行试验。当敷设时采用特殊设备如采用浮筒以减少机械应力,按制造商和用户协议,张力弯曲试验时可减少试验张力。

应安装电缆牵引头使得远离电缆端头电缆各不同组件上所受的合力相当于敷设操作时所分配的力。

试样长度至少应为 30 m。电缆端部至工厂接头的距离至少为 10 m 或是铠装节距的 5 倍,取其较大的值。试样卷绕在直径不大于装置在敷设船的放缆滑轮直径的转轮上。与此试验转轮相接触的电缆长度至少应两倍于铠装节距,且不小于圆盘周长的一半。假如试样含几个接头,则接头间距离至少应等于试验转轮周长。

采用适用的设备,包含可能有的接头的电缆试样应在转轮上连续地卷绕和退出卷绕三次,而不改变弯曲方向。图 1 是适用于此试验的一个设备的示例。

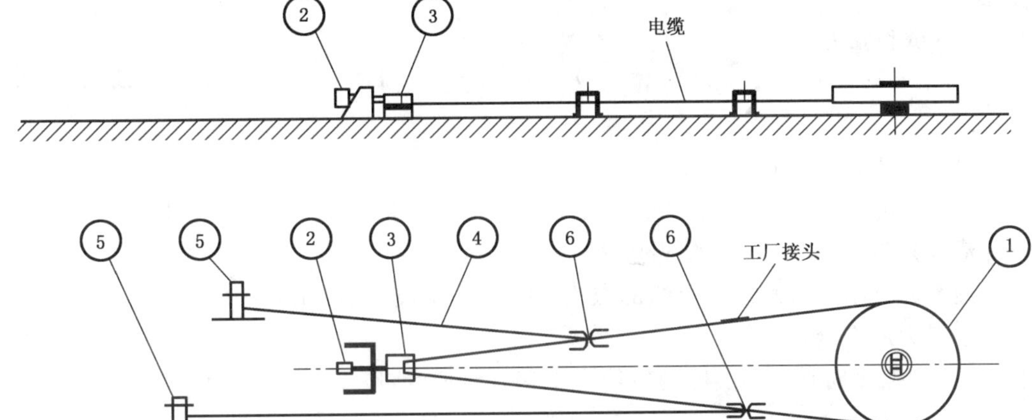

说明:

1——转轮;

2——液压拉力柱体;

3——牵引滑轮;

4——钢丝绳;

5——绞车;

6——牵引头。

图 1　张力弯曲试验机

8.6.1.2.2　试验力计算

8.6.1.2.2.1　水深为 0 m～500 m

此方法推荐用于电缆敷设和修复通常在水深小于 500 m 的情况。

用式(5)计算试验电缆段受到的试验张力:

$$T = 1.3\,W \times d + H \qquad (5)$$

式中:

T ——试验张力,单位为牛(N);

W ——1 m 电缆水中重量(电缆自重减去排开的同体积水重),单位为牛每米(N/m);

d ——最大敷设水深,单位为米(m);

H ——最大允许水底接触点对电缆的张力[见式(6)],单位为牛(N)。

$$H = 0.2\ W \times d \quad \cdots\cdots (6)$$

式(6)中 d 的最小值规定为 200 m。

系数 1.3 是考虑由于敷设和修复引起的额外张力以及敷设和修复情况下的动态力而附加的力。

考虑水底接触点对电缆的张力 H 的目的是为给予敷设角的一个安全裕度,以免在敷设过程中发生电缆扭结。

将计算的试验张力以 100 N 为修约间隔向上修约至最接近的数值。施加的试验张力至少应等于计算试验张力。

8.6.1.2.2.2 水深大于 500 m

此方法特别用于电缆敷设深度大于 500 m 场合,但如敷设设备和敷设条件为已知,可用于特定的水深小于 500 m 的工程。

应该注意,特别当深水中敷设重型电缆时,式(5)中的系数 1.3 可能导致安全裕度太大或太小,这取决于实际敷设情况。

用式(7)计算试验张力:

$$T = W \times d + H + 1.2 \times |D| \quad \cdots\cdots (7)$$

式中:

T ——试验张力,单位为牛(N);

W ——1 m 电缆水中重量(电缆自重减去排开的同体积水重),单位为牛每米(N/m);

d ——最大敷设水深,单位为米(m);

H ——最大允许水底接触点对电缆的张力[式(6)],单位为牛(N);

1.2 ——动态力的安全系数。

按简化模式,忽略纵向弹性和实际的电缆水中悬垂线形状,用式(8)计算动态张力 D:

$$D = \pm 0.5\ b_n m d \omega^2 \quad \cdots\cdots (8)$$

式中:

D ——动态张力,单位为牛(N);

b_n ——敷设滑轮峰对峰垂直运动量,单位为米(m);

d ——最大敷设水深,单位为米(m);

m ——电缆质量,单位为千克每米(kg/m);

ω ——$2\pi/t$,敷设滑轮运动的角频率 单位为每秒(1/s);

t ——运动时间,单位为秒(s)。

本部分尚不能给出对特定气候状况的 b_n 和 ω 的计算通则。如果无详细的敷设船运动状况,则应采用实际的波幅和周期来计算 D。后者计算偏于安全。

应按特定工程,特别是所用的敷设船和敷设作业时最恶劣的天气条件,估计这些参数。

试验张力应以 100 N 为修约间隔向上修约至最接近的数值。

施加试验张力至少应等于计算张力。

8.6.2 修理接头

8.6.2.1 概述

修理接头应经受 8.6.2.2 张力试验。张力试验数据可以作为工程参考。

8.6.2.2 张力试验

用作张力试验的电缆长度约 50 m，且不要求从 8.6.1.1 卷绕试验的电缆上取出试样。电缆段应包含修理接头。电缆末端与接头的距离至少为 10 m 或电缆铠装节距的 5 倍，取其中较大值。通过电缆上的牵引头作用在远离电缆两端的电缆的各不同部分上的合力应相当于敷设作业时分布的力。试验装置中一个电缆牵引头可自由旋转，另一个应固定。

试验时电缆的张力应增大到以下值，见式(9)：

$$T_0 = 50\ W \qquad (9)$$

式中：

T_0——张力，单位为牛(N)；

W——1 m 电缆的重量，单位为牛(N)。

张力 T_0 等于试验电缆总长度的重量，大致相当于有适当支撑(按此消除任何悬链状)，保持电缆呈直线而无伸长与转动所需的力。

施加负荷经 15 min 后测量两标志线间距离，令其为 L_0。

然后增加张力至 8.6.1.2 张力弯曲试验的张力值，并保持 15 min。

然后测量标志线间的距离 L_{max}，并记录自由旋转牵引头的旋转数。

然后应将张力降低至 T_0 值，再测量标志线间的距离 L'_0。

整个循环应进行三次。

对每次循环应计算相对伸长，见式(10)和式(11)：

$$(L_{max} - L_0)/L_0 \qquad (10)$$

$$(L'_0 - L_0)/L_0 \qquad (11)$$

式中：

L_0 ——试样施加 T_0 时的起始伸长；

L_{max} ——最大伸长；

L'_0 ——施加 T_0 的永久伸长。

试验后应目测检验试样状况。

8.7 纵向、径向透水试验

8.7.1 概述

对大长度海底电缆的透水试验分为三种试验：

——导体透水试验；

——金属套下透水试验；

——接头径向透水试验。

透水试验应经不同的机械预处理和(或)热的预处理，这些预处理对海底电缆试验很重要，并需尽可能地模拟真实的安装情况。

海底电缆典型的纵向透水距离不超过 30 m。本部分规定作为型式试验的导体透水试验距离(d_1)和金属套下透水试验的透水距离(d_2)应不大于 30 m。用户特定要求的透水试验电缆长度由制造商与用户另按协议确定。

纵向、径向透水试验为型式试验项目，用以表明其设计、制造工艺及材料合格，符合预期使用要求。除非溶胀材料、阻水剂、导体或屏蔽和(或)金属套设计改变，一旦试验通过，型式试验不需重做。

除非用户另有特定要求，透水试验用水宜采用自来水或相当于海缆应用海域海水盐度的盐水。有争议时推荐采用我国近海平均盐度为重量比(31±2)‰ [(31±2)g/kg]的盐水。

8.7.2 导体透水试验

8.7.2.1 概述

导体透水试验为模拟电缆在最大水深区段处发生故障而造成水从导体侵入。电缆试样应尽量经受接近真实安装条件下的预处理。为此试样在浸入水中前要经受张力弯曲试验和热循环试验。浸入水中试验时不需进行热循环,因为电缆发生如此故障的情况下,电缆线路会退出运行。

试验用水按 8.7.1 规定。

8.7.2.2 试样制备

电缆试样取自经受 8.6.1 机械试验的电缆。可以在电缆绝缘线芯上进行导体透水试验。

试样长度至少为 1.33 d_1。d_1 为试验的导体纵向透水距离,按 8.7.1 规定。

试样应至少经受三次热循环的预处理,以确保电缆已经受适当的热膨胀。每次热循环包含 8 h 加热及随后 16 h 冷却。采用电流加热导体,使得导体温度达到 95 ℃～100 ℃。在每次热循环结束前应保持此温度至少为 2 h。

试样经预处理以后,应剥露出导体约 50 mm。剥露的环状部分应包含导体以外的所有各层,使导体暴露在水中。试样的末端应密封。试样置于压力容器中,进行透水试验。

8.7.2.3 试验

当试样浸入相应最大敷设水深水压的水中。水压应尽量快速上升,以模拟在最大水深处电缆段发生故障的情况。试验持续时间为 10 天,水温为 5 ℃～35 ℃。如果用户因特定海缆故障处理有试验时间要求,另由制造商与用户协议确定,但试验持续时间最长不超过 15 天。

到达规定试验时间后,将试样从水中取出。在距离为 d_1 处作一切口。用目测检验切口处是否有水或者将试样末端浸入超过 100 ℃的硅油中,以观察切口处是否有水煮沸时的爆裂声,或采用吸墨纸吸水以观察是否有水。

导体透水参考试验装置如图 2 所示。

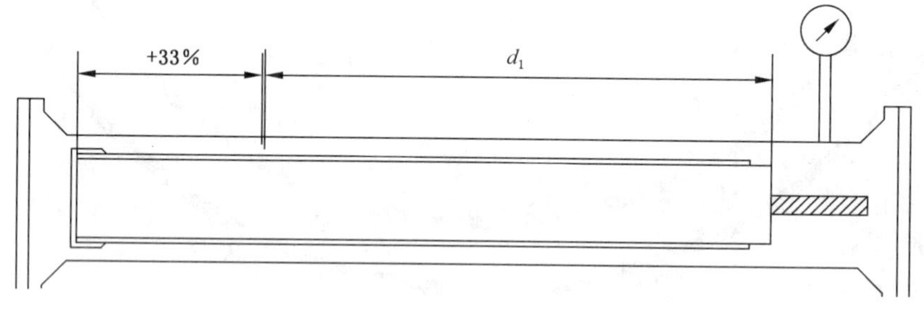

图 2 导体透水参考试验装置

8.7.3 金属套下透水试验

8.7.3.1 概述

金属套下透水试验为模拟近岸区电缆损坏而造成金属套下透水,此时外部水压对电缆的作用并不增加金属套下阻水能力。电缆试样的预处理要尽量接近真实的电缆安装情况。电缆不需作张力弯曲试验但试样要经热循环以使试样在透水试验前受到径向膨胀。此热循环造成电缆的径向膨胀比电缆在浅海中受到外部水压的影响严重得多。因为这种情况下电缆损伤不会使电缆退出运行,试验时必须进行热循环。外部压力不会压缩金属套,因此对现在设计采用的铅套,试验压力设定为 0.3 MPa 是适合的。

如果采用其他试验压力，制造商需提供理由。

试验用水按 8.7.1 规定。

8.7.3.2 试样制备

试样长度至少应为(d_2+1)m。d_2 为金属套下纵向透水距离。试验应在成品电缆试样上进行。

试样不必经 8.6.1 机械试验，因为热循环时经受的热膨胀比电缆张力弯曲试验严格。

试样应经三次热循环预处理以确保电缆已经受预期的热膨胀。

每次热循环包含 8 h 加热和随后 16 h 冷却。采用电流加热导体，使导体最高温度达到 95 ℃～100 ℃。在每次热循环结束前应保持此温度至少 2 h。

经预处理后，在试样中间处或距试样端部 1 m 处应切除去 50 mm 圆环。此圆环应包含电缆绝缘的半导电屏蔽以外的所有各层，以使半导电屏蔽层暴露在水中。试样置于压力容器中。

必须在压力容器中测量导体的温度。

注：推荐采用在试验过程中不施加电压，串联一段与被试电缆相同的电缆，直接测量该段电缆的导体温度。

8.7.3.3 试验

按相应于规定的最大敷设水深加上水压，但不是按金属套所受压缩力加压。对铅套电缆及相似设计，最大水深为 30 m 是合适的。参见 8.7.3.1 所述。

电缆试样应经受 10 次热循环同时加上水压。水温为环境温度 5 ℃～35 ℃。每次热循环包含 8 h 加热和随后 16 h 冷却。采用电流加热，达到导体最高温度为 95 ℃～100 ℃。在每次热循环结束前应保持此温度至少 2 h。如果用户因特定海缆故障处理有增加热循环次数要求，另由制造商与用户协议确定，但最多不超过 15 次。

达到试验时间时，应将试样从水中取出。在距离为图 3 所示 d_2 处能看到金属套下情况。目测检验端部，应无水。

金属套下透水参考试验装置如图 3 所示。

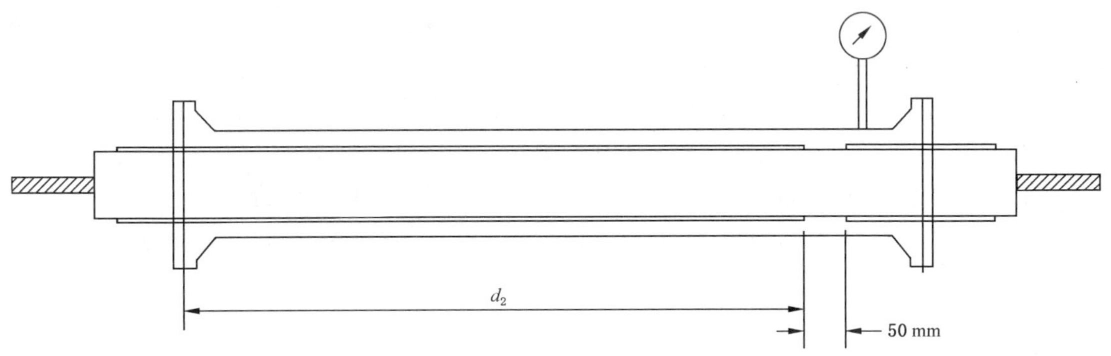

图 3 金属套下透水参考试验装置

8.7.4 接头径向透水试验

8.7.4.1 概述

工厂接头和修理接头的外部水压试验为检验接头在最大水深时阻止径向透水的性能。电缆试样应尽量接近安装状况，即试验前试样要经受张力试验或张力弯曲试验(取决于其结构)以及热循环试验以使试样受到适当的张力和径向膨胀。

试验用水按 8.7.1 规定。

8.7.4.2 试样制备

从已经受机械试验(8.6.1 和 8.6.2)接头中取试样,至少经受 10 次热循环。每次热循环包含 8 h 加热和随后 16 h 冷却。采用电流加热,达到导体温度为 95 ℃～100 ℃。在每次热循环结束前应保持此温度至少 2 h。

对接头施加压力的部位进行水压试验。刚性接头不需对整个接头均施加水压。三芯电缆至少须对其中一芯接头作此试验。用封帽将接头试样的电缆两端密封。试样应置于压力容器内。

8.7.4.3 试验

试样浸入对应 100 m 水深的加压水中。试验应持续 48 h,试验时水温为 5 ℃～35 ℃。

当到达试验时间后,将试样从水中取出。

如果考虑 9.4.3 海缆系统预鉴定试验布置难以模拟海缆系统在海底下实际敷设状况,推荐采用 8.7.4 对海缆系统的刚性接头的金属保护盒施加径向阻水性能加严试验,作为 9.4 海缆系统预鉴定试验的补充试验。试验持续时间增加至 96 h。

要求:

a) 接头的阻水隔离结构应无水侵入迹象;

b) 金属套无明显不规则突起缺陷。

8.8 成品海底电缆系统电气型式试验

8.8.1 概述

应从已经受 8.6.1 张力弯曲试验及卷绕试验(如果适用)的电缆或电缆系统上取出电气型式试验的试样。修理接头试样在电气型式试验前应经受 8.6.2.2 张力试验。

注:在电气型式试验前应完成机械试验。因此,单芯电缆系统的型式试验不能覆盖三芯电缆系统。

无铠装电缆实际上更方便进行电气试验。因此,只要符合以下条件,三芯电缆可以取一芯或不含铠装的单芯电缆用作电气试验。

——能表明不含铠装的单芯电缆或从三芯电缆取出的一芯电缆,其温度分布并不明显偏离有铠装电缆的温度分布。应注意复合光纤对其影响;

——包含铠装和接头盒的成品电缆和附件在电气试验前已经受机械试验;

——在电气试验前应目测检验确认未经电气试验的电缆线芯符合要求并且与经电气试验的绝缘线芯相似。

8.8.2 电气型式试验

8.8.2.1 环境温度下局部放电试验

环境温度(20±15)℃下应按 GB/T 3048.12 进行局部放电试验。局部放电试验测量灵敏度为 5 pC 或优于 5 pC。

试验电压逐步升高电压至 222 kV(1.75 U_0),保持 10 s,然后缓慢地降低至 190 kV (1.5 U_0)。

试样在试验电压 190 kV 下应无超过申明的灵敏度的可检测的放电。

8.8.2.2 tan*δ* 测量

应只通过导体电流将试样加热到规定的温度。可采用测量导体电阻,或采用置于屏蔽或金属套表面的热电偶,或采用同样加热方式的另一段相同电缆试样导体上的热电偶来确定导体温度。

试样应加热至导体温度达到 95 ℃～100 ℃。

注 1：如果由于实际原因，不能达到试验温度，可以外加热绝缘措施。

然后应在工频电压 127 kV(U_0)及上述规定温度下测量 tanδ，测量值不应大于 8×10^{-4}。

注 2：此项试验可以在另外装有试验终端的试样上进行，试样不用进行余下试验。

8.8.2.3 热循环电压试验

应只通过导体电流将试样加热到规定的温度。试样应加热至导体温度达到 95 ℃～100 ℃。

注 1：如果由于实际原因，不能达到试验温度，可以外加热绝缘措施。

加热应至少 8 h。在每个加热期内，导体温度应保持在上述温度范围内至少 2 h。随后应自然冷却至少 16 h，直到导体温度冷却至不高于 30 ℃或者冷却至高于环境温度 15 K 以内，取两者之中的较高值，但最高不高于 45 ℃。应记录每个加热周期最后 2 h 的导体电流。

加热和冷却循环应进行 20 次。

在整个试验期内，试样上应施加 254 kV(2 U_0)电压。试验过程允许中断，只要完成了总共 20 个加电压的完整热循环即可。

注 2：导体温度超过 100 ℃的那些热循环也认为是有效的。

8.8.2.4 局部放电试验

——环境温度下试验；以及

——高温下试验。

本试验应在 8.8.2.3 热循环电压试验最后一次热循环后进行，或在下述 8.8.2.5 项试验后进行。

8.8.2.5 雷电冲击电压试验及随后的工频电压试验

应只通过导体电流将试样加热到规定的温度。试样应加热至导体温度达到 95 ℃～100 ℃。

导体温度应保持在上述试验温度范围至少 2 h。

注：如果由于实际原因，不能达到试验温度，可以外加热绝缘措施。

应按照 GB/T 3048.13 给出的试验程序施加雷电冲击电压。

电缆应耐受施加的 10 次正极性和 10 次负极性雷电冲击电压 1 050 kV 电压冲击而不发生绝缘击穿或闪络。

雷电冲击电压试验后，应对试样系统进行 254 kV (2 U_0)，15 min 的工频电压试验。由制造方决定，试验可在冷却过程中或在环境温度下进行。

不应发生绝缘击穿或闪络。

8.8.2.6 目测检验电缆和附件

上述试验后，解剖电缆试样和拆开附件(如有可能)，以正常视力或经矫正但不放大的视力检验试样，应无可能影响系统运行的劣化迹象(如：电气品质下降、泄露、腐蚀或有害的收缩)。

8.8.2.7 半导电屏蔽和半导电护套(如果采用)电阻率测量

8.8.2.7.1 试样

电缆半导电屏蔽和半导电护套的电阻率应在单独的试样上测量。

应从制造后未经处理的电缆试样的绝缘芯上和从已经过 8.9.4 规定的组件材料相容性试验老化处理后的电缆试样的绝缘芯上分别取试件，进行导体上和绝缘上的挤包半导电屏蔽的电阻率测定。

应从海缆铅套的半导电护套取试样测量电阻率。

8.8.2.7.2 试验方法

试验方法应按附录 A。

应在(90±2)℃温度范围内进行测量半导电屏蔽电阻率。

半导电护套的电阻率在(80±2)℃下测量。

8.8.2.7.3 要求

老化前后的半导电屏蔽和电阻率应不超过以下值：

——导体屏蔽：1 000 Ω·m；

——绝缘屏蔽：500 Ω·m。

半导电护套电阻率应不超过：1 000 Ω·m。

8.9 电缆组件和成品电缆段的非电气型式试验

8.9.1 电缆结构检验

导体检查、绝缘测量、外护套和金属套厚度测量应按 7.1.4、7.1.6、7.1.7 规定进行，并应符合其要求。

8.9.2 老化前后绝缘的材料机械性能试验

8.9.2.1 取样

试件取样和制备应按 GB/T 2951.11—2008 进行。

8.9.2.2 老化处理

老化处理应按 GB/T 2951.12—2008，并在表 3 规定的条件下进行。

表 3 电缆 XLPE 绝缘混合料的机械性能试验要求(老化前后)

序号	试验项目和试验条件 (混合料代号见 4.2)	单位	性能要求
0	正常运行时导体最高温度	℃	90
1	老化前(GB/T 2951.11—2008 的 9.1)		
1.1	最小抗张强度	N/mm²	12.5
1.2	最小断裂伸长率	%	200
2	空气烘箱老化后(GB/T 2951.12—2008 的 8.1)		
2.1	处理条件：温度	℃	135
	温度偏差	K	±3
	持续时间	h	168
2.2	抗张强度		
	a) 老化后最小值	N/mm²	—
	b) 最大变化率[a]	%	±25
2.3	断裂伸长率		
	a) 老化后最小值	%	—
	b) 最大变化率[a]	%	±25
[a] 变化率：老化后测得中间值与老化前测得中间值的差值除以后者，以百分率表示。			

8.9.2.3 预处理和机械性能试验

预处理和机械性能测试应按 GB/T 2951.11—2008 的 9.1 进行。

8.9.2.4 要求

老化前和老化后试件的试验结果应符合表3给出的要求。

8.9.3 老化前后外护套(ST_7)机械性能试验

8.9.3.1 概述

海缆工程用电缆需用绝缘外护套时(包含登陆段单芯电缆铠装与金属套单端互联接地及具有绝缘护套的大长度海缆沿长度每隔一定间距将铅套与铠装互联)应采用以聚乙烯为基料的 ST_7 外护套。

注:金属套和铠装两端互连接地的大长度海底电缆也可采用半导电护套。半导电护套的电阻率测量方法和要求按8.8.2.7。半导电护套料的性能要求按GB/T 32346.2—2015的附录C。

8.9.3.2 取样

试件取样和制备应按GB/T 2951.11—2008的9.2进行。

8.9.3.3 老化处理

老化处理应按GB/T 2951.12—2008的8.1并在表4规定的条件下进行。

表4 电缆外护套 ST_7 混合料的机械性能试验要求(老化前后)

序号	试验项目和试验条件	单位	性能要求
1	老化前(GB/T 2951.11—2008的8.2)		
1.1	最小抗张强度	N/mm²	12.5
1.2	最小断裂伸长率	%	300
2	空气烘箱老化后(GB/T 2951.12—2008的8.1)		
	处理条件:温度	℃	110
	温度偏差	K	±2
	持续时间	h	240
	抗张强度		
2.1	a) 老化后最小值	N/mm²	—
	b) 最大变化率[a]	%	—
	断裂伸长率		
2.2	a) 老化后最小值	%	300
	b) 最大变化率[a]	%	—
	高温压力试验(GB/T 2951.31—2008的8.2)		
3	试验温度	℃	110
	温度偏差	K	±2

[a] 变化率:老化后测得中间值与老化前测得中间值的差值除以后者,以百分率表示。

8.9.4 检验材料相容性的成品电缆段老化试验

8.9.4.1 概述

应进行成品电缆段老化试验以检验绝缘、挤包半导电层和外护套(ST_7)是否由于与电缆中其他组件相接触而过分劣化。

8.9.4.2 取样

绝缘和外护套试样应从 GB/T 2951.12—2008 中 8.1.4 所述的成品电缆上取样。

8.9.4.3 老化处理

电缆段的老化处理应按 GB/T 2951.12—2008 中 8.1.4,在空气烘箱中按以下条件进行:

——温度:(100±2)℃;

——时间:(7×24)h。

8.9.4.4 机械性能试验

应按 GB/T 2951.12—2008 的 8.1.4 所述制备取自老化电缆段的绝缘和外护套的试件,并进行机械性能试验。

8.9.4.5 要求

老化后抗张强度和断裂伸长率的中间值与老化前得出的相应值(见 8.9.2 和 8.9.3)的变化率应不超过表 3 给出适用于绝缘经空气烘箱老化后试验值以及表 4 给出适用于外护套经空气烘箱老化后的试验值。

8.9.5 护套(ST_7)高温压力试验

8.9.5.1 方法

ST_7 外护套的高温压力试验段应按 GB/T 2951.31—2008 的 8.2 所述,采用该试验方法和表 4 的试验条件进行。

8.9.5.2 要求

试验结果应符合 GB/T 2951.31—2008 的 8.2 要求。

8.9.6 XLPE 绝缘热延伸试验

XLPE 绝缘应经受 7.1.10 所述的热延伸试验,采用表 2 给出的试验条件,并应符合表 2 要求。

8.9.7 XLPE 绝缘微孔杂质及半导电屏蔽层与绝缘层界面微孔和突起试验

应按附录 B 规定进行测试,试验结果应符合以下要求:

a) 成品电缆绝缘中应无大于 0.05 mm 的微孔;大于 0.025 mm,并小于或等于 0.05 mm 的微孔换算到每 10 cm^3 体积中微孔数应不超过 18 个;

b) 成品电缆绝缘中应无大于 0.125 mm 的不透明杂质。大于 0.05 mm,并小于或等于 0.125 mm 的不透明杂质换算到每 10 cm^3 体积中不透明杂质数应不超过 6 个;

c) 成品电缆绝缘中应无大于 0.16 mm 的半透明深棕色杂质;

d) 半导电屏蔽层与绝缘层界面应无大于 0.05 mm 的微孔;

e) 导体半导电屏蔽层与绝缘层界面应无大于 0.08 mm 进入绝缘层的突起以及大于 0.08 mm 进入半导电屏蔽层的突起;

f) 绝缘半导电屏蔽层与绝缘层界面应无大于 0.08 mm 进入绝缘层的突起以及大于 0.08 mm 进入半导电屏蔽层的突起。

9 预鉴定试验

9.1 概述

GB/T 18890.1—2015 规定了陆上额定电压 220 kV 交联聚乙烯绝缘电缆的预鉴定试验，以证实交联聚乙烯绝缘电缆系统具有满意的长期运行性能。特别着重于电缆和其附件的绝缘特性、电缆绝缘与附件界面和热机械的长期特性。额定电压 220 kV 海底电缆系统的预鉴定试验要求同陆上电缆系统，但因大长度海底电缆的制造和运行特点，预鉴定试验的海底电缆系统应包含海底电缆、工厂接头、修理接头和终端，必要时还应包含过渡接头。

海底电缆预鉴定试验不含海底电缆机械试验。因此，单芯电缆系统的预鉴定试验可以覆盖三芯电缆系统的预鉴定试验。

9.2 电缆(海底电缆或陆上电缆)系统预鉴定试验认可的一般规则和认可范围

9.2.1 当额定电压 220 kV 交联聚乙烯绝缘电缆系统成功地通过预鉴定试验，制造商就具有供应额定电压 220 kV 同类型交联聚乙烯绝缘电缆系统的资格，只要电缆绝缘屏蔽的计算标称电场强度等于或低于已通过预鉴定试验的电缆的绝缘屏蔽的计算标称电场强度。

9.2.2 当通过预鉴定试验的额定电压 220 kV 交联聚乙烯绝缘电缆系统由另一个已通过预鉴定试验的额定电压 220 kV 交联聚乙烯绝缘电缆系统的电缆和(或)附件替换时，且更换的电缆系统的电缆绝缘屏蔽的计算标称电场强度相等或较高，则只要满足 10.2 预鉴定扩展试验要求，目前预鉴定合格鉴定就可以扩展到更换后的另一额定电压 220 kV 交联聚乙烯绝缘电缆或附件系统。

9.2.3 当通过预鉴定试验的额定电压 220 kV 交联聚乙烯绝缘电缆系统由另一个未通过预鉴定试验的额定电压 220 kV 交联聚乙烯绝缘电缆系统的电缆和(或)附件替换，或由另一已通过预鉴定试验的额定电压 220 kV 交联聚乙烯绝缘电缆系统的电缆和(或)附件替换但该电缆系统的电缆绝缘屏蔽的计算标称电场强度较低，则此新的成品电缆系统应进行 9.3 规定的预鉴定试验并符合预鉴定试验要求。

9.3 成品海底电缆系统预鉴定试验和认可范围

9.3.1 成品海底电缆系统预鉴定试验除应符合 9.2 预鉴定试验的一般规定外，还应符合 9.3.2、9.3.3 和 9.3.4 的规定。

9.3.2 交联聚乙烯绝缘海底电缆系统与交联聚乙烯绝缘陆上电缆系统相比，主要有以下不同点：

a) 海底电缆系统通常需有工厂接头；

b) 海底电缆通常有铠装结构；

c) 其修理接头通常有机械保护盒(外部设计)。

工厂接头必须连同电缆经预鉴定试验合格。因此海底电缆系统预鉴定试验试样应包含海底电缆、工厂接头、修理接头和终端，必要时应含过渡接头。海底电缆的机械设计(b)和(c)(外部设计)应先在电气型式试验以前检验合格。因此相同材料、制造工艺和设计电场强度的 220 kV 海底电缆和附件试样应先经 8.8 规定的电气型式试验合格，然后进行预鉴定试验。

9.3.3 通过预鉴定试验的 220 kV 交联聚乙烯绝缘电缆系统的认可范围可以覆盖到另一个 220 kV 交联聚乙烯绝缘海底电缆系统，只要符合以下条件：

——采用预制部件的修理接头的绝缘屏蔽电场强度等于或低于通过预鉴定试验的电缆的绝缘屏蔽电场强度；

——如果导体截面较大的工厂接头已经预鉴定试验，而另一个导体截面较小(其热机械应力低得多)的工厂接头的电场强度比已通过预鉴定试的工厂接头的电场强度超过10%,该工厂接头应在大于已通过预鉴定试验的工厂接头的电场强度的条件下,经受强制的型式试验。

9.3.4 假如工厂接头的内部设计(材料、交联工艺等)有实质性的改变,应进行新的预鉴定试验。

9.4 成品海底电缆系统预鉴定试验

9.4.1 概述

预鉴定试验应含长约100 m成品电缆试样上进行的电气试验,含附件每种至少一件。附件间电缆最小净长应为10 m。预鉴定试验程序如下:

a) 热循环电压试验(9.4.4);

b) 雷电冲电压试验(9.4.5);

c) 上述试验完成后检验电缆系统(9.4.6)。

如果有一个或多个附件不能通过9.4规定的所有试验,在对试验系统修理后可继续对余下的电缆系统(电缆和余下的附件)进行预鉴定试验。假如余下的电缆系统符合9.4规定的试验要求,则余下的电缆系统通过预鉴定试验。而没有完成试验的附件则没有通过预鉴定试验。但是可以对更换附件的电缆系统继续进行预鉴定试验,直到符合9.4预鉴定试验要求。假如制造商决定要将修理的附件包含在电缆系统的预鉴定试验范围内,则预鉴定试验起始时间要从修理附件以后开始计算。

9.4.2 预鉴定试验电缆的绝缘厚度检查和试验电压调整

预鉴定试验前应按GB/T 2951.11—2008的8.1规定方法测量绝缘厚度,在用作预鉴定试验的电缆上取代表性试件,以检查绝缘厚度是否过分超过标称值。

绝缘厚度检验和试验电压调整应按8.5规定的要求。

9.4.3 试验布置

电缆和附件应按制造商说明书规定方法进行安装,采用所提供的等级和数量的材料,包括润滑剂(如有)。

试验布置应代表敷设设计的状况,例如刚性固定、挠性固定和过渡区敷设、埋地和空气中敷设。特别应注意附件热机械方面状况。

考虑海缆系统预鉴定试验布置难以模拟海缆系统在海底下实际敷设状况,如有要求,推荐采用8.7.4对海缆系统的刚性接头的金属保护盒径向透水性能加严试验,作为海缆系统预鉴定试验的补充试验。透水试验持续时间增加至96 h。

试验装置间和试验时环境条件会有变化,但不会产生主要影响。不必采用4.1所述的环境温度限制。

单芯海底电缆的铠装会产生环流。为达到正确的导体温度,试验的主回路和参照回路的导体电流和铠装电流应相同。两个回路的外部热特性应相同。

9.4.4 热循环电压试验

采用导体电流加热组装试样,直到导体温度达到90 ℃~95 ℃。试验过程中因环境温度变化要调节导体电流。

应选择加热布置,使远离附件的电缆导体达到上述规定温度。记录电缆表面温度作为试验数据。加热至少应8 h。每个加热期间导体温度应至少2 h保持上述温度。随后至少经16 h自然冷却。

在整个试验期间8 760 h内,应对组装试样施加电压216 kV (1.7 U_0) 和热循环。加热和冷却循环至少应进行180次。

试验期间应不发生试样击穿。

注 1：如果由于实际原因，不能达到试验温度，可以外加热绝缘措施。

注 2：建议在试验期间进行局部放电测试以便提供可能劣化的早期预警，从而有可能在故障前进行修理。

注 3：应完成总的循环次数而不管那些可能发生的中断。

注 4：导体温度超过 95 ℃的那些热循也认为有效。

9.4.5 雷电冲击电压试验

试验应在取自试验系统的总有效长度最少 30 m 的一根或多根电缆试样上进行，在导体温度达到 90 ℃～95 ℃温度下进行雷电冲击电压试验。导体温度应保持在上述温度范围至少 2 h。

注：作为替代，试验也可在整个试验回路上进行。

应按照 GB/T 3048.13 给出的步骤施加冲击电压。

试样回路应耐受正负极性各 10 次雷电冲击试验电压 1 050 kV 而不破坏。

9.4.6 检验

海底电缆试样（电缆和附件）检验和要求应按 8.8.2.6。

10 预鉴定扩展试验

10.1 概述

预鉴定扩展试验主要用于更换已通过预鉴定试验的附件。由于附件（通常为接头）的电气部件的电场强度或材料特性改变，即附件的内部设计改变而进行预鉴定扩展试验以确认设计合理。

根据海底电缆系统并不引入特定的预鉴定试验的相同理由，海底电缆的扩展预鉴定试验亦不增加另外的试验要求。只要附件的内部设计相同或相似，陆上电缆系统的预鉴定扩展试验亦可以覆盖海底电缆系统。假如附件机械设计有改变，在开始电气型式试验前应经机械试验证实其外部设计合理。

10.2 海底电缆预鉴定扩展试验

10.2.1 概述

预鉴定扩展试验应包括下述 10.2.2 成品电缆系统的预鉴定扩展试验电气试验和 8.9 的电缆组件和成品电缆段的非电气型式试验。

10.2.2 成品电缆系统预鉴定扩展试验的电气试验

10.2.2.1 试样及试验布置

从已经预鉴定试验电缆系统的成品电缆取试样按 10.2.2.3 进行试验，试样数由所含的附件数量决定。需要预鉴定扩展的电缆系统应包含每种附件至少有一个试样。试验可在试验室进行，而不必模拟真实的敷设条件。

附件试样间电缆最短长度为 5 m。电缆的总长度最短应为 20 m。

应按制造商说明书规定，采用所提供的等级和数量的材料包括润滑剂（若有）组装电缆和附件。

试验回路应呈 U 形弯曲。弯曲直径对铅或铅合金套电缆为：

——单芯电缆为 25 $(d+D)+5\%$ ；

——三芯电缆为 20 $(d+D)+5\%$。

其中：d 为 导体标称直径，单位为毫米（mm）；

D 为 电缆标称直径，单位为毫米（mm）。

如果只对附件进行预鉴定扩展试验，则不要求试验回路呈 U 形弯曲和进行半导电屏蔽和半导电护套体积电阻率测试。

10.2.2.2 试验电压

预鉴定扩展试验前应测量电缆绝缘厚度和试验电压调整(如有必要),按 8.5 所述。

10.2.2.3 预鉴定扩展试验的电气试验程序

预鉴定扩展试验的电气试验程序应如下:

a) 弯曲试验:室温下电缆应绕圆柱体至少弯曲一整圈,再复位而轴不转,然后反方向弯曲重复此过程。如此反复弯曲应总共进行三次。对铅或铅合金套电缆的弯曲直径同 10.2.2.1。随后安装预鉴定扩展试验包含的附件。如果只对附件进行预鉴定扩展试验,此项试验可以免除;
b) 弯曲试验后局部放电试验(见 8.8.2.4)以检验安装的附件质量;
c) 不施加电压热循环试验(见 10.2.2.4);
d) $\tan\delta$ 试验(见 8.8.2.2);
e) 热循环电压试验(见 8.8.2.3);
f) 环境温度及高温下局部放电试验(见 8.8.2.4);
g) 雷电冲击电压试验及随后的工频电压试验(见 8.8.2.5);
h) 假如未作上述 e)项试验,需经局部放电试验,同 b);
i) 完成上述试验后对含电缆和附件的系统进行检验(见 8.8.2.6);
j) 半导电屏蔽和半导电护套体积电阻率测量(见 8.8.2.7)。如果只对附件进行预鉴定扩展试验,此项试验可以免除。

10.2.2.4 不施加电压热循环试验

应只通过导体电流将试样加热到规定的温度。试样应加热至导体温度达到 90 ℃~95 ℃。

加热应至少 8 h。在每个加热期内,导体温度应保持在上述温度范围内至少 2 h。随后应自然冷却至少 16 h,直到导体温度冷却至不高于 30 ℃或者冷却至高于环境温度 15 K 以内,取两者之中的较高值,但最高为 45 ℃。应记录每个加热周期最后 2 h 的导体电流。

加热冷却循环应进行 60 次。

注:导体温度超过 95 ℃的那些热循环也认为有效。

11 安装后电气试验

11.1 绝缘交流电压试验

在新的电缆线路上电缆及其附件安装完成后应对绝缘进行交流电压试验。

施加交流试验电压 180 kV,时间 1 h。电压波形应基本为正弦形,频率为 10 Hz~300 Hz。

假如电缆线路太长而不能按以上要求进行电气试验,则可按由供应方和用户协议,降低试验电压而延长施加电压时间。

作为替代,可用交流试验电压 127 kV,时间 24 h,作为最低试验要求。

11.2 时域反射计试验(TDR)

假如时域反射计用于电缆线路,推荐进行时域反射测量以获得电缆行波传输特性的特征标志。

时域反射计测试所用的脉冲传输取决于电缆的电阻、电容和电感。由于所有信号力求消耗最小能量,脉冲沿电感和电阻最低的回路传输。海底电缆有金属屏蔽,而脉冲波不会在屏蔽外传输,因该处电感(及阻抗)增加很大。脉冲传输不受转盘卷绕或安装后状况的影响。试验表明,工厂内转盘上电缆与安装后电缆的时域反射脉冲波速非常接近,因而电缆宜在安装后进行时域反射测试。

附 录 A
（规范性附录）
半导电屏蔽和半导电护套电阻率测量方法

应从长度150 mm的成品电缆试样上制备每个试件。

应将绝缘线芯试样沿纵向对半切开，除去导体及隔离层（如果有）以制备导体屏蔽试件（见图A.1a）。应将绝缘线芯外所有包覆层除去以制备绝缘屏蔽试件（见图A.1b）。半导电护套电阻率测试试件的制备和测量与绝缘屏蔽相同。

屏蔽的体积电阻率的测定步骤应如下：

应将四只涂银电极A、B、C和D[见图A.1a)和图A.1b)]置于半导电层表面。两个电位电极B和C应间距50 mm。两个电流电极A和D应分别放置在每个电位电极外侧至少25 mm处。

应采用合适的夹子连接电极。连接导体屏蔽电极时，应确保夹子与试件外表面的绝缘屏蔽相互绝缘。

应将组装好的试样放入已经预热到规定温度的烘箱内，至少放置30 min后，用功率不超过100 mW的测量电路测量两个电位电极间的电阻。

电阻测量后，应在环境温度下测量导体屏蔽和绝缘屏蔽的外径，以及测量导体屏蔽层和绝缘屏蔽层的厚度，每个数据取图A.1b)所示试样上六个测量值的平均值。

体积电阻率ρ（用Ω·m表示）应按式（A.1）和（A.2）计算：

a) 导体屏蔽

$$\rho_c = \frac{R_c \times \pi \times (D_c - T_c) \times T_c}{2L_c} \qquad \text{(A.1)}$$

式中：

ρ_c ——体积电阻率，单位为欧米（Ω·m）；

R_c ——测量电阻，单位为欧（Ω）；

L_c ——电位电极间距离，单位为米（m）；

D_c ——导体屏蔽外径，单位为米（m）；

T_c ——导体屏蔽平均厚度，单位为米（m）。

b) 绝缘屏蔽

$$\rho_i = \frac{R_i \times \pi \times (D_i - T_i) \times T_i}{L_i} \qquad \text{(A.2)}$$

式中：

ρ_i ——体积电阻率，单位为欧米（Ω·m）；

R_i ——测量电阻，单位为欧（Ω）；

L_i ——电位电极间距离，单位为米（m）；

D_i ——绝缘屏蔽外径，单位为米（m）；

T_i ——绝缘屏蔽平均厚度，单位为米（m）。

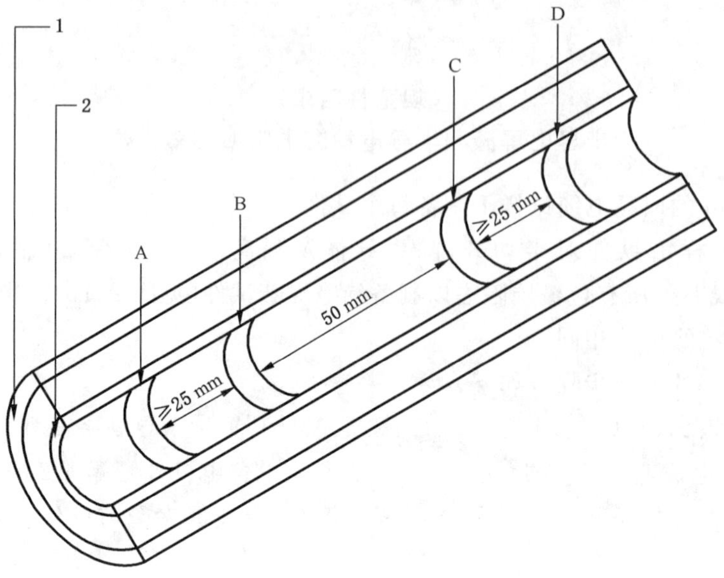

说明：
1 ——绝缘屏蔽层；
2 ——导体屏蔽层；
B、C ——电位电极；
A、D——电流电极。

a） 导体屏蔽的体积电阻率测量

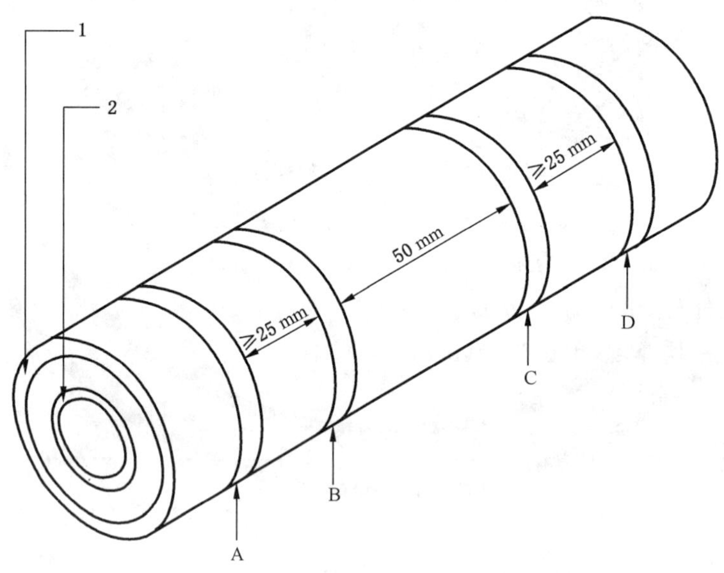

说明：
1 ——绝缘屏蔽层；
2 ——导体屏蔽层；
B、C ——电位电极；
A、D——电流电极。

b） 绝缘屏蔽的体积电阻率测量

图 A.1 导体屏蔽和绝缘屏蔽的体积电阻率测量的试样制备

附　录　B
（规范性附录）
绝缘层微孔、杂质和半导电屏蔽层与绝缘层界面微孔、突起试验

B.1　试验设备

B.1.1　显微镜

最小放大倍数为 15 倍的显微镜。

最小放大倍数为 40 倍的测量显微镜。

B.1.2　切片机

普通用途的切片机或具有类似功能的其他设备。

B.2　试样制备

从约 50 mm 长的电缆绝缘线芯样品上沿径向切取 80 个含有导体屏蔽、绝缘和绝缘屏蔽的圆形或螺旋形薄试片，试片的厚度约 0.4 mm～0.7 mm。切割用的刀片应锋利，以便获得的试片具有均匀的厚度和极光滑的表面。应非常小心地保持试片表面清洁，并防止擦伤。

B.3　步骤

应采用透射光普遍检查全部 80 个试片绝缘内的微孔、不透明杂质和半透明棕色物质，以及绝缘与半导电屏蔽层界面处的微孔和突起。

应采用最小放大倍数为 15 倍的显微镜检测在上述普遍检查中可疑的 20 个连续试片（或相等圈数的螺旋形试片）的全部区域。记录并列表统计下列各项：

——所有大于或等于 0.025 mm 的微孔；

——所有大于或等于 0.05 mm 的不透明杂质；

——所有大于或等于 0.16 mm 的半透明棕色（琥珀状）物质；

——所有大于或等于 0.08 mm 的绝缘层与半导电屏蔽层界面的突起。

这个表格应成为试验报告的组成部分。

对最大的微孔、最大的杂质、最大的半透明棕色物质以及最大的绝缘与半导电层界面的突起应做标记。

应采用最小放大倍数为 40 倍的测量显微镜对最大的微孔、最大的杂质、最大的半透明棕色物质以及最大的绝缘与半导电层界面的突起在其最大尺寸方向上测量其尺寸。

B.4　试验结果及计算

测量及计算 20 个试片绝缘的总体积，将统计表中的微孔和杂质数量换算成每 10 cm^3 绝缘体积中的数量，计算值应修约为整数。

应记录和报告最大的微孔、最大的杂质、最大的半透明棕色物质以及最大的绝缘与半导电层界面突起的尺寸。

ICS 29.060.20
K 13

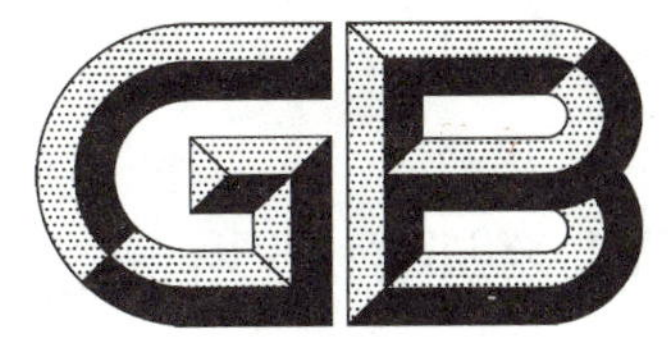

中华人民共和国国家标准

GB/T 32346.2—2015

额定电压 220 kV(U_m=252 kV)交联聚乙烯绝缘大长度交流海底电缆及附件 第2部分:大长度交流海底电缆

Long AC submarine cables with cross-linked polyethylene insulation and their accessoried for rated voltage of 220 kV(U_m=252 kV)—
Part 2: Long AC submarine cables

2015-12-31 发布　　2016-07-01 实施

中华人民共和国国家质量监督检验检疫总局
中国国家标准化管理委员会　发布

前　言

GB/T 32346《额定电压 220 kV(U_m=252 kV)交联聚乙烯绝缘大长度交流海底电缆及附件》分为三个部分：

——第 1 部分：试验方法和要求；

——第 2 部分：大长度交流海底电缆；

——第 3 部分：海底电缆附件。

本部分为 GB/T 32346 的第 2 部分。

本部分按 GB/T 1.1—2009 给出的规则起草。

本部分由中国电器工业协会提出。

本部分由全国电线电缆标准化技术委员会(SAC/TC 213)归口。

本部分起草单位：江苏亨通高压电缆有限公司、上海电缆研究所、宁波东方电缆股份有限公司、国家电线电缆质量监督检验中心、中天科技海缆有限公司、青岛汉缆股份有限公司、福建永福工程顾问有限公司、上海上缆藤仓电缆有限公司、中国电建集团华东勘测设计研究院有限公司、中国电力科学研究院、上海三原电缆附件有限公司。

本部分主要起草人：潘文林、徐晓峰、周则威、朱永华、张建民、鞠孜锐、宋发兴、赵源泽、杨建军、饶文斌、徐操。

额定电压220 kV(U_m=252 kV)交联聚乙烯绝缘大长度交流海底电缆及附件 第2部分:大长度交流海底电缆

1 范围

GB/T 32346的本部分规定了额定电压220 kV(U_m=252 kV)交联聚乙烯绝缘大长度交流海底电缆(以下海底电缆均指交流海底电缆)的型号、材料、技术要求、试验、验收规则、装船和贮运。

本部分适用于在海底敷设和运行条件下使用的额定电压220 kV(U_m=252 kV)单芯、三芯交联聚乙烯绝缘和光纤复合交联聚乙烯绝缘大长度海底电缆。

注:符合本部分规定并按本部分试验方法和要求检验合格的大长度海底电缆及附件的认可范围可以覆盖相对于GB/T 32346.1—2015中3.7大长度定义长度较短的海底电缆。

本部分不适用于海上浮动平台等使用的动态电缆。

2 规范性引用文件

下列文件对于本文件的应用是必不可少的。凡是注日期的引用文件,仅注日期的版本适用于本文件。凡是不注日期的引用文件,其最新版本(包括所有的修改单)适用于本文件。

GB/T 2951.11—2008 电缆和光缆绝缘和护套材料通用试验方法 第11部分:通用试验方法——厚度和外形尺寸测量——机械性能试验

GB/T 2951.12—2008 电缆和光缆绝缘和护套材料通用试验方法 第12部分:通用试验方法——热老化试验方法

GB/T 2951.21—2008 电缆和光缆绝缘和护套材料通用试验方法 第21部分:弹性体混合料专用试验方法——耐臭氧试验——热延伸试验——浸矿物油试验

GB/T 2951.31—2008 电缆和光缆绝缘和护套材料通用试验方法 第31部分:聚氯乙烯混合料专用试验方法——高温压力试验——抗开裂试验

GB/T 3048.4 电线电缆电性能试验方法 第4部分:导体直流电阻试验

GB/T 3048.8 电线电缆电性能试验方法 第8部分:交流电压试验

GB/T 3048.11 电线电缆电性能试验方法 第11部分:介质损耗角正切试验

GB/T 3048.12 电线电缆电性能试验方法 第12部分:局部放电试验

GB/T 3048.13 电线电缆电性能试验方法 第13部分:冲击电压试验方法

GB/T 3082—2008 铠装电缆用热镀锌或热镀锌-5%铝-混合稀土合金镀层低碳钢丝

GB/T 3280—2007 不锈钢冷轧钢板和钢带

GB/T 3956—2008 电缆的导体

GB/T 4909.3—2009 裸电线试验方法 第3部分:拉力试验

GB/T 6995.2—2008 电线电缆识别标志方法 第2部分:标准颜色

GB/T 9771—2008 通信用单模光纤(所有部分)

GB/T 12357—2004 通信用多模光纤(所有部分)

GB/T 15065—2009 电线电缆用黑色聚乙烯塑料

GB/T 15972.40—2008 光纤试验方法规范 第40部分：传输特性和光学特性的测量方法和试验程序 衰减

GB/T 15972.42—2008 光纤试验方法规范 第42部分：传输特性和光学特性的测量方法和试验程序 波长色散

GB/T 18480—2001 海底光缆规范

GB/T 32346.1—2015 额定电压220 kV(U_m=252 kV)交联聚乙烯绝缘大长度交流海底电缆及附件 第1部分：试验方法和要求

JB/T 5268.2—2011 电缆金属套 第2部分：铅套

JB/T 8996—2014 高压电缆选择导则

YD/T 839—2014 通信电缆光缆用填充和涂覆复合物(所有部分)

3 术语和定义

GB/T 32346.1界定的以及下列术语和定义适用于本文件。

3.1

标称值 nominal value

指定的量值并经常用于表格之中。

注：通常由标称值引伸出的量值考虑规定公差，可通过测量进行检验。

3.2

测量值 measurement value

按规定方法进行测量或试验所获得的数值。

3.3

近似值 approximate value

一个既不保证也不检查的数值，例如用于其他尺寸值的计算。

4 使用特性

4.1 额定电压

额定电压是电缆设计和电性能试验的基准电压。本标准用U_0/U和U_m标识，这些符号的意义由JB/T 8996—2014给出：

U_0——电缆设计用的导体对地或金属屏蔽或金属套之间的额定电压有效值，单位为kV；

U ——电缆设计用的导体间的额定电压有效值，单位为kV；

U_m——设备最高工作电压有效值，单位为kV。

本部分中海底电缆的额定电压$U_0/U(U_m)$为：

U_0=127 kV；

U=220 kV；

U_m=252 kV。

4.2 工作温度

电缆导体最高允许温度：正常运行时为90 ℃；短路时(最长持续时间不超过5 s)为250 ℃。

5 产品命名

5.1 代号

5.1.1 系列代号

海底电缆 …………………………………………………………………… H(前缀)

5.1.2 产品代号

光纤复合海底电缆 ……………………………………………………… F(后缀)

5.1.3 材料特征代号

交联聚乙烯绝缘 ………………………………………………………… YJ
铜导体 …………………………………………………………………… T(省略)
铅套 ……………………………………………………………………… Q
粗圆钢丝铠装 …………………………………………………………… 4
双粗圆钢丝铠装 ………………………………………………………… 44
铜丝铠装 ………………………………………………………………… 7
双铜丝铠装 ……………………………………………………………… 77

注：铜丝铠装推荐采用扁铜丝铠装；允许采用圆铜丝铠装。两种铜丝铠装的代号相同，但圆铜丝铠装应在产品名称中明确，名称中未明确说明的即为扁铜丝铠装。

扁钢丝铠装 ……………………………………………………………… 9
双扁钢丝铠装 …………………………………………………………… 99
纤维外被层 ……………………………………………………………… 1

5.1.4 分相代号

分相 ……………………………………………………………………… F

5.1.5 光纤类别代号

光纤类别代号应符合 GB/T 9771—2008 和 GB/T 12357.1—2004 的规定。

5.2 型号

型号依次由产品系列代号、绝缘、导体、金属套、分相代号、外被层特征代号和产品代号组成。

本部分包括的海底电缆型号和名称见表 1。

表 1 海底电缆的型号和名称

型 号	名 称
HYJQ41	交联聚乙烯绝缘 铅套 粗圆钢丝铠装 聚丙烯纤维外被层 海底电缆
HYJQ441	交联聚乙烯绝缘 铅套 双粗圆钢丝铠装 聚丙烯纤维外被层 海底电缆
HYJQ71	交联聚乙烯绝缘 铅套 扁铜丝铠装或圆铜丝铠装 聚丙烯纤维外被层 海底电缆
HYJQ771	交联聚乙烯绝缘 铅套 双扁铜丝铠装或双圆铜丝铠 聚丙烯纤维外被层 海底电缆
HYJQ91	交联聚乙烯绝缘 铅套 扁钢丝铠装 聚丙烯纤维外被层 海底电缆

表 1（续）

型　号	名　称
HYJQ991	交联聚乙烯绝缘　铅套　双扁钢丝铠装　聚丙烯纤维外被层　海底电缆
HYJQF41	交联聚乙烯绝缘　分相铅套　粗圆钢丝铠装　聚丙烯纤维外被层　海底电缆
HYJQF441	交联聚乙烯绝缘　分相铅套　双粗圆钢丝铠装　聚丙烯纤维外被层　海底电缆
HYJQF91	交联聚乙烯绝缘　分相铅套　扁钢丝铠装　聚丙烯纤维外被层　海底电缆
HYJQF991	交联聚乙烯绝缘　分相铅套　双扁钢丝铠装　聚丙烯纤维外被层　海底电缆
HYJQ41-F	交联聚乙烯绝缘　铅套　粗圆钢丝铠装　聚丙烯纤维外被层　光纤复合海底电缆
HYJQ441-F	交联聚乙烯绝缘　铅套　双粗圆钢丝铠装　聚丙烯纤维外被层　光纤复合海底电缆
HYJQ71-F	交联聚乙烯绝缘　铅套　扁铜丝铠装或圆铜丝铠装　聚丙烯纤维外被层　光纤复合海底电缆
HYJQ771-F	交联聚乙烯绝缘　铅套　双扁铜丝铠装或双圆铜丝铠装　聚丙烯纤维外被层　光纤复合海底电缆
HYJQ91-F	交联聚乙烯绝缘　铅套　扁钢丝铠装　聚丙烯纤维外被层　光纤复合海底电缆
HYJQ991-F	交联聚乙烯绝缘　铅套　双扁钢丝铠装　聚丙烯纤维外被层　光纤复合海底电缆
HYJQF41-F	交联聚乙烯绝缘　分相铅套　粗圆钢丝铠装　聚丙烯纤维外被层　光纤复合海底电缆
HYJQF441-F	交联聚乙烯绝缘　分相铅套　双粗圆钢丝铠装　聚丙烯纤维外被层　光纤复合海底电缆
HYJQF91-F	交联聚乙烯绝缘　分相铅套　扁钢丝铠装　聚丙烯纤维外被层　光纤复合海底电缆
HYJQF991-F	交联聚乙烯绝缘　分相铅套　双扁钢丝铠装　聚丙烯纤维外被层　光纤复合海底电缆

5.3　规格

电缆的规格用电缆芯数、导体标称截面积、光纤芯数和光纤类别表示。

本标准包括的电缆导体标称截面积见表 2。

表 2　海底电缆的规格

型号	芯数	标称截面积[a]/mm^2
HYJQ41,HYJQ441 HYJQ41-F,HYJQ441-F HYJQ71,HYJQ771 HYJQ71-F,HYJQ771-F HYJQ91,HYJQ991 HYJQ91-F,HYJQ991-F	1	400,500, 630,800,1 000,1 200,(1 400)[b]、1 600、(1 800)[b]、2 000
HYJQF41,HYJQF441 HYJQF41-F,HYJQF441-F HYJQF91,HYJQF991 HYJQF91-F,HYJQF991-F	3	400,500,630,800、1 000
[a] 供需双方协商一致,可以采用其他规格的导体截面积。其技术要求按照双方协商进行。 [b] 括号内截面积为非优选规格。		

5.4 产品表示方法

产品用型号、额定电压、规格和本标准编号表示。

示例1：额定电压127/220 kV 单芯、铜导体、导体标称截面积1 000 mm^2、交联聚乙烯绝缘、铅套、粗圆钢丝铠装聚丙烯纤维被层、12芯B1型光纤复合海底电缆，表示为：HYJQ41-F 127/220 1×1000+12B1 GB/T 32346.2—2015

示例2：额定电压127/220 kV 三芯、铜导体、导体标称截面积630 mm^2、交联聚乙烯绝缘、分相铅套、粗圆钢丝铠装聚丙烯纤维外被层海底电缆，表示为：HYJQF41 127/220 3×630 GB/T 32346.2—2015

示例3：额定电压127/220 kV 三芯、铜导体、导体标称截面积400 mm^2、交联聚乙烯绝缘、分相铅套、扁钢线铠装聚丙烯纤维被层、24芯B1型光纤复合海底电缆，表示为：HYJQF91-F 127/220 3×400+24B1 GB/T 32346.2—2015

6 材料及技术要求

6.1 导体

6.1.1 导体结构

导体应采用符合GB/T 3956—2008的第2类中紧压绞合圆形导体。用户要求时，协商一致也可采用其他导体结构，如拱形单线绞合导体。

导体表面应光洁、无油污、无损伤导体屏蔽及绝缘的毛刺、锐边以及凸起或断裂的单线。

制造长度上的海缆导体不应有整芯或整股焊接。导体中的单线允许焊接，但在同一层内，相邻两个接头之间的距离应不小于300 mm。

6.1.2 导体直流电阻

导体的直流电阻应符合GB/T 3956—2008对第2类紧压绞合导体的规定。

6.1.3 导体阻水性能

导体应采用阻水结构。其纵向阻水性能应符合GB/T 32346.1—2015中8.7.2的规定。

6.2 绝缘

6.2.1 材料

绝缘材料应采用超净的可交联聚乙烯料，缩写符号为XLPE。

绝缘材料的性能要求参见附录A。

6.2.2 绝缘厚度

绝缘层的标称厚度应符合表3的规定。

绝缘最小测量厚度和绝缘偏心度应符合GB/T 32346.1—2015中7.1.6.2规定。

表 3 绝缘层标称厚度

导体标称截面 mm^2	绝缘层标称厚度 mm
400、500	27.0
630	26.0
800	25.0
1 000～2 000	24.0

注 1：不包含任何小于本表给出的导体截面积，因为更小截面积的海底电缆，其结构和材料可能会有改变，需另作规定。

注 2：对大于 1 000 mm^2 导体截面积，可以增加绝缘厚度，以避免安装和运行时的机械损伤。

6.2.3 绝缘性能

电缆绝缘的热延伸和机械性能应符合 GB/T 32346.1—2015 中表 2 和表 3 的规定。

电缆绝缘中允许的微孔和杂质尺寸及数目应符合 GB/T 32346.1—2015 中 8.9.7 规定。

6.3 半导电屏蔽

6.3.1 材料

半导电屏蔽分为导体屏蔽和绝缘屏蔽；挤包半导电屏蔽用半导电料应采用超光滑交联型的半导电屏蔽料，半导电屏蔽料的性能要求参见附录 B。

6.3.2 导体屏蔽

导体屏蔽由半导电包带和挤包半导电层组成。挤包半导电层应均匀地包覆在半导电包带外，并与绝缘层牢固地粘结。半导电层与绝缘层的界面应光滑，无明显绞线凸纹、尖角、颗粒、焦烧及擦伤的痕迹。

6.3.3 绝缘屏蔽

屏蔽为挤包半导电层。绝缘屏蔽应与导体屏蔽挤包半导电层和绝缘层一起三层共挤。绝缘屏蔽应均匀地包覆在绝缘层表面，并与绝缘层牢固地粘附在一起。绝缘屏蔽和绝缘层的界面应光滑，不应有尖角、颗粒、烧焦或擦伤的痕迹。

6.3.4 半导电屏蔽层与绝缘层界面的微孔与突起

半导电屏蔽层与绝缘层界面的微孔与突起应符合 GB/T 32346.1—2015 中 8.9.7 规定。

6.3.5 半导电屏蔽电阻率

半导电屏蔽电阻率应符合 GB/T 32346.1—2015 中 7.1.14 和 8.8.2.7 的规定。

6.4 纵向阻水层

6.4.1 纵向阻水层构成和要求

在绝缘屏蔽层外应有纵向阻水层。纵向阻水层应采用半导电阻水膨胀带绕包而成。半导电阻水膨胀带应绕包紧密、平整,无皱褶。

纵向阻水层应使绝缘屏蔽层与金属屏蔽层保持电气上接触。

6.4.2 半导电阻水膨胀带要求

半导电阻水膨胀带的体积电阻率应与电缆挤包绝缘屏蔽的体积电阻率相适应。

半导电阻水膨胀带应与其相邻的其他材料相容。

6.5 金属套

6.5.1 概述

应采用金属套作为径向阻水层。金属套采用连续挤包的无缝铅套。

铅套用铅合金材料应符合 JB/T 5268.2—2011 的规定;也可采用与此性能相当或较优的铅合金。

6.5.2 铅套的标称厚度

铅套的标称厚度应符合表 4 的规定。

表 4 铅套标称厚度

导体标称截面积/mm^2	单芯海缆铅套厚度/mm	三芯海缆铅套厚度/mm
400	3.8	3.5
500	3.8	3.5
630	3.9	3.6
800	3.9	3.6
1 000	4.0	3.7
1 200	4.1	—
(1 400)	4.1	—
1 600	4.1	—
(1 800)	4.1	—
2 000	4.1	—
注:供需双方协商一致时,铅套厚度也可采用其他厚度。		

铅套的最小厚度应符合 GB/T 32346.1—2015 中 7.1.7 规定。

铅套可作为金属屏蔽层,如铅套的厚度不能满足用户对短路容量的要求时,应采取增加金属套厚度或增加铜丝屏蔽的措施。

6.5.3 金属套下的阻水性能

金属套下的阻水性能应符合 GB/T 32346.1—2015 中 8.7.3 的规定。

6.6 非金属外护套

6.6.1 外护套材料

金属套外应挤包聚合物非金属外护套作为防护层。

三芯海底电缆绝缘线芯的分相铅套外应挤包以聚乙烯为基料的半导电护套作为外护套。

对金属套和铠装两端互连接地的大长度单芯海底电缆，绝缘线芯的铅套外应挤包以聚乙烯为基料的半导电护套作为外护套；也可挤包以聚乙烯为基料的绝缘型外护套料（ST_7 型）作为外护套，但必须采取适当的方式，沿电缆长度方向以一定的间隔距离将金属套和铠装层进行互联连接，并作好连接处的防水处理。

单芯海底电缆系统的登陆段陆上电缆单端互联接地运行时，应采用以聚乙烯为基料的绝缘型外护套（ST_7 型）作为外护套。

半导电护套料的性能要求参见附录 C。

护套颜色一般为黑色。经供需双方协商，也可采用其他颜色。

6.6.2 外护套的标称厚度

外护套的标称厚度应符合表 5 的规定。

表 5 外护套标称厚度

导体标称截面积 mm²	单芯海缆外护套厚度 mm	三芯海缆外护套厚度 mm
400	3.2	3.2
500	3.3	3.3
630	3.3	3.3
800	3.4	3.3
1 000	3.4	3.4
1 200	3.5	—
(1 400)	3.6	—
1 600	3.7	—
(1 800)	3.8	—
2 000	3.9	—

外护套最小测量厚度应符合 GB/T 32346.1—2015 中 7.1.6.3 规定。

6.6.3 半导电外护套电阻率

半导电外护套电阻率应符合 GB/T 32346.1—2015 中 7.1.14 和 8.8.2.7 的规定。

6.6.4 外护套的机械性能

老化前后绝缘型外护套（ST_7）的机械物理性能应符合 GB/T 32346.1—2015 中表 4 的要求。

6.7 成缆

6.7.1 三芯电缆成缆时，绝缘线芯之间的间隙应使用非吸湿材料填充，成缆后应用合适带子扎紧，电缆外形应保持圆整。

6.7.2 三芯光纤复合海底电缆在成缆时，光纤单元宜放置于绝缘线芯之间的边隙内。

6.7.3 三芯电缆成缆前，绝缘线芯应采用适当的方式进行分相标识，

6.8 防蛀层

当需要时，单芯电缆可以在外护套外绕包金属带、三芯电缆可以在成缆芯外绕包金属带作为防

蚀层。

6.9 内衬层

6.9.1 金属铠装层下应有内衬层。内衬层可采用聚丙烯绳绕包层,并在内衬层外面均匀涂敷沥青或其他合适的防腐材料。

6.9.2 内衬层的近似厚度不小于 1.5 mm。

6.9.3 单芯光纤复合海底电缆光纤单元可放置于内衬层内。内衬层可选用其他合适材料和方式,使光纤单元在制造、敷设安装过程中不受损伤。

6.10 金属丝铠装层

金属丝铠装材料采用镀锌钢丝或者铜丝或者其他经验证耐海水腐蚀的金属材料。镀锌钢丝应符合 GB/T 3082—2008 的规定。

三芯电缆宜采用镀锌钢丝铠装。铠装钢丝可以是圆钢丝或扁钢丝。

单芯电缆推荐采用扁铜丝铠装,当单芯海缆要求很强拉力及机械保护情况下需采用镀锌钢丝铠装时,应充分考虑钢丝铠装层交流损耗及对电缆载流量的要求。

铠装圆钢丝直径一般为 4.0 mm、5.0 mm、6.0 mm、8.0 mm,钢丝直径不包括钢丝上可能有的非金属防蚀层,如用户要求或协商同意,允许采用比规定直径更大的钢丝。

铠装扁铜丝厚度一般为 2.0 mm、2.5 mm、3.0 mm。如用户要求或协商同意,允许采用比规定更厚的铜线。

6.11 外被层

电缆外被层一般采用纤维外被层。纤维外被层应有均匀涂敷的沥青或其他合适的防腐材料作为防腐层。纤维外被层的近似厚度为 4.0 mm。

允许采用其他合适结构的外被层。

6.12 光纤单元

6.12.1 材料

根据用户要求可采用单模光纤或多模光纤。单模光纤应符合 GB/T 9771—2008,多模光纤应符合 GB/T 12357—2004。

松套管材料宜采用不锈钢,不锈钢带材性能应符合 GB/T 3280—2007 中 06Cr19Ni10 的规定。

填充化合物应采用符合 YD/T 839—2014 要求的材料或等效材料。

护套可采用符合 GB/T 15065—2009 规定的中密度或高密度聚乙烯材料,也可根据需要采用其他合适材料。

6.12.2 结构

光纤单元宜采用中心束管式结构。经供需双方协商,可采用其他结构。光纤单元结构应是全截面阻水结构,光纤单元护套以内的所有间隙应充满复合物或其他有效阻水措施。

6.12.2.1 光纤

每一松套管中的光纤数宜为 2～24 芯,可根据需要增加光纤芯数。

为便于识别,各光纤涂覆层表面应着色,并应按 GB/T 6995.2—2008 规定的颜色色码进行标识,见表 6。对于单管超过 12 芯的光纤,应采用色环或等效方式,用于区分。

表 6 识别色码

色码	1	2	3	4	5	6	7	8	9	10	11	12
颜色	蓝	桔	绿	棕	灰	白	红	黑	黄	紫	粉红	青绿

6.12.2.2 松套管及填充化合物

松套管可采用单层不锈钢结构,也可采用不锈钢复合结构。松套管应具有良好的机械性能和加工性能。不锈钢管宜采用激光焊接,焊接应连续、完整、无虚焊、无气孔。

松套管内的填充化合物应均匀分布,易于去除。

松套管的尺寸应规定管外径和管壁厚度,松套管外径和壁厚的标称尺寸可随管中的光纤芯数改变,但在同一光纤单元中应相同。光纤在松套管中的余长应均匀稳定。

6.12.2.3 加强件

根据电缆结构要求,可以增加单层或双层金属丝铠装层作为加强件。

6.12.2.4 护套

护套采用挤包聚乙烯。护套厚度可根据电缆结构设计确定,金属丝铠装的光纤单元护套厚度应不低于 1.8 mm。外护套应无针孔、裂口等缺陷。

6.12.3 技术要求

6.12.3.1 衰减常数

光纤的衰减应符合 GB/T 9771—2008 和 GB/T 12357—2004 的相关规定。

6.12.3.2 色散

光纤的色散应符合 GB/T 9771—2008 和 GB/T 12357—2004 的相关规定。

6.12.3.3 水密性

应符合 GB/T 18480—2001 标准规定。在 2 MPa 水压下持续 336 h,纵向渗水长度应不大于 200 m。

7 成品电缆标志

7.1 采用标志带、非金属外护套上印字方式作为标志。标识内容应包括制造方名称、产品型号、额定电压、导体截面和制造年份的连续标志。

7.2 成品电缆外被层表面应有明显的长度标记。电缆两端头的 1 000 m 长度内,每 50 m 应有一个连续的长度标记。电缆中间每 100 m 应有连续的长度标志。

7.3 工厂接头处应有醒目的永久标志。标志应符合 GB/T 6995.2—2008 规定。

8 试验和要求

8.1 概述

成品电缆应按照本章规定进行试验,并应符合要求。

8.2 试验类别及代号

试验类别及代号见表 7。

表 7 试验类别及代号

试验类别	代号
例行试验	R
抽样试验	S
型式试验	T
预鉴定试验	PQ

8.3 试验项目及要求

试验项目及要求应符合表 8 和表 9 规定。其中型式试验、预鉴定试验和预鉴定扩展试验都应在成品电缆系统上进行，为成品电缆系统的型式试验、预鉴定试验和预鉴定扩展试验。

表 8 例行试验和抽样试验项目及要求

序号	试验项目	试验类型	试验要求		试样方法
			GB/T 32346.2—2015	GB/T 32346.1—2015	
1	制造长度电缆试验				
1.1	局部放电试验	R	—	6.1.1	GB/T 3048.12
1.2	电压试验	R	—	6.1.2	GB/T 3048.8
2	工厂接头试验		—		
2.1	局部放电试验	R	—	6.2.1	GB/T 3048.12
2.2	电压试验	R	—	6.2.2	GB/T 3048.8
2.3	X 射线检验	R		6.2.3	X 射线
3	交货电缆试验				
3.1	电压试验	R	—	6.3.2	GB/T 3048.8
3.2	局部放电试验	R		6.3.3	GB/T 3048.12
4	抽样试验				
4.1	导体检验	S	6.1.1	7.1.4	
4.2	导体电阻测量	S	6.1.2	7.1.5	GB/T 3048.4
4.3	绝缘厚度测量	S	6.2.2	7.1.6	GB/T 2951.11—2008
4.4	金属套厚度测量	S	6.5.2	7.1.7	GB/T 2951.11—2008
4.5	外护套厚度测量	S	6.6.2	7.1.6	GB/T 2951.11—2008
4.6	铠装金属丝测量	S	6.10	7.1.8	GB/T 32346.1—2015 中 7.1.8.1
4.7	直径测量	S	—	7.1.9	GB/T 2951.11—2008

表 8（续）

序号	试验项目	试验类型	试验要求		试样方法
			GB/T 32346.2—2015	GB/T 32346.1—2015	
4.8	XLPE 绝缘热延伸试验	S	—	7.1.10	GB/T 2951.21—2008
4.9	电容测量	S	—	7.1.11	GB/T 3048.11
4.10	局部放电试验	S	—	7.1.12	GB/T 3048.12
4.11	雷电冲击电压试验	S	—	7.1.13	GB/T 3048.13
4.12	导体屏蔽、绝缘屏蔽电阻率测量	S	6.3.5	7.1.14	GB/T 32346. 1—2015 中附录 A
4.13	半导电护套(若有)电阻率测量	S	6.6.3	7.1.14	GB/T 32346. 1—2015 中附录 A
5	工厂接头抽样试验			7.2	
5.1	局部放电试验	S		7.2.2	GB/T 3048.12
5.2	交流电压试验	S		7.2.2	GB/T 3048.8
5.3	雷电冲击电压试验	S		7.2.3	GB/T 3048.13
5.4	XLPE 绝缘热延伸试验	S		7.2.4	GB/T 2951.21—2008
5.5	导体接头拉力试验	S		7.2.5	GB/T 4909.3—2009

表 9 电缆系统型式试验项目及要求

序号	试验项目	试验要求		试验方法
		GB/T 32346.2—2015	GB/T 32346.1—2015	
1	绝缘厚度检查	—	8.5	GB/T 2951.11—2008
2	海底电缆和工厂接头的卷绕试验	—	8.6.1.1	GB//T 32346. 1—2015 中 8.6.1.1
3	海底电缆和工厂接头的张力弯曲试验	—	8.6.1.2	GB/T 32346.1—2015 中 8.6.1.2
4	纵向、径向透水试验	—	8.7	GB/T 32346.1—2015 中 8.7
5	电气型式试验			
5.1	环境温度下局部放电试验	—	8.8.2.1	GB/T 3048.12
5.2	tanδ 测量	—	8.8.2.2	GB/T 3048.11
5.3	热循环电压试验	—	8.8.2.3	GB/T 3048.8
5.4	局部放电试验	—	8.8.2.4	GB/T 3048.12
5.5	雷电冲击电压试验及随后的工频电压试验	—	8.8.2.5	GB/T 3048.13

表 9（续）

序号	试验项目	试验要求		试验方法
		GB/T 32346.2—2015	GB/T 32346.1—2015	
5.6	目测检验电缆和附件	—	8.8.2.6	目测检验
5.7	半导电屏蔽电阻率测量	6.3.5	8.8.2.7	GB/T 32346.1—2015 中附录 A
6	电缆组件和成品电缆段的非电气型式试验			
6.1	电缆结构检验	6.1.1、6.2.2、6.5.2、6.6.2、6.9、6.10、6.11	8.9.1	GB/T 2951.11—2008
6.2	老化前后绝缘机械性能试验	—	8.9.2	GB/T 2951.11—2008
6.3	半导电护套电阻率测量	6.6.3	8.8.2.7	GB/T 32346.1—2015 中附录 A
6.4	老化前后外护套(ST_7 型)机械性能试验	6.6.4	8.9.3	GB/T 2951.12—2008
6.5	成品电缆段相容性老化试验	—	8.9.4	GB/T 32346.1—2015 中 8.9.4
6.6	外护套(ST_7 型)高温压力试验	—	8.9.5	GB/T 2951.31—2008
6.7	XLPE 绝缘热延伸试验	—	8.9.6	GB/T 2951.21—2008
6.8	XLPE 绝缘的微孔杂质和半导电屏蔽层与绝缘层界面的微孔与突起试验	—	8.9.7	GB/T 32346.1—2015 中附录 B

8.4 光纤复合海底电缆的光纤单元试验项目及要求

光纤复合海底电缆还应增加光纤单元的试验，其试验项目及要求应符合表 10 规定。

表 10 光纤单元试验项目及要求

序号	试验项目	试验类型	试验要求	试验方法
1	光纤色谱识别	R	6.12.2.1	目力检查
2	光纤衰减系数测量	R	6.12.3.1	GB/T 15972.40—2008
3	光纤色散测量	T	6.12.3.2	GB/T 15972.42—2008
4	光纤单元水密性试验	T	6.12.3.3	GB/T 18480—2001

8.5 附件和成品海底电缆组成系统的预鉴定试验

附件和海缆组成系统的预鉴定试验应按 GB/T 32346.1—2015 第 9 章进行试验，并符合规定要求。

8.6 预鉴定扩展试验

如果已通过预鉴定的电缆或附件需要更换其他通过预鉴定的电缆或附件，应按 GB/T 32346.1—2015 第 10 章进行预鉴定扩展试验，并符合预鉴定扩展有效范围规定要求。

9 验收规则

9.1 制造方应按本标准 8.3、8.4 要求进行例行试验、抽样试验。抽样试验的频度和复试要求应按照 GB/T 32346.1—2015 中 7.1.2、7.1.3 和 7.2.1 规定。

9.2 产品的型式试验应由具有资质的独立检测机构检测认定符合本标准规定。用户有要求时，制造方应提供产品的型式试验报告。

9.3 产品应由制造方的质量检验部门检验合格后方能出厂。出厂的电缆应附有产品检验合格证书。用户有要求时，制造方应提供产品的试验报告。

9.4 产品应按表 8 规定的试验项目进行交货电缆验收。

10 装船和贮运

10.1 大长度电缆应采用船舶运输，缆舱内圈直径应大于电缆允许最小弯曲直径。较短电缆可以采用专用电缆吊运托盘运输。电缆的两个端头应有可靠的防水密封处理。运输中严禁机械损伤电缆。

10.2 电缆上应标明：

a) 制造方名称；

b) 电缆型号；

c) 额定电压，kV；

d) 标称截面，mm^2；

e) 长度，m；

f) 制造日期， 年 月；

g) 本部分编号。

11 敷设后试验

电缆敷设后的电气试验按照 GB/T 32346.1—2015 中第 11 章规定。

附　录　A
（资料性附录）
交联聚乙烯绝缘料性能

220 kV 交联聚乙烯绝缘海底电缆用绝缘料性能如表 A.1 所示。

表 A.1　交联聚乙烯绝缘料性能

序号	项目	单位	要求
1	抗张强度	MPa	≥17.0
2	断裂伸长率	%	≥500
3	热延伸试验[(200±3)℃,0.20 MPa,15 min] 负荷下伸长率 永久变形率	 % %	 ≤100 ≤10
4	介电常数	—	≤2.35
5	介质损失角正切 $\tan\delta$	—	$\leqslant 5.0\times10^{-4}$
6	短时工频击穿强度 (较小的平板电极直径 25 mm,升压速率 500 V/s)	kV/mm	≥30
7	体积电阻率(23 ℃)	Ω·m	$\geqslant 1.0\times10^{14}$
8	杂质最大尺寸(1 000 g 样片中)	mm	≤0.10

附 录 B
（资料性附录）
半导电屏蔽料性能

220 kV 交联聚乙烯绝缘海底电缆用半导电屏蔽料的性能如表 B.1 所示。

表 B.1 半导电屏蔽料性能

序号	项目	单位	要求
1	抗张强度	MPa	≥12.0
2	断裂伸长率	%	≥150
3	热延伸试验[(200±3)℃,0.20 MPa,15 min] 负荷下伸长率 永久变形率	 % %	 ≤100 ≤10
4	体积电阻率 23 ℃ 90 ℃	 Ω·m Ω·m	 ≤1.0 ≤3.5

附　录　C
（资料性附录）
半导电护套料性能

220 kV 交联聚乙烯绝缘海底电缆用半导电护套料的性能如表 C.1 所示。

表 C.1　半导电护套料性能

序号	项目	单位	要求
1	密度（23 ℃）	g/cm^3	≤1.15
2	老化前抗拉强度(250±50 mm/min)	N/mm^2	≥12.5
3	老化前断裂伸长率(250±50 mm/min)	%	≥300
4	空气热老化(100 ℃×7 d)		
4.1	抗拉强度变化率	%	±25
4.2	断裂伸长率变化率	%	±25
5	体积电阻率(23 ℃)	Ω·m	≤1.0

ICS 29.060.20
K 13

中华人民共和国国家标准

GB/T 32346.3—2015

额定电压 220 kV(U_m=252 kV)交联聚乙烯绝缘大长度交流海底电缆及附件 第3部分:海底电缆附件

Long AC submarine cables with cross-linked polyethylene insulation and their accessories for rated voltage of 220 kV(U_m=252 kV)—Part 3: Accessories for submarine cables

2015-12-31 发布 2016-07-01 实施

中华人民共和国国家质量监督检验检疫总局
中国国家标准化管理委员会 发布

前　言

GB/T 32346《额定电压 220 kV(U_m=252 kV)交联聚乙烯绝缘大长度交流海底电缆及附件》分为三个部分：

——第1部分：试验方法和要求；

——第2部分：大长度交流海底电缆；

——第3部分：海底电缆附件。

本部分为 GB/T 32346 的第3部分。

本部分按照 GB/T 1.1—2009 给出的规则起草。

本部分由中国电器工业协会提出。

本部分由全国电线电缆标准化技术委员会(SAC/TC 213)归口。

本部分起草单位：宁波东方电缆股份有限公司、上海电缆研究所、江苏亨通高压电缆有限公司、国家电线电缆质量监督检验中心、福建永福工程顾问有限公司、青岛汉缆股份有限公司、中天科技海缆有限公司、上海上缆藤仓电缆有限公司、上海三原电缆附件有限公司、中国电力科学研究院、中国电建集团华东勘测设计研究院有限公司。

本部分主要起草人：沈佩芳、孙建生、潘文林、范玉军、林一文、张峰、张建民、胡朝东、徐操、饶文斌、杨建军。

额定电压 220 kV(U_m=252 kV)交联聚乙烯绝缘大长度交流海底电缆及附件 第3部分:海底电缆附件

1 范围

GB/T 32346 的本部分规定了额定电压 220 kV(U_m=252 kV)交联聚乙烯绝缘大长度交流海底电缆附件的基本结构、型号命名、技术要求、验收规则、包装、运输及贮存。

本部分适用于额定电压 220 kV(U_m=252 kV)交联聚乙烯绝缘大长度交流海底电缆的工厂接头(软接头)、修理接头、海底电缆与陆上电缆间过渡接头和户外终端、GIS 终端。

2 规范性引用文件

下列文件对于本文件的应用是必不可少的。凡是注日期的引用文件,仅注日期的版本适用于本文件。凡是不注日期的引用文件,其最新版本(包括所有的修改单)适用于本文件。

GB 311.1—2012 绝缘配合 第1部分:定义、原则和规则

GB/T 1527—2006 铜及铜合金拉制管

GB/T 2951.11—2008 电缆和光缆绝缘和护套材料通用试验方法 第11部分:通用试验方法——厚度和外形尺寸测量——机械性能试验

GB/T 2951.21—2008 电缆和光缆绝缘和护套材料通用试验方法 第21部分:弹性体混合料专用试验方法——耐臭氧试验——热延伸试验——浸矿物油试验

GB/T 3048.8 电线电缆电性能试验方法 第8部分:交流电压试验

GB/T 3048.12 电线电缆电性能试验方法 第12部分:局部放电试验

GB/T 3048.13 电线电缆电性能试验方法 第13部分:冲击电压试验

GB/T 4423—2007 铜及铜合金拉制棒

GB/T 7354 局部放电测量

GB/T 8287.1—2008 标准电压高于1 000 V系统用户内和户外支柱绝缘子 第1部分:瓷或玻璃绝缘子的试验

GB/T 12464—2002 普通木箱

GB/T 16927.1 高电压试验技术 第1部分:一般定义及试验要求

GB/T 21429—2008 户外和户内电气设备用空心复合绝缘子 定义、试验方法、接收准则和设计推荐

GB/T 22381—2008 额定电压72.5 kV及以上气体绝缘金属封闭开关设备与充流体及挤包绝缘电力电缆的连接 充流体及干式电缆终端

GB/T 23752—2009 额定电压高于1 000 V的电器设备用承压和非承压空心瓷和玻璃绝缘子

GB/T 26218.1—2010 污秽条件下使用的高压绝缘子的选择和尺寸确定 第1部分:定义、信息和一般原则

GB/T 32346.1—2015 额定电压 220 kV(U_m=252 kV)交联聚乙烯绝缘大长度交流海底电缆及附件 第1部分:试验方法和要求

GB/T 32346.2—2015 额定电压 220 kV(U_m=252 kV)交联聚乙烯绝缘大长度交流海底电缆及附件 第 2 部分：大长度交流海底电缆

YD/T 814.3—2005 光缆接头盒 第 3 部分：浅海光缆接头盒

IEC 62271-209：2007 高压开关和控制设备 第 209 部分：额定电压 52 kV 以上气体绝缘金属封闭开关的电缆连接——充流体的和挤包绝缘电缆——充流体的和干式电缆-终端(High-voltage switchgear and controlgear—Part 209：Cable connections for gas-insulated metal-enclosed switchgear for rated voltages above 52 kV—Fluid-filled and extruded insulation cables—Fluid-filled and dry-type cable-terminations)

IEC/TR 62271-301：2009 高压开关和控制设备 第 301 部分：高压端子的尺寸标准化(High-voltage switchgear and controlgear—Part 301：Dimensional standardization of high-voltage terminals)

3 术语和定义

GB/T 32346.1—2015 界定的以及下列术语和定义适用于本文件。

3.1

户外终端 outdoor termination

在受阳光直接照射或暴露在气候环境下或二者都存在情况下使用的电缆终端。

3.2

瓷套管终端 termination with porcelain insulator

以陶瓷套管为外绝缘的(户外)电缆终端。

3.3

复合套管终端 termination with composite insulator

以玻璃纤维增强环氧管为衬芯，外覆耐候、抗污秽弹性体材料(如硅橡胶)组成的复合套管为外绝缘的(户外)电缆终端。

3.4

GIS 终端(气体绝缘终端) gas immersed termination

安装在气体绝缘封闭开关设备(GIS)内部以六氟化硫(SF_6)气体为其外绝缘的气体绝缘部分的电缆终端。

3.5

预制附件 prefabricated accessory

以具有电场应力控制作用的预制橡胶元件(和预制环氧绝缘件)作为主要绝缘件的电缆附件，包含预制式终端和预制式接头。

3.6

组合预制绝缘件接头 composite type prefabricated joint

采用预制橡胶应力锥及预制环氧绝缘件现场组装作为主要绝缘件的接头。

3.7

整体预制橡胶绝缘件接头 one piece pre-moulded joint

采用单一预制橡胶绝缘件作为主要绝缘件的接头。

3.8

挤塑模塑接头 extrusion molded joint

现场采用小型挤出机借助模具将交联聚乙烯料挤出形成接头绝缘，并在压力和加热条件下使绝缘交联成形的接头。

4 使用条件

4.1 额定电压与导体工作温度

额定电压与导体工作温度应与 GB/T 32346.2—2015 中第 4 章对电缆的规定相一致。

4.2 环境条件(适用于户外终端)

4.2.1 标准参考大气压条件

标准参考大气压条件为:

——温度:$t_0 = 20$ ℃

——压力:$p_0 = 101.3$ kPa

——绝对湿度:$h_0 = 11$ g/m³

本部分规定的试验电压均为相应于标准参考大气压条件下的数值。

4.2.2 正常使用条件

本部分规定的试验电压,适用于下列使用条件下运行的设备:

a) 周围环境最高空气温度不超过 40 ℃;

b) 安装地点的海拔高度不超过 1 000 m。

4.2.3 试验电压值的温度修正

对周围环境空气温度高于 40 ℃处的设备,其外绝缘在干燥状态下的试验电压应取本部分规定的试验电压值乘以温度修正因素 K_t:

$$K_t = 1 + 0.003\,3(T - 40) \qquad \cdots\cdots(1)$$

式中:

T——环境空气温度,单位为摄氏度(℃)。

4.2.4 试验电压值的海拔修正

对用于海拔高于 1 000 m,但不超过 4 000 m 处的户外终端的外绝缘的绝缘强度应进行海拔修正,修正方法见 GB 311.1—2012 的附录 B。

4.2.5 污秽环境

外绝缘污秽等级应符合或严于 GB/T 26218.1—2010 的规定。

4.2.6 特殊环境条件

设计用于特殊环境条件,例如地震、飓风、覆冰等非正常条件下运行的设备,可能需要某些特定的试验,参见 GB/T 21429—2008、GB/T 23752—2009 和 GB/T 4109—2008,本部分不作规定。

4.3 系统类别

本部分包括的附件适合运行的系统类别与 GB/T 32346.2—2015 中 4.1 的规定相一致。

5 附件的型号和命名

5.1 代号

5.1.1 系列代号

交联聚乙烯绝缘海底电缆 …………………………………………………………… YJ

5.1.2 附件代号

瓷套管(户外)终端 ……………………………………………………………………… ZW
复合套管(户外)终端 …………………………………………………………………… ZWF
GIS终端 …………………………………………………………………………………… ZG
工厂接头(软接头) ……………………………………………………………… JR(如需要)
修理接头(现场接头) …………………………………………………………………… JX
海缆与陆缆的过渡接头 ………………………………………………………………… JG

5.1.3 绝缘代号

5.1.3.1 终端内绝缘特征

液体填充绝缘 ……………………………………………………………………………… Y
干式绝缘 …………………………………………………………………………………… G
六氟化硫(SF_6)充气绝缘 ………………………………………………………………… Q

5.1.3.2 接头内绝缘特征

组合预制绝缘件 …………………………………………………………………………… Z
整体预制绝缘件 …………………………………………………………………………… I

5.1.4 户外终端外绝缘污秽等级代号

e级或更严(最小统一爬电比距(USCD)53.7 mm/kV) ……………………………………… 4

5.1.5 接头保护盒及外保护层

玻璃钢保护盒(含铜壳和防水浇注剂)……………………………………………………… 1
金属铜壳保护盒(含防水浇注剂)…………………………………………………………… 2

5.2 产品型号及命名

型号组成由图1所示：

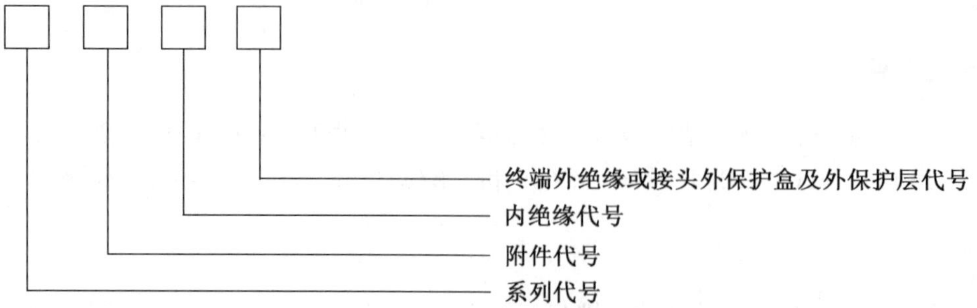

□ □ □ □

终端外绝缘或接头外保护盒及外保护层代号
内绝缘代号
附件代号
系列代号

图1 电缆附件型号组成

附件产品型号及名称见表1。

表 1 产品型号及名称

型号		产品名称
主型号	副型号	
YJZWC	YJZWC4	交联聚乙烯绝缘海底电缆液体填充绝缘瓷套管终端，外绝缘污秽等级 e 级或更严
YJZWFC	YJZWFC4	交联聚乙烯绝缘海底电缆液体填充绝缘复合套管终端，外绝缘污秽等级 e 级或更严
YJZGC	—	交联聚乙烯绝缘海底电缆液体填充绝缘 GIS 终端
YJJXI	YJJXI2	交联聚乙烯绝缘海底电缆整体预制橡胶绝缘件修理接头，金属保护盒含防水浇注剂
YJJXZ	YJJXZ2	交联聚乙烯绝缘海底电缆组合预制绝缘件修理接头，金属保护盒含防水浇注剂
YJJR	—	交联聚乙烯绝缘海底电缆工厂接头(如需要)
YJJG	—	交联聚乙烯绝缘海底电缆与陆缆的过渡接头

5.3 产品表示方法

产品用型号、规格(额定电压、相数、适用电缆截面)及本标准号表示。

示例 1：额定电压 127/220 kV、导体标称截面 800 mm^2、交联聚乙烯绝缘海底电缆用液体填充绝缘瓷套管终端，外绝缘污秽等级Ⅳ级或更严，表示为：YJZWC4 127/220 1×800 GB/T 32346.3—2015

示例 2：额定电压 127/220 kV、导体标称截面 1 200 mm^2、交联聚乙烯绝缘海底电缆整体预制绝缘件修理接头，金属铜壳保护盒含防水浇注剂，表示为：YJJXI2 127/220 1×1 200 GB/T 32346.3—2015

5.4 附件规格

附件规格由额定电压、适用电缆的相数及导体截面积表示。

附件规格应与所配套的电缆导体截面相适配。

6 技术要求

6.1 导体连接金具

导体连接杆应采用符合 GB/T 4423—2007 规定的铜材制造。

导体连接管应采用符合 GB/T 1527—2006 的铜材制造。压接型导体连接管的铜含量应不低于 99.9%，并经退火处理。

终端的接线端子应采用导电性良好的铜或铜合金制造，其尺寸应符合 IEC/TR 62271-301：2009 要求。

导体连接金具的表面应光滑、洁净，不允许有损伤、毛刺和凹凸斑痕及其他影响电气接触和机械强度的缺陷。铸造成型的接线端子其接触面及连接孔不得有气孔、砂眼和夹渣等缺陷。

连接金具的规格应不小于电缆导体截面。连接金具的机械强度应满足安装和运行条件的要求。

要求时，导体连接杆和导体连接管可进行 8.4.8 规定的试验，以证明其性能满足要求。

6.2 结构金具

附件结构金具(金属壳体、法兰、套管、包围支架等)应采用非磁性金属材料。

所有密封金具应有良好的组装密封性和配合性，不应有组装后造成泄露的缺陷，如划伤，凹痕等。密封性能应符合 8.4.6 规定的试验要求。

6.3 密封圈及半导电橡胶带

附件用密封圈应与相接触的材料相容，并能在额定负荷下长期保持使用功能。

半导电屏蔽用橡胶带应是硫化型的，其性能参见附录A。

6.4 橡胶应力锥及预制橡胶绝缘件

橡胶应力锥及预制橡胶绝缘件用绝缘料与半导电料的性能参见GB/T 20779.2—2007的规定（其中的人工气候老化和耐电痕试验不适用）。

橡胶应力锥及预制橡胶绝缘件应无气泡、烧焦物和其他有害杂质，内外表面应光滑，无伤痕、裂痕和突起物。绝缘与半导电屏蔽的界面应结合良好，应无裂纹和剥离现象。半导电屏蔽内应无有害杂质。

橡胶绝缘件的尺寸规格应与电缆主绝缘的外径相适配。

6.5 环氧预制件及环氧套管

环氧树脂固化体性能参见附录B。

环氧预制件及环氧套管应无有害杂质、气孔，内外表面应光滑无缺陷。绝缘体与预埋金属件应结合良好，无裂纹、变形等异常情况。

环氧套管的密封性能应符合8.4.6的试验要求。

6.6 瓷套管

瓷套管应符合GB/T 23752—2009的要求，污秽等级为e级或更严（推荐最小统一爬电比距53.7 mm/kV）。

6.7 复合套管

复合套管应符合GB/T 21429—2008的要求，污秽等级为e级或更严（推荐最小统一爬电比距53.7 mm/kV）。

6.8 支柱绝缘子

支柱绝缘子应符合GB/T 8287.1—2008的要求。

6.9 液体绝缘填充剂

液体绝缘填充剂应与相接触的绝缘材料及结构材料相容。硅油性能和聚异丁烯性能参见附录C。

对乙丙橡胶应力锥终端推荐采用经真空除气的低黏度硅油作为绝缘填充剂。

对硅橡胶应力锥推荐采用聚异丁烯作为绝缘填充剂，亦可采用高黏度硅油作为绝缘填充剂。

6.10 GIS终端

GIS终端与GIS开关的安装连接尺寸应符合IEC 62271-209:2007或GB/T 22381—2008的要求。当终端制造方与GIS开关制造方协商同意时，也可以采用其他配合尺寸。

GIS终端应防止外绝缘的六氟化硫气体进入终端及电缆系统，例如采用死密封结构环氧套管的GIS终端结构。

6.11 工厂接头

海底电缆的工厂接头应为模塑型（如挤塑模塑接头等）。

工厂接头应符合下列要求：

a) 截面为 800 mm^2 及以下导体之间焊接的抗拉强度应不小于 180 MPa，截面 800 mm^2 以上导体之间连接的抗拉强度应不小于 170 MPa；

b) 绝缘应采用与电缆本体相同的交联聚乙烯绝缘料；

c) 工厂接头恢复后铅套外径应不超过电缆本体铅套外径的 10%；

d) 工厂接头电气性能应符合第 8 章规定的试验要求；

e) 工厂接头恢复处绝缘的微孔杂质要求应符合 8.4.3 规定的要求。

6.12 修理接头

6.12.1 概述

修理接头主要分为软接头型修理接头和刚性修理接头两类。内部设计应满足电气功能设计原则，外部设计应满足机械功能设计原则。根据需要修理接头亦可用作电缆装置的现场接头。

6.12.2 软接头型修理接头

软接头型修理接头的内部设计类似于工厂接头，外径近似于电缆外径。应特别注意此类修理接头的金属铠装线的恢复处理，应保证接头处的金属铠装恢复柔性连接并具有足够强度，以避免金属铠装线松弛而使海缆敷设时电缆芯受到过度张力。

6.12.3 刚性修理接头

刚性修理接头的内部设计通常采用预模制或预装配结构，也可采用类似于工厂接头。外部设计应具有良好的机械性能和防海水腐蚀性能，可以耐受敷设和运行时所受的机械弯曲、机械张力和扭转的要求，金属保护盒宜采用高强度不锈钢材料制成。

修理接头应具有完善的防水密封构件并且做好防水浇注剂灌封工艺措施。

光纤复合海底电缆修理接头的整体水密封构件中应包含有用于光纤单元的接线盒，同时做好防水浇注剂灌封处理。光纤单元接线盒应符合 YD/T 814.3—2005 的规定。

6.13 海缆与陆缆的过渡接头

过渡接头为连接两根均为挤包绝缘但有设计差异(如导体的截面、结构或材质不同)的海缆与陆缆间的接头。过渡接头井通常位于海岸线或靠近海岸线。

过渡接头内部设计通常是主绝缘为预制绝缘件，外部设计类同刚性修理接头。

假如过渡接头连接的海缆敷设于平坦的海底，且过渡接头靠岸，则铠装可即在此终止。如果海缆置于很陡的斜坡，必须将海缆铠装锚固固定。

6.14 附件产品

附件产品及其主要部件的试验要求由第 8 章规定。

7 附件标志

7.1 产品标志

每个出厂的电缆附件产品应带有明显的耐久性标志，标志内容如下：

——制造方名称；

——型号、规格；

——额定电压，kV；

——生产日期及编号。

注：工厂接头除外。

7.2 零部件的标志

接头保护盒、预制橡胶绝缘件等部件应采用适当的方式标明制造方名称、型号、规格。

8 试验和要求

附件试验分为例行试验（代号为R）、抽样试验（代号为S）、型式试验（代号为T）和预鉴定试验（代号为P）。

8.1 附件部件的例行试验

附件部件的例行试验应包括以下项目：

a) 预制橡胶绝缘件的局部放电试验（见GB/T 32346.1—2015中6.4.1）；

b) 预制橡胶绝缘件的电压试验（见GB/T 32346.1—2015中6.4.2）。

预制橡胶绝缘件包括应力锥或整体预制的组合应力控制绝缘件。

8.2 附件的例行试验

8.2.1 工厂接头的例行试验应包括以下项目：

a) 局部放电试验（见GB/T 32346.1—2015中6.2.1，在考虑中）；

b) 电压试验（见GB/T 32346.1—2015中6.2.2）；

c) 工厂接头导体焊接的X射线检验（见GB/T 32346.1—2015中6.2.3）；

d) 工厂接头铅套外径检查（见6.11）。

8.2.2 修理接头的例行试验

假如修理接头的主绝缘为预制绝缘件，这些预制绝缘件可以在接头安装前经受例行试验，则以下的预制绝缘件的例行试验可以作为修理接头的例行试验：

a) 预制橡胶绝缘件的局部放电试验（见GB/T 32346.1—2015中6.4.1）；

b) 预制橡胶绝缘件的电压试验（见GB/T 32346.1—2015中6.4.2）。

8.2.3 过渡接头的例行试验

假如过渡接头的主绝缘为预制绝缘件，这些预制绝缘件可以在接头安装前经受例行试验，则应采用8.2.2的试验项目作为过渡接头的例行试验项目。

8.3 附件的抽样试验

抽样试验仅针对工厂接头，工厂接头的抽样试验应包括以下项目：

a) 局部放电试验和交流电压试验（见GB/T 32346.1—2015的7.2.2）；

b) 雷电冲击电压试验（见GB/T 32346.1—2015的7.2.3）；

c) 交联聚乙烯绝缘热延伸试验（见GB/T 32346.1—2015的7.2.4）；

d) 导体接头拉力试验（见8.4.2）。

假如合同规定，工厂接头要进行型式试验，此抽样试验可以免除。

8.4 附件的型式试验

8.4.1 概述

工厂接头连同海底电缆试样应经受 GB/T 32346.1—2015 中 8.6.1 规定的卷绕试验和张力弯曲试验，随后按 GB/T 32346.1—2015 中 8.8 的规定进行电气型式试验。

修理接头和终端应按 GB/T 32346.1—2015 的 8.8 规定进行电气型式试验。

附件的型式试验及要求应符合 GB/T 32346.1—2015 第 8 章，此外还应进行下列项目的试验：

a) 终端组装后的密封试验(见 8.4.6)；

b) 户外终端短时(1 min)工频电压试验(湿试)(见 8.4.7)；

c) 导体压接和机械连接件的热机械性能试验，要求时(见 8.4.8)。

8.4.2 工厂接头导体连接拉力试验

8.4.2.1 试验方法

截取试样长度不小于 500 mm，焊接处应靠近试样的中间部位，两端头用低熔合金浇灌。将试件夹持在试验机的钳口内，夹紧后试件的位置应保证试件的纵轴与拉伸的中心线重合。启动试验机时，加载应平稳，速度均匀，无冲击，当试件被拉伸断裂后，读数并记录最大负荷，试验结果抗拉强度按式(2)计算：

$$\sigma = \frac{F}{S} \qquad \cdots\cdots(2)$$

式中：

σ——抗拉强度，单位为牛顿每平方毫米(N/mm^2)；

F——最大力，单位为牛顿(N)；

S——试样标称截面积，单位为平方毫米(mm^2)。

8.4.2.2 要求

试验结果应符合 6.11 规定。

8.4.3 工厂接头交联聚乙烯绝缘微孔杂质及半导电屏蔽层与绝缘层界面微孔和突起试验

应按 GB/T 32346.1—2015 附录 B(规范性附录)规定进行试验，试验结果应符合 GB/T 32346.1—2015 中 8.9.7 规定，与电缆本体要求相同。

8.4.4 工厂接头和修理接头的径向透水试验

应按 GB/T 32346.1—2015 中 8.7.4 规定进行。

8.4.5 修理接头张力试验

修理接头应经受 GB/T 32346.1—2015 中 8.6.2.2 张力试验，试验数据可作为工程参考。

8.4.6 终端组装后的密封试验

8.4.6.1 试样安装

终端试样应按实际使用的安装要求进行组装，组装试样内允许不含绝缘件。

试验装置应将密封金具、瓷套管、复合套管或环氧套管试品两端密封。

8.4.6.2 压力泄漏试验

在环境温度下对试品施加表压为(250±10)kPa的气压,保持1 h。承受气压的试品应有防爆安全措施。任选浸水检验或密封面上涂肥皂液检验,观察是否有气体逸出。

或施加相同水压,保持1 h。在密封面上涂白垩粉,观察是否有水渗出迹象。

试验期间应无漏气或渗水迹象。

8.4.6.3 真空泄漏试验

在环境温度下将试样抽真空至残压A为10 kPa的气压,然后关闭试品与真空泵间的真空阀门,保持1 h。测量试品的压力值B。测量用真空计的分辨率应不超过2 kPa。

试验结束时,真空压力漏增值(B－A)应不超过10 kPa。

8.4.7 户外终端短时(1 min)工频电压试验(湿试)

户外终端试样应在GB/T 16927.1规定的淋雨条件下,施加工频电压460 kV,历时1 min。

试样应不闪络或击穿。

8.4.8 导体压接和机械连接件的热机械性能试验

经制造方和买方同意,导体压接和机械连接件应进行电气热循环试验和机械试验。

试验方法和要求在考虑中。

8.5 附件和成品海底电缆组成系统的预鉴定试验

附件和海缆组成系统的预鉴定试验应按GB/T 32346.1—2015第9章进行试验,并符合规定要求。

8.6 预鉴定扩展试验

如果已通过预鉴定试验的电缆或附件需要更换其他通过预鉴定试验的电缆或附件,应按GB/T 32346.1—2015第10章进行预鉴定扩展试验,并符合规定要求以扩展预鉴定试验有效范围。

8.7 附件产品的试验要求和试验方法

附件产品的试验要求和试验方法如表2和表3所示。

表2 附件的例行试验和抽样试验

序号	试验项目	试验类型	试验要求	试验方法
1	预制橡胶绝缘件的局部放电试验	R	GB/T 32346.1—2015中6.4.2	GB/T 7354、GB/T 3048.12
2	预制橡胶绝缘件的电压试验	R	GB/T 32346.1—2015中6.4.3	GB/T 3048.8
3	工厂接头例行试验			
3.1	工厂接头的局部放电试验	R	GB/T 32346.1—2015中6.2.1	在考虑中
3.2	工厂接头的电压试验	R	GB/T 32346.1—2015中6.2.2	GB/T 3048.8
3.3	工厂接头导体焊接检验	R	GB/T 32346.1—2015中6.2.3	X射线
3.4	工厂接头铅套外径检查	R	6.11	GB/T 2951.11—2008

表 2（续）

序号	试验项目	试验类型	试验要求	试验方法
4	修理接头例行试验	R	GB/T 32346.1—2015 中 6.4	
5	终端例行试验	R	GB/T 32346.1—2015 中 6.5	
6	过渡接头例行试验	R	GB/T 32346.1—2015 中 6.6	
7	工厂接头的抽样试验			
7.1	工厂接头的局部放电试验	S	GB/T 32346.1—2015 中 7.2.2	
7.2	工厂接头的电压试验	S	GB/T 32346.1—2015 中 7.2.2	GB/T 3048.8
7.3	雷电冲击电压试验	S	GB/T 32346.1—2015 中 7.1.13	GB/T 3048.13
7.4	交联聚乙烯绝缘热延伸试验	S	GB/T 32346.1—2015 中 7.1.10	GB/T 2951.21—2008
7.5	导体接头拉力试验	S	6.11	8.4.2

表 3　海底电缆及附件系统的型式试验和预鉴定试验

序号	试验项目	试验类型	试验要求	试验方法
1	工厂接头(连同电缆)的机械型式试验	T	GB/T 32346.1—2015 中 8.6.1	GB/T 32346.1—2015 中 8.6.1
2	工厂接头(连同电缆)的电气型式试验	T		
2.1	环境温度下局部放电试验	T	GB/T 32346.1—2015 中 8.8.2.1	GB/T 3048.12
2.2	热循环电压试验	T	GB/T 32346.1—2015 中 8.8.2.3	GB/T 3048.8
2.3	高温下的局部放电试验	T	GB/T 32346.1—2015 中 8.8.2.4	GB/T 3048.12
2.4	雷电冲击电压试验及随后的工频电压试验	T	GB/T 32346.1—2015 中 8.8.2.5	GB/T 3048.13、GB/T 3048.8
2.5	目测检验	T	GB/T 32346.1—2015 中 8.8.2.6	目测
3	工厂接头和修理接头型式试验	T		
3.1	工厂接头连接导体拉力试验	T	6.11	8.4.2
3.2	工厂接头绝缘微孔、杂质及界面突起试验	T	GB/T 32346.1—2015 中 8.9.7	GB/T 32346.1—2015 附录 B
3.3	工厂接头和修理接头径向透水试验	T	GB/T 32346.1—2015 中 8.7.4	GB/T 32346.1—2015 中 8.7.4
3.4	修理接头张力试验	T	GB/T 32346.1—2015 中 8.6.2.2	GB/T 32346.1—2015 中 8.6.2.2
4	终端组装后的密封试验	T	8.4.6	8.4.6
5	户外终端短时工频电压试验(1 min 湿试)	T	8.4.7	GB/T 16927.1
6[a]	导体压接和机械连接件的热机械性能试验	T	8.4.8	在考虑中
7	成品海底电缆系统的预鉴定试验	PQ	GB/T 32346.1—2015 中 9.4	GB/T 32346.1—2015 中 9.4
8	成品海底电缆系统预鉴定扩展试验	PQ	GB/T 32346.1—2015 中 10	GB/T 32346.1—2015 中第 10 章

[a] 要求时进行。

9 验收规则

电缆附件产品按表2规定进行试验。

产品应由制造厂的质量检验部门检验合格后方能出厂。每件出厂的附件产品应附有产品检验合格证书。用户要求时,制造方应提供产品的工厂试验报告或/和型式试验报告。

10 包装、运输及贮存

10.1 一般要求

电缆附件产品的包装方式可根据产品特点而定,附件的零件可分开包装。

对各种预制绝缘件、带材等应有相应的防水、防潮等密封措施;对易碎、怕压部件或材料应有相应的防压、防撞击的包装措施,并在包装外部明显位置标出相应的字样或标记;易燃部件或材料应有防火标志。

10.2 具体要求

包装箱可采用木箱或纸箱。木箱应符合GB/T 12464—2002要求。装箱时在箱内应装入装箱清单。包装箱侧面应标明附件(部件)名称、规格。包装箱的两端面应标示:

a) 轻放;

b) 防雨;

c) 不得倒置。

10.3 运输和贮存

产品运输过程中不得将包装倒置及碰撞。

产品应贮存在清洁干燥和阴凉处,不得在户外或阳光下存放。

附　录　A
（资料性附录）
半导电橡胶带的性能

半导电橡胶带的性能见表 A.1。

表 A.1　半导电橡胶带的性能

序号	项目	单位	性能指标
1	老化前机械性能		
1.1	抗张强度	MPa	≥0.70
1.2	断裂伸长率	%	≥300
2	空气箱老化后机械性能		
2.0	老化条件：(135±3)℃，7 d		
2.1	抗张强度变化率	%	≤±30
2.2	伸长率的变化率	%	≤±30
3	体积电阻率(23 ℃)	Ω·m	≤10

附 录 B
（资料性附录）
环氧树脂固化体的性能

附件用环氧树脂固化体的性能见表 B.1。

表 B.1 环氧树脂固化体的性能

序号	项目	单位	性能指标
1	电气性能(室温下)		
1.1	体积电阻率(23 ℃)	Ω·m	$\geqslant 1.0\times 10^{13}$
1.2	$\tan\delta$	—	$\leqslant 5.0\times 10^{-3}$
1.3	介电常数	—	3.5～6.0
1.4	短时工频击穿电场强度	kV/mm	≥20
2	电气性能(100 ℃)		
2.1	体积电阻率	Ω·m	$\geqslant 1.0\times 10^{13}$
2.2	$\tan\delta$	—	$\leqslant 5.0\times 10^{-3}$
2.3	介电常数	—	3.5～6.0
3	热变形温度	℃	≥105

附　录　C
（资料性附录）
硅油的性能

硅油的性能见表 C.1。

表 C.1　硅油的性能

序号	项目	单位	性能指标
1	外观	—	无色透明，无杂质
2	运动黏度(25 ℃)		
	低黏度硅油	cSt	40～1 000
	高黏度硅油	cSt	7 000～13 000
3	闪点	℃	≥300
4	折光指数(25 ℃)	—	1.42～1.47
5	击穿电压(电极间距 2.5 mm)	kV	≥35
6	体积电阻率(25 ℃)	Ω·m	≥8.0×10^{12}
7	挥发度(条件:150 ℃,3 h)	%	≤0.5

附 录 D
（资料性附录）
附件安装导则

D.1 范围

本安装导则适用于额定电压 220 kV 交联聚乙烯绝缘海底电缆附件安装时的一般要求。上述各类附件的安装手册和安装详细技术要求，由制造方在产品发货时一并提供用户。

D.2 一般要求

D.2.1 安装工作应由经过培训合格掌握各类附件安装手册知识的有经验人员进行。

D.2.2 安装手册规定的安装程序，根据不同的环境可进行调整和改变，但应通知制造方以便提供参考意见。

D.2.3 在安装前按装箱单检查所有部件是否完整、无缺。

D.2.4 各部分安装尺寸，均应符合制造方提供的图样要求。

D.2.5 电缆和附件的各组成部件，应采用挥发性好的专用清洗剂进行清洗，清洗剂在热风干燥剂吹干时，应具有良好的挥发性能。

D.2.6 在安装处理过程中，不应损伤电缆的附件部件，特别是应力锥、O 型圈以及与 O 型圈接触的所有接触表面。

D.2.7 施工现场应保持清洁、无尘埃。一般情况下其相对湿度应不超过 80％方可进行电缆附件施工安装。

D.2.8 各部位固定螺丝应按图样规定要求，用力矩扳手固紧。

D.2.9 应注意电缆绝缘的收缩，保证电缆各部位的最终尺寸符合要求。

D.2.10 当剥离半导电层时，应特别注意不要损伤电缆绝缘。电缆绝缘表面应经适当方法处理得光滑、清洁、外形圆整。

D.2.11 放置 O 型圈前，与 O 型圈接触的表面，必须用清洗剂清洗干净，并确认这些接触而无任何损伤。

D.2.12 导体连接管压接时，其所用模具尺寸应按图样规定。

D.2.13 在组装过程中，预制橡胶绝缘件和电缆绝缘表面，均应清洁干净，各绝缘件的接触表面，均涂上专用硅脂涂层。

D.2.14 当对电缆金属套进行钎焊时，连续钎焊时间应不超过 30 min，并可在钎焊过程中采取局部冷却措施，以免因钎焊时金属套温度过高而损伤电缆绝缘。焊接前焊接处表面应保持清洁，焊接后的表面应处理光滑。

D.2.15 在组装各种附件时，电缆均应该用加热的方法预先进行校直。

参 考 文 献

[1] GB/T 4109—2008 交流电压高于 1 000 V 的绝缘套管
[2] GB/T 20779.2—2007 电力防护用橡胶材料 第 2 部分:电缆附件用橡胶材料

ICS 29.060.20
K 13
备案号：19061—2006

中华人民共和国机械行业标准

JB/T 6464—2006
代替 JB/T 6464—1992

额定电压 1kV（U_m＝1.2kV）到 35kV（U_m＝40.5kV）挤包绝缘电力电缆绕包式直通接头

Taped straight joints for extruded insulation power cables with rated voltages from 1kV（U_m＝1.2kV）up to 35kV（U_m＝40.5kV）

2006-10-14 发布　　2007-04-01 实施

中华人民共和国国家发展和改革委员会 发布

前　言

本标准代替 JB/T 6464—1992《额定电压 26/35kV 及以下电力电缆直通型绕包式接头》。

本标准与 JB/T 6464—1992 相比，主要变化如下：

——第 5 章中电气性能部分增加了 5.6.1“被试接头的标示”；

——增加了第 7 章“试验结果评定”；

——增加了第 8 章“认可范围”以及相关的表和试验样品布置图。

本标准的附录 A、附录 B、附录 C、附录 D 是规范性附录，附录 E 是资料性附录。

本标准由中国机械工业联合会提出。

本标准由全国电线电缆标准化技术委员会（SAC/TC213）归口。

本标准起草单位：上海电缆研究所、长沙电缆附件有限公司。

本标准起草人：葛光明、张智勇、薛奇。

本标准所代替标准的历次版本发布情况：

——JB/T 6464—1992。

额定电压 1kV（U_m＝1.2kV）到 35kV（U_m＝40.5kV）挤包绝缘电力电缆绕包式直通接头

1 范围

本标准规定了额定电压 1kV（U_m＝1.2kV）到 35kV（U_m＝40.5kV）挤包绝缘电力电缆用绕包式直通接头的产品标记和代号、技术要求、试验方法、检验规则和标志、包装、运输和贮存。

本标准适用于额定电压 1kV（U_m＝1.2kV）到 35kV（U_m＝40.5kV）挤包绝缘电力电缆用绕包式直通接头（以下简称接头），也可作连接两根不同种类挤包绝缘电缆的绕包式过渡接头参考，使用条件符合 GB/T 12706.4—2002 中 5.1 和 5.2 的规定。

2 规范性引用文件

下列文件中的条款通过本标准的引用而成为本标准的条款。凡是注日期的引用文件，其随后所有的修改单（不包括勘误的内容）或修订版均不适用于本标准，然而，鼓励根据本标准达成协议的各方研究是否可使用这些文件的最新版本。凡是不注日期的引用文件，其最新版本适用于本标准。

GB/T 528—1998 硫化橡胶或热塑性橡胶拉伸应力应变性能的测定（eqv ISO 37:1994）

GB/T 1692—1992 硫化橡胶绝缘电阻率测定

GB/T 1693—1981 硫化橡胶工频介电常数和介质损耗角正切值的测定方法（eqv ASTM D150：1981）

GB/T 1695—2005 硫化橡胶 工频击穿电压强度和耐电压的测定方法

GB/T 2900.10—2001 电工术语 电缆（idt IEC 60050（461）：1984，Amd.No1：1993 第 1 次修正，Amd. No2：1999 第 2 次修正）

GB/T 3048.3—1994 电线电缆电性能试验方法 半导电橡塑材料体积电阻率试验

GB/T 9327.1～9327.5—1988 电缆导体压缩和机械连接接头试验方法

GB/T 12706.1—2002 额定电压 1kV（U_m＝1.2kV）到 35kV（U_m＝40.5kV）挤包绝缘电力电缆及附件 第 1 部分：额定电压 1kV（U_m＝1.2kV）到 3kV（U_m＝3.6kV）电缆（eqv IEC 60502-1：1997）

GB/T 12706.2—2002 额定电压 1kV（U_m＝1.2kV）到 35kV（U_m＝40.5kV）挤包绝缘电力电缆及附件 第 2 部分：额定电压 6kV（U_m＝7.2kV）到 30kV（U_m＝36kV）电缆（eqv IEC 60502-2：1997）

GB/T 12706.3—2002 额定电压 1kV（U_m＝1.2kV）到 35kV（U_m＝40.5kV）挤包绝缘电力电缆及附件 第 3 部分：额定电压 35kV（U_m＝40.5kV）电缆（IEC 60502-2：1997，NEQ）

GB/T 12706.4—2002 额定电压 1kV（U_m＝1.2kV）到 35kV（U_m＝40.5kV）挤包绝缘电力电缆及附件 第 4 部分：额定电压 6kV（U_m＝7.2kV）到 35kV（U_m＝40.5kV）电力电缆附件试验要求（eqv IEC 60502-4：1997）

GB/T 14315—1993 电力电缆导体用压接型铜、铝接线端子和连接管

GB/T 18889—2002 额定电压 6kV（U_m＝7.2kV）到 35kV（U_m＝40.5kV）电力电缆附件试验方法（IEC 61442: 1997，MOD）

3 术语和定义

GB/T 2900.10、GB/T 12706.4 中确立的术语和定义适用于本标准。

4 产品的型号和表示方法

4.1 代号

用汉语拼音字母和阿拉伯数字表示。

4.1.1 按系列分

直通接头系列	J

4.1.2 按工艺特征分

绕包式	RB

4.1.3 按设计的先后顺序分

第一次设计	1
第二次设计	2
（以下类推）	

4.1.4 按电压等级分

1.8kV/3kV 及以下	1
3.6kV/6kV、6kV/6kV、6kV/10kV	2
8.7kV/10kV、8.7kV/15kV	3
12kV/20kV	4
21kV/35kV、26kV/35kV	5

4.1.5 按电缆芯数分

单芯	1
三芯	3
四芯	4
五芯	5

4.2 产品的型号

产品型号的组成和排列顺序如下：

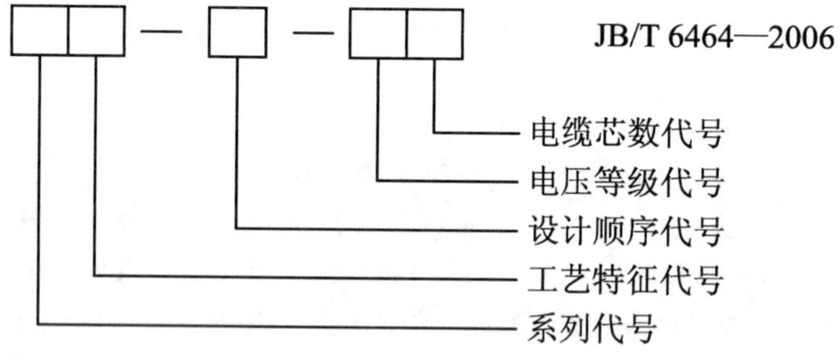

4.3 产品的表示方法

8.7kV/10kV 三芯电力电缆绕包式直通接头，第一次设计，表示为：

JRB—1—33 JB/T 6464—2006

5 技术要求

5.1 绕包式直通接头采用的绝缘带材和半导电带材应符合附录 A、附录 B 的要求，接头应配套供应。

5.2 导体连接金具应符合 GB/T 14315 中的相应规定，铜铝过渡连接管的直流电阻应不大于相同长度、相同截面积铝导体直流电阻的 1.2 倍。

5.3 绕包式直通接头的主要结构尺寸见附录 D。

5.4 接头过桥线（接头两端电缆金属屏蔽连接线）应采用镀锡编织铜线，其推荐截面积按表 1 规定选取，也可按与电缆金属屏蔽层截面积相一致的原则选取。当接头金属屏蔽层截面积不小于电缆的金属屏蔽层截面积时不需安装接头过桥线。

表 1　接头过桥线截面积选取

mm²

电缆主线芯截面积		接头过桥线截面积
铜	铝	
35 及以下	50 及以下	10
50～120	70～150	16
150～400	185～400	25

5.5　当用户有要求时，应提供相应的保护盒或机械保护层，按附录 C.2 对安装有保护盒或机械保护层的接头进行六次机械撞击试验，撞击后保护盒或保护层不破裂，无明显变形，外防护层不损坏、不穿透。

5.6　电气性能要求：

5.6.1　被试接头的标示：

a）用于试验的电缆应符合 GB/T 12706.1～12706.3 规定，其额定电压值应与被试接头的最大适用额定电压相同。参见附录 E 的示例对电缆作出正确的标示。若为过渡接头，则应对被连接的两根不同电缆参见附录 E 分别作出正确的标示。

b）接头里使用的导体连接金具应正确标示下述有关内容：

——安装工艺；
——工具及必要的配件；
——接触表面的处理；
——连接金具的型号、编号和任何其他标示；
——型式试验认可的细述。

c）被试接头应正确标示下述有关内容：

——制造厂名称；
——接头的型号及名称、制造日期或日期代码；
——电缆的最小和最大截面积，电缆导体的材料和形状；
——电缆绝缘层的最小和最大外径；
——电缆外护层的最小和最大外径；
——额定电压；
——安装说明书（编号和日期）。

5.6.2　安装：

a）除非另有规定，试验用的电缆截面积应在：120mm²、150mm² 和 185mm² 中任选一个。

b）接头应采用制造厂提供的材料等级和数量，并应按制造厂说明书规定的方法进行安装。

c）接头应该是干燥和清洁的，且不管是电缆还是接头都不应经受可能改变被试组合试样的电气或热或力学性能的任何方式的处理。

注：与化学品（如变压器油）接触可能影响电缆接头的性能，应该避免。

d）关于试验安装的主要细节，尤其是支撑装置，都应记录。

5.6.3　按表 3～表 6 规定的试验项目和要求对安装在电缆上的电缆接头组合试样进行电气性能试验。

6　试验条件和方法

6.1　试验条件按 GB/T 18889 中的规定。

6.2　5.1 规定的要求按附录 A 和附录 B 中规定的试验方法进行试验。

6.3　本标准 5.2 规定的要求按 GB/T 9327 规定的试验方法进行试验。

6.4　5.6 规定的要求按表 3～表 6 规定的试验方法和试验系列进行试验。

7 试验结果评定

7.1 每个试样单项试验结果按表 3～表 6 评定栏规定评定。

7.2 一种试样一个系列程序试验结果评定：

按表 3 进行型式试验时所有试样必须全部通过规定系列程序试验中的所有项目。

按表 4 进行抽样试验，若仅有一个试样未通过系列程序试验，允许重新取样进行试验，若仍未通过，则认为该试样未通过抽样试验。

7.3 按表 3 指定的型式试验中的所有系列试验项目全部通过后，该接头被认可。对任何一个未满足要求的试样都应进行检查。

7.4 如果由于接头安装或试验程序错误而不符合要求，应宣布该试验无效，但不否定该接头。应在新安装的试样上重复整个程序。如果没有上述错误证据，则该型式接头不予认可。

7.5 如果电缆或终端击穿，则该试验应被宣布无效，但不否定该接头，在电缆长度允许的情况下，可重新安装终端从中断的时刻开始继续试验或者另选电缆重新安装接头试样，按规定程序从头开始试验。

8 认可范围

8.1 安装在按 5.6.2 规定的一种导体截面积电缆上的接头，通过表 3 规定的相应的型式试验项目后，则应认为对 GB/T 12706.1～12706.3 中相应额定电压 U_0 的 95mm^2～300mm^2 这一范围内的所有截面积均有效。

为了扩展至更大范围的认可，应在所要求扩展范围的最小和（或）最大截面积上按表 5 所示进行附加试验，试品数量取图 1 中系列 1 的一半。

8.2 认可与电缆导体材料无关，因此试验可以用铝导体或铜导体电缆进行。

8.3 取决于被试电缆绝缘的认可的详细情况见表 2。

表 2 被试电缆绝缘的认可范围

试验电缆的绝缘	认可范围
XLPE	XLPE、EPR、HEPR、PVC
EPR 和 HEPR	EPR、HEPR、PVC
PVC	PVC

8.4 对安装在成型导体电缆上的接头进行的试验认为适用于圆形导体电缆的相同类型的接头，反之则不适用。

8.5 由非纵向堵水型电缆试验获得的认可将扩展到纵向堵水而金属屏蔽内其他方面结构相同的电缆。

8.6 实现对不同类型电缆绝缘屏蔽的认可以及从圆形导体到成型导体的认可的扩展应按表 6 规定进行试验。试品数量取图 1 中系列 1 的一半。

8.7 在三芯电缆接头上进行的试验应认为适用于相同设计的单芯电缆接头，反之则不适用。

8.8 对规定 U_0 的接头认可后将扩展到低于该 U_0 值的相同设计原则的接头上。

8.9 试验布置和试品数量在图 1 中详细叙述。

9 检验规则

9.1 产品的所有部件和材料应由制造厂的技术检查部门检查合格后方能出厂，并应附有相应的质量检验合格证。

9.2 应按 5.1～5.3、5.5 和 5.6 表 3 的要求进行产品的型式试验，样品数量及试验结果评定方法应按图 1、表 3 和第 7 章中的规定。

9.3 正常生产时每 3 年～5 年应按 5.2 和 5.6 表 4 的要求进行产品的抽样试验。试品数量及试验结果评定方法应按图 1 中系列 1、表 4 和第 7 章中的规定。当用户提出要求，经双方协商同意后也应按抽样试验要求进行试验。

表 3　型式试验程序和要求

试验项目[a]	试验电压值 kV					试验方法 GB/T 18889—2002	评定	试验系列程序		
	0.6/1，1.8/3	3.6/6，3.6/3，6/6，6/10	8.7/10，8.7/15	12/20	21/35，26/35			1	2	3
1. 交流耐压 5min 或直流耐压 15min	8 7.2	27 24	39 35	54 48	117 104	第 4 章或 第 5 章	不击穿	X	X	X
2. 局部放电[b]	—	10	15	20	45	第 7 章	放电量不大于 10pC	X		
3. 冲击试验，在θ_t[c, d]下 正负极性各 10 次	—	75	95	125	200	第 6 章	不击穿	X		
4. 恒压负荷循环，在θ_t[c, d]下 在空气中循环 30 次[e] 在水中循环 30 次[e]	4.5	15	22	30	65	第 9 章	不击穿	X		
5. 局部放电[b]，在θ_t[c, d, f] 和环境温度下	—	10	15	20	45	第 7 章	放电量不大于 10pC	X		
6. 短路热稳定（屏蔽）	在电缆屏蔽规定的短路电流（I_{sc}）下，短路 2 次					第 10 章	无可见损伤		X[g]	
7. 短路热稳定（导体）	在电缆导体规定的短路温度下，短路 2 次					第 11 章	无可见损伤		X[g]	
8. 短路动稳定[h]	在电缆导体规定的短路动稳定电流（I_d）下，短路 1 次					第 12 章	无可见损伤			X
9. 冲击试验， 正负极性各 10 次	—	75	95	125	200	第 6 章	不击穿	X	X	X
10. 交流耐压 15min	4.5	15	22	30	65	第 4 章	不击穿	X	X	X
11. 检验	见[i]（仅供参考）							X	X	X

[a] 除非另有规定，试验应在环境温度下进行。

[b] 对安装在 3.6kV/6kV（含 3.6kV/3kV）无绝缘屏蔽电缆上的接头不做局部放电试验。

[c] 过渡接头（挤包绝缘电缆到挤包绝缘电缆）试验参数是按额定值较低的电缆来确定的。

[d] θ_t温度为电缆正常运行时最高导体温度以上（5～10）℃。

[e] 每个负荷循环周期为 8h，电缆导体稳定在规定的θ_t温度下至少 2h，冷却时间至少 3h。

[f] 在加热期结束时进行。

[g] 短路热稳定试验可以与短路动稳定结合进行。

[h] 只有当峰值电流 I_p＞80kA 的单芯电缆和峰值电流 I_p＞63kA 的三芯电缆，其接头才要求进行短路动稳定试验。

i 接头未出现带材松脱或带材、管件裂纹现象。

表 4　抽样试验程序和要求

试验项目[a]	试验电压值 kV					试验方法 GB/T 18889—2002	评定	试验程序
	0.6/1，1.8/3	3.6/6，3.6/3，6/6，6/10	8.7/10，8.7/15	12/20	21/35，26/35			
1. 交流耐压 5min 或直流耐压 15min	8 7.2	27 24	39 35	54 48	117 104	第 4 章或 第 5 章	不击穿	X
2. 局部放电[b]	—	10	15	20	45	第 7 章	放电量不大于 10pC	X
3. 负荷循环，在θ_t[c, d]下在空气中，循环 3 次[e]	不加电压					第 9 章	由后续试验评定	X
4. 局部放电[b]	—	10	15	20	45	第 7 章	放电量不大于 10pC	X
5. 冲击试验，正负极性各 10 次	—	75	95	125	200	第 6 章	不击穿	X
6. 交流耐压 4h	7.2	24	35	48	104	第 4 章	不击穿	X
7. 检验	见[f]（仅供参考）							X

[a] 除非另有规定，试验应在环境温度下进行。
[b] 对安装在 3.6kV/6kV（含 3.6kV/3kV）无绝缘屏蔽电缆上的接头不做局部放电试验。
[c] 过渡接头（挤包绝缘电缆到挤包绝缘电缆）试验参数是按额定值较低的电缆来确定的。
[d] θ_t温度为电缆正常运行时最高导体温度以上（5～10）℃。
[e] 每个负荷循环周期为 8h，电缆导体稳定在规定的θ_t温度下至少 2h，冷却时间至少 3h。
[f] 接头未出现带材松脱或带材、管件有裂纹现象。

表 5　最小和最大导体截面积的附加试验[a]

试验项目[b]	试验电压值 kV					试验方法 GB/T18889—2002	评定	试验程序[c]
	0.6/1，1.8/3	3.6/6，3.6/3，6/6，6/10	8.7/10，8.7/15	12/20	21/35，26/35			
1. 交流耐压 5min 或直流耐压 15min	8 7.2	27 24	39 35	54 48	117 104	第 4 章或 第 5 章	不击穿	X
2. 局部放电[d]	—	10	15	20	45	第 7 章	放电量不大于 10pC	X
3. 冲击试验， 正负极性各 10 次	—	75	95	125	200	第 6 章	不击穿	X
4. 检验	见[e]（仅供参考）							X

[a] 本表也适用于过渡接头（挤包绝缘电缆到挤包绝缘电缆）。
[b] 除非另有规定，试验应在环境温度下进行。
[c] 试品数量取图 1 中系列 1 的一半。
[d] 对安装在 3.6kV/6kV（含 3.6kV/3kV）无绝缘屏蔽电缆上的接头不做局部放电试验。
[e] 接头未出现带材松脱或带材、管件有裂纹现象。

表 6　对不同型式的电缆绝缘屏蔽认可及从圆形导体到成型导体认可的附加试验

试验项目[a]	试验电压值 kV				试验方法 GB/T 18889—2002	评　定	试验程序[b]
	3.6/6，3.6/3 6/6，6/10	8.7/10， 8.7/15	12/20	21/35， 26/35			
1. 交流耐压 5min 或直流耐压 15min	27 24	39 35	54 48	117 104	第 4 章或 第 5 章	不击穿	X
2. 局部放电[c]， 在环境温度和$\theta_t^{d,e,f}$下	10	15	20	45	第 7 章	放电量不大于 10pC	X
3. 恒压负荷循环，在$\theta_t^{d,e}$下 在空气中，循环 60 次[g]	15	22	30	65	第 9 章	不击穿	X
4. 局部放电[c]， 在环境温度和$\theta_t^{d,e,f}$下	10	15	20	45	第 7 章	放电量不大于 10pC	X
5. 冲击试验， 正负极性各 10 次	75	95	125	200	第 6 章	不击穿	X
6. 交流耐压 15min	15	22	30	65	第 4 章	不击穿	X
7. 检验	见[h]（仅供参考）						X

[a] 除非另有规定，试验应在环境温度下进行。

[b] 试品数量取图 1 中系列 1 的一半。

[c] 安装在 3.6kV/6kV（含 3.6kV/3kV）无绝缘屏蔽电缆上的接头不做局部放电试验。

[d] 过渡接头（挤包绝缘电缆到挤包绝缘电缆）试验参数是按额定值较低的电缆来确定的。

[e] θ_t温度为电缆正常运行时最高导体温度加（5～10）℃。

[f] 在加热期结束时进行。

[g] 每个负荷循环周期为 8h，电缆导体稳定在规定的θ_t温度下至少 2h，冷却时间至少 3h。

[h] 接头未出现带材松脱或带材、管件裂纹现象。

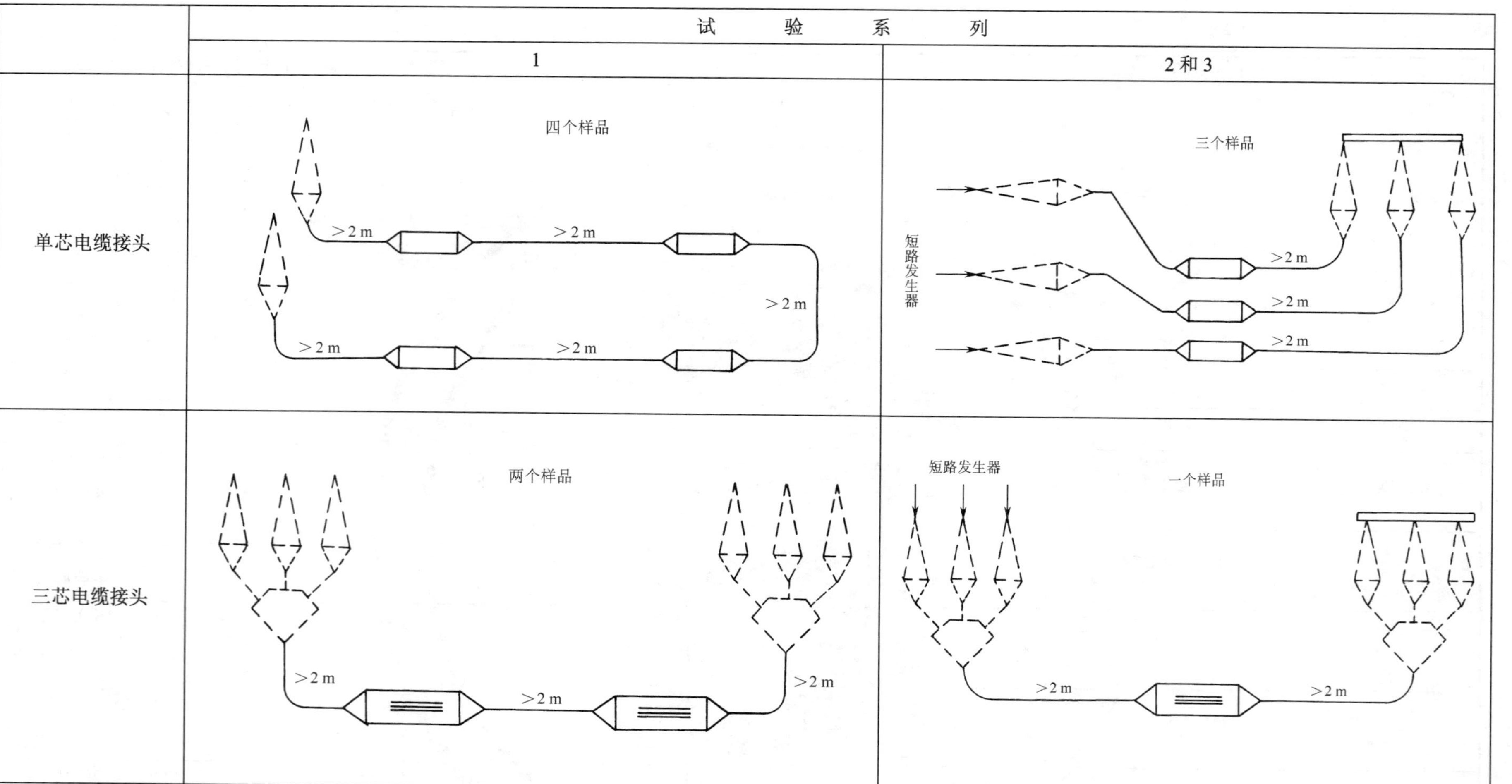

注 1：图中所标电缆长度是接头与接头之间和接头与终端之间的电缆测量长度。

注 2：系列 1 中的接头试样可每只一条回路单独进行试验。

注 3：电缆与接头的固定方法应按照制造厂的推荐。

图 1　接头的试样数量和试验布置

10 标志、包装、运输和贮存

10.1 接头用各种带材和部件均应标出牌号、名称、厂名、生产日期，并附有合格证，或验收标记，有贮存期限的材料必须注明生产日期和贮存期。

10.2 各种带材和材料均应密封包装，每套绕包式直通接头的部件和材料应以专用包装箱包装，包装箱内应附有材料清单、产品合格证及安装工艺说明书。

10.3 包装箱上应注明：

a）制造厂厂名；

b）产品型号、名称、产品标准号；

c）额定电压；

d）导体材料、截面积和芯数；

e）生产日期;

f）包装箱尺寸;

g）毛重。

10.4 产品在运输中应防止重压和猛烈碰撞。

10.5 产品贮存时应避免接触热源，贮存处应有防火措施、干燥通风，贮存期不应超过相应配套材料和配套件的贮存期限。

附　录　A
（规范性附录）
自粘性橡胶绝缘带性能要求

自粘性橡胶绝缘带性能要求如表A.1所示。

表A.1　自粘性橡胶绝缘带性能要求

序号	项目名称[a]	单位	性能指标		试验方法
			2型[b]	3型[c]	
1	抗张强度	MPa	≥1	≥1.7	GB/T 528—1998
2	伸长率	%	≥500	≥500	GB/T 528—1998
3	工频击穿电压	MV/m	≥20	≥28	GB/T 1695—2005
4	体积电阻率	Ω·cm	≥10^{14}	≥10^{14}	GB/T 1692—1992
5	介质损耗角正切		≤0.05	≤0.05	GB/T 1693—1981
6	介电常数		≤5.0	≤5.0	GB/T 1693—1981
7	自粘性		无松脱	无松脱	附录C
8	耐热应力开裂		不开裂	不开裂	附录C
9	耐热性	℃	100	130	附录C

[a] 除非另有规定，表中数据为室温下试样的性能要求。

[b] 2型绝缘带推荐用于长期工作温度为70℃及以下的挤包绝缘电缆接头和终端。

[c] 3型绝缘带推荐用于长期工作温度为90℃及以下的挤包绝缘电缆接头和终端。

附　录　B
（规范性附录）
自粘性橡胶半导电带性能要求

自粘性橡胶半导电带性能要求如表B.1所示。

表B.1　自粘性橡胶半导电带性能要求

序　号	项目名称	单位	性能指标	试验方法
1	抗张强度	MPa	≥1.3	GB/T 528—1998
2	伸长率	%	≥500	GB/T 528—1998
3	体积电阻率	Ω·cm	≤10^{4}	GB/T 3048.3—1994
4	自粘性		无松脱	附录C
5	耐热应力开裂		不开裂	附录C
6	耐热性	℃	130	附录C

注：除非另有规定，表中数据为室温下试样的性能要求。

附　录　C
（规范性附录）
试验方法

C.1　自粘性橡胶带耐热性、自粘性、耐热应力开裂试验

C.1.1　试样准备

从成品带卷上截取（150±10）mm 长一段，去掉隔离层，拉伸到（200～300）%，以半搭盖方式绕包在直径为（10±0.2）mm 的金属棒上，共绕包四层，绕包长度为（50±5）mm。

C.1.2　耐热性试验

将试验带材置于环境温度（23±2）℃下 4h 后，再按 C.1.1 试样制备方法制备三个试样，然后将试样置于调整到试样规定的耐热性温度的电热鼓风干燥箱内（不鼓风）经 168h 后取出，若三个试样均无松脱、变形、下坠、开裂、表面气泡等现象，则试验通过，否则试验不通过。

C.1.3　自粘性试验

将试样带材置于环境温度（23±2）℃下 4h 后，再按 C.1.1 试样制备方法制备三个试样，然后将试样在该温度下放置 24h 后，若三个试样均无松脱现象，则试验通过，否则试验不通过。

C.1.4　耐热应力开裂试验

将试验带材置于环境温度（23±2）℃下 4h 后，再按 C.1.1 试样制备方法制备三个试样，然后将试样悬置于（130±2）℃电热鼓风干燥箱内，经 1h 后取出，若三个试样均无开裂现象，则试验通过，否则试验不通过。

C.2　接头机械撞击试验

C.2.1　试验装置

试验装置如图 C.1 所示，撞击块用钢制成，支撑架两侧有保证撞击块按规定方向自由降落的导轨，支撑架顶端装有起吊撞击块的滑轮。

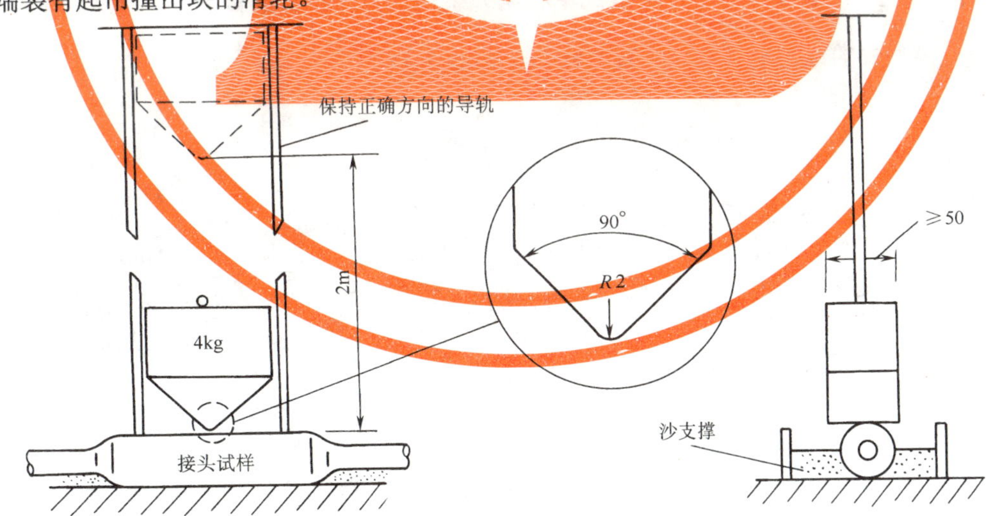

图 C.1　接头机械撞击试验装置

C.2.2　试验方法

C.2.2.1　按图 C.1 所示将被试接头安放在坚硬的基础（如混凝土板）上，固定试样两端电缆，周围填沙，沙填到被试接头的水平中心线（见图 C.1），确保试验过程中试样不致滚动。

C.2.2.2　提升撞击块到规定高度 2m。

C.2.2.3　让撞击块自由降落到被试接头上，在降落过程中使撞击块下部刀口保持水平，并与被试接头轴线成直角。撞击部位应均匀地分布在被试接头的全部长度上。

C.2.2.4 取出试样，目测检查。

C.2.3 试验结果评定

经撞击试验后试样应无破裂和明显变形，密封保护层应无损坏或穿透。

附 录 D
（规范性附录）
应力锥型式的电缆绕包式直通接头结构

D.1 采用应力锥型式的单芯电缆绕包式直通接头结构如图 D.1 所示。

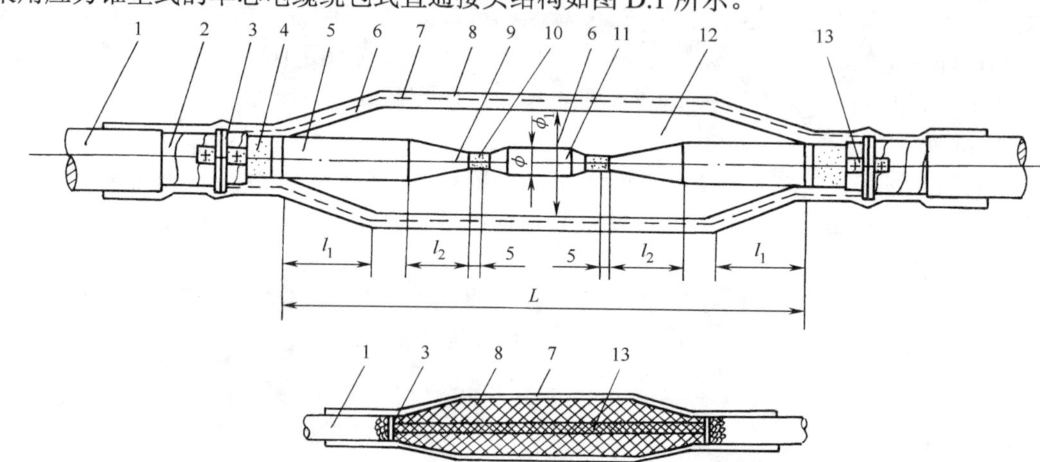

1——电缆外护层；2——电缆金属屏蔽层；3——绑扎铜丝；4——电缆外半导电层；5——电缆绝缘；6——自粘性橡胶半导电带；7——铜屏蔽网；8——热收缩管；9——反应力锥；10——电缆内半导电层；11——导体连接管；12——自粘性橡胶绝缘带；13——过桥线。

图 D.1 应力锥型式单芯电缆绕包式直通接头结构图

D.2 采用应力锥型式的三芯电缆绕包式直通接头结构如图 D.2 所示。

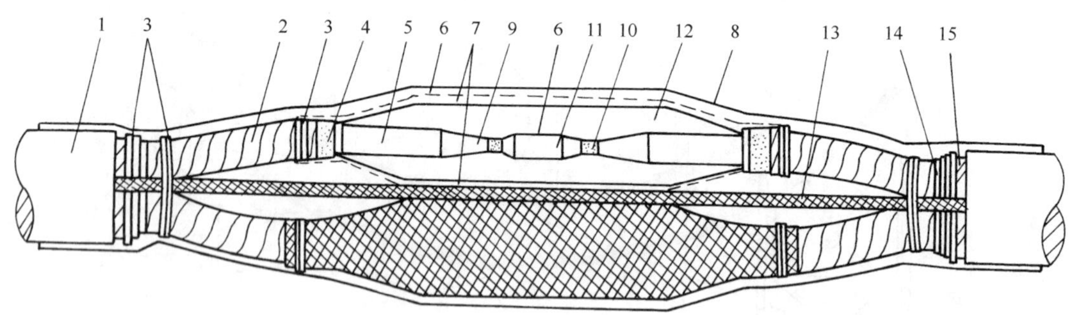

1——电缆外护层；2——电缆金属屏蔽层；3——绑扎铜丝；4——电缆外半导电层；5——电缆绝缘；6——自粘性橡胶半导电带；7——铜屏蔽网；8——热收缩管；9——反应力锥；10——电缆内半导电层；11——导体连接管；12——自粘性橡胶绝缘带；13——过桥线；14——电缆内衬层；15——电缆铠装。

图 D.2 应力锥型式三芯电缆绕包式直通接头结构图

D.2.1 相同 U_0 值的三芯电缆绕包式直通接头绝缘结构尺寸与单芯电缆的相同。

D.2.2 3.6kV/6kV 统包屏蔽电缆每相接头只包绝缘带，三相并拢后再包铜屏蔽网。

D.2.3 3.6kV/6kV 以下电缆接头结构为导体连接管外绕包绝缘带，绕包厚度为电缆绝缘厚度的 1.5 倍，包绕长度不小于接管长度的 3 倍，外层为热收缩护套管。

D.3 采用应力锥型式的绕包式直通接头主要结构尺寸如表 D.1 所示。

表 D.1 采用应力锥型式的绕包式直通接头主要结构尺寸

额定电压 U_0/U kV	尺 寸 mm					
	l_1	l_2	L	ϕ_1	ϕ	l
3.6/6，6/6，6/10	70	25	250+1	ϕ +12	导体连接管外径	导体连接管长度
8.7/10	90	30	300+1	ϕ +16		
21/35，26/35	150	120	600+1	ϕ +35		

附 录 E
（资料性附录）
试验电缆的标示（见 5.6.1）

额定电压 U_0/U（U_m）　□kV

结构：　□单芯　□三芯　□非分相屏蔽　□分相屏蔽

导体：　□铝　□铜

□绞合　□实心

□圆形　□成型导体

□120mm²　□150mm²　□185mm²

其他截面积　mm²

绝缘：　□PVC　□XLPE

□EPR　□HEPR

绝缘屏蔽：　□不可剥离　□可剥离

金属屏蔽：　□金属线　□金属带　□挤包金属套

外护层：　□PVC　□PE（ST3）　□PE（ST7）

阻水层：　□在导体内　□外护套下

直径：　导体　mm

外护套　mm

电缆型号：

ICS 29.060.20
K 13
备案号：19062—2006

中华人民共和国机械行业标准

JB/T 6465—2006
代替 JB/T 6465—1992

额定电压 35kV（U_m＝40.5kV）电力电缆瓷套式终端

Porcelain bushing terminations for power cables with rated voltage of 35kV（U_m＝40.5kV）

2006-10-14 发布 2007-04-01 实施

中华人民共和国国家发展和改革委员会 发布

前　言

本标准代替 JB/T 6465—1992《额定电压 35kV 电力电缆户内型、户外型瓷套式终端》。

本标准与 JB/T 6465—1992 相比，主要变化如下：

——第 5 章中电气性能部分增加了 5.9.1“被试终端的标示”；

——增加了第 7 章“试验结果评定”；

——增加了第 8 章“认可范围”以及相关的表和试验样品布置图。

本标准的附录 A、附录 B、附录 C、附录 D、附录 E、附录 F 是规范性附录，附录 G 是资料性附录。

本标准由中国机械工业联合会提出。

本标准由全国电线电缆标准化技术委员会（SAC/TC213）归口。

本标准起草单位：上海电缆研究所、长沙电缆附件有限公司。

本标准起草人：葛光明、张智勇、薛奇。

本标准所代替标准的历次版本发布情况：

——JB/T 6465—1992。

额定电压 35kV（U_m=40.5kV）电力电缆瓷套式终端

1　范围

本标准规定了额定电压 35kV（U_m=40.5kV）电力电缆用瓷套式终端的产品标记和代号、技术要求、试验方法、检验规则和标志、包装、运输和贮存。

本标准适用于额定电压 35kV（U_m=40.5kV）挤包绝缘电力电缆和纸绝缘电力电缆用瓷套式户内终端和户外终端，使用条件符合 GB/T 12706.4—2002 中 5.1 和 5.2 以及 IEC 60055-1：1997 中 22.2 和 22.3 的规定。

2　规范性引用文件

下列文件中的条款通过本标准的引用而成为本标准的条款。凡是注日期的引用文件，其随后所有的修改单（不包括勘误的内容）或修订版均不适用于本标准，然而，鼓励根据本标准达成协议的各方研究是否可使用这些文件的最新版本。凡是不注日期的引用文件，其最新版本适用于本标准。

GB/T 264—1983　石油产品酸值测定法

GB/T 265—1988　石油产品运动粘度测定法和动力粘度计算法

GB/T 267—1988　石油产品闪点和燃点测定法（开口杯法）

GB/T 380—1977　石油产品硫含量测定法（燃灯法）

GB/T 507—2002　绝缘油　击穿电压测定法（eqv IEC 156：1995）

GB/T 508—1985　石油产品灰分测定法（neq ISO 6245：1982）

GB/T 528—1998　硫化橡胶或热塑性橡胶拉伸应力应变性能的测定（eqv ISO 37：1994）

GB/T 772—2005　高压绝缘子瓷件　技术条件

GB/T 1309—1987　电气绝缘漆布试验方法（eqv IEC 60394-2：1972）

GB/T 1408.1—1999　固体绝缘材料电气强度试验方法　工频下的试验（eqv IEC 60243-1：1988）

GB/T 1409—2006　测量电气绝缘材料在工频、音频、高频（包括米波波长在内）下电容率和介质损耗因数的推荐方法（IEC 60250：1969，MOD）

GB/T 1410—2006　固体绝缘材料体积电阻率和表面电阻率试验方法（IEC 60093：1980，IDT）

GB/T 1692—1992　硫化橡胶绝缘电阻率测定

GB/T 1693—1981　硫化橡胶工频介电常数和介质损耗角正切值的测定方法（eqv ASTM D150：1981）

GB/T 1695—2005　硫化橡胶　工频击穿电压强度和耐电压的测定方法

GB/T 1738—1979　绝缘漆漆膜吸水率测定法

GB/T 1739—1979　绝缘漆漆膜耐油性测定法

GB/T 1800.2—1998　极限与配合　基础　第 2 部分：公差、偏差和配合的基本规定（eqv ISO 286-1：1988）

GB/T 1884—2000　原油和液体石油产品密度实验室测定法（密度计法）（eqv ISO 3675：1998）

GB/T 2900.10—2001　电工术语　电缆（idt IEC 60050-461：1984）

GB/T 3048.3—1994　电线电缆电性能试验方法　半导电橡胶材料体积电阻率试验

GB/T 4585—2004　交流系统用高压绝缘子的人工污秽试验（IEC 60507：1991，IDT）

GB/T 5654—1985　液体绝缘材料工频相对介电常数、介质损耗因数和体积电阻率的测量（neq IEC 60247：1978）

GB/T 9327.1～9327.5—1988　电缆导体压缩和机械连接接头试验方法

GB/T 12706.3—2002　额定电压 1kV（U_m=1.2kV）到 35kV（U_m=40.5kV）挤包绝缘电力电缆及附件　第 3 部分：额定电压 35kV（U_m=40.5kV）电缆

GB/T 12706.4—2002　额定电压 1kV（U_m=1.2kV）到 35kV（U_m=40.5kV）挤包绝缘电力电缆及附件　第 4 部分：额定电压 6kV（U_m=7.2kV）到 35kV（U_m=40.5kV）电力电缆附件试验要求（eqv IEC 60502-4：1997）

GB/T 12976.1～12976.3—1991　额定电压 35kV 及以下铜芯、铝芯纸绝缘电力电缆

GB/T 14315—1993　电力电缆导体用压接型铜、铝接线端子和连接管

GB/T 18889—2002　额定电压 6kV（U_m=7.2kV）到 35kV（U_m=40.5kV）电力电缆附件试验方法（IEC 61442: 1997，MOD）

IEC 60055-1：1997　额定电压 18/30kV 及以下纸绝缘金属护套电缆（带有铜或铝导体，但不包括压气和充油电缆）　第 1 部分：电缆及附件试验　第 7 章：附件的型式试验

3　术语和定义

GB/T 2900.10—2001、GB/T 12706.4—2002 中确立的术语和定义适用于本标准。

4　产品的型号和表示方法

4.1　代号

用汉语拼音字母和阿拉伯数字表示。

4.1.1　按系列分

户内终端系列　N

户外终端系列　W

4.1.2　按结构材料分

瓷套式　C

4.1.3　按形状特征分

套管形：单芯电缆、导体绝缘引出向上　T

4.1.4　按配套使用电缆品种分

纸绝缘电力电缆　Z（省略）

挤包绝缘电力电缆　J

4.1.5　按设计的先后顺序分

第一次设计　1

第二次设计　2

（以下类推）

4.1.6　按电压等级分

21kV/35kV、26kV/35kV　5

4.1.7　按电缆芯数分

单芯　1

三芯　3

4.2　产品的型号

产品型号的组成和排列顺序如下：

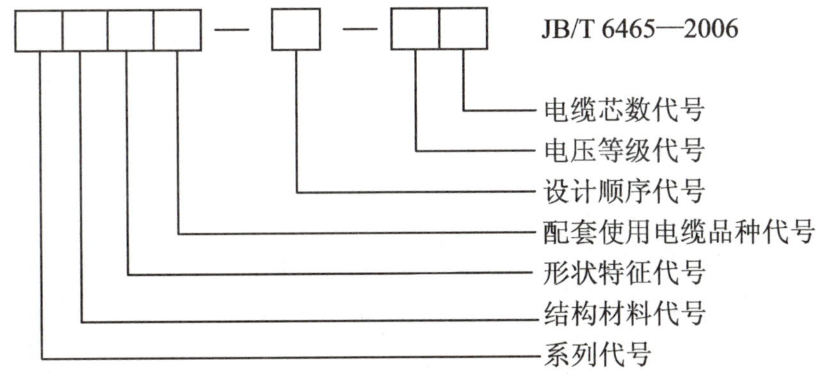

4.3 产品的表示方法

a）21kV/35kV 或 26kV/35kV 单芯纸绝缘电力电缆瓷套式户外终端，第一次设计，表示为：

WCT—1—51　JB/T 6465—2006

b）21kV/35kV 或 26kV/35kV 单芯挤包绝缘电力电缆瓷套式户外终端，第三次设计，表示为：

WCTJ—3—51　JB/T 6465—2006

5 技术要求

5.1 终端盒应由作为外绝缘用的瓷套（附有能固定于支架上的基座）、出线金具和电缆进线套等基本部件组成，当基座或其他零部件围绕电缆形成环形闭合体时，不得采用磁性材料，否则将环形闭合磁路断开。

5.2 终端盒所有承受大气影响的金属材料零部件表面均应按防腐要求进行表面处理。

5.3 瓷套应符合 GB/T 772 的规定。

5.4 导体连接金具应符合 GB/T 14315 中的相应规定，铜铝过渡接线柱的直流电阻应不大于相同长度相同截面积铝导体直流电阻的 1.2 倍。

5.5 终端盒与支架固定的安装孔尺寸应符合图 1 及表 1 的规定，L_1、L_2、L_3 的公差按 GB/T 1800.2—1998 中规定的 IT13 级要求，ϕ 公差见图 1 所示。

表 1　终端盒与支架固定的安装孔尺寸

mm

安装孔数	L_1	L_2	ϕ
2 孔	220，240	—	18
4 孔	300	60	14

5.6 终端接地线应采用镀锡编织铜线，其推荐截面积按表 2 规定选取，也可按与电缆金属屏蔽层截面积相一致的原则选取。

表 2　接地线截面积选取

mm^2

电缆主线芯截面积		接地线截面积
铜	铝	
35 及以下	50 及以下	10
50～120	70～150	16
150～400	185～400	25

5.7 金属铸造的终端盒体应能承受 0.3MPa 气压、持续时间 1min 的密封性能试验，整个试验过程中盒体应不渗漏。以金属材料、硬质塑料或电瓷作盒体材料的终端盒应能承受 0.3MPa 液压或气压、持续时间为 15min 的密封性能试验；以弹性体材料（如橡胶）作盒体材料的终端盒应能承受 0.1MPa 液压或气压、持续时间为 2h 的密封性能试验，整个试验过程中压力表应指示稳定、终端盒应不渗漏。

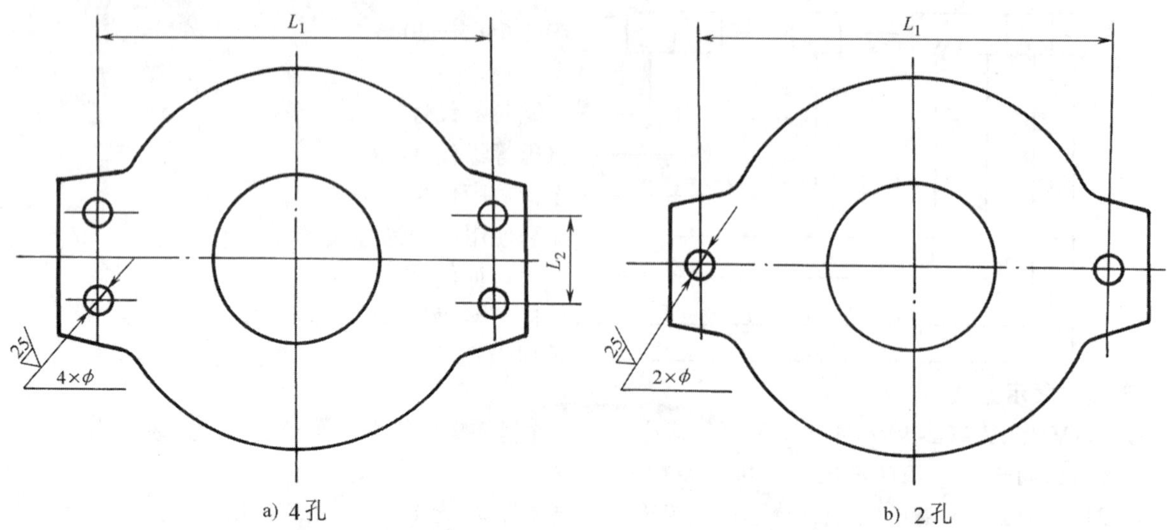

图1　终端盒与支架固定的安装孔

5.8　终端盒（用橡胶或塑料制作盒体的终端盒除外）应能承受0.6MPa的液压、持续时间为1min的力学性能试验，整个试验过程中终端应不破裂、不渗漏。

5.9　电气性能要求：

5.9.1　被试终端的标示

a）用于试验的电缆应符合GB/T 12706.3或GB/T 12976的规定，其额定电压值应与被试终端的最大适用额定电压相同。参见附录G的示例对电缆作出正确的标示。

b）终端里使用的导体连接金具应正确标示下述有关内容：

——安装工艺；

——工具及必要的配件；

——接触表面的处理；

——连接金具的型号、编号和任何其他标示；

——型式试验认可的细述。

c）被试电缆终端应正确标示下述有关内容：

——制造厂名称；

——终端的型号及名称、制造日期或日期代码；

——电缆的最小和最大截面积，电缆导体的材料和形状；

——电缆外护层或铅（或铝）套的最小和最大直径；

——额定电压；

——安装说明书（编号和日期）。

5.9.2　安装和连接

a）除非另有规定，试验用的挤包绝缘电缆截面积应在：$120mm^2$、$150mm^2$和$185mm^2$中任选一个；纸绝缘电缆截面积应在：$120mm^2$、$150mm^2$、$185mm^2$和$240mm^2$中任选一个。

b）终端应采用制造厂提供的材料等级和数量，并应按制造厂说明书规定的方法进行安装。

c）终端应该是干燥和清洁的，且不管是电缆还是终端都不应经受可能改变被试组合试样的电气或热或力学性能的任何方式的处理。

注：与化学品（如变压器油）接触可能影响电缆终端的性能，应该避免。

d）被试终端与接线端子之间的连接应具有与电缆导体相当的导电截面积。

e）关于试验安装的主要细节，尤其是支撑装置，都应记录。

5.9.3　按表4～表9规定的试验项目和要求对安装在电缆上的电缆终端组合试样进行电气性能试验。

5.10 终端所用绝缘材料主要性能应符合附录 A～附录 E 的规定。

6 试验条件和方法

6.1 本标准试验条件按 GB/T18889 中的规定。

6.2 本标准 5.3 规定的要求按 GB/T 722 规定的试验方法进行试验。

6.3 本标准 5.4 规定的要求按 GB/T 9327 中规定的试验方法进行试验。

6.4 5.7 规定的要求按附录 F 的规定进行试验。

6.5 5.8 规定的要求按附录 F 的规定进行试验。

6.6 5.9 规定的要求按表 4～表 9 规定的试验方法和试验系列进行试验。

6.7 5.10 规定的要求按附录 A 至附录 E 中规定的试验方法进行试验。

7 试验结果评定

7.1 每个试样单项试验结果按表 4～表 9 评定栏规定评定。

7.2 一种试样一个系列程序试验结果评定：

按表 4、表 5 进行型式试验时所有试样必须全部通过规定系列程序试验中的所有项目。

按表 6、表 7 进行抽样试验，若仅有一个试样未通过系列程序试验，允许重新取样进行试验，若仍未通过，则认为该试样未通过抽样试验。

7.3 按表 4、表 5 指定的型式试验中的所有系列试验项目全部通过后，该终端被认可。对任何一个未满足要求的试样都应进行检查。

7.4 如果由于终端安装或试验程序错误而不符合要求，应宣布该试验无效，但不否定该终端。应在新安装的试样上重复整个程序。如果没有上述错误证据，则该型式终端不予认可。

7.5 如果电缆击穿，则该试验应被宣布无效，但不否定该终端，允许重新安装终端，按规定程序从头开始试验或者修复电缆后从中断的时刻开始继续试验。

8 认可范围

8.1 安装在按本标准 5.9.2 规定的挤包绝缘一种导体截面积电缆上的终端，通过本标准表 4 所规定的相应型式试验项目后，则应认为对 GB/T 12706.3 中相应额定电压 U_0 的 95mm^2～300mm^2 这一范围内的所有截面积的挤包绝缘电缆均有效。为了扩展至更大范围的认可，应在所要求扩展范围的最小和（或）最大截面积上按表 6 进行附加试验,试品数量取图 2 中系列 1 的一半。

安装在按本标准 5.9.2 中所规定的纸绝缘一种导体截面积电缆上的终端，通过本标准表 5 所规定的相应的型式试验项目后，则应认为对 GB/T 12976 中给出的相应额定电压 U_0 的被试纸绝缘电缆的所有截面积均有效。

8.2 认可与电缆导体材料无关，因此试验可以用铝导体或铜导体电缆进行。

8.3 对于挤包绝缘电缆，取决于被试电缆绝缘的认可的详细情况见表 3，而对于纸绝缘电缆的认可，只限于已进行试验的电缆类型（即滴流或不滴流）。

表 3 被试电缆绝缘的认可范围

试验电缆的绝缘	认可范围
XLPE	XLPE、EPR、HEPR
EPR 和 HEPR	EPR、HEPR、

8.4 实现对不同类型挤包绝缘电缆绝缘屏蔽的认可扩展应按表 9 规定进行试验。试品数量取图 2 中系列 1 的一半。

8.5 由非纵向堵水型挤包绝缘电缆试验获得的认可将扩展到纵向堵水而金属屏蔽内其他方面结构相同的电缆。

表 4　型式试验程序和要求（用于挤包绝缘电缆）

试验项目[a]	试验电压值 kV 21/35, 26/35	试验方法 GB/T 18889—2002	评定	试验系列程序 户外终端 1	户外终端 2	户外终端 3	户外终端 4	户内终端 1	户内终端 2	户内终端 3
1. 交流耐压 5min 或 直流耐压 15min 交流耐压 淋雨 1min	117 104 104	第 4 章或 第 5 章 第 4 章	不闪络，不击穿	 X	X	X	X	X	X	X
2. 局部放电	45	第 7 章	放电量不大于 10pC	X				X		
3. 冲击试验，在 θ_t[b] 下正负极性各 10 次	200	第 6 章	不闪络，不击穿	X				X		
4. 恒压负荷循环，在 θ_t[b] 下 a）在空气中，循环 50 次[c]	65	第 9 章	不闪络，不击穿	X						
在水中，循环 10 次[c]	不加电压	附录 F	由后续试验评定							
b）在空气中，循环 60 次[c]	65	第 9 章	不闪络，不击穿					X		
5. 局部放电，在 θ_t[b, e] 和环境温度下	45	第 7 章	放电量不大于 10pC	X				X		
6. 短路热稳定（屏蔽）[d]	在电缆屏蔽规定的短路电流（I_{sc}）下，短路 2 次	第 10 章	无可见损伤		X[f]				X[f]	
7. 短路热稳定（导体）	在电缆导体规定的短路温度下，短路 2 次	第 11 章	无可见损伤		X[f]				X[f]	
8. 短路动稳定[g]	在电缆导体规定的短路动稳定电流（I_d）下，短路 1 次	第 12 章	无可见损伤			X				X
9. 冲击试验，正负极性各 10 次	200	第 6 章	不闪络，不击穿	X	X	X		X	X	X
10. 交流耐压 15min	65	第 4 章	不闪络，不击穿	X	X	X		X	X	X
11. 盐雾试验　每次 1h，重复 3 次（含 NaCl（质量分数）为 5%，亦可按需要选择）	32.5	GB/T 4585	不闪络，不击穿				X			
12. 检验	见[h]（仅供参考）			X	X	X	X	X	X	X

[a] 除非另有规定，试验应在环境温度下进行。
[b] θ_t 温度为电缆正常运行时最高导体温度以上（5～10）℃。
[c] 每个负荷循环周期为 8h，电缆导体稳定在规定的 θ_t 温度下至少 2h，冷却时间至少 3h。
[d] 仅适用于能直接或通过适配件与电缆金属屏蔽相连接的终端。
[e] 在加热期结束时进行。
[f] 短路热稳定试验可以与短路动稳定结合进行。
[g] 只有当峰值电流 I_p＞80kA 的单芯电缆和峰值电流 I_p＞63kA 的三芯电缆，其终端才要求进行短路动稳定试验。
[h] 终端瓷套未出现破裂现象，且无任何液体介质渗漏。

表 5　型式试验程序和要求（用于纸绝缘电缆）[a]

试验项目[b]	试验电压值 kV	试验方法	评定	试验系列程序						
				户外终端				户内终端		
	21/35, 26/35	GB/T 18889—2002		1	2	3	4	1	2	3
1. 交流耐压 5min 或 直流耐压 15min 交流耐压 淋雨 1min	117 156 104	第 4 章或 第 5 章 第 4 章	不闪络，不击穿	X	X	X	X	X	X	X
2. 冲击试验，在 θ_t °C 下 正负极性各 10 次	200	第 6 章	不闪络，不击穿	X				X		
3. 恒压负荷循环，在 θ_t °C 下 a）在空气中，循环 50 次[d]	39	第 9 章	不闪络，不击穿	X						
在水中，循环 10 次[d]	不加电压	附录 F	由后续试验评定							
b）在空气中，循环 60 次[d]	39	第 9 章	不闪络，不击穿					X		
4. 短路热稳定（导体）	在电缆导体规定的短路温度下，短路 2 次	第 11 章	无可见损伤		X[e]				X[e]	
5. 短路动稳定[f]	在电缆导体规定的短路动稳定电流（I_d）下，短路 1 次	第 12 章	无可见损伤			X				X
6. 冲击试验， 正负极性各 10 次	200	第 6 章	不闪络，不击穿	X	X	X		X	X	X
7. 交流耐压 15min	65	第 4 章	不闪络，不击穿	X	X	X		X	X	X
8. 盐雾试验　每次 1h，重复 3 次（含 NaCl 5%，亦可按需要选择）	32.5	GB/T 4585—2004	不闪络，不击穿				X			
9. 检验	见[g]（仅供参考）			X	X	X	X	X	X	X

[a] 本表参照采用 IEC 60055-1 中相应的规定。

[b] 除非另有规定，试验应在环境温度下进行。

[c] θ_t 温度为电缆正常运行时最高导体温度以上（0～5）℃。

[d] 每个负荷循环周期为 8h，电缆导体稳定在规定的 θ_t 温度下至少 2h，冷却时间至少 3h。

[e] 短路热稳定试验可以与短路动稳定结合进行。

[f] 只有当峰值电流 I_p>80kA 的单芯电缆和峰值电流 I_p>63kA 的三芯电缆，其终端才要求进行短路动稳定试验。

[g] 终端瓷套未出现破裂现象，且无任何液体介质渗漏。

表 6 抽样试验程序和要求（用于挤包绝缘电缆）

试验项目[a]	试验电压值 kV 21/35，26/35	试验方法 GB/T 18889—2002	评定	试验程序 户外终端	试验程序 户内终端
1. 交流耐压 5min 或直流耐压 15min 交流耐压，湿态 1min	117 104 104	第 4 章或 第 5 章 第 4 章	不闪络，不击穿	 X	X
2. 局部放电	45	第 7 章	放电量不大于 10pC	X	X
3. 负荷循环，在 θ_t[b] 下在空气中，循环 3 次[c]	不加电压	第 9 章	由后续试验评定	X	X
4. 局部放电	45	第 7 章	放电量不大于 10pC	X	X
5. 冲击试验，正负极性各 10 次	200	第 6 章	不闪络，不击穿	X	X
6. 交流耐压 4h	104	第 4 章	不闪络，不击穿	X	X
7. 检验	见[d]（仅供参考）			X	X

[a] 除非另有规定，试验应在环境温度下进行。
[b] θ_t 温度为电缆正常运行时最高导体温度以上（5～10）℃。
[c] 每个负荷循环周期为 8h，电缆导体稳定在规定的 θ_t 温度下至少 2h，冷却时间至少 3h。
[d] 终端瓷套未出现破裂现象，且无任何液体介质渗漏。

表 7 抽样试验程序和要求（用于纸绝缘电缆）[a]

试验项目[b]	试验电压值 kV 21/35，26/35	试验方法 GB/T 18889—2002	评定	试验程序 户外终端	试验程序 户内终端
1. 交流耐压 5min 或直流耐压 15min 交流耐压，湿态 1min	117 156 104	第 4 章或 第 5 章 第 4 章	不闪络，不击穿	 X	X
2. 冲击试验，正负极性各 10 次	200	第 6 章	不闪络，不击穿	X	X
3. 交流耐压 4h	104	第 4 章	不闪络，不击穿	X	X
4. 检验	见[c]（仅供参考）			X	X

[a] 本表参照采用 IEC 60055-1 中相应的规定。
[b] 除非另有规定，试验应在环境温度下进行。
[c] 终端瓷套未出现破裂现象，且无任何液体介质渗漏。

表 8　最小和最大导体截面积的附加试验（用于挤包绝缘电缆）

试验项目[a]	试验电压值 kV 21/35，26/35	试验方法 GB/T 18889—2002	评定	试验程序[b]（户内终端、户外终端）
1. 交流耐压 5min 或直流耐压 15min	117 104	第 4 章 或第 5 章	不闪络，不击穿	X
2. 局部放电	45	第 7 章	放电量不大于 10pC	X
3. 冲击试验，正负极性各 10 次	200	第 6 章	不闪络，不击穿	X
4. 检验	见[c]（仅供参考）			X

[a] 除非另有规定，试验应在环境温度下进行。
[b] 试品数量取图 2 中系列 1 的一半。
[c] 终端瓷套未出现破裂现象，且无任何液体介质渗漏。

表 9　对不同型式的电缆绝缘屏蔽认可的附加试验（用于挤包绝缘电缆）

试验项目[a]	试验电压值 kV 21/35，26/35	试验方法 GB/T18889—2002	评定	试验程序[b]（户内终端、户外终端）
1. 交流耐压 5min 或直流耐压 15min	117 104	第 4 章 或第 5 章	不闪络，不击穿	X
2. 局部放电，在环境温度和 θ_t[c、d]下	45	第 7 章	放电量不大于 10pC	X
3. 恒压负荷循环，在 θ_t[c]下在空气中，循环 60 次[e]	65	第 9 章	不闪络，不击穿	X
4. 局部放电，在 θ_t[c、d]和环境温度下	45	第 7 章	放电量不大于 10pC	X
5. 冲击试验，正负极性各 10 次	200	第 6 章	不闪络，不击穿	X
6. 交流耐压 15min	65	第 4 章	不闪络，不击穿	X
7. 检验	见[f]（仅供参考）			X

[a] 除非另有规定，试验应在环境温度下进行。
[b] 试品数量取图 1 中系列 1 的一半。
[c] θ_t温度为电缆正常运行时最高导体温度加（5～10）℃。
[d] 在加热期结束时进行。
[e] 每个负荷循环周期为 8h，加热时温度稳定在规定的θ_t温度下至少 2h，冷却时间至少 3h。
[f] 终端瓷套未出现破裂现象，且无任何液体介质渗漏。

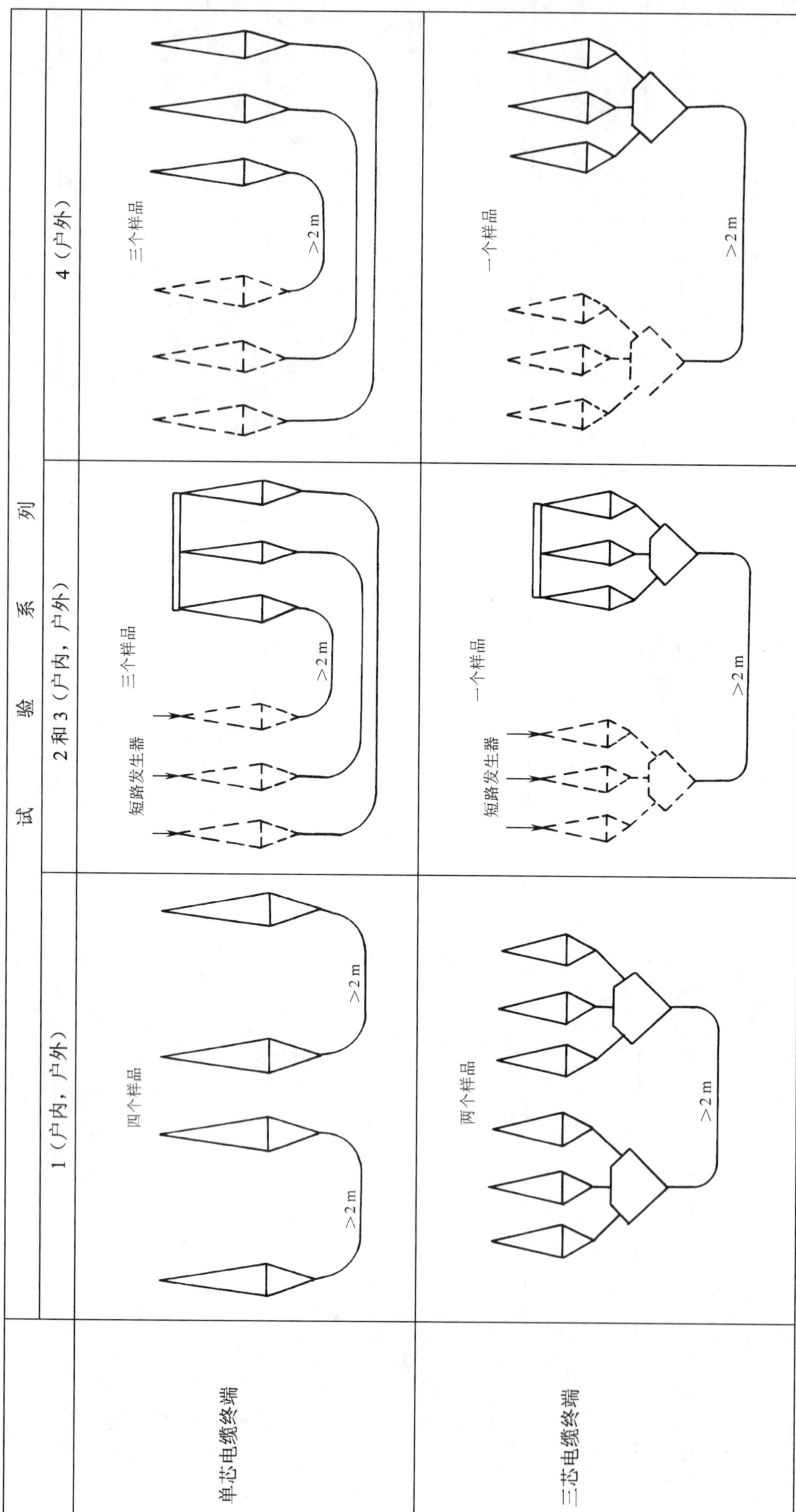

注1：图中所标电缆长度是电缆引入终端之间的测量长度。

注2：电缆与终端的固定方法应按照制造厂的推荐。

图2 终端的试样数量和试验布置

8.6 在三芯电缆终端上进行的试验应认为适用与相同设计的单芯电缆终端，反之则不适用。
8.7 对规定 U_0 的终端认可后将扩展到低于该 U_0 值的相同设计原则的终端上。
8.8 试验布置和试品数量在图 2 中详细叙述。

9 检验规则

9.1 产品的所有部件和材料应由制造厂的技术检查部门检查合格后方能出厂，并应附有相应的质量检验合格证。
9.2 应按第 5 章的要求进行产品的型式试验，当配套使用的电缆为挤包绝缘电缆时，采用表 4，为纸绝缘电缆时，采用表 5，样品数量及试验结果评定方法应按图 2、表 4、表 5 和第 7 章中的规定。
9.3 正常生产时每 3 年～5 年应按 5.3～5.9 表 6 或表 7 和 5.10 的要求进行产品的抽样试验。当配套使用的电缆为挤包绝缘电缆时，采用表 6，为纸绝缘电缆时，采用表 7，试品数量及试验结果评定方法应按图 2 中系列 1、表 6，表 7 和第 7 章中的规定。当用户提出要求，经双方协商同意后，也应按抽样试验要求进行试验。

10 标志、包装、运输和贮存

10.1 终端用的主要材料和部件均应标出牌号、名称、厂名和生产日期，并附有合格证，或验收标记，有贮存期限的材料必须注明生产日期和贮存期。
10.2 终端用的各种材料应分别予以密封包装，每套瓷套式终端的部件和材料应以专用包装箱包装，包装箱内应附有材料清单、产品合格证及安装工艺说明书。
10.3 包装箱上应注明：

a）制造厂厂名；
b）产品型号、名称、产品标准号；
c）电缆品种；
d）额定电压；
e）导体材料、截面积和芯数；
f）生产日期；
g）包装箱尺寸；
h）毛重。

10.4 产品在运输中应防止重压和碰撞。
10.5 产品贮存时应避免接触热源，贮存处应有防火措施、干燥通风，贮存期不应超过相应配套材料和配套件的贮存期限。

附 录 A
（规范性附录）
电力电缆附件用松香石油基流体绝缘剂一般技术要求

电力电缆附件用松香石油基流体绝缘剂性能要求如表 A.1 所示。

表 A.1 电力电缆附件用松香石油基流体绝缘剂性能要求

项 目 名 称	单 位	性 能 指 标	试 验 方 法
运动粘度 孔径 5mm 100℃ 50℃	m^2/s	6×10^{-5}～7×10^{-5} 1.4×10^{-3}～1.6×10^{-3}	GB/T 265—1988
密度 25℃	g/cm^3	0.89～0.95	GB/T 1884—2000
闪点	℃	≥200	GB/T 267—1988
燃点	℃	≥250	GB/T 267—1988
浇注温度	℃	80～85	GB/T 264—1983
酸值	mg KOH /g	≤0.1	GB/T 380—1977
灰分	%	≤0.1	GB/T 508—1985
击穿强度 20℃ 80℃	MV/m	≥14 ≥10	GB/T 507—2002
介质损耗角正切 50Hz 20℃ 80℃		≤0.03 ≤0.05	GB/T 5654—1985
介电常数 （40～60）℃		2.4～2.8	GB/T 5654—1985
体积电阻率	Ω·cm	$\geq5\times10^{12}$	GB/T 5654—1985
注：除非另有规定，表中数据为室温下试样的性能要求。			

附 录 B
（规范性附录）
电力电缆附件用绝缘硅油主要性能指标

电力电缆附件用绝缘硅油主要性能要求如表 B.1 所示。

表 B.1 电力电缆附件用绝缘硅油主要性能要求

项 目 名 称	单 位	性 能 指 标	试 验 方 法
外观		无色透明油状物	
运动粘度 25℃	m^2/s	2.5×10^{-5}～4×10^{-5}	GB/T 265—1988
闪点	℃	≥240	GB/T 267—1988
介质损耗角正切 50 Hz 25℃		$\leq1\times10^{-3}$	GB/T 5654—1985
介电常数 25℃ 50 Hz		2.6～3.0	GB/T 5654—1985
击穿强度 25℃ 50 Hz	kV/2.5mm	≥30	GB/T 507—2002
体积电阻率 25℃	Ω·cm	$\geq1\times10^{14}$	GB/T 5654—1985

附 录 C
（规范性附录）
电力电缆附件用沥青醇酸玻璃漆布带

电力电缆附件用沥青醇酸玻璃漆布带性能要求如表 C.1 所示。

表 C.1 电力电缆附件用沥青醇酸玻璃漆布带性能要求

项 目 名 称	单位	性 能 指 标	试 验 方 法
抗张强度 （N/15mm 宽）		≥80	GB/T 1309—1987
伸长率	%	≥10	GB/T 1309—1987
体积电阻率 20℃ 130℃	Ω·cm	$\geqslant 10^{12}$ $\geqslant 10^{9}$	GB/T 1410—2006
介电常数		3.5～4.0	GB/T 1409—2006
击穿强度 20℃ 130℃	MV/m	≥50 ≥20	GB/T 1408—1999
介质损耗角正切 50 Hz 20℃		≤0.035	GB/T 1409—2006
耐油性 浸在（105±2）℃的低压电缆油中 48 h 后		漆层不应发粘和脱膜	GB/T 1739—1979
吸水率 （质量分数）在 20℃水中浸 24h 后	%	≤3	GB/T 1738—1979
注：除非另有规定，表中数据为室温下试样的性能要求。			

附 录 D
（规范性附录）
自粘性橡胶绝缘带性能要求

自粘性橡胶绝缘带性能要求如表 D.1 所示。

表 D.1 自粘性橡胶绝缘带性能要求

序号	项 目 名 称	单位	性能指标[a]	试 验 方 式
1	抗张强度	MPa	≥1.7	GB/T 528—1998
2	伸长率	%	≥500	GB/T 528—1998
3	工频击穿电压	MV/m	≥28	GB/T 1695—2005
4	体积电阻率	Ω·cm	$\geqslant 10^{14}$	GB/T 1692—1992
5	介质损耗角正切 50 Hz		≤0.05	GB/T 1693—1981
6	介电常数		≤5.0	GB/T 1693—1981
7	自粘性		无松脱	附录 F
8	耐热应力开裂		不开裂	附录 F
9	耐热性	℃	130	附录 F
注：除非另有规定，表中数据为室温下试样的性能要求。				
[a] 通常以 EPDM 为基材的自粘性橡胶绝缘带，推荐用于长期工作温度为 90℃及以下的挤包绝缘电缆接头和终端。				

附 录 E
（规范性附录）
自粘性橡胶半导电带性能要求

自粘性橡胶半导电带性能要求如表E.1所示。

表E.1 自粘性橡胶半导电带性能要求

序 号	项 目 名 称		性 能 指 标	试 验 方 法
1	抗张强度	MPa	≥1.3	GB/T 528—1998
2	伸长率	%	≥500	GB/T 528—1998
3	体积电阻率	Ω·cm	≤10^4	GB/T 3048.3—1994
4	自粘性		无松脱	附录F
5	耐热应力开裂		不开裂	附录F
6	耐热性	℃	130℃	附录F
注：除非另有规定，表中数据为室温下试样的性能要求。				

附 录 F
（规范性附录）
试验方法

F.1 自粘性橡胶带耐热性、自粘性、耐热应力开裂试验

F.1.1 试样准备

从成品带卷上截取（150±10）mm长一段，去掉隔离层，拉伸到（200～300）%，以半搭盖方式绕包在直径为（10±0.2）mm的金属棒上，共绕包四层，绕包长度为（50±5）mm。

F.1.2 耐热性试验

将试验带材置于环境温度（23±2）℃下4h后，再按F.1.1试样制备方法制备三个试样，然后将试样置于调整到试样规定的耐热温度的电热鼓风干燥箱内（不鼓风）经168h后取出，若三个试样均无松脱、变形、下坠、开裂、表面气泡等现象，则试验通过，否则试验不通过。

F.1.3 自粘性试验

将试样带材置于环境温度（23±2）℃下4h后，再按F.1.1试样制备方法制备三个试样，然后将试样在该温度下放置24h后，若三个试样均无松脱现象，则试验通过，否则试验不通过。

F.1.4 耐热应力开裂试验

将试验带才置于环境温度（23±2）℃下4h后，再按F.1.1试样制备方法制备三个试样，然后将试样悬置于（130±2）℃电热鼓风干燥箱内，经1h后取出，若三个试样均无开裂现象，则试验通过，否则试验不通过。

F.2 电缆附件压力密封试验

F.2.1 适用范围

本试验方法适用于测定以液体介质或气体介质作为传压媒质来测试电缆接头盒和终端盒的压力密封性能。

F.2.2 试验设备

F.2.2.1 水泵或油泵，工作压力不小于 5MPa 。

液体压力表，最大量程为 1MPa，误差不超过±2%。

传压媒质对试样应无腐蚀作用，液体介质 25℃时的运动粘度应不大于 26cSt（$1cSt=10^{-6}m^2/s$）。

F.2.2.2 空气压缩机或二氧化碳气瓶、氮气瓶。

气体压力表，最大量程为 1MPa，误差不超过±2%。

F.2.3 试样准备

成品试样应安装好附件的所有部件，盒体试样应安装好密封专用的附加配件。电缆接头盒的一端应用实心棒封死，实心棒的外径应与压力引入部件的外径相等。

F.2.4 试验步骤

F.2.4.1 液压试验时，在准备好的试样内先灌满液体介质，并在试样各密封连接处及铸件表面涂以白垩粉。气压密封试验时，接好试验管路后试样应全部浸在水中。

F.2.4.2 平稳地升高压力直至产品标准的规定值，然后关闭阀门，并保持到产品标准的规定时间。

F.2.4.3 观察压力表的压力变化。表压力允许在规定值的±5%范围内波动。超过此范围时，应升高或降低压力，保持试验压力在规定的范围内。

F.2.4.4 观察试样：

液压试验：表面是否湿润。

气压试验：有否气泡排出及气泡排出的位置。

F.2.4.5 试验结束时，先打开阀门，使表压力降到零，再拆除试样。

F.2.5 试验结果

在规定的试验压力和持续时间内试样应完好无损，且无泄漏现象。

F.2.6 注意事项

气压密封试验必须有防爆安全措施。

F.3 户外终端浸水试验

F.3.1 本试验目的是检验户外终端的密封性能。

F.3.2 户外终端恒压负荷循环的最后 10 个周期将整个终端都浸在水中，水浸没到终端的所有部件以上至少 0.03m，水温为环境温度，试验回路不加电压，继续原来的负荷循环，共 10 个周期。

附 录 G
（资料性附录）
试验电缆的标示（见 5.9.1）

G.1 挤包绝缘电缆

额定电压 U_0/U（U_m） □kV

结构：	□单芯	□三芯	□分相屏蔽
导体：	□铝	□铜	
	□绞合	□实心	□圆形
	□120mm²	□150mm²	□185mm²
	□其他截面积		mm²
绝缘：	□XLPE	□EPR	□HEPR

绝缘屏蔽：	□不可剥离	□可剥离	
金属屏蔽：	□金属线	□金属带	□挤包金属套
外护层：	□PVC	□PE（ST3）	□PE（ST7）
阻水层：	□在导体内	□外护套下	
直径：	导体		mm
	外护套		mm
电缆型号：			

G.2 纸绝缘电缆

额定电压 U_0/U（U_m）	□kV		
结构：	□单芯	□三芯	□分相铅包
导体：	□铝	□铜	
	□绞合	□实心	□圆形
	□120mm^2	□150mm^2	
	□185mm^2	□240mm^2	
	其他截面积		mm^2
浸渍：	□滴流	□不滴流	
金属护层：	□铅	□铝	
		□挤包	□PE（ST7）
外护层：	□纤维覆盖物		□PVC
直径：	导体		mm
	绝缘（包括屏蔽）		mm
	金属护套		mm
	外护套		mm
电缆型号：			

ICS 29.060.20
K 13
备案号：18304—2006

中华人民共和国机械行业标准

JB/T 6466—2006
代替JB/T 6466—1992

额定电压 1kV（U_m＝1.2kV）到 10kV（U_m＝12kV）纸绝缘电力电缆瓷套式终端

Porcelain bushing terminations for paper insulation power cables with rated voltages from 1kV（U_m＝1.2kV）up to 10kV（U_m＝12kV）

2006-08-16 发布　　2007-02-01 实施

中华人民共和国国家发展和改革委员会 发布

前　言

本标准代替 JB/T 6466—1992《额定电压 8.7/10kV 及以下电力电缆户内型、户外型瓷套式终端》。

本标准与 JB/T 6466—1992 相比，主要变化如下：

——第 5 章中电气性能部分增加了 5.9.1“被试终端的标示”；

——增加了第 7 章“试验结果评定”；

——增加了第 8 章“认可范围”以及相关的表和试验样品布置图。

本标准的附录 A、附录 B、附录 C、附录 D、附录 E 是规范性附录，附录 F 是资料性附录。

本标准由中国机械工业联合会提出。

本标准由全国电线电缆标准化技术委员会（SAC/TC213）归口。

本标准起草单位：上海电缆研究所、长沙电缆附件有限公司。

本标准起草人：葛光明、张智勇、薛奇。

本标准所代替标准的历次版本发布情况：

——JB/T 6466—1992。

额定电压 1kV（U_m=1.2kV）到 10kV（U_m=12kV）纸绝缘电力电缆瓷套式终端

1 范围

本标准规定了额定电压 1kV（U_m=1.2kV）到 10kV（U_m=12kV）纸绝缘电力电缆用瓷套式终端的产品标记和代号、技术要求、试验方法、检验规则、标志、包装、运输和贮存。

本标准适用于额定电压 1kV（U_m=1.2kV）到 10kV（U_m=12kV）纸绝缘电力电缆用瓷套式户内终端和户外终端，使用条件符合 IEC 60055-1：1997 中 22.2 和 22.3 规定。

2 规范性引用文件

下列文件中的条款通过本标准的引用而成为本标准的条款。凡是注日期的引用文件，其随后所有的修改单（不包括勘误的内容）或修订版均不适用于本标准，然而，鼓励根据本标准达成协议的各方研究是否可使用这些文件的最新版本。凡是不注日期的引用文件，其最新版本适用于本标准。

GB/T 259—1988 石油产品水溶性酸及碱测定法（neq ГOCT 6307：1975）

GB/T 264—1983 石油产品酸值测定法（neq ASTM D974）

GB/T 265—1988 石油产品运动粘度测定法和动力粘度计算法

GB/T 267—1988 石油产品闪点与燃点测定法（开口杯法）

GB/T 380—1977 石油产品硫含量测定法（燃灯法）

GB/T 388—1964 石油产品硫含量测定法（氧弹法）

GB/T 507—2002 绝缘油 击穿电压测定法（eqv IEC 60156：1995）

GB/T 508—1985 石油产品灰分测定法（neq ISO 6245：1982）

GB/T 772—1987 高压绝缘子瓷件 技术条件（neq IEC 60233：1974）

GB/T 1309—1987 电气绝缘漆布试验方法（eqv IEC 60394-2：1972）

GB/T 1408.1—1999 固体绝缘材料电气强度试验方法 工频下的试验（eqv IEC 60243-1：1988）

GB/T 1409—1988 固体绝缘材料在工频、音频、高频（包括米波长在内）下相对介电常数和介质损耗因数的试验方法（eqv IEC 60250：1969）

GB/T 1410—1989 固体绝缘材料体积电阻率和表面电阻率试验方法（eqv IEC 60093：1980）

GB/T 1738—1986 绝缘漆漆膜吸水率测定法

GB/T 1739—1986 绝缘漆漆膜耐油性测定法

GB/T 1800.1～1800.4—1997 极限与配合

GB/T 1884—2000 原油和液体石油产品密度实验室测定法（密度计法）（eqv ISO 3675：1998）

GB/T 2900.10—2001 电工术语 电缆（idt IEC 60050-461：1984，Amd. No1：1993 第 1 次修正，Amd. No2：1999 第 2 次修正）

GB/T 4507—1999 沥青软化点测定法（环球法）（eqv ASTM D36：1995）

GB/T 4510—1984 石油沥青脆点测定法

GB/T 4585—2004 交流系统用高压绝缘子的人工污秽试验（IEC 60507：1991，IDT）

GB/T 5654—1985 液体绝缘材料工频相对介电常数、介质损耗因数和体积电阻率的测量（neq IEC 60247：1978）

GB/T 9327.1～9327.5—1988 电缆导体压缩和机械连接头试验方法

GB/T 11148—1989　石油沥青溶解度测定法（neq ASTM D 2042：1985）

GB/T 11964—1989　石油沥青蒸发损失测定法（neq JIS K 2207：1980）

GB/T 12976.1～12976.3—1991　额定电压 35kV 及以下铜芯、铝芯纸绝缘电力电缆

GB/T 14315—1993　电力电缆导体用压接型铜、铝接线端子和连接管（neq IEC 60020）

GB/T 18889—2002　额定电压 6kV（U_m=7.2kV）到 35kV（U_m=40.5kV）电力电缆附件试验方法（IEC 61442：1997，MOD）

SY 2811—1982　绝缘胶检验法

SH 0001—1990　电缆沥青

IEC 60055-1:1997　额定电压 18/30kV 及以下纸绝缘金属护套电缆（带有铜或铝导体，但不包括压气和充油电缆）第 1 部分：电缆及附件试验　第 7 章：附件的型式试验

3　术语和定义

GB/T 2900.10 中确立的术语和定义适用于本标准。

4　产品的型号和表示方法

4.1　代号（用汉语拼音字母和阿拉伯数字表示）

4.1.1　按系列分

户内终端系列	N
户外终端系列	W

4.1.2　按结构材料分

瓷套式	C

4.1.3　按形状特征分

圆形：三芯或四芯电缆，导体绝缘引出向上且沿圆周方向均匀分布	Y
扇形：三芯或四芯电缆，导体绝缘引出向上且排列在一个平面上	S
倒挂：三芯或四芯电缆，导体绝缘引出向下	G

4.1.4　按盒体材料分

铸铁	Z（省略）
钢	G
铝合金	L
玻璃钢	B
电瓷	C

4.1.5　按设计的先后顺序分

第一次设计	1
第二次设计	2
（以下类推）	

4.1.6　按电压等级分

1.8kV/3kV 及以下	1
3.6kV/6kV、6kV/6kV、6kV/10kV	2
8.7kV/10kV、（8.7kV/15kV）	3

4.1.7　按电缆芯数分

三芯	3

四芯 4

4.2 产品的型号

产品型号的组成和排列顺序如下：

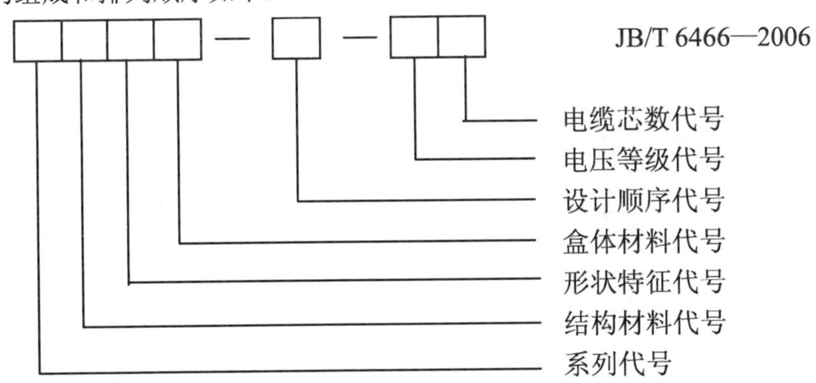

4.3 产品的表示方法

a）8.7kV/10kV 三芯电缆圆形铸铁瓷套式户外终端，第一次设计，表示为：

WCY—1—33 JB/T 6466—2006

b）3.6kV/6kV、6kV/6kV 或 6kV/10kV 三芯电缆圆形铝合金瓷套式户外终端，第一次设计，表示为：

WCYL—1—23 JB/T 6466—2006

c）8.7kV/10kV 三芯电缆倒挂铝合金瓷套式户外终端，第二次设计，表示为：

WCGL—2—33 JB/T 6466—2006

d）3.6kV/6kV、6kV/6kV 或 6kV/10kV 三芯扇形铸铁瓷套式户内终端，第二次设计，表示为：

NCS—2—23 JB/T 6466—2006

5 技术要求

5.1 终端盒所有承受大气影响的金属材料零部件表面均应按防腐要求进行表面处理。

5.2 瓷套应符合 GB/T 772 的规定。

5.3 电缆进线套有封铅和橡皮压装两种型式，采用封铅的进线套，应在封铅部位预先搪锡，锡层应均匀、光滑、完整。

5.4 导体连接金具应符合 GB/T 14315 中的相应规定，铜铝过渡接线柱的直流电阻应不大于相同长度相同截面积铝导体直流电阻的 1.2 倍。

5.5 终端盒与支架固定的安装孔尺寸应符合图 1 及表 1 的规定，L_1、L_2、L_3 的公差按 GB/T 1800.1～1800.4—1997 中规定的 IT13 级要求，ϕ 的公差如图 1 所示。

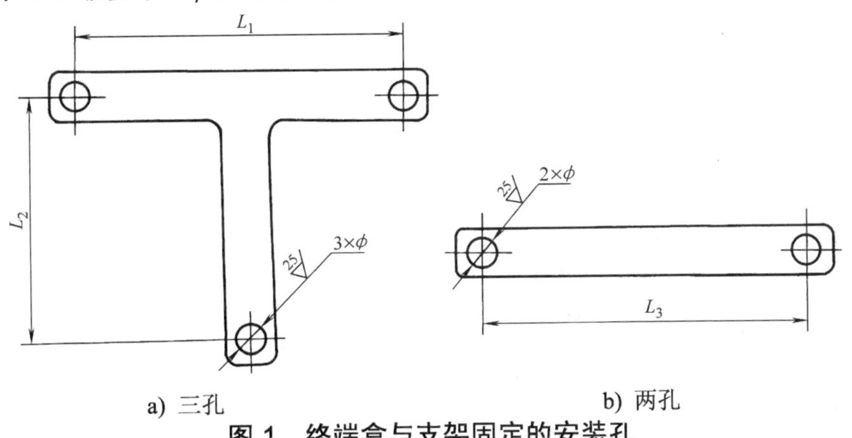

图 1 终端盒与支架固定的安装孔

表 1　终端盒与支架固定的安装孔尺寸

mm

三　孔		两　孔	ϕ
L_1	L_2	L_3	
180	130	180 200	18
220	150	250 270	
250	170	330 350	

5.6　终端接地线应采用镀锡编织铜线，其推荐截面积按表 2 规定选取，也可按与电缆金属屏蔽层截面积相一致的原则选取。

表 2　接地线截面积选取

mm^2

电缆主线芯截面积		接地线截面积
铜	铝	
35 及以下	50 及以下	10
50～120	70～150	16
150～400	185～400	25

5.7　金属材料制作的终端盒体应能承受 0.3MPa 气压、持续时间 1min 的密封性能试验，整个试验过程中盒体应不渗漏。终端盒应能承受 0.3MPa 液压或气压、持续时间为 15min 的密封性能试验，整个试验过程中压力表应指示稳定、终端盒应不渗漏。

5.8　终端盒应能承受 0.8MPa 的液压、持续时间为 1min 的力学性能试验，整个试验过程中终端应不破裂、不渗漏。

5.9　电气性能要求：

5.9.1　被试终端的标示：

a）用于试验的电缆应符合 GB/T 12976.1～12976.3 的规定，其额定电压值应与被试终端的最大适用额定电压相同。参见附录 F 的示例对电缆作出正确的标示。

b）终端里的导体连接金具应正确标示下述有关内容：

——安装工艺；

——工具及必要的配件；

——接触表面的处理；

——连接金具的型号、编号和任何其他标示；

——型式试验认可的细述。

c）被试终端应正确标示下述有关内容：

——制造商名称；

——终端的型号及名称、制造日期或日期代码；

——电缆的最小和最大截面积，电缆导体的材料和形状；

——电缆铅（或铝）护套的最小和最大直径；

——额定电压；

——安装说明书（编号和日期）。

5.9.2 安装和连接：

a）除非另有规定，试验用的电缆截面积应在 120mm^2、150mm^2、185mm^2 和 240mm^2 中任选一个。

b）终端应采用制造方提供的材料等级和数量，并应按制造方说明书规定的方法进行安装。

c）终端应该是干燥和清洁的，且不管是电缆还是终端都不应经受可能改变被试组合试样的电气或热或力学性能的任何方式的处理。

d）被试终端与接线端子之间的连接应具有与电缆导体相当的导电截面积。

e）关于试验安装的主要细节，尤其是支撑装置，都应记录。

5.9.3 按表 3 和表 4 规定的试验项目和要求对安装在电缆上的电缆终端组合试样进行电气性能试验。

5.10 终端盒应有夹持电缆的结构部件，部件表面应按防腐要求进行表面处理。

5.11 终端盒裸露导体相间及相对地距离应符合附录 D 规定。

5.12 终端所用绝缘材料主要性能应符合附录 A～附录 C 的规定。

6 试验条件和方法

6.1 试验条件按 GB/T 18889—2002 中的规定。

6.2 5.2 规定的要求按 GB/T 722—1998 规定的试验方法进行试验。

6.3 5.4 规定的要求按 GB/T 9327.1～9327.5—1988 中规定的试验方法进行试验。

6.4 5.7 和 5.8 规定的要求按附录 E 的规定试验方法进行试验。

6.5 5.9 规定的要求按表 3 和表 4 规定的试验方法和试验系列进行试验。

6.6 5.1、5.3 及 5.10 规定的要求采用目视检查。

7 试验结果评定

7.1 每个试样单项试验结果按表 3 和表 4 评定栏规定评定。

7.2 一种试样一个系列程序试验结果评定：

按表 3 进行型式试验时所有试样必须全部通过规定系列程序试验中的所有项目。

按表 4 进行抽样试验，若仅有一个试样未通过系列程序试验，允许重新取样进行试验，若仍未通过，则认为该试样未通过抽样试验。

7.3 按表 3 指定的型式试验中的所有系列试验项目全部通过后，该终端被认可。对任何一个未满足要求的试样都应进行检查。

7.4 如果由于终端安装或试验程序错误而不符合要求，应宣布该试验无效，但不否定该终端。应在新安装的试样上重复整个程序。如果没有上述错误证据，则该型式终端不予认可。

7.5 如果电缆击穿，则该试验应被宣布无效，但不否定该终端，允许重新安装终端，按规定程序从头开始试验或者修复电缆后从中断的时刻开始继续试验。

8 认可范围

8.1 安装在按 5.9.2 规定的纸绝缘电缆一种导体截面积电缆上的终端，通过表 3 所规定的相应型式试验项目后，则应认为该终端适用于 GB/T 12976.1～12976.3 中规定的相应额定电压 U_0 的被试电缆的所有截面积。

8.2 认可与电缆导体材料无关，因此试验可以用铝导体或铜导体电缆进行。

8.3 认可只限于已进行试验的电气结构和电缆类型（即带绝缘或径向电场、滴流或不滴流）。

8.4 对规定 U_0 的终端认可后将扩展到低于该 U_0 值的相同设计原则的终端上。

8.5 试验布置和试品数量在图 2 中详细叙述。

9 检验规则

9.1 产品的所有部件和材料应由制造厂的技术检查部门检查合格后方能出厂，并应附有相应的质量检验合格证。

9.2 应按5.1～5.9、表3和图2的要求进行产品的型式试验。样品数量及试验结果评定方法应按图2、表3和第7章中的规定。

9.3 正常生产时每3年～5年应按5.4～5.8、5.9、5.11、5.12以及表4和图2中系列1的规定进行产品的抽样试验。样品数量及试验结果评定方法应按图2中系列1、表4和第7章中的规定。当用户提出要求，经双方协商同意后也应按抽样试验要求进行试验。

9.4 产品应按5.1、5.3、5.7和5.10的要求进行例行试验。

10 标志、包装、运输和贮存

10.1 终端用主要材料和部件均应标出牌号、名称、厂名和生产日期，并附有合格证或验收标记，有贮存期限的材料必须注明生产日期和贮存期限。

10.2 终端用的各种材料应分别予以密封包装，每套瓷套式终端盒和材料应以专用包装箱包装，包装箱内应附有材料清单、产品合格证及安装工艺说明书。

10.3 包装箱上应注明：

a）制造厂厂名；

b）产品型号、名称、产品标准号；

c）额定电压；

d）导体材料、截面积和芯数；

e）生产日期；

f）包装箱尺寸；

g）毛重。

10.4 产品在运输中应防止重压和碰撞。

10.5 产品贮存时应避免接触热源，贮存处应有防火措施、干燥通风，贮存期不应超过相应配套材料和配套件的贮存期限。

表 3 型式试验程序和要求[a]

试验项目[b]	试验电压值 kV			试验方法 GB/T 18889—2002	评定	试验系列程序						
						户外终端				户内终端		
	0.6/1，1.8/3	3.6/6，3.6/3 6/6，6/10	8.7/10，（8.7/15）			1	2	3	4	1	2	3
1. 交流耐压 5min 或 直流耐压 15min 交流耐压 淋雨 1min	8 10.8 7.2	27 36 24	39 52.5 35	第 4 章或 第 5 章 第 4 章	不闪络，不击穿	X	X	X	X	X	X	X
2. 冲击试验，在 θ_t[c]下正负极性各 10 次	—	75	95	第 6 章	不闪络，不击穿	X				X		
3. 恒压负荷循环，在 θ_t[c]下	2.7	9	13	第 9 章	不闪络，不击穿	X						
a）在空气中，循环 50 次[d]	不加电压			本标准 E.2	由后续试验评定							
在水中，循环 10 次[d] b）在空气中，循环 60 次[d]	2.7	9	13	第 9 章	不闪络，不击穿					X		
4. 短路热稳定（导体）	在电缆导体规定的短路温度下，短路 2 次			第 11 章	无可见损伤		X[e]				X[e]	
5. 短路动稳定[f]	在电缆导体规定的短路动稳定电流（I_d）下，短路 1 次			第 12 章	无可见损伤			X				X
6. 冲击试验，正负极性各 10 次	—	75	95	第 6 章	不闪络，不击穿	X	X	X		X	X	X
7. 交流耐压 15min	4.5	15	22	第 4 章	不闪络，不击穿	X	X	X		X	X	X
8. 盐雾试验 每次 1h，重复 3 次（含 NaCl 5%，亦可按需要选择）	—	7.5	11.0	GB/T 4585—2004	不闪络，不击穿				X			
9. 检验	见[g]（仅供参考）					X	X	X	X	X	X	X

[a] 本表等效采用 IEC 60055-1：1997 中相应规定。

[b] 除非另有规定，试验应在环境温度下进行。

[c] θ_t 温度为电缆正常运行时最高导体温度以上（0～5）℃。

[d] 每个负荷循环周期为 8h，电缆导体稳定在规定的 θ_t 温度下至少 2h，冷却时间至少 3h。

[e] 短路热稳定试验可以与短路动稳定试验结合进行。

[f] 只有当峰值电流 I_p>80kA 的单芯电缆和峰值电流 I_p>63kA 的三芯电缆，其终端才要求进行短路动稳定试验。

[g] 终端瓷套未出现破裂现象，且无任何液体介质渗漏。

表 4　抽样试验程序和要求 [a]

试验项目[b]	试验电压值 kV			试验方法 GB/T 18889—2002	评定	试验程序	
	0.6/1，1.8/3	3.6/6，3.6/3 6/6，6/10	8.7/10，(8.7/15)			户外终端	户内终端
1. 交流耐压 5min	8	27	39	第 4 章或	不闪络，不击穿		X
或直流耐压 15min	10.8	36	52.5	第 5 章			
交流耐压，湿态 1min	7.2	24	35	第 4 章		X	
2. 冲击试验，正负极性各 10 次	—	75	95	第 6 章	不闪络，不击穿	X	X
3. 交流耐压 4h	7.2	15	22	第 4 章	不闪络，不击穿	X	X
4. 检验	见[c]（仅供参考）					X	X

[a] 本表参照采用 IEC 60055-1：1997 中相应规定。
[b] 除非另有规定，试验应在环境温度下进行。
[c] 终端瓷套未出现破裂现象，并无任何液体介质渗漏。

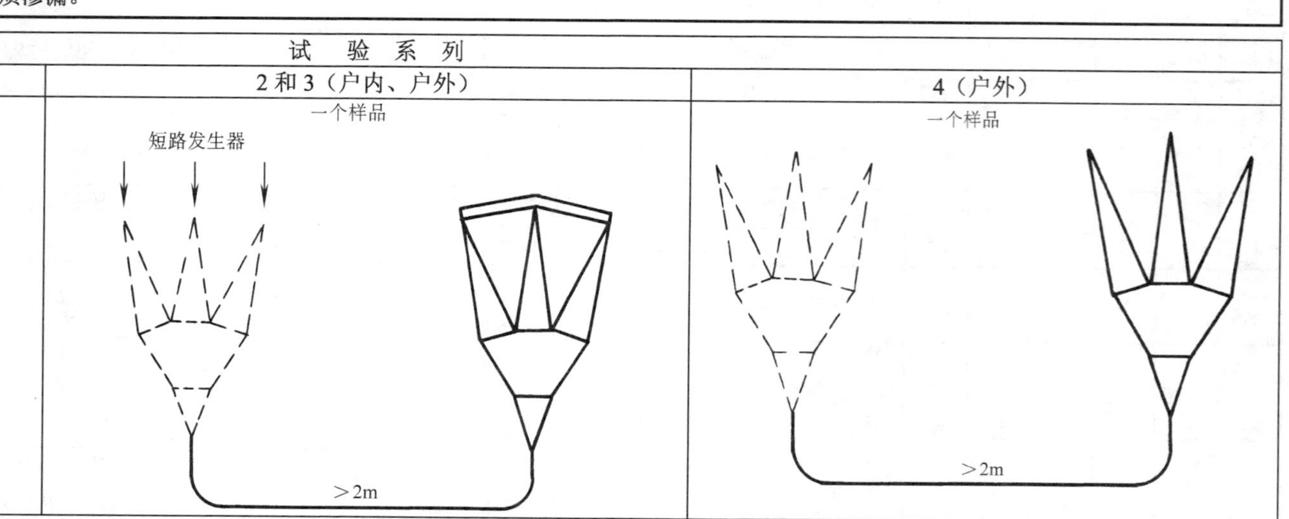

注1：图中所标电缆长度是电缆引入终端之间的测量长度。
注2：电缆与终端的固定方法按照制造方的推荐。

图 2　终端的试品数量和试验布置

附　录　A
（规范性附录）
电力电缆附件用沥青基浇注剂一般技术要求

电力电缆附件用沥青基浇注剂性能要求见表 A.1。

表 A.1　电力电缆附件用沥青基浇注剂性能要求

项　目　名　称	单位	要求	性　能　指　标					试 验 方 法
			1	2	3	4	5	
收缩率（150℃～20℃）	%	≤	8	8	8	8	8	SY 2811
矿物质（灰分）	%	≤	0.5	0.5	0.5	0.5	0.5	GB/T 508
粘附率	%	≥	90	90	90	90	20	SH0001—1990 附录 B
游离硫			无	无	无	无	无	GB/T 388
加热损失	%	≤	0.3	0.3	0.3	0.3	0.3	GB/T 11964
水溶性酸或碱			中性	中性	中性	中性	中性	GB/T 259
软化点（环球法）	℃		44～55	55～65	65～75	75～85	85～95	GB/T 4507
溶解度（苯）	%	≥	99.5	99.5	99.5	99.5	99.5	GB/T 11148
闪点（开口）	℃	≥	200	230	230	230	230	GB/T 267
击穿强度（间隙 2.5mm，60℃ 1min）	kV	≥	40	40	45	50	60	GB/T 507
冻裂点	℃	≤	−45	−35	−30	−25	−25	GB/T 4510
注：除非另有规定，表中的数据为室温下试样的性能要求。								

附　录　B
（规范性附录）
电力电缆附件用松香石油基流体绝缘剂

电力电缆附件用松香石油基流体绝缘剂性能要求见表 B.1。

表 B.1　电力电缆附件用松香石油基流体绝缘剂性能要求

项　目　名　称	单　　位	性　能　指　标	试 验 方 法
运动粘度　孔径　5mm　100℃ 50℃	m^2/s	6×10^{-5}～7×10^{-5} 1.4×10^{-3}～1.6×10^{-3}	GB/T 265
密度　25℃	g/cm^3	0.89～0.95	GB/T 1884
闪点	℃	≥200	GB/T 267
燃点	℃	≥250	GB/T 267
浇注温度	℃	80～85	GB/T 264
酸值	KOHmg/g	≤0.1	GB/T 380
灰分	%	≤0.1	GB/T 508
击穿强度　20℃ 80℃	MV/m	≥14 ≥10	GB/T 507
介质损耗角正切　50Hz　20℃ 80℃		≤0.03 ≤0.05	GB/T 5654
介电常数　（40～60）℃		2.4～2.8	GB/T 5654
体积电阻率	Ω·cm	$\geq5\times10^{12}$	GB/T 5654
注：除非另有规定，表中的数据为室温下试样的性能要求。			

附 录 C
（规范性附录）
电力电缆附件用沥青醇酸玻璃漆布带

电力电缆附件用沥青醇酸玻璃漆布带性能要求见表 C.1。

表 C.1 电力电缆附件用沥青醇酸玻璃漆布带性能要求

项 目 名 称	单 位	性 能 指 标	试 验 方 法
抗张强度 （N/15mm 宽）		≥80	GB/T 1309
伸长率	%	≥10	GB/T 1309
体积电阻率 20℃ 130℃	Ω·cm	$\geqslant 10^{12}$ $\geqslant 10^{9}$	GB/T 1410
介电常数		3.5～4.0	GB/T 1409
击穿强度 20℃ 130℃	MV/m	≥50 ≥20	GB/T 1408.1
介质损耗角正切 50Hz 20℃	%	≤3.5	GB/T 1409
耐油性 浸在（105±2）℃的低压电缆油中 48h 后		漆层不应发粘和脱膜	GB/T 1739
吸水率 在 20℃水中浸 24h 后	%	≤3	GB/T 1738
注：除非另有规定，表中的数据为室温下试样的性能要求。			

附 录 D
（规范性附录）
终端盒裸露导体相间及相对地距离要求

终端盒裸露导体相间及相对地距离要求见表 D.1。

表 D.1 终端盒裸露导体相间及相对地距离

mm

额定电压 U_0/U kV		1.8/3 及以下	3.6/6、6/6	6/10、8.7/10
距离	户内型	75	100	125
	户外型	200	200	200

附 录 E
（规范性附录）
试验方法

E.1 电缆附件压力试验

E.1.1 适用范围

本试验方法适用于测定以液体介质或气体介质作为传压媒质来测试电缆接头盒和终端盒的压力密封性能。

E.1.2 试验设备

E.1.2.1 水泵或油泵，工作压力不小于 5MPa。

液体压力表，最大量程为 1MPa，误差不超过±2%。

传压媒质对试样应无腐蚀作用，液体介质 25℃时的粘度应不大于 26cSt（1cSt＝$10^{-6}m^2/s$）。

E.1.2.2 空气压缩机或二氧化碳气瓶、氮气瓶。

气体压力表，最大量程为 1MPa，误差不超过±2%。

E.1.3 试样准备

成品试样应安装好附件的所有部件，盒体试样应安装好密封专用的附加配件。电缆接头盒的一端应用实心棒封死，实心棒的外径应与压力引入部件的外径相等。

E.1.4 试验步骤

E.1.4.1 液压试验时，在准备好的试样内先灌满液体介质，并在试样各密封连接处及铸件表面涂以白垩粉。气压密封试验时，接好试验管路后试样应全部浸在水中。

E.1.4.2 平稳的升高压力直至产品标准的规定值，然后关闭阀门，并保持到产品标准的规定时间。

E.1.4.3 观察压力表的压力变化。表压力允许在规定值的±5%范围内波动。超过此范围时，应升高或降低压力，保持试验压力在规定的范围内。

E.1.4.4 观察试样：

液压试验：表面是否湿润。

气压试验：有否气泡排出及气泡排出的位置。

E.1.4.5 试验结束时，先打开阀门，使表压力降到零，再拆除试样。

E.1.5 试验结果

在规定的试验压力和持续时间内试样应完好无损，且无泄漏现象。

E.1.6 注意事项

气压密封试验必须有防爆安全措施。

E.2 户外终端浸水试验

E.2.1 本试验目的是检验户外终端的密封性能。

E.2.2 户外终端的恒压负荷循环的最后 10 个周期，将整个终端都浸没在水中，水浸没到终端的所有部件以上至少 0.03m，水温为环境温度，试验回路不加电压，继续原来的负荷循环，共 10 个周期。

附　录　F
（资料性附录）
试验电缆的标示

额定电压 U_0/U（U_m）　□ kV

结构：	□ 三芯	□ 四芯
导体：	□ 铝	□ 铜
	□ 绞合	□ 实心
	□ 圆形	□ 成型导体
	□ $120mm^2$	□ $150mm^2$
	□ $185mm^2$	□ $240mm^2$

	其他截面积		mm^2
浸渍：	□滴流	□ 不滴流	
金属护层：	□铅	□ 铝	
外护层：	□纤维覆盖物	□ 挤包	□ PE（ST7） □ PVC
直径：	导体		mm
	绝缘（包括屏蔽）		mm
	金属护套		mm
	外护套		mm
电缆型号：			

ICS 29.060.20
K 13
备案号：18308—2006

中华人民共和国机械行业标准

JB/T 7831—2006
代替JB/T 7831—1995

额定电压1kV（U_m=1.2kV）到10kV（U_m=12kV）电力电缆树脂浇铸式终端

Cast resin terminations for power cables with rated voltages from 1kV（U_m=1.2kV）up to 10kV（U_m=12kV）

2006-08-16 发布　　2007-02-01 实施

中华人民共和国国家发展和改革委员会　发布

前　言

本标准代替 JB/T 7831—1995《额定电压 8.7/10kV 及以下电力电缆户内型、户外型浇铸式终端》。

本标准与 JB/T 7831—1995 相比，主要变化如下：

——第 5 章中电气性能部分增加了 5.5.1“被试终端的标示”；

—— 增加了第 7 章“试验结果评定”；

—— 增加了第 8 章“认可范围”以及相关的表和试验样品布置图。

本标准的附录 A、附录 B、附录 C 是规范性附录，附录 D 是资料性附录。

本标准由中国机械工业联合会提出。

本标准由全国电线电缆标准化技术委员会（SAC/TC213）归口。

本标准起草单位：上海电缆研究所、长沙电缆附件有限公司。

本标准起草人：葛光明、张智勇、薛奇。

本标准所代替标准的历次版本发布情况：

——JB/T 7831—1995。

额定电压 1kV（U_m＝1.2kV）到 10kV（U_m＝12kV）电力电缆树脂浇铸式终端

1 范围

本标准规定了额定电压 1kV（U_m＝1.2kV）到 10kV（U_m＝12kV）电力电缆树脂浇铸式终端的产品标记和代号、技术要求、试验方法、检验规则、标志、包装、运输和贮存。

本标准适用于额定电压 1kV（U_m＝1.2kV）到 10kV（U_m＝12kV）挤包绝缘电力电缆和纸绝缘电力电缆用树脂浇铸式户内终端和户外终端，使用条件符合 GB/T 12706.4—2002 中 5.1 和 5.2 以及 IEC 60055-1：1997 中 22.2 和 22.3 的规定。

2 规范性引用文件

下列文件中的条款通过本标准的引用而成为本标准的条款。凡是注日期的引用文件，其随后所有的修改单（不包括勘误的内容）或修订版均不适用于本标准，然而，鼓励根据本标准达成协议的各方研究是否可使用这些文件的最新版本。凡是不注日期的引用文件，其最新版本适用于本标准。

GB/T 267—1988 石油产品闪点与燃点测定法（开口杯法）

GB/T 1034—1998 塑料吸水性试验方法（eqv ISO 62：1980）

GB/T 1036—1989 塑料线膨胀系数测定方法（neq ANSI/ASTM D 696：1979）

GB/T 1041—1992 塑料压缩性能试验方法（idt ISO 604：1973）

GB/T 1408.1—1999 固体绝缘材料工频电气强度试验方法 工频下的试验（eqv IEC 60243-1：1988）

GB/T 1409—1988 固体绝缘材料在工频、音频、高频（包括米波长在内）下相对介电常数和介质电损耗因数的试验方法（eqv IEC 60250：1969）

GB/T 1410—1989 固体绝缘材料体积电阻率和表面电阻率试验方法（eqv IEC 60093：1980）

GB/T 2406—1993 塑料燃烧性能试验方法 氧指数法（neq ISO 4589：1984）

GB/T 2411—1980 塑料邵氏硬度试验方法（eqv ISO 868：1978）

GB/T 2568—1995 树脂浇铸体拉伸性能试验方法

GB/T 2569—1995 树脂浇铸体压缩性能试验方法

GB/T 2571—1995 树脂浇铸体冲击试验方法

GB/T 2900.10—2001 电工术语 电缆（idt IEC 60050-461：1984，Amd. No1：1993 第 1 次修正，Amd. No2：1999 第 2 次修正）

GB/T 3399—1982 塑料导热系数试验方法 护垫平板法

GB/T 6553—2003 评定在严酷环境条件下使用的电气绝缘材料耐电痕化和耐电蚀损的试验方法（IEC 60587—1984，IDT）

GB/T 9327.1～9327.5—1988 电缆导体压缩和机械连接接头试验方法

GB/T 12706.1—2002 额定电压 1kV（U_m=1.2kV）到 35kV（U_m=40.5kV）挤包绝缘电力电缆及附件 第 1 部分：额定电压 1kV（U_m=1.2kV）到 3kV（U_m=3.6kV）电缆（eqv IEC 60502-1：1997）

GB/T 12706.2—2002 额定电压 1kV（U_m=1.2kV）到 35kV（U_m=40.5kV）挤包绝缘电力电缆及附件 第 2 部分：额定电压 6kV（U_m=7.2kV）到 30kV（U_m=36kV）电缆（eqv IEC 60502-2：1997）

GB/T 12706.4—2002 额定电压 1kV（U_m=1.2kV）到 35kV（U_m=40.5kV）挤包绝缘电力电缆及

附件　第 4 部分：额定电压 6kV（U_m=7.2kV）到 35kV（U_m=40.5kV）电力电缆附件试验要求（eqv IEC 60502-4：1997）

GB/T 12976.1～12976.3—1991　额定电压 35kV 及以下铜芯、铝芯纸绝缘电力电缆

GB/T 14315—1993　电力电缆导体用压接型铜、铝接线端子和连接管

GB/T 18889—2002　额定电压 6kV（U_m=7.2kV）到 35kV（U_m=40.5kV）电力电缆附件试验方法（IEC 61442：1997，MOD）

IEC 60055-1：1997　额定电压 18/30kV 及以下纸绝缘金属护套电缆（带有铜或铝导体，但不包括压气和充油电缆）　第 1 部分：电缆及附件试验第 7 章：附件的型式试验

3　术语和定义

GB/T 2900.10、GB/T 12706.4 中确立的以及下列术语和定义适用于本标准。

3.1

热固性树脂浇铸剂　thermosetting cast resin compound

电缆附件用热固性树脂浇铸剂是由液态热固性树脂与配合剂（固化剂、促进剂等）组成，经加聚作用后固化，但不分解出挥发性成分。

3.2

树脂浇铸式终端　cast resin tremination

利用热固性树脂浇铸剂现场浇注在经过处理后的电缆末端部位，作为终端主体绝缘的户内终端、户外终端。

4　产品的型号和表示方法

4.1　代号（用汉语拼音字母和阿拉伯数字表示）

4.1.1　按系列分

户内终端系列	N
户外终端系列	W

4.1.2　按材料及工艺特征分

环氧树脂浇铸式	H
聚氨酯浇铸式	A

4.1.3　按配套使用电缆品种分

纸绝缘电力电缆	Z
挤包绝缘电力电缆	省略

4.1.4　按设计的先后顺序分

第一次设计	1
第二次设计	2
（以下类推）	

4.1.5　按电压等级分

1.8kV/3kV 及以下	1
3.6kV/6kV、6kV/6kV、6kV/10kV	2
8.7kV/10kV、（8.7kV/15kV）	3

4.1.6　按电缆芯数分

单芯	1
三芯	3
四芯	4

五芯　　　　　　　　　　　　5

4.2 产品的型号

产品型号的组成和排列顺序如下：

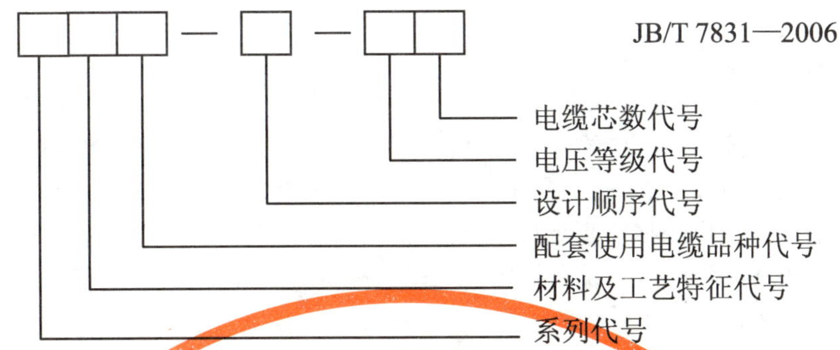

4.3 产品的表示方法

8.7kV/10kV　三芯纸绝缘电力电缆环氧树脂浇铸式户外终端，第二次设计，表示为：

WHZ-2-33　JB/T 7831—2006

6kV/10kV　三芯挤包绝缘电力电缆聚氨酯浇铸式户内终端，第一次设计，表示为：

NA-1-23　JB/T 7831—2006

5 技术要求

5.1 树脂浇铸式户内终端和户外终端采用的浇铸材料应符合附录 A 和附录 B 的要求。

5.2 导体连接金具应符合 GB/T 14315 中的相应规定，铜铝过渡接线端子的直流电阻应不大于相同长度，相同截面积铝导体直流电阻的 1.2 倍。

5.3 户外终端外绝缘材料应具有耐电痕化和耐电蚀损性能。

5.4 终端接地线应采用镀锡编织铜线，其推荐截面积按表 1 规定选取，也可按与电缆金属屏蔽层截面积相一致的原则选取。

表 1　接地线截面积选取

mm^2

电缆主线芯截面积		接地线截面积
铜	铝	
35 及以下	50 及以下	10
50～120	70～150	16
150～400	185～400	25

5.5 电气性能要求：

5.5.1 被试终端的标示：

a）用于试验的电缆应符合 GB/T 12706.1 和 GB/T 12706.2 或 GB/T 12976.1～12976.3 的规定，其额定电压值应与被试终端的最大适用额定电压相同。参见附录 D 的示例对电缆作出正确的标示。

b）终端里使用的导体连接金具应正确标示下述有关内容：

——安装工艺；

——工具及必要的配件；

——接触表面的处理；

——连接金具的型号、编号和任何其他标示；

——型式试验认可的细述。

c）被试终端应正确标示下述有关内容：

——制造商名称；

——终端的型号及名称、制造日期或日期代码；
——电缆的最小和最大截面积，电缆导体的材料和形状；
——电缆外护层或电缆铅（或铝）护套的最小和最大直径；
——额定电压；
——安装说明书（编号和日期）。

5.5.2 安装和连接：

a）除非另有规定，试验用的挤包绝缘电缆截面积应在 120mm^2、150mm^2 和 185mm^2 中任选一个；纸绝缘电缆截面积应在 120mm^2、150mm^2、185mm^2 和 240mm^2 中任选一个。

b）终端应采用制造方提供的材料等级和数量，并应按制造方说明书规定的方法进行安装。

c）终端应该是干燥和清洁的，且不管是电缆还是终端都不应经受可能改变被试组合试样的电气或热或力学性能的任何方式的处理。

注：与化学品（如变压器油）接触可能影响电缆终端的性能，应该避免。

d）被试终端与接线端子之间的连接应具有与电缆导体相当的导电截面积。

e）关于试验安装的主要细节，尤其是支撑装置，都应记录。

5.5.3 按表 3～表 8 规定的试验项目和要求对安装在电缆上的终端组合试样进行电气性能试验。

6 试验条件和方法

6.1 试验条件按 GB/T 18889 的规定。

6.2 5.1 规定的要求按附录 B 和附录 C 中规定的试验方法进行试验。

6.3 5.2 规定的要求按 GB/T 9327.1～9327.5 规定的试验方法进行试验。

6.4 5.3 规定的要求按 GB/T 6553 规定的试验方法进行试验。

6.5 5.5 规定的要求按表 3～表 8 规定的试验方法和试验系列进行试验。

7 试验结果评定

7.1 每个试样单项试验结果按表 3～表 8 评定栏规定评定。

7.2 一种试样一个系列程序试验结果评定：

按表 3、表 4 进行型式试验时所有试样必须全部通过规定系列程序试验中的所有项目。

按表 5、表 6 进行抽样试验，若仅有一个试样未通过系列程序试验，允许重新取样进行试验，若仍未通过，则认为该试样未通过抽样试验。

7.3 按表 3、表 4 指定的型式试验中的所有系列试验项目全部通过后，该终端被认可。对任何一个未满足要求的试样都应进行检查。

7.4 如果由于终端安装或试验程序错误而不符合要求，应宣布该试验无效，但不否定该终端。应在新安装的试样上重复整个程序。如果没有上述错误证据，则该型式终端不予认可。

7.5 如果电缆击穿，则该试验应被宣布无效，但不否定该终端，允许重新安装终端，按规定程序从头开始试验或者修复电缆后，从中断的时刻开始继续试验。

8 认可范围

8.1 安装在按本标准 5.5.2 规定的挤包绝缘一种导体截面积电缆上的终端，通过表 3 规定的相应的型式试验项目后，则应认为对 GB/T 12706.1 和 GB/T 12706.2 中相应额定电压 U_0 的 95mm^2～300mm^2 这一范围内的所有截面积的挤包绝缘电缆均有效。

为了扩展至更大范围的认可，应在所要求扩展范围的最小和（或）最大截面积上按表 7 所示进行附加试验，试品数量取图 1 中系列 1 的一半。

安装在按 5.5.2 中规定的纸绝缘一种导体截面积电缆上的终端，通过表 4 所规定的相应的型式试验项目后，则应认为对 GB/T 12976.1～12976.3 中给出的相应额定电压 U_0 的被试纸绝缘电缆的所有截面积均有效。

8.2 认可与电缆导体材料无关，因此试验可以用铝导体或铜导体电缆进行。

8.3 对于挤包绝缘电缆取决于被试电缆绝缘的认可的详细情况见表 2。而对于纸绝缘电缆的认可只限于已进行试验的电气结构和电缆类型（即带绝缘或径向电场、滴流或不滴流）。

表 2 被试电缆绝缘的认可范围

试验电缆的绝缘	认 可 范 围
XLPE	XLPE、EPR、HEPR、PVC
EPR 和 HEPR	EPR、HEPR、PVC
PVC	PVC

8.4 对安装在具有成型导体电缆上的终端进行的试验，应认为适用于圆形导体电缆的相同类型的终端，反之则不适用。

8.5 实现对不同类型挤包绝缘电缆绝缘屏蔽的认可以及从圆形导体到成型导体的认可的扩展应按表 8 规定进行试验。试品数量取图 1 中系列 1 的一半。

8.6 由非纵向堵水型挤包绝缘电缆试验获得的认可将扩展到纵向堵水而金属屏蔽内其他方面结构相同的电缆。

8.7 在三芯电缆终端上进行的试验应认为适用于相同设计的单芯电缆终端，反之则不适用。

8.8 对规定 U_0 的终端认可后将扩展到低于该 U_0 值的相同设计原则的终端上。

8.9 试验布置和试品数量在图 1 中详细叙述。

9 检验规则

9.1 产品的所有部件和材料应由制造厂的技术检查部门检查合格后方能出厂，并应附有相应的质量检验合格证。

9.2 应按 5.1～5.3 和 5.5 表 3、表 4 的要求进行产品的型式试验，样品数量及试验结果评定方法应按图 1、表 3、表 4 和第 7 章中的规定。

9.3 正常生产时，每 3 年～5 年应按 5.2 和 5.5 表 5、表 6 的要求进行产品的抽样试验。试品数量及试验结果评定方法应按图 1 中系列 1、表 5、表 6 和第 7 章中的规定。当用户提出要求，经双方协商同意后也应按抽样试验要求进行试验。

10 标志、包装、运输和贮存

10.1 终端用主要材料和部件均应标出牌号、名称、厂名和生产日期，并附有合格证或验收标记，有贮存期限的材料必须注明生产日期和贮存期限。

10.2 终端用的各种材料应分别予以密封包装，每套树脂浇铸式终端的部件和材料应以专用包装箱包装，包装箱内应附有材料清单、产品合格证及安装工艺说明书。

10.3 包装箱上应注明：

a）制造厂厂名；

b）产品型号、名称、产品标准号；

c）电缆品种

d）额定电压；

e）导体材料、截面积和芯数；

f）生产日期；

g）包装箱尺寸；

h）毛重。

10.4 产品在运输中应防止重压和猛烈碰撞。

10.5 产品贮存时应避免接触热源，贮存处应有防火措施、干燥通风，贮存期不应超过相应配套材料和配套件的贮存期限。

表 3　型式试验程序和要求（用于挤包绝缘电缆）

试　验　项　目[a]	试验电压值 kV			试验方法 GB/T 18889—2002	评　　定	试验系列程序							
						户外终端				户内终端			
	0.6/1，1.8/3	3.6/6，3.6/3 6/6，6/10	8.7/10，（8.7/15）			1	2	3	4	1	2	3	4
1. 交流耐压 5min 或 直流耐压 15min 交流耐压 淋雨 1min	8 7.2 7.2	27 24 24	39 35 35	第 4 章或 第 5 章 第 4 章	不闪络、不击穿	 X	X	X	X	X	X	X	X
2. 局部放电[b]	—	10	15	第 7 章	放电量不大于 10pC	X				X			
3. 冲击试验，在θ_t[c]下 正负极性各 10 次	—	75	95	第 6 章	不闪络、不击穿	X				X			
4. 恒压负荷循环，在θ_t[c]下	4.5	15	22	第 9 章	不闪络、不击穿	X				X			
a) 在空气中，循环 50 次[d] 在水中，循环 10 次[d]	不加电压			本标准 C.2.2	由后续试验评定								
b) 在空气中，循环 60 次[d]	4.5	15	22	第 9 章	不闪络、不击穿								
5. 局部放电[b]，在θ_t[c, f] 和环境温度下	—	10	15	第 7 章	放电量不大于 10pC	X				X			
6. 短路热稳定（屏蔽）[e]	在电缆屏蔽规定的短路电流（I_{sc}）下，短路两次			第 10 章	无可见损伤		X[g]				X[g]		
7. 短路热稳定（导体）	在电缆导体规定的短路温度下，短路两次			第 11 章	无可见损伤		X[g]				X[g]		
8. 短路动稳定[h]	在电缆导体规定的短路动稳定电流（I_d）下，短路一次			第 12 章	无可见损伤			X				X	
9. 冲击试验，正负极性各 10 次	—	75	95	第 6 章	不闪络、不击穿	X	X	X		X	X	X	
10. 交流耐压 15min	4.5	15	22	第 4 章	不闪络、不击穿	X	X	X		X	X	X	
11. 潮湿试验 300h	—	7.5	11.0	第 13 章	不闪络，不击穿，跳闸不超过三次，无明显损坏[i]								X
12. 盐雾试验 1000h	—	7.5	11.0	第 13 章	不闪络，不击穿，跳闸不超过三次，无明显损坏[i]				X				
13. 检验	见[j]（仅供参考）					X	X	X	X	X	X	X	X

[a] 除非另有规定，试验应在环境温度下进行。
[b] 对安装在 3.6kV/6kV(含 3.6kV/3kV)无绝缘屏蔽电缆上的终端不做局部放电试验。
[c] θ_t温度为电缆正常运行时最高导体温度以上（5～10）℃。
[d] 每个负荷循环周期为 8h，电缆导体稳定在规定的θ_t温度下至少 2h，冷却时间至少 3h。
[e] 仅适用于能直接或通过适配件与电缆金属屏蔽相连接的终端。
[f] 在加热期结束时进行。
[g] 短路热稳定试验可以与短路动稳定试验结合进行。
[h] 只有当峰值电流 I_p>80kA 的单芯电缆和峰值电流 I_p>63kA 的三芯电缆，其终端才要求进行短路动稳定试验。
[i] 当由于下述原因终端性能有明显下降时，则认为它明显损坏：（Ⅰ）由于漏电痕迹引起介质质量下降；（Ⅱ）电蚀深度达到 2mm 或者达到作为使用的绝缘材料任何一处较小壁厚的 50%；（Ⅲ）材料开裂；（Ⅳ）材料穿孔。
[j] 终端浇铸体和/或带材未出现裂纹。

表 4　型式试验程序和要求（用于纸绝缘电缆）[a]

试　验　项　目[b]	试验电压值 kV			试验方法 GB/T 18889—2002	评　定	试验系列程序							
						户外终端				户内终端			
	0.6/1，1.8/3	3.6/6，3.6/3 6/6，6/10	8.7/10，（8.7/15）			1	2	3	4	1	2	3	4
1. 交流耐压 5min 或直流耐压 15min 交流耐压，湿态 1min	8 10.8 7.2	27 36 24	39 52.2 35	第 4 章或 第 5 章 第 4 章	不闪络，不击穿	 X	X	X	X	X	X	X	X
2. 冲击试验，在θ_t°C下正负极性各 10 次	—	75	95	第 6 章	不闪络，不击穿	X				X			
3. 恒压负荷循环，在θ_t°C下	2.7	9	13	第 9 章	不闪络，不击穿	X							
a) 在空气中，循环 50 次[d] 在水中，循环 10 次[d]	不加电压			本标准 C.2.2	由后续试验评定								
b) 在空气中，循环 60 次[d]	2.7	9	13	第 9 章	不闪络，不击穿					X			
4. 短路热稳定（导体）	在电缆导体规定的短路温度下，短路两次			第 11 章	无可见损伤		X[e]				X[e]		
5. 短路动稳定[f]	在电缆导体规定的短路动稳定电流（I_d）下，短路一次			第 12 章	无可见损伤			X				X	
6. 冲击试验，正负极性各 10 次	—	75	95	第 6 章	不闪络，不击穿	X	X	X		X	X	X	
7. 交流耐压 15min	4.5	15	22	第 4 章	不闪络，不击穿	X	X	X		X	X	X	
8. 潮湿试验 300h	—	7.5	11.0	第 13 章	不闪络，不击穿，跳闸不超过三次，无明显损坏[g]								X
9. 盐雾试验 1000h	—	7.5	11.0	第 13 章	不闪络，不击穿，跳闸不超过三次，无明显损坏[g]				X				
10. 检验	见[h]（仅供参考）					X	X	X	X	X	X	X	X

[a] 本表等效采用 IEC 60055-1 中相应的规定。

[b] 除非另有规定，试验应在环境温度下进行。

[c] θ_t温度为电缆正常运行时最高导体温度以上（0～5）℃。

[d] 每个负荷循环周期为 8h，电缆导体稳定在规定的θ_t温度下至少 2h，冷却时间至少 3h。

[e] 短路热稳定试验可以与短路动稳定试验结合进行。

[f] 只有当峰值电流 I_p>80kA 的单芯电缆和峰值电流 I_p>63kA 的三芯电缆，其终端才要求进行短路动稳定试验。

[g] 当由于下述原因终端性能有明显下降时，则认为它明显损坏：（Ⅰ）由于漏电痕迹引起介质质量下降；（Ⅱ）电蚀深度达到 2mm 或者达到作为使用的绝缘材料任何一处较小壁厚的 50%；（Ⅲ）材料开裂；（Ⅳ）材料穿孔。

[h] 终端浇铸体和/或带材未出现裂纹，且无任何液体介质渗漏。

表 5 抽样试验程序和要求（用于挤包绝缘电缆）

试验项目[a]	试验电压值 kV			试验方法 GB/T 18889—2002	评定	试验程序	
	0.6/1，1.8/3	3.6/6，3.6/3 6/6，6/10	8.7/10，(8.7/15)			户外终端	户内终端
1. 交流耐压 5min 或直流耐压 15min 交流耐压，湿态 1min	8 7.2 7.2	27 24 24	39 35 35	第 4 章或 第 5 章	不闪络、不击穿	X	X
2. 局部放电[b]	—	10	15	第 7 章	放电量不大于 10pC	X	X
3. 负荷循环，在θ_t[c]下在空气中，循环三次[d]	不加电压			第 9 章	由后续试验评定	X	X
4. 局部放电[b]	—	10	15	第 7 章	放电量不大于 10pC	X	X
5. 冲击试验，正负极性各 10 次	—	75	95	第 6 章	不闪络、不击穿	X	X
6. 交流耐压 4h	7.2	24	35	第 4 章	不闪络、不击穿	X	X
7. 检验	见[e]（仅供参考）					X	X

[a] 除非另有规定，试验应在环境温度下进行。

[b] 对安装在 3.6kV/6kV（含 3.6kV/3kV）无绝缘屏蔽电缆上的终端不做局部放电试验。

[c] θ_t温度为电缆正常运行时最高导体温度以上（5～10）℃。

[d] 每个负荷循环周期为 8h，电缆导体稳定在规定的θ_t温度下至少 2h，冷却时间至少 3h。

[e] 终端浇铸体和/或带材未出现裂纹。

表 6　抽样试验程序和要求（用于纸绝缘电缆）[a]

试验项目[b]	试验电压值 kV			试验方法 GB/T 18889—2002	评定	试验程序	
	0.6/1，1.8/3	3.6/6，3.6/3 6/6，6/10	8.7/10，(8.7/15)			户外终端	户内终端
1. 交流耐压 5min	8	27	39	第 4 章或	不闪络，不击穿		X
或直流耐压 15min	10.8	36	52.2	第 5 章			
交流耐压，湿态 1min	7.2	24	35			X	
2. 冲击试验，正负极性各 10 次	—	75	95	第 6 章	不闪络，不击穿	X	X
3. 交流耐压 4h	7.2	24	35	第 4 章	不闪络，不击穿	X	X
4. 检验	见[c]（仅供参考）					X	X

[a] 本表等效采用 IEC 60055-1 中相应的规定。
[b] 除非另有规定，试验应在环境温度下进行。
[c] 终端浇铸体和/或带材未出现裂纹，且无任何液体介质渗漏。

表 7　最小和最大导体截面积的附加试验（用于挤包绝缘电缆）

试验项目[a]	试验电压值 kV			试验方法 GB/T 18889—2002	评定	试验程序[b]（户内终端、户外终端）
	0.6/1，1.8/3	3.6/6，3.6/3 6/6，6/10	8.7/10，(8.7/15)			
1. 交流耐压 5min 或直流耐压 15min	8 7.2	27 24	39 35	第 4 章或 第 5 章	不闪络、不击穿	X
2. 局部放电[c]	—	10	15	第 7 章	放电量不大于 10pC	X
3. 冲击试验，正负极性各 10 次	—	75	95	第 6 章	不闪络、不击穿	X
4. 检验	见[d]（仅供参考）					X

[a] 除非另有规定，试验应在环境温度下进行。
[b] 试品数量取图 1 中系列 1 的一半。
[c] 对安装在 3.6kV/6kV（含 3.6kV/3kV）无绝缘屏蔽电缆上的终端不做局部放电试验。
[d] 终端浇铸体和/或带材未出现裂纹。

表 8 对不同型式的电缆绝缘屏蔽认可及从圆形导体到成型导体认可的附加试验（用于挤包绝缘电缆）

试验项目[a]	试验电压值 kV		试验方法 GB/T18889—2002	评定	试验程序[b]（户内终端、户外终端）
	3.6/6，3.6/3 6/6，6/10	8.7/10， （8.7/15）			
1. 交流耐压 5min 或直流耐压 15min	27 24	39 35	第 4 章或 第 5 章	不闪络、不击穿	X
2. 局部放电[c]， 在环境温度和θ_t[d,e]下	10	15	第 7 章	放电量不大于 10pC	X
3. 恒压负荷循环，在θ_t[d]下在空气中，循环 60 次[f]	15	22	第 9 章	不闪络、不击穿	X
4. 局部放电[c]，在θ_t[d,e] 和环境温度下	10	15	第 7 章	放电量不大于 10pC	X
5. 冲击试验， 正负极性各 10 次	75	95	第 6 章	不闪络、不击穿	X
6. 交流耐压 15min	15	22	第 4 章	不闪络、不击穿	X
7. 检验	见[g]（仅供参考）				X

[a] 除非另有规定，试验应在环境温度下进行。

[b] 试品数量取图 1 中系列 1 的一半。

[c] 安装在 3.6kV/6kV(含 3.6kV/3kV)无绝缘屏蔽电缆上的终端不做局部放电试验。

[d] θ_t温度为电缆正常运行时最高导体温度加（5～10）℃。

[e] 在加热期结束时进行。

[f] 每个负荷循环周期为 8h，电缆导体稳定在规定的θ_t温度下至少 2h，冷却时间至少 3h。

[g] 终端浇铸体和/或带材未出现裂纹。

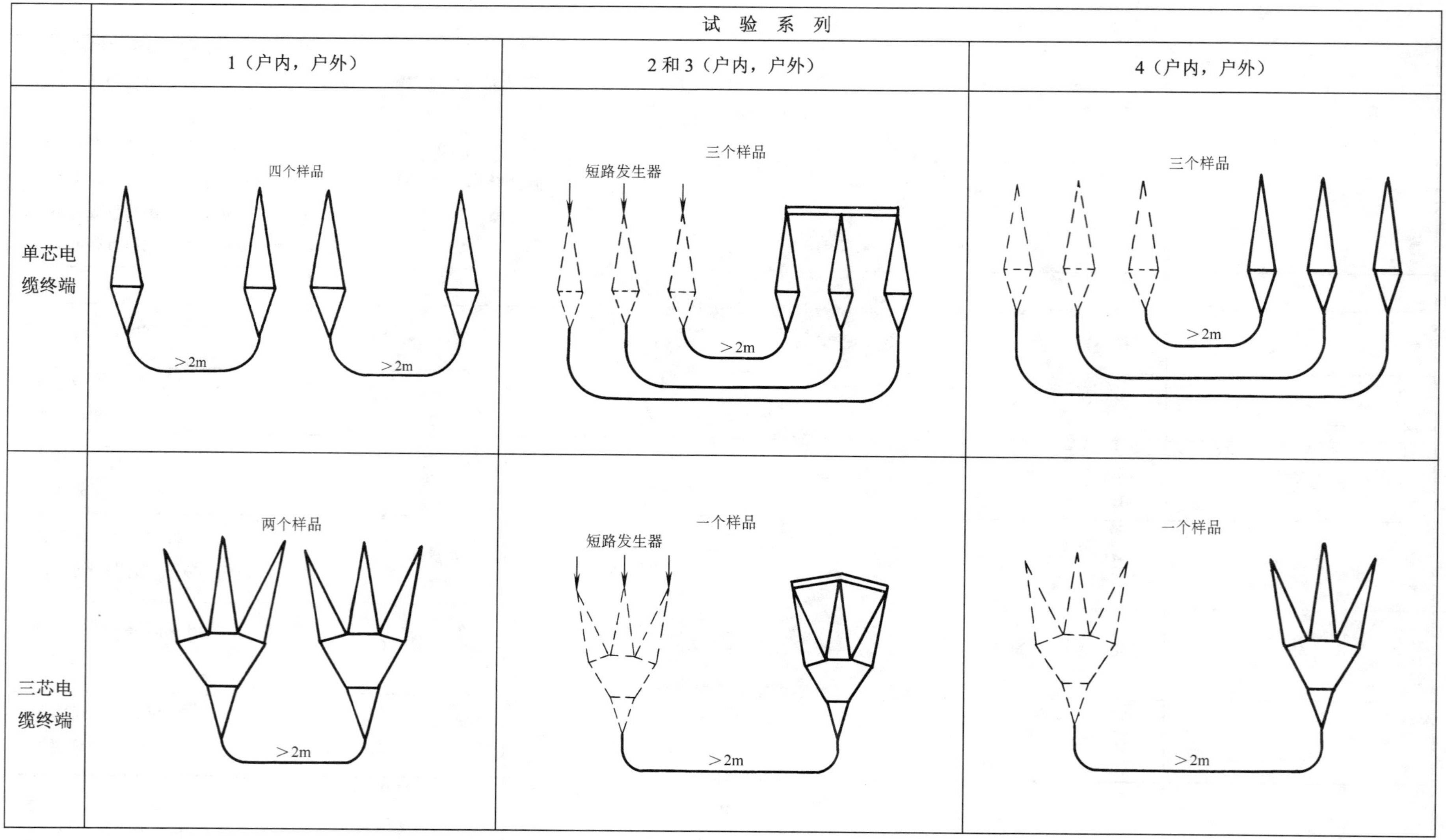

	试验系列		
	1（户内，户外）	2和3（户内，户外）	4（户内，户外）
单芯电缆终端	四个样品 ＞2m ＞2m	短路发生器 三个样品 ＞2m	三个样品 ＞2m
三芯电缆终端	两个样品 ＞2m	短路发生器 一个样品 ＞2m	一个样品 ＞2m

注1：图中所标电缆长度是电缆引入终端之间的测量长度。

注2：电缆与终端的固定方法按照制造方的推荐。

图1　终端的试品数量和试验布置

附　录　A
（规范性附录）
电力电缆附件用热固性树脂浇铸剂一般技术要求

A.1　本附录中规定的要求适用于电力电缆附件用以环氧树脂和聚氨酯树脂为基本材料的热固性室温固化树脂浇铸剂。

A.2　浇铸剂制造厂应按表B.1规定的项目（序号1～19）进行试验。在正常情况下，每两年应按表B.1中序号2、3、8、12（阻燃型）、14、15、17、18、19（用于纸绝缘电缆）等项目进行抽样试验，并按供货要求提供试验报告。当用户有要求时，也可协商进行抽样试验。附件生产厂亦可以按附录B的规定要求作为对浇铸剂验收依据。

A.3　浇铸剂的各组分应分别包装在密封的容器中，包装方式应便于现场操作。

A.4　包装容器上应附有下列说明：

a）浇铸剂的基材种类；

b）浇铸剂混合及浇铸工艺（包括浇铸时限）的简要说明；

c）操作安全注意事项；

d）浇铸后至试验或投入运行需等待的最少时间；

e）贮存条件和贮存期限；

f）生产日期；

g）制造厂名和注册商标；

h）浇铸剂材料净重；

i）浇铸剂性能符合的标准。

注：如果包装容器书写位置有限，上述b）项、c）项、d）项可另作说明。

A.5　制造厂还须提供下列资料：

a）在环境温度35℃时的最高反应温度；

b）固化后的浇铸件在20℃至50℃温度范围内的体膨胀系数；

c）浇铸剂固化后的热导率。

附　录　B
（规范性附录）
电力电缆附件用热固性树脂浇铸剂主要性能指标

电力电缆附件用热固性树脂浇铸剂主要性能指标见表B.1。

表B.1　电力电缆附件用热固性树脂浇铸剂主要性能指标

序号	项　　目[a]	单　位	性　能　指　标		试验方法
			聚氨酯	环氧树脂	
1	闪点（在开放式坩埚中） 不参加反应的材料　不小于 参加反应的材料　不小于	℃	100 55		GB/T 267
2	浇注时限（每个包装量）　不小于 在环境温度5℃、23℃、35℃	min	20		本标准附录C

表 B.1 （续）

序号	项目[a]		单位	性能指标		试验方法
				聚氨酯	环氧树脂	
3	最高反应温度	不大于	℃	120	160	本标准附录 C
4	物理结构			沿试样中间和轴线切开应均匀，无肉眼可见气泡，但允许表面有个别气泡		本标准附录 C
5	耐冲击强度	不小于	N/mm^2	10	6	GB/T 2571
6	抗压强度	不小于	N/mm^2	—	100	GB/T 2569
7	压缩试验 镦粗 30%的压缩应力 卸去负荷 24h 后残余变形	 不小于 不大于	 N/mm^2 %	 20 10	 — —	GB/T 1041
8	硬度（邵氏 D）	不小于		30	—	GB/T 2411
9	抗拉强度	不小于	N/mm^2	4	—	GB/T 2568
10	断裂伸长率	不小于	%	10	—	GB/T 2568
11	热导率	不小于	$Wm^{-1}K^{-1}$	0.1		GB/T 3399
12	燃烧特性 氧指数	不小于		30		GB/T 2406
13	吸水性 23℃冷水浸 24h 50℃热水浸 42d	 不大于 不大于		 0.5 4		GB/T1034
14	体膨胀系数 （从 20℃到 50℃）	不大于	K^{-1}	1×10^{-4}		GB/T 1036
15	工频耐压强度 23℃ 1min	不小于	MV/m	20		GB/T 1408
16	介电常数（50Hz）23℃	不大于		6		GB/T 1409
17	体积电阻率 23℃ 23℃浸水 24h 后	 不小于 不小于	Ω • cm	 12^{14} 10^{13}		GB/T 1410
18	耐电痕化性能[b]	不小于		1A3.5		GB/T 6553
19	耐油性能[c] 80℃粘性浸渍电缆油 168h 重量变化率	 不大于	%	5		本标准附录 C

[a] 除非另有规定，表中数据为室温下试样的性能要求。
[b] 仅对用于额定电压 3.6kV/6kV 及以上户外终端浇铸剂外绝缘有此要求。
[c] 仅对用于纸绝缘电缆浇铸剂有此要求。

附 录 C
（规范性附录）
试验方法

C.1 电力电缆附件用热固性树脂浇铸剂主要性能试验

C.1.1 浇铸时限的试验

浇铸时限是指从浇铸剂各组分混合在一起开始，直至浇铸剂恰好能流畅地从一根玻璃棒上连贯地流下而无可见凝胶成分为止的这段时间，即允许浇铸的时间。

C.1.1.1 试验装置

a）直径约 8mm，长约 250mm 玻璃棒一根；

b）存放被试浇铸剂的容器一只；

c）存放 b）项容器的带绝缘保温层的容器一只；

d）自然通风的电热烘箱一台；

e）0℃～50℃温度计一只；

f）计时器一只。

C.1.1.2 试验操作

a）将被试的浇铸剂（包括树脂、固化剂及其他配合剂）及 C.1.1.1 a）项、b）项、c）项的物件放在电热烘箱内，时值达到规定温度，保持 1h。

b）按使用说明书，将浇铸剂各组分注入 C.1.1.1 b）项的容器中（该容器放在 c）项的保温容器内），在恒温状态下用玻璃棒充分混合均匀，并从混合开始记录时间。

c）相隔适当时间将玻璃棒从混合物中间插入至其深度的 1/2 处，在垂直拔出至离其表面约 20cm 处，观察浇铸剂从玻璃棒上流下的情况。如果在流下的料中出现凝胶微粒，或者仅仅能滴下，而不是连贯地从玻璃棒上流下，则表示超过使用时间，记录出现该情况的时间，并修约到以分钟计，即为该包装量的浇注时限。

C.1.2 最高反应温度和物理结构的试验

C.1.2.1 试验装置

a）选用最大规格电缆终端盒（或终端浇铸模壳）和配用该规格的最小截面积电缆，电缆长度为电缆终端长加 200mm；

b）带有指示仪表的热电偶一套；

c）电热烘箱一台；

d）计时器一台。

C.1.2.2 试验操作

a）按使用说明书将 C.1.2.1 a）项规定的电缆安装在终端盒内，并将 C.1.2.1 b）项规定的热电偶固定在终端盒近中心线芯绝缘表面上，再将安装好的终端和使用的浇铸剂（包括树脂、固化剂及其他配合剂）一起放在 C.1.2.1 c）项的电热烘箱内，使之达到（35±2）℃，保持 1h。

b）按使用说明书，将浇铸剂各组分混合，并注入终端盒内，立即放在电热烘箱内，在（35±2）℃的温度下测定浇铸剂固化最高反应温度，并从浇铸剂各组分混合开始记录时间。

c）将完成测定最高反应温度的终端试样，在环境温度下放置 24h，再从终端试样的中间与轴线垂直方向切开，进行物理结构检查。

C.1.3 耐油性能试验

C.1.3.1 试样设备与材料

a）300mL 烧杯　　三只；

b）电缆恒温水浴锅　　一只；

c）天平一台　　感量 0.1g；

d）粘性浸渍电缆油　　300mL；

e）直径 ϕ 50mm、厚度 2mm 的试样三片。

C.1.3.2 试验操作

在三个烧杯内分别倒入 100mL 粘性浸渍电缆油，将烧杯放入 80℃电热恒温水浴中，5min 后，将三个试样分别放到三个烧杯中（试样应完全浸没在电缆油内），并开始计时，168h 后取出试样，用滤纸反复吸取试样表面的油，直至滤纸上无明显可见的油迹后，称取试样重量。

吸油率按式（C.1）计算：

$$W = \frac{G_2 - G_1}{G_1} \times 100\% \quad \text{(C.1)}$$

式中：

G_1——浸油前试样重量，单位为 g；

G_2——浸油后试样重量，单位为 g；

W——吸油率，%。

取三个试样算术平均值。

C.2 户外终端浸水试验

C.2.1 本试验目的是检验户外终端的密封性能。

C.2.2 户外终端恒压负荷循环的最后 10 个周期将整个终端都浸在水中，水浸没到终端的所有部件以上至少 0.03m，水温为环境温度，试验回路不加电压，继续原来的负荷循环，共 10 个周期。

附　录　D
（资料性附录）
试验电缆的标示（见 5.5.1）

D.1 挤包绝缘电缆

额定电压 U_0/U（U_m）	□ kV		
			□ 非分相屏蔽
结构：	□ 单芯	□ 三芯	
			□ 分相屏蔽
导体：	□ 铝	□ 铜	
	□ 绞合	□ 实心	
	□ 圆形	□ 成型导体	
	□ 120mm²	□ 150mm²	□ 185mm²
	□ 其他截面积		mm²
绝缘：	□ PVC	□ XLPE	
	□ EPR	□ HEPR	
绝缘屏蔽：	□ 不可剥离	□ 可剥离	
金属屏蔽：	□ 金属线	□ 金属带	□ 挤包金属套
外护层：	□ PVC	□ PE（ST3）	□ PE（ST7）
阻水层：	□ 在导体内	□ 外护套下	
直径：	导体		mm
	外护套		mm
电缆型号：			

D.2 纸绝缘电缆

额定电压 U_0/U（U_m）	□ kV		
			□ 带绝缘
结构：	□ 单芯	□ 三芯	
			□ 分相铅包
导体：	□ 铝	□ 铜	
	□ 绞合	□ 实心	
	□ 圆形	□ 成型导体	
	□ 120mm²	□ 150mm²	
	□ 185mm²	□ 240mm²	

其他截面积 mm^2

浸渍： □ 滴流 □ 不滴流

金属护层： □ 铅 □ 铝

外护层： □ 纤维覆盖物 □ 挤包 □ PE（ST7） □ PVC

直径：

导体 mm

绝缘（包括屏蔽） mm

金属护套 mm

外护套 mm

电缆型号：

ICS 29.060.20
K 13
备案号：18309—2006

中华人民共和国机械行业标准

JB/T 7832—2006
代替JB/T 7832—1995

额定电压 1kV（U_m＝1.2kV）到 10kV（U_m＝12kV）电力电缆树脂浇铸式直通接头

Cast resin straight joints for power cables with rated voltages from 1kV（U_m=1.2kV）up to 10kV（U_m=12kV）

2006-08-16 发布　　2007-02-01 实施

中华人民共和国国家发展和改革委员会 发布

前　言

本标准代替 JB/T 7832—1995《额定电压 8.7/10kV 及以下电力电缆直通型浇铸式接头》。

本标准与 JB/T 7832—1995 相比，主要变化如下：

——第 5 章中电气性能部分增加了 5.5.1“被试接头的标示”；

——增加了第 7 章“试验结果评定”；

——增加了第 8 章“认可范围”以及相关的表和试验样品布置图。

本标准的附录 A、附录 B、附录 C 是规范性附录，附录 D 是资料性附录。

本标准由中国机械工业联合会提出。

本标准由全国电线电缆标准化技术委员会（SAC/TC213）归口。

本标准起草单位：上海电缆研究所、长沙电缆附件有限公司。

本标准起草人：葛光明、张智勇、薛奇。

本标准所代替标准的历次版本发布情况：

——JB/T 7832—1995。

额定电压 1kV（U_m＝1.2kV）到 10kV（U_m＝12kV）电力电缆树脂浇铸式直通接头

1 范围

本标准规定了额定电压 1kV（U_m＝1.2kV）到 10kV（U_m＝12kV）电力电缆用树脂浇铸式直通接头的产品标记和代号、技术要求、试验方法、检验规则、标志、包装、运输和贮存。

本标准适用于额定电压 1kV（U_m＝1.2kV）到 10kV（U_m＝12kV）挤包绝缘电力电缆和纸绝缘电力电缆用树脂浇铸式直通接头，使用条件符合 GB/T 12706.4—2002 中 5.1 和 5.2 以及 IEC 60055-1：1997 中 22.2 和 22.3 的规定，也可作树脂浇铸式过渡接头参考。

2 规范性引用文件

下列文件中的条款通过本标准的引用而成为本标准的条款。凡是注日期的引用文件，其随后所有的修改单（不包括勘误的内容）或修订版均不适用于本标准，然而，鼓励根据本标准达成协议的各方研究是否可使用这些文件的最新版本。凡是不注日期的引用文件，其最新版本适用于本标准。

GB/T 267—1988 石油产品闪点与燃点测定方法（开口杯法）

GB/T 1034—1998 塑料 吸水性试验方法（eqv ISO 62：1980）

GB/T 1036—1989 塑料线膨胀系数测定方法（neq ANSI/ASTM D696：1979）

GB/T 1041—1992 塑料压缩性能试验方法（idt ISO 604：1973）

GB/T 1408.1—1999 固体绝缘材料工频电气强度试验方法 工频下的试验（eqv IEC 60243-1：1988）

GB/T 1409—1988 固体绝缘材料在工频、音频、高频（包括米波长在内）下相对介电常数和介质电损耗因数的试验方法（eqv IEC 60250：1969）

GB/T 1410—1989 固体绝缘材料体积电阻率和表面电阻率试验方法（eqv IEC 60093：1980）

GB/T 2406—1993 塑料燃烧性能试验方法 氧指数法（neq ISO 4589：1984）

GB/T 2411—1980 塑料邵氏硬度试验方法（eqv ISO 868：1978）

GB/T 2568—1995 树脂浇铸体拉伸性能试验方法

GB/T 2569—1995 树脂浇铸体压缩性能试验方法

GB/T 2571—1995 树脂浇铸体冲击试验方法

GB/T 2900.10—2001 电工术语 电缆（idt IEC 60050-461：1984，Amd. No1：1993 第 1 次修正，Amd. No2：1999 第 2 次修正）

GB/T 3399—1982 塑料导热系数试验方法 护垫平板法

GB/T 9327.1～9327.5—1988 电缆导体压缩和机械连接接头试验方法

GB/T 12706.1—2002 额定电压 1kV（U_m＝1.2kV）到 35kV（U_m＝40.5kV）挤包绝缘电力电缆及附件 第 1 部分：额定电压 1kV（U_m＝1.2kV）到 3kV（U_m＝3.6kV）电缆（eqv IEC 60502-1：1997）

GB/T 12706.2—2002 额定电压 1kV（U_m＝1.2kV）到 35kV（U_m＝40.5kV）挤包绝缘电力电缆及附件 第 2 部分：额定电压 6kV（U_m＝7.2kV）到 30kV（U_m＝36kV）电缆（eqv IEC 60502-2：1997）

GB/T 12706.4—2002 额定电压 1kV（U_m＝1.2kV）到 35kV（U_m＝40.5kV）挤包绝缘电力电缆及附件 第 4 部分：额定电压 6kV（U_m＝7.2kV）到 35kV（U_m＝40.5kV）电力电缆附件试验要求（eqv IEC 60502-4：1997）

GB/T 12976.1～12976.3　额定电压 35kV 及以下铜芯、铝芯纸绝缘电力电缆

GB/T 14315—1993　电力电缆导体用压接型铜、铝接线端子和连接管

GB/T 18889—2002　额定电压 6kV（U_m=7.2kV）到 35kV（U_m=40.5kV）电力电缆附件试验方法（IEC 61442：1997，MOD）

IEC 60055-1：1997　额定电压 18/30kV 及以下纸绝缘金属护套电缆（带有铜或铝导体，但不包括压气和充油电缆）　第 1 部分：电缆及附件试验 第 7 章：附件的型式试验

3　术语和定义

GB/T 2900.10、GB/T 12706.4 中确立的以及下列术语和定义适用于本标准。

3.1

热固性树脂浇铸剂　thermosetting cast resin compound

电缆附件用热固性树脂浇铸剂是由液态热固性树脂与配合剂（固化剂、促进剂等）组成，经加聚作用后固化，但不分解出挥发性成分。

3.2

树脂浇铸式直通接头　cast resin tremination

利用热固性树脂浇铸剂现场浇注在经过处理后的电缆接头部位，作为接头主体绝缘的直通接头。

4　产品的型号和表示方法

4.1　代号（用汉语拼音字母和阿拉伯数字表示）

4.1.1　按系列分

直通接头系列	J

4.1.2　按材料及工艺特征分

环氧树脂浇铸式	H
聚氨酯浇铸式	A

4.1.3　按配套使用电缆品种分

纸绝缘电力电缆	Z
挤包绝缘电力电缆	省略

4.1.4　按设计的先后顺序分

第 1 次设计	1
第 2 次设计	2
（以下类推）	

4.1.5　按电压等级分

1.8kV/3kV 及以下	1
3.6kV/6kV、6kV/6kV、6kV/10kV	2
8.7kV/10kV（8.7kV/15kV）	3

4.1.6　按电缆芯数分

单芯	1
三芯	3
四芯	4
五芯	5

4.2　产品的型号

产品型号的组成和排列顺序如下：

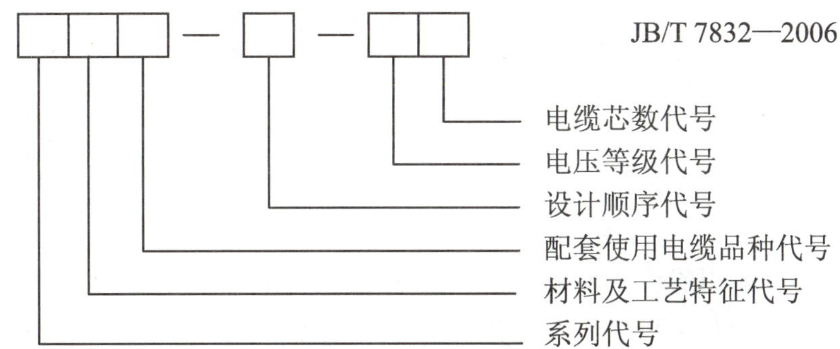

4.3 产品的表示方法

8.7kV/10kV 三芯纸绝缘电力电缆环氧树脂浇铸式直通接头，第二次设计，表示为：

JHZ-2-33 JB/T 7832—2006

6kV/10kV 三芯挤包绝缘电力电缆聚氨酯浇铸式直通接头，第一次设计，表示为：

JA-1-23 JB/T 7832—2006

5 技术要求

5.1 树脂浇铸式直通接头采用的浇铸材料应符合附录 A 和附录 B 的要求。

5.2 导体连接金具应符合 GB/T 14315 中的相应规定，铜铝过渡连接管的直流电阻应不大于相同长度相同截面积铝导体直流电阻的 1.2 倍。

5.3 接头过桥线（接头两端电缆金属屏蔽连接线）应采用镀锡编织铜线，其推荐截面积按表 1 规定选取，也可按与电缆金属屏蔽层截面积相一致的原则选取。当接头金属屏蔽层截面积不小于电缆的金属屏蔽层截面积时，不需要安装过桥线。

表 1 过桥线截面积选取

mm^2

电缆主线芯截面积		过桥线截面积
铜	铝	
35 及以下	50 及以下	10
50～120	70～150	16
150～400	185～400	25

5.4 当用户有要求时，应提供相应的保护盒或机械保护层，按附录 C 对安装有保护盒或机械保护层的接头进行六次机械撞击试验，撞击后保护盒或保护层不破裂、无明显变形，防护层不损坏、不穿透。

5.5 电气性能要求：

5.5.1 被试接头的标示：

a）用于试验的电缆应符合 GB/T 12706.1 和 GB/T 12706.2 或 GB/T 12976 的规定，其额定电压值应与被试接头的最大适用额定电压相同。参见附录 D 的示例对电缆作出正确的标示。若为过渡接头，则应对被连接的两根不同电缆参见附录 D 分别作出正确的标示。

b）接头里使用的导体连接金具应正确标示下述有关内容：

——安装工艺；

——工具及必要的配件；

——接触表面的处理；

——连接金具的型号、编号和任何其他标示；

——型式试验认可的细述。

c）被试接头应正确标示下述有关内容：

——制造商名称；

——接头的型号及名称、制造日期或日期代码；

——电缆的最小和最大截面积，电缆导体的材料和形状；

——电缆外护层或铅（或铝）套的最小和最大外径；

——额定电压；

——安装说明书（编号和日期）。

5.5.2 安装：

a）除非另有规定，试验用的挤包绝缘电缆截面积应在 120mm^2、150mm^2 和 185mm^2 中任选一个；纸绝缘电缆截面积应在 120mm^2、150mm^2、185mm^2 和 240mm^2 中任选一个。

b）接头应采用制造方提供的材料等级和数量，并应按制造方说明书规定的方法进行安装。

c）接头应该是干燥和清洁的，且不管是电缆还是接头都不应经受可能改变被试组合试样的电气或热或力学性能的任何方式的处理。

注：与化学品（如变压器油）接触可能影响电缆接头的性能，应该避免。

d）关于试验安装的主要细节，尤其是支撑装置，都应记录。

5.5.3 按表 3～表 8 规定的试验项目和要求对安装在电缆上的电缆接头组合试样进行电气性能试验。若为挤包绝缘电缆与纸绝缘电缆相连接的过渡接头应按表 4 和表 6 进行电气性能试验。

6 试验条件和方法

6.1 试验条件按 GB/T 18889 的规定。

6.2 5.1 规定的要求按附录 B 和附录 C 中规定的试验方法进行试验。

6.3 5.2 规定的要求按 GB/T 9327.1～9327.5 规定的试验方法进行试验。

6.4 5.5 规定的要求按表 3～表 8 规定的试验方法和试验系列进行试验。

7 试验结果评定

7.1 每个试样单项试验结果按表 3～表 8 评定栏规定评定。

7.2 一种试样一个系列程序试验结果评定：

按表 3、表 4 进行型式试验时，所有试样必须全部通过规定系列程序试验中的所有项目。

按表 5、表 6 进行抽样试验时，若仅有一个试样未通过系列程序试验，允许重新取样进行试验，若仍未通过，则认为该试样未通过抽样试验。

7.3 按表 3、表 4 指定的型式试验中的所有系列试验项目全部通过后，该接头被认可。对任何一个未满足要求的试样都应进行检查。

7.4 如果由于接头安装或试验程序错误而不符合要求，应宣布该试验无效，但不否定该接头。应在新安装的试样上重复整个程序。如果没有上述错误证据，则该型式接头不予认可。

7.5 如果电缆或终端击穿，则该试验应被宣布无效，但不否定该接头，在电缆长度允许的情况下，可重新安装终端，从中断的时刻开始继续试验或者另选电缆重新安装接头试样，按规定程序从头开始试验。

8 认可范围

8.1 安装在按本标准 5.5.2 规定的挤包绝缘一种导体截面积电缆上的接头，通过表 3 所规定的相应型式试验项目后，则应认为对 GB/T 12706.1 和 GB/T 12706.2 中相应额定电压 U_0 的 95mm^2～300mm^2 这一范围内的所有截面积的挤包绝缘电缆均有效。

为了扩展至更大范围的认可，应在所要求扩展范围的最小和（或）最大截面积上按表 7 进行附加试验，试品数量取图 1 中系列 1 的一半。

安装在按本标准 5.5.2 规定的纸绝缘一种导体截面积电缆上的接头，通过表 4 规定的相应的型式试验项目后，则应认为对 GB/T 12976.1～12976.3 中给出的相应额定电压 U_0 的被试纸绝缘电缆的所有截面积均有效。

8.2 认可与电缆导体材料无关，因此试验可以用铝导体或铜导体电缆进行。

8.3 对于挤包绝缘电缆取决于被试电缆绝缘的认可的详细情况见表 2，而对于纸绝缘电缆的认可只限于已进行试验的电气结构和电缆类型（即带绝缘或径向电场、滴流或不滴流）。

表 2 被试电缆绝缘的认可范围

试验电缆的绝缘	认 可 范 围
XLPE	XLPE、EPR、HEPR、PVC
EPR 和 HEPR	EPR、HEPR、PVC
PVC	PVC

8.4 对安装在成型导体电缆上的接头进行的试验，认为适用于圆形导体电缆的相同类型的接头。反之则不适用。

8.5 实现对不同类型挤包绝缘电缆绝缘屏蔽的认可以及从圆形导体到整形导体的认可的扩展，应按表 8 规定进行试验。试品数量取图 1 中系列 1 的一半。

8.6 由非纵向堵水型挤包绝缘电缆试验获得的认可，将扩展到纵向堵水而金属屏蔽内其他方面结构相同的电缆。

8.7 在三芯电缆接头上进行的试验应认为适用于相同设计的单芯电缆接头，反之则不适用。

8.8 对规定 U_0 的接头认可后，将扩展到低于该 U_0 值的相同设计原则的接头上。

8.9 试验布置和试品数量在图 1 中详细叙述。

9 检验规则

9.1 产品的所有部件和材料应由制造厂的技术检查部门检查合格后方能出厂，并应附有相应的质量检验合格证。

9.2 应按 5.1、5.2、5.4 和 5.5 表 3、表 4 的要求进行产品的型式试验，样品数量及试验结果评定方法应按图 1、表 3、表 4 和第 7 章中的规定。

9.3 正常生产时，每 3 年～5 年应按 5.2 和 5.5 表 5、表 6 的要求进行产品的抽样试验。试品数量及试验结果评定方法应按图 1 中系列 1、表 5、表 6 和第 7 章中的规定。当用户提出要求时，经双方协商同意后也应按抽样试验要求进行试验。

10 标志、包装、运输和贮存

10.1 接头用主要材料和部件均应标出牌号、名称、厂名和生产日期，并附有合格证或验收标记，有贮存期限的材料必须注明生产日期和贮存期限。

10.2 接头用的各种材料应分别予以密封包装，每套树脂浇铸式接头的部件和材料应以专用包装箱包装，包装箱内应附有材料清单、产品合格证及安装工艺说明书。

10.3 包装箱上应注明：

a）制造厂厂名；

b）产品型号、名称、产品标准号；

c）电缆品种；

d）额定电压；

e）导体材料、截面积和芯数；

f）生产日期；

g）包装箱尺寸；

h）毛重。

10.4 产品在运输中应防止重压和猛烈碰撞。

10.5 产品贮存时应避免接触热源，贮存处应有防火措施、干燥通风，贮存期不应超过相应配套材料和配套件的贮存期限。

表3　型式试验程序和要求（用于挤包绝缘电缆）

试验项目[a]	试验电压值 kV			试验方法 GB/T 18889—2002	评定	试验系列程序		
	0.6/1，1.8/3	3.6/6，3.6/3 6/6，6/10	8.7/10，（8.7/15）			1	2	3
1. 交流耐压 5min 或直流耐压 15min	8 7.2	27 24	39 35	第 4 章或 第 5 章	不击穿	X	X	X
2. 局部放电[b]	—	10	15	第 7 章	放电量不大于 10pC	X		
3. 冲击试验，在θ_t[c, d]下 正负极性各 10 次	—	75	95	第 6 章	不击穿	X		
4. 恒压负荷循环，在θ_t[c, d]下 在空气中，循环 30 次[e] 在水中，循环 30 次[e]	4.5	15	22	第 9 章	不击穿	X		
5. 局部放电[b]，在θ_t[c, d, f] 和环境温度下	—	10	15	第 7 章	放电量不大于 10pC	X		
6. 短路热稳定（屏蔽）	在电缆屏蔽规定的短路电流（I_{sc}）下，短路两次			第 10 章	无可见损伤		X[g]	
7. 短路热稳定（导体）	在电缆导体规定的短路温度下，短路两次			第 11 章	无可见损伤		X[g]	
8. 短路动稳定[h]	在电缆导体规定的短路动稳定电流（I_d）下，短路一次			第 12 章	无可见损伤			X
9. 冲击试验， 正负极性各 10 次	—	75	95	第 6 章	不击穿	X	X	X
10. 交流耐压 15min	4.5	15	22	第 4 章	不击穿	X	X	X
11. 检验	见[i]（仅供参考）					X	X	X

[a] 除非另有规定，试验应在环境温度下进行。

[b] 对安装在 3.6kV/6kV（含 3.6kV/3kV）无绝缘屏蔽电缆上的接头不做局部放电试验。

[c] 过渡接头（挤包绝缘电缆到挤包绝缘电缆）试验参数是按额定值较低的电缆来确定。

[d] θ_t温度为电缆正常运行时最高导体温度以上（5～10）℃。

[e] 每个负荷循环周期为 8h，电缆导体稳定在规定的θ_t温度下至少 2h，冷却时间至少 3h。

[f] 在加热期结束时进行。

[g] 短路热稳定试验可以与短路动稳定试验结合进行。

[h] 且只有当峰值电流 I_p>80kA 的单芯电缆和峰值电流 I_p>63kA 的三芯电缆，其接头才要求进行短路动稳定试验。

[i] 接头浇铸体和/或带材或管件未出现裂纹。

表 4　型式试验程序和要求（用于纸绝缘电缆）[a]

试验项目[b]	试验电压值 kV			试验方法 GB/T 18889—2002	评定	试验系列		
	0.6/1，1.8/3	3.6/6，3.6/3 6/6，6/10	8.7/10，(8.7/15)			1	2	3
1. 交流耐压 5min 或直流耐压 15min	8 10.8	27 36	39 52.2	第 4 章或 第 5 章	不击穿	X	X	X
2. 冲击试验，在θ_t[c, d]下 正负极性各 10 次	—	75	95	第 6 章	不击穿	X		
3. 恒压负荷循环，在θ_t[c, d]下 在空气中，循环 30 次[e] 在水中，循环 30 次[e]	2.7	9	13	第 9 章	不击穿	X		
4. 短路热稳定（导体）	在电缆导体规定的短路温度下，短路两次			第 11 章	无可见损伤		X[f]	
5. 短路动稳定[g]	在电缆导体规定的短路动稳定电流（I_d）下，短路一次			第 12 章	无可见损伤			X
6. 冲击试验， 正负极性各 10 次	—	75	95	第 6 章	不击穿	X	X	X
7. 交流耐压 15min	4.5	15	22	第 4 章	不击穿	X	X	X
8. 检验	见[h]（仅供参考）					X	X	X

[a] 本表等效采用 IEC 60055-1：1997 标准中的相应规定。

[b] 除非另有规定，试验应在环境温度下进行。

[c] 过渡接头（纸绝缘电缆到挤包绝缘电缆）试验参数是按纸绝缘电缆来确定的。

[d] θ_t温度为电缆正常运行时最高导体温度以上（0～5）℃。

[e] 每个负荷循环周期为 8h，电缆导体稳定在规定的θ_t温度下至少 2h，冷却时间至少 3h。

[f] 短路热稳定试验可以与短路动稳定试验结合进行。

[g] 只有当峰值电流 I_p>80kA 的单芯电缆和峰值电流 I_p>63kA 的三芯电缆，其终端才要求进行短路动稳定试验。

[h] 接头浇铸体和/或带材和管件未出现裂纹，且无任何液体介质渗漏。

表 5　抽样试验程序和要求（用于挤包绝缘电缆）

试验项目[a]	试验电压值 kV			试验方法 GB/T 18889—2002	评定	试验程序
	0.6/1，1.8/3	3.6/6，3.6/3 6/6，6/10	8.7/10，（8.7/15）			
1. 交流耐压 5min 或直流耐压 15min	8 7.2	27 24	39 35	第 4 章或 第 5 章	不击穿	X
2. 局部放电[b]	—	10	15	第 7 章	放电量不大于 10pC	X
3. 负荷循环，在 θ_t[c、d]下在空气中，循环三次[e]	不加电压			第 9 章	由后续试验评定	X
4. 局部放电[b]	—	10	15	第 7 章	放电量不大于 10pC	X
5. 冲击试验，正负极性各 10 次	—	75	95	第 6 章	不击穿	X
6. 交流耐压 4h	7.2	24	35	第 4 章	不击穿	X
7. 检验	见[f]（仅供参考）					X

[a] 除非另有规定，试验应在环境温度下进行。
[b] 对安装在 3.6kV/6kV（含 3.6kV/3kV）无绝缘屏蔽电缆上的接头不做局部放电试验。
[c] 过渡接头（挤包绝缘电缆到挤包绝缘电缆）试验参数是按额定值较低的电缆来确定的。
[d] θ_t 温度为电缆正常运行时最高导体温度以上（5～10）℃。
[e] 每个负荷循环周期为 8h，电缆导体稳定在规定的 θ_t 温度下至少 2h，冷却时间至少 3h。
[f] 接头的浇铸体或带材或管件未出现裂纹。

表 6　抽样试验程序和要求（用于纸绝缘电缆）[a、b]

试验项目[c]	试验电压值 kV			试验方法 GB/T 18889—2002	评定	试验程序
	0.6/1，1.8/3	3.6/6，3.6/3 6/6，6/10	8.7/10，（8.7/15）			
1. 交流耐压 5min 或直流耐压 15min	8 10.8	27 36	39 52.2	第 4 章或 第 5 章	不击穿	X
2. 冲击试验，正负极性各 10 次	—	75	95	第 6 章	不击穿	X
3. 交流耐压 4h	7.2	24	35	第 4 章	不击穿	X
4. 检验	见[d]（仅供参考）					X

[a] 本表参照采用 IEC 60055-1 中相应规定。
[b] 本表也适用于过渡接头（纸绝缘电缆到挤包绝缘电缆）。
[c] 除非另有规定，试验应在环境温度下进行。
[d] 接头的浇铸体或带材或管件未出现裂纹，且无任何液体介质泄漏。

表 7　最小和最大导体截面积的附加试验（用于挤包绝缘电缆）[a]

试　验　项　目[b]	试验电压值 kV			试验方法 GB/T 18889—2002	评　定	试　验　程　序[c]
	0.6/1, 1.8/3	3.6/6，3.6/3 6/6，6/10	8.7/10,（8.7/15）			
1. 交流耐压 5min 或直流耐压 15min	8 7.2	27 24	39 35	第 4 章或第 5 章	不击穿	X
2. 局部放电[d]	—	10	15	第 7 章	放电量不大于 10pC	X
3. 冲击试验，正负极性各 10 次	—	75	95	第 6 章	不击穿	X
4. 检验	见[e]（仅供参考）					X

[a] 本表也适用于过渡接头（挤包绝缘电缆到挤包绝缘电缆）。
[b] 除非另有规定，试验应在环境温度下进行。
[c] 试品数量取图 1 中系列 1 的一半。
[d] 对安装在 3.6kV/6kV（含 3.6kV/3kV）无绝缘屏蔽电缆上的接头不做局部放电试验。
[e] 接头的浇铸体或带材或管件未出现裂纹。

表 8　对不同型式的电缆绝缘屏蔽认可及从圆形导体到成型导体认可的附加试验（用于挤包绝缘电缆）

试　验　项　目[a]	试验电压值 kV		试验方法 GB/T18889—2002	评　定	试验程序[b]
	3.6/6，3.6/3 6/6，6/10	8.7/10,（8.7/15）			
1. 交流耐压 5min 或直流耐压 15min	27 24	39 35	第 4 章或第 5 章	不击穿	X
2. 局部放电[c]，在环境温度和θ_t[d、e、f]下	10	15	第 7 章	放电量不大于 10pC	X
3. 恒压负荷循环，在θ_t[d、e]下在空气中，循环 60 次[g]	15	22	第 9 章	不击穿	X
4. 局部放电[c]，在θ_t[d、e、f]和环境温度下	10	15	第 7 章	放电量不大于 10pC	X
5. 冲击试验，正负极性各 10 次	75	95	第 6 章	不击穿	X
6. 交流耐压 15min	15	22	第 4 章	不击穿	X
7. 检验	见[h]（仅供参考）				X

[a] 除非另有规定，试验应在环境温度下进行。
[b] 试品数量取图 1 中系列 1 的一半。
[c] 安装在 3.6kV/6kV（含 3.6kV/3kV）无绝缘屏蔽电缆上的接头不做局部放电试验。
[d] θ_t温度为电缆正常运行时最高导体温度加（5～10）℃。
[e] 过渡接头（挤包绝缘电缆到挤包绝缘电缆）试验参数是按额定值较低的电缆来确定的。
[f] 在加热期结束时进行。
[g] 每个负荷循环周期为 8h，电缆导体稳定在规定的θ_t温度下至少 2h，冷却时间至少 3h。
[h] 接头的浇铸体或带材或管件未出现裂纹。

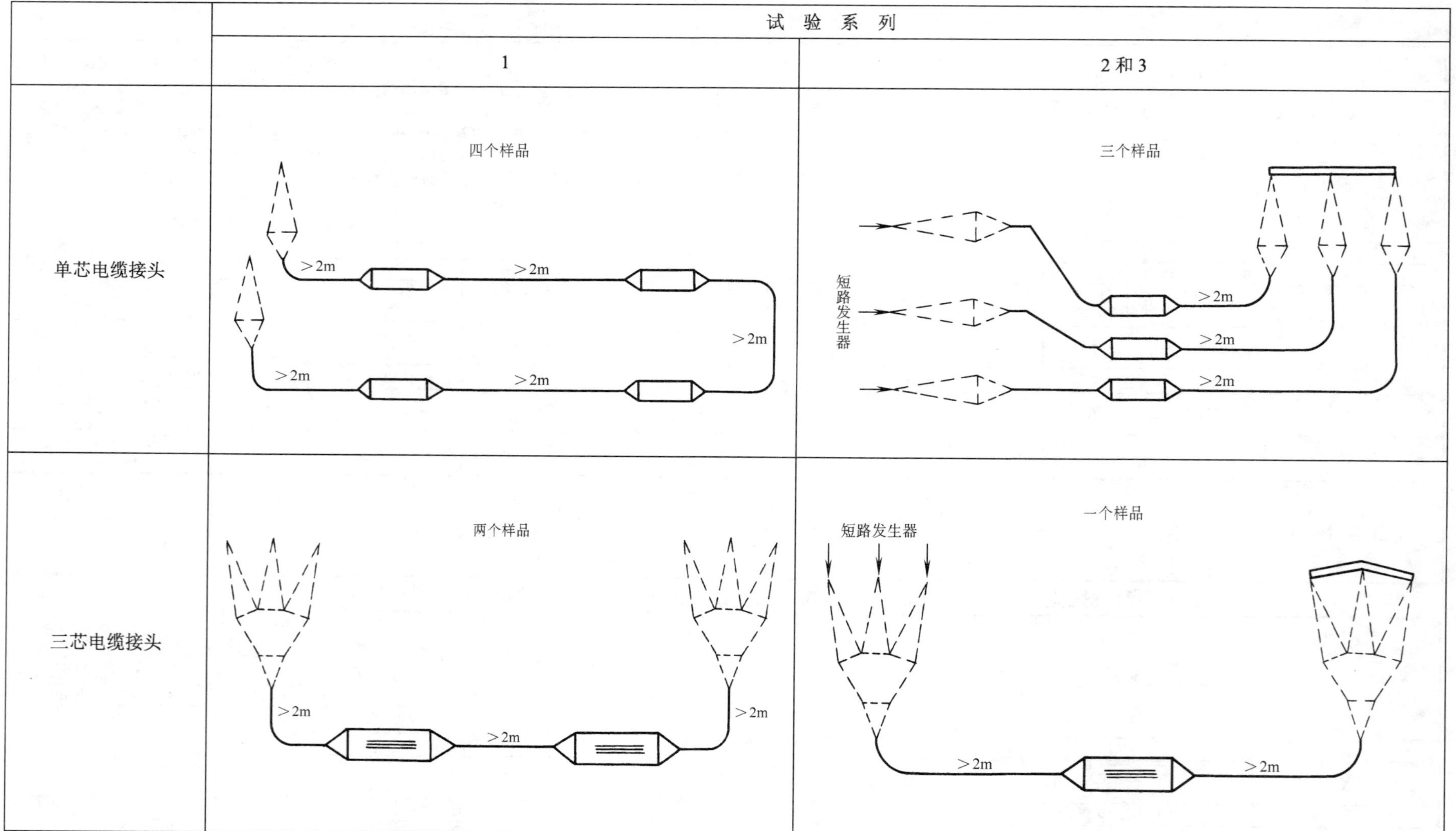

注1：图中所标电缆长度是接头与接头之间和接头与终端之间的电缆测量长度。

注2：系列1中接头试样可每只一条回路单独进行试验。

注3：电缆与接头的固定方法应按照制造方的推荐。

图1 接头的试品数量和试验布置

附 录 A
（规范性附录）
电力电缆附件用热固性树脂浇铸剂一般技术要求

A.1 本附录中规定的要求适用于电力电缆附件用以环氧树脂和聚氨酯树脂为基本材料的热固性室温固化树脂浇铸剂。

A.2 浇铸剂制造厂应按附录B规定的项目（序号1～18）进行试验。在正常情况下，每两年应按表B.1中序号2、3、8、12（阻燃型）和序号14、15、17、18（用于纸绝缘电缆）等项目进行抽样试验，并按供货要求提供试验报告。当用户有要求时也可协商进行抽样试验。附件生产厂亦可以按附录B规定要求作为对浇铸剂验收依据。

A.3 浇铸剂的各组分应分别包装在密封的容器中，包装方式应便于现场操作。

A.4 包装容器上应附有下列说明：

a）浇铸剂的基材种类；

b）浇铸剂混合及浇铸工艺（包括浇铸时限）的简要说明；

c）操作安全注意事项；

d）浇铸后至试验或投入运行需等待的最少时间；

e）贮存条件和贮存期限；

f）生产日期；

g）制造厂名和注册商标；

h）浇铸剂材料净重；

i）浇铸剂性能符合的标准。

注：如果包装容器书写位置有限，上述b）项、c）项、d）项可另作说明。

A.5 制造厂还需提供下列资料：

a）在环境温度35℃时的最高反应温度；

b）固化后的浇铸件在20℃至50℃温度范围内的体膨胀系数；

c）浇铸剂固化后的热导率。

附 录 B
（规范性附录）
电力电缆附件用热固性树脂浇铸剂主要性能指标

电力电缆附件用热固性树脂浇铸剂主要性能指标见表B.1。

表B.1 电力电缆附件用热固性树脂浇铸剂主要性能指标

序号	项 目[a]	单 位	性 能 指 标		试 验 方 法
			聚氨酯	环氧树脂	
1	闪点（在开放式坩埚中） 不参加反应的材料 不小于 参加反应的材料 不小于	℃	100 55		GB/T 267
2	浇铸时限（每个包装量） 不小于 在环境温度5℃、23℃、35℃	min	20		本标准附录C

表 B.1（续）

序号	项目[a]	单位	性能指标		试验方法
			聚氨酯	环氧树脂	
3	最高反应温度　不大于	℃	120	160	本标准附录 C
4	物理结构		沿试样中间和轴线切开应均匀，无肉眼可见气泡，但允许表面有个别气泡		本标准附录 C
5	耐冲击强度　不小于	N/mm^2	10	6	GB/T 2571
6	抗压强度　不小于	N/mm^2	—	100	GB/T 2569
7	压缩试验 镦粗 30%的压缩应力　不小于 卸去负荷 24h 后残余变形　不大于	 N/mm^2 %	 20 10	 — —	GB/T 1041
8	硬度（邵氏 D）　不小于		30	—	GB/T 2411
9	抗拉强度　不小于	N/mm^2	4	—	GB/T 2568
10	断裂伸长率　不小于	%	10	—	GB/T 2568
11	热导率　不小于	Wm^{-1}K^{-1}	0.1		GB/T 3399
12	燃烧特性 氧指数　不小于		30		GB/T 2406
13	吸水性 23℃冷水浸 24h　不大于 50℃热水浸 42d　不大于	 %	 0.5 4		GB/T1034
14	体膨胀系数　不大于 （从 20℃到 50℃）	K^{-1}	1×10^{-4}		GB/T 1036
15	工频耐压强度 23℃ 1min　不小于	MV/m	20		GB/T 1408
16	介电常数（50Hz）23℃　不大于		6		GB/T 1409
17	体积电阻率 23℃　不小于 23℃浸水 24h 后　不小于	Ω·cm	 12^{14} 10^{13}		GB/T 1410
18	耐油性能[b] 80℃粘性浸渍电缆油 168 h 重量变化率　不大于	 %	 5		本标准附录 C

[a] 除非另有规定，表中数据为室温下试样的性能要求。

[b] 仅对用于纸绝缘电缆浇铸剂有此要求。

附 录 C
（规范性附录）
试验方法

C.1 电力电缆附件用热固性树脂浇铸剂主要性能试验

C.1.1 浇铸时限的试验

浇铸时限是指从浇铸剂各组分混合在一起开始，直至浇铸剂恰好能流畅地从一根玻璃棒上连贯地流下而无可见凝胶成分为止的这段时间，即允许浇铸的时间。

C.1.1.1 试验装置

a）直径约 8mm，长约 250mm 玻璃棒一根；

b）存放被试浇铸剂的容器一只；

c）存放 b）项容器的带绝缘保温层的容器一只；

d）自然通风的电热烘箱一台；

e）0℃～50℃温度计一只；

f）计时器一只。

C.1.1.2　试验操作

a）将被试的浇铸剂（包括树脂、固化剂及其他配合剂）及C.1.1.1 a）项、b）项、c）项的物件放在电热烘箱内，时值达到规定温度，保持1h。

b）按使用说明书，将浇铸剂各组分注入C.1.1.1 b）项的容器中（该容器放在c）项的保温容器内），在恒温状态下用玻璃棒充分混合均匀，并从混合开始记录时间。

c）相隔适当时间将玻璃棒从混合物中间插入至其深度的1/2处，再垂直拔出至离其表面约20cm处，观察浇铸剂从玻璃棒上流下的情况。如果在流下的料中出现凝胶微粒，或者仅仅能滴下，而不是连贯地从玻璃棒上流下，则表示超过使用时间，记录出现该情况的时间，并折算到以分钟计，即为该包装量的浇铸时限。

C.1.2　最高反应温度和物理结构的试验

C.1.2.1　试验装置

a）选用最大规格电缆接头盒（或接头浇铸模壳），和配用该规格的最小截面积电缆，电缆长度为接头盒长加400mm；

b）带有指示仪表的热电偶一套；

c）电热烘箱一台；

d）计时器一台。

C.1.2.2　试验操作

a）按使用说明书将C.1.2.1 a）项规定的电缆安装在接头盒内，并将C.1.2.1 b）项规定的热电偶固定在接头盒近中心线芯绝缘表面上，接头盒两端电缆各约200mm长，再将安装好的接头和使用的浇铸剂（包括树脂、固化剂及其他配合剂）一起放在C.1.2.1 c）项的电热烘箱内，使之达到（35±2）℃，保持1h。

b）按使用说明书，将浇铸剂各组分混合，并注入接头盒内，立即放在电热烘箱内，在（35±2）℃的温度下测定浇铸剂固化最高反应温度，并从浇铸剂各组分混合开始记录时间。

c）将完成测定最高反应温度后的接头试样，在环境温度下放置24h，再从接头试样的中间与轴线垂直方向切开，进行物理结构检查。

C.1.3　耐油性能试验

C.1.3.1　试验设备与材料

a）300mL烧杯　　　　三只；

b）电缆恒温水浴锅　　一只；

c）天平一台　　　　　感量0.1g；

d）粘性浸渍电缆油　　300mL；

e）直径ϕ50mm、厚度2mm的试样三片。

C.1.3.2　试验操作

在三个烧杯内分别倒入100mL粘性浸渍电缆油，将烧杯放入80℃电热恒温水浴中，5min后，将三个试样分别放到三个烧杯中（试样应完全浸没在电缆油内），并开始计时，168h后取出试样，用滤纸反复吸取试样表面的油，直至滤纸上无明显可见的油迹后，称取试样重量。

吸油率按式（C.1）计算：

$$W=\frac{G_2-G_1}{G_1}\times 100\% \qquad (C.1)$$

式中：

G_1——浸油前试样重量，单位为g；

G_2——浸油后试样重量，单位为g；

W——吸油率，%。

取三个试样算术平均值。

C.2 接头机械撞击试验

C.2.1 试验装置

试验装置见图C.1，撞击块用钢制成，支撑架两侧有保证撞击块按规定方向自由降落的导轨，支撑架顶端装有起吊撞击块的滑轮。

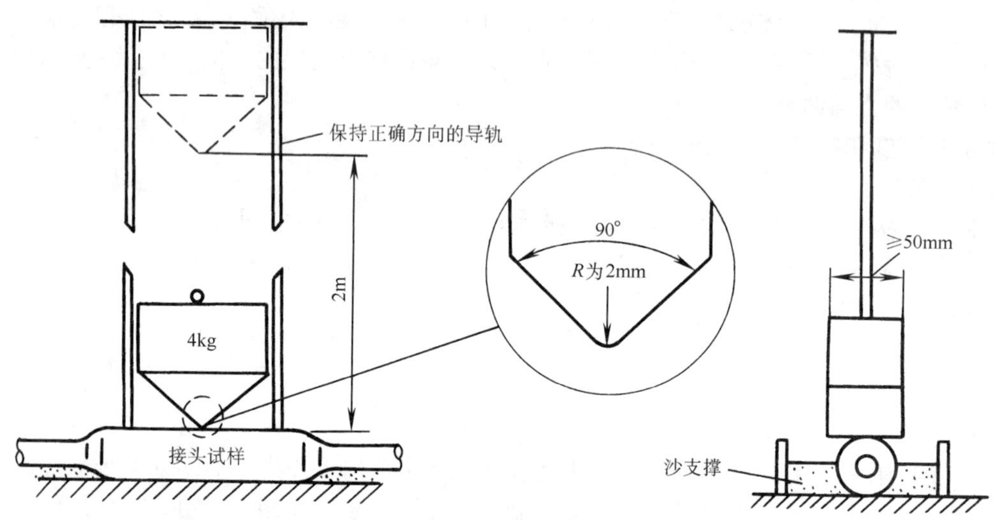

图C.1 接头机械撞击试验装置

C.2.2 试验方法

C.2.2.1 按图C.1所示将被试接头安放在坚硬的基础（如水泥板）上，固定试样两端电缆，周围填沙，沙填到被试接头的水平中心线（图C.1），确保试验过程中试样不致滚动。

C.2.2.2 提升撞击块到规定高度2m处。

C.2.2.3 让撞击块自由降落到被试接头上，在降落过程中使撞击块下部刀口保持水平，并与被试接头轴线成直角。撞击部位应均匀地分布在被试接头的全部长度上。

C.2.2.4 取出试样，目测检查。

C.2.3 试验结果评定

经撞击试验后试样应无破裂和明显变形，密封保护层应无损坏或穿透。

附 录 D

（资料性附录）

试验电缆的标示（见5.5.1）

D.1 挤包绝缘电缆

额定电压 U_0/U（U_m） □ kV

结构：	□ 单芯	□ 三芯	□ 非分相屏蔽 □分相屏蔽
导体：	□ 铝 □ 绞合	□ 铜 □ 实心	

	□ 圆形	□ 成型导体	
	□ 120mm²	□ 150mm²	□ 185mm²
	□ 其他截面积		mm²
绝缘：	□ PVC	□ XLPE	
	□ EPR	□ HEPR	
绝缘屏蔽：	□ 不可剥离	□ 可剥离	
金属屏蔽：	□ 金属线	□ 金属带	□ 挤包金属套
外护层：	□ PVC	□ PE（ST3）	□ PE（ST7）
阻水层：	□ 在导体内	□ 外护套下	
直径：	导体		mm
	外护套		mm
电缆型号：			

D.2 纸绝缘电缆

额定电压 U_0/U（U_m）	□ kV		
结构：	□ 单芯	□ 三芯	□ 带绝缘
			□ 分相铅包
导体：	□ 铝	□ 铜	
	□ 绞合	□ 实心	
	□ 圆形	□ 成型导体	
	□ 120mm²	□ 150mm²	
	□ 185mm²	□ 240mm²	
	其他截面积		mm²
浸渍：	□ 滴流	□ 不滴流	
金属护层：	□ 铅	□ 铝	
外护层：	□ 纤维覆盖物	□ 挤包	□ PE（ST7）
			□ PVC
直径：	导体		mm
	绝缘（包括屏蔽）		mm
	金属护套		mm
	外护套		mm
电缆型号：			

ICS 29.060.20
K 13
备案号：19063—2006

中华人民共和国机械行业标准

JB/T 8503.1—2006
代替 JB/T 8503.1—1996

额定电压 6kV（U_m=7.2kV）到 35kV（U_m=40.5kV）挤包绝缘电力电缆预制件装配式附件 第1部分：终端

Premolded accessories (slip-on type) for extruded insulation power cables with rated voltages from 6kV (U_m=7.2kV) up to 35kV (U_m=40.5kV) —Part 1:Terminations

2006-10-14 发布　　2007-04-01 实施

中华人民共和国国家发展和改革委员会 发布

前　言

在 JB/T 8503《额定电压 6kV（U_m=7.2kV）到 35kV（U_m=40.5kV）挤包绝缘电力电缆　预制件装配式附件》总标题下，拟分为两部分：

——第 1 部分：终端；

——第 2 部分：直通接头。

本部分为 JB/T 8503 的第 1 部分。

本部分代替 JB/T 8503.1—1996《额定电压 26/35kV 及以下挤包绝缘电力电缆　户内型、户外型预制件装配式终端》。

本部分与 JB/T 8503.1—1996 相比，主要变化如下：

——第 5 章中电气性能部分增加了 5.6.1“被试终端的标示”；

——增加了第 7 章“试验结果评定”；

——增加了第 8 章“认可范围”以及相关的表和试验样品布置图。

本部分的附录 A、附录 B、附录 C、附录 D 是规范性附录，附录 E、附录 F 是资料性附录。

本部分由中国机械工业联合会提出。

本部分由全国电线电缆标准化技术委员会（SAC/TC213）归口。

本部分起草单位：上海电缆研究所、广东长园电缆附件有限公司、长沙电缆附件有限公司、四川久远科技股份有限公司、浙江永锦电力器材有限公司、永固金具股份有限公司。

本部分起草人：葛光明、张智勇、龙莉英、薛奇、李红全、柯德刚、郑晓超。

本部分所代替标准的历次版本发布情况：

——JB/T 8503.1—1996。

额定电压 6kV（U_m=7.2kV）到 35kV（U_m=40.5kV）挤包绝缘电力电缆预制件装配式附件 第 1 部分：终端

1 范围

JB/T 8503 的本部分规定了额定电压 6kV（U_m=7.2kV）到 35kV（U_m=40.5kV）挤包绝缘电力电缆用预制件装配式终端的产品标记和代号、技术要求、试验方法、检验规则和标志、包装、运输和贮存。

本部分适用于额定电压 6kV（U_m=7.2kV）到 35kV（U_m=40.5kV）有绝缘屏蔽层的挤包绝缘电力电缆用预制件装配式户内终端和户外终端，使用条件符合 GB/T 12706.4—2002 中 5.1 和 5.2 的规定。

2 规范性引用文件

下列文件中的条款通过 JB/T 8503 的本部分的引用而成为本部分的条款。凡是注日期的引用文件，其随后所有的修改单（不包括勘误的内容）或修订版均不适用于本部分，然而，鼓励根据本部分达成协议的各方研究是否可使用这些文件的最新版本。凡是不注日期的引用文件，其最新版本适用于本部分。

GB/T 269—1991　润滑脂和石油脂锥入度测定法（eqv ISO 2137：1985）

GB/T 507—2002　绝缘油　击穿电压测定法（eqv IEC 60156：1995）

GB/T 528—1998　硫化橡胶或热塑性橡胶拉伸应力应变性能的测定（eqv ISO 37：1994）

GB/T 529—1999　硫化橡胶或热塑性橡胶撕裂强度的测定（裤形、直角形和新月形试样）(eqv ISO 34-1:1994）

GB/T 531—1999　橡胶袖珍硬度计压入硬度试验方法（idt ISO 7619:1986）

GB/T 1692—1992　硫化橡胶绝缘电阻率测定

GB/T 1693—1981　硫化橡胶工频介电常数和介质损耗角正切值的测定方法（eqv ASTM D150：1981）

GB/T 1695—2005　硫化橡胶　工频击穿电压强度和耐电压的测定方法

GB/T 2439—2001　硫化橡胶或热塑性橡胶　导电性能和耗散性能电阻率的测定（idt ISO 1853：1998）

GB/T 2900.10—2001　电工术语　电缆（idt IEC 60050-461：1984）

GB/T 5654—1985　液体绝缘材料工频相对介电常数、介电损耗因数和体积电阻率的测量（neq IEC 60247：1978）

GB/T 6553—2003　评定在严酷环境条件下使用的电气绝缘材料耐电痕化和蚀损的试验方法（IEC 60587：1984，IDT）

GB/T 7325—1987　润滑脂和润滑油蒸发损失测定法（eqv ASTM D 972：1981）

GB/T 9327.1～9327.5—1988　电缆导体压缩和机械连接接头试验方法

GB/T 12706.2—2002　额定电压 1kV（U_m=1.2kV）到 35kV（U_m=40.5kV）挤包绝缘电力电缆及附件　第 2 部分：额定电压 6kV（U_m=7.2kV）到 30kV（U_m=36kV）电缆（eqv IEC 60502-2：1997）

GB/T 12706.3—2002　额定电压 1kV（U_m=1.2kV）到 35kV（U_m=40.5kV）挤包绝缘电力电缆及附件　第 3 部分：额定电压 35kV（U_m=40.5kV）电缆（IEC 60502-2：1997，NEQ）

GB/T 12706.4—2002　额定电压 1kV（U_m=1.2kV）到 35kV（U_m=40.5kV）挤包绝缘电力电缆及附件　第 4 部分：额定电压 6kV（U_m=7.2kV）到 35kV（U_m=40.5kV）电力电缆附件试验要求（eqv IEC

60502-4：1997）

GB/T 14049—1993　额定电压 10kV、35kV 架空绝缘电缆

GB/T 14315—1993　电力电缆导体用压接型铜、铝接线端子和连接管

GB/T 18889—2002　额定电压 6kV（U_m=7.2kV）到 35kV（U_m=40.5kV）电力电缆附件试验方法（IEC 61442: 1997，MOD）

3　术语和定义

GB/T 2900.10、GB/T 12706.4 中确立的以及下列术语和定义适用于本部分。

3.1

预制件装配式终端　Premolded termination（slip-on type）

将预制的橡胶终端套管或组件现场套装在经过处理后的电缆末端而构成的终端。

4　产品的型号和表示方法

4.1　代号

用汉语拼音字母和阿拉伯数字表示。

4.1.1　按系列分

户内终端系列	N
户外终端系列	W

4.1.2　按工艺特征分

预制件装配式	YZ

4.1.3　按设计的先后顺序分

第一次设计	1
第二次设计	2
（以下类推）	

4.1.4　按电压等级分

3.6kV/6kV、6kV/6kV、6kV/10kV	2
8.7kV/10kV、8.7kV/15kV	3
12kV/20kV	4
21kV/35kV、26kV/35kV	5

4.1.5　按电缆芯数分

单芯	1
三芯	3

4.2　产品的型号

产品型号的组成和排列顺序如下：

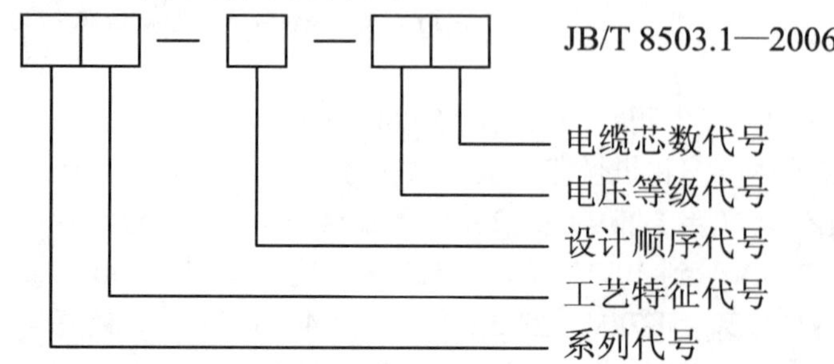

4.3　产品的表示方法

a）8.7kV/10kV　三芯电力电缆预制件装配式户外终端，第一次设计，表示为：

WYZ—1—33　JB/T 8503.1—2006

b）26kV/35kV　单芯电力电缆预制件装配式户内终端，第一次设计，表示为：

NYZ—1—51　JB/T 8503.1—2006

5　技术要求

5.1　橡胶预制件部件及安装材料应符合附录 A 的要求，所有终端部件及安装材料应配套供应。

5.2　导体连接金具应符合 GB/T 14315 中的相应规定，铜铝过渡接线端子的直流电阻应不大于相同长度相同截面积铝导体直流电阻的 1.2 倍。

5.3　户外终端所用的外绝缘材料应具有耐大气老化及耐漏电痕和耐电蚀性能。

5.4　预制件装配式终端安装工艺的基本要求参见附录 E。

5.5　终端接地线应采用镀锡编织铜线，其推荐截面积按表 1 规定选取，也可按与电缆金属屏蔽层截面积相一致的原则选取。

表 1　接地线截面积选取

mm^2

电缆主线芯截面积		接地线截面积
铜	铝	
35 及以下	50 及以下	10
50～120	70～150	16
150～400	185～400	25

5.6　电气性能要求：

5.6.1　被试终端的标示：

a）用于试验的电缆应符合 GB/T 12706.2 和 GB/T 12706.3 规定，其额定电压值应与被试终端的最大适用额定电压相同。参见附录 F 的示例对电缆作出正确的标示。

b）终端里使用的导体连接金具应正确标示下述有关内容：

——安装工艺；

——工具及必要的配件；

——接触表面的处理；

——连接金具的型号、编号和任何其他标示；

——型式试验认可的细述。

c）被试终端应正确标示下述有关内容：

——制造厂名称；

——终端的型号及名称、制造日期或日期代码；

——电缆的最小和最大截面积，电缆导体的材料和形状；

——电缆绝缘层的最小和最大外径；

——额定电压；

——安装说明书（编号和日期）。

5.6.2　安装和连接：

a）除非另有规定，试验用的电缆截面积应在：$120mm^2$、$150mm^2$ 和 $185mm^2$ 中任选一个。

b）终端应采用制造厂提供的材料等级、数量及润滑剂等，并应按制造厂说明书规定的方法进行安装。

c）终端应该是干燥和清洁的，且不管是电缆还是终端都不应经受可能改变被试组合试样的电气或热或力学性能的任何方式的处理。

注：与化学品（如变压器油）接触可能影响电缆终端的性能，应该避免。

d）关于试验安装的主要细节，尤其是支撑装置，都应记录。

5.6.3 按表3～表6规定的试验项目和要求对安装在电缆上的终端组合试样进行电气性能试验。

6 试验条件和方法

6.1 试验条件按GB/T 18889—2002中的规定。

6.2 5.1规定的要求按附录B和附录C中规定的试验方法进行试验。

6.3 本标准5.2规定的要求按GB/T 9327规定的试验方法进行试验。

6.4 本标准5.3规定的耐大气老化性能要求按GB/T 14049—1993中附录A规定的试验方法进行试验；耐漏电痕耐电蚀的性能要求按GB/T 6553规定的试验方法进行试验。

6.5 5.6规定的要求按表3～表6规定的试验方法和试验系列进行试验。

7 试验结果评定

7.1 每个试样单项试验结果按表3～表6评定栏规定评定。

7.2 一种试样一个系列程序试验结果评定：

按表3进行型式试验时所有试样必须全部通过规定系列程序试验中的所有项目。

按表4进行抽样试验，若仅有一个试样未通过系列程序试验，允许重新取样进行试验，若仍未通过，则认为该试样未通过抽样试验。

7.3 按表3指定的型式试验中的所有系列试验项目全部通过后，该终端被认可。对任何一个未满足要求的试样都应进行检查。

7.4 如果由于终端安装或试验程序错误而不符合要求，应宣布该试验无效，但不否定该终端。应在新安装的试样上重复整个程序。如果没有上述错误证据，则该型式终端不予认可。

7.5 如果电缆击穿，则该试验应被宣布无效，但不否定该终端，允许重新安装终端，按规定程序从头开始试验或者修复电缆后从中断的时刻开始继续试验。

8 认可范围

8.1 安装在按本标准5.6.2中规定的一种导体截面积电缆上的终端，通过表3规定的相应的型式试验项目后，则应认为对GB/T 12706.2和GB/T 12706.3中相应额定电压U_0的95mm^2～300mm^{2}这一范围内的所有截面积均有效。

为了扩展至更大范围的认可，应在所要求扩展范围的最小和（或）最大截面积上按表5所示进行附加试验，试品数量取图1中系列1的一半。

8.2 认可与电缆导体材料无关，因此试验可以用铝导体或铜导体电缆进行。

8.3 取决于被试电缆绝缘的认可的详细情况见表2。

表2 被试电缆绝缘的认可范围

试验电缆的绝缘	认可范围
XLPE	XLPE、EPR、HEPR
EPR和HEPR	EPR、HEPR

8.4 实现对不同类型电缆绝缘屏蔽的认可的扩展应按表6规定进行试验。试品数量取图1中系列1的一半。

8.5 由非纵向堵水型电缆试验获得的认可将扩展到纵向堵水而金属屏蔽内其他方面结构相同的电缆。

8.6 在三芯电缆终端上进行的试验应认为适用于相同设计的单芯电缆终端，反之则不适用。

8.7 对规定U_0的终端认可后将扩展到低于该U_0值的相同设计原则的终端上。

8.8 试验布置和试品数量在图1中详细叙述。

表 3 型式试验程序和要求

试验项目[a]	试验电压值 kV				试验方法 GB/T 18889—2002	评定	试验系列程序							
							户外终端				户内终端			
	3.6/6，6/6，6/10	8.7/10，8.7/15	12/20	21/35，26/35			1	2	3	4	1	2	3	4
1. 交流耐压 5min 或直流耐压 15min 交流耐压，湿态 1min	27 24 24	39 35 35	54 48 48	117 104 104	第 4 章或 第 5 章 第 4 章	不闪络，不击穿	 X	X	X	X	X	X	X	X
2. 局部放电	10	15	20	45	第 7 章	放电量不大于 10pC	X				X			
3. 冲击试验，在θ_t[b]下正负极性各 10 次	75	95	125	200	第 6 章	不闪络，不击穿	X				X			
4. 恒压负荷循环，在θ_t[b]下 a）在空气中，循环 50 次[d]	15	22	30	65	第 9 章	不闪络，不击穿	X							
在水中，循环 10 次[d]	不加电压				附录 D.2	由后续试验评定								
b）在空气中，循环 60 次[d]	15	22	30	65	第 9 章	不闪络，不击穿					X			
5. 局部放电，在θ_t[b、c]和环境温度下	10	15	20	45	第 7 章	放电量不大于 10pC	X				X			X
6. 短路热稳定（屏蔽）[e]	在电缆屏蔽规定的短路电流（I_{sc}）下，短路 2 次				第 10 章	无可见损伤		X[f]				X[f]		
7. 短路热稳定（导体）	在电缆导体规定的短路温度下，短路 2 次				第 11 章	无可见损伤		X[f]				X[f]		
8. 短路动稳定[g]	在电缆导体规定的短路动稳定电流（I_d）下，短路 1 次				第 12 章	无可见损伤			X				X	
9. 冲击试验，正负极性各 10 次	75	95	125	200	第 6 章	不闪络，不击穿	X	X	X		X	X	X	
10. 交流耐压 15min	15	22	30	65	第 4 章	不闪络，不击穿	X	X	X		X	X	X	
11. 潮湿试验 300h	7.5	11.0	15.0	32.5	第 13 章	不闪络，不击穿，跳闸不超过 3 次，无明显损坏[h]								X
12. 盐雾试验 1000h	7.5	11.0	15.0	32.5	第 13 章	不闪络，不击穿，跳闸不超过 3 次，无明显损坏[h]				X				
13. 检验	见[i]（仅供参考）						X	X	X	X	X	X	X	X

[a] 除非另有规定，试验应在环境温度下进行。
[b] θ_t温度为电缆正常运行时最高导体温度以上（5～10）℃。
[c] 在加热期结束时进行。
[d] 每个负荷循环周期为 8h，电缆导体稳定在规定的θ_t温度下至少 2h，冷却时间至少 3h。
[e] 仅适用于能直接或通过适配件与电缆金属屏蔽相连接的终端。
[f] 短路热稳定试验可以与短路动稳定结合进行。
[g] 只有当峰值电流 I_p>80kA 的单芯电缆和峰值电流 I_p>63kA 的三芯电缆，其终端才要求进行短路动稳定试验。
[h] 当由于下述原因终端性能有明显下降时，则认为它明显损坏：（Ⅰ）由于漏电痕迹引起介质质量下降；（Ⅱ）电蚀深度达到 2mm 或者达到作为使用的绝缘材料任何一处较小壁厚的 50%；（Ⅲ）材料开裂；（Ⅳ）材料穿孔。
[i] 终端预制件、分支套、管件或带材未出现裂纹。

表 4　抽样试验程序和要求

试验项目[a]	试验电压值 kV				试验方法 GB/T 18889—2002	评定	试验系列程序	
	3.6/6，6/6，6/10	8.7/10，8.7/15	12/20	21/35，26/35			户外终端	户内终端
1. 交流耐压 5min 或直流耐压 15min 交流耐压,湿态 1min	27 24 24	39 35 35	54 48 48	117 104 104	第 4 章或 第 5 章 第 4 章	不闪络，不击穿	X（交流耐压,湿态 1min）	X（交流耐压 5min 或直流耐压 15min）
2. 局部放电	10	15	20	45	第 7 章	放电量不大于 10pC	X	X
3. 负荷循环，在 θ_t[b] 下在空气中，循环 3 次[c]	不加电压				第 9 章	由后续试验评定	X	X
4. 局部放电	10	15	20	45	第 7 章	放电量不大于 10pC	X	X
5. 冲击试验，正负极性各 10 次	75	95	125	200	第 6 章	不闪络，不击穿	X	X
6. 交流耐压 4h	24	35	48	104	第 4 章	不闪络，不击穿	X	X
7. 检验	见[d]（仅供参考）						X	X

[a] 除非另有规定，试验应在环境温度下进行。

[b] θ_t 温度为电缆正常运行时最高导体温度以上（5～10）℃。

[c] 每个负荷循环周期为 8h，电缆导体稳定在规定的 θ_t 温度下至少 2h，冷却时间至少 3h。

[d] 终端的预制件、分支套、管件及带材未出现裂纹。

表 5 最小和最大导体截面积的附加试验

试验项目[a]	试验电压值 kV				试验方法 GB/T 18889—2002	评定	试验程序[b]（户外终端，户内终端）
	3.6/6，6/6，6/10	8.7/10，8.7/15	12/20	21/35，26/35			
1. 交流耐压 5min 或直流耐压 15min	27 24	39 35	54 48	117 104	第 4 章或 第 5 章	不闪络，不击穿	X
2. 局部放电	10	15	20	45	第 7 章	放电量不大于 10pC	X
3. 冲击试验， 正负极性各 10 次	75	95	125	200	第 6 章	不闪络，不击穿	X
4. 检验	见[c]（仅供参考）						X

[a] 除非另有规定，试验应在环境温度下进行。
[b] 试品数量取图 1 中系列 1 的一半。
[c] 终端的预制件、分支套、管件或带材未出现裂纹。

表 6 对不同型式的电缆绝缘屏蔽认可的附加试验

试验项目[a]	试验电压值 kV				试验方法 GB/T 18889—2002	评定	试验程序[b]（户外终端，户内终端）
	3.6/6，6/6，6/10	8.7/10 8.7/15	12/20	21/35，26/35			
1. 交流耐压 5min 或直流耐压 15min	27 24	39 35	54 48	117 104	第 4 章或 第 5 章	不闪络，不击穿	X
2. 局部放电， 在环境温度和θ_t[c,d]下	10	15	20	45	第 7 章	放电量不大于 10pC	X
3. 恒压负荷循环，在θ_t[c]下 在空气中，循环 60 次[e]	15	22	30	65	第 9 章	不闪络，不击穿	X
4. 局部放电，在θ_t[c,d]和环 境温度下	10	15	20	45	第 7 章	放电量不大于 10pC	X
5. 冲击试验， 正负极性各 10 次	75	95	125	200	第 6 章	不闪络，不击穿	X
6. 交流耐压 15min	15	22	30	65	第 4 章	不闪络，不击穿	X
7. 检验	见[f]（仅供参考）						X

[a] 除非另有规定，试验应在环境温度下进行。
[b] 试品数量取图 1 中系列 1 的一半。
[c] θ_t温度为电缆正常运行时最高导体温度以上（5～10）℃。
[d] 在加热期结束时进行。
[e] 每个负荷循环周期为 8h，电缆导体稳定在规定的θ_t温度下至少 2h，冷却时间至少 3h。
[f] 终端的预制件、分支套、管件或带材未出现裂纹。

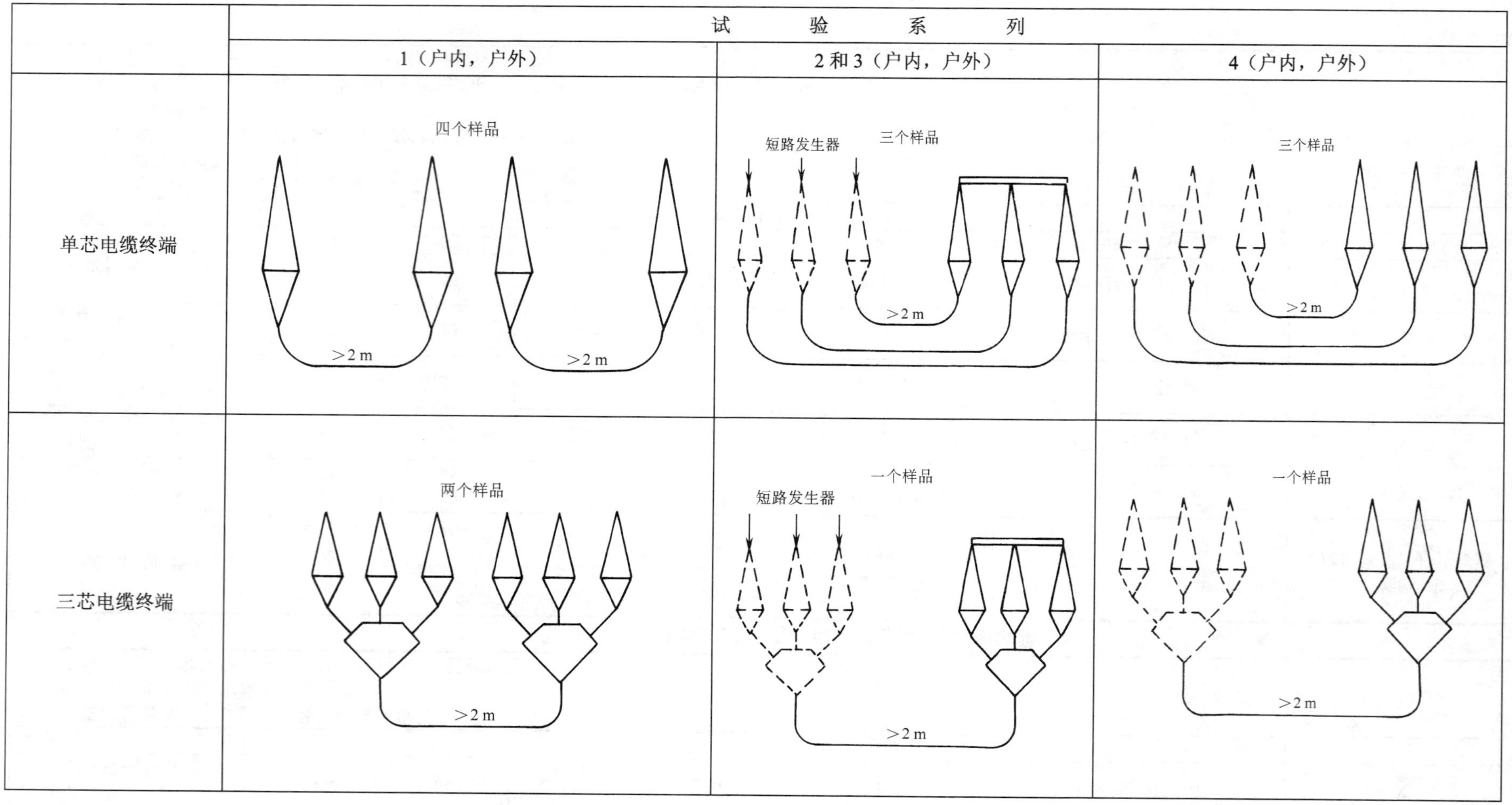

	试验系列		
	1（户内，户外）	2和3（户内，户外）	4（户内，户外）
单芯电缆终端	四个样品 >2 m >2 m	短路发生器 三个样品 >2 m	三个样品 >2 m
三芯电缆终端	两个样品 >2 m	一个样品 短路发生器 >2 m	一个样品 >2 m

注1：图中所标电缆长度是电缆引入终端之间的测量长度。

注2：电缆与终端的固定方法应按照制造厂的推荐。

图1　终端的试样数量和试验布置

9 检验规则

9.1 产品的所有部件和材料应由制造厂的技术检查部门检查合格后方能出厂，并应附有相应的质量检验合格证。

9.2 应按 5.1～5.3 和 5.6 表 3 的要求进行产品的型式试验，样品数量及试验结果评定方法应按图 1、表 3 和第 7 章中的规定。

9.3 正常生产时每 3 年～5 年应按 5.2 和 5.6 表 4 的要求进行产品的抽样试验。试品数量及试验结果评定方法应按图 1 中系列 1、表 4 和第 7 章中的规定。当用户提出要求，经双方协商同意后也应按抽样试验要求进行试验。

9.4 橡胶预制件应按附录 A 中 A.1、A.3、A.4 进行例行试验。

10 标志、包装、运输和贮存

10.1 终端用主要材料和部件均应标出牌号、名称、厂名、生产日期，并附有合格证，或验收标记，有贮存期限的材料必须注明生产日期和贮存期。

10.2 橡胶预制件、润滑剂、清洗剂等均应密封包装，橡胶预制件包装内应附有预制件内径适用范围，每套预制件装配式终端的部件和材料应以专用包装箱包装，包装箱内应附有材料清单、产品合格证及安装工艺说明书。

10.3 包装箱上应注明：

a）制造厂厂名；

b）产品型号、名称、产品标准号；

c）额定电压；

d）导体材料、截面积和芯数；

e）生产日期；

f）包装箱尺寸；

g）毛重。

10.4 产品在运输中应防止重压和猛烈碰撞。

10.5 产品贮存时应避免接触热源，贮存处应有防火措施、干燥通风，贮存期应不超过相应配套材料和配套件的贮存期限。

附　录　A
（规范性附录）
橡胶预制件及安装材料一般技术要求

A.1　所有橡胶预制件内外表面应光滑，无肉眼可见的因材料和工艺不完善引起的斑痕、凹坑和裂纹，结构尺寸应符合图样要求。

A.2　橡胶预制件所用的绝缘橡胶材料和半导电橡胶材料主要性能见附录B。

A.3　橡胶预制应力锥半导电屏蔽层电阻值应不大于5kΩ，试验方法见附录D。

A.4　橡胶预制应力锥（包括所有含应力锥的整体部件）应按下列规定进行例行试验：

a）工频电压　干态，1min　$3U_0$；

b）局部放电　$1.73U_0$　不大于10pC。

注：工频电压试验和局部放电性能例行试验方法在考虑中。

A.5　安装用的硅脂润滑剂主要性能见附录C。

A.6　安装用清洗剂应对被清洗的电缆绝缘和半导电屏蔽层及橡胶预制件无损害作用，且不含水分，易挥发，易溶解油污。

附　录　B
（规范性附录）
橡胶预制件材料主要性能要求

B.1　绝缘橡胶材料主要性能要求见表B.1所示。

表B.1　绝缘橡胶材料主要性能要求

序号	项　目[a]	单位	性能指标[b]		试验方法
			EPDM	SIR	
1	抗张强度	MPa	≥4.2	≥4.0	GB/T 528—1998
2	断裂伸长率	%	≥300	≥300	GB/T 528—1998
3	硬度（邵氏A）		≤65	≤50	GB/T 531—1999
4	抗撕裂强度	N/mm	≥10	≥10	GB/T 529—1999
5	耐压强度	MV/m	≥25	≥20	GB/T 1695—2005
6	体积电阻率	Ω·cm	$\geq 10^{15}$	$\geq 10^{14}$	GB/T 1692—1992
7	介电常数　（50Hz）		2.6～3.0	2.8～3.5	GB/T 1693—1981
8	介质损耗角正切		≤0.02	≤0.02	GB/T 1693—1981
9	耐漏电痕迹耐电蚀		≥1A3.5	≥1A3.5	GB/T 6553—2003

[a] 除非另有规定，表中数据为室温下试样的性能要求。

[b] EPDM为三元乙丙橡胶，SIR为硅橡胶。

B.2 半导电橡胶材料主要性能要求见表 B.2 所示。

表 B.2 半导电橡胶材料主要性能要求

序 号	项 目[a]	单 位	性能指标[b]		试验方法
			EPDM	SIR	
1	抗张强度	MPa	≥10.0	≥4.0	GB/T 528—1998
2	断裂伸长率	%	≥350	≥350	GB/T 528—1998
3	硬度（邵氏 A）		≤70	≤55	GB/T 531—1999
4	抗撕裂强度	N/mm	≥30	≥13	GB/T 529—1999
5	体积电阻率	Ω·cm	≤150	≤150	GB/T 2439—2001

[a] 除非另有规定，表中数据为室温下试样的性能要求。

[b] EPDM 为三元乙丙橡胶，SIR 为硅橡胶。

附 录 C
（规范性附录）
安装用硅脂润滑剂主要性能要求

安装用硅脂润滑剂主要性能要求见表 C.1 规定。

表 C.1 安装用硅脂润滑剂主要性能要求

序 号	项 目[a]	单 位	性能指标	试验方法
1	耐压强度	MV/m	≥8	GB/T 507—2002
2	介电常数 (50Hz)		2.8～3.2	GB/T 5654—1985
3	介质损耗角正切	%	≤0.5	GB/T 5654—1985
4	体积电阻率	Ω·cm	$\geq 10^{13}$	GB/T 5654—1985
5	针入度	1/10mm	200～300	GB/T 269—1991
6	挥发度（喷霜）（200℃，24h）	%	≤3	GB/T 7325—1987

[a] 除非另有规定，表中数据为室温下试样的性能要求。

附 录 D
（规范性附录）
试 验 方 法

D.1 半导电屏蔽层电阻值的测试

D.1.1 本试验的目的是保证应力锥半导电屏蔽层能达到设计的屏蔽效果。

D.1.2 在预制的应力锥半导电屏蔽层的两端分别设置测试用的电极。

D.1.3 在环境温度下测量两个电极间的屏蔽电阻值，试验回路中的功率损耗应不超过 100mW。

D.2 户外终端浸水试验

D.2.1 本试验目的是检验户外终端的密封性能。

D.2.2 户外终端恒压负荷循环的最后 10 个周期将整个终端都浸在水中，水浸没到终端的所有部件以上至少 0.03m，水温为环境温度，试验回路不加电压，继续原来的负荷循环，共 10 个周期。

附 录 E
（资料性附录）
预制件装配式终端安装工艺要点

本附录为安装预制件装配式电缆终端时应注意的主要事项，具体安装操作工艺见制造厂提供的产品安装说明书。

E.1 安装工具

E.1.1 导体连接工具：

当导体连接采用压接方式时，建议优先采用六角或半圆围压（又称环压）模具，模具尺寸应符合 GB/T 14315 的规定。

E.1.2 绝缘剥切工具：

剥切绝缘时建议采用相应的专用剥切工具，以确保不伤及导体。

E.1.3 热收缩加热工具：

三芯电缆终端分芯后，每相线芯和三芯分叉处可用冷收缩管和冷收缩分支套或热收缩管和热收缩分支套作密封保护用，若采用热收缩管和热收缩分支套时，建议采用丙烷气体喷灯或大功率工业用电吹风机作为加热工具，在条件不具备的情况下，也允许采用丁烷气体、液化气或汽油喷灯作为加热工具，但火焰必须控制得当。

E.2 安装工艺

E.2.1 剥切电缆

E.2.1.1 电缆末端剥切按产品说明书规定尺寸和顺序进行。剥切电缆的每一道工序都必须保证不伤及内层需要保留的部分。

E.2.1.2 剥除电缆绝缘外半导电层时应特别注意，使绝缘表面光滑、圆整，不留下半导电层残迹和明显刀痕，半导电层端面应与电缆轴线垂直、平整，特别注意，不得损伤绝缘，如果不采用喷涂或刷涂半导电漆工艺，则外半导电层端部必须削成光滑的与电缆轴线夹角不大于 30° 的圆整锥面。

E.2.2 安装接地线

E.2.2.1 以铜带作为屏蔽的电缆，接地线应按电缆导体截面积从表 1 中选取相应截面积的编织铜线焊接在铜带上，也可用非磁性不锈钢恒力弹簧固定在铜带上然后引出。三芯电缆每相屏蔽层都应缠绕接地线并焊接，仍以一根接地线引出，若以铜丝作为屏蔽层的电缆，则可将铜丝翻下，扭绞后作接地线引出。

E.2.2.2 对于钢带铠装的三芯电缆，铜屏蔽层与钢带的接地线按照用户要求也可用两根互相绝缘的接地线分开焊接，钢带接地线应采用（6～10）mm^2 绝缘软铜线焊接后引出。也可用非磁性不锈钢恒力弹簧来代替焊接。

E.2.3 安装线芯分叉处及每相线芯保护层

E.2.3.1 对于三芯电缆若采用热缩管和分支套作为保护层，则热缩管与分支套相连接处以及分支套与电缆护套相连接处应有热溶胶，以确保密封性。

E.2.3.2 加热收缩时应严格控制火焰大小，并不断晃动，以防止烧伤热缩管和分支套。

E.2.4 套装橡胶预制件

E.2.4.1 利用附录 A 中要求的清洗剂清洗电缆绝缘表面，注意擦过半导电层的清洗布不可再去擦绝缘。

E.2.4.2 涂润滑剂：

清洗剂挥发后，用附录 C 要求的硅脂润滑剂均匀地涂在电缆绝缘表面上和预制件内孔里（用尼龙刷），注意防止灰尘、水分混入。

E.2.4.3 套装橡胶预制件：

用塑料带或橡胶带包缠电缆导体末端，以防止套装时擦伤预制件，套装时应尽量使其一次到位，若需停顿，间隔时间不宜过长，否则难以套入。

应严格遵照安装说明书规定，将橡胶预制件套到预定的位置，确保应力锥半导电层与电缆外半导电屏蔽层有良好的电气接触。

E.2.5 压接导体接线端子

E.2.5.1 三芯电缆压接导体接线端子时，应注意使三个端子的平面部分方向便于安装连接。

E.2.5.2 压接后必须除去飞边毛刺，清洗金属粉末。

E.3 安装相位标志

按照制造厂提供的相位标志材料设置相位标志。

附 录 F
（资料性附录）
试验电缆的标示（见 5.6.1）

额定电压 U_0/U（U_m）	□kV		
结构：	□单芯	□三芯	□分相屏蔽
导体：	□铝	□铜	
	□绞合	□实心	
	□圆形		
	□120mm²	□150mm²	□185mm²
	其他截面积		mm²
绝缘：	□XLPE	□EPR	□HEPR
绝缘屏蔽：	□不可剥离	□可剥离	
金属屏蔽：	□金属线	□金属带	□挤包金属套
外护层：	□PVC	□PE（ST3）	□PE（ST7）
阻水层：	□在导体内	□外护套下	

直径：	导体	mm
	绝缘	mm
	绝缘屏蔽	mm
	外护套	mm

电缆型号：

ICS 29.060.20
K 13
备案号：19064—2006

中华人民共和国机械行业标准

JB/T 8503.2—2006
代替 JB/T 8503.2—1996

额定电压6kV（U_m=7.2kV）到35kV（U_m=40.5kV）挤包绝缘电力电缆预制件装配式附件 第2部分：直通接头

Premolded accessories（slip-on type）for extruded insulation power cables with rated voltages from 6kV（U_m=7.2kV）up to 35kV（U_m=40.5kV）—Part 2：Straight joints

2006-10-14 发布　　2007-04-01 实施

中华人民共和国国家发展和改革委员会 发布

前　言

在 JB/T 8503《额定电压 6kV（U_m＝7.2kV）到 35kV（U_m＝40.5kV）挤包绝缘电力电缆　预制件装配式附件》总标题下，拟分为两部分：

——第 1 部分：终端；

——第 2 部分：直通接头。

本部分为 JB/T 8503 的第 2 部分。

本部分代替 JB/T 8503.2—1996《额定电压 26/35kV 及以下塑料绝缘电力电缆直通型预制件装配式接头》。

本部分与 JB/T 8503.2—1996 相比，主要变化如下：

——第 5 章中电气性能部分增加了 5.6.1“被试接头的标示”；

——增加了第 7 章“试验结果评定”；

——增加了第 8 章“认可范围”以及相关的表和试验样品布置图。

本部分的附录 A、附录 B、附录 C、附录 D 是规范性附录，附录 E、附录 F 是资料性附录。

本部分由中国机械工业联合会提出。

本部分由全国电线电缆标准化技术委员会（SAC/TC213）归口。

本部分起草单位：上海电缆研究所、广东长园电缆附件有限公司、长沙电缆附件有限公司、四川久远科技股份有限公司、浙江永锦电力器材有限公司、永固金具股份有限公司。

本部分起草人：葛光明、张智勇、龙莉英、薛奇、郭玲瑶、柯德刚、郑晓超。

本部分所代替标准的历次版本发布情况：

——JB/T 8503.2—1996。

额定电压 6kV（U_m=7.2kV）到 35kV（U_m=40.5kV）挤包绝缘电力电缆预制件装配式附件 第 2 部分：直通接头

1 范围

JB/T 8503 的本部分规定了额定电压 6kV（U_m=7.2kV）到 35kV（U_m=40.5kV）挤包绝缘电力电缆用预制件装配式直通接头的产品标记和代号、技术要求、试验方法、检验规则和标志、包装、运输和贮存。

本部分适用于额定电压 6kV（U_m=7.2kV）到 35kV（U_m=40.5kV）有绝缘屏蔽层的挤包绝缘电力电缆用预制件装配式直通接头，也可作连接两根不同种类挤包绝缘电缆的预制件装配式过渡接头参考，使用条件符合 GB/T 12706.4—2002 中 5.1 和 5.2 的规定。

2 规范性引用文件

下列文件中的条款通过 JB/T 8503 的本部分的引用而成为本部分的条款。凡是注日期的引用文件，其随后所有的修改单（不包括勘误的内容）或修订版均不适用于本部分，然而，鼓励根据本部分达成协议的各方研究是否可使用这些文件的最新版本。凡是不注日期的引用文件，其最新版本适用于本部分。

GB/T 269—1991 润滑脂和石油脂锥入度测定法（eqv ISO 2137：1985）

GB/T 507—2002 绝缘油 击穿电压测定法（eqv IEC 60156：1995）

GB/T 528—1998 硫化橡胶或热塑性橡胶拉伸应力应变性能的测定（eqv ISO 37：1994）

GB/T 529—1999 硫化橡胶或热塑性橡胶撕裂强度的测定（裤形、直角形和新月形试样）（eqv ISO 34-1：1994）

GB/T 531—1999 橡胶袖珍硬度计压入硬度试验方法（idt ISO 7619：1986）

GB/T 1692—1992 硫化橡胶绝缘电阻率测定

GB/T 1693—1981 硫化橡胶工频介电常数和介质损耗角正切值的测定方法（eqv ASTM D150：1981）

GB/T 1695—2005 硫化橡胶 工频击穿电压强度和耐电压的测定方法

GB/T 2439—2001 硫化橡胶或热塑性橡胶 导电性能和耗散性能电阻率的测定（idt ISO 1853：1998）

GB/T 2900.10—2001 电工术语 电缆（idt IEC 60050（461）：1984）

GB/T 5654—1985 液体绝缘材料工频相对介电常数、介电损耗因数和体积电阻率的测量（neq IEC 60247：1978）

GB/T 7325—1987 润滑脂和润滑油蒸发损失测定法（eqv ASTM D 972：1981）

GB/T 9327.1～9327.5—1988 电缆导体压缩和机械连接接头试验方法

GB/T 12706.2—2002 额定电压 1kV（U_m=1.2kV）到 35kV（U_m=40.5kV）挤包绝缘电力电缆及附件 第 2 部分：额定电压 6kV（U_m=7.2kV）到 30kV（U_m=36kV）电缆（eqv IEC 60502-2：1997）

GB/T 12706.3—2002 额定电压 1kV（U_m=1.2kV）到 35kV（U_m=40.5kV）挤包绝缘电力电缆及附件 第 3 部分：额定电压 35kV（U_m=40.5kV）电缆（IEC 60502-2：1997，NEQ）

GB/T 12706.4—2002 额定电压 1kV（U_m=1.2kV）到 35kV（U_m=40.5kV）挤包绝缘电力电缆及附件 第 4 部分：额定电压 6kV（U_m=7.2kV）到 35kV（U_m=40.5kV）电力电缆附件试验要求（eqv IEC

60502-4：1997）

GB/T 14315—1993　电力电缆导体用压接型铜、铝接线端子和连接管

GB/T 18889—2002　额定电压 6kV（U_m=7.2kV）到 35kV（U_m=40.5kV）电力电缆附件试验方法（IEC 61442: 1997，MOD）

3　术语和定义

GB/T 2900.10、GB/T 12706.4 中确立的以及下列术语和定义适用于本部分。

3.1

预制件装配式终端　Premolded termination（slip-on type）

将预制的橡胶接头部件现场套装在经过处理后的电缆连接处而构成的接头。

4　产品的型号和表示方法

4.1　代号

用汉语拼音字母和阿拉伯数字表示。

4.1.1　按系列分

直通接头系列	J

4.1.2　按工艺特征分

预制件装配式	YZ

4.1.3　按设计的先后顺序分

第一次设计	1
第二次设计	2
（以下类推）	

4.1.4　按电压等级分

3.6kV/6kV、6kV/6kV、6kV/10kV	2
8.7kV/10kV、8.7kV/15kV	3
12kV/20kV	4
21kV/35kV、26kV/35kV	5

4.1.5　按电缆芯数分

单芯	1
三芯	3

4.2　产品的型号

4.2.1　产品型号的组成和排列顺序如下：

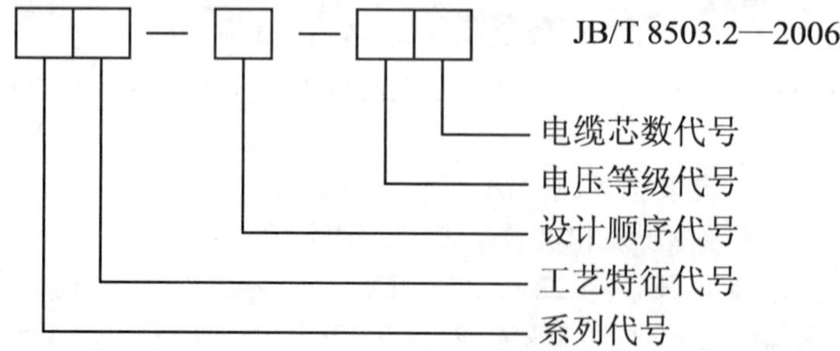

4.3　产品的表示方法

8.7kV/10kV　三芯电力电缆预制件装配式直通接头，第一次设计，表示为：

JYZ—1—33　JB/T 8503.2—2006

5 技术要求

5.1 橡胶预制件部件及安装材料应符合附录 A 的要求，所有接头部件及安装材料应配套供应。

5.2 导体连接金具应符合 GB/T 14315 中的相应规定，铜铝过渡连接管的直流电阻应不大于相同长度、相同截面积铝导体直流电阻的 1.2 倍。

5.3 预制件装配式直通接头安装工艺的基本要求参见附录 E。

5.4 接头过桥线（接头两端电缆金属屏蔽连接线）应采用镀锡编织铜线，其推荐截面积按表 1 规定选取，也可按与电缆金属屏蔽层截面积相一致的原则选取。当接头金属屏蔽层截面积不小于电缆的金属屏蔽层截面积时不需安装接头过桥线。

表 1 接头过桥线截面积选取

mm^2

电缆主线芯截面积		过桥线截面积
铜	铝	
35 及以下	50 及以下	10
50～120	70～150	16
150～400	185～400	25

5.5 当用户有要求时，应提供相应的保护盒或机械保护层，按附录 D 对安装有保护盒或机械保护层的接头进行六次机械撞击试验，撞击后保护盒或保护层不破裂，无明显变形，外防护层不损坏、不穿透。

5.6 电气性能要求：

5.6.1 被试接头的标示：

a）用于试验的电缆应符合 GB/T 12706.2 和 GB/T 12706.3 规定，其额定电压值应与被试接头的最大适用额定电压相同。参见附录 F 的示例对电缆作出正确的标示。若为过渡接头,则应对被连接的两根不同电缆参见附录 F 分别作出正确的标示.

b）接头里使用的导体连接金具应正确标示下述有关内容：

——安装工艺；

——工具及必要的配件；

——接触表面的处理；

——连接金具的型号、编号和任何其他标示；

——型式试验认可的细述。

c）被试接头应正确标示下述有关内容：

——制造厂名称；

——接头的型号及名称、制造日期或日期代码；

——电缆的最小和最大截面积，电缆导体的材料和形状；

——电缆绝缘层的最小和最大外径；

——额定电压；

——安装说明书（编号和日期）。

5.6.2 安装：

a）除非另有规定，试验用的电缆截面积应在：120mm^2、150mm^2 和 185mm^2 中任选一个。

b）接头应采用制造厂提供的材料等级、数量及润滑剂等，并应按制造厂说明书规定的方法进行安装。

c）接头应该是干燥和清洁的，且不管是电缆还是接头都不应经受可能改变被试组合试样的电气或热或力学性能的任何方式的处理。

注：与化学品（如变压器油）接触可能影响电缆接头的性能，应该避免。

d）关于试验安装的主要细节，尤其是支撑装置，都应记录。

5.6.3 按表 3～表 6 规定的试验项目和要求对安装在电缆上的电缆接头组合试样进行电气性能试验。

6 试验条件和方法

6.1 试验条件按 GB/T 18889 的规定。

6.2 5.1 规定的要求按附录 B 和附录 C 中规定的试验方法进行试验。

6.3 本标准 5.2 规定的要求按 GB/T 9327 规定的试验方法进行试验。

6.4 5.6 规定的要求按表 3～表 6 规定的试验方法和试验系列进行试验。

7 试验结果评定

7.1 每个试样单项试验结果按表 3～表 6 评定栏规定评定。

7.2 一种试样一个系列程序试验结果评定：

按表 3 进行型式试验时所有试样必须全部通过规定系列程序试验中的所有项目。

按表 4 进行抽样试验，若仅有一个试样未通过系列程序试验，允许重新取样进行试验，若仍未通过，则认为该试样未通过抽样试验。

7.3 按表 3 指定的型式试验中的所有系列试验项目全部通过后，该接头被认可。对任何一个未满足要求的试样都应进行检查。

7.4 如果由于接头安装或试验程序错误而不符合要求，应宣布该试验无效，但不否定该接头。应在新安装的试样上重复整个程序。如果没有上述错误证据，则该型式接头不予认可。

7.5 如果电缆或终端击穿，则该试验应被宣布无效，但不否定该接头，在电缆长度允许的情况下，可重新安装终端从中断的时刻开始继续试验或者另选电缆重新安装接头试样，按规定程序从头开始试验。

8 认可范围

8.1 安装在按本标准 5.6.2 规定的一种导体截面积电缆上的接头，通过本标准表 3 规定的相应的型式试验项目后，则应认为对 GB/T 12706.2 和 GB/T 12706.3 中相应额定电压 U_0 的 95mm^2～300mm^2 这一范围内的所有截面积均有效。

为了扩展至更大范围的认可，应在所要求扩展范围的最小和（或）最大截面积上按表 5 所示进行附加试验。试品数量取图 1 中系列 1 的一半。

8.2 认可与电缆导体材料无关，因此试验可以用铝导体或铜导体电缆进行。

8.3 取决于被试电缆绝缘的认可的详细情况见表 2。

表 2 被试电缆绝缘的认可范围

试验电缆的绝缘	认可范围
XLPE	XLPE、EPR、HEPR
EPR 和 HEPR	EPR、HEPR

8.4 实现对不同类型电缆绝缘屏蔽的认可的扩展应按表 6 规定进行试验。试品数量取图 1 中系列 1 的一半。

8.5 由非纵向堵水型电缆试验获得的认可将扩展到纵向堵水而金属屏蔽内其他方面结构相同的电缆。

8.6 在三芯电缆接头上进行的试验应认为适用于相同设计的单芯电缆接头，反之则不适用。

8.7 对规定 U_0 的接头认可后将扩展到低于该 U_0 值的相同设计原则的接头上。

8.8 试验布置和试品数量在图 1 中详细叙述。

表 3　型式试验程序和要求

试验项目[a]	试验电压值 kV				试验方法 GB/T 18889—2002	评定	试验系列程序		
	3.6/6，6/6，6/10	8.7/10，8.7/15	12/20	21/35，26/35			1	2	3
1. 交流耐压 5min 或直流耐压 15min	27 24	39 35	54 48	117 104	第 4 章或 第 5 章	不击穿	X	X	X
2. 局部放电	10	15	20	45	第 7 章	放电量不大于 10pC	X		
3. 冲击试验，在θ_t[b,c]下 正负极性各 10 次	75	95	125	200	第 6 章	不击穿	X		
4. 恒压负荷循环，在θ_t[b,c]下 在空气中循环 30 次[d] 在水中循环 30 次[d]	15	22	30	65	第 9 章	不击穿	X		
5. 局部放电，在θ_t[b,c,e] 和环境温度下	10	15	20	45	第 7 章	放电量不大于 10pC	X		
6. 短路热稳定（屏蔽）	在电缆屏蔽规定的短路电流（I_{sc}）下，短路 2 次				第 10 章	无可见损伤		X[f]	
7. 短路热稳定（导体）	在电缆导体规定的短路温度下，短路 2 次				第 11 章	无可见损伤		X[f]	
8. 短路动稳定[g]	在电缆导体规定的短路动稳定电流（I_d）下，短路 1 次				第 12 章	无可见损伤			X
9. 冲击试验， 正负极性各 10 次	75	95	125	200	第 6 章	不击穿	X	X	X
10. 交流耐压 15min	15	22	30	65	第 4 章	不击穿	X	X	X
11. 检验	见[h]（仅供参考）						X	X	X

[a] 除非另有规定，试验应在环境温度下进行。

[b] 过渡接头（挤包绝缘电缆到挤包绝缘电缆）试验参数是按额定值较低的电缆来确定的。

[c] θ_t温度为电缆正常运行时最高导体温度以上（5～10）℃。

[d] 每个负荷循环周期为 8h，电缆导体稳定在规定的θ_t温度下至少 2h，冷却时间至少 3h。

[e] 在加热期结束时进行。

[f] 短路热稳定试验可以与短路动稳定结合进行。

[g] 只有当峰值电流 I_p>80kA 的单芯电缆和峰值电流 I_p>63kA 的三芯电缆，其接头才要求进行短路动稳定试验。

[h] 接头的预制件、管件/或带材未出现裂纹。

表 4　抽样试验程序和要求

试验项目[a]	试验电压值 kV				试验方法 GB/T 18889—2002	评定	试验系列程序
	3.6/6，6/6，6/10	8.7/10，8.7/15	12/20	21/35，26/35			
1. 交流耐压 5min 或直流耐压 15min	27 24	39 35	54 48	117 104	第 4 章或 第 5 章	不击穿	X
2. 局部放电	10	15	20	45	第 7 章	放电量不大于 10pC	X
3. 负荷循环，在θ_t[b,c]下在空气中，循环 3 次[d]	不加电压				第 9 章	由后续试验评定	X
4. 局部放电	10	15	20	45	第 7 章	放电量不大于 10pC	X
5. 冲击试验，正负极性各 10 次	75	95	125	200	第 6 章	不击穿	X
6. 交流耐压 4h	24	35	48	104	第 4 章	不击穿	X
7. 检验	见[e]（仅供参考）						X

[a] 除非另有规定，试验应在环境温度下进行。
[b] 过渡接头（挤包绝缘电缆到挤包绝缘电缆）试验参数是按额定值较低的电缆来确定的。
[c] θ_t温度为电缆正常运行时最高导体温度以上（5～10）℃。
[d] 每个负荷循环周期为 8h，电缆导体稳定在规定的θ_t温度下至少 2h，冷却时间至少 3h。
[e] 接头的预制件、管件或带材未出现裂纹。

表 5　最小和最大导体截面积的附加试验[a]

试验项目[b]	试验电压值 kV				试验方法 GB/T 18889—2002	评定	试验程序[c]
	3.6/6，6/6，6/10	8.7/10，8.7/15	12/20	21/35，26/35			
1. 交流耐压 5min 或直流耐压 15min	27 24	39 35	54 48	117 104	第 4 章或 第 5 章	不击穿	X
2. 局部放电	10	15	20	45	第 7 章	放电量不大于 10pC	X
3. 冲击试验， 正负极性各 10 次	75	95	125	200	第 6 章	不击穿	X
4. 检验	见[d]（仅供参考）						X

[a] 本表也适用于过渡接头（挤包绝缘电缆到挤包绝缘电缆）。
[b] 除非另有规定，试验应在环境温度下进行。
[c] 试品数量取图 1 中系列 1 的一半。
[d] 接头的预制件、管件或带材未出现裂纹。

表 6　对不同型式的电缆绝缘屏蔽认可的附加试验

试验项目[a]	试验电压值 kV				试验方法 GB/T 18889—2002	评　定	试验程序[b]
	3.6/6， 6/6，6/10	8.7/10， 8.7/15	12/20	21/35， 26/35			
1. 交流耐压 5min 或直流耐压 15min	27 24	39 35	54 48	117 104	第 4 章或 第 5 章	不击穿	X
2. 局部放电， 在环境温度和θ_t[c、d、e]下	10	15	20	45	第 7 章	放电量不大于 10pC	X
3. 恒压负荷循环，在θ_t[c、d]下 在空气中，循环 60 次[e]	15	22	30	65	第 9 章	不击穿	X
4. 局部放电，在θ_t[c、d、f] 和环境温度下	10	15	20	45	第 7 章	放电量不大于 10pC	X
5. 冲击试验， 正负极性各 10 次	75	95	125	200	第 6 章	不击穿	X
6. 交流耐压 15min	15	22	30	65	第 4 章	不击穿	X
7. 检验	见[g]（仅供参考）						X

[a] 除非另有规定，试验应在环境温度下进行。

[b] 试品数量取图 1 中系列 1 的一半。

[c] 过渡接头（挤包绝缘电缆到挤包绝缘电缆）试验参数是按额定值较低的电缆来确定的。

[d] θ_t温度为电缆正常运行时最高导体温度以上（5～10）℃。

[e] 每个负荷循环周期为 8h，电缆导体稳定在规定的θ_t温度下至少 2h，冷却时间至少 3h。

[f] 在加热期结束时进行。

[g] 接头的预制件、管件或带材未出现裂纹。

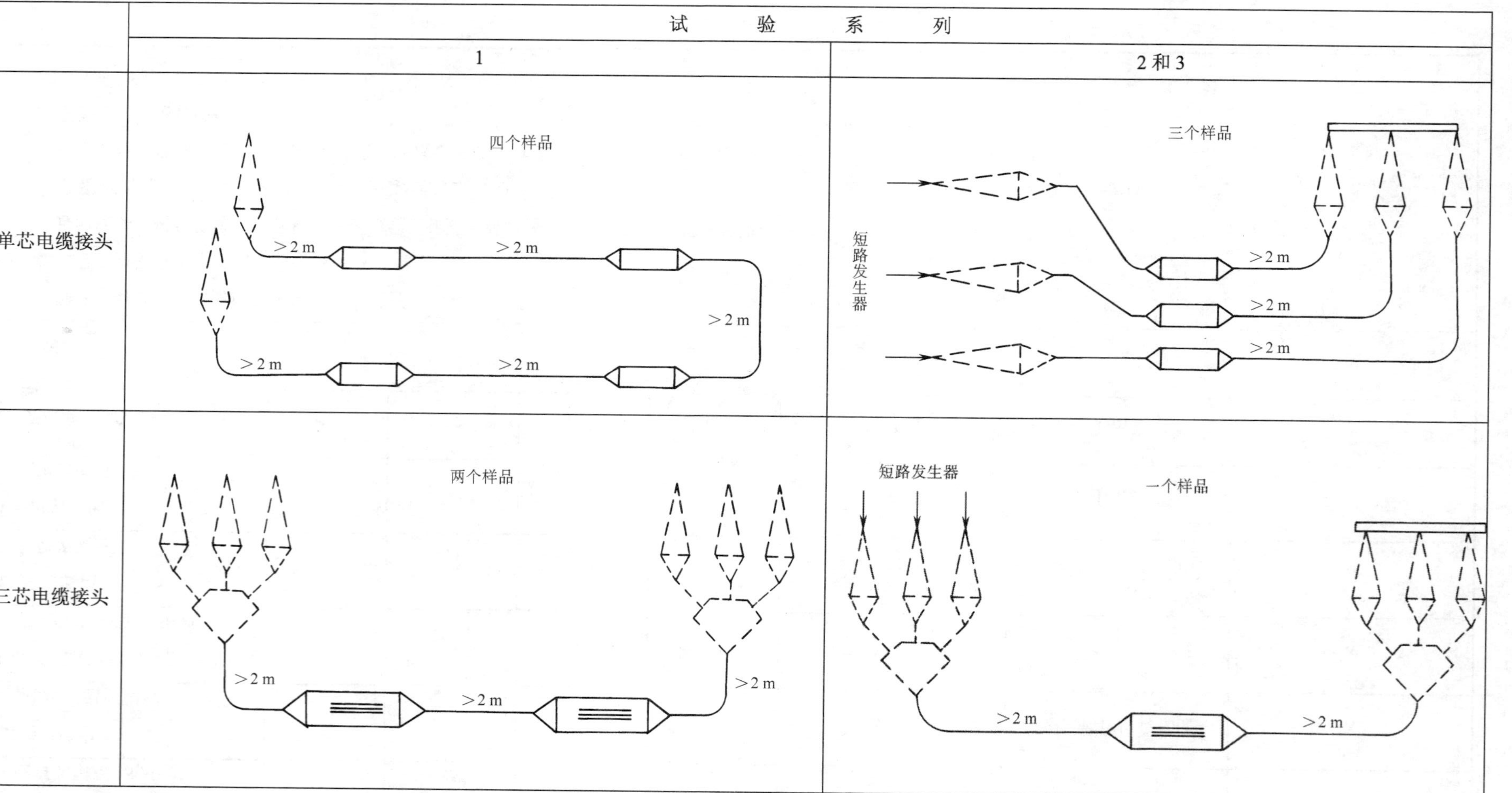

注1：图中所标电缆长度是接头与接头之间和接头与终端之间的电缆测量长度。

注2：系列1中的接头试样可每只一条回路单独进行试验。

注3：电缆与接头的固定方法应按照制造厂的推荐。

图1　接头的试品数量和试验布置

9 检验规则

9.1 产品的所有部件和材料应由制造厂的技术检查部门检查合格后方能出厂，并应附有相应的质量检验合格证。

9.2 应按 5.1～5.3、5.5 和 5.6 表 3 的要求进行产品的型式试验，样品数量及试验结果评定方法应按图 1、表 3 和第 7 章中的规定。

9.3 正常生产时每 3 年～5 年应按 5.2 和 5.6 表 4 的要求进行产品的抽样试验。试品数量及试验结果评定方法应按图 1 中系列 1、表 4 和第 7 章中的规定。当用户提出要求，经双方协商同意后也应按抽样试验要求进行试验。

9.4 橡胶预制件应按附录 A 中 A.1、A.3、A.4 进行例行试验。

10 标志、包装、运输和贮存

10.1 接头用主要材料和部件均应标出牌号、名称、厂名、生产日期，并附有合格证，或验收标记，有贮存期限的材料必须注明生产日期和贮存期。

10.2 橡胶预制件、润滑剂、清洗剂等均应密封包装，橡胶预制件包装内应附有预制件内径适用范围，每套预制件装配式接头的部件和材料应以专用包装箱包装，包装箱内应附有材料清单、产品合格证及安装工艺说明书。

10.3 包装箱上应注明：

a）制造厂厂名；

b）产品型号、名称、产品标准号；

c）额定电压；

d）导体材料、截面积和芯数；

e）生产日期；

f）包装箱尺寸；

g）毛重。

10.4 产品在运输中应防止重压和猛烈碰撞。

10.5 产品贮存时应避免接触热源，贮存处应有防火措施、干燥通风，贮存期应不超过相应配套材料和配套件的贮存期限。

附　录　A
（规范性附录）
橡胶预制件及安装材料一般技术要求

A.1　所有橡胶预制件内外表面应光滑，无肉眼可见的因材料和工艺不完善引起的斑痕、凹坑和裂纹，结构尺寸应符合图样要求。

A.2　橡胶预制件所用的绝缘橡胶材料和半导电橡胶材料主要性能见附录 B。

A.3　橡胶预制应力锥半导电屏蔽层和半导电屏蔽管电阻值应不大于 5kΩ，试验方法见 D.2。

A.4　橡胶预制件应按下列规定进行例行试验：

a）工频电压　干态，1min　$3U_0$；

b）局部放电　$1.73U_0$　　不大于 10pC。

注：工频电压试验和局部放电性能例行试验方法在考虑中。

A.5　安装用的硅脂润滑剂主要性能见附录 C。

A.6　安装用清洗剂应对被清洗的电缆绝缘和半导电屏蔽层及橡胶预制件无损害作用，且不含水分，易挥发，易溶解油污。

附　录　B
（规范性附录）
橡胶预制件材料主要性能要求

B.1　绝缘橡胶材料主要性能要求见表 B.1 所示。

表 B.1　绝缘橡胶材料主要性能要求

序　号	项　　目[a]	单　位	性 能 指 标[b]		试 验 方 法
			EPDM	SIR	
1	抗张强度	MPa	≥4.2	≥4.0	GB/T 528—1998
2	断裂伸长率	%	≥300	≥300	GB/T 528—1998
3	硬度（邵氏 A）		≤65	≤50	GB/T 531—1999
4	抗撕裂强度	N/mm	≥10	≥10	GB/T 529—1999
5	耐压强度	MV/m	≥25	≥20	GB/T 1695—2005
6	体积电阻率	Ω·cm	$\geq 10^{15}$	$\geq 10^{14}$	GB/T 1692—1992
7	介电常数　　（50Hz）		2.6～3.0	2.8～3.5	GB/T 1693—1981
8	介质损耗角正切		≤0.02	≤0.02	GB/T 1693—1981

[a] 除非另有规定，表中数据为室温下试样的性能要求。

[b] 表中 EPDM 为三元乙丙橡胶，SIR 为硅橡胶。

B.2　半导电橡胶材料主要性能要求见表 B.2 所示。

表 B.2　半导电橡胶材料主要性能要求

序　号	项　　目[a]	单　位	性 能 指 标[b]		试 验 方 法
			EPDM	SIR	
1	抗张强度	MPa	≥10.0	≥4.0	GB/T 528—1998
2	断裂伸长率	%	≥350	≥350	GB/T 528—1998
3	硬度（邵氏 A）		≤70	≤55	GB/T 531—1999
4	抗撕裂强度	N/mm	≥30	≥13	GB/T 529—1999
5	体积电阻率	Ω·cm	≤150	≤150	GB/T 2439—2001

[a] 除非另有规定，表中数据为室温下试样的性能要求。

[b] 表中 EPDM 为三元乙丙橡胶，SIR 为硅橡胶。

附　录　C
（规范性附录）
安装用硅脂润滑剂主要性能要求

安装用硅脂润滑剂主要性能要求见表 C.1 所示。

表 C.1　安装用硅脂润滑剂主要性能要求

序　号	项　　目	单　位	性 能 指 标	试 验 方 法
1	耐压强度	MV/m	≥8	GB/T 507—2002
2	介电常数　　（50Hz）		2.8～3.2	GB/T 5654—1985
3	介质损耗角正切	%	≤0.5	GB/T 5654—1985
4	体积电阻率	Ω·cm	$\geqslant 10^{13}$	GB/T 5654—1985
5	针入度	1/10mm	200～300	GB/T 269—1991
6	挥发度（喷霜）（200℃，24h）	%	≤3	GB/T 7325—1987

注：除非另有规定，表中数据为室温下试样的性能要求。

附　录　D
（规范性附录）
试 验 方 法

D.1　接头机械撞击试验

D.1.1　试验装置

试验装置如图 D.1 所示，撞击块用钢制成，支撑架两侧有保证撞击块按规定方向自由降落的导轨，支撑架顶端装有起吊撞击块的滑轮。

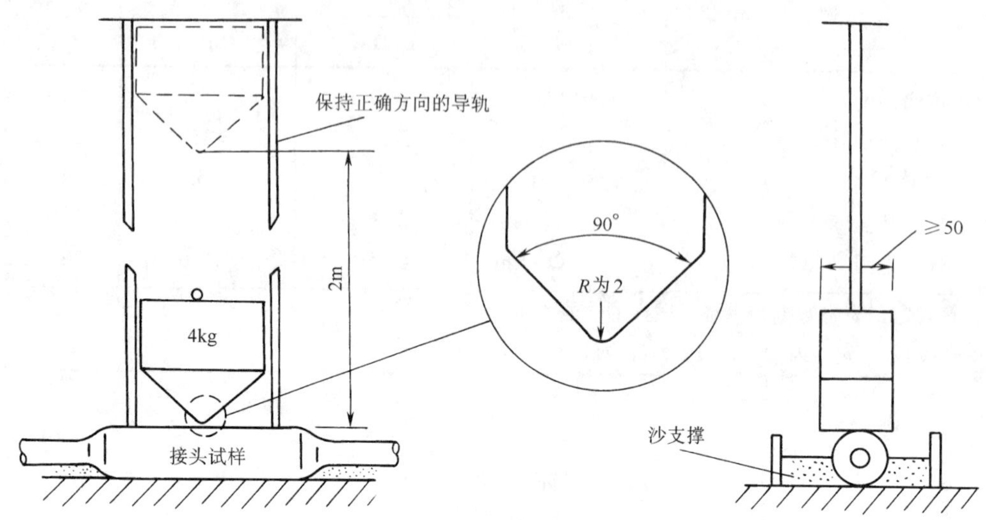

图 D.1　接头机械撞击试验装置

D.1.2　试验方法

D.1.2.1　按图 D.1 所示将被试接头安放在坚硬的基础（如混凝土板）上，固定试样两端电缆，周围填沙，沙填到被试接头的水平中心线（见图 D.1），确保试验过程中试样不致滚动。

D.1.2.2　提升撞击块到规定高度 2m。

D.1.2.3　让撞击块自由降落到被试接头上，在降落过程中使撞击块下部刀口保持水平，并与被试接头轴线成直角。撞击部位应均匀地分布在被试接头的全部长度上。

D.1.2.4　取出试样，目测检查。

D.1.3　试验结果评定

经撞击试验后试样应无破裂和明显变形，密封保护层应无损坏或穿透。

D.2　半导电屏蔽层电阻值的测试

D.2.1　本试验的目的是保证应力锥半导电屏蔽层和半导电屏蔽管能达到设计的屏蔽效果。

D.2.2　在预制的应力锥半导电屏蔽层和半导电屏蔽管的两端分别设置测试用的电极。

D.2.3　在环境温度下测量两个电极间的屏蔽电阻值，试验回路中的功率损耗应不超过 100mW。

附　录　E
（资料性附录）
预制件装配式直通接头安装工艺要点

本附录为安装预制件装配式直通接头时应注意的主要事项，具体安装操作工艺见制造厂提供的产品安装说明书。

E.1　安装工具

E.1.1　导体连接工具

当导体连接采用压接方式时，建议优先采用六角或半圆围压（又称环压）模具，模具尺寸应符合

GB/T 14315 标准的规定。

E.1.2　绝缘剥切工具

剥切电缆绝缘时建议采用相应的专用剥切工具，以确保不伤及导体。

E.1.3　热收缩加热工具

安装接头若采用热收缩护套管时，建议采用丙烷气体喷灯或大功率工业用电吹风机作为加热工具，在条件不具备的情况下，也允许采用丁烷气体、液化气或汽油喷灯作为加热工具，但火焰必须控制得当。

E.2　安装工艺

E.2.1　剥切电缆

E.2.1.1　电缆末端剥切按产品说明书规定尺寸和顺序进行，剥切电缆的每一道工序都必须保证不伤及内层需要保留的部分。

E.2.1.2　剥除电缆绝缘外半导电层时应特别注意，使绝缘表面光滑、圆整，不留下半导电层残迹和明显刀痕，半导电层端面应与电缆轴线垂直、平整，特别注意，不得损伤绝缘，如果不采用喷涂或刷涂半导电漆工艺，则外半导电层端部必须削成光滑的与电缆轴线夹角不大于 30° 的圆整锥面。

E.2.2　预套橡胶预制件

E.2.2.1　用塑料带或橡胶带将一端电缆导体末端包缠起来（以防止套装时将预制件擦伤），也可将导体连接管先压接在这端导体上，再用清洗剂清洗电缆绝缘表面，注意不可用擦过半导电层的清洗布再去擦绝缘。待清洗剂挥发后，在电缆绝缘表面和预制件内孔（用尼龙刷）均匀涂上一层硅脂润滑剂，应注意防止灰尘和水分混入。

E.2.2.2　将橡胶预制件套在这一端电缆上。

E.2.2.3　套装屏蔽铜丝网及热收缩护套管或电缆接头保护盒（如果需要的话）。

E.2.2.4　压接导体连接管，压接后必须除去飞边和毛刺，清除金属粉末。

E.2.2.5　用清洗剂清洗接头处电缆绝缘表面和导体连接管表面，待清洗剂挥发后在电缆绝缘表面涂上一层硅脂润滑剂，应防止灰尘和水分混入，再将橡胶预制件套到接头位置上。

严格遵照安装说明书的规定，将橡胶预制件套到预定的位置，确保应力锥半导电层与电缆半导电屏蔽层有良好的接触。

E.2.3　安装屏蔽铜丝网

将屏蔽铜丝网移到接头中心位置，向两边拉伸，使其与橡胶预制件的半导电层表面紧密贴合，并与电缆两端屏蔽层搭接。

E.2.4　焊接接头过桥线

按表 1 选取相应截面积的过桥线（镀锡编织铜线），将其两头分别绑在电缆两端屏蔽铜带上（连同屏蔽铜丝网一起绑扎），并用焊锡焊接。对于三芯钢带铠装电缆的钢带按用户要求可与电缆屏蔽层焊接在一起，也可另用一根绝缘导线将两端电缆钢带焊接连通（必须保证该导线与电缆屏蔽及接头屏蔽之间是绝缘的）。也可采用非磁性不锈钢恒力弹簧来固定接头过桥线和钢带间的连接线，以代替锡焊方法。

对于铜丝屏蔽的电缆，可将两端电缆屏蔽铜丝扭绞后相互连接起来（须保证电气连接可靠），不必焊接接头过桥线。

E.2.5　安装热收缩护套管或接头保护盒

对于三芯钢带铠装电缆，其接头应采用两层热缩套管。内层套管两端密封在电缆挤塑内衬垫上，外层套管两端密封在电缆外护套上。亦可采用具有密封性的接头保护盒或专用的现场硬化的接头铠装带缠绕作为接头机械保护。若采用带有填充剂的保护盒，建议选用热阻系数小的填充材料。

附　录　F
（资料性附录）
试验电缆的标示（见 5.6.1）

额定电压 U_0/U（U_m）	□kV		
结构：	□单芯	□三芯	□分相屏蔽
导体：	□铝	□铜	
	□绞合	□实心	□圆形
	□120mm^2	□150mm^2	□185mm^2
	其他截面积		mm^2
绝缘：	□XLPE	□EPR	□HEPR
绝缘屏蔽：	□不可剥离	□可剥离	
金属屏蔽：	□金属线	□金属带	□挤包金属套
外护层：	□PVC	□PE（ST3）	□PE（ST7）
阻水层：	□在导体内	□外护套下	
直径：	导体		mm
	绝缘		mm
	绝缘屏蔽		mm
	外护套		mm
电缆型号：			

ICS 29.060.20
K 13
备案号：20808—2007

中华人民共和国机械行业标准

JB/T 10740.1—2007

额定电压 6kV（U_m=7.2kV）到 35kV（U_m=40.5kV）挤包绝缘电力电缆冷收缩式附件 第 1 部分：终端

Cold shrinkable accessories for extruded insulation power cables with rated voltages from 6kV（U_m=7.2kV）up to 35kV（U_m=40.5kV）—Part 1：Terminations

2007-05-29 发布 2007-11-01 实施

中华人民共和国国家发展和改革委员会 发布

前　言

JB/T 10740《额定电压 6kV（U_m=7.2kV）到 35kV（U_m=40.5kV）挤包绝缘电力电缆　冷收缩式附件》分为两部分：

——第 1 部分：终端；

——第 2 部分：直通接头。

本部分为 JB/T 10740 的第 1 部分。

本部分的附录 A、附录 D 为规范性附录，附录 B、附录 C、附录 E、附录 F 为资料性附录。

本部分由中国机械工业联合会提出。

本部分由全国电线电缆标准化技术委员会（SAC/TC213）归口。

本部分负责起草单位：上海电缆研究所。

本部分起草单位：武汉高压研究所、深圳长园电力技术有限公司、江苏汇通电力设备有限公司、浙江永锦电力器材有限公司、四川久远科技股份有限公司、深圳惠程电气股份有限公司、广东长园电缆附件有限公司、南京百世博电气有限公司、3M 中国公司。

本部分起草人：葛光明、张智勇、杨荣凯、钟海杰、江建州、柯德刚、郭玲瑶、崔云鹤、付以东、吴世荣、张鸣。

本部分为首次发布。

额定电压 6kV（U_m=7.2kV）到 35kV（U_m=40.5kV）挤包绝缘电力电缆　冷收缩式附件 第 1 部分：终端

1　范围

JB/T 10740 的本部分规定了额定电压 6kV（U_m=7.2kV）到 35kV（U_m=40.5kV）挤包绝缘电力电缆冷收缩式终端产品的型号和表示方法、技术要求、试验方法、检验规则和标志、包装、运输和贮存。

本部分适用于额定电压 6kV（U_m=7.2kV）到 35kV（U_m=40.5kV）有绝缘屏蔽的挤包绝缘电力电缆用冷收缩式户内终端和户外终端，使用条件符合 GB/T 12706.4—2002 中 5.1 和 5.2 的规定。

2　规范性引用文件

下列文件中的条款通过 JB/T 10740 的本部分的引用而成为本部分的条款。凡是注日期的引用文件，其随后所有的修改单（不包括勘误的内容）或修订版均不适用于本部分，然而，鼓励根据本部分达成协议的各方研究是否可使用这些文件的最新版本。凡是不注日期的引用文件，其最新版本适用于本部分。

GB/T 1692—1992　硫化橡胶绝缘电阻率测定

GB/T 1693—2007　硫化橡胶　介电常数和介质损耗角正切值的测定方法

GB/T 2900.10—2001　电工术语　电缆（idt IEC 60050-461：1984）

GB/T 3512—2001　硫化橡胶或热塑性橡胶　热空气加速老化和耐热试验（eqv ISO 188：1998）

GB/T 6553—2003　评定在严酷环境条件下使用的电气绝缘材料耐电痕化和蚀损的试验方法（IEC 60587：1984，IDT）

GB/T 9327.1～9327.5—1988　电缆导体压缩和机械连接接头试验方法

GB/T 12706.2—2002　额定电压 1kV（U_m=1.2kV）到 35kV（U_m=40.5kV）挤包绝缘电力电缆及附件　第 2 部分：额定电压 6kV（U_m=7.2kV）到 30kV（U_m=36kV）电缆（eqv IEC 60502-2：1997）

GB/T 12706.3—2002　额定电压 1kV（U_m=1.2kV）到 35kV（U_m=40.5kV）挤包绝缘电力电缆及附件　第 3 部分：额定电压 35kV（U_m=40.5kV）电缆（neq IEC 60502：1997）

GB/T 12706.4—2002　额定电压 1kV（U_m=1.2kV）到 35kV（U_m=40.5kV）挤包绝缘电力电缆及附件　第 4 部分：额定电压 6kV（U_m=7.2kV）到 35kV（U_m=40.5kV）电力电缆附件试验要求（eqv IEC 60502-4：1997）

GB/T 12831—1991　硫化橡胶人工气候（氙灯）老化试验方法

GB/T 14315—1993　电力电缆导体用压接型铜、铝接线端子和连接管

GB/T 18889—2002　额定电压 6kV（U_m=7.2kV）到 35kV（U_m=40.5kV）电力电缆附件试验方法（IEC 61442：1997，MOD）

3　术语和定义

GB/T 2900.10—2001、GB/T 12706.4—2002 中确立的以及下列术语及定义适用于 JB/T 10740 的本部分。

冷收缩式终端　cold shrinkable termination

将预扩张、内有支撑物的弹性体终端套管、分支套等，现场套在经过处理后的电缆末端，抽出支撑

物，收缩压紧在电缆上而形成的电缆终端。

4 产品的型号和表示方法

4.1 代号

4.1.1 按系列分

N——户内型终端系列；

W——户外型终端系列。

4.1.2 按工艺特征分

LS——冷收缩式。

4.1.3 按电缆芯数分

1——单芯；

3——三芯。

4.1.4 按电压等级分

6/10（6/6）——3.6/6kV、6/6kV、6/10kV；

8.7/15（8.7/10）——8.7/10kV、8.7/15kV；

12/20——12/20kV；

26/35（21/35）——21/35kV、26/35kV。

4.2 产品的型号

产品型号的组成和排列顺序如下：

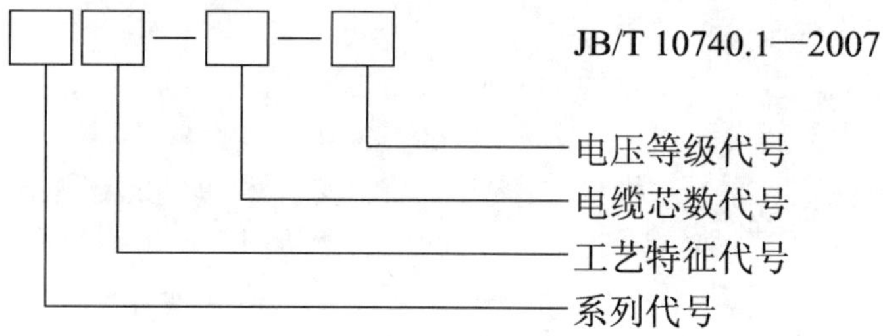

4.3 产品的表示方法

示例 1：8.7/10kV 三芯电力电缆冷收缩式户外终端，表示为：

WLS—3—8.7/15（8.7/10） JB/T 10740.1—2007

示例 2：26/35kV 单芯电力电缆冷收缩式户内终端，表示为：

NLS—1—26/35（21/35） JB/T 10740.1—2007

5 技术要求

5.1 冷收缩部件及安装材料应符合附录 A 的要求，并可参照附录 B、附录 C，所有终端部件及安装材料应配套供应。

5.2 导体连接金具应符合 GB/T 14315—1993 中的相应规定，铜铝过渡接线端子的直流电阻应不大于相同长度、相同截面积铝导体直流电阻的 1.2 倍。

5.3 户外终端所用的外绝缘材料应具有耐大气老化及耐漏电痕迹和耐电蚀性能。

5.4 冷收缩式终端安装工艺的基本要求可参照附录 E。

5.5 终端接地线应采用镀锡编织铜线，其推荐截面积按表 1 的规定选取，也可按与电缆金属屏蔽层截面积相一致的原则选取。

表 1 接地线截面积选取

mm²

电缆主线芯截面积		接地线截面积
铜	铝	
35 及以下	50 及以下	10
50～120	70～150	16
150～300	185～400	25
400～630	500～630	35

5.6 电气性能要求：

5.6.1 被试终端的标示

5.6.1.1 用于试验的电缆应符合 GB/T 12706.2—2002 和 GB/T 12706.3—2002 的规定，其额定电压应与被试终端的最大适用的额定电压相同。建议按本部分中附录 F 的示例对电缆作出正确的标示。

5.6.1.2 终端里使用的导体连接金具应正确标示下述有关内容：

——安装工艺；

——工具及必要的配件；

——接触表面的处理；

——连接金具的型号、编号和任何其他标示；

——型式试验认可的细述。

5.6.1.3 被试终端应正确标示下述有关内容：

——制造商名称；

——终端的型号及名称、制造日期或日期代码；

——电缆的最小和最大截面积，电缆导体的材料和形状；

——电缆绝缘层的最小和最大外径；

——额定电压；

——安装说明书（编号和日期）。

5.6.2 安装和连接

5.6.2.1 除非另有规定，试验用的电缆截面积应在：120mm^2、150mm^2 和 185mm^2 中任选一个。

5.6.2.2 终端应采用制造方提供的材料等级、数量及润滑剂等，并应按制造方说明书规定的方法进行安装。

5.6.2.3 终端应是干燥和清洁的，且无论电缆还是终端都不应经受可能改变被试组合试样的电气或热或机械性能的任何方式的处理。

注：与化学品（如变压器油）接触可能影响电缆终端的性能，宜避免。

5.6.2.4 关于试验安装的主要细节，尤其是支撑装置，都应记录。

5.6.2.5 试验布置和试品数量在图 1 中详细叙述。

5.6.3 电气试验

按表 3～表 6 规定的试验项目和要求对安装在电缆上的电缆终端组合试样进行电气性能试验。

6 试验条件和方法

6.1 试验条件按 GB/T 18889—2002 中的规定。

6.2 5.1 规定的要求可参照附录 B、附录 C 中的试验方法进行试验。

6.3 5.2 规定的要求按 GB/T 9327.1～9327.5—1988 规定的试验方法进行试验。

6.4 5.3 规定的耐大气老化性能要求按 GB/T 12831—1991 中附录 A 规定的试验方法进行试验；耐漏电痕迹和耐电蚀的性能要求按 GB/T 6553—2003 规定的试验方法进行试验。

6.5 5.6 规定的要求按表 3～表 6 规定的试验方法和试验系列进行试验。

7 试验结果评定

7.1 每个试样单项试验结果按表 3～表 6 评定栏的规定评定。

7.2 按表 3、表 5 和表 6 指定的型式试验中的所有系列试验项目全部通过后，该终端被认可。按表 4 进行抽样试验，所有试验项目全部通过后该终端通过抽样试验。

如果任何一个试样未满足要求，则应拆除，按 7.3 或 7.4 提供的检查判定，并记录检查结果。

7.3 如果由于终端安装或试验程序错误而不符合要求，应宣布该试验无效，但不否定该终端。应在新安装的试样上重复整个程序。如果没有上述错误证据，则该终端不予认可。

7.4 如果电缆击穿，则该试验应被宣布无效，但不否定该终端，允许重新安装终端，按规定程序从头开始试验或者修复电缆后从中断的时刻开始继续试验。

8 认可的范围

8.1 安装在按 5.6.2 中规定的一个导体截面积电缆上的终端，通过表 3 规定的相应的型式试验项目后，则应认为对 GB/T 12706.2—2002 和 GB/T 12706.3—2002 中相应额定电压 U_0 的 95mm^2～300mm^2 这一范围内的所有截面积均有效。

为了扩展至更大范围的认可，应在所要求扩展范围的最小和（或）最大截面积上按表 5 所示进行附加试验，试品数量取图 1 中系列 1 的一半。

8.2 认可与电缆导体材料无关，因此试验可以用铝导体或铜导体电缆进行。

8.3 取决于被试电缆绝缘的认可的详细情况见表 2。

表 2 被试电缆绝缘的认可范围

试验电缆的绝缘	认 可 范 围
XLPE	XLPE、EPR、HEPR
EPR 或 HEPR	EPR、HEPR

8.4 实现对不同类型电缆绝缘屏蔽的认可的扩展应按表 6 规定进行试验。试品数量取图 1 中系列 1 的一半。

8.5 由非纵向阻水型电缆试验获得的认可将扩展到纵向阻水而金属屏蔽内其他方面结构相同的电缆，反之则不适用。

8.6 在三芯电缆终端上进行的试验应认为适用于相同设计的单芯电缆终端，反之则不适用。

8.7 对规定 U_0 的终端认可后将扩展到低于该 U_0 值的相同设计原则的终端上。

9 检验规则

9.1 产品的所有部件和材料应由制造厂的技术检查部门检查合格后方能出厂，并应附有相应的质量检验合格证。

9.2 按 5.1～5.3、5.6 和表 3 的要求进行产品的型式试验，试品数量及试验结果评定方法应按图 1、表 3 和第 7 章中的规定。除非电缆终端材料或设计或制造工艺的改变可能改变电缆终端的特性，型式试验一旦通过后就不必重复进行。

9.3 正常生产时每三至五年按 5.2、5.6 和表 4 的要求进行一次产品的抽样试验。试品数量及试验结果评定方法应按图 1 中系列 1、表 4 和第 7 章中的规定。当用户提出要求，经双方协商同意后也应进行抽样试验。

9.4 冷收缩部件应按 A.1、A.3（仅对含半导电应力锥的冷收缩部件扩张前测半导电电阻值，含电应力控制材料的冷收缩部件例行试验在考虑中）进行例行试验，A.2、A.4 作为批量检验。

10 标志、包装、运输和贮存

表 3 型式试验程序和要求

试验项目[a]	试验电压值 kV				试验方法 GB/T 18889—2002	评定	试验系列程序							
							户外终端				户内终端			
	3.6/6，6/6，6/10	8.7/10，8.7/15	12/20	21/35，26/35			1	2	3	4	1	2	3	4
1. 交流耐压 5min	27	39	54	117	第 4 章或	不闪络，不击穿		X	X	X	X	X	X	X
或直流耐压 15min	24	35	48	104	第 5 章									
交流耐压，湿态 1min	24	35	48	104	第 4 章		X							
2. 局部放电	10	15	20	45	第 7 章	放电量不大于 10pC	X				X			
3. 冲击电压试验，在 θ_t^b 下正负极性各 10 次	75	95	125	200	第 6 章	不闪络，不击穿	X				X			
4. 恒压负荷循环，在 θ_t^b 下 a. 在空气中，循环 50 次[c]	15	22	30	65	第 9 章	不闪络，不击穿	X							
在水中，循环 10 次[c]	不加电压				附录 D.2	由后续试验评定								
b. 在空气中，循环 60 次[c]	15	22	30	65	第 9 章	不闪络，不击穿					X			
5.局部放电，在 $\theta_t^{b、d}$ 和环境温度下	10	15	20	45	第 7 章	放电量不大于 10pC	X				X			
6. 短路热稳定（屏蔽）[e]	在电缆屏蔽规定的短路电流（I_{sc}）下，短路两次				第 10 章	无可见损伤		X[f]				X[f]		
7. 短路热稳定（导体）	在电缆导体规定的短路温度下，短路两次				第 11 章	无可见损伤		X[f]				X[f]		
8. 短路动稳定[g]	在电缆导体规定的短路动稳定电流（I_d）下，短路一次				第 12 章	无可见损伤			X				X	
9. 冲击电压试验，正负极性各 10 次	75	95	125	200	第 6 章	不闪络，不击穿	X	X	X		X	X	X	
10. 交流耐压 15min	15	22	30	65	第 4 章	不闪络，不击穿	X	X	X		X	X	X	
11. 潮湿试验 300h	7.5	11.0	15.0	32.5	第 13 章	不闪络，不击穿，跳闸不超过三次，无明显损坏[h]								X
12. 盐雾试验 1000h	7.5	11.0	15.0	32.5	第 13 章	不闪络，不击穿，跳闸不超过三次，无明显损坏[h]				X				
13. 检验					（仅供参考）[i]		X	X	X	X	X	X	X	X

[a] 除非另有规定，试验应在环境温度下进行。

[b] θ_t 温度为电缆正常运行时最高导体温度以上（5～10）℃。

[c] 每个负荷循环周期为 8h，电缆导体稳定在规定的 θ_t 温度下至少 2h，冷却时间至少 3h。

[d] 在加热期结束时进行。

[e] 仅适用于能直接或通过适配件与电缆金属屏蔽相连接的终端。

[f] 短路热稳定试验可以与短路动稳定试验结合进行。

[g] 只有当峰值电流 I_p>80kA 的单芯电缆和峰值电流 I_p>63kA 的三芯电缆，其终端才要求进行短路动稳定试验。I_d 值由制造商提供。

[h] 当由于下述原因终端性能有明显下降时，则认为它明显损坏：a）由于漏电痕迹引起介质质量下降；b）电蚀深度达到 2mm 或者达到作为使用的绝缘材料任何一处较小壁厚的 50%；c）材料开裂；d）材料穿孔。

[i] 终端冷收缩部件、分支套、管件或带材未出现裂纹。

10.1 终端用主要材料和部件均应标出牌号、名称、厂名、生产日期，并附有合格证或验收标记，对有贮存期限的材料，必须注明生产日期和有效日期。

10.2 冷收缩部件、润滑剂、清洗剂等均应密封包装，冷收缩部件包装内应附有电缆绝缘外径适用范围、生产日期和有效日期，每套冷收缩式终端的部件和材料应以专用包装箱包装，包装箱内应附有材料清单、产品合格证及安装工艺说明书。

10.3 包装箱上应注明：

a）制造厂厂名；

b）产品型号、名称、产品标准编号；

c）额定电压；

d）导体材料、截面积和芯数；

e）生产日期；

f）包装箱尺寸；

g）毛重。

10.4 产品在运输中应防止重压和猛烈碰撞。

10.5 产品贮存时应避免接触热源，贮存处应有防火措施、干燥通风，贮存期不应超过相应配套材料和配套件的有效日期。

表 4 抽样试验程序和要求

试验项目[a]	试验电压值 kV				试验方法 GB/T 18889—2002	评定	试验系列程序	
	3.6/6，6/6，6/10	8.7/10，8.7/15	12/20	21/35，26/35			户外终端	户内终端
1. 交流耐压 5min	27	39	54	117	第 4 章或	不闪络，不击穿		X
或直流耐压 15min	24	35	48	104	第 5 章			
交流耐压，湿态 1min	24	35	48	104	第 4 章		X	
2. 局部放电	10	15	20	45	第 7 章	放电量不大于 10pC	X	X
3. 负荷循环，在 θ_t[b] 下在空气中，循环三次[c]	不加电压				第 9 章	由后续试验评定	X	X
4. 局部放电	10	15	20	45	第 7 章	放电量不大于 10pC	X	X
5. 冲击电压试验，正负极性各 10 次	75	95	125	200	第 6 章	不闪络，不击穿	X	X
6. 交流耐压 4h	24	35	48	104	第 4 章	不闪络，不击穿	X	X
7. 检验	（仅供参考）[d]						X	X

[a] 除非另有规定，试验应在环境温度下进行。

[b] θ_t温度为电缆正常运行时最高导体温度以上（5～10）℃。

[c] 每个负荷循环周期为 8h，电缆导体稳定在规定的θ_t温度下至少 2h，冷却时间至少 3h。

[d] 终端的冷收缩部件、分支套、管件及带材未出现裂纹。

表 5　最小和最大导体截面积的附加试验

试验项目[a]	试验电压值 kV				试验方法 GB/T 18889—2002	评定	试验程序[b]（户外终端，户内终端）
	3.6/6，6/6，6/10	8.7/10，8.7/15	12/20	21/35，26/35			
1. 交流耐压 5min 或直流耐压 15min	27 24	39 35	54 48	117 104	第 4 章或 第 5 章	不闪络，不击穿	X
2. 局部放电	10	15	20	45	第 7 章	放电量不大于 10pC	X
3. 冲击电压试验，正负极性各 10 次	75	95	125	200	第 6 章	不闪络，不击穿	X
4. 检验	（仅供参考）[c]						X

[a] 除非另有规定，试验应在环境温度下进行。

[b] 试品数量取图 1 中系列 1 的一半。

[c] 终端的冷收缩部件、分支套、管件或带材未出现裂纹。

表 6　对不同型式的电缆绝缘屏蔽认可的附加试验

试验项目[a]	试验电压值 kV				试验方法 GB/T 18889—2002	评　定	试验程序[b]（户外终端，户内终端）
	3.6/6，6/6，6/10	8.7/10 8.7/15	12/20	21/35，26/35			
1. 交流耐压 5min 或直流耐压 15min	27 24	39 35	54 48	117 104	第 4 章或 第 5 章	不闪络，不击穿	X
2. 局部放电，在环境温度和 θ_t[c、e]下	10	15	20	45	第 7 章	放电量不大于 10pC	X
3. 恒压负荷循环，在 θ_t[c] 下在空气中，循环 60 次[d]	15	22	30	65	第 9 章	不闪络，不击穿	X
4. 局部放电，在环境温度和 θ_t[c、e]下	10	15	20	45	第 7 章	放电量不大于 10pC	X
5. 冲击电压试验，正负极性各 10 次	75	95	125	200	第 6 章	不闪络，不击穿	X
6. 交流耐压 15min	15	22	30	65	第 4 章	不闪络，不击穿	X
7. 检验	（仅供参考）[f]						X

[a] 除非另有规定，试验应在环境温度下进行。

[b] 试品数量取图 1 中系列 1 的一半。

[c] θ_t 温度为电缆正常运行时最高导体温度加（5～10）℃。

[d] 每个负荷循环周期为 8h，电缆导体稳定在规定的 θ_t 温度下至少 2h，冷却时间至少 3h。

[e] 在加热期结束时进行。

[f] 终端的冷收缩部件、分支套、管件或带材未出现裂纹。

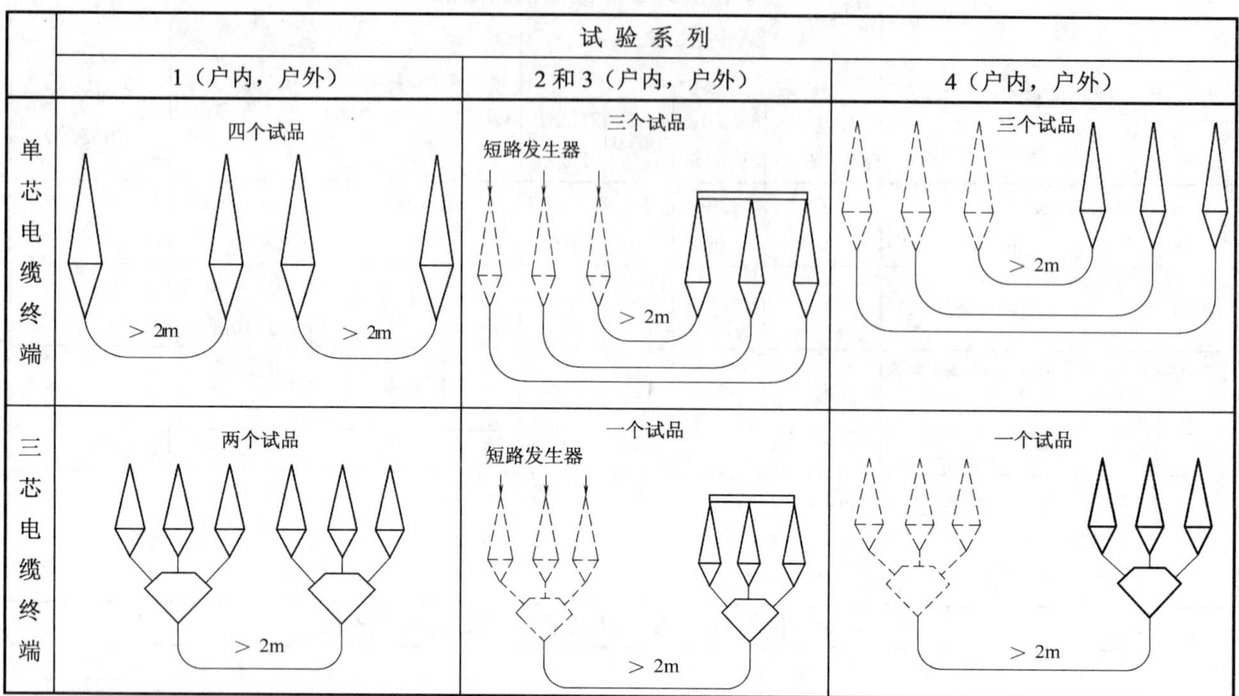

注 1：图中所标电缆长度为电缆引入终端之间的测量长度。

注 2：电缆与终端的固定方法可按照制造方的推荐。

图 1　终端的试样数量和试验布置

附 录 A
（规范性附录）
冷收缩部件及安装材料一般技术要求

A.1 所有冷收缩部件内外表面应光滑，无肉眼可见的因材料和工艺不完善引起的斑痕、凹坑和裂纹，结构尺寸应符合图样要求。

A.2 冷收缩部件所用的材料主要性能可参见附录B。

A.3 含应力锥的冷收缩部件其应力锥半导电屏蔽层电阻值应不大于5kΩ，试验方法见附录D。含应力管的冷收缩部件其应力管相对介电常数应不小于15，体积电阻率不小于10^{10}Ω•m，试验方法按照GB/T 1693—2007和 GB/T 1692—1992的规定进行。

A.4 安装用的硅脂润滑剂的要求可参照附录C。

A.5 安装用清洗剂应不含水分，易挥发，能溶解油污，且对被清洗的电缆绝缘和半导电屏蔽层及冷收缩橡胶部件无损害作用。若对人身或被清洗物有不良影响，必须在外包装上有明显标示和文字说明，并提供正确的使用方法。

附 录 B
（资料性附录）
冷收缩部件材料主要性能要求

B.1 绝缘和护套用橡胶材料主要性能要求见表B.1。

表 B.1 绝缘和护套用橡胶材料主要性能要求

序　号	项　目[a]		单位	性能指标		试 验 方 法
				绝缘用	护套用	
1	抗张强度	不小于	MPa	5.0	5.0	GB/T 528—1998
2	断裂伸长率	不小于	%	400	400	GB/T 528—1998
3	硬度（邵氏A）	不大于		45	50	GB/T 531—1999
4	抗撕裂强度	不小于	N/mm	15	15	GB/T 529—1999
5	拉伸永久变形					
	300% 90℃×120h	不大于	%	15	15	D.3
6	耐压强度	不小于	MV/m	20	—	GB/T 1695—2005
7	体积电阻率	不小于	Ω·m	10^{12}	—	GB/T 1692—1992
8	介电系数	（50Hz）		2.8～3.5	—	GB/T 1693—2007
9	介质损耗角正切	不大于		0.01	—	GB/T 1693—2007
10	耐漏电痕迹和耐电蚀	不小于		1A3.5	—	GB/T 6553—2003

注：护套用橡胶材料是用来制作冷收缩式终端电缆线芯屏蔽外的护套管和分支套。

[a] 除非另有规定，表中数据为室温下试样的性能要求。

B.2 半导电橡胶材料主要性能要求见表B.2。

表 B.2　半导电橡胶材料主要性能要求

序　号	项　目[a]		单　位	性能指标	试验方法
1	抗张强度	不小于	MPa	5.0	GB/T 528—1998
2	断裂伸长率	不小于	%	400	GB/T 528—1998
3	硬度（邵氏A）	不大于		50	GB/T 531—1999
4	抗撕裂强度	不小于	N/mm	15	GB/T 529—1999
5	拉伸永久变形				
	300%　90℃×120h	不大于	%	15	D.3
6	体积电阻率	不大于	Ω·m	1.5	GB/T 2439—2001

[a] 除非另有规定，表中数据为室温下试样的性能要求。

附　录　C
（资料性附录）
安装用硅脂润滑剂主要性能要求

安装用硅脂润滑剂主要性能要求见表C.1。

表 C.1　安装用硅脂润滑剂主要性能要求

序　号	项　目[a]		单　位	性能指标	试验方法
1	耐压强度	不小于	MV/m	8	GB/T 507—2002
2	介电系数（50Hz）			2.8～3.2	GB/T 5654—1985
3	介质损耗角正切	不大于	%	0.5	GB/T 5654—1985
4	体积电阻率	不小于	Ω·m	10^{11}	GB/T 5654—1985
5	锥入度		1/10mm	200～300	GB/T 269—1991
6	挥发度（喷霜）（200℃，24h）	不大于	%	3	GB/T 7325—1987

[a] 除非另有规定，表中数据为室温下试样的性能要求。

附　录　D
（规范性附录）
试验方法

D.1　应力锥半导电层电阻值测试方法

D.1.1　本试验适用于有应力锥的冷收缩式终端。

D.1.2　本试验的目的是保证应力锥半导电层能达到设计的屏蔽效果。

D.1.3　在未扩张的终端橡胶件的应力锥半导电层的端部设置测试用的电极。

D.1.4　在环境温度下用电流电压法测量两个电极间的半导电层电阻值，试验回路中的功率损耗应不超过100mW。

D.2　户外终端浸水试验方法

D.2.1　本试验目的是检验户外终端的密封性能。

D.2.2 户外终端恒压负荷循环的最后10个周期将整个终端都浸在水中，水浸没到终端的所有部件以上至少0.03m，水温为环境温度，试验回路不加电压，继续原来的负荷循环，共10个周期。

D.3 拉伸永久变形试验方法

拉伸永久变形采用GB/T 3512—2001中规定的试样和设备。试验步骤为：在无应变状态下，将试样夹在预热的夹持器上，再将夹持器放入预热到试验温度的老化箱中，经（5±0.5）min后拉伸试样，并在1min内使其标志线间部分达到规定的伸长率。试样在规定的伸长率保持规定时间后，从老化箱中取出夹持器，再取下试样，使试样在室温、无应力条件下恢复30min后测量标志线间的距离，并计算拉伸永久变形。

附 录 E
（资料性附录）
冷收缩式终端安装工艺要点

本附录为安装冷收缩式终端时宜注意的主要事项，具体安装操作工艺见生产厂提供的产品安装说明书。

E.1 安装工具

E.1.1 导体连接工具

当导体连接采用压接方式时，建议优先采用六角或半圆围压（又称环压）模具，模具尺寸应符合GB/T 14315—1993的规定。

E.1.2 绝缘剥切工具

剥切绝缘时建议采用相应的专用剥切工具，以确保不伤及导体。

E.2 安装工艺

E.2.1 剥切电缆

E.2.1.1 电缆末端剥切按产品说明书规定尺寸和顺序进行。

剥切电缆的每一道工序都必须保证不伤及内层需要保留的部分。

E.2.1.2 剥除电缆绝缘外半导电层时应特别注意，使绝缘表面光滑、圆整，不留下半导电层残迹和明显刀痕，半导电层端面应与电缆轴线垂直、平整，需特别注意的是，不得损伤该处绝缘，如果不采用喷涂或刷涂半导电漆工艺，则半导电层端部应削成光滑的与电缆轴线夹角不大于30° 的圆整锥面。

E.2.2 安装接地线

E.2.2.1 以铜带作为屏蔽的电缆，接地线应按电缆导体截面积从表1中选取相应截面积的编织铜线焊接在铜带上。三芯电缆每相屏蔽层都应缠绕接地线并焊接，仍以一根接地线引出，也可用不锈钢恒力弹簧固定在铜带上代替焊接。若以铜丝作为屏蔽层的电缆，则可将铜丝翻下，扭绞后作接地线引出。

E.2.2.2 钢带铠装的三芯电缆，铜屏蔽层与钢带的接地线按照用户要求也可用两根互相绝缘的接地线分开焊接，钢带接地线应采用（6～10）mm^2绝缘软铜线焊接或用不锈钢恒力弹簧固定后引出。

E.2.3 安装线芯分叉处及每相线芯保护层

E.2.4 套装冷收缩部件

E.2.4.1 清洗

利用附录A中要求的清洗剂清洗电缆绝缘表面，注意擦过半导电层的清洗布不可再去擦绝缘。

E.2.4.2 涂润滑剂

清洗剂挥发后，用附录C要求的硅脂润滑剂均匀地涂在电缆绝缘表面上，注意防止灰尘、水分混入。

E.2.4.3　套装冷收缩部件

应严格遵照安装说明书的规定，将冷收缩部件套到预定的位置，抽出支撑条，确保应力锥半导电层与电缆外半导电屏蔽层有良好的电气接触。

E.2.5　压接导体接线端子

E.2.5.1　三芯电缆压接导体接线端子时，应注意使三个端子的平面部分方向便于安装连接。

E.2.5.2　压接后必须除去飞边毛刺，清洗金属粉末。

E.3　相位标示

按照生产厂提供的相位标志材料设置相位标志。

附　录　F
（资料性附录）
试验电缆的标示（见 5.6.1）

额定电压U_0/U（U_m）	□kV		
结构：	□单芯	□三芯	□分相屏蔽
导体：	□铝	□铜	
	□绞合	□实心	
	□圆形		
	□120mm^2	□150mm^2	□185mm^2
	其他截面积		mm^2
绝缘：	□XLPE	□EPR	□HEPR
绝缘屏蔽：	□不可剥离	□可剥离	
金属屏蔽：	□金属线	□金属带	□挤包金属套
外护层：	□PVC	□PE（ST3）	□PE（ST7）
阻水层：	□在导体内	□外护套下	
直径：	导体		mm
	绝缘		mm
	绝缘屏蔽		mm
	外护套		mm
电缆型号：			

ICS 29.060.20
K 13
备案号：20809—2007

JB

中华人民共和国机械行业标准

JB/T 10740.2—2007

额定电压 6kV（U_m=7.2kV）到 35kV（U_m=40.5kV）挤包绝缘电力电缆冷收缩式附件 第 2 部分：直通接头

Cold shrinkable accessories for extruded insulation power cables with rated voltages from 6kV（U_m=7.2kV） up to 35kV（U_m=40.5kV） — Part 2：Straight joints

2007-05-29 发布　　2007-11-01 实施

中华人民共和国国家发展和改革委员会　发布

前　　言

JB/T 10740《额定电压 6kV（U_m=7.2kV）到 35kV（U_m=40.5kV）挤包绝缘电力电缆　冷收缩式附件》分为两部分：

——第 1 部分：终端；

——第 2 部分：直通接头。

本部分为 JB/T 10740 的第 2 部分。

本部分的附录 A、附录 D 为规范性附录，附录 B、附录 C、附录 E、附录 F 为资料性附录。

本部分由中国机械工业联合会提出。

本部分由全国电线电缆标准化技术委员会（SAC/TC213）归口。

本部分负责起草单位：上海电缆研究所。

本部分起草单位：武汉高压研究所、深圳长园电力技术有限公司、江苏汇通电力设备有限公司、四川久远科技股份有限公司、南京百世博电气有限公司、深圳惠程电气股份有限公司、广东长园电缆附件有限公司、3M 中国公司。

本部分起草人：葛光明、张智勇、杨荣凯、黄洪、江建州、杨龙金、吴世荣、崔云鹤、付以东、张鸣、刘冠军。

本部分为首次发布。

额定电压 6kV（U_m=7.2kV）到 35kV（U_m=40.5kV）挤包绝缘电力电缆　冷收缩式附件　第 2 部分：直通接头

1　范围

JB/T 10740 的本部分规定了额定电压 6kV（U_m=7.2kV）到 35kV（U_m=40.5kV）挤包绝缘电力电缆冷收缩式直通接头产品的型号和表示方法、技术要求、试验方法、检验规则和标志、包装、运输和贮存。

本部分适用于额定电压 6kV（U_m=7.2kV）到 35kV（U_m=40.5kV）有绝缘屏蔽的挤包绝缘电力电缆用冷收缩式直通接头，也可作连接两根不同种类挤包绝缘电缆的冷收缩式过渡接头参考，使用条件符合 GB/T 12706.4—2002 中 5.1 和 5.2 的规定。

2　规范性引用文件

下列文件中的条款通过 JB/T 10740 的本部分的引用而成为本部分的条款。凡是注日期的引用文件，其随后所有的修改单（不包括勘误的内容）或修订版均不适用于本部分，然而，鼓励根据本部分达成协议的各方研究是否可使用这些文件的最新版本。凡是不注日期的引用文件，其最新版本适用于本部分。

GB/T 1692—1992　硫化橡胶绝缘电阻率测定

GB/T 1693—2007　硫化橡胶　介电常数和介质损耗角正切值的测定方法

GB/T 2900.10—2001　电工术语　电缆（idt IEC 60050-461：1984）

GB/T 3512—2001　硫化橡胶或热塑性橡胶　热空气加速老化和耐热试验（eqv ISO 188：1998）

GB/T 9327.1～9327.5—1988　电缆导体压缩和机械连接接头试验方法

GB/T 12706.2—2002　额定电压 1kV（U_m=1.2kV）到 35kV（U_m=40.5kV）挤包绝缘电力电缆及附件　第 2 部分：额定电压 6kV（U_m=7.2kV）到 30kV（U_m=36kV）电缆（eqv IEC 60502-2：1997）

GB/T 12706.3—2002　额定电压 1kV（U_m=1.2kV）到 35kV（U_m=40.5kV）挤包绝缘电力电缆及附件　第 3 部分：额定电压 35kV（U_m=40.5kV）电缆（neq IEC 60502-2：1997）

GB/T 12706.4—2002　额定电压 1kV（U_m=1.2kV）到 35kV（U_m=40.5kV）挤包绝缘电力电缆及附件　第 4 部分：额定电压 6kV（U_m=7.2kV）到 35kV（U_m=40.5kV）电力电缆附件试验要求（eqv IEC 60502-4：1997）

GB/T 14315—1993　电力电缆导体用压接型铜、铝接线端子和连接管

GB/T 18889—2002　额定电压 6kV（U_m=7.2kV）到 35kV（U_m=40.5kV）电力电缆附件试验方法（IEC 61442：1997，MOD）

3　术语和定义

GB/T 2900.10—2001、GB/T 12706.4—2002 中确立的以及下列术语及定义适用于 JB/T 10740 的本部分。

冷收缩式接头　cold shrinkable joint

将预扩张，内有支撑物的弹性体接头部件，现场套在经过处理后的电缆连接处，抽出支撑物，收缩压紧在电缆上而构成的接头。

4　产品的型号和表示方法

4.1　代号

4.1.1 按系列分

J——直通型接头系列。

4.1.2 按工艺特征分

LS——冷收缩式。

4.1.3 按电缆芯数分

1——单芯；

3——三芯。

4.1.4 按电压等级分

6/10（6/6）——3.6/6kV、6/6kV、6/10kV；

8.7/15（8.7/10）——8.7/10kV、8.7/15kV；

12/20——12/20kV；

26/35（21/35）——21/35kV、26/35kV。

4.2 产品的型号

产品型号的组成和排列顺序如下：

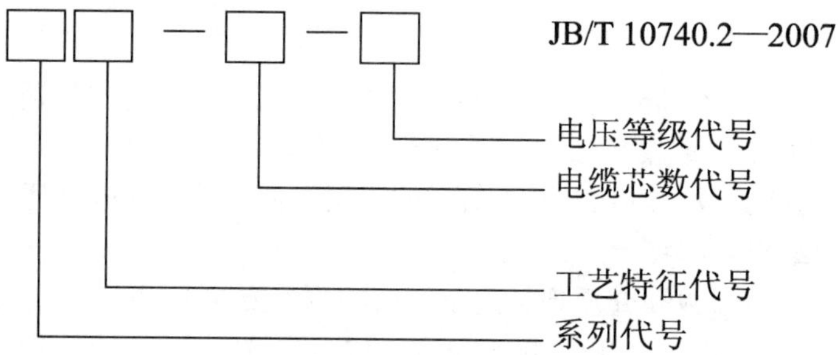

4.3 产品的表示方法

示例：8.7/10kV 三芯电力电缆冷收缩式直通接头，表示为：

JLS-3-8.7/15（8.7/10） JB/T 10740.2—2007

5 技术要求

5.1 冷收缩部件及安装材料应符合附录 A 的要求，并可参照附录 B 和附录 C，所有接头部件及安装材料应配套供应。

5.2 导体连接金具应符合 GB/T 14315—1993 中的相应规定，铜铝过渡连接管的直流电阻应不大于相同长度、相同截面积铝导体直流电阻的 1.2 倍。

5.3 冷收缩式直通接头安装工艺的基本要求可参照附录 E。

5.4 接头过桥线（接头两端电缆金属屏蔽连接线）应采用镀锡编织铜线，其推荐截面积按表 1 的规定选取，也可按与电缆金属屏蔽层截面积相一致的原则选取。当接头金属屏蔽层截面积不小于电缆的金属屏蔽层截面积时不需要安装过桥线。

表 1 过桥线截面积选取

mm^2

电缆主线芯截面积		过桥线截面积
铜	铝	
35 及以下	50 及以下	10
50～120	70～150	16
150～300	185～400	25
400～630	500～630	35

5.5 当用户有要求时，应提供相应的保护盒或机械保护层，按附录 D 对安装有保护盒或机械保护层的

接头进行六次机械撞击试验，撞击后保护盒或保护层应不破裂，无明显变形，外防护层不损坏不穿透。

5.6　电气性能要求：

5.6.1　被试接头的标示

5.6.1.1　用于试验的电缆应符合 GB/T 12706.2—2002 和 GB/T 12706.3—2002 的规定，其额定电压应与被试接头的最大适用的额定电压相同。建议按本部分中附录 F 的示例对电缆作出正确的标示，若为过渡接头，则应将被连接的两根不同电缆按本部分中附录 F 示例分别作出正确的标示。

5.6.1.2　接头里使用的导体连接金具应正确标示下述有关内容：

——安装工艺；

——工具及必要的配件；

——接触表面的处理；

——连接金具的型号、编号和任何其他标示；

——型式试验认可的细述。

5.6.1.3　被试接头应正确标示下述有关内容：

——制造商名称；

——接头的型号及名称、制造日期或日期代码；

——电缆的最小和最大截面积，电缆导体的材料和形状；

——电缆绝缘层的最小和最大外径；

——额定电压；

——安装说明书（编号和日期）。

5.6.2　安装

5.6.2.1　除非另有规定，试验用的电缆截面积应在 $120mm^2$、$150mm^2$ 和 $185mm^2$ 中任选一个。

5.6.2.2　接头应采用制造方提供的材料等级、数量及润滑剂等，并应按制造方说明书规定的方法进行安装。

5.6.2.3　安装在无纵向阻水电缆上的接头，在浸水试验前，应将两端距接头端部 50mm 处的电缆外护层及任何内衬层或填充材料剥去至少 50mm，以使水由此进入接头内部。

5.6.2.4　接头应是干燥和清洁的，且无论电缆还是接头都不应经受可能改变被试组合试样的电气或热或机械性能的任何方式的处理。

注：与化学品（如变压器油）接触可能影响电缆接头的性能，宜避免。

5.6.2.5　关于试验安装的主要细节，尤其是支撑装置，都应记录。

5.6.2.6　试验布置和试品数量在图 1 中详细叙述。

5.6.3　电气试验

按表 3～表 6 规定的试验项目和要求对安装在电缆上的电缆接头组合试样进行电气性能试验。

6　试验条件和方法

6.1　试验条件按 GB/T 18889—2002 中的规定。

6.2　5.1 规定的要求可参照附录 B 和附录 C 进行试验。

6.3　5.2 规定的要求按 GB/T 9327.1～9327.5—1988 规定的试验方法进行试验。

6.4　5.6 规定的要求按表 3～表 6 规定的试验方法和试验系列进行试验。

7　试验结果评定

7.1　每个试样单项试验结果按表 3～表 6 评定栏的规定评定。

7.2　按表 3、表 5 和表 6 指定的型式试验中的所有系列试验项目全部通过后，该接头被认可。按表 4 进行抽样试验，所有试验项目全部通过后该接头通过抽样试验。

如果任何一个试样未满足要求，则应拆除，按 7.3 或 7.4 提供的检查判定，并记录检查结果。

7.3 如果由于接头安装或试验程序错误而不符合要求，应宣布该试验无效，但不否定该接头。应在新安装的试样上重复整个程序。如果没有上述错误证据，则该接头不予认可。

7.4 如果电缆或终端击穿，则该试验应被宣布无效，但不否定该接头，在电缆长度允许的情况下，可重新安装终端从中断的时刻开始继续试验或者另选电缆重新安装接头试样，按规定程序从头开始试验。

8 认可范围

8.1 接头安装在按 5.6.2 规定的一个导体截面积电缆上，通过表 3 规定的相应的型式试验项目后，则应认为对 GB/T 12706.2—2002 和 GB/T 12706.3—2002 中相应额定电压 U_0 的 95mm^2～300mm^2 这一范围内的所有截面积均有效。

为了扩展至更大范围的认可，应在所要求扩展范围的最小和（或）最大截面积上按表 5 所示进行附加试验。试品数量取图 1 中系列 1 的一半。

8.2 认可与电缆导体材料无关，因此试验可以用铝导体或铜导体电缆进行。

8.3 取决于被试电缆绝缘的认可的详细情况见表 2。

表 2 被试电缆绝缘的认可范围

试验电缆的绝缘	认 可 范 围
XLPE	XLPE、EPR、HEPR
EPR 或 HEPR	EPR、HEPR

8.4 实现对不同类型电缆绝缘屏蔽的认可的扩展应按表 6 规定进行试验。试品数量取图 1 中系列 1 的一半。

8.5 由非纵向阻水型电缆试验获得的认可将扩展到纵向阻水而金属屏蔽内其他方面结构相同的电缆，反之则不适用。

8.6 在三芯电缆接头上进行的试验应认为适用于相同设计的单芯电缆接头，反之则不适用。

8.7 对规定 U_0 的接头认可后将扩展到低于该 U_0 值的相同设计原则的接头上。

9 检验规则

9.1 产品的所有部件和材料应由制造厂的技术检查部门检查合格后方能出厂，并应附有相应的质量检验合格证。

9.2 按 5.1～5.3、5.5、5.6 及表 3 的要求进行产品的型式试验，样品数量及试验结果评定方法应按图 1、表 3 和第 7 章中的规定。除非电缆接头材料或设计或制造工艺的改变可能改变电缆接头的特性，型式试验一旦通过后就不必重复进行。

9.3 正常生产时每三至五年按 5.2、5.6 及表 4 的要求进行一次产品的抽样试验。试品数量及试验结果评定方法应按图 1 中系列 1、表 4 和第 7 章中的规定。当用户提出要求，经双方协商同意后也应进行抽样试验。

9.4 冷收缩部件应按 A.1、A.3（仅对含半导电应力锥和屏蔽管的冷收缩部件扩张前测半导电电阻值，含电应力控制材料的冷收缩部件例行试验在考虑中）进行例行试验，A.2、A.4 作为批量检验。

10 标志、包装、运输和贮存

10.1 接头用主要材料和部件均应标出牌号、名称、厂名、生产日期，并附有合格证或验收标记，对有贮存期限的材料，应注明生产日期和有效日期。

10.2 冷收缩部件、润滑剂、清洗剂等均应密封包装，冷收缩部件包装内应附有电缆绝缘外径适用范围、生产日期和有效日期，每套冷收缩式接头的部件和材料应以专用包装箱包装，包装箱内应附有材料清单、产品合格证及安装工艺说明书。

表3　型式试验程序和要求

试验项目[a]	试验电压值 kV				试验方法 GB/T 18889—2002	评定	试验系列程序		
	3.6/6，6/6，6/10	8.7/10，8.7/15	12/20	21/35，26/35			1	2	3
1. 交流耐压 5min 或直流耐压 15min	27 24	39 35	54 48	117 104	第4章 或第5章	不击穿	X	X	X
2. 局部放电	10	15	20	45	第7章	放电量不大于10pC	X		
3. 冲击电压试验，在θ_t[b、c]下正负极性各10次	75	95	125	200	第6章	不击穿	X		
4. 恒压负荷循环，在θ_t[b、c]下 在空气中循环30次[d] 在水中循环30次[d]	15	22	30	65	第9章	不击穿	X		
5. 局部放电，在θ_t[b、c、e]和环境温度下	10	15	20	45	第7章	放电量不大于10pC	X		
6. 短路热稳定（屏蔽）	在电缆屏蔽规定的短路电流（I_{sc}）下，短路两次				第10章	无可见损伤		X[f]	
7. 短路热稳定（导体）	在电缆导体规定的短路温度下，短路两次				第11章	无可见损伤		X[f]	
8. 短路动稳定[g]	在电缆导体规定的短路动稳定电流（I_d）下，短路一次				第12章	无可见损伤			X
9. 冲击电压试验，正负极性各10次	75	95	125	200	第6章	不击穿	X	X	X
10. 交流耐压 15min	15	22	30	65	第4章	不击穿	X	X	X
11. 检验	（仅供参考）[h]						X	X	X

[a] 除非另有规定，试验应在环境温度下进行。

[b] θ_t温度为电缆正常运行时最高导体温度以上（5～10）℃。

[c] 过渡接头（挤包绝缘电缆到挤包绝缘电缆）试验参数是按额定值较低的电缆来确定的。

[d] 每个负荷循环周期为8h，电缆导体稳定在规定的θ_t温度下至少2h，冷却时间至少3h。

[e] 在加热期结束时进行。

[f] 短路热稳定试验可以与短路动稳定试验结合进行。

[g] 只有当峰值电流I_p>80kA的单芯电缆和峰值电流I_p>63kA的三芯电缆，其接头才要求进行短路动稳定试验。I_d值由制造商提供。

[h] 接头的冷收缩部件、管件或带材未出现裂纹。

表 4　抽样试验程序和要求

试验项目[a]	试验电压值 kV				试验方法 GB/T 18889—2002	评　定	试验程序
	3.6/6，6/6，6/10	8.7/10，8.7/15	12/20	21/35，26/35			
1. 交流耐压 5min 或直流耐压 15min	27 24	39 35	54 48	117 104	第 4 章 或第 5 章	不击穿	X
2. 局部放电	10	15	20	45	第 7 章	放电量不大于 10pC	X
3. 负荷循环，在 θ_t[b、c] 下在空气中，循环三次[d]	不加电压				第 9 章	由后续试验评定	X
4. 局部放电	10	15	20	45	第 7 章	放电量不大于 10pC	X
5. 冲击电压试验，正负极性各 10 次	75	95	125	200	第 6 章	不击穿	X
6. 交流耐压 4h	24	35	48	104	第 4 章	不击穿	X
7. 检验	（仅供参考）[e]						X

[a] 除非另有规定，试验应在环境温度下进行。

[b] θ_t 温度为电缆正常运行时最高导体温度以上（5～10）℃。

[c] 过渡接头（挤包绝缘电缆到挤包绝缘电缆）试验参数是按额定值较低的电缆来确定的。

[d] 每个负荷循环周期为 8h，电缆导体稳定在规定的 θ_t 温度下至少 2h，冷却时间至少 3h。

[e] 接头的冷收缩部件、管件或带材未出现裂纹。

10.3　包装箱上应注明：

a）制造厂厂名；

b）产品型号、名称、产品标准编号；

c）额定电压；

d）导体材料、截面积和芯数；

e）生产日期；

f）包装箱尺寸；

g）毛重。

10.4　产品在运输中应防止重压和猛烈碰撞。

10.5　产品贮存时应避免接触热源，贮存处应有防火措施、干燥通风，贮存期不应超过相应配套材料和配套件的有效日期。

表 5 最小和最大导体截面积的附加试验[a]

试验项目[b]	试验电压值 kV				试验方法 GB/T 18889—2002	评定	试验程序[c]
	3.6/6，6/6，6/10	8.7/10，8.7/15	12/20	21/35，26/35			
1. 交流耐压 5min 或直流耐压 15min	27 24	39 35	54 48	117 104	第 4 章 或第 5 章	不击穿	X
2. 局部放电	10	15	20	45	第 7 章	放电量不大于 10pC	X
3. 冲击电压试验，正负极性各 10 次	75	95	125	200	第 6 章	不击穿	X
4. 检验	（仅供参考）[d]						X

[a] 本表也适用于过渡接头（挤包绝缘电缆到挤包绝缘电缆）。
[b] 除非另有规定，试验应在环境温度下进行。
[c] 试品数量取图 1 中系列 1 的一半。
[d] 接头冷收缩部件、管件或带材未出现裂纹。

表 6 对不同型式的电缆绝缘屏蔽认可的附加试验

试验项目[a]	试验电压值 kV				试验方法 GB/T 18889—2002	评定	试验程序[f]
	3.6/6，6/6，6/10	8.7/10，8.7/15	12/20	21/35，26/35			
1. 交流耐压 5min 或直流耐压 15min	27 24	39 35	54 48	117 104	第 4 章 或第 5 章	不击穿	X
2. 局部放电，在环境温度和 θ_t[b、c、d]下	10	15	20	45	第 7 章	放电量不大于 10pC	X
3. 恒压负荷循环，在 θ_t[b、c]下在空气中，循环 60 次[e]	15	22	30	65	第 9 章	不击穿	X
4. 局部放电，在 θ_t[b、c、d]和环境温度下	10	15	20	45	第 7 章	放电量不大于 10pC	X
5. 冲击电压试验，正负极性各 10 次	75	95	125	200	第 6 章	不击穿	X
6. 交流耐压 15min	15	22	30	65	第 4 章	不击穿	X
7. 检验	（仅供参考）[g]						X

[a] 除非另有规定，试验应在环境温度下进行。
[b] θ_t 温度为电缆正常运行时最高导体温度加（5～10）℃。
[c] 过渡接头（挤包绝缘电缆到挤包绝缘电缆）试验参数是按额定值较低的电缆来确定的。
[d] 在加热期结束时进行。
[e] 每个负荷循环周期为 8h，电缆导体稳定在规定的 θ_t 温度下至少 2h，冷却时间至少 3h。
[f] 试品数量取图 1 中系列 1 的一半。
[g] 接头的冷收缩部件、管件或带材未出现裂纹。

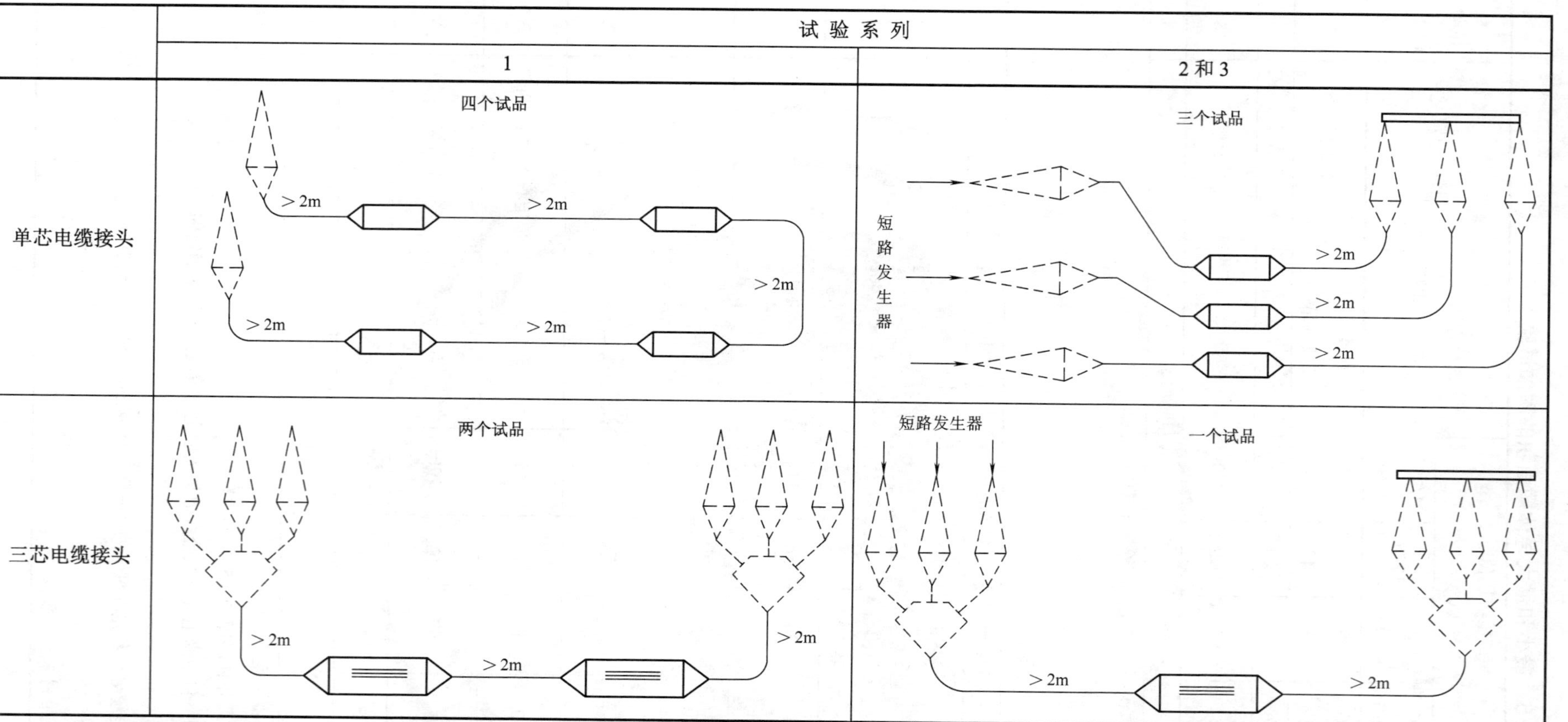

注1：图中所标电缆长度为接头与接头之间和接头与终端之间的电缆测量长度。

注2：试验允许每个试样在单独的回路里进行。

注3：电缆与接头的固定方法可按照制造方的推荐。

图1 接头的试样数量和试验布置

附　录　A
（规范性附录）
冷收缩部件及安装材料一般技术要求

A.1　所有冷收缩部件内外表面应光滑，无肉眼可见的因材料和工艺不完善引起的斑痕、凹坑和裂纹，结构尺寸应符合图样要求。

A.2　冷收缩部件所用的绝缘橡胶材料和半导电橡胶材料主要性能参见附录B。

A.3　接头冷收缩部件外半导电屏蔽层、含应力锥的冷收缩部件其应力锥半导电屏蔽层及内半导电屏蔽管电阻值应不大于5kΩ，试验方法见附录D。含应力管的冷收缩部件其应力管介电系数应不小于15，体积电阻率不小于$10^{10}\Omega\cdot m$，试验方法按照GB/T 1693—2007和GB/T 1692—1992的规定进行。

A.4　安装用的硅脂润滑剂的要求可参照附录C。

A.5　安装用清洗剂应不含水分，易挥发，能溶解油污，且对被清洗的电缆绝缘和半导电屏蔽层及冷收缩橡胶部件无损害作用。若对人身或被清洗物有不良影响，必须在外包装上有明显标示和文字说明，并提供正确的使用方法。

附　录　B
（资料性附录）
冷收缩部件材料主要性能要求

B.1　绝缘橡胶材料主要性能要求见表B.1。

表 B.1　绝缘橡胶材料主要性能要求

序号	项　　目[a]		单位	性能指标	试验方法
1	抗张强度	不小于	MPa	5.0	GB/T 528—1998
2	断裂伸长率	不小于	%	400	GB/T 528—1998
3	硬度（邵氏A）	不大于		45	GB/T 531—1999
4	抗撕裂强度	不小于	N/mm	15	GB/T 529—1999
5	耐压强度	不小于	MV/m	20	GB/T 1695—2005
6	拉伸永久变形				
	300%90℃×120h	不大于	%	15	D.3
7	体积电阻率	不小于	Ω·m	10^{12}	GB/T 1692—1992
8	介电系数	（50Hz）		2.8～3.5	GB/T 1693—2007
9	介质损耗角正切	不大于		0.01	GB/T 1693—2007

[a] 除非另有规定，表中数据为室温下试样的性能要求。

B.2　半导电橡胶材料主要性能要求见表B.2。

表 B.2 半导电橡胶材料主要性能要求

序号	项　　目[a]		单位	性能指标	试 验 方 法
1	抗张强度	不小于	MPa	5.0	GB/T 528—1998
2	断裂伸长率	不小于	%	400	GB/T 528—1998
3	硬度（邵氏A）	不大于		50	GB/T 531—1999
4	抗撕裂强度	不小于	N/mm	15	GB/T 529—1999
5	拉伸永久变形				
	300%90℃×120h	不大于	%	15	D.3
6	体积电阻率	不大于	Ω·m	1.5	GB/T 2439—2001

[a] 除非另有规定，表中数据为室温下试样的性能要求。

附　录　C
（资料性附录）
安装用硅脂润滑剂主要性能要求

C.1 安装用硅脂润滑剂主要性能要求见表C.1。

表 C.1 安装用硅脂润滑剂主要性能要求

序号	项　　目[a]		单位	性能指标	试验方法
1	耐压强度	不小于	MV/mm	8	GB/T 507—2002
2	介电系数（50Hz）			2.8～3.2	GB/T 5654—1985
3	介质损耗角正切	不大于	%	0.5	GB/T 5654—1985
4	体积电阻率	不小于	Ω·m	10^{11}	GB/T 5654—1985
5	锥入度		1/10mm	200～300	GB/T 269—1991
6	挥发度（喷霜）（200℃，24h）	不大于	%	3	GB/T 7325—1987

[a] 除非另有规定，表中数据为室温下试样的性能要求。

附　录　D
（规范性附录）
试验方法

D.1 接头撞击试验方法

D.1.1 试验装置

试验装置如图D.1所示，撞击块用钢制成，支撑架两侧有保证撞击块按规定方向自由降落的导轨，支撑架顶端装有起吊撞击块的滑轮。

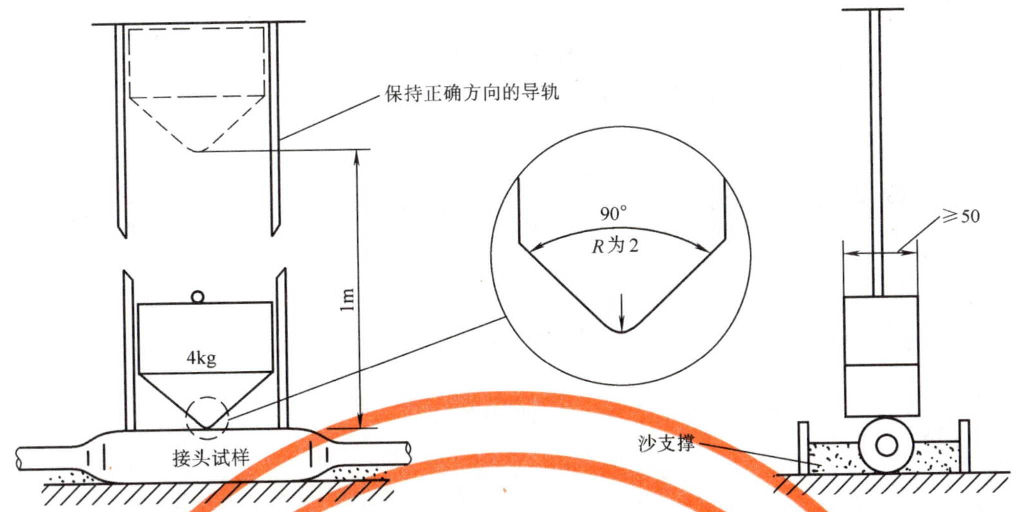

图 D.1 接头撞击试验装置

D.1.2 试验方法

D.1.2.1 按图D.1所示将被试接头安放在坚硬的基础（如混凝土板）上，固定试样两端电缆，周围填沙，沙填到被试接头的水平中心线（见图D.1），确保试验过程中试样不致滚动。

D.1.2.2 提升撞击块到规定高度1m。

D.1.2.3 使撞击块自由降落到被试接头上，在降落过程中使撞击块下部刀口保持水平，并与被试接头轴线成直角。撞击部位应均匀地分布在被试接头的全长度上。

D.1.2.4 取出试样，目测检查。

D.1.3 试验结果评定

经撞击试验后，试样应无破裂和明显变形，密封保护层应无损坏或穿透。

D.2 半导电层电阻值测试方法

D.2.1 本试验适用于接头的冷收缩部件外半导电屏蔽层、含应力锥的冷收缩部件其应力锥半导电屏蔽层及内半导电屏蔽管的电阻值测量。

D.2.2 本试验的目的是保证接头的冷收缩部件外半导电屏蔽层、含应力锥的冷收缩部件其应力锥半导电屏蔽层及内半导电屏蔽管电阻值能达到设计的屏蔽效果。

D.2.3 在未扩张的接头橡胶件的外半导电屏蔽层、应力锥半导电屏蔽层及内半导电屏蔽管的端部设置测试用的电极。

D.2.4 在环境温度下测量两个电极间的半导电层电阻值，试验回路中的功率损耗应不超过100mW。

D.3 拉伸永久变形试验方法

拉伸永久变形采用GB/T 3512—2001中规定的试样和设备。试验步骤为：在无应变状态下，将试样夹在预热的夹持器上，再将夹持器放入预热到试验温度的老化箱中。经（5±0.5）min后拉伸试样，并在1min内使其标志线间部分达到规定的伸长率。试样在规定的伸长率保持规定时间后，从老化箱中取出夹持器，再取下试样，使试样在室温、无应力条件下恢复30min后测量标志线间的距离，并计算拉伸永久变形。

附 录 E
（资料性附录）
冷收缩式直通接头安装工艺要点

本附录为安装冷收缩式直通接头时宜注意的主要事项，具体安装操作工艺见生产厂提供的产品安装说明书。

E.1 安装工具

E.1.1 导体连接工具

当导体连接采用压接方式时，建议优先采用六角或半圆围压（又称环压）模具，模具尺寸应符合GB/T 14315—1993的规定。

E.1.2 绝缘剥切工具

剥切电缆绝缘时建议采用相应的专用剥切工具，以确保不伤及导体。

E.1.3 热收缩套管安装工具

安装接头若采用热收缩护套管时，建议采用丙烷气体喷灯或大功率工业用电吹风机作为加热工具，在条件不具备的情况下，也允许采用丁烷气体、液化气或汽油喷灯作为加热工具，但火焰必须控制得当。

E.2 安装工艺

E.2.1 剥切电缆

E.2.1.1 电缆末端剥切按产品说明书规定尺寸和顺序进行，剥切电缆的每一道工序都必须保证不伤及内层需要保留的部分。

E.2.1.2 剥除电缆绝缘外半导电层时应特别注意，使绝缘表面光滑、圆整，不留下半导电层残迹和明显刀痕，半导电层端面应与电缆轴线垂直、平整，需特别注意的是，不得损伤该处绝缘，如果不采用喷涂或刷涂半导电漆工艺，则外半导电层端部必须削成光滑的与电缆轴线夹角不大于30° 的圆整锥面。

E.2.2 预套冷收缩部件

E.2.2.1 将冷收缩部件套在一端电缆上。

E.2.2.2 套装屏蔽铜丝网及热收缩护套管或电缆接头保护盒（若需要）。

E.2.2.3 压接导体连接管，压接后必须除去飞边和毛刺，清除金属粉末。

E.2.2.4 用清洗剂清洗接头处电缆绝缘表面和导体连接管表面，待清洗剂挥发后在电缆绝缘表面涂上一层硅脂润滑剂，应防止灰尘和水分混入，再将冷收缩部件套到接头位置上。

严格遵照安装说明书的规定，将冷收缩部件套装到预定的位置，确保应力锥半导电层与电缆半导电屏蔽层有良好的接触。

E.2.3 屏蔽铜丝网安装

将屏蔽铜丝网移到接头中心位置，向两边拉伸，使其与冷收缩部件的半导电层表面紧密贴合，并与电缆两端屏蔽层搭接。

E.2.4 焊接过桥线

按表1选取相应截面积的过桥线（镀锡编织铜线），将其两头分别绑在电缆两端屏蔽铜带上（连同屏蔽铜丝网一起绑扎），并用焊锡焊接。三芯钢带铠装电缆的钢带按用户要求可与电缆屏蔽层焊接在一起，也可另用一根绝缘导线将两端电缆钢带焊接连通（必须保证该导线与电缆屏蔽及接头屏蔽之间是绝缘的）。过桥线和屏蔽网与电缆屏蔽铜带之间的连接也可采用不锈钢恒力弹簧固定来代替锡焊方法。

对铜丝屏蔽的电缆，可将两端电缆屏蔽铜丝扭绞后相互连接起来（须保证电气连接可靠），不必再用过桥线。当接头金属屏蔽层截面积不小于电缆金属屏蔽层截面积时也不必用过桥线。

E.2.5 安装热收缩护套管或接头保护盒

对三芯钢带铠装电缆，其接头应采用两层热缩套管。内层套管两端密封在电缆挤塑内衬垫上，外层套管两端密封在电缆外护套上。亦可采用具有密封性的接头保护盒或专用的现场硬化的接头铠装带缠绕作为接头机械保护。若采用带有填充剂的保护盒，建议选用热阻系数小的填充材料。

附 录 F
（资料性附录）
试验电缆的标示（见 5.6.1）

额定电压U_0/U（U_m）	□kV		
结构：	□单芯	□三芯	□分相屏蔽
导体：	□铝	□铜	
	□绞合	□实心	□圆形
	□120mm^2	□150mm^2	□185mm^2
	其他截面积		mm^2
绝缘：	□XLPE	□EPR	□HEPR
绝缘屏蔽：	□不可剥离	□可剥离	
金属屏蔽：	□金属线	□金属带	□挤包金属套
外护层：	□PVC	□PE（ST3）	□PE（ST7）
阻水层：	□在导体内	□外护套下	
直径：	导体		mm
	绝缘		mm
	绝缘屏蔽		mm
	外护套		mm
电缆型号：			

广告明细

封　二	**3M中国有限公司**
封　三	长缆电工科技股份有限公司
文前彩页	北京ABB高压开关设备有限公司 深圳市沃尔核材股份有限公司
文后彩页	布鲁克电缆（苏州）有限公司 中山川崎机械科技有限公司 广州天赐有机硅科技有限公司 广东标美硅氟新材料有限公司 吉唯达（上海）电气有限公司 桂林裕天新材料有限公司 北京芳远电器有限公司

BRUGG CABLES Well connected.

Brugg Cables (Suzhou) Co.Ltd
布鲁克电缆（苏州）有限公司

布鲁克电缆（苏州）有限公司是一家注册于苏州市的法人独资企业，成立于2012年1月，年产值2亿元人民币。公司总部位于瑞士布鲁克，是拥有120多年历史的国际性企业。

我们设计、生产高压电缆附件至550kV，适用电缆截面最大可达2500mm²，可为各种型号高压电缆提供系统配套。

采用高质量硅橡胶的应力锥，优异的电气性可将电场应力减小到极低水平，同时机械性能可以保证应力锥在电缆上更适合的抱紧力，并在电缆附件长期运行过程中保持不变，确保了电缆附件的可靠性和更长的使用寿命。

我们对每一个应力锥，依照IEC和GB标准进行严格的出厂耐压和局放试验。

公司拥有独立的电缆附件安装技术服务队伍，专业安装110kV、220kV、330kV、420kV、500kV电压等级电缆附件，极大降低了可能由于缺乏专业安装而产生的电缆系统故障，切实保证和提高高压电缆附件和电缆系统运行的安全性、可靠性。

目前覆盖国内80%以上地区的运行经验。主要有北京电力局，天津、深圳、杭州、苏州、唐山电力局等电力部门，电厂用户以及海外电缆工程安装。

我公司电缆附件，依照GB和IEC标准制作和检验，对所配套安装的电缆没有过高的要求，在很多国家和气候带都有着优良的业绩记录，各个类型的电缆附件均拥有超过30年的杰出运行经验。

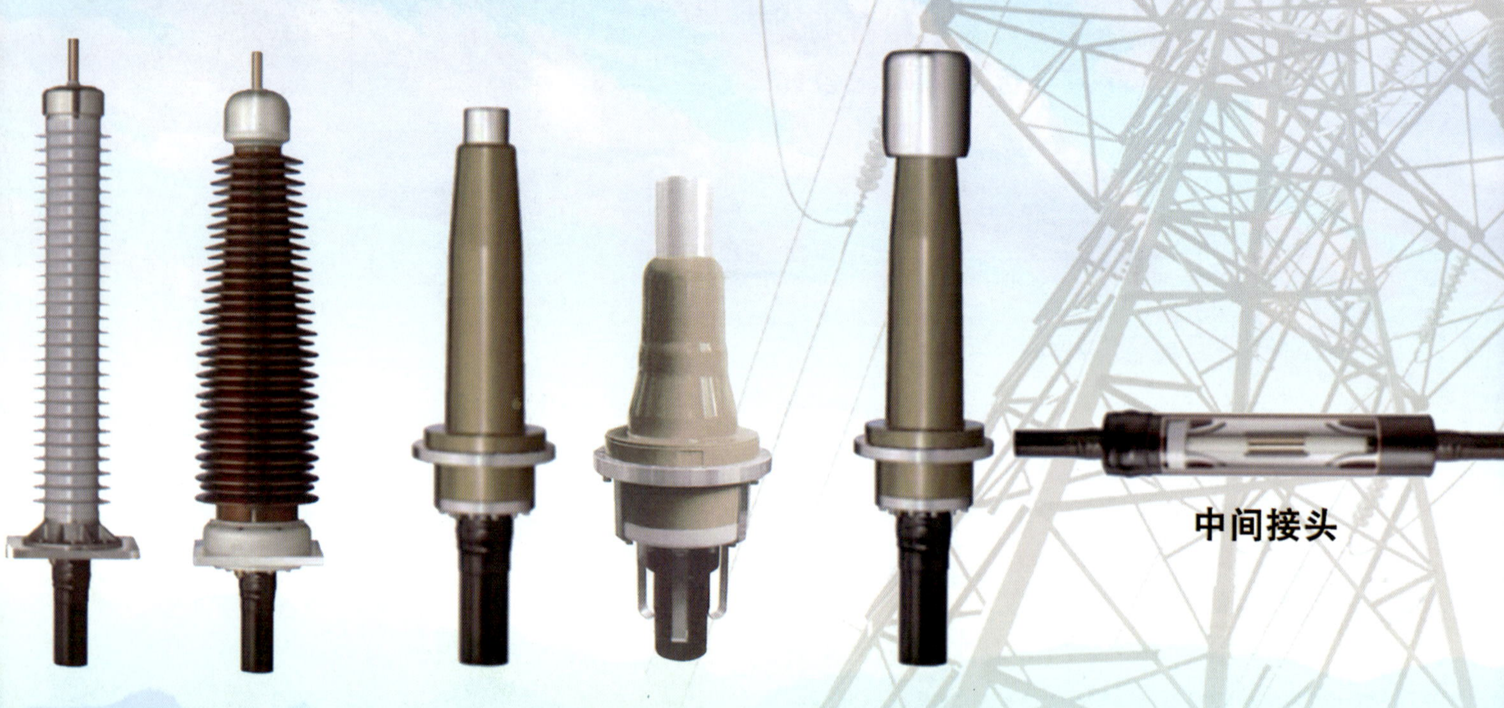

地址：江苏省苏州市苏州工业园区，金陵东路88号东部1号厂房　邮编：215121
电话：0512 6287 7718　传真：0512 6287 7758　网址：www.bruggcables.com
联系人：张西强 13816133002 021-5506 8815　张景军 13801186716 021-5506 8012
尹永乙 13218184627 0512-6287 7895　张元乐 13564700730
李良津 13901191091 010-6711 1619　田　煦 13816723002

川崎科技

www.zsresearch.com

中山川崎机械科技有限公司成立于2007年，公司座落于广东省中山市民众镇民营工业园。川崎在中山大学、电子33所等科研机构的指导帮助下，先后参与完成多项国家863、省级、军工科研项目的开发。几年来，川崎成为国内液态硅胶领域替代进口设备的中坚力量，并于2016年被认定为国家高新技术企业。

川崎科技10几年来专注于液态硅胶送料机行业，已成功研发了服务于国家电力主干网的大型LSR注射系统、精确到毫克级的电子配比系统以及闭环控制的LSR输送系统。其中，包括E303在内的多款送料机的技术指标行业先进。

川崎科技秉承“自力、创新、务实、担当”的企业文化，立足长远，全心打造民族企业，全力制造行业精品，愿为广大客户提供满意的服务。

川崎E系列高精密智能型送料系统具有精确计量、智能诊断、远程维护等功能，广泛应用于电力、航空、军工、新能源、汽车等领域。

- ☑ 每分钟出胶量可达10升以上
- ☑ 高重复精度定量注射
- ☑ 自动调节AB胶配比平衡，误差＜1%
- ☑ 压力、流量闭环控制

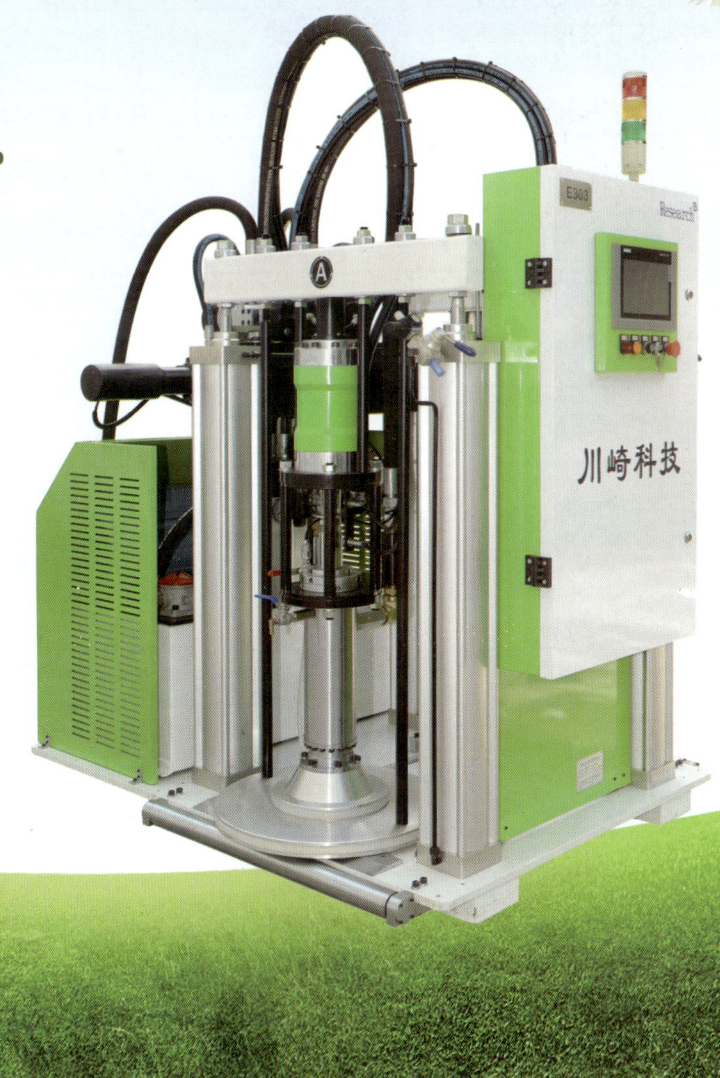

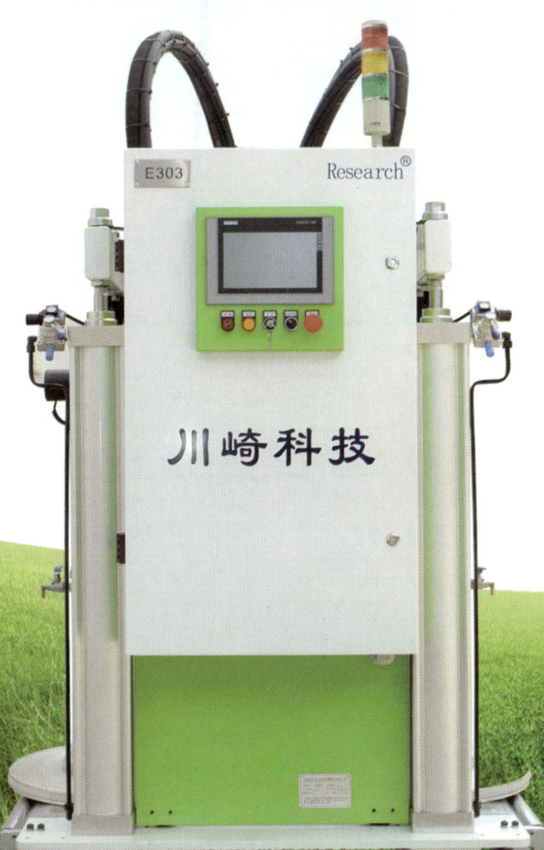

地址：广东省中山市民众镇民营工业园 电话：0760-88962006

邮箱：trust-cn@163.com 网址：www.zsresearch.com

广州天赐有机硅科技有限公司

为中国电力工业提供专业有机硅材料解决方案

一、电力电缆附件有机硅材料解决方案

电缆附件绝缘层用硅橡胶

应用	特性	牌号
电缆终端、中间接头	高抗撕、高回弹、耐漏电起痕（1A4.5）	TCS-1588-40
预制式电缆附件	耐漏电起痕（1A4.5),流动性好	TCS-1588-50 TCS-1588-40N
三指套、直管、低压电缆终端、 通信电缆附件	高伸长率、耐漏电起痕（1A3.5）	TCS-1588-40M
防护盒等电缆配件	低黏度，可用于APG灌注工艺	TCS-940

二、干式户外互感器、绝缘子、避雷器有机硅材料解决方案

应用	特性	牌号
高压互感器套管、绝缘子、避雷器	高耐电弧型（200S）高机械性，用APG成型或注射成型	TCS-1588-50
中低压互感器产品，绝缘子、避雷器	流动性好，用APG成型或注射成型	TCS-940
互感器或高压包的灌封	缩合型硅胶，常温硫化，低黏度	TCR-8360

三、固封极柱行业有机硅材料解决方案

灭弧室包封用硅橡胶

应用	特性	牌号
中高压、大电流灭弧室包封	高耐电弧型（200S）高机械性，用APG成型或注射成型	TCS-1688-40
低电压灭弧室的包封	半透明材料，用APG成型或注射成型	TCS-940

四、电力行业配套材料

电缆附件绝缘层用硅橡胶

应用	类型	特性	牌号
电缆附件的润滑	硅脂	与硅橡胶不吸收溶胀	TCM-2980
绝缘件润滑	硅脂	耐高低温	TCM-295
互感器、灭弧室、避雷器/绝缘子、固封极住的粘接	粘接剂	硅橡胶与陶瓷、不锈钢、树脂等材料粘接，环氧树脂与硅胶粘接	TCK-2662 TCK-2661
电器产品的粘接	粘接胶	缩合型单组份，易操作	TCR-1791系列

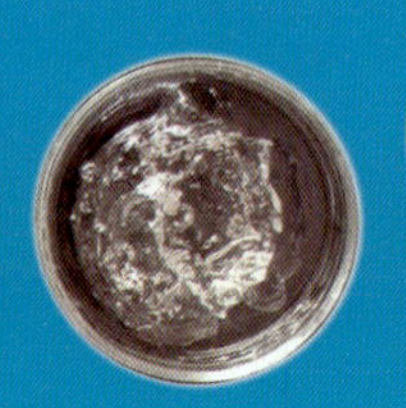

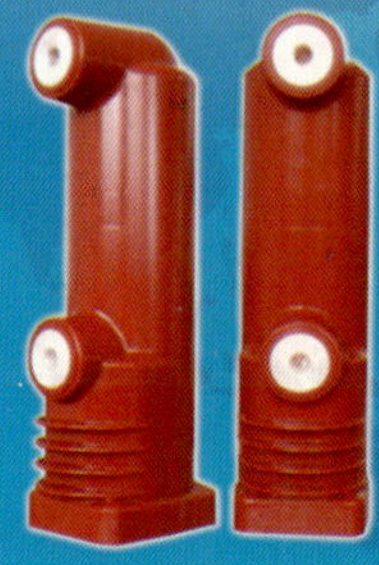
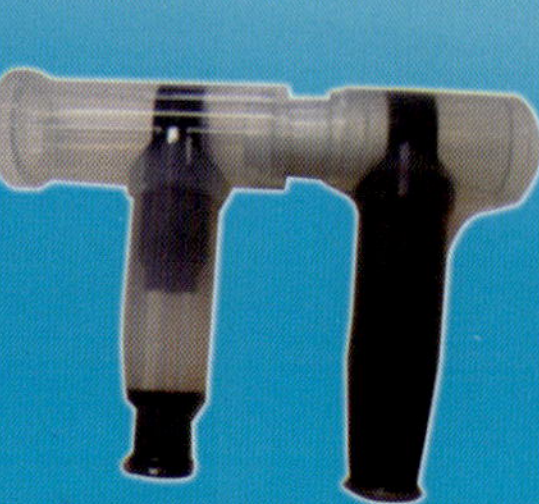

地址： 广州市黄埔区云埔工业区东诚片康达路8号 电话：020-82251159
联系人：苏俊13825040263 E-mail:sujun@tinci.com 传真：020-82058669

www.bmsif.com

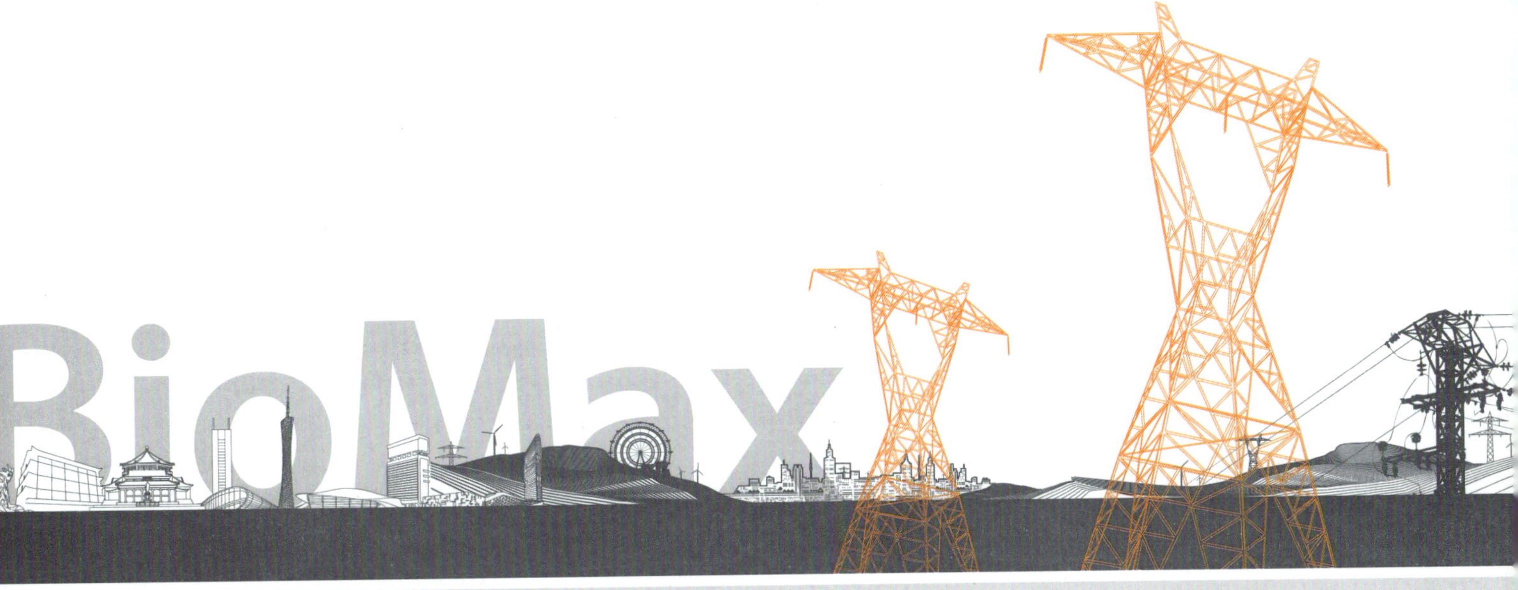

标美集团自1993年成立以来，一直致力于硅橡胶产品的开发及产业化，是国家高新技术企业、广东省硅氟新材料产业技术创新联盟理事长单位，创新标杆企业。

建有广东省广州市博士后工作站、广东省硅氟工程技术研究中心。经过20多年的发展，已开发出多个系列产品，广泛应用于电力、电子工业等领域。

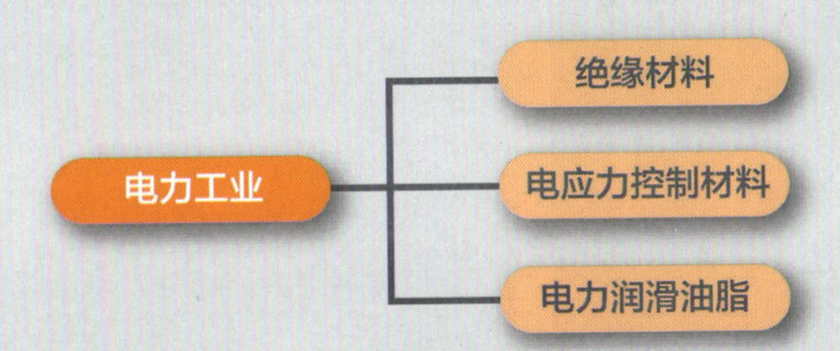

电力工业用有机硅材料

标美是国内成功开发并批量生产电力工业用有机硅材料的企业。到目前为止，公司已有多个项目获得国家及省科技奖励，其中：

《电力电缆附件用有机硅新型材料》项目获：

· 2006年国家科技部中小企业创新基金立项并高分通过验收

· 2011年度广东省科学技术奖三等奖

《电力工业用液体导电硅橡胶》项目获：

· 2009年国家科技部中小企业创新基金立项并高分通过验收

《冷缩式电力硅橡胶套管的制备方法及其用途》专利获：

· 2016年广东省专利优秀奖

· 第十八届中国专利优秀奖

◇ **冷缩电缆附件用材料**

· 冷缩式电力管

· 液体绝缘胶R-631A/B

· 液体导电胶R-639A/B

· 固体导电胶R-635

· 高介电常数胶R-610

◇ **插拔件用材料**

· 液体绝缘胶R-6311A/B

· 固体导电胶R-634

◇ **环网柜用厚壁硅橡胶管**

◇ **高扩张倍率密封管**

◇ **润滑脂**

· 有机硅润滑脂SF-9036

· 穿刺线夹专用润滑硅脂SF-9037

· 氟润滑脂SF-9043

标美已成功开发并批量生产的电力工业用有机硅材料已安全挂网运行超过10年，有力地保障了电网的安全运行。

广东标美硅氟新材料有限公司

BioMax Si&F New Material Co., Ltd.

广州分公司：+86-20-2881 6060　上海分公司：+86-21-3465 8720

成都分公司：+86-28-8556 1582　E-mail:sales@bmsif.com

G&W 吉唯达（上海）电气有限公司
Engineered to order. Built to last. 专注于电缆附件制造的百年企业

公司介绍：

美国G&W电气公司成立于1905年，总部位于美国伊利诺斯州博林布鲁克，占地超过3.5万m²，集中了现代化的设计和生产技术，结合高素质的营销和生产队伍。G&W在其100多年的发展历程中始终秉持着以为用户提供高品质的服务为宗旨，致力于电力能源工业产品的研发和生产。G&W承诺将以百年的经验为每个电力用户提供可靠的产品，优质的服务及优化的解决方案。

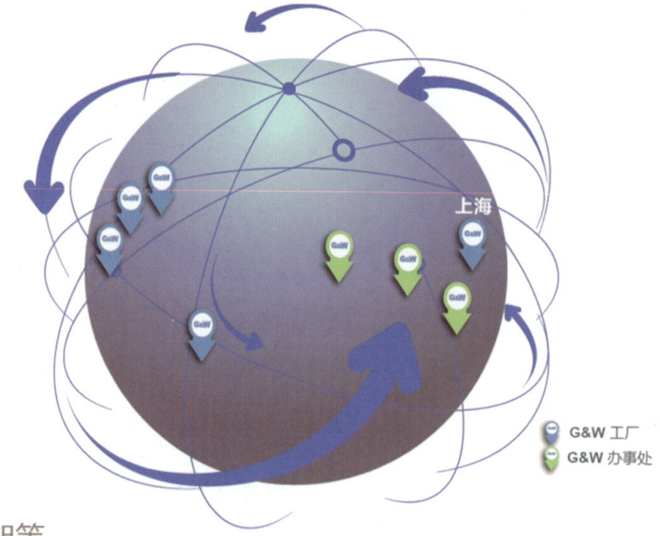

G&W PM系列电缆附件（10~35kV）

产品应用于各种配电柜，分支箱，变压器，环网柜，柱上支架等

G&W Python 系列高压电缆附件（66~500kV）

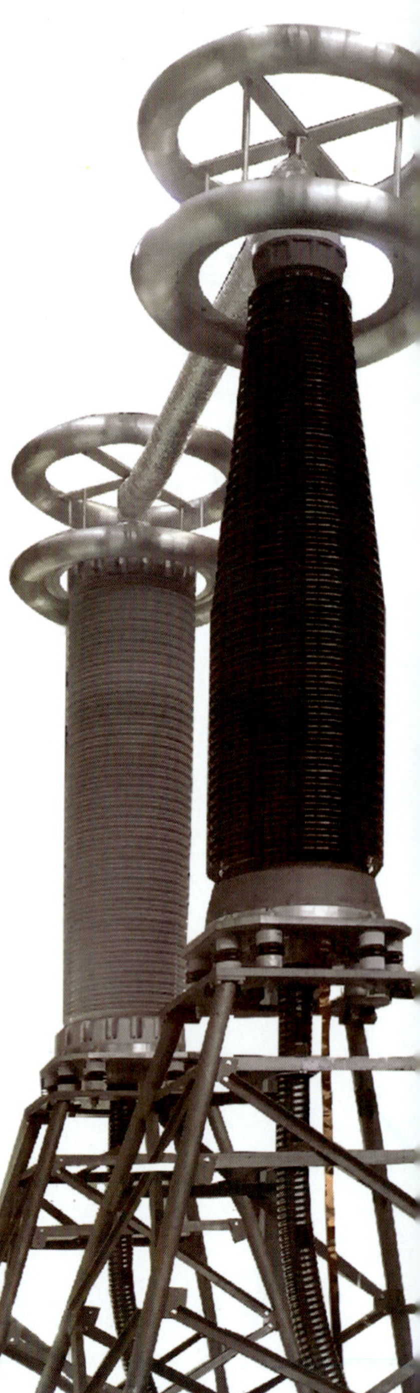

地址：上海市浦东新区祖冲之路1505弄8号
Address：NO.8，1505，Zuchongzhi Road，Zhangjiang，Shanghai，China
电话 / Tel：(86) 21 5895 8648
传真 / Fax：(86) 21 5895 6829
网址 / URL：www.gwelec.com.cn

裕天® 桂林裕天新材料有限公司

YUTIAN

“裕天”电缆行业硅胶材料知名品牌

公司位于国家高新技术开发区——桂林高新技术开发区，桂林旅游黄金通道桂磨大道旁。占地2.8万㎡，建筑面积1.9万㎡，在广东东莞另有东莞市华鸿橡塑材料有限公司和东莞市裕天硅橡胶科技有限公司两个生产及销售基地。

“裕天”专注硅橡胶材料、制品，25年来一直秉承专业、专注、永不放弃的经营理念。长期致力于硅橡胶混炼胶、硅橡胶辅料、硅橡胶制品的开发和新应用领域的研究。借助国外的先进技术，欧美的快捷信息，携手多家科研单位和著名的大学院校进行产品研发，服务创新。拥有发明专利4项，实用新型专利8项。桂林裕天新材料有限公司着重于生产开发新的应用领域和差异化性能要求的硅橡胶混炼胶及精密硅橡胶制品，有铂金硫化（模压、挤出、压延）的混炼胶、抗菌硅橡胶、电缆冷缩附件系列硅橡胶、电缆专用高强度抗撕硅橡胶、抗紫外线硅橡胶、阻燃硅橡胶、陶瓷化硅橡胶、发泡硅橡胶、导热硅橡胶、氟硅橡胶混炼胶、硅橡胶自粘带、陶瓷化防火耐火复合带等新材料。

“信誉为先，顾客至上”是我们的服务宗旨，热忱欢迎国内外客户光临指导，洽谈合作！

“员工为本，共享成果”是我们的经营宗旨，真诚期待天南地北的行业精英加入，共谋发展！

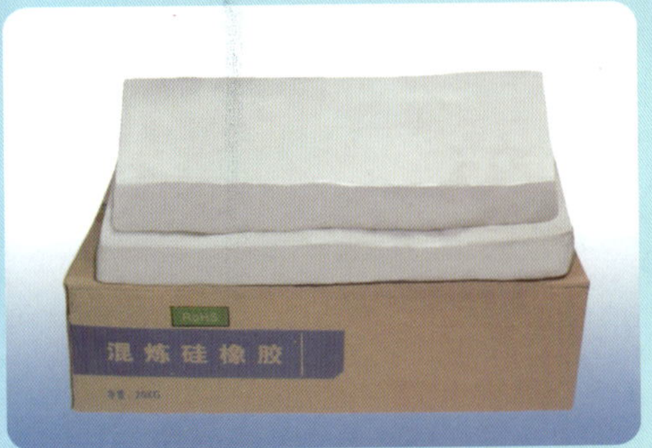

陶瓷化防火
耐火硅橡胶

激光打标印字工艺
电线专用硅橡胶

EN50382-2:2008要求
动车组电缆专用硅橡胶

硅橡胶自粘带

绝缘强度≥30kV
/mm耐电压硅橡胶

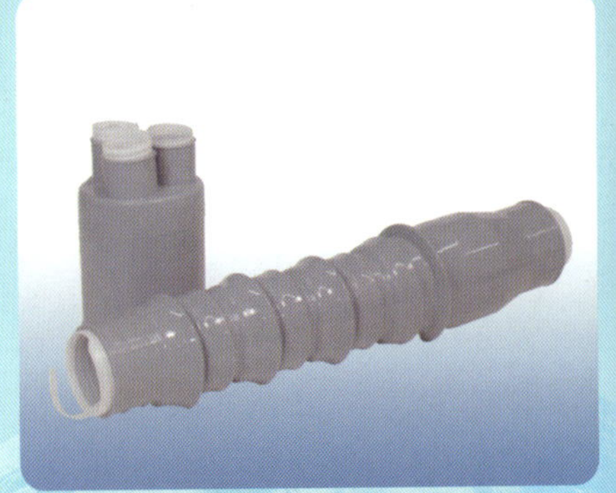
电缆附件冷缩
绝缘硅橡胶

地址：广西桂林国家高新区桂磨大道大圩路口　网址：www.yutiangl.com

电话：0773-7960311　7960318　传真：0773-7960319　联系人：罗经理18978330320

北京芳远电器有限公司

北京芳远电器有限公司于1994年成立，占地面积2万m²，厂区绿化覆盖面积达50%，是典型的花园式生产基地。并具备先进的生产设备30多台，生产能力达80万件/年。公司内高科技人才聚集，技术力量雄厚，生产工艺先进、生产设备齐全、检测手段完善，具有很强的产品开发能力。是集研发、生产、销售、服务为一体的大型生产电缆引线装置和各种插接件的制造型企业，已通过ISO 9001：2000质量管理体系认证、ISO 14001：2004环境管理体系认证以及OHSMS:18000职业健康安全管理体系认证。加之新颖的设计理念、独特的产品配方、优质的原材料、良好的生产工艺，并辅以先进的设备和严格的检测手段，使芳远电器有限公司的产品质量稳定可靠。

15/24kV系统电缆接头无线无源测温装置概述

电缆接头无线无源测温装置由采集器、天线、传感器3部分组成，由采集器通过天线驱动传感器工作并收集温度信息，主要应用于箱变、开关柜及电缆分支箱等设备中，其主要特点如下：

1.测温传感器与发热点直接接触，实时真实地反应发热点的温度。
2.测温传感器不需要单独电源供电，与采集器无线传输。
3.测温传感器具有独立的ID，多个传感器识别方便准确，温度不会读错。
4.测温传感器安装在固有绝缘性能没有改变的后堵盖内，无绝缘隐患。
5.测温传感器现场安装方便，没有增加任何安装工序。
6.测温传感器可以通过多途径进行温度显示及通信，通信可靠无干扰。
7.测温传感器免维护保养，寿命可达15年以上。
8.测温电缆接头反应效率（灵敏度）＜1s

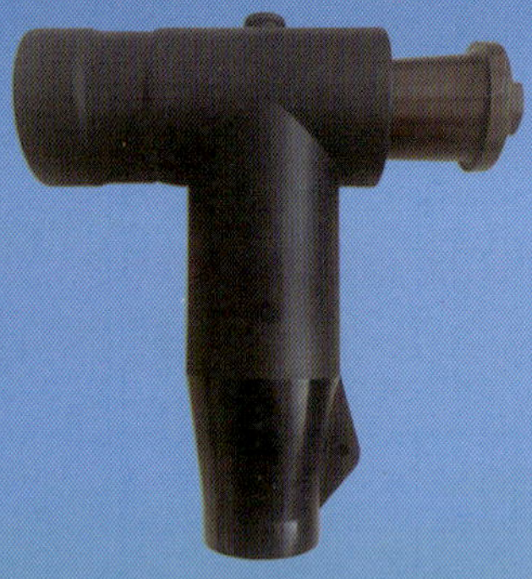

15kV测温电缆接头 　　24kV测温电缆接头 　　传感器

采集器 　　采集器天线 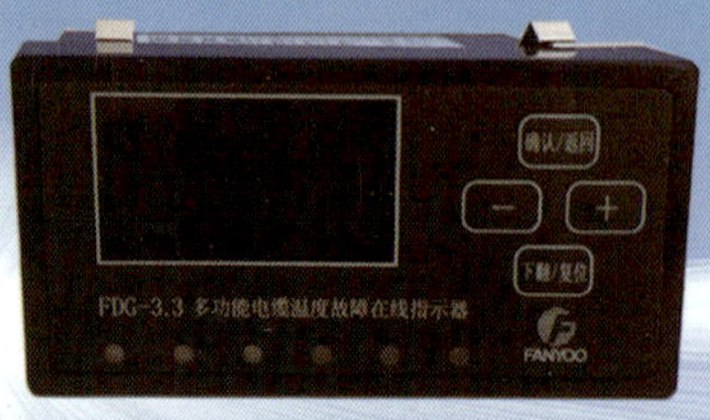　　面板显示器

地址：北京市朝阳区安外胜古中路2号院7号楼A座115　邮箱：fangyuan@fanyoo.com.cn
电话：010-64429796　64448547　传真：010-64447794